Die Physik der Sterne

Mathias Scholz

Die Physik der Sterne
Aufbau, Entwicklung und Eigenschaften

2. Auflage

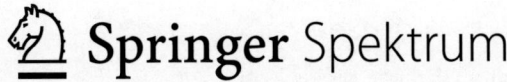

Mathias Scholz
Zittau, Deutschland

ISBN 978-3-662-69495-4   ISBN 978-3-662-69496-1   (eBook)
https://doi.org/10.1007/978-3-662-69496-1

Die Deutsche Nationalbibliothek verzeichnet diese Publikation in der Deutschen Nationalbibliografie; detaillierte bibliografische Daten sind im Internet über https://portal.dnb.de abrufbar.

© Der/die Herausgeber bzw. der/die Autor(en), exklusiv lizenziert an Springer-Verlag GmbH, DE, ein Teil von Springer Nature 2018, 2024

Das Werk einschließlich aller seiner Teile ist urheberrechtlich geschützt. Jede Verwertung, die nicht ausdrücklich vom Urheberrechtsgesetz zugelassen ist, bedarf der vorherigen Zustimmung des Verlags. Das gilt insbesondere für Vervielfältigungen, Bearbeitungen, Übersetzungen, Mikroverfilmungen und die Einspeicherung und Verarbeitung in elektronischen Systemen.
Die Wiedergabe von allgemein beschreibenden Bezeichnungen, Marken, Unternehmensnamen etc. in diesem Werk bedeutet nicht, dass diese frei durch jede Person benutzt werden dürfen. Die Berechtigung zur Benutzung unterliegt, auch ohne gesonderten Hinweis hierzu, den Regeln des Markenrechts. Die Rechte des/der jeweiligen Zeicheninhaber*in sind zu beachten.
Der Verlag, die Autor*innen und die Herausgeber*innen gehen davon aus, dass die Angaben und Informationen in diesem Werk zum Zeitpunkt der Veröffentlichung vollständig und korrekt sind. Weder der Verlag noch die Autor*innen oder die Herausgeber*innen übernehmen, ausdrücklich oder implizit, Gewähr für den Inhalt des Werkes, etwaige Fehler oder Äußerungen. Der Verlag bleibt im Hinblick auf geografische Zuordnungen und Gebietsbezeichnungen in veröffentlichten Karten und Institutionsadressen neutral.

Planung/Lektorat: Caroline Strunz
Springer Spektrum ist ein Imprint der eingetragenen Gesellschaft Springer-Verlag GmbH, DE und ist ein Teil von Springer Nature.
Die Anschrift der Gesellschaft ist: Heidelberger Platz 3, 14197 Berlin, Germany

Wenn Sie dieses Produkt entsorgen, geben Sie das Papier bitte zum Recycling.

In Erinnerung an Dr. Armin Matauscheck

Inhaltsverzeichnis

1 Eine kurze Geschichte der Erforschung der Sterne................ 1
2 Was kann man an Sternen beobachten?......................... 55
   2.1 Entfernung 58
   2.2 Sternhelligkeiten... 59
       2.2.1 Intensitäten und Strahlungsströme 62
       2.2.2 Einfluss der Erdatmosphäre auf die scheinbare
             Helligkeit 71
       2.2.3 Interstellare Extinktion und Verfärbung 77
       2.2.4 Fotometrie und Schwarzkörperstrahlung 79
   2.3 Sterndurchmesser.. 86
       2.3.1 Durchmesserbestimmung mittels optischer
             Interferometrie..................................... 87
       2.3.2 Intensitätsinterferometrie nach R. Hanbury-Brown
             und R. Q. Twiss.................................... 95
       2.3.3 Speckle-Interferometrie 98
       2.3.4 Sternbedeckungen durch den Mond................... 105
       2.3.5 Microlensing-Ereignisse............................. 107
       2.3.6 Direkte Abbildung von Sternoberflächen 107
       2.3.7 Lichtkurven bedeckungsveränderlicher Sterne........... 110
       2.3.8 Transitmethode 113
       2.3.9 Baade-Wesselink-Verfahren 114
       2.3.10 Fotometrische Sterndurchmesser 116
       2.3.11 Die größten bekannten Sterne........................ 117
   2.4 Sternmassen 120
       2.4.1 Doppelsternbeobachtungen.......................... 121
       2.4.2 Astroseismologie 127
       2.4.3 Ableitung von Massen durch Anpassung von
             Sternmodellen an Beobachtungsparameter.............. 132
       2.4.4 Massebestimmung von binären Radiopulsaren,
             Röntgenpulsaren und Schwarzen Löchern 134
       2.4.5 Die massereichsten Sterne der Milchstraße 136

2.5	Sternspektren		140
	2.5.1	Klassifikation der Sternspektren	143
	2.5.2	Leuchtkraftklassen	149
	2.5.3	Populationszugehörigkeit	154
	2.5.4	Spektralklassen	157
2.6	Korrelationen		192
	2.6.1	Farben-Helligkeits-Diagramme	192
	2.6.2	Masse-Leuchtkraft-Beziehung	199
	2.6.3	Masse-Radius-Beziehung	201
	2.6.4	Hertzsprung-Russell-Diagramm	202
2.7	Analyse des Schwingungsverhalten von Sonne und Sternen		219
	2.7.1	Dopplergramme	220
	2.7.2	Solare Oszillationen	222
	2.7.3	Modelle	224
	2.7.4	Direkte und inverse Methode	228

3 Sternspektren und Sternatmosphären. 231

3.1	Physikalische Grundlagen der Spektroskopie		233
	3.1.1	Strahlungsprozesse im Bohr-Sommerfeldschen Atommodell	234
	3.1.2	Das Wasserstoffatom und sein Spektrum	243
	3.1.3	Spektren der Alkalimetalle	253
	3.1.4	Elektronenkonfiguration von Ionen	256
	3.1.5	Atome mit mehreren Elektronen	257
	3.1.6	Das Heliumspektrum und die Spektren heliumartiger Ionen	269
	3.1.7	Spektren der Wasserstoffionen	273
	3.1.8	Molekülspektren	275
	3.1.9	Identifikation von Spektrallinien in Sternspektren	294
	3.1.10	Linienprofile und Linienbreiten	297
	3.1.11	Linienaufspaltung durch den Zeeman-Effekt	318
3.2	Strahlungstransport in Spektrallinien		324
	3.2.1	Lokales thermodynamisches Gleichgewicht (LTE) und Kirchhoff'scher Satz	329
	3.2.2	Formale Lösung der Strahlungstransportgleichung	335
	3.2.3	Eddington-Barbier-Beziehung	337
	3.2.4	Strahlungsprozesse und Absorptionskoeffizienten	340
	3.2.5	Emissionskoeffizienten und spektrale Kontinuumstrahlung	354
	3.2.6	Boltzmann-Verteilung	355
	3.2.7	Saha-Gleichung	357
3.3	Quantitative Spektralanalyse		368
	3.3.1	Wachstumskurven	369
	3.3.2	Synthetische Spektren	377

3.4 Photosphärenmodelle ... 379
3.4.1 Grundlegende Physik einer Sternphotosphäre ... 380
3.4.2 Modellatmosphären und Bestimmung der fundamentalen Sternparameter ... 387
3.4.3 Einfacher algorithmischer Ablauf der Modellierung einer Sternatmosphäre ... 389
3.4.4 Die hydrodynamische Expansion von Stern-Koronen am Beispiel der Sonne ... 395

4 Innerer Aufbau der Sterne ... 401
4.1 Sterne im hydrostatischen Gleichgewicht und Virialtheorem ... 404
4.1.1 Abweichungen von der sphärischen Symmetrie ... 409
4.1.2 Sternwinde – Verletzung des hydrostatischen Gleichgewichts in Sternatmosphären ... 412
4.2 Energiehaushalt und Leuchtkraft ... 414
4.3 Energietransport ... 416
4.3.1 Strahlungstransport ... 416
4.3.2 Wärmeleitung ... 419
4.3.3 Konvektiver Wärmetransport ... 420
4.3.4 Konvektionszeitskala und radiative Zeitskala ... 425
4.4 Zustandsgleichungen ... 426
4.4.1 Ideales Gas und Photonengas ... 428
4.4.2 Entartete Materie ... 432
4.4.3 Innere Energie ... 437
4.5 Statische Sternmodelle ... 439
4.5.1 Numerische Lösung von Sternstrukturmodellen ... 442
4.5.2 Polytrope Lösungen ... 446
4.5.3 Homologe Sternmodelle ... 468

5 Nukleare Energieerzeugungsprozesse und Elementesynthese ... 475
5.1 Bindungsenergie und Massendefekt ... 476
5.2 Nukleare Reaktionsraten ... 478
5.2.1 Energieabhängigkeit nuklearer Reaktionsraten ... 482
5.2.2 Resonanzen in den nuklearen Reaktionsraten ... 491
5.3 Wichtige nukleare Brennphasen im Laufe der Sternentwicklung ... 494
5.3.1 Deuterium- und Lithiumbrennen ... 495
5.3.2 Wasserstoffbrennen ... 496
5.3.3 Heliumbrennen – der Triple-Alpha-Prozess ... 521
5.3.4 Fortgeschrittene thermonukleare Brennphasen ... 535
5.3.5 s-, r- und p-Nukleosynthese ... 555

6 Evolution der Sterne ... 565
6.1 Evolutionäre Sternmodelle ... 567
6.1.1 Visualisierung von Entwicklungsprozessen ... 569
6.1.2 Stellare Zeitskalen ... 571

6.2 Sternentstehung 574
   6.2.1 Interstellares Medium (ISM) und Molekülwolken 576
   6.2.2 Gravitationskollaps einer Molekülwolke
         und Sternbildung. 583
6.3 Hauptreihen- und Nach-Hauptreihenentwicklung 603
   6.3.1 Evolution Roter Zwergsterne 608
   6.3.2 Evolution massearmer Sterne 613
   6.3.3 Evolution von Sternen im mittleren Massenbereich. 626
   6.3.4 Evolution von Sternen im oberen Massenbereich 651
6.4 Sternhaufen und Sternentwicklung. 661
   6.4.1 Kugelsternhaufen 661
   6.4.2 Offene oder Galaktische Sternhaufen. 663
   6.4.3 Sternassoziationen 665
   6.4.4 Hertzsprung-Russell-Diagramme und
         Sternentwicklung 666

7 Endstadien der Sternentwicklung 673
7.1 Weiße Zwerge. 677
   7.1.1 Spektrum. 680
   7.1.2 Physische Eigenschaften. 682
   7.1.3 Atmosphäre. 686
   7.1.4 Innere Struktur 687
   7.1.5 Abkühlung 690
7.2 Neutronensterne 699
   7.2.1 Radiopulsare 704
   7.2.2 Röntgenpulsare 718
   7.2.3 Physische Eigenschaften. 736
   7.2.4 Protoneutronensterne 747
   7.2.5 Innerer Aufbau 750
7.3 Quarkmaterie und (mehr oder weniger seltsame)
    Quarksterne. 775
   7.3.1 Quark-Gluon-Plasma 776
   7.3.2 Seltsame Materie 778
7.4 Stellare Schwarze Löcher. 787
   7.4.1 Einteilung Schwarzer Löcher nach Entstehung
         und Masse. 795
   7.4.2 Röntgendoppelsterne mit Black Hole-Komponente. 796

Anhang. 805

Literatur. 807

Stichwortverzeichnis. 819

Abbildungsverzeichnis

Abb. 1.1 Dieser oft ins „Mittelalter" datierte Holzschnitt entstammt dem populärwissenschaftlichen Buch *L'atmosphère. Météorologie populaire* des Astronomen Camille Flammarion (1842–1925) und zeigt allegorisch, wie der Mensch die Sternensphäre durchbricht und so zu neuen Erkenntnissen gelangt. Die Vorstellung, dass die Sterne an einer „kristallenen Sphäre" angeheftet sind, war bis zu den Zeiten Giordano Brunos und Galileo Galileis allgemein anerkanntes und bis dahin auch kaum hinterfragtes Gedankengut. (Wikimedia).................. 5

Abb. 1.2 Der *Sternenbote* aus dem Jahre 1610 ist das erste wissenschaftliche Werk, in dem Entdeckungen am Himmel mitgeteilt werden, die mit einem einfachen Fernrohr gemacht wurden. Darin berichtet Galileo Galilei u. a., dass seine Beobachtungen zeigen, dass es mindestens zehnmal mehr Sterne am Firmament geben muss, als man mit bloßem Auge sehen kann. Insbesondere konnte er zweifelsfrei zeigen, dass das leuchtende Band der Milchstraße aus sehr vielen dichtgedrängten Sternen besteht......................... 6

Abb. 1.3 Mit dem Fraunhofer-Heliometer der Sternwarte Dorpat (1825) wurde im ersten Drittel des 19. Jahrhundert eine optische und mechanische Qualität erreicht, die es einem begnadeten Beobachter ermöglichte, zum ersten Mal die Entfernung eines Sterns anhand seiner Parallaxe zu messen. Dieser begnadete Beobachter war Friedrich Wilhelm Bessel. Er legte mit seinen Forschungen wichtige Grundlagen der modernen Astrometrie............ 8

Abb. 1.4 Die schwarzen Striche, die das Sonnenspektrum durchziehen, werden nach Joseph von Fraunhofer als „Fraunhofersche Linien" bezeichnet. Diese Abbildung zeigt eines der beiden aus Fraunhofers Zeit stammenden handkolorierten Blätter, die im Archiv des Deutschen

	Museums in München aufbewahrt werden. (Deutsches Museum)	11
Abb. 1.5	Das von Gustav Kirchhoff und Robert Bunsen verwendete Spektroskop, wie es in einem ihrer in Poggendorffs *Annalen der Physik und der Chemie* (Vol. 110, 1860) veröffentlichten Forschungsarbeiten abgebildet ist (Kirchhoff und Bunsen 1860). Damit vermaßen und katalogisierten sie insbesondere die Spektrallinien von Alkalimetallen, womit sie wichtige Grundlagen für die Deutung der Fraunhoferschen Linien im Sonnenspektrum und in den Spektren heller Sterne schufen	12
Abb. 1.6	Gustav Kirchhoff (1824–1887, links stehend) und Robert Wilhelm Bunsen (1811–1899, sitzend) gelten nicht zu Unrecht als die wahren Begründer der wissenschaftlichen Spektroskopie. Sie erkannten beispielsweise, dass sich jedes chemische Element anhand seiner Spektrallinien eindeutig identifizieren lässt. Durch die Untersuchung von Sternspektren kann man deshalb in Erfahrung bringen, aus welchen Stoffen Sterne bestehen	13
Abb. 1.7	In der Physikalisch-Technischen Reichsanstalt in Berlin-Charlottenburg wurden Ende der 1890er Jahre von Otto Lummer und Ernst Pringsheim äußerst genau experimentell Schwarzkörperspektren aufgenommen, deren theoretische Deutung zur Entdeckung der Energiequanten durch Max Planck führte. Die theoretische Ableitung des dieses Energieverteilung beschreibenden Strahlungsgesetzes im Jahre 1900 gilt heute gemeinhin als Geburtsstunde der Quantenmechanik. (Wikimedia)	16
Abb. 1.8	Preisgekrönte fotografische Aufnahme des Orionnebels – aufgenommen von dem britischen Astronomen Andrew Ainslie Common (1841–1903) am 31. Januar 1883. Er verwendete dafür ein Spiegelteleskop mit 36 Zoll Öffnung ($\approx$ 90 cm). Die Belichtungszeit dürfte mehrere Stunden betragen haben. (Wikimedia)	19
Abb. 1.9	Der 1899 aufgestellte und heute als „Museumsobjekt" zu besichtigende „Große Refraktor" auf dem Potsdamer Telegrafenberg in einer zeitgenössischen Aufnahme. Mit diesem Refraktor ($0{,}8 \times 12{,}14$ m (fotografisch) und $0{,}5 \times 12{,}59$ m (visuell)) wurden 1904 von Johannes Franz (1865–1936) die sogenannten „ruhenden" Kalziumlinien entdeckt, die zeigen, dass zwischen den Sternen eine diffuse Komponente der interstellaren Materie existiert. (Wikimedia)	20

Abb. 1.10	Objektivprismenaufnahme eines Sternfeldes................	21
Abb. 1.11	Der indische Physiker Meghnad Saha (1893–1956) entwickelte 1921 seine berühmte, nach ihm benannte Gleichung, mit deren Hilfe die Spektralsequenz der Sterne als Temperatursequenz eines Plasmas mit einer bestimmten stofflichen Zusammensetzung auf einmal verständlich wurde. Auf der Grundlage der Saha-Gleichung konnte z. B.Cecilia Payne-Gaposchkin zeigen, warum in einigen Sternspektren beispielsweise die Balmer-Linien des Wasserstoffs extrem auffallend sind und in anderen wiederum nicht	22
Abb. 1.12	Arthur Stanley Eddington (1882–1944) hat bedeutende Verdienste auf dem Gebiet der Sternphysik, der Stellarstatistik und der Anwendung der Allgemeinen Relativitätstheorie auf astronomische Phänomene erworben. Insbesondere seine populären Bücher, die oftmals philosophische Fragestellungen behandelten, haben ihn einer breiteren Öffentlichkeit bekannt gemacht......	26
Abb. 1.13	Sirius A und Sirius B in einer künstlerischen Darstellung. Der Nachweis, dass es sich bei Sirius B – der schwache Begleiter von Sirius – um einen außergewöhnlich kleinen und kompakten Stern handelt (einen „Weißen Zwerg"), hat die stellare Astrophysik der 1930er-Jahre in vielerlei Hinsicht befruchtet. (Wikimedia).......................	28
Abb. 1.14	Subrahmanyan Chandrasekhar (1910–1995) erkannte, dass Weiße Zwergsterne – wie beispielsweise der Begleiter des Sirius – durch den nichtthermischen Entartungsdruck eines Elektronengases stabil gehalten werden	29
Abb. 1.15	Eines der ersten veröffentlichten „Hertzsprung-Russell-Diagramme" (1914). In diesem Diagramm hat Henry Norris Russell für eine Anzahl von Sternen deren absolute Helligkeit über die Spektralsequenz aufgetragen. Bereits in dieser noch sehr groben Version lässt sich beispielsweise die Lage der Hauptreihe schon recht gut erkennen. In der Folgezeit wird dieses Diagramm zu einem wichtigen heuristischen Hilfsmittel der Astrophysiker werden................................	32
Abb. 1.16	Henry Norris Russell (1877–1957) entwickelte unabhängig von Ejnar Hertzsprung ein zweidimensionales Diagramm, in dem er die effektive Temperatur der Sterne mit ihrer absoluten Helligkeit (d. h. Leuchtkraft) in Beziehung setzte. Dieses später Hertzsprung-Russell-Diagramm genannte Diagramm ist auch heute noch ein wichtiges heuristisches Hilfsmittel der Sternphysik..	33

Abb. 1.17	Modernes Hertzsprung-Russell-Diagramm eines typischen Kugelsternhaufens (Messier 5) unserer Milchstraße, welches über 15.000 Sterne enthält. (Wikimedia)	35
Abb. 1.18	Karl Schwarzschild (1873–1917) war einer der bedeutendsten deutschen Astronomen und Physiker zu Beginn des 20. Jahrhunderts. Er hat auf vielen Gebieten aus heutiger Sicht bahnbrechende Arbeiten veröffentlicht, die sich in einer Vielzahl von Fachbegriffen niedergeschlagen haben: Schwarzschild-Exponent, Schwarzschild-Kriterium, Schwarzschild-Metrik, Schwarzschild-Spiegelteleskop usw	36
Abb. 1.19	Martin Schwarzschild (1912–1997) entwickelte zusammen mit seinen Mitarbeitern eine Vielzahl von numerischen Sternmodellen, mit denen er die Entwicklungswege von Sternen unterschiedlicher Masse im HRD verfolgte	38
Abb. 1.20	James Hopwood Jeans (1877–1946) erkannte, unter welchen Bedingungen interstellare Gas- und Staubwolken zu Protosternen „zerfallen".	41
Abb. 1.21	Edward Charles Pickering (1846–1919) war lange Zeit Direktor des Harvard College Observatoriums. Seine besonderen Verdienste liegen auf dem Gebiet der Doppelsternbeobachtung und der Sternspektroskopie. Als sein wichtigstes Vermächtnis gilt der unter seiner Aufsicht ab 1918 herausgegebene *Henry-Draper-Katalog*, der u. a. die Spektraltypen von 225.000 Sternen enthält und damit die Grundlage für eine Vielzahl statistischer Untersuchungen der Sternpopulation unserer Milchstraße wurde	47
Abb. 2.1	Definition der Strahlungsintensität	63
Abb. 2.2	Typische Transmissionskurven von optischen Filtern, wie sie in der fotografischen Dreifarbenfotometrie Verwendung finden	67
Abb. 2.3	Bolometrische Korrektur im V-Band für verschiedene Spektraltypen und Leuchtkraftklassen. (Nach Flower 1996)	70
Abb. 2.4	Durchlässigkeit der Atmosphäre für elektromagnetische Strahlung unterschiedlicher Wellenlängen. Der gelbe Bereich heißt „atmosphärisches Fenster". In diesem Bereich ist die Atmosphäre durchlässig für IR-Strahlung	72
Abb. 2.5	Änderung der Strahlungsintensität des Sonnenlichts in Abhängigkeit von der „Luftmasse", die sie durchqueren muss. $m=0$ bedeutet „außerhalb der Erdatmosphäre", $m=1$ „im Zenit" und $m=15$ „nahe am Horizont". Man sieht deutlich, dass die Schwächung besonders stark im	

	kurzwelligen Bereich des Sonnenspektrums ausgeprägt ist. (Verändert nach Feussner und Dubois 1930)	73
Abb. 2.6	Gesamtabsorptionsverhalten und spektrales Absorptionserhalten einiger Moleküle in der Erdatmosphäre . . .	74
Abb. 2.7	Bok Globule B68. Man erkennt auf dieser Infrarotaufnahme deutlich die „Verrötung" des Lichts von Sternen, die hinter dieser nahezu sphärischen Staubglobule stehen. (Aufnahme ESO)	78
Abb. 2.8	Durchschnittliche interstellare Extinktionskurve in der galaktischen Ebene. (Mulas et al. 2011).	79
Abb. 2.9	Planck'sche Strahlungsspektren für einen „schwarzen Körper" mit jeweils unterschiedlicher Temperatur. Die Verschiebung der Maxima zu immer größeren Wellenlängen bei fallender Temperatur ist Ausdruck des Wien'schen Verschiebungsgesetzes	80
Abb. 2.10	Planck'sche Strahlungsspektren für verschiedene Temperaturen in doppeltlogarithmischer Darstellung	82
Abb. 2.11	(U-B) – (B-V)-Diagramm für Hauptreihensterne. Deutlich sind die Abweichungen der Sternfarbe von der Farbe eines Schwarzen Körpers gleicher effektiver Temperatur zu erkennen.	85
Abb. 2.12	Grundprinzip des zweiarmigen Michelson-Sterninterferometers, mit dessen Hilfe 1921 Michelson und Pease den Winkeldurchmesser einiger Riesensterne mit dem 100-Zoll-Hooker-Spiegel des Mt. Wilson-Observatoriums bestimmt hatten	89
Abb. 2.13	Den originalen Interferometerarm des Michelson-Sterninterferometers kann man heute als Museumsexponat auf dem Mt. Wilson besichtigen	90
Abb. 2.14	Interferenzmuster auf einem Beugungsscheibchen mit abnehmender (**a** bis **d**) und wieder zunehmender Visibilität (**e** bis **h**). **a** und **h** entspren maximaler Visibilität (V ~ 1) und **d** minimaler Visibilität (V ~ 0).	91
Abb. 2.15	Der hellste Stern im Sternbild Fuhrmann, Capella, ist ein Doppelsternsystem. Die Komponenten haben einen Abstand von ungefähr 50 mas und umlaufen den gemeinsamen Schwerpunkt auf fast idealen Kreisbahnen in 104 Tagen.	94
Abb. 2.16	Intensitätsinterferometer von Narrabri (New South Wales, Australien), mit dessen Hilfe der Winkeldurchmesser von 31 Sternen bestimmt werden konnte	97
Abb. 2.17	Korrelation der Intensitätsfluktuationen für verschiedene Sterne als Funktion der Basislänge. a) β Cru (0,000722″),	

	b) α Eri (0,00192″) und c) α Cru (0,0066″). (Hanbury-Brown et al. 1967a)	98
Abb. 2.18	Entstehung von Speckle-Strukturen durch Störung einer ebenen Wellenfront bei deren Durchgang durch die Erdatmosphäre	99
Abb. 2.19	Beispiele von Speckle-Bildern, aufgenommen mit dem WiYN-Teleskops des Kitt-Peak-Nationalobservatoriums. (Aufnahme von Matthew Hoffman)	100
Abb. 2.20	Rekonstruiertes Bild der Photosphäre des Sterns Beteigeuze im H-Band (1,65 μm). Die der Bildrekonstruktion zugrunde liegenden Interferogramme wurden mit dem aus drei Teleskopen bestehenden IOTA-Interferometer des Mt. Hopkins Observatorium aufgenommen. (Haubois et al. 2009)	104
Abb. 2.21	Fotometerkurven des Helligkeitsabfalls bei einer Sternbedeckung für Sterne mit verschiedenen Winkeldurchmessern. Je kleiner der Winkeldurchmesser, desto ausgeprägter ist das Beugungsmuster (Richichi 1997)	106
Abb. 2.22	Beteigeuze (α Orionis) in verschiedenen Wellenlängen (von links nach rechts 700 nm, 905 nm und 1290 nm). Das zweite und dritte Bild stellen Bildrekonstruktionen aus Daten des COSTAR-Interferometers dar. Das erste Bild, das drei „Hotspots" im Zentrum zeigt, ist aus Beobachtungen mit dem Wilhelm-Herschel-Teleskop auf La Palma abgeleitet worden (Young et al. 2000)	108
Abb. 2.23	Details auf der Sternscheibe von π1 Gruis (Winkeldurchmesser ≈18 mas), einem alternden Roten Riesen, dessen Durchmesser dem der Sonne um das 350-fache übertrifft. Die Bildrekonstruktion gelang mit Hilfe der Beobachtungsdaten, die das PIONIER-Instrument am VLT geliefert hat. Man erkennt darauf deutlich konvektive Zellen, die bis zu einem Viertel des Sterndurchmessers überdecken (d. h. ca. $120 \cdot 10^6$ km) (eso1741 2017)	109
Abb. 2.24	Typische Lichtkurve eines Bedeckungsveränderlichen vom Algol-Typ (hier DY Aquarii mit einer Periode von 2,1596922 Tagen)	111
Abb. 2.25	Entstehung der Lichtkurve eines Bedeckungsveränderlichen vom Algol-Typ	111
Abb. 2.26	Radialgeschwindigkeitskurve eines Doppelsternsystems, dessen beide Komponenten sich jeweils auf einer Kreisbahn um den gemeinsamen Schwerpunkt bewegen. v_{com} ist die Radialgeschwindigkeit des Systemschwerpunktes in Bezug auf die Erde	112

Abb. 2.27 Wer einmal mit freiem Auge oder einem Feldstecher einen besonders „großen Stern" ($\approx$ 1420 Sonnendurchmesser) beobachten möchte, dem sei neben Beteigeuze im Orion der „Granatstern" μ Cephei anempfohlen. Er fällt sofort durch seine rötlich-orange Färbung im umgebenden Sternfeld auf. Mit einem scheinbaren Winkeldurchmesser von $\approx 0{,}019''$ ist er natürlich nicht so ohne Weiteres räumlich auflösbar (man benötigt dafür ein leistungsfähiges optisches Interferometer), aber er ist immerhin mit einer Leuchtkraft von $\approx 300.000\ L_\odot$ ein durchaus bemerkenswerter Roter Riesenstern (Spektraltyp M2e Ia), der dazu noch in halbregelmäßiger Weise seine Helligkeit (im Mittel $\approx 4^m$) ändert. Sein Sternenleben wird – astronomisch gesehen – in nicht allzu langer Zeit in einem gewaltigen Supernovaausbruch enden – genauso wie Beteigeuze................................. 118

Abb. 2.28 Seit 1899 ist bekannt, dass der hellste Stern im Sternbild Auriga (Fuhrmann) in Wirklichkeit ein Doppelsternsystem ist. In den 1920 Jahren gelang es dann Francis Pease und seinen Mitarbeitern dies mit dem Sterninterferometer des Hooker-Teleskops zu bestätigen. Heute gelingt sogar eine vollständige interferometrische Bildrekonstruktion dieses Systems, dessen Winkelabstand 0,056" beträgt. Die Umlaufperiode der beiden „Capella" bildenden Sterne beträgt 104 Tage. (Cambridge Optical Aperture Synthesis Telescope).......... 121

Abb. 2.29 Scheinbare Bahn des visuellen Doppelsterns γ Virginis. (Scardia et al. 2007)..................................... 123

Abb. 2.30 Astrometrische Bahn von Sirius A und B; rechts Ephemeride der Position von Sirius B relativ zu Sirius A für einen Zeitraum von 50 Jahren....................... 124

Abb. 2.31 Radialgeschwindigkeitskurve des Systems Mizar A (HD 116656). Die Periode beträgt 20,538 Tage............. 125

Abb. 2.32 Zwei Spektren von Mizar A mit einem zeitlichen Abstand von zwei Tagen. Mizar war übrigens der erste spektroskopische Doppelstern, der entdeckt wurde. (Aufnahme Caltech).................................. 126

Abb. 2.33 Der spektroskopische Doppelstern Mizar A kann mittlerweile mit interferometrischen Methoden aufgelöst und damit seine Bahn nun auch direkt vermessen werden. (MARK III Interferometer, US Naval Observatory).. 128

Abb. 2.34 Schwingungen innerhalb der Sterne, die auf der Sternoberfläche zeitlich variierende Schwingungsmuster

	hervorrufen, führen zu geringfügigen Änderungen in der Helligkeit, die sich mittels genauer fotometrischer Methoden in Form von Zeitreihen messen lassen. Indem man diese Zeitreihen in analoger Weise auswertet, wie es Geophysiker mit den Aufzeichnungen von Erdbebenwellen tun, lassen sich daraus wertvolle Informationen über den inneren Aufbau der Sterne gewinnen. (Kepler Asteroseismic Science Consortium 2007)	129
Abb. 2.35	Typischer Aufbau eines Röntgenpulsars. (Wikimedia)	136
Abb. 2.36	Inmitten des Tarantelnebels in der Großen Magellanschen Wolke befindet sich der offene Sternhaufen R136, der eine größere Anzahl extrem massiver LBVs und Wolf Rayet-Sterne enthält. Aufnahme Hubble-Teleskop. (NASA, ESA, P. Crowther)	138
Abb. 2.37	Ursprüngliche Spektralsequenz der Sterne nach Pietro Angelo Secchi (Secchi 1877)	145
Abb. 2.38	Die weibliche Arbeitsgruppe um Edward Charles Pickering am Harvard College Observatorium hat zu Beginn des 20. Jahrhunderts eine Anzahl berühmter und bekannter Astronominnen hervorgebracht. Dieses Foto zeigt Henrietta Swan-Leavitt (1868–1921) und Annie Jump Cannon (1863–1941) vor dem Eingang des Bürogebäudes, in dem sie sich damals insbesondere mit der Auswertung von Himmelsaufnahmen beschäftigten. Swan-Leavitt entdeckte u. a. 1912 die berühmte Perioden-Helligkeits-Beziehung der Delta-Cepheiden, und der Name Annie Jump Cannon ist eng mit der modernen Spektralklassifikation der Sterne verbunden	146
Abb. 2.39	Beispielspektren für die einzelnen Spektraltypen der Harvard-Klassifikation. Die effektive Temperatur der Sterne nimmt von oben (~50.000 K) nach unten (~3500 K) ab.	147
Abb. 2.40	Anhand der Farbe eines Sterns lässt sich grob auf den Spektraltyp und damit auf dessen effektive Temperatur schließen.	149
Abb. 2.41	Spektren von A-Sternen unterschiedlicher Leuchtkraftklassen. Deutlich ist zu erkennen, wie die Stärke der Balmer-Linien des Wasserstoffs variiert	151
Abb. 2.42	Vergleich von Spektren von A0-Sternen unterschiedlicher Leuchtkraftklasse	151
Abb. 2.43	Lage der Leuchtkraftklassen im HRD mit Beispielsternen (Kahler 1994)	153
Abb. 2.44	Vergleich des Spektrums von zwei G2-Sternen im Bereich zwischen den Balmer-Linien H_δ (410 nm)	

	und H_γ (434 nm). Das obere Spektrum zeigt einen metallarmen Population II – Stern und darunter, zum Vergleich, das Sonnenspektrum als Beispiel für ein Spektrum eines metallreichen Sterns der Population I.	154
Abb. 2.45	Aufbau eines typischen P-Cygni-Linienprofils	163
Abb. 2.46	Änderung der Struktur einer Spektrallinie in Abhängigkeit davon, aus welcher Richtung ein Be-Stern beobachtet wird. (Nach S. R. Cranmer)	167
Abb. 2.47	Der Kohlenstoffstern TT Cygni ist von einer Schale (Radius ca. 0,24 Lj) von Gas umgeben, die verstärkt Radiostrahlung emittiert, die von CO-Molekülen stammt. Dieses Falschfarbenbild wurde aus Messwerten eines Arrays von Mikrowellenteleskopen (IRAM) erstellt. (Olofsson et al. 1998).	184
Abb. 2.48	Klassifikationsschema der Wolf-Rayet-Sterne	186
Abb. 2.49	Emissionslinienspektren zweier Wolf-Rayet-Sterne unterschiedlichen Spektraltyps.	187
Abb. 2.50	Crescentnebel NGC 6888. Der helle Stern innerhalb des Nebels ist der Wolf-Rayet-Stern WR136, dessen intensive Sternwinde für die hier als Gasnebel sichtbare aufgeblähte Hülle verantwortlich ist. (Aufnahme M. Miller, J. Walker, NASA)	188
Abb. 2.51	Größenvergleich einiger M-Zwerge	190
Abb. 2.52	Albireo – der „Kopfstern" des Schwans – ist aufgrund des Farbkontrastes seiner beiden Komponenten einer der schönsten Doppelsterne des nördlichen Sternhimmels und sollte deshalb im Sommer und Herbst bei keiner „Sternführung" fehlen. Um ihn aufzulösen, genügt schon ein kleines Amateurteleskop (Abstand der Komponenten 34 Bogensekunden)	192
Abb. 2.53	Farben-Helligkeits-Diagramm von 22.000 Sternen aus dem *Hipparcos-Katalog* sowie 1000 leuchtkraftschwacher Sternen aus dem *Gliese-Katalog* sonnennaher Sterne, deren Entfernung mit genügender Genauigkeit bekannt ist	194
Abb. 2.54	Farben-Helligkeits-Diagramm des offenen Sternhaufens der Hyaden nach Daten des Hipparcos-Satelliten (Narayanan und Gould 1998).	195
Abb. 2.55	Farben-Helligkeits-Diagramm des Kugelsternhaufens M3	196
Abb. 2.56	Zweifarbendiagramm für Hauptreihensterne. Längs der Kurve sind die Spektraltypen angegeben. Die interstellare Verfärbung verschiebt die Lage der Sterne parallel der Verfärbungsrichtung	198
Abb. 2.57	Empirische Masse-Leuchtkraft-Beziehung, abgeleitet von 192 spektroskopischen Doppelsternsystemen	203

Abb. 2.58	Masse-Radius-Beziehung von Sternen auf der Nullalter-Hauptreihe mit solarer Zusammensetzung..................	203
Abb. 2.59	Aus Gaia-Daten gewonnene HRDs für verschiedene Teile der Milchstraße.................................	205
Abb. 2.60	Planck-Funktion in doppeltlogarithmischer Frequenzdarstellung..................................	206
Abb. 2.61	Parameterbereiche der Sterne im Hertzsprung-Russel-Diagramm.........................	207
Abb. 2.62	Ein HRD, dessen Achsen so wie hier logarithmisch geteilt sind, zeigt besonders schön den Zusammenhang zwischen Leuchtkraft L, effektiver Temperatur $T_{e\!f\!f}$ und Radius R bei als Schwarze Körper idealisierten Sternen. Die Skalierung der $\log L$ und $\log T$ – Achsen wurde dabei bewust so gewählt, dass eine Erhöhung der Temperatur um eine Zehnerpotenz (die nach dem Stefan-Boltzmann-Gesetz bekanntlich zu einer Erhöhung der Leuchtkraft um vier Zehnerpotenzen führt) eine Verschiebung von jeweils gleicher Länge entlang den Achsen bewirkt	208
Abb. 2.63	Vergleich der HR-Diagramm-Position von ZAMS-Modellen mit $Z = 0,004$ von Pols et al. (1998), Fagotto et al. (1994) und V. Castellani et al. (1999). Die Zahlen an der Kurve gibt die Heliumhäufigkeit an (Castellani et al. 1999)	209
Abb. 2.64	Lage der Population der „Blauen Nachzügler" im HRD des Kugelsternhaufens M3.............................	215
Abb. 2.65	Vollständiges Gaia-Farben-Helligkeitsdiagramm von 65 921 112 Sternen der Milchstraße. Die Farbskala stellt die Quadratwurzel aus der relativen Dichte der Sterne dar	217
Abb. 2.66	G-HRD von nahen Riesen mit geringer Extinktion und einer Entfernung > 500 pc, $E(B - V) < 0{,}015$ und $M\_G < 2{,}5$ (29 288 Sterne). VRC = Vertical Red Clump, AGB = Asymptotic Giant Branch, AGBB = AGB-Bump, SRC = Secundary Red Clump, RC = Red Clump	218
Abb. 2.67	Aufgrund des Doppler-Effekts verschieben sich die Linienflügel einer Spektrallinie entweder in Richtung höherer oder niedrigerer Frequenzen, und zwar je nachdem, ob sich das Emissionsgebiet vom Beobachter weg- oder auf ihn zubewegt	221
Abb. 2.68	Ein typisches, bereits korrigiertes Dopplergramm der Sonne, aufgenommen mit dem MIDI-Instrument der Sonnensonde SOHO (NASA)	222
Abb. 2.69	Ausbreitung von Schallwellen im Inneren der Sonne, dargestellt für zwei verschiedene Resonanzkörper. Durch	

	eine günstige Wahl der Moden kann der größte Teil des Sonneninneren „helioseismologisch" erfasst und untersucht werden.	223
Abb. 2.70	Eigenschwingungsmoden der Sonne für a) $l=19$, $m=19$, b) $l=19$, $m=15$ und c) $l=19$, $m=15$, $n=11$ (Querschnitt durch die Sonne). Blaue Bereiche bewegen sich nach außen, rote nach innen. (Stanford University)	226
Abb. 2.71	Beispiel für ein Dispersionsdiagramm mit *ridges* der p-Moden als Funktion des Schwingungsgrades l. (GONG-Netzwerk).	227
Abb. 3.1	Die Spektrallinien, die sich im sichtbaren Bereich des Wasserstoffspektrums befinden, gehören alle zur sogenannten Balmer-Serie. Ihre Wellenlängen lassen sich leicht über eine einfache, von Jakob Balmer im Jahre 1885 gefundene Formel, berechnen	238
Abb. 3.2	Am Energieniveauschema des atomaren Wasserstoffs lässt sich die Entstehung der einzelnen Spektralserien sehr gut darstellen und veranschaulichen. Komplexere Formen eines solchen Diagramms, die auch spektrale Feinstrukturen beinhalten, werden in der Astrophysik gewöhnlich als Grotrian-Diagramme bezeichnet	239
Abb. 3.3	Verlauf der ersten Ionisationsenergie (Ionisationspotenzial) für die Elemente des Periodensystems	241
Abb. 3.4	Darstellung der Wahrscheinlichkeitsdichte für verschiedene Elektronenzustände des Wasserstoffatoms	246
Abb. 3.5	Betragsquadrat des radialen Anteils der Wellenfunktion des Wasserstoffatoms für verschiedene Elektronenzustände	247
Abb. 3.6	Feinstrukturaufspaltung der Hauptniveaus $n=1$ und $n=2$ des Wasserstoffatoms	250
Abb. 3.7	Emissionslinienspektren der Alkalimetalle. (Wikimedia)	255
Abb. 3.8	Das Spaltspektrum des Ringnebels M57 im Sternbild Lyra (Leier) enthält eine Vielzahl verbotener Linien	268
Abb. 3.9	Vereinfachtes Grotrian-Diagramm für Para- und Orthohelium	270
Abb. 3.10	Linien der Balmer- und Pickering-Serie, wie sie im Spektrum von Zeta Puppis vorkommen	271
Abb. 3.11	Termdiagramm eines heliumartigen Ions	272
Abb. 3.12	Molekülspektren bestehen aus Spektrallinien, die sich bei elektronischen, Rotations- und Vibrationsanregungen sowie aus Mischformen von ihnen ergeben. Jede dieser Anregungsformen hat ihre typische Energieskala	276
Abb. 3.13	Hochaufgelöstes Teilstück des Sonnenspektrums im Bereich des G-Bandes. Ein Großteil der hier aufgelösten	

	Absorptionslinien ergibt sich aus Übergängen zwischen den Rotations- und Vibrationsübergängen des CH-Moleküls	276
Abb. 3.14	Potenzialkurve für den Grundzustand und den ersten angeregten Zustand eines zweiatomigen Moleküls mit eingezeichneten Vibrationsniveaus.	284
Abb. 3.15	Vergleich des Morse-Potenzials mit dem Potenzial eines quantenmechanischen harmonischen Oszillators zur Modellierung des Potenzialverlaufs eines zweiatomigen Moleküls.	285
Abb. 3.16	Betrachtet man ein zweiatomiges Molekül als einen starren Rotator, dann ergibt sich ein Energieniveauschema, dessen Strahlungsübergänge zu einem Spektrum mit konstanten Linienabständen führen. Aus den gemessenen Linienabständen lässt sich das Trägheitsmoment des Moleküls experimentell bestimmen	288
Abb. 3.17	Schematische Darstellung (Potenzialkurven, hier verschoben aufgrund einer Bindungslockerung) von zwei elektronischen Zuständen am Beispiel eines zweiatomigen Moleküls. Der Pfeil zeigt einen der vielen möglichen Schwingungsübergänge zwischen diesen elektronischen Zuständen. Über die Wahrscheinlichkeit, mit der bestimmte kombinierte elektronische und Schwingungsübergänge stattfinden, gibt das Franck-Codon-Prinzip Auskunft	290
Abb. 3.18	Spektrum von Alpha Herculis (Ras Algethi). Ausgeprägte Molekülbanden von TiO sind das dominierende Merkmal des Spektrums dieses halbregelmäßig veränderlichen Riesensterns vom Spektraltyp M5 Ib-II. (Walker 2012)	294
Abb. 3.19	Vergleich eines Lorentz-Profils mit dem Doppler-Profil einer Absorptionslinie gleicher Äquivalentbreite. Das Lorentz-Profil beschreibt dabei die „natürliche" Linienbreite, wie sie aus der Quantenmechanik folgt. Sie wird durch verschiedene Prozesse verbreitert – z. B. aufgrund der Bewegung der strahlungsabsorbierenden Teilchen – was sie „Gauß-ähnlicher" macht. Ein solches (idealisiertes) modifiziertes Linienprofil ist das Doppler-Profil	298
Abb. 3.20	Linienprofil einer Absorptionslinie	301
Abb. 3.21	Maxwell-Boltzmann-Verteilung für Wasserstoff, Helium und Kohlenstoff bei einer Temperatur von 10.000 K. Man erkennt deutlich, dass bei einer gegebenen Temperatur Teilchen mit geringerer Masse eine höhere mittlere Geschwindigkeit aufweisen. Das schlägt sich auch im Dopplerprofil ihrer Spektrallinien nieder	305

Abb. 3.22	Ein synthetisches Spektrum (unten) wird um sin i = 40 km/s „verbreitert", um das beobachtete Spektrum (oben, hier V404 Cyg) zu reproduzieren. In diesem Fall ist die Dopplerverbreiterung nicht von der Rotation eines Einzelsterns bedingt, sondern aus der Bewegung eines späten G-Sterns mit einer der Sonne vergleichbaren Masse um ein stellares Schwarzes Loch von ca. 9 Sonnenmassen innerhalb von nur 6,5 Tagen	307
Abb. 3.23	Modifikation der Radialgeschwindigkeitskurve eines Sterns während eines Transits aufgrund des Rossiter-McLaughlin-Effektes	309
Abb. 3.24	Grundprinzip des Dopper-Imaging – man verfolge einen z. B. durch einen Sternfleck verursachten *bump* innerhalb einer Spektrallinie und nutze dann die dabei gewonnenen Informationen zur Rekonstruktion der Helligkeitsverteilung auf der ansonsten räumlich nicht auflösbaren Sternscheibe. Das Bild rechts zeigt eine 1999 auf diese Weise von Strassmeier et al. erhaltene Temperaturverteilung des Sterns HD 12545 – eines Veränderlichen vom Typ RS Canum Venaticorum, der auch als XX Trianguli bekannt ist. (Strassmeier 1999)	310
Abb. 3.25	Auswirkung unterschiedlichen Gasdrucks bei A-Überiesen und A-Zwergsternen auf eine Balmer-Absorptionslinie	315
Abb. 3.26	Voigt-Funktion für verschiedene Werte des Dämpfungsparameters β.	317
Abb. 3.27	Entstehung der Linienaufspaltung beim Zeeman-Effekt	320
Abb. 3.28	Signatur zweier magnetischer Aktivitätszentren („Sternflecke"), wie man sie beim Zeeman-Doppler-Imaging erhält. I und V geben die gemessenen Stokes-Parameter an den Positionen X_1 und X_2 an, die sich im Laufe der Zeit aufgrund der Rotation des Sterns ändern. (Aus Carter et al. (1996))	323
Abb. 3.29	Magnetfeld- und Temperaturkarte der Oberfläche des T-Tauri-Sterns V410 Tauri. Es handelt sich dabei um einen noch sehr jungen Stern (Alter höchstens wenige Millionen Jahre) mit mittelmäßiger magnetischer Aktivität, der sich noch im Kontraktionsstadium befindet (Carroll et al. 2012)	324
Abb. 3.30	Prinzip der Entstehung einer Absorptionslinie in einem Sternspektrum.	332
Abb. 3.31	Übergang eines Absorptionslinienspektrums in ein Emissionslinienspektrum am Beispiel des UV-Spektrums	

	der Sonne	333
Abb. 3.32	Geometrie einer planparallelen Sternatmosphäre. Der Temperatur- und Dichtegradient steigt von oben nach unten an	335
Abb. 3.33	Die Randverdunkelung der Sonnenscheibe ist besonders deutlich im Blaukanal einer Sonnenfotografie zu erkennen. Karl Schwarzschild nutzte 1906 dieses zuvor vielfach unbeachtet gebliebene Phänomen zur erstmaligen Berechnung der Temperaturverteilung innerhalb der solaren Photosphäre	339
Abb. 3.34	Dieses Spektrum eines A0-Sterns zeigt sehr schön den Intensitätseinbruch hinter der Seriengrenze der Wasserstofflinien der Balmer-Serie bei einer Wellenlänge von ca. 0,36 µm. Er wird als „Balmer-Sprung" oder „Balmer-Diskontinuität" bezeichnet	347
Abb. 3.35	Absorptionswirkungsquerschnitt für gebunden-frei-Übergänge einer Linienserie mit der Basis n	348
Abb. 3.36	Opazitätsbereiche im Dichte-Temperatur-Diagramm von Population I – Sternen	353
Abb. 3.37	Dieses Diagramm zeigt die Abhängigkeit der Linienstärke ausgewählter Atome und Ionen von der Temperatur einer stellaren Photosphäre: Man beachte besonders die Kurven von neutralem Wasserstoff und von einfach ionisiertem Kalzium.	365
Abb. 3.38	Entwicklung des Profils einer Absorptionslinie mit zunehmender Säulendichte des für die Absorption verantwortlichen Atoms bzw. Ions	370
Abb. 3.39	Beispiel für den prinzipiellen Aufbau einer Wachstumskurve	371
Abb. 3.40	Allgemeine Wachstumskurve für einen Stern wie die Sonne. (Nach Aller (1991))	375
Abb. 3.41	Vergleich zwischen einem realen Spektrum des Sterns HD 207538 mit einem berechneten synthetischen Spektrum. (Catanzaro et al. 2003)	379
Abb. 3.42	Stark vereinfachtes Ablaufdiagramm für die Modellierung einer planparallelen Sternatmosphäre	390
Abb. 3.43	Lösungskurven entsprechend Gl. 3.276 für verschiedene Integrationskonstanten C. Nur Kurven vom Typ V im Parker-Modell kommen zur Beschreibung des Sonnenwindes in Betracht	399
Abb. 4.1	Rolle der Sterne in Astronomie und Astrophysik. Fast jedes astronomische Objekt ist irgendwie mit Sternen und ihrer Struktur und Entwicklung verbunden (Clayton 1984)	403
Abb. 4.2	Der Stern Altair im Sternbild Adler weist aufgrund seiner extrem hohen Rotationsgeschwindigkeit die Form eines	

	Rotationsellipsoids auf. Dabei strahlen die Pole aufgrund des Zeipel-Effekts mehr Strahlung ab als die Äquatorregion. . . .	411
Abb. 4.3	Beim Kometen West war sehr schön der blaue, von der Sonne weg gerichtete Plasmaschweif und der gekrümmte, weit aufgefächerten Staubschweif zu erkennen. . . .	414
Abb. 4.4	Verhalten einer in einem Gravitationsfeld der Gravitationsbeschleunigung g gemäß dem archimedischen Prinzip aufsteigenden Gasblase	421
Abb. 4.5	Ungefähre Lagen von konvektiven und radiativen Schichten im Inneren von Sternen	424
Abb. 4.6	Fermi-Dirac-Verteilungsfunktion für verschiedene Temperaturen	435
Abb. 4.7	Eingabebildschirm für die Kommandozeilenversion des Programms STATSTAR mit den entsprechenden Inputwerten für die Sonne. Die Ergebnisse werden automatisch in eine Textdatei geschrieben	446
Abb. 4.8	Numerisch ermittelte Lösungsfunktionen der Lane-Emden-Gleichung für $n=0$ bis $n=6$ in Schritten von $0{,}5$.	451
Abb. 4.9	Entwicklungsweg eines massereichen Sterns von der Alter-Null-Hauptreihenposition bis zum Erreichen der kritischen $0{,}5$ β-Grenze. Ab dieser Position wird die durch die Wasserstofffusion bedingte weitere Erhöhung des He-Anteils an der Sternmaterie (Y) durch einen verstärkten Masseverlust (Sternwind) ausgeglichen	469
Abb. 4.10	Vergleich der sich aus Homologiebetrachtungen ergebenden Masse-Leuchtkraft-Beziehung und Masse-Radius-Beziehung mit realen Hauptreihensternen. Man erkennt, dass bereits diese einfachen Beziehungen die Hauptreihe im HRD recht gut reproduzieren	472
Abb. 5.1	Bindungsenergie pro Nukleon in Abhängigkeit von der Nukleonenzahl im Atomkern	478
Abb. 5.2	Grafische Darstellung des Verlaufs des Coulomb-Potenzials um einen Atomkern der Kernladungszahl Z. Es gibt die Abstandsbereiche an, in denen entweder die elektrische Abstoßung oder die anziehende Wirkung der Kernkraft (starke Wechselwirkung) überwiegt.	482
Abb. 5.3	Der „Gamow-Peak" ergibt sich als Produkt zweier Wahrscheinlichkeitsverteilungen. Er definiert quasi ein „Fenster" im Bereich der „Stoßenergie", in der Kernfusionsprozesse möglich werden. Dort, wo der Gamow-Peak sein Maximum hat, erreicht auch die Fusionsrate ihr Maximum	485
Abb. 5.4	Verlauf des S-Faktors für den radiativen Protoneneinfang durch Kohlenstoffkerne. Da der Bereich der dafür	

	notwendigen stellaren Energien außerhalb der experimentellen Möglichkeiten liegt, versucht man anhand der Messungen bei höheren Energien in diesen Bereich extrapolativ vorzustoßen. Das ist übrigens eine der wichtigsten Aufgabenstellungen der experimentellen nuklearen Astrophysik (Clayton 1984)...................	487
Abb. 5.5	Kern- und Coulomb-Potenzial im Bereich eines Atomkerns mit Kernenergieniveaus......................	492
Abb. 5.6	In diesem Diagramm ist das Gleichgewichtsverhältnis $^3_2He/H$ als Funktion der Temperatur in den wasserstoffbrennenden Kernen der Hauptreihensterne aufgetragen. Der gestrichelt dargestellte Kurventeil gibt den Temperaturbereich an, bei dem die Zeitdauer, um die Gleichgewichtskonzentration zu erreichen, größer ist als die Zeit, die dem Stern für das „Wasserstoffbrennen" zur Verfügung steht (Nach Clayton (1984))....................	502
Abb. 5.7	Energieverteilung der Neutrinos, die aus verschiedenen Zweigen des „Wasserstoffbrennens" im Sonneninneren stammen...	506
Abb. 5.8	Verteilung von mit dem Super-Kamiokande-Detektor nachgewiesenen Myonenneutrinoereignissen in Abhängigkeit vom Einfallwinkel. Die beobachtete Anzahl der in der Atmosphäre entstandenen Myonenneutrinos im Detektor hängt offensichtlich von der von den Neutrinos durchlaufenen Strecke ab – so wie es die Theorie der Neutrinooszillationen auch vorhersagt. (http://www.hyper-k.org)...............................	510
Abb. 5.9	Kompletter CNO-Zyklus. Die Pfeile geben die Reaktionswege an, und ihre Stärke ist ein Maß für die jeweiligen Reaktionsraten für eine Temperatur von 20 Mio. K..	513
Abb. 5.10	Temperaturabhängigkeit der Energiefreisetzungsraten für den pp-Zyklus und den CNO-Zyklus. Man erkennt deutlich, dass die pp-Reaktionskette bei niedrigen Temperaturen (= massearme Sterne) und der CNO-Zyklus bei hohen Temperaturen (= massereiche Sterne) mehr Energie freisetzt. In der Sonne überwiegt der pp-Zyklus (98,5 %), wobei die Bedingungen für den Bethe-Weizsäcker-Zyklus aufgrund der starken Temperaturabhängigkeit in der Zukunft immer günstiger werden	515
Abb. 5.11	Lage der Konvektionszonen in Hauptreihensternen unterschiedlicher Masse. Die gestrichelten blauen	

	Linien geben jeweils die m-Koordinate an, bei der der Abstand vom Zentrum einem Viertel bzw. der Hälfte des Sternradius entspricht. Der Bereich unterhalb der roten Linien ist der Bereich, innerhalb dessen 90 % bzw. 50 % der gesamten Strahlungsleistung des jeweiligen Sterns freigesetzt werden. (Nach Kippenhahn et al. (2012))	517
Abb. 5.12	Verschiebung der Nullalter-Hauptreihe mit steigender Metallizität. Die blaue Linie ist mit $X=0{,}7$ und $Z=0{,}02$ (solare Zusammensetzung) und die rote Linie mit $X=0{,}757$ und $Z=0{,}001$ (Population II-Sterne) gerechnet. Da sich mit dem Erlöschen jeder Generation massereicher Sterne die Metallizität der interstellaren Materie – dem Baustoff der folgenden Sterngenerationen – erhöht, wird jede folgende Sterngeneration im Vergleich zur vorangegangenen bei gegebener Masse etwas kühler und leuchtschwächer sein, wobei die Auswirkungen bei masseärmeren Sternen ausgeprägter sind.	520
Abb. 5.13	Energieniveaus des angeregten Kohlenstoffkerns im letzten Schritt des Triple-Alpha-Prozesses mit den Möglichkeiten seines Zerfalls in den Grundzustand. Die Niveaus sind in Einheiten von J^P angegeben und die Energien relativ zum Grundzustand. Der 0^+ – Zustand stellt die berühmte Hoyle-Resonanz dar.	523
Abb. 5.14	Entwicklung der Leuchtkraft eines massearmen Sterns vom Ende des Wasserstoffschalenbrennens (Roter Riese-Stadium) bis zum Beginn des Heliumkernbrennens. Der Nullpunkt auf der Zeitachse kennzeichnet den Zeitpunkt, zu dem mit dem primären Heliumflash der Triple-Alpha-Prozess im entarteten He-Kern zündet. L_S zeigt die Entwicklung der Gesamtleuchtkraft des Sterns (man beachte die logarithmische Teilung der Ordinate), die sich aus der Energiefreisetzung durch Wasserstoffbrennen (L_H, gestrichelte Linie) und durch den Triple-Alpha-Prozess ($L_{3\alpha}$, durchgezogene Linie) ergibt. (Nach (Salaris und Cassisi 2005)).	531
Abb. 5.15	Kippenhahn-Diagramm der Entwicklung eines Sterns von 5 Sonnenmassen. Konvektive Bereiche sind grau, Bereiche, in denen thermonukleares Brennen stattfindet, rot dargestellt	533
Abb. 5.16	Entwicklungsweg eines Sterns von 5 Sonnenmassen im HRD	535
Abb. 5.17	Energieverluste durch Neutrinos während der letzten thermonuklearen Brennphasen entwickelter Sterne	

	(Woosley et al. 2002)	540
Abb. 5.18	Zwiebelschalenmodell *(onion model)* eines massiven Sterns. Es zeigt den Schalenaufbau eines massereichen Sterns kurz vor dem katastrophalen Ende des Siliziumkernbrennens.................................	545
Abb. 5.19	Entwicklung der zentralen Temperatur und Dichte eines Sterns von ursprünglich 15 Sonnenmassen und (unten) die auf die Masse bezogene Energiefreisetzung im Vergleich mit dem durch Neutrinos bedingten Energieverlust als Funktion der Zeit. (Sparks und Endal 1980)	546
Abb. 5.20	Supernova 1994D in der a. 25 Mio. Lichtjahre entfernten Galaxie NGC 4526 im Virgo-Galaxienhaufen. Sie erreichte eine maximale scheinbare Helligkeit von 11,8 mag und wurde als Typ Ia – Supernova klassifiziert (HST)	554
Abb. 5.21	Auschnitt aus der Nuklidkarte	557
Abb. 5.22	Prozesspfade in der Nukleidkarte, die zu stabilen Elementen oberhalb von Eisen führen	558
Abb. 5.23	Beispiele für s-Prozesswege in den Bereichen zwischen $Z=42$ und 44 (Ruthenium), $Z=50$ und 52 (Tellur) sowie $Z=74$ und 76 (Osmium)	561
Abb. 5.24	p-Nukleide sind von den s-Prozesswegen jeweils durch ein stabiles Isotop getrennt. (Rauscher et al. 2013)	563
Abb. 6.1	Kippenhahn-Diagramm eines Sterns von 5 $M_\odot$ der extremen Population I. Dargestellt ist dessen Entwicklungsweg, beginnend mit dem Zünden des Wasserstoffbrennens, in Einheiten von 10^7 Jahren. „rötlich" dargestellte Bereiche kennzeichnen Gebiete im Stern, in denen konvektiver Massetransport vorliegt. Hellblaue Bereiche stellen Regionen im Stern dar, in denen thermonukleare Reaktionen mit einem $\varepsilon_n > 0,1$ W/kg stattfinden. Regionen mit variabler chemischer Beschaffenheit sind grau gekennzeichnet. Die Großbuchstaben korrespondieren mit den Punkten auf der Entwicklungslinie im HRD oberhalb des Kippenhahn-Diagramms. (Aus Kippenhahn et al. 1965)	570
Abb. 6.2	Lage von konvektiven Bereichen in Sternen unterschiedlicher Masse auf der Nullalter-Hauptreihe. Die beiden durchgezogenen Kurven geben die m/M^*-Werte für ¼ und ½ des Sternradius an, die beiden gestrichelten Kurven kennzeichnen die Masseschalen, innerhalb derer 50 % bzw. 90 % der Leuchtkraft generiert werden. (Kippenhahn und Weigert 1990)	571
Abb. 6.3	Staubstrukturen, die einen Protostern im Nebel L1527 umgeben, aufgenommen von	

	NIRCam am James-Webb-Weltraumteleskop (NASA, ESA, CSA, und STScI)	581
Abb. 6.4	Phasen der Sternentstehung	589
Abb. 6.5	Künstlerische Darstellung der Gas- und Staubscheibe um einen massereichen Protostern. Der Scheibendurchmesser beträgt ca. 130 AU und beinhaltet ungefähr die gleiche Masse wie der Protostern im Zentrum. Der Zentralteil der Scheibe ist nahezu staubfrei (ESO)...	591
Abb. 6.6	Entwicklungswege von Vor-Hauptreihensternen unterschiedlicher Masse im HRD.......................	596
Abb. 6.7	Herbig-Haro-Objekt HH 212 im Bereich des Sternbilds Orion – aufgenommen im IR mit der Kamera ISAAK am 8-m-Teleskop (UT3) der Europäischen Südsternwarte. Die Quelle der bipolaren Jets – ein sehr junger Stern – ist noch hinter der Staubscheibe verborgen. Die hellen Knoten in den stark kollimierten Jets weisen darauf hin, dass es ca. alle 30 bis 40 Jahre zu Jetpulsen kommt, deren Ursache und Mechanismus jedoch noch weitgehend unklar sind.............................	603
Abb. 6.8	Entwicklungswege von Sternen zwischen 1 und 9 Sonnenmassen im HRD. Der Entwicklungspfad auf der Hauptreihe verläuft zwischen der Anfangsposition auf der ZAMS bis zum Erlöschen des zentralen Wasserstoffbrennens auf der TAMS......................	605
Abb. 6.9	Temperatur-Dichte-Diagramm mit eingezeichneten Domänen verschiedener, durch unterschiedliche Zustandsgleichungen definierter Materiezustände............	606
Abb. 6.10	Temperatur-Dichte-Diagramm mit den eingezeichneten Grenzkurven für die verschiedenen, in Sternen wesentlichen nuklearen Brennzyklen......................	607
Abb. 6.11	Temperatur-Dichte-Diagramm mit stellaren Entwicklungslinien von Sternen unterschiedlicher Ausgangsmasse	607
Abb. 6.12	Entwicklungsweg eines M-Zwergs mit einer Masse von 0,1 Sonnenmassen und der solaren Metallizität im HRD nach Modellrechnungen (Laughlin et al. 1997)..............	610
Abb. 6.13	Entwicklungswege Roter Zwergsterne im Massebereich zwischen 0,06 $M_\odot$ und 0,25 $M_\odot$ im HRD (Laughlin et al. 1997)..................................	612
Abb. 6.14	Evolutionsweg der Sonne im HRD von der ZAMS bis zum Post-AGB-Stadium...............................	620
Abb. 6.15	Entwicklung der Leuchtkraft eines massearmen Sterns während der ersten 1,5 Ma nach dem primären	

	Heliumflash (= Nullpunkt der Zeitachse). Der Anteil des Heliumbrennens an der punktiert dargestellten Gesamtleuchtkraft wird durch die ausgezogene Kurve und der Anteil des Wasserstoffschalenbrennens durch die gestrichelt dargestellte Kurve angegeben. Erst nachdem im gesamten Heliumkern die Elektronenentartung aufgehoben ist, wird ein stabiles Heliumbrennen möglich. (Salaris und Cassisi 2005)	622
Abb. 6.16	Entwicklungspfade von Sternen mit solarer Metallizität unterschiedlicher Masse (von unten nach oben 4, 6, 8, 10 und 12 Sonnenmassen). Der Entwicklungsweg innerhalb des *blue loop* und darüber hinaus ist violett und dick dargestellt. (Walmswell et al. 2015)	627
Abb. 6.17	Korrelation zwischen Gesamthelligkeit (bolometrische Helligkeit), effektiver Temperatur, Radiusänderung und Radialgeschwindigkeit über eine Periode des Lichtwechsels eines klassischen Delta-Cepheiden.	630
Abb. 6.18	Knotenflächen innerhalb eines radial schwingenden Sterns. Ein „Knoten" fällt dabei mit dem Sternzentrum zusammen. Da der hier dargestellte Stern im „zweiten Oberton" ($m = 2$) schwingt, muss er drei „Knotenflächen" besitzen (die Grundschwingung ist durch $m = 0$ gegeben)	631
Abb. 6.19	Beispiele für Planetarische Nebel, fotografiert mit dem Hubble-Teleskop (Nasa)	647
Abb. 6.20	Die Aufnahme des Helixnebels NGC 7293 mit dem Hubble-Weltraumteleskop zeigt viele Details, die sich nur sehr schwer erklären lassen. Zu nennen sind hier insbesondere die rund 3500 „kometenähnlichen" Strukturen (Knoten), deren Entstehung immer noch rätselhaft ist (NASA)	649
Abb. 6.21	Der Katzenaugennebel (NGC 6543) im Sternbild Drache gehört zu den strukturell am komplexesten aufgebauten Planetarischen Nebeln. Seine Entfernung wird auf etwa 3300 Lj geschätzt. (Aufnahme Hubble-Teleskop)	650
Abb. 6.22	Homunkulusnebel um den LBV-Stern η Carinae. Er ist das Ergebnis des großen Ausbruchs von 1845 (Hubble-Teleskop, NASA)	657
Abb. 6.23	Entwicklung der konvektiven Bereiche eines 15 Sonnenmassen-Sterns mit Beginn des Heliumbrennens bis zum Kohlenstoffbrennen. (Aus Woosley et al. 2002)	660
Abb. 6.24	Kugelsternhaufen M13 im Sternbild Herkules.	662
Abb. 6.25	Der offene Sternhaufen der Plejaden stellt die größte kompakte Anhäufung von jungen B-Sternen dar.	

	(Aufnahme Dr. A. Matauscheck)	664
Abb. 6.26	Theoretische Isochronen für Sterne mit solarer Metallizität	667
Abb. 6.27	Isochrone-Fitting der beiden Kugelsternhaufen NGC 6362 und NGC 6723. Entlang der Abszisse ist der EDR3 GBP $-$ GRP Farbenindex aufgetragen. Die Isochronen von NGC 6362entsprechen ungefähr einem Alter von 12 Mrd. Jahren und die von NGC 6723 von ungefähr 12,4 Mrd. Jahren. Die unterschiedlichen Farben geben jeweils Kurven von Modellsternen unterschiedlicher Metallizität wieder (Gontcharov et al. 2023)	668
Abb. 6.28	Farben-Helligkeitsdiagramm des sehr alten Kugelsternhaufens M 92 im Sternbild Herkules (Stetson und Harris 1988).	669
Abb. 6.29	Farben-Helligkeitsdiagramm der Plejaden (M45). Das Alter dieses Sternhaufens beträgt etwa 100 Mio. Jahre	670
Abb. 6.30	Schematische Darstellung einiger offener Sternhaufen unterschiedlichen Alters in einem FHD	670
Abb. 7.1	Ausschnitt aus dem 7200 Lj entfernten Kugelsternhaufen M4, aufgenommen mit dem Hubble-Weltraumteleskop am 28. August 1995. Die eingekreisten schwachen Lichtpunkte auf der rechten Seite sind Weiße Zwergsterne, die mit einem Alter zwischen 12 und 13 Mrd. Jahren zu den wahrscheinlich ältesten Sternen im Universum gehören (HST, NASA)	678
Abb. 7.2	Spektren der Weißen Zwerge GD 362 (Spektraltyp DAZB), GD 40 (DA) und J0738+1835 (DBZ). Das Objekt J0738+1835, 440 Lj von der Erde entfernt, ist dahingehend bemerkenswert, als es Spektralmerkmale zeigt, die darauf hinweisen, dass dieser Weiße Zwerg silikatische Materie eines durch Gezeitenkräfte zerstörten Exoplaneten eingesammelt hat (Dufour et al. 2010)	678
Abb. 7.3	Verteilung der Oberflächengravitation und der Masse von 298 Weißen Zwergen vom Typ DA. (Nach Liebert et al. (2004))	684
Abb. 7.4	Farben-Helligkeits-Diagramm von 2200 Weißen Zwergsternen im Kugelhaufen ω Centauri. Die Daten wurden mit dem Hubble-Weltraumteleskop unter Verwendung von Filtern für das B- und R-Band (434 nm und 635 nm) erhalten. Gezeigt ist die Domäne der Weißen Zwerge (links) und die Hauptreihe (rechts). Man erkennt weiterhin, dass die Abkühlungssequenz der Weißen Zwerge etwa 8 bis 10 Größenklassen unterhalb der Hauptreihe verläuft. (Monelli et al. 2005)	686
Abb. 7.5	Man vermutet anhand astroseismologischer Untersuchungen, dass der ca. 50 Lj. entfernte und	

	ungefähr erdmondgroße Weiße Zwerg mit der Katalogbezeichnung BPM 37.093 zu etwa 90 % zu einem „Diamanten" auskristallisiert ist. (NASA)	690
Abb. 7.6	Zusammenhang zwischen Kerntemperatur und Leuchtkraft Weißer Zwerge, wie er sich aus detaillierten Modellrechnungen ergibt. (Nach Chabrier et al. (2000))	695
Abb. 7.7	Leuchtkraftfunktion sonnennaher Weißer Zwerge (Sloan Digital Sky Survey)	696
Abb. 7.8	Abkühlungsfunktion eines Weißen Zwerges von 0,6 Sonnenmassen	698
Abb. 7.9	Messstreifen mit den Signalen des ersten Pulsars (PSR 1919+21) vom 28. November 1967 – entdeckt von Jocelyn Bell (Burnell)	701
Abb. 7.10	IAU-Zirkular Nr. 2110 mit der Entdeckungsmeldung von zwei pulsierenden Radioquellen im Himmelsbereich um den Krebsnebel M1 – dem Überrest der Supernova des Jahres 1054. Eine davon erwies sich als dessen schon länger bekannter Zentralstern	702
Abb. 7.11	Verteilung der Perioden aller bis 2010 entdeckten Pulsare (entsprechend ATNF Pulsar Catalogue)	704
Abb. 7.12	Pulsformen des Krebsnebelpulsars bei verschiedenen Beobachtungsfrequenzen. (Nach Moffett, Hankins (1995))	705
Abb. 7.13	Spektrale Energieverteilung des Krebsnebelpulsars PSR B0531+21. Die durchgezogene Linie stellt überwiegend Synchrotronstrahlung dar	706
Abb. 7.14	Dipolfeldstruktur um einen Pulsar (Modell des schiefen Rotators)	713
Abb. 7.15	Die Bewegung des Neutronensterns um den Systemschwerpunkt des binären Systems, dem er angehört, verursacht eine sinusförmige Überlagerung der Kurve der Ankunftszeiten der Pulse beim Beobachter (Doppler-Effekt)	719
Abb. 7.16	Schematischer Aufbau eines Röntgendoppelsterns	720
Abb. 7.17	Röntgenbursts von 4U/MXB 1820-30 im Zeitraum 11:00 bis 7:00 UT am 19/20 August 1985, aufgezeichnet vom Röntgensatelliten EXOSAT. (Nach Haberl, Stella (1987))	723
Abb. 7.18	Durch die relativistische Lichtablenkung ist bei einem Neutronenstern mehr als die Hälfte seiner Oberfläche sichtbar. Bei einem „kanonischen Neutronenstern", dessen Masse nach Definition 1,4 Sonnenmassen und dessen Radius 10 km beträgt, sind das genau 84 %. Natürlich gibt es diesen Effekt auch bei der Sonne. Nur liegt hier die "einsehbare Oberfläche" bei lediglich 50,0002 %	724
Abb. 7.19	Verwendetes Koordinatensystem zur Lösung des Lagrangeschen Spezialfalls der Himmelsmechanik	725

Abb. 7.20	3-D-Darstellung des Roche-Potenzials eines Doppelsternsystems mit dem Massenverhältnis 2:1, darunter die 2-D-Projektion mit der eingezeichneten Position der Lagrange-Punkte L_1 bis L_3 gemäß Gl. 7.59	728
Abb. 7.21	Beispiel für einen typischen halbgetrennten Doppelstern, dessen primäre Komponente seinen Roche-Lobe voll ausfüllt. Die über den Lagrange-Punkt L_1 ausfließende Materie bildet um den kompakten Begleiter (Weißer Zwerg, Neutronenstern, Schwarzes Loch) eine Akkretionsscheibe	729
Abb. 7.22	Entwicklung eines binären Systems aus einem ursprünglich 15 $M_\odot$- und einem ursprünglich 1,6 $M_\odot$-Stern zu einem Millisekundenpulsar ähnlich PSR 1855+09 (Nach Tauris und Heuvel (2003))	732
Abb. 7.23	Begleitstern eines Black-Widow-Pulsars, dessen dem Pulsar zugewandte Seite durch die kurzwellige Strahlung und Partikelstrahlung extrem stark aufgeheizt wird. Das führt zu einem kontinuierlichen Massenverlust, der bis zur fast vollständigen Auflösung des Begleiters führen kann (NASA)	736
Abb. 7.24	Explizit gemessene Massen von Neutronensternen	738
Abb. 7.25	Verteilung der Massen von Neutronensternen. (Nach https://stellarcollapse.org/nsmasses)	739
Abb. 7.26	Röntgenspektrum des isolierten Neutronensterns PSR B0656+14...	742
Abb. 7.27	Deformation einer Zylinderquerschnittsfläche beim Durchgang einer „+" – polarisierten Gravitationswelle........	744
Abb. 7.28	Deformation einer Zylinderquerschnittsfläche beim Durchgang einer x-polarisierten Gravitationswelle	744
Abb. 7.29	Nach dem *core bounce* (t=0) rapide anwachsende Stoßfront (blaue Begrenzung, man beachte den Längenbalken), hinter der sich eine durch Neutrinos angeregte und durch Rayleigh-Helmholtz-Instabilitäten hochgradig turbulente „Schubzone" entwickelt. Die Farben kodieren die Bewegungsrichtung („Rot" bedeuten mehr nach außen, „Blau" mehr nach innen gerichtete Strömungen) und die *bubbles* stellen Flächen ungefähr gleicher Entropie (korreliert mit der Temperatur) dar. (Melson et al. 2015)	749
Abb. 7.30	Verschiedene Modelle des inneren Aufbaus von Neutronensternen (Weber 2004).........................	755
Abb. 7.31	Änderung der teilchenmäßigen Zusammensetzung der Krustenmaterie eines Neutronensterns bei verschiedenen	

	Temperaturen und Dichten.............................	759
Abb. 7.32	Die Kantenlänge dieses Bildes, das die Struktur einer bestimmten Sorte „nuklearer Pasta" visualisiert, entspricht ungefähr dem 1/10.000 eines Nanometers. Es ist das Ergebnis einer Clustersimulation von André Schneider mit 51.200 Protonen und Neutronen unter den Bedingungen, wie sie im Inneren eines Neutronensterns herrschen. Die komplexen Formen resultieren aus der Konkurrenz zwischen anziehenden Kernkräften und abstoßenden elektrischen Kräften innerhalb der dichten Kernmaterie. (Visualisation: David Reagan, André Schneider)..	763
Abb. 7.33	Nukleare Pastaphasen im Bereich der inneren Kruste und des Mantels eines Neutronensterns. Im Bereich des inneren Kerns eines Neutronensterns taucht das Kristallgitter schwerer neutronenreicher Kerne mit dem eingebetteten relativistischen Elektronengas in eine wahrscheinlich suprafluide Neutronenflüssigkeit ein. Bei ausreichend hohen Dichten beginnen die Kerne, Cluster zu bilden, die sich entlang bestimmter Richtungen verbinden, um ausgedehnte Röhren, Schichten und Blasen aus Kernmaterie zu formen (https://compstar.uni-frankfurt.de/outreach/short-articles/the-nuclear-pasta-phase/)..............................	765
Abb. 7.34	Relaxationsverhalten eines typischen Pulsar-*glitches*, wie es das einfache Zweiphasenmodell liefert. (Nach Shapiro und Teukolsky (1983)).................................	770
Abb. 7.35	Vereinfachtes Phasendiagramm kompakter Materie, wie man sie im Inneren von Neutronen- und Quarksternen erwartet.................................	773
Abb. 7.36	Standardmodell der Elementarteilchenphysik. (Wikimedia)....	774
Abb. 7.37	Phasendiagramm von hadronischer und Quarkmaterie. Während der Tieftemperaturübergang von hadronischer Materie zu Neutronenmaterie bei $\mu \approx 310$ MeV recht gut gesichert ist, ist der μ-Wert für den Phasenübergang von Neutronenmaterie zu kalter Quarkmaterie noch unbekannt. Insbesondere sind auch die zwischen diesem Übergang und dem Übergang in die CFL-Phase vermuteten Formen der Quarkmaterie noch weitgehend eine „theoretische Wüste"..................	777
Abb. 7.38	Beispiele einiger analytischer Kurven verschiedener Zustandsgleichungen von Neutronensternen unter Vernachlässigung von Temperatur- und Rotationseffekten.....	780
Abb. 7.39	Masse-Radius-Beziehung von Neutronensternen, wie man sie unter Verwendung einer „weichen" (linke	

	Begrenzung des Unbestimmtheitsbereichs) und einer „steifen" Zustandsgleichung (dessen rechte Begrenzung) erhält. (Nach Hebeler et al. (2013))	781
Abb. 7.40	Masse-Radius-Beziehung von Neutronensternen in Abhängigkeit der dem Sternmodell zugrunde liegenden Zustandsgleichung. FPS stellt hier eine sogenannte „weiche" und SLY4 eine sogenannte „steife" Zustandsgleichung (hier für rein hadronische Materie) dar.....	783
Abb. 7.41	Innerer Aufbau eines Neutronensterns und eines (seltsamen) Quarksterns................................	784
Abb. 7.42	Lage der fünf von ALICE detektierten, zu Myonenschauern geführten und als *strangelet*-Einfall interpretierten Ereignisse am Himmel. Ihre Position liegt mit $\alpha \approx 11^h 15^m$ und $\delta \approx +39°$ nahe am galaktischen Nordpol, was auf ihren intergalaktischen Ursprung hindeutet. (Aus Kankiewicz et al. (2017))	785
Abb. 7.43	Struktur eines Kerr-Lochs	792
Abb. 7.44	Schematischer Aufbau eines hypothetischen Gravasterns	794
Abb. 7.45	Künstlerische Darstellung des Röntgendoppelsterns Cygnus X-1, dessen kompakter Begleiter ein Kerr-Loch mit einer Masse von ungefähr 15 Sonnenmassen ist (NASA)...	800
Abb. 7.46	Ausbildung einer für Jets typischen Magnetfeldstruktur auf der Grundlage des Blandford-Znajek-Mechanismus. (Nach Semenov et al. (2004))..........................	801

Eine kurze Geschichte der Erforschung der Sterne

1

Quippe mihi non multo minus admirandae videntur occasiones, quibus homines in cognationem rerum coelestium deveniunt; quam ipsa Natura rerum coelestium.

Johannes Kepler, Argumenta singulorum capitum, Astronomia Nova, 1609

Die Sterne am Himmel galten seit je her dem Menschen als ein Beispiel für Unvergänglichkeit und Unerreichbarkeit. Es hat sicherlich nachvollziehbare Gründe, dass die frühesten überlieferten Reflexionen der Menschheit etwas mit Göttern zu tun haben, die häufig im Himmel angesiedelt und oft durch Himmelskörper wie Sonne, Mond und Wandelsterne repräsentiert werden. Viele der ersten Religionen (und der Religionen vieler noch heute existierender Naturvölker) waren das, was die Theologen gern als „Astralreligionen" bezeichnen: Religionen, die den gestirnten Himmel als von Göttern erfüllt ansahen, deren Wirken direkten Einfluss auf das menschliche Schicksal hat oder es lenkend beeinflusst. Auch die Entstehung der Astrologie lässt sich im Abendland eindeutig auf die frühen Sternkulte der Sumerer, Assyrer und Babylonier (die selbst eine durchaus für ihre Zeit hochentwickelte Beobachtungsgabe in Bezug auf himmlische Phänomene hatten) zurückführen. Die Sterne am Firmament wurden dabei noch nicht als „Weltkörper" wahrgenommen (Schelling 1996), sondern als etwas Überkörperliches, Unveränderliches – kurz als etwas „Astrales", welches man mit dem Wirken von Gottheiten verknüpfte. Dabei galten die Himmelskörper, die zwischen den Sternen „wandelten" (einschließlich der Sonne), gar selbst als die Repräsentanten dieser Gottheiten (was sich übrigens noch heute recht deutlich in ihren Namen in vielen Sprachen der Welt widerspiegelt).

Von den Babyloniern stammt übrigens die Vorstellung, dass sich die Gestalt des Universums aus der Scheidung des Himmels von der Erde durch die Götter ergeben hat – niedergelegt in dem großen babylonischen Epos *„Enuma Elish",* festgehalten in Keilschrift auf der fünften Tafel des in der Bibliothek des Assurbanipal (Regierungszeit 669–627 v. Chr.) in Ninive ausgegrabenen Götterepos.

Oder nehmen wir das alte Ägypten. Als Howard Carter (1874–1939) im Jahre 1923 den Sarkophag des bis dahin so gut wie unbekannten Pharaos Tutanchamun in seiner im Jahr zuvor entdeckten Grabkammer im Tal der Könige bei Luxor fand, entdeckte er darauf die Zeilen eines kleinen Gebets, die wahrscheinlich aus dem *Ägyptischen Totenbuch* stammten. Darin erhoffte sich der jung verstorbene Pharao in den Himmel versetzt und mit der Himmelsgöttin Nut vereinigt zu werden:

> O meine Mutter Nut, breite deine Schwingen aus über mir und versetze mich unter die unvergänglichen Sterne.

Der Körper der Göttin Nut stellt in der altägyptischen Mythologie das Himmelsgewölbe mit seinen Sternen dar, die wiederum die von den Toten auferstandenen Seelen symbolisieren. In diesem schlichten Gebet zeigt sich aber auch etwas Zeitloses, was den Menschen seit Anbeginn seiner Existenz auf Erden immer und immer wieder geheimnisvoll berührt hat: der Anblick des Himmels in einer klaren mondlosen Nacht…

Auch heute kann man sich nicht eines mystisch anmutenden und auch nicht einfach zu beschreibenden Gefühls erwehren, wenn man in einer lauen Nacht weit weg von künstlichen Lichtquellen den Sternhimmel mit seinen scheinbar Millionen von Sternen betrachtet. Dann beginnt man zu ahnen, weshalb in den religiösen Vorstellungen unserer Vorfahren die Unvergänglichkeit des Sternhimmels und die geheimnisvolle Bewegung der Planeten eine wichtige Rolle gespielt haben.

Himmlische Phänomene mit ihrer besonderen Regelmäßigkeit waren aber auch die ersten „Zeitmesser", auf die man sich wirklich verlassen konnte und auf denen sich Zukunftsplanungen begründen ließen. So ist es nicht verwunderlich, dass sich chronologische Systeme bei näherer Betrachtung bis heute an astronomisch bedingten Periodizitäten orientieren. Erwähnt sei in diesem Zusammenhang auch die 1999 bei einer Raubgrabung gefundene frühbronzezeitliche „Himmelsscheibe von Nebra", die viele Deutungsversuche und Fragen aufgeworfen hat, die bekanntlich nicht nur Wissenschaftler in ihren Bann gezogen haben, und die explizit zeigt, wie wichtig die astronomische Zeitbestimmung zur Festlegung von Saat- und Erntezeiten schon in frühen Ackerbaugesellschaften gewesen sein muss. Das, was wir heute als „Astronomie"[1] bezeichnen, war, seitdem der Mensch sesshaft geworden ist, auch von großer weltanschaulicher Bedeutung, da sich darauf Religionen gründeten, die einen gesellschaftlichen Zusammenhalt bedingten. Der Historiker kann das sehr gut am Beispiel der erstaunlich hochentwickelten Astronomie im Zweistromland (Mesopotamien) vor mehr als 4000 Jahren verfolgen, über die sich viele

---

[1] Hier ist beim Begriff der „Astronomie" unbedingt zu beachten, dass man von der Antike bis zur frühen Neuzeit keine großen Unterschiede zwischen „Astronomie" und „Astrologie" gemacht hat.

Informationen in schriftlicher Form auf Keilschrifttafeln bis heute erhalten haben. Auch hier standen die leicht zu beobachtenden periodischen Abläufe am Himmel im Zentrum des Interesses, denn sie ermöglichten eine überaus präzise Zeitrechnung. Ohne sie ist es äußerst schwierig, das gesellschaftliche Zusammenleben von größeren mehr oder weniger sesshaften Menschengruppen überhaupt organisatorisch zu bewältigen. Der tägliche Auf- und Untergang der Sonne, der Phasenwechsel des Mondes, die Bewegung der Planeten durch den Zodiakus und der heliakische Aufgang auffälliger Sterne oder Sternbilder bildeten die Grundlage für allgemeingültige Kalender, über welche beispielsweise die Aussaat und die Ernte, jahreszeitliche Phänomene (z. B. das Einsetzen der Nilflut im alten Ägypten), aber auch Rechtsakte wie Steuereintreibungen und Zinszahlungen geregelt werden konnten. Die „Astronomie" ist in diesem Sinn die älteste Wissenschaft, die sich die Menschen gegeben haben – ja, älter noch, als der Wissenschaftsbegriff selbst.

Wie bereits die babylonischen Astronomen bemerkt (und aufgeschrieben) haben, bleiben die Positionen der Sterne im Wechsel der Jahreszeiten relativ zueinander unveränderlich (zumindest, wenn man die Zeitdauer eines Menschenlebens zum Maßstab nimmt), als ob sie – wie die alten Griechen es später ausdrückten – am Firmament fest angebracht, fixiert wären. Daraus resultiert der noch heute oft verwendete Begriff des Fixsterns, um ihn von den anderen, dem menschlichen Auge auch als „sternartig" erscheinenden „Wandelsternen" abzugrenzen. Diese Fixsterne sollten bis in das 18. nachchristliche Jahrhundert lediglich die Kulisse bilden, in der sich die astronomische Forschung (die sich bis dato fast ausschließlich mit Sonne, Mond und Planeten und ihren Bewegungen am Firmament beschäftigte) abspielte.

Die Idee, dass die Fixsterne am Himmelsgewölbe festsitzen, ist eigentlich eine logische Konsequenz der Anschauung, denn dem Menschen auf der Erde erscheint der Himmel als ein Gewölbe in Form einer Halbkugel, die durch den natürlichen Horizont begrenzt wird. Und man kann sich auch leicht vorstellen, dass diese Halbkugel unter dem Horizont ihre Fortsetzung findet, sodass man es genau genommen mit einer Kugel mit dem Beobachter im Zentrum zu tun hat. Wenn man jetzt diese Vorstellung dahingehend weiterführt, dass man jedem Himmelskörper (d. h. in der Antike Sonne, Mond und die damals bekannten fünf Planeten) neben der ganz außen liegenden Fixsternsphäre eine jeweils eigene Sphäre zubilligt, dann gelangt man fast zwangsläufig zum System der „Kristallsphären" des Empedokles (etwa 495–435 v. Chr.). Die Sphären selbst dachte man sich als durchsichtig und die Himmelskörper darauf als fest angeheftet (lat. *firmamentum*, „Befestigungsmittel"). Die Bewegung der Himmelskörper ergibt sich dann aus der sehr komplexen Eigenbewegung der Sphären relativ zueinander bzw. relativ zur „Fixsternsphäre", die sich äußerst gleichförmig innerhalb eines Tages einmal um den Beobachter dreht. Dieses „Modell", wie wir heute sagen würden, hatte den Charme, der Mathematik zugänglich zu sein, was bereits die „Pythagoreer" erkannten und die auf dieser Grundlage – jedoch aus mehr ästhetischen Gesichtspunkten – das Konzept der „Sphärenmusik" entwickelten. Diese „Mathematisierung" der Astronomie half auch das Problem der exakten Vorhersagbarkeit der komplizierten Bewegung von Mond und Planeten in Angriff zu nehmen.

Die Entwicklung eines geozentrischen Weltmodells durch eine Vielzahl griechischer Mathematiker (z. B. Eudoxos von Knidos, * um 390 v. Chr.) und Astronomen (z. B. Hipparchos von Nicäa, * um 190 v. Chr.) und dessen Abschluss durch Claudius Ptolemäus (* um 100 n. Chr.) haben das abendländische Denken über 1500 Jahre lang maßgeblich beeinflusst. Man kann sogar sagen, dass die „ptolemäische" Planetentheorie genau genommen „die" wissenschaftliche Theorie ist, die in der Geschichte der Menschheit am längsten Bestand hatte und dabei den Bedürfnissen vieler Generationen von Gelehrten gerecht wurde. Es brauchte erst das Genie eines Nicolaus Copernicus (1473–1543), um, trotz der für jedermanns Offensichtlichkeit, dass sich die Sonne, der Mond, die Planeten und die Sterne täglich einmal um die Erde bewegen, den Mut zu haben, eine dem völlig entgegengesetzte Hypothese aufzustellen und die Sonne in die Weltmitte zu platzieren.[2] Es soll an dieser Stelle nur auf den Umstand hingewiesen werden, dass es vom irdischen Standpunkt aus sehr schwierig ist, durch Beobachtungen – zumindest, wenn dafür keine sehr genauen Beobachtungsinstrumente wie Teleskope zur Verfügung stehen – festzustellen, ob sich die Erde um sich selbst und durch den kosmischen Raum bewegt. Es hat nach Copernicus dann noch über ein weiteres Jahrhundert gedauert, bis seine Theorie endgültig durch Beobachtungen verifiziert, durch neue Erkenntnisse auf eine sichere Grundlage (Newton'sche Mechanik) gestellt und schließlich allgemein anerkannt wurde.

Was jedoch auffällig ist, ist der Umstand, dass Sterne zwar aus praktischen Erwägungen schon immer ernsthaft beobachtet wurden, man sich aber über ihre wahre Natur bis zum Beginn der Neuzeit so gut wie keine Gedanken gemacht hat. Nur von Aristoteles hat sich eine etwas absonderliche Erklärung in seinem dreibändigen Werk *De caelo* (d. h. *Über den Himmel*) überliefert (Aristoteles 1857). Danach ist die Reibungshitze, die aufgrund der schnellen Rotation der Sphären in der Luft entsteht, die eigentliche Ursache für das Leuchten der Sterne. Man muss sich dazu die Sterne als so etwas wie kleine Knubbel vorstellen, die aus dem gleichen Material wie die Fixsternsphäre bestehen und aus der Sphäre in Richtung Sphärenmittelpunkt hervorragen. An ihnen reibt sich nach Aristoteles die Luft, die genau an dieser Stelle zu glühen und zu leuchten beginnt und auf diese Weise das Phänomen eines „Sterns" für einen irdischen Beobachter hervorbringt (s. Abb. 1.1).

Die Idee der „Himmelssphären" hat bis in die beginnende Neuzeit Bestand gehabt und wurde genau genommen erst von dem „ketzerischen" Dominikanermönch Giordano Bruno (1548–1600) ernsthaft infrage gestellt. Er war der Erste, der mit Vehemenz die Idee eines unendlichen Weltalls, angefüllt mit Sternen von der Art unserer Sonne (d. h., er stellte sich die Sterne wie die Sonne vor, nur dass sie unvorstellbar weit von der Erde entfernt sind) vertreten hat. Die „Unendlichkeit" der Welt wurde übrigens schon aus rein logischen Gründen in der Antike

---

[2] Bereits der griechische Gelehrte Aristarchos von Samos (* um 310 v. Chr.) entwickelte ein heliozentrisches Weltsystem, das aber keine Anerkennung fand (ein gewichtiges Argument dagegen war, dass sich keine Fixsternparallaxen nachweisen ließen).

1 Eine kurze Geschichte der Erforschung der Sterne

Abb. 1.1 Dieser oft ins „Mittelalter" datierte Holzschnitt entstammt dem populärwissenschaftlichen Buch *L'atmosphère. Météorologie populaire* des Astronomen Camille Flammarion (1842–1925) und zeigt allegorisch, wie der Mensch die Sternensphäre durchbricht und so zu neuen Erkenntnissen gelangt. Die Vorstellung, dass die Sterne an einer „kristallenen Sphäre" angeheftet sind, war bis zu den Zeiten Giordano Brunos und Galileo Galileis allgemein anerkanntes und bis dahin auch kaum hinterfragtes Gedankengut. (Wikimedia)

vertreten, wie man z. B. dem Lehrgedicht *De rerum natura* von Titus Lucretius Carus (um 53 v. Chr.), genannt Lukrez, entnehmen kann. Nur erstreckte sich der „unendliche Raum" hinter den Sphären, an denen die Himmelskörper angeheftet waren. Auf diese Weise stellte Giordano Bruno, quasi erstmalig und öffentlichkeitswirksam, eine Wesensgleichheit zwischen Sonne und Sterne her, was dem aristotelischen Weltbild – quasi die „naturwissenschaftliche" Grundlage der katholischen Glaubenslehre – grob widersprach. Und das führte damals zu ernsthaften Konsequenzen, wie jeder weiß…

Natürlich waren seine Vorstellungen, die er zeitgemäß in Dialogen niederschrieb, zu seinen Lebzeiten nichts weiter als Hypothesen. Es gab damals nicht einmal theoretisch die Chance, sie in irgendeiner Form zu beweisen. Dazu hätte man nämlich die Parallaxe eines Sterns zweifelsfrei messen müssen, und die dafür notwendigen Grundlagen in Bezug auf Beobachtungsinstrumente (Teleskope) und auf mathematisch-physikalische Grundlagen (Kenntnis der Erdbahn um die Sonne,

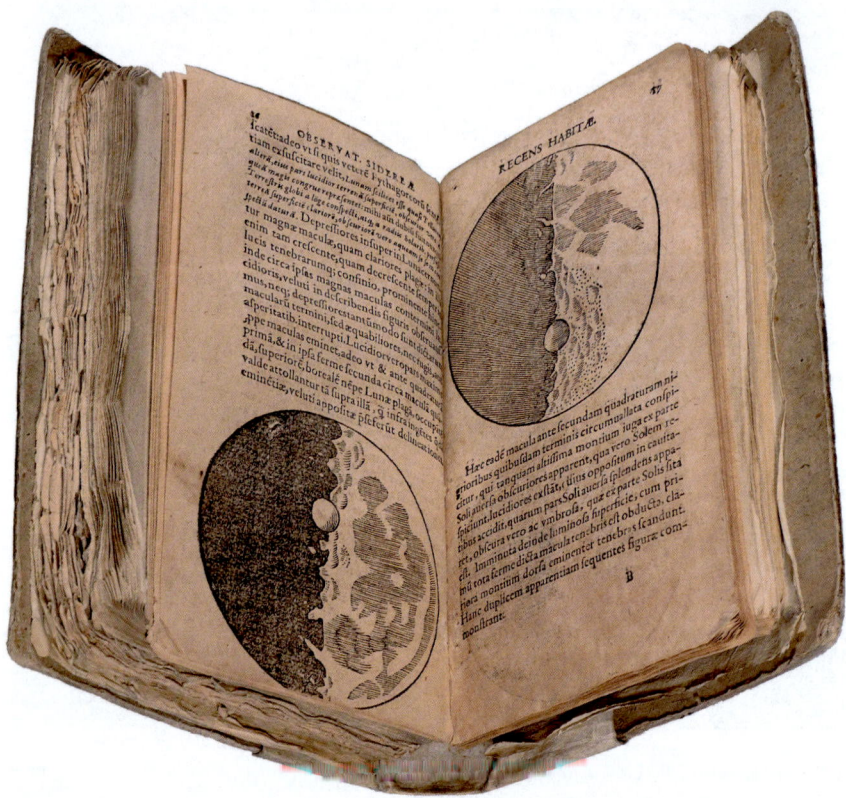

Abb. 1.2 Der *Sternenbote* aus dem Jahre 1610 ist das erste wissenschaftliche Werk, in dem Entdeckungen am Himmel mitgeteilt werden, die mit einem einfachen Fernrohr gemacht wurden. Darin berichtet Galileo Galilei u. a., dass seine Beobachtungen zeigen, dass es mindestens zehnmal mehr Sterne am Firmament geben muss, als man mit bloßem Auge sehen kann. Insbesondere konnte er zweifelsfrei zeigen, dass das leuchtende Band der Milchstraße aus sehr vielen, dichtgedrängten Sternen besteht

Theorie der Messfehler etc.) waren erst über 200 Jahre nach seinem Feuertod auf dem Scheiterhaufen gegeben.

Der Übergang vom 16. zum 17. Jahrhundert ist astronomisch dadurch gekennzeichnet, dass sich das kopernikanische Weltbild unter den Astronomen jener Zeit langsam, aber stetig, durchzusetzen begann. Galileo Galilei (1564–1642) führte das Fernrohr als Beobachtungsinstrument ein (s. Abb. 1.2), und Johannes Kepler (1571–1630) entdeckte in schwieriger Zeit und mit unendlichem Fleiß seine drei Planetengesetze, indem er die Positionsbeobachtungen Tycho Brahes (1546–1601) – insbesondere die des Planeten Mars – einer genauen Analyse unterwarf. Noch einmal 80 Jahre später konnte bereits Isaac Newton (1643–1727) diese Planetengesetze aus wenigen Grundannahmen (Axiomen) mathematisch deduzieren. Aus der Anwendung der von ihm entwickelten „Newton'schen

Mechanik" auf die Bewegung der Himmelskörper entstand schließlich die Himmelsmechanik (Pierre-Simon de Laplace (1749–1827)), welche die nächsten zwei Jahrhunderte die astronomische Forschung sowohl in theoretischer als auch in beobachtender Hinsicht dominieren sollte. Aber auch hier blieben die Sterne im Wesentlichen weiterhin nur Kulisse. Man interessierte sich für ihre Positionen, ihre Eigenbewegungen und vielleicht noch für ihre ungefähre Helligkeit – aber nur, um die ersten beiden Größen so genau wie möglich messen und katalogisieren zu können. Über ihre wahre Natur wurden zwar Mutmaßungen angestellt (dass es sich um ferne Sonnen handelt, hatte man in der wissenschaftlichen Community mittlerweile allgemein akzeptiert), aber noch Friedrich Wilhelm Bessel (1784–1846) vertrat die Meinung, dass die Aufklärung ihrer physischen Natur niemals Gegenstand der Astronomie sein kann. So schrieb er um das Jahr 1840 in seinen *Populären Vorlesungen über wissenschaftliche Gegenstände* (Bessel und Schumacher 1848):

> Was die Astronomie leisten muss, ist zu allen Zeiten gleich klar gewesen: sie muss Vorschriften ertheilen, nach welchen die Bewegungen der Himmelskörper, so wie sie uns, von der Erde aus, erscheinen, berechnet werden können. Alles was man sonst noch von den Himmelskörpern erfahren kann, z. B. ihr Aussehen und die Beschaffenheit ihrer Oberflächen, ist zwar der Aufmerksamkeit nicht unwerth, allein das eigentliche astronomische Interesse berührt es nicht.

Diese Auffassung ist auch im Lichte jener Zeit durchaus nachvollziehbar. Gerade erst konnte im Jahre 1838 Friedrich Wilhelm Bessel die erste jährliche Parallaxe eines Fixsterns (61 Cygni) und damit dessen wahren Abstand von der Sonne bestimmen (Bessel 1839). Nur wenig später gelang es Friedrich Georg Wilhelm Struve (1793–1864) die Parallaxe von Wega (α Lyrae) (Struve 1840) und Thomas James Henderson (1798–1844) die Parallaxe von α Centauri zu vermessen (Clerke 2010). Damit hatte sich nun endgültig die Ahnung bestätigt, dass die Entfernungen zwischen und zu den Sternen nach irdischen Vorstellungen einfach unvorstellbar groß sind. Und allein schon das machte jede Hoffnung zunichte, durch Beobachtungen etwas Genaueres über ihre physikalische Natur und Beschaffenheit in Erfahrung bringen zu wollen. Noch der ehemals sehr bekannte Physiker und Meteorologe Heinrich Wilhelm Dove (1803–1879) belehrte den damals noch jungen Karl Friedrich Zöllner (1834–1882), als er ihm seine Ideen über die Analyse des Sternlichts darlegte, mit den Worten: „Was die Sterne sind, wissen wir nicht und werden es nie wissen!" (Zöllner 1881). (Abb. 1.3)

Aber die große Zeit der Positionsastronomie und der Himmelsmechanik, die viele aufregende Entdeckungen gebracht hat (man denke nur an die Entdeckungsgeschichte der Kleinen Planeten und die des Planeten Neptun), neigte sich ihrem Ende zu. Neben der theoretisch im Wesentlichen bereits ausgereizten klassischen Mechanik entstanden, insbesondere auch der technischen Revolution des 19. Jahrhunderts geschuldet, völlig neue Teilgebiete der Physik wie die Thermodynamik und die Elektrodynamik. Im 20. Jahrhundert kamen dann noch die Relativitätstheorie und die Quantentheorie hinzu. Das eröffnete völlig neue Ausblicke für die astronomische Forschung. Während bis dato das „Messen" von Positionen und

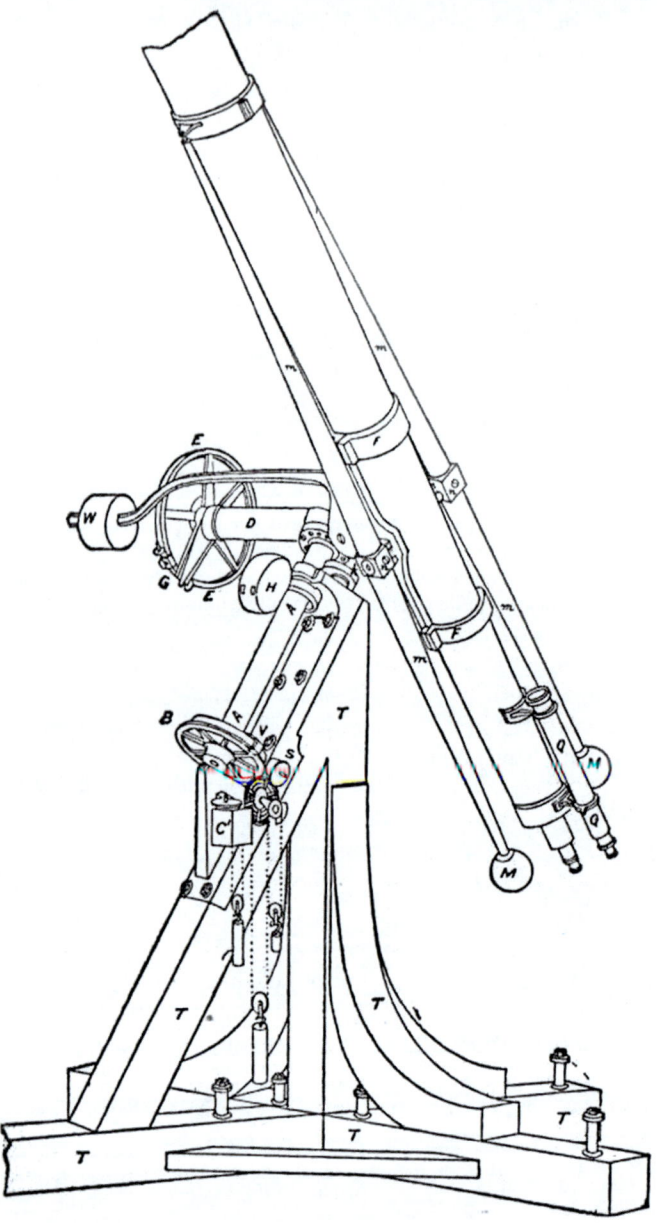

Abb. 1.3 Mit dem Fraunhofer-Heliometer der Sternwarte Dorpat (1825) wurde im ersten Drittel des 19. Jahrhundert eine optische und mechanische Qualität erreicht, die es einem begnadeten Beobachter ermöglichte, zum ersten Mal die Entfernung eines Sterns anhand seiner Parallaxe zu messen. Dieser begnadete Beobachter war Friedrich Wilhelm Bessel. Er legte mit seinen Forschungen wichtige Grundlagen der modernen Astrometrie

Bewegungen sowie ihre theoretische Deutung das Non-plus-ultra der nunmehr „klassisch" genannten Astronomie war, geriet jetzt immer mehr der Aspekt der Erklärung astronomischer Objekte und Prozesse in den Vordergrund – und zwar mithilfe der Anwendung physikalischer Methoden und Theorien. Der riesige Abstand zwischen der Erde und den Sternen war jetzt kein prinzipielles Hindernis mehr, um etwas über deren physikalische Natur und über deren Entwicklungsgeschichte in Erfahrung zu bringen. Denn, wie man schließlich erkannte, gelangten alle diese Informationen in verschlüsselter Form mit dem Sternlicht zur Erde. Man musste nur noch lernen, diese Informationen richtig zu lesen und zu deuten. Die Forschungsschwerpunkte und Interessen der Astronomen verschoben sich im Übergang vom 19. zum 20. Jahrhundert in auffälliger Weise immer weiter in eine Richtung, für die 1865 Karl Friedrich Zöllner den Begriff „Astrophysik" geprägt hat. Er schreibt (zitiert nach Benthin (1872)):

> Sowohl die heutige Entwicklungsphase der Astronomie, als auch das täglich sich steigernde Interesse für die Anwendung rein physikalischer Methoden auf astronomische Objekte, scheinen anzudeuten, daß bereits gegenwärtig alle Elemente zur Bildung jenes neuen Theiles der Astronomie vorhanden sind. Derselbe dürfte vielleicht nicht unpassend mit dem Namen „Astrophysik" belegt werden zum Unterschiede von dem bisher in Deutschland allgemein als „physische Astronomie" bezeichneten Theile. War es die Aufgabe der letzteren, unter Voraußetzung der Allgemeinheit einer Eigenschaft der Materie (der Gravitation oder Anziehungskraft) alle Ortsveränderungen der Gestirne zu erklären, so wird es die Aufgabe der Astrophysik sein, unter Voraußetzung der Allgemeinheit mehrerer Eigenschaften der Materie alle übrigen Unterschiede und Veränderungen der Himmelskörper zu erklären.
>
> Mit Rücksicht auf die Natur der hierbei anzuwendenden Methoden läßt sich die Astrophysik als auch eine Vereinigung der Physik und Chemie mit der Astronomie betrachten, und sie erscheint von diesem Gesichtspuncte aus als das nothwendige Resultat einer allgemeineren Entwicklung, welche bei stetigem Fortschritt der Wissenschaften bereits auch auf anderen Gebieten ähnliche Verschmelzungen ursprünglich getrennter Disziplinen zu einer höheren und allgemeineren Einheit herbeigeführt hat.

Die Entwicklung der „physischen" Astronomie hin zur „physikalischen" Astronomie hatte natürlich eine gewisse Vorgeschichte, die sich am besten an der Erforschung des Phänomens des Lichts nachvollziehen lässt....

Das moderne Verständnis des Phänomens „Licht" kann man bis zu Isaak Newton zurückverfolgen, der im Jahre 1660 erkannte, dass das „weiße" Sonnenlicht in Wirklichkeit ein Gemisch aus allen Farben des Regenbogens ist.[3] Er benutzte für seine Experimente Glasprismen, mit denen er das Licht spektral zerlegte und mit denen er weiter zeigen konnte, dass sich einfarbiges (monochromatisches) Licht nicht noch weiter zerlegen lässt. Weiterhin schloss er aus seinen Beobachtungen der Schattenbildung, der Lichtreflexion und des Phänomens der Lichtbrechung, dass das Licht aus Lichtteilchen, Korpuskeln bestehe müsse. Die Farbe ergibt sich

---

[3] Bereits der Dominikanermönch Dietrich von Freiberg (etwa 1240–1320) war in der Lage, die Entstehung des Regenbogens zu erklären. Über die Natur seiner Farben hat er sich aber offenbar keine tiefgreifenden Gedanken gemacht.

in Newtons Theorie wiederum schlicht aus der Größe dieser Korpuskeln. Für die Belange der Strahlenoptik war diese Theorie, noch untermauert durch die Autorität Newtons, natürlich völlig ausreichend. Aber sie konnte einige Beobachtungen nur sehr schwer oder überhaupt nicht zufriedenstellend erklären, und das betraf in erster Linie Beugungsphänomene und die Ergebnisse von Interferenzexperimenten. Hier lagen wiederum die Stärken der Wellentheorie des Lichtes, welche ungefähr zur gleichen Zeit der niederländische Physiker und Astronom Christiaan Huygens (1629–1695) entwickelt hat und die sich letztendlich im 19. Jahrhundert durchsetzen konnte. Und mit der Formulierung des Fermatschen (Extremal-) Prinzips konnten die aus Experimenten erschlossenen Reflexions- und Brechungsgesetze zum ersten Mal auf eine einheitliche physikalisch-mathematische Basis gestellt werden, was die Entwicklung einer „Theoretischen Optik" mit vielfältigen praktischen Anwendungsfällen ermöglichte.

Dass die Ausbreitungsgeschwindigkeit des Lichtes zwar riesengroß, aber trotzdem endlich ist, war bereits von Ole Christensen Rømer (1644–1710) im Jahre 1676 aus Beobachtungen der Verfinsterungszeiten der Galileischen Jupitermonde abgeleitet worden (Römer 1676). Der von ihm ermittelte Wert wich ungefähr 30 % vom modernen Vakuumwert ab. Ab Mitte des 19. Jahrhunderts wurde dann von verschiedenen Forschern (darunter Jean Bernard Léon Foucault (1819–1868)) die sogenannte Drehspiegelmethode zur Messung der Lichtgeschwindigkeit eingesetzt, was die Genauigkeit enorm erhöhte. Außerdem erkannte man, dass die Lichtgeschwindigkeit in Medien (z. B. Wasser) geringer ist als in Luft oder im Vakuum. James Clerk Maxwell (1831–1879) entdeckte schließlich, dass die Lichtgeschwindigkeit eine ganz wesentliche Größe in der von ihm ausgearbeiteten Theorie der Elektrodynamik ist und dabei auf eine höchst merkwürdige Art und Weise von zwei Materialgrößen, die man heute magnetische und elektrische Feldkonstante nennt, abhängt.

Zu Beginn des 19. Jahrhunderts waren sich die Gelehrten dahingehend einig, dass das Licht offensichtlich ein Wellenphänomen ist, wie beispielsweise Thomas Young (1773–1829) völlig überzeugend experimentell mittels eines Doppelspaltexperiments demonstrieren konnte. Friedrich Wilhelm Herschel (1738–1822) wiederum konnte im Jahre 1800 in Form eines genialen Versuchs zeigen, dass sich das Sonnenspektrum hinter dessen rotem Ende unsichtbar fortsetzt und dass man diese unsichtbare „Infrarotstrahlung" mit der Wärmestrahlung, die von heißen Körpern ausgeht, identifizieren kann. Und bereits ein Jahr später machte Johann Wilhelm Ritter (1776–1810) eine nicht minder interessante Entdeckung am violetten Ende des Sonnenspektrums, indem er die Farbänderung eines mit frischem Chlorsilber bedeckten Papierstücks unter Einwirkung des spektral zerlegten Sonnenlichts beobachtete: Die Farbänderung war im unsichtbaren, dem violetten Ende folgenden Teil des Spektrums am größten – und damit war die für das menschliche Auge unsichtbare Ultraviolettstrahlung entdeckt.

Im Jahre 1785 erfand der amerikanische Astronom David Rittenhouse (1732–1796) das Beugungsgitter, und im Jahre 1802 fand William Hyde Wollaston (1766–1828) die ersten sechs „dunklen Linien" im Sonnenspektrum, ohne das jedoch groß publik zu machen. Erst Joseph von Fraunhofer (1787–1826) – ein begnadeter Optiker und Fernrohrbauer, der in München wirkte – entdeckte sie im Jahre 1814 unabhängig von Wollaston neu, und zwar mithilfe des von ihm erfundenen Spektroskops – eines optischen Instruments, welches einige Jahrzehnte später die astronomische Forschung revolutionieren sollte. Fraunhofer interessierte sich zwar weniger für die Ursachen der dunklen Linien im Sonnenspektrum, die nach ihm „Fraunhofer'sche Linien" genannt werden, sondern verwendete sie ganz praktisch als feststehende Marken für Messzwecke, um Gläser für immer bessere achromatische Fernrohrobjektive auswählen zu können. Aber immerhin erkannte er durch Spektralbeobachtungen heller Sterne wie beispielsweise der Beteigeuze (α Orionis) im Sternbild Orion, dass sich Sternspektren gewöhnlich doch recht stark vom Sonnenspektrum unterscheiden (Abb. 1.4).

Bei seinen spektroskopischen Versuchen fand Fraunhofer auch eine Merkwürdigkeit, welche das Interesse weiterer Gelehrter beflügeln sollte. Er stellte nämlich fest, dass die Position einer auffällig gelben Linie, die er in einem Flammenspektrum fand, genau mit einer dunklen Linie im Sonnenspektrum, die er D-Linie nannte, übereinstimmte. Und solche Übereinstimmungen fanden schließlich seine Nachfolger in großer Zahl, indem sie Kerzenflammen mit verschiedenen Stoffen, insbesondere Salzen von Alkalimetallen, färbten. Zusammen mit dem Astronomen John Herschel (1792–1871), dem Sohn des Uranus-Entdeckers Friedrich Wilhelm Herschel, begann William Henry Fox Talbot (1800–1877) systematische spektroskopische Untersuchungen, deren Ergebnisse ihn zur Aussage veranlasste, „dass man eventuell durch einen kurzen Blick auf das prismatische Spektrum einer Flamme erfahren könne, welche chemischen Substanzen sie enthält".

In den fünfziger Jahren des 19. Jahrhunderts entwickelte sich in Heidelberg eine außergewöhnlich fruchtbare Zusammenarbeit zwischen dem Chemiker Robert Wilhelm Bunsen (1811–1899) und dem Physiker Gustav Robert Kirchhoff

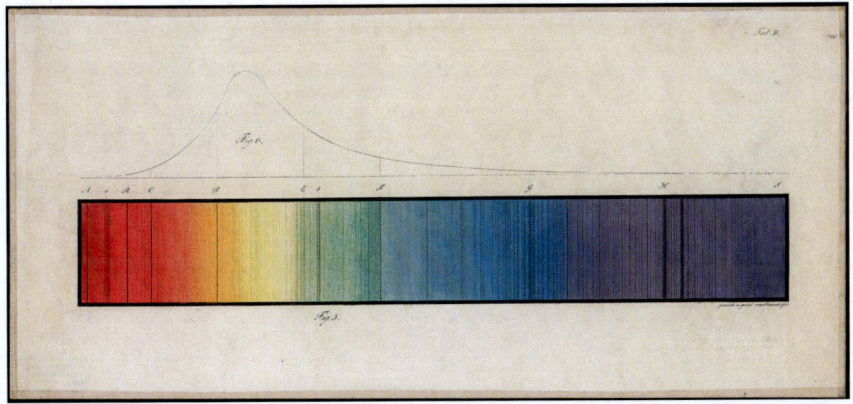

Abb. 1.4 Die schwarzen Striche, die das Sonnenspektrum durchziehen, werden nach Joseph von Fraunhofer als „Fraunhofersche Linien" bezeichnet. Diese Abbildung zeigt eines der beiden aus Fraunhofers Zeit stammenden handkolorierten Blätter, die im Archiv des Deutschen Museums in München aufbewahrt werden. (Deutsches Museum)

(1824–1887) auf dem Gebiet der Spektroskopie. In ihrer gemeinsamen Arbeit *Chemische Analyse durch Spektralbeobachtungen* legten sie gewissermaßen den Grundstein für eine wissenschaftlich begründete Spektralanalyse mit ihren vielfältigen Anwendungen in der chemischen Analytik und der astrophysikalischen Forschung (Kirchhoff und Bunsen 1860). Auf einmal wurde es klar, dass man nur das Licht der Sonne und der Sterne mit einem Spektralapparat in seine spektrale Bestandteile zerlegen muss, um anhand der aufgeprägten Linien etwas über die chemischen Stoffe zu erfahren, aus denen diese Himmelskörper bestehen. Die vom Begründer des Positivismus, Auguste Comte (1798–1857), noch im Jahre 1825 apodiktisch verkündete Botschaft, dass die Menschheit niemals etwas über den stofflichen Aufbau der Sonne und der Sterne in Erfahrung bringen wird, hatte sich damit als nicht zutreffend erwiesen (Abb. 1.5).

Ein herausragender Pionier der astronomischen Spektroskopie war ohne Zweifel der britische Astronom William Huggins (1824–1910), der mit seiner Frau Margaret Lindsay Huggins (1848–1915) in seiner Privatsternwarte in der Nähe von London erste systematische Spektralbeobachtungen von hellen Sternen, aber auch von „Nebelflecken" vornahm und dabei deren Strukturvielfalt entdeckte und beschrieb. Ähnliche Beobachtungen führte der Jesuit Angelo Secchi (1818–1878) in Italien durch, wo er lange Zeit Direktor der vatikanischen Sternwarte war. Er ist besonders durch ein erstes Klassifikationssystem von Sternspektren und durch seine Sonnenbeobachtungen (ihm gelang als Erstem die fotografische Aufnahme der Sonnenkorona

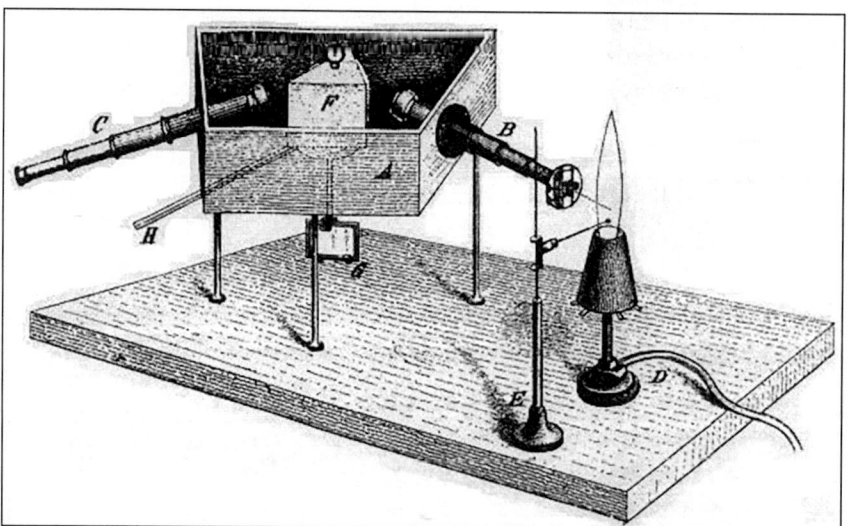

Abb. 1.5 Das von Gustav Kirchhoff und Robert Bunsen verwendete Spektroskop, wie es in einem ihrer in Poggendorffs *Annalen der Physik und der Chemie* (Vol. 110, 1860) veröffentlichten Forschungsarbeiten abgebildet ist (Kirchhoff und Bunsen 1860). Damit vermaßen und katalogisierten sie insbesondere die Spektrallinien von Alkalimetallen, womit sie wichtige Grundlagen für die Deutung der Fraunhoferschen Linien im Sonnenspektrum und in den Spektren heller Sterne schufen

während der totalen Sonnenfinsternis von 1860) bekannt geworden. Ab 1870 verwendete er für monochromatische Sonnenbeobachtungen das von ihm erfundene Spektrohelioskop, um u. a. chromosphärische Eruptionen auf der Sonne („Protuberanzen") auch außerhalb von totalen Sonnenfinsternissen verfolgen zu können (Abb. 1.6).

Abb. 1.6 Gustav Kirchhoff (1824–1887, links stehend) und Robert Wilhelm Bunsen (1811–1899, sitzend) gelten nicht zu Unrecht als die wahren Begründer der wissenschaftlichen Spektroskopie. Sie erkannten beispielsweise, dass sich jedes chemische Element anhand seiner Spektrallinien eindeutig identifizieren lässt. Durch die Untersuchung von Sternspektren kann man deshalb in Erfahrung bringen, aus welchen Stoffen Sterne bestehen

Spektroskopische Beobachtungen von Himmelskörpern wurden nach den grundlegenden Arbeiten von Bunsen und Kirchhoff immer mehr en vogue, auch deshalb, weil die physikalische Grundlagenforschung auch abseits der reinen spektroskopischen Identifizierung von Stoffen neue, und gerade für die astronomische Forschung wesentliche Erkenntnisse gewann. Zu nennen sei hier als ein besonders hervorzuhebendes Beispiel der Doppler-Effekt. Er äußert sich in einer typischen Frequenzverschiebung = „Linienverschiebung im Spektrum" aufgrund des Bewegungszustandes eines Himmelskörpers, wobei diese „Linienverschiebung" von der Richtung und dem Betrag der radialen Geschwindigkeitskomponente relativ zum als ruhend gedachten Beobachter abhängt. Die entsprechende Gesetzmäßigkeit wurde theoretisch 1842 von dem Österreicher Christian Doppler (1803–1853) gefunden und konnte schnell und für jedermann hörbar am 3. Juni 1845 mittels eines Trompeters auf einer sich nähernden und sich wieder entfernenden Dampflokomotive von einem niederländischen Wissenschaftler (Christoph Buys Ballot, 1817–1890) für Schallwellen eindrucksvoll verifiziert werden. Mit seiner These, dass dieser Effekt auch die Ursache für die Sternfarben sei, konnte sich Christian Doppler jedoch unter den Astronomen seiner Zeit aus Gründen, die insbesondere der berühmte französische Physiker Hippolyte Fizeau (1819–1896) überzeugend dargelegt hat, nicht durchsetzen (Doppler und Studnica 1903). Den spektroskopischen Doppler-Effekt hat schließlich um 1862 William Huggins im Spektrum des recht nahen und deshalb auch besonders hellen Sterns Sirius zwar eindeutig, aber nur schlecht quantifizierbar in Form einer kleinen Rotverschiebung von dessen Spektrallinien nachgewiesen. Damit war klar, dass sich die Sonne im Laufe der Zeit immer weiter von Sirius entfernt. Die ersten, wirklich genauen Messungen dieses Effekts in Sternspektren gelangen Karl Friedrich Zöllner einige Jahre später in Leipzig, wo er ab 1872 eine Professur innehatte.

Heute gehört die Messung des Doppler-Effekts anhand von Linienverschiebungen in Spektren zum Standardrepertoire der beobachtenden Astronomie und hat uns schon viele aufregende Entdeckungen beschert. Man denke hier nur an spektroskopische Doppelsterne, an Exoplaneten (Radialgeschwindigkeitsmethode) und an den Urknall…

In diesem Zusammenhang sei auch gleich noch auf einen anderen, 1896 entdeckten Effekt hingewiesen – die Aufspaltung einer Spektrallinie in mehrere Komponenten, sobald die Lichtquelle einem starken Magnetfeld ausgesetzt ist. Dieser Effekt wird nach seinem Entdecker Pieter Zeeman (1865–1943) „Zeeman-Effekt" genannt und lässt sich heute leicht im Rahmen der Atomphysik erklären. Den Astronomen eröffnet er die Möglichkeit, kosmische Magnetfelder (z. B. auf der Sonne) spektroskopisch zu vermessen.

Während sich die Astronomen sehr intensiv mit den Spektrallinien zu beschäftigen begannen und es sogar wagten, anhand einer besonders auffälligen gelben Emissionslinie im Spektrum der Sonnenkorona – beobachtet während der totalen Sonnenfinsternis am 18. August 1868 in Indien – ein neues Element vorherzusagen (Helium), begannen sich die Physiker wieder mehr für das kontinuierliche Spektrum, welches erhitzte Festkörper emittieren, zu interessieren.

1859 stellte Gustav Robert Kirchhoff das Gesetz auf, dass das Verhältnis des Emissionsvermögens zum Absorptionsvermögen für alle Körper gleich und lediglich eine Funktion der Wellenlänge und der Temperatur ist. Zur Idealisierung dieses Sachverhalts führte er den Begriff des „Schwarzen Körpers" ein und schuf für ihn zugleich das Modell des sogenannten „Hohlraumstrahlers". Als wichtigste Aufgabe der theoretischen Physik forderte er, die Energieverteilung der von einem „Schwarzen Körper" emittierten Strahlung als Funktion der Wellenlänge und der Temperatur als geschlossenen Ausdruck zu ermitteln. Eine ernste Schwierigkeit bestand in diesem Zusammenhang jedoch bereits in der experimentellen Bestimmung, d. h. Messung der genannten Funktion. Man musste sich lange Zeit notgedrungen damit abfinden, lediglich die Gesamtemission als Funktion der Temperatur einigermaßen genau messen zu können. In diesem Zusammenhang konnte aber eine von Josef Stefan (1835–1893) im Jahre 1879 entdeckte Gesetzmäßigkeit verifiziert werden, die heute als Stefan-Boltzmann-Gesetz bekannt ist: Die über alle Frequenzen abgegebene Strahlungsleistung eines Schwarzen Körpers ist der vierten Potenz seiner absoluten Temperatur proportional. Ludwig Boltzmann (1844–1906) gelang es 1884 dafür, abgeleitet aus thermodynamischen Gesetzmäßigkeiten, eine exakte theoretische Begründung zu geben.

1893 schließlich konnte Wilhelm Wien (1864–1928) mithilfe eines Gedankenexperiments ein weiteres „Strahlungsgesetz" ableiten, das er folgendermaßen formulierte: „Im normalen Emissionsspektrum eines Schwarzen Körpers verschiebt sich mit veränderter Temperatur jede Wellenlänge so, dass das Produkt aus Temperatur und Wellenlänge konstant bleibt." (Wien 1893). Das bedeutet, wenn man die Energieverteilung im kontinuierlichen Spektrum, z. B. eines Sterns, kennt, dann kann man dessen „Wien'sche Temperatur" – bei Sternen die „effektive Temperatur" von deren Photosphäre – ausrechnen. Etwas moderner formuliert, bezieht sich dieses Gesetz auf das Maximum der Energieverteilung in einem Schwarzkörperspektrum. Kennt man es, dann kennt man auch die Temperatur des entsprechenden Strahlers. Wenn man also die Farbe eines Sterns als Maß für dessen spektrales Intensitätsmaximum nimmt, dann lässt sich daraus sofort eine Aussage über die ungefähre effektive Temperatur dieses Sterns treffen.

Auf dem Weg zu einem universellen Strahlungsgesetz war das Wien'sche Verschiebungsgesetz auf jeden Fall ein äußerst wichtiger Meilenstein. Trotzdem blieb die Suche nach einem Ausdruck für die spektrale Energieverteilung eines Schwarzen Körpers weiterhin eine äußerst schwierige Angelegenheit. Neuere Überlegungen, die den Strahlungsvorgang als atomaren Elementarprozess im Rahmen der klassischen Elektrodynamik behandelten, erwiesen sich jedoch als äußerst erfolgversprechend, das von Gustav Robert Kirchhoff 40 Jahre zuvor gestellte Problem zu lösen. Auch das Problem der Messung empirischer spektraler Energieverteilungskurven – gefördert von der sich zum Ende des 19. Jahrhunderts explodierend entwickelnden Beleuchtungsindustrie – konnte mittlerweile zufriedenstellend gelöst werden. Man denke hier nur an die Experimente von Otto Lummer (1860–1925) und Ernst Pringsheim (1859–1917) an der Physikalisch-Technischen Reichsanstalt in Berlin-Charlottenburg in den Jahren 1890–1896, welche wichtiges empirisches Material lieferte, auf dem die Theoretiker aufbauen konnten. Damit lag Anfang des 20. Jahrhunderts die Lösung des Problems bereits in der Luft. Es fehlte nur noch die geniale Eingebung Max Plancks (1858–1947), dass die die Strahlung abgebenden Atome bzw. Moleküle des Hohlraums diese nur in quantisierter Form, d. h. in Form einzelner Energiepakete, emittieren können. Mit genau dieser Annahme erhielt er schließlich die gesuchte Funktion, mit der sich die experimentell bestimmte spektrale Energieverteilung der Hohlraumstrahlung exakt reproduzieren ließ (Planck 1900). Damals, im Jahre 1900, ahnte natürlich noch niemand, dass die Entdeckung der „Energiequanten" innerhalb weniger Jahrzehnte zu einer Theorie führen würde, welche in der Lage war, alle bis dahin rätselhaften Erscheinungen der Welt der Atome und Moleküle einschließlich der Entstehung der Spektrallinien umfassend und widerspruchsfrei zu erklären. Und dass diese Theorie in der Hand der Astrophysiker intime Einblicke in die Atmosphären der Sterne und die in ihnen herrschenden physikalischen Bedingungen ermöglicht, wie man es zuvor niemals für möglich gehalten hätte (Abb. 1.7).

Doch das 19. Jahrhundert hat in Bezug auf die Entwicklung der Astrophysik als eigenständiges Teilgebiet der Physik natürlich noch mehr zu bieten. In beobachterischer Hinsicht ist hier die Einführung fotografischer Techniken zur Abbildung von Himmelsobjekten (und deren Spektren) sowie, damit durchaus im

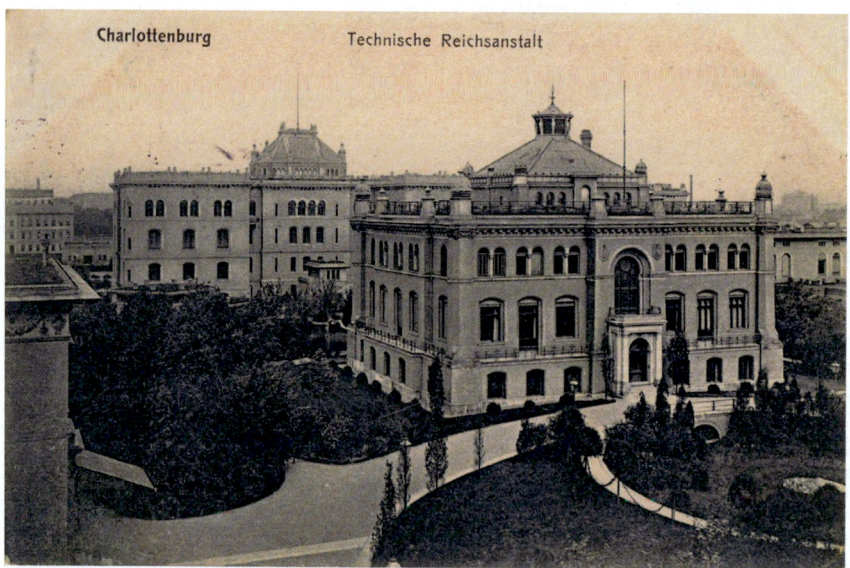

Abb. 1.7 In der Physikalisch-Technischen Reichsanstalt in Berlin-Charlottenburg wurden Ende der 1890er Jahre von Otto Lummer und Ernst Pringsheim äußerst genau experimentell Schwarzkörperspektren aufgenommen, deren theoretische Deutung zur Entdeckung der Energiequanten durch Max Planck führte. Die theoretische Ableitung des dieses Energieverteilung beschreibenden Strahlungsgesetzes im Jahre 1900 gilt heute gemeinhin als Geburtsstunde der Quantenmechanik. (Wikimedia)

Zusammenhang stehend, die Entwicklung der Fotometrie, zu nennen. Das Interesse an einer möglichst genauen, aber auch wissenschaftlich fundierten Messung von Sternhelligkeiten (und Sternfarben) ergab sich u. a. auch daraus, dass immer mehr Sterne entdeckt wurden, die in einer mehr oder weniger regelmäßigen Weise ihre Helligkeit verändern. Um 1850 waren etwa 20 derartige Sterne bekannt, und Friedrich Wilhelm August Argelander (1799–1875) regte an, diese Sterne genauesten zu beobachten und nach weiteren „veränderlichen Sternen" Ausschau zu halten. Da um diese Zeit noch ausschließlich visuell beobachtet wurde, entwickelte er eine geniale Stufenschätzmethode, mit der die momentane Helligkeit eines veränderlichen Sterns jeweils zwischen einem etwas helleren und einem etwas schwächeren eingeschätzt wird (diese Methode wird auch heute noch gern von Amateurastronomen, die sich der Beobachtung veränderlicher Sterne verschrieben haben, angewendet). Was aber noch fehlte, war ein absolutes, reproduzierbares Maß für die Helligkeit eines Sterns, das sich möglichst an das psychologische Helligkeitsempfinden eines Menschen anlehnte. Und das war durchaus ein Problem. Fotometrisch werden bekanntlich Intensitäten erfasst, und diese folgen leider nicht dem Helligkeitseindruck des Auges. Für das Auge gilt vielmehr eine Gesetzmäßigkeit, welche bei der Untersuchung von Gehörempfindungen gefunden wurde und heute als „Psychophysisches Grundgesetz nach Weber und Fechner" bekannt ist. Mithilfe dieses Gesetzes konnte schließlich durch Norman Robert Pogson (1829–1891) eine Helligkeitsskala, die sowohl fotometrischen Anforderungen genügte als auch die Helligkeitsskala der „Alten" mit ihren sechs Sterngrößen genügend genau reproduzierte, definiert werden. Und das öffnete schließlich den Weg zu einer instrumentellen Fotometrie (man denke an das Zöllner-Fotometer) und zur überaus erfolgreichen fotografischen Fotometrie, die dann in eine physikalisch sinnvolle Mehrfarbenfotometrie mündete. Letztere spielt auch heute noch eine große Rolle in der Stellarstatistik, in der Erforschung von Sternassoziationen und Sternhaufen (man denke nur an die Helligkeits-Farben-Diagramme) sowie in der Veränderlichenforschung.

Ohne Zweifel ist eines der wichtigsten Beobachtungsverfahren, die in der Mitte des 19. Jahrhunderts in die beobachtende Astronomie Einzug gehalten haben, ist die bereits erwähnte Fotografie auf der Basis von Silberhalogeniden. Heute ist kaum noch bekannt, dass der Begriff „Fotografie" nicht vom „Erfinder" der Fotografie – Louis Jacques Mandé Daguerre (1787–1851) – stammt, sondern im Jahre 1839 von John Frederick William Herschel und Johann Heinrich von Mädler (1794–1874), zwei auch noch heute sehr bekannten Astronomen, vorgeschlagen wurde. Es dauerte aber noch eine ganze Zeit, bis die fotografische Platte und die für den fotografischen Prozess notwendigen chemischen Entwicklungs- und Fixierprozesse so ausgereift waren, dass man sie für astronomische Zwecke einsetzen konnte. Für Sternaufnahmen waren die Fotoplatten am Anfang noch viel zu unempfindlich. So ist es verständlich, dass die ersten Himmelsobjekte, die fotografiert wurden, der Mond (1840, John William Draper), das Sonnenspektrum (1843, J.W. Draper) und die Sonne (1845, Léon Foucault, Hippolyte Fizeau), waren. Der erste Stern – und zwar die Wega – hinterließ im Jahre 1850 seine Spur (das kann man wörtlich nehmen, denn die Fernrohrnachführung war über die dazu noch notwendige Belichtungszeit von mehreren Minuten noch zu ungenau) auf einer Daguerreotypie. Erst mit dem Einsatz von Bromsilberemulsionen gelang schließlich nach 1870 der Durchbruch. So entstanden die ersten Fotos von Doppelsternen, von Sternspektren und schließlich sogar von Gasnebeln (Orionnebel 1880) und der ersten Galaxie (Andromedanebel 1884). Und es zeigte sich, dass Himmelsfotografien enorme Vorteile gegenüber der „visuellen" Beobachtung am Fernrohr aufweisen. Die Fotoplatten können nach Entwicklung und Fixierung dauerhaft archiviert werden, von ihnen lassen sich beliebig viele Kopien herstellen, und man kann sie, was das Wichtigste ist, jederzeit im Labor inspizieren und mit speziellen Geräten immer wieder neu vermessen. Die spezifischen Anforderungen der Astrofotografie waren auch Anlass für eine Vielzahl von instrumentellen Innovationen. Es galt, über große Himmelsfelder verzeichnungsfreie Objektive zu entwickeln (die Entwicklung von Fotoobjektiven an sich hat nicht unerheblich die technische Optik beflügelt – man denke hier nur an die theoretischen Arbeiten von Philipp Ludwig von Seidel (1821–1896) und den Beginn des wissenschaftlich begründeten Objektivbaus durch Jozef Maximilian Petzval (1807–1891) und Peter Wilhelm Friedrich von Voigtländer (1812–1878) in Wien), aber auch an die Nachführung von Fernrohren wurden aufgrund der langen Belichtungszeiten, die für Sternabbildungen notwendig waren, große Anforderungen gestellt. Das „Leitfernrohr" wurde genau zu diesem Zweck erfunden. Die Forderung nach nicht nur aplanatischen, sondern auch weitgehend von Farbfehlern befreiten Objektiven forcierte die Suche nach neuen Spezialgläsern, denen sich z. B. in Deutschland neu gegründete Firmen wie Schott und Genossen in Jena widmeten (Abb. 1.8).

Das Ende des 19. Jahrhunderts war auch die Zeit, in der besonders große Linsenfernrohre (Refraktoren) gebaut wurden (z. B. der berühmte Yerkes-Refraktor mit einem Objektivdurchmesser von 102 cm) – einige davon als sogenannte „Doppelrefraktoren", die zwei große Linsenfernrohre auf einer Montierung vereinigten, wobei ein Objektiv für visuelle Beobachtungen und das andere für fotografische Zwecke optimiert war. Ein solcher, 1899 eingeweihter Doppelrefraktor steht in Potsdam auf dem Telegrafenberg und lässt sich dort besichtigen. Mit derartigen Fernrohren gelang in Verbindung mit der Fotografie eine große Zahl aufregender Entdeckungen. Man denke nur an die Entdeckung, dass Algol ein spektroskopischer Doppelstern ist (Vogel 1891), an die Entdeckung der interstellaren Materie anhand „ruhender" Spektrallinien in den Spektren spektroskopischer Doppelsterne (Hartmann 1904) und an die systematischen Messungen von trigonometrischen Parallaxen, die nicht nur wichtige Daten für den Aufbau einer kosmischen Entfernungsleiter lieferten, sondern auch „absolute Helligkeiten" von Sternen. Sie sind bekanntlich ein Vergleichsmaß für die Leuchtkraft der Sterne, die nun direkt mit denen der Sonne verglichen werden konnten. Auch zeigte sich, dass man mittels der Himmelsfotografie auf einfache und elegante Art und Weise statistisch verwertbares Material gewinnen kann, denn auf einer Fotoplatte ließen sich mit nur einem Belichtungsvorgang viele Tausend Himmelsobjekte abbilden und später mit speziellen Messgeräten (z. B. Plattenfotometer) vermessen. So konnte man auf Fotoplatten beispielsweise äußerst effektiv die Koordinaten von Sternen sowie ihre Eigenbewegung und, mittels

1 Eine kurze Geschichte der Erforschung der Sterne

Abb. 1.8 Preisgekrönte fotografische Aufnahme des Orionnebels – aufgenommen von dem britischen Astronomen Andrew Ainslie Common (1841–1903) am 31. Januar 1883. Er verwendete dafür ein Spiegelteleskop mit 36 Zoll Öffnung ($\approx$ 90 cm). Die Belichtungszeit dürfte mehrere Stunden betragen haben. (Wikimedia)

Spektren, auch noch ihre Radialgeschwindigkeit bestimmen. Auch Helligkeitsmessungen und die Bestimmung der Sternfarben ließen sich auf Fotoplatten sehr elegant ausführen, nachdem durch Karl Schwarzschild (1873–1916) der Zusammenhang zwischen Belichtungszeit und Schwärzung eines Sternscheibchens aufgeklärt werden konnte. Auf diese Weise entstand das Fachgebiet der fotografischen Fotometrie, mit seinen vielfältigen Anwendungsgebieten innerhalb der beobachtenden Astronomie (Abb. 1.9).

Weiterhin erkannte man sehr schnell, dass sich gerade auf Fotoplatten bestimmte Himmelsobjekte wie Kleinplaneten, veränderliche Sterne und „Nebelflecke" äußerst effektiv „entdecken" lassen. Das führte über diverse „Himmelsdurchmusterungen" direkt zur Idee der „fotografischen Himmelsüberwachung", wie sie beispielsweise 1926 von Cuno Hoffmeister (1892–1968) in Deutschland (Sonneberg, Thüringen) eingeführt wurde, und zur Entdeckung von über 10.000 veränderlichen Sternen. Heute, im 21. Jahrhundert, beruht die Himmelsfotografie nicht mehr auf Fotoplatten, sondern auf elektrooptischen Flächensensoren mit einer Quantenausbeute, wie man sie mit klassischer Fotografie niemals erreichen würde.

Aber auch die Sternspektroskopie konnte die Fotografie in einem gewissen Sinn revolutionieren. Durch entsprechend lange Belichtungszeiten ließen sich

Abb. 1.9 Der 1899 aufgestellte und heute als „Museumsobjekt" zu besichtigende „Große Refraktor" auf dem Potsdamer Telegrafenberg in einer zeitgenössischen Aufnahme. Mit diesem Refraktor (0,8 × 12,14 m (fotografisch) und 0,5 × 12,59 m (visuell)) wurden 1904 von Johannes Franz (1865–1936) die sogenannten „ruhenden" Kalziumlinien entdeckt, die zeigen, dass zwischen den Sternen eine diffuse Komponente der interstellaren Materie existiert. (Wikimedia)

Spektren lichtschwacher Sterne aufnehmen oder – wie insbesondere im Fall der Sonne – mit Spektrografen entsprechend hoher Dispersion hohe spektrale Auflösungen erreichen, wodurch auch Feinstrukturen in Spektrallinien nachgewiesen und vermessen werden konnten. Und mittels Objektivprismen ließen sich schließlich ganze Sternfelder auf einmal „spektroskopieren" (Abb. 1.10).

Während es anfänglich in erster Linie darum ging, eine physikalisch sinnvolle Spektralklassifikation der Sterne zu erarbeiten (Harvard-Klassifikation, ab 1890),

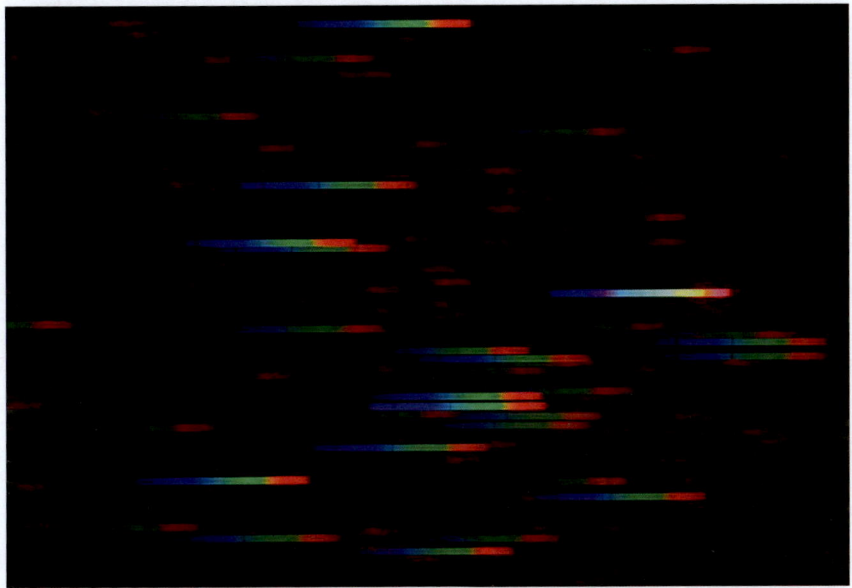

Abb. 1.10 Objektivprismenaufnahme eines Sternfeldes

begann man bereits ab den 1920er-Jahren die Erkenntnisse der entstehenden Atomphysik zu nutzen (hier sind besonders die grundlegenden Arbeiten von Niels Bohr (1885–1962) und Arnold Sommerfeld (1868–1951) hervorzuheben), um eine Theorie der Entstehung der Spektrallinien in Sternatmosphären – hier natürlich erst einmal am Beispiel der Sonne – zu entwickeln. Da es nun auch kein Problem mehr war, genaue fotometrische Profile von Spektrallinien zu messen und auf diese Weise die Lichtmengen zu ermitteln, die in ihnen absorbiert bzw. emittiert werden, ließ sich auf dieser Grundlage ein formaler Zusammenhang mit den Strahlungsprozessen in den Sternatmosphären selbst herstellen, die letztendlich eine auf Beobachtungen gestützte Theorie der Sternatmosphären ermöglichte. Ein Meilenstein in dieser Hinsicht war dabei zweifellos die Ionisationstheorie von Meghnad Saha (1893–1956), die zu dem völlig überraschenden Ergebnis führte, dass die Sonne und die Sterne hauptsächlich aus dem Element Wasserstoff bestehen (diese Entdeckung geht genau genommen auf Cecilia Payne-Gaposchkin (1900–1979) im Jahre 1925 zurück (Payne 1925a und 1925b). Außerdem wurden damit auf einmal die die Spektralsequenz der Sterne definierenden Linienstrukturen physikalisch erklärbar, und zwar als Ausdruck der effektiven Temperaturen der Sterne und der daraus resultierenden Anregungsverhältnisse der Atome (Abb. 1.11).

Entscheidende Impulse, was die Frage nach dem physikalischen Zustand, die Entwicklungsgeschichte und die „Funktionsweise" von Sternen betrifft, gingen natürlich von der Erforschung der Sonne aus. Nachdem sich dank Wissenschaftlern wie Julius Robert von Mayer (1814–1878), James Prescott Joule (1818–1889) und Hermann von Helmholtz (1821–1894) die Nebel um den abstrakten

Abb. 1.11 Der indische Physiker Meghnad Saha (1893–1956) entwickelte 1921 seine berühmte, nach ihm benannte Gleichung, mit deren Hilfe die Spektralsequenz der Sterne als Temperatursequenz eines Plasmas mit einer bestimmten stofflichen Zusammensetzung auf einmal verständlich wurde. Auf der Grundlage der Saha-Gleichung konnte z. B. Cecilia Payne-Gaposchkin zeigen, warum in einigen Sternspektren beispielsweise die Balmer-Linien des Wasserstoffs extrem auffallend sind und in anderen wiederum nicht

Begriff der Energie endgültig gelichtet hatten, begann man sich zu fragen, woher denn die Sonne (und explizit die Sterne) eigentlich die Energie hernehmen, die sie mit außergewöhnlicher Konstanz über lange Zeiträume (die man wiederum dank der Arbeit einiger Geologen wie Georges Cuvier (1769–1832) und Charles Lyell (1797–1875) langsam zu crahnen begann) abstrahlen. Und so wurden die verschiedensten Vermutungen geäußert. Sie krankten natürlich daran, dass man aus der Erfahrung her nur eine effektive Energiequelle kannte, die Wärme und Licht produzierte – die Verbrennung von Kohle. Wie man leicht nachrechnen kann, würde ein Körper, der aus dem richtigen stöchiometrischen Verhältnis von Kohlenstoff zu Sauerstoff besteht und die Masse unserer Sonne hätte, bei vollständiger Verbrennung eine Energiemenge von ungefähr $2 \cdot 10^{37}$ J liefern. Vergleicht man diesen Wert mit der Leuchtkraft der Sonne, dann ergibt sich eine Brenndauer von ungefähr 1700 Jahren. Das ist selbst für die Anhänger des anglikanischen Bischofs James Ussher (1581–1656) viel zu wenig, der bekanntlich nach umfangreichen theologischen Untersuchungen auf der Basis des Alten Testaments auf den 23. Oktober 4004 v. Chr. als den ersten Tag der Schöpfung kam…

Eine andere „Theorie", die eine gewisse Zeit diskutiert wurde und Eingang in eine Anzahl Astronomielehrbücher jener Zeit fand, wurde 1853 von dem schottischen Physiker John James Waterston (1811–1883) vorgeschlagen. Danach sollte die Sonne eine Gaskugel sein, deren obere Schicht ständig durch den Einfall von Meteoriten erhitzt wird und deshalb glüht und strahlt. Nur ließ sich diese „Theorie" leider nicht mit der geringen Meteoritendichte in Erdnähe in Einklang bringen, sodass sie schnell wieder verworfen wurde.

Um 1860 schätzten William Thomson (bekannter als Lord Kelvin, 1824–1907) und Hermann von Helmholtz die Lebensdauer der Sonne ab, indem sie unter

Anwendung des Virialsatzes die gravitative Bindungsenergie als solare Energiequelle in Betracht zogen, die bekanntlich durch eine fortwährende Kontraktion angezapft werden kann. Sie liefert im Fall der Sonne theoretisch eine Energiemenge von $\sim 2{,}8 \cdot 10^{41}$ J, was immerhin schon für eine kontinuierliche „Sonnenscheindauer" von ca 20 Mio. Jahre reichen würde. Das ist aber immer noch viel zu wenig, um die Zeiträume abzudecken, wie sie beispielsweise Charles Darwin (1809–1882) in seinem Werk *Die Entstehung der Arten...* (1859) benötigte, um seine Abstammungslehre zu begründen. Lord Kelvin nutzte deshalb auch geschickt seine Berechnungen, um gerade gegen Darwin, sozusagen auf naturwissenschaftlicher Grundlage, zu polemisieren.

Für die Zeit erstaunliche und zugleich ausnehmend modern anmutende Überlegungen über den stofflichen Aufbau der Sterne und über die darin vermutete Entstehung der Elemente, enthält das 1889 von James Croll (1821–1890) veröffentlichte Buch *Stellar Evolution and Its Relations to Geological Time* (Croll 1889). Er vermutet darin, dass die chemischen Elemente alle Aggregationen aus Wasserstoffatomen sind, die sich unter „großer Hitze" in Sternen bilden. Diese „Hitze" wiederum entsteht, wenn ursprünglich kalte Materie gravitativ bedingt zu einem Stern zusammenstürzt.

Noch einmal 40 Jahre später erwog schließlich der britische Astrophysiker Arthur Stanley Eddington (1882–1944) hypothetische „subatomare Prozesse" als Energiequellen, die in der Lage sind, stellare Leuchtkräfte über viele Milliarden Jahre aufrechtzuerhalten. Dass die Energiequelle der Sterne etwas mit der Umwandlung von Wasserstoff zu Helium und mit dem dabei auftretenden Massedefekt zu tun hat, hatten vor ihm bereits William Draper Harkins (1873–1951) und der französische Chemiker Jean Perrin (1870–1942) vermutet. Um 1920 hielt man derartige Energieerzeugungsprozesse jedoch aus thermischen Gründen noch für völlig unmöglich, einfach weil die Temperatur im Sonneninneren bei Weitem nicht ausreicht, um die Coulomb-Barriere zwischen den Wasserstoffkernen zu überwinden, was ja bekanntlich für eine Fusionsreaktion eine ganz wesentliche Grundvoraussetzung ist. Dieses Problem wurde jedoch acht Jahre später mit der Entdeckung des quantenmechanischen Tunneleffekts durch George Gamow (1904–1968) gelöst. Damit war der Weg frei für eine Theorie der Energieerzeugung in Sternen auf der Basis thermonuklearer Reaktionen, wie sie zuerst von Robert d'Escout Atkinson (1898–1982) und Friedrich Georg Houtermans (1903–1966) im Jahre 1929 vorgeschlagen wurde (Atkinson und Houtermans 1929). Die erste konkrete Reaktionskette (pp-Zyklus) ist 1938 von Charles Louis Critchfield (1910–1994) vorgeschlagen und dann zusammen mit Hans Albrecht Bethe (1906–2005) im Detail durchgerechnet worden. Im gleichen Jahr entwickelten Carl Friedrich von Weizsäcker (1912–2007) und unabhängig von ihm Hans Albrecht Bethe eine weitere Reaktionsfolge, die heute als Kohlenstoff-Stickstoff-Zyklus (oder Bethe-Weizsäcker-Zyklus) bekannt ist und die bei Hauptreihensternen ab einer Masse von 1,5 Sonnenmassen immer mehr an Bedeutung gewinnt (Weizsäcker von 1938). Als Nebeneffekt dieser Untersuchungen konnte zugleich noch die alte Kontroverse über das Erdalter zugunsten von Charles Darwin und der Forderungen der Geologen ein für alle Mal entschieden werden.

Nach dem Zweiten Weltkrieg konzentrierten sich die Arbeiten auf noch ungelöste Teilprobleme der „Nuklearen Astrophysik", die mit der Synthese von Elementen schwerer als Helium in bestimmten Sterntypen und dem sogenannten „Schalenbrennen" in Riesensternen zu tun haben. Zu erwähnen ist die sogenannte B2FH-Theorie (1957, benannt nach den Anfangsbuchstaben der Autoren Margaret und Geoffrey Burbidge (1925–2010), William Alfred Fowler (1911–1995) und Fred Hoyle (1915–2001)), welche die Entstehung chemischer Elemente durch spezielle Kernfusionsprozesse zum Inhalt hat (z. B. Triple-Alpha-Prozess zur Synthese von Kohlenstoff) (Burbidge et al. 1957). Seitdem ist klar, wie die Energieerzeugung in Sternen abläuft und dass dabei durch Kernfusionsprozesse exotherm nur „leichte" Elemente bis zur Ordnungszahl 26 (Fe) entstehen können.

Den Beginn der modernen Theorie des inneren Aufbaus der Sterne lässt sich sehr genau datieren, und zwar auf das Jahr 1870. In diesem Jahr erschien die Arbeit von Jonathan Homer Lane (1819–1880) mit dem Titel *On the theoretical temperature of the Sun, under the hypothesis of a gaseous mass maintaining its volume by its internal heat, and depending on the laws of gases as known to terrestrial experiment* im American Journal of Science (Lane 1870). Das Neue war, dass er die Sonne als hydrostatisch geschichtete Gaskugel im konvektiven Gleichgewicht ansah und für die damals bereits bekannten Gasgesetze gelten. Dasjenige, was sich nicht beobachten lässt, nämlich das Innere der Sonne, wurde somit zumindest der theoretischen Untersuchung auf der Basis hinlänglich bekannter Naturgesetze zugänglich. Lane erkannte u. a. bei seinen Untersuchungen, dass bei einer gravitativ bedingt kontrahierenden Kugel idealem Gases die Temperatur immer in Richtung Sternzentrum zunehmen muss (Lane's law). Das Zentrum der Sonne musste also viel heißer sein, als deren „Oberfläche". Damit ergab sich ein Bild der Sonne als langsam kontrahierende konvektive Gaskugel, was nach dem Erkenntnisstand der Zeit durchaus eine gewisse Plausibilität hatte. Aber dieses Modell war, wie wir heute sagen würden, was es war – nur ein erster Versuch. Wirklich zu Ende führen konnte diesen in den Folgejahren von Georg Dietrich August Ritter (1826–1908) und Lord Kelvin erweiterten Ansatz erst der Physiker und Meteorologe Robert Emden (1862–1940), in den er für das Beispiel polytroper Gaskugeln eine Gleichung ableitete (Lane-Emden-Gleichung, s. Abschn. 4.5.2), durch deren Lösung man die Gleichgewichtsstruktur nichtrotierender Sterne für einige Spezialfälle analytisch, auf jeden Fall aber numerisch, berechnen konnte (Emden 1907).

In diesem Zusammenhang sei erwähnt, dass es lange unklar war, ob man die Sonne eher als Gaskugel oder als Flüssigkeitskugel beschreiben sollte. Man kann sogar sagen, dass die Zeit bis etwa 1908 dadurch geprägt war, dass es bei den wissenschaftlichen Auseinandersetzungen sogar primär um die Frage des Aggregatzustandes der Sonnenmaterie gegangen ist.

Karl Friedrich Zöllner entwickelte zwischen 1870 und 1873 detaillierte Modelle zum Sonnenaufbau. Seine Flüssigkeitstheorie postulierte fünf Entwicklungsstadien für Sterne. Er betrachtete die Sonne als glühend-flüssigen Körper, dessen Oberfläche durch Abkühlung Schlacken bildete, sichtbar als Sonnenflecken. Seiner

Ansicht nach führte dies zu Strömungen in der Sonnenatmosphäre. Trotz seiner Überzeugung von der Flüssigkeitstheorie beschäftigte sich Zöllner auch mit Gaskugelmodellen. Er zeigte beispielsweise, dass isotherme Gaskugeln eine unendliche Ausdehnung haben müssten, was bedeutete, dass keine isothermen Sterne nach dem idealen Gasgesetz existieren könnten.

In ähnlicher Zeit entwickelten, wie bereits kurz erwähnt, Homer Lane, August Ritter, Lord Kelvin und Robert Emden erste Gaskugelmodelle. Lane identifizierte das nach ihm benannte Gesetz, das die Temperaturerhöhung eines Sterns bei Kontraktion beschreibt. Ritter fand heraus, dass stabile Sterne bestimmte Einschränkungen im Adiabatenexponent haben müssen und Lord Kelvin schätzte das Alter der Sonne anhand ihrer Restwärme ab.

Hervè Faye (1814–1902) wiederum postulierte die Notwendigkeit von konvektiven Prozessen, um die abgegebene Wärmestrahlung der Sonne auszugleichen. Lane gelang es, Gleichungen für konvektiv durchmischte Gaskugeln aufzustellen, wobei er theoretische Argumente über Beobachtungen stellte.

Ritter und Emden trugen ebenfalls zur Entwicklung von Gaskugelmodellen bei. So formulierte August Ritter eine erste Theorie pulsierender Sterne sowie eine Masse-Leuchtkraft-Beziehung, während Emden die Gaskugeltheorie weiterentwickelte und die für die Sternphysik grundlegende Lane-Emden-Gleichung formulierte.

Auf dieser Grundlage hat schließlich 20 Jahre später Arthur Stanley Eddington eine vollständige Theorie des inneren Aufbaus der Sterne vorgelegt, in der er – ohne die Energieerzeugungsmechanismen im Einzelnen zu kennen – den Begriff des Strahlungsgleichgewichts einführte und den Strahlungstransport (und nicht die Konvektion) als primäre Bedingung für die thermische Stabilität eines Sterns formulierte: Ein Stern ist nur dann im thermischen Gleichgewicht, wenn die Energieerzeugungsrate in einem Volumenelement „Sternmaterie" genauso groß ist wie die Energie, die dieses Volumenelement gleichzeitig wieder verlässt. Unter dieser Bedingung ließ sich schließlich der für die Sternphysik fundamentale Begriff der Leuchtkraft theoretisch fassen, d. h. der Größe (Strahlungsleistung), die sich direkt aus Beobachtungen ableiten lässt, wenn es gelingt, die bolometrische Helligkeit und die Entfernung eines Sterns zu bestimmen. Eddington war nun in der Lage, eine ganze Anzahl wichtiger Schlussfolgerungen aus seinen Sternmodellen zu ziehen. Eine davon war, dass es eine Obergrenze für die Masse eines Sterns geben muss. Übersteigt sie nämlich einen Maximalwert – nach seinen Schätzungen ~100 Sonnenmassen –, dann wird der Strahlungsdruck die nach innen gerichteten Gravitationskräfte übersteigen und den Stern explodieren lassen. Das ist übrigens eine direkte Konsequenz seiner Entdeckung, dass die Leuchtkraft eines (massereichen) Sterns im Wesentlichen eine Funktion von dessen Masse ist. Diese „theoretische" Masse-Leuchtkraft-Beziehung gilt für Hauptreihensterne und verknüpft prinzipiell beobachtbare Größen wie die Masse M und Leuchtkraft L mit spezifischen Modellparametern wie beispielsweise mittlere Molekularmasse μ und Opazitätskoeffizient κ der stellaren Materie. Sie lässt sich nach entsprechender Eichung mit der aus Beobachtungen gewonnenen empirischen

„Masse-Leuchtkraft-Beziehung" vergleichen und auf diese Weise überprüfen. Die Unstimmigkeiten, die sich dabei ergaben, führten zu einer Debatte mit Edward Arthur Milne (1896–1950) und James Hopwood Jeans (1877–1946), die zu jener Zeit auch beide theoretisch auf dem Gebiet der mathematischen Modellierung von Sternen arbeiteten und die viel zum tieferen Verständnis des physikalischen Aufbaus beitrug (Abb. 1.12).

Und natürlich muss in diesem Zusammenhang auf jeden Fall noch der deutsche Astrophysiker Heinrich Vogt (1890–1968) erwähnt werden, der im Jahre 1926 zeigen konnte, dass bei Vorgabe von Masse und chemischer Zusammensetzung eines Sterns vier Differenzialgleichungen und vier Randbedingungen sowie ein paar Zusatzannahmen, die Opazität der Sternmaterie und die Energieerzeugungsrate betreffend, ausreichen, um ein Modell eines Sterns zu berechnen. Daraus resultiert übrigens das bekannte „Russell-Vogt-Theorem" (früher auch „Vogt'scher Eindeutigkeitssatz" genannt, s. Abschn. 4.5.1), nach dem allein Masse und chemische Zusammensetzung die Größe und die Leuchtkraft sowie die innere Struktur eines sich im hydrostatischen und thermischen Gleichgewicht befindlichen Sterns festlegen. Heute weiß man, dass dieses Theorem nur näherungsweise gültig ist. Zu der Zeit aber, als es unabhängig voneinander von Heinrich Vogt und Henry Norris Russell (1877–1957) formuliert wurde, stellte es einen großen Fortschritt in der Sternphysik dar.

Ein gewisser erster Abschluss in der Theorie des inneren Aufbaus der Sterne wurde Mitte der 1930er Jahre erreicht. Als wichtigster Repräsentant ist hier der schwedische Astronom Bengt Georg Daniel Strömgren (1908–1987) zu nennen, der sich besonders mit der chemischen Zusammensetzung der Sterne beschäftigte. Außerdem etablierte sich nach und nach die Theorie der Sternatmosphären, mit deren Hilfe es auf spektroskopischem Wege möglich wurde, Elementehäufigkeiten und andere, auch für die Theorie des inneren Aufbaus der Sterne wichtige

Abb. 1.12 Arthur Stanley Eddington (1882–1944) hat bedeutende Verdienste auf dem Gebiet der Sternphysik, der Stellarstatistik und der Anwendung der Allgemeinen Relativitätstheorie auf astronomische Phänomene erworben. Insbesondere seine populären Bücher, die oftmals philosophische Fragestellungen behandelten, haben ihn einer breiteren Öffentlichkeit bekannt gemacht

Daten aus konkreten Beobachtungen ausgewählter Sterne (natürlich insbesondere der Sonne) abzuleiten. Hier sind in erster Linie die Arbeiten von Albrecht Unsöld (1905–1995) in Kiel zu nennen, die ihren Niederschlag in der 1938 zum ersten Mal erschienenen Monografie *Physik der Sternatmosphären mit besonderer Berücksichtigung der Sonne* gefunden haben (Unsöld 1938).

Aber es gab in den 1930er-Jahren noch weitere erwähnenswerte Entwicklungen und Entdeckungen, die mit dem Einzug der Quantenmechanik und der Quantenstatistik in die theoretische Astrophysik zu tun haben. Ein Rätsel, das nicht nur Astronomen, sondern auch Physiker beschäftigte, waren die sogenannten „Weißen Zwerge" – Sterne, die eine für die damalige Zeit einfach unglaublich hohe Dichte von 0,1 bis 1 t pro Kubikzentimeter besitzen. Ihr schon länger bekannter Prototyp ist der lichtschwache Begleiter des Sterns Sirius im Sternbild Großer Hund. Er wird als „Sirius B" bezeichnet und besitzt eine Leuchtkraft, die lediglich 3 % derjenigen der Sonne, aber eine Masse, die fast (98 %) der Masse der Sonne entspricht. Da man aus der Leuchtkraft und der Sternfarbe (sie ist bekanntlich ein Maß für die effektive Temperatur eines Sterns) auf die Größe der abstrahlenden Oberfläche schließen kann, war es nicht schwierig, die ungefähre Größe dieses Sterns abzuschätzen. Und es zeigte sich, dass der Radius gerade einmal 1 % des Sonnenradius beträgt – und das bei einer Masse von fast 1 Sonnenmasse! Solch ein „Kuriosum" ließ sich einfach nicht mit den von Eddington aufgestellten Formeln modellieren. Es war völlig unklar, wie sich bei solch einem Stern die für die Stabilität eines Sterns wichtige Bedingung des hydrostatischen Gleichgewichts überhaupt erfüllen lässt. Erst als Ralph Howard Fowler (1889–1944) im Jahre 1926 das kurz zuvor von Wolfgang Pauli (1900–1958) entdeckte quantenmechanische Ausschließungsprinzip in die Diskussion brachte, begann man zu ahnen, dass man es bei den Weißen Zwergsternen mit Himmelskörpern zu tun hat, die sich offenbar nur im Rahmen der Quantentheorie adäquat beschreiben lassen (Fowler 1926). Die Lösung gelang dem damals noch jungen Subrahmanyan Chandrasekhar (1910–1995), der 1930 auf seiner Seereise von Madras nach England unter der Annahme eines entarteten Elektronengases die Grenzmasse von Weißen Zwergsternen berechnete, die seitdem als Chandrasekhar-Grenze bekannt ist. Für diese und weitere bahnbrechende Arbeiten erhielt er 1983 den Nobelpreis für Physik (Abb. 1.13).

Aber auch der Druck eines entarteten Elektronengases ist nicht in der Lage, unter allen denkbaren Bedingungen einen Stern hydrostatisch zu stabilisieren, wie 1932 der sowjetische Physiker Lew Dawidowitsch Landau (1908–1968) zeigen konnte. 1934 spekulierten Walter Baade (1893–1960) und Fritz Zwicky (1898–1974) darüber, ob es nicht auch noch kompaktere Sterne als Weiße Zwerge geben könnte, die dann aus einem entarteten „Neutronengas" aufgebaut sein müssten (das Neutron als neutrales Pendant des Protons wurde 1932 von James Chadwick (1891–1974) entdeckt). Ihre Intention war dabei, eine Erklärung für das Phänomen einer Supernova zu finden, welches sie als Übergang eines „thermonuklear ausgebrannten" Sterns in einen kompakten „Neutronenstern" deuteten. Und das nicht zu Unrecht, wie die 1967 erfolgte Entdeckung der Pulsare durch die

Abb. 1.13 Sirius A und Sirius B in einer künstlerischen Darstellung. Der Nachweis, dass es sich bei Sirius B – der schwache Begleiter von Sirius – um einen außergewöhnlich kleinen und kompakten Stern handelt (einen „Weißen Zwerg"), hat die stellare Astrophysik der 1930er-Jahre in vielerlei Hinsicht befruchtet. (Wikimedia)

Radioastronomen Jocelyn Bell Burnell und Antony Hewish und ihre Interpretation als schnell rotierende Neutronensterne durch Thomas Gold (1920–2004) zeigte (Abb. 1.14).

Die Idee von Baade und Zwicky wurde von den theoretischen Physikern George Gamow und Ralph Fowler aufgegriffen, die im Detail untersuchten, unter welchen Druckregimes es zu einer „Neutronifizierung" der Materie kommt, bei der sich Protonen durch Elektroneneinfang in Neutronen umwandeln. Sie gelangten dabei zu der Erkenntnis, dass ein Neutronenstern, der durch den Entartungsdruck eines Neutronengases stabilisiert wird, bei einer Masse von 1 Sonnenmasse ungefähr einen Durchmesser von lediglich 20 km haben dürfte. Man glaubte damit – was die Packungsdichte der Grundbausteine der Materie betrifft – deren dichteste und stabilste Konfiguration gefunden zu haben. Aber auch das war nicht richtig, wie im Jahre 1939 Robert Oppenheimer (1904–1967) und sein kanadischer Assistent George Volkoff (1914–2000) bei der Durchrechnung realistischer Gleichgewichtskonfigurationen von Neutronensternen erkannten. Es zeigte sich nämlich, dass es Sterne, die durch den Entartungsdruck eines Fermi-Gases aus Neutronen stabilisiert werden, nur in einem bestimmten Massebereich

Abb. 1.14 Subrahmanyan Chandrasekhar (1910–1995) erkannte, dass Weiße Zwergsterne – wie beispielsweise der Begleiter des Sirius – durch den nichtthermischen Entartungsdruck eines Elektronengases stabil gehalten werden

geben kann. Das bedeutet, es gibt – was die Masse betrifft – eine Obergrenze für derartige Himmelskörper. Liegt ihre Masse darüber, dann kann die nach innen gerichtete Gravitationskraft nicht mehr durch den Entartungsdruck der Neutronenmaterie ausgeglichen werden – und der Stern kollabiert im freien Fall zu einer sogenannten „Singularität" unendlicher Dichte und verschwindender Ausdehnung. Solch ein kosmisches Objekt nennt man heute „Schwarzes Loch" und die Grenzmasse „Oppenheimer-Volkoff-Grenze".

Mit dem Wissen, wie Sterne funktionieren, konnte man nun auch das Problem der Sternentwicklung ernsthaft in Angriff nehmen. Gewisse Vorstellungen dazu, die man aus der Beobachtung von „Nebelflecken" und der Existenz unterschiedlicher Sternfarben entwickelt hat, findet man bereits in Astronomie-Lehrbüchern, die in der zweiten Hälfte des 19. Jahrhunderts erschienen sind. Man ging richtigerweise schon damals davon aus, dass man die genannten Himmelsobjekte in verschiedenen Entwicklungsstadien am Himmel beobachten kann. Um diese einzelnen Entwicklungsstadien zu benennen und zu erklären, hat man sich verständlicherweise an irdischen Beispielen orientiert. Karl Friedrich Zöllner entwickelte in dieser Hinsicht die Nebularhypothese von Immanuel Kant (1724–1804) und Pierre Simon de Laplace (1749–1827) der Entstehung der Sonne und des Sonnensystems mit seinen Planeten dahingehend weiter, dass er Kontraktion und Abkühlung als primäre Entwicklungsparameter in seine Vorstellungen von der Sternentwicklung übernahm. Dem Kenntnisstand der Zeit geschuldet (1865), orientierte er sich natürlich an irdischen Analogien, was die Abkühlung glühender Körper betrifft. Aber schauen wir selbst (zitiert nach Pfaff (1868)):

1. Die Materie, aus der sich die sämmtlichen Himmelskörper bildeten, war ursprünglich im gasförmigen Zustande durch den Raum verbreitet.
2. Die Temperatur dieser Dunst- und Nebelmasse war eine ungemein hohe.
Durch allmälig eintretende Verdichtung und Abkühlung müssen nun nach Zöllner für jeden Himmelskörper folgende 5 Entwicklungsstadien eintreten:
I. Das Stadium des glühend gasförmigen Zustandes, wie es uns die Spectralanalyse noch an den planetarischen Nebeln erkennen lässt
II. Das Stadium des glühend flüssigen Zustandes; das ist der Zustand, in welchem sich die meisten Fixsterne befinden.
III. Das Stadium der Schlackenbildung, in welchem sich durch die weiter fortschreitende Abkühlung eine feste nicht leuchtende Oberfläche bildet. Als Beispiel giebt Zöllner die Sonnenflecken an.
IV. Das Stadium der Eruptionen oder der gewaltsamen Zersprengung der bereits kalt und dunkel gewordenen Oberfläche durch die Gluthmasse, wobei ein neues, wenn auch vorübergehendes, intensives Leuchten auftritt.
V. Das Stadium der vollendeten Erkaltung, das man auch als Tod eines Himmelskörpers bezeichnen könnte.

Dieses rein phänomenologische Bild der Sternentwicklung, nach dem blaue Sterne „junge" Sterne und rote Sterne „alte" Sterne sind (hiervon rührt übrigens die Bezeichnung „frühe" und „späte" Spektraltypen her), wurde später von Hermann Carl Vogel (1841–1907) verwendet, um eine Spektralklassifikation einzuführen (1874). Zwar ergänzte er Zöllners Bild um eine frühe „Erhitzungsphase" – aber argumentierte zugleich, dass sich diese wegen der Kürze der Dauer wird wohl kaum beobachterisch nachweisen lassen würde. Es folgte noch eine Anzahl weiterer „Theorien", von denen lediglich die sogenannte „Giant-and-Dwarf Theory" von Georg Dietrich August Ritter (und populär gemacht durch Joseph Norman Lockyer(1836–1920)) eine Zeitlang Bestand hatte. Sie beruhte auf den theoretischen Arbeiten Ritters, in denen er die Sterne als Gaskugeln ansah, die sich durch die aus Laborexperimenten abgeleiteten Gasgesetze beschreiben lassen. Wie bei Zöllner beginnt sein Szenario mit dem Schrumpfen einer zunächst durchsichtigen Gaswolke. Dabei erhöht sich ihre Dichte und das Gas wird für Strahlung langsam undurchsichtig. Es entsteht ein großer, rotleuchtender Stern *(giant)*, der dann bei weiterer Kontraktion zunehmend schwächer und heißer wird und seine Farbe in Blau wechselt *(dwarf)*. Bei diesem Schrumpfungsprozess erreicht er irgendwann seine größte mögliche Oberflächentemperatur und die Sternmaterie lässt sich – nach Ritter aufgrund der zu groß gewordenen Dichte – nicht mehr als ideales Gas ansehen. Von nun an beginnt der Stern, wie jeder andere erhitzte Körper auch, wieder abzukühlen, wobei die Farbe über Gelb und Orange ins Rötliche wechselt, bis er – analog zu Zöllners Modellvorstellungen – schließlich unsichtbar wird.

Nach diesem Modell muss es – was „kühle" Sterne betrifft, zwei Arten geben: alte und junge. Diese Idee war aber unter den meisten Astronomen gegen Ende des 19. Jahrhunderts nicht sonderlich populär, denn sie bevorzugten eine mehr an die Erfahrung angelehnte thermische Entwicklungslinie von heiß nach kalt. Außerdem konnte man mit den damaligen spektroskopischen Fähigkeiten keine „frühen" kühlen Sterne von „alten" kühlen Sternen unterscheiden. Dass es aber wirklich zwei verschiedene Populationen von roten Sternen gibt, die sich radikal in ihrer Leuchtkraft unterscheiden, wurde etwa um das Jahr 1906 erkannt. Hier ist neben Henry Norris Russell (1877–1957) insbesondere der dänische Astronom Ejnar Hertzsprung (1873–1967) zu nennen. Er hatte die Idee, in einem Diagramm zwei physikalisch relevante Sternparameter, und zwar die absolute Helligkeit (1905 von Hertzsprung als Maß für die Leuchtkraft eines Sterns eingeführt) sowie die effektive Temperatur (dargestellt durch die „Sternfarbe" – ausgedrückt durch den sogenannten „Farbenindex") zu kombinieren. Trägt man in solch ein „Farben-Helligkeits-Diagramm" die Werte für eine große Zahl von Sternen ein, dann ergibt sich darin eine typische Sternverteilung, die man ad hoc nicht erwartet hätte: Die meisten Sterne konzentrieren sich darin entlang einer von unten rechts nach oben links verlaufenden Diagonalen, und nur vergleichsweise wenige Sterne bevölkern den oberen rechten Bereich hoher Leuchtkräfte sowie den unteren linken Bereich geringer Leuchtkräfte. Diesen Diagonalbereich nennt man „Hauptreihe" *(main sequence)* und er wird, wie man mittlerweile weiß, von Sternen bevölkert, die sich noch im Stadium des Wasserstoffbrennens befinden. Unabhängig von Hertzsprung entwickelte schließlich 1913 der amerikanische Astronom Henry Norris Russell eine allgemeine Form einer solchen grafischen Ansicht, wobei er als Achsen die absolute Helligkeit als Ordinate und die Spektralsequenz als Abszisse wählte. Ein derartiges Diagramm wird heute als Hertzsprung-Russell-Diagramm (HRD) bezeichnet und stellt gleich in mehrfacher Hinsicht ein grundlegendes Diagramm der Sternphysik dar (Abb. 1.15).

Die Interpretation dieses Diagramms war zu der Zeit, als es noch keine konsistente Theorie des Sternaufbaus gab, nicht einfach. Aber sie schien die „Giant-and-Dwarf" – Theorie eher zu bestätigen als zu widerlegen. Russell konnte nämlich anhand sorgfältiger Beobachtungen an bedeckungsveränderlichen Sternen nachweisen, dass die extrem leuchtkraftstarken roten Sterne (die man als „Rote Riesen" bezeichnet) im Verhältnis zu den roten Sternen geringer Leuchtkraft (sogenannte „Rote Zwerge") riesige Durchmesser besitzen – und das bei Massen, die miteinander vergleichbar sind. Die Annahme, dass die Entwicklungssequenz bei kühlen Sternen riesiger Ausdehnung und damit geringerer Dichte beginnen muss, war somit durchaus folgerichtig. Infolge ihrer Kontraktion werden sie in diesem Modell im Laufe der Zeit immer kompakter und heißer und wandern so im Hertzsprung-Russell-Diagramm in Richtung früher Spektraltypen, um als B-Sterne schließlich den linken oberen Bereich der Hauptreihe zu erreichen. Dort endet auch die Kontraktionsphase des Sterns und er beginnt – rein klassisch – langsam auszukühlen. Dabei durchläuft er mit fallender Leuchtkraft wieder alle Spektraltypen, nur diesmal in umgekehrter Reihenfolge, um schließlich als M-Zwerg im unteren rechten Teil der Hauptreihe zu enden. Diese Entwicklungstheorie erfreute sich aufgrund ihrer Anschaulichkeit allgemeiner Beliebtheit und erfuhr auch so noch einige Detailverbesserungen, die sich insbesondere auf die Entwicklungswege von Sternen unterschiedlicher Ausgangsmasse bezogen (Abb. 1.16).

Aber dieses Modell zeigte Risse. So gelang es Ejnar Hertzsprung im Jahre 1919, anhand von Doppelsternsystemen mit bekannten Masseverhältnissen und Entfernungen einen empirischen Zusammenhang zwischen Leuchtkraft und Masse herzustellen. Dieser bestätigte eine Vermutung, die bereits 1911 Jakob Karl Ernst

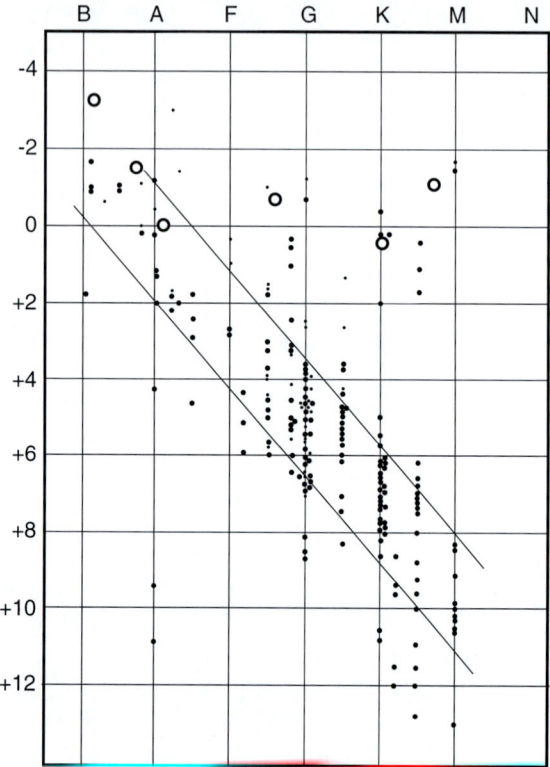

Abb. 1.15 Eines der ersten veröffentlichten „Hertzsprung-Russell-Diagramme" (1914). In diesem Diagramm hat Henry Norris Russell für eine Anzahl von Sternen deren absolute Helligkeit über die Spektralsequenz aufgetragen. Bereits in dieser noch sehr groben Version lässt sich beispielsweise die Lage der Hauptreihe schon recht gut erkennen. In der Folgezeit wird dieses Diagramm zu einem wichtigen heuristischen Hilfsmittel der Astrophysiker werden

Halm (1866–1944) geäußert hatte, nämlich die, dass massereiche Sterne eine höhere Leuchtkraft besitzen als massearme. Als es dann noch Eddington gelang, die Masse-Leuchtkraft-Beziehung theoretisch herzuleiten, wurde klar, dass sich entlang der Hauptreihe die Sternmassen von oben nach unten immer mehr verringern. Möchte man also das anschauliche Modell von Russell beibehalten, dann muss plausibel erklärt werden, warum bei der „Abkühlung" ein Masseverlust auftritt. Bengt Strömgren, der sich mit diesem Sachverhalt intensiv beschäftigt hatte und dem natürlich das Russell-Vogt-Theorem bekannt war, wies darauf hin, dass eine endgültige Theorie der Sternentwicklung erst dann zu erwarten ist, wenn man die wahren Energiequellen der Sterne kennt (Strömgren 1933). Außerdem hatte bereits 1924 Eddington gezeigt, warum man die Materie im heißen Inneren eines Sterns mit großer Genauigkeit immer als ideales Gas betrachten kann – und das gilt für alle Hauptreihensterne. Damit entfiel das „klassische" Auskühlungsargument und selbst Russell musste sein Modell ad acta legen. Er versuchte zwar noch eine alternative Vorstellung zu entwickeln, die aber – siehe die Argumentation von Bengt Strömgren im Jahre 1933 – letztendlich auch scheitern musste.

Neue Hinweise auf den wahren Entwicklungsweg eines Sterns im Hertzsprung-Russell-Diagramm ergaben sich aus der systematischen Beobachtung von

Abb. 1.16 Henry Norris Russell (1877–1957) entwickelte unabhängig von Ejnar Hertzsprung ein zweidimensionales Diagramm, in dem er die effektive Temperatur der Sterne mit ihrer absoluten Helligkeit (d. h. Leuchtkraft) in Beziehung setzte. Dieses später Hertzsprung-Russell-Diagramm genannte Diagramm ist auch heute noch ein wichtiges heuristisches Hilfsmittel der Sternphysik

Sternhaufen. Da die Sterne eines Sternhaufens mit großer Näherung alle gleich weit von der Erde entfernt sind, ist es vergleichsweise einfach, mittels fotografischer Fotometrie ihre Farben-Helligkeits-Diagramme zu ermitteln. Untersucht man nun derartige Diagramme für Sternhaufen unterschiedlichen Entwicklungszustandes (Alter) und vergleicht diese untereinander, dann erhält man Informationen, die etwas über die Entwicklungswege der Haufensterne aussagen. So fiel es bereits Harlow Shapley (1885–1972) auf, dass die Farben-Helligkeits-Diagramme verschiedener Kugelsternhaufen jeweils etwas unterschiedlich aussehen und, was das Auffälligste war, ihnen der obere Teil der Hauptreihe quasi fehlte. Die Hauptreihe „knickt" an einer Stelle, die man gewöhnlich „Knie" nennt, in den Bereich leuchtkräftiger Riesensterne ab.

Unterschiede zu einem HRD sonnennaher Sterne (wie es von Russell gezeichnet wurde) zeigen auch die HRDs offener (galaktischer) Sternhaufen. Sie wurden um 1925 am Lick-Observatorium durch Robert Julius Trumpler (1886–1956) systematisch ermittelt und ausgewertet. Auch er fand dabei signifikante Unterschiede in der Länge und Lage der Hauptreihe in Bezug auf sonnennahe Feldsterne und die Haufensterne selbst. Einige offene Sternhaufen besitzen z. B. keine Sterne mit Spektraltypen später als F5, während andere keine Sterne besitzen, die heißer sind als Sterne vom Spektraltyp F0. Offenbar „alte" Sternhaufen besitzen Sterne im Bereich des „Riesenastes", während „junge" Sternhaufen dagegen ausschließlich aus Hauptreihensternen bestehen. Insbesondere das „heiße" Ende der Hauptreihe schien irgendwie mit dem Alter der Sternhaufen zu korrespondieren. Da man davon ausgehen kann, dass alle Sterne eines offenen

Sternhaufens ungefähr zur gleichen Zeit entstanden sind, ist es folgerichtig, die Unterschiede in den HRDs verschieden alter Sternhaufen als Entwicklungseffekte anzusehen. Und da ist es im Blick der Russell'schen Theorie der Sternentwicklung rätselhaft, dass manche (offenbar ältere) Sternhaufen Riesensterne besitzen, wiederum andere (offensichtlich jüngere) dagegen nicht (es besteht ein Zusammenhang zwischen dem „Auflösungsgrad" und dem Alter eines offenen Sternhaufens). Eine Lösung dieses Problems zeichnete sich um das Jahr 1932 ab, als man dem Gedanken nachging, dass die Sternentwicklung etwas mit der Änderung der chemischen Zusammensetzung eines Sterns zu tun haben könnte. Man wusste bereits, dass die Sterne hauptsächlich aus Wasserstoff bestehen und dass in ihnen Prozesse ablaufen, die offensichtlich den Wasserstoff in Helium umwandeln (es war aber noch nicht bekannt, wie dieser Prozess im Einzelnen abläuft). Bengt Strömgren hatte dann die Idee, unter der Annahme einer graduellen Umwandlung von Wasserstoff in Helium (wobei sich mit der Zeit die mittlere Molekülmasse der Sternmaterie ändert) und unter Verwendung des Eddington'schen Sternmodells „Entwicklungswege" für Sterne verschiedener Ausgangsmasse im HRD zu berechnen. Und dabei zeigt sich, dass die Leuchtkraft L eines gegebenen Sterns der Masse M zusätzlich noch vom Verhältnis Wasserstoff zu Helium der Sternmaterie abhängt und nicht allein von der Sternmasse, wie man zuvor angenommen hatte. Das führt zu der Konsequenz, dass ein Stern, der nach und nach seinen Wasserstoff „verbrennt", aus der Hauptreihe im HRD sich langsam nach rechts und nach oben – also letztendlich in Richtung des Riesenastes – bewegt, also genau anders herum, als es die Russell'sche Theorie der Sternentwicklung fordert. Und damit wurde auch die Sternverteilung im HRD verschieden alter Sternhaufen erklärbar. Das „Knie" im oberen Teil der Hauptreihe entsteht dadurch, dass sich die massereichen Sterne darüber bereits zu Riesensternen entwickelt haben, oder anders ausgedrückt, massereiche Sterne entwickeln sich schneller zu „Riesensternen" als massearme Sterne. Rotleuchtende „Riesensterne" stehen also nicht, wie bis dahin angenommen, am Anfang der Sternentwicklung, sondern eher an deren Ende (Abb. 1.17).

Nachdem schließlich auch das Problem der stellaren Energiequellen vom Prinzip her gelöst war, konnte man sich nun der Erforschung der detaillierten Entwicklungswege von Sternen verschiedener Massen zuwenden. Aber bis dahin mussten immer noch ein paar und teilweise sehr schwierige Fragen beantwortet werden, wie z. B. die Frage, durch welche physikalischen Prozesse die außergewöhnlich kühlen Riesensterne ihre Energie beziehen, denn die Temperatur im tiefen Inneren dieser Sterne sollte nach den gängigen Modellvorstellungen viel zu gering und auch ihre Dichte viel zu klein für irgendwelche denkbare Kernfusionsprozesse sein. Man sprach in diesem Zusammenhang direkt von einem *„red giant problem"*.

Die Frage war, ob man physikalisch begründet die Modelle des inneren Aufbaus von Riesensternen so formulieren kann, dass sich im Zentrum Bedingungen ergeben, die eine Energieproduktion durch Kernfusion ermöglichen, die für die Aufrechterhaltung der beobachteten Leuchtkräfte notwendig ist. Bereits um 1938 vermutete man, dass das Problem etwas mit dem Energietransport in den Sternen

1 Eine kurze Geschichte der Erforschung der Sterne 35

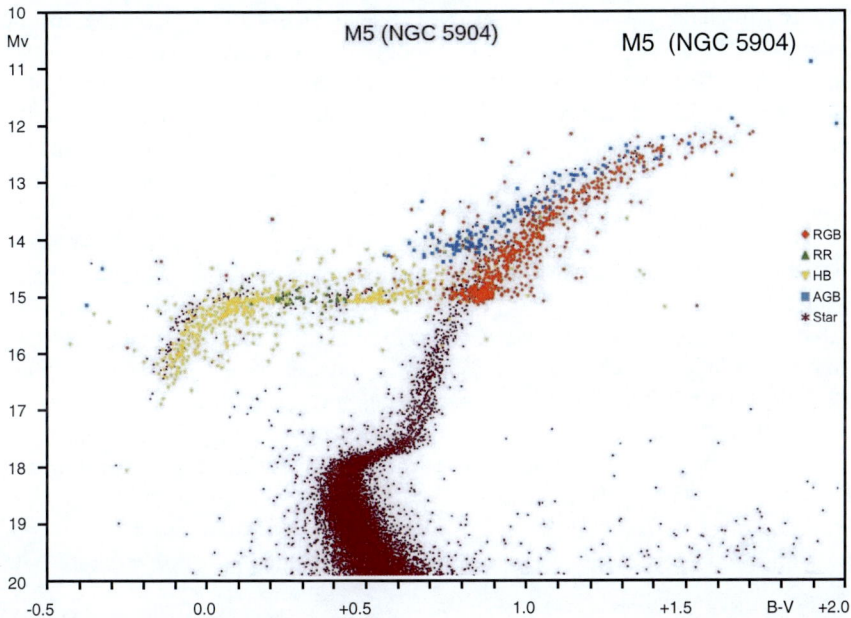

Abb. 1.17 Modernes Hertzsprung-Russell-Diagramm eines typischen Kugelsternhaufens (Messier 5) unserer Milchstraße, welches über 15.000 Sterne enthält. (Wikimedia)

zu tun haben könnte. In Sternen gibt es dafür genau genommen nur zwei Möglichkeiten. Einmal den konvektiven Energietransport, der mit einer Durchmischung der Sternmaterie verbunden ist, und zum anderen der Strahlungstransport, den man eher mit einem Diffusionsvorgang vergleichen kann. Die physikalischen Bedingungen, unter denen der eine oder der andere Energietransportmechanismus im Inneren eines Sterns überwiegt, hat bereits 1906 Karl Schwarzschild formuliert (Schwarzschild-Kriterium). Das impliziert, dass es in einem Stern Bereiche (Schalen) geben kann, in denen entweder der Energietransport im Wesentlichen durch Konvektion („Konvektionszonen") oder ausschließlich durch Strahlungstransport („Strahlungsdiffusionszonen") erfolgt. Solche Zonen haben natürlich Einfluss auf die konkrete Gleichgewichtskonfiguration eines Sterns (man denke an die Bedingung des hydrostatischen Gleichgewichts, die in jedem Punkt im Stern erfüllt sein muss) und modifizieren entsprechend die radiale Druck- und Dichtefunktion im Sterninneren. Es war deshalb zumindest erst einmal von akademischem Interesse, ob überhaupt hydrostatisch geschichtete Sternmodelle, die beispielsweise aus einem weitgehend isothermen radiativen Kern und einer konvektiven Hülle bzw. einem konvektiven Kern mit radiativer Hülle mit jeweils unterschiedlicher chemischer Zusammensetzung (ausgedrückt durch die Molekülmasse) bestehen, möglich sind. Und die Antwort war „ja, es gibt solche Gleichgewichtskonfigurationen". Entsprechende Modellrechnungen führten nämlich zu dem überraschenden Befund, dass die Masse eines isothermen Kerns, dessen mittlere Molekülmasse größer ist als die der Schichten darüber, in Bezug auf die Gesamtmasse des Sterns begrenzt ist. Die ersten Abschätzungen dazu wurden von Mario Schönberg (1914–1990) und Subrahmanyan Chandrasekhar im Jahre 1942 veröffentlicht (Schönberg und Chandrasekhar 1942). Geht man von einem He-Kern und einer Wasserstoffhülle aus, dann kann die Masse des Sternkerns höchstens 10 % bis 15 % der Gesamtmasse des Sterns betragen – ansonsten muss er unter dem eigenen Gewicht und dem Gewicht der darüber liegenden Schichten zusammenbrechen. Diesen Maximalwert der Masse eines stellaren He-Kerns bezeichnet man heute als Schönberg-Chandrasekhar-Grenze (s. Abschn. 5.3.2.3) (Abb. 1.18).

Alle diese theoretischen Untersuchungen untermauerten in einem gewissen Sinn ein Szenario, welches der estnische Astrophysiker Ernst Julius Öpik (1893–1985) bereits Ende der 1930er-Jahre zur Diskussion gestellt hatte (Öpik 1938). Er stellte sich vor, dass ein Hauptreihenstern aus einem konvektiven Kern besteht, in dem die „Elementtransmutationen" von Wasserstoff zu Helium stattfinden, und der von einer radiativen Hülle umgeben ist (d. h. dass das fusionierte Helium kann den Kern nicht verlassen). Während des Hauptreihenstadiums wird dieser konvektive Kern im Laufe der Zeit immer größer, wobei sich das Masseverhältnis von

Abb. 1.18 Karl Schwarzschild (1873–1917) war einer der bedeutendsten deutschen Astronomen und Physiker zu Beginn des 20. Jahrhunderts. Er hat auf vielen Gebieten aus heutiger Sicht bahnbrechende Arbeiten veröffentlicht, die sich in einer Vielzahl von Fachbegriffen niedergeschlagen haben: Schwarzschild-Exponent, Schwarzschild-Kriterium, Schwarzschild-Metrik, Schwarzschild-Spiegelteleskop usw

Wasserstoff zu Helium mehr und mehr in Richtung Helium verlagert. Und das geht so lange gut, bis im Kernbereich der Wasserstoff quasi aufgebraucht ist. Dann wird der Kern zunehmend instabil und beginnt graduell zu kontrahieren, wobei seine Dichte anwächst und er sich dabei immer weiter aufheizt. An seiner äußeren Grenze bildet sich dann – nach Öpik – eine wasserstoffbrennende Schale, deren Energiefreisetzungsrate mit steigender Temperatur überproportional zunimmt, mit der Wirkung, dass die darüber liegenden Sternschichten aufgrund der dabei freigesetzten Strahlung zu expandieren beginnen und auf diese Weise einen „Roten Riesen" formen. Da bei diesem Vorgang die Sternatmosphäre abkühlt, zugleich aber die Leuchtkraft zunimmt, bewegt sich der Stern im HRD von der Hauptreihe weg, und zwar nach rechts oben in den Riesenast.

Im Nachhinein betrachtet, war dieses qualitative Modell der Entstehung von „Riesensternen" aus Hauptreihensternen außergewöhnlich vorausschauend. Es gab die Richtung von Untersuchungen vor, die Anfang der 1950er-Jahre zu ersten wirklich detaillierten Berechnungen der Entwicklungswege von Sternen unterschiedlicher Ausgangsmasse führten, und zwar vom Beginn des Hauptreihenstadiums an bis zur Entstehung der Roten Riesen. Danach verweilt ein genügend massereicher Stern solange auf der Hauptreihe, bis die Masse des sich bildenden He-Kerns so weit angewachsen ist, dass dessen Masse die Schönberg-Chandrasekhar-Grenze erreicht. Entscheidend für den Übergang in das Riesenstadium ist der darauf folgende Kernkollaps, der dann eintritt, sobald der „Brennstoff" – hier Wasserstoff – im Bereich der „Brennzone" quasi aufgebraucht ist. Er führt nach dem Virialsatz zu einer enormen Temperaturerhöhung im Kern, wobei die Kontraktion und die damit einhergehende Temperaturzunahme erst dann gestoppt werden, wenn die Bedingungen für das Zünden des „Heliumbrennens" gegeben sind. Dieser Vorgang ist außerdem mit einer enormen Leuchtkraftzunahme verbunden – und diese Energie muss ja irgendwie abgestrahlt werden. Das führt dazu, dass sich der Stern eine neue Gleichgewichtskonfiguration suchen muss, – und das bedeutet in diesem konkreten Fall Expansion der Außenschichten mit einer damit verbundenen enormen Vergrößerung der strahlenden Oberfläche.

Die 1950er-Jahre sind auf dem Gebiet der Sternphysik im Wesentlichen durch zwei Entwicklungen geprägt, die sich einander bedingen. Dazu gehören die stetigen Verbesserungen der theoretischen Sternmodelle (wobei der Schwerpunkt nun auf chemisch inhomogenen Sternen lag) sowie der Einsatz elektronischer Rechenmaschinen, um zeitsparend immer mehr und immer bessere Sternmodelle numerisch berechnen zu können. Ein Pionier in diesem Zusammenhang war Martin Schwarzschild (1912–1997), der damals an der Princeton University wirkte. Zusammen mit Richard Härm (1909–1996) berechnete er bei stetiger Verbesserung seiner Sternmodelle die Entwicklungswege von Sternen unterschiedlicher Ausgangsmasse und chemischer Zusammensetzung, um so beispielsweise das besondere Aussehen der HRDs von Kugelsternhaufen erklärbar zu machen. Dabei wurde die Bedeutung der Elektronenentartung im Kern Roter Riesensterne erkannt und die Existenz einer oberflächennahen Konvektionszone als essenziell für derartige Sterne erachtet. Auch fanden sie, dass Sterne gleicher Masse, aber

Abb. 1.19 Martin Schwarzschild (1912–1997) entwickelte zusammen mit seinen Mitarbeitern eine Vielzahl von numerischen Sternmodellen, mit denen er die Entwicklungswege von Sternen unterschiedlicher Masse im HRD verfolgte

unterschiedlicher chemischer Zusammensetzung („metallarme" Population II- und „metallreiche" Population I- Sterne; der Populationsbegriff wurde 1944 von Walter Baade anhand spektraler Merkmale eingeführt) verschiedene Entwicklungswege im HRD nehmen (Abb. 1.19).

Eine weitere wichtige Entdeckung gelang, als man sich mit der näheren Entwicklung des He-Kerns Roter Riesen zu beschäftigen begann. Dabei wurde auf theoretischem Wege der sogenannte „Heliumflash" entdeckt. Darunter versteht man das explosionsartige Zünden des Triple-Alpha-Prozesses bei Sternen mit entartetem He-Kern (ihre Masse liegt unterhalb von 2,2 Sonnenmassen), bei dem die Leuchtkraft innerhalb einiger weniger Sekunden plötzlich auf bis zu 10^{11} Sonnenleuchtkräfte (!) ansteigen kann. Von außen ist dieser Vorgang jedoch nicht beobachtbar, da die dabei freigesetzte Energie vollständig in der Sternhülle absorbiert wird (s. Abschn. 5.3.3).

Die Verfügbarkeit elektronischer Rechner zur numerischen Lösung der Differenzialgleichungen, mit denen man Sterne modelliert, hat auch andere Arbeitsgruppen animiert, entsprechende Programme zu entwickeln und zur Erforschung der Entwicklungslinien von Sternen einzusetzen. In Deutschland war das die Arbeitsgruppe um Alfred Weigert (1927–1992) und Rudolf Kippenhahn, die in den 1960er- und 1970er-Jahren eine ganze Anzahl von Arbeiten veröffentlichten, die für das Fachgebiet grundlegend waren. Zu nennen sind hier u. a. die Entdeckung thermischer Instabilitäten in den Schalenquellen sogenannter AGB-Sterne (AGB, Asymptotic Giant Branch), die man heute als „thermische Pulse" bezeichnet und die erstmalige Modellierung der Entwicklungslinien enger

Doppelsterne auf einem Computer (s. Abschn. 6.3.2). Sie verwendeten dabei zur Integration der Grundgleichungen des stellaren Aufbaus eine Methode, die man nach ihrem „Erfinder" Louis George Henyey (1910–1970) als „Henyey-Methode" bezeichnet (s. Abschn. 4.5.1). Mit dieser Methode ließen sich äußerst effektiv Sternmodelle berechnen, deren zeitliche Entwicklung insbesondere durch eine vergleichsweise schnelle Änderung der inneren Konstitution gekennzeichnet ist. Das betrifft beispielsweise die Phase einer schnellen Expansion der Sternhüllen, wie sie beim Übergang vom Hauptreihenstadium zum Roten-Riesen-Stadium auftritt.

Ihre langjährigen Erfahrungen auf dem Gebiet der Sternphysik haben Kippenhahn und Weigert 1990 in einem Lehrbuch zusammengefasst, welches bis heute nicht an Aktualität verloren hat (Kippenhahn et al. 2012).

Aber wie geht es weiter, wenn im Sternkern das gesamte Helium in Kohlenstoff oder Sauerstoff umgewandelt ist? Diese Frage tangiert erst einmal die Theorie der Kernfusionsprozesse. Es galt, die Folgereaktionen und die konkreten physikalischen Bedingungen zu ermitteln, unter denen sie zünden. Und dabei waren nicht nur Astrophysiker, sondern auch theoretische Physiker, die auf dem Gebiet der Kernfusion und Elementesynthese arbeiteten, gefragt. Es galt dabei erst einmal grundlegende Daten zu ermitteln, wie Reaktionsfolgen, Wirkungsquerschnitte und Energieproduktionsraten als Funktion der Temperatur, der Materiedichte und der chemischen Zusammensetzung, um nur einige zu nennen. Anhand dieser Basisdaten wiederum konnten jetzt auch Sternmodelle in ihrer Entwicklung verfolgt werden, deren Masse ausreicht, um alle möglichen Fusionsprozesse bis hin zum „Siliziumbrennen" zu durchlaufen (Letzteres betrifft Sterne mit einer Masse von mehr als 8 Sonnenmassen).

Während mit den pp-Zyklen und dem CNO-Zyklus sich die Umwandlung von Wasserstoff in Helium leicht erklären lässt, ergaben sich für darüber hinausgehende Reaktionsfolgen zum Aufbau von Elementen mit $Z > 2$ gewisse Schwierigkeiten, die damit zusammenhängen, dass in der Natur offensichtlich keine stabilen Kerne mit Massezahlen von 5 und 8 existieren. Es war hochgradig rätselhaft, auf welche Weise man diese Lücke in der Isotopenfolge umschiffen sollte, um z. B. Kohlenstoff und Sauerstoff (zwei besonders häufige Elemente in der kosmischen Elementeverteilung) per Kernfusion zu erzeugen. Die Lösung gelang 1951 Edwin Ernest Salpeter (1924–2008), indem er die Bedingungen für das Funktionieren des sogenannten Triple-Alpha-Prozesses näher spezifizierte (Salpeter 1952) und dabei die Bedeutung von Berylliumkernen als Stoßpartner für α-Teilchen erkannte. Aber damit war immer noch nicht klar, auf welche Weise dabei letztendlich ein stabiler Kohlenstoffkern entsteht. Das Rätsel konnte 1953 auf eine bemerkenswerte Weise von Fred Hoyle gelöst werden, indem er aus der reinen Existenz stabilen Kohlenstoffs in der Welt auf ein spezifisches Resonanzniveau bei $\sim 7{,}7$ MeV geschlossen hat (Hoyle et al. 1953). Ohne dieses Resonanzniveau wäre nämlich die Kohlenstoffproduktion in Sternen stark behindert bzw. sogar völlig unterdrückt. Es gäbe dann weder das Papier, auf das diese Zeilen gedruckt sind, noch dessen Schreiber… „Leben, wie wir es kennen", wäre damit nicht möglich.

Den eigentlichen „Beweis", dass in Sternen wirklich neue Elemente gebildet werden, gelang im Jahre 1952 Paul Willard Merrill (1887–1961), ohne dass es ihm gleich bewusst wurde. Er konnte nämlich in entwickelten Roten Riesen Spektrallinien nachweisen, die eindeutig dem Element $_{43}Tc$ (Technetium) zuzuordnen sind (Merrill 1952). Jedoch sind alle Technetiumisotope instabil, wobei das langlebigste Isotop $^{98}_{43}Tc$ gerade einmal eine Halbwertszeit von 4,2 Mio. Jahren besitzt. Das ist so gering in Bezug auf die kosmologische Zeitskala, dass es gar keine andere Interpretationsmöglichkeit gibt als anzunehmen, dass das Element Technetium im Inneren der Riesensterne gebildet wird. Das rückte die Problematik der Entstehung von Elementen mit einer Ordnungszahl $Z > 26$ wieder in den Blickpunkt, und man begann sich intensiv mit sogenannten Neutroneneinfangreaktionen zu beschäftigen, die heute als s-Prozesse (s = slowly, s. Abschn. 5.3.5.2) und als r-Prozesse (r = rapid, s. Abschn. 5.3.5.3) bekannt sind.

Die grundlegenden Gesetzmäßigkeiten der Elementesynthese, zumindest was die Bildung von nicht zu schweren Elementen betrifft, können mit der bereits erwähnten Arbeit von Burbidge et al. aus dem Jahre 1957 als prinzipiell bekannt angesehen werden (Burbidge et al. 1957). Sie bildet eine der wichtigsten Grundlagen der modernen „Nuklearen Astrophysik".

Was die Sternentwicklung betrifft, gab es Ende der 1950er-Jahre im Wesentlichen noch zwei Problemkreise, die grundsätzlich vom theoretischen Standpunkt aus zu bearbeiten waren: die Sternentstehung und das Vor-Hauptreihenstadium sowie die möglichen Endstadien der Sternentwicklung.

Unter welchen Bedingungen interstellare Gas- und Staubwolken kollabieren und dabei in eine Vielzahl von Protosternen fragmentieren, hatte bereits James Hopwood Jeans aus dem Virialsatz abgeleitet und in Form eines speziellen Kriteriums formuliert. Die Frage, die sich nun stellt, betrifft den Entwicklungsweg eines auf diese Weise entstandenen Protosterns bis zu dem Zeitpunkt, bei dem er zu einem Hauptreihenstern wird. Diese Entwicklungsphase eines jungen Sterns wird unter dem Begriff der *pre-main sequence evolution* zusammengefasst (s. Abschn. 6.2.2.4). Ihre Erforschung ist eng mit dem Namen des japanischen Astrophysikers Chushiro Hayashi (1920–2010) verbunden. Er erkannte Anfang der 1960er-Jahre, dass die Prä-Hauptreihenphase durch eine permanente Kontraktion des Protosterns geprägt ist. Als Energiequelle für die Leuchtkraft dieser Sterne dient die Helmholtz-Kelvin-Kontraktion, die aufgrund des Virialsatzes zu einer stetigen Temperaturerhöhung im Sternkern führt. Erreicht dann irgendwann die Temperatur die Zündtemperatur für das „Wasserstoffbrennen", dann geht der Protostern in einen hydrostatisch stabilen Zustand über – oder, anders ausgedrückt, er wird zu einem Hauptreihenstern. Die Dauer der Kontraktionsphase hängt dabei stark von der Masse des Protosterns ab. Massereiche Sterne erreichen bereits nach wenigen 100.000 Jahren die Hauptreihe, während massearme Sterne, deren Masse nur einige Prozent der Sonnenmasse ausmachen, schon mal eine Milliarde Jahre im Zustand der Kontraktion verharren können. Diese anfängliche Kontraktionsphase eines Protosterns wird in der Fachliteratur gewöhnlich *Hayashi contraction* genannt. Im HRD verläuft dann die Entwicklungslinie – insbesondere für Sterne mit einer Masse von weniger als 1,5 Sonnenmassen – im Wesentlichen entlang einer zur Leuchtkraftachse senkrechten Linie rechts der Hauptreihe, die als Hayashi-Linie bezeichnet wird. Auf ihr verringert sich im Laufe der Zeit die Leuchtkraft des Protosterns, wobei die effektive Temperatur gleich bleibt. Der Grund dafür ist die Reduzierung der abstrahlenden Oberfläche aufgrund der permanenten Kontraktion des Sterns (Abb. 1.20).

Der Punkt im HRD, bei dem bei einem Protostern der Masse M das Wasserstoffbrennen zündet, nennt man das „Nullalter" des Sterns. Die „Nullalter" aller denkbaren Protosternmassen bilden dementsprechend eine Linie im HRD, die man als „Nullalter-Hauptreihe" (*Zero-Age Main Sequence,* ZAMS) bezeichnet. Sie stimmt nur ungefähr mit der beobachteten Hauptreihe überein (sie bildet genau genommen deren linke Begrenzung), da sich die Sterne im Laufe der Zeit leicht nach rechts oben von ihr wegentwickeln. Genau genommen handelt es sich dabei um ein theoretisches Konstrukt, welches sich aus Modellrechnungen mittels Computer ergibt. Ab dem Moment, an dem ein Protostern diese Linie erreicht, beginnt man mit dem Zählen seines Alters.

Mit den Arbeiten von Chushiro Hayashi und seiner Nachfolgern konnten viele Fragen der Vor-Hauptreihenentwicklung der Sterne geklärt werden. Aber was passiert letztendlich mit Sternen, die den gesamten Entwicklungsprozess bis zu den Riesensternen durchlaufen haben? Wie sieht konkret ihr „Ende" aus?

Die Frage nach der *postgiant evolution* hat mehrere Aspekte – beispielsweise, was passiert genau, wenn ein Stern endgültig „ausbrennt"? Wie die Modellrechnungen zeigen, hängt es stark von der Ausgangsmasse ab, welche

Abb. 1.20 James Hopwood Jeans (1877–1946) erkannte, unter welchen Bedingungen interstellare Gas- und Staubwolken zu Protosternen „zerfallen"

energieerzeugenden Kernfusionsprozesse ein Stern während seines Lebens nutzen kann. Bei unserer Sonne ist z. B. nach dem Heliumbrennen Schluss. Sterne mit größerer Masse können aber auch noch den Zustand des Kohlenstoff- und Neonbrennens (mindestens 4 Sonnenmassen) sowie des Sauerstoff- und Siliziumbrennens (mindestens 8 Sonnenmassen) erreichen. Aber auch bei ihnen ist irgendwann Schluss, und die Frage steht im Raum, was dann genau geschieht. Erfolgt der Übergang in eine der drei stellaren Endstadien Weißer Zwerg, Neutronenstern oder sogar Schwarzes Loch mehr allmählich oder in Form einer gewaltigen Explosion, wie man sie bei Supernovae eindrucksvoll beobachten kann? Das Problem war, dass man zu Beginn der 1960er-Jahre zwar durchaus schon recht gute Vorstellungen über die Physik dieser drei möglichen Endstadien hatte, aber bis auf einige Dutzend Weiße Zwergsterne noch keine am Himmel finden konnte. Ja, man sah es sogar als sehr unwahrscheinlich an, solche exotischen Objekte wie Neutronensterne und Schwarze Löcher überhaupt jemals beobachten zu können. Deshalb war auch die Entdeckung einer pulsierenden Radioquelle mit extrem kurzer Pulsperiode (1,337 s) gegen Ende des Jahres 1967 durch Anthony Hewish und Jocelyn Bell-Burnell am Mullard Radio Astronomy Observatory eine große Überraschung für die astronomische Community, die sich bekanntlich mit einer Deutung dieses Phänomens anfangs ziemlich schwer tat. Man denke hier nur an die erste Bezeichnung für dieses später als „Pulsar" PSR B1919+21 benannte Objekt – „Little Green Man 1". Als ein Jahr darauf Thomas Gold schnell rotierende Neutronensterne zur Deutung des Pulsarphänomens zur Diskussion stellte, wurde er anfänglich noch belächelt (Gold 1968). Heute weiß man, dass er – wie so oft – Recht hatte.

Die Entdeckung des ersten Kandidaten für ein Schwarzes Loch war nicht ganz so spektakulär und hat etwas mit dem Einsatz von Satelliten in der astronomischen Forschung zu tun. Anfang der 1970er-Jahre wurden die ersten Röntgensatelliten auf eine Erdumlaufbahn gebracht, deren primäre Aufgabe es war, den Himmel systematisch nach auffälligen Röntgenquellen abzusuchen. Legendär ist in dieser Hinsicht der Uhuru-Satellit (1970–1973), in dessen Blickfeld auch ein zuvor schon als extrem leuchtkräftiger Blauer Riese bekanntes Objekt im Sternbild Schwan (Cygnus) geriet. Es erhielt die Katalogbezeichnung Cygnus X-1, da es sich um die erste im Sternbild Schwan entdeckte Röntgenquelle handelte. Man erkannte schnell, dass man es hier mit einem spektroskopischen Doppelstern mit einer Umlaufdauer von 5,6 Tagen zu tun hatte. Soweit noch nicht ungewöhnlich. Ungewöhnlich war jedoch die Röntgenstrahlung, deren Intensität in Zeitskalen zwischen 0,1 und 0,001 s stark fluktuierte. Das bedeutete, dass die eigentliche Röntgenquelle innerhalb dieses Doppelsternsystems höchstens eine lineare Ausdehnung von ein paar hundert Kilometern haben dürfte. Und diese Röntgenquelle war zweifellos nicht der Blaue Riese, sondern dessen Begleiter. Schon damals ergaben Masseabschätzungen für diesen „Begleiter" einen Wert von mehr als 5 Sonnenmassen, was mit der Masse eines Neutronensterns nicht vereinbar ist. Auch ein „normaler" Stern kam als Röntgenquelle nicht infrage, da dessen räumliche Ausdehnung mit den Fluktuationen der beobachteten Röntgenstrahlung nicht in Einklang zu bringen war. Und so blieb nichts anderes als ein Schwarzes Loch als

Begleiter des Blauen Riesen im Cygnus X-1-System als Erklärung übrig- Neueste Massebestimmungen ergaben übrigens für den Hauptstern eine Masse von ca. 19 Sonnenmassen und für das Schwarze Loch von ca. 15 Sonnenmassen (Orosz et al. 2011). Selbst ein Wert für die Rotationsfrequenz des Kerr-Loches ließ sich aus modernen Beobachtungen ableiten: ~790 Umdrehungen pro Sekunde (Gou et al. 2011).

Die Entdeckung immer neuer „kompakter" Objekte lenkte das Augenmerk der Astrophysiker mehr und mehr auf die damit im Zusammenhang stehenden Phänomene und deren wissenschaftliche Deutung. Von der Seite der Beobachtung betraf das insbesondere die detaillierte Untersuchung von Supernovaüberresten in allen verfügbaren Spektralbereichen. Denn zumindest der Krebsnebel (M1), der sich eindeutig einer im Frühjahr 1054 aufgeleuchteten Supernova zuordnen lässt, besitzt in seiner Mitte einen Zentralstern, dessen ungewöhnliches Spektrum bereits 1942 dem Astronomen Rudolph Minkowski (1895–1976) aufgefallen war. Und auch das Licht des Krebsnebels selbst unterschied sich stark von dem Licht, das gewöhnlich galaktische Gasnebel emittieren. Insbesondere dessen hoher Polarisationsgrad war äußerst auffällig und damit erklärungsbedürftig, was wiederum (neben anderen Gründen) den berühmten sowjetischen Astrophysiker Iossif Samuilowitsch Schklowski (1916–1985) im Jahre 1953 veranlasste, dieses Licht als optische Synchrotronstrahlung zu deuten. Stimmt diese Deutung, dann musste der Krebsnebel in ein starkes, strukturiertes Magnetfeld eingebettet sein, um dessen Feldlinien Elektronen spiralen und dabei Synchrotronstrahlung emittieren.

Etwas später, als man ab den 1960er-Jahren mittels Satelliten begann, den Himmel im Lichte des extrem kurzwelligen Teils des elektromagnetischen Spektrums zu erkunden, entdeckte man, dass Minkowskis seltsamer Stern im Herzen des Krebsnebels nicht nur ein „komisches Spektrum" hat, sondern darüber hinaus auch noch eine außergewöhnlich starke Quelle von Röntgen- und sogar Gammastrahlung darstellt. Als man dann 1968 diesen Zentralstern noch mit einem eben gerade entdeckten Pulsar (PSR B0531+21) identifizieren konnte, wurde nach einigen anfänglichen Irritationen ziemlich schnell klar, dass der Zentralstern nichts anderes als ein schnell rotierender Neutronenstern sein kann. Kurz zuvor hatte man übrigens am Südhimmel einen Pulsar entdeckt (Velapulsar), der offensichtlich auch mit einem Supernovaüberrest (Gumnebel) assoziiert zu sein schien. Heute weiß man zwar, dass der Gumnebel und der Velapulsar physisch nicht zusammengehören. Aber die Vermutung der Theoretiker, dass Neutronensterne das Ergebnis bestimmter Supernovaexplosionen sind, hatte sich großartig bestätigt. Aus einem einst theoretisch vorhergesagten Objekt wurde ein real beobachtbarer Himmelskörper…

Dabei herrschte lange Zeit die Meinung vor, dass Neutronensterne und insbesondere Schwarze Löcher schon aufgrund ihrer Größe und damit geringen bzw. nicht vorhandenen Leuchtkraft wohl niemals der direkten Beobachtung zugänglich sein werden. Aber bereits Anfang der 1960er Jahre wies Jakow Borissowitsch Seldowitsch (1914–1987) darauf hin, dass unter gewissen Bedingungen doch ein Nachweis – wenn auch indirekter Natur – gelingen sollte. Dazu muss das kompakte Objekt (es kann auch ein Weißer Zwerg sein) nur eine Komponente eines engen Doppelsterns sein. In diesem Fall kann nämlich Materie unter bestimmten Bedingungen zur kompakten Komponente überfließen, – ein Vorgang, den man in der Fachsprache „Massenakkretion" nennt. Dabei wird die Materie teilweise so extrem stark erhitzt, dass sie im Röntgenbereich zu strahlen beginnt und damit beobachtbar wird. Die Dynamik des Vorgangs hängt dabei von der Art der Komponenten (z. B. Hauptreihenstern und Weißer Zwerg) und deren Abstände ab. Gewöhnlich bildet sich um die kompakte Komponente aus Gründen der Drehimpulserhaltung eine rotierende Materiescheibe, die man als Akkretionsscheibe bezeichnet. Sie oder Bereiche von ihr stellen die eigentliche Quelle kurzwelliger Strahlung dar, wobei die beobachtete Strahlungsleistung wiederum von der Akkretionsrate abhängt, die eine der wesentlichen Kenngrößen einer Akkretionsscheibe darstellt. Das lässt sich ausnutzen, um aus Beobachtungen mehr über die Natur des zentralen kompakten Objekts zu erfahren – vorausgesetzt, man hat zur Interpretation der Beobachtungsdaten eine stimmige Theorie des Akkretionsvorgangs zur Verfügung. Eine solche Theorie ist jedoch äußerst komplex, da sie sowohl Strömungsprozesse (Hydrodynamik bzw. Magnetohydrodynamik) als auch Strahlungsprozesse (radiative Magnetohydrodynamik) mit plasmaphysikalischen Prozessen und sogar teilweise mit der Allgemeinen Relativitätstheorie verknüpfen muss, um das Geschehen einigermaßen realistisch abbilden zu können. Die Methode der Wahl ist dabei die in der Hydrodynamik ohnehin bevorzugte Methode der Simulation mittels leistungsfähiger Computer, bei denen unter gewissen Anfangs- und Randbedingungen die bekannten hydrodynamischen bzw. magnetohydrodynamischen Grundgleichungen numerisch gelöst werden. Die ersten zusammenfassenden Monografien zu diesem Thema sind in den 1980er- und 1990er-Jahren veröffentlicht worden. Heute stellt die Erforschung von Akkretionsprozessen quasi mit das *High-End* der modernen Astrophysik dar, und zwar einfach deshalb, weil Akkretionsprozesse in allen kosmischen Größenskalen grundlegend sind. Man denke an die Entstehung von Planetensystemen im Zuge der Sternentstehung (protoplanetare Scheiben), an die Sternentstehung selbst (bipolare Jets bei Protosternen), an kataklysmische Veränderliche (z. B. Zwergnovae, Polare), an klassische Novae, kompakte Röntgen- und Gammaquellen (z. B. *accretion powered X-ray pulsars*) bis hin zu aktiven Galaxienkernen, um nur einige wenige Anwendungsgebiete einer modernen Akkretionstheorie zu nennen.

Nach diesem Ausflug zu den Endstadien der Sternentwicklung zurück zu einem Phänomen, dessen Deutung viele Astronomen und Astrophysiker im Laufe der Zeit in mehrere Hinsichten beschäftigt hat. der Lichtwechsel veränderlicher Sterne. Dabei sollen an dieser Stelle nur solche veränderliche Sterne Beachtung finden, die physisch, d. h. aus sich selbst heraus, einen mehr oder weniger periodischen (z. B. Delta-Cepheiden), irregulären (z. B. T-Tauri-Sterne) oder plötzlichen (z. B. *core-coll*aps-*Supernovae*, Flaresterne) Lichtwechsel aufweisen. Bedeckungsveränderliche und kataklysmische Veränderliche sind hiervon ausdrücklich ausgenommen, da für deren Lichtwechsel andere Gründe (Doppelsternnatur) verantwortlich sind.

Über in ihrer Helligkeit veränderliche Sterne ist bis auf einige wenige überlieferte Supernovaausbrüche (wie die bereits erwähnte aus dem Jahre 1054) aus der „Antike" nichts bekannt. Der erste veränderliche Stern, der seine Helligkeit mehr oder weniger periodisch wechselte, wurde 1596 von dem friesischen „Liebhaberastronomen" David Fabricius (1564–1617) im Sternbild Walfisch (Cetus) entdeckt und mit dem Namen „Die Wunderbare" – *res mira* – versehen. Ihr heutiger offizieller Name ist Omicron Ceti. Über die Ursache ihres Lichtwechsels mit einer mittleren Periodendauer von 331 Tagen spekulierte als Erster öffentlichkeitswirksam der französische Aufklärer Bernard le Bovier de Fontenelle (1657–1757) in seinem berühmten Buch *Dialoge über die Mehrheit der Welten* (Fontenelle de 1780), welches 1780 mit Anmerkungen des Astronomen Johann Elert Bode (1747–1826) zum ersten Mal in Deutsch erschienen ist. Darin führte er zur Erklärung des Phänomens den Begriff der „Halbsonne" ein, die aus einer leuchtenden und einer nicht-leuchtenden Halbkugel bestehen soll. Dreht sie sich, dann zeigt sie einmal die volle leuchtende Seite dem Betrachter und der Stern erscheint im hellsten Licht. Zeigt sie ihm dagegen die andere, dunkle Seite, dann verschwindet der Stern für den Betrachter. Anzumerken ist jedoch, dass die Idee zu dieser „Erklärung" nicht von Fontanelle selbst stammt, sondern von dem französischen Astronomen Ismael Boulliau (1605–1694) im Wesentlichen übernommen wurde.

Für die weitere Entwicklung der Astronomie spielte jedoch ein anderer Typ von veränderlichen Sternen mit einem im Vergleich zu den Mira-Sternen äußerst regelmäßigen Lichtwechsel geringerer Amplitude (1 bis 2 Größenklassen) und Periode (1 bis 50 Tage) eine besonders wichtige Rolle. Dieser Sterntyp wird nach seinem Prototyp Delta Cephei „Cepheide" genannt und ist an der typischen Form seiner Lichtkurve zu erkennen (s. Abschn. 6.3.3). Seitdem man die Fotografie von Sternfeldern zur Suche und die fotografische Fotometrie zur Helligkeitsmessung veränderlicher Sterne eingeführt hatte, begannen sich die Entdeckungen von Cepheiden zu häufen. Da es sich bei diesen Sternen um sehr leuchtkräftige Sterne handelt, waren sie sogar auf Fotografien der Magellan'schen Wolken (die man damals noch für Sternwolken der Milchstraße hielt) leicht zu identifizieren. Einige davon hat Henrietta Swan Leavitt (1868–1921) auf Aufnahmen der Kleinen Magellan'schen Wolke näher untersucht und ihre Maximal- und Minimalhelligkeiten sowie ihre Lichtwechselperioden bestimmt. Und dabei machte sie im Jahre 1908 eine folgenschwere Entdeckung. Als sie nämlich die scheinbaren Maximalhelligkeiten (bzw. Minimalhelligkeiten) über die Lichtwechselperioden in ein Diagramm eingetragen hatte, zeichnete sich so etwas wie ein linearer Zusammenhang ab. Weitere Untersuchungen an noch mehr Sternen bestätigte die Vermutung, dass die Helligkeit eines Delta-Cepheiden eine lineare Funktion von dessen Lichtwechselperiode ist. Diese Erkenntnis wurde nur dadurch möglich, dass zum einen die Magellan'schen Wolken reich an Cepheiden und zum anderen deren Sterne etwa alle gleich weit von der Erde entfernt sind. Das bedeutet, wenn man die Entfernung eines Cepheiden kennt (z. B. durch Messung seiner Parallaxe), dass man seinen Entfernungsmodul (d. h. die Differenz zwischen scheinbarer und absoluter Helligkeit) ausrechnen kann. Und aus dem Entfernungsmodul und der Entfernung folgt sofort aus der beobachtbaren scheinbaren Helligkeit die absolute Helligkeit als Maß für die Leuchtkraft des Sterns. Trägt man die absoluten Helligkeiten verschiedener Cepheiden über deren Lichtwechselperioden als Punkte in ein entsprechendes Diagramm ein und gleicht anschließend die Punkte durch eine Regressionsgrade aus, dann erhält man die berühmte Perioden-Leuchtkraft-Beziehung der Cepheiden. Mit ihrer Hilfe lässt sich die Entfernung beliebiger anderer Cepheiden, die sich beispielsweise im Andromedanebel oder einer anderen Galaxie befinden, bestimmen.

So einfach, wie das von Henrietta Swan Leavitt entwickelte Verfahren der Entfernungsbestimmung mittels Cepheiden (und der nahe mit ihnen verwandten RR-Lyrae-Sterne) auch ist, umso schwieriger war dessen praktische Umsetzung. Die große Schwierigkeit lag dabei in der präzisen Eichung der Perioden-Leuchtkraft-Beziehung an Cepheiden bekannter Entfernung. Denn hier spielen Populationszugehörigkeiten eine wichtige Rolle, was dazu führt, dass beispielsweise Cepheiden gleicher Periode in Kugelsternhaufen (Population II, sogenannte W Virginis-Sterne) eine geringere Leuchtkraft besitzen als die Cepheiden der Magellan'schen Wolken (Population I, „klassische" Cepheiden). Außerdem standen lange Zeit zur Eichung nur wenige (ungefähr ein Dutzend) Cepheiden mit einigermaßen sicher gemessenen Parallaxen zur Verfügung. Daraus ergab sich übrigens im Jahre 1952 das Erfordernis, auf einem Schlag die gesamte extragalaktische Entfernungsskala verdoppeln zu müssen. Man hatte bis dahin die absolute Helligkeit der Delta-Cepheiden einfach als zu gering angenommen.

Nach diesem kleinen historischen Exkurs in die kosmische Entfernungsbestimmung mittels Cepheiden soll jetzt der Frage nachgegangen werden, wie sich die Vorstellungen über die physikalischen Ursachen für deren Lichtwechsel im Laufe der Zeit entwickelt haben.

Wie bereits erwähnt, war eine Zeitlang die Idee unterschiedlich hell leuchtender Hemisphären rotierender Sterne recht populär. Nur wurde sie Mitte des 19. Jahrhunderts dahingehend modifiziert, dass „Sternflecken" (analog den Sonnenflecken) ursächlich für den Lichtwechsel bestimmter Typen veränderlicher Sterne verantwortlich sein sollten. Man hatte dabei einmal einen reinen Rotationslichtwechsel und zum anderen einen Lichtwechsel vor Augen, der durch Aktivitätszyklen ähnlich dem elfjährigen Sonnenfleckenzyklus verursacht wird. Diese Möglichkeit wurde ab etwa 1850 durch Rudolf Wolf (1816–1893) und später durch William Henry Pickering (1858–1938) vertreten bzw. diskutiert. Aber besonders gut ließen sich mit dieser Theorie die Lichtkurven der meisten veränderlichen Sterne nicht reproduzieren. 1880 kam schließlich eine neue Lichtwechselhypothese auf, und zwar aus mehr theoretischen Erwägungen. Damals erkannte Georg Dietrich August Ritter, dass unter gewissen Bedingungen Gaskugeln radial (adiabatisch) oszillieren können, was mit einer zyklischen Vergrößerung bzw. Verkleinerung der abstrahlenden Kugelfläche verbunden ist. Da sich dabei rein sinusförmige Lichtkurven ergeben und man solche bei infrage kommenden Sterntypen nicht beobachtet hat, blieb man skeptisch, bis im Jahre 1909 auch nicht-radiale Schwingungsmoden (die zuvor bereits Lord Kelvin eingehend untersucht hatte) als Lichtwechselursache der nun bereits „Pulsationsveränderliche" genannten Sterne als möglich erachtet wurden (Moulton 1909). Denn spätestens seit 1897 war durch spektroskopische Untersuchungen des an der Sternwarte Pulkowo tätigen russischen Astronomen Aristarkh

Abb. 1.21 Edward Charles Pickering (1846–1919) war lange Zeit Direktor des Harvard College Observatoriums. Seine besonderen Verdienste liegen auf dem Gebiet der Doppelsternbeobachtung und der Sternspektroskopie. Als sein wichtigstes Vermächtnis gilt der unter seiner Aufsicht ab 1918 herausgegebene *Henry-Draper-Katalog*, der u. a. die Spektraltypen von 225.000 Sternen enthält und damit die Grundlage für eine Vielzahl statistischer Untersuchungen der Sternpopulation unserer Milchstraße wurde

Belopolsky (1854–1934) bekannt, dass der Prototyp der Delta-Cephei-Sterne, Delta Cephei, eindeutig radiale Schwingungen ausführt, die mit dem Lichtwechsel korreliert sind. Was diese Schwingungen jedoch ursächlich bedingt, blieb weiterhin rätselhaft. Außerdem entdeckte man bereits 1889, dass es sich bei Delta Cephei um einen spektroskopischen Doppelstern handelt (Abb. 1.21).

Die Idee der nicht-radialen Schwingungen, bei denen der Stern periodisch seine Form zwischen einem verlängerten und einem abgeplatteten Ellipsoid wechselt, hatte auch ihre Schwierigkeiten. Denn wie einfache Modellrechnungen ergaben, müsste in diesem Fall die Pulsationsfrequenz stark von der Gasdichte abhängen, und zwar derart, dass je länger die Periode ist, desto geringer die mittlere Dichte des entsprechenden Sterns sein muss. Für Perioden, wie sie für Delta-Cepheiden typisch sind, ergaben sich beispielsweise Dichtewerte, die weit unter derjenigen der Sonne lagen (ein homogen aufgebauter Stern mit der Dichte der Sonne besitzt in diesem Fall eine Schwingungsperiode von ~3 h). Überhaupt nicht zu erklären war jedoch der Umstand, weshalb sich die gemessenen Radialgeschwindigkeitskurven nicht mit dem sich aus den nichtradialen Formänderungen ergebenden Lichtwechsel in Übereinstimmung bringen ließen. Deshalb musste man schließlich dieses Modell aufgeben und sich wieder den gesicherten radialen Schwingungen zuwenden.

Dabei sollte ein Umstand, auf den bereits Karl Schwarzschild im Jahre 1899 hingewiesen hat, eine gewisse Rolle spielen. Er fand nämlich heraus, dass die Helligkeitsänderung der Cepheiden mit einer Änderung ihrer effektiven Temperatur einhergeht. Es könnte also sein, so vermutete man, dass die beobachteten Pulsationen ein thermischer Effekt sind, die nur die äußeren Schichten des Sterns und nicht das gesamte Sternvolumen betreffen.

Cepheiden sind bekanntlich Überriesen (Masse zwischen 4 und 10 Sonnenmassen), die ein spezielles Gebiet im HRD besetzen *(cepheid strip)*. Wie Modellrechnungen zeigten, kreuzt solch ein Stern im Laufe seines Daseins als Überriese mehrfach dieses Gebiet, wobei er jedes Mal zu pulsieren beginnt. Dass der Pulsationsmechanismus anspringt, muss also etwas mit der physikalischen Konstitution des Sterns in dieser Entwicklungsphase zu tun haben. Die Theorie der adiabatischen Pulsationen, wie sie ursprünglich von Georg Dietrich August Ritter und Lord Kelvin entwickelt wurde, greift hier aber nicht, weil sich die Bedingung der Adiabasie in einem teildurchsichtigen Stern nicht erfüllen lässt. Denn die in der Kontraktionsphase entstehende Wärme bleibt nicht in der Sternatmosphäre gefangen, sondern geht durch Abstrahlung verloren. Das hat zur Folge, dass die Schwingung gedämpft wird und deshalb ziemlich rasch verschwindet. Es waren also neue Ideen gefragt.

Der nächste wichtige Schritt in der Aufklärung des Pulsationsmechanismus bestand darin, das von Eddington entwickelte mathematische Modell eines Sterns erst einmal nach überhaupt möglichen Schwingungsmodi zu untersuchen. Die in dieser Beziehung grundlegendsten Arbeiten stammen aus den 1940er-Jahren und haben Thomas George Cowling (1906–1990) als Autor (Cowling 1941). Sie bilden noch heute die theoretische Basis für das Fachgebiet der stellaren Oszillationen – der sogenannten Helio- und Astroseismologie. Was aber die Erforschung des physikalischen Mechanismus, die derartige Oszillationen auslösen, betrifft, so waren bis in die beginnenden 1950er-Jahre nur einige mäßige Teilerfolge erzielt worden. Der von Eddington bereits 1926 zur Diskussion gestellte *Valve-Mechanismus* war zwar im Nachhinein betrachtet durchaus schon recht nahe an der Wirklichkeit, aber eine schlüssige physikalische Begründung dafür konnte er damals noch nicht geben. Deshalb hat er auch später diesen Mechanismus wieder verworfen, um, wenn auch wenig erfolgreich, nach alternativen Mechanismen Ausschau zu halten. Aber immerhin ahnte man Ende der 1940er-Jahre bereits, dass die Pulsationen vielleicht etwas mit der zyklischen Ionisation und Rekombination von Wasserstoff bzw. von Helium in den Sternatmosphären zu tun haben könnten. Und das war auch zugleich der Schlüssel zur Lösung des Problems. Denn Ionisations- und Rekombinationsvorgänge bestimmen maßgeblich eine Größe, die man als Opazität der Sternmaterie bezeichnet und die gewöhnlich mit dem griechischen Buchstaben Kappa abgekürzt wird. Sie gibt quasi die Lichtundurchlässigkeit eines Stoffes an und ist gewissermaßen das Gegenteil von Transparenz. Ihr Wert ist eine komplizierte Funktion von Temperatur, Druck und Wellenlänge der absorbierten Strahlung. Gibt es nun Schichten in einer Sternatmosphäre, worin die Opazität mit dem Druck zunimmt, dann können sich daraus nach einem Mechanismus, den man „Kappa-Mechanismus" nennt, stabile Schwingungen entwickeln – der Stern pulsiert. In Delta-Cepheiden ist das in der Schicht der Sternatmosphäre der Fall, in der die Heliumionisation $He^+ \rightleftharpoons He^{++}$ stattfindet. Bei Mira-Sternen fungiert dagegen diejenige Schicht in der Atmosphäre als temporärer Energiespeicher, in der Wasserstoffionisation bzw. Rekombination auftritt. Die dabei entstehenden pulsartigen Dichtewellen durchlaufen die ausgedehnte kühle Sternatmosphäre in Form einer radialsymmetrischen Schockwelle mit einer Geschwindigkeit von ungefähr

10 km/s. In den dünnen äußeren Schichten des Roten Riesen verringert sich dabei die effektive Temperatur, was wiederum die Bildung von Titanoxid begünstigt. Die Strahlungsabsorptionsbanden des Titanoxids und die abnehmende Temperatur verringern dabei signifikant die Leuchtkraft im sichtbaren Teil des Spektrums und der Stern wird immer schwächer bis er schließlich im Pulsationsmaximum seine geringste Helligkeit erreicht. In der sich dann anschließenden Kontraktionsphase zerfallen die Titanoxidmoleküle wieder in ihre atomaren Bestandteile, die Temperatur steigt an und die Opazität nimmt ab, bis schließlich im Pulsationsminimum die Sternhelligkeit maximal wird. Der Kappa-Mechanismus besitzt aber auch noch andere Ausprägungen, welche teilweise zu komplexen Überlagerungen verschiedener radialer und nichtradialer Schwingungsmoden führen. Man denke hier z. B. an den Blazhko-Effekt, wie man ihn besonders gut in Form einer periodisch veränderlichen Gestalt der Lichtkurven bestimmter RR-Lyrae-Sterne beobachten kann.

Wesentliche Beiträge zur Aufklärung des Pulsationsmechanismus von Delta-Cepheiden und später auch anderer Typen von Pulsationsveränderlichen stammen von dem russischen Astronomen Sergei Alexandrovich Zhevakin (1916–2001), von Norman Hodgson Baker (1931–2005) und von Rudolf Kippenhahn. Wichtige Untersuchungen über die Anregung und Überlagerung verschiedener Schwingungsmoden zur Erklärung des Lichtwechselverhaltens spezieller veränderlicher Sterne (wie beispielsweise Beta-Cephei-Sterne oder Delta-Scuti-Sterne) wurden von dem belgischen Astronomen Paul Ledoux (1914–1988) durchgeführt. Sie alle stellten die Weichen für eine Beobachtungsmethode, mit der man heute aus dem Schwingungsverhalten eines Sterns auf dessen inneren Aufbau schließen kann. Diese Methode ist die Astroseismologie bzw. im Fall der Sonne, die Helioseismologie.

Beide Methoden profitieren sowohl von der rasanten Entwicklung der Rechentechnik im letzten Viertel des 20. Jahrhunderts als auch von der Möglichkeit, mittels Weltraumteleskopen extrem genaue und zeitlich hoch aufgelöste Fotometrie über längere Zeiträume zu betreiben. Ausgangspunkt war die Entdeckung der sogenannten Fünf-Minuten-Oszillation der solaren Photosphäre. Erste Hinweise darauf wurden bereits Anfang der 1960er-Jahre am Mt. Wilson Observatorium gefunden. Im gleichen Jahr beobachtete auch Franz-Ludwig Deubner mit dem Sonnenteleskop des Observatoriums „Schauinsland" des Kiepenheuer-Instituts für Sonnenphysik diese geheimnisvolle Schwingung, bei der sich einzelne Bereiche der Photosphäre im Gleichtakt um einige Dezimeter rhythmisch hoben und senkten. Nur war er anfänglich von der Realität dieser Schwingungsmuster noch nicht gänzlich überzeugt. Und so kamen ihm, was die Veröffentlichung dieser Entdeckung betraf, die Amerikaner Robert Leighton (1919–1997), George Simon und Robert Noyes zuvor (Leighton et al. 1962). Die nächsten Jahre waren davon geprägt, mit mehr oder weniger großem Erfolg diese Fünf-Minuten-Oszillation zu bestätigen bzw. immer genauer zu vermessen. Die Theoretiker wiederum versuchten sich an einer stimmigen Erklärung des Phänomens. Zuerst hielt man es noch für eine Oberflächenerscheinung der Photosphäre, die irgendwie mit der Sonnengranulation im Zusammenhang steht. Das spiegeln auch die ersten Modelle wider, von denen hier namentlich nur das Biermann-Schwarzschild-Modell (nach Ludwig Biermann (1907–1986) und Martin Schwarzschild) und das „Piston-Modell" genannt werden sollen. 1968 fand schließlich Edward Frazier die Antwort, indem er nicht „Stöße" von konvektiven Zellen gegen eine als stabil angenommene Photosphäre, sondern stehende akustische Wellen für die Fünf-Minuten-Oszillation verantwortlich machte. Diese Idee wurde dann von Roger Ulrich aufgenommen, an Beobachtungen festgemacht und 1970 zu einer Theorie verdichtet, die aber vorerst genauso wie einige konkurrierende Theorien kaum Beachtung in der Community der Sonnenforscher fand. Erst Mitte der 1970er-Jahre begann sich – nun gestützt auf gezielt durchgeführte Beobachtungen – die Erklärung durchzusetzen, dass es sich bei den beobachteten Schwingungsmustern um Abbildungen vielfach überlagerter akustischer Wellen (sogenannter p-Moden) aus dem Sonneninneren handelt. Und das eröffnete den Wissenschaftlern einen Weg, quasi in das Innere der Sonne zu schauen. Eine der ersten wichtigen Ergebnisse bestand in einer direkten Vermessung der solaren Konvektionszone. Denn, wie Douglas O. Gough auf theoretischem Wege zeigen konnte, es besteht ein direkter Zusammenhang zwischen den Eigenfrequenzen der Schwingungen und der Dicke der Konvektionszone. Während man im Standardmodell noch eine radiale Ausdehnung von $\approx$ 150.000 km annahm, ergab die helioseismologische Analyse der solaren Eigenschwingungen durch Edward J. Rhodes Jr. im Jahre 1975 eine Mächtigkeit der solaren Konvektionszone von 207.000 km. Damit war der Anfang getan, um die Helioseismologie als neues und überaus entwicklungsfähiges Spezialgebiet der Sonnenforschung zu etablieren. Mittlerweile gehören helioseismologische Untersuchungen zu den Standardmethoden der Sonnenforscher. So ist man heute bereits in der Lage, selbst Sonnenflecken, die sich auf der von der Erde abgewandten Seite der Sonne befinden, anhand der von ihnen ausgehenden akustischen Wellen sichtbar werden zu lassen.

Die Beobachtung und Interpretation solarer Eigenschwingungen brachte die Astronomen auf die Idee, ob man die dabei entwickelten Methoden nicht auch auf „schwingende Sterne" – genauer auf vibrierende Weiße Zwerge und auf Pulsationsveränderliche – anwenden könnte. Zwar lassen sich Sterne (bis auf ganz wenige Ausnahmen) im Gegensatz zur Sonne im Fernrohr nicht räumlich auflösen. Aber die Informationen, auf die es schließlich ankommt, sind sowohl in der Helligkeits-Zeit-Funktion (Lichtkurve) als auch in der Funktion, welche die zeitliche Änderung der Radialgeschwindigkeit eines Sterns beschreibt (Radialgeschwindigkeitskurve), prinzipiell enthalten. Man kann sie für einen geeigneten Stern mittels zeitlich hochauflösender Fotometrie bzw. Spektroskopie bestimmen und anschließend einer Frequenzanalyse unterziehen. Die dabei erhaltenen Frequenzspektren geben in Verbindung mit entsprechenden Sternmodellen Aufschluss über das Innere der Sterne und über Details der den Schwingungen zugrunde liegenden Pulsationsmechanismen.

Die ersten Objekte, denen man sich in dieser Beziehung zuwendete, waren veränderliche Weiße Zwerge mit einer Lichtwechselperiode von einigen Minuten bis zu einer halben Stunde und einer Amplitude von wenigen Zehntel Größenklassen.

Sie besitzen entweder heliumreiche oder wasserstoffreiche Hüllen, in denen, wie man nun weiß, komplexe nichtradiale Schwingungen stattfinden. Ein Problem in der Astroseismologie ist, dass man lange ununterbrochene fotometrische Zeitreihen für die Auswertung benötigt, die aufgrund des Tag- Nachtwechsels von einem Observatorium nicht zusammenhängend aufgenommen werden können. Deshalb wurde im Jahre 1986 das Whole Earth Telescope – Projekt (WET) ins Leben gerufen. Darin haben sich etwa zwei Dutzend weltweit verteilte Observatorien zusammengeschlossen, um ein- oder mehrmals im Jahr ausgewählte Weiße Zwergsterne über mehrere Wochen hinweg ununterbrochen zu beobachten.

Es ist verständlich, dass es schwierig ist, solche Beobachtungskampagnen für eine Vielzahl interessanter Objekte zu organisieren. Auch diesbezügliche Durchmusterungen sind mit irdischen Observatorien schlichtweg nicht machbar. So war es folgerichtig, dass man nach der Jahrhundertwende begann, spezialisierte Weltraumteleskope für entsprechende Beobachtungen zu entwickeln. Hier sind einmal der französische Satellit COROT (Convection, Rotation and Planetary Transits), dessen Mission im Jahre 2006 begann und im Jahre 2013 endete, sowie das Weltraumteleskop „Kepler" zu nennen, welches primär zur systematischen Suche nach Exoplaneten mittels der Transitmethode ausgelegt ist, aber auch hervorragende Daten für die Astroseismologie zu liefern, in der Lage ist. Beide Weltraumteleskope lieferten bzw. liefern (Kepler) „Big Data" – ungeheure Datenmengen, die es mittels spezieller Programme auszuwerten gilt, um an die für den Astrophysiker relevanten Informationen zu gelangen. Und die Ergebnisse können sich sehen lassen. Dazu nur ein Beispiel unter vielen. Aus Modellrechnungen ist schon lange bekannt, dass es zwei unterschiedliche Entwicklungsphasen von Roten Riesen geben muss. In einem frühen Stadium erzeugt solch ein Stern seine Energie durch „Wasserstoffbrennen" in einer schmalen Schale um seinen nur wenige Erdradien großen He-Kern. In einem späteren Stadium, in dem das Schalenbrennen langsam versiegt, muss er zum „Heliumbrennen" im Kern übergehen, um hydrostatisch stabil zu bleiben. Das Problem ist, dass man dem Roten Riesen von „außen" nicht ansehen kann, in welchem Entwicklungszustand er sich gerade befindet. Interessanterweise konnte man aus den astroseismologischen Daten, welche das Kepler-Weltraumobservatorium von einigen Roten Riesensternen gesammelt hat, ein Kriterium ableiten, welches beide Entwicklungsstadien auf einmal doch unterscheidbar macht. Damit ist man jetzt in der Lage zu bestimmen, a) wie alt ein bestimmter „Roter Riese" ungefähr ist und b) wie schnell er sich entwickelt hat, sowie c) wie viel Gas er in jeder seiner Entwicklungsphasen in den interstellaren Raum abgibt.

Die eindrucksvollen Erfolge der Astroseismologie sind auch das Ergebnis der in der zweiten Hälfte des 20. Jahrhunderts stetig gestiegenen Rechenleistungen der jeweils den Astronomen zur Verfügung stehenden Computertechnik. Sie ermöglichen sowohl in der Beobachtung als auch in der theoretischen Forschung völlig neue Methoden und Ansätze, die ohne deren Möglichkeiten einfach nicht realisierbar wären. Man denke beispielsweise nur an die systematische Suche nach Exoplaneten, die fast ausnahmslos auf indirektem Weg erfolgt und der Auswertung unvorstellbar großer Mengen von Beobachtungsdaten bedarf. Im Bereich der stellaren Astrophysik sieht man sich ja schon immer der Herausforderung ausgesetzt, dass die Gegenstände des Interesses auf keine Weise manipulierbar sind und die Entwicklungsprozesse – mit Ausnahmen – so langsam ablaufen, dass sie an individuellen Sternen anhand von Beobachtungen nicht nachzuvollziehen sind. Außerdem spielen sich die maßgeblichen Prozesse, welche die Evolution der Sterne bedingen, bekanntlich in deren tiefem Inneren ab und dabei auch noch unter Bedingungen, die sich auf der Erde im Labor gewöhnlich nicht realisieren lassen. In dieser Beziehung ist die numerische Simulation bzw. Modellierung auf der Grundlage bekannter Naturgesetze – wie man im Fachgebiet der Sternphysik seit Martin Schwarzschild, Alfred Weigert und Rudolf Kippenhahn (um nur ein paar Namen zu nennen) weiß – ein mächtiges Werkzeug, um mehr über die Physik und Evolution der Sterne in Erfahrung zu bringen. Dabei ist immer darauf zu achten, dass die theoretischen Modelle auch Vorhersagen liefern, die sich mit Beobachtungsdaten vergleichen lassen. Nur so wird letztendlich die von der Wissenschaftstheorie erhobene Forderung einer Validierung bzw. Falsifizierung eines derartigen Modells überhaupt erst möglich. Die Forschungsschwerpunkte haben sich dabei – verfolgt man die Fachliteratur – in den letzten Jahrzehnten insbesondere in Bereiche verschoben, wo entweder hochkomplexes nichtlineares Verhalten eine wesentliche Rolle spielt (Dynamik von Supernovaausbrüchen, Wechselwirkungen kompakter Objekte mit Akkretionsscheiben, Sternentstehung, Wechselwirkung zwischen Protostern und protostellarer bzw. protoplanetarer Scheibe inklusive Massenakkretion und Planetenentstehung), in denen eine gewisse Nähe zur physikalischen Grundlagenforschung besteht (Zustandsgleichungen kompakter Materie, Modellierung des inneren Aufbaus von Neutronen- und hypothetischen Quarksternen) und wo es zur Interpretation von Massendaten aus dem Bereich der Fotometrie und Spektroskopie umfangreicher objektbezogener Modellrechnungen bedarf (Astroseismologie, Entdeckung von Exoplaneten, Mikrogravitationslinsen).

Man kann wohl zu Recht sagen, dass die moderne Computertechnik und die allein schon damit verbundene Digitalisierung der Beobachtungs- und Auswerteverfahren die astronomische Forschung auf ein völlig neues Level gehoben haben.

Ganz aktuell hält die „Künstliche Intelligenz" (KI) in Form des „Deep Learning" Einzug in die astronomische Forschung. Sie erlaubt es, die mit den Daten von Teleskopen und Weltraummissionen prall angefüllten Archive nach vorgegebenen Regeln zu durchforschen, um auf diese Weise besonders interessante Himmelsobjekte zu identifizieren. Damit dieses Verfahren funktioniert – um beispielsweise die Objekte auf einer Himmelsaufnahme nach bestimmten Objektklassen wie Galaxien, Sterne oder Planetoiden vollautomatisch zu klassifizieren – benötigt man große neuronale Netzwerke, die anhand von enormen Mengen bereitgestellter Beispiele erst einmal „trainiert" werden müssen. Auch für statistische Forschungen, bei denen es darum geht, Datenmengen jenseits menschlicher Vorstellungs- und Arbeitskraft zu sondieren und aufzubereiten, kommt mittlerweile KI erfolgreich zum Einsatz. Man denke hier nur an die Auswertung der

Daten, die allein in den Gaia-Sternkatalogen katalogisiert sind.[4] Aktuell (2022) enthalten sie mehr als 1,8 Mrd. Objekte in – was die Anzahl betrifft – weiter zunehmender Tendenz (die Ende 2013 gestartete Gaja-Mission der ESA wurde bis 2025 verlängert), welche einen detaillierten Blick auf den Aufbau und die Dynamik unserer Heimatgalaxie erlauben.

Es ist sicherlich nicht verkehrt – auch im Rückblick auf Vergangenes – dass die Digitaltechnik im Zusammenspiel mit neuen Teleskopgenerationen und Weltraumteleskopen zu einem wahrhaft „Goldenen Zeitalter" der Astronomie und Astrophysik führte. Die Sterne – auch wenn sie in irdischen Maßstäben unvorstellbar weit entfernt sind – haben uns schon viele ihrer Geheimnisse verraten, ohne dass dabei ihre Faszination für den forschenden Geist verloren gegangen ist. Für sie gilt auf besondere Weise der diesem Kapitel vorangestellte Gedanke Johannes Keplers: „Mir kommen die Wege, auf denen die Menschen zur Erkenntnis der himmlischen Dinge gelangen, fast ebenso bewunderungswürdig vor, wie die Natur der Dinge selbst."

---

[4] Siehe Gaia Data Release 3 overview – Gaia – Cosmos (esa.int).

Was kann man an Sternen beobachten?

2

> *Alle Menschen haben ihre Sterne, für jeden sind sie anders. Für manch Reisenden sind die Sterne Führer. Für andere sind sie nichts anderes als kleine Lichter. Und wieder andere, für die Gelehrten, sind sie Probleme. Für meinen Geschäftsmann waren sie Gold. Aber alle diese Sterne schweigen. Du aber, du wirst Sterne haben wie niemand anderes …*
>
> Antoine de Saint-Exupèry (1900–1944) Der kleine Prinz

Es gibt auf den ersten Blick nur relativ wenige Parameter eines Sterns, die direkt der Beobachtung zugänglich sind. Neben der Position am Himmel sind das Entfernung, Eigenbewegung und Radialgeschwindigkeit, die scheinbare Helligkeit in verschiedenen Wellenlängenbereichen, der Polarisationsgrad der Strahlung und die „Sternfarbe", ausgedrückt durch einen Farbenindex. Dazu kommen noch der Spektraltyp und natürlich das Sternspektrum selbst. Manche Größen wie scheinbare Helligkeit, Radialgeschwindigkeit (z. B. bei pulsierenden Sternen), Farbindex und Spektraltyp können sich dabei zeitlich ändern, sodass Zeitreihen von diesen Größen eine weitere wichtige Informationsquelle darstellen.

Manche wichtige Kenngrößen eines Sterns ergeben sich direkt aus Beobachtungsgrößen. Kennt man beispielsweise die Entfernung eines Sterns durch Messung von dessen trigonometrischer Parallaxe und außerdem dessen scheinbare (bolometrische) Helligkeit, so kann man aus diesen beiden Größen eine physikalisch signifikante Kenngröße, nämlich die Leuchtkraft (d. h. die Energie, die er pro Zeiteinheit abstrahlt), berechnen. Die Oberflächentemperatur eines Sterns, (genauer die Temperatur von dessen Photosphäre), lässt sich wiederum aus der Messung eines geeigneten Farbenindizes (beispielsweise aus der Differenz zwischen scheinbarer Blau-Helligkeit und visueller Helligkeit) ableiten, was zumindest für statistische Analysen ausreichend ist.

Darüber hinaus lassen sich unter günstigen Umständen auch Sternmassen und Sterndurchmesser durch entsprechende Beobachtungen auf eine mehr oder weniger direkte Art und Weise ermitteln. So kann man beispielsweise Massesummen aus Doppelsternbeobachtungen und Sternmassen direkt aus astroseismologischen Daten ableiten. Sterndurchmesser werden gewöhnlich interferometrisch bestimmt, denn nur ganz wenige Sterne haben einen scheinbaren Winkeldurchmesser, der so groß ist, dass man sie in irdischen Riesenteleskopen bzw. mit dem Hubble-Weltraumteleskop direkt als Scheibchen abbilden kann. Der Rote Riese α Orionis (Beteigeuze) und der langperiodische, veränderliche o Ceti (Mira) sind Beispiele dafür.

Die meisten Informationen über die physikalische Beschaffenheit eines Sterns erhält man jedoch durch eine genaue Analyse der Absorptions- und Emissionslinien seines Spektrums. Dabei ist man heute nicht mehr allein auf den optischen Spektralbereich angewiesen. Mittels Satelliten sind seit nunmehr fast fünf Jahrzehnten auch deren kurz- und langwellige Fortsetzungen der Beobachtung zugänglich geworden, was bekanntlich zu vielen neuen Entdeckungen geführt hat.

In der astronomischen Forschung ist die Spektralanalyse zweifellos die bei Weitem wichtigste Methode, um etwas über die Natur der Sterne zu erfahren. Sternspektren enthalten nämlich explizit Informationen über (Auswahl)

a) den Bewegungszustand eines Sterns hinsichtlich seiner radialen Geschwindigkeitskomponente (Dopplereffekt)

- Radialgeschwindigkeit,
- Radiusänderungen, beispielsweise durch Pulsationen oder bei Sternexplosionen,
- Eigenschwingungen des Sterns,
- Strömungsvorgänge (z. B. Massenflüsse in kataklysmischen Veränderlichen),

b) die Temperatur und den Druck der entsprechenden Emissionsgebiete (i. d. R. der Photosphäre), die Leuchtkraftklasse (anhand der Ausprägung bestimmter Spektrallinien),
c) chemische Zusammensetzung (Konzentrationen oder Säulendichten einzelner Stoffe),
d) Elektronendichte und Ionisationsgrade der Sternmaterie,
e) Präsenz und Struktur von Magnetfeldern (Zeeman-Effekt, Polarisationseffekte),
f) mit Abstrichen Rotationsgeschwindigkeit (Raumlage der Rotationsachse bleibt gewöhnlich unbestimmt),
g) bei pulsierenden/schwingenden Sternen: Abweichungen der Sterne von der Kugelgestalt, Verlauf bestimmter physikalischer Größen im Inneren eines Sterns, Lage von konvektiven Bereichen (Helioseismologie, Astroseismologie).

Mithilfe dieser Daten und einer Theorie, die detailliert beschreibt, wie die im Stern erzeugte Strahlung durch die vergleichsweise kühle Sternatmosphäre nach außen transportiert wird (wobei die Spektrallinien entstehen), lässt sich sehr viel über die physikalischen Bedingungen in der Sternatmosphäre bzw. über die Bedingungen in der unmittelbaren Umgebung eines Sterns (beispielsweise Massenflüsse in kataklysmischen Doppelsternsystemen, Sternwinde, expandierende Hüllen) in Erfahrung bringen. Was die Auswertung von Sternspektren betrifft, so werden diese heute oftmals vollautomatisiert von Computern und entsprechenden

Programmen übernommen. In diesem Zusammenhang sei nur auf die Methode der „synthetischen Spektren" hingewiesen, bei der im Computer eine entsprechend parametrisierte Sternatmosphäre numerisch simuliert wird mit dem Ziel, dafür ein Spektrum in einem vorgegebenen Wellenlängenbereich zu berechnen. Indem man solch ein synthetisches Spektrum immer wieder mit einem realen Sternspektrum vergleicht, lassen sich in Art eines iterativen Prozesses die Parameter des zugrunde liegenden Sternmodells so lange modifizieren, bis eine optimale Übereinstimmung zwischen dem Modellspektrum und dem realen Sternspektrum erreicht ist.

Im Gegensatz zur Photosphäre und der äußeren Hülle gehört das Innere eines Sterns zu den Gebieten, die nicht oder nur bedingt der Beobachtung zugänglich sind. Bedingt deshalb, weil man mittlerweile mithilfe der Astroseismologie, (oder, in noch größerem Maße, der Helioseismologie, im Fall der Sonne) auf raffinierten Wegen doch noch Informationen über das Sterninnere – wie beispielsweise die räumliche Lage von Konvektionszonen, – erhalten kann. Aber auch hier ist ein theoretisches Sternmodell die Grundlage, welches die „Erwartungen" vorgibt, die dann entweder durch astroseismologische Beobachtungen bestätigt oder nicht bestätigt werden. Im letzteren Fall ist das Modell natürlich entsprechend zu modifizieren.

Im Fall der Sonne gibt es noch eine weitere Informationsquelle, die etwas über die Bedingungen im Sonnenkern erzählen kann – die solare Neutrinostrahlung. Sie ist eine direkte Konsequenz der Fusionsreaktionen, bei denen Wasserstoff unter Energieabgabe zu Helium fusioniert wird. Von Sternen – mit Ausnahme der Supernova des Jahres 1987 in der Großen Magellan'schen Wolke – konnten noch keine Neutrinos detektiert werden.

Zu den Eigenschaften eines Sterns, die mehrheitlich theoretisch erschlossen werden müssen, gehören beispielsweise die radiale Druck-, Temperatur- und Dichteverteilung im Sterninneren, die chemische Zusammensetzung der Sternmaterie und ihre Veränderung im Laufe der Zeit durch Entwicklungseffekte sowie das Alter eines Sterns selbst. In noch größerem Maße trifft das auf exotische Sternkonfigurationen wie die Neutronen- und die noch immer hypothetischen Quarksterne zu. Ihre Materiedichte erreicht Werte, wie sie ansonsten nur in schweren Atomkernen realisiert ist, weshalb man ganz allgemein auch von „Kernmaterie" spricht. Bestimmte Eigenschaften dieser „Kernmaterie" lassen sich durchaus auch experimentell, – wie beispielsweise bei Schwerionenstößen (dabei werden Atomkerne mit hoher Ordnungszahl beschleunigt und zur Kollision gebracht) – untersuchen, um auf diese Weise theoretische Berechnungen, die auf dem Standardmodell der Elementarteilchen beruhen, verifizieren zu können. Den Astrophysiker interessieren dabei besonders die Zustandsgleichungen für Kernmaterie und für Quark-Gluon-Plasmen, da sie ganz wesentlich für die Modellierung des inneren Aufbaus von Neutronen- und Quarksternen sind.

2.1 Entfernung

Einige wichtige Beobachtungsgrößen von Sternen lassen sich physikalisch nur dann sinnvoll interpretieren, wenn die Entfernung bekannt ist. So sagt die leicht messbare scheinbare Helligkeit m eines Sterns für sich genommen noch nichts über dessen Leuchtkraft L aus, die bekanntlich ein Maß für die emittierte Strahlungsleistung in einem gegebenen Spektralbereich ist.

Das seit der Antike bestehende Problem, die Entfernung von Sternen zu ermitteln, wurde zwar methodisch schon früh gelöst (Parallaxenmessung). Doch erst Friedrich Wilhelm Bessel (1784–1846) gelang es, 1838 die erste erfolgreiche Parallaxenmessung bei einem Stern durchzuführen. Seitdem bildet die messtechnische Erfassung der durch die jährliche Bewegung der Erde um die Sonne erzeugten parallaktischen Verschiebung eines Sterns auf der Himmelskugel die erste Stufe einer Art von „Entfernungsleiter", die es Astronomen ermöglicht, Entfernungen im Universum zu bestimmen.

Ist erst einmal die Entfernung eines Sterns bekannt, dann lassen sich anhand der ermittelten photometrischen und spektralen Kenngrößen physikalische Charakteristika (z. B. subsummiert im Begriff der „Absoluten Helligkeit", Abschn. 2.2) ermitteln, die dann wieder Ausgangspunkt zum Erklimmen weiterer Stufen der „Entfernungsleiter" sind:

- Vergleich scheinbare Helligkeit zu absoluter Helligkeit von Sternen gleichen Spektraltyps und Leuchtkraftklasse: „Photometrische Parallaxe"; Hauptreihenfitting und Isochronen-Fitting bei Sternhaufen und Sternassoziationen Abschn. 6.4.4; Sternstromparallaxen.
- Cepheiden und RR-Lyrae-Sterne zeigen periodische Helligkeitsschwankungen, deren Periode mit ihrer tatsächlichen Leuchtkraft (absoluter Helligkeit) korreliert. Durch die Beobachtung der Perioden und der scheinbaren Helligkeit kann man auf ihre Entfernungen schließen.
- Supernovae vom Typ Ia erreichen eine bekannte, charakteristische Leuchtkraft. Wenn man die scheinbare Helligkeit einer solchen Supernova misst, kann man aufgrund ihres bekannten Leuchtkraftprofils die Entfernung bestimmen.
- Bei sehr großen Entfernungen im Universum kann die Rotverschiebung von Galaxien verwendet werden. Die Rotverschiebung ist eine Verschiebung des Spektrums eines Objekts hin zu längeren Wellenlängen aufgrund der Expansion des Universums. Das Hubble-Gesetz besagt, dass die Rotverschiebung proportional zur Entfernung einer Galaxie ist. Die Eichung erfolgt mittels Galaxien, deren Entfernung zuvor anhand von Beobachtungen von Delta-Cepheiden und Supernovae ermittelt wurde.

Die hier genannten Methoden bauen aufeinander auf und erlauben es, Entfernungen im Universum auf verschiedenen Skalen zu bestimmen – von nahen Sternen in unserer Galaxie bis hin zu entfernten Galaxien und sogar bis hin zu den Grenzen des beobachtbaren Universums.

Trigonometrische Parallaxe
Die „Trigonometrische Parallaxe" – auch „Jährliche Parallaxe" genannt, ist der Winkel p_a (in Bogenmaß), unter dem der mittlere Erdbahnradius (= 1 Astronomische Einheit, AU) von einem Stern der Entfernung r aus erscheint:

$$\sin p_a = \frac{1}{r} \qquad (2.1)$$

Er ergibt sich aus der maximalen parallaktischen Verschiebung der Position eines Sterns auf der Himmelskugel während eines Jahres. Beträgt diese Verschiebung genau eine Bogensekunde, dann sagt man, dass der Sterne genau ein Parsek (pc) von der Erde (Sonne) entfernt ist:

$$1\,pc = 206265\,AU = 3086 \cdot 10^{16}\,m = 3{,}26\,Lj$$

Damit lässt sich die Entfernung eines Sterns bei bekannter Parallaxe $\sin p_a \approx p_a$ leicht über folgende Faustformel berechnen:

$$r = \frac{1}{p_a} \qquad (2.2)$$

Die trigonometrische Parallaxe stellt die grundlegende Methode zur Messung von Entfernungen im Weltraum dar. Leider war sie lange Zeit nur für relativ nahe Sterne verwendbar. Aber mit der Einführung von astrometrischen Satelliten wie Hipparcos oder Gaia ließ die Reichweite dieser Methode um mehr als das Zehnfache bis Einhundertfache steigern. Dieser Umstand hat große Fortschritte auf dem Gebiet der Stellarstatistik in Hinblick auf den Aufbau und die Dynamik der Milchstraße ermöglicht.

2.2 Sternhelligkeiten

Bis zur Entwicklung der ersten speziellen Strahlungsmessgeräte in der Mitte des 19. Jahrhunderts waren die Astronomen auf ihre Augen als Strahlungsempfänger angewiesen. Man kann bis dahin deshalb auch noch nicht von einem „Messen" von Sternhelligkeiten sprechen, sondern allenthalben von deren Schätzung. Bereits die babylonischen Astronomen unterschieden bei den Sternen sechs Helligkeitsintervalle, wobei sie mit „erster Größe" die hellsten und mit „sechster Größe" die schwächsten, in einer mondlosen Nacht gerade noch sichtbaren Sterne bezeichneten. Diese Einteilung in „Sterngrößen" *(magnitudo)* wurde in der griechischen Antike von Hipparchos von Nicäa (um 190–120 v. Chr.) übernommen und in seinem berühmten, aber nur zu Bruchteilen im *Almagest* überlieferten Sternkatalog verwendet. Mit der Einführung des Fernrohrs in die astronomische Beobachtungspraxis zu Beginn des 17. Jahrhunderts erweiterte man dann diese Größenklassenskala einfach nach unten. Die Genauigkeit, die ein geübter Beobachter bei der Schätzung von Sternhelligkeiten erreichte, liegt übrigens etwa bei einer halben Größenklasse.

Bis zum zweiten Drittel des 19. Jahrhunderts entstanden einige Sternkataloge, die neben den damals schon sehr genau vermessenen Positionen auch geschätzte Helligkeitsangaben enthielten. Ein Vorreiter in dieser Beziehung war der deutsche Astronom Friedrich Wilhelm August Argelander (1799–1875), der 1843 seinen damals mit sehr viel Aufmerksamkeit bedachten Sternkatalog *Uranometria Nova* veröffentlichte. Daraus entstand einige Jahre später das groß angelegte Programm der *Bonner Durchmusterung* (enthält ~325.000 Sterne bis zur 9,5 Größenklasse), die dann von John M. Thome (1843–1908) auf den Südhimmel ausgedehnt wurde *(Cordoba-Durchmusterung)*. Zwischenzeitlich wurden – beginnend mit David Fabricius *Wunderbarer Stern* (*o* Ceti) – von verschiedenen Astronomen bereits einige Dutzend Sterne gefunden, deren Helligkeit sich im Laufe der Zeit periodisch oder unregelmäßig veränderte. Gerade bei der Beobachtung veränderlicher Sterne erkannten immer mehr Astronomen die Nachteile von Helligkeitsschätzungen, und man begann sich zu überlegen, wie man die Bestimmung von Sternhelligkeiten am besten auf eine sowohl exakte theoretische als auch exakte messtechnische Basis stellen kann.

Die ersten theoretischen Untersuchungen, wie Helligkeitsunterschiede zweier Lichtquellen mathematisch zu behandeln sind, gehen auf den deutschen Gelehrten Johann Heinrich Lambert (1728–1777) zurück. Im Jahre 1835 bemerkte der berühmte Fernrohrbauer Carl August von Steinheil (1801–1870), dass sich Strahlungsströme I (gemessen in Wm^{-2} bzw. Wm^{-2} Hz^{-1}) zu den Größenklassen m wie geometrische Reihen zu arithmetischen Reihen verhalten. Damit hatte er etwas vorweggenommen, was 24 Jahre später Gustav Theodor Fechner (1801–1887) auf der Grundlage der Arbeiten des Psychologen Ernst Heinrich Weber (1795–1878) am Beispiel der Hörbarkeit von Schallwellen entdeckt hatte – das „Psychophysische Grundgesetz". Es besagt, dass sie „Empfindungen" (in unserem Fall die wahrgenommenen „Helligkeiten" m) proportional den Logarithmen der „Reize" (also der „Strahlungsströme" I) sind:

$$\Delta m = m - m_0 = c \left(\frac{I}{I_0} \right) \tag{2.3}$$

Auf dieser Grundlage wurde im Jahre 1856 von Norman Robert Pogson (1829–1891) eine Definition der Größenklassenskala vorgeschlagen, die sowohl eine gute Reproduzierbarkeit der historisch gewachsenen Helligkeitsstufen als auch eine für die Fotometrie notwendige, mathematisch exakte Reproduzierbarkeit und Erweiterbarkeit, sowohl in positiver (also zu schwächeren Sternen hin), als auch in negativer Richtung (z. B. Sonne und Mond), erlaubte. Aus einer eingehenden Analyse der Helligkeitsschätzungen, die der *Uranometria Nova* und der *Bonner Durchmusterung* zugrunde liegen, leitete er für die Konstante c einen Wert von $-2,5$ ab, sodass nach Gl. 2.3 ein Helligkeitsunterschied von einer Größenklasse einem Helligkeitsverhältnis (=Verhältnis der Strahlungsströme) von 2,512 entspricht:

$$\Delta m = m_A - m_B = -2,5 \, log \left(\frac{I_A}{I_B} \right) \tag{2.4}$$

$$\frac{I_A}{I_B} = 10^{-\frac{\Delta m}{2,5}}$$

In dieser Beziehung indizieren A und B zwei Sterne, die einen Helligkeitsunterschied von Δm Größenklassen *(magnitudo)* aufweisen. Das Minuszeichen vor dem

2.2 Sternhelligkeiten

Faktor 2,5 stellt sicher, dass die durch Zahlen ausgedrückten „Sterngrößen" ansteigen, wenn die Sternhelligkeiten schwächer werden.

Eine Helligkeitsdifferenz von fünf Größenklassen entspricht demnach einem Unterschied im Strahlungsstrom von 100 (wegen $\sqrt[5]{100} \approx 2{,}512$). Und wenn die schwächsten Sterne, die man heute z. B. mit dem Hubble-Weltraumteleskop fotografieren kann, ungefähr von der 30. Größenklasse sind, dann entspricht das bereits einem Faktor von $5 \cdot 10^{22}$, wenn man als scheinbar hellstes kosmisches Objekt die Sonne ($m = -26{,}8^m$) zugrunde legt. Da ist es sinnvoll, für die astronomische Helligkeitsskala ein logarithmisches Maß zu verwenden.

In fotometrischen Einheiten erzeugt ein Stern nullter Größe eine Beleuchtungsstärke von $2{,}54 \cdot 10^{-6}$ Lux. Diese SI-Einheit ist aber in der Astronomie – genauso wie das Candela für die Lichtintensität – eher unüblich.

Da Gl. 2.4 Helligkeitsdifferenzen beschreibt, benötigt man noch einen Nullpunkt für die Skala, um jedem Stern einen festen Wert für seine Helligkeit zuweisen zu können. Das bedeutet aber auch, dass man dafür einen Stern benötigt, der innerhalb der erstrebten Messgenauigkeiten keine Helligkeitsänderungen zeigen darf. Zuerst hatte man dafür den allbekannten Polarstern vorgesehen, dem man definitiv eine Helligkeit von $2{,}12^m$ zugewiesen hat. Später stellte sich dann heraus, dass es sich bei diesem Stern um einen Delta-Cepheiden mit einer sehr geringen und langsam weiter abnehmenden Helligkeitsamplitude handelt. Deshalb hat man sich dann in der Community der Astronomen geeinigt, den hellsten Stern im Sternbild Leier – Wega – als Nullpunkt des Größenklassensystems zu verwenden:

$$m(anderer\ Stern) = 2{,}5(\log I(Wega) - \log I(anderer\ Stern)) + 0{,}03^m \quad (2.5)$$

Wega (α Lyrae) hat laut Definition in allen Wellenlängenbereichen die Helligkeit $0{,}03^m$ (diese Korrektur wurde später notwendig, als man Helligkeiten objektiv messen konnte). Objekte am Himmel, die heller sind als Wega, haben negative Größenklassen (z. B. Sirius mit $-1{,}46$ mag), die schwächer sind, positive. Man beachte, dass es sich bei diesen Helligkeitsangaben immer um „scheinbare Helligkeiten" handelt. Sie sagen allein (d. h. ohne Kenntnis der Entfernung) noch nichts über die Leuchtkraft (das ist die Gesamtenergie, die ein Stern pro Zeiteinheit emittiert) aus.

Die Wahl von Wega als Nullpunkt der Größenklassenskala hat sich im Nachhinein jedoch als ungünstig herausgestellt. Der Stern erwies sich nämlich am Ende nicht als das, wofür man ihn lange Zeit gehalten hatte, nämlich für einen typischen A0-Hauptreihenstern, der außerdem noch – wie man schon 1983 mittels des IRAS-Satelliten entdeckte – einen unerwarteten IR-Überschuss besitzt (Harvey et al. 1984). Dieser Überschuss an Infrarotstrahlung zeigt, dass Wega von einer Staubhülle umgeben ist, was natürlich ihre originäre Strahlung beeinflusst. Deshalb ist es besser, nicht konkret von „dem" Stern Wega als „Nullpunkt" der Größenklassenskala zu sprechen, sondern ganz allgemein von einem Hauptreihenstern des Spektraltyps A0 mit einer effektiven Temperatur von 10.000 K, der sich in einer Entfernung von 26,4 Lj von der Sonne befindet. Zur Eichung moderner fotometrischer Systeme wie dem UBV-System verwendet man heute jedoch eine Gruppe genau gemessener Referenzsterne nahe dem Himmelspol. Sie ist unter dem Namen „Internationale Polsequenz" bekannt und umfasst 96 Sterne mit äußerst konstanter Helligkeit.

Der hellste „Stern" am Himmel ist die Sonne. Ihre visuelle Helligkeit beträgt $-26{,}75^m$. Der Vollmond erreicht $-12{,}7^m$, Sirius $-1{,}46^m$, der Polarstern $+1{,}97^m$ und die schwächsten Objekte, die gerade noch so mit dem Hubble-Weltraumteleskop nachweisbar sind, $+31{,}5^m$.

2.2.1 Intensitäten und Strahlungsströme

Umgangssprachlich wird zwischen der Strahlungsintensität I und dem Strahlungsstrom f oft kein begrifflicher Unterschied gemacht. Fasst man beide Begriffe jedoch etwas exakter, dann erkennt man, dass es sich um zwei unterschiedliche Größen handelt. Die Intensität einer elektromagnetischen Strahlung der Frequenz ν entspricht physikalisch dem Betrag des sogenannten Poynting-Vektors $\mathbf{S}$ und beschreibt damit diejenige Energiemenge, welche pro Raumwinkeleinheit $d\omega$ und Frequenzbereich $\Delta \nu = 1$ Hz pro Sekunde durch eine senkrecht zur Messrichtung stehende Einheitsfläche strömt:

$$dE(\nu) = I(\nu) \cos \vartheta \; dA \; d\nu \; d\omega \; dt \qquad (2.6)$$

ϑ ist hier der Winkel zwischen dem festen Raumwinkel $d\omega$ und der Normalen des Flächenelements dA, $\cos \vartheta \, dA$ die Projektion des Flächenelements dA in Richtung von $d\omega$ und $I(\nu)$ die Intensität oder Flächenhelligkeit von dA. Die Maßeinheit von $I(\nu)$ ist deswegen auch $\mathrm{Wm^{-2}\,Hz^{-1}\,sr^{-1}}$. Man kann leicht zeigen, dass diese Größe entfernungsunabhängig ist, d. h., um einmal ein Beispiel zu bringen, die „Intensität" der Sonnenstrahlung ist nahe der Sonne genauso groß wie weiter entfernt davon. Dazu stelle man sich vor, ein Stück der Sonnenscheibe durch ein kleines Loch in einer festen Entfernung vom Auge zu betrachten. Die Größe des Lochs legt dann den Raumwinkel ω fest, unter dem ein Stück A der Sonnenscheibe zu sehen ist. Jetzt soll gedanklich die Entfernung der Sonne verdoppelt werden. Während der Raumwinkel gleich bleibt, vergrößert sich das unter diesem Raumwinkel sichtbare Stück Sonnenoberfläche um den Faktor 4. Die Flächenhelligkeit I (= Strahlungsintensität) bleibt dabei gleich, während der Strahlungsstrom f mit dem Quadrat der Entfernung abnimmt. Deshalb ist das, was man gewöhnlich unter „Intensität" einer Strahlungsquelle zu verstehen meint, genau genommen der (spektrale) Strahlungsstrom $f(\lambda)$ (manchmal auch „Strahlungsflussdichte" bzw., wenn auf eine Frequenz oder Wellenlänge bezogen, „spektrale Strahlungsflussdichte", engl. *flux density,* genannt). Er gibt die insgesamt durch eine Einheitsfläche innerhalb des Raumwinkels 4π pro Zeiteinheit transportierte Energie an. Die Maßeinheit[1] ist deshalb $\mathrm{Wm^{-2}\,Hz^{-1}}$ bzw. integral über

---

[1] Aufgrund der geringen Strahlungsströme, die uns mit Ausnahme der Sonne von kosmischen Objekten erreichen, hat man zu Ehren von Karl Guthe Jansky (1905–1950) die Einheit 1 Jansky = 1 Jy = $10^{-26}\,\mathrm{Wm^{-2}\,Hz^{-1}}$ für die spektrale Strahlungsflussdichte eingeführt. Sie wird aber meistens nur in der Radioastronomie verwendet.

2.2 Sternhelligkeiten

alle Frequenzbereiche Wm^{-2}. Wenn man anstatt mit Frequenzen mit Wellenlängen arbeitet (wegen $\nu = c/\lambda$, $c = $ Lichtgeschwindigkeit), bezieht man sich nicht auf den Frequenzbereich von 1 Hz, sondern auf eine geeignete Wellenlängeneinheit (z. B. Wm^{-2} µm^{-1} oder Wm^{-2} nm^{-1}). Im Folgenden soll von dieser Konvention Gebrauch gemacht und der Strahlungsstrom als Funktion der Wellenlänge λ verwendet werden (Abb. 2.1).

Der Strahlungsstrom, der von einem Stern ausgeht, hängt vom Strahlungsstrom an der Sternoberfläche $f^*(\lambda)$ (dort, wo die Sternatmosphäre „durchsichtig" wird), vom Radius R des Sterns und natürlich von dessen Entfernung r ab, sodass der auf der Erde ankommende Strahlungsstrom $f(\lambda)$ nur noch

$$f(\lambda) = \pi f^*(\lambda) \left(\frac{R^2}{r^2}\right) \tag{2.7}$$

beträgt.

Die Intensität des Lichts eines Sterns ist dagegen im strengen Sinn der Definition (mit Ausnahme von ausgedehnten Strahlungsquellen wie der Sonne) nicht messbar, da sich Sterne gewöhnlich im Fernrohr nicht auflösen lassen (d. h. der Raumwinkel, unter dem ein Stern gesehen wird, ist unmessbar klein). Dieser Begriff hat deshalb genau genommen nur Sinn bei der Beschreibung von Flächenhelligkeiten.

Die astronomische Helligkeitsskala orientierte sich historisch gesehen an der spektralen Empfindlichkeit des menschlichen Auges. Verwendet man zur Definition von Sternhelligkeiten in etwa diese spektrale Empfindlichkeit, dann spricht man von „visuellen Helligkeiten". Der spektrale Strahlungsstrom $f(\lambda)$, der von einem Stern ausgeht, ist – worauf der Name schon hinweist – eine Funktion der Wellenlänge λ bzw. (äquivalent) der Frequenz ν. Außerdem sind bei genauen fotometrischen Untersuchungen natürlich noch die selektiven Extinktionswirkungen der Erdatmosphäre und spezifische instrumentelle Einflüsse (Fernrohroptik, spektrale Empfindlichkeit der Strahlungsdetektoren etc.) auf die Messergebnisse zu berücksichtigen, was wir im Folgenden auch tun wollen.

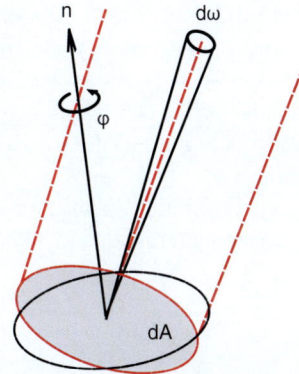

Abb. 2.1 Definition der Strahlungsintensität

Ein Stern außerhalb der Erdatmosphäre weist im Wellenlängenbereich $\Delta\lambda$ den spektralen Strahlungsstrom

$$f_{\Delta\lambda} = \int_{\lambda_1}^{\lambda_2} f(\lambda)d\lambda \qquad (2.8)$$

auf. In diesem Wellenlängenbereich besitzt die Erdatmosphäre eine abschwächende (extinktive) Wirkung, die durch eine Funktion $E(\lambda)$. beschrieben werden kann, wobei $0 \le E(\lambda) \le 1$. gilt. Einen Beobachter auf der Erdoberfläche erreicht deshalb nicht der Strahlungsstrom Gl. 2.8, sondern

$$f_{\Delta\lambda}^* = \int_{\lambda_1}^{\lambda_2} E(\lambda)f(\lambda)d\lambda. \qquad (2.9)$$

Gemessen wird dagegen

$$f'_{\Delta\lambda} = \int_{\lambda_1}^{\lambda_2} K(\lambda)E(\lambda)f(\lambda)d\lambda. \qquad (2.10)$$

wobei die Funktion $K(\lambda)$ analog zu $E(\lambda)$ die Transmissionseigenschaften der Beobachtungsoptik, eventuelle Filter und die spektrale Empfindlichkeit des Detektors erfasst. Damit wird aus Gl. 2.4

$$\Delta m(\Delta\lambda) = m_A - m_B = -2{,}5 \log\left(\frac{\int_{\lambda_1}^{\lambda_2} K(\lambda)E(\lambda)f_A(\lambda)d\lambda}{\int_{\lambda_1}^{\lambda_2} K(\lambda)E(\lambda)f_B(\lambda)d\lambda}\right). \qquad (2.11)$$

Diese Definition der Größenklasse hat den Vorteil, dass sie für alle Wellenlängenbereiche gilt und zugleich instrumentelle Besonderheiten, wie beispielsweise die in $K(\lambda)$ explizit enthaltenen Transmissionseigenschaften von Filtern, mit berücksichtigt.

Die Beziehung Gl. 2.11 gestattet auch, den Begriff der Farbe eines Sterns genauer zu fassen und einen Weg aufzuzeigen, wie sich der Farbbegriff quantitativ beschreiben lässt. Wie ein nächtlicher Blick zum Himmel lehrt, findet man unter den helleren Sternen Objekte, die eher mehr blau leuchten (Sirius), gelb bis orange sind (Capella, Arktur) oder rot erscheinen (Beteigeuze). Besonders eindrucksvoll ist in dieser Beziehung der Doppelstern Albireo im Sternbild Schwan (β Cyg), der gerade wegen des deutlichen Farbunterschiedes der beiden Komponenten (Blauweiß und Orange) gern Gästen von Volkssternwarten durch ein Fernrohr gezeigt wird.

Offensichtlich kann man mit Gl. 2.11 eine monochromatische Sternhelligkeit $m(\lambda)$ definieren, indem man den Grenzübergang

$$\lim_{\lambda \to \lambda_c} \int_{\lambda_c}^{\lambda} K(\lambda)E(\lambda)f(\lambda)d\lambda = f^*(\lambda_c) \qquad (2.12)$$

vollzieht. In diesem Fall gilt für die Helligkeitsdifferenz zweier Sterne A und B

$$\Delta m(\lambda_c) = m_A - m_B = -2{,}5 log\left(\frac{f_A^*(\lambda_c)}{f_B^*(\lambda_c)}\right). \qquad (2.13)$$

Betrachtet man jetzt die Helligkeit eines Sterns bei zwei verschiedenen Wellenlängen λ_1 und λ_2, dann bezeichnet man die Differenz

$$m(\lambda_1) - m(\lambda_2) = 2{,}5\left(\log f^*(\lambda_2) - \log f^*(\lambda_1)\right) \text{ mit } \lambda_1 < \lambda_2 \qquad (2.14)$$

als Farbindex. In dieser strengen Form wird er in der Astronomie jedoch nur selten verwendet. Jede „Farbe" wird genau genommen durch ein explizit festgelegtes Wellenlängenintervall mit λ_c als Mitte – kurz Bandbreite $\Delta\lambda_F$ genannt – charakterisiert. Ist $\Delta\lambda_F$ recht breit (>50 nm), dann spricht man von „breitbandiger" Fotometrie, andernfalls (z. B. unter Verwendung von Interferenzfiltern) von schmalbandiger (oder monochromatischer) Fotometrie (bzw. Himmelsfotografie).

Aus praktischen Erwägungen ist es sinnvoll, verschiedene Farbindizes zu definieren und durch Messvorschriften zu charakterisieren. So verwendet man zur Festlegung der Helligkeit in unterschiedlichen Farbbereichen jeweils verschiedene Detektor-Filter-Kombinationen, deren Durchlässigkeitsverhalten (ausgedrückt durch die entsprechenden Transmissionskurven) genau festgelegt ist. λ_c gibt dabei das Maximum der Transmissionskurve und $\Delta\lambda_F$ die (Halbwerts-) Breite des Durchlässigkeitsbereichs für die „Farbe" F an. Die Funktion $K_F(\lambda)$ wird als Transmissionscharakteristik bezeichnet. Man realisiert sie technisch durch eine entsprechende Kombination aus Teleskop, Strahlungsdetektor (CCD, Fotoplatte) und Filter. Da diese „Kombinationen" i. d. R. sehr „individuell" sind, müssen in der Praxis die gemessenen Helligkeiten noch weiteren Reduktionsschritten unterworfen werden. Dazu dienen sorgfältig am Himmel vermessene Vergleichssternsequenzen.

In der Stellarastronomie sind verschiedene fotometrische Farbsysteme im Einsatz, von denen hier nur das sogenannte UBV-System nach H. L. Johnson und W. W. Morgan näher betrachtet werden soll. Es wurde in den 1950er-Jahren eingeführt, um die Helligkeiten von Sternen im ultravioletten (U), blauen (B) und visuellen (V) Spektralbereich mit geeigneten Strahlungsempfängern in Verbindung mit entsprechenden Filtern zu messen. Später hat man es bis weit in den Infrarot- und Mikrowellenbereich hinein erweitert („Johnson-Erweiterung").

Ist $K_F(\lambda)$ mit $F = (U, B, V)$ die Transmissionscharakteristik für die verschiedenen Farbbereiche, dann lässt sich beispielsweise

$$V = m_V = const - 2{,}5\ log\left[\int_0^\infty K_V(\lambda)E(\lambda)f(\lambda)d\lambda\right] \qquad (2.15)$$

für die V-Helligkeit eines Sterns schreiben. Für die anderen Bereiche gelten analoge Formeln mit jeweils anderen Transmissionscharakteristiken (s. Tab. 2.1), wobei jeder Bereich für ein bestimmtes fotometrisches System scheinbarer Sternhelligkeiten steht.

Ein sehr heißer Stern, der aufgrund seiner Temperatur besonders im UV-Bereich bzw. im blauen Bereich des elektromagnetischen Spektrums seine Energie

Tab. 2.1 Fotometrische Systeme der Stellarastronomie

System (mit Johnson-Erweiterung)	Maximale Transmissions-Wellenlänge λ_C in [nm]	Bandbreite $\Delta\lambda$ in [nm]
Ultraviolett		
U	365	66
Sichtbarer Bereich (Visuell)		
B	445	94
V	551	88
R	658	138
Nahes Infrarot		
I	806	149
Y	1020	120
J	1220	213
H	1630	307
K	2190	390
L	3450	472
Mittleres Infrarot		
M	4750	460
N	10.500	2500
Q	21.000	5800

emittiert, wird im U- und B-Bereich natürlich viel heller erscheinen als im Visuellen (V) oder sogar Roten (R). Bei einem Stern mit geringer effektiver Temperatur gilt genau das Umgekehrte: Er erscheint im Roten sehr hell und seine Helligkeit nimmt über V, B und U immer mehr ab. Das ist eine direkte Konsequenz des Wienschen Verschiebungsgesetzes und kann zu einer ungefähren Bestimmung der effektiven Temperatur der Sterne verwendet werden (s. Abschn. 2.2.4).

Offensichtlich ist die Differenz

$$U - B = m_U - m_B \text{ bzw. } B - V = m_B - m_V \qquad (2.16)$$

ein Maß für die Farbe eines Sterns, wobei für Sterne vom Spektraltyp A0 (wie z. B. Wega) $U = B = V\ldots$ gilt, d. h. deren Farbenindex ist definitionsgemäß „null". Anschaulich bedeutet $B - V < 0$. dass ein Stern „blauer" (und damit auch heißer) als Wega ist. Ist $B - V$ positiv, dann ist die Farbe des Sterns mehr gelb oder rot. Sterne mit gleicher Oberflächentemperatur haben näherungsweise die gleichen Farbenindizes.

Ganz allgemein werden Farbenindizes so definiert, dass man von der Helligkeit bei der kürzeren Wellenlänge die Helligkeit bei der größeren Wellenlänge subtrahiert.

Die Messung der scheinbaren Helligkeit von Sternen im UBV-System wird gewöhnlich als Dreifarbenfotometrie bezeichnet. Sie ließ sich früher technisch

2.2 Sternhelligkeiten

leicht durch bestimmte Kombinationen von unterschiedlich sensibilisierten Fotoplatten und darauf abgestimmten Farbfiltern realisieren. Als Aufnahmegeräte hat man oft Schmidt-Kameras verwendet, da sie keine chromatische Aberration aufweisen und eine große Fläche am Himmel verzeichnungsfrei auf Fotoplatten abbilden können. Sternhelligkeiten bestimmt man in diesem Fall durch die Messung der von den Sternen in der Emulsion erzeugten Schwärzungen mit speziellen Plattenfotometern (beispielsweise Irisblendenfotometer; heute wertet man digital vorliegende Himmelsaufnahmen mittels Computer aus). Weitaus genauere Ergebnisse erzielt man übrigens mit sogenannten Sekundärelektronenvervielfachern (SEV oder Fotomultiplier) sowie mit CCDs oder anderen elektrooptischen Strahlungsempfängern. Heute verwendet man für die Mehrfarbenfotometrie anstatt von Fotoplatten elektrooptische Bildsensoren, aber das Prinzip ist das Gleiche geblieben.

Die Drei- oder Mehrfarbenfotometrie ist genau genommen eine grobe Art von breitbandiger Spektralfotometrie und besonders für statistische Untersuchungen von Sternhaufen und Sternassoziationen (da jeweils ungefähr gleich weit von der Erde entfernt) geeignet (Abb. 2.2).

Wie bereits erwähnt, sagt die scheinbare Helligkeit eines Sterns noch nichts über dessen wahre Leuchtkraft (d. h. die vom Stern pro Zeiteinheit abgestrahlte Energie) aus. Erst wenn die Entfernung des Sterns von der Sonne bekannt ist, kann man unter Ausnutzung des $1/r^2$-Gesetzes der Abnahme des Strahlungsstroms f mit der Entfernung eine Aussage über dessen gesamte Energieabstrahlung in einem gegebenen Spektralbereich treffen. Um Sternhelligkeiten in diesem Sinn „physikalisch" vergleichbar zu machen, hat Ejnar Hertzsprung im Jahre 1905 die „absolute Helligkeit" M eingeführt. Darunter versteht man anschaulich die scheinbare Helligkeit, die ein Stern in einer bestimmten, vorher festgelegten Entfernung haben würde. Diese Entfernung wurde auf 10 pc (ca. 32,6 Lj) festgelegt. Die Differenz zwischen scheinbarer Helligkeit m und absoluter Helligkeit M ist dann für den gleichen Stern

$$m - M = 2{,}5 \log \left(\frac{f_A}{f_S}\right). \tag{2.17}$$

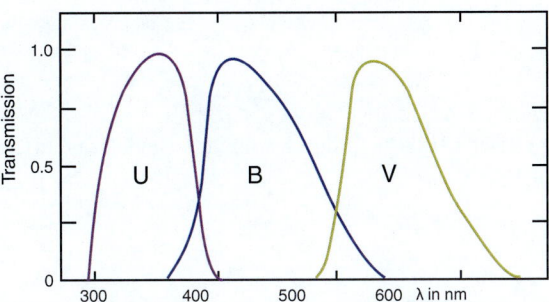

Abb. 2.2 Typische Transmissionskurven von optischen Filtern, wie sie in der fotografischen Dreifarbenfotometrie Verwendung finden

wobei sich der Strahlungsstrom, wenn ihn ein Stern in 10 pc Entfernung emittieren würde, f_A sich zum beobachteten Strahlungsstrom f_S wie

$$\frac{f_A}{f_S} = \left(\frac{r}{r = 10\,pc}\right)^2 \qquad (2.18)$$

verhalten.

Mit r (in pc) wird hier die wahre Entfernung des Sterns, wie sie sich beispielsweise aus genauen Parallaxenmessungen ergibt, bezeichnet. Damit ergibt sich aus Gl. 2.17 nach kurzer Rechnung

$$m - M = 5\log(r) - 5. \qquad (2.19)$$

Hinweis: r muss hier in pc angegeben werden!

Diese Helligkeitsdifferenz nennt man „Entfernungsmodul", da sie direkt als Synonym für die Entfernung eines Sterns verwendet werden kann.

Entfernungsmodul ($m - M$) in [mag]	Entfernung in [pc]
−5	1
0	10
+5	100
+10	1000 pc = 1 kpc
+25	1000 kpc = 1 Mpc

Das UBV-System gilt natürlich auch für absolute Helligkeiten, d. h. es ist z. B.

$$M_B - M_V = B - V = m_B - m_V \qquad (2.20)$$

Farbenindizes sind somit fotometrische Invarianten und deshalb von der Entfernung eines Sterns völlig unabhängig (zum Thema „Interstellare Extinktion und Verfärbung" s. Abschn. 2.2.3).

Sterne strahlen natürlich nicht nur im sichtbaren Spektralbereich Energie ab. Definiert man eine Sternhelligkeit über die im gesamten elektromagnetischen Spektrum emittierte Energie, dann erhält man den bolometrischen Strahlungsstrom des Sterns:

$$f_{bol} = \int_0^\infty f(\lambda)d\lambda \qquad (2.21)$$

Misst man den Strahlungsstrom f in Wm^{-2}, dann lässt sich die scheinbare bolometrische Helligkeit durch folgende Beziehung ausdrücken:

$$m_{bol} = -2{,}5(\log f_{bol} + 7{,}5986) \qquad (2.22)$$

2.2 Sternhelligkeiten

Da ein Stern isotrop in alle Richtungen strahlt, kann man diese Beziehung verwenden, um die Leuchtkraft L des Sterns (beispielsweise im Vergleich zur Sonnenleuchtkraft $L_\odot$) auszurechnen, vorausgesetzt die Entfernung r ist bekannt:

$$M_{bol} = M_{bol,\odot} - 2{,}5 \log\left(\frac{L}{L_\odot}\right) \tag{2.23}$$

$$L = L_\odot 10^{0{,}4(M_{bol,\odot} - M_{bol})}$$

Für die Sonne ergibt sich aus $f_\odot(r = 1\,\mathrm{AU}) = \text{Solarkonstante} = 1367\,\mathrm{Wm}^{-2}$: scheinbare bolometrische Helligkeit $m_{bol} = -26{,}84^m$ und mit Gl. 2.19 die absolute bolometrische Helligkeit $M_{bol,\odot} = 4{,}73^m$ sowie aus Gl. 2.23 und 2.19:

$$L = L_\odot 10^{0{,}4(m_{bol} - 5\log r + 5 - 4{,}73)} \tag{2.24}$$

Die Sonnenleuchtkraft beträgt.

$$L_\odot = 4\pi r^2 f_\odot = 3{,}853 \cdot 10^{26}\,\mathrm{W}.$$

Setzt man in Gl. 2.24 $L_\odot = 1$, dann erhält man die Leuchtkraft des Sterns in Sonnenleuchtkräften.

Die absolute bolometrische Helligkeit $M_{bol} = 0$ entspricht übrigens einer Leuchtkraft von $78\,L_\odot$.

Zwischen Gl. 2.15 und 2.22 besteht offensichtlich eine Differenz, die sich daraus ergibt, dass die bolometrische Helligkeit ein Maß für die im gesamten Spektralbereich abgestrahlte Strahlungsleistung ist, während Gl. 2.15 nur einen engen, durch die Funktion $K_V(\lambda)$ eingeschränkten Bereich berücksichtigt. Die Differenz

$$m_V - m_{bol} = BC_V \tag{2.25}$$

$$M_V - M_{bol} = BC_V$$

wird als bolometrische Korrektur bezeichnet (hier am Beispiel der V-Helligkeit). Die bolometrischen Korrekturen werden entweder empirisch anhand einer statistisch aussagekräftigen Anzahl von entsprechenden Sternen gleichen Spektraltyps und Leuchtkraftklasse bestimmt oder aus entsprechenden Atmosphärenmodellen abgeleitet. Im visuellen Spektralbereich wird die bolometrische Korrektur minimal für Sterne, deren effektive Temperatur bei ~7000 K und deren Strahlungsmaximum bei $\lambda \approx 550$ nm liegt. Das ist beispielsweise bei Hauptreihensternen der Spektraltypen um F2 der Fall. Bei frühen (O, B) und späten (M) Spektraltypen kann diese Korrektur Werte zwischen zwei und vier Größenklassen erreichen (s. Tab. 2.2). Bei sonnenähnlichen Sternen (F, G) ist sie zu vernachlässigen. Der Grund dafür ist leicht einzusehen. Sterne später Spektraltypen (geringe effektive Temperaturen) emittieren ihre Energie größtenteils im infraroten Teil des elektromagnetischen Spektrums, frühe Spektraltypen (hohe effektive Temperaturen) dagegen im ultravioletten und im blauen Teil – also beide Typen weitab von dem durch die Funktion K_V gegebenen spektralen Fenster (Abb. 2.3).

Tab. 2.2 Bolometrische Korrektur für Hauptreihensterne, Riesen und Überriesen

Spektral-klasse	Hauptreihe		Riesen		Überriesen	
	Effektive Temperatur	BC	Effektive Temperatur	BC	Effektive Temperatur	BC
O5	42.000	4,40				
B0	30.000	3,16				
B2	20.900	2,35			17.600	1,58
B5	15.200	1,46			13.600	0,95
A0	9790	0,30			9980	0,41
A5	8180	0,15			8610	0,13
F0	7300	0,09			7460	0,01
F2	7000	0,11			7030	0,00
F5	6650	0,14			6370	0,03
G0	5940	0,18			5370	0,15
G5	5560	0,21	5050	0,34	4930	0,33
K0	5150	0,31	4660	0,50	4550	0,50
K5	4410	0,72	4050	1,02	3990	1,01
M0	3840	1,38	3690	1,25	3620	1,29
M5	3170	2,73	3380	2,48	2880	3,47

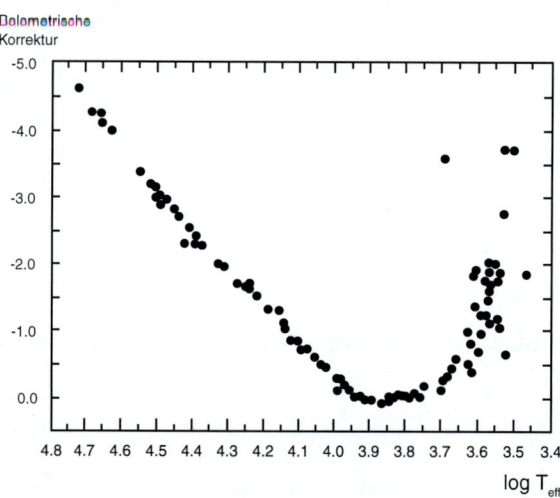

Abb. 2.3 Bolometrische Korrektur im V-Band für verschiedene Spektraltypen und Leuchtkraftklassen. (Nach Flower 1996)

Bolometrische Helligkeiten lassen sich im Gegensatz zu (beispielsweise) visuellen Helligkeiten nur sehr schwer messen bzw. berechnen. Deshalb sind auch die bolometrischen Korrekturen empirisch nicht besonders gut untersetzt.

2.2.2 Einfluss der Erdatmosphäre auf die scheinbare Helligkeit

In diesem Abschnitt soll der Einfluss der Funktion $E(\lambda)$ in Gl. 2.10 auf die Fotometrie der Sterne etwas genauer untersucht werden. Schon ein paar einfache Beobachtungen zeigen, dass Licht, welches beispielsweise von der Sonne zur Erde gelangt, in der Erdatmosphäre frequenzabhängig abgeschwächt wird: Die Sonne erscheint, wenn sie sich nahe am Horizont befindet, rotorange, und im Hochgebirge bekommt man durch die erhöhte UV-Strahlung eher einen Sonnenbrand als in Küstennähe. Dass der Himmel an einem wolkenlosen Tag tiefblau ist, ist wiederum eine direkte Folge der Streuung des Sonnenlichts in der Erdatmosphäre.

Absorption und Streuung von Licht an den Atomen und Molekülen der Erdatmosphäre führen zu einer Verminderung der Intensität[2] des Sternlichts. Ein Stern erscheint von der Erdoberfläche aus betrachtet immer schwächer als außerhalb der Atmosphäre. Einige Frequenzbereiche – z. B. das ferne UV und die Röntgenstrahlung – sind von der Erdoberfläche aus überhaupt nicht zu beobachten. Der Prozess, der zu dieser Abschwächung oder Totalblockade führt, wird als Extinktion bezeichnet und ist zusätzlich mit einer Verschiebung des Intensitätsmaximums der Sternstrahlung zu längeren Wellenlängen hin verbunden. Die Bereiche in der Funktion $E(\lambda)$, wo zumindest ein Bruchteil der Strahlung die Erdoberfläche erreicht, bezeichnet man als „Fenster".

Den Wellenlängenbereich zwischen $\lambda = 300$ nm und $\lambda = 20.000$ nm, in dem die ganze irdische beobachtende (optische) Astronomie stattfindet, nennt man „optisches Fenster". Die Domäne der Radioastronomie ist dagegen das „Radiofenster", welches beginnend bei Millimeter- und Zentimeterwellen bis zu einer Wellenlänge von ungefähr 18 m reicht (Abb. 2.4).

Die Lichtabschwächung in der Erdatmosphäre hat unterschiedliche Ursachen, von denen folgende drei die wichtigsten sind:

a) Absorption bestimmter Wellenlänge durch molekulare Gase (Linien- und Bandenabsorption z. B. von H_2O, CO_2, O_3),
b) Rayleigh-Streuung an den Luftmolekülen,
c) weitgehend wellenlängenunabhängige Streuung an kolloidalen Luftpartikeln und Staub (Mie-Streuung).

---

[2] Im Folgenden soll der Begriff „Intensität" aus sprachökonomischen Gesichtspunkten und aus Tradition im Sinne von „Strahlungsstrom" verwendet und mit I bezeichnet werden („Intensität des Sternlichts").

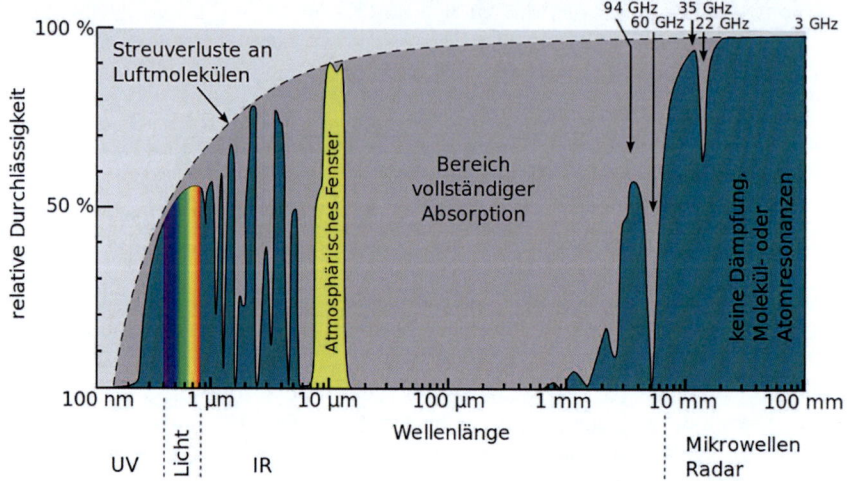

Abb. 2.4 Durchlässigkeit der Atmosphäre für elektromagnetische Strahlung unterschiedlicher Wellenlängen. Der gelbe Bereich heißt „atmosphärisches Fenster". In diesem Bereich ist die Atmosphäre durchlässig für IR-Strahlung

Der Betrag der Extinktion ist darüber hinaus noch von der Weglänge des Lichtstrahls in der Atmosphäre abhängig, d. h. konkret von der Zenitdistanz des Himmelskörpers, der beobachtet wird. Außerdem wird entlang des Lichtweges ein Teil der kurzwelligen Strahlung (Blauanteil) aus dem Lichtstrahl heraus gestreut, sodass es zu einer allgemeinen „Rötung" des Sternlichts kommt, die immer stärker wird, je mehr sich der Stern dem Horizont nähert. Dieser Effekt ist am deutlichsten an der Farbe der Sonnenscheibe bei einem Sonnenuntergang zu beobachten.

Immer dann, wenn die Größe der Teilchen 1/10 der Wellenlänge λ der sie durchlaufenden elektromagnetischen Strahlung nicht übersteigt, entsteht nach den Gesetzen der Elektrodynamik Rayleigh-Streuung. Die Moleküle in der Atmosphäre haben Abmessungen in der Größenordnung von 0,2 bis 0,4 nm und erfüllen deshalb obige Bedingungen. Die Streuung erfolgt dabei weitgehend isotrop und führt zu einer wellenlängenabhängigen Verringerung der Intensität I_0 der einfallenden Strahlung:

$$I(\lambda) = I_0(\lambda)(1 - \alpha_R(\lambda)) \qquad (2.26)$$

$\alpha_R(\lambda)$ ist dabei der wellenlängenabhängige Streukoeffizient für Rayleigh-Streuung. Er ist dem Kehrwert der vierten Potenz der Wellenlänge proportional:

$$\alpha_R(\lambda) = \frac{I_0(\lambda) - I(\lambda)}{I_0(\lambda)} = \frac{8\pi^3 \left(n_\lambda^2 - 1\right)^2}{3\lambda^4 N} \qquad (2.27)$$

n bezeichnet den Brechungsindex der Luft und N die Anzahl der Luftmoleküle pro Volumeneinheit.

2.2 Sternhelligkeiten

Da die Wellenlänge des eingestreuten Lichts mit λ^{-4} in die Rechnung eingeht, wird blaues Licht der Wellenlänge von 400 nm ca. zehnmal stärker gestreut als rotes Licht mit einer Wellenlänge von 700 nm. Das erklärt, warum ein wolkenloser Taghimmel blau erscheint (Abb. 2.5).

Die durch die Streuung hervorgerufene Abschwächung hängt noch von dem Lichtweg (ausgedrückt durch die sogenannte „Luftmasse") ab. Bei geringen Zenitdistanzen ist sie am geringsten und nimmt zum Horizont hin stark zu. Dabei spielt nicht nur die Rayleigh-Streuung eine Rolle. Vielmehr tritt sie immer zusammen mit der sogenannten Mie-Streuung auf, die im optischen Spektralbereich weitgehend unabhängig von der Wellenlänge λ ist und bei Partikelgrößen (d. h. $> 2\lambda$, z. B. kleine Wassertröpfchen, Eiskristalle, Staub etc.) zu einer verstärkten Vorwärtsstreuung führt. Tritt zur Streuung noch Brechung hinzu, dann kommt es unter Umständen zu den eindrucksvollen atmosphärenoptischen Erscheinungen, die unter den Namen Regenbogen, Halo oder Nebensonne bekannt sind.

Kommen wir jetzt zu dem Anteil an der Verringerung der Lichtintensität, die durch die Absorption und die damit verbundenen Thermalisierung eines Teils des Lichts durch die Luftmoleküle selbst verursacht wird. Im optischen Bereich ist davon besonders die ultraviolette Strahlung (O_2, N_2-Ionisation; O_3-Absorption ab ca. 300 nm) und die Infrarotstrahlung bis in den Mikrowellenbereich hinein (O_2, CO_2, H_2O-Bandenabsorption) betroffen (Abb. 2.6).

Wie ändert sich nun die Intensität des Sternlichts als Funktion der Zenitdistanz und der Beobachtungswellenlänge? Zur Vereinfachung wird dazu eine Modellatmosphäre der Höhe H eingeführt (und zwar ohne die Erdkrümmung zu berücksichtigen), die in viele übereinander gestapelte Schichten der Dicke ds aufgeteilt ist. Das Licht eines Sterns, der genau im Zenit steht, muss genau diese Strecke $s = H$ als Lichtweg s zurücklegen um in das Fernrohr auf der Erdoberfläche zu gelangen. Diese Strecke soll im Folgenden „Luftmasse" genannt werden. Bei

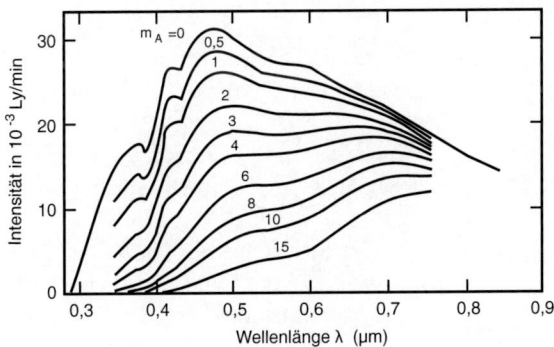

Abb. 2.5 Änderung der Strahlungsintensität des Sonnenlichts in Abhängigkeit von der „Luftmasse", die sie durchqueren muss. m = 0 bedeutet „außerhalb der Erdatmosphäre", m = 1 „im Zenit" und m = 15 „nahe am Horizont". Man sieht deutlich, dass die Schwächung besonders stark im kurzwelligen Bereich des Sonnenspektrums ausgeprägt ist. (Verändert nach Feussner und Dubois 1930)

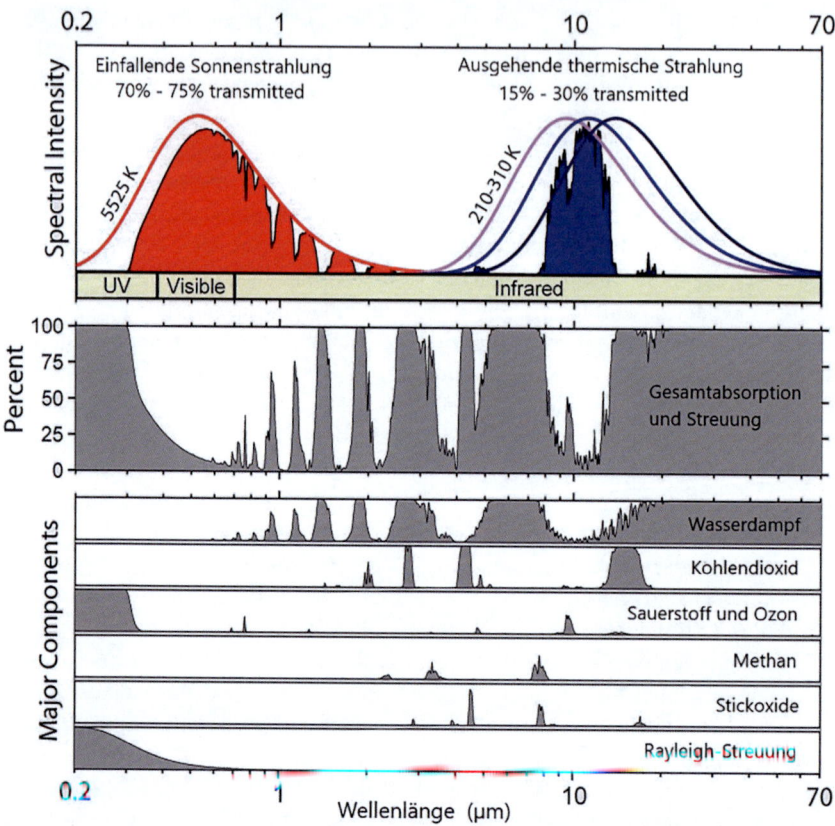

Abb. 2.6 Gesamtabsorptionsverhalten und spektrales Absorptionserhalten einiger Moleküle in der Erdatmosphäre

Zenitdistanzen $\Theta_z > 0$ (also wenn das Sternlicht die Atmosphäre schräg durchlaufen muss, um zum Beobachter zu gelangen) ist s offensichtlich größer als H:

$$s = t \sec \Theta_z. \qquad (2.28)$$

wenn Θ_z die Zenitdistanz bezeichnet. Die Formel bedeutet „s ist gleich sec Θ_z „Luftmassen".

Weiter sei $I_0(\lambda)$ die Intensität des Sternlichts bei der Wellenlänge λ an der Obergrenze der Erdatmosphäre und $I_s(\lambda)$ die aufgrund der atmosphärischen Wechselwirkungen entsprechend verringerte Intensität auf der Erdoberfläche. Gesucht ist, wie sich die von der Erdoberfläche aus beobachtete Intensität eines Sterns am Zenit $I_Z(\lambda)$ mit größer werdender Zenitdistanz Θ_z verändert, um daraus Rückschlüsse auf $I_0(\lambda)$ ziehen zu können. Dieses Verhalten kann durch eine spezielle Größe, die man als optische Tiefe $\tau(\lambda)$ bezeichnet, beschrieben werden. Sie ist –

2.2 Sternhelligkeiten

grob gesprochen – ein Maß für die Lichtdurchlässigkeit einer lichtabsorbierenden Schicht und wird wie folgt definiert:

$$d\tau(\lambda) = \kappa(\lambda)ds \tag{2.29}$$

$\kappa(\lambda)$ bezeichnet in dieser Gleichung den wellenlängenabhängigen Extinktionskoeffizienten, der in m^{-1} angegeben wird.

Etwas anschaulicher wird diese Größe, wenn man die Lichtintensität I vor dem Durchgang durch eine lichtabsorbierende Schicht und die Lichtintensität I' danach ins Verhältnis setzt. In diesem Fall lässt sich $\tau(\lambda)$ durch folgende Beziehung ausdrücken:

$$\tau(\lambda) = \ln\left(\frac{I(\lambda)}{I'(\lambda)}\right) \tag{2.30}$$

Ihr Wertebereich beschreibt die „Lichtdurchlässigkeit" von „vollkommen durchsichtig" (0) bis „vollkommen undurchsichtig" (∞). Bei $\tau(\lambda) = 1$ ergibt sich eine Schwächung des Strahlungsstroms um den Faktor $1/e \approx 0{,}37$. Ist die optische Dicke sehr viel größer als 1, dann sagt man, das Medium ist bei der entsprechenden Wellenlänge „optisch dick". Im anderen Fall, $\tau(\lambda) \ll 1$, ist das Medium „optisch dünn".

Man kann sich diesen Sachverhalt leicht durch ein Glasfilter verständlich machen, welches beispielsweise 99 % von einem gegebenen Strahlungsstrom I hindurchlässt: $I' = 0{,}99I$. Die optische Tiefe τ beträgt dann 0,01. Setzt man hinter dieses Glasfilter ein weiteres Glasfilter, dann ist offensichtlich

$$I' = (0{,}99)^2 I = 0{,}98I, \text{ also } I' = \left(1 - \frac{0{,}02}{2}\right)^2 I$$

und die optische Tiefe 0,02. Bei 100 Glasfiltern gilt schon

$$I' = (0{,}99)^{100} I = 0{,}366I = \left(1 - \frac{0{,}634}{100}\right)^{100} I \text{ und } \tau = 0{,}634$$

Man erkennt unschwer, dass sich hinter dieser Bildungsvorschrift die Exponentialfunktion $exp(-\tau) = \lim_{n\to\infty}\left(1 + \frac{\tau}{n}\right)^n$ verbirgt. Man kann deshalb kurz $I' = I\, exp(-\tau)$ schreiben, was wiederum zur Formel Gl. 2.30 äquivalent ist.

Nimmt man weiter an, dass jedes von diesen Glasfiltern die Dicke Δs hat, dann haben zwei Glasfilter die Dicke $2\Delta s$ und n Glasfilter die Dicke $n\Delta s$. Werden sie lückenlos gestapelt, dann ist die Höhe dieses Stapels gleich der Weglänge des Lichtes in diesem Stapel und die optische Tiefe τ nimmt linear mit der Weglänge zu, d. h. $\tau \approx n\Delta s$. Der Proportionalitätsfaktor ist der bereits eingeführte Extinktionskoeffizient κ. Das führt bei differenzieller Betrachtungsweise sofort zur Beziehung Gl. 2.29, womit der Kreis geschlossen ist.

Kommen wir zurück zur Erdatmosphäre, die ein Lichtstrahl entlang des Weges s durchläuft und der dabei eine wellenlängenabhängige Abschwächung erfährt.

Die Intensitätsänderung dI entlang der Wegstrecke ds des Lichtstrahls ist dann offensichtlich

$$dI(\lambda) = -\kappa(\lambda)I(\lambda)ds = -I(\lambda)d\tau(\lambda) \qquad (2.31)$$

und wegen Gl. 2.28

$$\tau_s(\lambda) = \int_0^s \kappa(\lambda)ds = \sec\Theta_Z \int_0^t \kappa(\lambda)dt. \qquad (2.32)$$

also kurz $\tau_s(\lambda) = \tau_t(\lambda)\sec\Theta_Z$. Der Index t beschreibt darin die optische Tiefe entlang „einer Luftmasse" (also senkrecht durch die Atmosphäre) und der Index s die optische Tiefe bei schrägem Durchgang. Das bedeutet, dass sich die Helligkeit eines Sterns, die im Zenit $I_Z(\lambda)$ beträgt, sich als Funktion der Zenitdistanz Θ_Z wie

$$I_{\Theta_Z}(\lambda) = I_Z(\lambda)exp(-\tau_t \sec\Theta_Z) \qquad (2.33)$$

verhält. Man kann nun diese Beziehung verwenden, um die Intensität I_0 eines Sterns außerhalb der Erdatmosphäre, also bei einer Luftmasse $\sec\Theta_Z = 0$, zu bestimmen. Dazu ist dessen Intensität (oder Helligkeit) bei verschiedenen Zenitdistanzen Θ_Z zu messen und in einem Diagramm, dessen Ordinate der natürliche Logarithmus der Intensität (oder die Magnitude m) und dessen Abszisse die der Zenitdistanz entsprechende „Luftmasse" darstellt, aufzutragen. Die Messpunkte ordnen sich um eine Gerade an, deren Steigung die optische Tiefe der Atmosphäre bei der Beobachtungswellenlänge angibt.

Greift man nämlich aus dem Fit zwei Punkte heraus, dann kann man schreiben:

$$\tau_A(\lambda) = \frac{\ln I_1(\lambda,\Theta_{Z1}) - \ln I_2(\lambda\Theta_{Z2})}{\sec\Theta_{Z2} - \sec\Theta_{Z1}}, \qquad (2.34)$$

woraus die Intensität $I_0(\lambda)$ bzw. die Sternhelligkeit $m_0(\lambda)$ außerhalb der Erdatmosphäre (d. h. bei einer fiktiven Luftmasse $\sec\Theta_Z = 0$) folgt:

$$\begin{aligned}\ln I_0(\lambda) &= \ln I(\lambda,\Theta_Z) + \tau_A \sec\Theta_Z \\ m_0(\lambda) &= m(\lambda,\Theta_Z) - \Delta m_0(\lambda)\sec\Theta_Z\end{aligned} \qquad (2.35)$$

$m(\lambda,\Theta_Z)$ ist dabei die Sternhelligkeit, wie sie von der Erdoberfläche aus unter der Zenitdistanz Θ_Z gemessen wird, $m_0(\lambda)$ ist die gesuchte Helligkeit des Sterns außerhalb der Atmosphäre und $\Delta m_0(\lambda)$ ist die Lichtabsorption (in mag) genau im Zenit ($\Theta_Z = 0$). Da es sich bei Gl. 2.35 um eine lineare Funktion mit $\sec\Theta_Z$ („Luftmasse") als Argument handelt, lässt sich damit $m_0(\lambda)$ eines Sterns leicht mittels Regression einiger Helligkeitsbeobachtungen bei verschiedenen Zenitdistanzen bestimmen. Dieses hier vorgestellte Verfahren wird als Bouguer-Verfahren bezeichnet und das verwendete Diagramm zur Bestimmung von τ_A bzw. $m_0(\lambda)$ als Bouguer-Plot.

Aufgrund der bei dieser Ableitung vorausgesetzten Vereinfachungen ist Gl. 2.35 nur ungefähr bis zu einem Wert von $\sec\Theta_Z = 2$ zu verwenden. Darüber, d. h. bei einer Zenitdistanz von $> 60°$, werden Abweichungen, die sich z. B.

aus der Erdkrümmung ergeben, immer größer. In diesem Fall ist die sogenannte „Bemporad-Formel" zu verwenden.

Der Extinktionskoeffizient κ der Erdatmosphäre ist eine sehr komplizierte Funktion der Wellenlänge λ und setzt sich aus mehreren Komponenten unterschiedlichen physikalischen Ursprungs zusammen. Einige wurden bereits genannt: die Rayleigh-Streuung an den Luftmolekülen (κ_R), die Mie-Streuung an Aerosolteilchen (κ_M), die breitbandige Absorption des Ozons O_3 im UV-Bereich (κ_{O_3}) sowie die Absorption im Bereich der Absorptionsbanden verschiedener anderer Moleküle wie H_2O, CO_2, N_2 und O_2, die sich im Fall von Wasserdampf und Kohlendioxid besonders im IR bemerkbar machen:

$$\kappa(\lambda) = \kappa_R(\lambda) + \kappa_M(\lambda) + \kappa_{O_3}(\lambda) + \sum_{H_2O, CO_2 \ldots} \kappa_i(\lambda) \tag{2.36}$$

Die einzelnen Anteile am integralen Extinktionskoeffizienten variieren natürlich. Schon leichter Hochnebel lässt κ_M stark anwachsen. In ariden Gegenden (besonders im Hochgebirge) ist dagegen $\kappa_{H_2O}(\lambda)$ so gering, dass beispielsweise Mikrowellenastronomie bei Wellenlängen zwischen 1 mm bis 300 µm möglich wird. Die Rayleigh-Streuung ist wiederum vom Luftdruck am Beobachtungsort abhängig. Das ist natürlich mit ein Grund dafür, warum man große Teleskope auf möglichst hohen Bergen aufstellt.

2.2.3 Interstellare Extinktion und Verfärbung

Nicht nur die Erdatmosphäre kann das Licht eines Sterns signifikant abschwächen und seine Farbe verändern. Zwischen dem Stern und der Erde befindet sich – wie man seit Anfang des 20. Jahrhunderts definitiv weiß – Gas und Staub in unterschiedlicher Konzentration, an denen Licht gestreut und absorbiert werden kann. Die Vorgänge, die dabei physikalisch bedingt stattfinden, lassen sich analog der atmosphärischen Extinktion beschreiben. Insbesondere Gl. 2.31 kann unbesehen übernommen werden:

$$I^*(\lambda) = I_0(\lambda) \exp\left[-\int_0^l \kappa(\lambda) dr\right] \tag{2.37}$$

I^* ist dabei der auf der Erde beobachtete Strahlungsstrom, I_0 der Strahlungsstrom, welcher den Stern verlässt, und r die Entfernung des Sterns. Das Integral über den Extinktionskoeffizienten $\kappa(\lambda)$ entspricht genau der optischen Dicke τ der „Schicht" zwischen Stern und Erde, welche sich aus zwei Anteilen zusammensetzt. Das betrifft einmal den Anteil, der sich aus der Absorption der Strahlung durch die Staubkörner ergibt (τ_{abs}), und dem Anteil, der aus dem Strahlungsbündel herausgestreut wird (τ_{sca}):

$$\tau = \tau_{abs} + \tau_{sca} \tag{2.38}$$

Auch hier gilt, dass κ stark mit der Wellenlänge variiert, wobei aber diese Größe im optischen Spektralbereich zwischen 300 nm und 800 nm ungefähr dem Kehrwert der Wellenlänge λ proportional ist (Abb. 2.7).

Die interstellare Extinktion hat sowohl Auswirkungen auf die Bestimmung des Entfernungsmoduls Gl. 2.19 eines Sterns als auch auf dessen Farbe, da auch hier kurzwelliges Licht an den interstellaren Staubpartikeln stärker gestreut wird als langwelliges rotes Licht. Man erkennt das, wenn man z. B. den Farbindex (B-V) mittels der Gleichung

$$m(\lambda) - M(\lambda) = 5\log r - 5 + A_m(\lambda) \qquad (2.39)$$

($A_m(\lambda)$ gibt die Lichtschwächung in Sichtlinie in Größenklassen an)

folgendermaßen ausdrückt:

$$\Delta m_{BV} = m_B - m_V = M_B - M_V + A_m(B) - A_m(V) = \Delta m_{BV}^* + E(\Delta m_{BV}) \qquad (2.40)$$

Die Funktion $E(\Delta m_{BV}) = E(B-V)$ bezeichnet man als Farbexzess. Um diesen Wert vergrößert sich der Farbindex des Sterns (d. h. dessen Eigenfarbe) durch die Wechselwirkung des Lichts mit der interstellaren Materie.

Die Eigenfarbe Δm_{BV}^* der Sterne korreliert mit ihrem Spektraltyp und ihrer jeweiligen Leuchtkraftklasse (Hauptreihe, Riesen, Überriesen). Sind diese beiden Parameter bekannt, dann lässt sich die Korrektur Gl. 2.40 aus dem beobachteten Farbenindex berechnen.

Abb. 2.7 Bok Globule B68. Man erkennt auf dieser Infrarotaufnahme deutlich die „Verrötung" des Lichts von Sternen, die hinter dieser nahezu sphärischen Staubglobule stehen. (Aufnahme ESO)

2.2 Sternhelligkeiten

Man kann natürlich für jeden Farbenindex einen eigenen Farbenexzess definieren. Am gebräuchlichsten ist jedoch der in den Formeln verwendete fotovisuelle Farbenexzess. Für Gebiete außerhalb von interstellaren Wolken kann er durch folgende empirische Beziehung mit dem Helligkeitsverlust in Beziehung gesetzt werden:

$$A_m(V) \approx 3{,}1\, E(B-V) \tag{2.41}$$

Das entspricht im Mittel ungefähr einem Helligkeitsverlust von einer Größenklasse pro kpc.

Im optischen Spektralbereich variiert die interstellare Extinktion ungefähr mit λ^{-1}, weshalb es sinnvoll ist, deren Wert über den Kehrwert der Wellenlänge aufzutragen (Abb. 2.8). Die „Beule" bei $\sim 4{,}8\, \mu m^{-1}$ wird übrigens hauptsächlich von Graphitpartikeln und darauf niedergeschlagenen PAH's (Polyzyklische aromatische Kohlenwasserstoffe) hervorgerufen.

2.2.4 Fotometrie und Schwarzkörperstrahlung

Ein „Schwarzer Körper" ist die Idealisierung eines Objektes, welches weder elektromagnetische Strahlung reflektiert noch streut, sondern stattdessen die gesamte auftreffende Strahlung vollständig absorbiert und im Gleichgewichtsfall wieder reemittiert. Man kann ihn experimentell durch einen Hohlraum mit einer kleinen Öffnung annähern. Die gesamte Strahlung, die durch diese Öffnung in den

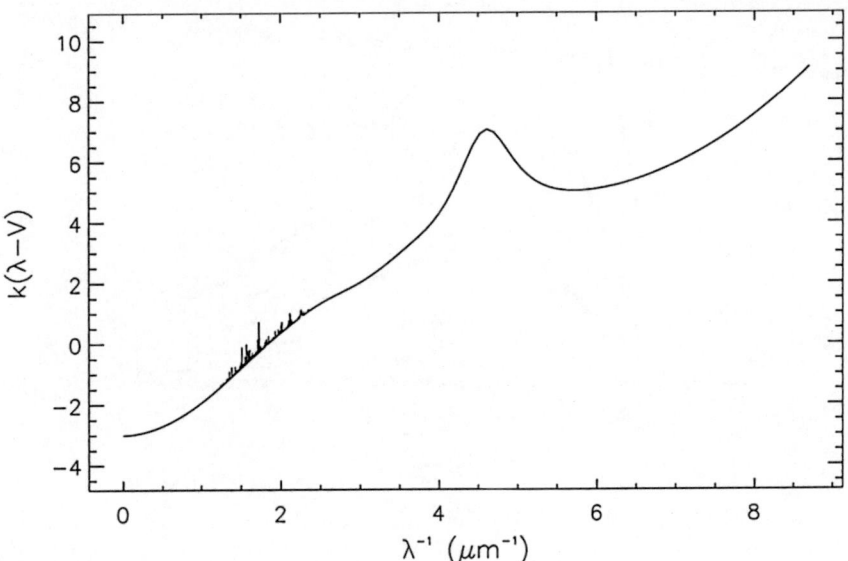

Abb. 2.8 Durchschnittliche interstellare Extinktionskurve in der galaktischen Ebene. (Mulas et al. 2011)

Hohlraum gelangt, wird darin absorbiert und erhöht die Temperatur des Körpers. Andernfalls strahlt dieser Körper selbst wieder Wärmestrahlung ab, deren spektrale Energieverteilung nur von dessen Temperatur T und von keiner anderen physikalischen Größe abhängt (Abb. 2.9).

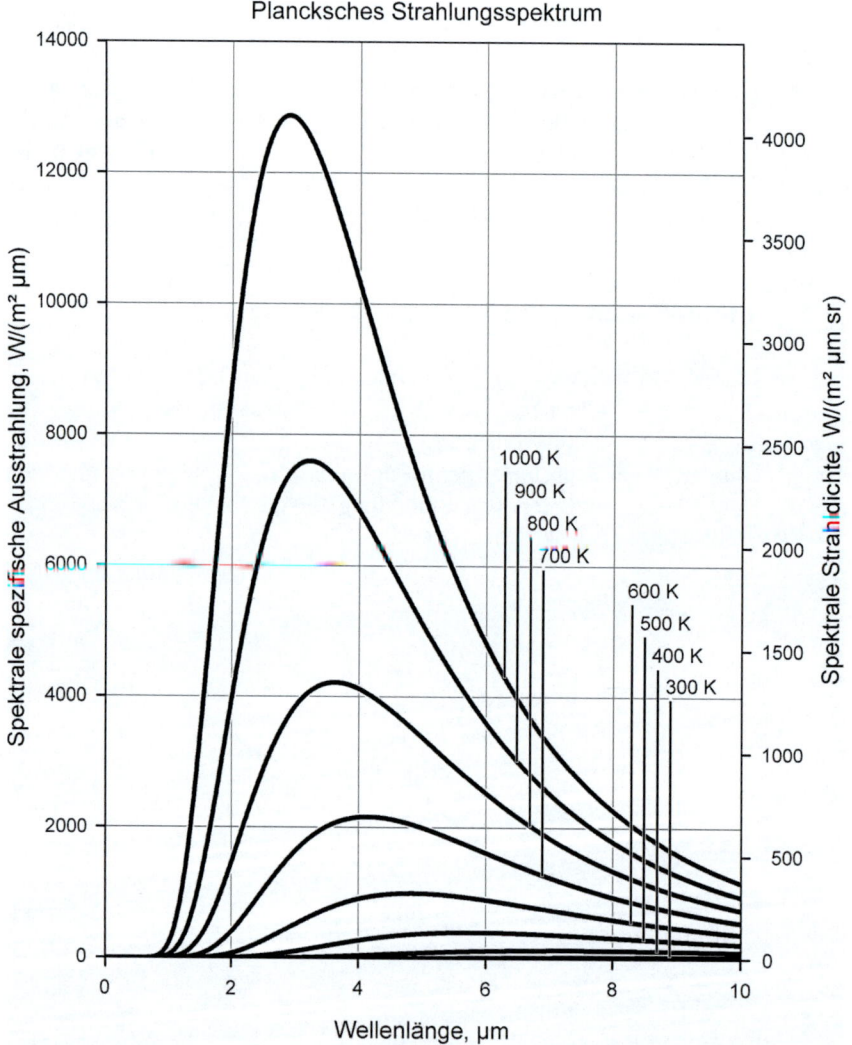

Abb. 2.9 Planck'sche Strahlungsspektren für einen „schwarzen Körper" mit jeweils unterschiedlicher Temperatur. Die Verschiebung der Maxima zu immer größeren Wellenlängen bei fallender Temperatur ist Ausdruck des Wien'schen Verschiebungsgesetzes

2.2 Sternhelligkeiten

Die Intensität $B_\lambda(T)$ bzw. (in Frequenzdarstellung) $B_\nu(T)$ dieser Strahlung ist durch das Planck'sche Strahlungsgesetz gegeben:

$$B_\lambda(T) = \frac{2hc^2}{\lambda^5} \frac{1}{exp\left(\frac{hc}{\lambda k_B T}\right) - 1} \quad (2.42)$$

$$B_\nu(T) = \frac{2h\nu^3}{c^2} \frac{1}{exp\left(\frac{h\nu}{k_B T}\right) - 1}$$

Für sie gibt es zwei Grenzfälle, die im kurzwelligen Teil als „Wien'sches Strahlungsgesetz"

$$B_\nu(T) \approx \frac{2h\nu^3}{c^2} exp\left(-\frac{h\nu}{k_B T}\right) \text{ für } h\nu/k_B T \gg 1 \quad (2.43)$$

und im langwelligen Teil als „Rayleigh-Jeans'sches-Strahlungsgesetz"

$$B_\nu(T) \approx \frac{2\nu^2 k_B T}{c^2} = \frac{2k_B T}{\lambda^2} \text{ für } h\nu/k_B T \ll 1 \quad (2.44)$$

bezeichnet werden. Letzteres spielt als Approximation der Planck-Funktion in der Radioastronomie eine große Rolle. Denn dort spielt der Umstand, dass die Energiedichte für immer größere Frequenzen gegen ∞ anwächst, keine Rolle. Dieser „Effekt" wird übrigens als „Ultraviolettkatastrophe" bezeichnet und war heuristisch ein Antrieb für Max Planck, nach der „richtigen" Strahlungsformel zu suchen.

Das Wien'sche Gesetz beschreibt wenigstens die Existenz eines Strahlungsmaximums. Es weicht aber danach zu kleiner werdenden Frequenzen immer mehr von den Messungen ab und wird dort völlig unbrauchbar.

$B_\lambda(T)$ wird z. B. in der Wellenlängenskala in $Wm^{-2}nm^{-1}sr^{-1}$ gemessen.

Für die Gesamtintensität gilt dann

$$B(T) = \int_0^\infty B_\lambda d\lambda. \quad (2.45)$$

Rechnet man dieses Integral aus (was nicht ganz trivial ist), dann erhält man:

$$B(T) = \frac{2k_B^4}{c^2 h^3} \frac{\pi^4}{15} T^4 \quad (2.46)$$

und damit für den integralen Strahlungsstrom I über den gesamten Raumwinkelbereich (unter Verwendung von Kugelkoordinaten)

$$I(T) = B(T) \int_{\vartheta=0}^{\pi/2} \int_{\varphi=0}^{2\pi} \cos\vartheta \, \sin\vartheta \, d\vartheta \, d\varphi = \pi B(T), \quad (2.47)$$

also, wenn man den Vorfaktor bis auf π zu σ zusammenfasst:

$$\pi I(T) = \sigma T^4. \quad (2.48)$$

Dieses wichtige Ergebnis bezeichnet man als Stefan-Boltzmann-Gesetz. Es sagt aus, dass die Strahlungsleistung $P = AI(T)$ eines Schwarzen Körpers mit der vierten Potenz seiner absoluten Temperatur T zunimmt (A bezeichnet die Fläche des Körpers). Oder anders und instruktiver ausgedrückt: Verdoppelt man die Temperatur eines Strahlers, dann erhöht sich die abgestrahlte Leistung um das 16-Fache Deshalb erscheinen übrigens auch die um über 1000 K „kühleren" Sonnenflecken auf der hellen Sonnenscheibe im Kontrast dunkel, da sie ca. 30 % weniger Strahlung im sichtbaren Bereich emittieren als die umgebende ungestörte Photosphäre (Abb. 2.10).

Der konstante Faktor vor der vierten Potenz der Temperatur nennt man Stefan-Boltzmann'sche Konstante σ. Sie besitzt den Wert

$$\sigma = \frac{2k_B^4}{c^2 h^3} \frac{\pi^5}{15} = 5{,}67 \cdot 10^{-8} \, \text{Wm}^{-2} \, \text{K}^{-4}.$$

Da sie im Prinzip nur Potenzen von Naturkonstanten enthält, drückt sie noch einmal explizit die Materialunabhängigkeit der vom Schwarzen Körper emittierten Strahlung aus.

Das Stefan-Boltzmann-Gesetz erlaubt jetzt einen interessanten Vergleich zwischen der Strahlungsleistung P, die von einem Schwarzen Körper mit einer bestimmten Temperatur T ausgeht, und der Strahlungsleistung L, die ein Stern emittiert (diese Strahlungsleistung ist bekanntlich dessen Leuchtkraft). Oder anders formuliert: Welchen Radius R (oder Oberfläche A) und welche Temperatur T muss

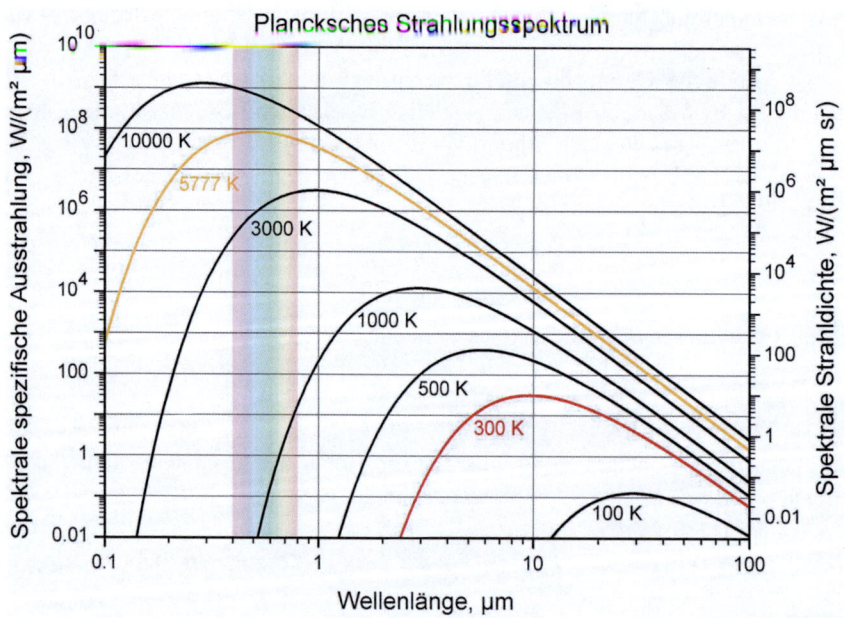

Abb. 2.10 Planck'sche Strahlungsspektren für verschiedene Temperaturen in doppeltlogarithmischer Darstellung

2.2 Sternhelligkeiten

ein Schwarzer Körper haben, damit er die gleiche Leuchtkraft wie ein Stern entwickelt?

Die gesamte Strahlungsleistung, die durch die Kugeloberfläche $A = 4\pi R^2$ des Sterns abgestrahlt wird, ist

$$L = 4\pi R^2 \sigma T_{eff}^4. \qquad (2.49)$$

Die Größe

$$T_{eff} = \sqrt[4]{\frac{L}{4\pi \sigma R^2}} \qquad (2.50)$$

bezeichnet man als „effektive Temperatur" des Sterns. Physikalisch sagt diese Zustandsgröße nichts anderes aus, als dass ein Hohlraumstrahler mit genau dieser Temperatur die gleiche Flächenhelligkeit besitzt wie ein Stern, dem man dieselbe Temperatur zuordnet. Das ist auf dem ersten Blick dahingehend problematisch, dass ein Stern natürlich keine einheitliche Temperatur besitzt und auch die Größe R bei einem gasförmigen Stern genau genommen nicht scharf definiert ist. In der Sternphysik ist man aber übereingekommen, als Sternradius den Radius zu verstehen, bei dem die Sternatmosphäre für optische Strahlung durchsichtig wird. Die effektive Temperatur lässt sich dann als „mittlere Temperatur" dieser Schicht, die gewöhnlich Photosphäre genannt wird, ansehen. In diesem Fall kann man mittels Gl. 2.49 und 2.23 einen Ausdruck bezüglich der absoluten bolometrischen Helligkeit eines Sterns aufschreiben, die den Sternradius mit der effektiven Temperatur im Vergleich zu den entsprechenden bekannten Werten der Sonne in Beziehung setzt:

$$M_{bol} = 4{,}73^m - 5 \log\left(\frac{R}{R_\odot}\right) - 10 \log\left(\frac{T_{eff}}{T_{eff,\odot}}\right) \qquad (2.51)$$

Dabei ist $4{,}73^m$ die absolute bolometrische Helligkeit der Sonne.

Die effektive Temperatur eines Sterns ist eng mit der Spektralsequenz korreliert, was sie zu einer wichtigen Zustandsgröße eines Sterns macht. Nur leider ist sie nur in Ausnahmefällen direkt aus Beobachtungen ableitbar. Das ist beispielsweise dann der Fall, wenn sich der Sterndurchmesser – beispielsweise mittels interferometrischer Methoden – direkt bestimmen lässt. Ist nämlich der Sternradius R bekannt und kennt man außerdem noch dessen absolute Helligkeit M sowie die bolometrische Korrektur BC, dann lässt sich T_{eff} direkt aus den genannten Größen ausrechnen.

Die effektive Temperatur bezieht sich laut Definition immer auf den Strahlungsstrom über den gesamten Wellenlängenbereich. Bezieht man sich dagegen auf ein endliches Wellenlängenintervall, dann spricht man im Unterschied dazu von der Strahlungstemperatur T_{rad} in diesem Wellenlängenbereich. Schaut man sich in diesem Zusammenhang einmal die Planck'schen Strahlungskurven für verschiedene Temperaturen an, dann erkennt man, dass sich neben der Höhe des Maximums auch die Lage des Maximums der Funktion Gl. 2.42 ändert. Da für das Maximum gilt, dass die erste Ableitung an dieser Stelle null ist, braucht man einfach nur von Gl. 2.42 die erste Ableitung nach der Wellenlänge λ (bzw. der Frequenz ν) zu bilden und deren Nullstelle zu bestimmen. Daraus ergibt sich das Wien'sche Verschiebungsgesetz:

$$\lambda_{max} T = 0{,}0028978 \text{ K m} \qquad (2.52)$$

bzw. in Frequenzdarstellung.[3]

$$\frac{\nu_{max}}{T} = 5{,}8789 \cdot 10^{10} \text{ Hz K}^{-1} \qquad (2.53)$$

Es sagt aus, dass sich mit ansteigender Temperatur das Maximum der emittierten Strahlung immer weiter zu kürzeren Wellenlängen hin verschiebt. Bei Sternen bedeutet das, dass blaue Sterne offensichtlich eine höhere Temperatur besitzen als beispielsweise gelbe oder rote Sterne.

Es lässt sich deshalb begründet zwischen den Farbindizes und der effektiven Temperatur eines Sterns ein Zusammenhang vermuten, wenn man voraussetzt, dass sich ein Stern überwiegend wie ein Schwarzer Strahler verhält. Um diese Vermutung zu verifizieren, benötigt man genau vermessene Farbindizes für eine Anzahl von Sternen unterschiedlicher effektiver Temperatur und die Farbindizes für einen Schwarzen Körper mit den jeweils gleichen Temperaturen. Letztere werden mit hoher Genauigkeit experimentell ermittelt und ergeben im (U-B) – (B-V)-Diagramm eine nahezu gerade Linie. Die Abweichungen der Kurve der realen Sterne von dieser Geraden sind dagegen signifikant und weisen darauf hin, dass Sterne sich doch nur in grober Näherung wie Schwarze Körper verhalten. Warum das so ist, erklärt die Theorie der Sternatmosphären. Andererseits gibt es aber auf jeden Fall einen mehr oder weniger stark ausgeprägten funktionalen Zusammenhang zwischen den (U-B) und den (B-V)-Farbenindizes. Die Zunahme der U-Helligkeit der Hauptreihensterne bei einem (B-V) von 0,2 (Spektraltyp A5) bis (B-V)=0,5 (Spektraltyp F5) wird durch die sogenannte Balmer-Depression hervorgerufen. Darunter versteht man einen Intensitätsabfall im Bereich des sogenannten Balmer-Sprungs im kurzwelligen Teil des Sternspektrums (Abb. 2.11).

Die über den Farbenindex ermittelten Strahlungstemperaturen haben für sich genommen nur eine eingeschränkte Aussagekraft. Erst die Theorie der Sternatmosphären ist in der Lage, einen Zusammenhang zwischen der Strahlungstemperatur T_{rad}, die für ein festgelegtes Wellenlängenintervall $(\lambda_2 - \lambda_1)$ ermittelt wird, und der mittleren Photosphärentemperatur ($\approx T_{eff}$) sowie der dort herrschenden Schwerebeschleunigung g herzustellen (Stichwort „Leuchtkraftklasse"). Da sich aber Farbindizes fotoelektrisch äußerst genau messen lassen, ist die daraus abgeleitete Temperatur T_{rad} eine wichtige Größe, um theoretische Sternatmosphärenmodelle zu validieren. Semiempirisch gilt beispielsweise folgender Zusammenhang zwischen dem B-V-Farbindex und der entsprechenden

---

[3] Hinweis: Diese Frequenz ist nicht die Frequenz, die gemäß der für alle Wellen geltenden Umrechnungsformel $\nu = c/\lambda$ der Maximumswellenlänge λ_{max} entsprechen würde, sondern um einen temperaturunabhängigen Faktor von ca. 0,6 kleiner.

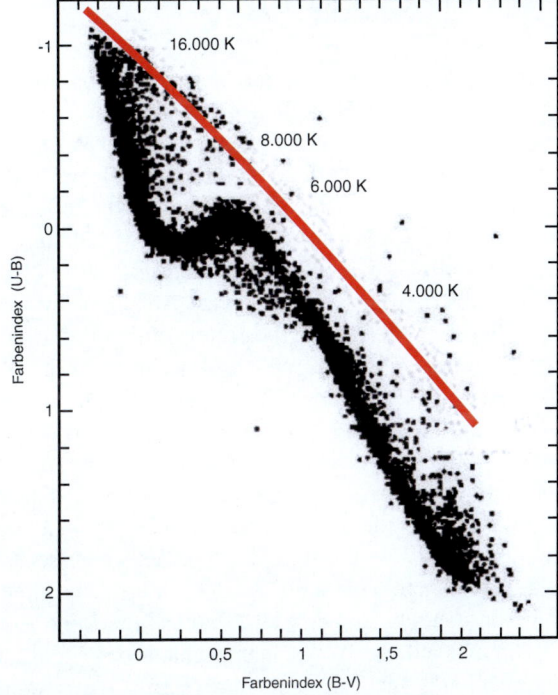

Abb. 2.11 (U-B) – (B-V)-Diagramm für Hauptreihensterne. Deutlich sind die Abweichungen der Sternfarbe von der Farbe eines Schwarzen Körpers gleicher effektiver Temperatur zu erkennen

Strahlungstemperatur T_{rad}, wobei die Kalibrierung der Konstanten unter der Bedingung erfolgt ist, dass Sterne mit einer effektiven Temperatur von 10.000 K einen B-V-Farbenindex von 0,00 besitzen:

$$T_{rad} \cong \frac{0{,}709 \cdot 10^4}{B-V} + const. \tag{2.54}$$

Da es für die effektive Temperatur von Sternen eine Untergrenze gibt, die etwa bei 3000 K liegt, strahlen alle Sterne einen mehr oder weniger großen Teil ihrer Energie im sichtbaren Spektralbereich ab, also dort, wo die Differenz der Planck-Funktion bei zwei unterschiedlichen Wellenlängen recht groß ist. Wie verhalten sich aber die Farbenindizes im kurzwelligen Rayleigh-Jeans-Bereich und im langwelligen Wien'schen Bereich? Im letzteren Fall ist der Farbenindex proportional zum Kehrwert der effektiven Temperatur. Im ersten Fall lässt sich zeigen, dass unter der (physikalisch unsinnigen) Annahme einer unendlich großen effektiven Temperatur der (U-B)-Index in Richtung $-1{,}33$ und der (B-V)-Index in Richtung $-0{,}46$ geht.

2.3 Sterndurchmesser

Während man die Leuchtkraft L eines Sterns noch verhältnismäßig einfach aus seiner scheinbaren Helligkeit m und der Entfernung r (die sich schwieriger bestimmen lässt) berechnen kann, gilt das nicht für seine „wahre Größe" – seinen Durchmesser. Zwar gelingt es mittels der Beziehung Gl. 2.50 den Sternradius abzuschätzen, wenn L und T_{eff} bekannt sind. Andererseits ist jedoch die effektive Temperatur T_{eff} nur dann ein brauchbares Maß, um den Durchmesser eines Sterns zu bestimmen, wenn er sich physikalisch wie ein Schwarzer Körper verhält, was ja nur näherungsweise der Fall ist. Außerdem wird ja T_{eff} gerade mit dem Wissen über den Sternradius bestimmt und andere, davon unabhängige Methoden, um die effektive Temperatur abzuschätzen (z. B. über Farbenindizes), sind zumindest ziemlich ungenau. Schon deshalb ist es unumgänglich, auch andere, möglichst direkte Methoden zu entwickeln, mit denen man den Durchmesser eines Sterns bestimmen kann. Da ein Stern als „Gaskugel" aber keine definierte Oberfläche besitzt, wird als „Oberfläche" gewöhnlich die Schicht der Sternatmosphäre angesehen, wo sie für eine bestimmte Art von elektromagnetischer Strahlung „durchsichtig" wird. Deshalb hängt der gemessene Sterndurchmesser stark von der Wellenlänge des Lichts ab, in dem er beobachtet wird. Wenn also im Folgenden von „Durchmesser" oder „Radius" die Rede ist, beziehen sich diese Größen fast immer auf die Atmosphärenschicht des Sterns, wo die genannte Bedingung für sichtbares Licht ($\lambda \approx 550$ nm) zutrifft. Außerdem ist zu beachten, dass es in der Helligkeit der Sternscheibe eine Mitte-Rand-Variation gibt (sehr schön auf Aufnahmen der Sonne mit Blaufiltern zu sehen – „Randabdunklung"), die bei verschiedenen Sterntypen unterschiedlich stark ausgeprägt ist und die stark von der Beobachtungswellenlänge abhängt.

Zur Messung von Sterndurchmessern sind im Laufe der Zeit einige brauchbare Methoden entwickelt worden. Als Ergebnis einer Messkampagne erhält man i. d. R. einen Winkeldurchmesser α (in rad), der in Verbindung mit der Entfernung r den wahren Durchmesser $D = 2R$ des Sterns ergibt:

$$D = r \tan \alpha \approx \alpha r \tag{2.55}$$

Da sich selbst nahe Sterne nur äußerst selten in einem Fernrohr „auflösen" – d. h. als „Scheibchen" beobachten lassen, sind interferometrische Verfahren die Methoden der Wahl. Die ersten direkten Messungen von Sterndurchmessern gelangen bereits zu Beginn der 1920er Jahre mithilfe einer Interferometeranordnung (Michelson-Interferometer) am Hooker-Teleskop des Mt. Wilson-Observatoriums für eine knappe Handvoll Riesen- und Überriesensterne. Später (1956) kam dann ein etwas anderes Messprinzip zum Einsatz, bei dem hochfrequente Helligkeitsschwankungen (dem sogenannten Photonenrauschen), die man mit zeitlich hochauflösenden Fotometern an zwei verschiedenen Teleskopen in einem einstellbaren Abstand simultan registriert, korreliert werden. Man erreichte mit dieser Methode (Intensitätsinterferometrie nach R. Hanbury-Brown und Twiss) immerhin Winkelauflösungen im Zehntausendstel-Bogensekundenbereich. Aber erst der technische

2.3 Sterndurchmesser

Fortschritt gegen Ende des 20. Jahrhunderts hat der „echten" optischen Interferometrie endgültig zum Durchbruch verholfen. Dabei deckt die direkte Messung von Sterndurchmessern nur einen kleinen Teil der neuen Beobachtungsmöglichkeiten ab.

Natürlich erhält man mit Gl. 2.55 nur dann Sterndurchmesser in einem echten Längenmaßstab (z. B. in Meter oder in Sonnendurchmesser), wenn mit ausreichender Genauigkeit die Parallaxe und damit die Entfernung bekannt ist. Gerade in dieser Beziehung haben die Satellitenmissionen „Hipparcos" (1989–1993) und – gerade aktuell (2016) – „Gaia" wichtige und genaue Datengrundlagen geliefert, die sich in umfangreichen Sternkatalogen niederschlagen.

Weitere Methoden zur Bestimmung von Sterndurchmessern sind:

- Speckle-Interferometrie,
- zeitlich hoch aufgelöste fotometrische Beobachtungen von lunaren Sternbedeckungen,
- Beobachtung von Microlensing-Ereignissen,
- direkte Auflösung von Sternscheibchen,
- Baade-Wesselink-Methode bei Pulsationsveränderlichen,
- Ableitung von Sterndurchmessern aus den Lichtkurven von Bedeckungsveränderlichen,
- Astroseismologie (s. Abschn. 2.4.2).

Auch diese Methoden sollen im Folgenden in ihren Grundzügen kurz vorgestellt werden.

Der Sterndurchmesser gehört neben der Sternmasse und der Leuchtkraft zu den Parametern eines Sterns, die dessen physikalischen Zustand und dessen Entwicklungszustand (alle drei Größen sind eine Funktion der Zeit) determinieren. Ihre Ableitung direkt aus Beobachtungen ist deshalb eine wichtige Aufgabe der beobachtenden Stellarastronomie.

2.3.1 Durchmesserbestimmung mittels optischer Interferometrie

Das Auflösungsvermögen eines Teleskops hängt (von den Störungen der Erdatmosphäre einmal abgesehen) von seiner Öffnung (Apertur) und von der Wellenlänge des Lichts ab, das beobachtet wird. Es bestimmt, unter welchen Winkeln ϑ zwei Lichtpunkte in der Fokalebene noch getrennt abgebildet werden können.

Das Licht eines Sterns kann aufgrund von dessen großer Entfernung praktisch als parallel angesehen werden. Unter Vernachlässigung der Auswirkungen der Erdatmosphäre kann man davon ausgehen, dass eine ebene Lichtquelle auf die runde Öffnung eines Teleskops trifft. Nach der Wellentheorie des Lichtes wird es an dessen Rand gebeugt, wodurch es zu Interferenzerscheinungen kommt. Diese führen dazu, dass der Stern im Brennpunkt des Teleskops nicht genau punktförmig, sondern in Form eines kreisförmigen Musters (dem Beugungsscheibchen) abgebildet wird.

Aus der Beugungstheorie erhält man für die Intensitätsverteilung $I(\vartheta)$ dieses Scheibchens:

$$I(\vartheta) \approx \frac{d^2 \lambda^2}{4 \sin^2 \vartheta} \left(J_1 \left(\frac{\pi d \sin \vartheta}{\lambda} \right) \right)^2 \quad (2.56)$$

Hierin ist d die Apertur des Teleskops und J_1 die Besselfunktion erster Art der Ordnung 1. Die Nullstellen der Besselfunktion J_1 bestimmen den Ort, wo die Intensität durch destruktive Interferenz auf null fällt. Sie liegen bei $m = 3{,}8317$; $7{,}0156$; $10{,}1735$ …, d. h., die konzentrischen Beugungsringe

$$\sin \vartheta \approx \vartheta = \frac{m\lambda}{\pi d} \Rightarrow \vartheta = \frac{1{,}220 \lambda}{d} (1.\ \text{Minimum}) \quad (2.57)$$

$$\vartheta = \frac{2{,}233\ \lambda}{d} (2.\ \text{Minimum})$$

$$\vartheta = \frac{3{,}238\ \lambda}{d} (3.\ \text{Minimum})$$

stellen jeweils ein Minimum in der Intensitätsverteilung dar.

Das helle Maximum innerhalb des ersten Beugungsring wird als Airy-Scheibchen (nach dem britischen Astronomen George Airy (1801–1892)) bezeichnet. Es konzentriert bei einer perfekten Optik ca. 84 % des Sternlichts in sich.

Zwei gleichhelle Sternscheibchen können gerade noch in einem Teleskop aufgelöst werden, wenn das zentrale Maximum des ersten Sterns mit dem ersten Minimum des zweiten Sterns zusammenfällt. Diese Bedingung wird als Rayleigh-Kriterium bezeichnet. Optiken, die dem Rayleigh-Kriterium genügen, bezeichnet man als „beugungsbegrenzt". Bei irdischen Teleskopen hat i. A. diese Bedingung nur eine untergeordnete Rolle, da hier die Erdatmosphäre das praktische Auflösungsvermögen bestimmt. Man kann aber durch den Einsatz adaptiver Optiken Bedingungen herstellen, bei denen auch irdische Teleskope (und dabei vornehmlich im IR-Bereich) nahezu beugungsbegrenzt arbeiten. Auf diese Weise ist es möglich, bezüglich des Auflösungsvermögens in Bereiche der Größenordnung von einigen 10 mas[4] vorzustoßen (z. B. 10 m Keck-Teleskop). Damit gelingt es sogar, einige wenige Riesensterne als räumliche Lichtquellen (als Scheibchen wie Planeten) aufzulösen.

Um das Auflösungsvermögen weiter zu steigern, nutzt man wellenoptische Methoden aus, die auf dem Messprinzip des Michelson-Interferometers beruhen. Es leitet sich vom berühmten Doppelspaltexperiment des britischen Forschers Thomas Young (1773–1829) ab, der damit im Jahre 1803 die Wellennatur des Lichtes

---

[4] Mas = Millibogensekunde = 0,001″

2.3 Sterndurchmesser

endgültig beweisen konnte. Bereits im Jahre 1868 hatte der französische Physiker Armand-Hippolyte-Louis Fizeau (1819–1896) darauf hingewiesen, dass sich unter Ausnutzung von Interferenzerscheinungen durchaus auch Sterndurchmesser bestimmen lassen. Eine Umsetzung dieser Idee gelang jedoch erst mehr als ein halbes Jahrhundert später in Form eines sogenannten Sterninterferometers. In einem solchen Sterninterferometer entsprechen den beiden Spalten im Doppelspaltexperiment zwei Teleskope, deren Lichtwege so gekoppelt sind, dass die beiden Teilstrahlen in ihrem gemeinsamen Brennpunkt interferieren können (man spricht bei dieser Bauart konkret vom „Phasenkohärenten Interferometer" bzw. „Amplitudeninterferometer"). Da man in den 1920er Jahren die mechanische Präzision (Einhaltung der Kohärenzbedingung), die dafür bei zwei Einzelteleskopen erforderlich ist, noch nicht aufbringen konnte, wählte Albert Abraham Michelson (1852–1931), der Erfinder des „Michelson-Interferometers", einen anderen Weg (Abb. 2.12).

Über ein Spiegelsystem mit dem Abstand d leitete er zwei parallel zur Teleskopachse einfallende Teilstrahlen eines Sterns in das Teleskop und beobachtete am Brennpunkt P die das Beugungsscheibchen durchziehenden Interferenzstreifen *(fringes)*. Wenn die ankommende Wellenfront völlig parallel ist (was bedeutet, dass sie von einer idealen Punktquelle stammt), dann entstehen in der Brennebene des Teleskops *fringes* mit dem Winkelabstand

$$\alpha = 1{,}22\frac{\lambda}{d} \text{ (in rad)} \tag{2.58}$$

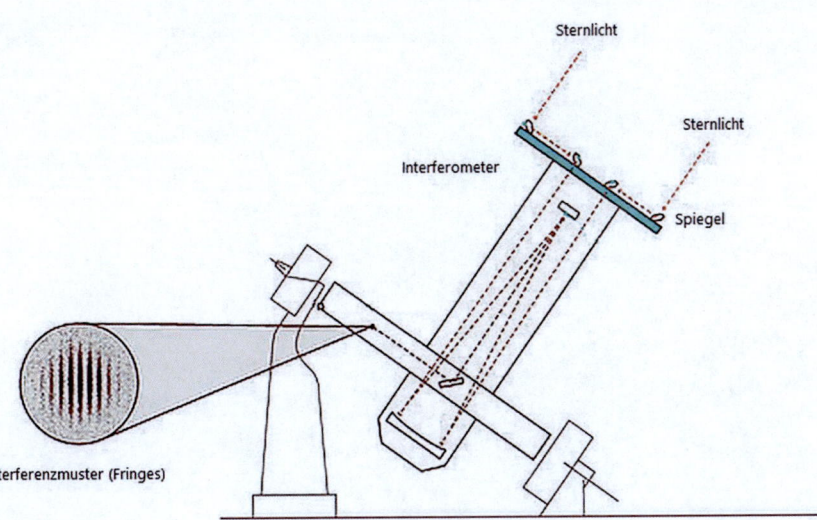

Abb. 2.12 Grundprinzip des zweiarmigen Michelson-Sterninterferometers, mit dessen Hilfe 1921 Michelson und Pease den Winkeldurchmesser einiger Riesensterne mit dem 100-Zoll-Hooker-Spiegel des Mt. Wilson-Observatoriums bestimmt hatten

Besitzt der Stern jedoch eine endliche Ausdehnung, dann gilt Gl. 2.58 für jeden Punkt auf der Sternscheibe und die Streifensysteme verschiedener Punkte überlagern sich, was zu einer Unschärfe des Interferenzmusters führt (d. h. deren Kontrast nimmt ab). Genau genommen verschwindet er sogar, wenn der Winkeldurchmesser des Sterns ungefähr λ/d beträgt. Messtechnisch bedeutet das, dass der Abstand d so lange variiert wird, bis genau diese Bedingung erfüllt ist. Da die Luftunruhe das Interferenzmuster auf dem Beugungsscheibchen des Sterns ohnehin stark stört, ist diesem Verfahren eine natürliche Grenze gesetzt, die aber heute durch den Einsatz von adaptiven Optiken überwunden werden kann (Abb. 2.13).

Ein Maß für die Sichtbarkeit der Interferenzstreifen ist die Größe V, die gewöhnlich als Visibilität (oder als *fringe*-Kontrast) bezeichnet wird. Sie lässt sich durch die maximale Helligkeit I_{max} und minimale Helligkeit I_{min} der Streifen auf dem durch das Interferenzmuster gestörten Beugungsscheibchen des Sterns ausdrücken und mit fotometrischen Methoden messen:

$$V = \frac{I_{max} - I_{min}}{I_{max} + I_{min}} \qquad (2.59)$$

Wird V über die (veränderliche) Größe d aufgetragen, dann erhält man die Visibilitätskurve. Daraus wiederum lässt sich der Winkeldurchmesser des Sterns ableiten.

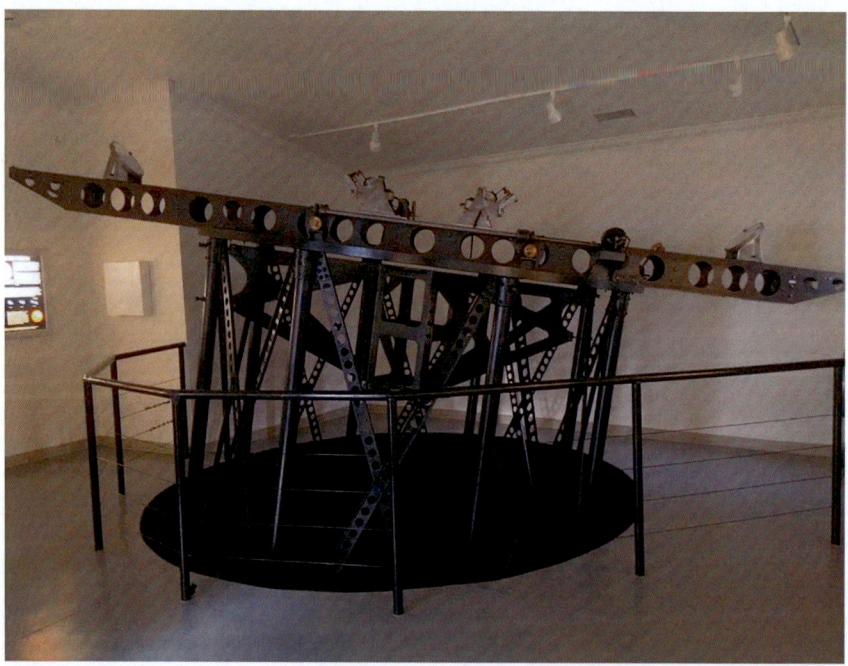

Abb. 2.13 Den originalen Interferometerarm des Michelson-Sterninterferometers kann man heute als Museumsexponat auf dem Mt. Wilson besichtigen

2.3 Sterndurchmesser

Die Visibilität V ist eine fundamentale Größe der optischen Interferometrie. Physikalisch ist sie ein Maß für den Kohärenzgrad der beiden Teilstrahlen und stellt gleichzeitig nach dem van Cittert-Zernicke-Theorem die Fourier-Transformierte der Helligkeitsverteilung der Quelle dar. Das hat die Konsequenz, dass bei einem nicht zu großen Abstand d der beiden Teilstrahlen aus der gleichen Wellenfront kleinere Quellen (geringer Winkeldurchmesser) eine hohe und Quellen mit größerem Winkeldurchmesser eine geringere Visibilität aufweisen. In der optischen Interferometrie (wie sie beispielsweise am Cerro Paranal praktiziert wird) erlaubt dieser Zusammenhang sogar unter gewissen Bedingungen die rechnerische Rekonstruktion eines Bildes von dem Objekt, welches die Strahlung emittiert (Abb. 2.14).

Mit diesem verblüffend einfachen Verfahren konnte bereits 1891 Albert A. Michelson mit Hilfe des 40Zoll Yerkes-Refraktors die Winkeldurchmesser der vier hellen Jupitermonde bestimmen, wobei ein Fizeau-Interferometer zum Einsatz kam (Michelson 1891). 29 Jahre später hatte er dann die Gelegenheit, zusammen mit Francis G. Pease (1881–1938), die Messungen an hellen Sternen am damals größten Spiegelteleskop der Welt, dem 100-Zoll Hooker-Teleskop des Mt. Wilson-Observatoriums, zu wiederholen. Um die Öffnung des Teleskops künstlich zu vergrößern, befestigten sie zwei rechtwinkelige Ablenkspiegel an einer 6,1 m langen Trägerkonstruktion, von wo aus das Sternlicht über zwei weitere Hilfsspiegel in das Teleskop gelenkt wurde.

Sie wählten für ihre Messungen möglichst nahe Rote Riesen der Spektraltypen K und M aus, darunter die beiden sehr hellen Riesensterne α Ori (Beteigeuze) und α Sco (Antares). Im Fall von Beteigeuze ermittelten sie einen mittleren Winkeldurchmesser von 0,045″ (bei $\lambda = 550$ nm und der Annahme einer gleichmäßig leuchtenden Sternscheibe), woraus sie schlussfolgerten, dass dieser Rote Riese – an die Stelle der Sonne gesetzt – die komplette Marsbahn in sich aufnehmen würde (Michelson und Pease 1921). Für Antares erhielten sie einen Winkeldurchmesser

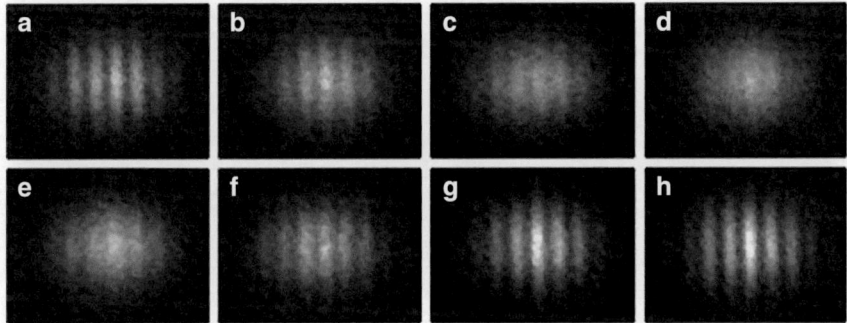

Abb. 2.14 Interferenzmuster auf einem Beugungsscheibchen mit abnehmender (**a** bis **d**) und wieder zunehmender Visibilität (**e** bis **h**). **a** und **h** entspren maximaler Visibilität ($V \sim 1$) und **d** minimaler Visibilität ($V \sim 0$)

Tab. 2.3 Beispiele für einige Riesen- und Überriesensterne, deren scheinbarer Durchmesser mit einem Michelson-Sterninterferometer gemessen wurde

Stern	Winkeldurchmesser [Bogensekunden]	Parallaxe π	Spektraltyp	Helligkeit m_V	BC
α Boo	0,020	0,08885	K1,5 III	−0,04	−0,6
α Tau	0,020	0,05009	K5 III	0,85	−1,0
α Ori (*)	0,047	0,00763	M2 Iab	0,58	−2,1
β Peg	0,021	0,01637	M2,5 II–III	2,42	−1,8
α Her	0,030	0,00853	M5 Iab	3,06	−3,5
o Cet (*)	0,047	0,00779	M7 IIIe	3,04	−2,8
α Sco	0,040	0,00540	M1,5 Iab-b	1,09	−1,5

Die scheinbaren Winkeldurchmesser beziehen sich auf eine gleichmäßig leuchtende Sternscheibe. Effekte aufgrund einer zu erwartenden Randverdunkelung (ähnlich wie bei der Sonne) werden vernachlässigt. Ihre Berücksichtigung würde zu etwas größeren Sterndurchmessern führen. (*) Durchmesser veränderlich

von 0,040″ (=40 mas[5]). Insgesamt gelang es ihnen während der Beobachtungskampagne, die bis 1931 reichte, Durchmesserwerte von sieben Sternen zu ermitteln. Theoretisch erlaubte ihre Messanordnung übrigens eine Auflösung bis hinunter zu etwa 17 mas bei $d_{max} = 7{,}3$ m (Tab. 2.3).

Abschließend soll noch erwähnt werden, dass es 1920 J. A. Anderson mit dem Hooker-Spiegel auf eine ähnliche Weise gelang, den Winkelabstand der beiden Komponenten des hellen spektroskopischen Doppelsterns Capella (α Aur) zu bestimmen (Anderson JA, 1920).

Schon den Pionieren der optischen Sterninterferometrie wurde sehr schnell klar, dass das Haupthindernis für genaue interferometrische Messungen die für irdische Observatorien omnipräsente Luftunruhe ist. Sie konnte erst in den 1990er-Jahren durch die Entwicklung adaptiver Optiken beherrschbar gemacht werden, was neben neuen technologischen und rechentechnischen Errungenschaften die optische Interferometrie – bis hin zur Apertursynthese – quasi praxistauglich gemacht hat.

Der nächste „Quantensprung" in der optischen Interferometrie bestand im kohärenten Zusammenführen des Lichtes von zwei Einzelteleskopen. Was einfach klingt, ist in der Praxis nur schwer und mit hohem technischem Aufwand zu realisieren. Die Kohärenzbedingung – dass Lichtwellen möglichst phasengleich am Detektor eintreffen – ist bei einem Fernrohr mit einem Objektiv (Linse oder Spiegel) automatisch erfüllt (genaugenommen bestimmt diese Bedingung die Lage des Fokus). Benutzt man zwei (oder mehrere) separate Teleskope, dann ist diese Bedingung schwieriger zu erfüllen. Die Wellenfront einer praktisch ebenen Kugelwelle, die von einem Stern auf der Erde eintrifft, erreicht beide Teleskope niemals

---

[5] Mas = Millibogensekunde = 0,001″.

exakt gleichzeitig (d. h., ihre Weglängen sind unterschiedlich). Man muss also mit technischen Hilfsmitteln versuchen, die von den Teleskopen gelieferten beiden Teilstrahlen wieder in Phase zu bringen. Das erfolgt über eine sogenannte „Verzögerungsstrecke". Dahinter verbirgt sich eine Anordnung von z. T. beweglichen Planspiegeln, mit deren Hilfe man den Lichtweg eines Teleskops so anpassen kann, dass die beiden Teilstrahlen – über einen halbdurchlässigen Spiegel wieder vereint – interferieren können. Dass dieses Verfahren in der Praxis auch wirklich funktioniert, konnte 1974 A. Labeyrie eindrucksvoll zeigen. Als Prototyp für ein optisches Interferometer gilt das „Optical Aperture Synthesis Telescope", kurz „COAST" genannt, der Universität Cambridge (UK), welches aber heute nur noch sporadisch im Einsatz ist. Es arbeitet mit vier 40 cm Cassegrain-Teleskopen im roten und nahen infraroten Spektralbereich bei einer Basislänge von bis zu 100 m. Sie sind parallel zum Horizont exakt in Nord-Süd-Richtung ausgerichtet und erhalten ihr Sternlicht über Siderostatenspiegel. Alle vier zusammen bilden eine ypsilonartige Struktur, wie man sie auch von Radiointerferometeranordnungen kennt.

Der Raum, in dem die Vereinigung der Teilstrahlen zu einem Interferogramm erfolgt, ist 32 m lang und 6 m breit. Er enthält eine optische Bank, auf dem sowohl die Instrumente zur Überprüfung und Korrektur der genauen Strahlausrichtung als auch die Verzögerungsstrecken für die einzelnen Teilstrahlen aufgebaut sind.

Zu diesen Geräten gehören auch frequenzstabilisierte Laser, mit denen die präzise Länge der Lichtwege in der Verzögerungsstrecke überwacht wird.

Neben der extrem genauen Justierung aller optischen Komponenten gilt es, die durch die Erdatmosphäre verursachten Effekte – insbesondere das Seeing – auszuschalten. Man benutzt dazu wie bei Großteleskopen eine adaptive Optik. Luftturbulenzen führen aber zu einem noch schwerer beherrschbaren Effekt. Aufgrund der wechselnden Brechungsindizes der Luftschichten bzw. der Turbulenzzellen in der Erdatmosphäre kommt es zu einer zufälligen und nicht vorhersagbaren Änderung der Lichtlaufzeiten der Lichtwellen, die durch die einzelnen Teilteleskope laufen. Dadurch wird die Entstehung eines Interferenzbildes erschwert, weshalb eine Korrektur unumgänglich ist. All diese Effekte führen dazu, dass letztendlich für die Messung eines Interferenzsignals nur wenige Millisekunden zur Verfügung stehen.

Der Kontrast zwischen den Interferenzstreifen wird von den Eigenschaften des kosmischen Objekts bestimmt, das beobachtet wird. Es hängt beispielsweise von der räumlichen Ausdehnung der Lichtquelle (z. B. dem Sterndurchmesser oder dem Winkelabstand bei Doppelsternen) und von der Länge und Orientierung der Basislinien ab. Man nutzt aus, dass die Erde um ihre Achse rotiert, wodurch sich die Lage der Basislinien kontinuierlich in Bezug auf das Beobachtungsobjekt ändern. Auf diese Weise erhält man Messreihen, aus denen auf die Eigenschaften des Objekts geschlossen werden kann.

Wenn man – wie bei COAST – mehrere Teilteleskope zu einem Interferometer zusammenschaltet, dann lässt sich das Prinzip der Apertursynthese anwenden, um rechnerisch aus den Interferenzdaten (Fringes) echte zweidimensionale Bilder der Beobachtungsobjekte zu erhalten. Dazu wird das mathematische Verfahren der Fouriertransformation angewendet. Nach dem van Cittert-Zernike-Theorem stellt die Visibilität Gl. 2.56 die Amplitude der Fourier-Transformierten der Quelle dar. Um ein Bild über die inverse Fouriertransformation zu rekonstruieren, benötigt man noch Informationen über die Phase der Fringes. Diese Information ist jedoch aufgrund der Luftturbulenzen nur schwer zu erhalten (wenn sich Turbulenzzellen über die Teleskopaperturen hinwegbewegen, verschieben sich die Phasendifferenzen der einzelnen Teilstrahlen auf eine zufällige Art und Weise). Benutzt man jedoch mehr als zwei Teleskope, dann lässt sich aus der relativen Lage der Fringes untereinander die gewünschte Information erhalten (die Phasenfehler heben sich in der Summe auf). Diese von der Radioastronomie her bekannte Methode wird genauso wie die erwähnte Summe als „Closure Phase" bezeichnet. Misst man diese Summe (die vom Zustand der Atmosphäre unabhängig ist) für verschiedene Interferometeranordnungen, dann kann man daraus mit Hilfe eines Computers das Bild der Quelle rekonstruieren. Die folgenden Abbildungen zeigen den Doppelstern Capella (α Aur), wie er aus COAST-Daten berechnet wurde. Sie sind im Abstand von 15 Tagen aufgenommen worden und zeigen sehr schön die Eigenbewegung der beiden ungefähr gleichhellen Komponenten (Aufnahmewellenlänge 830 nm) (Abb. 2.15).

Nach der gleichen Methode lassen sich auch Sterndurchmesser bestimmen, wenn sie von dem Interferometer deutlich aufgelöst werden können. Bei einigen nahen Roten Riesensternen konnten auf diese Weise sogar Oberflächendetails auf den rekonstruierten Sternscheibchen sichtbar gemacht werden (siehe Abschn. 2.3.6).

Optische Interferometrie ist mittlerweile längst dem Experimentalstadium entwachsen. Derzeit sind mehr als ein Dutzend optische Interferometer im Einsatz, die im optischen und (häufiger) im infraroten Spektralbereich arbeiten. Dabei kommen Basislängen von bis zu 640 m zum Einsatz (Sydney University Stellar Interferometer (SUSI) im Paul Wild Observatory in der Nähe von Narrabri in Australien). Theoretisch lässt sich mit der genannten Anlage immerhin eine Winkelauflösung von 0,07 mas bei einer Beobachtungswellenlänge von 450 nm erreichen (Davis et al. 1999).

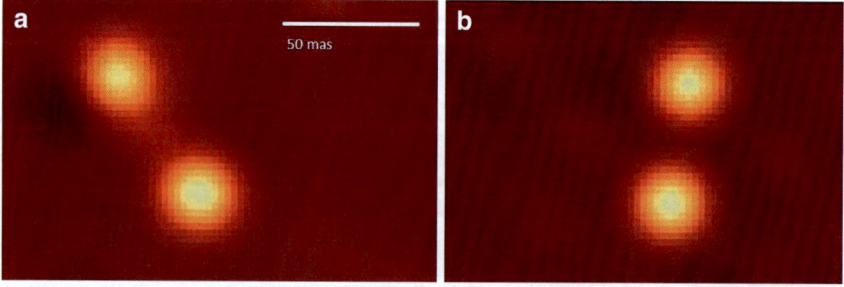

Abb. 2.15 Der hellste Stern im Sternbild Fuhrmann, Capella, ist ein Doppelsternsystem. Die Komponenten haben einen Abstand von ungefähr 50 mas und umlaufen den gemeinsamen Schwerpunkt auf fast idealen Kreisbahnen in 104 Tagen

2.3 Sterndurchmesser

Besonders erwähnenswert sind in diesem Zusammenhang die Interferometer, die zusammen mit den größten Teleskopen der Welt betrieben werden: den 10-Meter-Keck-Teleskopen auf Hawaii und das VLT-Interferometer der ESO auf dem Mt. Paranal in den chilenischen Anden. Und nicht zu vergessen, ist das Large Binocular Telescope auf dem Mt. Graham in Arizona, dessen „First Light" im Jahre 2004 stattfand. Bei diesem Teleskop sitzen zwei 8,4 m große Spiegel dicht nebeneinander auf einer gemeinsamen Montierung. Im Interferometermodus wird das durch eine leistungsfähige adaptierte Optik stabilisierte Sternlicht aus beiden Teleskopen kohärent zusammengeführt und dann interferometrisch überlagert. Man ist damit in der Lage, Objektbilder mit einer weitaus höheren Winkelauflösung zu rekonstruieren, als es beispielsweise das Hubble-Weltraumteleskop vermag (es entspricht theoretisch einer Spiegelöffnung von 22,8 m). Fast alle diese Interferometer arbeiten in erster Linie im infraroten Spektralbereich, da bei längeren Wellenlängen die Stabilisierung des Sternlichtes bedeutend besser gelingt als beispielsweise im optisch visuellen Bereich. Zu erwähnen ist hier natürlich noch, dass diese Interferometer für eine Vielzahl von Forschungsprojekten eingesetzt werden, unter denen die räumliche Auflösung von Sternen nur ein Aspekt ist.

In diesem Zusammenhang sei als weiteres Beispiel das auf dem Mt. Wilson angesiedelte CHARA-Array genannt (CHARA = Center for High Angular Resolution Astronomy), welches aus sechs Teleskopen mit jeweils einer Apertur von 1 m besteht und eine maximale Separation von $d_{max} = 330$ m erlauben. Dabei wird im Infraroten eine Auflösung von 0,5 mas erreicht. Mit diesem Array konnten mittlerweile die Durchmesser vieler heller Sterne des Nachthimmels mit relativ hoher Genauigkeit ermittelt werden. Im Fall von α Aql (Altair) konnte sogar dessen abgeplattete Form und ungleichmäßige Helligkeitsverteilung über das nur 3 mas große Sternscheibchen nachgewiesen und zu dessen hoher Rotationsfrequenz in Beziehung gesetzt werden (eine volle Umdrehung erfolgt in ca. 6,5 h, was dazu führt, dass der Äquatordurchmesser dieses Sterns ungefähr 22 % größer ist als dessen Poldurchmesser). Mittlerweile konnten weitere Sterne aufgelöst werden, die sich in ihren äquatorialen und polaren Durchmessern deutlich unterscheiden.

2.3.2 Intensitätsinterferometrie nach R. Hanbury-Brown und R. Q. Twiss

Mit dem klassischen Michelson-Interferometer am Hooker-Teleskop gelang die Durchmesserbestimmung nur von einigen wenigen Riesen- und Überriesensternen. Selbst nahe Hauptreihensterne waren zu lichtschwach und zu klein, um innerhalb der Genauigkeitsschranke von ca. 0,01″ brauchbare Messwerte zu liefern. Mitte der 1950er-Jahre schlugen Robert Hanbury-Brown (1916–2002) und Richard Q. Twiss eine interferometrische Methode zur Bestimmung von Sterndurchmessern vor, deren Grundidee sie einem bereits praktizierten Verfahren der Radioastronomie entlehnt hatten (Intensitätsinterferometrie nach Hanbury-Brown und Twiss 1956). Obwohl ihr Interferometer prinzipiell wie ein Michelson-Interferometer arbeitet, ist die Art und Weise, wie die Kohärenz des Sternlichts als eine Funktion des Abstands der beiden Teilstrahlen gemessen wird, völlig verschieden.

In einem Experiment konnten sie zeigen, dass die Photonen, die beispielsweise von einem Stern an unterschiedlichen Stellen der Sternoberfläche emittiert werden, oft gemeinsam in „Klumpen" auf der Erde ankommen.

Das Sternlicht wurde dazu im Interferometer auf einen sogenannten Beam Splitter geleitet, welcher das Licht in zwei verschiedene Richtungen lenkt. Die Photonen werden anschließend von zwei Detektoren erfasst. Wenn die Lichtquelle klassisches Licht emittieren würde, würde man erwarten, dass die Photonen unabhängig voneinander auf den Detektoren ankommen. In der Quantenoptik zeigt sich jedoch, dass die Wahrscheinlichkeit, dass zwei Photonen gleichzeitig auf den Detektoren ankommen, höher ist als erwartet.

Dieses Ergebnis, das auf den ersten Blick reichlich absurd erscheint, lässt sich aber mit den Mitteln der Quantenstatistik ohne Weiteres erklären. Dazu muss man wissen, dass die Amplitude einer elektromagnetischen Welle quantenmechanisch einer bestimmte Photonendichte entspricht und Photonen bekanntlich der Bose–Einstein-Statistik folgen und sich damit in der Tendenz – im Gegensatz zu Fermionen – in einem Quantenzustand anhäufen (in der Quantenoptik wird dieser Effekt *Photon Bunching* genannt und ist eng mit dem Konzept der Bose–Einstein-Kondensation von Photonen verbunden). Betrachtet man zwei Wellenzüge mit nahezu gleicher Frequenz, die von zwei gegenüberliegenden Rändern eines Sterns emittiert werden, dann können diese Wellenzüge bekanntlich interferieren. Es entsteht so etwas wie eine „Schwebung", d. h., die Amplituden der Teilwellenpakete überlagern sich und schwingen selbst im Gleichtakt. Dort, wo die Amplitude groß ist, reisen – wenn man es im Teilchenbild betrachtet – sehr viele Photonen gemeinsam. Entlang der Ausbreitungsrichtung entsteht auf diese Weise eine Art Phasenfokussierung, die am Detektor (beispielsweise einem SEV) ein szintillationsunabhängiges „Photonenrauschen" verursacht. Registriert man dieses „Photonenrauschen" (z. B. in Form einer Intensitätsmessung oder durch Zählen der eintreffenden Photonen) von verschiedenen Standorten aus (unterschiedliche Abstände d), dann lassen sich die erhaltenen Messreihen untereinander korrelieren. Als Ergebnis erhält man die Korrelation der Intensitätsfluktuationen als Funktion der Basislänge d. Natürlich gibt es auch hier prinzipbedingt Probleme, die eine Anwendung nur auf verhältnismäßig helle Sterne (bis ca. $2,5^m$) begrenzen. So muss das Licht näherungsweise monochromatisch sein, was durch entsprechende Interferenzfilter (Bandbreite ca. 10 nm) erreicht wird. Andererseits benötigt man zum Sammeln des Lichts dieser Sterne nicht besonders genaue Spiegelteleskope. Es reicht aus, wenn das Sternlicht als zentimetergroßer Lichtfleck auf einen Fotomultiplier mit sehr hoher Zeitauflösung (aufgrund der sehr geringen Kohärenzlänge des Sternlichts) abgebildet und der entsprechend verstärkte Fotostrom registriert wird (Abb. 2.16).

Robert Hanbury-Brown hat, – nachdem erste Versuche an dem Stern Sirius in Cambridge zufriedenstellend verlaufen sind, – eine entsprechende Anlage in Australien, genauer am Paul-Wild-Observatorium in Narrabri (New South Wales), aufgebaut (Hanbury-Brown et al. 1967b). Es bestand aus zwei azimutal montierten Mosaikspiegelanordnungen von jeweils 6,7 m Durchmesser, wobei jeder Spiegel aus 252 sechseckigen Einzelspiegeln zusammengesetzt war. Im Brennpunkt dieser

2.3 Sterndurchmesser

Abb. 2.16 Intensitätsinterferometer von Narrabri (New South Wales, Australien), mit dessen Hilfe der Winkeldurchmesser von 31 Sternen bestimmt werden konnte

Spiegel wurde ein Fotomultiplier angebracht, mit dem die Intensitätsfluktuationen des Sternlichts registriert wurden. Die Spiegel konnten auf einer kreisförmigen Schiene von 188 m Durchmesser bewegt werden, um ihren Abstand zu verändern (Minimalabstand 10 m). Die elektrischen Signale der zeitlich hoch auflösenden Lichtdetektoren wurden schließlich über Kabel in einem elektronischen Kreuzkorrelator zusammengeführt und damit die Korrelation des Photonenrauschens für einen bestimmten Stern in Abhängigkeit des Abstandes d gemessen. Diese Korrelation verschwindet bei immer kleineren Werten von d, je größer der Winkeldurchmesser des untersuchten Sterns ist. Das Messregime ist dabei so gestaltet, dass die nichtkorrelierten Intensitätsschwankungen, die durch die Erdatmosphäre (Szintillation) und durch die Rauschanteile der Messelektronik verursacht werden, sich im Mittel aufheben. Die Luftunruhe erzwingt dann zwar längere Messzeiten. Sie hat aber keinen Einfluss auf das Aussehen der Korrelationsfunktion (Abb. 2.17).

Auf diese Weise hat man mit dem Intensitätsinterferometer von Narrabri bei einer Wellenlänge von 440 nm eine Genauigkeit in der Größenordnung von 0,0002″ Bogensekunden erreicht!

Dazu ein Beispiel. Während man bei dem Stern αLyr (Wega) den Abstand der beiden Teleskope auf ca. 100 m vergrößern musste, bis die Korrelation verschwunden ist, reichen dafür für den Stern γ Ori (Bellatrix) bereits 20 m aus. Folglich hat Wega einen weitaus größeren Winkeldurchmesser ($\approx$ 3 mas) als Bellatrix ($\approx$ 0,7 mas).

Während man mit dem Michelson-Sterninterferometer am Hooker-Teleskop nur Sterne mit einem besonders großen Winkeldurchmesser auflösen konnte, ist das Hanbury-Brown-Interferometer besser für helle Sterne mit relativ kleinem Winkeldurchmesser geeignet. Winkeldurchmesser $> 10^{-2}$ Bogensekunden konnten mit diesem Gerät nicht vermessen werden, weil sich der Abstand d der

Abb. 2.17 Korrelation der Intensitätsfluktuationen für verschiedene Sterne als Funktion der Basislänge. a) β Cru (0,000722″), b) α Eri (0,00192″) und c) α Cru (0,0066″). (Hanbury-Brown et al. 1967a)

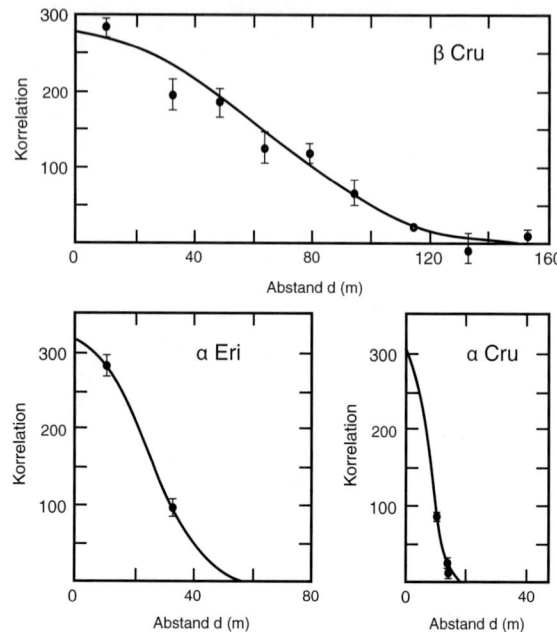

beiden Spiegelanordnungen nicht so weit verringern ließ, dass die Korrelation verschwinden würde. In diesem Sinn haben sich beide Interferometeranordnungen sehr gut ergänzt.

Wie bereits erwähnt, gelingt es, aus den entsprechenden Korrelationskurven den Winkeldurchmesser der Sternscheibchen mit hoher Genauigkeit auszurechnen. Bei Hauptreihensternen mit relativ geringer Randverdunkelung bei der Beobachtungswellenlänge ist das kein Problem, wenn deren Parallaxe genügend genau bekannt ist. Andernfalls muss man ein entsprechendes Atmosphärenmodell der Durchmesserbestimmung zugrunde legen, um aus dem beobachteten Winkeldurchmesser den tatsächlichen bestimmen zu können.

2.3.3 Speckle-Interferometrie

Aufgrund der Wellennatur des Lichts können Teleskope sehr weit entfernte Punktlichtquellen in ihrer Fokalebene nur in Form eines durch die Beugung an der Optik entstehenden Beugungsscheibchens abbilden. Die Intensitätsverteilung über dieses Beugungsscheibchen kann näherungsweise durch folgende Beziehung dargestellt werden:

$$I(\vartheta) \approx \frac{d^2 \lambda^2}{4 \sin^2 \vartheta} \left(J_1 \left(\frac{\pi d \sin \vartheta}{\lambda} \right) \right)^2 \quad (2.60)$$

2.3 Sterndurchmesser

Die Beugungsringe, die man bei sehr guten Luftverhältnissen in einem Fernrohr kleiner Öffnung ($d < 10$ cm) bei hoher Vergrößerung deutlich sehen kann, sind durch die Nullstellen der Bessel-Funktion J_1 gegeben. Das Zentrum des Beugungsscheibchens ist das sogenannte Airy-Scheibchen, dessen Winkeldurchmesser im Wesentlichen das theoretische Auflösungsvermögen ϑ eines Teleskops der Apertur d bei der Wellenlänge λ bestimmt:

$$\vartheta[''] = \frac{2{,}52 \cdot 10^{-4} \lambda [nm]}{d[m]} \qquad (2.61)$$

Berechnet man nach dieser Formel das theoretische Auflösungsvermögen moderner Spiegelteleskope, dann erkennt man, dass ab etwa der 4-Meter-Klasse ϑ in die Größenordnung gelangt, bei der sich Sterne mit einem Winkeldurchmesser von einigen Hundertstel Bogensekunden auflösen lassen sollten. Die Voraussetzungen dafür werden offensichtlich noch besser, wenn man statt im optischen im langwelligeren Infrarotbereich beobachtet.

Leider macht die Erdatmosphäre dem Vorhaben einen Strich durch die Rechnung. An den besten Standorten der Welt (z. B. auf dem Cerro Paranal in Chile, auf Hawaii oder den Kanarischen Inseln) erlaubt die Luftunruhe selten eine Auflösung, die wesentlich besser als 1 Bogensekunde ist (natürlich ohne adaptive Optik!). Diese Auflösung wird aber bereits mit einem Fernrohr von 15 cm Öffnung erreicht. Das bedeutet, dass ohne besondere technische Vorkehrungen alle Großteleskope auf der Erde prinzipiell ihr theoretisches Auflösungsvermögen nicht ausschöpfen können (Abb. 2.18).

Im Jahr 1970 datiert jedoch eine Erfindung des französischen Astronomen Antoine Émile Henry Labeyrie, die es erlaubt, dieses Handicap elegant zu umgehen, um über Umwege doch noch zu quasi beugungsbegrenzten Sternabbildungen zu gelangen (Labeyrie 1970). Ausgangspunkt dafür war eine Beobachtung, die von mehreren Doppelsternbeobachtern, die visuell an Großteleskopen gearbeitet haben, erwähnt wurde. Bei hohen Vergrößerungen sahen sie, wie sich das durch

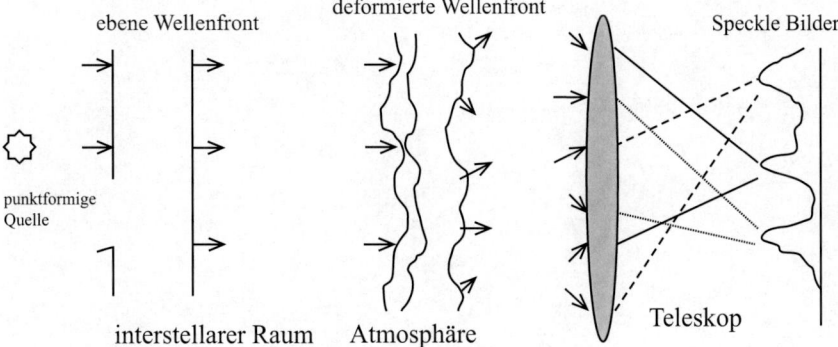

Abb. 2.18 Entstehung von Speckle-Strukturen durch Störung einer ebenen Wellenfront bei deren Durchgang durch die Erdatmosphäre

das *seeing* schnell hin- und herbewegende Bild eines Sterns kurzzeitig in mehrere Teilbilder aufsplittete, aus dessen Form sie intuitiv auf eine eventuelle Doppelsternnatur nahe der beugungsbegrenzten Teleskopauflösung schließen konnten. Labeyrie schlug nun vor, quasi Momentaufnahmen des Sternbildchens mit sehr kurzen Belichtungszeiten (< 0,01 s) anzufertigen. Was man darauf sah, war nicht ein „eingefrorenes", durch die Luftunruhe vergrößertes Sternbildchen, sondern eine Wolke aus vielen mehr oder weniger hellen „Fleckchen" *(speckles)* mit einer Größe, die im Falle einer nicht aufgelösten Punktquelle in etwa dem theoretischen Durchmesser des Airy-Scheibchens entspricht. Jede Folgeaufnahme zeigte ein jeweils anderes Fleckenmuster, und wenn man sehr viele von diesen Speckle-Bildern aufaddierte, erhielt man das Sternbildchen genau so, wie es gewöhnlich bei längeren Belichtungszeiten abgebildet wird. Um zu verstehen, wie diese Speckle-Bilder entstehen, muss man sich mit dem Einfluss der Erdatmosphäre auf eine ungestörte, von einem weit entfernten Stern stammende Wellenfront befassen (Abb. 2.19).

Auf den ersten Blick erwartet man, auf einer hinreichend kurz belichteten Aufnahme (wobei die Belichtungszeit kürzer als der Kehrwert der Frequenz der Richtungsszintillation sein muss) eine annähernd beugungsbegrenzte Stern-

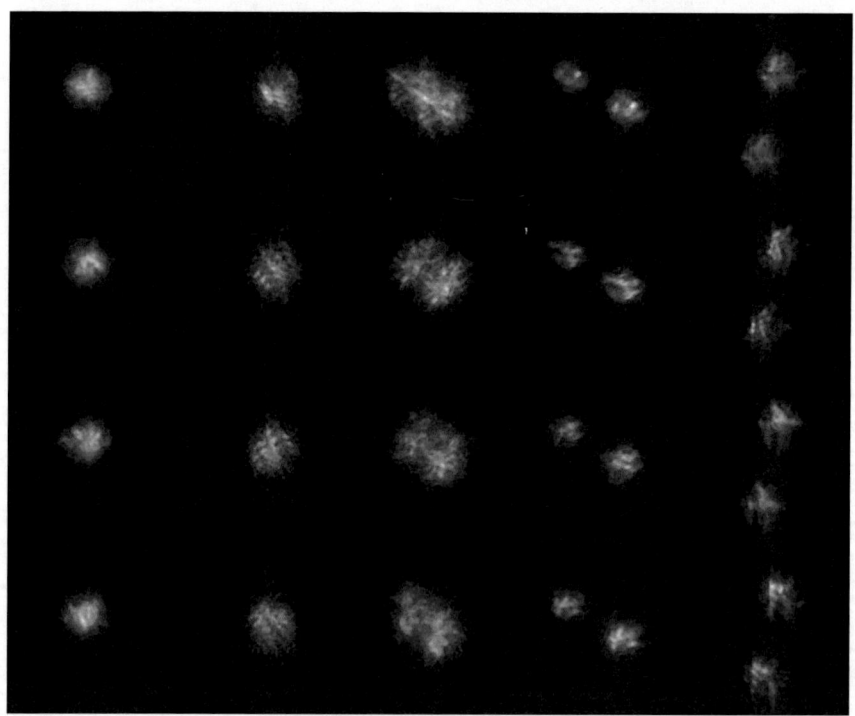

Abb. 2.19 Beispiele von Speckle-Bildern, aufgenommen mit dem WiYN-Teleskops des Kitt-Peak-Nationalobservatoriums. (Aufnahme von Matthew Hoffman)

2.3 Sterndurchmesser

abbildung. Das ist auch für Teleskope mit sehr kleiner Öffnung (d. h. < 20 cm) durchaus richtig. Bei größeren Öffnungen entsteht dagegen das typische Speckle-Bild, wobei die Anzahl der „Flecken", in die das Sternbildchen zerfällt, mit der Apertur ansteigt. So muss man bei einem 2,5-Meter-Spiegelteleskop schon mit über 700 einzelnen Speckles rechnen, die zusammen ein Speckle-Bild ergeben. Die Zahl der Speckles ist dabei gleich der Anzahl der auf den Spiegel projizierten atmosphärischen Turbulenzzellen über dem Teleskop zu einem gegebenen Zeitpunkt.

Die außerhalb der Erdatmosphäre als eben anzusehende Wellenfront wird beim Durchgang durch die inhomogene Lufthülle kleinskalig deformiert, wobei die Skala dieser Deformation in der Größenordnung der atmosphärischen Turbulenzzellen, also für sichtbares Licht bei ungefähr 10 bis 20 cm liegt. Der mittlere Durchmesser einer derartigen Turbulenzzelle entspricht dem Fried-Parameter r_0 und ist wellenlängenabhängig.[6] Sie wird durch die Höhenwinde mit einer Geschwindigkeit von im Mittel 5 m/s horizontal verfrachtet. Diese Geschwindigkeit legt die Belichtungszeit fest, um auf dem Foto die Speckles quasi „einzufrieren". Das Speckle-Bild selbst ist das Resultat aus einem komplexen Interferenzprozess zwischen geringfügig unterschiedlichen Weglängen, die aus den Unterschieden in den Brechungsindizes der beteiligten Turbulenzzellen (und damit den Lichtlaufzeiten darin) resultieren. Das führt dazu, dass einige Speckles durch konstruktive Interferenz hell und andere durch destruktive Interferenz dunkler erscheinen. Sie sind über einen gewissen Zeitraum stabil, wobei dieser Zeitraum gewöhnlich als Kohärenzzeit τ_K bezeichnet wird. Sie liegt für sichtbares Licht ($\lambda = 550$ nm) bei ca. 10 ms und kann im Infraroten bis zu 100 ms erreichen. Belichtet man eine Sternaufnahme länger, dann verschmieren die Speckle-Strukturen und man erhält ein gewöhnliches Seeing-Scheibchen.

Formal lässt sich der Zusammenhang zwischen Speckle-Bild (genauer dessen Intensitätsverteilung $I(x)$) und ungestörtem Objektbild $O(x')$ durch eine mathematische Operation mit der sogenannten Punktverbreiterungsfunktion PSF(x) ausdrücken, die man als „Faltung" bezeichnet:

$$I(x) = \int O(x') \cdot \text{PSF}(x - x')dx = O(x) \circ \text{PSF}(x) \quad \text{für den Beobachtungszeitpunkt } t$$

(2.62)

x ist ein zweidimensionaler Richtungsvektor in der Fokalebene des Teleskops. Ist die Punktverbreiterungsfunktion und die Intensitätsverteilung im Speckle-Bild bekannt, dann lässt sich im Prinzip durch Invertierung von Gl. 2.62 die originale Objektinformation ermitteln.

Dazu wurde eine große Zahl zum Teil äußerst rechenintensiver Verfahren entwickelt.

---

[6] Der Fried-Parameter bzw. die „Fried-Kohärenzlänge" r_0 ist ein Maß für die Qualität der optischen Transmission durch die Atmosphäre aufgrund zufälliger Inhomogenitäten im Brechungsindex der Atmosphäre.

Die Faltung Gl. 2.62 lässt sich leicht mithilfe einer Fourier-Transformation in ein gewöhnliches Produkt umformen, was man als „Transformation in den Fourier-Raum" bezeichnet:

$$\tilde{I}(u) = \tilde{O}(u) \cdot \tilde{P}(u) \qquad (2.63)$$

Den Vektor u nennt man in der Nachrichtentechnik oft „Ortsfrequenz". Sie stellt den Kehrwert der Periodenlänge dar und gibt die Zahl der Perioden an, die auf eine Längeneinheit entfallen. Die momentane Übertragungsfunktion $\tilde{P}(u)$ ist die Fourier-Transformierte der PSF und $\tilde{I}(u)$ bzw. $\tilde{O}(u)$ stellen jeweils die Fouriertransformierten der Ausgangsgrößen $I(x)$ und $O(x)$ dar. Antoine Labeyrie hat nun ein Verfahren entwickelt, wie sich durch Auflösung von Gl. 2.63 unter Verwendung sehr vieler Speckle-Bilder $\tilde{O}(u)$ bestimmen lässt. Grob skizziert ist der Ausgangspunkt das arithmetische Mittel der Quadrate der Größen in Gl. 2.63:

$$\frac{1}{N}\sum_{n=1}^{N}\left|\tilde{I}_n(u)\right|^2 = \left|\tilde{O}(u)\right|^2 \cdot \frac{1}{N}\sum_{n=1}^{N}\left|\tilde{P}_n(u)\right|^2 \qquad (2.64)$$

Bei genügend großen N (beispielsweise zwischen 100 und 1000 Speckle-Bildern) kann man auch statt der Summen Ensemblemittelwerte verwenden:

$$\left\langle\left|\tilde{I}_n(u)\right|^2\right\rangle = \left|\tilde{O}(u)\right|^2 \left\langle\left|\tilde{P}_n(u)\right|^2\right\rangle \qquad (2.65)$$

Daraus ergibt sich die Objektinformation formal zu

$$\left|O(u)\right|^2 = \sqrt{\frac{\left\langle\left|\tilde{I}_n(u)\right|^2\right\rangle}{\left\langle\left|\tilde{P}_n(u)\right|^2\right\rangle}}. \qquad (2.66)$$

Die Funktionen $\left|\tilde{I}_n(u)\right|^2$ und $\left|\tilde{O}(u)\right|^2$ bezeichnet man als Powerspektren der gemessenen Intensitätsverteilung und der Objektintensitätsverteilung. $\left|\tilde{P}_n(u)\right|^2$ ist das Powerspektrum der PSF. Dessen Ensemblemittelwert stellt dann die sogenannte „Übertragungsfunktion der Speckle-Interferometrie" dar.

Beim klassischen Speckle-Verfahren beobachtet man simultan zum Objekt noch eine nichtauflösbare Punktquelle mit, um deren gemitteltes Powerspektrum zu bestimmen. Der Vergleichsstern sollte dabei so dicht wie möglich am Objekt stehen, um die Isoplaniebedingung[7] nicht zu verletzen. Dieses Verfahren wird auch

---

[7] Der Isoplaniebereich ist der Winkeldurchmesser des Himmelsausschnitts, innerhalb dessen die das Teleskop erreichenden Objektstrahlen näherungsweise durch die atmosphärischen Turbulenzzellen auf die gleiche Weise gestört werden. In der Regel ist das ein Bereich von $\approx 10''$ Durchmesser.

2.3 Sterndurchmesser

als Speckle-Holografie bezeichnet und kommt genau genommen mit nur einem Speckle-Bild aus. Leider ist dieser Idealfall nur in den seltensten Fällen zu realisieren, sodass man unter Verletzung der Isoplanie- und Gleichzeitigkeitsbedingung zwangsweise auf einen vom Objekt weiter entfernten Referenzstern ausweichen muss. Das Messregime sieht dann etwa folgendermaßen aus: Man fotografiert beispielsweise 100 Objektspeckle-Bilder, schwenkt dann zum Referenzstern um und fotografiert von ihm auch 100 Speckle-Bilder, wechselt wieder zum Objekt etc. Die Informationsgewinnung erfolgt über eine Autokorrelation über alle zufälligen Speckle-Muster, die im Fall eines aufgelösten Sterns zu einem entsprechend verbreiterten Maximum oder bei einem aufgelösten Doppelstern neben dem Hauptmaximum zu objektbedingten Nebenmaxima führen. Die Autokorrelation ist aber noch unvollständig. Sie enthält noch nicht die volle Information über das Beobachtungsobjekt. Erst durch weitere Bearbeitungsschritte – z. B. durch eine sogenannte Tripelkorrelation oder nach dem Verfahren von Knox und Thompson – lassen sich weitere Bilddetails wie die Lage von Doppelsternkomponenten am Himmel oder Details auf Sternscheibchen aus den Daten herausarbeiten. Als Endergebnis erhält man im Idealfall ein rekonstruiertes Bild des untersuchten Himmelskörpers, an dem man dann weitere Messungen (wie die Bestimmung des Winkeldurchmessers eines aufgelösten Sterns oder die Messung von Abstand und Positionswinkel eines Doppelsterns) vornehmen kann.

Mit diesem Verfahren, welches hier nur in seinen Grundzügen vorgestellt werden konnte, lassen sich auch bei schwächeren Sternen bis hinunter zur vielleicht 12. Größenklasse Durchmesserbestimmungen vornehmen, vorausgesetzt, sie werden prinzipiell durch das verwendete Teleskop aufgelöst. Indem man bei verschiedenen Wellenlängen beobachtet, lassen sich sogar ausgedehnte Sternatmosphären mit Randverdunklungseffekten oder, – besonders bei jungen Sternen – ausgedehnte Gas- und Staubhüllen nachweisen und teilweise sogar in Strukturen auflösen.

Das am häufigsten praktiziertes Anwendungsgebiet der Speckle-Interferometrie liegt in der optischen Auflösung von Doppel- und Mehrfachsystemen. Durch die präzise Messung von Abständen, Positionswinkeln und Helligkeiten der einzelnen Komponenten können beispielsweise Masseverhältnisse bestimmt werden, was wiederum Schlüsse über die Entwicklungsstadien und die Dynamik derartiger Sternsysteme zulässt.

Ein immer wieder sehr schönes Beispiel für die Anwendung der Speckle-Interferometrie ist der Stern Beteigeuze (α Ori) im Sternbild Orion. Sein Durchmesser konnte, wie bereits erwähnt, schon in den 1920er-Jahren von Michelson und Pease relativ genau ermittelt werden. Schon deshalb ist dieser Riesenstern ein nahezu ideales Objekt, um die Leistungsfähigkeit der Speckle-Interferometrie und anderer interferometrischer Beobachtungsverfahren zu demonstrieren. C. R. Lynds und Mitarbeiter gelang es 1976 mithilfe des 4-Meter-Lick-Spiegelteleskops am

Kitt-Peak Observatorium, das Sternscheibchen aus Speckle-Aufnahmen zu rekonstruieren und dessen Durchmesser auf ca. 0,05" zu bestimmen. Beobachtungen am russischen 6-Meter-Spiegelteleskop (BTA) in Selentschuk und Beobachtungen am 3,6-Meter-ESO-Teleskop in verschiedenen Wellenlängen, die Ende der 1970er-Jahre durchgeführt wurden, zeigen darüber hinaus eine Abhängigkeit des Sterndurchmessers von der Beobachtungswellenlänge. Damit war endgültig bewiesen, dass man die Speckle-Interferometrie sogar zur Strukturanalyse von Atmosphären und Hüllen naher Riesensterne (wie beispielsweise des langperiodischen Veränderlichen o Ceti – „Mira") und damit zur Verifizierung stellarer Atmosphärenmodelle verwenden kann (Abb. 2.20).

Noch höher aufgelöste Bilder der Sternoberfläche konnten ab 1997 mit dem COAST-Interferometer erhalten werden. Bei dem hier angewandten Verfahren handelt es sich zwar nicht um „Speckle-Interferometrie", sondern bereits um „echte" optische Interferometrie, bei der die Strahlengänge mehrerer Teleskope (hier fünf Cassegrain-Teleskope mit jeweils 40 cm Öffnung) kohärent zusammengeführt werden. Dadurch wurden Apertursynthese und damit die rechnerische Rekonstruktion von Sternoberflächen wie der Beteigeuze möglich. Bei einer Wellenlänge von 700 nm sind sogar mehrere Oberflächendetails in Form von „Hotspots" auf der rekonstruierten Sternscheibe auszumachen. Die deutlich messbaren Größenunterschiede bei unterschiedlichen Wellenlängen erklären sich damit, dass man jeweils unterschiedlich „tief" in die Sternatmosphäre dieses Roten Riesen hineinschaut. Beobachtet man im Infraroten, dann sieht man Strahlung, die aus tieferen Schichten der Sternatmosphäre stammt und relativ ungehindert die dünnen äußeren Schichten durchdringen kann. Im roten Spektralbereich, d. h. bei ca. 700 nm, wird diese äußere Hülle jedoch zunehmend undurchsichtiger, da

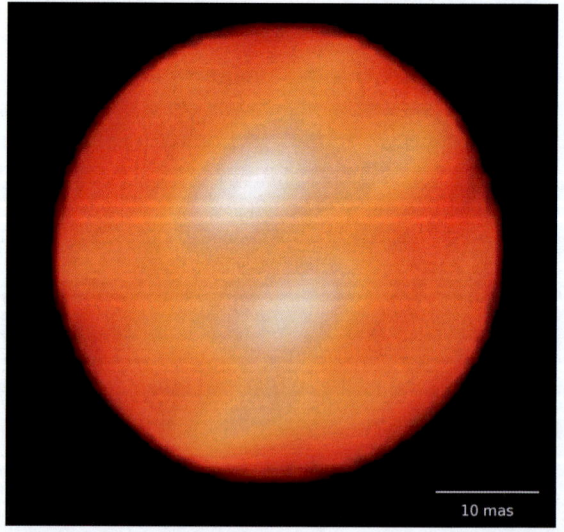

Abb. 2.20 Rekonstruiertes Bild der Photosphäre des Sterns Beteigeuze im H-Band (1,65 μm). Die der Bildrekonstruktion zugrunde liegenden Interferogramme wurden mit dem aus drei Teleskopen bestehenden IOTA-Interferometer des Mt. Hopkins Observatorium aufgenommen. (Haubois et al. 2009)

sich hier die starken Absorptionsbanden des Titanoxids bemerkbar machen. Nur an einigen Stellen ist die Absorption vergleichsweise gering, sodass man durch die Hülle hindurch die weiter innen liegenden und damit heißeren Gebiete beobachten kann. Diese Gebiete sind die bereits erwähnten „Hotspots" auf Beteigeuze.

2.3.4 Sternbedeckungen durch den Mond

Dass der Mond bei seinem Lauf über den Himmel Sterne bedeckt, kommt häufig vor. Bereits 1908 wies P. A. McMahon darauf hin, dass schon rein geometrisch in der Zeitspanne, in der der Mond einen Stern bedeckt, die Information über dessen Winkeldurchmesser steckt. A. S. Eddington wiederum zeigte in seiner Replik auf die Arbeit von McMahon, dass bei Sternbedeckungen zwingend mit dem Auftreten von Beugungsinterferenzen zu rechnen ist, und machte diesbezüglich ein paar Abschätzungen (Eddington 1909). Dieser Beugungsvorgang des Sternlichts am Mondrand lässt sich, wie 1938 J. D. Williams vorrechnete, ausnutzen, um die Winkeldurchmesser hellerer Sterne zu bestimmen. Bereits ein Jahr später versuchte A. E. Whitford durch entsprechende, aber technisch noch nicht ausgereifte Beobachtungen mit dem 100-Zoll-Hooker-Teleskop auf diese Weise die Winkeldurchmesser der Sterne β Cap und ν Aqr zu bestimmen – jedoch nicht mit dem beabsichtigten Erfolg (Whitford 1939). Erst in den Jahren 1950 bis 1952, als zeitlich hochauflösende SEVs zur Verfügung standen, konnte am Beispiel mehrerer Bedeckungen von Antares (α Sco) die Funktionsweise des Verfahrens demonstriert werden.

Das Prinzip des Verfahrens ist einfach und mit wenigen Worten erklärt. Wenn ein Stern einen endlichen Winkeldurchmesser hat, beansprucht seine Bedeckung eine gewisse Zeit Δt. Ist ω die Winkelgeschwindigkeit des Mondes, dann dauert der Vorgang ϑ/ω Sekunden und die Aufgabe besteht darin, innerhalb dieser kurzen Zeitspanne die Helligkeitsänderung des Sterns am Mondrand bis zu dessen völligem Verschwinden mit einem empfindlichen Fotometer hoher zeitlicher Auflösung zu messen (Abb. 2.21).

Da das Licht des Sterns am Mondrand während der Bedeckung gebeugt wird, entstehen dabei aufgrund der Fresnel'schen Beugung typische Interferenzmuster, die sich auf der Fotometerkurve des Helligkeitsabfalls wiederfinden. Darin ist die eigentliche Information enthalten, aus der sich der Winkeldurchmesser des Sterns extrahieren lässt. Die mathematische Beschreibung des Beugungsvorgangs ist relativ kompliziert, und man muss auch gewisse Annahmen über die wahrscheinliche Helligkeitsverteilung über die Sternscheibe machen (mit oder ohne Randverdunkelung), um aus den gemessenen Winkeldurchmessern über die Entfernung auf die wahren Sterndurchmesser schließen zu können.

Aus der Beugungstheorie folgen zwei Extreme. Bei einem ideal punktförmigen, d. h. vollkommen unaufgelösten Stern, ist dem Helligkeitsabfall ein reines Beugungsmuster – so wie es aus der Theorie folgt – aufgeprägt. Ist das Objekt dagegen vollkommen aufgelöst, also wenn beispielsweise der Mond Jupiter oder die

Abb. 2.21 Fotometerkurven des Helligkeitsabfalls bei einer Sternbedeckung für Sterne mit verschiedenen Winkeldurchmessern. Je kleiner der Winkeldurchmesser, desto ausgeprägter ist das Beugungsmuster (Richichi 1997)

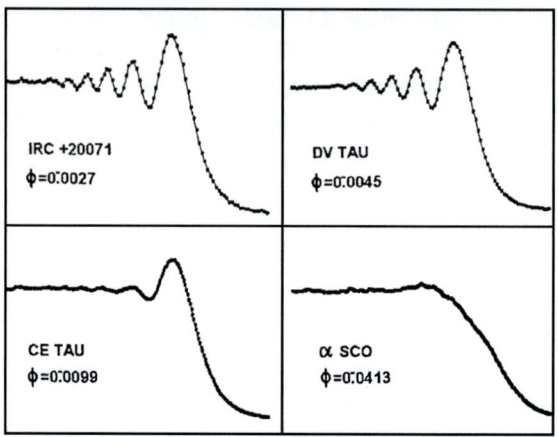

Venus bedeckt, dann erfolgt der Helligkeitsabfall kontinuierlich und es sind kaum oder keine Interferenzmuster auf der Fotometerkurve auszumachen. Ein Stern mit einem auflösbaren endlichen Winkeldurchmesser wird eine Lichtkurve irgendwo zwischen diesen beiden Extremen liefern.

Die praktische Auflösungsgrenze dieser Methode liegt bei ungefähr 0,001″. Die Beugungsmuster können für verschiedene Winkeldurchmesser, Beobachtungsbandbreiten und geometrische Verhältnisse (Mondrand) berechnet werden. Aus dem Unterschied zwischen theoretisch berechneter Lichtkurve und einer real gemessenen erschließt sich der Winkeldurchmesser des entsprechenden Sterns. Außer dem fotometrischen Equipment, an dessen Zeitauflösung hohe Anforderungen gestellt werden, erfordert das Verfahren keine sonderlich großen Teleskope. Deshalb sind mittlerweile alle helleren Sterne, die der Mond auf seiner Bahn (±5° um die Ekliptik) am Himmel bedecken kann, mit dieser Methode untersucht worden. Messbar sind Sterne – soweit sie am unbeleuchteten Teil des Mondrands verschwinden – ungefähr bis zur 10. und 11. Größenklasse. Mit Großteleskopen, die aber meistens für derartig profane Messungen nicht zur Verfügung stehen, sind natürlich noch weitaus schwächere Sterne zugänglich. Der Katalog scheinbarer Sterndurchmesser (Fracassini et al. 2000) von 2001 enthält insgesamt 1269 Sterne (von 7778), deren Winkeldurchmesser aus Beobachtungen von Sternbedeckungen abgeleitet wurden.

Neben der Bestimmung von Winkeldurchmessern von Sternen führte dieses Verfahren auch zur Entdeckung einer ganzen Anzahl enger Doppelsternsysteme. Theoretisch ist sogar – mit entsprechend großen Teleskopen der 10-Meter-Klasse – die Entdeckung von extrasolaren Planeten mit dieser Methode möglich (Scholz 2014).

2.3.5 Microlensing-Ereignisse

Prinzipiell kann man auch Gravitationslinseneffekte in Form sogenannter Microlensing-Ereignisse zur Durchmesserbestimmung heranziehen. Dieses Verfahren, das auf dem Effekt der Lichtablenkung im Schwerfeld eines Sterns beruht, wird in systematischer Weise aber eher zum Nachweis von extrasolaren Planeten verwendet. Auf diesem Gebiet konnten schon einige Erfolge erzielt werden. Eine kurze Einführung in die Funktionsweise dieses Effekts und wie man damit Exoplaneten entdeckt, findet sich in Scholz (2014). Die Ableitung von Sterndurchmessern aus den Lichtkurven von gravitativen Mikrolinsen ist zwar möglich, aber da derartige Ereignisse nur sehr selten auftreten und der Erkenntnisgewinn in dieser Hinsicht eher gering ist, gibt es dazu kaum Beobachtungsprogramme.

2.3.6 Direkte Abbildung von Sternoberflächen

Teleskope, die außerhalb der Erdatmosphäre im Weltraum stationiert sind, können nahezu beugungsbegrenzt arbeiten, d. h. ihre Auflösung hängt nur von ihrer Apertur und der Beobachtungswellenlänge ab. Das Hubble-Weltraumteleskop erreicht mit seinem Spiegeldurchmesser von 2,4m im optischen Spektralbereich (500 nm) eine Winkelauflösung von 0,043 Bogensekunden (zu noch kürzeren Wellenlängen (UV) nimmt das Auflösungsvermögen weiter zu). Das reicht gerade aus, um ein paar wenige Riesensterne direkt als Sternscheibchen (und nicht nur als Beugungsscheibchen) abzubilden. Ganz konkret betrifft das α Orionis (Beteigeuze) und o Ceti (Mira).

Mira ist der Prototyp einer Familie von langperiodisch pulsierenden kühlen Riesensternen. Seine Entfernung beträgt ca. 420 Lj. Mit einem Winkeldurchmesser von $\approx 0{,}06''$ besitzt er damit eine Ausdehnung von ungefähr 70 AU. Die Aufnahmen bestätigen eine bereits seit Längerem geäußerte Vermutung, nämlich dass Mira-Sterne nicht exakt kugelsymmetrisch, sondern leicht oblat sind. Außerdem ist o Ceti ein außergewöhnlicher Doppelstern. Sein Begleiter ist ein Weißer Zwerg (VZ Ceti), der 1923 von Robert Grant Aitken (1864–1951) entdeckt wurde. Er umläuft Mira in etwa 400 Jahren und ist dahingehend auffallend, dass er den von dem kühlen Riesenstern ausgehenden Sternwind akkretiert.

Die ersten Hubble-Aufnahmen von α Orionis aus dem Jahre 1996 zeigten im UV eine ausgedehnte Sternatmosphäre mit einem etwas asymmetrisch gelegenen hellen Fleck. Später konnten interferometrisch weitere „helle Flecken", in denen die Temperatur ungefähr 500 K höher ist als in ihrer Umgebung, nachgewiesen werden. Nach Meinung der Astrophysiker handelt es sich hierbei um Strukturen, die etwas mit einer ausgeprägten Konvektion in der Atmosphäre dieses Roten Überriesen zu tun haben. Modellrechnungen bestätigen übrigens diese Deutung.

Auch mit dem optischen Interferometer COAST konnten – diesmal im nahen infraroten Spektralbereich – Bilder von der „Sternoberfläche" gewonnen werden. Sie zeigen einmal die unterschiedliche Größe des Roten Riesen bei unterschiedlichen Wellenlängen als auch einen unterschiedlichen Grad der Randabdunkelung, aus dem sich der Temperaturgradient in der Atmosphäre dieses Riesensterns abschätzen lässt. Interessanterweise sind ansonsten auf den Sternscheibchen keine weiteren Strukturen auszumachen – im Gegensatz zu den Aufnahmen mit dem Hubble-Weltraumteleskop im UV-Bereich und die mit dem sogenannten Apertur-Masken-Verfahren am Wilhelm-Herschel-Teleskop auf La Palma erhaltenen Bilder im roten Spektralbereich (700 nm). Offensichtlich ist die äußere Hülle von Beteigeuze ziemlich transparent in Bezug auf infrarote Strahlung, die in tieferen Schichten des Sterns entsteht (Young et al. 2000) (Abb. 2.22).

Die Anzahl der Sterne, die bis jetzt (2022) optisch aufgelöst werden konnten, ist immer noch nicht sonderlich groß (ca. 30). Das liegt hauptsächlich in den methodischen Schwierigkeiten, die mit der Beherrschung der in Abschn. 2.2.1 beschriebenen interferometrischen Methoden zusammenhängen. Zwei Facilities ragen hier heraus: Einmal das CHARA-Array auf dem Mt. Wilson, welches besonders durch die Auflösung des hellen Sterns Altair (α Aql, Winkeldurchmesser 3,2 mas) unter den Astronomen Aufsehen erregt hat (Monnier et al. 2007), sowie speziell die Geräte AMBER (Astronomical Multi-Beam Recombiner), PIONIER (Precision Integrated-Optics Near-infrared Imaging ExpeRiment) am VLT-Interferometer. Mit Letzteren konnten beispielsweise Abbildungen der „Sternoberflächen" von Antares (α Sco), π^1 Gruis und V766 Centauri gewonnen werden (Abb. 2.23).

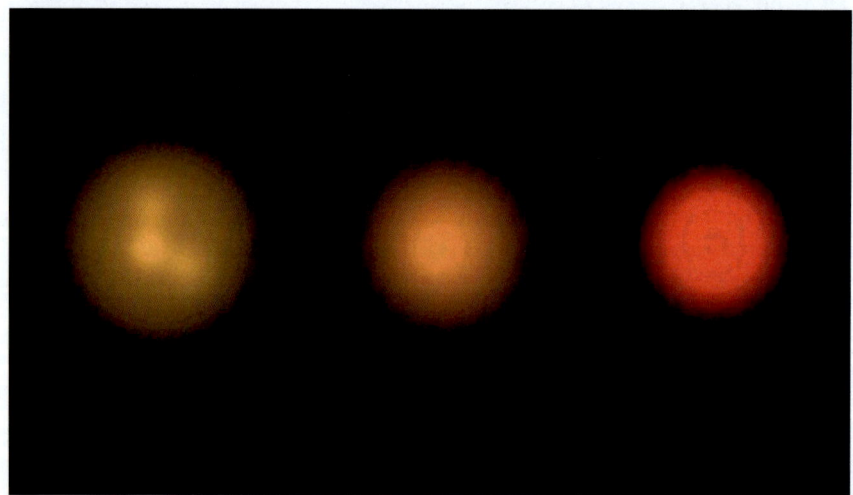

Abb. 2.22 Beteigeuze (α Orionis) in verschiedenen Wellenlängen (von links nach rechts 700 nm, 905 nm und 1290 nm). Das zweite und dritte Bild stellen Bildrekonstruktionen aus Daten des COSTAR-Interferometers dar. Das erste Bild, das drei „Hotspots" im Zentrum zeigt, ist aus Beobachtungen mit dem Wilhelm-Herschel-Teleskop auf La Palma abgeleitet worden (Young et al. 2000)

2.3 Sterndurchmesser

Abb. 2.23 Details auf der Sternscheibe von π1 Gruis (Winkeldurchmesser ≈18 mas), einem alternden Roten Riesen, dessen Durchmesser dem der Sonne um das 350-fache übertrifft. Die Bildrekonstruktion gelang mit Hilfe der Beobachtungsdaten, die das PIONIER-Instrument am VLT geliefert hat. Man erkennt darauf deutlich konvektive Zellen, die bis zu einem Viertel des Sterndurchmessers überdecken (d. h. ca. $120 \cdot 10^6$ km) (eso1741 2017)

Besonders erfolgreich bei der optischen Auflösung von Sternen ist das bereits erwähnte, 1984 am Harvard-Observatorium gegründete und gebaute CHARA[8]-Interferometer. Es besteht aus 6 Spiegelteleskopen mit jeweils 1 m Spiegeldurchmesser, die auf dem Gipfel des Mt. Wilson in Kalifornien verteilt sind und die sich zu einem optischen Interferometer zusammenschalten lassen. Die größte Basislänge beträgt dabei 350 Meter. Das erlaubt eine Auflösung von ca. 200 Mikrobogensekunden, was ausreicht, um einzelne Sterne optisch aufzulösen (Tabelle). Als bisher größter Erfolg des Interferometer-Arrays kann die direkte Messung des Durchmessers eines Exoplaneten (HD 189733 b) gewertet werden. Im H-Band ergaben die Beobachtungen einen Winkeldurchmesser von 0,38 mas, was bestätigt, dass es sich um einen Exoplaneten der Jupiter-Klasse handelt. Das bestätigt die Größe, welche aus den Transitlichtkurven abgeleitet wurden: Der ca. 62,8 Lj entfernte Exoplanet HD 189733 b ist ca. 30 % größer als Jupiter (Tab. 2.4).

In diesem Zusammenhang sei noch erwähnt, dass es noch ein weiteres Verfahren gibt, das Aussehen einer Sternoberfläche zu ermitteln, und zwar ohne sie im Teleskop oder Interferometer auflösen zu müssen. Bedingung ist, dass der Stern genügend schnell rotiert und hell genug ist, um hochauflösende Spektroskopie betreiben zu können. In solch einem Fall lässt sich nämlich durch die Analyse des Doppler-Profils ausgewählter Spektrallinien, die möglichst gleichmäßig über eine Rotationsperiode erfolgen muss, die Temperatur- und damit Helligkeitsverteilung über die Sternscheibe ermitteln. Dieses Verfahren nennt man Doppler-Imaging bzw. Doppler-Tomografie (s. Abschn. 3.1.10.1.2). Sie ist besonders bei jungen Sternen (T-Tauri-Sterne) und bestimmten veränderlichen Sternen, wie den RS-Canum Venaticorum-Sternen, anwendbar.

---

[8] Center for High Angular Resolution Astronomy.

Tab. 2.4 Mit dem CHARA-Array optisch aufgelöste Sterne (Auswahl)

Stern	Winkeldurchmesser in mas	Radius in $R_\odot$	Entfernung in Lj
α Aql (Atair)	3,2	1,66 × 2,02 (abgeplattet)	16,8
α Oph (Rasalhague)	1,62	2,39 × 2.87 (abgeplattet)	48,6
α Cep (Alderamin)	1,35 × 1,75	2,2 × 2,74 (abgeplattet)	48,8
β Cas (Caph)	1,7	3,1 × 3,8 (abgeplattet)	54,7
α Leo Aa (Regulus)	1,24	3,2 × 4,2	79,3
β Per Aa1 (Algol)	0,88	4,13	93
β Per Aa1 (Algol)	1,12	3	93
η U Ma (Alkaid)	0,834	2,86	103,9
α Peg (Markab)	1,052	4,62	133
β Tau (Elnath)	1,09	4,82	134
β Lyr Aa (Sheliak)	0,46	6	960
ε Aur A (Almaaz)	2,27	3,7	2000
RW Cep	2,45	>900	ca. 11.000 (min)

2.3.7 Lichtkurven bedeckungsveränderlicher Sterne

Aus den Lichtkurven einer speziellen Art von veränderlichen Sternen, deren periodische Helligkeitsänderungen durch den Umlauf von zwei Sternen um den gemeinsamen Schwerpunkt hervorgerufen werden, lassen sich im Zusammenspiel mit spektroskopischen Beobachtungen Sterndurchmesser ableiten. Bei diesen Sternen handelt es sich um sogenannte Bedeckungsveränderliche, die wiederum in mehrere Gruppen eingeteilt werden. Für die Bestimmung von Sterndurchmessern sind besonders die sogenannten Algol-Sterne (benannt nach dem „Dämonstern" β Per – Algol) geeignet. Genau genommen handelt es sich bei ihnen um meist enge Doppelsternsysteme, bei denen man von der Erde aus zufällig genau auf die Kante der Bahnebene blickt, sodass sie sich regelmäßig gegenseitig verdecken können (Abb. 2.24).

Die Entstehung der Lichtkurve eines Bedeckungsveränderlichen ist leicht zu verstehen. Die Neigung i der Bahnebene eines Systems aus zwei Sternen, die sich in ihrer Größe und Leuchtkraft unterscheiden, erscheint von der Erde aus unter einem Winkel von 90°. Unter dieser Bedingung kommt es mit der Periode P der Umlaufszeit zu einer regelmäßigen Bedeckung des einen Sterns durch den anderen. Damit ist jeweils ein Helligkeitsabfall verbunden, der sich mit fotometrischen Methoden messen lässt. Bedeckt die schwächere Komponente die hellere, dann beobachtet man das sogenannte Primärminimum. Das Sekundärminimum entsteht, wenn die hellere Komponente die schwächere bedeckt (Abb. 2.25).

Man hat sehr schnell erkannt, dass man aus der Analyse einer derartigen Lichtkurve Informationen über die Größe der beiden Sterne ableiten kann. Unter gewissen Voraussetzungen ist sogar die vollständige Berechnung der Bahnelemente möglich. Dazu folgende Idealisierung: Der Primärstern mit dem Durchmesser D

2.3 Sterndurchmesser

Abb. 2.24 Typische Lichtkurve eines Bedeckungsveränderlichen vom Algol-Typ (hier DY Aquarii mit einer Periode von 2,1596922 Tagen)

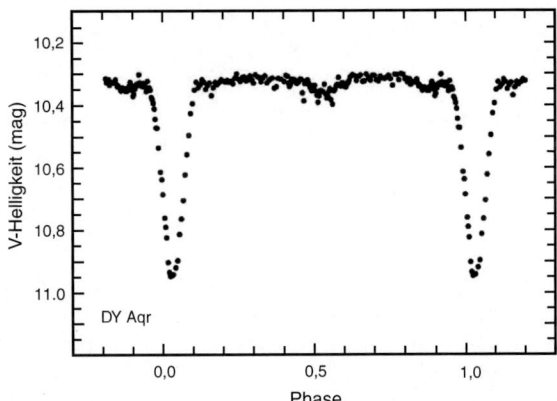

wird als ruhend betrachtet. Um ihn bewegt sich auf einer kreisförmigen Bahn mit der Umlaufperiode P der kleinere Begleiter mit dem Durchmesser d. Der Bahnneigungswinkel sei genau 90°, was eine zentrale Bedeckung bedingt. Zum Zeitpunkt t_1 berührt die kleinere und heißere Komponente den größeren Stern tangential. Dieser Zeitpunkt wird als „erster Kontakt" bezeichnet. In dem Moment, in dem die totale Verfinsterung eintritt, ist der „zweite Kontakt" t_2 erreicht. Die totale Phase wird mit dem „dritten Kontakt" t_3 beendet und nach dem „vierten Kontakt" t_4 zeigt die Lichtkurve wieder Normalhelligkeit.

Die Geschwindigkeit v auf der Kreisbahn um den Primärstern ist

$$v = \frac{2\pi R}{P}. \tag{2.67}$$

Für $R \gg D$ folgt dann für die Bestimmung der Sterndurchmesser das Gleichungssystem

$$v(t_4 - t_1) = D + d \tag{2.68}$$

$$v(t_3 - t_2) = D - d.$$

Aufgelöst nach D und d ergibt

$$D = \frac{v(t_4 + t_3 - t_1 - t_2)}{2} \tag{2.69}$$

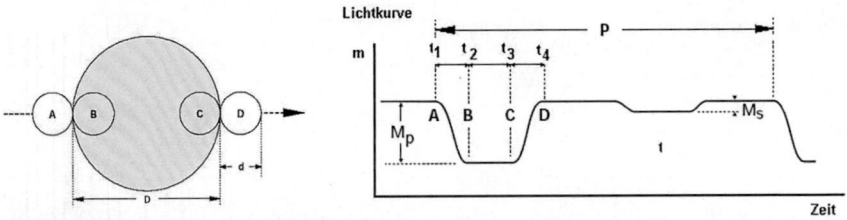

Abb. 2.25 Entstehung der Lichtkurve eines Bedeckungsveränderlichen vom Algol-Typ

$$d = \frac{v(t_4 - t_3 - t_1 + t_2)}{2}.$$

Wenn die Bahngeschwindigkeit v der Sekundärkomponente bekannt ist, lassen sich aus den Kontaktzeiten der Bedeckungslichtkurve die linearen Durchmesser beider Sterne berechnen. Wie kommt man nun aber an diese Information? Man erhält sie aus der Radialgeschwindigkeitskurve des Systems, die sich leicht spektroskopisch bestimmen lässt. Man muss dazu nur die periodisch mit dem Umlauf auftretende Wellenlängenverschiebung $\Delta\lambda(t)$ auf hochaufgelösten Spektren vermessen und über der Zeit auftragen. Nähert sich der Begleiter auf seiner Bahn dem Beobachter auf der Erde, dann ergibt sich aufgrund des Doppler-Effekts folgende Doppler-Verschiebung:

$$\frac{\Delta\lambda_1}{\lambda_0} = \frac{V + v}{c}. \tag{2.70}$$

Entfernt er sich dagegen, dann ist

$$\frac{\Delta\lambda_2}{\lambda_0} = \frac{V - v}{c}. \tag{2.71}$$

woraus

$$\frac{\Delta\lambda_1 - \Delta\lambda_2}{\lambda_0} = \frac{2v}{c} \tag{2.72}$$

folgt. Die Radialgeschwindigkeit V des gesamten Doppelsternsystems fällt heraus (Abb. 2.26).

Was sich hier noch für ein ideales System elementargeometrisch abhandeln lässt, erweist sich in der astronomischen Praxis als gar nicht so einfach. Obwohl

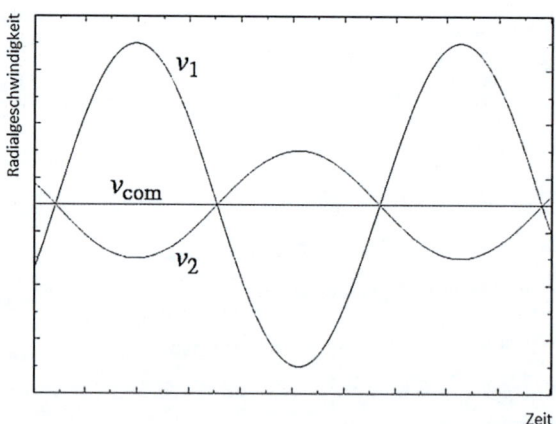

Abb. 2.26 Radialgeschwindigkeitskurve eines Doppelsternsystems, dessen beide Komponenten sich jeweils auf einer Kreisbahn um den gemeinsamen Schwerpunkt bewegen. v_{com} ist die Radialgeschwindigkeit des Systemschwerpunktes in Bezug auf die Erde

der Generalkatalog der veränderlichen Sterne rund 1180 Bedeckungsveränderliche allein vom Algol-Typ verzeichnet, sind trotzdem nur etwa 100 Sterndurchmesser bekannt, die in der Genauigkeit mit anderen Verfahren mithalten können.

Die Komplikationen, die bei der Beobachtung von realen Bedeckungssternen auftreten, haben verschiedene Ursachen. Auf jeden Fall verkomplizieren sie die Bestimmung ihrer Systemparameter aus den fotometrischen und spektroskopischen Daten. Ohne Anspruch auf Vollständigkeit betrifft das u. a. folgende Punkte:

- elliptische Bahnen anstelle von Kreisbahnen,
- ringförmige und partielle Verfinsterungen,
- Berührung der Komponenten (W-Ursae Majoris-Sterne),
- gravitative Deformation der Sterne (z. B. bei halbgetrennten Systemen),
- Beleuchtungseffekte, Hotspots, Randverdunklung, Gasscheiben,
- Apsidendrehung, Periodenänderungen (z. B. durch permanenten Masseverlust).
- Eine Komponente ist selbst ein intrinsischer Veränderlicher

Andererseits ergeben sich aus der eingehenden Analyse von Problemfällen neue Einsichten und Entdeckungen.

So folgerichtig die Analyse von Bedeckungssystemen in Bezug auf die Ermittlung von Radienverhältnissen und, über die Radialgeschwindigkeit, von „echten" Sterndurchmessern ist, ist die Zahl dafür geeigneter Systeme in Bezug auf die erzielbaren Genauigkeiten doch recht bescheiden. Ein Problem liegt u. a. darin, dass die aus Modellen berechneten Vergleichslichtkurven für einen relativ großen Bereich von geometrischen Konfigurationen nahezu identisch sind, wenn man es nicht gerade, wie im vorgerechneten Beispiel, mit idealen totalen Bedeckungen zu tun hat ($i \neq 90°$).

2.3.8 Transitmethode

Die Transitmethode ist eine wichtige Technik zur Entdeckung und Charakterisierung von extrasolaren Planeten. Dabei versteht man unter einem „Transit" den Vorübergang eines Planeten vor dessen Zentralstern. Da Planeten gewöhnlich selbst nicht leuchten, führt das zu einem kurzzeitigen Intensitätsabfall, der sich unter günstigen Bedingungen mit photometrischen Methoden nachweisen lässt. Die Lichtkurve, die dabei entsteht, entspricht im Prinzip derjenigen, wie man sie auch von vielen Bedeckungsveränderlichen her kennt, nur dass primär das dabei oftmals zu beobachtende Sekundärminimum fehlt.

Da Exoplaneten bei einem Transit nur einen sehr kleinen Teil der Sternscheibe abdecken können, ist der dadurch bewirkte Helligkeitsabfall entsprechend gering (meist nur einige Promille der Gesamtintensität), aber durchaus noch messbar. Er weist auf den relativen Größenunterschied zwischen Stern und Planet hin. Deshalb kann man die Transitmethode durchaus auch zur Abschätzung von Sterndurchmessern verwenden, obwohl das eigentlich unüblich ist (hier ist eher der umgekehrte Weg von Interesse, nämlich die Bestimmung der Größe von Exoplaneten, siehe Scholz 2014).

Ausgangspunkt für die Durchmesserbestimmung ist eine möglichst genaue Transitlichtkurve, wobei es auf die Helligkeitsdifferenz ΔF zwischen der Sternhelligkeit ohne Transit und der Minimalhelligkeit, die sich aus der Transitlichtkurve ablesen lässt, ankommt. Diese Helligkeitsabnahme lässt sich durch folgende Gleichung ausdrücken (relative Helligkeitsänderung):

$$\frac{\Delta F}{F} = \frac{\pi R_P^2}{4 R_S^2} \tag{2.73}$$

Die Größe der Helligkeitsabnahme ΔF hängt dabei von mehreren Faktoren ab, darunter dem Radius R_P des Exoplaneten, dem Radius R_S des Sterns und dem Abstand zwischen dem Planeten und dem Stern. Letztere Größe beeinflusst die Dauer des Transits.

Um den Durchmesser des Sterns aus der Transit-Lichtkurve zu bestimmen, muss man zunächst die Größe des Exoplaneten kennen bzw. abschätzen. Da das ungefähre „Größenspektrum" von Exoplaneten bekannt ist, kann man es verwenden, um aus der beobachteten relativen Helligkeitsänderung mit einer entsprechenden Unsicherheit den Sternradius abzuleiten. Im Prinzip handelt es sich hier um die gleiche Methode, wie sie auch zur Durchmesserbestimmung bei Bedeckungsveränderlichen angewendet wird, wobei die eine Komponente in diesem Fall ein nicht selbst leuchtender Exoplanet ist.

2.3.9 Baade-Wesselink-Verfahren

Für Sterne, die periodisch ihren Durchmesser und damit verbunden auch ihre Helligkeit ändern, gibt es noch eine weitere, indirekte Methode, ihren Durchmesser zu bestimmen. Das betrifft in erster Linie sogenannte Pulsationsveränderliche wie Delta Cepheiden und RR-Lyrae-Stern. Sterne mit einer mächtigen Photosphäre wie beispielsweise pulsierende Rote Riesensterne sind für diese Methode nicht geeignet. Die Idee stammt ursprünglich von Walter Baade, und Adriaan Jan Wesselink (1909–1995) hat sie zum ersten Mal an Delta-Cepheiden angewendet.

Pulsationsveränderliche variieren ihren Radius periodisch mit der Zeit, was sich durch Bestimmung der Radialgeschwindigkeit $v(t)$ direkt messen lässt. Die Differenz zwischen zwei Radien zu den Zeitpunkten t_1 und t_2 ergibt sich dann einfach durch Integration der Radialgeschwindigkeitskurve:

$$R(t_1) - R(t_2) = \int_{t_1}^{t_2} v(t) dt \tag{2.74}$$

Diese Radiusänderung koinzidiert mit einer Änderung in der Flächenhelligkeit des Sterns, welche wiederum durch eine Änderung der effektiven Temperatur T_{eff} verursacht wird:

$$L = 4\pi R^2 \sigma T_{eff}^4 \tag{2.75}$$

2.3 Sterndurchmesser

Die Leuchtkraft wird demnach durch zwei Prozesse beeinflusst: Die Änderung der abstrahlenden Fläche $\sim R^2$ und die durch die Gasgesetze bedingte Änderung der effektiven Temperatur $\sim T_{\mathit{eff}}^4$, die mit der vierten Potenz der Temperatur zu Buche schlägt. Bei Delta-Cepheiden liegt bei einem typischen Radiusverhältnis von 0,81:1 zwischen Minimum und Maximum die Flächenänderung bei rund 10 %, was aber durch die Temperaturerhöhung während der Kontraktionsphase deutlich überkompensiert wird. Es ist deshalb zu erwarten, dass das Helligkeitsmaximum mit dem Erreichen des kleinsten Sternradius zusammenfällt. Das ist aber nicht ganz der Fall, was wiederum zeigt, dass die Verhältnisse offensichtlich komplizierter sind.

Im V-(B-V)-Diagramm (scheinbare V-Helligkeit über den Farbenindex) beschreibt solch ein Stern während der Lichtwechselperiode so etwas wie eine Hysterese. Gleiche (B-V)-Werte zu den Zeitpunkten t_1 und t_2 bedeuten gleiche Temperaturen, während die Differenz Δm_V in der Helligkeit durch die unterschiedlichen Radien zu den genannten Zeitpunkten verursacht wird.

Vom Standpunkt des Beobachters ist die absolute bolometrische Helligkeit das Maß für die Leuchtkraft des Sterns. Da es hier wegen Gl. 2.74 und 2.75 nur auf das Verhältnis der Leuchtkräfte zu den Zeitpunkten t_1 und t_2 ankommt,

$$\frac{L(t_1)}{L(t_2)} = \frac{R^2(t_1)}{R^2(t_2)}. \tag{2.76}$$

kann man auch die Differenz der scheinbaren V-Helligkeiten zu den beiden betrachteten Zeitpunkten verwenden, um die Proportionalität Gl. 2.76 auszudrücken:

$$m_V(t_1) - m_V(t_2) = \Delta m_V = -2{,}5 \log\left(\frac{L(t_1)}{L(t_2)}\right) = -5 \log\left(\frac{R(t_1)}{R(t_2)}\right). \tag{2.77}$$

und für das Verhältnis des Sternradius zu den Beobachtungszeiten folgt

$$\frac{R(t_1)}{R(t_2)} = 10^{-0{,}2 \Delta m_V}. \tag{2.78}$$

Damit hat man zwei Bestimmungsgleichungen Gl. 2.74 und 2.78, aus denen sich aus entsprechend genauen Radialgeschwindigkeits- und Helligkeitskurven die Funktion $R(t)$ konstruieren lässt. Daraus erhält man schließlich den gesuchten mittleren Sterndurchmesser.

Die Genauigkeit des Verfahrens lässt sich durch Kalibrierungen der Oberflächenhelligkeit von Delta-Cepheiden an anderen, nichtveränderlichen Riesensternen weiter erhöhen. Das dabei in Anwendung kommende Verfahren bezeichnet man als „Near-Infrared-Surface-Brightness-Method" (Welch 1994) (Tab. 2.5).

Entfernungsbestimmung von Cepheiden mit einem modifizierten Baade-Wesselink-Verfahren

Delta-Cepheiden sind wichtige Entfernungsindikatoren, die aufgrund ihrer hohen Leuchtkraft selbst in nicht allzu weit entfernten Galaxien mit Großteleskopen noch beobachtet werden können. Die Genauigkeit, mit der diese „kosmischen Standardkerzen" zur Entfernungsbestimmung

Tab. 2.5 Radiusschwankungen bei verschiedenen Pulsationsveränderlichen

Stern	Periode [d]	V-Helligkeit	R_{max}/R_{min}
δ Cep	5,366341	3,48–4,37	1,119
RR Lyr	0,566868	7,06–8,12	1,072
T Vul	4,435462	5,41–6,09	1,152
ζ Gem	10,15073	3,62–4,18	1,085
η Aql	7,176641	3,48–4,39	1,091

eingesetzt werden können, hängt von der Genauigkeit der Eichung der dazu benutzten Perioden-Leuchtkraft- Beziehung ab. Deshalb ist es wichtig, von einer genügend großen und repräsentativen Anzahl von Delta-Cepheiden die Entfernung mit klassischen Methoden zu bestimmen. Das sind in erster Linie Parallaxenmessungen, wie sie heute von Astrometriesatelliten wie Hipparcus und Gaia mit hoher Genauigkeit ausgeführt werden. Aber auch andere Methoden kommen ergänzend zum Einsatz – und zwar mit dem Ziel, die Nullpunktkalibrierung der Perioden-Leuchtkraft-Beziehung weiter zu verbessern. Mit der Einführung der optischen Interferometrie in die Beobachtungspraxis lassen sich mittlerweile bei einigen Delta-Cepheiden die periodischen Änderungen ihrer Winkeldurchmesser $\Delta\Theta$ aufgrund der radialen Pulsationen direkt messen. Das nutzt man wiederum aus, um in Kombination mit hochauflösender Spektroskopie (man ermittelt dazu durch Integration der Radialgeschwindigkeitskurve über eine Pulsationsperiode die lineare Radiusänderung ΔR) die Entfernung des Sterns zu bestimmen:

$$d[pc] = 9{,}305 \frac{\Delta R[R_\odot]}{\Delta\Theta[mas]}$$

Praktisch wurde dieses Verfahren von einer Beobachtergruppe aus Frankreich und der Schweiz am VLTI (Mt. Paranal) erprobt. Dabei lagen die interferometrisch zu ermittelnden Winkeldurchmesser im Bereich von lediglich 0,0032 Bogensekunden. Die Ergebnisse der Beobachtung von vier ausgewählten Cepheiden des Südhimmels zeigten, dass die bisher verwendete Nullpunktkalibrierung weitgehend mit der neuen, nach dem modifizierten Baader-Wesselink-Verfahren ermittelten Kalibrierung übereinstimmte. Das hat das Vertrauen der Astronomen in die mittels von Cepheiden ermittelten Entfernungen insbesondere von in Sterne auflösbaren Galaxien weiter bestärkt.

2.3.10 Fotometrische Sterndurchmesser

Eine, wenn auch nicht sehr genaue Abschätzung des Durchmessers eines Sterns erhält man entsprechend Gl. 2.49 aus dem Stefan-Boltzmann-Gesetz, wenn man davon ausgeht, dass a) sich ein Stern weitgehend wie ein Schwarzer Körper verhält (was bekanntlich nur näherungsweise erfüllt ist) und b) die bolometrische absolute Helligkeit M_{bol} (als Maß für die Leuchtkraft L des Sterns) und c) seine effektive Temperatur T_{eff} bekannt sind. Oder anders ausgedrückt: Gelingt die Ableitung der effektiven Temperatur aus der Energieverteilung im Spektrum eines Sterns (näherungsweise z. B. durch Mehrfarbenfotometrie) und kennt man neben der Entfernung (Parallaxe) seine scheinbare Helligkeit sowie den Farbexzess und die bolometrische Korrektur, dann kann aus diesen Daten der Sternradius mit einem Fehler in der Größenordnung von 10 % bis 20 % abgeleitet werden:

$$\frac{R}{R_\odot} = 10^{8,47-0,2M_{bol}-2\log T_{\it{eff}}} \tag{2.79}$$

Bei manchen Sterntypen wie beispielsweise Weiße- und Braune Zwerge ist das sogar die einzig brauchbare Methode, um deren Größe aus Beobachtungen zu bestimmen.

Eine weitere fotometrische Methode wertet den bolometrischen Strahlungsfluss desselben Sterns bei verschiedenen Wellenlängen im infraroten Spektralbereich aus. Diese Methode, die von D. E. Blackwell et al. 1990 entwickelt wurde, wird als „Infrared Flux Method" (IRFM) bezeichnet (Blackwell et al. 1990). Damit lassen sich im Zusammenspiel mit theoretischen Modellatmosphären Durchmesser und effektive Temperaturen geeigneter Sterne mit relativ hoher Genauigkeit bestimmen. Die dabei erzielten Genauigkeiten in Bezug auf den Winkeldurchmesser eines Sterns sind bei bekannter Parallaxe mit den Messungen eines klassischen Michelson-Sterninterferometers vergleichbar und damit höher als die hier vorgestellte fotometrische Methode.

2.3.11 Die größten bekannten Sterne

Beteigeuze wird oft als „der" Prototyp eines Roten Riesensterns gehandelt. Mit einem Durchmesser, der den Durchmesser der Sonne um das bis zu 900-Fache übersteigt[9], gehört er ohne Zweifel mit zu den größten Sternen, die wir kennen. Er lässt sich sogar in großen Teleskopen als Scheibchen abbilden, auf dem sich selbst Details in seiner vergleichsweise kühlen Sternatmosphäre ausmachen lassen (s. Abschn. 2.3.6). Eine Frage, die sich in diesem Zusammenhang stellt, ist, ob es noch größere Sterne in der Milchstraße gibt und ob überhaupt eine physikalisch begründbare obere Grenze für Sterndurchmesser existiert. Die letzte Frage beantwortet die Theorie des Sternaufbaus eindeutig mit „Ja", da Sterne, um stabil zu bleiben, im oder nahezu im hydrostatischen Gleichgewicht verharren müssen. Andererseits ist der Begriff des Durchmessers eines Sterns nicht genau bestimmt, da es sich um eine Gaskugel handelt, deren „Größe" für jede Beobachtungswellenlänge eine andere ist (gewöhnlich bestimmt die Lage der Photosphäre, bei der der Stern im optischen Bereich durchsichtig wird, den Sternradius). Bei sehr großen Sternen muss man schon deshalb – was deren Ausdehnung betrifft – mit einem großen Fehlerbereich rechnen. Ein Grund dafür ist, dass sich die ausgedehnte Photosphäre eines Riesensterns nicht leicht von äußeren, kühleren Schichten trennen lässt. Hinzu kommen noch die Fehler in der Entfernungsbestimmung und die Fehler, die sich aus der Messung ihres scheinbaren Winkeldurchmessers ergeben. Auch eine oftmals vorhandene Randabdunklung (wie von der Sonnenscheibe her bekannt) lässt sich nicht immer adäquat berücksichtigen.

---

[9] Der Bereich liegt ungefähr bei 900 ± 200 Sonnendurchmesser.

Bis vor nicht allzu langer Zeit galt der „Granatstern" μ Cephei als einer der größten Sterne der Milchstraße. Sein Winkeldurchmesser konnte mittels IR-Interferometrie zu $14{,}11 \pm 0{,}60$ mas bestimmt werden (Perrin et al. 2005). Das entspricht ungefähr 972 ± 228 Sonnenradien ($R_\odot$). Vom Typ her gehört der Granatstern zu den halbregelmäßigen Veränderlichen (Typ SRc, visuelle Amplitude 3,43–5,1 mag), deren Lichtwechsel durch radiale Pulsationen hervorgerufen wird.

Die vom Hipparcos-Satelliten gemessene Parallaxe von $0{,}00055 \pm 0{,}00020''$ (5930 Lj) erscheint – da sie nahe an dessen Messgrenze liegt – eher zu klein. Realistischer scheint eine Entfernung um die 3062 Lj zu sein (940 pc, Davies und Beasor 2020), die sich aus dem Gaia Data Release 2 ergibt. Das bedeutet, würde man μ Cephei in das Zentrum unseres Planetensystems setzen, dann reichten die äußeren Bereiche dieses tiefroten Überriesen vom Spektraltyp M2Ia bis weit über die Saturnbahn hinaus. Neuere Abschätzungen, abgeleitet aus Messungen mittels stellar-tomographischen Methoden, ergeben sogar (immer noch mit einem großen Fehlerbereich) einen Durchmesser von rund 1420 Sonnendurchmesser (Kravchenko et al. 2019) (Abb. 2.27).

Abb. 2.27 Wer einmal mit freiem Auge oder einem Feldstecher einen besonders „großen Stern" (≈ 1420 Sonnendurchmesser) beobachten möchte, dem sei neben Beteigeuze im Orion der „Granatstern" μ Cephei anempfohlen. Er fällt sofort durch seine rötlich-orange Färbung im umgebenden Sternfeld auf. Mit einem scheinbaren Winkeldurchmesser von $\approx 0{,}019''$ ist er natürlich nicht so ohne Weiteres räumlich auflösbar (man benötigt dafür ein leistungsfähiges optisches Interferometer), aber er ist immerhin mit einer Leuchtkraft von $\approx 300.000\ L_\odot$ ein durchaus bemerkenswerter Roter Riesenstern (Spektraltyp M2e Ia), der dazu noch in halbregelmäßiger Weise seine Helligkeit (im Mittel $\approx 4^m$) ändert. Sein Sternenleben wird – astronomisch gesehen – in nicht allzu langer Zeit in einem gewaltigen Supernovaausbruch enden – genauso wie Beteigeuze…

2.3 Sterndurchmesser

Tab. 2.6 Liste der 10 größten Sterne (Stand Anfang 2023)

Stern	Größe in $R_\odot$	Methode
Stephenson 2 DFK 1	2150	Leuchtkraft/eff. Temperatur
UY Scuti	1,708 ± 192	Winkeldurchmesser & Entf
RSGC1-F01	1,450–1,530 (+330; −424)	Leuchtkraft/eff. Temperatur
VY Canis Majoris	1,420 ± 120	Winkeldurchmesser & Entf
CM Velorum	1,416 (+0,40; −0,96)	Leuchtkraft/eff. Temperatur
AH Scorpii	1,411 ± 124	Leuchtkraft/eff. Temperatur
RSGC1-F06	1,382 (+298; −384)	Leuchtkraft/eff. Temperatur

Mittlerweile konnten Sterne gefunden werden, die noch um einiges größer sind als der „Granatstern". Den Rekord hält z. Z. (2023) der Stern „Stephenson 2 DFK 1"[10] mit einem Radius von ca. 2150 $R_\odot$ (abgeleitet aus dem Stefan-Boltzmannschen Gesetz), bei dem es sich auch um einen „Roten Überriesen" handelt. Er ist Mitglied des offenen Sternhaufens „Stephenson 2" im Sternbild Scutum, der sehr jung ist (ca. 14 bis 20 Mio. Jahre) und der mindestens zwei Dutzend massereiche Rote Überriesen enthält. Da sich dieser Sternhaufen hinter dichten Gas- und Staubwolken im inneren Teil des Scutum-Centaurus-Arms der Milchstraße verbirgt (Entfernung ca. 19.000 Lj), ist er nur im infraroten Spektralbereich beobachtbar.

Alle Sterne in diesem Sternhaufen sind Rote Überriesen. Der Stern DFK 1 ist dabei ein Stern, der wahrscheinlich kurz davor steht, sich durch Abstoßen seiner äußeren Hülle in einen „Luminous Blue Variable" (LBV) bzw. Wolf-Rayet-Stern (WR) zu entwickeln. Neuere Untersuchungen haben ergeben, dass der Überriese, dessen Photosphäre über die Saturnbahn hinausreichen würde, wenn man ihn an die Position der Sonne setzen, eine bolometrische Leuchtkraft von ca. 630.000 $L_\odot$ besitzt. Es kann sogar sein, dass der wahre Wert diesen Wert noch übersteigt. Als effektive Temperatur ergab sich aus entsprechenden Beobachtungen ein Wert von ca. 3500 K, was geringer ist, als bei typischen Roten Riesen.

Aufgrund dieser extremen Parameter ist es natürlich eine gute Frage, ob sie wirklich realistisch sind, denn sie ergeben sich nur unter der Annahme, dass die Entfernung von 5,5 kpc auch wirklich real ist. In dieser Hinsicht werden vorsichtig Zweifel geäußert, denn es kann durchaus sein, dass man es hier mit einem Projektionseffekt zu tun hat. In diesem Fall könnte DFK 1 viel näher sein, als angenommen, was dessen Parameter dann immer mehr in den Bereich der Standardparameter „normaler" Roter Überriesen verschieben würde (Verheyen et al. 2012) (Tab. 2.6).

Die recht ungenauen Entfernungsbestimmungen von leuchtkräftigen Roten Riesen (da sie sehr hell sind, kann man sie auch in großen Entfernungen, wo

---

[10] Auch als RSGC2–01 bekannt.

Parallaxenmessungen zunehmend ungenauer werden, noch gut beobachten) machen es quasi unmöglich, eine sichere Rangfolge in Bezug auf deren Größe aufzustellen. Insbesondere die Radien der Sterne Stephenson 2 DFK 1 und UY Scuti sind auch schon deshalb mit Vorsicht zu genießen, weil sie sich in einem Bereich befinden, der außerhalb oder an der Grenze von dessen liegt, was die moderne Theorie der Sternentwicklung als möglichen Maximalwert voraussagt.

2.4 Sternmassen

Eine besonders wichtige astrophysikalische Zustandsgröße eines Sterns ist seine Masse. Sie legt bei der Sternentstehung, in Anlehnung an das Russell-Vogt-Theorem, im Wesentlichen den weiteren Entwicklungsweg (und damit auch die „Lebensdauer") eines Sterns fest. Leider lässt sie sich aus Beobachtungen nur in den Fällen bestimmen, in denen sie merkliche gravitative Wirkungen hervorruft. Direkt ableiten lässt sie sich lediglich aus den Bahnelementen physischer und spektroskopischer Doppelsterne.

Einen indirekten Einfluss hat die Sternmasse auch auf die Struktur der Sternspektren, sodass man aus deren Analyse – im Zusammenspiel mit einer Theorie der Sternatmosphären und entsprechenden Modellrechnungen – die Schwerebeschleunigung an der Sternoberfläche

$$g_S = \frac{GM}{R^2} \tag{2.80}$$

ermitteln und daraus wiederum – sollte der Durchmesser des Sterns bekannt sein – auf die Masse M schließen kann (s. Abschn. 2.4.3). Leider ist diese Methode schon deshalb nicht sonderlich genau, weil es bekanntlich schwierig ist, aus Beobachtungsdaten verlässliche Sterndurchmesser zu erhalten. Man hat gelegentlich noch versucht, die gravitative Rotverschiebung von Spektrallinien zur Massebestimmung von Weißen Zwergsternen zu nutzen. Leider ist auch dieses Verfahren in der Praxis kaum anwendbar, da die zu erwartende geringe Wellenlängenänderung $\Delta\lambda/\lambda \approx 10^{-4}$ durch deren stark verbreitete Absorptionslinien (Druckverbreiterung) völlig überlagert wird.

Unter gewissen Bedingungen lassen sich auch sehr erfolgreich astroseismologische Untersuchungen zu einer recht genauen Massebestimmung pulsierender bzw. in Überlagerung verschiedener Frequenzen schwingender Sterne nutzen. Massereiche Beta Cephei-Sterne, Delta-Scuti-Sterne und alle „klassischen" Pulsationsveränderliche sind Beispiele dafür. Aber auch Sterne von der Art unserer Sonne lassen sich noch recht gut astroseismologisch analysieren (s. Abschn. 2.4.2).

Zum Schluss soll noch das bereits behandelte Baade-Wesselink-Verfahren erwähnt werden, mit dessen Hilfe sich auch die Massen von für dieses Verfahren geeigneten Pulsationsveränderlichen bestimmen lassen.

2.4.1 Doppelsternbeobachtungen

Doppel- und Mehrfachsterne gehören eher zur gewöhnlichen Bevölkerung der Milchstraße. Man schätzt, dass zwischen 40 % und 60 % aller Sterne (vielleicht sogar mehr) Mitglieder von derartigen gravitativ gebundenen Systemen sind. Lassen sich diese Objekte im Fernrohr in Einzelsterne auflösen, dann spricht man von physischen (visuellen) Doppel- und Mehrfachsternen. Ist der Eigenbewegung eines Sterns eine periodische Abweichung überlagert, dann weist dies auf einen astrometrischen Doppelstern hin. Spektroskopische Doppel- und Mehrfachsterne machen sich dagegen nur durch periodische Linienverschiebungen im Spektrum bemerkbar. Führt die Bahnbewegung der Komponenten schließlich zu einem Lichtwechsel, dann handelt es sich um Bedeckungsveränderliche. Der Stern Algol im Sternbild Perseus ist das bekannteste Beispiel für diese Sternklasse (Abb. 2.28).

Die eigentliche Bedeutung der Doppelsterne für die Astrophysik besteht darin, dass sich aus ihren Bahnparametern – die ja prinzipiell der Beobachtung zugänglich sind – die Massensumme bzw. die Massen der Einzelkomponenten je nach Datenlage mehr oder weniger genau bestimmen lassen. Dieser Sachverhalt wurde von den Astronomen schon recht früh erkannt, sodass in die genaue Vermessung der Abstände und Positionswinkel von visuellen Doppelsternen über längere Zeiträume hinweg viel Beobachtungszeit investiert wurde. Auf diese Weise gelang es erst einmal, die wirklich physisch zusammengehörenden Sternpaare von denen zu unterscheiden, die nur zufällig in der gleichen Richtung im Raum stehen, aber unterschiedlich weit entfernt sind. Ein bekanntes Beispiel ist das Sternpaar Alkor

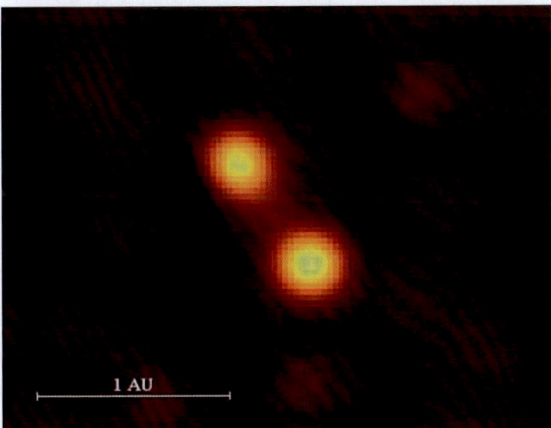

Abb. 2.28 Seit 1899 ist bekannt, dass der hellste Stern im Sternbild Auriga (Fuhrmann) in Wirklichkeit ein Doppelsternsystem ist. In den 1920 Jahren gelang es dann Francis Pease und seinen Mitarbeitern dies mit dem Sterninterferometer des Hooker-Teleskops zu bestätigen. Heute gelingt sogar eine vollständige interferometrische Bildrekonstruktion dieses Systems, dessen Winkelabstand 0,056″ beträgt. Die Umlaufsperiode der beiden „Capella" bildenden Sterne beträgt 104 Tage. (Cambridge Optical Aperture Synthesis Telescope)

und Mizar in der Deichsel des Sternbildes Großer Wagen. In jungen Jahren, wenn die Augen noch nicht durch übermäßige Computer- und Smartphonenutzung gelitten haben, kann man beide Sterne auch ohne Fernglas oder Fernrohr getrennt wahrnehmen. Beide Sterne stehen aber in Wirklichkeit nicht physisch zusammen, sondern befinden sich im Raum weit hintereinander. Es handelt sich dabei um einen für die Astronomen eher uninteressanten optischen Doppelstern. Betrachtet man jedoch Mizar (der hellere von beiden) durch ein Fernrohr, dann erkennt man bereits bei geringer Vergrößerung, dass auch er doppelt ist. Da beide Komponenten – Mizar A und Mizar B – gravitativ gebunden sind und sich im Fernrohr trennen lassen, bilden sie einen visuellen Doppelstern. Untersucht man schließlich das Licht jeder der beiden Komponenten einzeln, dann findet man in deren Spektren periodische Linienverschiebungen. Das bedeutet, dass jede Komponente selbst nochmals „doppelt" ist, nur dass sich dieser Fakt lediglich spektroskopisch feststellen lässt. Ihr Winkelabstand ist einfach zu gering, als dass sich das System durch ein Fernrohr trennen lässt. Mizar A und Mizar B gehören deshalb in die Gruppe der spektroskopischen Doppelsterne.

Eine weitere Gruppe soll in diesem Zusammenhang zumindest noch erwähnt werden. Da sich in diesem Fall die Doppelsternnatur lediglich in einer „taumelartigen" Eigenbewegung bemerkbar macht, spricht man hier von sogenannten „astrometrischen Doppelsternen". Der Siriusbegleiter Sirius B wurde beispielsweise anhand eines derartigen Bewegungsmusters im Jahre 1844 von Friedrich Wilhelm Bessel vorhergesagt, und zwar noch bevor ihn 1862 Alvan Graham Clark (1832–1897) zum ersten Mal im Fernrohr direkt erspähen konnte.

Prinzipiell lassen sich aus den Beobachtungen von visuellen und spektroskopischen Doppelsternen Massesummen oder sogar die Einzelmassen der beiden Komponenten ableiten bzw. abschätzen. Bei visuellen Doppelsternen hat man früher regelmäßig über einen längeren Zeitraum den Positionswinkel und den Winkelabstand mithilfe eines Okularmikrometers gemessen. Der erste Doppelstern, dessen Bahnellipse aus solchen Messungen bestimmt wurde, war Xi Ursae Majoris (Savary 1827). Später hat man zusehends fotografische Verfahren – meist in Verbindung mit großen, langbrennweitigen Refraktoren – eingesetzt, da sich Doppelsternabbildungen auf Fotoplatten natürlich genauer (und auch immer wieder) vermessen lassen (Abb. 2.29).

Im Idealfall lässt sich aus einer großen und über einen längeren Zeitraum verteilten Anzahl von Beobachtungen die Projektion der Bahnellipse des Begleiters auf die Himmelskugel konstruieren. Dabei wählt man gewöhnlich ein Koordinatensystem, in dessen Ursprung der Hauptstern „ruht". Wenn es außerdem noch gelingt, die Neigung i der Bahnebene gegenüber der Sichtlinie aus den Beobachtungen abzuleiten, dann lassen sich aus der scheinbaren Bahn alle Bahnelemente der wahren Bahn in Bezug auf den Hauptstern (das ist gewöhnlich der Hellere von beiden im System) berechnen. Ausgangspunkt sind dabei die bekannten Kepler'schen Gesetze. Sie verknüpfen die Bahneigenschaften (große

Abb. 2.29 Scheinbare Bahn des visuellen Doppelsterns γ Virginis. (Scardia et al. 2007)

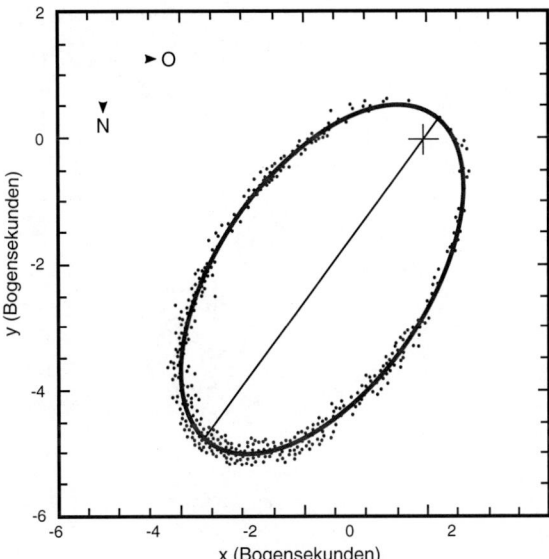

Halbachse a, Umlaufszeit P) mit den Massen der beiden Komponenten. Insbesondere gilt:

$$(M_1 + M_2)P^2 = \frac{4\pi^2}{G}a^3 \qquad (2.81)$$

mit $a = a_1 + a_2 =$ große Bahnhalbachse der reduzierten Masse $\mu = \frac{M_1 M_2}{M_1 + M_2}$.

Gl. 2.81 lässt sich in der Praxis meist nicht direkt anwenden, da sich die große Bahnhalbachse a (auch wenn die Entfernung zum Doppelstern bekannt ist) ohne Kenntnis der Neigung i der Bahnebene in Bezug zur Sichtebene nicht bestimmen lässt. Offensichtlich erscheint die große Halbachse a immer verkürzt, sobald die Bahnebene des Doppelsternsystems nicht mit der Sichtebene (die senkrecht auf der Sichtlinie steht) zusammenfällt. Gelingt es jedoch, aus den Beobachtungen die Lage des gemeinsamen Schwerpunktes abzuleiten, dann ergeben sich relativ dazu zwei formähnliche Bahnellipsen, und zwar jeweils eine für beide Komponenten. Man kann dann leicht zeigen, dass das Verhältnis

$$\frac{M_1}{M_2} = \frac{a_2}{a_1} = \frac{d_2}{d_1} \qquad (2.82)$$

unabhängig von der Bahnneigung i ist. d_1 und d_2 bezeichnen in Gl. 2.82 jeweils die großen Halbachsen, wie man sie direkt im Winkelmaß als Projektion auf die Himmelskugel messen kann. Ein schönes Beispiel ist in diesem Zusammenhang das bereits erwähnte System Sirius A und B (Abb. 2.30).

Sirius ist nicht nur der hellste Stern am Himmel, sondern er ist auch einer unserer nächsten Sterne. Er befindet sich in einer Entfernung von lediglich 2,64 pc

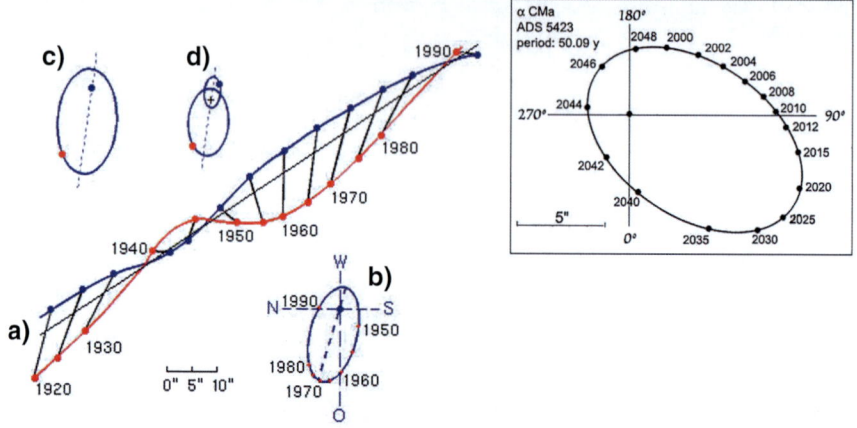

Abb. 2.30 Astrometrische Bahn von Sirius A und B; rechts Ephemeride der Position von Sirius B relativ zu Sirius A für einen Zeitraum von 50 Jahren

(= 8,6 Lj). Sein Begleiter, Sirius B, entfernt sich vom Hauptstern (Sirius A) bei einem Umlauf ($P = 50{,}09$ Jahre) um maximal $11{,}3''$. Aus der astrometrischen Bahnkurve lassen sich diese maximalen Winkelabstände vom Systemschwerpunkt direkt ablesen und betragen bei Sirius A $d_1 = 3{,}81''$ und bei Sirius B $d_2 = 7{,}49''$. Daraus ergibt sich ein Masseverhältnis von $M_1/M_2 = 1{,}97$. Die Masse von Sirius A muss also ziemlich genau doppelt so groß sein wie die Masse von Sirius B. Nach Korrektur der Bahnneigung i ergibt sich für die große Halbachse der wahren Bahn $a = 7{,}62''$. Aus Gl. 2.82 folgt dann für die Massensumme ein Wert von $3{,}09\,M_\odot$. Sirus A besitzt demnach eine Masse von $2{,}05\,M_\odot$ und Sirius B, ein Weißer Zwerg, eine Masse von $1{,}04\,M_\odot$.

Die Massenbestimmung von spektroskopischen Doppelsternen erfolgt nach ähnlichen Prinzipien, nur dass hier die Radialgeschwindigkeitskurve eine wichtige Rolle spielt. Radialgeschwindigkeiten lassen sich ja bekanntlich an den Linienverschiebungen in Sternspektren in Bezug auf eine „Ruhewellenlänge" ablesen. Es gilt dabei die Formel für den Doppler-Effekt

$$\frac{\Delta\lambda}{\lambda} = \frac{v_r}{c} \qquad (2.83)$$

v_r ist hier die radiale Geschwindigkeitskomponente des Sterns und c die Lichtgeschwindigkeit. Das Vorzeichen von v_r gibt an, ob sich der Stern von uns wegbewegt (Rotverschiebung) oder sich auf den Beobachter zubewegt (Violettverschiebung). $\Delta\lambda = \lambda - \lambda_0$ stellt die Abweichung der gemessenen Wellenlänge λ einer Spektrallinie in Bezug auf die Wellenlänge λ_0 der gleichen Spektrallinie im (ruhenden) Laborsystem des Beobachters dar.

2.4 Sternmassen

Man unterscheidet genau genommen zwei Typen von spektroskopischen Doppelsternen. Bei dem ersten Typ sieht man die Spektrallinien beider Komponenten im Sternspektrum, und beim zweiten Typ sind nur die Spektrallinien von einem Stern sichtbar. In beiden Fällen oszillieren die Linien um einen Mittelwert, wobei beim ersten Typ die beiden Linien in entgegengesetzter Phase schwingen. Die Amplitude dieser periodischen Linienverschiebungen koinzidiert mit der maximalen Radialgeschwindigkeit $v_{r,max}$ und wechselt zweimal in Bezug auf die mittlere Wellenlänge das Vorzeichen – je nachdem, ob sich die entsprechende Komponente mit maximaler Geschwindigkeit zum Beobachter hin- oder von ihm wegbewegt.

Mit Gl. 2.83 lässt sich aus der relativen Linienverschiebung zu verschiedenen Zeitpunkten die Radialgeschwindigkeitskurve des Doppelsternsystems konstruieren. Im einfachsten Fall – die beiden Sterne bewegen sich auf einer exakten Kreisbahn um den gemeinsamen Schwerpunkt und man sieht von der Erde aus genau auf die Kante ihrer Bahnebene ($i = 90°$) – ergeben sich zwei exakte sinusförmige Kurven (natürlich nur bei spektroskopischen Doppelsternen, von denen die Spektrallinien beider Sterne zu sehen sind – sogenannte „Zwei-Spektren-Systeme"), die in entgegengesetzter Phase schwingen und deren Periode mit der genauen Umlaufsperiode P um den Schwerpunkt übereinstimmt. Ändert man i, dann bleiben die Kurven Sinuskurven, aber ihre Amplitude ändert sich mit der Bahnneigung um den Faktor $\sin i$ (Abb. 2.31).

Die Verhältnisse werden aber zusehends komplizierter, sobald man es mit elliptischen Bahnen unterschiedlicher Bahnlagen (ausgedrückt durch ω = Abstand des Periastrons vom Knoten) und mit einer Bahnneigung $i \neq 90°$ zu tun hat. Das er-

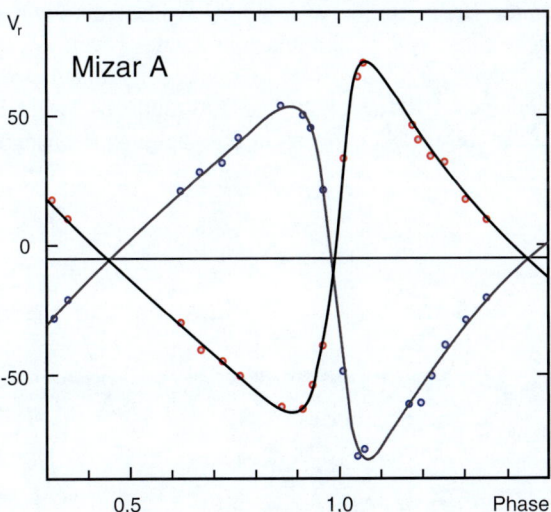

Abb. 2.31 Radialgeschwindigkeitskurve des Systems Mizar A (HD 116656). Die Periode beträgt 20,538 Tage

kennt man bereits an den dann viel komplizierter aussehenden Radialgeschwindigkeitskurven. In diesem Fall kann man zwar oftmals noch die Bahnexzentrizität e bestimmen, während die Bahnneigung i weiterhin unbestimmt bleibt (es sei denn, bei dem spektroskopischen Doppelstern handelt es sich gleichzeitig um einen Bedeckungsveränderlichen). Lediglich das Produkt aus großer Bahnhalbachse a und Bahnneigung i lässt sich für Zwei-Spektren-Systeme in absoluten Werten (d. h. wenn die Entfernung bekannt ist) berechnen. Der Grund dafür ist, dass sich aus der Radialgeschwindigkeitskurve nur die Projektion der großen Halbachse $a \sin i$ ergibt (dafür aber in absoluten Einheiten, also ms^{-1}) und damit für das Masseverhältnis

$$\frac{M_1}{M_2} = \frac{a_2 \sin i}{a_1 \sin i} = \frac{v_2}{v_1} \quad \text{(für Zwei-Spektren-Systeme)}. \tag{2.84}$$

Oder anders ausgedrückt, für Zwei-Spektren-Systeme ergibt sich das Masseverhältnis der beiden Komponenten auch ohne Kenntnis der Bahnneigung i in Bezug auf die Sichtlinie. Was jetzt noch benötigt wird, ist die Massensumme der Komponenten (Abb. 2.32).

Ersetzt man in Gl. 2.81 die große Bahnhalbachse a im vereinfachten Fall von Bahnen geringer Exzentrizität $e \ll 1$ durch

$$a = a_1 + a_2 = \frac{P}{2\pi}(v_1 + v_2), \tag{2.85}$$

dann erhält man

$$M_1 + M_2 = \frac{P}{2\pi G}(v_1 + v_2)^3. \tag{2.86}$$

Unter der genannten Bedingung einer geringen Bahnexzentrizität sind die Bahngeschwindigkeiten v_1 und v_2 der Komponenten A und B weitgehend konstant und hängen nur von den Bahnradien a_1 und a_2 sowie der Umlaufperiode P ab. Die beobachteten Radialgeschwindigkeiten sind aufgrund des Projektionseffekts der Bahnellipsen auf die Himmelskugel von der Bahnneigung i abhängig:

$$v_{1,rad} = v_1 \sin i \tag{2.87}$$

$$v_{2,rad} = v_2 \sin i$$

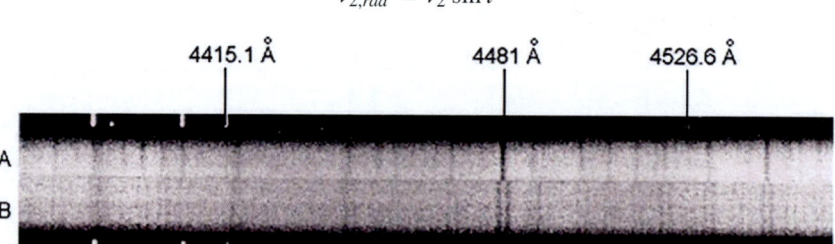

Abb. 2.32 Zwei Spektren von Mizar A mit einem zeitlichen Abstand von zwei Tagen. Mizar war übrigens der erste spektroskopische Doppelstern, der entdeckt wurde. (Aufnahme Caltech)

2.4 Sternmassen

Damit wird aus Gl. 2.86

$$M_1 + M_2 = \frac{P}{2\pi G} \frac{(v_{1,\text{rad}} + v_{2,\text{rad}})^3}{\sin^3 i}$$

Bei einem Bedeckungsveränderlichen, der gleichzeitig ein spektroskopischer Zwei-Spektren-Doppelstern ist, können aus der Bedeckungslichtkurve die Bahnneigung i und damit auch die beiden Einzelmassen mit Gl. 2.86 bestimmt werden. In allen anderen Fällen bleibt i unbestimmt.

Häufig dominiert ein Stern in einem spektroskopischen Doppelsternsystem das Spektrum, sodass nur von dieser Komponente die Radialgeschwindigkeit gemessen werden kann. Hier hilft aber Gl. 2.84 weiter, die es in der Form

$$\frac{M_1}{M_2} = \frac{v_{2,rad}}{v_{1,rad}} \tag{2.88}$$

erlaubt, $v_{2,rad}$ durch das von i unabhängige Masseverhältnis auszudrücken:

$$M_1 + M_2 = \frac{P}{2\pi G} \frac{v_{1,rad}^3}{\sin^3 i} \left(1 + \frac{M_1}{M_2}\right)^3 \tag{2.89}$$

Bringt man nun noch die Massen auf die linke Seite, dann erhält man eine Beziehung, die als Massenfunktion bezeichnet wird:

$$f(M_1, M_2) = \frac{M_2^3}{M_1 + M_2} \sin^3 i = \frac{P}{2\pi G} v_{1,rad}^3 \tag{2.90}$$

Die Massenfunktion hat trotzdem ihre Bedeutung, da sich aus ihr eine gewisse statistische Aussage über die Massen von Doppelsternsystemen ableiten lässt. Insbesondere i lässt sich durch einen Auswahleffekt weiter eingrenzen. Liegt i nahe bei 0°, lässt sich keine Linienverschiebung aufgrund des Doppler-Effekts nachweisen. Solche Systeme bleiben quasi unentdeckt. Das bedeutet aber auch, dass erfahrungsgemäß ein Wert von $\sin^3 i > 0{,}6$ (oder $i > 57°$) am wahrscheinlichsten ist. Da es einen Zusammenhang zwischen Leuchtkraft L, effektiver Temperatur T_{eff} und Masse M gibt, kann man sogar eine grobe Klassifizierung zwischen den beiden ersten Parametern und dem Mittelwert von $\sin^3 i$ vornehmen. In einem solchen Fall spricht man von einer statistischen Massenabschätzung (Abb. 2.33).

2.4.2 Astroseismologie

Es existiert im Hertzsprung-Russell-Diagramm eine ganze Anzahl Bereiche, in denen Sterne deutlich nachweisbare Schwingungen bis hin zu ausgeprägten Pulsationen ausführen. Sie äußern sich in periodischen bzw. quasiperiodischen Variationen der Leuchtkraft und der Radialgeschwindigkeit und beeinflussen auch entsprechend die Profile von Spektrallinien.

Leuchtkraftänderungen äußern sich in Helligkeitsänderungen, die sich fotometrisch über längere Zeiträume erfassen lassen und Informationen über die

Abb. 2.33 Der spektroskopische Doppelstern Mizar A kann mittlerweile mit interferometrischen Methoden aufgelöst und damit seine Bahn nun auch direkt vermessen werden. (MARK III Interferometer, US Naval Observatory)

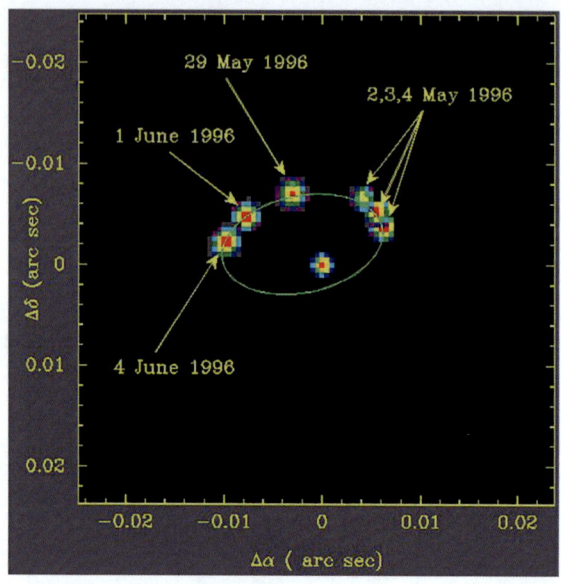

konkreten Schwingungsmoden des Sterns enthalten. Indem man eine Frequenzanalyse möglichst langer ununterbrochener fotometrischer Zeitreihen, wie sie z. B. zuerst vom französischen Weltraumteleskop COROT („COnvection, ROtation et Transits planétaires", 2006–2012) und heute vom NASA-Weltraumteleskop Kepler in großer Zahl geliefert werden, ausführt, ergeben sich wiederum Daten, aus denen man einiges über den Sterndurchmesser, die Masse und das Alter der entsprechenden Sterne in Erfahrung bringen kann. Wichtig ist, dass die Helligkeits- oder Radialgeschwindigkeitsmessungen über einen längeren Zeitraum – wie bereits erwähnt – ohne Unterbrechung ausgeführt werden müssen. Hier stören die Tag-Nacht-Rhythmen, denen irdische Sternwarten gewöhnlich ausgesetzt sind, natürlich. Zwar behilft man sich damit, dass man versucht, für spezielle Aufgabenstellungen erdumfassende Beobachtungsnetze aufzubauen – als Beispiel soll hier nur auf das Delta-Scuti-Network hingewiesen werden, das sporadisch seit 1983 in Betrieb ist und seitdem sehr erfolgreich an der Aufklärung der komplizierten Pulsationsmechanismen der Delta-Scuti-Veränderlichen arbeitet. Letztendlich können nur Weltraumobservatorien wie COROT und Kepler die für astroseismologische Aufgabenstellungen notwendigen Datengrundlagen liefern (Abb. 2.34).

Bei einem Stern halten sich gewöhnlich der nach außen gerichtete Druckgradient und die nach innen gerichteten gravitativen Kräften die Waage, was man als hydrostatisches Gleichgewicht bezeichnet. Eventuelle Störungen in diesem Regime werden gedämpft und verschwinden deshalb recht schnell. Damit ein Stern schwingen kann, muss es Mechanismen geben, die der Dämpfung entgegenwirken und den dabei resultierenden Energieverlust ausgleichen. In der Sternphysik kennt man im Wesentlichen vier verschiedene Oszillationsmechanismen,

2.4 Sternmassen

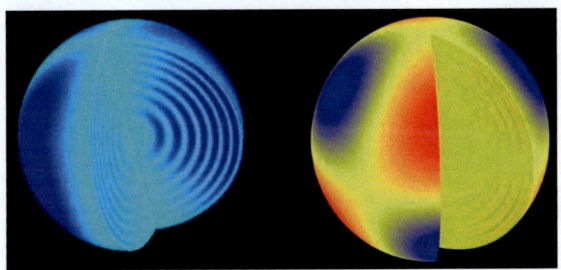

Abb. 2.34 Schwingungen innerhalb der Sterne, die auf der Sternoberfläche zeitlich variierende Schwingungsmuster hervorrufen, führen zu geringfügigen Änderungen in der Helligkeit, die sich mittels genauer fotometrischer Methoden in Form von Zeitreihen messen lassen. Indem man diese Zeitreihen in analoger Weise auswertet, wie es Geophysiker mit den Aufzeichnungen von Erdbebenwellen tun, lassen sich daraus wertvolle Informationen über den inneren Aufbau der Sterne gewinnen. (Kepler Asteroseismic Science Consortium 2007)

von denen der Kappa-Mechanismus als der Prototyp selbstangeregter Pulsationen am bekanntesten ist. Er bewirkt u. a. den periodischen Lichtwechsel der Delta-Cepheiden und der nahe mit ihnen verwandten RR-Lyrae-Sterne. Diese Sterne besiedeln sogenannte Instabilitätsstreifen im Hertzsprung-Russell-Diagramm. Aber auch in dieser Beziehung stabile Sterne, wie beispielsweise die Sonne, zeigen Oszillationsmoden, deren Anregungsmechanismen im Bereich der photosphärennahen Konvektionszone zu suchen sind und die akustischer Natur (Schallwellen) sind. Man spricht in solchen Fällen von einer stochastischen Anregung, die bei sonnenähnlichen Hauptreihensternen zu gerade noch messbaren Helligkeitsvariationen führt. Sie ergeben sich aus einem komplizierten Auf und Ab der Sternmaterie auf der Sternoberfläche als Ergebnis der Überlagerung einer Vielzahl von Schwingungen, die den ganzen Sternkörper durchlaufen. Diese Schwingungsmuster auf der Sternoberfläche verraten dabei sehr viel über den Zustand der Materie tief im Sterninneren. Mathematisch lassen sie sich mittels Kugelflächenfunktionen beschreiben, die sich durch die drei ganzen Zahlen n, l und m parametrisieren lassen. l beschreibt dabei die Anzahl der Schwingungsmoden auf der Sternoberfläche (d. h. die Gesamtzahl der Knotenlinien) und wird als „Grad der Schwingung" bezeichnet. m ist die Anzahl der Schwingungsmoden, die den Sternäquator kreuzen. Man nennt diese ganze Zahl die „Ordnung der Schwingung". n wiederum gibt die Gesamtzahl der Schwingungsknoten in radialer Richtung im Sterninneren an und wird manchmal als „Nummer des Obertons" bezeichnet. Durch das Zahlentripel (n, l, m) ist demnach jede beliebige Schwingung eines Sterns eindeutig festgelegt.

Das Ergebnis einer astroseismologischen Zeitreihenanalyse der Sternhelligkeit ist dessen Powerspektrum, aus dem sich die Frequenzen der einzelnen Oszillationsmoden (l, m) und ihre jeweilige spektrale Leistungsdichte ablesen lassen. Die Frequenz mit der maximalen Leistungsdichte ist dabei v_{max} und wird gewöhnlich durch einen Fit des Powerspektrums mit einer Gaußschen Glockenkurve ermittelt. Der Abstand zwischen zwei aufeinanderfolgenden Spitzen, die Schwingungen der gleichen Ordnung *m*, aber aufeinanderfolgenden Grad *l* kennzeichnen, nennt man $\Delta \nu$ *(large frequency spacing)*. Diese Größe ist der mittleren Dichte $\overline{\rho}$ des Sterns proportional:

$$\Delta \nu \sim \sqrt{\overline{\rho}} \sim \frac{1}{R}\sqrt{\frac{M}{R}} \qquad (2.91)$$

Nimmt man die Werte der Sonne zum Vergleich, dann lassen sich folgende Verhältnisse aufschreiben:

$$\frac{\Delta \nu}{\Delta \nu_\odot} = \sqrt{\frac{\rho}{\rho_\odot}} \qquad (2.92)$$

$$\frac{L}{L_\odot} = \left(\frac{R}{R_\odot}\right)^2 \left(\frac{T}{T_\odot}\right)^4 \qquad (2.93)$$

$$\frac{\nu_{max}}{\nu_{max,\odot}} = \frac{g}{g_\odot}\sqrt{\frac{T_\odot}{T}} \qquad (2.94)$$

g ist die Schwerebeschleunigung an der Sternoberfläche.
Hieraus ergibt sich dann eine Relation für die Bestimmung der Sternmasse *M* aus den astroseismologischen Parametern ν_{max} und $\Delta \nu$ sowie der effektiven Temperatur T_{eff} des Sterns:

$$\frac{M}{M_\odot} = \left(\frac{\Delta \nu}{\Delta \nu_\odot}\right)^{-4} \left(\frac{\nu_{max}}{\nu_{max,\odot}}\right)^3 \left(\frac{T_{eff}}{T_{eff,\odot}}\right)^{\frac{3}{2}} \qquad (2.95)$$

Während man ν_{max} und $\Delta \nu$ direkt aus dem Powerspektrum ablesen kann, muss man die effektive Temperatur auf spektroskopischem Weg ermitteln.

Auf diese Weise lassen sich Sternmassen – hier von sonnenähnlichen Hauptreihensternen – auch von Einzelsternen bestimmen.

Weiterhin gilt für sonnenähnliche Hauptreihensterne folgende Beziehung, die es erlaubt, die Leuchtkraft des Sterns im Vergleich zur Sonnenleuchtkraft zu berechnen:

$$\frac{L}{L_\odot} = \left(\frac{\frac{1}{2}\nu}{\Delta \nu_\odot}\right)^{-\frac{4}{3}} \left(\frac{M}{M_\odot}\right)^{\frac{2}{3}} \left(\frac{T_{eff}}{T_{eff,\odot}}\right)^4 \qquad (2.96)$$

Und wenn die Sternmasse erst einmal bekannt ist, dann lässt sich auch eine Aussage über den Sternradius treffen:

$$\frac{R}{R_\odot} = \left(\frac{\Delta \nu}{\Delta \nu_\odot}\right)^{-\frac{2}{3}} \left(\frac{M}{M_\odot}\right)^{\frac{1}{3}} \qquad (2.97)$$

2.4 Sternmassen

Astroseismologische Untersuchungen erweitern damit auch das Portfolio der Astronomen um eine weitere und zugleich sehr elegante Methode zur Durchmesserbestimmung von Sternen, die inhärent entfernungsunabhängig ist.

Bei Sternen, die einen „echten" Pulsationslichtwechsel aufweisen, unterscheiden sich die Beobachtungs- und Auswertemethoden etwas von denen der sonnenähnlichen Hauptreihensterne, da man es hier u. a. mit echten Radiusänderungen zu tun hat, die sich bekanntlich in der Licht- und Radialgeschwindigkeitskurve widerspiegeln. Auch hier werden entsprechende Zeitreihen benötigt, die sich einer detaillierten Frequenzanalyse unterziehen lassen. Nach der Modenidentifizierung und unter Berücksichtigung weiterer, insbesondere aus spektralanalytischen Untersuchungen folgenden Daten (beispielsweise effektive Temperatur, Metallizität etc.) errechnet man gewöhnlich unter Variation der Modellparameter Sternmodelle und vergleicht die daraus sich in adiabatischer Näherung ergebenden Pulsationsfrequenzen mit den beobachteten Frequenzen. Bei Übereinstimmung werden dann die Modellparameter wie z. B. die Sternmasse für den beobachteten Stern übernommen. Wie spezielle Untersuchungen gezeigt haben, liegt der Fehler bei dieser Art der Massebestimmung bei wenigen Prozent der Sternmasse. Ein so gutes Ergebnis wird von kaum einer anderen Methode erreicht.

2.4.2.1 Satellitengestützte Astroseismologie

Die Erforschung der inneren Struktur und der physikalischen Eigenschaften von Sternen hat in den letzten Jahren durch den Einsatz von satellitengestützter Astroseismologie bedeutende Fortschritte erzielt. Diese Spezialdisziplin der Astrophysik nutzt die hochpräzisen Messungen von Sternschwingungen aus, die von Weltraumteleskopen wie „Kepler" (2009 bis 2018) und TESS („Transiting Exoplanet Survey Satellite", Start 18. April 2018) durchgeführt werden, um ein tiefgreifendes Verständnis des Sterninneren zu erlangen.

Die Beobachtungsmethode, die hierbei angewendet wird, basiert auf der bereits beschriebenen Analyse der Schwingungen oder Pulsationen von Sternen, die als Folge von Dichteschwankungen oder Druckwellen in deren Inneren auftreten. Diese Schwingungen erzeugen charakteristische Frequenzmuster, welche sich durch hochpräzise Photometrie- und Spektroskopiemessungen erfassen lassen. Durch die Analyse der Frequenz, Amplitude und Dauer derartiger Schwingungen können wichtige Informationen über die physikalischen Eigenschaften von Sternen gewonnen werden. Das betrifft u. a. chemische Zusammensetzung, Massen, Durchmesser, Rotation, Alter und innere Struktur.

Bereits die Helioseismologie steht sowohl in technischer als auch theoretischer Hinsicht vor großen Herausforderungen. Noch mehr gilt das für Sterne, die sich im Gegensatz zur Sonne nicht räumlich auflösen lassen. Besonders folgende Punkte sind in diesem Zusammenhang zu nennen:

- **Rauschunterdrückung:** Die empfindlichen Messungen sind anfällig für Störungen durch kosmische Strahlung, thermisches Rauschen und andere äußere Einflüsse. Methoden zur Rauschunterdrückung und zur Verbesserung der

Datenqualität sind deshalb von entscheidender Bedeutung, um brauchbare Messergebnisse zu erhalten.
- **Modellierung und Interpretation:** Die Deutung der Schwingungsmuster erfordert komplexe mathematische Modelle, welche Struktur und Dynamik der Sterne umfassend abbilden. Die Abstimmung dieser Modelle anhand der gemessenen Daten ist eine herausfordernde Aufgabe, die nur mit moderner Computertechnik überhaupt zu lösen ist.
- **Garantie von Langzeitmessungen:** Messungen von Sternschwingungen über möglichst lange, zusammenhängende Zeiträume sind unerlässlich, um stabile und zuverlässige Daten zu erhalten. Satellitenmissionen müssen daher ausreichend lang aktiv sein, um die für sichere Analysen notwendigen Datenmengen zu erfassen.

Meistert man diese Herausforderungen, dann ergeben sich tiefgreifende Einblicke bezüglich:

- **Stellare Parameter:** Präzisere Bestimmungen der stellaren Parameter wie Masse, Radius, Rotation und Alter von Sternen.
- **Innere Struktur:** Einblicke in die interne Struktur von Sternen, einschließlich ihrer chemischen Zusammensetzung und der Existenz von Konvektionszonen.
- **Sternentwicklung:** Die Untersuchung von Sternschwingungen ermöglicht Rückschlüsse auf die Entwicklung von Sternen und ihre Evolution im Laufe der Zeit.
- **Exoplaneten:** Asteroseismologie kann auch bei der Charakterisierung von Exoplaneten und der Analyse ihrer Umlaufbahnen um ihre jeweiligen Sterne unterstützend wirken.

Die Bedeutung, welche die Astroseismologie im Rahmen der modernen Sternphysik einnimmt, zeichnet sich auch daraus ab, dass die ESA ab dem Jahr 2026 eine spezielle Satellitenmission mit dem Namen „PLATO" („PLAnetary Transits and Oscillation of stars") plant, bei der die astroseismologische Untersuchung von Heimatsternen von Transient-Exoplaneten vornehmliches Missionsziel ist.

2.4.3 Ableitung von Massen durch Anpassung von Sternmodellen an Beobachtungsparameter

Wie bereits Eddington auf theoretischem Wege zeigen konnte, besteht ein Zusammenhang zwischen der Leuchtkraft L eines Sterns mit dessen Masse M. Dieser Zusammenhang wird als Masse-Leuchtkraft-Beziehung bezeichnet. Sie ist nicht linear, sondern die Proportionalität $L \sim M^n$ besitzt für verschiedene Sternmassenbereiche unterschiedliche Exponenten (für Hauptreihensterne mit ungefähr einer Sonnenmasse liegt n bei 4,7 und bei Sternen mit rund 100 Sonnenmassen bei 1,6). Der Grund dafür ist in den Sternatmosphären zu suchen. Die entscheidende Größe ist hier die Opazität κ der Sternmaterie, die u. a. von deren temperaturabhängigem

Ionisationsgrad abhängt. Bei sehr hohen effektiven Temperaturen, wie sie sehr massereiche Sterne besitzen, ist die Sternmaterie quasi vollständig ionisiert, und die Opazität wird in erster Linie durch die freien Elektronen bedingt. In diesem Fall zeigt die Opazität so gut wie keine Temperaturabhängigkeit. Bei Sternen mit geringeren effektiven Temperaturen sind im Unterschied dazu die wichtigsten Opazitätsquellen teilweise ionisierte Atome (z. B. H^- und „Metalle") und die Opazität hängt stark von der Temperatur ab. Bei kühlen Roten Zwergen wandelt sich schließlich der Wasserstoff in Wasserstoffmoleküle H_2 um, und H^- als wichtigste Opazitätsquelle sonnenähnlicher Sterne verliert zunehmend an Bedeutung.

Wenn die Entfernung (Parallaxe) von einem Stern bekannt ist und auch ein entsprechend hoch aufgelöstes Spektrum vorliegt, dann kann man entsprechend parametrisierte Stern- bzw. Sternatmosphärenmodelle verwenden, um auf iterative Weise durch Variation der primären Modellparameter sogenannte „synthetische Spektren" zu berechnen – und zwar solange, bis eine möglichst gute Übereinstimmung mit dem Sternspektrum erreicht ist (hier kommt die temperaturabhängige Opazität der Sternmaterie ins Spiel). Auf diese Weise lassen sich die effektive Temperatur T_{eff} und die Oberflächengravitation g bestimmen und – zusammen mit der Leuchtkraft L – der Sternradius R abschätzen (s. Abschn. 2.3.10). Die Sternmasse ergibt sich dann aus Gl. 2.80.

Synthetische Spektren
Bei synthetischen Spektren handelt es sich um computergenerierte Sternenspektren. Sie werden folgendermaßen berechnet (siehe Abschn. 3.3.2):
Man entwickelt Sternatmosphärenmodelle, die die physikalischen Prozesse und Bedingungen in verschiedenen Tiefen der Sternatmosphäre mathematisch beschreiben. Dabei werden Parameter wie Temperatur, Dichte, chemische Zusammensetzung etc. als Funktion der Tiefe berücksichtigt.
In diese Modelle werden die physikalischen Eigenschaften der wichtigsten Atom- und Molekülspezies eingespeist – also Absorptions- und Emissionsparameter ihrer jeweiligen Übergänge für verschiedene Wellenlängen. Anhand dieser Daten wird dann mit spezieller Software das emergierende Strahlungsspektrum der Sternatmosphäre berechnet – also welche Strahlungsintensität bei jeder Wellenlänge emittiert oder absorbiert wird.
Diese synthetischen Spektren können für verschiedene Parameterkonstellationen des Atmosphärenmodells (z. B. Temperatur, Gravitation) erzeugt werden. Vergleicht man sie dann mit realen, d. h. beobachteten Sternspektren, dann kann man durch Variation der Modellparameter das synthetische Spektrum so lange optimieren, bis die beste Übereinstimmung zwischen realen und synthetischen Spektren gefunden ist. Auf diese Weise lassen sich grundlegende physikalische Eigenschaften wie Temperatur oder Masse eines Sterns bestimmen.

Diese Methode funktioniert ganz gut für Sterne, deren Masse in der Größenordnung der Sonnenmasse liegt. Bei sehr massiven Sternen (insbesondere leuchtkraftstarken Überriesen) kommt es zu signifikanten Abweichungen, wenn man die Massen, die sich aus Atmosphärenmodellen ergeben, mit den Massen vergleicht, die man aus Modellen des Sterninneren erhält. Über die Gründe dafür gibt es zurzeit nur Vermutungen.

2.4.4 Massebestimmung von binären Radiopulsaren, Röntgenpulsaren und Schwarzen Löchern

Die meisten Neutronensterne, zu denen ja bekanntermaßen die 1967 entdeckten Pulsare gehören, sind optischen Beobachtungen weitgehend unzugänglich. Zu den wenigen Ausnahmen gehören beispielsweise der Krebsnebel- und der Velapulsar. Pulsare lassen sich aber sehr gut radioastronomisch (sogenannte „Radiopulsare") und – wenn sie zusammen mit einem anderen Stern ein enges Doppelsternsystem mit einer Akkretionsscheibe bilden – im Röntgenbereich (sogenannte „Röntgenpulsare") beobachten. An einer empirischen Bestimmung ihrer Masse (und natürlich auch ihrer Größe) besteht ein sehr großes Interesse unter den Astrophysikern, da man nur auf diese Weise verlässlich theoretische Modelle über ihren inneren Aufbau überprüfen kann. Insbesondere betrifft das die Zustandsgleichung der dichten Kernmaterie, aus der Neutronensterne bestehen. Sie bestimmt im Wesentlichen das Massespektrum und die damit korrespondierenden Ausmaße dieser exotischen Objekte. Mittlerweile sprechen die Theoretiker ja nicht mehr nur von Neutronensternen, sondern auch von Baryonen- und Quarksternen und versuchen, beobachtbare Unterscheidungsmerkmale dieser Sterntypen herauszuarbeiten. Schon aus diesem Grund ist die Bestimmung der stellaren Fundamentalparameter wie Masse, Radius, Rotationsperiode und beispielsweise die Röntgenleuchtkraft eine äußerst wichtige, aber auch anspruchsvolle Aufgabe der beobachtenden Astronomie.

Am einfachsten ist die Massebestimmung von Binärpulsaren, da sich hier im Prinzip die gleichen Methoden wie bei gewöhnlichen Doppelsternen anwenden lassen. Radiopulsare, die solch ein Doppelsternsystem bilden, sind gewöhnlich sehr alt (beide Sterne haben bereits den Endzustand ihrer Entwicklung erreicht) und haben meist sehr kleine Umlaufperioden (unter einem Tag). Mit den Empfängern moderner Radioteleskope lassen sich die von ihnen ausgehenden Pulse mit sehr hoher zeitlicher Auflösung vermessen und aus der periodischen Verschiebung ihrer Ankunftszeiten (Dopplereffekt) ähnlich wie bei spektroskopischen Doppelsternen ein Teil ihrer Bahnparameter bestimmen. Aufgrund allgemeinrelativistischer Effekte lässt sich bei einigen dieser Systeme (z. B. PSR 1534+12) sogar die Bahnneigung i gegenüber der Sichtlinie ermitteln. Damit ist eine hinreichend sichere Berechnung der Einzelmassen möglich. Zu diesen messbaren Effekten gehören z. B. die Periastrondrehung bei elliptischen Bahnen (entspricht im Sonnensystem der Periheldrehung), die Änderung der Umlaufsperiode $\dot{P}$ (z. B. durch permanenten Verlust eines Teils der Bewegungsenergie durch Emission von Gravitationswellen) sowie relativistische Korrekturen zum Dopplereffekt. Außerdem kann unter günstigen Umständen auch der Gravitationslinseneffekt mittelbar dazu verwendet werden, um den Inklinationswinkel i mittels entsprechender Modellrechnungen abzuleiten. Ein Beispiel, bei dem diese Methode mit Erfolg angewendet wurde, ist der Doppelpulsar PSR J0737-3039 (Lai und Rafikov 2005).

2.4 Sternmassen

Inklinationsbestimmung der Bahnebene des Doppelpulsars PSR J0737-3039
Die Beobachtung des Gravitationslinseneffekts ergab, dass der Millisekundenpulsar A während eines speziellen Konjunktionsereignisses in der Projektion äußerst nahe am Begleitpulsar B vorbeizog, wobei die minimale Trennung (R_{min}) zwischen den beiden Pulsaren auf etwa 4000 km geschätzt wurde. Diese minimale Trennung entspricht in etwa dem Einstein-Radius von rund 2600 km.

Während der Konjunktion (das ist der Zeitpunkt, indem der Millisekundenpulsar A in seiner Projektion am Himmel sehr nahe am Begleitpulsar B vorbeizieht) führte der Gravitationslinseneffekt über einen Zeitraum von mehreren Sekunden zu einer Vergrößerung des Signals von Pulsar A um ungefähr 10 %, was einer vorübergehende Helligkeitszunahme des Pulsars A entspricht, während er hinter dem Begleitpulsar B vorbeizog. Darüber hinaus bewirkte der Gravitationslinseneffekt eine Verschiebung des Pulsarbildes von Pulsar A auf der Himmelsebene um etwa 1200 km.

Indem man diesen Vorgang im Computer mit verschiedenen Inklinationswinkeln i und unter Beachtung der relativistischen Shapiro-Verzögerungsformel modellierte, kannte der Wert von i entsprechend eingegrenzt werden. Als Ergebnis ergab sich ein Wert von $i = 87° \pm 3°$ in Übereinstimmung mit den Messungen der Shapiro-Verzögerung. Danach beträgt die Masse von Pulsar A 1,337 $M_\odot$ und von Pulsar B 1,25 $M_\odot$.

Eine gewisse Anzahl von Neutronensternen sind Mitglieder von gewöhnlichen Doppelsternsystemen mit Weißen Zwergsternen, Braunen Zwergen oder gewöhnlichen Hauptreihensternen als Begleitern. Sind diese Begleitsterne sichtbar (z. B. im Röntgenbereich als Röntgenpulsare) und tritt bei einem Umlauf um den gemeinsamen Systemschwerpunkt eine Bedeckung auf, dann lassen sich auch hier die Massen prinzipiell bestimmen. Da die in Frage kommenden Systeme oft eine Akkretionsscheibe ausbilden, ist es nicht immer leicht, die genaue Quelle der Röntgenstrahlung zu lokalisieren. Ähnlich wie bei Zwergnovae kann sie bevorzugt von einem „Hotspot" auf der Akkretionsscheibe oder aber vom Begleitstern selbst stammen. Durch diese Schwierigkeit ergeben sich häufig größere Fehlerbereiche bei der Bestimmung der Einzelmassen als bei Binärpulsaren (Abb. 2.35).

Röntgenquellen mit Massenakkretion können aber auch stellare Schwarze Löcher als eine Komponente besitzen. Hier ist eine eindeutige Unterscheidung von Neutronensternen nur über eine exakte Massenbestimmung möglich. Viele derartige Quellen, die man früher einmal als Black Hole-Kandidaten gehandelt hat, sind mittlerweile als Neutronensterne identifiziert worden. Im Prinzip sind alle kompakten Objekte mit einer Mikrovariabilität der Röntgen- und Gammastrahlung im Millisekundenbereich und einer Einzelmasse oberhalb von 3 Sonnenmassen verdächtig. Das „klassische" Objekt, das diese und auch noch diffizile andere Bedingungen erfüllt, ist die Röntgenquelle Cygnus X-1. Die Masse des „dunklen Begleiters" eines Überriesensterns vom Spektraltyp O9,7 übersteigt mit 14,8 Sonnenmassen deutlich die theoretisch motivierte Oppenheimer-Volkoff-Grenze und gilt deshalb als ein sehr sicherer Black-Hole-Kandidat.

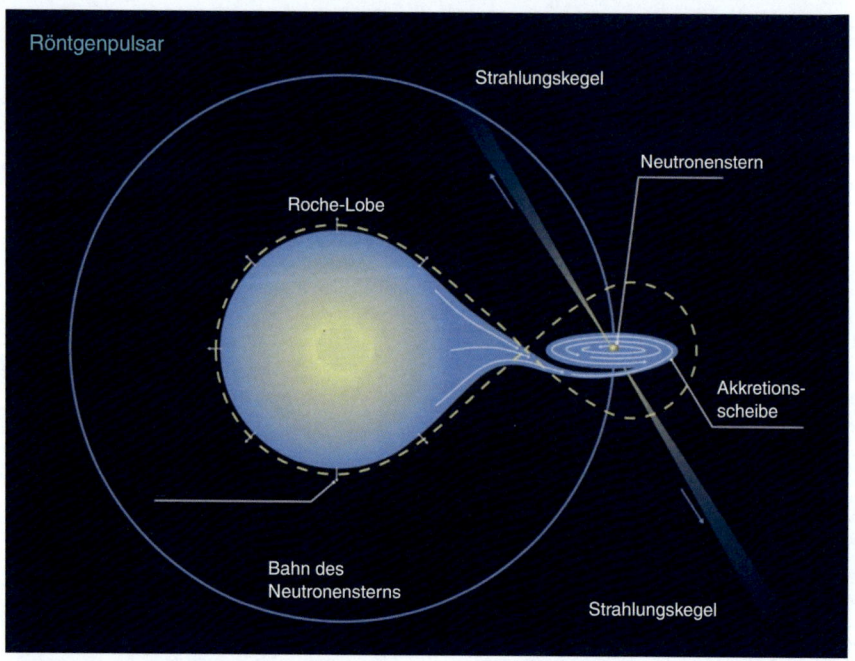

Abb. 2.35 Typischer Aufbau eines Röntgenpulsars. (Wikimedia)

2.4.5 Die massereichsten Sterne der Milchstraße

Während man die Untergrenze der Masse eines Sterns sehr gut taxieren kann, ist das für die Obergrenze nicht so einfach möglich. Das gilt sowohl für theoretische Vorhersagen anhand von Sternmodellen als auch für Beobachtungen, denn extrem massereiche Sterne ($M > 50\,M_\odot$) sind sehr selten. Das hat gleich mehrere Gründe. Ab ca. einer Sternmasse von acht Sonnenmassen steigt die Leuchtkraft schnell stark an, was mit einer immer kleiner werdenden Lebenserwartung des betreffenden Sterns einhergeht. Die Zeit, die solche Sterne auf der Hauptreihe (d. h. im Stadium des „Wasserstoffbrennens") verbringen, liegt nur in der Größenordnung von einigen wenigen Millionen Jahren (und darunter). Die Wahrscheinlichkeit, dass man einen solchen massereichen Stern zu einem gegebenen Zeitpunkt beobachten kann, ist schon allein aus diesem Grund nicht besonders groß. Außerdem ist die Entstehung massereicher Sterne, wie man heute weiß, an besondere Bedingungen geknüpft (die Natur begünstigt die Entstehung massearmer Sterne), was man z. B. schon allein daraus erkennen kann, dass sie besonders gehäuft in speziellen kompakten Sternhaufen auftreten („Starburst-Cluster"). Auch unterscheiden sich die grundlegenden Mechanismen, die zur Entstehung eines massiven Sterns führen, von denen normaler massearmer Hauptreihensterne wie der Sonne.

2.4 Sternmassen

Andererseits bestimmen gerade massereiche Sterne aufgrund ihrer geringen Lebensdauer ganz maßgeblich die chemische Entwicklung einer Galaxie. Alle Sterne mit einer Anfangsmasse, die ca. 30 $M_\odot$ übersteigt, machen die gesamte thermonukleare Entwicklung durch und enden (ohne dabei in ein Rote-Riesen-Stadium wie gewöhnliche Hauptreihensterne zu gelangen) schon nach kurzer Zeit ($\sim 10^6$ Jahre) zwangsläufig in einer Supernovaexplosion. Dabei reichern sie das interstellare Medium mit schweren Elementen wie z. B. Kohlenstoff und Sauerstoff an und ändern damit signifikant die Elementhäufigkeiten. Auch die meisten Elemente, die jenseits von Eisen (Fe) im Periodensystem zu finden sind und natürlich vorkommen, entstehen im Wesentlichen bei einer Supernovaexplosion (bzw. beim radioaktiven Zerfall entsprechender Mutternukleide nach deren Bildung und Freisetzung).

Während ihrer kurzen und intensiven Lebenszeit fallen massereiche Sterne durch eine extrem große Leuchtkraft (bis zum Millionenfachen der Sonnenleuchtkraft, „Luminous Blue Variable", LBVs) sowie durch außergewöhnlich starke stellare Winde, wie man sie beispielsweise bei Wolf-Rayet-Sternen beobachtet, auf. Dabei erreichen sie absolute Helligkeiten von mehr als − 10 mag, was sie darüber hinaus als wichtige Entfernungsindikatoren für die extragalaktische Forschung qualifiziert. Ein Stern mit einer absoluten Helligkeit von −10 mag wäre übrigens in Normentfernung (32,6 Lj) am Himmel ungefähr 1000-mal heller als der Planet Venus in ihrem hellsten Glanz!

Bis vor Kurzem betrachtete man eine Masse von ca. 150 $M_\odot$ als Obergrenze für stabile Sterne. Mittlerweile sind einige Sterne entdeckt worden, deren Masse in diesem Bereich liegt und teilweise diesen sogar stark übersteigt. Hier ist der Supersternhaufen R136 innerhalb des Tarantelnebels in der Großen Magellanschen Wolke zu nennen, der aus extrem massereichen Sternen besteht. Sein prominentestes Mitglied ist der Wolf-Rayet-Stern R136a1, dessen Masse auf ca. 315 $M_\odot$ geschätzt wird.[11] Weitere acht Sterne dieses sehr jungen (maximal 2 Mio. Jahre alten) und auch sehr kompakten Sternhaufens besitzen jeweils eine Masse, welche 100 $M_\odot$ zum Teil deutlich übersteigt (z. B. R136c ~ 230 $M_\odot$, R136a2 ~ 195 $M_\odot$ und R136a3 $\sim$ 180 $M_\odot$). Vielfach wurde die Vermutung geäußert, dass solche massiven Sterne nur bei der Verschmelzung entsprechend massereicher Sterne entstehen können, die dann bereits von Anfang an ein entsprechend enges Doppelsternsystem gebildet haben müssen. Die außergewöhnliche Häufung extrem massiver Sterne im R136-Cluster lässt diese Hypothese aber eher als unrichtig erscheinen, wie entsprechende wahrscheinlichkeitstheoretische Untersuchungen nahelegen. Dazu kommt noch, dass diese Blauen Überriesen sehr starke Sternwinde mit einer entsprechend hohen Masseverlustrate entwickeln, was wiederum bedeutet, dass sie zur Zeit ihrer Entstehung noch weitaus massereicher gewesen sein müssen als heute.

Extrem massive Hyperriesen sind sowohl für die Theorie der Sternentstehung als auch für die Theorie der Sternentwicklung eine Herausforderung. Nehmen wir

---

[11] Es kann jedoch immer noch nicht definitiv ausgeschlossen werden (2016), dass es sich hier um zwei in Sichtlinie dicht beieinander stehende Sterne geringerer Masse handelt.

beispielsweise ein vergleichsweise recht gut erforschtes Mitglied dieser Sterngruppe – den „Pistolenstern" im Quintuplet-Cluster nahe dem galaktischen Zentrum. Er wurde bei einer hochauflösenden Untersuchung des nach seiner Form „Pistolennebel" genannten „Nebels" mit dem Hubble-Weltraumteleskop Anfang der 1990er Jahre als außergewöhnlicher LBV-Stern identifiziert und näher – insbesondere spektroskopisch – untersucht. Dabei stellte sich heraus, dass dieser Stern, der rund 25.000 Lj von der Erde entfernt ist, einer der leuchtkräftigsten Sterne der Milchstraße sein muss. Seine absolute Helligkeit liegt etwa bei $-10{,}8$ mag (Vollmond $-12{,}7$ mag), wobei die meiste Energie im kurzwelligen UV-Bereich abgestrahlt wird. Ausgedrückt in „Sonnenleuchtkräften" bedeutet diese absolute Helligkeit, dass die Strahlungsleistung des Pistolensterns diejenige der Sonne um mehr als das 1,6-Millionenfache übertrifft. Oder anders ausgedrückt: Der Pistolenstern emittiert in ca. 20 s so viel Energie wie die Sonne in einem ganzen Jahr. Sein starker Sternwind und sporadisch auftretende Ausbrüche führen zu einem stetigen Masseverlust, der vermuten lässt, dass die anfängliche Masse bei ca. 100 $M_\odot$ gelegen haben könnte. Seine gegenwärtige Masse hat man zu etwa 27,5 $M_\odot$ abgeschätzt. Frühere Abschätzungen, die seine Masse bei bis zu 150 $M_\odot$ sahen, mussten aufgrund der genauen Bestimmung von Metallhäufigkeiten in dessen Atmosphäre und einer entsprechenden Analyse des intensiven strahlungsgetriebenen Sternwindes, der sich in den Linienkonturen des Sternspektrums widerspiegelt, unter Verwendung entsprechender Modellrechnungen revidiert werden (Abb. 2.36).

Noch einmal zurück zu R136a1. Die Leuchtkraft dieses Sterns übersteigt die Leuchtkraft des Pistolensterns um das rund Fünffache. Pro Jahr verliert er durch den intensiven Sternwind rund $5 \cdot 10^{-5}$ $M_\odot$, was bedeutet, dass er seit seiner Ent-

Abb. 2.36 Inmitten des Tarantelnebels in der Großen Magellanschen Wolke befindet sich der offene Sternhaufen R136, der eine größere Anzahl extrem massiver LBVs und Wolf Rayet-Sterne enthält. Aufnahme Hubble-Teleskop. (NASA, ESA, P. Crowther)

2.4 Sternmassen

stehung vor wahrscheinlich weniger als 800.000 Jahren bereits etwa 50 $M_\odot$ verloren hat. Dieser Masseverlust geht natürlich weiter, und welche Folgen dies für seinen weiteren Entwicklungsweg haben wird, ist noch Gegenstand der Forschung. Auf jeden Fall wird er in einer astronomisch kurzen Zeit als Kernkollapssupernova enden, wobei mit hoher Wahrscheinlichkeit ein Schwarzes Loch entstehen wird. Für die Bildung eines Neutronensterns ist die Masse des Sternkerns von sicherlich mehr als 50 $M_\odot$ viel zu groß (Tab. 2.7).

Wie bereits Eddington erkannt hat, wird die Masse von Sternen nach oben durch die von ihnen entwickelte Leuchtkraft begrenzt. Ein Stern ist nämlich nur so lange hydrostatisch stabil, wie der Strahlungsdruck (der bei massereichen und damit leuchtkraftstarken Sternen dominiert) die Gravitationsanziehung nicht übersteigt. Das führt zu dem Begriff der Eddington-Leuchtkraft. Über die Masse-Leuchtkraft-Beziehung begrenzt sie die theoretisch mögliche Masse eines Hauptreihensterns nach oben. Man weiß, dass dieser theoretische Wert bei Sternen nicht erreicht wird, da sie schon weit davor zu starken Masseabflüssen (Sternwinde) und Instabilitäten neigen. Auch Sternmodelle helfen hier nur bedingt weiter. Sie implizieren eine obere Massengrenze bei etwa 300 $M_\odot$, was sich in etwa mit den empirischen Befunden (die natürlicherweise eine gewisse Unsicherheit besitzen) deckt.

In einer Arbeit von M.S. Oey und C.J. Clarke (2005) wurde versucht, eine Masseobergrenze von Sternen über statistische Untersuchungen von ausgewählten Sternhaufen, die eine größere Zahl massereicher Mitglieder aufweisen, zu bestimmen. Unter Erweiterung der Ursprünglichen Massefunktion nach Salpeter erhielten sie einen Masseschnitt in jungen offenen Sternhaufen bei ungefähr 120 bis 200 $M_\odot$. Sterne größerer Masse sind offenbar große Ausnahmen und schon deshalb extrem selten.

Ein in diesem Zusammenhang interessanter Befund ist, dass je mehr Mitglieder ein junger Sternhaufen oder eine OB-Assoziation enthält, umso höher ist die Masse des hellsten Sterns. Eine Erklärung für diese Beobachtung ist ohne Zweifel eine Herausforderung für die Theorie der Sternentstehung (Tab. 2.8).

Tab. 2.7 Eigenschaften des „Pistolensterns" im Quintuplet-Cluster

Eigenschaft	Wert
Spektraltyp	LBV (S-Doradus-Stern), pec.
Entfernung	ca 25.000 Lj
Temperatur	12.000–21.000 K
Leuchtkraft	$\log\left(\frac{L}{L_\odot}\right) > 6{,}0$
Anfangsmasse	$M_{init} > 100\,M_\odot$
Radius	300–340 $R_\odot$
Alter	2,4–3,6 Mio. Jahre

Tab. 2.8 Liste der 20 massereichsten Sterne (Stand Anfang 2023)

Name	Masse [$M_\odot$]	Radius [$R_\odot$]	Temperatur [$10^3\,K$]	Leuchtkraft [$10^6\,L_\odot$]
Arches-F1	110	41,6	33,7	2
Arches-F6	110	41,7	34,7	2,23
Arches-F9	121	36,9	36,8	2,23
Cyg OB2–12	110	246	13,7	1,9
HD 93.250	118	18	50,5	1,23
HD 269.810	150		52,5	2,19
NGC 3603-A1a	120	29,4	42	2,45
NGC 3603-A1b	92	25,9	40	1,51
NGC 3603-B	132	33,8	42	2,88
NGC 3603-C	113	26,2	44	2,24
R136a1	265	35,4	53	8,7
R136a2	195	29,5	53	6,02
R136a3	135	23,4	53	3,8
R136c	175	30,6	51	5,62
Sk-68° 137	100		55	1,55
VFTS 682	150		52,5	63,16
WOH G64	25	1540	3,4	
WR 102 ka	175			
WR 102kc	125			
WR42e	130			2,24
η Carinae A	120	180	9,4–37,2	

2.5 Sternspektren

Sterne emittieren aufgrund ihrer effektiven Temperaturen zwischen ~3000 K und ~50.000 K elektromagnetische Strahlung überwiegend (oder zumindest zu einem relativ großen Teil, wobei dies dem unteren und oberen Teil der Skala der effektiven Temperaturen entspricht) im optischen Spektralbereich („sichtbares Licht", $\lambda \approx 380$ nm – 780 nm). Dieser Bereich ist auch der Wellenlängenbereich, für den die Erdatmosphäre weitgehend transparent ist, was die spektrale Untersuchung von Sternen zweifellos begünstigt („optische Spektralanalyse"). Kurzwellige Strahlung – beginnend etwa bei einer Wellenlänge von 280 nm (UV-C) – wird dagegen durch die Lufthülle fast vollständig absorbiert. Kosmische UV-, Röntgen- und Gammastrahlung kann deshalb effektiv nur von Satelliten außerhalb der Erdatmosphäre, mittels oftmals sehr spezieller Teleskope beobachtet bzw. detektiert werden (man denke beispielsweise an die Wolter-Teleskope der Röntgenastronomie). Diese Aussage trifft zu einem großen Teil auch für die Infrarot- oder

2.5 Sternspektren

Wärmestrahlung kosmischer Objekte zu, die dem Wellenlängenbereich zwischen 780 nm und 1 mm entspricht. Allerdings gibt es hier einige „atmosphärische Fenster", die man zumindest in ariden Gebieten oder auf hohen Bergen zu astronomischen Beobachtungen nutzen kann, da die die IR-Absorption von Wasserdampf dort entsprechend unterdrückt ist. Das gilt übrigens auch für den sich an den infraroten Spektralbereich anschließenden Mikrowellenbereich.

Ein Sternspektrum besteht gewöhnlich aus einem mehr oder weniger stark ausgeprägten Kontinuum, dem „dunkle" oder manchmal auch „helle" Linien aufgeprägt sind. Die Positionen derartiger „Spektrallinien" in einem Spektrum lassen sich durch ihre jeweilige Wellenlänge λ oder (äquivalent) durch ihre Frequenz ν charakterisieren (da Spektrallinien gegenüber ihrer natürlichen Linienbreite „verbreitert" sein können, gilt diese Angabe immer für die Linienmitte). Die gemessene Wellenlänge einer Spektrallinie kann sich dabei durchaus etwas von ihrer Laborwellenlänge λ_0 unterscheiden. Solch ein Unterschied tritt immer dann auf, wenn der entsprechende Stern bzw. das Entstehungsgebiet der Linie in der Sternatmosphäre relativ zum Beobachter (Erde) eine radiale Geschwindigkeitskomponente aufweist. Das bedeutet ganz allgemein gesprochen, das man aus Spektren allein durch Messung von Linienverschiebungen oder auch durch Ermittlung von Linienprofilen (das Stichwort heißt hier „Doppler-Verbreiterung") etwas über kinematische Vorgänge bezüglich eines Sterns in Erfahrung bringen.

λ wiederum entspricht gemäß der Planckschen Beziehung $\Delta E = h\nu$ mit $c_0 = \lambda \nu$ der Energiedifferenz zwischen zwei Anregungszuständen eines Atoms oder Moleküls und ist damit „stoffabhängig". Indem man die Wellenlängen der Linien in einem Sternspektrum mit den Spektren von bekannten Stoffen, deren Spektren im Labor ausgemessen worden sind, vergleicht, kann man etwas über die Elemente und über die Moleküle erfahren, aus denen Sternatmosphären bestehen.

Die „Stärke" einer Spektrallinie, ausgedrückt durch ihre Äquivalentbreite, hängt dagegen im Wesentlichen von der Anzahl der Atome (bzw. Moleküle) ab, die im Fall einer Absorptionslinie am Absorptionsvorgang in der Sternatmosphäre entlang der Sichtlinie beteiligt sind. Untersucht man in dieser Hinsicht eine Vielzahl von Spektrallinien eines Stoffes, kann man unter Anwendung der Boltzmann-Statistik bzw. der Ionisationstheorie von Saha Informationen über die Häufigkeit dieses Stoffes in einer stellaren Atmosphäre ermitteln, beispielsweise ausgedrückt durch eine Konzentration oder Säulendichte.

Welche Linien von allen möglichen Anregungszuständen eines Atoms konkret in einem Sternspektrum auftauchen, hängt wiederum von den lokalen physikalischen Bedingungen in dem Bereich der Sternatmosphäre ab, in dem die eigentliche Linienabsorption stattfindet. Das betrifft im Wesentlichen dessen Temperatur T und dessen Gasdichte ρ. Ein erhöhter Druck P im Emissionsgebiet führt wiederum zu einer Veränderung des Linienprofils (Druckverbreiterung), was man ausnutzen kann, um beispielsweise Sterne in Leuchtkraftklassen einzuteilen. Denn es gibt Sterne, die zwar die gleiche effektive Temperatur besitzen (und damit auch sehr ähnliche Spektren), deren Radien sich aber um Größenordnungen unterscheiden („Riesen" und „Zwerge").

Die Präsenz von Magnetfeldern führt bekanntlich zu einer Aufspaltung entsprechender Spektrallinien in mehrere Einzelkomponenten, was als Zeeman-Effekt bekannt ist. Die Messung dieses Effekts mittels hochauflösender Spektrografen hat beispielsweise mit dazu beigetragen, die rätselhafte Natur der sogenannten Polare und der DQ-Herculis-Sterne (zwei spezielle Gruppen kataklysmischer Veränderlicher *(binary)*, deren eine Komponente ein hochmagnetischer Weißer Zwerg ist) aufzuklären. Aber auch viele Hauptreihensterne besitzen so starke intrinsische Magnetfelder, dass diese sich spektroskopisch beobachten lassen. Damit werden magnetische Aktivitätszyklen, so wie wir sie von der Sonne her kennen, auch bei sonnenähnlichen Sternen beobachtbar.

In der Abweichung $\Delta \lambda = \lambda - \lambda_0$ verbergen sich schließlich – wie bereits erwähnt – wertvolle Informationen über die Radialgeschwindigkeit eines Sterns, über dessen Rotationsgeschwindigkeit und über die radiale Geschwindigkeitskomponente von Masseflüssen in der Sternumgebung, wie sie beispielsweise bei engen Doppelsternen vorkommen. Aber auch Pulsationen, Sternwinde (P-Cygni-Profil von Spektrallinien) und das Abstoßen von Materiehüllen (wie man es beispielsweise bei Nova- und Supernovaausbrüchen beobachten kann) verraten sich durch eine typische Doppler-Verschiebung bestimmter Spektrallinien.

Durch eine aufwendige Auswertung von Doppler-Daten schnell rotierender Sterne gelingt es sogar Strukturen in der Sternatmosphäre bildlich sichtbar zu machen, ohne dass man dazu den Stern optisch auflösen muss. Dieses Verfahren, welches bereits Ende der 1950er-Jahre von Armin Joseph Deutsch (1918–1969) am Mt. Palomar-Observatorium vorgeschlagen wurde, wird als „Doppler-Imaging" und manchmal auch als „Doppler-Tomografie" bezeichnet.

Schon diese kleine und noch bei Weitem unvollständige Aufzählung der Informationen, die sich über einen Stern allein aus dessen Spektrum quasi „ablesen" lassen, bezeugt die große Bedeutung der Spektroskopie in der stellarastronomischen Forschung. Leistungsfähige Spektrografen gehören deshalb zur Grundausstattung jeder Art von Forschungsteleskopen.

Typen, Funktionsweise und Leistungsmerkmale von optischen Spektrografen
Optische Spektrografen lassen sich in Abhängigkeit von ihrer Konstruktion und ihrem Einsatzzweck in verschiedene Kategorien einteilen. Hier sind einige der gängigsten Typen, wie sie in der beobachtenden Astronomie eingesetzt werden:

Prismenspektrografen: Dies sind die einfachsten Formen von Spektrografen, bei denen das Licht eines Himmelsobjekts durch ein Prisma gebrochen wird. Das Prisma trennt das Licht in seine spektralen Farben, und die Position der Spektrallinien auf einem Detektor liefert Informationen über die Wellenlänge und Intensität des Lichts. Sie sind heute eher unüblich geworden, da sie einige Nachteile gegenüber Gitterspektrografen aufweisen (insbesondere eine nichtlineare Dispersion).

Gitterspektrografen: Gitterspektrografen verwenden anstelle von Prismen Beugungsgitter, um das Licht zu zerlegen. Sie bieten eine höhere spektrale Auflösung und sind in der Lage, feinere Details im Spektrum zu erfassen. Aufgrund ihrer linearen Dispersion lassen sie Beugungsspektren auch einfacher ausmessen als Prismenspektren.

2.5 Sternspektren

Echelle-Spektrographen: Diese Spektrographen sind besonders leistungsstark und werden häufig für hochauflösende spektroskopische Untersuchungen eingesetzt. Sie verwenden ein Gitter in Kombination mit einer speziellen Anordnung von Spiegeln, um ein überlappendes Spektrum zu erzeugen, das ermöglicht, ein breites Wellenlängenintervall mit hoher Auflösung zu erfassen.

Die Funktionsweise eines optischen Spektrographen lässt sich in mehrere Schritte aufteilen:

Lichtsammlung: Zunächst wird das Licht von einem Himmelsobjekt mithilfe eines Teleskops gesammelt und auf den Spektrografenspalt gelenkt.

Dispersion: Das einfallende Licht wird durch das Prisma oder Gitter im Spektrographen in seine spektralen Komponenten zerlegt. Dies geschieht, indem das Licht wellenlängenabhängig unterschiedlich gebrochen oder gebeugt wird.

Detektion: Ein Detektor wie eine CCD-Kamera zeichnet das Spektrum und damit die Position und Intensität der individuellen Spektrallinien auf. Anschließend erfolgt die Digitalisierung und Analyse der Daten.

Kalibrierung: Um genaue spektrale Informationen zu erhalten, ist eine Kalibrierung notwendig. Dies erfolgt durch die Messung von Referenzspektren, die bekannte Spektrallinien enthalten.

Die Leistungsfähigkeit eines optischen Spektrographen wird durch mehrere Faktoren bestimmt:

Spektrale Auflösung: Darunter versteht man die Fähigkeit des Spektrographen, feine Unterschiede in den Wellenlängen zu erkennen, wobei höhere spektrale Auflösungen präzisere Messungen ermöglichen.

Empfindlichkeit: Ein guter Spektrograph sollte in der Lage sein, auch schwaches Licht von weit entfernten Himmelsobjekten zu erfassen. Eine hohe Empfindlichkeit ist entscheidend, um schwache spektrale Signaturen zu erkennen. Ausschlaggebend ist jedoch das optimale Zusammenspiel zwischen Teleskop und Spektrograph.

Wellenlängenabdeckung: Je größer der Bereich an abgedeckten Wellenlängen ist, desto vielseitiger ist der Spektrograph in seinen Anwendungsmöglichkeiten.

Stabilität: Spektrographen müssen über längere Zeiträume hinweg stabil sein, um genaue und zuverlässige Daten zu liefern.

In den letzten Jahrzehnten hat sich die Technologie der optischen Spektrographen erheblich weiterentwickelt. Moderne Spektrographen sind in der Lage, extrem hohe spektrale Auflösungen zu erreichen, und sie werden oft in Kombination mit großen Forschungsteleskopen eingesetzt, um ferne Galaxien, Sterne und Planeten zu untersuchen. Die Integration von Computersteuerung und Datenanalyse hat die Effizienz und Genauigkeit der Spektroskopie erheblich gesteigert. Darüber hinaus ermöglichen adaptive Optiksysteme die Korrektur von atmosphärischen Störungen, was die Qualität der Daten weiter verbessert.

2.5.1 Klassifikation der Sternspektren

„Wissenschaft" beginnt gewöhnlich mit einer Klassifizierung ihrer Gegenstände. Das, was insbesondere für die Zoologie und Botanik gilt, gilt natürlich in einer abgewandelten Form auch für die Astronomie. Die „Gegenstände", die uns an dieser Stelle interessieren, sind die Spektren der Sterne. Sie zeigen – wie bereits Joseph Fraunhofer bei seinen ersten spektroskopischen Versuchen feststellte – eine ziemliche Formenvielfalt. Später, als man dann begann, Sternspektren visuell am Fernrohr näher zu betrachten, stellte man fest, dass sie sich in eine relativ kleine Zahl von wohlunterscheidbaren Gruppen einteilen lassen. Hier ist als Pionier insbesondere der Jesuitenpater Pietro Angelo Secchi zu nennen, der in der Mitte des 19. Jahrhunderts an der Vatikansternwarte wirkte und besonders durch seine spektroskopischen Arbeiten bekannt wurde. 1867 veröffentlichte er ein Verzeichnis von über 500 untersuchten Sternen, die er mithilfe eines Okularspektroskops beobachtet hatte. Auf der Basis dieser Beobachtungen führte er zunächst drei verschiedene Spektraltypen ein, die er später auf fünf gut unterscheidbare Grundtypen erweiterte (Secchi 1878). Diese Typisierung, die sich in erster Linie auf den visuellen Eindruck eines Sternspektrums stützte, hatte bis zu Beginn des 20. Jahrhunderts Bestand. In moderner Terminologie kann man sie wie folgt beschreiben (s. Tab. 2.9):

Mit dem Aufkommen der Fotografie, mit deren Hilfe sich mittels Objektivprismen Spektren in großer Zahl – auch von schwächeren Sternen – äußerst ökonomisch gewinnen ließen, zeigten sich schnell die Schwächen des Klassifikationssystems nach Secchi, welches ja auf dem visuellen Eindruck beruhte, den die Sternspektren in einem Okularspektroskop beim Beobachter hinterließen. Man begann deshalb, andere Klassifikationsschemen zu entwickeln, die sich zwar noch an das von Secchi anlehnten, aber teilweise andere Spektralmerkmale zur Typisierung heranzogen. An dieser Stelle ist vor allem Williamina Fleming (1857–1911) zu nennen, die in dieser Hinsicht wichtige Vorarbeiten leistete, auf die dann ihre Kollegen und Kolleginnen am Harvard-College-Observatorium aufbauen konnten (Abb. 2.37).

So verwendeten Edward Charles Pickering (1846–1919) und Annie Jump Cannon (1863–1941) ursprünglich die Intensität der Absorptionslinien der Balmer-Serie des Wasserstoffs, um die Spektren verschiedener Sterne in eine natürliche Reihenfolge zu bringen. Sie benannten die einzelnen Spektraltypen einfach mit lateinischen Großbuchstaben, und zwar von A bis D (Secchi-Typ I), von E bis L (Secchi-Typ II) sowie M (Secchi-Typ III) und N (Secchi-Typ IV), die dann später noch um O, P und Q erweitert wurden, um auch den Secchi-Typ V mit einschließen zu können. Eine dem Buchstaben folgende Ziffer zwischen 0 und 9 diente darüber hinaus dazu, weitere spektrale Feinheiten zu berücksichtigen.

Tab. 2.9 Grundtypen von Sternspektren nach A. Secchi

Typ	Beschreibung
I	Starke Wasserstoffabsorptionen; blauweiße Sterne wie z. B. Sirius und Wega
II	Wasserstoffabsorptionen zunehmend schwächer werdend, dafür aber zahlreiche Metalllinien, insbesondere von Alkalimetallen und Eisen; gelbe bis orangefarbene Sterne wie die Sonne, wie Capella und wie Arktur
III	Auffällige Banden (Titanoxid), die aus vielen zur blauen Seite hin stärker werdenden Einzellinien bestehen. Dazu Linien von einigen Alkalimetallen (Na, Ca) und Eisen; typische Beispiele dafür sind die Spektren von orangefarbenen bis roten Sternen wie Antares, der langperiodischen Veränderlichen Mira (*o* Ceti) und Beteigeuze
IV	Besonders auffällige Molekülbanden; tiefrote Sterne, die nicht heller als die 5. Sterngröße sind
V	Enthalten auch helle Linien (Emissionslinien) und sind sehr selten

2.5 Sternspektren

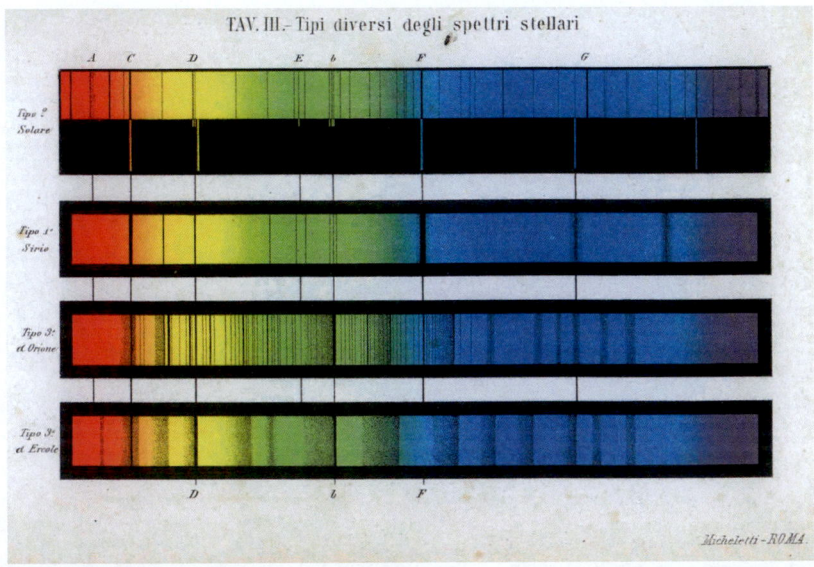

Abb. 2.37 Ursprüngliche Spektralsequenz der Sterne nach Pietro Angelo Secchi (Secchi 1877)

A-Sterne hatten in dieser Sequenz die stärksten Balmer-Linien (Beispiel Wega), deren Auffälligkeit über B bis M kontinuierlich abnahm. Später, als man erkannte, dass die natürliche Spektralsequenz einer Temperatursequenz entspricht, wurden einige Buchstaben entfernt und mehrfach eine Umsortierung vorgenommen, die dann schließlich zu der heute noch benutzten Hauptsequenz geführt hat:

$$(O-B)-(A-F-G)-(K-M).$$

„frühe" – „mittlere" – „späte" Spektraltypen.

(In der Originalsequenz nach Cannon folgen noch (R – N – S) nach, woraus neben dem bekannten Merkspruch „Oh Be A Fine Girl, Kiss Me!"[12] ein weiterer, mehr Godzilla-Fans ansprechender Merkspruch ersonnen wurde: „Overseas Broadcast: A Flash! Godzilla Kills Mothra! (Rodan Named Successor).") (Abb. 2.38).

Jede dieser spektralen Hauptgruppen wurde mit Ausnahme von wenigen Fällen nochmals in zehn Untergruppen eingeteilt, die mit den Ziffern 0 bis 9 bezeichnet wurden. Einige dieser Ziffern werden bei bestimmten Spektraltypen jedoch nur selten vergeben oder wurden sogar ausgemustert. So beginnt die Unterteilung bei O-Sternen gewöhnlich bei O4. Im Spektraltyp B wurden mit B0,5 und B9,5 sogar halbzahlige Kennziffern eingeführt. Tab. 2.10 listet die heute hauptsächlich in Gebrauch befindlichen Spektralklassen auf (die hier fehlenden Spektraltypen O2 und O3 sind extrem selten, und ihre Klassifizierung ist im Detail auch umstritten).

---

[12] Er stammt übrigens von Ms. Cannon selbst…

Abb. 2.38 Die weibliche Arbeitsgruppe um Edward Charles Pickering am Harvard College Observatorium hat zu Beginn des 20. Jahrhunderts eine Anzahl berühmter und bekannter Astronominnen hervorgebracht. Dieses Foto zeigt Henrietta Swan-Leavitt (1868–1921) und Annie Jump Cannon (1863–1941) vor dem Eingang des Bürogebäudes, in dem sie sich damals insbesondere mit der Auswertung von Himmelsaufnahmen beschäftigten. Swan-Leavitt entdeckte u. a. 1912 die berühmte Perioden-Helligkeits-Beziehung der Delta-Cepheiden, und der Name Annie Jump Cannon ist eng mit der modernen Spektralklassifikation der Sterne verbunden

Aber auch diese Einteilung war in mancherlei Hinsicht noch nicht fein genug, sodass man nun auch noch die Kleinbuchstaben a, b und c zur weiteren Unterteilung einführte. Später erkannte man ihre teilweise Korrespondenz mit der Leuchtkraft eines Sterns, die ja bei gleicher effektiver Temperatur bei Riesen- und Zwergsternen vollkommen unterschiedlich ist. Die entsprechenden Forschungsarbeiten, die zu einer neuen Klassifizierung der Sterne nach ihrer Leuchtkraft (und damit ihrer Lage im HRD) führten, sind hier eng mit den Namen Ejnar Hertzsprung und Henry Norris Russell verbunden. Sie gipfelten in der Einführung der sogenannten Leuchtkraft-

2.5 Sternspektren

Tab. 2.10 Heute noch verwendete Harvard-Klassen

O4	B0	A0	F0	G0	K0	M0
O5	B0,5	A2	F2	G2	K2	M1
O6	B1	A3	F3	G5	K3	M2
O7	B2	A5	F5	G8	K4	M3
O8	B3	A7	F7		K5	M4
O9	B5		F8			M7
O9,5	B7		F9			M8
	B8					M9
	B9,5					

klassen Anfang der 1940er-Jahre durch William Wilson Morgan (1906–1994), Philipp C. Keenan (1908–2000) und Edit Kellman (1911–2007).

Die von A. J. Cannon und ihren Mitstreiterinnen am Harvard College Observatorium entwickelte Spektralklassifikation wird heute als Harvard-Klassifikation bezeichnet. Ihre Arbeiten gipfelten in dem berühmten *Henry-Draper-Katalog,* der zwischen 1918 und 1924 veröffentlicht wurde und die Spektralklassifikationen von 225.300 Sternen enthält. Eine von A. J. Cannon erarbeitete Erweiterung (1948) enthält weitere 133.782 Sterne. Die Bezeichnung dieser Sterne, beginnend mit „HD" und gefolgt von einer fortlaufenden Nummer, wird übrigens auch heute noch gern verwendet (HD 48915 ist beispielsweise Sirius) (Abb. 2.39).

Mit den Leuchtkraftklassen ergab sich nun eine weitere Sequenz neben der Temperatursequenz der Harvard-Klassifikation. Sie ermöglichte eine zweidimensionale Spektralklassifikation der Sterne, die man nach ihren Autoren Morgan und Keenan „MK-Klassifikation" (bzw. „Yerkes-Klassifikation") nennt

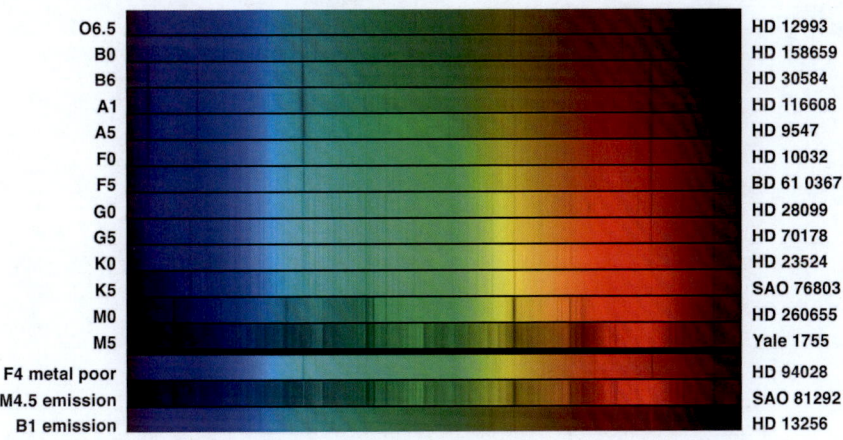

Abb. 2.39 Beispielspektren für die einzelnen Spektraltypen der Harvard-Klassifikation. Die effektive Temperatur der Sterne nimmt von oben (~50.000 K) nach unten (~3500 K) ab

(Morgan et al. 1943) (s. Tab. 2.11). Ihr augenscheinlichstes Merkmal ist, dass man die Harvard-Spektralklasse eines Sterns mit einem Suffix ergänzt, welches die Leuchtkraftklasse des Sterns angibt. Diese Klassifikation der Sternspektren wird heute mit einigen wenigen kleinen Anpassungen ausschließlich verwendet. Sie ist besonders auch für die Aufdeckung von bestimmter Korrelationen (z. B. zwischen Sternfarbe/effektiver Temperatur und Leuchtkraft) nützlich, wie man es besonders deutlich am Hertzsprung-Russell-Diagramm erkennen kann.

Tab. 2.11 MK-Spektralklassifikation, Grundtypen

Typ	Farbe	Spektralmerkmale
O	Bläulich 50.000 K	He II-Linien dominierend (Emission, $\lambda = 468,6$ nm); daneben Linien mehrfach ionisierter Atome wie C III, O II, O III, Si IV, N III; ausgeprägtes Kontinuum
B	Weißblau 25.000 K	He I-Linienstärke erreicht ihr Maximum, He II-Linien verschwinden (ab B3 nicht mehr sichtbar); Balmer-Linien des Wasserstoffs in mäßiger Ausprägung; Mg II, Si II
A	Weiß 10.000 K	Balmer-Linienstärke erreicht bei A2 ihr Maximum – danach in ihrer Stärke langsam abnehmend; K-Linie von Ca II macht sich schwach bemerkbar; Linien ionisierter Metalle (Fe II, Si II Mg II)
F	Weiß bis gelblich 7600 K	Balmer-Serie immer noch recht stark; die K-Linie des CaII wird stärker; ab F2 wird das G-Band sichtbar; Linien neutraler Metalle wie Fe I, Cr I
G	Gelblich 6000 K	H und K-Linie des Ca II stark (Maximum bei G2); Balmer-Linien nur noch mäßig stark mit weiter absteigender Tendenz; G-Band bildet ein Kontinuum; sehr viele Linien neutraler Metalle, aber so gut wie keine mehr von ionisierten Metallen
K	Orange bis rötlich 5100 K	H und K-Linie des Ca II erreichen ihre größte Stärke; erste Molekülbanden (insbesondere TiO) werden sichtbar
M	Rot 3000 K	Bandenspektrum des TiO beherrschen den langwelligen Teil des Spektrums; Linien neutraler Metalle erreichen das Maximum ihrer Stärke
Erweiterungen		
W	Wolf-Rayet-Sterne, sehr breite H, He I und He II – Linien	
P	Zentralsterne Planetarischer Nebel	
Q	Novae	
S	Starke ZrO, YO und LaO-Banden, Linien von neutralewn Atomen, effektive Temperatur entspricht derjenigen von K- und M-Sternen	
R	Starke ZrO und CO-Banden anstelle von TiO	
N	Im Spektrum Swann-Banden von C_2	
C	Kohlenstoffsterne, starke C_2, CN und CO-Banden, keine TiO-Banden, effektive Temperatur entspricht derjenigen von K- und M-Sternen	

Die effektiven Temperaturen beziehen sich mit Ausnahme vom Spektraltyp O immer auf die Untergruppe 0, also A0, B0, etc

2.5 Sternspektren

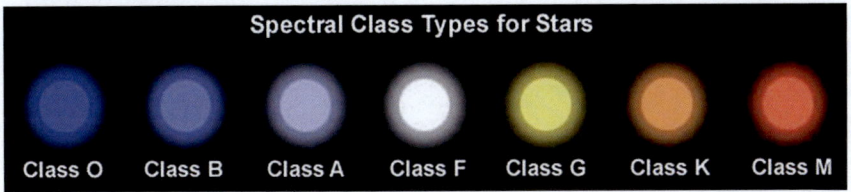

Abb. 2.40 Anhand der Farbe eines Sterns lässt sich grob auf den Spektraltyp und damit auf dessen effektive Temperatur schließen

Neben dem optischen Eindruck eines Spektrums, der auch stark von dem Equipment abhängt, mit dem es gewonnen wurde[13] benötigt man selbstverständlich objektiv messbare Klassifikationskriterien. Das ist beispielsweise die Stärke bestimmter Spektrallinien, die über die Spektralsequenz variiert. Dabei erwies sich die Balmer-Liniensequenz des Wasserstoffs bereits bei den ersten Klassifizierungsversuchen als geeignetes Merkmal, nach dem man Sternspektren in eine natürliche Reihenfolge bringen konnte. Dies reichte für eine Eindeutigkeit jedoch noch nicht aus (es gibt B- und F-Sterne, deren Balmer-Linien ungefähr gleichstark sind), sodass man weitere Linien hinzunehmen musste, um eine Eindeutigkeit zu erreichen. Das können z. B. Linien von Metallen sein, die je nach Temperatur in unterschiedlichen Ionisationsstufen in den Sternatmosphären vorliegen. Besonders die sogenannten H und K- Linien (nach der Fraunhofer-Notation) des einfach ionisierten Kalziums, deren Stärke von A nach G immer mehr zunimmt, hat sich als ein ergänzendes Merkmal bewährt. Bei späten Spektraltypen bestimmen aufgrund ihrer geringen effektiven Temperaturen Molekülbanden (z. B. TiO, ZrO) das Aussehen der Spektren (Abb. 2.40).

Eine Erklärung dafür, warum bei den O-Sternen am Anfang und bei den M-Sternen am Ende der Spektralsequenz die Wasserstoffabsorptionslinien kaum auffallen, bei den Typen A und F aber das Sternspektrum weitgehend dominiert, wurde erst in den 1920er-Jahren mittels der Ionisationstheorie von Meghnad Saha gefunden. Man kann sogar sagen, dass genau mit dieser Theorie, die einen Anschluss der Spektroskopie an die Theorie der Sternatmosphären ermöglichte, die phänomenologischen Merkmale der Sternspektren in Form einer Temperatursequenz auf einmal verständlich wurden.

2.5.2 Leuchtkraftklassen

Die Leuchtkraft eines Sterns ist entsprechend Gl. 2.49 eine Funktion seines Radius R und der effektiven Temperatur T_{eff}, wobei die erste Variable ausschlaggebend ist für die umgangssprachliche Bezeichnung des Objekts, das einer be-

---

[13] Für die spektrale Klassifikation ist eine Dispersion von ~10 nm/mm am geeignetsten.

Tab. 2.12 Leuchtkraftklassen der MK-Klassifikation

Leuchtkraftklasse	Bezeichnung	Englische Übersetzung
0	Hyperriesen	Hypergiants
I (Ia, Iab, Ib)	Überriesen	Supergiants, bright supergiants (Ia)
II	Helle Riesen	Bright giants
III	Riesen	Giants
IV	Unterriesen	Subgiants
V	Zwerge (Hauptreihe)	Dwarfs
VI (wird nur noch in Ausnahmefällen verwendet)	Unterzwerge	Subdwarfs
VII	Weiße Zwerge	White dwarfs

stimmten Leuchtkraftklasse entspricht (s. Tab. 2.12). Der Grund dafür, dieses neue Klassifikationsmerkmal einzuführen, war die Beobachtung, dass ein Riesenstern mit großer abstrahlender Oberfläche durchaus die gleiche effektive Temperatur haben kann wie ein Zwergstern (Hauptreihenstern) mit einer bedeutend kleineren abstrahlenden Oberfläche. So gesehen entspricht die Einteilung der Sterne nach Leuchtkraftklassen in etwa ihrer Einteilung nach ihrer absoluten Helligkeit. Die Bestimmung der Leuchtkraftklasse, zu der ein Stern gehört, ist auf jeden Fall diffiziler als die Bestimmung seiner Spektralklasse. Das Aussehen und das Profil von Spektrallinien hängen u. a. von den Druckverhältnissen in den jeweiligen Sternatmosphären ab. Bei einer gegebenen Temperatur T kommt es in einem dichten Plasma (was einem höheren Druck P entspricht) zu mehr Zusammenstößen zwischen den Atomen als in einem weniger dichten Plasma. Das führt dazu, dass Absorptionslinien, die ihren Ursprung in einer Region mit hohem Druck haben, meist etwas breiter sind als dieselben Linien aus einer Region mit derselben Temperatur, aber geringerem Druck. Man spricht hierbei von einer „Druckverbreiterung" der Spektrallinien. Man kann sie beispielsweise sehr schön an den Balmer-Linien der Spektraltypen B, A und F beobachten. Sie sind sehr schmal bei den absolut hellsten Sternen, die man kennt (Leuchtkraftklasse I bis IV). Sie werden breiter bei den Hauptreihensternen und werden noch breiter und zunehmend diffuser bei den kompakten Weißen Zwergsternen. Darüber hinaus gibt es auch signifikante Unterschiede im Ionisationsverhalten der in der Sternatmosphäre präsenten Gase. Hoher Druck erschwert die thermische Ionisation auf eine Weise, dass Riesensterne bei gleicher Temperatur oftmals Linien höherer Ionisationsstufe zeigen als Zwergsterne gleicher effektiver Temperatur (in den Photosphären von Riesensternen herrscht ein geringerer Druck als in den kompakten Photosphären normaler Hauptreihensterne). Eine hohe Leuchtkraft impliziert aber auch ein stärkeres Strahlungsfeld, das selbst nur relativ geringfügig von der Gasdichte beeinflusst wird. Es legt relativ unabhängig vom Druck die Ionisationsrate der verschiedenen, in der Sternatmosphäre vorhandenen Atome fest. Diesen Sachverhalt kann man ausnutzen, um über den Vergleich der Linienstärken geeigneter Ionen (im Bereich der Spektral-

2.5 Sternspektren

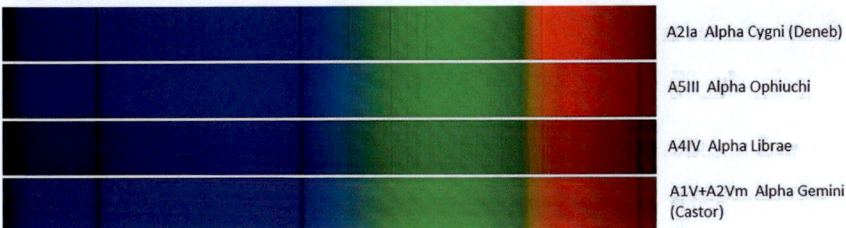

Abb. 2.41 Spektren von A-Sternen unterschiedlicher Leuchtkraftklassen. Deutlich ist zu erkennen, wie die Stärke der Balmer-Linien des Wasserstoffs variiert

typen F und G beispielsweise Sr II (421,6 nm) und Fe I (414,4 nm) sowie Fe II (417,9 nm) und Fe I (414,4 nm)) Leuchtkraftklassen zu bestimmen (man spricht hier von sogenannten „Leuchtkraftindikatoren"). Da man dazu explizit Linienstärken messen muss, sind die Anforderungen an die spektrale Auflösung der zu untersuchenden Spektren auch entsprechend höher. Die MK-Klassifikation basiert beispielsweise auf Spaltspektren mit einer Dispersion von 12,5 nm/mm (bei H_γ) und einer Vielzahl von bei dieser spektralen Auflösung objektiv messbaren Leuchtkraftindikatoren (Abb. 2.41).

Weiterhin sind Riesensterne, verglichen mit Hauptreihensternen gleichen Spektraltyps, von der Farbe her immer etwas roter. Das liegt daran, dass sie in ihren breiteren Absorptionsbanden mehr Energie absorbieren, was ihre Temperatur leicht senkt. Man kann diesen Sachverhalt – indem man gedanklich eine Parallelverschiebung des Spektrums entlang der Temperaturachse ausführt – auch folgendermaßen ausdrücken: Riesensterne mit dem gleichen Spektraltyp wie Zwergsterne haben immer eine etwas geringere effektive Temperatur (Abb. 2.42).

Die genaue Festlegung der Leuchtkraftklasse eines Sterns kann demnach nur durch eine sorgfältige Analyse spektraler Eigenheiten erfolgen, die oftmals erst bei höherer Dispersion deutlicher sichtbar und messbar werden. Heute verwendet

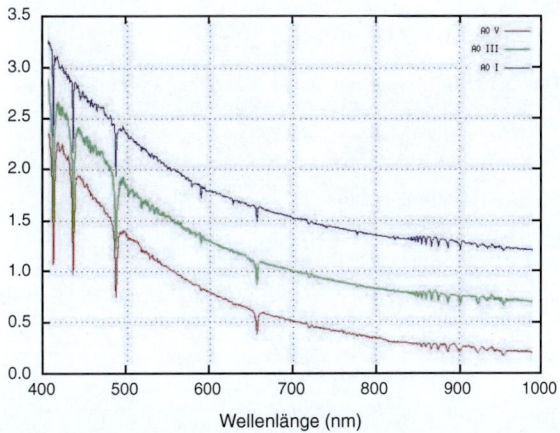

Abb. 2.42 Vergleich von Spektren von A0-Sternen unterschiedlicher Leuchtkraftklasse

man für diese Analyse genau festgelegte Paare von Spektrallinien, die für jeden Spektraltyp unterschiedlich sind. Nimmt dabei die Stärke einer Spektrallinie entlang der Sequenz V → III → I zu (was einer ansteigenden Leuchtkraft entspricht), so spricht man von einem positiven Leuchtkrafteffekt. Wird jedoch genau das entgegengesetzte Verhalten beobachtet (wie beispielsweise bei den Balmer-Linien in Sternen der frühen A-Spektraltypen), so spricht man von einem negativen Leuchtkrafteffekt.

Auf einen weiteren Sachverhalt soll an dieser Stelle unbedingt hingewiesen werden. Es ist nicht richtig, dass die Sterne einer Leuchtkraftklasse alle ungefähr die gleiche Leuchtkraft haben, wie man vielleicht annehmen könnte. Wie noch gezeigt wird, lässt sich dieses Faktum recht deutlich an der Sternverteilung im HRD (und dort besonders bei den Hauptreihensternen) ablesen. Das zeigt sich auch in der Nomenklatur der Sterne der Leuchtkraftklasse I – der Überriesen. Bei ihnen verwendet man zusätzlich die Suffixe „a" und „b", um hellere bzw. schwächere Überriesen als „normal" (Suffix „ab") separat zu kennzeichnen.

Die Angabe der Leuchtkraftklasse im Anschluss an den Spektraltyp ist das bestimmende Klassifikationsmerkmal der zweidimensionalen MK-Klassifikation der Sternspektren. Damit lassen sich rund 90 % aller Sterne spektral klassifizieren. Was nicht in dieses Schema passt, entpuppt sich entweder als zusammengesetztes Spektrum nicht aufgelöster Mehrfachsternsysteme oder als Spektrum an sich pathologischer Sterne.

Bei manchen Sternen findet man in entsprechenden Tabellenwerken neben der Leuchtkraftklasse noch ein weiteres Merkmal in Form eines Suffixes angegeben – abgekürzt durch einen Kleinbuchstaben. Er beschreibt gewisse Besonderheiten im Spektrum, die ansonsten nicht offensichtlich wären. Eine Liste der verwendeten Suffixe enthält Tab. 2.13.

Manchmal findet man in der (meist älteren) Literatur noch folgende Suffixe, obwohl sie genau genommen überflüssig sind: g = „giant", d = „dwarf", sd = „subdwarf" und w = „white dwarf" (Abb. 2.43).

Eine spezielle Gruppe bilden die Sterne der Leuchtkraftklasse VII – die Weißen Zwergsterne (s. Abschn. 2.6.4.2.4). Sie lassen sich nicht ohne Weiteres in die Standardspektralsequenz einordnen, weshalb man für sie den eigenen Spektraltyp

Tab. 2.13 Suffixe zur Ergänzung des Spektraltyps und der Leuchtkraftklasse im MK-System

Suffix	Bedeutung	Englische Übersetzung
e	Emissionslinien	Emission lines
f	Bestimmte Emissionsliniensterne vom Spektraltyp O	Certain O type emission line stars
p	Irgendwelche Besonderheiten	Peculiar spectrum
n	Breite Linien	Broad lines
s	Scharfe Linien	Sharp lines
k	Mit interstellaren Linien	Interstellar lines present
m	Stern mit Metalllinien	Metallic line star
v	Variables Spektrum	Variable

2.5 Sternspektren

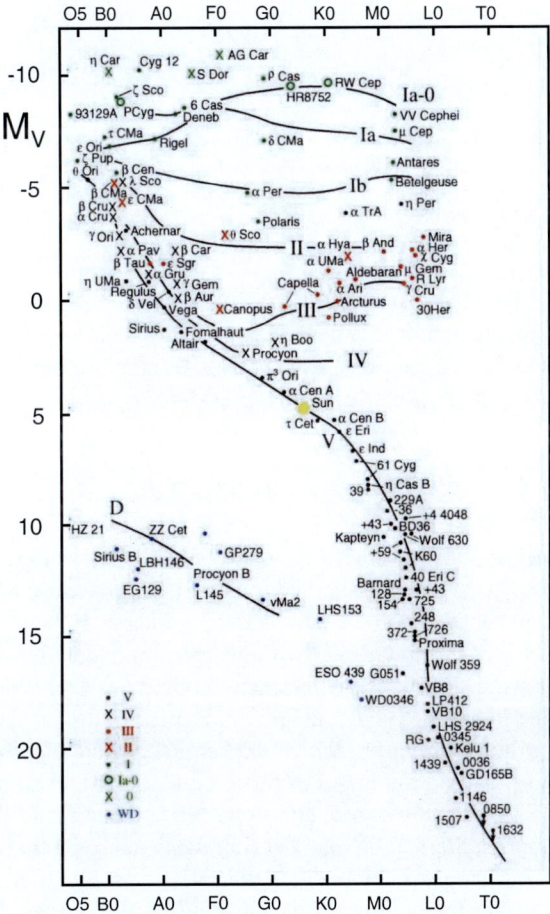

Abb. 2.43 Lage der Leuchtkraftklassen im HRD mit Beispielsternen (Kahler 1994)

D (für *degenerate*) eingeführt hat. Der Grund liegt in ihrem besonderen physikalischen Zustand. Sie stellen den stabilen Endzustand massearmer Sterne dar, die nur noch Restwärme emittieren und dabei langsam auskühlen. Typische Vertreter dieser Gruppe haben eine Masse von ungefähr einer halben Sonnenmasse und ihr Durchmesser ist mit dem Durchmesser der Erde vergleichbar. Für die Stabilität sorgt ein entartetes Elektronengas, das einen endgültigen Gravitationskollaps dauerhaft verhindert. Außen herum befindet sich eine dichte, nicht-entartete Atmosphäre. Ihre chemische Zusammensetzung bestimmt im Wesentlichen das Erscheinungsbild des Spektrums. Die dazugehörigen spektralen Merkmale werden durch einen zweiten Buchstaben gekennzeichnet.

Eine Zahl zwischen 0 und 9 als Suffix hinter dieser Kennzeichnung beschreibt die effektive Temperatur des Weißen Zwergs und wird als Temperaturindex bezeichnet. Er wurde folgendermaßen festgelegt:

T > 50.400 K	T ≤ 50.400 K
$n = trunc\left(round\left(\frac{50.400 \text{ K}}{T_{\mathit{eff}}}\right)\right)$	$n = 0$

Abb. 2.44 Vergleich des Spektrums von zwei G2-Sternen im Bereich zwischen den Balmer-Linien H_δ (410 nm) und H_γ (434 nm). Das obere Spektrum zeigt einen metallarmen Population II – Stern und darunter, zum Vergleich, das Sonnenspektrum als Beispiel für ein Spektrum eines metallreichen Sterns der Population I

Weitere Kennzeichen beziehen sich auf Besonderheiten wie Polarisation, Veränderlichkeit und andere, allgemein als *peculiar*[15] bezeichnete Merkmale.

Der Begleiter des Sirius, Sirius B, ist z. B. vom Typ DA2 und der Begleiter von Prokyon, Prokyon B, vom Typ DA4.

2.5.3 Populationszugehörigkeit

Der Populationsbegriff geht auf Walter Baade zurück, der um 1944 festgestellt hat, dass sich die hellen Sterne in den Spiralarmen der Milchstraße und des Andromedanebels von den weniger hellen Sternen zwischen den Spiralarmen und den Sternen, aus denen beispielsweise Kugelsternhaufen bestehen, in ihrem Entwicklungszustand und ihrer chemischen Zusammensetzung signifikant unterscheiden. Um diesen Unterschied deutlich zu machen, führte er den Begriff der Sternpopulation in die Astronomie ein. Stark vereinfacht spricht man von Sternen der Population I, wenn deren Atmosphären zu 2 % bis 4 % mit Metallen (d. h. Elementen, deren Ordnungszahl 2 übersteigt) angereichert sind. Das sind meist junge, leuchtkräftige Sterne, die man bei Spiralgalaxien typischerweise in den Spiralarmen findet. Sterne der Population II sind dagegen alte Sterne mit einem relativ geringen Metallgehalt in ihren Atmosphären (0,3 % bis 1 %). Dazu gehören u. a. die Sterne in Kugelsternhaufen, aber auch bestimmte veränderliche Sterne wie z. B. RR-Lyrae-Sterne mit einer Periodendauer on mehr als 0,4 Tage. Als sie einst entstanden, war die interstellare Materie nur wenig mit Elementen jenseits von Helium angereichert, was ihre Metallarmut erklärt (Abb. 2.44).

Die ursprüngliche Einteilung der Sternbevölkerung des Milchstraßensystems in zwei Populationen erwies sich nachträglich als viel zu grob. Deshalb wurde eine weitere Unterteilung notwendig, sodass man heute von Sternen der „Extremen Population I", der „Älteren Population I", der „Scheibenpopulation", der „Zwischenpopulation II" und der „Halopopulation" spricht. Sie unterscheiden sich nicht nur in ihrem Metallgehalt, sondern auch in ihrem dynamischen Verhalten und ihrer räumlichen Konzentration innerhalb des Milchstraßensystems, was sich beispielsweise in ihrer Verteilung in Bezug auf die galaktische Ebene widerspiegelt. Am auffälligsten sind hier die Mitglieder der Halopopulation

---

[15] „eigenartig".

2.5 Sternspektren

Tab. 2.14 Eigenschaften der Sternpopulationen der Milchstraße

	Halo-population II	Zwischen-population II	Scheiben-population	Ältere Population I	Extreme Population I
Typische Objekte	Kugelstern-haufen RR-Lyrae-Sterne mit P > 0,4 d W Virginis-Sterne Sterne der Leuchtkraft-klasse VI CEMP-Sterne	„Normale" Schnellläufer Langperiod. Veränderliche mit P < 250 d	F- bis M-Sterne mit schwach ausgeprägten Metalllinien Planetarische Nebel RR-Lyrae-Sterne mit P < 0,4 d Klassische Novae	A-Sterne, F- bis K-Sterne mit stark ausgeprägten Metalllinien K- bis M-Zwerge (V) mit Emissions-linien (Me) Delta-Cepheiden	OB-Sterne Überriesen OB-Assoziationen T-Tauri-Sterne (T-Assozi-ationen) ISM[14]
Metallhäufigkeit	0,001	0,005	0,01–0,02	0,02	0,03–0,04
Alter	11,4–13,5 Ga (Kugelstern-haufen)	2–10 Ga	3–10 Ga	0,2–10 Ga	<100 Ma
Hellste Sterne	Rote Riesen (III)			Helle Rote Riesen (II)	OB-Über-riesen (I)
Ort	Halo	Dicke Scheibe	Kernbereich	Scheibe	Spiralarme
Skalenhöhe	~2000 pc	~500 pc	~300 pc	~100 pc	~60 pc
Geschwindig-keitsdis-persion	~130 km/s	~50 km/s	~30 km/s	~20 km/s	~10 km/s

(„Extreme Population II"), besonders alte Sterne (im Durchschnitt 12,7 Mrd. Jahre), die sich annähernd kugelsymmetrisch um das galaktische Zentrum verteilen. Sie sind zum größten Teil in Kugelsternhaufen konzentriert. Sterne, in deren Atmosphären so gut wie keine Metalle nachweisbar sind (sogenannte EMP-Sterne, Extremely Metal-Poor Stars), werden der Population III zugeordnet. In unserer Milchstraße konnten jedoch keine Vertreter dieser Population nachgewiesen werden. Es gibt aber einige sehr weit entfernte Galaxien (man sieht sie im Zustand von wenigen 100 Mio. Jahre nach dem Urknall), die mit einer gewissen Wahrscheinlichkeit Sterne dieser ansonsten noch hypothetischen Population enthalten. Sie müssten extrem massereich (200 bis 300 $M_\odot$), extrem leuchtstark und entsprechend kurzlebig sein. Nur mit ihrer Hilfe lässt sich der Anfangsmetallgehalt der Population II-Sterne erklären, denn nach dem Urknall gab es noch keine Elemente mit Z > 2 in merklicher Konzentration (Tab. 2.14).

Die unterschiedliche Metallizität der Mitglieder der einzelnen Populationen schlägt natürlich auch auf ihre Spektren durch, sodass es durchaus sinnvoll ist, die

---

[14] ISM = Interstellare Materie.

Populationszugehörigkeit als „dritte Dimension" in die Spektralklassifikation einzubeziehen. Das erlaubt u. a. statistische Untersuchungen über die Entwicklungsgeschichte der Milchstraße und, darauf aufbauend, die von anderen vergleichbaren Galaxien. In der Nomenklatur der Sternspektren wird die Populationszugehörigkeit jedoch in der Regel vernachlässigt.

Metallizität

In der Astrophysik bezeichnet man alle Elemente, deren Ordnungszahl $Z = 2$ übersteigt, als „Metalle". Das ist zwar vom chemischen Standpunkt nicht richtig, aber da im Periodensystem „Metalle" bei Weitem überwiegen, hat sich diese Bezeichnung eingebürgert. Unter „Metallizität" versteht man dann die Häufigkeit der „Metalle" ($Z > 2$) in Bezug auf Wasserstoff ($Z = 1$), die sich beobachtungstechnisch mithilfe der quantitativen Spektralanalyse bestimmen lässt und die gewöhnlich auf die chemische Zusammensetzung der Sonnenatmosphäre bezogen wird:

$$[Fe/H] = \log\left(\frac{N_{Fe}}{N_H}\right) - \log\left(\frac{N_{Fe}}{N_H}\right)_\odot \qquad (2.98)$$

Das chemische Symbol für „Eisen", Fe, wird dabei als Abkürzung für den astronomischen Begriff der „Metalle" verwendet. Ein Stern mit dem gleichen Fe/H–Verhältnis wie die Sonne besitzt nach Gl. 2.98 eine Metallizität von 0. Ein Stern mit einem doppelt so hohen Metallgehalt in Bezug auf Wasserstoff besitzt eine Metallizität von $\log(2,0) = 0,3$. Ansonsten ist die Interpretation eines [Fe/H]-Wertes recht einfach: Ein Stern mit positiver Metallizität enthält mehr schwere Elemente als die Sonne, und ein Stern mit einem negativen Metallizitätswert entsprechend weniger (man beachte dabei die logarithmische Skalierung!).

Zwischen der Metallizität [Fe/H] und dem Farbenindex (B-V) besteht übrigens eine Korrelation, die man ausnutzen kann, um nach entsprechender Eichung allein durch Farbmessungen die ungefähre Metallizität von Feldsternen (und damit grob ihre Populationszugehörigkeit) zu bestimmen. Durch empirische Untersuchungen hat man folgende Formel ableiten können, mit deren Hilfe sich auf einfache Art und Weise (und zwar ohne explizite spektroskopische Untersuchungen) der Metallizitätsgrad eines Sterns allein aus dem Farbenindex bestimmen lässt (Santos et al. 2004):

$$[Fe/H] = aT_{eff} - b + c(B - V) - d(B - V)^2 \qquad (2.99)$$

$$T_{eff} = 10^\beta [K]$$

$$\beta = \frac{14,55[\text{mag}] - (B - V)}{3,684[\text{mag}]}$$

$a = 2,43 \cdot 10^{-3}[K]^{-1}$; $b = 20,49$; $c = 11,52 \, [\text{mag}]^{-1}$; $d = 2,69 \, [\text{mag}]^{-1}$

Man kann sie verwenden, um die in einem Sternkatalog (z. B.dem *Tycho-Katalog*) enthaltenen (B-V)-Werte in Metallizitäten umzurechnen. Diese Methode arbeitet relativ gut für
$0 > [Fe/H] > -2$. Sterne mit sehr geringem Metallgehalt zeigen dagegen alle ungefähr das gleiche fotometrische Verhalten.

Der Grad der Metallizität einer Sternatmosphäre stellt einen Effekt dar, der mit der chemischen Entwicklung einer Galaxie zu tun hat. Er friert, vereinfacht gesprochen, den Metallgehalt der interstellaren Materie zum Zeitpunkt der Entstehung eines Sterns ein, was es erlaubt, das ungefähre Sternalter abzuschätzen. Denn aufgrund des kosmischen Materiekreislaufs reichert sich die interstellare Materie langsam mit schwereren Elementen als Helium an, sodass ausgesprochen metallarme Sterne sehr alt und ausgesprochen metallreiche Sterne sehr jung sein können. In der Milchstraße variiert der [Fe/H]-Wert zwischen $\approx -5{,}4$ und $\approx +1$. Quasi metallfreie Sterne ([Fe/H]< -6), die der Population III zugeordnet werden, konnten in der Milchstraße noch nicht gefunden werden, da sie mit sehr hoher Wahrscheinlichkeit alle bereits ausgestorben sind. Nur in Bezug auf den Eisengehalt (also konkret $Z=26$) konnte ein Stern gefunden werden (SMSS J031300.36–670839.3), dessen Metallizität mit $\approx -7{,}4$ nur etwa dem $1/10^7$-fachen Wert der Sonne entspricht. Er ist wahrscheinlich etwa 100 Mio. Jahre nach dem Urknall aus dem „Schutt" der ersten Sterne der nicht mehr vorhandenen Population III entstanden und gilt als der älteste bekannte Stern der Milchstraße.

2.5.4 Spektralklassen

In den folgenden Unterkapiteln werden die Spektralklassen der MK-Haupt- und Nebensequenz im Einzelnen anhand ihrer typischen Merkmale vorgestellt. Dabei wird im Wesentlichen nur der optische Wellenlängenbereich zwischen ca. 380 nm und 780 nm berücksichtigt.

Bei der Klassifizierung von Spektren ist zu beachten, dass ihr Aussehen, d. h. ihr optischer Eindruck, stark von dem verwendeten Equipment (Prismen- oder Gitterspektrum, Objektivprismen- oder Spaltspektrograph, spektrales Auflösungsvermögen, verwendetem Strahlungsdetektor und dessen spektraler Empfindlichkeit etc.) abhängt. Viele der verfügbaren Spektralkataloge beruhen noch auf der visuellen Inspektion von Objektivprismenaufnahmen, die mit einer Dispersion von ca. 100 nm/mm auf fotografischen Platten aufgenommen worden sind. Damit lässt sich im Vergleich mit Spektren von Referenzsternen recht sicher der Harvard-Spektraltyp, jedoch nicht die Leuchtkraftklasse bestimmen. Für Letztere sind höherauflösende Spektren notwendig, auf denen sich die Stärke von Linienprofilen messen lässt. Die originale MK-Klassifikation von 1943 beruht beispielsweise auf Spektren mit einer Dispersion von 12,5 nm/mm bei H_γ. Mit dieser Auflösung wurden die Spektren sorgfältig ausgewählter Sterne, welche die gesamte

Spektral- und Leuchtkraftsequenz überdecken, fotografiert und zu einem Atlas zusammengestellt.[16] Heute übernehmen oftmals schon spezielle Geräte in Zusammenarbeit mit Computern die Klassifikationsarbeit, indem sie die Spektralaufnahmen scannen und aus den Scans im Vergleich zu den Daten gespeicherter Vergleichsspektren den Spektraltyp und eventuell auch noch die Leuchtkraftklasse bestimmen. Dabei kommen teilweise Algorithmen zum Einsatz, die auf sogenannten neuronalen Netzwerken beruhen (Bailer-Jones et al. 1998). In kritischen Fällen oder bei der Unterscheidung von Feinheiten verlässt man sich aber weiterhin auf das menschliche Auge, welches im direkten Vergleich mit Vergleichsspektren und gepaart mit Sachverstand immer noch die genauesten Resultate liefert.

Bei hochauflösenden Spektren fallen bei deren Auswertung neben dem MK-Spektraltyp außerdem noch Daten an, und zwar in Bezug auf die Radialgeschwindigkeit (Eigenbewegung, Pulsationen, Rotation), auf die Präsenz von Magnetfeldern und auf spektrale Eigentümlichkeiten (wie z. B. P-Cygni-Linienprofile, die auf Sternwinde und expandierende Hüllen hinweisen).

Tab. 2.15 enthält eine Auflistung der heute am meisten verwendeten MK-Standardsterne mit ihrer jeweiligen Einordnung. Da die Spektralkataloge seit der Veröffentlichung des MK-Katalogs im Jahre 1943 mehrfach revidiert wurden, können sich Abweichungen zu älteren und neueren Arbeiten ergeben. Die UBV-Helligkeiten und die Parallaxe der Sterne sind der Datenbank SIMBAD entnommen.

Einfacher dualer Bestimmungsschlüssel für die wichtigsten Spektraltypen	
1 Balmer-Linien dominieren das Spektrum	 2
1* Balmer-Linien kaum sichtbar oder nicht nachweisbar	 6
2 K – Linie des einfach ionisierten Kalziums (Ca II) nicht nachweisbar	.... Spektraltyp B
2* K – Linie des einfach ionisierten Kalziums (Ca II) vorhanden	 3
3 G – Band des CH bei λ=430 nm vorhanden	 5
3* G – Band des CH bei λ=430 nm nicht nachweisbar	 4
4 K – Linie (Ca II) schwächer als die Balmer-Linien	.... Spektraltyp A0
4* K – Linie (Ca II) ungefähr halb so stark wie die Balmer-Linien	.... Spektraltyp A5
5 H_γ/G-Band – Verhältnis: $G \ll H_\gamma$	.... Spektraltyp F0
5* H_γ/G-Band – Verhältnis: $G = H_\gamma/2$	.... Spektraltyp F5
6 H_γ/G-Band – Verhältnis: $G = H_\gamma$	.... Spektraltyp G0
6* H_γ/G-Band – Verhältnis: $G > H_\gamma$	 7
7 TiO – Banden vorhanden	.... Spektraltyp M
7* TiO – Banden nicht vorhanden	.... Spektraltyp K

---

[16] Dieser Spektralatlas steht vollständig im Internet zur Verfügung: http://ned.ipac.caltech.edu/level5/ASS_Atlas/MK_contents.html.

2.5 Sternspektren

Tab. 2.15 Standardsterne der MK-Klassifikation (SIMBAD)

Stern	HD	Spektraltyp	U-Helligkeit [mag]	B-Helligkeit [mag]	V-Helligkeit [mag]	B-V	Parallaxe [mas]
15 S Mon	47839	O7 V (var)	3,36	4,40	4,64	−0,24	3,55
10 Lac	214680	O9 V	3,65	4,67	4,88	−0,21	1,89
υ Ori	36512	B0 V	3,30	4,36	4,63	−0,27	1,14
ε Ori	37128	B0 Ia	0,48	1,51	1,69	−0,18	1,65
χ2 Ori	41117	B2 Ia	4,24	4,91	4,63	0,28	1,81
9 Cep	206165	B2 Ib	4,49	5,03	4,73	0,30	–
η UMa	120315	B3 V	0,99	1,67	1,86	−0,19	31,38
η Aur	32630	B3 V	2,33	3,00	3,18	−0,18	13,4
σ2 CMa	53138	B3 Ia	2,14	2,94	3,02	−0,08	1,18
η CMa	58350	B5 Ia	1,65	2,37	2,45	−0,08	1,64
β Ori A	34085	B8 Ia	−0,56	0,10	0,13	−0,20	3,78
γ UMa	103287	A0 Van	2,44	2,45	2,40	0,05	39,21
α Lyr	172167	A0 Va	0,03	0,03	0,03	0,00	130,23
η Leo	87737	A0 Ib	3,17	3,39	3,41	−0,02	2,57
	21389	A0 Ia	4,99	5,10	4,54	0,56	1,30
α Cyg	197345	A2 Ia	1,11	1,34	1,25	0,09	2,31
α PsA	216956	A3 Va	1,31	1,25	1,16	0,09	129,81
ζ Leo	89025	F0 IIIa	3,89	3,72	3,41	0,31	11,90
α Lep	36673	F0 Ib	3,02	2,77	2,57	0,20	1,47
78 UMa	113139	F2 V	–	5,29	4,93	0,36	39,30
α Per	20902	F5 Ib	2,64	2,27	1,79	0,48	6,44
π3 Ori	30652	F6 V	3,62	3,63	3,19	0,44	123,94
γ Cyg	194093	F8 Ib	3,44	2,90	2,23	0,67	1,78
δ CMa	54605	F8 Ia	3,06	2,52	1,84	0,68	2,03
β CVn	109358	G0 V	4,91	4,86	4,25	0,61	118,49
η Boo	121370	G0 IV	3,44	3,25	2,68	0,57	87,75
β Aqr	204867	G0 Ib	4,27	3,71	2,89	0,81	6,07
Sonne		G2 V					
κ Cet	20630	G5 V	5,71	5,52	4,85	0,67	109,41
μ Her	161797	G5 IV	4,56	4,17	3,42	0,75	120,33
9 Peg	206859	G5 Ib	6,48	5,52	4,35	1,17	3,52
61 UMa	101501	G8 V	6,31	6,08	5,34	0,74	104,04
β Aql	188512	G8 IV	5,04	4,56	3,71	0,85	73,00
κ Gem	62345	G8 IIIa	5,19	4,49	3,57	0,92	23,07
ε Vir	113226	G8 IIIab	4,45	3,71	2,79	0,92	29,76
ε Gem	48329	G8 Ib	5,85	4,39	2,98	1,41	3,86

(Fortsetzung)

Tab. 2.15 (Fortsetzung)

Stern	HD	Spektraltyp	U-Helligkeit [mag]	B-Helligkeit [mag]	V-Helligkeit [mag]	B-V	Parallaxe [mas]
σ Dra	185144	K0 V	5,86	5,46	4,68	0,78	173,77
β Gem	62509	K0 III	3,00	2,14	1,14	1,00	96,54
ε Cyg	197989	K0 III	4,37	3,52	2,48	1,04	44,86
γ Cep	222404	K1 IV	5,19	4,25	3,22	1,03	70,91
ε Eri	22049	K2 V	5,19	4,61	3,73	0,88	310,94
α Ari	12929	K2 IIIab	4,29	3,17	2,01	1,16	49,56
κ Oph	153210	K2 III	5,52	4,36	3,20	1,16	35,66
ρ Boo	127665	K3 III	6,33	4,89	3,59	1,30	20,37
ι Aur	31398	K3 II	6,00	4,22	2,69	1,53	6,61
61 Cyg A	201091	K5 V	7,50	6,39	5,21	1,18	286,82
γ Dra	164058	K5 III	5,63	3,76	2,23	1,53	21,14
β And	6860	M0+IIIa	5,58	3,62	2,05	1,57	16,52
χ Peg	1013	M2+III	8,28	6,38	4,80	1,58	8,86
α Ori	39801	(M1–M2) (Ia–Ib) var	4,38	2,27	0,42	1,85	6,55
μ Cep	206936	M2- Ia	8,85	6,43	4,08	2,35	0,55

2.5.4.1 Sterne vom Spektraltyp O

Die O-Sterne stehen an der Spitze der Skala der effektiven Sterntemperaturen. Sie sind extrem heiß (mehr als 50.500 K bei O4), massereich (>20M$_\odot$), sehr hell ($M_{bol} \approx -12(!)$ bei HD 93129 A im Carinanebel, Spektraltyp O2 I f) und auch – im Vergleich zu anderen Sternen – sehr selten (es gibt nur 17 Vertreter mit einer scheinbaren Helligkeit größer als +5mag; wahrscheinlich gibt es kaum mehr als 20.000 Hauptreihensterne diesen Spektraltyps in der gesamten Milchstraße). Die Farbe dieser Sterne ist auffällig weiß bis blauweiß. Man findet sie häufig als Komponente eines Doppelsternsystems (die besonders massereichen Vertreter dieser Sterngruppe sind mit hoher Wahrscheinlichkeit das Ergebnis der Verschmelzung zweier enger und damit untereinander wechselwirkender Doppelsternsysteme) und manchmal als Zentralstern eines Planetarischen Nebels. Trotz ihrer Seltenheit sind sie zusammen mit den B-Sternen die dominanten „Lichtquellen" von Galaxien, wo sie explizit Sternentstehungsgebiete (*starburst*-Regionen) und damit zusammen mit leuchtkräftigen A-Sternen die Spiralarme der Spiralgalaxien markieren.[17] Aufgrund ihrer intensiven UV-Strahlung und den von ihnen ausgehenden Sternwinden

---

[17] Heute werden oftmals die O-Sterne zusammen mit frühen B-Sternen (d. h. bis einschließlich B2) zu einer gemeinsamen Gruppe „OB-Sterne" zusammengefasst, was physikalisch sinnvoll ist, hier aber nicht weiter vertieft werden soll.

2.5 Sternspektren

haben sie einen großen Einfluss auf die interstellare Materie in ihrer Umgebung, deren Wasserstoffanteil sie ionisieren und damit zum Leuchten anregen (Stichwort: H-II-Region). Da sie sehr massereich sind, enden sie bereits in astronomisch kurzer Zeit als Kernkollapssupernovae, wobei sie einen erheblichen Teil ihrer Materie im Zuge dieser Explosion wieder an die interstellare Materie abgeben. Sie sind damit ein äußerst wichtiger Part des kosmischen Materiekreislaufs und so für die zwar langsame, aber stetige Anreicherung der interstellaren Materie mit „Metallen" verantwortlich. Man vermutet außerdem, dass ein gewisser Teil von derartigen Kernkollapssupernovae (CCSN, Core-Collapse Supernova) zu sogenannten „langandauernden Gammablitzen" führen (LGRB, Long Gamma-Ray Bursts), die über kosmologische Entfernungen nachweisbar sind.

Die Spektren der O-Sterne zeigen typische He II– (bei Spektraltypen früher als O5, Ionisationspotenzial 24 eV) und He I-Absorptionen sowie eine ganze Anzahl weiterer Linien hochionisierter Atome (z. B. Si IV (408,9 nm), N III (463,4 nm; 464,0 nm in Emission), C III (406,8, 464,7 und 455,1 nm), O II, O III). Aufgrund der hohen Photosphärentemperaturen sind die Wasserstofflinien der Balmer-Serie nur sehr schwach ausgeprägt. Oft findet man Emissionslinien im Spektrum (Typ Oe, wenn beispielsweise die Balmer-Linien des Wasserstoffs in Emission erscheinen; Typ Of, wenn N III und He II (468,6 nm) gemeinsam als Emissionslinien in Erscheinung treten), die manchmal von ebenso starken Absorptionslinien begleitet werden (besonders gut zu beobachten in UV-Spektren von O-Sternen der Leuchtkraftklasse I). Es handelt sich dabei um sogenannte P-Cygni-Profile, welche die Präsenz von sehr starken Sternwinden anzeigen. Bei O-Sternen der Leuchtkraftklasse V treten dagegen Effekte, die durch Sternwinde hervorgerufen werden, kaum oder zumindest nur sehr schwach in Erscheinung.

Im Allgemeinen sind die Absorptionslinien bei O-Sternen nicht scharf, sondern aufgrund ihrer hohen Rotationsgeschwindigkeiten verbreitert. Aus ihren Doppler-Profilen ließen sich Rotationsgeschwindigkeiten im Bereich zwischen etwa $v \sin i = 130 \ldots 220$ km/s ableiten. Sie müssen demnach stark abgeplattet sein.

Zur Bestimmung der Zugehörigkeit zu einer Unterklasse von O-Sternen verwendet man hauptsächlich das Verhältnis der Linienstärken von He II (454,1 nm) zu He I (447,1 nm). Dabei wird die Beobachtung ausgenutzt, dass die Linie des einfach ionisierten Heliums mit steigender Temperatur immer stärker wird, während im gleichen Maß die benachbarte Linie des neutralen Heliums kontinuierlich abnimmt. In Sternen vom Typ O3, wie man sie im Bereich des Carinanebels (NGC 3372) findet, lässt sie sich auf für Klassifikationszwecke angefertigten Spektren nicht mehr nachweisen.

In der originalen MK-Klassifikation wird O-Sternen erst ab der Unterklasse 9 beginnend auch eine Leuchtkraftklasse zugeordnet. Als Kriterien verwendet man hier u. a. die von Leuchtkraftklasse Ia über III und V zunehmende Intensität der He II-Linie bei $\lambda = 468{,}6$ nm. Es handelt sich hierbei um einen eher seltenen negativen Leuchtkrafteffekt (s. Abschn. 2.5.2). Auch die Linien des zweifach ionisierten Stickstoffs bei $\lambda = (463{,}4 \ldots 464{,}0)$ nm und 464,2 nm zeigen bei O9 und O9,5 dieses bemerkenswerte Verhalten. Weiterhin beobachtet man, dass die genannten

Tab. 2.16 Beispiele für einige hellere leuchtkraftstarke O-Sterne

Stern		Spektraltyp	Entf. [pc]	M_V	R in [$R_\odot$]	M in [$M_\odot$]	L in [$L_\odot$]	T_{eff} in [K]	$v \sin i$ [km/s]
ζ Pup	Naos	O4 I(n)fp	≈ 330	−6,0	≈ 25	≈ 40	≈ 650.000	≈ 42.000	>220
λ Cep		O6,5If(n)p	≈ 950	−6,4	≈ 20	≈ 51	≈ 630.000	≈ 36.000	≈ 210
S Mon A		O7 V	≈ 720	−5,2	≈ 10	≈ 29	≈ 214.000	≈ 38.500	≈ 120
ξ Per	Menkib	O7,5 III	≈ 380	−5,5	≈ 14	≈ 32	≈ 263.000	≈ 35.000	≈ 220
10 Lac		O9 V	≈ 715	−4,4	≈ 8,3	≈ 27	≈ 102.000	≈ 36.000	≈ 35
δ Ori	Mintaka	O9 V	≈ 380	−5,4	16,5	≈ 24	≈ 190.000	≈ 29.500	≈ 130
ι Ori A	Hatsya	O9 III	≈ 700		≈ 8,3	≈ 23	≈ 68.000	≈ 32.000	≈ 122
ζ Ori	Alnitak	O9,5 Iab	≈ 387	−6,0	20	≈ 33	≈ 250.000	≈ 28.000	≈ 140?
ζ Oph		O9,5 V	≈ 112	−4,2	≈ 8,5	≈ 20	≈ 91.000	≈ 34.000	≈ 400

Die Daten sind i. d. R. Mittelwerte verschiedener Quellen

Linien bei Sternen der Leuchtkraftklassen III und I (Riesen und Überriesen) oft in Emission auftreten (Tab. 2.16).

Besonders auffällig sind O-Sterne im UV-Bereich, in dem sie entsprechend ihrer hohen effektiven Temperatur den größten Teil ihrer Kontinuumsstrahlung emittieren (das Maximum liegt bei einer effektiven Temperatur von $T_{eff} = 30.000$ K bei $\lambda \sim 100$ nm). Diese Strahlung ist in der Lage, neutralen interstellaren Wasserstoff großräumig zu ionisieren (H-II-Regionen). Deshalb sind O-Sterne – wie bereits erwähnt – häufig mit Emissionsnebeln assoziiert. Das bekannteste Beispiel ist sicherlich der Große Orionnebel M42/43, dessen Emission zu einem großen Teil von dem Stern Θ^1 Ori C (Spektraltyp O6, – der hellste der vier Trapezsterne) angeregt wird. Im Bereich des Nebels findet man noch weitere O- und B-Sterne, die eine lockere Ansammlung bilden, die man als OB-Assoziation bezeichnet (z. B. Ori OB 2).

Eine Besonderheit der UV-Spektren insbesondere von O-Überriesen, ist die Präsenz von P-Cygni-Linienprofilen bei einer Vielzahl von mehrfach ionisierten Atomen wie beispielsweise Si IV (139,4 nm) und C IV (155,1 nm), die starke Sternwinde anzeigen. Aus dem Abstand der Linienkerne der Absorptions- und Emissionskomponenten derartiger Linien lassen sich Abströmgeschwindigkeiten von weit über 1.000 km/s ableiten. Sie sind der Grund dafür, dass massereiche O-Sterne allein durch intensive Sternwinde im Laufe ihrer Existenz als Hauptreihen- oder Riesensterne einen beträchtlichen Teil ihrer Ausgangsmasse verlieren.

P-Cygni-Linienprofil
Ist ein Stern von einer dünnen, radial expandierenden Hülle umgeben, in der alle Bedingungen zur Entstehung von Emissionslinien erfüllt sind, dann lassen sich bei entsprechender spektraler Auflösung in dessen Spektrum Spektrallinien beobachten, die jeweils durch eine breite un-

2.5 Sternspektren

verschobene Emissionslinie – dicht gefolgt von einer eng anliegenden blauverschobenen Absorptionslinie – charakterisiert sind. Das Profil derartiger Linien wird nach dem Stern, in dessen Spektrum sie zuerst beobachtet wurden, als P-Cygni-Profil bezeichnet. Ihre Entstehung lässt sich leicht erklären: So ist die Blauverschiebung eine Folge des Doppler-Effektes des sich radial zum Beobachter zubewegenden Teils der Hülle, welche das Sternlicht entsprechend absorbiert und so dem Spektrum eine dünne Absorptionslinie aufprägt. Die Strahlung dagegen, die aus dem sich nicht direkt auf die Erde zubewegenden Teil der Hülle stammt, bildet die mehr diffuse Emissionslinie. Durch eine genaue Analyse eines derartigen Linienprofils und aus der in der Linie emittierten Energie lassen sich sowohl die Expansionsgeschwindigkeit von expandierenden Sternhüllen (bzw. Sternwinden) als auch die Konzentrationen der den Linien zugeordneten Ionen im Hüllengas bestimmen (Abb. 2.45).

Die eigentümliche, aus einer Absorptions- und Emissionslinie zusammengesetzte Struktur einzelner Spektrallinien im Spektrum von P-Cygni wurde zum ersten Mal von James Edward Keeler (1857–1900) bemerkt, der 1889 das Privileg hatte, visuelle Spektroskopie am riesigen Lick-Refraktor zu betreiben. Später, etwa 1895, konnte diese Beobachtung auch fotografisch verifiziert werden (z. B. durch Vogel und Wilsing in Potsdam), wobei man von einem Doppelstern ausging, bei dem die eine Komponente ein Emissionslinienspektrum und die andere ein Absorptionslinienspektrum besaß. Erst genauere Messungen von Aristarch Apollonowitsch Belopolski (1854–1934), der an der Sternwarte Pulkowo wirkte, wiesen den Weg zu einer plausiblen Interpretation dieses Linienprofils. Gegen Ende der 1920er Jahre erkannte man schließlich gewisse Gemeinsamkeiten mit den Spektren von Wolf-Rayet-Sternen. So stellte der kanadische Astronom Carlyle Smith Beals (1899–1979) in seiner Arbeit „On the Nature of Wolf-Rayet emission" (Beals 1929) fest:

> Both P Cygni and η Carinae have been numbered among the novae… This similarity with novae, considered in connection with the absorption on the violet edges of emission lines and the variation in width of P Cygni lines with wave-length, suggests that the peculiarities in the spectra of these stars due to ejection of gaseous material in a manner similiar tot hat suggested for Wolf-Rayet stars.

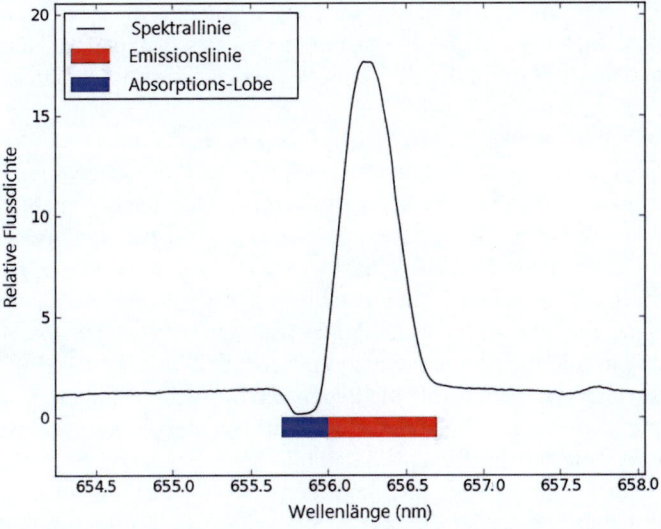

Abb. 2.45 Aufbau eines typischen P-Cygni-Linienprofils

Oder anders ausgedrückt – aus der Analyse von P-Cygni-Profilen lässt sich etwas über die Kinematik und über die physikalischen Bedingungen von expandierenden Sternhüllen (oder Sternwinden) in Erfahrung bringen.

Die beste Zeit, um auf der nördlichen Erdhalbkugel einige der wenigen helleren O-Sterne zu beobachten, ist das Winterhalbjahr. Der rechte (δ) und der linke (ζ) Gürtelstern des Orion gehören dieser Spektralklasse an.

2.5.4.2 Sterne vom Spektraltyp B

Überall in der Milchstraße, wo Sterne vom Spektraltyp O zu finden sind, gibt es noch viel mehr Sterne der Spektralklasse B. Beide Typen bilden lockere Ansammlungen extrem leuchtkräftiger blauer Sterne, die man als OB-Assoziationen bezeichnet und die bei Spiralgalaxien zusammen mit den Emissionsnebeln, deren Leuchten sie anregen, die hellen Spiralarme auf den schwachen Untergrund der leuchtkraftschwachen Sterne der galaktischen Scheibe zeichnen.

B-Sterne, ihre vergleichsweisen einfachen, von den Balmer-Linien des Wasserstoffs dominierten Spektren, ihre Atmosphären und ihre Verteilung in der Milchstraße haben zu vielen wichtigen und grundlegenden Untersuchungen Anlass gegeben. In der Astrophysik bildete ihre vergleichsweise „simple" radiative Atmosphäre das Vorbild für erste detaillierte Studien von stellaren Atmosphärenmodellen im lokalen thermodynamischen Gleichgewicht (LTE) und der damit im Zusammenhang stehenden Theorie der Entstehung von Absorptionslinien. Die Stellarstatistiker untersuchten wiederum die Verteilung dieser leicht identifizierbaren und leuchtkraftstarken Sterne am Himmel, was wesentliche Erkenntnisse in Bezug auf die Aufklärung der Spiralstruktur unserer Heimatgalaxie lieferte. Und nicht zuletzt sind hier noch die B-Sterne mit Emissionslinien in ihren Spektren zu nennen (Be-Sterne), die lange Zeit geheimnisvoll blieben. Heute weiß man, dass es sich bei ihnen um schnell rotierende Sterne handelt, von denen am Äquator kontinuierlich Materie abfließt. Sie sammelt sich in einer optisch dünnen Gasscheibe um den Stern an, in der die beobachteten Emissionslinien ihren Ursprung haben.

Im Unterschied zu den Spektren der O-Sterne findet man bei Sternen vom Spektraltyp B zwar He I- Linien im Spektrum (sie erreichen ihre maximale Stärke beim Typ B2), aber die Anregungsbedingungen reichen nicht mehr aus, um auch deutlich He II-Linien zu erzeugen (sie sind in höherauflösenden Spektren gerade eben noch bis B0,5 nachweisbar). Die heißesten Sterne dieser Gruppe besitzen eine effektive Temperatur von ca. 30.000 K (B0), die „kühlsten" haben ca. 10.000 K (B9). Metalllinien sind kaum zu finden mit Ausnahme von hohen Ionisationsstufen von Silizium, Sauerstoff und Kohlenstoff. Da sich mit abnehmender Temperatur die Bedingungen für die Ausbildung von Wasserstoffabsorptionslinien in der Sternatmosphäre immer mehr verbessern, beobachtet man von B0 bis B9 eine kontinuierliche Verstärkung der Balmer-Linien, die beim Spektraltyp A2 ihr Maximum erreicht. Für diese Verstärkung ist in den Sternatmosphären der B- und A-Sterne der Stark-Effekt verantwortlich. Er beruht auf der Wechselwirkung von Elektronen und Ionen mit den neutralen

2.5 Sternspektren

Wasserstoffatomen der Sternatmosphäre. Die genannten geladenen Teilchen erzeugen in der Umgebung eines absorbierenden Wasserstoffatoms ein starkes elektrisches Feld, welches zu einer Aufspaltung des Energieniveaus der Hauptquantenzahl n des neutralen Wasserstoffatoms in $2n^2$ Unterniveaus führt. Man sagt auch, das Energieniveau n ist $2n^2$-fach entartet. Die entsprechende Balmer-Linie spaltet sich dadurch in diskrete Stark-Komponenten auf. Da die elektrischen Felder lokal stark fluktuieren und außerdem die Wasserstoffatome eine Eigenbewegung gemäß der Maxwell'schen Verteilung ausführen (Doppler-Effekt), verschmelzen die Stark-Komponenten in der Summe zu einer einzelnen Linie, deren Stärke empfindlich von der Elektronendichte im Absorptionsgebiet abhängt. Bei späteren Spektraltypen (etwa ab A3 bei Überriesen und A7 bei Hauptreihensternen) nimmt die Linienverbreiterung der Balmer-Linien trotz des weiterhin dominanten Einflusses des Stark-Effekts wieder ab. Der Grund dafür liegt in der sinkenden effektiven Temperatur ($\approx$ 8400 K bei A3 I und $\approx$ 7800 K bei A7 V) und im Zusammenspiel mit der Oberflächengravitation (log(g) $\approx$ 4,5 bei A3 I und log(g) $\approx$ 2,5 bei A7 V). Dieser Effekt lässt sich übrigens in Ergänzung zu anderen Leuchtkraftindikatoren zur Bestimmung der Leuchtkraftklasse verwenden.

Die temperaturabhängigen Unterklassen des Spektraltyps B werden, wie bei den anderen Spektraltypen auch, über das Verhältnis bestimmter Linienpaare festgelegt. Bei den frühen Klassen sind das beispielsweise Si III (455,2 nm) zu Si IV (408,9 nm) oder (ab B2) Si II (412,8 nm) zu He I (412,1 nm). Für die Festlegung späterer Klassen (ab B8) wird dagegen oft das Verhältnis Mg II (448,1 nm) zu He I (447,1 nm) herangezogen.

Bei entsprechender spektraler Auflösung sind auch Leuchtkrafteffekte in den Spektren relativ gut nachweisbar. So ist z. B. die verbotene Linie bei $\lambda = 446,9$ nm (He I) nur bei Sternen um den Spektraltyp B3 der Leuchtkraftklasse V vorhanden. Ein weiteres, oft verwendetes Leuchtkraftkriterium stellt die bereits diskutierte Stärke (Äquivalentbreite) der Balmer-Linien des Wasserstoffs dar, die mit der absoluten Helligkeit eines B-Sterns korrespondiert. Darüber hinaus gibt es zur Festlegung der Leuchtkraftklasse eine ganze Reihe weiterer geeigneter Indikatoren. Das sind beispielsweise Spektrallinien, deren Verhältnis der Äquivalentbreiten zueinander (z. B. N II (399,5 nm) zu He II (400,9 nm) bei B0 bis B1-Sternen) für die Klassifizierung ausschlaggebend ist (Tab. 2.17).

Einige der helleren Sterne des Nachthimmels sind B-Sterne. Dazu gehören der hellste Stern im Sternbild Löwe, Regulus, und der hellste Stern im Sternbild Jungfrau, Spica. Unter den 100 scheinbar hellsten Sternen des Nachthimmels gibt es allein 33 Sterne vom Spektraltyp B. Das ist jedoch nicht ihrer „wahren" Häufigkeit geschuldet, sondern eher ihrer enormen Leuchtkraft. Bezogen auf die gesamte Population der Sterne sind sie, ähnlich wie die O-Sterne, eher selten. Unter den 100 sonnennächsten Sternen gibt es nicht einen O- oder B-Stern.

Unter den B-Sternen findet man auch einige peculiare Typen, die hier nur kurz aufgezählt werden sollen. Die Be-Sterne, die durch die Präsenz von Emissionslinien besonders auffallen, sind bereits erwähnt worden. Es handelt sich hierbei um Hauptreihensterne, Unterriesen und Riesensterne der Spektraltypen O, B und

Tab. 2.17 Beispiele für einige hellere B-Sterne

Stern		Spektraltyp	Entf. [pc]	M_V	R in [$R_\odot$]	M in [$M_\odot$]	L in [$L_\odot$]	T_{eff} in [K]	$v \sin i$ [km/s]
κ Ori	Saiph	B0,5 Ia	≈ 200	−6,1	≈ 22	≈ 15	≈ 57.000	≈ 26.500	≈ 83
κ Cas		B0,7 Ia	≈ 1400	−7,0	≈ 33	≈ 33	≈ 302.000	≈ 23.500	≈ 66
ε CMa	Adhara	B2 II	≈ 132	−4,8	≈ 14	≈ 13	≈ 38.700	≈ 22.900	≈ 25
ρ Oph A		B2 V	≈ 111	−0,7		≈ 9	≈ 4900?	≈ 27.200	≈ 300?
η Aur	Hoedus	B3 V	≈ 75		≈ 3,3	≈ 5,4	≈ 955	≈ 17.200	≈ 95
δ Per		B5 III	≈ 160		≈ 10	≈ 7		≈ 14.900	≈ 190
τ Her		B5 IV	≈ 96	−1,0	3,5	≈ 4,9	≈ 700	≈ 15.600	≈ 46
β Ori A	Rigel	B8 Ia	≈ 260	−6,7	≈ 62	≈ 17	≈ 40.600	≈ 12.300	
β Tau	Elnath	B7 III	≈ 40	−1,3	≈ 4,2	≈ 5	≈ 700	≈ 13.800	≈ 82
β CMi	Gomeisa	B8 Ve	≈ 50		≈ 3,5	≈ 3,5	≈ 195	≈ 11.800	≈ 210

Die Daten sind i. d. R. Mittelwerte verschiedener Quellen

A. Der bekannteste und auch bestuntersuchte Stern dieses Typs ist der veränderliche Stern γ Cas, in dessen Spektrum bereits Angelo Secchi im Jahre 1866 eine Emissionslinie (die, wie man später erkannte, genau mit der Balmer-Linie H_γ zusammenfällt) mit seinem Okularspektroskop entdeckte. Wie bei allen Be-Sternen handelt es sich bei ihm um einen Stern mit sehr hoher Rotationsfrequenz (Rotationsgeschwindigkeit $v \sin i$ ≈ 430 km/s). Er muss deshalb einen Äquatorialwulst ausbilden, über den er kontinuierlich über Sternwinde Materie verliert, die sich in Form einer Scheibe um den Stern ansammelt. Die Emissionslinien, die ihren Ursprung in dieser heißen zirkumstellaren Scheibe haben, werden besonders dann deutlich sichtbar, wenn man von der Erde aus direkt auf diese Scheibe blickt (bei klassischen Be-Sternen). Andernfalls, bei Kantensicht, spricht man von Be-Hüllensternen – und zwar immer dann, wenn in ihren Spektren vermehrt tiefe und schmale Absorptionslinien auftauchen (Mon et al. 2013). Ein Großteil des spektroskopischen sowie des fotometrischen Verhaltens dieser Sterne ist demnach stark davon abhängig, unter welchen Inklinationswinkel i man auf deren Rotationsachse blickt. Diese Erkenntnis hilft, durch Analyse der Spektren verschiedener Be-Sterne mit unterschiedlichem i, deren Geometrie zu rekonstruieren (Abb. 2.46).

Viele Be-Sterne zeigen einen unregelmäßigen Lichtwechsel. Sie werden nach ihrem Prototyp als Gamma-Cassiopeiae-Sterne bezeichnet. Neben dem Namensgeber γ Cas gehören auch der Plejadenstern Pleione = BU Tau sowie ζ Tau, φ Per und o And (um nur ein paar weitere Beispiele zu nennen) zu dieser Sternfamilie (Hoffmeister et al. 2013). Man vermutet auch gut begründet, dass der beobachtete langsame, regellose Lichtwechsel der Gamma-Cassiopeiae-Sterne in erster Linie auf die Gasscheibe um den Stern zurückzuführen ist.

Die Klassifikation der Be-Sterne und der Be-Hüllensterne erfolgt durch einen Index an das „e" in der Spektralbezeichnung (s. Tab. 2.18).

Abb. 2.46 Änderung der Struktur einer Spektrallinie in Abhängigkeit davon, aus welcher Richtung ein Be-Stern beobachtet wird. (Nach S. R. Cranmer)

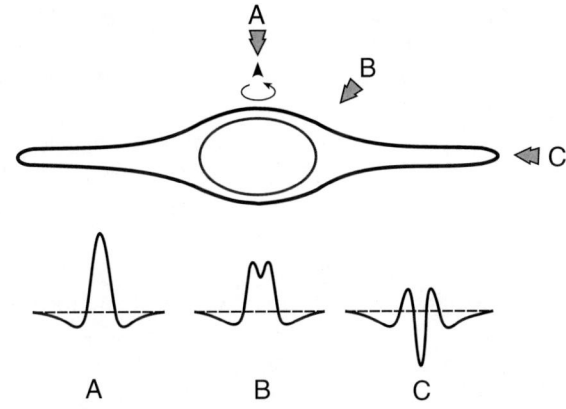

Tab. 2.18 Klassifikation von Be-Sternen

Typ	Bezeichnung	Prototypen, Eigenschaften
e_1	Keine offenkundigen Wasserstoffemissionen	1H Cam, 66 Oph; keine Fe II-Absorptionslinien
e_{1+}		48 Per; H_β mit schmalem Emissionskern
e_2	H_β in Emission	120 Tau, ψ Per; H_β in Emission, H_γ teilweise in Emission während die anderen Balmer-Linien nur in Absorption auftreten
e_{2+}		HD 45995; H_γ mit schmalem Emissionskern, andere Balmer-Linien nur leicht gefüllt
e_3	Komplettes Wasserstoffemissionsspektrum	HD 58050, 11 Cam; alle Balmer-Linien bis H_ε in Emission, ihre Ausprägung ist aber geringer als bei e_4
e_{3+}		HD 41335; Fe II-Linien auffälliger als bei e_3, Wasserstoff-emissionen weniger ausgeprägt als bei e_4
e_4	Extreme Be-Sterne	χ Oph; alle Balmer-Linien in Emission, sehr starke Fe II – Linien

Mit den Be-Sternen sollten nicht die B[e]-Sterne verwechselt werden. Im Gegensatz zu den Be-Sternen findet man in deren optischen Spektren neben Balmer-Linien in Emission zusätzlich noch Emissionslinien von „verbotenen" Übergängen[18], insbesondere von einfach ionisiertem Eisen (Fe II) und neutralem Sauerstoff (O I). Da verbotene Übergänge in einer Vielzahl von physikalischen Szenarien denkbar sind, ist die Einordnung und Interpretation derartiger Sterne nicht immer ganz einfach. Unter ihnen hat man u. a. Zentralsterne von Planetarischen Nebeln, Überriesensterne sowie sogenannte „Symbiotische Sterne" gefunden.

---

[18] Die eckigen Klammern sollen hier auf „verbotene Linien" in Emission hinweisen.

Bei Letzteren handelt es sich um enge Doppelsternsysteme, die aus jeweils einem Roten Riesen und einem Weißen Zwergstern bestehen.

Eine weitere Gruppe unter den B-Sternen stellen die chemisch peculiaren Sterne dar, bei denen man zwischen heliumstarken B-Sternen (Spektraltyp B3 und früher), heliumschwachen B-Sternen (B3 und später) sowie Quecksilber-Mangan-Sternen (HgMn stars, Spektraltyp B7 bis B9, nur LK V, IV und III) unterscheidet. Ein Beispiel für einen der seltenen HgMn-Sterne ist o Pegasi, der aber neuerdings den A-Sternen (A1 IV) zugeordnet wird.

Für den „Feldstecherastronomen" bieten sich drei Stellen am Himmel an, an denen auffällig viele B-Sterne ihre Pracht entfalten: der Sternhaufen der Plejaden (alle mit freiem Auge sichtbaren Sterne sind von diesem Spektraltyp), das Gebiet um die Gürtelsterne und um die Schwertsterne des Sternbilds Orion sowie die OB-Assoziation um α Persei im Sternbild Perseus.

Die Massen der B-Sterne liegen zwischen 3 und 20 $M_\odot$ und die Leuchtkraft zwischen ca. 50 und 30.000 $L_\odot$. Ihre Lebensdauer ist aufgrund ihrer großen Masse relativ gering, d. h., sie verabschieden sich bereits nach wenigen 10 Millionen Jahren von ihrem Sternendasein – und zwar genauso wie die O-Sterne – mit einer katastrophalen Supernovaexplosion. Am Ende bleibt entweder ein Neutronenstern oder – je nach Masse des kollabierenden Sternkerns – ein Schwarzes Loch übrig…

2.5.4.3 Sterne vom Spektraltyp A

Schon mit einem einfachen Okularspektroskop an einem kleinen Fernrohr kann man im Spektrum der Wega (α Lyrae) oder im Spektrum des Sirius (α CMa) sehr schön die auffällig intensiven Wasserstoffabsorptionslinien der Balmer-Serie sehen. Aus diesem Grund standen die „A"-Sterne auch ursprünglich am Anfang der Spektralsequenz. Später, als man erkannte, dass die Spektralklassen eine Funktion der effektiven Temperatur sind, hat man sie im Anschluss an die B-Sterne an die dritte Position verschoben. A-Sterne unterscheiden sich von den B-Sternen in erster Linie durch das Fehlen von He I-Linien. Dabei erreichen die Balmer-Linien ein Maximum in ihrer Ausprägung. Anhand ihrer Stärke und der Stärke der K-Linie des einfach ionisierten Kalziums lassen sich die Subtypen unterscheiden (Tab. 2.19).

Das Maximum der Stärke der Balmer-Linien wird ungefähr beim Spektraltyp A2 erreicht. Danach nimmt ihre Stärke langsam ab, und zwar in dem Maße, wie die H- (396,8 nm) und K-Linie (393,3 nm) des einfach ionisierten Kalziums (Ca II) zunehmen. In demselben Maße, wie die Linienstärken der Balmer-Linien ab A2 wieder abnehmen, nehmen im Spektrum die Linien neutraler und einfach ionisierter Metalle wie Fe I, Fe II, Ti I, Ti II und Cr I, Cr II immer mehr zu, wobei es gerade bei den späten A-Typen bei Spektren geringer Dispersion bereits zu Überblendungen der Spektrallinien kommt. Im sichtbaren Spektrum machen die Absorptionslinien der genannten Elemente und Ionen von der Anzahl her etwa 2/3 aller Spektrallinien aus.

Zur Bestimmung der Leuchtkraftklasse zieht man bei A-Sternen sowohl das Profil der Wasserstoffabsorptionslinien als auch das Verhältnis der Linien verschiedener neutraler und ionisierter Elemente heran. So sind die Flanken der

2.5 Sternspektren

Tab. 2.19 Beispiele für einige hellere A-Sterne

Stern		Spektral-typ	Entf. [pc]	M_V	R in [$R_\odot$]	M in [$M_\odot$]	L in [$L_\odot$]	T_{eff} in [K]	$v \sin i$ [km/s]
α CrB	Alphecca	A0 V	≈ 23	0,2	≈ 3	≈ 2,6	≈ 74	≈ 9700	≈ 139
α Lyr	Wega	A0 Va	≈ 7,7	0,6	≈ 2,5	≈ 2,1	≈ 40	≈ 9600	≈ 20
γ Gem		A1,5 IV+	≈ 34		≈ 3,3	≈ 2,8	≈ 123	≈ 9260	≈ 15
β Ser	Nasak	A3 V	≈ 46						
β Leo	Denebola	A3 V	≈ 11		≈ 1,7	≈ 1,8	≈ 15	≈ 8500	≈ 128
γ UMi	Pherkad	A2 III	≈ 150	−2,8	≈ 15		≈ 1100	≈ 8280	≈ 180
β Tri		A5 IV	≈ 39		≈ 4	≈ 3,5	≈ 74	≈ 8186	≈ 70
α Aql	Altair	A7 V	≈ 5,1	2,2	≈ 1,7	≈ 1,8	≈ 11	≈ 7500	≈ 240?
γ Boo	Seginus	A7 III	≈ 26				≈ 34	≈ 7800	≈ 140

Die Daten sind i. d. R. Mittelwerte verschiedener Quellen

Wasserstofflinien von Überriesen deutlich steiler als bei Hauptreihensternen. Die Unterscheidung der Leuchtkraftklassen III, IV und V ist dagegen schwieriger. Hier helfen die Profile der Wasserstofflinien oftmals nicht weiter. Man muss deshalb Leuchtkrafteffekte anderer Linien (z. B. Se II, Fe I, Fe II, Ti II oder Mg II) ausnutzen, um die betreffenden Sterne richtig zu klassifizieren. Insbesondere die Linien von Fe II und Ti II stellen für späte A-Sterne bis mittlere F-Sterne geradezu ideale Leuchtkraftindikatoren dar. Den Grund dafür findet man bei einer Analyse des Ionisationsgleichgewichts Fe I $\leftrightharpoons$ Fe II + e$^-$ unter den Bedingungen der Atmosphäre eines Hauptreihensterns (höhere Dichte und damit auch höhere Elektronendichte) und eines Riesensterns (geringere Gasdichte und damit auch eine geringere Elektronendichte). Wie man leicht mithilfe der Saha-Gleichung zeigen kann, verschiebt sich das Gleichgewicht derart, dass die Intensität der Fe II-Linie mit abnehmender Elektronendichte zunimmt. Das Verhältnis Fe II/Fe I (und analog von Ti II/Ti I) ist deshalb sehr empfindlich in Bezug auf den Druck (bzw. Oberflächengravitation) im Absorptionsgebiet.

Detaillierte Untersuchungen zeigen, dass A-Sterne immer noch eine hohe (wenn auch etwas geringere als bei O- und B-Sternen) Rotationsgeschwindigkeit aufweisen. Dabei rotieren Hauptreihensterne dieses Spektraltyps im Mittel schneller (A5V : $v \sin i \approx 130$ km/s) als Riesensterne (A5III : $v \sin i \approx 100$ km/s).

Die Massen der A-Sterne liegen zwischen 2 und 4 $M_\odot$ (Hauptreihen- und Riesensterne) bzw. 12 bis 16 $M_\odot$ (Überriesen). Entsprechend stark variieren auch die Leuchtkräfte (Tab. 2.20):

Tab. 2.20 Eigenschaften von A-Sternen. (Nach Landolt-Börnstein 1982)

Typ	effektive Temperatur T_{eff}	Leuchtkraft in $L_\odot$
A0V	9520	54
A5V	8200	14
A0III	10.100	106
A0I	9730	35.000

Unter den 100 sonnennächsten Sternen gibt es lediglich zwei vom Spektraltyp A (α CMa, α Aql), was auf ihre relative Seltenheit in der Umgebung der Sonne hinweist. Unter den 100 scheinbar hellsten Sternen am Himmel sind sie dagegen mit 21 Exemplaren sehr gut vertreten. Das ist allein auf ihre große Leuchtkraft zurückzuführen. Insbesondere sind hier Überriesensterne wie Deneb (α Cyg) zu nennen, der trotz einer Entfernung von ca. 800 pc mit einer scheinbaren Helligkeit von 1,25 mag ($M_V \approx -8{,}38$ mag) zu einem der hellsten Sterne am Himmel gehört.

Die gegenüber späteren Spektralklassen „linienarme" Spektralklasse A neigt dazu, Spektren hervorzubringen, die isser Weise „peculiar" sind (sogenannte Ap-Sterne) und deshalb nicht gut in die übliche Unterklassifikation passen. Die wichtigsten dieser „peculiaren" Klassen sind:

Am-Sterne
„Metalliniensterne"; scharfe (wegen langsamer Rotation[19]) Metalllinien in großer Zahl; Intensität der K-Linie (Ca II) korrespondiert nicht mit der Stärke der Balmer-Linien; alle Sterne dieses Typs fallen in den Spektralbereich von A5 bis F2.

Am-Sterne stellen bis zu 50 % aller Sterne des Spektraltyps A8 in der Milchstraße. Ein typisches Beispiel ist der ca. 100 Lj. entfernte Stern ξ Cephei, dessen Spektraltyp zu A3/6Vm angegeben wird. Die chemischen Anomalien der Atmosphären von Am-Sternen stehen im Zusammenhang mit spezifischen Stoffan- und abreicherungsmechanismen im Bereich der Wasserstoffkonvektionszone und der Photosphäre, die sich von denen „normaler" A-Sterne aufgrund der geringeren Rotationsgeschwindigkeit unterscheiden.

Ap-Sterne
Peculiare A-Sterne weisen eine von typischen A-Sternen stark abweichenden chemischen Zusammensetzung der Sternatmosphäre auf, die sich im Spektrum durch eine Vielzahl von scharfen Linien von beispielsweise Mn, Cr, Si, Sr und Eu (meist einfach ionisiert) äußert. Beispiele sind φ Dra (Spektraltyp B9 IVp: Si) und β CrB (A8 Vp: SrCrEu).Die Ursachen für diese Anomalien sind starke und komplex aufgebaute Magnetfelder mit entsprechenden Wirkungen im Bereich ihrer Photosphären. Astroseismologische Untersuchungen zeigen darüber hinaus, dass Ap-Sterne nicht radial schwingen, was sie zu schwach pulsierenden veränderlichen Sternen macht.

---

[19] „Normale" A-Sterne rotieren dagegen sehr schnell, was zu einer Doppler-Verbreiterung ihrer Spektrallinien führt.

λ-Bootis-Sterne

Hierbei handelt es sich um frühe A- bis F-Sterne mit spezifischen chemischen Anomalien in ihren Atmosphären, die sich insbesondere in einem auffälligen Defizit an Elementen der Eisen-Gruppe äußern. Im optischen Spektralbereich lassen sie sich gewöhnlich nicht leicht von metalllinienarmen Sternen im Horizontalast des HRD unterscheiden. Eindeutigere Unterscheidungsmerkmale findet man dagegen im UV-Bereich, wo ihr Strahlungsfluss aufgrund fehlender Metallabsorptionen im Allgemeinen höher ist als bei normalen A-Sternen. Auch findet man dort als Indikator eine auffällig starke Linie bei $\lambda = 165{,}7$ nm, die vom neutralen Kohlenstoff (C I) stammt.

Rätselhaft ist ihre Metallarmut, denn als Population -I-Sterne sollten sie eher metallreich sein. Es gibt mittlerweile verschiedene Theorien, die diesen Effekt zu erklären versuchen. Eine gute Zusammenfassung der Erkenntnisse zu diesem Sterntyp findet man in Paunzen (2004).

Herbigs Ae/Be-Sterne

Hierbei handelt es sich um sehr junge Vor-Hauptreihensterne (Bedingung M < 8 $M_\odot$) der Spektraltypen A und B mit Emissionslinien in ihren Spektren (insbesondere Wasserstoff – oft H_α, manchmal aber auch H_β). Sie sind in der Regel mehr oder weniger in Staubhüllen eingebettet, was einen starken IR-Exzess hervorruft. Ihre vielfältigen spektralen Besonderheiten haben zu einer komplexen Syntax ihrer Spektralbezeichnungen geführt, die als spezielle Indizes an den Spektraltyp angehängt werden.

Fast alle diese Sterne sind in ihrer Helligkeit in verschiedenen Zeitskalen variabel. Manche von ihnen pulsieren recht gleichmäßig und werden deshalb den Delta-Scuti-Sternen („Zwergcepheiden") zugeordnet.

Unter den veränderlichen Sternen sind unter den späten A-Sternen insbesondere noch die massearmen (~0,7 $M_\odot$) RR-Lyrae-Sterne zu nennen, die ein variables Spektrum zwischen A7 und F5 aufweisen, typische Pulsationsveränderliche sind und im Wesentlichen den Horizontalast im HRD bevölkern.

RR-Lyrae-Sterne

Definition: RR-Lyrae-Sterne sind eine Klasse von veränderlichen Sternen, die in der Astronomie von besonderem Interesse sind. Sie gehören den Spektralklassen A bis F an und zeichnen sich durch periodische Helligkeitsschwankungen aus, die innerhalb eines engen Zeitrahmen stattfinden, der in der Regel weniger als einen Tag beträgt (Periodendauer zwischen 80 min bis maximal 20 h).

Spektraleigenschaften: RR-Lyrae-Sterne weisen spektrale Eigenschaften auf, die sie von anderen Sternen unterscheiden. Ihr Spektrum zeigt schwache Absorptionslinien von Wasserstoff, was auf einen geringen Wasserstoffgehalt in ihrer äußeren Atmosphäre hinweist. Dies ist charakteristisch für Sterne, die in einer fortgeschrittenen Entwicklungsstufe stehen.

Helligkeitsvariationen: Die bemerkenswerten Helligkeitsschwankungen bei RR-Lyrae-Sternen sind das Ergebnis von Pulsationen in ihren äußeren Schichten. Diese Pulsationen sind radiale Schwingungen, bei denen sich der Stern periodisch ausdehnt und zusammenzieht. Dies führt zu regelmäßigen Veränderungen in ihrer Helligkeit. Dabei kann es zu Überlagerungen von Grund- und Oberschwingungen kommen, was man als „Blazhko-Effekt" bezeichnet.

Zwischen Pulsationsperiode P, Leuchtkraft L, Masse M und effektiver Temperatur $T_{\it eff}$ besteht folgende Beziehung (Bono et al. 1997):

$$\log(P) = 11{,}627 + 0{,}823 \log(L/L_\odot) - 0{,}582 \log(M/M_\odot) - 3{,}506 \log\left(T_{\it eff}\right)$$

Verwendung als Entfernungsindikator: Eine der bedeutendsten Anwendungen von RR-Lyrae-Sternen in der Astronomie liegt in ihrer Verwendung als Entfernungsindikator. Da die Pulsationsperioden dieser Sterne eng mit ihrer intrinsischen (d. h. absoluten) Helligkeit verknüpft sind, kann man sie verwenden, um die Entfernungen zu galaktischen Halo-Strukturen, wie Kugelsternhaufen und Zwerggalaxien, zu bestimmen. Dies ermöglicht es, die Struktur und Dynamik insbesondere unserer Galaxie und deren Begleitgalaxien zu erforschen.

2.5.4.4 Sterne vom Spektraltyp F

Mit dem Typ „F" beginnen die mittleren Spektralklassen F und G, deren Vertreter der Leuchtkraftklasse V manchmal auch als „sonnenähnliche Sterne" bezeichnet werden. Das Hauptcharakteristikum ihrer Spektren sind die H- und K-Linie des einfach ionisierten Kalziums bei den Wellenlängen 396,8 nm und 393,3 nm. Ihre Stärke nimmt mit fallender effektiver Temperatur immer mehr zu, wobei sie die langsam schwächer werdenden Balmer-Linien schnell überholen, um schließlich (ab dem Spektraltyp F5) das Spektrum zu dominieren. Gleichzeitig nimmt auch die Anzahl von schwachen Metalllinien immer mehr zu, und ungefähr beim Spektraltyp F3 taucht bereits bei manchen Sternen das sogenannte G-Band auf ($\lambda \approx$ 430 nm), welches vom CH-Molekül verursacht wird.

Die Reichhaltigkeit an spektralen Merkmalen liegt u. a. daran, dass oberflächennahe Konvektionszonen existieren und auch die darüber liegende Sternatmosphäre selbst konvektiv wird, wie man es besonders ausgeprägt bei den folgenden G-Sternen wie unserer Sonne sehen kann („Granulation"). Dadurch wird die Sternatmosphäre gut durchmischt, und chemische Anomalien, wie man sie häufig bei den A-Sternen findet, werden quasi ausgedünnt und können somit nicht mehr in den Spektren in Erscheinung treten. Chemische Anomalien findet man erst wieder bei späten F-Sternen der Leuchtkraftklasse III, bei denen durch tiefreichende Konvektionszonen im Kern fusioniertes Material in die Sternatmosphäre gelangen kann *(dredge-up)*.

Zur Bestimmung der Unterklasse werden Linienverhältnisse von Absorptionslinien neutraler bzw. einfach ionisierter Metalle herangezogen. Sie erlauben auch die Bestimmung der Leuchtkraftklasse. Insbesondere die Halbwertsbreite der Sr II-Linie wächst mit steigender Leuchtkraft an, sodass z. B. das Verhältnis Sr II (407,7 nm) zu Fe I (404,5 nm) ein guter Leuchtkraftindikator zumindest für frühe F-Typen ist. Außerdem zeigen die Spektren von Überriesensternen bei hoher spektraler Auflösung eine mehr oder weniger starke Verschmierung einzelner Spektrallinien aufgrund turbulenter Gasbewegungen in der Sternatmosphäre (Mikroturbulenz) (Tab. 2.21).

Ab dem Spektraltyp F3 hinterlässt mit steigender Intensität das zweiatomige CH-Molekül in Form der G-Bande seinen Fingerabdruck auf dem Sternspektrum und macht es somit zu einem besonders wichtigen Temperaturkriterium ins-

2.5 Sternspektren

Tab. 2.21 Beispiele für einige hellere F-Sterne

Stern		Spektraltyp	Entf. [pc]	M_V	R in [$R_\odot$]	M in [$M_\odot$]	L in [$L_\odot$]	$T_{\it eff}$ in [K]	$v \sin i$ [km/s]
ζ Leo	Adhafera	F0 III	≈ 84		≈ 6	≈ 3	≈ 85	≈ 6790	≈ 72
γ´Vir		F0 V	≈ 12	3,1		≈ 1,6		≈ 6760	
σ Boo		F2 V	≈ 15		≈ 1,4		≈ 3,4	≈ 6590	
β Cas	Caph	F2 III	≈ 17	1,3	≈ 3,5	≈ 1,9	≈ 27	≈ 7080	71
α CMi	Prokyon	F5 IV-V	≈ 3,5	2,7	≈ 2	≈ 1,5	≈ 7	≈ 6530	≈ 3
β Del	Rotanev	F5 III	≈ 31	1,6		≈ 1,7	≈ 24	≈ 6590	≈ 50
τ Boo		F7 V	≈ 16	3,5	≈ 1,3	≈ 1,3	≈ 3	≈ 6360	≈ 14
ξ Peg		F6 V	≈ 16		≈ 19	≈ 1,8	≈ 1,2	≈ 6180	≈ 13
β Vir	Zavijava	F9 V	≈ 11	3,4	≈ 1,7	≈ 1,2	≈ 3,5	≈ 6130	≈ 4
δ Sct		F3 IIIp	≈ 61	0,7	≈ 4,1	≈ 2,1	≈ 39	≈ 7000	

Die Daten sind i. d. R. Mittelwerte verschiedener Quellen

besondere für spätere F-Spektraltypen. Außerdem kann man sie auch als Kriterium zur Einschätzung der Metallizität der Sternmaterie verwenden, denn es besteht ein Zusammenhang zwischen Metallizität und Intensität der G-Bande in dem Sinne, dass sie in metallarmen Sternen schwächer ausgeprägt ist als in metallreichen Sternen des gleichen Spektraltyps.

Delta-Scuti-Sterne
Definition: Delta-Scuti-Sterne sind pulsierende Veränderliche des Spektraltyps A0 und F8 (Leuchtkraftklasse III bis V) mit kurzen Perioden und in der Regel kleinen Amplituden (meist ∼ 0,02 *mag*, maximal 0,8 *mag*). Ähnlich wie die RR-Lyrae-Sternen gehören sie meistenteils zu den Hauptreihensternen und sind besonders zahlreich in der absteigenden Verlängerung des Instabilitätsstreifens der Cepheiden, wo dieser die dicht bevölkerten Hauptreihensterne kreuzt. Ihr Spektrum zeigt Absorptionslinien von Wasserstoff, jedoch in geringerem Maße im Vergleich zu normalen Hauptreihensternen des gleichen Spektraltyps.

Der Namensgeber dieser Familie von Pulsationsveränderlichen ist der F9 IIIp – Stern Delta Scuti.

Perioden und Amplituden: Die Perioden der Delta-Scuti-Sterne liegen typischerweise zwischen 0,02 und 0,3 Tagen und entsprechen dem Bereich der natürlichen Perioden radialer Pulsation von Sternen des Spektraltyps A5 bis F2 der Leuchtkraftklassen III bis V. Viele Delta-Scuti-Sterne zeigen multiperiodische Pulsationen, was zusammen mit den kleinen Amplituden die Bestimmung der Perioden erschwert. Die Existenz mehrerer Perioden gestattet es, Asteroseismologie zu betreiben, um Informationen über den inneren Aufbau der Sterne zu erhalten. Dazu erfolgt ein Abgleich der zahlreichen Perioden in deren Powerspektren mit theoretischen Modellrechnungen.

Amplitudenverteilung: Die Amplituden der Delta-Scuti-Sterne liegen typischerweise im Bereich einiger Hundertstel Größenklassen, wobei kleinere Amplituden häufiger sind. Sterne mit vergleichsweise großen Amplituden von mehr als 0,3 Größenklassen sind selten und machen weniger als 1 % aller Delta-Scuti-Sterne aus. Diese „großamplitudigen" Delta-Scuti-Sterne werden gelegentlich als „Zwerg-Cepheiden" bezeichnet.

Untergruppen und offene Fragen: Delta-Scuti-Sterne zeigen normale Massen und chemische Zusammensetzungen und befinden sich meist im Stadium des Wasserstoffbrennens (Kern). Jedoch gibt es noch eine Vielzahl unbeantworteter Fragen hinsichtlich der Identifizierung und Interpretation der Schwingungsmodi, in denen diese Sterne pulsieren. Klare Untergruppen bilden die SX-Phoenicis-Sterne, die sich durch deutlich größere Amplituden, niedrigere Metallhäufigkeiten und ein Alter auszeichnen, das dem von Sternen der Population II entspricht. Eine weiter Untergruppe bilden die Gamma-Doradus-Sterne, die sich an oder knapp jenseits des roten Randes des Instabilitätsstreifens befinden.

Im Anschluss an die Ap-Sterne gibt es auch unter den F-Sternen eine ganze Anzahl von Sternen mit peculiaren Spektralmerkmalen. Beispielsweise beobachtet man einige Objekte, bei denen im Kern der H- und K-Linie (Ca II) Emissionslinienkomponenten auftreten. Man vermutet, dass es sich hier um einen Alterungseffekt handelt. Jüngere Sterne weisen dieses Merkmal offensichtlich häufiger auf als ältere. Physikalisch hängt es mit der Präsenz von ausgedehnten und heißen Chromosphären zusammen.

Auf einen sehr interessanten Effekt machten 1957 Olin Chaddock Wilson (1909–1994) und Menali K. Vainu Bappu (1927–1982) aufmerksam. Sie fanden einen überraschenden Zusammenhang zwischen der Breite des Emissionskerns in der Ca II-Linie und der absoluten visuellen Helligkeit des betreffenden Sterns. Durch eine Eichung dieser Beziehung gelang es, Relationen abzuleiten, die eine spektroskopische Bestimmung der absoluten Helligkeit (und damit der Entfernung) von Sternen mit derartigen Spektralmerkmalen ermöglichen. Insbesondere bei Sternen späten Spektraltyps (z. B. „K") wird die Wilson-Bappu-Relation gern als Entfernungs- und Leuchtkraftindikator verwendet.

Wilson-Bappu-Effekt

„Sonnenähnliche" Sterne vom Spektraltyp G und K zeigen im violetten Teil ihres Spektrums besonders deutlich die (Fraunhofer-) H- und K-Linie des einfach ionisierten Kalziums. Im Jahr 1900 entdeckte man, dass diese Absorptionslinien bei hoher spektraler Auflösung manchmal einen „hellen" Kern zeigen (wie es beispielsweise bei Arktur, aber auch bei der Sonne der Fall ist). Derartige Linien werden als *H- und K-Reversals* bezeichnet. Ab den 1920er-Jahren wurde begonnen, gezielt nach helleren G- und K-Sternen zu suchen (u. a. am Mt. Wilson-Observatorium), die diese Spektralmerkmale zeigen. Die Liste der entsprechenden Sterne erhöhte sich bis 1957 auf über 180 Sterne, die damit bereits eine gute Grundlage für statistische Untersuchungen bot. Bei einer derartigen Untersuchung stellte Olin Chaddock Wilson und sein indischer Assistent Manali Kallat Vainu Bappu einen überraschenden Zusammenhang zwischen dem Logarithmus der Breite W_0 des Emissionskerns der K-Linie und der absoluten visuellen Helligkeit M_V des entsprechenden Sterns fest (Wilson und Vainu Bappu 1957). Es zeigte sich nämlich ein linearer Verlauf über viele Größenklassen, wenn man die genannten Größen in ein entsprechendes Diagramm einträgt:

$$M_V = 33{,}2 - 18{,}0 \log W_0$$

Diese dabei erhaltene lineare Beziehung bezeichnet man als Wilson-Bappu-Relation. Obwohl die Streuung der Messpunkte um diese Gerade recht groß ist (rund eine halbe Größenklasse), lässt sich diese Beziehung für die Entfernungsbestimmung entsprechender Sterne durchaus verwenden.

2.5 Sternspektren

Die Ursache für die Emissionskerne der beiden Kalziumlinien liegt in der chromosphärischen Aktivität von F-, G- und K-Sternen.

Eine besonders interessante und wichtige Gruppe von veränderlichen Sternen, deren Spektrum vom Typ F0 bis etwa K5 reicht, sind die Delta-Cepheiden. Im Helligkeitsmaximum beobachtet man eine Spektralklasse im Bereich zwischen F0 und G0, im Minimum zwischen F5 und K5, wobei die Änderung maximal 1,5 „Spektralklassen" betragen kann. Dieser Effekt ist der Ausdruck einer durch Pulsation verursachten periodischen Änderung der effektiven Temperatur der Sternatmosphäre. Als Überriesen der Leuchtkraftklasse I und mit einer Masse im Bereich zwischen 5 und 15 $M_\odot$ gehören sie zu den leuchtkraftstärksten Sternen im Kosmos. Sie sind ausgesprochene Seltenheiten unter der Sternbevölkerung. Man kann sie aber aufgrund ihrer enormen Leuchtkraft noch in großer Entfernung sehen. Da es bei ihnen einen sehr stabilen Zusammenhang zwischen der absoluten Helligkeit und der Lichtwechselperiode gibt, gehören sie zu den wichtigsten Entfernungsindikatoren in der extragalaktischen Astronomie.

Der Polarstern (α UMi) ist übrigens ein δ Cepheide, der gerade im Begriff ist, seine Pulsationen endgültig einzustellen. Auch viele RR-Lyrae-Sterne, die im gleichen Instabilitätsstreifen im HRD angesiedelt sind wie die Delta-Cepheiden und die δ-Scuti-Sterne, besitzen den Spektraltyp F.

Delta-Cepheiden
Definition: Delta-Cepheiden stellen, wie bereits erwähnt, eine besonders bemerkenswerte Gruppe von veränderlichen Sternen dar. Sie zeichnen sich durch typische regelmäßige Helligkeitsschwankungen aus, deren Perioden in der Regel zwischen einem und hundert Tagen liegen.

Spektraleigenschaften: Delta-Cepheiden gehören den Spektralklassen F bis G an und zeigen spezifische spektrale Merkmale, die auf ein fortgeschrittenes Stadium ihrer Sternentwicklung hinweisen.

Helligkeitsvariationen: Die auffälligen Helligkeitsschwankungen bei Delta-Cepheiden sind das Ergebnis von Pulsationen von deren äußeren Schichten. Bei diesen Pulsationen handelt es sich um radiale Schwingungen, bei denen sich der Stern periodisch ausdehnt und zusammenzieht. Dies führt zu regelmäßigen Veränderungen in ihrer Helligkeit. Delta-Cepheiden sind dafür bekannt, dass bei ihnen eine deutliche Korrelation zwischen Lichtwechselperiode und Leuchtkraft – ausgedrückt durch die absolute Helligkeit – besteht. Das nutzt man aus, um sie als kosmische Entfernungsindikatoren zu verwenden.

Wie bei den RR-Lyrae-Sternen lässt sich auch für Delta-Cepheiden eine Beziehung angeben, in welcher die Pulsationsperiode P mit der Leuchtkraft L, der Masse M und der effektiven Temperatur T_{eff} verbunden ist (Bono et al. 2000);

$$\log(P) = 0{,}987 + 0{,}942 \log(L/L_\odot) - 0{,}767 \mathrm{og}(M/M_\odot) + 0{,}942 \log\left(T_{\mathit{eff}}\right)$$

Beitrag zur Kosmologie: Aufgrund der Perioden-Helligkeits-Beziehung lassen sich Delta-Cepheiden hervorragend als „Standardkerzen" verwenden, um beispielsweise die Entfernungen zu nicht zu weit entfernten Galaxien (Entfernung < 35 kpc) zu bestimmen.

Unter den 100 sonnennächsten Sternen gibt es nur einen Stern vom Spektraltyp F (α CMi, F5 IV-V). Unter den scheinbar 100 hellsten Sternen des Nachthimmels sind F-Sterne mit zehn Exemplaren vertreten, darunter auch α CMi (Prokyon), der lediglich 11,4 Lj von der Sonne entfernt ist.

2.5.4.5 Sterne vom Spektraltyp G

Der bekannteste G-Stern ist bei uns nur tagsüber zu sehen. Es handelt sich dabei um einen G2-Hauptreihenstern mit den leicht zu merkenden Parametern: Masse = 1 $M_\odot$ (1,981 · 10^{30} kg), Leuchtkraft = 1 $L_\odot$ (3,839 · 10^{26} W), Radius = 1 $R_\odot$ (6,955 · 10^8 m). Sein Spektrum nennt man schlicht und einfach „Sonnenspektrum". Es ist verständlicherweise das am besten erforschte Sternspektrum, welches wir kennen. Während man auf der Sonne – auch spektroskopisch – lokale Strukturen auflösen kann (z. B. Sonnenflecken oder chromosphärische Eruptionen), ist das bei weit entfernten Sternen i. Allg. nicht so einfach möglich.

G-Sterne enthalten in ihren Spektren eine riesige Zahl von Absorptionslinien neutraler Metallatome. Während am Anfang der Sequenz die H- und K-Linie des einfach ionisierten Kalziums den kurzwelligen Teil dominieren und auch die Wasserstofflinien der Balmer-Serie noch sichtbar sind, nehmen ihre Linienstärken zu späteren Spektraltypen hin immer mehr ab. Bei G5 werden bereits die Linien des neutralen Eisens (Fe I) stärker als die Balmer-Linien. Darüber hinaus werden in den Spektren die durch CH- und CN-Radikale verursachten Molekülbanden sichtbar. Hier ist besonders das G-Band (CH) von Bedeutung, durch dessen Präsenz auch die grobe Klassifizierung von Objektivprismenspektren geringerer Dispersion gelingt. Sie erreicht, beginnend bei F3, ihre maximale Ausprägung beim Spektraltyp G5 (Tab. 2.22).

Unterklassen und Leuchtkraftklassen werden hier – ähnlich wie bei den anderen Spektralklassen – durch Vergleich verschiedener Linienpaare bestimmt. Insbesondere bei der Unterscheidung der Leuchtkraftklassen sind die bereits erwähnten Molekülbanden von Bedeutung. Wenn beispielsweise der Intensitätseinbruch bei 421,5 nm (verursacht durch die CN-Bande) messbar ist, muss es sich bei

Tab. 2.22 Beispiele für einige hellere G-Sterne

Stern		Spektraltyp	Entf. [pc]	M_V	R in [$R_\odot$]	M in [$M_\odot$]	L in [$L_\odot$]	T_{eff} in [K]	$v \sin i$ [km/s]
ξ UMa	Alula	G0 Ve	≈ 8,8	4,7	≈ 1	≈ 1	≈ 1,1	≈ 5900	≈ 3
ε Hya	Minazal	G5 III	≈ 40	3,4			≈ 67	≈ 5620	≈ 19
η Boo	Muphrid	G0 IV	≈ 11	2,4	≈ 2,7	≈ 1,7	≈ 8,9	≈ 6100	≈ 12
β Lep	Nihal	G5 III	≈ 49		≈ 16	≈ 3,5	≈ 171	≈ 5450	≈ 11
κ1 Cet		G5 V	≈ 9,1	5,2	≈ 0,9	≈ 1	≈ 0,85	≈ 5708	≈ 5
η Her		G7,5 IIIb	≈ 34	0,8	≈ 8,9	≈ 2,1	≈ 50	≈ 4900	≈ 8
τ Cet		G8,5 V	≈ 3,6	5,7	≈ 0,8	≈ 0,8	≈ 0,52	≈ 5344	
ζ Cyg		G8 IIIa	≈ 44	−0,0	≈ 15	≈ 3	≈ 112	≈ 4910	≈ 0,4
β Aql	Alshain	G8 IV	≈ 14		≈ 3,3	≈ 1,3	≈ 6	≈ 5100	≈ 0,9

Die Daten sind i. d. R. Mittelwerte verschiedener Quellen

dem betreffenden Stern um einen „späten" Riesen oder Überriesen handeln. Ganz allgemein zeigen die CN-Banden im violetten Teil des Spektrums im Bereich von G5 bis zu den frühen K-Spektraltypen einen auffälligen positiven Leuchtkrafteffekt, der zusammen mit anderen Spektralmerkmalen eine relativ sichere Bestimmung der Leuchtkraftklasse zulässt.

Bei hochaufgelösten Spektren kann auch der Wilson-Bappu-Effekt zur Unterscheidung herangezogen werden, ob es sich um einen Riesen- oder eher um einen Zwergstern handelt.

Unter den 100 hellsten Sternen am Sternhimmel gibt es vier G-Sterne (darunter den Doppelstern α Aur, Capella), und unter den 100 nächsten Sternen findet man auch nur neun Exemplare dieser Spektralklasse. Damit gehören Sterne vom Typ unserer Sonne auch nicht gerade zu den besonders häufigen Bewohnern der Milchstraße.

Nach neueren Untersuchungen ist der Stern 18 Sco ein Stern, der in seinen Parametern der Sonne am meisten ähnelt (man nennt solche Sterne „Sonnenanaloga"). Er befindet sich in einer Entfernung von lediglich 45,7 Lj. Ähnlich wie bei der Sonne konnte bei diesem Stern ein mehrjähriger Aktivitätszyklus (ca. 13 Jahre) nachgewiesen werden, der aber stärker ausgeprägt ist (Hall und Lockwood 2000). Weitere „fast" Sonnenanaloga sind die Sterne 51 Peg, 16 Cyg A und 16 Cyg B. Sie alle unterscheiden sich kaum in den Parametern „effektive Temperatur", „Leuchtkraft", „Metallizität" und „chromosphärische Aktivität" von der Sonne. Auch der erst vor Kurzem mit dem VLT näher untersuchte Stern HIP 102152 hat sich als „Sonnenzwilling" erwiesen, obwohl er ihr auf der Entwicklungsleiter knapp 4 Mrd. Jahre vorauseilt (Monroe et al., 2013) (Tab. 2.23).

2.5.4.6 Sterne vom Spektraltyp K

Mit der Spektralklasse K gelangt man in den Bereich der „kühlen" Sterne, wo die Bedingungen zur Ausbildung von einfachen Molekülen in der Sternatmosphäre

Tab. 2.23 Liste einiger bekannter „Sonnenanaloga"

Stern	Spektraltyp	Entfernung (Lj)	Bemerkungen
Alpha Centauri A	G2V	4,37	Hauptstern im Alpha-Centauri-System
Tau Ceti	G8V	11,9	Ähnliche Masse und metallische Zusammensetzung
18 Scorpii	G3V	45	Ähnliche Masse und vielversprechendes Sonnen-Analogon
51 Pegasi	G5V	50	Erster Stern mit einem entdeckten extrasolaren Planeten
Epsilon Eridani	K2V	10,5	Geringfügig kühler und schwächer als die Sonne
HD 98618	G5V	126	Besitzt mindestens einen Exoplaneten
HIP 102152	G8V	250	Gilt als einer der ältesten bekannten Sonnen-Analoga und bietet Einblicke in die langfristige Entwicklung von Sternen wie unserer Sonne

immer besser werden. Der Temperaturbereich, der von den Klassen K0 bis M0 überdeckt wird, verläuft von 5100 K bis 3600 K. Deshalb erstrahlen die diesen Spektraltypen zugehörigen Sterne auch in einem gelblich-orangefarbenen Licht, wie z. B. der hellste Stern des Frühlingshimmels, Arktur, im Sternbild Bootes. Die meisten Linien im Spektrum lassen sich neutralen Metallen zuordnen, die oftmals stärker sind als die noch vorhandenen Wasserstofflinien. Die g-Linie des neutralen Kalziums bei 422,6 nm nimmt über die Sequenz immer mehr zu, um bei den M-Sternen schließlich ihr Maximum zu erreichen. Im gleichen Maße nimmt dagegen die Breite der H- und K-Linie des einfach ionisierten Kalziums immer mehr ab.

Die bereits in späten G-Sternen deutlich sichtbaren CH- und CN-Banden (Letztere ist ein guter Leuchtkraftindikator und wird zusammen mit starken CO-Banden im Infraroten besonders bei Riesensternen beobachtet) werden ab ungefähr K5 deutlich durch mehrere TiO-Banden ergänzt (beispielsweise bei 495,4 nm).

Zur genaueren Einteilung in Unterklassen zieht man auch bei K-Sternen geeignete Linienverhältnisse heran, die so gewählt sind, dass sie bereits bei einer mittleren Dispersion (z. B. durch die Untersuchung einer größeren Zahl von Linienpaaren) eine eindeutige Einordnung erlauben. Als geeignet haben sich z. B. die Linienpaare Ti I (399,9 nm) zu Fe I (400,5 nm) und Ca I (g-Linie, 422,6 nm) zu Fe I (425,0 nm) erwiesen. Zur Bestimmung der Leuchtkraftklasse haben sich dagegen die Verhältnisse bestimmter einfach ionisierter Metalle zu neutralen Metallen bewährt, wie z. B. Ti II (440,1 nm) zu Fe I (440,5 nm).

Bei K-Sternen findet man vielfältige spektrale Anomalien, wobei insbesondere das Auftreten von Emissionslinien zu nennen ist. Es gibt K-Sterne, bei denen bestimmte Elemente (z. B. Kohlenstoff) gehäuft vorkommen. Sie werden direkt als Kohlenstoffsterne bezeichnet. Weiterhin hat man K-Sterne großer Leuchtkraft (Gelbe Überriesen) mit einem deutlichen Wasserstoffdefizit gefunden, während die meisten anderen Elemente (mit Ausnahme von Kohlenstoff) in der erwarteten Häufigkeit präsent sind. Zu dieser Gruppe gehören die sogenannten R Coronae-Borealis-Sterne, die in unregelmäßigen Abständen mit Kohlenstoff angereichertes Gas ausstoßen, in welchem nach Abkühlung der Kohlenstoff schließlich auskondensiert (Rußbildung) und auf diese Weise die teilweise enormen Helligkeitseinbrüche (bis zu acht Größenklassen!) verursacht, die man bei dieser Familie von veränderlichen Sternen als typisches Merkmal beobachten kann (Tab. 2.24).

Unter den veränderlichen Sternen, die den Spektraltyp G bis M besetzen, sollen zum Abschluss schließlich noch die T-Tauri- (oder RW-Aurigae-) Sterne erwähnt werden. Es handelt sich dabei um sehr junge Sterne im Massebereich zwischen 0,3 und 3 $M_\odot$, die sich noch im Kontraktionsstadium befinden und einen meist raschen, aber immer unregelmäßigen Lichtwechsel zeigen. In ihren Spektren findet man als Besonderheit eine große Anzahl von Emissionslinien (z. B. von Fe I bei 406,3 nm und 413,2 nm), die auf die Präsenz einer heißen chromosphärischen Hülle hinweisen. Eine genaue Analyse der Lithiumabsorption bei 670,7 nm ergibt einen gegenüber anderen Sternen außergewöhnlichen Li-Überschuss, über dessen Ursache es nur widersprüchliche Erklärungsmodelle gibt.

2.5 Sternspektren

Tab. 2.24 Beispiele für einige hellere K-Sterne

Stern		Spektraltyp	Entf. [pc]	M_V	R in $[R_\odot]$	M in $[M_\odot]$	L in $[L_\odot]$	$T_{\it eff}$ in [K]	$v \sin i$ [km/s]
α Cas	Schedar	K0 IIIa	≈ 70	−2	≈ 42	≈ 4,5	≈ 676	≈ 4530	≈ 21
η Ser		K0 III–IV	≈ 18	1,9	≈ 5,9	≈ 2	≈ 19	≈ 4890	≈ 2,6
η Cep	Al Kidr	K0 IV	≈ 14	2,6	≈ 4,1	≈ 1,6	≈ 9,7	≈ 4950	≈ 6,8
α Boo	Arktur	K0 III	≈ 11	−0,3	≈ 25	≈ 1,1	≈ 3,3	≈ 4286	≈ 2,4
ε Aql	Deneb el Okab	K1 III	≈ 48	0,3	≈ 10	≈ 2,1	≈ 54	≈ 4760	≈ 4,4
α Hya	Alphard	K3 II–III	≈ 54	−1,7	≈ 50	≈ 3	≈ 780	≈ 4120	≈ 1,1
α Sct		K2 III	≈ 53						
α Tau	Aldebaran	K5 III	≈ 20	−0,6	≈ 44	≈ 1,5	≈ 518	≈ 3910	
β UMi	Kochab	K4 III	≈ 40		≈ 42	≈ 2,2	≈ 390	≈ 4030	≈ 8

Die Daten sind i. d. R. Mittelwerte verschiedener Quellen

T-Tauri-Sterne

Definition: T-Tauri-Sterne gehören zu einer Gruppe von Vor-Hauptreihensternen, die sich noch in einer Entwicklungsphase befinden und deren Alter weniger als 1 Million Jahre beträgt. Sie sind häufig in Sternentstehungsgebieten anzutreffen, wo man sie oft im Kern dichter Dunkelwolken zusammen mit jungen Sternen der Spektraltypen O und B findet (man spricht hier auch von sogenannten „T-Assoziationen"). Häufig sind sie noch von zirkumstellaren Scheiben umgeben, die als Vorläufer von Planetensystemen gelten.

Spektraleigenschaften: Spektroskopisch lassen sich T-Tauri-Sterne den Spektralklassen F bis M zuordnen, wobei bei ihnen die Präsenz von Emissionslinien typisch ist. Derartige Linien weisen auf ein junges Alter der Sterne hin und resultieren aus der intensiven Wechselwirkung ihrer Strahlung und Sternwinde mit der umgebenden Materie.

Helligkeitswechsel: T-Tauri-Sterne unterliegen unregelmäßigen Helligkeitsschwankungen aufgrund instabiler Materieströme und der Akkretion von Gas und Staub auf ihrer Oberfläche.

Besonderheiten: Diese Sterne zeichnen sich durch hohe Akkretionsraten aus, da sie Material über die Innenkante ihrer protoplanetaren Scheibe akkretieren. Stark ausgeprägte stellare Winde sind charakteristisch und werden u. a. durch starke Magnetfelder angetrieben. Die schnelle Rotation resultiert aus der Drehimpulserhaltung während des Kollapses der Molekülwolke zu Protosternen.

Manche dieser jungen Sterne (z. B. YY Ori) zeigen in ihren Spektren ein umgekehrtes P-Cygni-Profil, was man gewöhnlich auf einströmende Materie zurückführt.

Unter den 100 hellsten Sternen am Sternenhimmel gibt es 21 K-Sterne, bei denen es sich vorwiegend um Riesen und helle Riesen handelt. Unter den 100 sonnennächsten Sternen findet man 17 K-Sterne, die ausnahmslos Hauptreihensterne sind.

2.5.4.7 Sterne vom Spektraltyp M

Mit den M-Sternen erreicht man den unteren Bereich der Temperaturskala der Sterne. Sie erscheinen aufgrund ihrer effektiven Temperatur von 3600 K bis hinunter zu 3000 K am Himmel in tiefroter Farbe. Die bekanntesten Vertreter dieser Spektralklasse sind die Beteigeuze (α Ori) im Sternbild Orion und Antares (α Sco) im Sternbild Skorpion. Bei beiden handelt es sich um sehr helle Überriesensterne mit einer Leuchtkraft, die die der Sonne um viele Tausend Male übersteigt. Andererseits bilden die M-Zwerge mit einer Masse von im Mittel 0,5 $M_\odot$ den Hauptteil der Bevölkerung unserer Milchstraße und sind, was aufgrund ihrer geringen Masse nicht weiter verwunderlich ist, auch ungefähr genauso alt wie sie.

Die wichtigsten Merkmale ihrer Spektren sind die riesige Anzahl von Absorptionslinien neutraler Atome und die im roten Bereich immer stärker werdenden Molekülbanden, insbesondere Titanoxid (TiO), Zirkoniumoxid (ZrO) und Vanadiumoxid (VO). Besonders bei den Vertretern der späten Spektralklassen, beginnend bei M5, wird im gelben und roten Bereich nahezu das gesamte Kontinuum durch diese Molekülbanden absorbiert.

Durch die kaum überschaubare Menge von Spektralmerkmalen ist die Klassifizierung von M-Sternen in Unter- und Leuchtkraftklassen nicht einfach. Besonders wichtig sind in diesem Zusammenhang die TiO-Bänder. Ihr Erscheinen bei verschiedenen Wellenlängen kann man zur Bestimmung der Unterklassen verwenden. Zur Unterscheidung der Leuchtkraftklassen haben sich die Verhältnisse von bestimmten Metalllinien im infraroten Spektralbereich bewährt. Die Linien des Ca II-Triplets bei 849,8, 854,2 und 866,2 nm sind besonders bei Überriesen auffällig, was sie zu einem gut geeigneten Leuchtkraftindikator für Sterne späten Spektraltyps macht. Zur Klassifizierung der Leuchtkraftklassen bis etwa zur Spektralklasse M5 hat sich auch das Verhältnis der Linien Sr II (407,7 nm) zu Fe I (426,3 nm) bewährt, das deutlich einen positiven Leuchtkrafteffekt aufweist. Aufgrund der hohen Anzahl der Absorptionslinien und der damit verbundenen starken Überblendung sind Leuchtkrafteffekte bei M-Sternen i. d. R. erst bei höheren Dispersionen deutlich nachweisbar.

Manche M-Zwerge fallen durch extreme aktive Chromosphären auf, was auf eine hohe magnetische Aktivität hinweist. Sie führen zu unregelmäßigen, kurzzeitigen Helligkeitsausbrüchen, die man wegen ihrer Kürze und ihrer Ähnlichkeit mit solaren chromosphärischen Eruptionen als „Flares" bezeichnet. Sterne, die dieses Phänomen aufweisen, kennt man als „Flaresterne" bzw., nach ihrem Prototyp „UV Ceti-Sterne". Als ihr Entdecker gilt Ejnar Hertzsprung, der einen solchen Stern im Jahre 1924 zufällig bei der Inspektion von Fotoplatten der Eta Carinae-Region auffand. Später fand man weitere Zwergsterne dieses Typs, die spektroskopisch auch durch die Präsenz von Emissionslinien (u. a. Linien der Paschen- (IR) und Balmer-Serie, von He I, Ca II, K I) während eines Flares auffielen. Weiterhin fand man in den Spektren von Flaresternen Linien, die sich nur hochionisierten Atomen, beispielsweise O IV, O V, C IV, Fe XXI, zuordnen ließen. Das war auf den ersten Blick mehr als ungewöhnlich, da ihre Entstehung Temperaturen weit oberhalb der knapp unter 4000 K liegenden effektiven Temperaturen dieser Art von M-Zwergen erforderte. Wenn man aber ihre Entstehungsgebiete in

2.5 Sternspektren

Analogie zur Sonne in den Bereich der Chromosphäre bzw. unteren Korona verortet und magnetische Rekonnektionsvorgänge für ihre Entstehung verantwortlich macht, dann lässt sich dieses Rätsel auflösen. Etwa 75 % aller M-Zwerge gehören zu diesen magnetisch aktiven Sternen, die man besonders in jungen Sternhaufen und Assoziationen findet (z. B. Plejaden) und die die für UV-Ceti-Sterne typischen Flares zeigen.

UV-Ceti-Sterne (Flaresterne)

Definition: Flaresterne sind vorwiegend Zwergsterne der Spektralklassen K und M, wobei letztere dominiert. Diese Sterne zeigen unvorhersehbare und spontane Helligkeitssteigerungen innerhalb von Sekunden bis Minuten um mehrere Größenordnungen, gefolgt von langsamen Rückkehrphasen zur Normalhelligkeit.

Spektraleigenschaften: Flaresterne sind typischerweise als dMe-Sterne klassifiziert (wobei das ,e' auf das Vorhandensein von Emissionslinien im Spektrum hinweist). Neben den Flares zeigen sie auch Emissionslinien im sichtbaren und ultravioletten Spektrum sowie Röntgenemissionen aus einer heißen (bis zu 10.000.000 K) Korona.

Helligkeitswechsel: Die Helligkeitsschwankungen dieser Sterne sind durch energiereiche Flares charakterisiert, wobei große Ausbrüche selten sind und kleinere häufiger auftreten. Der Helligkeitsanstieg dauert nur Bruchteile von Minuten, während die Abklingzeit einige Minuten bis zu einer Stunde betragen kann, bis der Stern vollständig zu seiner normalen Helligkeit zurückgekehrt ist. Die Gesamtenergiefreisetzung während eines Flares variiert von 3×10^{28} bis 3×10^{34} J, während die Leuchtkraft im Bereich von 10^{28} bis 10^{33} W liegt.

Strahlungsmechanismus: Der Strahlungsmechanismus von Flaresternen wird durch die plötzliche Freisetzung von Energie an der Sternenoberfläche erklärt (magnetische Rekonnektion, genau wie bei solaren Flares, nur bedeutend intensiver), was zu ausgehenden Schockwellen führt. Diese Schockwellen ionisieren das Gas, das nach der Passage der Schockwelle mit den Elektronen rekombiniert und Licht abgibt, was die beobachteten hellen Emissionslinien (Wasserstoff) im Spektrum erklärt. Aufgrund der anfänglich sehr heißen Gasbildung sind Flares im kurzwelligen Spektralbereich (UV- und Röntgenbereich) besonders deutlich sichtbar.

Besonderheiten: UV-Ceti-Sterne zählen mit den RS-Canum-Venaticorum-Sternen, den BY-Draconis-Sternen und den FK-Comae-Berenices-Sternen zu den magnetisch aktiven Sternen. Viele der M-Zwerge im jungen Sternhaufen der Plejaden sind Flaresterne (Tab. 2.25).

Im Bereich der Spektralklasse M sind mehrere Gruppen von langperiodischen und halbregelmäßigen Veränderlichen angesiedelt. Hier sind besonders die Mira-Sterne zu nennen, die überwiegend dem Spektraltyp Me zugeordnet werden, da man in ihren Spektren die Wasserstofflinien (und manchmal auch einige andere) in Emission antrifft. Bei halbregelmäßig veränderlichen Sternen fehlen jedoch oftmals diese Emissionen. Im HRD bevölkern die Mira-Sterne den asymptotischen Riesenast (AGB, Asymptotic Giant Branch), auf dem sich Sterne mit Kohlenstoff- bzw. Sauerstoffkern aufhalten, die sich im Zustand des Wasserstoff- und Heliumschalenbrennens befinden. Phänomenologisch zeigen sie sich als Rote Riesensterne, die unter gewissen Bedingungen durch den Kappa-Mechanismus zu Schwingungen angeregt werden können und dann als langperiodisch halbregelmäßige oder Mira-Sterne in Erscheinung treten. Eine ausführliche Vorstellung des Forschungsstandes in Bezug auf AGB-Sterne findet man in der Monografie von Habing und Olofsson (2004).

Tab. 2.25 Beispiele für einige hellere M-Sterne

Stern		Spektraltyp	Entf. [pc]	M_V	R in [$R_\odot$]	M in [$M_\odot$]	L in [$L_\odot$]	T_{eff} in [K]	$v \sin i$ [km/s]
µ Cep A	Garnet star	M2e Ia	≈ 1800	−7,3	≈ 1420	≈ 19	≈ 283.000	≈ 3750	
α Ori	Beteigeuze	M1-M2 Ia-Iab	≈ 200	−5,8	≈ 887	≈ 12	≈ 130.000	≈ 3590	≈ 5
α Sco	Antares	M1,5 Iab	≈ 170	−5,3	≈ 883	≈ 12	≈ 57.500	≈ 3400	≈ 250
β Peg	Scheat	M2,5 II-IIIe	≈ 60	−1,5	≈ 95	≈ 2,1	≈	≈ 3690	≈ 9,7
β And	Mirach	M0 III	≈ 61	−1,8	≈ 100	≈ 3,5	≈ 1995	≈ 3842	≈ 7,2
η Gem	Tejat Prior	M2 IIIa	≈ 120		≈ 153	≈ 6,3	≈ 3162	≈ 3548	
π Aur		M3 II	≈ 260		≈ 265	≈ 5	≈ 9590	≈ 3530	
χ Peg		M2 III							
o Cet	Mira	M7 IIIe	≈ 90		≈ 380	≈ 1,2	≈ 9000	≈ 3000	

Die Daten sind i. d. R. Mittelwerte verschiedener Quellen

Mira-Sterne

Definition: Mira-Sterne sind langperiodische rote Riesen, die vorwiegend den Spektralklassen Me, Se oder Ce zugeordnet sind und in ihren Spektren Emissionslinien zeigen. Die Lichtwechselamplitude liegt zwischen 2,5 und 11 Größenklassen, was einer Helligkeitsänderung im Visuellen von einem Faktor 10 bis 25.000 entspricht. Die bolometrische Helligkeit schwankt dagegen lediglich um den Faktor 2 bis 3. Diese Sterne weisen eine ausgeprägte Periodizität auf, mit Zyklen zwischen 80 und 1000 Tagen, wobei die Periodenlänge invers proportional zur Oberflächentemperatur ist. Die Amplituden im Infraroten sind im Vergleich zum Visuellen bedeutend geringer und bleiben meist unterhalb von 2,5 Größenklassen.

Spektraleigenschaften: Die meisten Mira-Sterne sind M-Sterne mit ausgeprägten Titanoxid-Banden. Ein geringer Teil zählt zu den Kohlenstoffsternen C oder wird der Spektralklasse S zugeordnet. Die Emission von Wasserstofflinien (und gelegentlich anderer Elemente) wird durch Schockwellen verursacht, die durch die ausgedehnte Atmosphäre dieser Sterne laufen.

Helligkeitswechsel: Mira-Sterne pulsieren aufgrund des Kappa-Mechanismus. Die Pulsationen laufen in der ausgedehnten Atmosphäre ab, wodurch Konvektionsströmungen und nicht-radiale Schwingungen im Wesentlichen das Aussehen der Lichtkurve bedingen.

Strahlungsmechanismus: Schockwellen transportieren Materie in die äußere Atmosphäre, wo eine Kondensation zu Staubteilchen stattfindet. Diese Staubteilchen erhalten durch den Strahlungsdruck einen zusätzlichen Impuls, was zu einem Massenverlust von bis zu 10^{-8} bis 10^{-4} Sonnenmassen pro Jahr führt. Mira-Sterne stellen daher bedeutende Quellen von schweren Elementen im interstellaren Raum dar.

Besonderheiten: Mira-Sterne befinden sich im Hertzsprung-Russell-Diagramm auf dem asymptotischen Riesenast, haben einen dichten Kern aus Kohlenstoff sowie darüber eine Heliumbrennende Schicht. Sie sind die größten, kühlsten und leuchtkräftigsten Roten Riesen mit einem Alter zwischen 3 und 10 Mrd. Jahren. Das Mira-Stadium selbst ist kurzlebig. Als Vorgänger gelten Rote Riesen mit geringerem Lichtwechsel, während die Nachfolger Kerne von Protoplanetarischen Nebeln oder Nach-AGB-Sterne sind. Nahe verwandt mit den Mira-Sternen sind die OH/IR-Sterne, die jedoch einen noch höheren Massenverlust durch Sternwinde aufweisen.

Unter den 100 sonnennächsten Sternen findet man 61 M-Zwerge, aber keine Riesen oder Überriesen. Bei den 100 hellsten Sternen des Nachthimmels sind sieben vom Spektraltyp M, wobei es sich bei allen um Riesen- und Überriesensterne handelt.

2.5.4.8 Spektraltypen der Harvard-Erweiterung (R, N, S)

In Erweiterung der Hauptsequenz wurden im Anschluss an die Spektralklasse M ursprünglich noch die Spektraltypen R und N eingeführt, die aufgrund der Tatsache, dass in ihren Spektren Banden von molekularen Kohlenstoffverbindungen wie Cyan (CN), Kohlenmonoxid (CO) sowie molekularer Kohlenstoff (C_2) eine große Rolle spielen, heute zusammenfassend als C-Typen bezeichnet werden. Und genau aus diesem Grund bezeichnet man Sterne der Spektraltypen R und N als Kohlenstoffsterne. Weitere Besonderheiten betreffen das Auftreten von SiC_2-Banden und die in manchen Spektren beobachtete Präsenz von auffällig verstärkten Na-Linien.

Der Spektraltyp S ist dagegen für Sterne reserviert, deren K5 – M… -Spektren einzelne Banden von Zirkonoxid ZrO zeigen. Bei diesem Typ überwiegt in der Sternatmosphäre der Sauerstoff den Kohlenstoff. Bei den reinen Kohlenstoffsternen ist es dagegen genau umgekehrt. Die Bezeichnung „S-Typ" wurde gewählt, um zu kennzeichnen, dass Sterne dieses Typs in ihrer Atmosphäre verstärkt Elemente enthalten, die sich durch Neutroneneinfang (s-Prozess) gebildet haben. Das ist die einzige Möglichkeit für einen stabilen Stern, Elemente mit einer Ordnungszahl $Z > 26$ (Fe) zu bilden.

Die meisten Kohlenstoffsterne sind halbregelmäßig oder unregelmäßig veränderliche Riesensterne späten Spektraltyps. Aber auch einige klassische Mira-Sterne gehören zu dieser Gruppe.

Der Bezeichner für den Spektraltyp eines Kohlenstoffsterns beginnt mit einem großen „C", gefolgt von einer Zahl zwischen 0 und 9, welche hier als Temperaturindex bezeichnet wird. Eine zweite, durch ein Komma getrennte Zahl stellt zusätzlich einen Bezug zur Häufigkeit bestimmter schwerer Elemente in der Sternatmosphäre und der Größe der Oberflächengravitation her.

Die Temperatursequenz der C-Typen lässt sich auch mittels ihrer MK-Äquivalenttypen beschreiben, d. h. der Spektraltypen, denen sie ohne ihre spezifischen Merkmale entsprechen würden (s. Tab. 2.26).

Mit der zunehmenden Zahl der entdeckten Kohlenstoffsterne wurde eine Revision dieser recht einfachen Spektralklassifikation notwendig. Dazu teilte man sie entsprechend einiger spektraler Merkmale in drei Spektralsequenzen ein, die man als R-Sequenz, N-Sequenz und CH-Sequenz bezeichnet (Keenan 1993).

Die frühen „C-R"-Sterne besitzen als kennzeichnendes Merkmal eine deutliche Abstrahlung im blau-violetten Teil ihres Spektrums. Ganz allgemein handelt es sich bei ihnen um Sterne (Rote Riesen) im Temperaturbereich zwischen etwa 5100 K und 2800 K mit einer absoluten Helligkeit von $M_V = 0$, die sich von den anderen Sequenzen u. a. durch eine normale Häufigkeit von Elementen, die im s-Prozess gebildet werden (das betrifft Sr, Y und Ba), unterscheiden.

Tab. 2.26 Ursprüngliches (1941) und revidiertes Klassifizierungssystem von Kohlenstoffsternen (Keenan 1993)

Äquivalenttyp	C-Typ	R-Sequenz	N-Sequenz	CH-Sequenz
G4 – G6	C0	C-R0		C-H0
G7 – G8	C1	C-R1	C-N1	C-H1
G9 – K0	C2	C-R2	C-N2	C-H2
K1 – K2	C3	C-R3	C-N3	C-H3
K3 – K4	C4	C-R4	C-N4	C-H4
K5 – M0	C5	C-R5	C-N5	C-H5
M1 – M2	C6	C-R6	C-N6	C-H6
M3 – M4	C7		C-N7	
M5 – M6	C8		C-N8	
M7 – M8	C9		C-N9	

„C-N"-Sterne zeigen oft eine Verstärkung der Ba II-Linien. Sie erscheinen tiefrot – verursacht durch eine starke Absorption im blauen und violetten Teil ihres Spektrums. Die C_2-Isotopenbänder („Swan-Bänder") bei 473,7 nm, 516,5 nm und 563,5 nm erscheinen im Vergleich zur „C-R"-Sequenz deutlich schwächer. Diese speziellen AGB-Sterne im Temperaturbereich zwischen 3100 K und 2600 K sind mit $M_V = -2{,}2$ auch deutlich heller als Kohlenstoffsterne der „C-R"-Sequenz (Abb. 2.47).

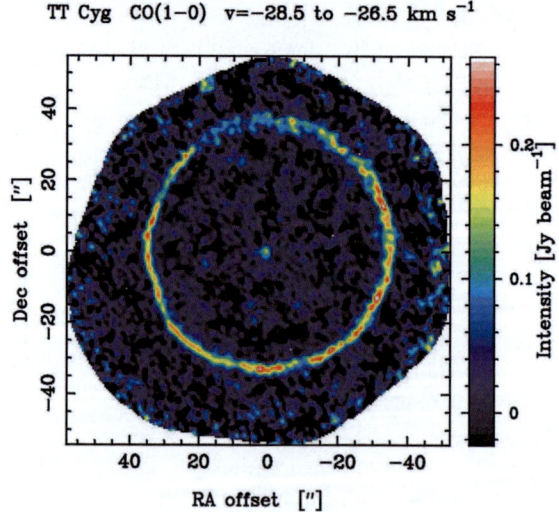

Abb. 2.47 Der Kohlenstoffstern TT Cygni ist von einer Schale (Radius ca. 0,24 Lj) von Gas umgeben, die verstärkt Radiostrahlung emittiert, die von CO-Molekülen stammt. Dieses Falschfarbenbild wurde aus Messwerten eines Arrays von Mikrowellenteleskopen (IRAM) erstellt. (Olofsson et al. 1998)

2.5 Sternspektren

Werden die Spektren von Kohlenstoffsternen im blau-violetten Teil durch CH-Bänder dominiert, dann werden sie i. d. R. der „C-H"-Sequenz zugeordnet. Während die „klassischen" Kohlenstoffsterne der Scheibenpopulation zugeordnet werden, handelt es sich bei „C-H"-Sternen um Helle Riesen (II) der Halopopulation im Temperaturbereich zwischen 5000 K und 4100 K.

Neben den genannten Sequenzen wurden mittlerweile noch zwei weitere Sequenzen „nichtklassischer" Kohlenstoffsterne eingeführt, die man mit „C-J" (sehr starke Isotopenbänder von C_2 und CN) und „C-HD" (sie zeigen u. a. ein Wasserstoffdefizit) bezeichnet.

Der erhöhte Kohlenstoffanteil in der Sternatmosphäre, der diesen Sternen ihren Namen gab, ist das Resultat von sogenannten *dredge-up*-Episoden, bei denen mittels Konvektion der im Sternkern fusionierte Kohlenstoff in die Sternatmosphäre transportiert wird (Tab. 2.27).

Tab. 2.27 Liste einiger Kohlenstoffsterne. (SIMBAD, Samus et al. 2013)

Stern	Typ	Typ alt	Helligkeit	Typ (Veränderlicher)
R Lep	C7,6e	N6e	5,50–11,70	Mira
WZ Cas	C9,2	N1p	9,40 -11,40	Halbregelmäßig (Riese)
U Cam	C3,9–C6,4e	N5	11,00–12,80	Halbregelmäßig (Riese)
Y Tau	C6,5;4e	N3	6,50–9,20	Halbregelmäßig (Riese)
UU Aur	C5,3–C7,4	N3	7,83–10,00	Halbregelmäßig (Riese)
W CMa	C6,3	N	6,35–7,90	Langsam irregulär
X Cnc	C5,4	N3	5,60–7,50	Halbregelmäßig (Riese)
Y Hya	C5,4	N3p	8,30–12,00	Halbregelmäßig (Riese)
U Ant	C5,3	Nb	8,10–9,70	Langsam irregulär
U Hya	C6,5;3	N2	7,00–9,40	Halbregelmäßig (Riese)
VY UMa	C6,3	N0	5,87–7,00	Halbregelmäßig (Riese)
Y CVn	C5,4J	N3	7,40–10,00	Halbregelmäßig (Riese)
RY Dra	C4,5J	N4p	6,03–8,00	Halbregelmäßig (Riese)
V CrB	C6,2e	N2e	6,90–12,60	Mira
SU Sco	C5,5	N0	11,70–13,20	Halbregelmäßig (Riese)
V Aql	C5,4–C6,4	N6	6,60–8,40	Halbregelmäßig (Riese)
V1942 Sgr	C6,4	N2/R8	6,74–7,00	Langsam irregulär
UX Dra	C7,3	N0	5,94–7,10	Halbregelmäßig (Riese)
AQ Sgr	C7,4	N3	9,10–11,40	Halbregelmäßig (Riese)
RS Cyg	C8,2e	N0pe	6,50 -9, 50	Halbregelmäßig (Riese)
U Cyg	C7,2e–C9,2	Npe	5,90–12,10	Mira
V Cyg	C5,3e–C7,4e	Npe	7,70–13,90	Mira

2.5.4.9 Sterne vom Spektraltyp W – Wolf-Rayet-Sterne

Eine sehr seltene, aber äußerst interessante Sternklasse stellen die Wolf-Rayet-Sterne dar. Es handelt sich dabei um massereiche (5 bis 60 $M_\odot$), sehr heiße ($T_{eff} = 30.000$ bis 100.000 K) und extrem leuchtkraftstarke Sterne ($L = 10^5 - 10^6 L_\odot$) oder – anders ausgedrückt – neben den LBV's (Luminous Blue Variable) um die absolut hellsten Sterne überhaupt in der Milchstraße ($M_{bol} = -8\,mag$ bis $-11\,mag$). Die ersten drei Sterne dieser Sternklasse wurden im Jahr 1867 noch visuell mit einem Okularspektroskop von den französischen Astronomen Charles Wolf (1827–1918) und Georges Rayet (1839–1906) im Sternbild Schwan entdeckt. Ihnen fielen insbesondere die breiten Emissionslinien auf, deren Entstehung sie sich damals natürlich noch nicht so recht erklären konnten. Auch später, als die Grundzüge einer Spektralklassifikation feststanden, tat man sich mit einer spektralen Einordnung dieser Sterne schwer und schuf deshalb ein eigenes Klassifikationsschema außerhalb der Hauptsequenz. Wie man heute weiß, sind diese breiten, für Wolf-Rayet-Sterne typischen Emissionslinien auf extrem starke stellare Winde zurückzuführen, die innerhalb kurzer Zeit zu einem merklichen Masseverlust (bis zu 1 $M_\odot$ in 10.000 Jahren) führen. Sie bestimmen auch fast ausschließlich das ungewöhnliche Aussehen der Spektren dieser Sterne.

Da die äußere Wasserstoffhülle durch den Sternwind weitgehend erodiert ist, kann man quasi in „tiefere" Schichten des Sterns blicken und dabei den Abfluss der dort angereicherten schweren Elemente spektroskopisch beobachten bzw. verfolgen (Abb. 2.48).

Zur Klassifizierung der Spektren von Wolf-Rayet-Sternen (WR) wurden folgende Typen eingeführt:

1. Gruppe: Stickstofflinien herrschen im Spektrum vor: WN

WNL-Sterne
Späte Wolf-Rayet-Sterne. In ihren Spektren dominieren Stickstofflinien gegenüber Kohlenstoffemissionen. In ihrer Hülle ist noch sehr viel Wasserstoff vorhanden, was darauf hinweist, dass sie zu den „jüngeren" Sternen in dieser Gruppe gehören.

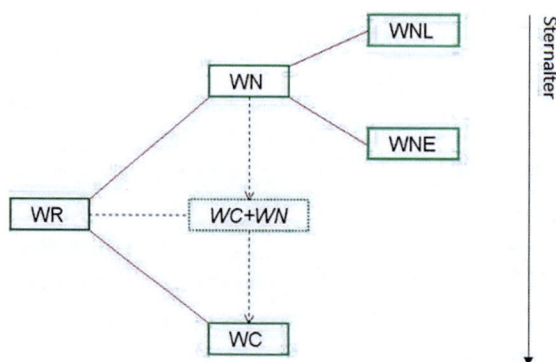

Abb. 2.48 Klassifikationsschema der Wolf-Rayet-Sterne

2.5 Sternspektren

WNE-Sterne
Frühe Wolf-Rayet-Sterne. Stickstoff dominiert gegenüber Kohlenstoff. Wasserstofflinien sind kaum oder nicht nachweisbar. Lediglich Helium ist in Emission beobachtbar.

Untergruppe: WN+WC-Doppelsternsysteme
Diese Untergruppe beobachtet man (fast) ausschließlich in Doppelsternsystemen, die jeweils aus einem WN- und einem WC-Stern bestehen. Ob es Einzelsterne in Form einer „Übergangsgruppe" zwischen WN- und WC-Typen gibt, ist noch umstritten.

2. Gruppe: Kohlenstofflinien herrschen im Spektrum vor: WC

Kohlenstoffemissionen dominieren das Spektrum. Darüber hinaus finden sich in unterschiedlicher Stärke Sauerstoff- und Heliumlinien, aber kaum Anzeichen für Wasserstofflinien. Es handelt sich dabei wahrscheinlich um die ältesten und damit am weitesten entwickelten Wolf-Rayet-Sterne.

Die Feineinteilung der W-Sequenz erfolgt durch eine angehängte Ziffer, die aber im Gegensatz zur Standardspektralklassifikation nichts mit der effektiven Temperatur des Sterns zu tun hat. Man definiert sie über Linienverhältnisse von Linien des gleichen Elements, aber benachbarter Ionisationsstufen (insbesondere WN). Bei WC-Sternen spielt bei der Klassifikation auch die Äquivalentbreite der C III/C IV-Linie bei 465,0 nm eine wichtige Rolle (Abb. 2.49).

WN-Typen werden in WN3 bis WN8 und WC-Typen in WC5 bis 9 unterteilt. Ansonsten zeigen Wolf-Rayet-Sterne gewisse verwandtschaftliche Beziehungen zu den leuchtkraftstarken Oe-Sternen.

Aufgrund der starken Masseverluste durch den intensiven Sternwind findet man Wolf-Rayet-Sterne oft im Zentrum Planetarischer Nebel, die sie quasi durch das Gas ihres radial abströmenden Sternwindes selbst aufgebaut haben. Ungefähr

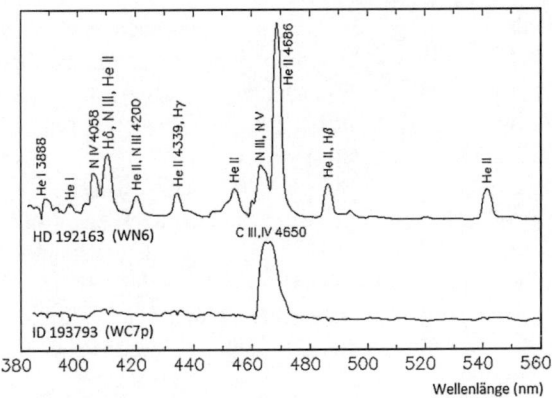

Abb. 2.49 Emissionslinienspektren zweier Wolf-Rayet-Sterne unterschiedlichen Spektraltyps

Abb. 2.50 Crescentnebel NGC 6888. Der helle Stern innerhalb des Nebels ist der Wolf-Rayet-Stern WR136, dessen intensive Sternwinde für die hier als Gasnebel sichtbare aufgeblähte Hülle verantwortlich ist. (Aufnahme M. Miller, J. Walker, NASA)

10 % aller galaktischen planetarischen Nebel haben einen Wolf-Rayet-Stern (der interessanterweise meist am unteren Ende der Masseskala dieser Sterne liegt) als Zentralstern. Ein bekanntes Beispiel ist der Crescentnebel NGC 6888 im Sternbild Schwan, der in seinem Zentrum den ca. 7,5 mag hellen Wolf-Rayet-Stern HD 192163 beherbergt (Abb. 2.50).

Früher hat man die Spektren aller Sterne, die sich nicht in die Standard- und erweiterte Spektralsequenz einordnen oder als Wolf-Rayet-Sterne identifizieren ließen, mit dem Spektraltyp Q bezeichnet (die ebenfalls noch verwendete Klasse P war für planetarische Nebel reserviert). Später hat man Q nur noch für sogenannte Novae verwendet. Aber auch das ist heute nicht mehr üblich. Deshalb soll dieser Spektraltyp an dieser Stelle auch nicht näher besprochen werden (Tab. 2.28).

2.5.4.10 Einige Bemerkungen zu den M-, L- und T-Zwergen

Um Zwergsterne vom Spektraltyp M am Himmel zu erspähen, benötigt man mindestens einen Feldstecher. Denn die hellsten unter ihnen erreichen gerade einmal eine scheinbare V-Helligkeit von knapp unter der 7. Größe (der hellste M-Zwerg, Lacaille 9352, ist ein Objekt des Südhimmels (Piscis Austrinus) und besitzt eine scheinbare V-Helligkeit von 7,34 mag). Trotzdem bestehen rund 80 % der Sternbevölkerung in Sonnennähe aus derartigen Roten Zwergsternen. Im Vergleich zu ihnen sind die Riesensterne vom Spektraltyp M ausgesprochen selten. Aber aufgrund ihrer sehr großen Leuchtkraft lassen sie sich auch aus größerer Entfernung noch gut beobachten. Hieraus erkennt man, dass Sternzählungen, die auf der scheinbaren Helligkeit der Sterne beruhen, ein völlig falsches Bild der Sternpopulationen der Milchstraße vermitteln. So enthält der berühmte *Henry-Draper-Katalog* unter seinen 225.300 Sternen nicht einen einzigen Roten Zwerg.

2.5 Sternspektren

Tab. 2.28 Liste der 20 hellsten Wolf-Rayet-Sterne der Milchstraße

WR	HD	Stern	Typ	Doppelstern	m_V	Assoziation	Entf. [kpc]
11	68273	γ Vel	WC8	+O7,5III-V	1,83		0,342
79a	152408		WN9ha				
48	113904	ϑ Mus	WC6	+O9,5/ B0Iab	5,66	Cen OB1	
22	92740		WN7h	+O9III-V	6,39	Car OB1	2,3
24	93131		WN6ha		6,48	Car OB1	2,3
78	151932		WN7h		6,48	NGC 6231-305	2
133	190918		WN5o	+O9I	6,77	NGC 6871	2,1
6	50896	EZ CMa	WN4b	?	6,87		0,9
79	152270		WC7	+O5–8	6,6	NGC 6231-220	2
140	193793	V1687 Cyg	EWC7pd	+O4–5	6,87		
90	156385		WC7		6,96		
136	192163	V1770 Cyg	WN6b	?	7,44	Cyg OB1	
40	96548	V385 Car	WN8h		7,69		
138	193077		WN5o	+B?	8,06	Cyg OB1	
139	193576	V444 Cyg	WN5o	+O6III-V	8,00	Cyg OB1?	1,7
25	93162		WN6+O	+O2,5If*	8,07	Car OB1	2,3
137	192641	V1679 Cyg	WC7pd	+O9	7,92	Cyg OB1?	
111	165763		WC5		7,67	Sgr OB1	
134	191765	V1769 Cyg	WN6b		7,99	Cyg OB3	
42	97152	V431 Car	WC7	+O7V	8,05	Car OB1?	

Wolf-Rayet Star Catalogue http://www.pacrowther.staff.shef.ac.uk/WRcat/ SIMBAD

Als Rote Zwerge werden gewöhnlich Sterne bezeichnet, die ihren Energiehaushalt durch Wasserstoffbrennen (pp-Zyklus) bestreiten und so massearm sind (zwischen 0,6 und 0,075 $M_\odot$), dass sie absolut nicht heller als $M_V = +7,5$ werden. Das erklärt auch ihre geringe Entdeckungswahrscheinlichkeit in entfernteren Gebieten der Milchstraße. Nach „unten" gehen sie in den Bereich der „Braunen Zwerge" über, die nur kurzzeitig thermonuklear aktiv sind („Deuteriumbrennen"), dann aber kontraktiv langsam auskühlen. Sie decken den Massebereich (metallizitätsabhängig) etwa zwischen dem 13-Fachen und 75-Fachen der Jupitermasse ($\approx 1,9 \cdot 10^{27}$ kg) ab. Darunter schließen sich massemäßig die „Planeten" an.

Spektroskopisch stellt die Unterscheidung zwischen Roten Zwergen (Hauptreihensterne) und substellaren Braunen Zwergen ein Problem dar. Das liegt daran, dass in Bezug auf die effektive Temperatur späte M-Zwerge und Braune Zwerge den gleichen Übergangsbereich besiedeln (1300–2000 K). Ganz unabhängig davon, ob im Zentrum der Sterne noch Wasserstofffusion stattfindet oder der Stern eventuell noch etwas Energie durch Kontraktion gewinnt, sind doch die Atmosphären relativ gleich aufgebaut und aufgrund der geringen Temperaturen (T < 2500 K) auch gleich komplex. Sie erlauben die Bildung von verschiedensten einfachen Molekülen wie TiO, CaOH, CaH, H_2O, FeH, VO (um nur einige Beispiele zu nennen) mit ihren reichhaltigen Bandenspektren, die besonders im IR angesiedelt sind. Anhand ihrer Ausprägung und anhand einer Anzahl von Linien neutraler Metalle lässt sich eine Spektralsequenz der M-Zwerge definieren, die von M0 bis M9 reicht.

Die Unterscheidung zwischen Überriesen, Riesen und Zwergsternen erweist sich insbesondere bei M-Sternen später als M5 bei den für Klassifizierungszwecke verwendeten Dispersionen als schwierig. Es gibt nur vergleichsweise wenige spektrale Merkmale, die sich als sichere Leuchtkraftindikatoren verwenden lassen. Als Beispiele sollen hier nur die Linienverhältnisse $\lambda = 771{,}2$ nm (Fe II) zu $\lambda = 771{,}4$ nm (Ni I) und $\lambda = 868{,}9$ nm (Fe I) zu $\lambda = 867{,}5$ nm (Fe I) genannt werden. Am sichersten ist die Unterscheidung zwischen Riesenstern und Zwergstern immer dann, wenn die Parallaxe des entsprechenden Sterns mit hinreichender Genauigkeit bekannt ist. Denn der Unterschied in den Leuchtkräften ist enorm (einige 10.000- bis 50.000-fach) (Abb. 2.51).

1988 wurde mit dem Begleiter um den Stern GD 165 (einem Weißen Zwerg im Sternbild Bootis) eine neue Art von massearmen Zwergsternen entdeckt, deren Spektren sich merklich von denen typischer M-Zwerge unterscheiden. Bei

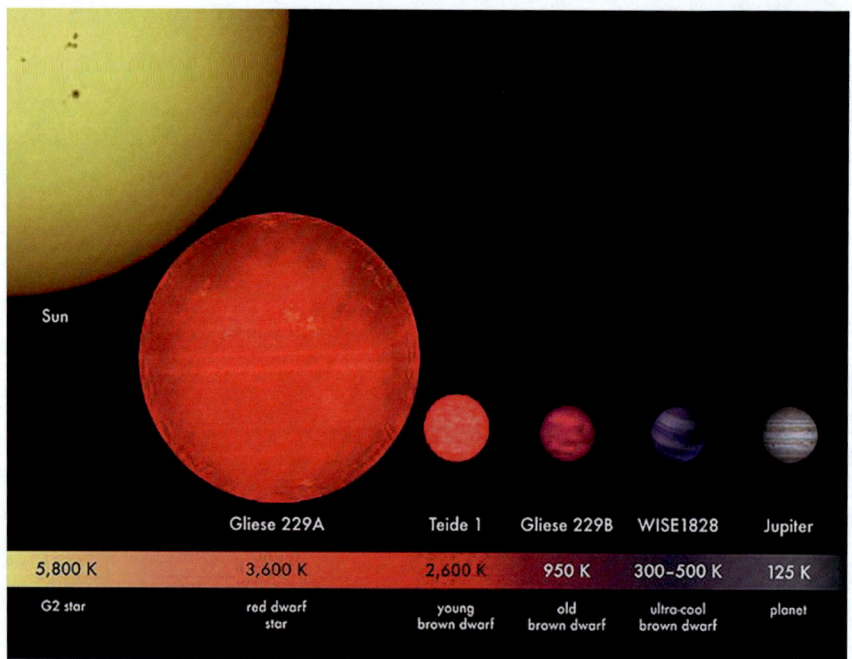

Abb. 2.51 Größenvergleich einiger M-Zwerge

2.5 Sternspektren

Tab. 2.29 Anteile der Hauptspektraltypen in der Milchstraße

Spektraltyp/Leuchtkraftklasse	Prozentuale Verteilung in der Milchstraße
O-Typ (Überriesen und Hauptreihe)	Sehr gering, <0,1 %
B-Typ (Überriesen und Hauptreihe)	Weniger als 1 %
A-Typ (Hauptreihe)	Etwa 3 %
F-Typ (Hauptreihe)	Ungefähr 7 %
G-Typ (Hauptreihe)	Ca. 8–9 %
K-Typ (Hauptreihe)	Ungefähr 12–13 %
M-Typ (Hauptreihe)	Mehr als die Hälfte, etwa 70–75 %
Weiße Zwerge (verschiedene Typen)	Eine kleine, aber signifikante Minderheit

ihnen fehlen nämlich die ansonsten so typischen TiO- und VO-Absorptionen im optischen und nahen IR-Bereich bzw. sind sie nur außergewöhnlich schwach ausgeprägt. Für diese Sterne, deren effektive Temperatur im Bereich zwischen 1500 und 2000 K liegt, wurde der Spektraltyp L eingeführt (übrigens weil „L" der nächste noch freie Buchstabe in Bezug auf „M" war). Zu ihrer sicheren Einordnung werden gewöhnlich Spektren im nahen IR benötigt. Späte L-Typen sind mit hoher Wahrscheinlichkeit keine „echten" Sterne mehr, sondern Braune Zwerge. Sie besitzen kräftige Methanbanden in ihren Spektren, weshalb man ihnen – im Anschluss an die Unterklasse L8 – einem neuen Spektraltyp T zugeordnet hat. Der Stern Gliese 229B ist der Prototyp dieser sogenannten T-Zwerge (auch „Methanzwerge" genannt), von denen mittlerweile 355 bekannt sind.[20]

2.5.4.11 Verteilung der Sterne der Milchstraße auf die einzelnen Spektraltypen

Die schätzungsweise 250 ± 150 Mrd. Sterne der Milchstraße sind sehr ungleichmäßig auf die Haupt-Spektralklassen verteilt, wie folgende Tabelle zeigt (Tab. 2.29):

Das ist auch verständlich, da die Sternentwicklung und -entstehung eng mit den physikalischen Bedingungen in der interstellaren Materie sowie mit dem Alter und der chemischen Zusammensetzung der Regionen verbunden sind, in denen sich Sterne bilden. Die unterschiedlichen Spektraltypen und Leuchtkraftklassen spiegeln genau diese Vielfalt wider. Zum Beispiel entstehen M-Sterne, die den größten Teil der Sternpopulation der Milchstraße ausmachen, in Gebieten mit besonders viel kaltem Gas und Staub (sogenannten „Molekülwolken"), während O- und B-Sterne in Umgebungen mit höherer Dichte und größeren Turbulenzen entstehen. Die relative Häufigkeit der verschiedenen Sterntypen ermöglicht Einblicke in die physikalischen Prozesse, die die Sternentstehung und -entwicklung beeinflussen, und hilft, die Entwicklung der Milchstraße und ihrer Sternpopulationen besser zu verstehen.

---

[20] DwarfArchives.org, http://spider.ipac.caltech.edu/staff/davy/ARCHIVE/index.shtml.

2.6 Korrelationen

Wenn man Besuchern an einem Fernrohr in einer Sternwarte den schönen Doppelstern Albireo, den „Kopfstern" des Schwans, zeigt, versäumt man es selten, auf den Zusammenhang zwischen der Farbe der beiden Sterne und ihrer (effektiven) Temperatur hinzuweisen. Die hellere, orangefarbene Komponente ist offensichtlich „kühler" als die schwächere, bläuliche. Es besteht hier nämlich eine Korrelation zwischen zwei Größen, und zwar zwischen der effektiven Temperatur eines Sterns und dem Maximum λ_{max} in dessen spektraler Energieverteilung. Diese Korrelation wird formal durch das Wien'sche Verschiebungsgesetz (Gl. 2.52) ausgedrückt und ist eine direkte Konsequenz der Planck'schen Strahlungsformel für Schwarze Körper (Abb. 2.52).

Besteht aber auch eine Korrelation zwischen der „wahren", also absoluten Helligkeit eines Sterns und dessen Farbe? Oder kann man etwa – wie im Fall von Albireo, wo beide Komponenten offensichtlich gleichweit von der Erde entfernt sind – vermuten, dass hellere Sterne meist rötlicher und schwächere meist bläulicher gefäbt sind? Diese Frage lässt sich nicht so ohne weiteres nur nach Augenschein beantworten. Hier sind genaue Beobachtungen und statistische Untersuchungen vieler Sternen erforderlich. Hilfsmittel dafür sind zweidimensionale Diagramme, deren Achsen die Größen bezeichnen, deren Korrelation man vermutet, und in die die entsprechenden Beobachtungswerte realer Sterne eingezeichnet werden.

2.6.1 Farben-Helligkeits-Diagramme

Die Farbe eines Sterns lässt sich – wie bereits erläutert (s. Abschn. 2.2.1) – durch die Einführung von Farbenindizes quantitativ erfassen. Am häufigsten verwendet man dafür die Helligkeitsdifferenzen im UBV-System, z. B. (U-B) und (B-V).

Abb. 2.52 Albireo – der „Kopfstern" des Schwans – ist aufgrund des Farbkontrastes seiner beiden Komponenten einer der schönsten Doppelsterne des nördlichen Sternhimmels und sollte deshalb im Sommer und Herbst bei keiner „Sternführung" fehlen. Um ihn aufzulösen, genügt schon ein kleines Amateurteleskop (Abstand der Komponenten 34 Bogensekunden)

2.6 Korrelationen

Da zu ihrer Bestimmung die Helligkeit eines Sterns in drei festgelegten Wellenlängenbereichen gemessen werden muss, spricht man bei deren praktischer Durchführung von einer Dreifarbenfotometrie. Genau genommen handelt es sich dabei um eine grobe Spektralfotometrie, bei der die Energieverteilung der elektromagnetischen Strahlung des Sterns kumulativ in drei spektralen Fenstern (die durch eine Kombination zwischen spektraler Empfindlichkeit des Detektors und der Transmissionskurve eines mehr oder weniger breitbandigen Filters gegeben sind) bestimmt wird. Deshalb ist es auch nicht verwunderlich, dass der Farbenindex mit den Spektralklassen (und bei manchen Spektraltypen auch ein wenig mit den Leuchtkraftklassen) korreliert.

Tab. 2.30 listet die Farbenindizes (B-V) und (U-B) für einen Hohlraumstrahler als Funktion von dessen absoluter Temperatur T auf. Man kann sie verwenden, um zu ermitteln, in welchem Bereich sich die effektive Temperatur eines Sterns mit einem gegebenen Farbenindex ungefähr bewegt.

In einem Farben-Helligkeits-Diagramm (FHD, engl. CMD, Color Magnitude Diagram) wird die scheinbare Helligkeit (z. B. V) bzw. die absolute Helligkeit über einen Farbenindex (häufig (B-V)) aufgetragen. Im ersten Fall muss man sicherstellen, dass alle Sterne etwa gleich weit von der Erde entfernt sind, um vergleichbare Ergebnisse zu erhalten. Von dieser Annahme lässt sich immer dann Gebrauch machen, wenn es sich bei den zu untersuchenden Sternaggregationen um offene Sternhaufen, Kugelsternhaufen, Sternassoziationen oder um in Sterne aufgelöste nahe Galaxien handelt. Im zweiten Fall muss dagegen die Entfernung jedes Einzelsterns innerhalb eines bestimmten Fehlerbereichs bekannt sein, damit aus der gemessenen scheinbaren Helligkeit die absolute Helligkeit berechnet werden kann (Abb. 2.53).

Schaut man sich z. B. das Farben-Helligkeits-Diagramm der Sterne an, von denen der Hipparcos-Satellit die Parallaxen messen und damit deren Entfernungen bestimmen konnte, dann erkennt man, dass sie im Diagramm nur ganz bestimmte

Tab. 2.30 Farbenindizes einer Schwarzkörperstrahlung als Funktion von deren Temperatur

T [K]	$B-V$	$U-B$	T [K]	$B-V$	$U-B$
>1000.000	−0,44	−1,33	28.000	−0,25	−1,17
1000.000	−0,41	−1,33	24.000	−0,22	−1,13
100.000	−0,37	−1,29	20.000	−0,18	−1,09
90.000	−0,36	−1,29	16.000	−0,11	−1,01
80.000	−0,36	−1,28	12.000	0,02	−0,87
70.000	−0,35	−1,27	8.000	0,29	−0,57
60.000	−0,34	−1,26	6.000	0,63	−0,26
50.000	−0,33	−1,25	5.000	0,79	−0,10
40.000	−0,30	−1,22	4.000	1,13	0,40
36.000	−0,29	−1,21	3.300	1,44	0,78
32.000	−0,27	−1,19	3.000	1,67	1,07

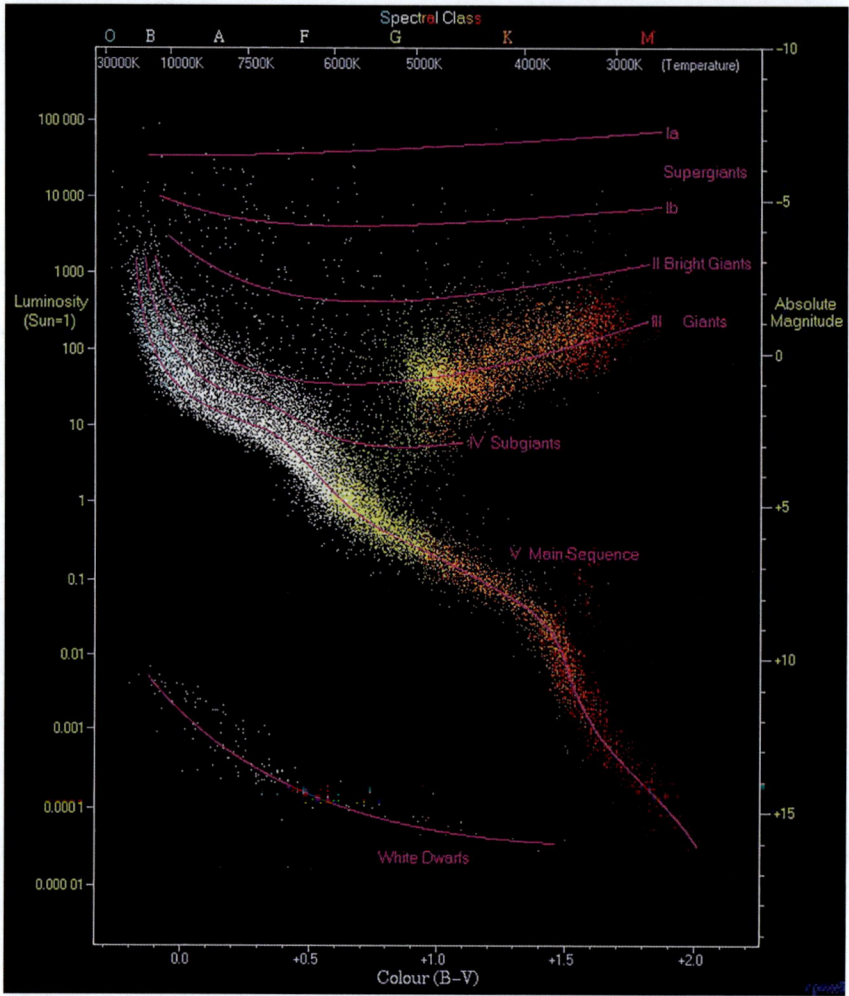

Abb. 2.53 Farben-Helligkeits-Diagramm von 22.000 Sternen aus dem *Hipparcos-Katalog* sowie 1000 leuchtkraftschwacher Sternen aus dem *Gliese-Katalog* sonnennaher Sterne, deren Entfernung mit genügender Genauigkeit bekannt ist

Gebiete in unterschiedlicher Dichte besetzen (s. Abb. 2.52). Die meisten Sterne befinden sich auf einem von links oben nach rechts unten verlaufenden Band – der Hauptreihe *(main sequence)*. Von ihm zweigt nach rechts oben ein Ast ab, in dem hauptsächlich nicht zu heiße, aber dafür sehr leuchtkräftige Sterne angesiedelt sind. Es handelt sich dabei um Riesensterne, weshalb dieser auffällige Ast auch „Riesenast" genannt wird. Im linken unteren Bereich sind noch einige einzelne Sterne hoher Temperatur, aber geringer Leuchtkraft zu erkennen. Dabei handelt es sich um Weiße Zwergsterne.

2.6 Korrelationen

Ein Farben-Helligkeits-Diagramm lässt sich relativ leicht erstellen, wenn man anstelle der absoluten Helligkeit die scheinbare Helligkeit für die Ordinate verwendet. Das macht beispielsweise für offene Sternhaufen und Kugelsternhaufen Sinn, denn in deren Fall kann man davon ausgehen, dass alle ihre Mitglieder ungefähr gleich weit von der Erde entfernt sind und sich damit ihre scheinbaren Helligkeiten nur um eine Differenz Δm von ihren absoluten Helligkeiten unterscheiden (Abb. 2.54).

Betrachtet man nun FHDs von diversen offenen Sternhaufen und Kugelsternhaufen, dann fallen sofort signifikante Unterschiede in der Sternverteilung in deren Diagrammen auf. Bei offenen Sternhaufen findet man die meisten Sterne überwiegend auf der Hauptreihe, die dann ab einem bestimmten Farbenindex (der für den jeweiligen Haufen spezifisch ist und empfindlich von dessen Alter abhängt) zum Riesenast abknickt. Dieser Punkt wird in der Fachliteratur als *turn-off point* des entsprechenden Sternhaufens bezeichnet. Die Hauptreihe selbst ist schmal und scharf ausgeprägt. Ihre Lage im Diagramm lässt sich für gewöhnlich sehr gut ermitteln.

Bei Kugelsternhaufen ist die Hauptreihe dagegen nur etwa ab (B-V)~0,4 in Richtung wachsender Farbenindizes besetzt. Der Übergang in den Riesenast erfolgt kontinuierlich und bei (B-V)~0,7 zweigt der sogenannte Horizontalast vom Riesenast ab und erstreckt sich zu niedrigeren (B-V)-Werten. In den Farben-Helligkeitsdiagrammen einiger Kugelsternhaufen lässt sich auch noch der asymptotische Riesenast ausmachen, der, um ca. eine Größenklasse nach oben versetzt, parallel dem Horizontalast folgt (Abb. 2.55).

Die Diagrammstrukturen von offenen und Kugelsternhaufen lassen sich mithilfe der Theorie der Sternentwicklung sehr genau erklären. Insbesondere kann

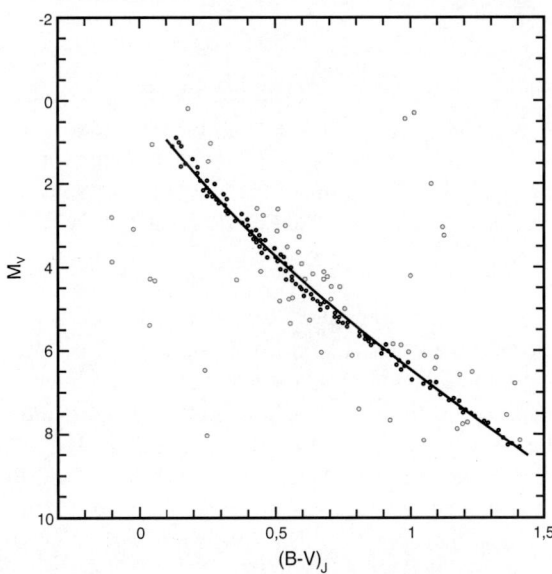

Abb. 2.54 Farben-Helligkeits-Diagramm des offenen Sternhaufens der Hyaden nach Daten des Hipparcos-Satelliten (Narayanan und Gould 1998)

Abb. 2.55 Farben-Helligkeits-Diagramm des Kugelsternhaufens M3

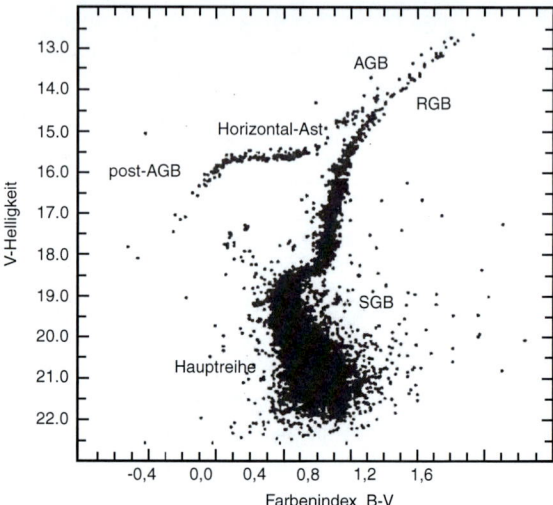

man bei offenen Sternhaufen aus der Lage des Abknickpunktes sehr gut ihr Alter abschätzen, wenn man von der begründeten Annahme ausgeht, dass alle Mitgliedssterne nahezu gleichzeitig, aber mit unterschiedlichen Massen aus einer Molekülwolke entstanden sind.

Der Grund, warum es oberhalb des Abknickpunktes keine Hauptreihensterne mehr gibt, liegt daran, dass sich die Sterne links von diesem Punkt (die heißer und massereicher waren) bereits zu Roten Riesen entwickelt haben.

Für das Alter des Sternhaufens gilt in etwa folgende Beziehung mit $FI_{top} = (B - V)$:

$$t_{cluster} = 9 \cdot 10^{2,94\, FI_{top}+7} \quad [a] \tag{2.100}$$

Problematisch bei der Erstellung von Farben-Helligkeits-Diagrammen ist die Berücksichtigung des Einflusses der interstellaren Verfärbung auf die Lage der Sterne im Diagramm. Leider ist der Farbindex nicht von der Entfernung unabhängig, da interstellare Staubpartikel durch Streuprozesse zu einer Verrötung des Sternlichts führen können. Dieser Effekt wird formal durch den Farbexzess (Gl. 2.40)

$$E(\Delta m_{BV}) = E(B - V)$$

ausgedrückt. Da er im optischen Bereich nur schwach von der Wellenlänge des Lichts abhängt, bewirkt er im Wesentlichen eine einfache Verschiebung der (B-V)-Achse im Diagramm. Um den Grad dieser Verschiebung festzustellen, verwendet man ein (U-B) – (B-V)-Diagramm (Zweifarbendiagramm nach W. Becker). In diesem Diagramm zeigt die Hauptreihe bei (U-B) ~ [0..0,2] und (B-V) ~ [0,3..0,5] eine wellenförmige Abweichung, die durch einen durch den Balmer-Sprung verursachten Intensitätsabfall hervorgerufen wird und bei Hauptreihensternen recht deutlich ausgeprägt ist. Das Verhältnis zwischen dem UV-Farbexzess (U-B) und

2.6 Korrelationen

dem visuellen Farbexzess (B-V) lässt sich näherungsweise durch folgende Beziehung beschreiben:

Fall a) $(U - B)_0 < 0$

$$\frac{E(U - B)}{E(B - V)} = 0{,}65 - 0{,}05(U - B)_0 + 0{,}05\, E(B - V) \tag{2.101}$$

Fall b) $(B - V)_0 > 0$

$$\frac{E(U - B)}{E(B - V)} = 0{,}64 - 0{,}26(B - V)_0 + 0{,}05\, E(B - V), \tag{2.102}$$

wobei $E(U - B) = (U - B) - (U - B)_0$ und $E(B - V) = (B - V) - (B - V)_0$ ist und der Index 0 die Werte für die unbeeinflusste Hauptreihe kennzeichnet (Tab. 2.31).

Durch das Aufschieben eines Zweifarbendiagramms eines Sternhaufens auf ein analoges Diagramm mit der unverfälschten Hauptreihe lässt sich deshalb die Verfärbung direkt aus der Ordinatenverschiebung bestimmen (Abb. 2.56).

Da die Hauptreihe im FHD relativ gut ausgeprägt ist, kann man durch Vergleich einer realen Hauptreihe mit einer auf eine Entfernung von 10 pc geeichten Hauptreihe sofort den Entfernungsmodul $m - M$ berechnen (Gl. 2.19). Dazu ist lediglich die Helligkeitsdifferenz (= Abszissenabstand) zwischen den visuellen Helligkeiten der Sterne des zu untersuchenden Sternhaufens und der Helligkeit der Sterne auf der geeichten Hauptreihe zu ermitteln. Ein vertikales „Aufschieben" des FHD auf die geeichte Hauptreihe liefert sofort das Entfernungsmodul und damit auch die Entfernung des Sternhaufens.

Um genaue Werte zu erhalten, muss jedoch zuvor noch der Einfluss der interstellaren Extinktion (s. Abschn. 2.2.3) auf die visuelle Helligkeit herausgerechnet werden. Der Korrekturwert $A_V = V - V_0$ lässt sich aus folgender Beziehung bestimmen (Tab. 2.32):

Tab. 2.31 (B-V) und (U-B)-Farbenindizes sowie absolute Helligkeiten der Nullalter-Hauptreihe. (Aus Landolt-Börnstein 1982 (Vol 2b))

$(B - V)_0$	$(U - B)_0$	M_V	$(B - V)_0$	$(U - B)_0$	M_V
−0,30	−1,08	−3,25	0,30	0,03	2,8
−0,25	−0,90	−2,1	0,40	−0,01	3,4
−0,20	−0,69	−1,1	0,50	0,00	4,1
−0,15	−0,50	−0,2	0,60	0,08	4,7
−0,10	−0,30	0,6	0,70	0,23	5,2
−0,05	−0,10	1,1	0,80	0,42	5,8
0,00	0,01	1,5	0,90	0,63	6,3
0,05	0,05	1,7	1,00	0,86	6,7
0,10	0,08	1,9	1,10	1,03	7,1
0,20	0,10	2,4	1,20	1,13	7,5

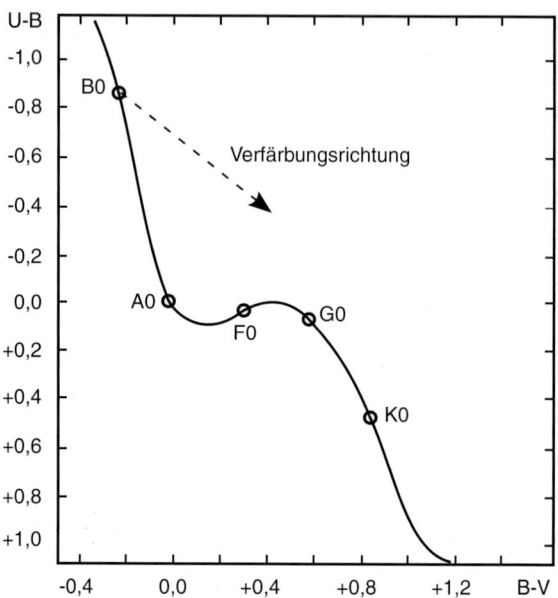

Abb. 2.56 Zweifarbendiagramm für Hauptreihensterne. Längs der Kurve sind die Spektraltypen angegeben. Die interstellare Verfärbung verschiebt die Lage der Sterne parallel der Verfärbungsrichtung

$$\frac{A_V}{E(B-V)} = 3{,}30 + 0{,}28\,(B-V)_0 + 0{,}04\,(B-V) \qquad (2.103)$$

2.6.1.1 Fotometrische Parallaxen

Die Methode der Entfernungsbestimmung von Sternhaufen lässt sich prinzipiell – wenn auch mit einigen Schwierigkeiten – auf Einzelsterne übertragen. Sind die absoluten Helligkeiten als Funktion der Farbenindizes bekannt, dann reicht es aus, den $(B-V)$-Wert eines Sterns und seine visuelle Helligkeit zu messen, um im Vergleich mit der Tabelle der absoluten Helligkeiten bei dem entsprechenden $(B-V)$-Wert das Entfernungsmodul auszurechnen. Aus Gl. 2.19 folgt dann sofort die Entfernung in pc. „Parallaxen", die auf diese Art bestimmt werden, bezeichnet man als fotometrische Parallaxen. Wird zusätzlich der Spektraltyp zur Abschätzung der absoluten Helligkeit herangezogen, dann spricht man von spektrofotometrischen Parallaxen.

Mit dieser Methode kann mit einiger Sicherheit (zumindest wenn sich die interstellare Verfärbung und Extinktion ausreichend genau berücksichtigen lassen) die Entfernung schwächerer Sterne bestimmt werden. Die Hauptschwierigkeit besteht darin, dass es mit der Methode der Zwei- und Dreifarbenfotometrie schwierig bis unmöglich ist, die Leuchtkraftklasse zu bestimmen. Bei einem schwachen Stern mit einem bestimmten Farbindex kann es sich um einen relativ nahen Hauptreihenstern oder um einen sehr weit entfernten Riesen- oder Überriesenstern

Tab. 2.32 Kalibrierung der Hauptreihe entsprechen der MK-Spektralklassifikation

Spektrum	M_V	$B-V$	$U-B$	T_{eff} [K]	BC
O5	−5,70	−0,33	−1,19	42.000	−4,40
O9	−4,50	−0,31	−1,12	34.000	−3,33
B0	−4,00	−0,30	−1,08	30.000	−3,16
B2	−2,45	−0,24	−0,84	20.900	−2,35
B5	−1,20	−0,17	−0,58	15.200	−1,46
B8	−0,25	−0,11	−0,34	11.400	−0,80
A0	0,65	−0,02	−0,02	9790	−0,30
A2	1,30	0,05	0,05	9000	−0,20
A5	1,95	0,15	0,10	8180	−0,15
F0	2,70	0,30	0,03	7300	−0,09
F2	3,60	0,35	0,00	7000	−0,11
F5	3,50	0,44	0,02	6650	−0,14
F8	4,00	0,52	0,02	6250	−0,16
G0	4,40	0,58	0,06	5940	−0,18
G2	4,70	0,63	0,12	5790	−0,20
G5	5,10	0,68	0,20	5560	−0,21
G8	5,50	0,74	0,30	5310	−0,4
K0	5,90	0,81	0,45	5150	−0,31
K2	6,40	0,91	0,64	4830	−0,42
K5	7,35	1,15	1,08	4410	−0,72
M0	8,80	1,40	1,22	3840	−1,38
M2	9,90	1,49	1,18	3520	−1,89
M5	12,3	1.64	1.24	3170	−2,73

handeln. Eine definitive Unterscheidung ist oft nur mittels einer genauen Analyse seines Spektrums möglich. Die Reichweite dieser Methode der Entfernungsbestimmung hängt daher stark vom Spektraltyp und der Messgenauigkeit ab.

2.6.2 Masse-Leuchtkraft-Beziehung

Trägt man die aus Doppelsternbeobachtungen abgeleiteten Massen von Hauptreihensternen über deren Leuchtkraft auf doppellogarithmischem Papier auf, dann scharen sich die Punkte näherungsweise um eine schräg nach oben verlaufende Gerade. Aus der Steigung dieser Ausgleichsgeraden lässt sich folgende Proportionalität ablesen:

$$L \sim M^\mu, \tag{2.104}$$

wobei für die „mittlere" Hauptreihe $\mu \approx 3{,}5$ gilt (nach „oben" wird die Abhängigkeit etwas schwächer). Die Leuchtkraft L eines Hauptreihensterns wird demnach mit langsam zunehmender Masse M immer stärker. Das bedeutet, dass die leuchtkraftstärksten Sterne auch die größten Massen haben. Für Riesensterne und natürlich auch für weiße Zwergsterne gilt diese Beziehung nicht, da sie sich allein schon durch ihre Größe und auch physikalisch von den Hauptreihensternen wesentlich unterscheiden.

Der hier betrachtete funktionale Zusammenhang zwischen $\log L$ und $\log M$ ist nicht über das gesamte Massenspektrum der Hauptreihensterne streng linear. Rechnet man in Sonnenleuchtkräften und Sonnenmassen, dann lässt sich der Exponent μ noch etwas genauer fassen:

$$\mu \approx 4{,}0 \text{ für } M > 0{,}43\, M_\odot \text{ und } \mu \approx 2{,}3 \text{ für } M < 0{,}43\, M_\odot \qquad (2.105)$$

Die Massegrenze von $0{,}43\, M_\odot$ kennzeichnet in etwa den Übergang von reiner Konvektion zu Strahlungstransport als vorherrschendem Energietransportmechanismus im Inneren der Hauptreihensterne.

Dass es eine Beziehung zwischen Masse und Leuchtkraft geben muss, kann man sich bereits durch einfachen Überlegungen plausibel machen. Eine größere Sternmasse benötigt zur Verhinderung einer Kontraktion (Gravitationskollaps) einen höheren Druck, der wiederum nur durch eine höhere Temperatur zu erreichen ist. Eine höhere Temperatur impliziert aber auch sofort wieder eine höhere Leuchtkraft. Eine grobe formale Abschätzung und damit Überprüfung dieser Überlegung könnte in etwa folgendermaßen aussehen, wobei von der vereinfachenden Annahme ausgegangen wird, dass sich der Stern zu jedem Zeitpunkt im hydrostatischen Gleichgewicht befindet und der Energietransport in seinem Inneren überwiegend durch Strahlung erfolgt.

Aus der Bedingung des hydrostatischen Gleichgewichts ergibt sich folgende Proportionalität:

$$\frac{dP}{dr} = -\rho g \text{ mit } g = \frac{GM}{r^2} \text{ und } \rho = \frac{3M}{4\pi r^3}, \qquad (2.106)$$

also

$$P = -\frac{3GM^2}{4\pi} \int_0^R r^{-5} dr \sim \frac{M^2}{R^4}. \qquad (2.107)$$

Weiterhin gilt nach den Gasgesetzen (ideales Gas):

$$P \sim \rho T,$$

woraus mit $\rho \sim M/R^3$

$$T \sim \frac{PR^3}{M} \qquad (2.108)$$

folgt.

Die Leuchtkraft L eines Sterns ist durch Gl. 2.49 gegeben. Wäre ein Stern völlig durchsichtig, dann würde er nicht Strahlung entsprechend der Temperatur

$T_{\textit{eff}}$ emittieren, sondern entsprechend der um mehrere Größenordnungen höheren Temperatur T_I in seinen energieerzeugenden Zentralbereichen. Durch sehr viele (R^2/l^2, l mittlere freie Weglänge) Absorptions- und Emissionsvorgänge wird die im Kernbereich erzeugte Gammastrahlung beim Durchgang durch die weitgehend undurchsichtige Sternmaterie immer mehr in sichtbares Licht konvertiert, um dann aus der durchsichtigen Sternatmosphäre in den kosmischen Raum abgestrahlt zu werden. Für Sterne, die auf diese Weise Energie an die Sternoberfläche transportieren (Strahlungsdiffusion), gilt ungefähr folgende Beziehung:

$$T_{\textit{eff}} \approx \left(\frac{l}{R}\right)^{1/4} T_I \text{ mit } l \approx 0{,}7 \text{ mm,} \tag{2.109}$$

d. h.

$$L = 4\pi\sigma R^2 \frac{l}{R} T_I^4,$$

und wegen Gl. 2.108 und 2.107 (mit $\rho \sim M/R^3$)

$$L \sim M^3. \tag{2.110}$$

Damit ist die empirisch gefundene Beziehung Gl. 2.104 auch theoretisch plausibel.

Die Entdeckung, dass bei Hauptreihensternen die Leuchtkraft mit steigender Masse rasant zunimmt, gelang 1924 dem britischen Physiker Arthur Stanley Eddington. Seitdem lässt sich die Masse-Leuchtkraft-Beziehung für Hauptreihensterne theoretisch sehr gut begründen. Gerade deshalb ist die empirische Bestimmung dieser Funktion über einen großen Massebereich auch so wichtig, da sich damit theoretische Modelle der Sternentwicklung exzellent überprüfen lassen. Die gegenwärtig noch bestehenden Probleme des empirischen Anschlusses an derartige Modellrechnungen treten besonders bei massearmen Sternen auf, und zwar im Bereich der „Braunen Zwerge", deren Massen sich aus Beobachtungen nur sehr schwer deduzieren lassen. Es gibt nur wenige Doppelsternsysteme, deren Begleiter dieser Sterngruppe nahestehen und die in solchen Systemen auch beobachtbar sind. Eines der wenigen Beispiele ist hier AB Doradus C, der den jungen Stern AB Doradus A in ca. 2,3 AU Entfernung umläuft. Seine Masse konnte zu 93 Jupitermassen ($=0{,}08\ M_\odot$) und sein Spektraltyp zu „M" bestimmt werden. Damit ist er – gemessen an seiner Leuchtkraft – ungefähr doppelt so schwer wie theoretische Sternmodelle für Sterne dieser Klasse vorhersagen.

2.6.3 Masse-Radius-Beziehung

Für Hauptreihensterne besteht auch eine Beziehung ähnlich Gl. 2.104 zwischen der Masse und dem Radius eines Sterns:

$$R \sim M^\nu \tag{2.111}$$

Tab. 2.33 Masse, Radius und Leuchtkraft für Hauptreihensterne (alles in Sonneneinheiten)

log M	log R	log L	T_{eff} [K]
1,6	1,25	5,7	40.800
1,0	0,90	4,0	25.700
0,81	0,58	2,9	15.200
0,51	0,40	1,9	10.000
0,32	0,24	1,3	8300
0,23	0,13	0,8	7260
0,11	0,08	0,4	6470
0,00	0,00	0,00	6000
−0,03	−0,03	−0,01	5500
−0,11	−0,07	−0,4	4580
−0,16	−0,13	−0,8	4180
−0,33	−0,20	−1,2	3390
−0,67	−0,50	−2,1	2760

Der Exponent ν hat dabei für Sterne mit einer Masse, die größer ist als die der Sonne, einen Wert von $\approx 0{,}57$ und für Sterne, deren Masse unterhalb einer Sonnenmasse liegt, einen Wert von $\approx 0{,}8$. Dieser „Knick" in der log M – log R-Kurve bei $1\,M_\odot$ markiert den Übergang zwischen ausgedehnten konvektiven Hüllen und Sternen ($M > 1\,M_\odot$), bei denen über den gesamten Radius der Energietransport durch Strahlungsdiffusion erfolgt. Dabei sagt die Theorie voraus, dass Sterne mit einer Masse von $M \leq 0{,}03\,M_\odot$ sogar bis in das Zentrum hinein konvektiv sind.

Konvektiver Wärmetransport führt bekanntermaßen Energie effektiver ab als Strahlungstransport, was dazu führt, dass konvektive Sterne etwas mehr kontrahieren müssen, um in den Zustand des hydrostatischen Gleichgewichts zu gelangen. Deshalb sind sie für ihre Masse auch etwas kompakter, was durch den etwas größeren Exponenten in der Relation Gl. 2.111 zum Ausdruck kommt (Tab. 2.33).

Mithilfe von Sternentwicklungsprogrammen ist es möglich, den Weg von Protosternen von ihrer Entstehung bis zum Erreichen der Nullalter-Hauptreihe (ZAMS) nachzuvollziehen. Auf diese Weise kann eine Nullalter-Masse-Radius-Beziehung, wie sie Abb. 2.57 zeigt, für verschiedene chemische Zusammensetzungen der protostellaren Materie ermittelt werden (Bressan et al. 2012). So begann unsere Sonne mit einem Radius von $0{,}97\,R_\odot$ ihr Dasein als Hauptreihenstern. Zu diesem Zeitpunkt hatte sie erst ein Alter von knapp 44 Mio. Jahren (Abb. 2.58).

2.6.4 Hertzsprung-Russell-Diagramm

Kurz gesagt – das „Hertzsprung-Russell-Diagramm" (HRD) ist die Darstellung des Farben-Helligkeits-Diagramms mit anderen Achsen. Die „natürlichste" Form der Darstellung wäre ein Diagramm, dessen Ordinate die Leuchtkraft und dessen

2.6 Korrelationen

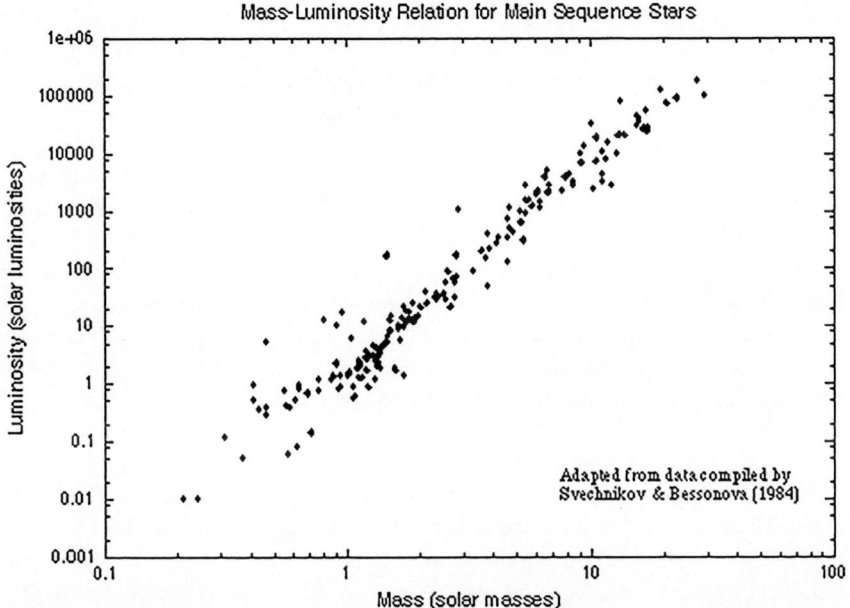

Abb. 2.57 Empirische Masse-Leuchtkraft-Beziehung, abgeleitet von 192 spektroskopischen Doppelsternsystemen

Abb. 2.58 Masse-Radius-Beziehung von Sternen auf der Nullalter-Hauptreihe mit solarer Zusammensetzung

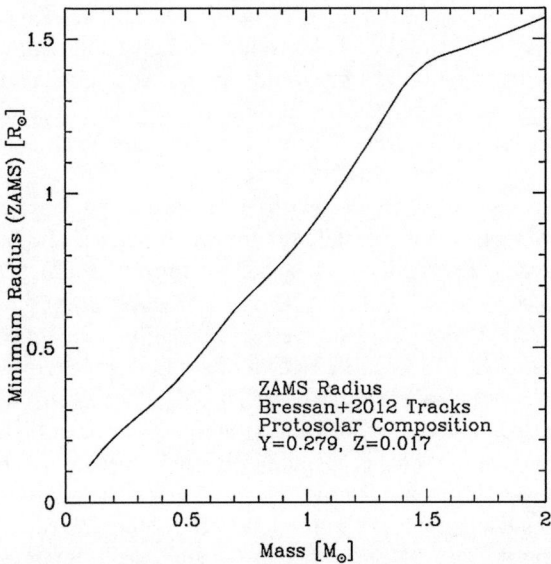

Abszisse die effektive Temperatur darstellt. Als „Kompromiss" wählt man jedoch oft als Ordinate die absolute Helligkeit (als Maß für die Leuchtkraft eines Sterns) und als Abszisse den Spektraltyp (als Maß für dessen effektive Temperatur). Ein Diagramm mit dieser Achseneinteilung nennt man gewöhnlich ein „klassisches Hertzsprung-Russell-Diagramm". Dass ein derartiges Diagramm nicht gleichmäßig mit Sternen besetzt ist, erkannten um das Jahr 1913 unabhängig voneinander (s. Kap. 1) der dänische Astronom Ejnar Hertzsprung und der Amerikaner Henry Norris Russell. In jener Zeit lagen bereits umfangreiche statistische Angaben über die Spektraltypen und die Entfernungen von Sternen vor (z. B. der *Henry-Draper-Katalog*), die fotografische Fotometrie (vorangetrieben durch Karl Schwarzschild in Göttingen) wurde zu einer der wichtigsten Arbeitsmethoden der Astronomen, und man begann sich Gedanken über den Aufbau, die Funktionsweise und die Entwicklung der Sterne zu machen. Auf diese Weise entwickelte sich das Hertzsprung-Russell-Diagramm schnell zu einem der bedeutendsten heuristischen Werkzeuge der stellaren Astrophysik.

Das HRD bietet Einblicke in die Verteilung entscheidender stellarer Zustandsgrößen innerhalb eines speziellen Parameterraums, der die wesentlichen Eigenschaften von Sternatmosphären bestimmt. Hierbei spielen insbesondere die Leuchtkraft (L) und die effektive Temperatur (T_{eff}) eine zentrale Rolle. Die Leuchtkraft wiederum hängt entscheidend (neben der Masse) von den Radien der Sterne ab, weshalb es bei gleicher effektiver Temperatur Sterne gibt, die sich in der Größe ihrer abstrahlenden Oberfläche um mehrere Größenordnungen unterscheiden können. Man trägt, wie bereits erläutert (s. Abschn. 2.5.2), diesem Sachverhalt durch die Einführung verschiedener Leuchtkraftklassen Rechnung, denen man wiederum im HRD konkrete Parameterbereiche bzw. Besetzungszonen zuordnen kann. Besonders auffällig ist die Hauptreihe (main sequence), die im HRD ebenso wie im FHD von rechts unten nach links oben verläuft. Es sei darauf hingewiesen, dass die Anordnung der Abszisse im HRD von hohen zu niedrigen Temperaturen lediglich historisch bedingt ist und keine physikalischen Gründe hat. Dabei nimmt die Leuchtkraft um ca. acht Größenordnungen zu. Da die Leuchtkraft gemäß der Masse-Leuchtkraft-Beziehung von der Masse abhängt, muss demnach auch die Masse der Sterne von unten nach oben entlang der Hauptreihe zunehmen (Abb. 2.59).

Als „Äste" *(branches)* bezeichnet man gewöhnlich die mit Sternen mehr oder weniger dicht besetzten Parameterbereiche, die außerhalb der Hauptsequenz liegen. Es handelt sich dabei im Einzelnen um den Riesenast (er umfasst insbesondere den Bereich der Roten Riesensterne), den Horizontalast (Bereich horizontal quer vom Riesenast zu blauen Sternen hoher Leuchtkraft hin), den asymptotischen Riesenast (Bereich etwas heißerer Sterne, die sich zum Roten hin dem Riesenast nähern), den Bereich der Unterriesen (der die Verbindung der Roten Riesen zur Hauptreihe bildet), und – ganz oben links – um den dünn besiedelten Bereich der leuchtkraftstarken Blauen Überriesen. Dazu kommt noch der Bereich der Weißen Zwergsterne, die man in einer langgestreckten Zone im linken Bereich des Diagramms weit unterhalb der Hauptreihe (d. h. bei geringen Leuchtkräften) findet. Da diese Sterne keine thermonukleare Energiequelle mehr besitzen, handelt

2.6 Korrelationen

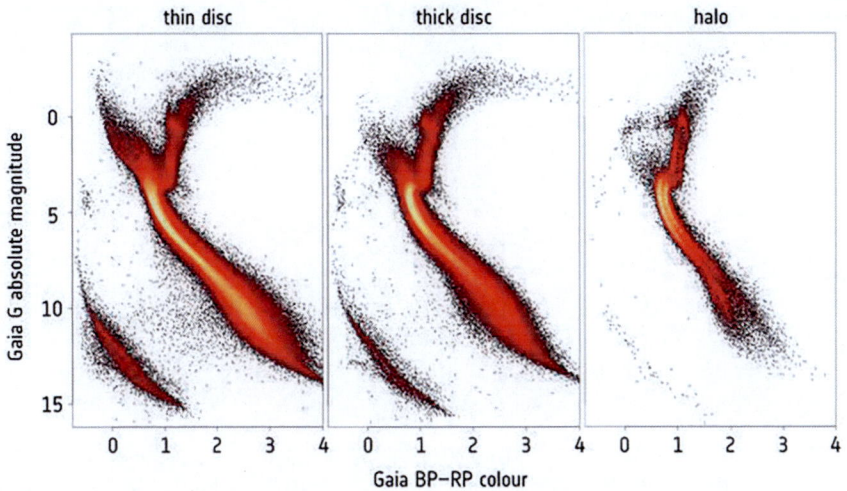

Abb. 2.59 Aus Gaia-Daten gewonnene HRDs für verschiedene Teile der Milchstraße

es sich hier um eine reine Abkühlungssequenz. Dass dieser Bereich in konkreten Diagrammen nur schwach mit Sternen besetzt ist, hat dabei seine Gründe weniger in deren absoluter Häufigkeit in der Milchstraße, sondern vielmehr in deren geringer Entdeckungswahrscheinlichkeit aufgrund ihrer sehr geringen Leuchtkraft.

2.6.4.1 Unterschiede zwischen dem HRD und den Farben-Helligkeitsdiagrammen

Auf den ersten Blick erscheint ein $(B - V) - M_V$-Diagramm als eine leicht verzerrte Ausgabe eines klassischen Hertzsprung-Russell-Diagramms. Trotzdem gibt es einige wesentliche Abweichungen, die man bei der Interpretation beachten muss. Der Grund dafür ist die unterschiedliche Skalierung der Abszissenachse, die sich im „klassischen" HRD weitgehend einer linearen Temperatursequenz anschließt. Die Skalierung der Achse eines FHD folgt dagegen einer linearen Temperatursequenz nur tendenziell, was man erkennen kann, wenn man sich das Zustandekommen der Farbindizes (z. B. $(B - V)$) im Lichte der Planck'schen Strahlungsformel (Gl. 2.42) etwas genauer ansieht.

Wenn man Gl. 2.43 auf doppelt logarithmischem Papier aufträgt (d. h. $\log B_\nu$ über $\log \nu$), ergeben sich für verschiedene Temperaturwerte T ähnliche Kurven. Diese weisen einen mit steigender Temperatur stark anwachsenden Maximalwert auf, wie es durch das Stefan-Boltzmannsche Gesetz (Gl. 2.48) beschrieben wird, der sich gleichzeitig zu immer höheren Frequenzen hin verschiebt, gemäß dem Wienschen Verschiebungsgesetz Gl. 2.52 (Abb. 2.60).

Der niederfrequente Teil der Kurve kann jeweils durch das Rayleigh-Jeans'sche Strahlungsgesetz Gl. 2.44 und der hochfrequente Teil der Kurve durch das Wien'sche Strahlungsgesetz Gl. 2.43 approximiert werden.

Abb. 2.60 Planck-Funktion in doppeltlogarithmischer Frequenzdarstellung

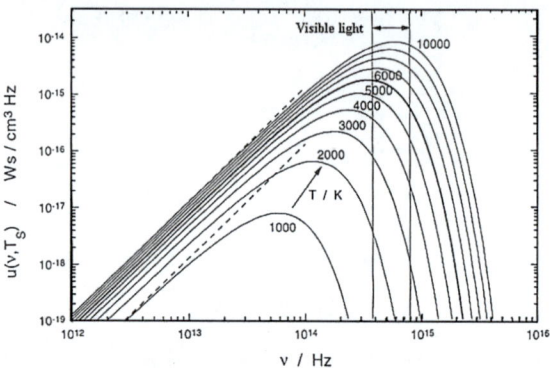

In diesem Bild ist der $(B-V)$-Wert genau der Anstieg der Sekante zwischen den zwei Punkten auf der Planck'schen Kurve, die durch die Frequenzen ν_B und ν_V festgelegt sind, für die jeweils der B- und der V-Wert definiert ist (die folgenden Überlegungen gelten im Prinzip natürlich auch für andere Farbindizes).

Bei Sternen mit geringer effektiver Temperatur ($T_{eff} < 4000K$) liegt der größte Teil der emittierten sichtbaren Strahlung im Wienschen Teil der Planck-Kurve, während er bei Sternen mit hoher effektiver Temperatur ($T_{eff} > 10.000K$) im Rayleigh-Jeans-Bereich liegt. Sobald das Maximum der Planck-Kurve aus dem sichtbaren Bereich in Richtung kürzerer Wellenlängen herausgewandert ist, ändert sich der Anstieg (B-V) kaum noch selbst dann, wenn man zu Kurven noch höherer Temperatur übergeht. Große Änderungen im Farbindex $(B-V)$ findet man nur, wenn sich entweder der Wien'sche Bereich oder das Maximum der Strahlungskurve im Bereich des sichtbaren Lichts befindet. In diesem Fall sind die Änderungen so beträchtlich, dass zwischen $(B-V)$ und T_{eff} eine deutliche Korrelation besteht, die man zur Bestimmung von T_{eff} eines Sterns ausnutzen kann.

In der Praxis muss man weiterhin berücksichtigen, dass Sterne (insbesondere solche, die späten Spektraltypen angehören) nur näherungsweise wie „Schwarze Körper" strahlen. Die Abweichungen zwischen der tatsächlichen spektralen Energieverteilung eines Sterns und der Energieverteilung eines Schwarzen Körpers mit derselben Temperatur sind mittlerweile ausreichend gut bekannt und stellen daher kein Problem mehr dar. Das „Hineinrutschen" des Rayleigh-Jeans-Teils der Planckkurve in das optische Fenster führt im FHD zu einer deutlichen Begrenzung der Hauptreihe in Richtung sehr hoher Temperaturen. Das liegt daran, dass bei Sternen mit $\log T_{eff} > 4,3$ der $(B-V)$-Farbenindex quasi seinen Grenzwert erreicht, ab dem er sich bei weiterer Temperaturzunahme nicht mehr ändert. Das ist auch der Grund dafür, dass das heiße Ende der Hauptreihe im FHD steil nach oben zeigt. Im klassischen HRD ist das nicht der Fall, da sich theoretisch die frühen Spektraltypen weiter nach links erweitern lassen (zumindest, wenn Bedarf dafür bestehen sollte).

Da die Strahlung der kühlen Sterne – insbesondere der Roten Riesensterne – im optischen Bereich aus dem Wien'schen Teil der Strahlungskurve stammt, zei-

2.6 Korrelationen

gen deren $(B-V)$-Werte bereits bei einer geringen Änderung der Temperatur gut messbare Unterschiede. Das führt dazu, dass sich der Riesenast im Diagramm weit nach rechts ausdehnt. Besonders gut ist das im FHD mancher Kugelsternhaufen zu erkennen. Ähnliches gilt natürlich auch für das klassische HRD. Hier wird diesem Umstand durch die Definition einer ganzen Anzahl von leicht unterscheidbaren Unterklassen der Spektraltypen K und M Rechnung getragen.

2.6.4.2 Parameterbereiche der Sterne im HRD

Es ist nützlich, einmal die Zahlenbereiche der wichtigsten Kenngrößen zu betrachten, die für die Beschreibung realer Sterne von Bedeutung und die in der Natur realisiert sind. Die logarithmische Skalierung der Ordinate im HRD lässt schon vermuten, dass die Leuchtkraft L den größten Wertebereich einnimmt: $10^{-4} < L/L_\odot < 10^6$ (d. h. ca. zehn Größenordnungen; $L_\odot = 3{,}83 \cdot 10^{26}$ W). Im unteren Extrem liegen die Weißen und Braunen Zwergsterne, im oberen Extrem die Überriesensterne der Leuchtkraftklasse I wie z. B. Rigel (β Ori), Deneb (α Cyg) und Beteigeuze (α Ori). Und nicht zu vergessen, die sogenannten „Luminous Blue Variable" (LBV), deren Leuchtkraft das 630.000-Fache der Sonne übersteigen kann (Abb. 2.61).

Das Wirken des Stefan-Boltzmann-Gesetzes zeigt sich darin, dass diesem riesigen Leuchtkraftintervall nur ein relativ kleines Intervall der effektiven Temperatur entspricht: $1/3 < T_{eff}/T_{eff\odot} < 20$ ($T_{eff\odot} = 5777$ K).

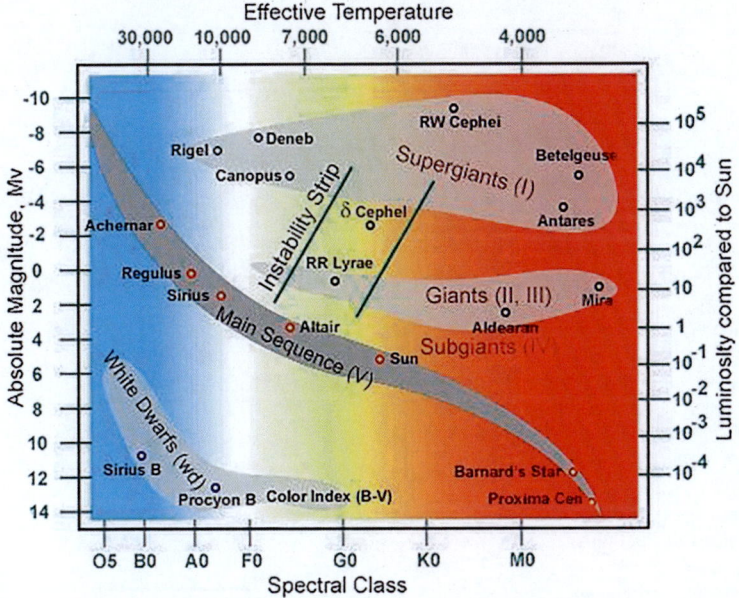

Abb. 2.61 Parameterbereiche der Sterne im Hertzsprung-Russel-Diagramm

Die Radien der Sterne liegen in etwa im Bereich $10^{-2} < R/R_\odot < 10^3$ ($R_\odot = 6,96 \cdot 10^8$ m) und die Massen im Bereich $10^{-1} < M/M_\odot < 10^2$ ($M_\odot = 1,99 \cdot 10^{30}$ kg).

Konstruiert man ein HRD mit den Achsen $\log T$ via $\log(L/L_\odot)$, dann kann man unter der Annahme, dass Sterne wie Schwarze Körper strahlen, darin wegen Gl. 2.49 Linien gleichen Sterndurchmessers eintragen, die von links oben nach rechts unten verlaufen. Sie sind ein Ausdruck dafür, dass bei gegebenem Radius die Leuchtkraft je nach effektiver Temperatur der Sternphotosphäre einen unterschiedlichen Wert aufweist (Abb. 2.62).

2.6.4.2.1 Hauptreihe

Ungefähr 90 % aller Sterne in der Milchstraße sind Hauptreihensterne. Sie sind astrophysikalisch von anderen Sternen dadurch ausgezeichnet, dass in ihrem Inneren die Energieerzeugung hauptsächlich durch die Umwandlung von Wasserstoff in Helium („Wasserstoffbrennen") erfolgt. In dieser Phase zeigen Hauptreihensterne eine hohe Stabilität und verlassen ihre Position im HRD praktisch nicht. Höchstens geringfügige Helligkeitsveränderungen treten auf, wenn sich aufgrund der thermonuklearen Reaktionen allmählich die chemische Zusammensetzung in ihrem Inneren ändert. Das ist auch ein Grund dafür, dass die Hauptreihe keine wohldefinierte Linie, sondern ein schmales Band im HRD bildet. Man kann es auch so ausdrücken: Mit dem Zünden des Wasserstoffbrennens im Innern des Sterns gelangt er im HRD auf eine von seiner Masse abhängige Position auf der „Nullalter-Hauptreihe" (ZAMS, Zero Age Main Sequence), welche die linke Begrenzung der Hauptreihe bildet. Von dort wandert er im Laufe seines Hauptrei-

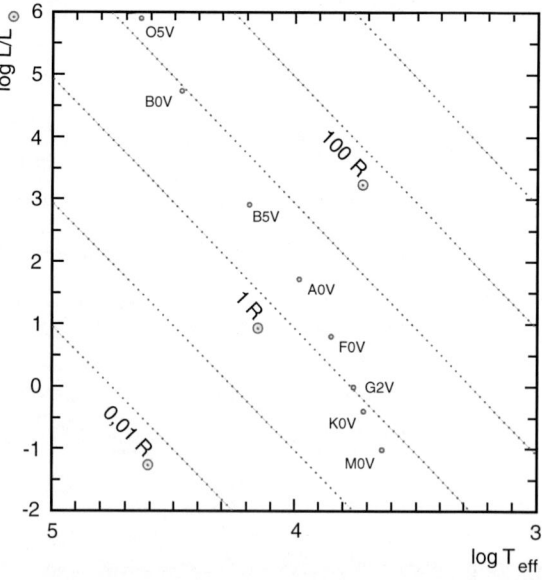

Abb. 2.62 Ein HRD, dessen Achsen so wie hier logarithmisch geteilt sind, zeigt besonders schön den Zusammenhang zwischen Leuchtkraft L, effektiver Temperatur T_{eff} und Radius R bei als Schwarze Körper idealisierten Sternen. Die Skalierung der $\log L$ und $\log T$ – Achsen wurde dabei bewusst so gewählt, dass eine Erhöhung der Temperatur um eine Zehnerpotenz (die nach dem Stefan-Boltzmann-Gesetz bekanntlich zu einer Erhöhung der Leuchtkraft um vier Zehnerpotenzen führt) eine Verschiebung von jeweils gleicher Länge entlang den Achsen bewirkt

hendaseins immer weiter nach rechts, bis er an der „Endalter-Hauptreihe" (TAMS, Termination Age Main Sequence) die Hauptreihe verlässt (gilt für Sterne, die massemäßig zumindest das Heliumbrennen erreichen). Das ist der Punkt, an dem in seinem Inneren der Triple-Alpha-Prozess zündet, in dessen Folge das im Kern angesammelte Helium zu Kohlenstoff und Sauerstoff fusioniert wird.

Nullalter-Hauptreihe (ZAMS)
Die Nullalter-Hauptreihe (engl. Zero Age Main Sequence, ZAMS) ist eine hypothetische Linie im Hertzsprung-Russell-Diagramm, die die Position von Sternen kennzeichnet, wenn sie gerade mit der Umwandlung von Wasserstoff zu Helium im Kern beginnen (Wasserstoffbrennen). Sie markiert den Ausgangspunkt für Sterne auf der Hauptreihe.

Sterne auf der ZAMS zeigen nur geringfügige Veränderungen in dieser stabilen Phase. Im Laufe ihres Hauptreihendaseins bewegen sie sich allmählich nach rechts im Diagramm, bis das Heliumbrennen einsetzt und sie die ZAMS verlassen.

Die ZAMS dient als Referenzlinie für die stellare Astrophysik, um die Entwicklung von Sternen zu untersuchen. Sie stellt einen idealisierten Ausgangszustand dar, da nicht alle Sterne exakt gleichzeitig mit dem Wasserstoffbrennen beginnen (Abb. 2.63).

Die Hauptreihe verläuft im HRD relativ gerade von links oben (große Leuchtkraft, hohe effektive Temperatur) nach rechts unten (sehr geringe Leuchtkraft bei sehr geringer effektiver Temperatur). In dieser Richtung nehmen kontinuierlich die Masse und der Durchmesser der Hauptreihensterne ab und ihre Verweildauer auf der Hauptreihe zu.

Etwas unterhalb der Mitte (bei einer effektiven Temperatur von ca. 5800 K und einer Leuchtkraft von ca. $4 \cdot 10^{26}$ W), befinden sich Sterne mit Parametern, die denen unserer Sonne ähneln. Am äußersten Ende des rechten unteren Abschnitts beginnt das Gebiet der „Braunen Zwerge" ($M \approx 0{,}07 M_\odot$, $T_{eff} < 2900$ K), während sich am linken oberen Ende sehr heiße (Spektralklasse O und B, $T_{eff} \sim 25.000$ K) und sehr massereiche ($M \geq 10 M_\odot$) Sterne kurzer Lebensdauer befinden.

Abb. 2.63 Vergleich der HR-Diagramm-Position von ZAMS-Modellen mit Z = 0,004 von Pols et al. (1998), Fagotto et al. (1994) und V. Castellani et al. (1999). Die Zahlen an der Kurve gibt die Heliumhäufigkeit an (Castellani et al. 1999)

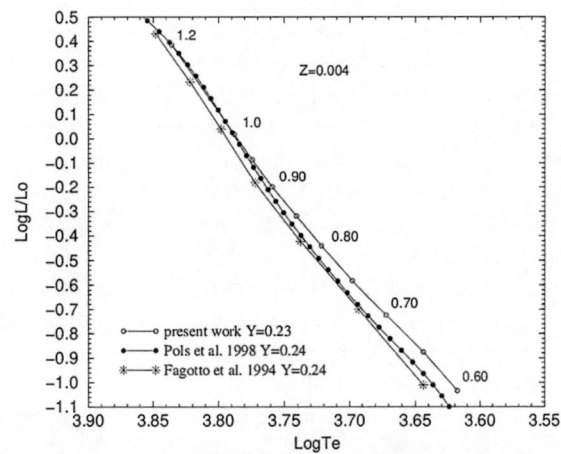

Braune Zwergsterne werden nicht mehr zur Hauptreihe gerechnet, da ihre Masse so gering ist, dass im Inneren lediglich für eine kurze Zeitspanne Energie durch Deuteriumbrennen erzeugt werden kann. Die Zentraltemperaturen von Braunen Zwergen bleiben immer unterhalb der Grenze, bei der in massereicheren Sternen Wasserstoffbrennen einsetzt.

Gemäß der Leuchtkraftklassifikation handelt es sich bei Hauptreihensternen um Zwergsterne der Leuchtkraftklasse V.

Bekannte hellere Hauptreihensterne am nächtlichen Himmel sind Sirius A (α CMa, A1, 26 $L_\odot$, 2,14 $M_\odot$), Regulus (α Leo, B7, 350 $L_\odot$, 3,5 $M_\odot$), Alpha Centauri A (α Cen A, G2, 1,57 $L_\odot$, 1,1 $M_\odot$) und Epsilon Eridani (ε Eri, K2, 0,28 $L_\odot$, 0,85 $M_\odot$).

Barnards Stern (Gliese 699, M4, 0,0004 $L_\odot$, 0,17 $M_\odot$) gehört zu den leuchtschwachen Hauptreihensternen der näheren Sonnenumgebung (Entfernung 5,98 Lj) und ist aufgrund seiner geringen Helligkeit von 9,54 mag nur in einem Fernrohr sichtbar. Er gehört der Untergruppe der Roten Zwergsterne an, die fast 70 % der Sternbevölkerung der Milchstraße ausmachen. Aufgrund ihrer geringen Masse (zwischen 0,08 und 0,57 $M_\odot$) ist die thermonukleare Umwandlungsrate von Wasserstoff zu Helium bei ihnen äußerst gering, weshalb sie nur eine geringe effektive Temperatur ($\sim$ 2200 $< T_{eff} <\sim$ 3800 K) und damit auch nur eine geringe Leuchtkraft (0,0001 $< L_\odot <$ 0,03) ausbilden können. Sie erscheinen deshalb im Fernrohr tieforange bis rot (Spektraltyp M, $B - V = [+1,4... + 1,7]$). Da der Energietransport innerhalb dieser Sterne ausschließlich konvektiv erfolgt, steht ihnen der gesamte Wasserstoffvorrat zur Energieerzeugung zur Verfügung. Deshalb kann auch die Aufenthaltsdauer von Roten Zwergen auf der Hauptreihe mehrere 100 Mrd. Jahre erreichen. Danach sollten sie sich in einem unspektakulären Schrumpfungsprozess in Weiße Zwergsterne umwandeln.

2.6.4.2.2 Unterzwerge

Als „kühle" Unterzwerge (Leuchtkraftklasse VI) werden Sterne der Spektraltypen G bis M bezeichnet, die einen um eine bis zwei Größenklassen schwächeren Bereich unterhalb der Hauptreihe bevölkern. Auffällig ist ihre niedrige Metallizität, die sich spektroskopisch zeigt. Die Anwesenheit von „Metallen" beeinflusst das Opazitätsverhalten der Sternmaterie erheblich. Dies hat unmittelbare Auswirkungen auf den Energietransport sowie das hydrostatische Gleichgewicht – also den Sternradius bei gegebener Masse – und somit auf die effektive Temperatur und Leuchtkraft. Obwohl Unterzwerge bei gegebener Masse im Vergleich zu „normalen" Hauptreihensternen heißer und leuchtkräftiger sind, reicht der Helligkeitszuwachs nicht aus, um sie direkt auf der Hauptreihe zu positionieren. Sie bilden deshalb einen parallelen Zweig aus, der etwas unterhalb der gewohnten Hauptreihe verläuft. Der Abstand beträgt dabei in der Helligkeit etwa 1,5 bis 2 Größenklassen. Man ordnet sie gewöhnlich der Population II zu.

Ein mehr oder weniger typisches Beispiel für einen kühlen Unterzwerg ist Kapteyns Stern. Seine Masse beträgt etwa 0,28 $M_\odot$ und seine Leuchtkraft 0,0013 $L_\odot$. Mit einer Entfernung von lediglich 12,8 Lj gehört er zur unmittelbaren Nachbarschaft unserer Sonne in der Milchstraße. Man findet ihn mit einem Fernrohr (Helligkeit 8,8 mag) am südlichen Sternhimmel im Sternbild Pictor (Maler).

Eine ziemlich rätselhafte Gruppe sind die sogenannten „heißen" oder „blauen" Unterzwerge (Spektraltypen O bis B mit einer effektiven Temperatur oberhalb von 10.000 K). Man findet sie links unterhalb der Hauptreihe bei hohen Leuchtkräften. Man nimmt an, dass es sich hierbei um heliumverbrennende Sterne mit einer sehr dünnen Wasserstoffhülle handelt. Ihre genaue Einordnung in die Theorie der Sternentwicklung ist gegenwärtig noch Gegenstand der Forschung.

2.6.4.2.3 Riesensterne

Der Bereich der Riesensterne erstreckt sich stark strukturiert rechts und oberhalb der Hauptreihe. Er zerfällt in mehrere Äste und enthält Sterne unterschiedlicher Entwicklungsstufen und Massen, die jeweils verschiedenen Parameterbereichen (T_{eff}, L, M, R) entsprechen. Im Vergleich zu den Hauptreihensternen zeichnen sich Riesensterne durch einen großen Radius aus, der bei roten Riesensternen durchaus einige hundert Sonnenradien übersteigen kann. Ebenso fällt ihre teilweise überdurchschnittlich große Leuchtkraft auf. Dieser Effekt resultiert aus den komplexen physikalischen Prozessen in ihrem Inneren, insbesondere aus dem Wasserstoff-Schalenbrennen und dem darauf folgenden Heliumbrennen. Bei roten Riesensternen, deren Kerne erschöpft sind und in denen keine thermonuklearen Reaktionen mehr stattfinden, dehnt sich die äußere Hülle dramatisch aus. Dieser Ausdehnungsprozess führt dazu, dass die abstrahlende Oberfläche des Sterns enorm anwächst, was die Zunahme der Leuchtkraft erklärt. Riesensterne lassen sich deshalb in vier separate Leuchtkraftklassen unterteilen:

I   Überriesen *(super giants)*, liegen oberhalb der Hauptreihe über den hellen Riesen
II Helle Riesen *(bright giants)*, besiedeln das Gebiet oberhalb der „normalen" Riesen
III Riesen *(giants)*, bilden den sogenannten Riesenast
IV Unterriesen *(subgiants)*, belegen den Bereich zwischen der Hauptreihe und dem Riesenast

In der Regel werden die einzelnen Typbezeichner noch durch ein Attribut ergänzt, das in etwa die Farbe des Sterns (und damit, ob es sich um einen frühen, mittleren oder späten Spektraltyp handelt) kennzeichnet. So unterscheidet man z. B. zwischen „Blauen Überriesen" (Spektraltyp O und B) und „Roten Überriesen" (späte Spektraltypen). Die „normalen" Riesensterne vom Spektraltyp K und M nennt man „Rote Riesen".

Die leuchtkraftstärksten Überriesen ($M_V > -10$) werden als Hyperriesen bezeichnet und der Leuchtkraftklasse 0 (oder Ia0) zugeordnet. Es handelt sich dabei u. a. um die sehr hellen blauen Veränderlichen (LBV), deren Masse die Masse der Sonne um das ca. 100-Fache übersteigt. Sie sind äußerst selten in unserer Milchstraße. In anderen Galaxien werden sie bevorzugt in jungen Starburst-Regionen beobachtet. Man vermutet, dass sie bereits nach ca. 1 Million Jahren in einem gigantischen Hypernovaausbruch zu einem Schwarzen Loch kollabieren. Ein Beispiel für solch einen *hypergiant* ist der bereits erwähnte Pistolenstern im Sternbild Schütze (s. Abschn. 2.4.5).

Am bekanntesten ist die Gruppe der Roten Riesen (Leuchtkraftklasse II/III) und Roten Überriesen (Leuchtkraftklasse I). Diese überdecken die Spektralklassen K und M, was ihre orangefarbene bis rote Farbe erklärt. Rote Riesen sind die Hauptbewohner des Riesenastes im HRD und entwickeln sich aus Hauptreihensternen, deren Masse im Bereich von einer bis zu einigen Sonnenmassen liegt. Diese Entwicklung wird in Gang gesetzt, wenn im Inneren dieser Sterne der zum Wasserstoffbrennen notwendige Vorrat an Wasserstoff zur Neige geht und das sogenannte Wasserstoffschalenbrennen und danach – wenn die Temperaturerhöhung im Kern durch Kontraktion ausreicht – das Heliumbrennen einsetzt. Dieser Prozess ist mit einer Kontraktion des Kernbereichs und einer enormen Expansion der äußeren Sternhülle verbunden. Dabei wird die abstrahlende Fläche enorm vergrößert (was die Zunahme an Leuchtkraft erklärt), wobei parallel dazu die effektive Temperatur auf weniger als 5000 K („Gelbe Riesen") bzw. 3000 K („Rote Riesen") absinkt.

Beispiele für typische Rote Riesensterne sind Aldebaran (α Tau, K5 III) und Pollux (β Gem, K0 IIIvar). Der Stern Beteigeuze im Orion (α Ori, M2 Ib) ist ein leuchtkräftiger Roter Überriese mit einer rund 10.000-fachen Sonnenleuchtkraft und einem Durchmesser, der den Durchmesser der Sonne mehr als 750-mal übersteigt. Er zeigt, wie die meisten Roten Riesen, einen unregelmäßigen Lichtwechsel. Einen besonders starken, durch Oszillationen hervorgerufenen Lichtwechsel besitzen die Mira-Sterne, die eine spezielle Gruppe langperiodischer Roter Riesensterne bilden. Man findet sie am äußersten rechten Rand des Riesenastes.

2.6.4.2.4 Weiße Zwerge

Der langgestreckte Bereich unterhalb der absoluten Helligkeit von +10 mag im HRD wird von einer speziellen Gruppe sehr kleiner (und damit leuchtschwacher) Sterne bevölkert, die aus historischen Gründen als „Weiße Zwerge" bezeichnet werden (es gibt sie auch in Gelb und Orange). Sie stellen den langsam abkühlenden Endzustand von Sternen dar, deren Kernmasse unterhalb von 1,44 $M_\odot$ (der Chandrasekhar-Grenze) liegt und bei denen im Inneren keine thermonuklearen Reaktionen mehr ablaufen können. Dabei wird die Stabilität dieser nur etwa erdgroßen Objekte durch den Druck eines entarteten Elektronengases gewährleistet.

Als Einzelsterne sind Weiße Zwerge nur sehr schwer zu entdecken. Die meisten der bekannteren Objekte dieser Art sind Komponenten von klassischen Doppelsternsystemen (beispielsweise der Sirius-Begleiter) oder gehören zur Gruppe der kataklysmischen Veränderlichen (z. B. Zwergnovae, Polare).

2.6.4.2.5 Hertzsprung-Lücke

Ein nur schwach mit Sternen besetzter Bereich zwischen der Hauptreihe oberhalb der Sonne ($M_V > +4\,\text{mag}$) und unterhalb einer absoluten Helligkeit von

$M_V \approx -1$ mag sowie dem Riesenast (Spektraltyp zwischen A5 und G0) bezeichnet man als Hertzsprung-Lücke. Aus der Theorie der Sternentwicklung folgt, dass Hauptreihensterne am Ende ihres Hauptreihendaseins relativ schnell durch diese Zone in den Riesenast abwandern. Dazu kommt noch, dass derartige Sterne aufgrund der ursprünglichen Massenfunktion nur einem sehr geringen Anteil an der Sternpopulation ausmachen (einige Promille), und deshalb ist die Wahrscheinlichkeit sehr gering, einen solchen Stern in dem entsprechenden Entwicklungsstadium anzutreffen. Die Entstehung der Lücke lässt sich demnach darauf zurückführen, dass Sterne in diesem Bereich nur kurz verweilen. Sterne, die die Hertzsprung-Lücke durchlaufen, befinden sich nämlich in einer Übergangsphase von der Hauptreihe zum Riesenast. Sie haben ihren Wasserstoff im Kern verbraucht und fusionieren nun Wasserstoff in einer Schale um den inaktiven Heliumkern. Dabei dehnt sich der Stern aus und kühlt ab, bis er schließlich die Riesenphase erreicht.

Wichtig ist hier der Umstand, dass alle Sterne, die diese „Lücke" besetzen, metallreiche Population- I – Sterne sind. Metallarme Sterne, wie man sie in den alten Kugelsternhaufen im Halo unserer Milchstraße findet, bilden genau an dieser Stelle des HRDs den sogenannten Horizontalast, der i. d. R. mit Population- II – Sternen mehr oder weniger dicht belegt ist.

2.6.4.2.6 Horizontalast

Wie bereits erwähnt, fällt der Horizontalast im HRD ungefähr mit der Hertzsprung-Lücke zusammen und verläuft quasi parallel zur Abszisse des Diagramms. Er wird von metallarmen Population II-Sternen im Massebereich zwischen etwa 0,5 bis 2,3 $M_\odot$ besiedelt, die sich einige 100 Mio. Jahre darin aufhalten und dabei ihre Energie durch unspektakuläres Heliumbrennen sowie Wasserstoffschalenbrennen gewinnen. Man findet sie in besonders großer Zahl in den Kugelsternhaufen unserer Milchstraße. Im HRD normaler Feldsterne fällt der Horizontalast dagegen aufgrund seiner äußerst geringen Besetzungsdichte so gut wie gar nicht auf.

Eine kleine Gruppe von Sternen bilden die extremen Horizontalaststerne, wie man sie in einigen Kugelsternhaufen findet. Ihre effektive Temperatur erreicht Werte von mehr als 30.000 K. Man findet sie im HR-Diagramm ungefähr in der Mitte zwischen den Weißen Zwergsternen und den Hauptreihensternen frühen Spektraltyps.

Der obere Bereich des Horizontalastes gehört dem sogenannten Instabilitätsstreifen an und enthält (insbesondere in alten Kugelsternhaufen) in größerer Zahl Sterne vom RR-Lyrae-Typ.

2.6.4.2.7 Asymptotischer Riesenast

Sterne im Massebereich zwischen ungefähr 0,6 und 10 $M_\odot$ verlassen mit dem Erlöschen des zentralen Heliumbrennens und dem Einsetzen des Heliumschalenbrennens um den zentralen entarteten und ausgebrannten Kern (er besteht im Wesentlichen aus Kohlenstoff und Sauerstoff mit geringen Beimengungen weiterer Stoffe wie Stickstoff) den Horizontalast und wandern in Richtung Riesenast ab, ohne ihn jedoch zu erreichen. Dieser Entwicklungsweg wird im HRD durch den asymptotischen Riesenast nachgezeichnet. Seine Bewohner sind die sogenannten

AGB-Sterne, bei denen es mit Ausbildung des Heliumschalenbrennens zu einer Expansion der äußeren Schichten kommt, wodurch die wasserstoffbrennende Schale ihre Energieproduktion einstellt und die Leuchtkraft nur noch allein durch das Heliumschalenbrennen aufrecht erhalten wird. Diese Entwicklungsphase dauert etwa ein bis zehn Millionen Jahre an und endet mit dem instabil werden der Heliumbrennschale, was zu mehreren, kurz hintereinander verlaufenden sogenannten „Flashphasen" führt. Sterne mit einer Masse zwischen ungefähr 0,8 und etwas über eine Sonnenmasse stoßen dabei ihre äußeren Hüllen ab, die dann noch einige 100.000 Jahre als Planetarische Nebel zu bewundern sind. Sterne mit größerer Ausgangsmasse verlieren dagegen ihre Hüllen in erster Linie durch besonders intensive Sternwinde (Masseverlustrate bis zu $10^{-4} M_\odot/a$), was sie letztendlich zu peculiaren Sternen macht, deren Wasserstoffhülle sich quasi aufgelöst hat. Sie werden dann entweder als sauerstoffreiche Sterne oder als kohlenstoffreiche Sterne (Kohlenstoffsterne, (s. Abschn. 2.5.4.8) bezeichnet.

2.6.4.2.8 Instabilitätsstreifen

Im HRD verläuft von rechts oben nach links unten ein schmaler Streifen, der von Pulsationsveränderlichen (Delta-Cepheiden und RR-Lyrae-Sterne bis hin zu ZZ-Ceti-Sterne) besiedelt ist. Diese Sterne führen radiale Schwingungen aus, die alle nach dem gleichen physikalischen Prinzip – dem Kappa-Mechanismus – erfolgen und zu einer periodisch wechselnden Helligkeit führen. Dieser Streifen wird Instabilitätsstreifen genannt. Er setzt sich quer über die Hertzsprung-Lücke unterhalb der Hauptreihe bis in das Gebiet der Weißen Zwerge fort (ZZ-Ceti-Sterne).

Delta-Cepheiden und RR-Lyrae-Sterne sind äußerst wichtig für die Entfernungsbestimmung im Weltall, da bei ihnen ein funktionaler Zusammenhang zwischen der Periodendauer ihres Lichtwechsels und ihrer absoluten Helligkeit besteht. Dieser von Henrietta Swan Leavitt im Jahre 1908 entdeckte Zusammenhang ist die bereits mehrfach erwähnte Perioden-Leuchtkraft-Beziehung.

2.6.4.2.9 Blue Stragglers (Blaue Nachzügler)

Bei der Analyse des HRDs des Kugelsternhaufens M3 fand 1953 der amerikanische Astronom Allan Sandage (1926–2010) ein paar heiße Sterne in Verlängerung des „Abknickpunktes" der Hauptreihe in Richtung des Riesenastes. Diese Sterne sind dahingehend rätselhaft, weil es sie nach der Theorie der Sternentwicklung in solch alten Sternhaufen gar nicht geben dürfte. Sandage nannte sie „Nachzügler", weil sie den Eindruck vermittelten, als ob sie von den anderen blauen Hauptreihensternen, die sich längst zu Roten Riesen entwickelt hatten, quasi zurückgelassen wurden. Da die Sternentstehung in Kugelsternhaufen schon vor mehr als 10 Mrd. Jahren stattfand und diese Sterne nach ihren Spektralmerkmalen aber als vergleichsweise „jung" erscheinen, ergibt sich hier ein Problem. Zu dessen Lösung wurden im Laufe der Zeit einige Hypothesen formuliert und Theorien entwickelt, die bis auf wenige Ausnahmen alle als Ausgangspunkt ein enges Doppelsternsystem oder eine direkte Kollision von zwei Sternen haben.

Im Einzelnen werden folgende drei Mechanismen diskutiert, um das „Blue-Straggler-Phänomen" zu erklären:

2.6 Korrelationen

Massenakkretion: Ein Blue Straggler kann entstehen, wenn er Masse von einem anderen Stern in seinem Umfeld akkretiert. Dieser Prozess kann durch eine Stern-Kollision oder durch Massentransfer in einem Doppelsternsystem ausgelöst werden.

Stellare Fusion: In Doppelsternsystemen kann es zu einer Fusion von zwei Sternen kommen, wodurch ein massereicherer Stern entsteht, der blauer und heißer erscheint.

Stellare Kollisionen: Kollisionen zwischen zwei Einzelsternen in einem Sternhaufen können zu einem Blue Straggler führen, wenn die Sterne verschmelzen und einen massereicheren und heißeren Stern bilden.

Sternkannibalismus: Ein Stern in einem Doppelsternsystem akkretiert (oder „stielt") Materie von seinem Begleiter, was zu dessen Massenzunahme führt und damit dessen Entwicklung beeinflusst (Abb. 2.64).

Insbesondere die Kollisionstheorie stellt einen durchaus ernstzunehmenden Mechanismus zur Erklärung zumindest eines Teils der Population von Blue Stragglers in Kugelsternhaufen dar (grob gerechnet 1 % der Sterne im Zentralbereich von Kugelsternhaufen gehören diesem Sterntyp an). Da im Kernbereich von Kugelsternhaufen die Sterndichte vergleichsweise groß ist und die Relativgeschwindigkeiten der Sterne zueinander relativ moderat sind, sollte es ab und an zu frontalen Zusammenstößen kommen, bei denen zwei Sterne zu einem Stern verschmelzen. Auf diese Weise entsteht ein Stern, dessen Masse ungefähr der Summe der beiden Kollisionspartner entspricht und dessen physikalische Eigenschaften sich so verändert haben, dass er nunmehr wie ein heißer „junger" Stern erscheint.

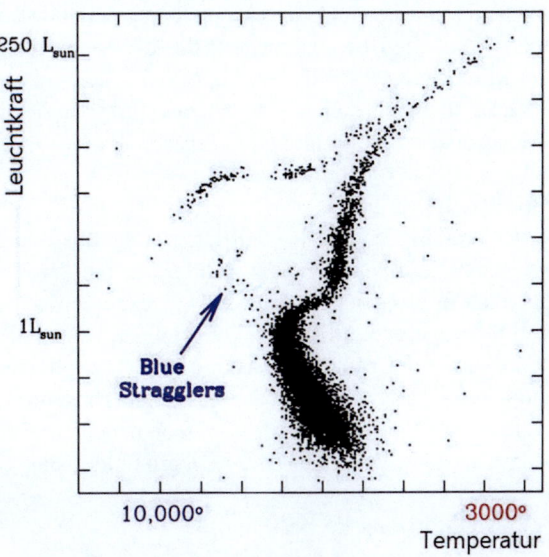

Abb. 2.64 Lage der Population der „Blauen Nachzügler" im HRD des Kugelsternhaufens M3

Eine weitere Theorie zur Entstehung dieser außergewöhnlichen Sterne ist die Theorie des „Sternkannibalismus", bei dem eine Komponente in einem engen Doppelsternsystem quasi die Materie ihres Begleiters kontinuierlich aufsaugt („Vampirstern") und so zu immer neuem, frischem Kernbrennstoff gelangt. Im Zuge dieses Prozesses wird er im Laufe der Zeit immer massereicher und heißer, während sein Begleiter immer mehr schrumpft *(Slow Coalescence Model)*. Am Ende ist er quasi nicht mehr nachweisbar bzw. nicht mehr vorhanden, oder es bleibt nur noch dessen „Sternkern" als Weißer Zwerg übrig. Derartige Doppelsternsysteme konnten mittlerweile mit dem Weltraumteleskop „Kepler" nachgewiesen und näher untersucht werden (Di Stefano 2010).

Blue stragglers gibt es nicht nur in Kugelsternhaufen. Man findet sie auch in einigen offenen Sternhaufen und sogar als einzelne Sterne im galaktischen Halo.

2.6.4.3 Ausblick: Das HRD im Licht der Gaia Data Release 2 Daten

Die Gaia-Satellitenmission ist ein Projekt der Europäischen Weltraumorganisation (ESA), das darauf abzielte, mehr als eine Milliarde Sterne in der Milchstraße zu kartieren und zu charakterisieren. Die Mission wurde im Dezember 2013 gestartet und hat seitdem mehrere Datenveröffentlichungen herausgegeben, die die Positionen, Bewegungen, Helligkeiten, Farben und andere Eigenschaften von Milliarden von Himmelsobjekten enthalten.

Die „Gaia Data Release 2" (Gaia DR2) ist die zweite große Datenveröffentlichung der Gaia-Mission, die im April 2018 erfolgte. Sie basiert auf Beobachtungen, die zwischen Juli 2014 und Mai 2016 gesammelt wurden, und umfasst rund 1,7 Mrd. Objekte. Die Gaia DR2 enthält unter anderem verbesserte Messungen von Eigenbewegung und Entfernung für den Großteil der Objekte, sowie Informationen über die Radialgeschwindigkeit, die Oberflächentemperatur, die Extinktion und die Variabilität von ausgewählten Sternen. Insbesondere konnten aufgrund der präzisen astrometrischen (Entfernung) und photometrischen (Dreiband-Photometrie) Daten sehr detailreiche Hertzsprung-Russell-Diagramme mit einer unerreichten Genauigkeit abgeleitet werden. Insbesondere ließen sich viele Feinheiten herausarbeiten, die die Sicht auf Sternentwicklungsprozesse in der Milchstraße erheblich erweitern (Abb. 2.65).

Im Folgenden sollen einige Ergebnisse kurz vorgestellt werden, wie sie beispielsweise in der Arbeit von Babusiaux et al. (2018) detailliert dargelegt sind.

Hauptreihe

Das Gaia-Hertzsprung-Russell-Diagramm (im Folgenden G-HRD genannt) zeigt eine bemerkenswert schmale Hauptreihe, und zwar sowohl im normalen Sternfeld als auch in offenen Sternhaufen, was exemplarisch am Beispiel der Hyaden- und der Praesepe ersichtlich ist. Die geringe Breite der Hauptreihe wird dabei insbesondere auf Unsicherheiten in den Sternparallaxen zurückgeführt, wobei anzumerken ist, dass aufgrund dieser Unsicherheit die tatsächliche Breite möglicherweise noch schmaler ist als die beobachtete Breite. Außerdem streuen Doppelsterne bis zu 0,75 Größenklassen oberhalb der Hauptreihe.

2.6 Korrelationen

Abb. 2.65 Vollständiges Gaia-Farben-Helligkeitsdiagramm von 65 921 112 Sternen der Milchstraße. Die Farbskala stellt die Quadratwurzel aus der relativen Dichte der Sterne dar

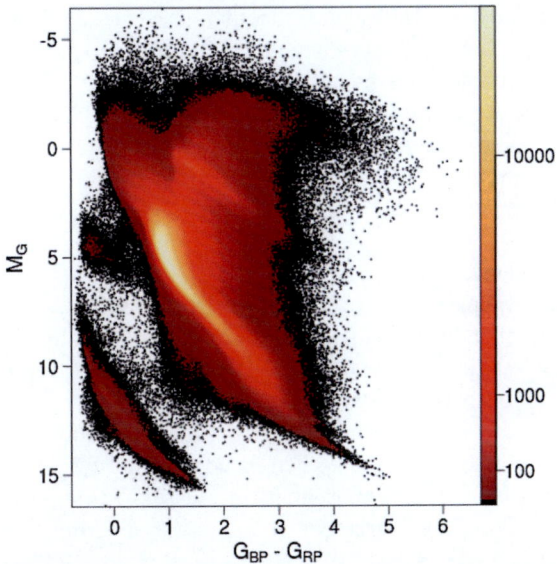

In den Gaia-Daten ist bis zu 0,75 Größenklassen über der Hauptreihe eine zusätzliche Sequenz von Sternen sichtbar. Gerade diese Sequenz wird auf nicht aufgelöste Doppelsternsysteme zurückgeführt. Wenn zwei identische Sterne ein Doppelsternsystem bilden, erscheinen sie in den Gaia-Daten als ein einzelner Stern mit doppelter Leuchtkraft und überlagerter Farbe der Einzelkomponenten. Da die Leuchtkraft logarithmisch in Größenklassen gemessen wird, entspricht eine Verdopplung der Leuchtkraft einem Anstieg um 0,753 Größenklassen. Die Streuung der Sterne bis zu 0,75 Größenklassen über der Hauptreihe deutet darauf hin, dass diese Sterne Teil von nicht aufgelösten Doppel- oder Mehrfachsystemen sind, bei denen die einzelnen Komponenten für Gaia nicht separat aufgelöst werden konnten. Ihre vermeintlich höhere Leuchtkraft resultiert aus der Kombination der Leuchtkräfte der einzelnen Sterne.

Die Dicke der Hauptreihe variiert im Bereich von $M_G = 10$ bis $M_G = 13$ (M_G absolute Helligkeit im G-Band), wobei die jüngsten Hauptreihensterne im oberen Bereich der Hauptreihe zu finden sind. Zusätzlich sind Unterzwerge (Subdwarfs), also metallarme Sterne, in der unteren Region des lokalen G-HRD erkennbar. Die Gaia-Daten heben auch die Varianz des Hauptreihenabbruchs hervor, die sich sowohl mit dem Alter der Sterne als auch mit der Metallizität verändert. „Blue Stragglers" sind ebenfalls über dem Hauptreihenabbruch sichtbar.

Unterzwerge

Unterzwerge findet man im G-HRD überwiegend in dessen unterem Bereich, der sich durch eine geringe Metallizität charakterisieren lässt. Diese Sterne werden üblicherweise mit dem Halo der Milchstraße assoziiert und fallen besonders im Bereich zwischen $M_G = 10$ und $M_G = 13$ auf, wo sie unterhalb der Hauptreihe zu finden sind. Besonders deutlich lässt sich die Unterzwerg-Sequenz ausmachen, wenn man eine halo-kinematische Selektion vornimmt, d. h. nur Sterne mit hohen tangentialen Geschwindigkeiten berücksichtigt. Diese sind charakteristisch für die Halo-Population, zu der viele Unterzwerge gehören.

In der Nähe des Hauptreihen-Endes zeigen sich in der Unterzwerg-Sequenz auch braune Zwerge, deren Sequenz sich nahtlos an die der späten M-, L- und T-Typen anschließt.

Riesensterne

Die globale Form des Riesenastbereichs in G-HRDs von Sternhaufen variiert signifikant in Abhängigkeit von Alter und Metallizität. Wie zu erwarten, zeigt sich im Vergleich zu Zwergsternen eine geringere Anzahl von Riesensternen innerhalb der ersten 100 Parsec um die Sonne (Abb. 2.66).

Besonders hervorzuheben ist der „Red Clump" (RC) mit einer Konzentration bei einem $(G_{BP}-G_{RP})$ – Farbenindex von $\approx 1{,}2$ und einer Helligkeit von $M_G \approx 0{,}5$ mag (1). Dieser repräsentiert massearme Sterne, in denen gerade Heliumbrennen stattfindet. Die Farbe der Sterne im „Red Clump" variiert stark mit der Metallizität und dem Alter. (Anmerkung: GBP und GRP bezeichnen zwei Photometer des Gaia-Teleskops mit den Wellenlängenbereichen von 330–680 nm (GBP) und 640–1000 (GRP) nm.)

Ein weiterer markanter Bereich ist der „Secondary Red Clump" (SRC) nahe des $(G_{BP}-G_{RP})$ -Farbenindex von $\approx 1{,}1$ und $M_G \approx 0{,}6$, der sich jüngeren und massiveren Sternen zuordnen lässt. Weiterhin findet man im G-HRD eine vertikale Struktur, der „Vertical Red Clump" (VRC) genannt und von massiveren Riesensternen besetzt wird.

Der „Ast" zwischen Hauptreihe und Unterriesen markiert den Übergang von der Hauptreihe zu den Riesen und zeigt spezifische Merkmale wie den Riesenast-Knick (Red Giant Branch Bump, RGBB) und den Beginn des asymptotischen Riesenastes (Asymptotic Giant Branch Bump, AGBB). Besonders aufschlussreich

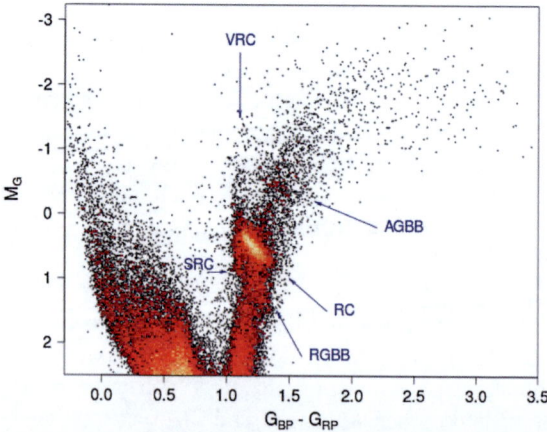

Abb. 2.66 G-HRD von nahen Riesen mit geringer Extinktion und einer Entfernung > 500 pc, E(B − V) < 0,015 und M_G < 2,5 (29 288 Sterne). VRC = Vertical Red Clump, AGB = Asymptotic Giant Branch, AGBB = AGB-Bump, SRC = Secunary Red Clump, RC = Red Clump

sind in diesem Zusammenhang die G-HDRs von verschiedenen Sternhaufen. Hier hängen Form und Verlauf des Horizontalastes stark von Alter, Metallizität und den ersten/zweiten Generationen von Elementverteilungen der Sterne in diesen Clustern ab.

Weiße Zwerge
Die Analyse der Weißen Zwerge im G-HRD gewährt Einblicke in die Endphasen der Sternentwicklung von Hauptreihensternen mit einer Kernmasse unterhalb der Chandrasekhar-Grenze. Die entsprechende Region ist deutlich als gut definierte Gruppe im unteren Bereich des HR-Diagramms erkennbar. Dort findet man Weiße Zwerge mit einer Vielfalt von spektralen Eigenschaften, die auf unterschiedliche chemische Zusammensetzungen und photosphärische Bedingungen hinweisen.

Die Anwendung von Gaia-Daten auf den umfassendsten spektroskopischen Katalog von Weißen Zwergen, erstellt durch den Sloan Digital Sky Survey (SDSS), hat sich als besonders fruchtbar erwiesen. Präzise Parallaxen von Gaia ermöglichen nämlich eine genauere Positionierung im HR-Diagramm und verbessern dadurch die Charakterisierung von Weißen Zwergsternen.

Das G-HRD zeigt eine klare Hauptkonzentration von Weißen Zwergen, deren spektralen Merkmale mit Modellen für Kohlenstoff-Sauerstoff-Kerne (C/O) übereinstimmen. Interessanterweise weist diese Hauptgruppe Abweichungen von den erwarteten Kühlungseffekten am roten Ende der Sequenz auf. Eine separate Konzentration deutet weiterhin auf eine unterschiedliche chemische Zusammensetzung oder Masse der Einzelsterne hin.

Die Analyse von Farb-Farb-Diagrammen mit SDSS-Daten zeigt, dass die Zwei-Komponenten-Struktur der Weißen Zwerge auf verschiedene atmosphärische Zusammensetzungen, insbesondere wasserstoff- und heliumreiche, zurückzuführen ist. Die enge Korrelation zwischen Gaia- und SDSS-Analysen bestätigt die Identifikation dieser Untergruppen.

2.7 Analyse des Schwingungsverhalten von Sonne und Sternen

Man weiß seit Langem, dass Sterne in bestimmten Entwicklungsstadien periodisch ihren Radius ändern. Das führt zu einem typischen Lichtwechsel, weshalb diese Sterne auch unter dem Begriff der Pulsationsveränderlichen zusammengefasst werden. RR-Lyrae-Sterne, Delta Cepheiden und Delta-Scuti-Veränderliche gehören beispielsweise dieser Gruppe an, deren Mitglieder im Wesentlichen alle irgendwo im Bereich des Instabilitätsstreifens im HRD angesiedelt sind. Im Fall der Sonne hat man lange Zeit vergeblich nach derartigen Pulsationen Ausschau gehalten. Genau genommen sind sie für Sterne wie die Sonne in ihrem heutigen Entwicklungszustand auch nicht wirklich in einer messbaren Größenordnung zu erwarten. Deshalb war es doch eine kleine Überraschung, als 1960/62 eine Arbeitsgruppe um Robert Leighton bei einer genauen Untersuchung der Dynamik der Sonnengranulation eine allgemeine „Vibration" der Sonnenoberfläche mit einer

Periode von ca. 5 Minuten spektroskopisch nachweisen konnte. Eine Erklärung für diese sogenannte „inkohärente 5-Minuten-Oszillation" der Sonne gelang erst 1970, als Roger K. Ulrich zeigte, dass es sich dabei um die Auswirkung von Schallwellen, die sich im Sonneninneren ausbreiten, handelt. Als man schließlich erkannte, welches wissenschaftliche Potenzial sich hinter dieser Entdeckung verbarg – man hatte schließlich eine Möglichkeit gefunden, quasi in die Sonne „hineinzuschauen" –, wurden relativ schnell die theoretischen Methoden und die Messverfahren entwickelt, mit deren Hilfe sich Informationen über die physikalischen Verhältnisse im Innern der Sonne gewinnen lassen. Aufgrund einer gewissen Analogie zur irdischen Seismologie – der Lehre von der Ausbreitung von Erdbebenwellen – wurde dieses neue Teilgebiet der Sonnenforschung „Helioseismologie" genannt.

Mit den Methoden, welche diese neue Disziplin lieferte, hatten endlich besonders die Astronomen, die sich speziell mit der Sonne befassen, eine Möglichkeit gefunden, das Standardsonnenmodell einem unabhängigen empirischen Test zu unterziehen. Man muss in diesem Zusammenhang jedoch bedenken, dass in den 1970er-Jahren unter den Sonnenphysikern durchaus eine gewisse Ratlosigkeit in Bezug auf das Sonnenneutrinoproblem geherrscht hat, da man nicht genau wusste, ob das eindeutig beobachtete Neutrinodefizit auf ein mangelhaftes Sonnenmodell oder auf die noch nicht genügend erforschte Natur der Neutrinos zurückzuführen ist.

Mit der 1995 gestarteten Sonnensonde SOHO – oder besser gesagt, mit deren MDI- („Michelson-Doppler Imager") und VIRGO- („Variability of Solar Irradiance and Gravity Oscillation") Instrumenten – bekamen die Helioseismologen im Rahmen des SOI- („Solar Oscillations Investigation") Programms Präzisionsinstrumente für ihre Beobachtungen zur Verfügung gestellt, mit denen kontinuierlich die Schwingungen der Sonne mit einer außergewöhnlicher Präzision aufgezeichnet werden können. Durch Auswertung der entsprechenden Zeireihen wurden seitdem viele aufregende Erkenntnisse über das Sonneninnere gewonnen, die das Vertrauen in die Theorie der Sterne ganz allgemein eher erhöht haben.

2.7.1 Dopplergramme

Als Dopplergramme bezeichnet man ein Geschwindigkeitsbild der Sonne, d. h., auf solch einem Bild wird der Betrag und die Richtung der Radialgeschwindigkeit für jeden Punkt der Sonnenscheibe farblich codiert dargestellt (z. B. „rot" für von uns wegbewegende und „blau" für auf uns zubewegende Gasmassen). Um solch ein Dopplergramm herzustellen, sucht man sich eine stark dopplerverbreiterte Spektrallinie und fertigt jeweils ein Spektroheliogramm aus einem symmetrisch zur Linienachse liegenden engen Bereich (Bruchteile eines Angströms) im roten- und violettverschobenen Linienflügel an. Man nutzt dabei aus, dass die Strahlung, die von aufsteigenden Gasmassen emittiert wird, blauverschoben ist und damit die Intensität im kurzwelligen Teil der Spektrallinie erhöht. Absteigende Gasmassen erhöhen entsprechend die Intensität im langwelligen Flügel der Spektrallinie. Die Differenz zwischen diesen beiden Helligkeiten ist deshalb ein Maß für den Betrag

2.7 Analyse des Schwingungsverhalten von Sonne und Sternen

der radialen Geschwindigkeitskomponente im entsprechenden Teil der Sonnenoberfläche. Mit geeignetem Equipment lässt sich heute die Radialgeschwindigkeit für einen bestimmten Punkt der Sonne bis auf wenige Zentimeter pro Sekunde genau bestimmen (Abb. 2.67).

Ein Fulldisk-Dopplergramm zeigt zunächst eine auffällige Asymmetrie in der Helligkeitsverteilung, die von der Rotation der Sonne herrührt. Sie lässt sich relativ leicht aus den Ergebnissen herausrechnen. Für genaue Untersuchungen, wie sie in der Helioseismologie unablässig sind, muss unter Umständen auch noch der Bewegungszustand der Messapparatur berücksichtigt werden.

Ein einzelnes korrigiertes Dopplergramm zeigt außer dem gesprenkelten Muster, welches die Supergranulationszellen nachzeichnet, eigentlich nicht viel. Erst wenn man viele Aufnahmen hintereinander in Form eines Films abspult, kann man das Brodeln in der Sonnenphotosphäre beobachten. Aus diesem kontinuierlichen „Brodeln" gilt es nun, die verschiedenen Eigenschwingungsmoden der gesamten Sonne zu extrahieren, die ja die eigentlichen Informationsträger sind. Damit das gelingt, müssen die Dopplergramme kontinuierlich, – d. h. möglichst unabhängig von der Tag- und Nachtperiode auf der Erde, – über einen längeren Zeitraum aufgenommen werden. Das gelingt natürlich nicht von einem Beobachtungsplatz aus, es sei denn, er befindet sich außerhalb der Erde auf einem Satelliten, wie es z. B. bei der Sonnensonde SOHO der Fall ist. Auf der Erde behelfen sich die Wissenschaftler damit, dass sie ein weltumspannendes Netz von Sonnenbeobachtungsstationen betreiben (man denke beispielsweise an GONG (Global Oscillation Network Group) und BISON (Birmingham Solar Oscillations Network)) oder indem sie für ihre Beobachtungen den „Polartag" auf einer Forschungsstation nahe dem Südpol ausnutzen. Ein weiteres Problem ergibt sich aus der riesigen Datenmenge, die es nicht nur digital zu speichern gilt, sondern die auch ausgewertet werden muss. Das kann – um nur ein Beispiel zu nennen – mit leistungsfähigen Parallelrechnern geschehen, die sich kostengünstig aus einer großen Anzahl vernetzter gewöhnlicher PCs aufbauen lassen. Mit ihrer Hilfe lassen sich unter Anwendung komplizierter mathematischer Verfahren sowohl das

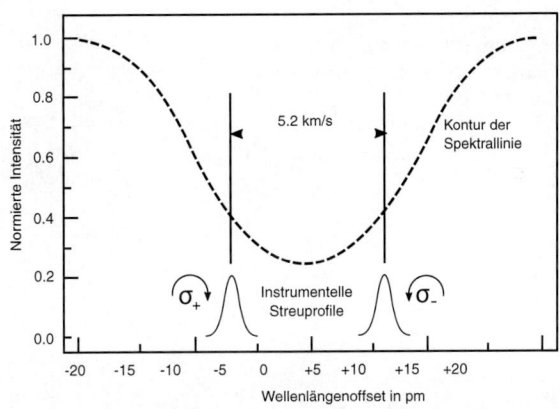

Abb. 2.67 Aufgrund des Doppler-Effekts verschieben sich die Linienflügel einer Spektrallinie entweder in Richtung höherer oder niedrigerer Frequenzen, und zwar je nachdem, ob sich das Emissionsgebiet vom Beobachter weg- oder auf ihn zubewegt

räumliche Muster *(spherical harmonics)* als auch das Spektrum der einzelnen Oszillationsmoden ermitteln. Zum Schluss berechnet man aus den einzelnen Zeitserien sogenannte Powerspektren, bei denen die Oszillationsfrequenzen über die *spherical harmonics* aufgetragen werden. Diese bilden das Rohmaterial zur Bestimmung der physikalischen Verhältnisse im Innern der Sonne (Abb. 2.68).

2.7.2 Solare Oszillationen

Im heißen Plasma im Innern der Sonne breiten sich Schallwellen (sogenannte p-Wellen, s. Abschn. 2.7.2) sehr gut aus. Da es oberhalb der Photosphäre einen Bereich gibt (Übergangsgebiet), in dem die Temperatur über kleine Skalen stark ansteigt, können Schallwellen aufgrund der damit verbundenen schnellen Zunahme der Schallgeschwindigkeit diese Zone so gut wie nicht durchdringen und werden stattdessen reflektiert. Schallwellen, die sich in das Sonneninnere ausbreiten, werden dagegen in Abhängigkeit von ihrer Frequenz zunehmend gebrochen (da die Schallgeschwindigkeit mit zunehmender Tiefe steigt), bis sie schließlich ab einer bestimmten Tiefe wieder in Richtung Oberfläche laufen und dort wieder reflektiert werden etc. Es existieren in der Sonne für eine bestimmte Schallwelle also zwei Grenzflächen, welche die Bewegung dieser Schallwelle eingrenzen: die Oberfläche und eine Grenzfläche im Innern der Sonne, von der aus sich die Schallwellen wieder nach oben bewegen. Wie tief die zweite Grenzfläche im Innern der Sonne liegt, hängt von der Wellenlänge der entsprechenden Schallwelle und den physikalischen Verhältnissen innerhalb der Sonne ab. Zwischen den Grenzflächen sind nicht alle Wellenlängen erlaubt. Es bilden sich vielmehr stehende Wellen (sogenannte Eigenschwingungen oder Moden) aus, wie man sie auch von vielen Musikinstrumenten her kennt. Die Bedingung für eine derartige Mode ist, dass die Wellenlänge das Doppelte der Distanz zwischen den beiden Grenzflächen betragen muss (das ist die Haupt- oder Fundamentalmode) oder dass es sich um so-

Abb. 2.68 Ein typisches, bereits korrigiertes Dopplergramm der Sonne, aufgenommen mit dem MIDI-Instrument der Sonnensonde SOHO (NASA)

2.7 Analyse des Schwingungsverhalten von Sonne und Sternen

genannte „Obertöne" dieser Hauptmode handelt, die im Englischen als *harmonics* bezeichnet werden. Der Bereich zwischen diesen Grenzflächen wirkt also wie ein Resonanzkörper, auf dessen Oberfläche sich typische Muster von stehenden Wellen ausbilden. Diese Muster sind der Beobachtung zugänglich und erlauben Rückschlüsse auf die Moden, die dafür verantwortlich sind (Abb. 2.69).

Man schätzt, dass in der Sonne mehr als 10 Mio. verschiedene Moden auftreten können. Sie ergeben sich durch destruktive Interferenz aus dem breiten Spektrum von Schallwellen, die im Bereich der Konvektionszone und der solaren Granulation entstehen und genau genommen nur ein zufälliges akustisches Rauschen darstellen. Ziel der Beobachtung ist es, die Frequenz jeder interessierenden Schwingungsmode (und damit der Frequenz des damit assoziierten Resonanzkörpers) mit möglichst hoher Genauigkeit zu bestimmen. Außerdem ist auch die „Lebensdauer" einer Mode ein wichtiger Parameter. Sie kann zwischen einigen Stunden und einigen Monaten liegen. Daraus resultiert übrigens auch die Forderung nach einer zeitlich ununterbrochenen Beobachtungsreihe, die auf der Erde beispielsweise durch helioseismologische Netzwerke wie BISON oder GONG realisiert wird.

Die präzise Frequenz eines Resonanzkörpers (die im Fall der Sonne durch seine Tiefe, also durch den Abstand der inneren Grenzfläche von der Sonnenoberfläche gegeben ist) hängt in erster Linie vom thermodynamischen und dynamischen Zustand sowie von der chemischen Zusammensetzung des Plasmas im Bereich der inneren Grenzfläche ab. Diese Größen sind berechenbar, wenn die entsprechenden Moden mit genügender Genauigkeit bekannt sind.

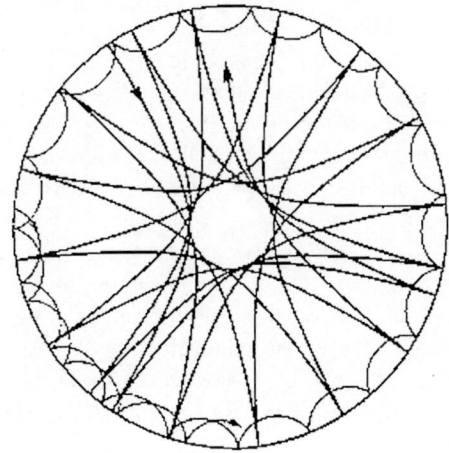

Abb. 2.69 Ausbreitung von Schallwellen im Inneren der Sonne, dargestellt für zwei verschiedene Resonanzkörper. Durch eine günstige Wahl der Moden kann der größte Teil des Sonneninneren „helioseismologisch" erfasst und untersucht werden

2.7.3 Modelle

In der Sternphysik unterscheidet man zwischen radialen und nichtradialen Pulsationen. Die ersteren haben eine sphärische Symmetrie, d. h. der Stern oszilliert um einen Gleichgewichtszustand, in dem er periodisch seinen Radius zwischen zwei Extremwerten verändert. Das führt zu einem periodischen Lichtwechsel mit deutlich sichtbaren Helligkeitsschwankungen (z. B. RR-Lyrae-Sterne). Von nichtradialen Oszillationen spricht man dann, wenn nicht der ganze Stern, sondern nur bestimmte Regionen expandieren, während andere, benachbarte Regionen kontrahieren. Derartige Oszillationen werden im Fall der Sonne durch stehende Schallwellen, die ja nichts anderes als periodische Druckstörungen sind, hervorgerufen. Die lokalen Amplituden sind nicht besonders groß und erreichen im Fall der kumulativen 5-min-Oszillation der Sonne ungefähr 0,5 bis 1 km/s, während die Amplituden der einzelnen Moden kaum 30 cm/s übersteigen.

In der Sonne sind theoretisch drei verschiedene Typen von mechanischen Wellen möglich:

1. p-Wellen (von p – *pressure*)

Das sind akustische Wellen. Bei ihnen bildet der lokale Gasdruck P die Rückstellkraft. Ihre Periode liegt hauptsächlich im Bereich zwischen 1 min und 1 h.

2. f-Wellen oder evaneszente Wellen

Darunter versteht man Oberflächenwellen. Sie lassen sich nur schwer oder gar nicht von akustischen Wellen trennen.

3. g-Wellen (von g – *gravity*)

Schwerewellen. Diese Wellen haben nichts mit den sogenannten Gravitationswellen zu tun, die beschleunigte Massen emittieren. Bei dieser speziellen Form mechanischer Wellen ist die Schwerkraft die rücktreibende Kraft. Sie sollen tief im Sonneninneren auftreten, konnten aber noch nicht zweifelsfrei beobachtet werden. Das liegt an ihrer starken Dämpfung innerhalb der Konvektionszone, weshalb sie kaum Auswirkungen auf die Sonnenoberfläche haben. Ihre Periode ist größer als 1 h.

Stehende Schallwellen bilden auf der sphärischen Sonnenoberfläche spezielle Muster aus, die ganz entfernt an die bekannten chladnischen Klangfiguren erinnern. Man erhält sie als Lösungen der dynamischen Gleichungen für eine exakt kugelförmige Plasmakugel unter der Annahme, dass die Oszillationen adiabatisch erfolgen. Das bedeutet, dass während einer Oszillationsperiode in einem gegebenen Volumenelement weder ein effektiver Masse- noch Wärmetransport auftritt.

Die Grundgleichungen, welche die adiabatische Oszillationen eines exakt kugelförmigen Sterns beschreiben, haben folgende Gestalt („ideale Flüssigkeit", Vernachlässigung der Rotation):

2.7 Analyse des Schwingungsverhalten von Sonne und Sternen

1. Bewegungsgleichung

$$\rho \frac{d\boldsymbol{v}}{dt} = -\operatorname{grad} P + \rho \operatorname{grad} \Phi \qquad (2.112)$$

$\boldsymbol{v}$ ist der Geschwindigkeitsvektor eines Volumenelements, P der Gasdruck, ρ die Dichte und Φ das Newton'sche Gravitationspotenzial.

2. Massenerhaltung (Kontinuitätsgleichung)

$$\frac{d\rho}{dt} + \rho \operatorname{div} \boldsymbol{v} \qquad (2.113)$$

In diesem Fall wird eine Massenänderung durch eine zeitliche Änderung der Dichte ρ im Volumen beschrieben. Nimmt die Dichte ρ in einem Volumen ab, so führt das aufgrund der Massenerhaltung zwangsweise zu einer Volumenvergrößerung.

3. Adiabatengleichung

$$\frac{1}{P}\frac{dP}{dt} = \frac{\Gamma}{P}\frac{d\rho}{dt} \qquad (2.114)$$

Diese Gleichung garantiert, dass die Zustandsänderungen adiabatisch verlaufen. Γ ist der Adiabatenexponent, der über die Beziehung

$$c_S = \sqrt{\Gamma \frac{P(r)}{\rho(r)}} \qquad (2.115)$$

mit der „adiabatischen" Schallgeschwindigkeit c_S verbunden ist. Aus dieser Beziehung erkennt man bereits, dass die Schallgeschwindigkeit in der Sonne „tiefenabhängig", also eine Funktion von r ist.

4. Poisson-Gleichung für das Gravitationsfeld

$$\Delta \phi = -4\pi G \rho \qquad (2.116)$$

Im Gleichgewichtsfall beschreiben diese Gleichungen eine statische Gaskugel, bei der in jedem Punkt $v = 0$ ist. Eine kleine Störung dieses Gleichgewichtsfalls führt zu Schwingungen, deren Geschwindigkeitsfeld an der Kugeloberfläche („Eigenschwingungen der sphärisch-symmetrischen Sonne") durch ein Produkt aus sogenannten Radial- und Kugelflächenfunktionen dargestellt werden kann, d. h., dass dieses Geschwindigkeitsfeld an der Oberfläche ($r = R$) nur von den sphärischen Ortskoordinaten Θ und φ abhängt:

$$v_S(\Theta, \varphi, t) = \sum_{l,m} A_{lm}(t) Y_{lm}(\Theta, \varphi) \qquad (2.117)$$

A_{lm} bezeichnet die Amplituden der einzelnen Moden. Die Größe Y_{lm} wird als „sphärische Harmonische" bezeichnet und ist über folgende Beziehung mit den Legendre'schen Kugelfunktionen verbunden:

$$Y_{lm}(\Theta, \varphi) = P_{l|m|}(\Theta) \exp(im\varphi) \quad (2.118)$$

l und m sind ganze Zahlen und werden aus diesem Grund auch als „Quantenzahlen" des Schwingungsmusters bezeichnet. Sie beschreiben das winkelabhängige Verhalten der Oszillationen über der Oberfläche der Sonne, wobei als Einschränkung $-l \leq m \leq +l$ gilt. Dazu kommt noch die ganze Zahl n (radiale Quantenzahl), die mit der Anzahl der Punkte in der Sonne korrespondiert, in denen die Amplitude der Oszillation verschwindet, wo also quasi die Materie „ruht" (das sind die sogenannten „Knoten" des Schwingungsmusters). Anschaulich kann man sich l als die Gesamtzahl der Knotenlinien (besser Kreise) auf der Kugel und $l - m$ als die Anzahl der Knotenlinien, die nicht durch die Pole gehen, vorstellen. Die Zahl n ist dementsprechend die Anzahl der Schwingungsknoten in der gesamten Sonne. Um auch sie zu berücksichtigen, muss Gl. 2.117 noch durch einen radialen Anteil $R_{nml}(r)$ ergänzt werden. Bezeichnet $f = f(r)$ eine radiale Funktion von Druck P, Dichte ρ oder des Gravitationspotenzials ϕ, dann gilt für den entsprechenden Funktionswert

$$f(r, \Theta, \varphi, t) = f_0(r) + \sum_{nlm} A_{nlm} R_{nlm}(r) Y_{lm}(\Theta, \varphi) \exp(-i\omega_{nlm}t) \quad (2.119)$$

A_{nlm} bezeichnet die Amplituden der einzelnen Moden und ω_{nlm} die dazugehörigen (Kreis-) Frequenzen. Führt man nun eine Fourier-Transformation aus, dann erhält man die Oszillationsfrequenzen für alle diese Moden. Trägt man diese Frequenzen über l auf, dann ergibt sich das sogenannte Dispersionsdiagramm (Abb. 2.70).

Über die Quantenzahlen m und l lassen sich die Schwingungsmuster, die zu einzelnen Kombinationen dieser Zahlen gehören, klassifizieren. Ist z. B. $m > 0$, dann bewegen sich die Moden im Uhrzeigersinn (Bezugsachse ist die Rotationsachse) und bei $m < 0$ entgegengesetzt um die Sonne. Ist $m = l = 0$, dann spricht

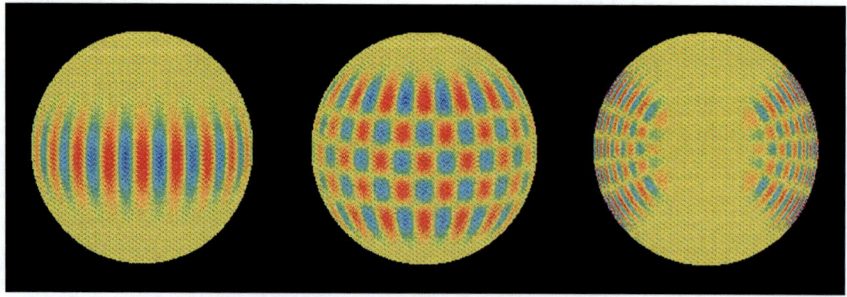

Abb. 2.70 Eigenschwingungsmoden der Sonne für a) l=19, m=19, b) l=19, m=15 und c) l=19, m=15, n=11 (Querschnitt durch die Sonne). Blaue Bereiche bewegen sich nach außen, rote nach innen. (Stanford University)

man von einer radialen Mode etc. Jedes Schwingungsmuster wird durch eine bestimmte Kombination der azimutalen Quantenzahl m, dem Grad l und der radialen Quantenzahl n eindeutig festgelegt. Sie lassen sich leicht berechnen und grafisch darstellen. Beobachten kann man jedoch nur die Summe Gl. 2.119 dieser Eigenschwingungen bei $r = R_\odot$.

Die ganze Zahl l ist mit dem Sonnenradius $R_\odot$ über die horizontale Wellenzahl k_h (Zahl der Wellen pro Längeneinheit) verknüpft:

$$k_h = \frac{1}{R_\odot}\sqrt{l(l+1)} \qquad (2.120)$$

Wie weit eine Schallwelle in das Sonneninnere eindringen kann, bevor sie eine Totalreflexion erleidet, hängt bei vorgegebener Frequenz ν (oder k_h) vom Grad l ab. Schallwellen mit kleinem l dringen am tiefsten, unter Umständen bis zum Sonnenkern, vor. Große Werte von l entsprechen dagegen geringen Eindringtiefen. Mit derartigen Moden kann man deshalb die oberflächennahen Schichten der Sonne sondieren. Insbesondere lässt sich mit ihnen die Konvektionszone erfassen und untersuchen.

Als Ergebnis einer entsprechenden Messkampagne erhält man ein Dispersionsdiagramm (zweidimensionales Powerspektrum), aus dem für jedes l die dazugehörigen Eigenfrequenzen ν abgelesen werden können (dünne dunkle Streifen) (Abb. 2.71).

Jedes *Ridge* im Dispersionsdiagramm entspricht dabei einer bestimmten radialen Quantenzahl n. Oder anders ausgedrückt, unterschiedliche *ridges* korrespondieren mit Eigenschwingungen mit einer unterschiedlichen Anzahl von Knoten in radialer Richtung. Die Messung der Frequenz ν der Eigenfrequenzmoden für unterschiedliche Werte von l und n erlauben deshalb die Bestimmung der Schallgeschwindigkeit c_S in unterschiedlichen Tiefen der Sonne. Sehr genaue Dis-

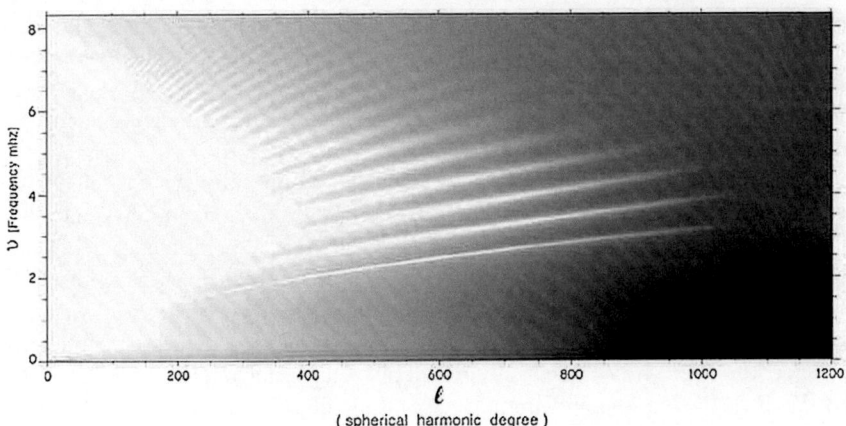

Abb. 2.71 Beispiel für ein Dispersionsdiagramm mit *ridges* der p-Moden als Funktion des Schwingungsgrades l. (GONG-Netzwerk)

persionsdiagramme konnten z. B. aus den Beobachtungen mit dem MDI-Instrument der Sonnensonde SOHO abgeleitet werden.

Die Tiefe der Schicht, an der die Schallwelle der Frequenz $\omega = \nu/2\pi$ reflektiert wird, ist durch

$$r_{total} = \frac{c_S(r_{total})}{\omega}\sqrt{l(i+1)} \qquad (2.121)$$

gegeben. Die Schallgeschwindigkeit berechnet sich aus Gl. 2.115 unter Anwendung der Zustandsgleichung für ideale Gase

$$P = \rho \frac{k_B T}{\widetilde{\mu} m_H}, \qquad (2.122)$$

was zu folgender Beziehung führt:

$$c_S = \sqrt{\Gamma \frac{k_B T}{\widetilde{\mu} m_H}} \qquad (2.123)$$

Das bedeutet, dass man aus dem Dispersionsdiagramm die radiale Temperaturverteilung innerhalb der Sonne (und der damit verbundenen Größen) unabhängig von einem theoretischen Sonnenmodell bestimmen kann. Die Genauigkeit, die dabei erreicht wird, ist außergewöhnlich hoch. Für l oberhalb von 400 ist sie z. B. besser als 10^{-5}.

2.7.4 Direkte und inverse Methode

Es gibt zwei Möglichkeiten, um aus den helioseismologischen Messungen die interessierenden physikalischen Größen im Innern der Sonne zu bestimmen. Bei der direkten Methode wendet man die Theorie der solaren Oszillationen auf ein bestehendes Sonnenmodell an und berechnet daraus ein Dispersionsdiagramm. Danach vergleicht man dieses Diagramm mit den Beobachtungen und untersucht, wo es Abweichungen gibt und wie groß sie sind. Anhand dieser Abweichungen modifiziert man entweder das zugrunde liegende Sonnenmodell oder versucht, die Theorie der Schallausbreitung in der Sonne zu verbessern.

Eine andere Methode besteht darin, aus den Beobachtungen verschiedener Moden empirisch das Temperaturprofil (oder das Profil anderer physikalischer Größen wie Druck, Adiabatenindex oder chemische Zusammensetzung) der Sonne zu ermitteln, indem man für jede Schicht aus den Eigenfrequenzen beispielsweise die Schallgeschwindigkeit berechnet. Dieses empirische Temperaturprofil wird anschließend mit einem numerischen Sonnenmodell verglichen, dessen Parameter so lange verändert werden, bis die ermittelte Temperaturfunktion möglichst gut mit der berechneten übereinstimmt. Diese Methode wird als „inverse Methode" bezeichnet und bevorzugt bei vielen Problemstellungen der Helioseismologie angewendet. Ihren Namen hat sie von den mathematischen Methoden übernommen, die für derartige Problemstellungen entwickelt wurden und nicht nur in der Sonnenphysik eingesetzt werden.

Auf der Erde verwendet man zur Erkundung des Erdinneren bekanntlich sogenannte Laufzeitkurven, um aus den Ankunftszeiten der Erdbebenwellen an verschiedenen seismischen Stationen Informationen über den Schalenaufbau der Erde zu gewinnen. Ein im gewissen Sinne analoges Verfahren kann auch im Fall der Sonne angewendet werden. Es wird als „Time-Distance Helioseismology" bezeichnet. Das Prinzip besteht darin, dass man versucht die Zeit zu bestimmen, die eine Schallwelle von ihrem Ausgangspunkt auf der Oberfläche bis zum Reflexionspunkt im Sonneninneren und zurück benötigt. Dazu misst man den Winkelabstand zwischen zwei Punkten auf der Oberfläche, bei denen eine derartige Welle in das Sonneninnere zurückgeworfen wird. Beobachtet werden dabei Intensitätsfluktuationen auf der Sonnenoberfläche, wobei man die gewünschten Informationen durch Kreuzkorrelation der entsprechenden Zeitserien erhält. Der Vorteil dieser Methode liegt darin, dass man auch lokal, z. B. in der Nähe von Sonnenflecken oder anderen aktiven Gebieten, die physikalischen Verhältnisse und deren vertikale Struktur untersuchen kann.

Sternspektren und Sternatmosphären 3

> *Why in the world would anyone want to study stellar atmospheres? They contain only 10^{-10} of the mass of a typical star! Surely such a negligible fraction of a star mass cannot possibly affect is overall structure and evolution!*
>
> Dimitri Mihalas (1939–2013)

Sternspektren spiegeln die physikalischen Bedingungen in der dünnen Schicht wider, in der ein Stern im optischen Spektralbereich quasi „durchsichtig" wird. Diese Schicht wird gewöhnlich als Photosphäre bezeichnet und ist sozusagen der sichtbare Teil einer Sternatmosphäre. Die gesamte Sternatmosphäre, die auch äußere, im optischen Spektralbereich völlig durchsichtige Teile umfasst (bei der Sonne beispielsweise Chromosphäre und Korona, bei bestimmten Sternen auch abgestoßene Hüllen und dichtere Teile von „Sternwinden"), kann man sich am besten als Übergangsregion zwischen dem quasi undurchsichtigen Plasma des Sterninneren und dem interstellaren Medium vorstellen. Nur dieser Bereich, der lediglich das $\approx 10^{-10}$-Fache der Masse eines Sterns beinhaltet, ist der direkten Beobachtung zugänglich.

Schon die Erdatmosphäre ist – wenn man sie mit der Größe der Erde vergleicht – nur eine extrem dünne Schicht. Bei Sternen ist das Verhältnis von Photosphärenmächtigkeit zu Sternradius noch viel krasser. Bei der Sonne liegt die „Photosphärendicke" bei ungefähr 300 km bis 400 km – bei einem Sonnenradius von 695.700 km. Das ist übrigens auch der Grund dafür, warum der Sonnenrand im Fernrohr immer scharf begrenzt erscheint und warum der gern benutzte Begriff der „Sternoberfläche" bei einem durchgängig gasförmigen Himmelskörper durchaus sinnvoll ist – wenn man versteht, was damit gemeint ist.

Bei sehr heißen Hauptreihensternen kann die Höhe der Photosphäre auch schon einmal die 1000 km-Marke erreichen. Das ändert aber nichts an der Tatsache, dass Sternatmosphären (soweit man nur die Photosphäre betrachtet) nur extrem dünne Gasschichten sind, die einen Stern umgeben und die einen Blick in dessen Inneres sehr effektiv verhindern. Diese Schicht ist es aber, welche die Spektrallinien auf das kontinuierliche Spektrum der Strahlung, welche aus dem Sterninneren zur Sternoberfläche diffundiert, aufprägt (man erinnere sich in diesem Zusammenhang einfach einmal an die Spektralversuche von Kirchhoff und Bunsen). Wenn man die physikalischen Prozesse versteht, die dabei eine Rolle spielen, dann lässt sich durch eine detaillierte Analyse von Sternspektren direkt etwas über die physikalischen Bedingungen ihres Entstehungsgebietes – der Sternatmosphäre – in Erfahrung bringen. Die folgenden Kapitel werden sich deshalb primär mit der Entstehung und der Struktur von Spektrallinien, – und zwar immer in Bezug auf die physikalischen Bedingungen in ihrem Entstehungsgebiet, der Sternatmosphäre - beschäftigen. Hier ist ein Exkurs in das Gebiet der atomaren Prozesse und des Strahlungstransports durch Materieschichten unerlässlich. Eine Theorie der Sternatmosphären ist in diesem Sinn zugleich eine Theorie der Entstehung der Sternspektren, denn sie hat das Ziel, die in einem Sternspektrum gemessene Intensitätsverteilung des Sternlichts und die vom Ideal abweichenden Linienprofile quantitativ zu erklären, um auf diese Weise Informationen über die chemische Zusammensetzung und die physikalischen Bedingungen in den jeweiligen Sternatmosphären zu erhalten. Das geschieht i. d. R. in Form eines iterativen Prozesses, bei dem die Grundparameter eines stellaren Atmosphärenmodells so lange variiert werden, bis die sich aus dem Modell sich ergebenden spektralen Merkmale mit den beobachteten Merkmalen bestmöglich übereinstimmen. Heute übernehmen Computer weitgehend diese Arbeit, und die von ihnen aus theoretischen Atmosphärenmodellen berechneten Spektren werden synthetische Sternspektren genannt.

Die Sternspektroskopie musste bis in die 1920er-Jahre im Wesentlichen ohne eine tiefgreifende theoretische Begründung auskommen. Das änderte sich erst mit der Entwicklung der ersten einfachen Atommodelle, die es zumindest erlaubten, das schon damals sehr gut bekannte Wasserstoffspektrum mit seinen verschiedenen Linienserien in den Grundzügen zu verstehen. Mit der Entwicklung und zunehmenden Etablierung der Quantenmechanik – insbesondere vorangetrieben durch die bahnbrechenden Arbeiten von Werner Heisenberg (1901–1971) und Erwin Schrödinger (1887–1961) – sowie der Erklärung der elementaren Absorptions- und Emissionsvorgänge durch Albert Einstein (1879–1955) wurde die Atomspektroskopie nach und nach auf ein festes theoretisches Fundament gehoben und auf diese Weise zu einem praktikablen Werkzeug sowohl für den beobachtenden als auch für den theoretisch arbeitenden Astronomen mit entsprechend weitreichenden Konsequenzen für die Interpretation von Spektren astronomischer Objekte. Richtungsweisend in diesem Zusammenhang war das mehrfach überarbeitete Buch von Arnold Sommerfeld *Atombau und Spektrallinien* (erste Auflage 1919, (Sommerfeld 1919)) und – im deutschsprachigen Raum – das Buch von Albrecht Unsöld *Physik der Sternatmosphären* (erste Auflage 1938, Unsöld (1938)). Dazwischen lag die Entwicklung der quantitativen Spektralanalyse auf Grundlage der Ionisationstheorie von Meghnad Saha, eine erste detaillierte Theorie des inneren Aufbaus der Sterne von Arthur Stanley Eddington und die Entdeckung, dass die Energieabstrahlung der Sterne auf thermonuklearen Reaktionen tief in ihrem Inneren beruht.

In Abschn. 3.1 finden Sie einen eher heuristischen Überblick über die atomphysikalischen Grundlagen der astronomischen Spektroskopie mit dem Schwerpunkt Sternspektroskopie. Er dient dazu, die begrifflichen Grundlagen bereitzustellen, die notwendig sind, um den Zusammenhang zwischen den auf der Erde beobachtbaren Sternspektren und ihrem Entstehungsgebiet, den Sternatmosphären, aufzuzeigen. Für diejenigen, die sich detailliert mit der Problematik auseinandersetzen wollen, sei auf folgende umfangreiche „Lehrwerke" verwiesen: (Gray 2005), (Hubeny und Mihalas 2015).

3.1 Physikalische Grundlagen der Spektroskopie

Die Beobachtung, dass glühende Gase ein Emissionslinienspektrum, glühende Festkörper ein kontinuierliches Spektrum und kühle Gase, durch die kontinuierliches Licht dringt, ein Absorptionslinienspektrum besitzen, geht auf Arbeiten von Gustav Robert Kirchhoff und Robert Wilhelm Bunsen aus dem Jahre 1859 zurück. Dabei stellten sie des Weiteren anhand von Beispielen fest, dass für einen gegebenen Stoff die Emissionslinien und die Absorptionslinien immer die dieselbe Position im Spektrum einnehmen und somit charakteristisch für diesen Stoff sind. Indem man also das Licht einer Lichtquelle spektral zerlegte, ließ sich – wenn das Spektrum Spektrallinien zeigte – etwas über die stoffliche Zusammensetzung dieser Lichtquelle in Erfahrung bringen. Eine begründete Erklärung für die Frage, warum es überhaupt Linienspektren gibt, gelang ihnen jedoch nicht. Dafür untersuchten sie im Detail das Emissions- und Absorptionsverhalten verschiedener Festkörper und Gase und stellten die Hypothese auf, dass die spektrale Energieverteilung eines, wie man heute sagt, Hohlraumstrahlers nur von dessen Temperatur und von sonst nichts abhängt. Ein Ergebnis ihrer Forschungen war das Kirchhoff'sche Strahlungsgesetz

$$\frac{\varepsilon_\lambda(T)}{\kappa_\lambda(T)} = \text{const.}, \tag{3.1}$$

in dem ε_λ den wellenlängenabhängigen Emissionskoeffizienten und κ_λ den wellenlängenabhängigen Absorptionskoeffizienten bei der Wellenlänge λ und der Temperatur T bezeichnet.[1]

In Worten lautet das Kirchhoff'sche Strahlungsgesetz:

> Das Emissionsvermögen eines Schwarzen Körpers ist im thermodynamischen Gleichgewicht gleich seinem Absorptionsvermögen

Der konstante Wert in Gl. 3.1 ist die im Jahre 1900 von Max Planck zum ersten Mal abgeleitete „Planck-Funktion", Gl. 2.42, also:

---

[1] Wegen der Äquivalenz von Wellenlänge und Frequenz gibt es natürlich auch einen frequenzabhängigen Emissions- und Absorptionskoeffizienten, der mit dem Index ν gekennzeichnet wird.

$$\varepsilon_\lambda = \kappa_\lambda B_\lambda(T) \tag{3.2}$$

$$\varepsilon_\nu = \kappa_\nu B_\nu(T)$$

Diese Beziehung bzw. die sich aus ihr ergebenden Schlussfolgerungen spielen eine große Rolle bei der Erklärung des Durchgangs von Strahlung durch ein Gas (Strahlungstransport) und wie dabei u. a. Spektrallinien entstehen.

Mit dem Planckschen Strahlungsgesetz hielt auch eine neue Naturkonstante, das Plancksche Wirkungsquantum $h = 6{,}626 \cdot 10^{-34}$ Js Einzug in die Physik. Es sollte bereits wenige Jahre später zum Schlüssel für die Erklärung der Atome und der Atomspektren werden.

1913 gelang es Niels Bohr, mit ein paar wenigen Postulaten ein einfaches Atommodell zu entwickeln, welches überraschenderweise in der Lage war, die 1885 von Johann Jakob Balmer (1825–1898) ad hoc erstellte Formel für die im optischen Bereich des Spektrums liegende Linienserie des atomaren Wasserstoffs zu reproduzieren. Dieses, wie man heute sagt, semiklassische Atommodell wurde später von Arnold Sommerfeld zum Bohr-Sommerfeldschen Atommodell erweitert und spielte eine wichtige Rolle bei der Entwicklung der quantitativen optischen astronomischen Spektroskopie im ersten Drittel des 20. Jahrhunderts. Aufgrund von seiner „Anschaulichkeit" werden die mit diesem Atommodell eingeführten Termini auch heute noch gern benutzt. Zu nennen sind hier z. B. Begriffe wie stationäre Elektronenbahn, Strahlungsübergang und Quantenzahl, wohl wissend, dass alle diese Begriffe im Licht der modernen Quantentheorie ihre eigene und hier zumeist alles andere als „anschauliche" Bedeutung haben.

In Abschn. 3.1.1 sollen genau diese Begriffe erst einmal „anschaulich" im Rahmen des Bohr-Sommerfeldschen Atommodells eingeführt werden, bevor dann am Beispiel der quantenmechanischen Behandlung des Wasserstoffatoms diese Termini mehr in ihrer abstrakteren Version Verwendung finden.

3.1.1 Strahlungsprozesse im Bohr-Sommerfeldschen Atommodell

Die große Leistung des Bohr-Sommerfeldschen Atommodells liegt darin, dass es in der Lage ist, unter der Annahme wohldefinierter Elektronenbahnen um einen positiv geladenen Atomkern, die gewissen Quantisierungsbedingungen genügen müssen (Bohr-Sommerfeld-Quantisierung), die Energieniveaus einfacher Einelektronensysteme (atomarer Wasserstoff, wasserstoffähnliche Ionen, Alkalimetalle mit einem äußeren „Leuchtelektron") und deren Feinstruktur zu berechnen. Es schließt dabei eine Theorie des normalen Zeemann-Effekts und des Stark-Effekts mit ein. Wissenschaftshistorisch stellt es ein „Zwischenmodell" dar zwischen dem einfachen Bohrschen Atommodell des Wasserstoffatoms und dem exakten wellenmechanischen Atommodell, wie es sich als Lösung der Schrödinger-Gleichung ergibt. Aus moderner Sicht ist das Versagen dieses Modells z. B. hinsichtlich der Effekte, die sich aus dem Elektronenspin und in Bezug auf Mehrelektronensysteme ergeben, verständlich. Die Heisenbergsche Unschärferelation macht nämlich den schönen und anschaulichen Begriff der Bahnkurve, der ja eine genaue Lokalisierung des Elektrons in Raum und Zeit erfordert, in atomaren Skalen sinnlos. Das sollte man immer beachten, wenn man dieses heuristisch (und in manchen Aspekten auch didaktisch) durchaus bemerkenswerte Modell zur Erklärung von Atomspektren verwendet.

Ausgangspunkt des Bohrschen bzw. Bohr-Sommerfeldschen Atommodells ist die Vorstellung, dass sich negativ geladene Elektronen auf wohldefinierten Bahnen im Coulomb-Feld eines Atomkerns bewegen. Da diese Vorstellung mit den Gesetzen der klassischen Elektrodynamik nicht vereinbar ist (beschleunigt bewegte elektrische Ladungen müssen Energie abstrahlen), hat Bohr 1913 sogenannte „strahlungslose" Bahnen postuliert, „Bahnen" also, die im Sinne der Hamilton'schen Mechanik unter allen denkbaren Bahnen genau diejenigen sind, für welche die Quantisierungsbedingung.

$$\oint p \, dq = nh \tag{3.3}$$

mit $n = 1, 2, 3, \ldots$ erfüllt ist (p ist der kanonische Impuls und q eine verallgemeinerte Ortskoordinate). Das erlaubte ihm, elementare Emissions- und Absorptionsprozesse von Photonen als „Quantenübergänge" von Elektronen zwischen derartigen „Bahnen" zu erklären. Das Bohr'sche Atommodell (und später auch seine Sommerfeld'sche Erweiterung) beruht demnach im Wesentlichen auf zwei Postulaten, die jedoch ihre exakte physikalische Begründung erst in der Wellenmechanik Erwin Schrödingers erhalten sollten:

1. Atome existieren in stationären Zuständen mit diskreten Energien, die durch ganze Zahlen n (die man als Hauptquantenzahl bezeichnet) charakterisiert sind.
2. Der Übergang von einem stationären Zustand zu einem anderen stationären Zustand erfolgt durch Emission oder durch Absorption eines Lichtquants (Photons) mit der Energie

$$\hbar\omega = E_m - E_n. \tag{3.4}$$

Dazu kommt noch als 3. Postulat das Bohrsche Korrespondenzprinzip, welches sicherstellt, dass Bohrs „Atommechanik" für große n in die „Klassische Mechanik" übergeht.

Für jedes Atom gibt es unendlich viele derartiger Zustände, wobei der energetische Abstand zweier benachbarter Zustände mit steigendem n jedoch immer geringer wird. „Anschaulich" stellt man sich diese „Zustände" entweder als Kreisbahnen (Bohr) oder als Kreis- und Ellipsenbahnen (Sommerfeld) vor – ähnlich derjenigen der Planeten im Sonnensystem.

Alle diese diskreten Zustände besitzen negative Energien, da es sich um sogenannte Bindungszustände handelt (das bedeutet, man muss Energie aufwenden, um beispielsweise ein Elektron, welches sich in einem derartigen Zustand befindet, aus dem Atom zu entfernen). Befindet sich das Elektron im Grundzustand ($n = 1$), dann beträgt beim Wasserstoffatom der energetische Abstand bis zur sogenannten „Seriengrenze" ($n \to \infty$) 13,6 eV. Dieser Energiebetrag ist das Ionisationspotenzial (oder die 1. Ionisationsenergie) des Wasserstoffatoms:

$$E_p(n=1) = E_\infty - E_1 \tag{3.5}$$

Mit ansteigendem n benötigt man offensichtlich immer weniger Energie, um ein Elektron aus der Elektronenhülle eines Atoms zu entfernen.

Die Energie E_n eines Zustands der Hauptquantenzahl n ergibt sich für ein Ein-elektronensystem wie das Wasserstoffatom aus der Summe von kinetischer Energie und potenzieller Energie, welche in diesem Fall durch das Coulomb-Potenzial gegeben ist:

$$E_{ges} = \frac{m_e v^2}{2} - \frac{e^2}{4\pi\varepsilon_0 r} \tag{3.6}$$

Außerdem gilt noch das Kräftegleichgewicht zwischen Zentrifugalkraft und Coulomb-Kraft auf der im Modell als kreisförmig angenommenen Elektronenbahn:

$$\frac{m_e v^2}{r} = \frac{e^2}{4\pi\varepsilon_0 r^2} \tag{3.7}$$

Aus diesen beiden Gleichungen ergibt sich als Gesamtenergie:

$$E_{ges} = -\frac{e^2}{8\pi\varepsilon_0 r} \tag{3.8}$$

Der Bahnradius wiederum muss der Bohrschen Quantisierungsbedingung Gl. 3.3 genügen, wobei für den Impuls $p = m_e v r$ und für die verallgemeinerte Koordinate der Kreiswinkel $q = \varphi$ zu nehmen ist. Integration über den Vollwinkel liefert dann

$$2\pi m_e v r = nh,$$

woraus mit Gl. 3.7 für die erlaubten Bahnradien folgende Beziehung folgt:

$$r_n = \frac{\varepsilon_0 h^2}{\pi m_e e^2} n^2 \tag{3.9}$$

(für $n=1$ erhält man hieraus den „Bohr'schen Atomradius" $a_0 = 0,529 \cdot 10^{-10}$ m)

Eingesetzt in Gl. 3.8 ergeben sich dann die erlaubten Energiezustände:

$$E_n = -\frac{m_e e^4}{8\varepsilon_0^2 h^2} \frac{1}{n^2} \tag{3.10}$$

Der konstante Vorfaktor

$$E_R = -\frac{m_e e^4}{8\varepsilon_0^2 h^2} \tag{3.11}$$

wird gewöhnlich als Rydberg-Energie (nach Johannes Rydberg (1854–1919)) bezeichnet. Damit ergibt sich als energetische Differenz zwischen den Bahnen zweier Hauptquantenzahlen n und m gemäß Gl. 3.4 die sogenannte Rydberg-Formel:

$$\Delta E = \left(\frac{1}{n^2} - \frac{1}{m^2}\right) E_R \tag{3.12}$$

Setzt man $n = 1$ und lässt m gegen unendlich gehen (Gl. 3.5), dann folgt daraus das Ionisationspotenzial von Wasserstoff $E_P(n = 1) = 2,18 \cdot 10^{-18}$ J $\equiv 13,6$ eV, was ein sehr schönes Ergebnis für solch ein simples Modell ist (besonders, wenn Messungen zu dem gleichen Ergebnis führen).

In der Atomphysik (und in der Chemie) ist es üblich, die im Bohrschen Atommodell „kreisförmigen" Elektronenbahnen, die mit der Hauptquantenzahl n durchnummeriert sind, als „Elektronenschalen" zu bezeichnen und mit Großbuchstaben, beginnend mit K, zu benennen. So ist die Schale mit $n = 2$ die L-Schale, die mit $n = 3$ die M-Schale etc. Wie viele Elektronen jede dieser Schalen maximal aufnehmen kann, hängt von der Ordnungszahl Z des entsprechenden Atoms ab und wird durch das Pauli-Verbot und die teilweise darauf beruhenden Hundschen Regeln festgelegt.

Spektralserien

Nach dem Bohr-Sommerfeldschen Atommodell entspricht die Energiedifferenz zwischen zwei „Elektronenbahnen" genau der Energie, die ein Elektron bei einem „Quantensprung" von einer „höheren" Bahn auf eine „niedrigere" Bahn als Photon der Energie $E_\gamma = h\nu = \hbar\omega$ an das Strahlungsfeld abgibt oder bei einem Absorptionsvorgang, bei dem es quasi auf eine „höhere" Bahn gehoben wird, aus dem Strahlungsfeld in Form eines Photons die entsprechenden Energie aufnimmt. Deshalb lassen sich wegen Gl. 3.4 aus Gl. 3.12 auch sofort die Wellenlängen für die Linien des Wasserstoffspektrums aufschreiben:

$$\frac{1}{\lambda} = \frac{m_e e^4}{8\varepsilon_0^2 h^3 c} \left(\frac{1}{n^2} - \frac{1}{m^2} \right) \tag{3.13}$$

Der konstante Vorfaktor mit der Einheit einer reziproken Länge ist die universelle Rydberg-Konstante R_∞. Ihr Zahlenwert ist $R_\infty = 1,097 \cdot 10^7$ m^{-1}. Der Index „∞" soll darauf hinweisen, dass sie unter der Annahme einer quasi „unendlich" großen Kernmasse gilt. Damit wird sichergestellt, dass der Systemschwerpunkt mit dem Atomkern immer genau zusammenfällt.

Der Kehrwert der Wellenlänge λ wird in der Spektroskopie als „Wellenzahl" bezeichnet.

Indem man in Gl. 3.13 die Zahl n konstant und m „laufen" lässt, erhält man die Wellenzahlen einer sogenannten Spektralserie. Wählt man beispielsweise $n = 2$, dann ergibt sich genau der gesetzmäßige Zusammenhang, welchen Johann Jakob Balmer (1825–1898) im Jahre 1885 für die Linien des Wasserstoffs (so wie man sie besonders deutlich in den Spektren von A-Sternen sieht) aufgefunden hat:

$$\frac{1}{\lambda} = \text{const.} \left(\frac{1}{4} - \frac{1}{m^2} \right) \tag{3.14}$$

$$\lambda = 364,57 \frac{m^2}{m^2 - 4} \; [\text{nm}]$$

Man beachte, dass sich λ_n mit steigendem n immer mehr einem Grenzwert nähert, der als Seriengrenze bezeichnet wird. Diese liegt für die Balmer-Serie des Wasserstoffs bei $\lambda_{n\to\infty} = 364{,}568$ nm. Dahinter schließt sich ein Kontinuum an, welches als Seriengrenzkontinuum bezeichnet wird.

Im Jahre 1906 fand Theodore Lyman (1874–1954) eine weitere Linienserie des Wasserstoffs, nur diesmal nicht im optischen, sondern im ultravioletten Wellenlängenbereich gelegen. Auch sie lässt sich durch Balmers Formel ausdrücken, wenn man $n = 1$ wählt (Abb. 3.1).

Weitere benannte Serien des Wasserstoffs sind die Paschen-Serie ($n = 3$), die Brackett-Serie ($n = 4$) die Pfund-Serie ($n = 5$) und die erst 1953 experimentell nachgewiesene Humphrey-Serie ($n = 6$). Alle diese Spektralserien findet man im infraroten Teil des Wasserstoffspektrums.

Indem man die diskreten Energien E_n in ein Diagramm einträgt, in dem die Ordinate die Energie anzeigt (durchnummeriert von unten nach oben mit der Hauptquantenzahl n) und die „Energieniveaus" als zur Abszisse parallele Linien dargestellt sind, erhält man die einfachste Form eines Termschemas – das insbesondere aus der Chemie bekannte Energieniveauschema. Hierin kann man sich die quantenmechanischen Übergänge, die entweder zur Absorption oder Emission eines Photons führen, leicht veranschaulichen, wie Abb. 3.2 zeigt.

Die Rydberg-Formel Gl. 3.13 kann man auf wasserstoffähnliche Ionen (d. h. Atome, die nur noch ein Elektron besitzen, wie z. B. He II oder C V) erweitern, indem man die Masse m_e des Elektrons durch dessen reduzierte Masse m_r ersetzt. Ist M die Masse des Atomkerns mit der Kernladungszahl Z, dann erhält man

$$\frac{1}{\lambda} = Z^2 \frac{R_\infty}{1 + \frac{m_e}{M}} \left(\frac{1}{n^2} - \frac{1}{m^2} \right) = Z^2 R_E \left(\frac{1}{n^2} - \frac{1}{m^2} \right). \quad (3.15)$$

R_E stellt hier die Rydberg-Konstante eines bestimmten Elements bzw. Isotops dar. Sie ist immer kleiner als R_∞. Für den atomaren Wasserstoff gilt beispielsweise $R_H = 1{,}096775834 \cdot 10^7 \, m^{-1}$.

Ähnliche Formeln lassen sich auch für die Elemente der 1. Hauptgruppe des Periodensystems (Alkalimetalle) aufstellen, bei denen die Außenschale nur von einem Elektron besetzt ist („Leuchtelektron"), während die Elektronen in den kernnäheren Schalen ($Z - 1$) die positiven Kernladungen abschirmen. Deshalb besitzen alle Alkalimetalle auch „wasserstoffähnliche" Spektren.

Als man mit hochauflösenden Spektralapparaten die einzelnen Linien des Wasserstoffspektrums genauer untersuchte, stellte man fest, dass sie aus mehreren dicht beieinander liegenden Linien bestehen, also eine Art von Feinstruktur aufweisen. Um diese „Feinstrukturaufspaltung", die physikalisch einer Aufspaltung

Abb. 3.1 Die Spektrallinien, die sich im sichtbaren Bereich des Wasserstoffspektrums befinden, gehören alle zur sogenannten Balmer-Serie. Ihre Wellenlängen lassen sich leicht über eine einfache, von Jakob Balmer im Jahre 1885 gefundene Formel, berechnen

3.1 Physikalische Grundlagen der Spektroskopie

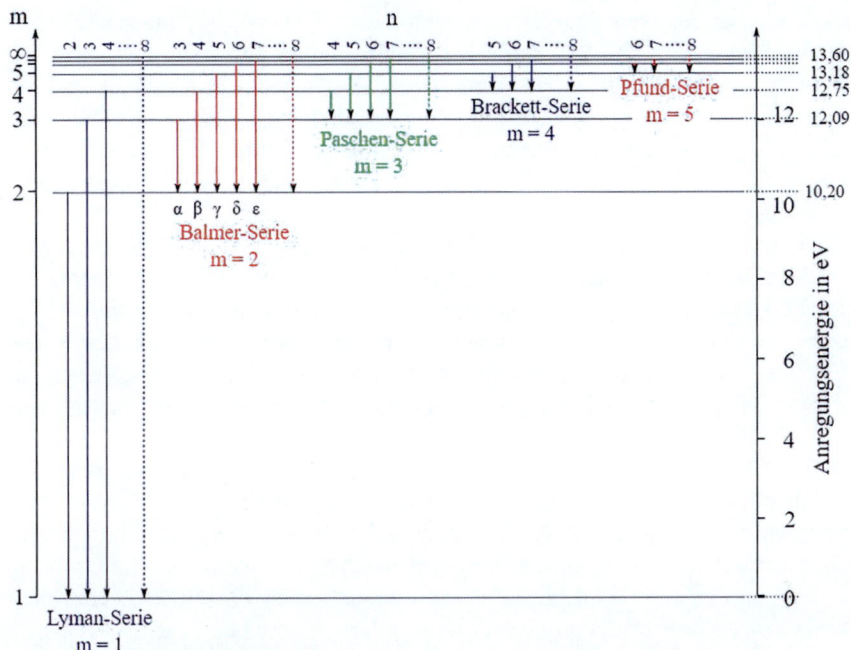

Abb. 3.2 Am Energieniveauschema des atomaren Wasserstoffs lässt sich die Entstehung der einzelnen Spektralserien sehr gut darstellen und veranschaulichen. Komplexere Formen eines solchen Diagramms, die auch spektrale Feinstrukturen beinhalten, werden in der Astrophysik gewöhnlich als Grotrian-Diagramme bezeichnet

der Bohrschen Energieniveaus in einzelne Unterniveaus entspricht, mathematisch adäquat im Rahmen des Bohrschen Atommodells erklären zu können, musste dieses Modell erweitert werden. Das geschah in der Weise, dass man neben den Bohrschen Kreisbahnen nunmehr auch „Sommerfeldsche" Ellipsenbahnen im Wasserstoffatom erlaubte, deren Halbachsenverhältnis dem Verhältnis aus Hauptquantenzahl n und einer neuen Quantenzahl $l+1$ entspricht. l wird als Nebenquantenzahl (engl. *orbital quantum number*) bezeichnet und läuft von $l=0$ bis $l=n-1$. Sie ist ein Maß für den gequantelten Bahndrehimpuls eines in einem Atom gebundenen Elektrons, weshalb sie in der Quantenmechanik oft auch Drehimpulsquantenzahl genannt wird.

Ein Drehimpuls ist bekanntlich ein Vektor. Da Elektronen negativ elektrisch geladen sind, haben externe elektrische und magnetische Felder Einfluss auf ihre Bewegung. Während ohne die Präsenz externer Felder die räumliche Lage der Ellipsenbahnen im Bohr-Sommerfeld'schen Atommodell in keiner Weise festgelegt ist, können sich die Elektronen unter der Wirkung von elektrischen und magnetischen Feldern nur noch auf Ellipsenbahnen mit einer bestimmten Raumausrichtung bewegen. Das führt zum Begriff der räumlichen Quantelung und zur Einführung einer neuen Quantenzahl, die magnetische Quantenzahl m_l genannt wird und deren Wertebereich sich von von $-l$ über $-(l-1)$ bis $l-1$ und schließlich l erstreckt und pro l genau $(2l+1)$- ganze Zahlen umfasst. Wie man sieht, kann die magnetische Quantenzahl m_l auch negative Werte annehmen. Physikalisch stellt sie die in $\hbar$ gemessene z-Komponente des Bahndrehimpulsvektors dar. Mit ihrer Hilfe lässt sich sowohl der Zeeman-Effekt (Linienaufspaltung im Magnetfeld) als auch der Stark-Effekt (Linienaufspaltung in einem statischen elektrischen Feld) erklären.

Bei der spektroskopischen Untersuchung der Feinstruktur der Spektrallinien von Alkalimetallen stellte man fest, dass sich die aus deren Termschema ergebenden Linien in den meisten Fällen als eng benachbarte Doppellinien darstellen, die sich mit den Quantenzahlen n, l und m_l nicht reproduzieren lassen. Die zündende Idee, dass ein Elektron neben seinem Bahndrehimpuls noch einen inhärenten „Eigendrehimpuls", der in zwei Zuständen auftreten kann, besitzt, hatten 1925 Samuel Abraham Goudsmit (1902–1978) und George Eugene Uhlenbeck (1900–1988). Heute nennt man diesen „Eigendrehimpuls" „Spin", der, gemessen in Einheiten von $\hbar$, bei Elektronen die Werte $s = \pm 1/2$ annehmen kann. Da sich der Elektronenspin nur parallel oder antiparallel zu dessen Bahndrehimpuls einstellen kann, wird der Bahndrehimpuls entsprechend der konkreten Orientierung verkleinert oder vergrößert. Im Bohr-Sommerfeldschen Atommodell entspricht das entweder einer geringfügig weiter innen oder weiter außen liegenden Bahn im Vergleich zur Bahn „ohne Spin". Im Spektrum äußert sich dieser Sachverhalt in einer entsprechenden Aufspaltung einer Spektrallinie in zwei Spektrallinien. Der Elektronenspin bewirkt demnach die Verdopplung aller in einem Atom möglichen Elektronenzustände. Experimentell gelang der Nachweis des Elektronenspins bereits 1922 im „Versuch von Stern und Gerlach".

Um auch die im Vergleich zu Einzelatomen weitaus komplexeren Strahlungsprozesse von Molekülen zu beschreiben, müssen weitere Quantenzahlen eingeführt werden. Sie hängen mit der Fähigkeit der Moleküle, diskrete Schwingungs- und Rotationszustände einzunehmen, zusammen. Sie werden im Einzelnen in Abschn. 3.1.8, der den Molekülspektren gewidmet ist, behandelt. Es handelt sich dabei im Einzelnen um die Rotationsquantenzahl J und um die Schwingungsquantenzahl v.

Ionisation

Wie bereits am Beispiel des Wasserstoffatoms eingeführt (s. Gl. 3.5), stellt die erste Ionisationsenergie die Energie dar, die nötig ist, um das erste Elektron aus einem neutralen Atom herauszulösen. Trägt man diese Energie mit steigender Ordnungszahl über alle Elemente des Periodensystems auf, dann ergibt sich eine zackige Kurve, die sich in den Grenzen zwischen 5 und 25 eV bewegt. Entsprechend dieser Kurve besitzen Alkalimetalle sehr kleine und Edelgase sehr hohe Ionisationsenergien, oder anders ausgedrückt, die Elektronen der Edelgase sind sehr fest (zwischen ≈ 10 eV und ≈ 25 eV) und die der Alkalimetalle nur sehr schwach (≈ 5 eV) an ihr Atom gebunden. Das hat astrophysikalische Konsequenzen, denn dieser Sachverhalt spiegelt sich deutlich in den Sternspektren wider. So findet man in den Spektren mittlerer und später Spektraltypen Absorptionslinien von Alkalimetallen in teilweise sehr starker Ausprägung (man denke hier nur an die H- und K-Linie des einfach ionisierten Kalziums Ca II). Linien von Edelgasen – insbesondere von Helium – treten dagegen nur in sehr heißen Sternen (Spektraltyp O und B) bzw. in den Spektren heißer Chromosphären (wie im Flashspektrum der Sonne) auf (Abb. 3.3).

Quantenübergänge, bei denen ein Elektron aus dem Atomverbund gelöst wird, bezeichnet man als „Gebunden-frei-Übergänge". Sie erhöhen die Dichte freier Elektronen in der Sternmaterie. Für die Benennung ionisierter Atome hat sich in der Astrophysik eine Schreibweise eingebürgert, die auch in diesem Buch schon oft verwendet wurde. Die Anzahl + 1, der einem Atom durch Ionisationsprozesse verloren gegangenen Elektronen, geschrieben in römischen Zahlzeichen, gibt dessen Ionisationsgrad an. So ist He I neutrales Helium und He II ein Heliumatom, das nur noch ein Elektron in seiner Hülle besitzt. Bei Metallen, die gemäß ihrer Ordnungszahl sehr viele Elektronen besitzen, können auch sehr hohe Ionisationsgrade vorkommen. Ein Beispiel dafür wäre Fe XIV – das 13-fach ionisierte Eisen, oder P XV, der 14-fach ionisierte Phosphor. Um auch noch dessen letztes Elektron, das sich auf einem Energieniveau mit $n = 1$ befindet, zu entfernen, ist eine Energie von 3070 eV notwendig (bei Wasserstoff liegt diese Energie gerade einmal bei 13,6 eV).

Alle physikalischen Vorgänge, die zur einer Ionisation eines Atoms führen, werden als Ionisationsprozesse bezeichnet. Die wichtigsten davon sind die Absorption eines hinreichend energiereichen Photons (Ionisation durch ionisierende Strahlung) sowie Stoßprozesse, bei denen die kinetische Energie der Stoßpartner die Energie zum Herauslösen von Hüllenelektronen liefert (Stoßionisation). Hoch angeregte Atome können aber auch durch Autoionisation selbstständig in einen ionisierten Zustand übergehen, wie beispielsweise der Auger-Effekt zeigt.

Während die Materie tief im Sterninneren aufgrund der hohen Temperaturen vollständig ionisiert ist, hängt das Vorkommen bestimmter Ionisationsstufen der verschiedenen, in Sternatmosphären vorhandenen Elemente stark von den physikalischen Bedingungen (insbesondere der Temperatur) in der Sternatmosphäre

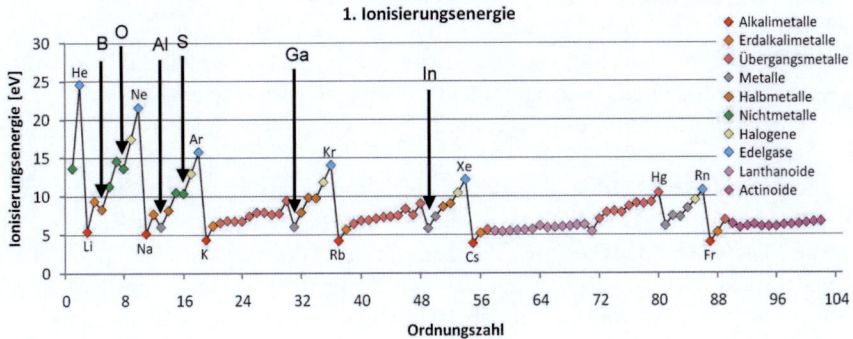

Abb. 3.3 Verlauf der ersten Ionisationsenergie (Ionisationspotenzial) für die Elemente des Periodensystems

ab. Der Nachweis von Absorptionslinien in Sternspektren, die insbesondere von diversen Metallen in hohen Ionisationsstufen stammen, lässt sich deshalb gut als Temperaturindikator verwenden.

Rekombination
Ein ionisiertes Atom existiert normalerweise nur eine begrenzte Zeit, und zwar so lange, bis es aus seiner Umgebung wieder ein freies Elektron „eingefangen" hat. Dieser Vorgang, der die effektive Ladung des Atoms wieder um eine Einheit verringert, bezeichnet man als Rekombination. Dabei wird Energie freigesetzt, da ein freies Elektron mit positiver Energie wieder in einen Bindungszustand mit negativer Energie (der Energienullpunkt ist durch die Seriengrenze gegeben) übergeht. In der Regel wird diese Energiedifferenz durch Emission von Photonen (γ) abgeführt, was als Strahlungsrekombination bezeichnet wird und die sich formal folgendermaßen aufschreiben lässt:

$$X^+ + e^- \rightarrow X + \gamma \tag{3.16}$$

Eine weitere, besonders in dichteren Plasmen auftretende Art von Rekombination ist die Dreier-Rekombination:

$$X^+ + e^- + Y \rightarrow X + Y^*$$

Y bezeichnet hier ein Neutralteilchen, welches die überschüssige Energie aufnimmt und dabei angeregt wird. Es sind aber natürlich auch Stoßprozesse möglich, wo „Y" ein Ion oder ein Elektron ist.

Natürlich gibt es noch weitere Rekombinationsmechanismen, die hier aber nicht näher angeführt werden sollen, weil sie in Sternatmosphären keine oder keine besonders große Rolle spielen.

Anregung
Wenn die Energie des von einem gebundenen Elektron absorbierten Photons nicht ausreicht, um es aus dem Atom zu lösen, dann wird es aus dem Energieniveau E_n auf ein Energieniveau E_m mit $m > n$ gehoben. Der Fachausdruck dafür ist „Anregung" und entspricht einem „Gebunden-gebunden-Übergang. Auf diesem „höheren" Niveau verweilt es gewöhnlich für kurze Zeit (im Mittel ca. 10^{-8} s), um danach unter Emission eines Lichtquants $h\nu = E_m - E_n$ wieder auf das Ausgangsniveau zurückzukehren. Man spricht hier von einer „spontanen Emission". Die Wahrscheinlichkeit dafür, dass sie auftritt, wird durch den Einstein-Koeffizienten A_{21} festgelegt (s. Abschn. 3.2.4).

Ein Atom (oder auch ein Molekül), welches sich in seinem energetisch niedrigsten Zustand aufhält, befindet sich in seinem Grundzustand. Jede Energieaufnahme führt zu einem angeregten Zustand mit der Anregungsenergie E_{AN}. Da der Grundzustand auch der energetisch stabilste Zustand ist, versucht ein angeregtes Atom oder Molekül immer, die überschüssige Energie auf irgendeine Weise wieder abzugeben, z. B. durch Emission eines Lichtquants. Die wichtigsten Anregungsmechanismen im atomaren Bereich sind die optische Anregung (Absorption eines Photons) sowie die Stoßanregung in Form der thermischen Anregung und in Form von Elektronenstößen.

3.1.2 Das Wasserstoffatom und sein Spektrum

Wasserstoff ist mit nur einem Proton und einem Elektron das leichteste der chemischen Elemente. Ungefähr 75 % der gesamten Masse im Kosmos wird durch Wasserstoffatome gebildet, was bedeutet, dass rund 90 % aller Atome Wasserstoffatome sind. Er tritt als neutraler atomarer Wasserstoff (H I), als molekularer Wasserstoff (H_2), als ionisierter Wasserstoff (p, H II) und in Form von molekularen Ionen (z. B. H_2^+) auf. Die elektromagnetische Strahlung, die von Wasserstoffatomen emittiert bzw. absorbiert wird, ist eine der wichtigsten Informationsquellen der astronomischen Forschung. Deshalb sollen im Folgenden auch einige damit im Zusammenhang stehende Fragen im Detail behandelt werden.

Das Wasserstoffatom ist das einfachste Beispiel für ein quantenmechanisches System, in dem sich ein negativ geladenes Elektron in einem zentralsymmetrischen elektrischen Feld eines elektrisch positiv geladenen Kerns, der hier nur aus einem Proton p besteht, aufhält. Es muss der zeitunabhängigen Schrödinger-Gleichung genügen, die unter Verwendung des Hamilton-Operators $\widehat{H}$ wie folgt geschrieben werden kann:

$$\widehat{H}\psi = E\psi, \tag{3.17}$$

wobei E die Energie und ψ die Wellenfunktion des Systems darstellt.

Um den Hamilton-Operator für das Wasserstoffatom aufschreiben zu können, muss zuerst dessen Hamilton-Funktion $H = T + V(r)$ bestimmt werden. Sie stellt bekanntlich die Summe zwischen kinetischer Energie T und der ortsabhängigen potenziellen Energie $V(r)$ dar. Diese Aufgabe ist schnell erledigt, denn bei dem elektrischen Feld, welches von einem positiv geladenen Atomkern ausgeht, handelt es sich um ein konservatives Zentralkraftfeld mit einem ortsabhängigen Potenzial – das Coulomb-Potenzial

$$V(r) = -\frac{Ze^2}{4\pi\varepsilon_0 r} \tag{3.18}$$

(Z ist für Wasserstoff = 1).

Ersetzt man nun noch im Ausdruck für die kinetische Energie des Elektrons

$$T = \frac{p^2}{2m^*} \tag{3.19}$$

den Impuls durch den Impulsoperator $\hat{p} = -i\hbar\Delta$ und die Elektronenmasse m_e durch die reduzierte Masse

$$m^* = \frac{m_e m_p}{m_e + m_p} \approx m_e\left(1 - \frac{1}{1836}\right), \tag{3.20}$$

dann ergibt sich der Hamilton-Operator des Wasserstoffatoms zu

$$\widehat{H} = -\frac{\hbar^2}{2m^*}\Delta - \frac{Ze^2}{4\pi\varepsilon_0 r} \qquad (3.21)$$

Δ ist der Laplace-Operator, der hier aufgrund der Zentralsymmetrie des Problems in Kugelkoordinaten aufzuschreiben ist. Die Verwendung der reduzierten Masse m^* anstatt der Elektronenmasse m_e ist trotz $m_e \ll m_p \equiv 1836\, m_e$ notwendig, denn sie erlaubt die Erfassung der Unterschiede in den Spektren von Wasserstoff und Deuterium, die sich bereits bei mittlerer spektraler Auflösung klar erkennen lassen.

Mit Gl. 3.21 kann nun die Schrödinger-Gleichung für das Wasserstoffatom wie folgt aufgeschrieben werden:

$$\left[-\frac{\hbar^2}{2m^*}\Delta - \frac{Ze^2}{4\pi\varepsilon_0 r} - E\right]\psi(r) = 0 \qquad (3.22)$$

Diese Differenzialgleichung lässt sich bei Einführung von Kugelkoordinaten über einen Separationsansatz exakt analytisch lösen, wobei die Lösungen aus einem radialen Anteil und einem winkelabhängigen Anteil bestehen:

$$\psi(r,\vartheta,\varphi) = R_{nl}(r)Y_{lm_l}(\vartheta,\varphi) \qquad (3.23)$$

Die Y_{lm} stellen dabei sogenannte Kugelflächenfunktionen dar und die Indizes n, l und m_l sind die bereits aus dem Bohr-Sommerfeld'schen Atommodell bekannten Quantenzahlen (eine Auflistung der radialen und winkelabhängigen Wellen-

Tab. 3.1 Normierte radiale Wellenfunktion R_{nl} für ein Elektron im Wasserstoffatom

n	l	R_{nl}
1	0	$2Ne^{-x}$
2	0	$2Ne^{-x}(1-x)$
2	1	$\frac{2}{\sqrt{3}}Ne^{-x}x$
3	0	$2Ne^{-x}\left(1-2x+\frac{2x^2}{3}\right)$
3	1	$\frac{2}{3}\sqrt{2}Ne^{-x}x(2-x)$
3	2	$\frac{4}{3\sqrt{10}}Ne^{-x}x^2$
4	0	$2Ne^{-x}\left(1-3x+2x^2-\frac{x^3}{3}\right)$
4	1	$2\sqrt{\frac{5}{3}}Ne^{-x}x\left(1-x+\frac{x^2}{5}\right)$
4	2	$2\sqrt{\frac{1}{5}}Ne^{-x}x^2\left(1-\frac{x}{3}\right)$
4	3	$\frac{2}{3\sqrt{35}}Ne^{-x}x^3$

$N = \left(\frac{Z}{na_0}\right)^{3/2}$, $x = \frac{Zr}{na_0}$, $a_0 =$ Bohrscher Atomradius $= 0{,}529 \cdot 10^{-10}$ m

Tab. 3.2 Winkelabhängiger Teil Y_{lm_l} der Wasserstoffwellenfunktion

l	m_l	Y_{lm_l}
0	0	$\frac{1}{2\sqrt{\pi}}$
1	± 1	$\mp \frac{1}{2}\sqrt{\frac{3}{2\pi}} \sin\vartheta\, e^{\pm i\varphi}$
1	0	$\frac{1}{2}\sqrt{\frac{3}{\pi}} \cos\vartheta$
2	± 2	$\frac{1}{4}\sqrt{\frac{15}{2\pi}} \sin^2\vartheta\, e^{\pm 2i\varphi}$
2	± 1	$\mp \frac{1}{2}\sqrt{\frac{15}{2\pi}} \cos\vartheta \sin\vartheta\, e^{\pm i\varphi}$
2	0	$\frac{1}{4}\sqrt{\frac{5}{\pi}} (3\cos^2\vartheta - 1)$
3	± 3	$\mp \frac{1}{8}\sqrt{\frac{35}{\pi}} \sin^3\vartheta\, e^{\pm 3i\varphi}$
3	± 2	$\frac{1}{4}\sqrt{\frac{105}{2\pi}} \cos\vartheta \sin^2\vartheta\, e^{\pm 2i\varphi}$
3	± 1	$\mp \frac{1}{8}\sqrt{\frac{21}{\pi}} \sin\vartheta (5\cos^2\vartheta - 1) e^{\pm i\varphi}$
3	0	$\frac{1}{4}\sqrt{\frac{7}{\pi}} (5\cos^3\vartheta - 3\cos\vartheta)$

funktion für verschiedene Quantenzahlen finden Sie in Tab. 3.1 und Tab. 3.2). Die Spinquantenzahl s kann jedoch nicht aus Gl. 3.17 deduziert werden, weshalb sie auch in der Lösungsmannigfaltigkeit fehlt. Sie muss, möchte man sie bei der Berechnung der Feinstruktur des Wasserstoffspektrums berücksichtigen, quasi explizit eingeführt werden mit dem Resultat, dass sie die genannte Lösungsmenge verdoppelt. Die natürliche Berücksichtigung des Spins als fundamentale Eigenschaft der Elementarteilchen findet jedoch erst in der speziell-relativistischen Dirac-Gleichung statt.

Das normierte Quadrat der Funktion Gl. 3.23 gibt die Wahrscheinlichkeit an, das Elektron in dem durch die Quantenzahlen n, l und m_l angegebenen Zustand an der Position r, ϑ, φ relativ zum Atomkern ($r = 0$) aufzufinden. Man nutzt dazu aus, dass man $|\psi(r, \vartheta, \varphi)|^2$ in Form einer Wahrscheinlichkeitsdichte grafisch darstellen kann. Man erhält dann für jede Kombination der Quantenzahlen n, l und m_l eine andere Form der Raumbereiche um den Atomkern, in dem sich mit einer gewissen Wahrscheinlichkeit (i. d. R. dargestellt durch Graustufen) das Elektron aufhält (s. Abb. 3.4).

Wie Gl. 3.23 zeigt, hängt die Radialwellenfunktion lediglich von der Hauptquantenzahl n und der mit dem Bahndrehimpuls verknüpften Nebenquantenzahl l ab. Im Grundzustand $n = 0$, $l = 0$ entspricht das Maximum ihrer Wahrscheinlichkeitsdichte dem Radius der 1. Elektronenbahn im Bohrschen Atommodell (s. Gl. 3.9 und Abb. 3.5). Weiter erhält man daraus einen geschlossenen Ausdruck für die Energieeigenwerte E_n des Wasserstoffatoms
die zu Gl. 3.10 äquivalent ist.

$$E_n = -\left(\frac{1}{4\pi\varepsilon_0}\right)^2 \frac{Z^2 e^4 m^*}{2\hbar^2} \frac{1}{n^2},$$

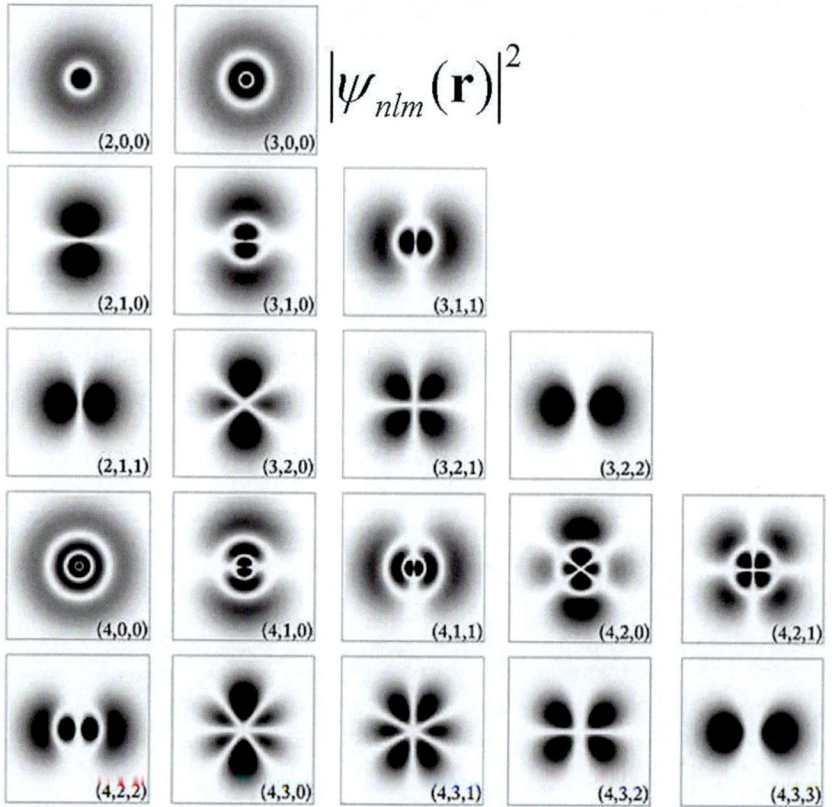

Abb. 3.4 Darstellung der Wahrscheinlichkeitsdichte für verschiedene Elektronenzustände des Wasserstoffatoms

Bildet man die Differenz zwischen zwei Zuständen unterschiedlicher Energie, dann erhält man die wohlbekannte Rydberg-Formel Gl. 3.13, die hier zur Abwechslung einmal in der „Frequenzdarstellung" aufgeschrieben werden soll:

$$\nu_{nm} = -\frac{m^* e^4}{(4\pi\hbar)^3 \varepsilon_0^2}\left(\frac{1}{n^2} - \frac{1}{m^2}\right), \tag{3.24}$$

wobei der konstante Vorfaktor den Wert $3,2898 \cdot 10^{15}$ Hz besitzt und als Rydberg-Frequenz bezeichnet wird.

Die räumliche Gestalt der Wahrscheinlichkeitsdichte des Elektrons im Wasserstoffatom wird im Wesentlichen von dem winkelabhängigen Teil der Lösung Gl. 3.23 bestimmt, die sich mittels der Quantenzahlen l und m_l „katalogisieren" lassen. In der Spektralnomenklatur haben sich zur Kennzeichnung der Neben-

3.1 Physikalische Grundlagen der Spektroskopie

Abb. 3.5 Betragsquadrat des radialen Anteils der Wellenfunktion des Wasserstoffatoms für verschiedene Elektronenzustände

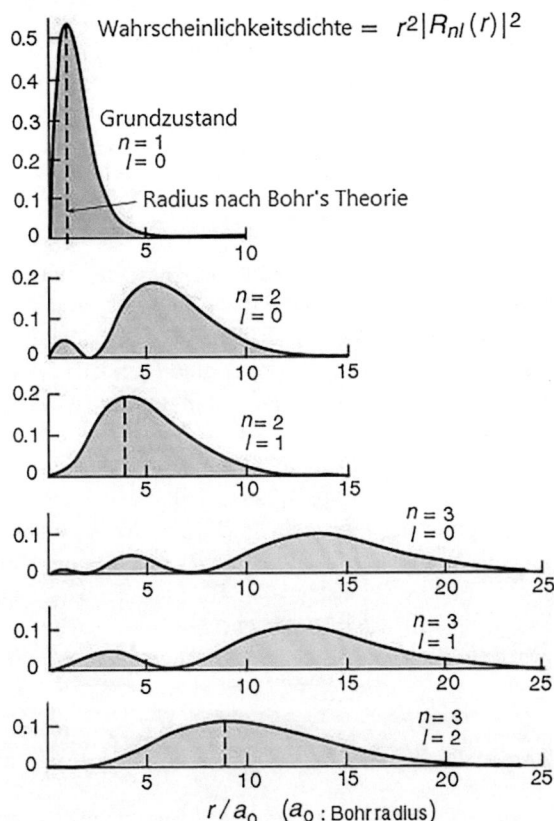

quantenzahl l folgende Kleinbuchstaben eingebürgert, die in Kombination mit einer Hauptquantenzahl n einen ganz bestimmten Elektronenzustand (Orbital) kurz und prägnant beschreiben:

s	$l = 0$	Sharp
p	$l = 1$	Principal
d	$l = 2$	Diffuse
f	$l = 3$	Fundamental
g	$l = 4$	–

Die Begriffe *sharp, principal* usw. stammen ursprünglich aus der Spektroskopie der Alkalimetalle und haben dort das Aussehen bestimmter Spektrallinien beschrieben.

Auch für den Betrag der magnetischen Quantenzahl $|m_l|$ hat man spezielle Bezeichnungen in Form von kleingeschriebenen griechischen Buchstaben eingeführt:

$|m_l|$	Zustand
0	σ
1	π
2	δ
3	φ
4	γ

Daraus hat sich eine Notation zur Beschreibung bestimmter Elektronenkonfigurationen entwickelt, die oft als Spektralterme bezeichnet wird und besonders in Mehrelektronensystemen von Bedeutung ist.

Bei der Behandlung der grundlegenden Strahlungsvorgänge im Rahmen des Bohr-Sommerfeld'schen Atommodells wurden bereits die grundlegenden Spektralserien des atomaren Wasserstoffs und ihre Darstellung in einem Termschema erwähnt. Die Spektrallinien entstehen dabei durch Elektronenübergänge zwischen Termen unterschiedlicher Energie, die gemäß Gl. 3.10 nur von der Hauptquantenzahl n abhängen. Die Nebenquantenzahl l und die magnetische Quantenzahl m_l spielen hierbei erst einmal keine Rolle, da sich die durch sie bedingten Elektronenzustände in Bezug auf einen zugehörigen n-Wert durch eine Energiemessung nicht unterscheiden lassen. Oder anders ausgedrückt, zu jedem Energieniveau E_n existieren entsprechend dem Wertevorrat von l und m_l

$$\sum_{l=0}^{n-1} (2l + 1) = n^2 \tag{3.25}$$

Eigenzustände. Man sagt auch, das Energieniveau mit der Hauptquantenzahl n ist $(n^2 - 1)$-fach entartet. Dieser Sachverhalt ist jedoch exakt nur für das Wasserstoffatom und mit sehr großer Näherung für wasserstoffähnliche Ionen erfüllt. Diese Entartung ist bei genauer Betrachtung ein nicht-relativistisches Phänomen, das bei einer relativistischen Behandlung des Wasserstoffatoms verschwindet, da hierbei der Elektronenspin (ausgedrückt durch die Spinquantenzahl s) berücksichtigt werden muss.

In Mehrelektronensystemen bestimmt nicht nur der positiv geladene Kern das Potenzialfeld, in dem sich die Elektronen bewegen, sondern auch die negativ geladenen Elektronen modifizieren dieses Feld. Dadurch kann die Entartung der Energieniveaus teilweise aufgehoben werden und die Energiezustände zeigen eine Abhängigkeit von der Nebenquantenzahl l.

Für astronomische Anwendungen ist wichtiger die Aufhebung der Entartung durch äußere magnetische und elektrische Felder. Bei ihrer Anwesenheit kommt es zu einer bei entsprechend hoher spektraler Auflösung gut messbaren Linienaufspaltung, die man im Fall von magnetischen Feldern „Zeeman-Effekt" und im Fall von elektrischen Feldern „Stark-Effekt" nennt. Damit gelangen wir zum Thema der Feinstruktur von Spektrallinien (Tab. 3.3).

3.1 Physikalische Grundlagen der Spektroskopie

Tab. 3.3 Linienserien des atomaren Wasserstoffs. Die Übergänge zu den untersten Niveaus bilden Linienserien, die jeweils mit einem eigenen Namen versehen sind. Für die Astrophysik sind besonders die Lyman-Serie im ultravioletten und die Balmer-Serie im sichtbaren Spektralbereich von Bedeutung. Serien mit $n > 2$ findet man in Absorption bei einigen weichen Röntgenquellen und in Infrarotspektren von Supernovaausbrüchen wie z. B. SN 1987 A

n	Name	Bezeichner	Spektralbereich	Wellenlängenbereich [nm]
1	Lyman-Serie	Ly	UV	121,5–91,2
2	Balmer-Serie	H	Sichtbar	656,3–364,6
3	Paschen-Serie	P	IR	1875,1–820,4
4	Brackett-Serie	Br	IR	4051,1–1458,4
5	Pfund-Serie	Pf	IR	7457,7–2278,8
6	Humphreys-Serie	Hu	IR	12368,4–3281,4

3.1.2.1 Feinstruktur der Spektrallinien

Bei der Untersuchung der Feinstruktur der Balmer-Linien mit Interferenzspektroskopen fanden Albert A. Michelson und Edward Williams Morley (1838–1923) heraus, dass die Balmer-Linien nicht einfach sind (d. h., sie bestehen nicht aus jeweils nur einer Linie), sondern eine Feinstruktur besitzen. Die Balmer-Linien wurden von ihnen zunächst als enge Doppellinien erkannt, sogenannte Dubletts im Unterschied zu Singuletts. Später fand man heraus, dass die Verhältnisse noch komplizierter sind, d. h., es gibt neben der Feinstruktur von Spektrallinien noch eine Hyperfeinstruktur, die nochmals etwa um den Faktor 2000 kleiner ist als die gewöhnliche Feinstrukturaufspaltung.

Eine Feinstrukturaufspaltung tritt bei fast allen Spektrallinien auf. Sie stellt einen relativistischen Effekt dar, bei dem der Elektronenspin maßgeblich beteiligt ist. Man kann sie daher exakt nur aus der speziell-relativistischen Dirac-Gleichung ableiten. Im nichtrelativistischen Atommodell – ob nun als Lösung der Schrödinger-Gleichung oder semiklassisch im Bohr-Sommerfeld'schen Atommodell – lässt sie sich nur in Form spezieller Korrekturen erfassen, die die sogenannte Spin-Bahn-Kopplung des Elektrons (s. Abschn. 3.1.5) sowie die speziell-relativistischen Abweichungen der potenziellen und kinetischen Energie betreffen.

Es gibt verschiedene Möglichkeiten, wie der Elektronenspin mit anderen Quellen des Drehimpulses in einem Atom wechselwirkt. Die wichtigste davon ist die Wechselwirkung des Elektronenspins (dargestellt durch den Vektor s) mit dem Bahndrehimpuls l, d. h. die bereits kurz erwähnte „Spin-Bahn-Kopplung". Der resultierende Drehimpuls ergibt sich in diesem Fall aus der vektoriellen Addition dieser beiden Größen und wird im Folgenden mit j bezeichnet:

$$j = l + s \qquad (3.26)$$

Berücksichtigt man jetzt noch den Kernspin i, dann ergibt sich für den Gesamtdrehimpuls f des Atoms:

$$f = j + i \qquad (3.27)$$

Nun ist es so, dass quantenmechanische Drehimpulse nicht beliebige Werte annehmen können. Bei einem Einelektronensystem sind beispielsweise für den Drehimpuls j nur die Werte $|j| = \sqrt{j(j+1)}\hbar$ mit $j = |l \pm s|$ erlaubt. Das führt im Fall des Wasserstoffatoms zu folgender Aufsplittung der nl-Orbitale:

Elektronenkonfiguration	l	s	j	Niveau
ns	0	$\frac{1}{2}$	$\frac{1}{2}$	$ns_{\frac{1}{2}}$
np	1	$\frac{1}{2}$	$\frac{1}{2}, \frac{3}{2}$	$np_{\frac{1}{2}}, np_{\frac{3}{2}}$
nd	2	$\frac{1}{2}$	$\frac{3}{2}, \frac{5}{2}$	$np_{\frac{3}{2}}, np_{\frac{5}{2}}$
nf	3	$\frac{1}{2}$	$\frac{5}{2}, \frac{7}{2}$	$np_{\frac{5}{2}}, np_{\frac{7}{2}}$

Danach besitzen alle Terme des Wasserstoffatoms mit Ausnahme der s-Orbitale Dublettcharakter (Abb. 3.6).

Die eigentlichen Energiekorrekturen von Gl. 3.10 lassen sich im Fall von Wasserstoff in einer geschlossenen Formel angeben, wobei $\alpha = 7{,}297 \cdot 10^{-3}$ die dimensionslose Sommerfeldsche Feinstrukturkonstante ist:

$$\Delta E_{FS} = E_n \left[\frac{\alpha^2}{n} \left(\frac{1}{j+0{,}5} - \frac{3}{4n} \right) \right] \tag{3.28}$$

(ohne Berücksichtigung des Kernspins).

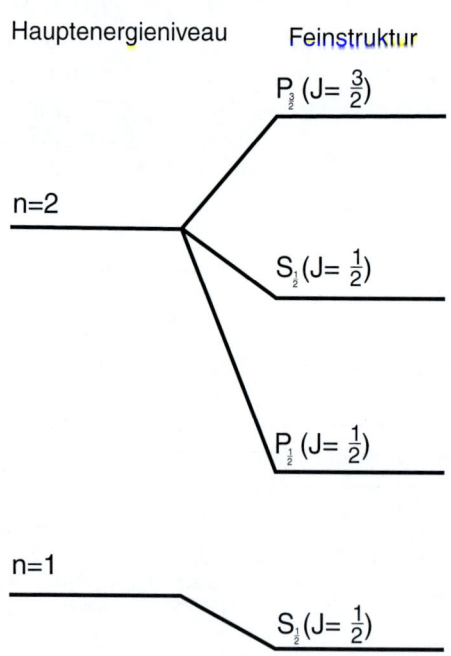

Abb. 3.6 Feinstrukturaufspaltung der Hauptniveaus $n = 1$ und $n = 2$ des Wasserstoffatoms

Bei astronomischen Anwendungen wird der Effekt der Feinstrukturaufspaltung in der Regel durch andere Effekte, wie beispielsweise die Druckverbreiterung der Spektrallinien, überdeckt und hat damit zumindest bei Untersuchungen im optischen und infraroten Spektralbereich nur eine geringe Bedeutung. Ausnahmen bilden Sterne und Mehrfachsterne mit starken inhärenten Magnetfeldern, in deren Spektren der Zeeman-Effekt nachweisbar ist und der somit den Nachweis und die Messung derartiger Magnetfelder ermöglicht.

Bei der Untersuchung der Verteilung von neutralem Wasserstoff im kosmischen Raum hat hingegen ein weiterer Effekt eine herausragende Bedeutung erlangt. Es handelt sich um die Hyperfeinstrukturaufspaltung des $1s_{1/2}$-Zustandes im Wasserstoffatom, die bekanntlich zur Emission der 21 cm-Radiowellenstrahlung führt, welche sich radioastronomisch sehr leicht beobachten lässt. Hier kommt Gl. 3.27 ins Spiel. Die mit dem Vektor f assoziierte Quantenzahl f kann im Wasserstoffatom nur die Werte

$$f = j \pm \frac{1}{2} \tag{3.29}$$

annehmen. Im Grundzustand $1s_{1/2}$ ist $j = 1/2$, was nach Gl. 3.29 bedeutet, dass f die Werte 0 oder 1 annehmen kann. Aufgrund magnetischer Effekte zwischen dem Kernspin und dem Elektronenspin ergibt sich eine Energiedifferenz zwischen den beiden sich ergebenden Subniveaus von $6 \cdot 10^{-6}$ eV, was einer Strahlungsfrequenz von 1420,406 MHz und damit einer Wellenlänge von 21 cm entspricht. Diese Energiedifferenz wurde 1944 von Hendrik Christoffel van de Hulst (1918–2000) berechnet. Anfang der 1950er-Jahre erkannte man schließlich die Bedeutung dieser Radioemission für die Astronomie, da sie die Kartierung des ansonsten nicht nachweisbaren atomaren Wasserstoffs in der Milchstraße erlaubte.

Anschaulich bedeutet $f = 1$, dass der Kernspin und der Elektronenspin parallel ausgerichtet sind. Erfolgt ein Spin-Flip, dann wird die Energiedifferenz dieser beiden unterschiedlichen Zustände als Radioquant mit $\lambda = 21,1061$ cm abgestrahlt (die Anregung erfolgt ausschließlich durch Stöße). Aufgrund der extrem geringen Übergangswahrscheinlichkeit, die in der Größenordnung von $10^{-15} \mathrm{s}^{-1}$ liegt, kann man mit einer spontanen „Abregung" für ein individuelles Atom erst nach $\approx$ 10 Millionen Jahren rechnen. Der Grund dafür ist, dass die Nebenquantenzahl für beide Energieniveaus $l = 0$ ist und nach den quantenmechanischen Auswahlregeln elektrische Dipolübergänge nur zwischen Zuständen mit unterschiedlichen Werten der Nebenquantenzahl l erlaubt sind. Hier handelt es sich dagegen um einen äußerst unwahrscheinlichen magnetischen Dipolübergang.[2] Erst die enorme Anzahl von neutralen Wasserstoffatomen in kosmischen Wolken lässt die 21-cm-Strahlung zu einem leicht messbaren Strahlungsfluss anwachsen. Für Astronomen sind insbesonders die Linienprofile dieser Radioemission von Interesse, da sie In-

---

[2] Man spricht hier auch von einem „verbotenen" Übergang. Darunter versteht man aus historischen Gründen ganz allgemein Übergänge, die quantenmechanische Auswahlregeln verletzen und zu Zuständen außergewöhnlich hoher Lebensdauer führen.

formationen über die Verteilungsowie über den Bewegungszustand (Doppler-Effekt) der emittierenden Wasserstoffwolken liefern.

Wie man an diesem Hyperfeinstrukturübergang sehen kann, sind nicht alle denkbaren Übergänge zwischen Feinstrukturniveaus unterschiedlicher Hauptquantenzahl n möglich. Sie werden durch sogenannte „Auswahlregeln" eingeschränkt, die sich vollständig aus dem quantenmechanischen Formalismus ergeben.

3.1.2.2 Isotopieeffekte

Der Einfluss der Masse des Atomkerns auf die Elektronenzustände und darüber wiederum auf die Wellenlänge der vom Atom emittierten Strahlung wird in der Spektroskopie als *isotopic shift* bezeichnet. Dieser Sachverhalt lässt sich relativ berücksichtigen, indem man in den Formalismus die reduzierte Masse Gl. 3.20 einführt. Astronomisch spielen von den drei möglichen Wasserstoffisotopen nur der „normale" Wasserstoff H mit der Kernmasse $M_H = 1836,1\, m_e$ und der „schwere" Wasserstoff Deuterium D mit der Kernmasse $M_D = 3670,4\, m_e$ eine Rolle, da sie im Gegensatz zum Tritium stabil sind. Wie man Gl. 3.15 entnehmen kann, lässt sich dieser Isotopieeffekt leicht durch eine Korrektur der Rydberg-Konstanten in der Form

$$R_D = \frac{R_\infty}{1,00027}$$

berücksichtigen. Für den H_α-Übergang zwischen $n=2$ und $n=3$ ergibt sich z. B. für „normalen" Wasserstoff eine Wellenlänge von 656,3 nm und für Deuterium 656,5 nm.

Bei den leichteren Elementen ist der Isotopieeffekt so groß, dass er bei astronomischen Quellen gemessen werden kann. Das trifft insbesondere auf den schweren Wasserstoff D zu, dessen Mengenverhältnis zum „normalen" Wasserstoff H von überragender kosmologischer Bedeutung ist. Er führt in die Zeit der primordialen Elementesynthese zurück, wo innerhalb einer kurzen Zeitspanne von wenigen Minuten neben Deuterium auch die Isotope ^{3}He, ^{4}He und ^{7}Li entstanden sind. Die Bestimmung ihrer gegenwärtigen kosmischen Häufigkeit stellt eine besonders wichtige empirische Säule der modernen Kosmologie und ihres Standardmodells (Big Bang) dar.

Da der Isotopieeffekt mit steigender Kernmasse schnell abnimmt, ist er im Labor spektroskopisch nur bis etwa zu Elementen der Ordnungszahl $Z = 30$ (Zn) nachweisbar. Isotope, die in Moleküle eingebaut sind, lassen sich dagegen viel einfacher und genauer spektroskopisch detektieren, da sie einen viel stärkeren Einfluss auf die rotations- und schwingungsbedingten Molekülspektren haben als die reduzierte Masse auf die Energieniveaus eines Einzelatoms.

Bei Atomen mit sehr großen Kernladungszahlen (z. B. $Z \geq 70$) machen sich im Spektrum Effekte bemerkbar, die mit der endlichen Ausdehnung ihrer Atomkerne zu tun haben, die sich nun nicht mehr als reine Punktladungen idealisieren lassen. In diesem Fall kommt es zu Störungen der Orbitale mit $l = 0$ (s-Orbitale), da deren Wellenfunktion im Kernbereich nicht verschwindet. Das hat Auswirkungen insbesondere auf Absorptions- und Emissionsvorgänge, die mit s-Orbitalen hoher Hauptquantenzahl n (beispielsweise $6s^2$ bei Hg^+) assoziiert sind. Dort führen Isotopieeffekte der beschriebenen Art zu Linienverschiebungen im Bereich von einigen 0,01 nm. Kann man sie auflösen, lassen sich damit Isotopenverhältnisse entsprechend schwerer Elemente – wenn oft auch mit größeren Schwierigkeiten – spektroskopisch ermitteln.

3.1.3 Spektren der Alkalimetalle

Die Alkalimetalle (das sind die Elemente der ersten Hauptgruppe im Periodensystem ^3Li, ^{11}Na, ^{19}Ka, ^{37}Rb, ^{55}Cs und ^{87}Fr) zeichnen sich dadurch aus, dass sich in ihrer äußersten Hülle nur ein Elektron aufhält, welches man oft – da es im Wesentlichen für das Zustandekommen der Spektrallinien im optischen Spektralbereich verantwortlich ist – als „Leuchtelektron" bezeichnet. Es verhält sich bei Anregung annähernd wie das Elektron im Wasserstoffatom, sodass es zwischen dem Wasserstoffspektrum und den Alkalispektren große Ähnlichkeiten gibt. Der Grund dafür ist, dass alle diese Elemente über eine oder mehrere abgeschlossene Elektronenschalen verfügen, welche die Kernladung ziemlich effektiv bis auf eine Elementarladung abschirmen. Dieser „innere" Bereich mit seinen abgeschlossenen Elektronenschalen wird gewöhnlich als „Atomrumpf" bezeichnet. Das einzelne Leuchtelektron in der äußeren „Valenzschale" (sie ist für die chemische Bindung ganz wesentlich, deshalb der Name) „bewegt" sich quasi im effektiven Coulomb-Feld dieses Atomrumpfes – ähnlich wie sich das Elektron im Coulomb-Feld des Kerns des Wasserstoffatoms „bewegt" (um wieder einmal das Bohr-Sommerfeldsche Atommodell zu bemühen). Deshalb liefern Alkalimetalle auch Linienserien, die sich durch ähnliche Formeln wie Gl. 3.13 aufschreiben lassen. Im Gegensatz zum Wasserstoffatom lassen sich jedoch bei den Alkalimetallen die Termdifferenzen nicht mehr in der Form

$$\frac{R_H}{n^2} - \frac{R_H}{m^2}$$

mit n und m als ganze Zahlen darstellen. Das gelingt erst wieder, wenn man für jedes Element spezifische Korrekturgrößen σ und ξ einführt, welche, um es etwas moderner auszudrücken, durch die Überlappung des Valenzorbitals mit den anderen Orbitalen bedingt sind und die im Wesentlichen von der Nebenquantenzahl l abhängen:

$$\frac{R_H}{1+\sigma^2} - \frac{R_H}{1+\xi^2}$$

Diese Korrekturgrößen, früher als „Quantendefekte" bezeichnet, nehmen mit wachsender Ordnungszahl Z immer mehr zu. Das ist auch verständlich, da mit ansteigendem Z auch die Zahl der Elektronen im Atomrumpf zunimmt, die dann wiederum kollektiv zu größeren Störungen des ansonsten nur locker gebundenen Leuchtelektrons führen.

Die wichtigsten Spektralserien können dann recht gut durch folgende Gleichungen dargestellt werden:

a) Hauptserie

$$\frac{1}{\lambda} = R_H \left(\frac{1}{(1+s^*)^2} - \frac{1}{(n+p^*)^2} \right) \quad n = \{2, 3, 4, \ldots\} \tag{3.30}$$

b) 1. und 2. Nebenserie

$$\frac{1}{\lambda} = R_H \left(\frac{1}{(2+p^*)^2} - \frac{1}{(n+d^*)^2} \right) \quad n = \{3, 4, 5, \ldots\} \tag{3.31}$$

$$\frac{1}{\lambda} = R_H \left(\frac{1}{(1+p^*)^2} - \frac{1}{(n+s^*)^2} \right) \quad n = \{2, 3, 4, \ldots\} \tag{3.32}$$

c) Bergmann-Serie[3]

$$\frac{1}{\lambda} = R_H \left(\frac{1}{(3+d^*)^2} - \frac{1}{(n+f^*)^2} \right) \quad n = \{4, 5, 6, \ldots\} \tag{3.33}$$

Die 1. und 2. Nebenserien bilden eine Folge von Spektrallinien, deren Linien meist paarweise zusammenliegen. Dabei erscheint die „s"-Linie scharf und die „d"-Linie diffus. Die Linien der Hauptgruppe wurden ursprünglich von den Spektroskopikern als „Prinzipalserie" bezeichnet, was das Kürzel „p" erklärt. Obwohl sich die Deutung der Bergmann-Serie als „fundamentale" Serie als Irrtum herausstellte (man hielt sie in der damaligen Terminologie für „Grundschwingungen"), ist die Bezeichnung „f" geblieben. In den Gl. 3.30 bis 3.33 werden diese Kürzel mit Absicht mit einem „*" versehen, was darauf hinweisen soll, dass es sich hierbei um keine „echten" Quantenzahlen handelt, sondern um reelle Konstanten, die für jedes Alkalimetall einen charakteristischen Wert besitzen. Er nimmt mit wachsender Ordnungszahl Z zu (Li: $s^* = 0{,}4$, $p^* \approx 0$; Cs: $s^* = 0{,}8$, $p^* \approx 0{.}3$), wobei jedoch die d^*- und f^*-Werte erst ab dem Element Rubidium merklich von 0 abweichen. Physikalisch handelt es sich dabei um Korrekturgrößen, welche die „Störungen" der Rumpfelektronen auf das „Leuchtelektron" quantifizieren. In „echten" Einelektronensystemen wie H I, D I, He II, Li III etc. liegen diese Korrekturen bei 0, und es gilt der spektroskopische Verschiebungssatz: Die Spektralserie eines Ions der Ordnungszahl Z und vom Ionisationsgrad k ist im Wesentlichen analog zur Spektralserie des Ions vom Ionisationsgrad $k+1$ und der Ordnungszahl $Z+1$.

---

[3] Die Bergmann-Serie ist nach Arno Bergmann (1882–1960) benannt, der sie im Jahre 1907 im Rahmen seiner Dissertation entdeckte. Was weniger bekannt ist, hier aber unbedingt Erwähnung finden soll – Arno Bergmann war auch ein berühmter Entomologe, der sich mit großer Akribie der Erforschung der Schmetterlinge Thüringens gewidmet hat.

Die „Wasserstoffähnlichkeit" der Alkalispektren erkennt man auch dann, wenn man in den Serienformeln Gl. 3.30 bis 3.33 die Korrekturgrößen gegen null gehen lässt. Sie gehen dann in die bekannte Serienformel des Wasserstoffs über: Die Hauptserie entspricht somit der Lyman-Serie, die 1. und 2. Nebenserie der Balmer-Serie und die Bergmann-Serie der Paschen-Serie.

Von Henry Norris Russell und Frederick Albert Saunders (1875–1963) stammt eine kurze und prägnante Schreibweise für die in Gl. 3.30 bis 3.33 enthaltenen Terme. Die „effektive Quantenzahl", die sich aus der Nebenquantenzahl l und dem dazugehörigen Korrekturwert ergibt, wird durch den Buchstabenbezeichner der Nebenquantenzahl (z. B. s, p, d, f, …), nur diesmal in Großbuchstaben (also S, P, D, F, …) geschrieben, bezeichnet. Davor wird noch die „Laufzahl" des entsprechenden Terms geschrieben, sodass sich folgende Bezeichnungsweise für die Spektralserien Gl. 3.30 bis 3.33 ergibt:

$$1S - nP \tag{3.34}$$

$$2P - nD$$

$$1P - nS$$

$$3D - nF$$

Diese Schreibweise wird mit einigen Ergänzungen auch heute noch zur kurzen und prägnanten Bezeichnung atomarer Elektronenzustände verwendet (Abb. 3.7).

Zum Abschluss sei noch auf eine andere wichtige Eigenschaft der Alkaliatome hingewiesen. Da das Valenzelektron relativ schwach am Atomrumpf gebunden ist, kann es leicht aus dem Atomverbund gelöst werden. Das bedeutet, dass sich

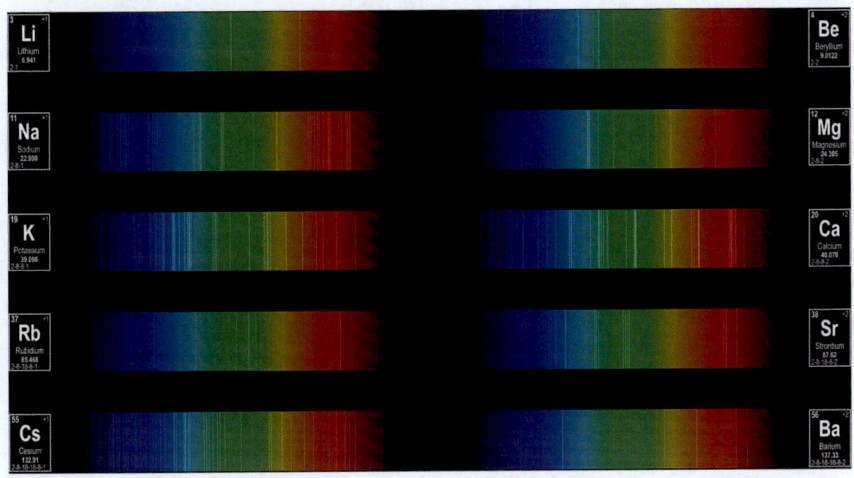

Abb. 3.7 Emissionslinienspektren der Alkalimetalle. (Wikimedia)

Alkaliatome ausgesprochen leicht einfach ionisieren lassen. Eine zweifache Ionisation erfordert dagegen einen im Vergleich dazu bedeutend höheren Energieaufwand.

3.1.4 Elektronenkonfiguration von Ionen

Wenn ein Atom in seiner Gesamtheit nicht mehr elektrisch neutral ist, dann bezeichnet man es bekanntlich als Ion. Im Gegensatz zur Chemie spielen in der stellaren Astrophysik Ionen mit negativer Überschussladung – sogenannte Anionen – nur eine untergeordnete Rolle. Eine Ausnahme ist das Wasserstoff-Anion H^-, welches einen äußerst wichtigen Beitrag zur Opazität der Sternmaterie kühler Sterne bis hin zur Sonne leistet. Kationen sind dagegen Atome, welche Elektronen abgegeben haben und die dadurch eine positive Überschussladung besitzen.

Atome (und Moleküle) können durch eine Vielzahl von Prozessen ionisiert werden. Von besonders großer Bedeutung ist dabei die Stoßionisation, bei der Elektronen bei inelastischen Stößen mit anderen Atomen oder Ionen (aber auch einzelnen Elementarteilchen) aus dem Atomverbund herausgelöst werden. Ist dabei der Stoßpartner ein entsprechend energiereiches Photon, dann spricht man in diesem speziellen Fall von einer Photoionisation. Die Energie, die bei solch einem Ionisationsvorgang vom Stoßpartner aufzubringen ist, muss größer oder gleich der Ionisationsenergie des herauszulösenden Elektrons sein. Das ist die Bedingung für einen sogenannten „Gebunden-frei-Übergang".

Wenn zwei Atome bzw. Ionen unterschiedlicher Kernladungszahl Z die gleiche Elektronenkonfiguration aufweisen (was ja durch einen Ionisationsvorgang erreicht werden kann), dann spricht man von isoelektronischen Elektronenkonfigurationen. Beispielsweise besitzen das zweifach ionisierte Beryllium Be^{++} und das neutrale Helium He die gleiche Elektronenkonfiguration $1s^2$, was ihre Spektren ähnlich macht. Ganz allgemein gilt, dass (zumindest für Atome mit kleinem Z) isoelektronische Atome und Ionen sehr ähnliche Spektren besitzen, da sie sich nicht in ihrer Elektronenkonfiguration, sondern hauptsächlich in ihrer effektiven Kernladung unterscheiden. So besitzen die wasserstoffartigen Ionen He^+, Li^{++} und Be^{3+} auch wasserstoffähnliche Spektren. Genauso findet man Ähnlichkeiten zwischen dem neutralen Helium und den Ionen Li^+, Be^{++} und B^{3+}, die deshalb auch als heliumartige Ionen bezeichnet werden. Diese Reihe lässt sich natürlich fortsetzen. Allen ist gemeinsam, dass sich die äußeren Elektronen jeweils in einem elektrischen Feld der effektiven Ladung $Z_{eff} = Z - N - 1$ bewegen, wobei $N < Z$ die Anzahl der Elektronen im Ion ist. Die Energieniveaus und damit auch die Übergangsfrequenzen verschieben sich proportional zur Größe Z_{eff}^2. Deshalb machen sich Unterschiede besonders in den Spektren komplexerer Ionen bemerkbar.

Die allermeisten Absorptionslinien in den Spektren der Sterne entstehen bei Übergängen teilionisierter Atome. Welcher Anteil sich davon bei einer gegebenen Temperatur T in einem bestimmten Ionisationszustand befindet, wird durch die Saha-Gleichung beschrieben.

3.1.5 Atome mit mehreren Elektronen

Die quantenmechanische Beschreibung von Atomen mit mehreren Elektronen ist komplizierter, da man dabei die Wechselwirkung der Elektronen untereinander in der Elektronenhülle des Atoms berücksichtigen muss. Das führt zu einigen neuen Effekten und zu im Vergleich zum Wasserstoffatom sehr komplexen Termdiagrammen. Unter Berücksichtigung des Pauli-Prinzips (nach dem in einem Atom keine zwei Elektronen in ihren Quantenzahlen übereinstimmen dürfen) ergibt sich darüber hinaus aus einer eingehenden Analyse der Elektronenhülle von neutralen Atomen unterschiedlicher Kernladungszahl Z eine natürliche Erklärung des Periodensystems der Elemente und wie sich darin bestimmte chemische Eigenschaften von Element zu Element verändern. Die Quantentheorie der Atomhülle bildet deshalb die theoretische Grundlage der Chemie.

Genauso wie im Wasserstoffatom kann der Zustand eines Elektrons in einem Atom mit mehreren Elektronen durch die Quantenzahlen n, l, m_l und s eindeutig festgelegt werden. Da jetzt aber aufgrund der erweiterten Kombinationsmöglichkeiten der Bahn- und Eigendrehimpulse der Elektronen der Drehimpulszustand des Gesamtatoms komplexer wird (s. Abschn. 3.1.5.1), werden auch die Energieeigenwerte subtiler von der Kombination dieser Größen abhängen. Insbesondere lassen sich keine allgemeinen Seriengesetze mehr angeben, wenn das Atom mehr als ein Valenzelektron besitzt. Dabei versteht man unter Valenzelektronen die Elektronen, die sich in den äußersten Orbitalen des Atoms aufhalten. Sie haben gewöhnlich als „Bindungselektronen" eine große Bedeutung bei der Ausbildung von kovalenten chemischen Bindungen zwischen verschiedenen Atomen.

Je nachdem, wie viele Valenzelektronen ein Atom besitzt, spricht man von Zwei-, Drei- oder Vierelektronensystemen (bis hin zum Achtelektronensystem). Die Anzahl der Valenzelektronen korrespondiert dabei mit der Gruppennummer des entsprechenden neutralen Atoms im Periodensystem der Elemente. Alle in einer waagerechten Reihe angeordneten Elemente gehören dagegen zu jeweils einer Periode, da sich die Veränderung der chemischen Eigenschaften in jeder dieser Reihen in etwa gleicher oder ähnlicher Weise wiederholt. Diese Gesetzmäßigkeit wurde von Dimitri Iwanowitsch Mendelejew (1834–1907) – der bekanntlich unabhängig von Julius Lothar Meyer (1830–1895) das Periodensystem entwickelt hat – ausgenutzt, um damals noch unbekannte Elemente und deren Eigenschaften vorherzusagen.

Das Periodensystem der Elemente beruht im Wesentlichen auf drei quantenmechanischen Prinzipien, die für die Anordnung der Elektronen in einem Atom der Kernladungszahl (= Ordnungszahl) Z verantwortlich sind. Neben den bereits behandelten Beziehungen zwischen den Quantenzahlen n, l, m_l und s gehören dazu das Pauli-Prinzip und die sich daraus ergebenden vier Hund'schen Regeln.

Das Pauli-Prinzip besagt im Fall eines Atoms:
In der Atomhülle existieren nur solche Energiezustände, in denen sich die Elektronen in mindestens einer ihrer Quantenzahlen n, l, m_l und s unterscheiden.

In der verallgemeinerten Formulierung der modernen Quantenmechanik besagt dieses Prinzip, dass die Wellenfunktion eines Quantensystems in Bezug auf Vertauschung von identischen Fermionen (d. h. der Elementarteilchen, die einen halbzahligen Spin besitzen) antisymmetrisch ist. Daraus folgt, dass Elektronen in einem Atom nur solche Zustände einnehmen können, bei denen sich a) ein maximaler Gesamtspin S, b) ein maximaler Bahndrehimpuls L und c) $J = L - S$ bei weniger als halb gefüllter Elektronenschale und $J = L + S$ bei mehr als halb gefüllter Elektronenschale ergibt. L, S und J sind hier im gewissen Sinn die Pendants von l, s und j für Mehrelektronensysteme. Die Großbuchstaben werden immer dann verwendet, wenn ein bestimmter energetischer Zustand des Atoms bezeichnet werden soll (s. Abschn. 3.1.5.1); die Schreibweise in Kleinbuchstaben dagegen, wenn der Energiezustand eines bestimmten Elektrons gemeint ist.

Im energetisch niedrigsten Zustand mit der Hauptquantenzahl $n = 1$ können sich demnach nur $2n^2$ Elektronen befinden. Das erklärt schon einmal sofort, warum die erste Periode nur durch genau zwei Elemente, Wasserstoff und Helium, repräsentiert wird, die wegen $l = n - 1 = 0$ nur s-Orbitale ausbilden. Bei $n = 2$ sind bereits acht Elektronenzustände möglich, welche den Elementen Lithium ($Z = 3$) bis Neon ($Z = 10$) entsprechen. Die möglichen Nebenquantenzahlen sind $l = 0$ und $l = 1$, d. h., bei diesen Elementen findet man sowohl s-als auch p-Orbitale.

Wie sehen nun die Elektronenkonfigurationen im Einzelnen aus? Ein Lithiumatom ist quasi ein Heliumatom, dem im Kern ein Proton und in der Hülle ein Elektron hinzugefügt wurde. Dieses Elektron besetzt das 2 s-Orbital, sodass man als Elektronenkonfiguration $1s^2 2s$ erhält (die Hochzahl gibt die Anzahl der Elektronen > 1 in dem jeweiligen Zustand an). Fügt man diesem Atom ein weiteres Proton und ein Elektron hinzu, dann erhält man Beryllium, dessen zusätzliches Elektron auch vom 2 s-Orbital aufgenommen wird: $1s^2 2s^2$. Bei Bor mit der Ordnungszahl $Z = 5$ wird das erste p-Orbital belegt und die daraus resultierende Elektronenkonfiguration ist $1s^2 2s^2 2p$. Bei den nächsten Elementen der zweiten Periode kommt die Hund'sche Regel ins Spiel, und zwar in der Form, dass jedes der $m_l = \{-l, \ldots, l\}$ p-Orbitale ($m_l = \{0, \pm 1\}$) zuerst halb besetzt wird. Daraus ergibt sich beispielsweise für Stickstoff ($Z = 7$) die Konfiguration $1s^2 2s^2 2p^3$ und für Sauerstoff ($Z = 8$) $1s^2 2s^2 2p^4$. Die volle Besetzung der p-Orbitale wird schließlich bei Neon ($Z = 10$) erreicht: $1s^2 2s^2 2p^6$. Neon ist bekanntlich mit acht Valenzelektronen ein Edelgas.

Der Aufbau der dritten Periode erfolgt analog der zweiten Periode, wobei es jedoch einen wesentlichen Unterschied gibt. Theoretisch könnte man annehmen, dass der Zustand $n = 3$ insgesamt 18 Elektronen aufnehmen kann. Tatsächlich sind es aber wiederum nur acht. Der Grund dafür ist, dass die Nebenquantenzahl l den Wert 2 annimmt, was bedeutet, dass die entsprechenden Atome d-Orbitale besitzen. Sie werden zwar nicht aufgefüllt, haben aber chemisch eine große Bedeutung bei der Ausbildung von Bindungen zu anderen Atomen.

Ab der vierten Periode werden die d-Orbitale nach und nach mit Elektronen gefüllt. Solange sie noch unvollständig besetzt sind oder sie Kationen mit unvollständiger d-Besetzung bilden können, spricht man von den d- oder Übergangselementen. Es handelt sich dabei u. a. um die Elemente mit $Z = 21$ (Sc) bis $Z = 27$ (Co) und $Z = 39$ (Y) bis $Z = 46$ (Pa). In dieser Zusammenstellung findet sich auch das astronomisch wichtige Eisen ($Z = 26$) mit seiner komplizierten Elektronenstruktur und den damit verbundenen spektralen Eigenschaften.

Nun noch ein paar Worte zu den Gruppen im Periodensystem. Als Hauptgruppe bezeichnet man die ersten beiden und die letzten sechs Spalten, während die anderen als Nebengruppen bezeichnet werden. Die erste Hauptgruppe bilden die Alkalimetalle (mit Ausnahme des Wasserstoffs, der unter extremen Druckbedingungen metallische Eigenschaften annehmen kann). Als zweite Hauptgruppe folgen die Erdalkalimetalle, zu denen das für die astronomische Spektroskopie so wichtige Element Kalzium ($Z = 20$) gehört. Sie besitzen außerhalb der abgeschlossenen Elektronenschalen zwei s-Elektronen. Man betrachtet sie deshalb oft als zweiwertige Ionen wie z. B. Mg^{++} und Ca^{++}. Die Elemente der dritten Hauptgruppe sind dadurch charakterisiert, dass sie genau drei Valenzelektronen besitzen. Die dazugehörigen Elemente werden als Bor-Gruppe bezeichnet. Ihr folgt die Kohlenstoffgruppe mit den wichtigen Elementen Kohlenstoff ($Z = 6$) und Silizium ($Z = 14$). Die fünfte Hauptgruppe bezeichnet man als Stickstoffgruppe und die sechste als Sauerstoffgruppe. Danach folgen die Halogene und die aufgrund ihrer abgeschlossenen Elektronenkonfiguration reaktionsträgen Edelgase.

3.1.5.1 Russell-Saunders-Kopplung

Die für Mehrelektronensysteme wichtige Frage, wie man die Bahn- und Eigendrehimpulse der Elektronen in einem Atom kombinieren muss, um den Gesamtdrehimpuls zu erhalten, wurde auf eine halbklassische Art und Weise im sogenannten Vektormodell der Atomhülle beantwortet. Dieses Modell wurde von Henry Norris Russell und Frederick Albert Saunders verwendet, um einen Formalismus zu entwickeln, der es erlaubt, die Eigen- und Bahndrehimpulse der Elektronen eines nicht zu schweren Atoms miteinander zu kombinieren. Er gilt insbesondere für Elemente im Bereich der linken oberen Ecke des Periodensystems (ungefähr bis Fe ($Z = 26$)) und wird als L/S-Kopplung bzw. als „Russell-Saunders-Kopplung" bezeichnet. Dabei finden in diesem Modell nur die Außenelektronen eines Atoms Beachtung[4], bei denen eine Kopplung zwischen den Drehimpulsen über eine einfache Vektoraddition erreicht wird. Um das Prozedere etwas verständlicher zu machen, betrachten wir unter Vernachlässigung des Spins die „Bahnen" zweier Elektronen, deren Bahndrehimpulse mit l_1 und l_2 bezeichnet werden. Ihr resultierender gesamter Bahndrehimpuls L ergibt sich dann zu

$$L = l_1 + l_2.$$

Dabei muss beachtet werden, dass der resultierende Bahndrehimpulsvektor gemäß

$$|L| = \sqrt{L(L+1)}\hbar \qquad (3.35)$$

---

[4] Für die abgeschlossenen Schalen des Atomrumpfes gelten ja entsprechend des Pauli-Prinzips $L = 0$ und $S = 0$.

gequantelt sein muss und für dessen z-Komponente

$$L_z = \{L, L-1, L-2, \ldots, -L\}\hbar \mathbf{k} = M_l \hbar \mathbf{k} \tag{3.36}$$

zu gelten hat ($\mathbf{k}$ ist der Einheitsvektor in z-Richtung und $M_l = \{0, \pm 1, \pm, \ldots, \pm L\}$). Im Fall von $l_1 + l_2 = 1$ ergeben sich dann genau die ganzen Zahlen $L = \{0, 1, 2\}$ für die möglichen Bahndrehimpulse. Für $l_1 = 2$ und $l_2 = 4$ sind folgende L-Werte möglich: $L = \{2, 3, 4, 5, 6\}$.

Für die Kombination der Eigendrehimpulse (Spin) der Elektronen sind im Prinzip die gleichen Überlegungen anzuwenden. Auch hier muss

$$|\mathbf{S}| = \sqrt{S(S+1)}\hbar \tag{3.37}$$

mit $S_z = \{S, S-1, S-2, \ldots, -S\}\hbar$ gelten, wobei sich S aus der Summe der Spinquantenzahlen der Elektronen ergibt. Bei gerader Elektronenzahl ist S offensichtlich ganzzahlig, bei ungerader Elektronenzahl halbzahlig. Ganz allgemein gilt dann für die vektorielle Kombination aus dem resultierenden Bahndrehimpuls $\mathbf{L}$ und dem resultierenden Eigendrehimpuls $\mathbf{S}$ für ein Atom mit i Außenelektronen:

$$\mathbf{L} = \sum_i \mathbf{l}_i \tag{3.38}$$

$$\mathbf{S} = \sum_i \mathbf{s}_i \tag{3.39}$$

$$\mathbf{J} = \mathbf{L} + \mathbf{S}, \tag{3.40}$$

wobei $\mathbf{J}$ der gequantelte Gesamtdrehimpuls des atomaren Systems ist.

Damit lässt sich das Ergebnis Gl. 3.26 auch auf Atome mit mehreren Valenzelektronen verallgemeinern. Ein bestimmtes Wertepaar von L (stets ganzzahlig) und S (halb- oder ganzzahlig je nach Elektronenanzahl) bildet dabei einen Term, der eine analoge Bezeichnung erhält wie bei Einelektronensystemen. Dabei wird die Bahndrehimpulsquantenzahl mit Großbuchstaben gemäß folgender Auflistung bezeichnet wird:

L	0	1	2	3	4	5
	S	P	D	F	G	H

Jeder dieser Terme zerfällt unter der Voraussetzung $L \geq S$ in $r = 2S + 1$ Feinstrukturniveaus mit jeweils unterschiedlichem J. In der Spektroskopie nennt man r die „Multiplizität" des entsprechenden Terms:

$r = 1$	$S = 0$	Singulett
$r = 2$	$S = 1/2$	Dublett
$r = 3$	$S = 1$	Triplett
$r = 4$	$S = 3/2$	Quartett
…		

3.1 Physikalische Grundlagen der Spektroskopie

Beim Wasserstoffatom (einem Einelektronensystem) gilt die Auswahlregel $\Delta l = \pm 1$. Bei Mehrelektronensystemen muss sie auf $\Delta L = \{0, \pm 1\}$ erweitert werden, wobei die Einschränkung $\Delta L = 0$ jedoch erst bei Elementen mit größeren Ordnungszahlen eine signifikante Rolle spielt.

Der Betrag des resultierenden Bahndrehimpulses Gl. 3.38 kann selbst nur die gequantelten Werte Gl. 3.35 annehmen, wobei dessen z-Komponente Gl. 3.36 (nur sie ist im Prinzip messbar) erfüllen muss.

Analoge Überlegungen gelten übrigens auch für den Gesamtspin S eines Mehrelektronensystems, wobei in diesem Fall für den Betrag des magnetischen Spinmoments M_s

$$|M_s| = 2\sqrt{S(S+1)}|\mu_B| \tag{3.41}$$

mit

$$\mu_B = \frac{e\hbar}{2m_e} \tag{3.42}$$

als Bohr'sches Magneton gilt.

Kombiniert man L und S entsprechend Gl. 3.40, dann ergibt sich für den resultierenden Gesamtdrehimpuls eines Systems aus i Valenzelektronen:

$$|J| = \sqrt{J(J+1)}\hbar \quad \text{mit} \quad J = L + M_s \geq 0 \tag{3.43}$$

und für dessen z-Komponente:

$$J_z = M_J \hbar k \quad (M_J = -J, -J+1, -J+2, \ldots, J-2, J-1, J) \tag{3.44}$$

Der Vektor J kann in Bezug auf die z-Richtung nur die Werte annehmen, die den $2J+1$ möglichen J_z-Werten entsprechen. Das wird deutlich, wenn man das Verhalten eines Atoms in einem äußeren Feld – beispielsweise einem Magnetfeld B – betrachtet. In diesem Fall spaltet sich das J-Niveau in $(2J+1)$-Niveaus unterschiedlicher Energie auf (bei fehlendem äußeren Feld besitzen sie alle die gleiche Energie). Man sagt, dass das Niveau mit der Quantenzahl J genau $(2J+1)$-fach entartet ist.

In der Quantenphysik spricht man allgemein von der Entartung eines Zustandes, wenn beispielsweise zu einem Energieeigenwert E_n mehrere Eigenfunktionen ψ_{nk} (mit $k = 1\ldots r$) gleicher Energie existieren, wobei r den Grad der Entartung angibt. Da unter der Wirkung eines äußeren Feldes die zu einem J-Wert gehörenden $2J+1$-Niveaus energetisch aufgespalten werden, kann man in einem solchen Fall auch eine entsprechende Aufspaltung der davon betroffenen Spektrallinien beobachten. Führt die Einwirkung eines Magnetfeldes zu der Aufhebung der Entartung, dann spricht man vom Zeeman-Effekt, während man analog dazu im Fall eines elektrischen Feldes vom Stark-Effekt spricht. Letzterer ist ganz wesentlich für die Druckverbreiterung der Spektrallinien verantwortlich, die in den Sternatmosphären entstehen.

Dazu ein Beispiel: Der elektronische Zustand des Alkalimetalls Natrium $(Z = 11;\ 1s^2 2s^2 2p^6 3s)$ ist ein s-Zustand und besitzt demnach keinen Bahndrehimpuls. Nach Gl. 3.40 ist $J = L + S = 1/2$. Der angeregte Zustand 3p besitzt dagegen einen L-Wert von 1, und je nach relativer Orientierung der Vektoren L und S ergibt sich für den Betrag des Gesamtdrehimpulses entweder $J = 3/2$ oder $J = 1/2$. Das bedeutet, die beiden Zustände sind energetisch aufgespalten, was im Spektrum zur Na D_1- und zur Na D_2-Linie bei $\lambda_1 = 589,5932$ nm bzw. $\lambda_2 = 588,9965$ nm führt.

Ein weiteres Merkmal eines Spektralterms ist dessen Parität P. Sie beschreibt das Verhalten einer Wellenfunktion gegenüber einer Inversion (Punktspiegelung der Wellenfunktion am Ursprung, d. h. am Atomkern). Es gilt dabei unter Vernachlässigung des Spins:

$$\psi(\boldsymbol{r}) = \pm \psi(-\boldsymbol{r}) \tag{3.45}$$

Je nachdem, ob auf der rechten Seite von Gl. 3.45 das positive oder negative Vorzeichen gilt, spricht man von Zuständen mit gerader bzw. ungerader Parität. Sie lässt sich bei einer gegebenen Elektronenkonfiguration leicht berechnen, indem man entsprechend Gl. 3.38 die Bahndrehimpulse l aufsummiert und das Vorzeichen der Beziehung

$$(-1)^{\sum_i^N l_i} \tag{3.46}$$

bestimmt. Auf die Wahrscheinlichkeitsverteilung der Elektronen in einem Atom hat die Parität keinen Einfluss. Sie wirkt jedoch auf die Übergangswahrscheinlichkeiten bei Elektronenübergängen zwischen den Spektraltermen. In diesem Zusammenhang sei auch gleich auf die Laporte-Regel hingewiesen, nach der nur Übergänge zwischen Zuständen mit gerader und ungerader Parität erlaubt sind.

3.1.5.2 Das jj-Kopplungsschema

Bei Atomen höherer Ordnungszahl (beginnend ungefähr bei Germanium ($Z = 32$)) müssen bei der Spin-Bahn-Kopplung verstärkt relativistische Effekte berücksichtigt werden. Das führt zu einem etwas anderen Kopplungsschema. Dazu betrachten wir den gesamten Drehimpuls des i-ten Elektrons $\boldsymbol{j}_i$, welcher sich aus der vektoriellen Addition seines Bahndrehimpulses $\boldsymbol{l}_i$ mit dem Eigendrehimpuls $\boldsymbol{s}_i$ ergibt:

$$\boldsymbol{j}_i = \boldsymbol{l}_i + \boldsymbol{s}_i \tag{3.47}$$

Den Gesamtdrehimpuls $\boldsymbol{J}$ des Atoms erhält man dann als Summe aller Drehimpulse der einzelnen Elektronen:

$$\boldsymbol{J} = \sum_i \boldsymbol{j}_i \tag{3.48}$$

Während man bei leichten Atomen $\boldsymbol{L}$ und $\boldsymbol{S}$ mit hoher Genauigkeit als Erhaltungsgrößen betrachten kann, ist das bei Atomen mit hoher Kernladungszahl nicht mehr der Fall, weil die Spin-Bahn-Wechselwirkung immer stärker wird und die Abweichungen zum nichtrelativistischen Grenzfall immer deutlicher hervortreten. Die Auflösung der Entartung der Energieniveaus verstärkt sich mit wachsendem Z mehr und mehr. Das erklärt auch, weshalb man in der Spektroskopie zwei verschiedene Kopplungsschemata benötigt.

Bei sehr schweren Elementen, vielleicht beginnend bei Blei (Z=82), kommt auch das jj-Kopplungsschema an seine Grenzen und man muss die sehr komplizierte „intermediäre Kopplung", in der nur noch J, aber nicht mehr L und S definiert sind, verwenden.

3.1.5.3 Nomenklatur der Spektralterme

Die Zusammenstellung aller Energieniveaus eines Atoms, Ions oder Moleküls in Form einer grafischen Darstellung wird als Termschema – oder, nach dessen Erfinder, Walter Grotrian (1890–1954) – Grotrian-Diagramm genannt. Darin wird entlang der vertikalen Achse die Energie (deshalb auch „Energieniveauschema") bzw. die dazugehörige Wellenzahl $1/\lambda = \tilde{\nu}$ abgetragen. Die Energieskala beginnt mit dem Grundzustand $E_1 = 0$ und erstreckt sich bis zur ersten Ionisationsgrenze. Entlang der horizontalen Achse werden in ihrer natürlichen Reihenfolge nebeneinander die Spektralterme angeordnet, die jeweils einem unterschiedlichen L-Wert entsprechen und deren diskrete Energieniveaus durch kurze waagerechte Striche im Diagramm gekennzeichnet und, wie gleich erläutert, mit einem Niveaubezeichner beschriftet werden. Die Terme selbst sind wiederum nach der Spinmultiplizität angeordnet.

Die Elektronenzustände, zwischen denen Strahlungsübergänge möglich sind, werden durch Linien verbunden und meist mit der entsprechenden Wellenlänge in Å $(10\,\text{Å} = 1\,\text{nm})$ beschriftet. Aber auch andere Beschriftungen sind möglich (z. B. die Liniennummer in einem entsprechenden Spektralkatalog). Die Strichstärke beschreibt wiederum die „Stärke" der Übergänge, wobei erlaubte Übergänge mit durchgezogenen und verbotene Übergänge mit gestrichelten Linien dargestellt werden. In der Literatur findet man übrigens eine Vielzahl von Varianten derartiger Diagramme. Eine Zusammenstellung für astrophysikalische Anwendungen wichtiger Grotrian-Diagramme findet man z. B. in Moore (1968).

Jeder Term in einem Grotrian-Diagramm lässt sich durch eine Kombination von Quantenzahlen eindeutig kennzeichnen. Dabei hat sich folgende Notation zur umfassenden Beschreibung eines Spektralterms bzw. eines Energieniveaus durchgesetzt:

$$\text{Term} = {}^{2S+1}L^{(\text{Parität})} \quad \text{Niveau} = {}^{2S+1}L_J^{(\text{Parität})} \tag{3.49}$$

Der führende Index $2S + 1$ gibt dabei offensichtlich dessen Multiplizität an. L wird, wie im Abschn. 3.1.5.1 eingeführt, durch große lateinische Buchstaben gekennzeichnet: Ein S-Zustand ist ein Zustand mit $L = 0$, ein P-Zustand ein Zustand mit $L = 1$ etc. Die Parität wird gewöhnlich nur dann als rechter oberer Index, – und zwar mit dem kleinen Buchstaben „o" (für „odd") – angegeben, wenn die Parität ungerade ist. Andernfalls lässt man ihn weg. Der Index J, welcher ein Maß für den Gesamtdrehimpuls ist, wird nur verwendet zur Kennzeichnung eines einzelnen Niveaus, um dessen Entartung explizit aufzuschlüsseln. Das ist z. B. wichtig, wenn sich die strahlenden oder absorbierenden Atome in einem Magnetfeld befinden und es dabei zu der bekannten Zeeman-Aufspaltung der Spektrallinien kommt.

Das einfachste Mehrelektronensystem stellt das Heliumatom dar. Sein Grundzustand ist offensichtlich 1s² und damit (wegen $Z = 2$) abgeschlossen, woraus $S = 0$ und $L = 0$ folgt. Diese spezielle Konfiguration mit dem genannten S- und L-Wert nennt man auch Edelgaskonfiguration. Der erste angeregte Zustand ist der Zustand 1s2s, in dem die Spins der beiden Elektronen entweder parallel („Parahelium") oder antiparallel („Orthohelium") ausgerichtet sein können und für den sich entsprechend dem L/S-Schema $L = 0$ (wegen $l_1 = l_2 = 0$) sowie $S = 0$ und $S = 1$ (wegen $s_1 = s_2 = 1/2$) ergibt. Der Singulettzustand hat demnach die Termbezeichnung ^1S und der Triplettzustand ^3S. Die dazugehörenden Energieniveaus für $n = 2$ sind $2\,^1S_0$ und $2\,^3S_1$. An dieser Stelle greift nun eine der Hundschen Regeln. Sie besagt, dass der Zustand mit der größten Multiplizität die geringste Energie besitzt. Deshalb hat das $2\,^3S_1$-Niveau auch eine etwas geringere Energie als das $2\,^1S_0$-Niveau. Der energetische Abstand im Grotrian-Diagramm beträgt dabei ungefähr 0,8 eV.

Der nächste angeregte Zustand hat die Elektronenkonfiguration 1s2p mit ungerader Parität. Hier gilt $l_1 = 0$ und $l_2 = 1$, woraus sich gemäß Gl. 3.38 $L = 1$ ergibt. Auch hier haben wir es mit einem Singulett- und einem Triplettterm zu tun: $^1P^{(o)}$ und $^3P^{(o)}$, welche sich wegen Gl. 3.40 in die drei Niveaus $^3P_0^{(o)}$, $^3P_1^{(o)}$ und $^3P_2^{(o)}$ aufspalten.

3.1.5.4 Auswahlregeln

Man könnte nun meinen, dass zwischen allen Niveaus eines Atoms Strahlungsemissions- und Absorptionsvorgänge stattfinden können. Das ist aber nicht der Fall. Alle theoretisch möglichen Strahlungsübergänge zwischen verschiedenen Niveaus eines Mehrelektronensystems werden ähnlich wie bei Atomen oder Ionen mit nur einem „Leuchtelektron" durch „Auswahlregeln" eingeschränkt. Man unterscheidet dabei „rigorose" Auswahlregeln, die in der Natur niemals verletzt werden, sowie Auswahlregeln, die nur die Wahrscheinlichkeit eines Übergangs drastisch verringern. Letztere führen unter geeigneten Bedingungen zu sogenannten „verbotenen Übergängen". Der Begriff „verbotener Übergang" ist genau genommen eine Altlast aus der frühen Zeit der Quantenmechanik, der sich eingebürgert hat. Heute ist klar, warum ein Übergang stattfindet und ein anderer nicht (z. B. weil sonst ein fundamentaler Erhaltungssatz wie der Drehimpulserhaltungssatz verletzt wird). Aufgrund der Regeln der Atomspektroskopie erwartete man, dass sich alle Terme miteinander kombinieren lassen. Hätte man von Anfang an gewusst, dass beispielsweise die Drehimpulserhaltung die Ursache dafür ist, dass manche Übergänge nicht beobachtet werden, dann hätte man sicherlich nicht von einem „Verbot" gesprochen. Aber nun hat sich der Begriff einmal eingebürgert und gerade der Astrophysiker ist in dieser Hinsicht recht konservativ…

Nehmen wir beispielsweise die Balmer-Alpha-Linie des atomaren Wasserstoffs, die bei einem Übergang von einem Elektron auf dem Niveau $n = 3$ auf das Niveau $n = 2$ emittiert wird und deren Wellenlänge bei 656,279 nm liegt. Beide Niveaus besitzen eine Feinstruktur, die für $n = 3$ durch folgende fünf Zustände

$$3s\,^2S_{1/2};\quad 3p\,^2P_{1/2}^{(o)};\quad 3p\,^2P_{3/2}^{(o)};\quad 3d\,^2D_{3/2};\quad 3d\,^2D_{5/2}$$

3.1 Physikalische Grundlagen der Spektroskopie

und für $n = 2$ durch folgende drei Zustände beschrieben werden kann:

$$2s\,^2S_{1/2};\ 2p\,^2P^{(o)}_{1/2};\ 2p\,^2P^{(o)}_{3/2}$$

Zwischen ihnen sind rein rechnerisch 15 Übergänge möglich. Spektroskopisch lassen sich davon aber lediglich sieben nachweisen.

Die anderen acht werden durch die Auswahlregeln, nach denen sich L und J nur um 0, 1 und -1 ändern dürfen, und durch die Laporte-Regel, nach der nur Übergänge zwischen Termen unterschiedlicher Parität erlaubt sind, „verboten" (Tab. 3.4).

Alle Auswahlregeln lassen sich quantenmechanisch begründen. An dieser Stelle sollen jedoch insbesondere die Auswahlregeln für sogenannte elektrische Dipolübergänge zwischen verschiedenen Atomzuständen vorgestellt werden. Sie ändern auf eine bestimmte Art und Weise die Elektronendichte der resultierenden Zustände. Höhere elektrische Multipolübergänge sind dabei die Domäne der atomaren Störungstheorie, die auch zu „verbotenen" Übergängen führen kann (sie kommen mindestens eine Million Mal seltener vor als reguläre Übergänge). Für sie gelten separate Sätze von Auswahlregeln. Es existieren aber auch magnetische Dipolübergänge. Sie treten unter Umständen immer dann auf, wenn sich das magnetische Dipolmoment beim Übergang zwischen Feinstrukturtermen ändert. Für sie gilt insbesondere $\Delta n = 0$ und $\Delta l = 0$ so wie $\Delta L = 0$. Ihr experimenteller Nachweis ist jedoch wegen ihrer Seltenheit schwierig. Auch sie zählen, wie auch alle

Tab. 3.4 Denkbare Strahlungsübergänge zwischen den $n = 2$ - und $n = 3$-Niveaus im Wasserstoffatom bzw. in wasserstoffähnlichen Ionen

$n = 2$	$n = 3$	L	ΔL	J	ΔJ	P	ΔP
$2s\,^2S_{1/2}$	$3s\,^2S_{1/2}$	1	0	1/2	0	0	**0**
$L = 1$	$3p\,^2P^{(o)}_{1/2}$	2	-1	1/2	0	1	-1
$J = 1/2$	$3p\,^2P^{(o)}_{3/2}$	2	-1	3/2	-1	1	-1
$P = 0$	$3d\,^2D_{3/2}$	3	-2	3/2	-1	0	**0**
	$3d\,^2D_{5/2}$	3	-2	5/2	-2	0	**0**
$2p\,^2P^{(o)}_{1/2}$	$3s\,^2S_{1/2}$	1	1	1/2	0	0	1
$L = 2$	$3p\,^2P^{(o)}_{1/2}$	2	0	1/2	0	1	**0**
$J = 1/2$	$3p\,^2P^{(o)}_{3/2}$	2	0	3/2	-1	1	**0**
$P = 1$	$3d\,^2D_{3/2}$	3	-1	3/2	-1	0	1
	$3d\,^2D_{3/2}$	3	-1	3/2	-2	0	1
$2p\,^2P^{(o)}_{3/2}$	$3s\,^2S_{1/2}$	1	1	1/2	1	0	1
$L = 2$	$3p\,^2P^{(o)}_{1/2}$	2	0	1/2	1	1	**0**
$J = 3/2$	$3p\,^2P^{(o)}_{3/2}$	2	0	3/2	0	1	**0**
$P = 1$	$3d\,^2D_{3/2}$	3	-1	3/2	0	0	1
	$3d\,^2D_{3/2}$	3	-1	3/2	0	0	1

elektrischen Multipolübergänge, im Sprachgebrauch der Spektroskopiker zu den „verbotenen" Übergängen.

Rigorose Auswahlregeln
Diese Regeln werden in der Natur niemals verletzt:

$$\text{a bis d} \tag{3.50}$$

- $\Delta J = \{0, \pm 1\}$
- $J = 0 \leftrightarrow 0$ ist verboten
- $\Delta M_J = \{0, \pm 1\}$ (bestimmt die Polarisation des emittierten Photons, Zeeman-Effekt)
- nur Übergänge zwischen Termen unterschiedlicher Parität sind erlaubt (Laporte – Regel)

Regeln, die aus dem L/S-Schema resultieren

$$\text{a bis d} \tag{3.51}$$

- $\Delta l = \{\pm 1\}$ für $\Delta n =$ beliebig (kann bei verbotenen Übergängen verletzt werden)
- $\Delta S = 0$ (Interkombinationsverbot, wird bei sogenannten Interkombinationsübergängen verletzt)
- $\Delta L = \{0, \pm 1\}$ (kann bei verbotenen Übergängen verletzt werden)
- $L = 0 \leftrightarrow 0$ ist verboten

Einschränkungen für elektrische Quadrupolübergänge

$$\text{a bis h} \tag{3.52}$$

- $\Delta J = \{0, \pm 1, \pm 2\}$
- $\Delta M_J = \{0, \pm 1, \pm 2\}$
- Parität darf sich nicht ändern
- $J = 0 \leftrightarrow 0$ ist verboten
- $J = 1/2 \leftrightarrow 1/2$ ist verboten
- $J = 0 \leftrightarrow 1$ ist verboten
- $\Delta l = \{0, \pm 2\}$ für $\Delta n =$ beliebig
- $\Delta L = \{0, \pm 1, \pm 2\}$

Um zu verstehen, wie Auswahlregeln funktionieren, sollen im Folgenden kurz die Auswirkungen der Absorption eines Photons durch ein Atom kurz andiskutiert werden. Befindet sich ein Atom im Grundzustand (Drehimpuls verschwindet) und absorbiert es in diesem Zustand ein Photon, dessen (ganzzahliger) Drehimpuls parallel zur Bezugsachse (Quantisierungsrichtung, sie bestimmt gewöhnlich die Rotationssymmetrie des Atoms) orientiert ist, dann muss es dessen Drehimpuls genauso wie dessen Energie aufgrund der universellen Drehimpuls- und Energieerhaltung vollständig übernehmen. Da das Photon (bei elektrischer Dipolstrahlung) den ganzzahligen Drehimpuls $\pm \hbar$ besitzt, führt dessen Absorption oder

Emission zwangsläufig zur Auswahlregel Gl. 3.50a, d. h., der Gesamtdrehimpuls J muss sich entweder um eine Einheit ändern oder seine Richtung umkehren. Weiterhin besitzt das Photon bekanntlich keine Parität. Da aber für die Parität ein Erhaltungssatz existiert, der bei elektromagnetischen Wechselwirkungen nicht verletzt wird, folgt daraus sofort die Auswahlregel Gl. 3.50d (Hinweis: Die Parität, die nur die Werte 0, 1 und -1 annehmen kann, ist eine multiplikative Quantenzahl). Das Interkombinationsverbot Gl. 3.51b ist wiederum ein Resultat dessen, dass ein Photon keine magnetische Wirkung besitzt.

3.1.5.5 Interkombinationslinien

Das Versagen der Russell–Saunders-Kopplung bei Elementen mit größerem Z äußert sich im Auftreten von sogenannten „Interkombinationslinien" in deren Spektren. Dabei handelt es sich um Übergänge zwischen Singulett- und Triplettzuständen mit $\Delta S = 0$ (z. B. Hg: $6\,^1S_0 \leftrightarrow 6\,^3P_1$ bei $\lambda = 253{,}7$ nm), die gemäß der L/S-Kopplung eigentlich verboten sind. Dieses ursprünglich aus Experimenten abgeleitete Verhalten wird als „Interkombinationsverbot" bezeichnet. Es verbietet optische Übergänge zwischen Energieniveaus unterschiedlicher Multiplizität. Das bedeutet natürlich nicht, dass es entsprechende Übergänge nicht gibt. Sie sind vielmehr metastabil, d. h., sie können gewöhnlich nicht über Strahlungsanregung besetzt werden, da Photonen den Spinzustand nicht ändern können. Technisch haben sie in der Laserphysik eine große Bedeutung, wo sie für den Aufbau von Besetzungsinversionen verwendet werden.

In der Astronomie werden Interkombinationslinien durch das Ionensymbol des entsprechenden Elements, gefolgt von einer (!) schließenden eckigen Klammer und der Wellenlänge der emittierten Strahlung gekennzeichnet:

- Hg I] (253,7 nm)
- C III] (190,87 nm)
- Ca I] (657,3 nm)

Gewöhnlich werden derartige Übergänge genauso wie verbotene Übergänge in einem Grotrian-Diagramm durch gestrichelte Linien dargestellt. Viele Interkombinationslinien sind sehr empfindlich in Bezug auf den Druck in ihrem Entstehungsgebiet in den Sternatmosphären. Deshalb lassen sie sich unter Umständen als Kriterium für die Leuchtkraft verwenden.

3.1.5.6 Verbotene Linien

Wie bereits erwähnt, kann die Verletzung einiger Auswahlregeln die Anzahl der möglichen Spektrallinien in Mehrelektronensystemen beträchtlich erhöhen. Da die Übergänge, die zu derartigen Linien führen, unter „normalen" Laborbedingungen nicht auftreten, spricht man von „verbotenen Linien". Unter kosmischen Bedingungen (hohe Temperaturen, äußerst geringe Gasdichten) können sie jedoch schnell in Spektren – beispielsweise von Planetarischen Nebeln, heißen Sternkoronen, von expandierenden Hüllen um Novae und Supernovae sowie von manchen kataklysmischen Veränderlichen – schnell die Dominanz übernehmen und damit eine große astrophysikalische Bedeutung erlangen. Die Anregung entsprechender atomarer Zustände erfolgt in diesem Fall weniger durch die Einwirkung eines elektromagnetischen Strahlungsfeldes, sondern in erster Linie durch Stoßprozesse. Da die Übergangswahrscheinlichkeiten zwischen den betroffenen Niveaus um etwa zehn Größenordnungen geringer sind als bei erlaubten Übergängen, können sich bei geringer Gasdichte und entsprechend geringer Stoßwahrscheinlichkeit die Elektronen auf diesen metastabilen Energieniveaus ansammeln. Aufgrund ihrer absoluten Häufigkeit entstehen so in einem großen Volumen bei der Abregung zum Teil sehr intensive Emissionen. Aus ihrer Intensität lassen sich wertvolle Erkenntnisse über die Druck- und Temperaturverhältnisse im jeweiligen Emissionsgebiet ableiten. Auch spielen sie eine Rolle bei der Klassifizierung der Spektren klassischer Novae.

Verbotene Emissionen werden durch eckige Klammern, die den Namen des entsprechenden Atoms bzw. Ions umschließen, gekennzeichnet. Ergänzt wird diese Bezeichnung oft noch mit der Wellenlänge der resultierenden Strahlung:

- [O III] (495,9 nm)
- [C III] (190,7 nm)
- [N II] (658,4 nm)

Verbotene Übergänge führen im Allgemeinen zu schwächeren Emissionslinien als Interkombinationsübergänge. In der Praxis werden aber beide Arten selten sauber getrennt (Abb. 3.8).

Die in den Spektren planetarischer Nebel auftretenden Emissionen bei 495,9 nm und 500,7 nm wurden 1864 durch William Huggins entdeckt und von ihm einem neuen hypothetischen Stoff – dem „Nebulium" – zugeschrieben. Erst 1927 konnte der amerikanische Astrophysiker Ira Sprague Bowen (1898–1973) zeigen, dass es sich bei diesen intensiven Emissionen um verbotene Übergänge des O^{2+}-Ions handelt. Ähnliches ist auch über das „Coronium" zu berichten, einen „Stoff", den man lange Zeit in der Sonnenkorona vermutet hat, bis Ende der 1930er-Jahre Bengt Edlèn (1906–1993) und Walter Grotrian auch diese Emissionen als „verbotene Linien" identifizieren konnten.

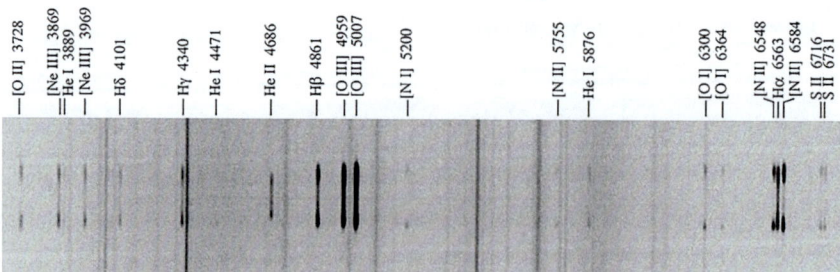

Abb. 3.8 Das Spaltspektrum des Ringnebels M57 im Sternbild Lyra (Leier) enthält eine Vielzahl verbotener Linien

3.1.6 Das Heliumspektrum und die Spektren heliumartiger Ionen

Helium ist das zweithäufigste Element im Kosmos. Trotzdem wurde dieses Edelgas relativ spät, nämlich erst im Jahre 1895, von William Ramsay (1852–1916) entdeckt, der es als Gas aus einem Uranmineral extrahierte (Heliumatome entstehen in diesem Fall direkt beim α-Zerfall radioaktiver Elemente und Isotope). Das lag u. a. daran, dass dieses reaktionsträge Gas auf der Erde – ganz im Gegensatz zu seiner kosmischen Häufigkeit (~23 Masse-%) – recht selten ist. Es wird technisch hauptsächlich aus Erdgas extrahiert, in dem es immerhin bis zu einem Anteil von 16 Vol.-% enthalten sein kann. Aber nicht erst mit Ramseys Untersuchungen begann dessen durchaus außergewöhnliche Entdeckungsgeschichte. Denn bereits einige Jahre vor Ramsay (1868) fanden Pierre Jules C. Janssen (1824–1907) und kurz danach Joseph Norman Lockyer im sogenannten Flashspektrum[5] im gelben Bereich des optischen Sonnenspektrums eine auffällig helle Spektrallinie (587,5 nm), die sie einem noch unbekannten Stoff zuordneten. Der Chemiker Edward Frankland (1825–1899) schlug schließlich für diesen neuen, bis dahin nur auf der Sonne vermuteten Stoff den Namen „Helium" („Sonnenmetall") vor, bei dem es bekanntlich auch geblieben ist.

Die Elektronenstruktur des Grundzustandes von Helium ist $1s^2$ und stellt, da neutrales Helium nur zwei Elektronen besitzt, eine abgeschlossene Elektronenschale dar. Sie ist damit die stabilste Edelgaskonfiguration der Elemente im Periodensystem, was auch sofort die außergewöhnliche Reaktionsträgheit dieses Gases erklärt. Bezogen auf das Elektron im Grundzustand kann das zweite Elektron seinen Eigendrehimpulsvektor (Spin) entweder parallel ($S = 1$) oder antiparallel ($S = 0$) zum Grundzustandselektron ausrichten. Für diese beiden möglichen Konfigurationen hat sich die Bezeichnung „Parahelium" („paradox", für $S = 0$) und Orthohelium (orthodox, für $S = 1$) eingebürgert. Aufgrund des Pauli-Verbots können sich nur im Parahelium beide Elektronen gleichzeitig im 1 s-Zustand befinden. Beim Orthohelium muss sich das zweite Elektron dagegen immer außerhalb des 1 s-Orbitals aufhalten, um dem Pauli-Verbot Genüge zu tun. Das führt letztendlich zu der Konsequenz, dass sich die Spektren von Ortho- und Parahelium relativ stark voneinander unterscheiden müssen (was sie auch tun). Deshalb ist es auch verständlich, weshalb man anfangs sogar von zwei verschiedenen Stoffen (eben dem Para- und dem Orthohelium) ausgegangen ist. So sind die Linien des Orthoheliums wegen $S = 1$ und der Spin-Bahn-Kopplung immer Tripletts, während Übergänge im Parahelium im Gegensatz dazu zu keiner Feinaufspaltung der entsprechenden Linien führen. Außerdem liegen die Niveaus des Triplettsystems energetisch tiefer als beim Parahelium, sodass sich schon daraus deutliche Unterschiede im Spektrum ergeben. Die Ursache dafür liegt in den Symmetrieeigenschaften der Gesamtwellenfunktion der entsprechenden Atome. Sie

---

[5] Darunter versteht man das kurzzeitig aufleuchtende Emissionsspektrum der solaren Chromosphäre kurz vor und nach der totalen Phase einer Sonnenfinsternis.

führen dazu, dass aufgrund der Spinerhaltung (Interkombinationsverbot) zwei unabhängige Spektralserien entstehen, die im Wesentlichen im UV und IR angesiedelt sind.

Die ersten angeregten Zustände im Singulettsystem sind $1s2s\,^1S_0$ und $1s2p\,^1P_1^o$. Für den Triplettzustand findet man $1s2p\,^3P_0^o$, $1s2p\,^3P_1^o$, $1s2p\,^3P_2^o$ sowie $1s2s\,^3S_1$ (s. Abb. 3.9). Um das erste im Grundzustand befindliche Elektron aus dem Atomverbund zu lösen, benötigt man 24,587 eV und für das zweite (d. h. aus He II) 54,418 eV. Damit erstreckt sich das komplette Heliumspektrum von IR über den optischen Bereich bis weit in das UV hinein.

Beim Helium beobachtete man zum ersten Mal auch sogenannte metastabile Zustände. Das sind Elektronenzustände, aus denen heraus die Möglichkeit eines Übergangs in den energetisch bevorzugten Grundzustand quasi „verboten" ist und die deshalb eine besonders große Lebensdauer aufweisen. Beispiele dafür sind das Niveau 2^1S_0 im Parazustand und das 2^3S_1-Niveau im Orthozustand. Derartige Elektronenzustände können aufgrund der Auswahlregel für L (Gl. 3.51) und aufgrund des Interkombinationsverbots nicht auf herkömmliche Weise in den Zustand 1^1S_0 überführt werden. Es existieren aber trotzdem Möglichkeiten, die sehr hohe Lebensdauer derartiger metastabiler Zustände abzukürzen, und zwar durch Stöße mit anderen Atomen bzw. freien Elektronen. Für derartige Wechselwirkungen gelten nämlich die Auswahlregeln für elektronische Übergänge nicht.

Ionisiertes Helium Helium tritt im Kosmos häufig in ionisierter Form in Erscheinung, und zwar als einfach ionisiertes He II oder als vollständig ionisiertes He III. Letzteres wird auf der Erde nur als Ergebnis des α-Zerfalls eines radio-

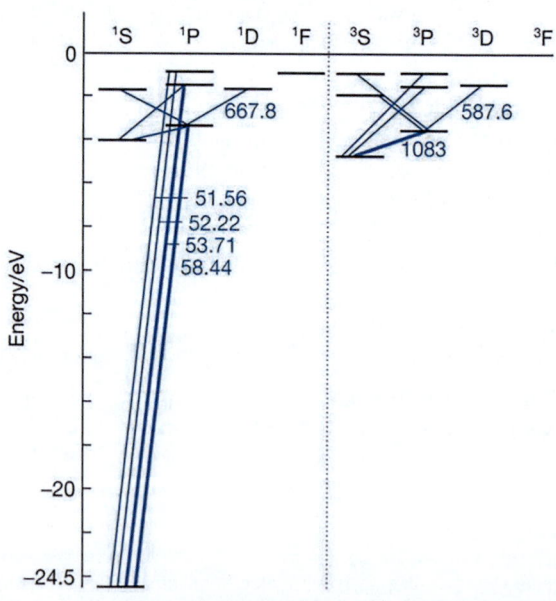

Abb. 3.9 Vereinfachtes Grotrian-Diagramm für Para- und Orthohelium

3.1 Physikalische Grundlagen der Spektroskopie

aktiven Atoms beobachtet. Wie zu erwarten, besitzt He II ein weitgehend wasserstoffähnliches Linienspektrum mit dem Unterschied, dass aufgrund von $Z = 2$ die Bindung des Elektrons an den Kern um ca. Z^2-mal stärker ist als beim neutralen Wasserstoffatom. Der Übergang, der beim Wasserstoff zur Lyman-α-Linie führt und damit zur Emission eines Photons der Wellenlänge $\lambda = 121{,}6$ nm (UV), führt beim einfach ionisierten Helium zu einem Lichtquant der Wellenlänge $\lambda = 30{,}4$ nm (EUV). In Absorption findet man die korrespondierende Linie beispielsweise im UV-Spektrum der interstellaren Materie, wo sie ein wichtiger Indikator zur Bestimmung der Heliumhäufigkeit im Kosmos außerhalb der Sternatmosphären ist.

Analog zu Gl. 3.13 kann man für He II auch eine Serienformel für die Übergänge im optischen Bereich des elektromagnetischen Spektrums angeben, aus der sich näherungsweise die Wellenlängen der Spektrallinien berechnen lassen:

$$\frac{1}{\lambda} = 4R_{He}\left(\frac{1}{n_1^2} - \frac{1}{n_2^2}\right) \tag{3.53}$$

Die Rydberg-Konstante R_{He} für Helium lässt sich entsprechend Gl. 3.15 zu

$$R_{He} = \left(\frac{M_{He}}{M_{He} + m_e}\right) R_\infty = 1097{,}224 \text{ m}^{-1}$$

berechnen, wobei man näherungsweise $M_{He} = 4m_p$ setzen kann (Proton und Neutron unterscheiden sich in ihrer Masse nur unwesentlich).

Man beachte, dass die Linien, die sich aus den Übergängen zwischen den Hauptquantenzahlen $n_1 = 4$ und $n_2 = \{6, 8, 10, \ldots\}$ ergeben, fast die gleiche Wellenlänge besitzen wie die Wasserstofflinien der Balmer-Serie. Deshalb lassen sich bei geringer spektraler Auflösung die Heliumabsorptionen von den Wasserstoffabsorptionen in den Spektren früher Spektraltypen auch nur schwer trennen.

Die optische Linienserie des einfach ionisierten Heliums wurde erstmalig 1896 von dem amerikanischen Astronomen Edward Charles Pickering im Spektrum des Sterns ξ Puppis entdeckt und wird seitdem als Pickering-Serie bezeichnet. Sie hatte anfänglich zu einigen Irritationen geführt, da die Laufzahl in Gl. 3.53 auch halbzahlige Werte annehmen muss, um die zusätzliche intermediäre Linie zwischen jeweils zwei Linien der Balmer-Serie erklären zu können (s. Abb. 3.10).

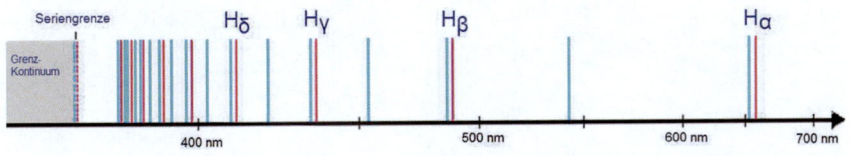

Abb. 3.10 Linien der Balmer- und Pickering-Serie, wie sie im Spektrum von Zeta Puppis vorkommen

He II-Absorptionen findet man aufgrund der hohen Ionisationsenergie von ca. 24 eV nur bei Spektraltypen früher als O5. Die Feinklassifizierung dieser sehr heißen Sterne erfolgt häufig anhand des Intensitätsverhältnisses der He II-Linie bei $\lambda = 454{,}1$ nm zur He I-Linie bei $\lambda = 447{,}1$ nm, wobei man ausnutzt, dass die He II-Absorption bei steigender Temperatur immer effektiver wird, während die Linienstärken der Linien des neutralen Heliums entsprechend abnehmen.

Heliumartige Ionen Während He II ein wasserstoffartiges Ion ist (ähnlich wie die Atome der Alkalimetalle), bezeichnet man Ionen mit nur zwei Elektronen als „heliumartige Ionen". Sie haben in der astronomischen Spektroskopie eine große Bedeutung, da sich aus ihrer Präsenz und aus der Verteilung ihrer elektronischen Zustände wertvolle Informationen über die physikalischen Verhältnisse ihrer Aufenthaltsorte gewinnen lassen. Sie treten innerhalb eines großen Temperatur- und Dichtebereichs auf und sind unter gewissen Bedingungen in der Lage, sehr intensive Spektrallinien zu erzeugen. Beispiele für derartige Ionen sind Li II, N VI, Mg XI, Si XIII, Fe XXV und O VII. Je schwerer die Ionen sind, desto weiter verschieben sich die Emissionen bei Übergängen in den Grundzustand in den Röntgenbereich. Einige der intensivsten Emissionslinien im Röntgenspektrum der Sonne werden durch derartige heliumartige Ionen hervorgerufen. Bei ihrer Entstehung spielen nicht nur die Strahlungsanregung, sondern auch Anregungsprozesse durch Stöße (insbesondere durch Elektronen) eine wichtige Rolle. Einige Übergänge können überhaupt nur durch Stöße angeregt werden, weil für Strahlungsabsorption bekanntlich das Verbot gemäß Gl. 3.51b besteht.

Abb. 3.11 zeigt das Termdiagramm eines heliumartigen Ions. Die Übergänge, die möglich sind, werden standardmäßig mit den Buchstaben W bis Z bezeichnet:

W	$^1P_1^o \to {}^1S_0$	Resonanzlinie
X	$^3P_2^o \to {}^1S_0$	Magnetischer Quadrupolübergang
Y	$^3P_1^o \to {}^1S_0$	Interkombinationslinie
Z	$^3S_1 \to {}^1S_0$	Verbotener Übergang

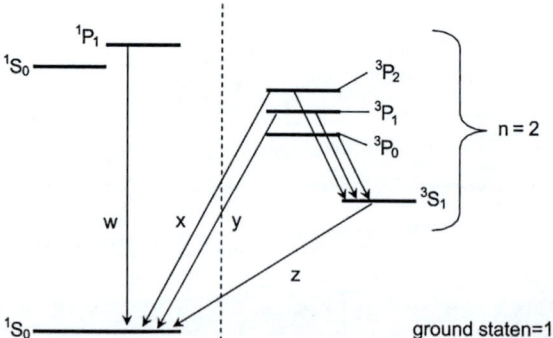

Abb. 3.11 Termdiagramm eines heliumartigen Ions

3.1 Physikalische Grundlagen der Spektroskopie

Im Fall des für plasmadiagnostische Anwendungen und damit auch für astrophysikalische Fragestellungen sehr wichtigen O VII-Tripletts führen diese Übergänge zu folgenden Emissionen im Röntgenbereich (die X- und Y-Linien lassen sich spektroskopisch nicht trennen):

- Resonanzlinie (W) bei $\lambda = 2,16$ nm
- Interkombinationslinie (X, Y) bei $\lambda = 2,18$ nm
- Verbotene Linie (Z) bei $\lambda = 2,21$ nm

Aus dem Verhältnis der Linienstärke zwischen der Resonanzlinie und der Interkombinationslinie lässt sich in solch einem Fall ziemlich genau auf die Elektronendichte im Emissionsgebiet (z. B. einer expandierenden Supernovahülle) schließen. Das liegt daran, dass der Aufbau der Population des „verbotenen" Niveaus ausschließlich durch Elektronenstöße erfolgt. Elektronenstöße können nämlich – ganz im Gegensatz zu Photonen – leicht eine Spinänderung bewirken. Andererseits steht in einem Plasma geringer Dichte als Zerfallskanal nur der verbotene Strahlungsübergang zur Verfügung. Deshalb gibt es unter diesen Bedingungen einen Zusammenhang zwischen Stoßanregung (proportional zur lokalen Elektronendichte) und Strahlungsanregung, der sich im Verhältnis der Linienstärke von verbotener und Interkombinationslinie (die sich spektroskopisch nicht trennen lassen) zur Resonanzlinie widerspiegelt. In einem Plasma höherer Dichte rekombiniert ein zunehmender Teil der auf dem verbotenen Niveau angeregten Ionen ganz allgemein durch Teilchenstöße und nicht über den viel unwahrscheinlicheren radiativen Zerfallskanal, was dazu führt, dass die verbotene Linie aus dem Spektrum verschwindet.

3.1.7 Spektren der Wasserstoffionen

Wasserstoff kommt in ionisierter Form in zwei verschiedenen Arten vor. Einmal als positiv geladenes Proton (H II) und einmal als Wasserstoffanion H⁻ (Hydridion). Letzteres hat in der Physik der Sternatmosphären eine große Bedeutung, da es im Wesentlichen für das Zustandekommen der optischen Kontinuumsstrahlung der sonnenähnlichen Sterne verantwortlich ist (es besitzt im Unterschied zum Heliumatom kein Linienspektrum).

Um aus einem Wasserstoffatom im Grundzustand ein Elektron zu entfernen, ist eine Energie von mindestens 13,6 eV notwendig. Das bedeutet, dass nur Photonen mit einer Wellenlänge $\lambda \leq 91,2$ nm (UV-Bereich) in der Lage sind, Wasserstoffatome vollständig zu ionisieren. Wolken ionisierten Wasserstoffs treten deshalb nur in der Nähe sehr heißer Sterne auf, deren hochenergetische UV-Strahlung in diesen Wolken thermalisiert wird. Das führt dazu, dass die mittlere Temperatur in HII-Wolken ungefähr 10^4 K erreicht. Die Rekombination erfolgt kaskadenartig und die dabei entstehende Strahlung kann im UV-Bereich (Lyman-Serie) und im optischen Bereich (Balmer-Serie) beobachtet werden.

Die Absorption von Strahlung mit einer Wellenlänge kleiner als die Wellenlänge der Lyman-Grenze bei $\lambda = 91,2$ nm führt dazu, dass der kosmische Raum überall dort, wo Wasserstoffgas in nennenswerter Dichte vorkommt, für UV-Strahlung undurchsichtig wird. Die Sonne befindet sich gegenwärtig in einem Raumbereich, der relativ frei von Wasserstoffgas ist. Deshalb können Sterne, die sich innerhalb dieses „lokalen *bubbles*" aufhalten, mithilfe von Satelliten auch im EUV erfolgreich beobachtet werden.

Ein auf den ersten Blick ungewöhnliches Ion stellt das Hydridion H$^-$ dar. Hier wird der bei astronomischen Objekten selten beobachtete Fall realisiert, bei dem ein Ion einen Überschuss an negativer Ladung aufweist, während alle sonst astronomisch relevanten Ionen ausschließlich Kationen sind. Eine Bildungsreaktion für H$^-$ ist:

$$H + e^- \rightarrow H^- + \gamma \tag{3.54}$$

Die Bindungsenergie des zweiten Elektrons ist mit $E_B = 0,754$ eV sehr gering. Alle Photonen, deren Wellenlänge unter $\lambda = 1653$ nm nm liegt, sind in der Lage, dieses Ion wieder in den neutralen Zustand zu überführen:

$$H^- + \gamma \rightarrow H + e^- \tag{3.55}$$

Dabei geht die überschüssige Energie des Lichtquants in die kinetische Energie des freigesetzten Elektrons über.

Dass ein Wasserstoffatom überhaupt in der Lage ist, ein weiteres Elektron zu binden, hängt damit zusammen, dass das reguläre Elektron ($E_B = 13,6$ eV) die positive Kernladung nicht vollständig abschirmen kann (auf diesen Umstand hat 1929 bereits Hans Bethe hingewiesen). Das erlaubt eine schwache elektromagnetische Bindung eines weiteren Elektrons – natürlich nur, soweit in der Umgebung dafür geeignete vorhanden sind. Insbesondere in den Sternatmosphären mittlerer Spektraltypen (d. h. F und G) existieren solche freien Elektronen in großer Zahl, die von leicht zu ionisierenden Metallen wie Ca, Na, Mg und Fe stammen. Wie 1938 der deutsch-amerikanische Astronom Rupert Wildt (1905–1976) entdeckte, stellen für sonnenähnliche Sterne die H$^-$-Ionen die dominierende Opazitätsquelle im optischen und infraroten Spektralbereich dar, da sie in der Lage sind, Photonen im Energiebereich zwischen 0,75 eV und ca. 4 eV zu absorbieren. Bei sehr heißen Sternen gibt es dagegen zu wenige neutrale Wasserstoffatome, als dass sich H$^-$-Ionen bilden könnten. Bei Sternen späterer Spektraltypen reichen dagegen die Temperaturen nicht mehr aus, um genügend viele Metallatome zu ionisieren. Die Elektronendichte ist in diesem Fall zu gering, um genügend Wasserstoffanionen bilden zu können. Das bedeutet, dass bei einer effektiven Temperatur unterhalb von ca. 3000 K so gut wie keine H$^-$-Ionen mehr produziert werden. Das Plasma der Sternatmosphäre kann keine optische Strahlung mehr absorbieren und emittieren. Das führt dazu, dass das Gas in der Sternatmosphäre im optischen Bereich nicht mehr länger strahlen kann und immer durchsichtiger wird (d. h., die Opazität nimmt ab).

Ein nicht unbeträchtlicher Teil des Lichts, welches wir von der Sonne erhalten, wird durch die Rekombination von Wasserstoffatomen und Elektronen verursacht,

3.1 Physikalische Grundlagen der Spektroskopie

bei der Hydridionen entstehen und dabei optische Kontinuumsstrahlung emittiert wird.

3.1.8 Molekülspektren

Beginnend beim Spektraltyp F3 und besonders ausgeprägt ab dem Spektraltyp G erscheinen mit fallender effektiver Temperatur immer mehr Gruppen von Absorptionslinien in den Sternspektren, die von einfachen zweiatomigen Molekülen wie CH, CN, CO, TiO, ZrO und VO stammen, wobei insbesondere die Oxide ungefähr ab dem Spektraltyp K5 verstärkt in Erscheinung treten. Mehr noch, die Ausprägung der TiO-Banden ist bei Sternen vom Spektraltyp M ein wichtiges spektrales Klassifizierungsmerkmal (s. Abschn. 2.5.4.7). Ansonsten sind Moleküle eine typische Ausprägung des „kalten Universums", wobei hier insbesondere das H_2-Molekül als wesentlichster Bestandteil galaktischer Molekülwolken zu nennen ist.

Bei den Molekülsignaturen in einem Sternspektrum handelt es sich fast immer um eine Aneinanderreihung einer Vielzahl von einzelnen Linien, die man gewöhnlich als „Molekülbande" bezeichnet. Sie ist das Resultat von Strahlungsübergängen zwischen zwei verschiedenen elektronischen Zuständen, die sich selbst wiederum in eine Vielzahl von Rotations- und Schwingungsniveaus aufspalten. Der typische Wellenlängenbereich, in dem sich derartige Übergänge in einem Spektrum manifestieren, liegt zwischen dem UV und dem nahen Infrarotbereich.

Die Komplexität der Molekülspektren ist, wie noch näher erläutert wird, das Resultat neu hinzugekommener Freiheitsgrade, die sich in diversen Schwingungs- und Rotationsmöglichkeiten der zu einem Molekül miteinander verbundenen Atome manifestieren. So führen beispielsweise Übergänge zwischen benachbarten Rotationsniveaus zu Spektren im Mikrowellenbereich ($\lambda = 1 \ldots 1000$ mm), die man mit Mikrowellenteleskopen sowie Radioteleskopen nachweisen und vermessen kann.

Übergänge zwischen Rotationsniveaus, die verschiedenen Schwingungszuständen angehören, besitzen im Vergleich zu den reinen Rotationsübergängen einen größeren energetischen Abstand. Sie führen zu Spektren im mittleren Infrarot, d. h. im Wellenlängenbereich zwischen $\lambda = 0,1 \ldots 2$ µm. Man spricht in diesem Fall direkt von „Schwingungs-Rotations-Spektren".

Wie man sieht, gibt es in einem Molekül zu einem elektronischen Zustand noch eine Vielzahl gequantelter Rotations- und Vibrationsniveaus unterschiedlicher Energie. Das allein zeigt schon, dass Molekülspektren offenkundig bedeutend komplizierter aufgebaut sein müssen als Atomspektren (s. Abb. 3.12).

Das CH-Molekül, um es einmal als Beispiel herauszugreifen, entsteht in nennenswerter Menge bereits in den Atmosphären von F3-Sternen und bildet bei einer Wellenlänge von ca. 430 nm eine Absorptionsbande (besonders gut sichtbar im Spektrum sonnenähnlicher Sterne und bei Sternen vom Spektraltyp K), die bei geringer spektraler Auflösung wie eine einzelne Absorptionslinie aussieht. Diese „Linie" erhielt 1814 von Joseph Fraunhofer zur Kennzeichnung im Sonnen-

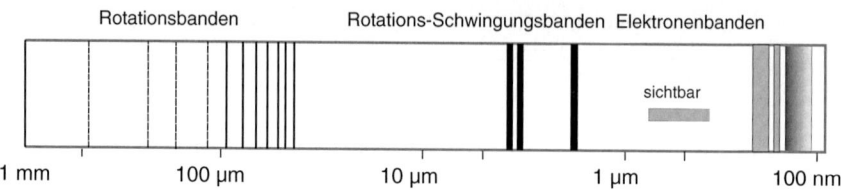

Abb. 3.12 Molekülspektren bestehen aus Spektrallinien, die sich bei elektronischen, Rotations- und Vibrationsanregungen sowie aus Mischformen von ihnen ergeben. Jede dieser Anregungsformen hat ihre typische Energieskala

spektrum den Großbuchstaben „G" zugeordnet (s. Abb. 3.13). Heute spricht man allgemein von der G-Bande des CH-Moleküls.

Es gibt nur relativ wenige Moleküle, die unter den Temperatur- und Druckbedingungen einer Sternatmosphäre über längere Zeit stabil sind. Häufiger findet man sie in kühlen Regionen des Kosmos, wie beispielsweise in interstellaren Gas- und Staubwolken. Dort können sie sich bei niedrigen Temperaturen und abgeschirmt von der kurzwelligen Strahlung heißer Sterne ansammeln und „Molekülwolken" bilden (sie bestehen überwiegend aus molekularem Wasserstoff). Da bei den darin herrschenden Temperaturen um 20 K nur niederenergetische Übergänge möglich sind (z. B. zwischen verschiedenen Rotationsfreiheitsgraden), strahlen viele darin eingelagerte Moleküle (soweit es sich nicht

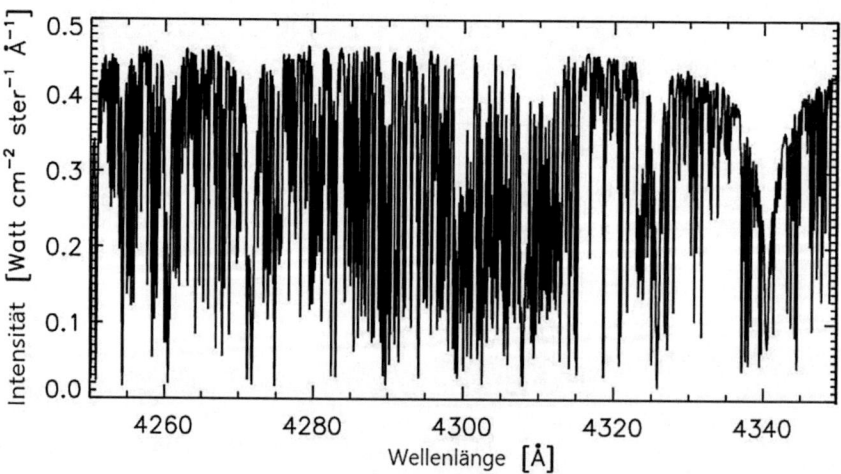

Abb. 3.13 Hochaufgelöstes Teilstück des Sonnenspektrums im Bereich des G-Bandes. Ein Großteil der hier aufgelösten Absorptionslinien ergibt sich aus Übergängen zwischen den Rotations- und Vibrationsübergängen des CH-Moleküls

um H₂ handelt⁶) hauptsächlich im Mikrowellenbereich. Aus diesem Grund ist die Beobachtung und Identifizierung interstellarer Moleküle ein Hauptarbeitsgebiet der Millimeter- und Submillimeterastronomie geworden.

In Sternspektren findet man naturgemäß fast ausschließlich die Signaturen sehr einfacher Moleküle. Nur sie können bei Temperaturen oberhalb von 3000 K überleben, wobei die Bedingungen für chemische Verbindungen mit steigender Temperatur sehr schnell schlechter werden. Die folgenden Ausführungen, die nur einen kleinen Überblick über das Fachgebiet geben können, beschränken sich deshalb auf zweiatomige Moleküle, da sie einfach strukturiert sind und sich mittels quantenmechanischer Näherungsmethoden für spektroskopische Zwecke genügend genau beschreiben lassen. Außerdem findet man nur unter ihnen Spezies, deren Linienbanden auch im optischen Bereich der Sternspektren liegen (hier überlagern sich Vibrations-Rotations-Anregungen mit elektronischen Anregungen).

Eine Übersicht über das Vorkommen, die Reaktionen und den Nachweis von (insbesondere organischen) Molekülen in kühlen Staub- und Molekülwolken sowie deren astrobiologische Bedeutung finden Sie in Scholz (2016).

3.1.8.1 Struktur und Beschreibung zweiatomiger Moleküle

Wenn sich zwei Atome gleicher Ordnungszahl (z. B. H_2, N_2, O_2 – „homonuklear") oder zwei Atome unterschiedlicher Ordnungszahl (z. B. CO, CH, TiO – „heteronuklear") verbinden, dann bilden sie zweiatomige (hantelförmige) Moleküle. Sie gelten per Definition als elektrisch neutral. Werden Ionen in die Betrachtung mit einbezogen (was bei astronomischen Fragestellungen häufig der Fall ist), dann spricht man bei ihnen besser von „Molekülionen" (z. B. H_2^+), um sie begrifflich etwas von den neutralen Molekülen abzugrenzen.

Die Verbindung einzelner Atome zu Molekülen und Molekülionen kann auf verschiedene Art und Weise geschehen. Im Zusammenhang mit den in diesem Buch zu behandelnden Themen sind jedoch nur Verbindungen von Bedeutung, bei denen sich die Einzelatome gemeinsame Elektronen in ihrer Hülle teilen. Man spricht in solchen Fällen von homöopolaren oder kovalenten Bindungen. Es handelt sich bei dieser Art von chemischer Bindung um einen rein quantenmechanischen Effekt, der etwas mit der „Mischung" entarteter atomarer Zustände zu tun hat und der sich mit den Mitteln der klassischen Physik nicht erklären lässt. Heteropolare oder Ionenbindungen, die beispielsweise für die überwiegende Mehrzahl der Mineralaggregationen verantwortlich sind, spielen unter stellaren Bedingungen keine Rolle. Das gilt natürlich auch für die sehr schwachen Bindungen, die auf der van- der Waals-Wechselwirkung beruhen, für die in der organischen Chemie wichtige Wasserstoffbrückenbindung und für die sogenannten Metallbindungen mit ihren delokalisierten Valenzelektronen.

---

⁶Molekularer Wasserstoff strahlt nur sehr schwach bei einer Wellenlänge von 28 und 17 μm, wobei die vergleichsweise hohen Anregungsenergien in kalten Molekülwolken kaum erreichbar sind.

Moleküle mit nicht abgesättigten Valenzen bezeichnet man als Radikale. Sie sind äußerst reaktionsfreudig und bilden sich im kosmischen Raum insbesondere unter der Einwirkung von UV- und Röntgenstrahlung. Sie verraten sich durch ihre typischen und zum Teil sehr intensiven Emissionen. Man denke hier nur an das Hydroxyl-Radikal OH, dessen durch Rotationsübergänge bedingte Strahlung S. Weinreb 1963 radioastronomisch im Bereich des Supernovaüberrestes Cassiopeia A nachweisen konnte (Weinreb et al. 1963).

Grundsätzlich gelten die Beschreibungsmethoden, wie man sie für Einzelatome entwickelt hat, auch für Moleküle. Auch hier ist der Ausgangspunkt die Schrödinger-Gleichung Gl. 3.17. Da jetzt aber mehrere Atome beteiligt sind, muss der Hamilton-Operator entsprechend erweitert werden. Ziel ist es, die Entstehung von Bindungen zwischen neutralen Atomen (z. B. zwischen zwei Wasserstoffatomen oder zwischen zwei Sauerstoffatomen) zu verstehen und die möglichen molekularen Anregungszustände vorherzusagen. Erschwerend wirkt dabei, dass Moleküle aufgrund ihrer räumlichen Struktur neben der „elektronischen" Anregung noch weitere Freiheitsgrade besitzen, die bei Einzelatomen nicht vorhanden sind. Es handelt sich dabei im Fall zweiatomiger Moleküle um Schwingungen entlang der Molekülachsen (Vibrationen) und um Rotationen um deren Hauptträgheitsachsen, die jeweils einen eigenen Beitrag zur Gesamtenergie und damit zum Hamilton-Operator liefern:

$$E_{ges} = E_{el} + E_{vib} + E_{rot} \tag{3.56}$$

Eine exakte Lösung der Schrödinger-Gleichung ist deshalb (selbst für das sehr einfache H_2^+-Ion) nicht mehr möglich. Es wurden aber im Laufe der Zeit eine Anzahl von Näherungsmethoden entwickelt, die trotzdem eine durchaus befriedigende theoretische Behandlung von Molekülen und molekularen Systemen ermöglichen. Für zweiatomige Moleküle ist in diesem Zusammenhang insbesondere die Born-Oppenheimer-Approximation zu nennen.

3.1.8.2 Born-Oppenheimer-Näherung, Molekülorbitale

Die Atomkerne von zweiatomigen Molekülen können im Molekülverbund eigene Bewegungen relativ zueinander ausführen. Diese Bewegungen erfolgen aber aufgrund der großen Trägheit der Kerne wesentlich langsamer als die Bewegung der Elektronen, die für die Bindung verantwortlich sind (das sind die Elektronen der „Außenschale" - die Valenzelektronen). Aus diesem Grund lässt sich die „Bewegung" der Elektronen von der „Bewegung" der Kerne recht gut trennen, indem man für jeweils einen bestimmten festen Kernabstand d die Schrödinger-Gleichung für das dazugehörige Coulomb-Potential löst (typische Kernabstände für zweiatomige Moleküle liegen zwischen 0,075 und 0,18 nm). Technisch bedeutet das, dass man den Hamilton-Operator in zwei Terme aufspaltet, deren erster Term die kinetische Energie der Kernbewegung und der zweite Term die Energieanteile der Elektronen umfasst:

$$\widehat{H} = \widehat{T}_{nuc} + \widehat{H}_{el} \tag{3.57}$$

3.1 Physikalische Grundlagen der Spektroskopie

Der elektronische Anteil berücksichtigt dabei sowohl die Wechselwirkung zwischen den Elektronen als auch die Wechselwirkung zwischen den Kernen und den Elektronen sowie die kinetische Energie der Elektronen. In solch einem Fall ist es legitim, auch die Gesamtwellenfunktion ψ als Produkt aus einer „Kernwellenfunktion" ψ_{nuc} und einer „Elektronenwellenfunktion ψ_{el} zu betrachten:

$$\psi = \psi_{nuc}\psi_{el} \qquad (3.58)$$

Einsetzen in Gl. 3.17 ergibt:

$$\hat{H}\psi = \left(\hat{T}_{nuc} + \hat{H}_{el}\right)\psi_{nuc}\psi_{el} = \hat{T}_{nuc}\psi_{nuc}\psi_{el} + \hat{H}_{el}\psi_{nuc}\psi_{el} = E\psi \qquad (3.59)$$

Jetzt kann man für jeden Kernabstand d die Elektronenwellenfunktion einzeln ausrechnen:

$$\hat{H}_{el}\psi_{el} = E_{el}\psi_{el} \qquad (3.60)$$

Führt man diese Rechnungen aus, dann erhält man E_{el} als Funktion der Kernseparation d.[7]

Unter Berücksichtigung von Gl. 3.60 und 3.58 ergibt sich aus Gl. 3.59 die Schrödinger-Gleichung der Kernwellenfunktion:

$$\left(\hat{T}_{nuc} + \hat{E}_{el}\right)\psi_{nuc} = E\psi_{nuc} \qquad (3.61)$$

E_{el} lässt sich als die potenzielle Energie einer Schwingung der Atomkerne eines zweiatomigen Moleküls interpretieren.

Mit einer weiteren Approximation (Molekül als starrer Rotator) können zusätzlich noch Rotationszustände erfasst werden, deren Energien gewöhnlich bedeutend geringer sind als die der Vibrationszustände.

Um das grundlegende Prozedere kurz anzudeuten, betrachten wir im Folgenden zwei Atome A und B mit den Kernmassen M_A und M_B sowie den Kernladungen Z_A und Z_B, die durch einen Abstand d (Kernabstand) voneinander getrennt sind. Der gemeinsame Schwerpunkt des Moleküls sei S. Die Vektoren r_A und r_B sollen dann jeweils von S aus die Position der Atomkerne A und B angeben. Die Vektoren, welche die Position der jeweiligen Elektronen in Bezug auf S festlegen, werden im Folgenden zusätzlich durch einen Zahlenindex gekennzeichnet, wobei i die Elektronen durchnummeriert: r_i. Die Abstände zwischen den Elektronen i und den Kernen A und B sind dann entsprechend r_{Ai} und r_{Bi}.

Ausgeschrieben hat die Schrödinger-Gleichung für ein zweiatomiges Molekül folgende Form, wobei N die Gesamtzahl der Elektronen angibt:

$$\left(-\frac{\hbar^2}{2M_A}\nabla_A^2 - \frac{\hbar^2}{2M_B}\nabla_B^2 - \frac{\hbar^2}{2m_e}\sum_{i=1}^{N}\nabla_i^2\right)\psi(r_A, r_B, r_i) = (E - V_{el})\psi(r_A, r_B, r_i) \qquad (3.62)$$

---

[7] Der Abstand d wird oft auch als „Bindungslänge" bezeichnet.

Der linke Teil stellt den Operator für die kinetische Energie des Gesamtmoleküls dar. Er besteht aus einem Anteil, der die kinetische Energie der Kernbewegung beschreibt, und einem Anteil, der sich aus der kinetischen Energie der Elektronen ergibt. Die Indizierung des Laplace-Operators gibt an, auf welche Koordinaten er anzuwenden ist.

Die Bewegung der Elektronen erfolgt innerhalb eines Coulomb-Potenzials V_{el}. Dieses Potenzial muss die verschiedenen Formen der elektromagnetischen Wechselwirkung zwischen den einzelnen geladenen Bestandteilen des Moleküls beschreiben. Das betrifft Kern-Kern-Wechselwirkungen genauso wie Elektronen-Kern- und Elektronen-Elektronen-Wechselwirkungen. Lediglich die Wechselwirkungen, die mit dem Elektronen- und dem Kernspin assoziiert sind, werden hier vernachlässigt. Allgemein gilt:

$$V_{el} = \frac{e^2}{4\pi\varepsilon_0}\left(\sum_{i=2}^{N}\sum_{j=1}^{N}\frac{r_i}{r_j} - \sum_{i=1}^{N}\frac{Z_A}{r_{Ai}} - \sum_{i=1}^{N}\frac{Z_B}{r_{Bi}} + \frac{Z_A Z_B}{d}\right) \quad (3.63)$$

Berechnet man jetzt entsprechend Gl. 3.60 den Anteil zur Bestimmung der Elektronenwellenfunktion, dann ergibt sich:

$$\left(-\frac{\hbar^2}{2m_e}\sum_{i=1}^{N}\nabla_i^2 + V_{el}\right)\psi_{el}(r_i) = E_{el}\psi_{el}(r_i) \quad (3.64)$$

Um den Energieeigenwert E_{el} als Funktion von d zu erhalten, muss diese Gleichung für jeden Abstand von $d = |r_A - r_B|$ zwischen den Kernen A und B gelöst werden. In der Summe ergeben sie letztendlich die Potenzialfunktion $V(d)$ in der sich die Kerne bewegen.

Damit lautet die Schrödinger-Gleichung für die Kernwellenfunktion:

$$\left(-\frac{\hbar^2}{2M_A}\nabla_A^2 - \frac{\hbar^2}{2M_B}\nabla_B^2 + V(r_A, r_B)\right)\psi_{nuc}(r_A, r_B) = E\psi_{nuc}(r_A, r_B) \quad (3.65)$$

Ihre Lösung ergibt die Gesamtenergie E des Moleküls für einen Quantenzustand. Sie setzt sich aus der translatorischen Bewegungsenergie und aus der Energie, die mit den Schwingungs- und Rotationsfreiheitsgraden des Moleküls verbunden sind, zusammen. Diese Anteile müssen in einem weiteren Schritt separiert werden. Der translatorische Anteil lässt sich besonders leicht dadurch eliminieren, dass man einfach ein Koordinatensystem wählt, in dem der Systemschwerpunkt S des Moleküls ruht.

Schauen wir uns also die elektronischen Zustände an, wie sie sich aus der Lösung der Schrödinger-Gleichung unter Vernachlässigung des translatorischen Anteils ergeben. Dazu betrachten wir wieder zwei ungebundene Atome A und B, die sich immer näher kommen (d wird immer kleiner), bis sich aus den separaten Atomorbitalen bei Erreichen des Gleichgewichtsabstands $d = r_0$ Molekülorbitale ausgebildet haben (das ist das Raumgebiet, in dem sich die entsprechenden Elektronen mit einer Wahrscheinlichkeit von 2/3 aufhalten, wobei sich die ortsabhängige Wahrscheinlichkeitsdichte aus dem normierten Quadrat der Wellenfunktion ergibt). Dabei gilt folgende Einschränkung: Besitzen die beiden sich annähernden Atome je ein einfach besetztes Orbital, tritt eine Aufspaltung der

Energieterme in jeweils ein „bindendes" Orbital mit geringer Energie und in ein „antibindendes" Orbital höherer Energie ein. Bei der Ausbildung der kovalenten Bindung besetzen beide Elektronen das bindende Orbital, wobei Energie frei wird. Die gleiche Energie muss wieder aufgewendet werden, um die beiden Atome wieder aus dem Molekülverbund zu lösen. Man nennt diesen Energiebetrag „Dissoziationsenergie" E_{diss}. Wenn sich die beiden Orbitale nicht energetisch unterscheiden, kommt es zu keiner kovalenten Bindung zwischen den Atomen. Das ist z. B. bei dem Edelgas Helium der Fall. Nähern sich zwei Heliumatome im 1 s-Zustand immer mehr an, dann bilden sie ein bindendes und ein antibindendes Orbital aus. Aufgrund des Pauli-Prinzips enthalten sowohl das bindende als auch das antibindende Orbital jeweils zwei Elektronen, die sich in ihrer Spinausrichtung unterscheiden. Da beide die gleiche Energie besitzen, bringt die Molekülbildung energetisch keinen Vorteil und unterbleibt.

Im Fall eines zweiatomigen Moleküls ist das Coulomb-Potenzial, unter dessen Einfluss sich die Elektronen bewegen müssen, offensichtlich nicht mehr zentralsymmetrisch. Insbesondere wirkt in Richtung z der Verbindungslinie der beiden Atome eine zusätzliche Feldkomponente, die – analog zum Starkeffekt – zu einer Aufhebung der Entartung von Energieniveaus führt. Die Nebenquantenzahl l (die für den Bahndrehimpuls steht) ist deshalb keine „gute" Quantenzahl mehr (d. h., sie besitzt keinen „scharfen" Wert). Etwas anders sieht es für die magnetische Quantenzahl m_l aus. Für sie ergibt sich (soweit sie sich auf die Kernverbindungslinie als Vorzugsrichtung bezieht) ein Wertevorrat gemäß

$$l_z = m_l \hbar \text{ mit } m_l = \{l,\ l-1,\ l-2,\ \ldots,\ -l\} \tag{3.66}$$

Im Rahmen des Bohr-Sommerfeldschen Atommodells kann man sich vorstellen, dass der Bahndrehimpulsvektor l der Elektronen um die Kernverbindungslinie (= z-Achse) mit der gequantelten Komponente Gl. 3.66 präzediert. Um diesen Sachverhalt auch adäquat in die Beschreibung von Molekülen einfließen zu lassen, führt man in der Molekülphysik eine neue Quantenzahl λ ein (man nennt sie „Drehimpulsprojektionsquantenzahl"), welche quasi die Nebenquantenzahl l der Atomphysik zumindest für die Bindungselektronen ersetzt:

$$\lambda = |m_l| \tag{3.67}$$

λ kann nach Gl. 3.66 offensichtlich die Werte 0 bis l annehmen. Diese Werte werden in Analogie zu den Bezeichnern s, p, d, f, ... der Nebenquantenzahl l mit den griechischen Buchstaben σ, π, δ, φ, ... bezeichnet. Ein σ-Orbital entspricht demnach einer Wellenfunktion $\lambda = 0$ und $m_l = 0$. Es weist als einziges Molekülorbital keine Entartung auf, während alle Molekülorbitale mit $\lambda > 0$ gemäß Gl. 3.67 zweifach entartet sind. Aus dem Pauli-Prinzip folgt deshalb, dass ein σ-Orbital maximal zwei Elektronen und alle anderen Zustände vier Elektronen aufnehmen können.

Um den elektronischen Quantenzustand eines zweiatomigen Moleküls mit genau einem Valenzelektron anzugeben, sind demnach die Quantenzahlen n, λ und m_l im Prinzip ausreichend. In der Bezeichnung der Terme wird oftmals noch ein Index eingeführt, welcher angibt, aus welchem Einzelatom sich der jeweilige

Term ergeben hat. Beim Wasserstoffmolekül erhält man beispielsweise folgende Molekülorbitale, die sich in ihrer Parität unterscheiden:

- $\sigma 1s \rightarrow \sigma 1s_A + \sigma 1s_B$ bindender Zustand
- $\sigma^o 1s \rightarrow \sigma 1s_A - \sigma 1s_B$ nichtbindender Zustand

Sind an der Bindung mehrere Valenzelektronen beteiligt, dann kombinieren sich entsprechend des L/S- bzw. jj-Schemas die Einzeldrehimpulse der Elektronen zu einem Gesamtdrehimpuls. In der Molekülphysik werden mehrere Kopplungsfälle unterschieden, von denen an dieser Stelle nur der Fall erwähnt werden soll, wo die Größen s (Spin) und l (Bahndrehimpuls) an die Molekülachse (= z-Achse) gekoppelt sind. Die Projektionen der Drehimpulse addieren sich unter dieser Bedingung algebraisch zur Projektion des Gesamtdrehimpulses:

$$L_z = \pm \Lambda \hbar \text{ mit } \Lambda = \left| \sum_i (\pm \lambda) \right| \tag{3.68}$$

Analog zur Russell–Saunders-Kopplung werden die jeweils zu Λ gehörenden Terme mit diesmal griechischen Großbuchstaben bezeichnet, wobei folgende Zuordnung gilt:

Λ	0	1	2	3	4
	Σ	Π	Δ	Φ	Γ

Auch hier sind alle Zustände ab $\Lambda = 1$ zweifach entartet.

Analog zu Atomen werden auch bei Molekülen Großbuchstaben zur Kennzeichnung der Elektronenzustände und Kleinbuchstaben zur Kennzeichnung der Orbitale verwendet. So kennzeichnet z. B. $^3\Pi$ einen Zustand mit $S = 1$ und $\Lambda = 1$. Der hochgestellte Index „3" (Multiplizität) kennzeichnet dabei den resultierenden Spin S:

$$S = S^* \hbar \text{ mit } S^* = \{S, S-1, \ldots, -S\}, \tag{3.69}$$

wobei S^* die Projektion auf z darstellt. Je nach Elektronenzahl nimmt S^* ganz- oder halbzahlige Werte an. Die Multiplizität, die zu jedem durch Λ gegebenen Zustand gehört, ist durch

$$\text{Multiplizität} = 2S + 1 \tag{3.70}$$

gegeben. Das bedeutet, dass es infolge der Kopplung zwischen **L** und **S** zu einer Aufspaltung des zu einem bestimmten Λ-Wert gehörenden Terms in ein Multiplett von $2S + 1$-Termen kommen muss. Diese Terme unterscheiden sich durch die Quantenzahl des resultierenden elektronischen Drehimpulses (in z-Richtung gemessen):

$$\Omega = |\Lambda + S^*| \tag{3.71}$$

3.1 Physikalische Grundlagen der Spektroskopie

Diese Größe beschreibt nicht (wie bei einem Atom) den Gesamtdrehimpuls, da der Anteil, der sich aus der Rotation ergibt („Hantel-Drehimpuls" **N** bei einem zweiatomigen Molekül) nicht berücksichtigt wird. Der Gesamtdrehimpuls **J** kann vielmehr aus der vektoriellen Addition des Hanteldrehimpulses **N** mit dem der Elektronen **Ω** berechnet werden:

$$\mathbf{J} = \mathbf{N} + \mathbf{\Omega} \tag{3.72}$$

Bei der Bezeichnung der Energieterme in einem Molekül hat man sich natürlich an der Bezeichnungsweise der Terme in Atomen orientiert (s. Gl. 3.49):

$$\text{Term} = {}^{2S+1}\Lambda_\Omega^{(Parität)} \tag{3.73}$$

Die Multiplizität wird als linker oberer Index an das Λ-Termsymbol geschrieben. Der rechte untere Index stellt den resultierenden Drehimpuls um die Kernverbindungslinie dar und wird oft weggelassen.

Nicht alle denkbaren elektronischen Übergänge zwischen den Energieniveaus der einzelnen Molekülterme sind möglich. Sie werden – wie auch bei den Einzelatomen – durch Auswahlregeln eingeschränkt. Insbesondere gilt:

$$\Delta \Lambda = \{0, +1, -1\} \tag{3.74}$$

$$\Delta S = \{0\}$$

Bei zumindest leichten Molekülen gilt demnach auch das Interkombinationsverbot, nach dem Strahlungsübergänge zwischen Singulett- und Triplettzuständen verboten sind. Man kann sich das so vorstellen: Häufig ist der Grundzustand (d. h. der oberste besetzte Zustand, in der Molekülphysik auch Highest Occupied Molecular Orbital (HOMO) genannt) mit einem Elektronenpaar mit antiparallelem Spin besetzt ($S = 0$, Multiplizität $= 1$ → Singulettzustand). Im Triplettzustand ist ein Spin umgeklappt, sodass sich für die Multiplizität $2S + 1 = 3$ ergibt. Solch ein angeregter Zustand liegt energetisch etwas tiefer als der entsprechende Singulettzustand. Da ein Photon bei einem Emissions- bzw. Absorptionsvorgang die Spinausrichtung nicht ändern kann, ist ein Strahlungsübergang zwischen einem Singulett- und einem Triplettzustand verboten, was ja gerade durch das Interkombinationsverbot ausgedrückt wird.

Zum Abschluss dieses Abschnitts soll noch kurz auf den in der Molekülphysik wichtigen Begriff der Hybridisierung eingegangen werden. Sie spielt eine besonders wichtige Rolle in der organischen Chemie, da sie maßgeblich die räumliche Struktur mehratomiger organischer Moleküle festlegt. Man versteht darunter sogenannte „gerichtete" Atomorbitale, die sich rein mathematisch z. B. durch Mischung von s- und p-Orbitalen am gleichen Atom ergeben. So lassen sich aus den vier Wellenfunktionen 2 s sowie 2p$_x$, 2p$_y$ und 2p$_z$ insgesamt vier äquivalente sp3-Hybridorbitale konstruieren, die nach den Ecken eines Tetraeders ausgerichtet sind.

3.1.8.2.1 Vibrationsübergänge

Zweiatomige Moleküle können entlang ihrer Bindungsachse Schwingungen (Vibrationen) ausführen. Das ist leicht verständlich, wenn man sich die Potenzialkurve $V(r)$ anschaut, d. h. die Energie in Abhängigkeit des Abstandes r der beiden das Molekül bildenden Atome, wie sie in Abb. 3.14 einmal für den Grundzustand und einmal für einen angeregten Zustand dargestellt ist.

Offensichtlich ähneln die Potenzialkurven im Bereich ihres Minimums dem Potenzial eines harmonischen Oszillators. Wählt man ein Koordinatensystem, in dem das Atom A ruht, dann kann die Positionsänderung des Atoms B als Schwingung um eine Gleichgewichtslage, die dem Minimum der Funktion $V(r)$ entspricht, beschrieben werden. Diese Gleichgewichtslage ist durch den „Molekülabstand" r_0 gegeben, der wiederum von dem jeweiligen elektronischen Zustand abhängt. Jetzt verschieben wir die Ordinate des Koordinatensystems derart, dass sie genau durch r_0 geht und die Bewegung relativ zu diesem Punkt durch die neue Variable

$$x = \frac{r - r_0}{r_0} \qquad (3.75)$$

gemessen wird. In diesem Fall kann man das Potenzial $V(x)$ wie folgt schreiben:

$$V(x) = E + \frac{k}{2} r_0^2 x^2 \qquad (3.76)$$

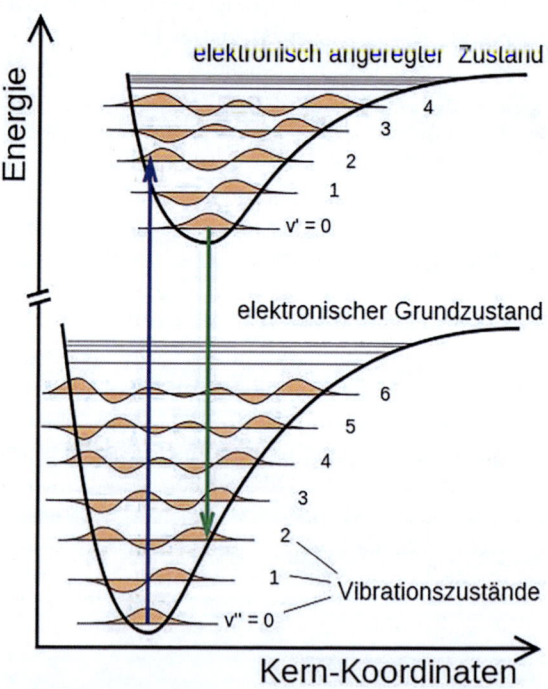

Abb. 3.14 Potenzialkurve für den Grundzustand und den ersten angeregten Zustand eines zweiatomigen Moleküls mit eingezeichneten Vibrationsniveaus

3.1 Physikalische Grundlagen der Spektroskopie

(k = „Bindungskraftkonstante" = Rückstellkraft).

Die Lösung der zu diesem Potenzial gehörenden Schrödinger-Gleichung liefert – wie auch zu erwarten – einen diskreten Satz von Energieeigenwerten E_n, die das Potenzial mit einem äquidistanten Abstand auffüllen:

$$E_n = h\nu_0 \left(\frac{1}{2} + v\right), \tag{3.77}$$

wobei ν_0 die Eigenfrequenz des Grundzustandes und v die diskrete Schwingungsquantenzahl $v = \{0, 1, 2, \ldots\}$ darstellt. Deshalb ergibt sich aufgrund der Auswahlregel $\Delta v = \pm 1$ auch nur eine Strahlungsfrequenz beim Übergang benachbarter Vibrationsniveaus.

Bei einem realen Molekül sind die Verhältnisse natürlich weitaus komplizierter. So kann z. B. bei einem realen Molekül der Kernabstand niemals den Wert $r = 0$ erreichen. Dehnt man dagegen das Molekül, dann darf der linke Ast der Potenzialkurve selbstverständlich nicht ins Unendliche gehen, sondern muss sich asymptotisch der Dissoziationsenergie E_{diss} annähern. Ein Potenzial, welches ungefähr diesen Bedingungen genügt, ist das sogenannte Morse-Potenzial (nach Philip McCord Morse (1903–1985)):

$$V(r) = E + E_{\text{diss}}(1 - exp(-a(r - r_0)))^2 \tag{3.78}$$

(der Parameter a hängt dabei u. a. von der reduzierten Masse des Moleküls ab. Er wird manchmal als Steife-Parameter bezeichnet und in m^{-2} angegeben) (Abb. 3.15).

Die Bedeutung des Morse-Potenzials besteht darin, dass sich mit diesem Potenzialansatz die Schrödinger-Gleichung exakt lösen lässt. In diesem Fall erhält man für die Energieeigenwerte:

$$E_n = h\nu_0 \left(\frac{1}{2} + v\right) - \frac{h^2 \nu_0^2}{4E_{\text{diss}}} \left(\frac{1}{2} + v\right)^2. \tag{3.79}$$

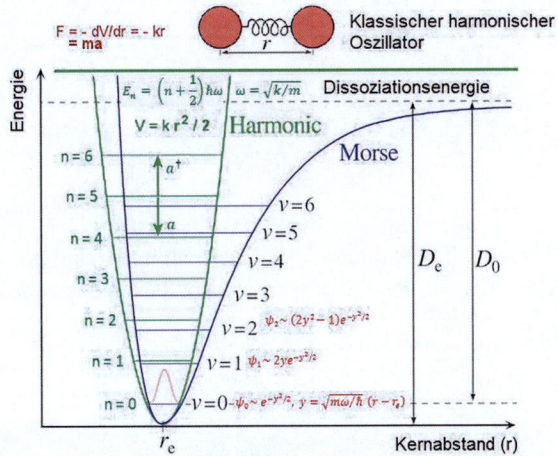

Abb. 3.15 Vergleich des Morse-Potenzials mit dem Potenzial eines quantenmechanischen harmonischen Oszillators zur Modellierung des Potenzialverlaufs eines zweiatomigen Moleküls

Wie man leicht erkennt, füllen die Energieniveaus das Potenzial nicht mehr mit äquidistantem Abstand aus, d. h., die Abstände zwischen den Vibrationsniveaus nehmen mit wachsendem v ab. Im Gegensatz zum harmonischen Oszillator ergibt sich für Vibrationsübergänge folgende Auswahlregel:

$$\Delta v = \{\pm 1, \ \pm 2, \ \pm 3, \ldots\} \tag{3.80}$$

Man beachte außerdem, dass aufgrund der Tatsache, dass für das Potenzial Gl. 3.78 in Form der Dissoziationsenergie E_{diss} ein rechtsseitiger Grenzwert existiert, die Anzahl der Energieniveaus im Potenzial endlich ist. Des Weiteren folgt daraus, dass im Fall eines Morse-Potenzials die maximale Vibrationsenergie offensichtlich der Dissoziationsenergie entsprechen muss.

3.1.8.2.2 Rotationsübergänge

Rotation und Vibration sind bei der Analyse von Molekülspektren immer als Einheit zu betrachten. Da sich bei der Anregung eines Vibrationsniveaus der mittlere Abstand zwischen den Atomen A und B ändert, ändert sich dementsprechend auch das Trägheitsmoment I des Moleküls auf diskrete Art und Weise. Das hat wiederum Auswirkungen auf das Rotationsverhalten, dessen wichtigste Kenngröße in diesem Zusammenhang die Rotationsenergie E_{rot} ist:

$$E_{\text{rot}} = \frac{I}{2}\omega^2 \tag{3.81}$$

(ω ist die Winkelgeschwindigkeit).

Diese aus der klassischen Mechanik bekannte Formel muss natürlich modifiziert werden, damit sie sich auf ein quantenmechanisches Objekt anwenden lässt. Da man ein zweiatomiges Molekül aufgrund seiner Hantelform als starren Rotator mit zwei Rotationsfreiheitsgraden ansehen kann (da das Trägheitsmoment um die Kernverbindungslinie nahezu null ist, spielt dieser (dritte) Freiheitsgrad für die weiteren Betrachtungen keine Rolle), gilt für das jeweils zu diesen zwei Freiheitsgraden gehörende Trägheitsmoment:

$$I = \frac{M_A M_B}{M_A + M_B} d^2, \tag{3.82}$$

wobei der Faktor vor dem Kernabstand d die reduzierte Masse μ des Moleküls aus den Atomen A und B darstellt. Aus der Schrödinger-Gleichung folgt in diesem Fall für den Betrag des Drehimpulses $|\boldsymbol{L}|$ des Moleküls:

$$|\boldsymbol{L}| = \hbar\sqrt{J(J+1)} = I\omega \tag{3.83}$$

J ist hier die Quantenzahl des gesamten molekularen Drehimpulses und wird deshalb auch als „Rotationsquantenzahl" bezeichnet. Ihr Wertevorrat ist durch

$$J = \{0, 1, 2, 3, \ldots\} \tag{3.84}$$

gegeben.

3.1 Physikalische Grundlagen der Spektroskopie

Analog zur Drehimpulsquantisierung beim Atom kann man auch hier eine Art „magnetische" Quantenzahl m_J einführen, welche die z-Komponente des Gesamtdrehimpulses L bestimmt:

$$m_J = \{J, J-1, \ldots, -J\}, \quad L_z = \hbar m_J \tag{3.85}$$

Setzt man Gl. 3.83 in 3.81 ein, dann erhält man für die Rotationsenergie in Bezug auf die zwei Rotationsachsen mit nichtverschwindendem Trägheitsmoment I:

$$E_{\text{rot}}(J) = \frac{\hbar^2}{2I} J(J+1) = hcBJ(J+1) \tag{3.86}$$

$B = \hbar^2/(2Ihc)$ bezeichnet man gewöhnlich als Rotationskonstante des Moleküls.

Das bedeutet, dass ähnlich wie bei einem Atom ein Energieniveau in Bezug auf das Rotationsniveau $(2J+1)$-fach entartet ist und dass die Übergänge zwischen diesen Niveaus zu einem Spektrum führen müssen, bei dem bei Anwesenheit von elektrischen oder magnetischen Feldern eine entsprechende Aufspaltung in Einzellinien zu beobachten ist. Die Energiedifferenzen, die sich zwischen den einzelnen Rotationszuständen ergeben, liegen dabei in der Größenordnung von einigen Tausendstel bis Hunderttausendstel eV. Das erklärt, warum Rotationsübergänge fast ausschließlich im Mikrowellenbereich des elektromagnetischen Spektrums auftreten. Weiterhin ist aus Gl. 3.86 ersichtlich, dass die Höhe der Energieniveaus auf der Energieskala quadratisch mit J ansteigt.

Zum Abschluss soll noch darauf hingewiesen werden, dass, wenn $J = 0$ ist, nach Gl. 3.86 auch $E_{\text{rot}} = 0$ ist. Für die Rotation gibt es demnach keine Nullpunktsenergie.

Aus der Quantisierung der Rotationsenergie folgt weiter die Auswahlregel:

$$\Delta J = \pm 1 \tag{3.87}$$

und damit für das Spektrum:

$$\frac{1}{\lambda} = B(J(J+1) - J(J-1)) = 2BJ \tag{3.88}$$

Es besteht aus äquidistanten Linien mit einem jeweiligen Abstand von

$$\Delta \tilde{\nu} = 2B, \tag{3.89}$$

wenn man in Wellenzahlen rechnet. Lediglich für sehr große J macht sich schwach ein durch Zentrifugalkräfte verursachter Effekt bemerkbar, der dazu führt, dass die Linienabstände ganz langsam abnehmen. Dieser Effekt wird als „Zentrifugalaufweitung" bezeichnet und bezieht sich nicht auf eine Änderung der Linienabstände, sondern auf eine Vergrößerung des Trägheitsmoments (durch die Rotation wird das Molekül quasi entlang der Kernachse gedehnt). In der astronomischen Spektroskopie hat dieser Effekt keine Bedeutung und ist nicht einmal nachweisbar (Abb. 3.16).

Abb. 3.16 Betrachtet man ein zweiatomiges Molekül als einen starren Rotator, dann ergibt sich ein Energieniveauschema, dessen Strahlungsübergänge zu einem Spektrum mit konstanten Linienabständen führen. Aus den gemessenen Linienabständen lässt sich das Trägheitsmoment des Moleküls experimentell bestimmen

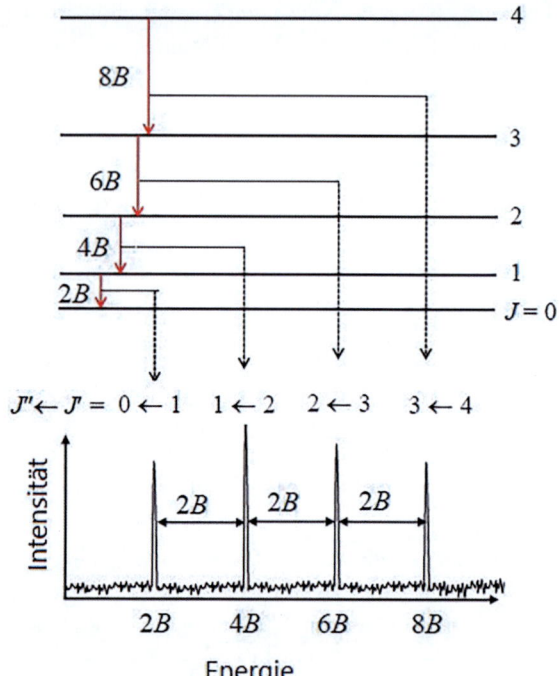

3.1.8.2.3 Vibrations-Rotations-Spektren

Schon eine einfache Rekapitulation der in den beiden vorangegangenen Abschnitten (Abschn. 3.1.8.2.1 und 3.1.8.2.2) beschriebenen Zusammenhänge, zeigt, dass Vibrations- und Rotationszustände nicht unabhängig voneinander betrachtet werden können. Eine Anregung eines Schwingungsfreiheitsgrades führt zu einer Vergrößerung des mittleren Abstandes der beiden Atome im Molekül und ändert damit dessen Massenträgheitsmoment. Das wiederum hat einen direkten Einfluss auf die Rotationsenergieniveaus. Die Auswahlregel $\Delta J = \pm 1$ erzwingt darüber hinaus, dass mit jeder Vibration auch eine Rotation angeregt wird, was streng für alle heteronuklearen zweiatomigen Moleküle (wie beispielsweise CO und TiO) gilt. Homonukleare zweiatomige Moleküle wie H_2, N_2 und O_2 ohne ein permanentes Dipolmoment können im Gegensatz dazu weder ein reines Rotationsspektrum noch ein Vibrations-Rotations-Spektrum ausbilden.

Von Bedeutung ist weiterhin, dass die Anregungsenergien für Rotationszustände relativ gering sind. Eine Absorption erfolgt genau dann, wenn die Frequenz des zu absorbierenden Lichtquants mit der Frequenz ν_R (die sich aus der Energie des Rotationsniveaus ergibt) übereinstimmt. Bei den astronomisch interessanten Molekülen liegen diese Frequenzen im fernen Infrarot und (bei Molekülen mit größeren I) im Mikrowellenbereich. Sie eignen sich deshalb besonders gut zur Untersuchung der thermischen Verhältnisse in Sternentstehungsgebieten und in kühlen Hüllenbereichen ausgedehnter Riesensterne.

Im Folgenden sollen die Übergänge zwischen Rotationsniveaus zweier unterschiedlicher Schwingungszustände eines gegebenen elektronischen Zustands einmal näher betrachtet werden. Jedes Vibrationsniveau $v_i\{i = 0, 1, \ldots\}$ ist in entsprechende Rotationsunterniveaus aufgeteilt, wobei beispielsweise die zu v_0 gehörenden Rotationsquantenzahlen mit J'' (unterer Term) und die zu v_1 gehörenden Rotationsquantenzahlen im Folgenden mit J' (oberer Term) bezeichnet werden sollen.

Entsprechend der Auswahlregel Gl. 3.87 nennt man den Bereich mit $\Delta J = -1$ „P"-Zweig (hier gilt $J' = J'' - 1$), während man den Bereich $\Delta J = +1$ als „R"-Zweig ($J' = J'' + 1$) bezeichnet. Die als Symmetrieachse dienende Nulllinie ($\Delta J = 0$, „Q"-Zweig) fehlt meist, wobei es aber Ausnahmen gibt.

Für die Energiedifferenzen ΔE_R bei Übergängen zwischen zwei unterschiedlichen Rotationsniveaus ergibt sich:

$$\Delta E_R = hcB\big(J'(J'+1) - J''(J''+1)\big) \tag{3.90}$$

Dieses Ergebnis spiegelt sofort die Äquidistanz der Rotationslinien wider, was z. B. leicht zu erkennen ist, wenn man die Auswahlregel $J' = J'' + 1$ in die Gleichung einsetzt.

In der Molekülspektroskopie spricht man von R-Linien einer Schwingungsbande, wenn für sie $\Delta J = +1$ gilt, andernfalls, für $\Delta J = -1$, von P-Linien. Sie erstrecken sich symmetrisch um den sogenannten Bandenursprung, wobei relativ dazu die P-Linien den niederfrequenten und die R-Linien den höherfrequenten Teil bilden.

3.1.8.2.4 Elektronische Übergänge

Für die Sternspektroskopie sind Übergänge, die zwischen zwei verschiedenen, in Vibrations- und Rotationsniveaus aufgespalteten elektronischen Zuständen möglich sind, am interessantesten, da die von ihnen bedingten Molekülbanden im Wesentlichen im UV- und optischen Spektralbereich bis hin zum nahen Infrarot zu finden sind – also genau in dem Spektralbereich, der gewöhnlich von der erdgebundenen Spektroskopie abgedeckt wird. Konkret handelt es sich dabei jedoch fast ausschließlich um sehr robuste Moleküle mit einer vergleichsweise großen Dissoziationsenergie. Nur sie können den Temperaturen in den Sternatmosphären standhalten, wobei anzumerken ist, dass Molekülsignaturen erst ab mittleren Spektraltypen (G-Band von CH) überhaupt zu beobachten sind und dann zu späteren Spektraltypen hin immer deutlicher in Erscheinung treten (insbesondere in Form von TiO-Absorptionsbanden der M-Sterne).

Gerade optische Anregungen von Molekülen führen im Allgemeinen zur gleichzeitigen Änderung verschiedener Molekülfreiheitsgrade, wobei gilt:

- Das Erscheinungsbild eines Molekülspektrums wird analog zu den Atomen hauptsächlich durch die größten Energiedifferenzen, die bei Änderungen des elektronischen Molekülzustands möglich sind, bestimmt.

- Änderungen des Schwingungszustandes eines Moleküls im Zuge eines elektronischen Übergangs führen zu einer stark strukturierten Vibrationsbande, die sich über einen gewissen Wellenlängenbereich erstreckt.
- Bei heteronuklearen Molekülen können auch Rotations-Vibrations-Übergänge auftreten, die Einfluss auf die Feinstruktur der Schwingungsbanden nehmen.

Das führt dazu, dass sich die elektronischen Übergänge in einzelne Molekülbanden zergliedern, deren Struktur sich durch ein sogenanntes Fortrat-Diagramm erschließen lässt. Es erklärt u. a. die Entstehung von sogenannten „Bandkanten", an denen sich die Spektrallinien häufen, sodass sie irgendwann mit einem Spektrografen nicht mehr aufgelöst werden können. Auf fotografischen Aufnahmen erscheint an dieser Stelle ein plötzlicher Sprung in der Schwärzung, während die Liniendichte dahinter wieder abnimmt. Man kann diesen Effekt recht schön an Spektren von M-Sternen am Beispiel der TiO-Banden beobachten.

Der Übergang, der zur Absorption oder Emission eines Photons führt, erfolgt innerhalb einer Zeitspanne, in der sich der Schwingungszustand des Moleküls nahezu nicht ändert. Das bedeutet, dass der elektronische Übergang – dargestellt in einem Potentialkurvendiagramm – immer senkrecht erfolgt. Dieser Sachverhalt ist ein Aspekt des Franck-Codon-Prinzips, mit dem sich die Übergangswahrscheinlichkeiten zwischen den Vibrationszuständen benachbarter elektronischer Zustände berechnen lassen (Abb. 3.17).

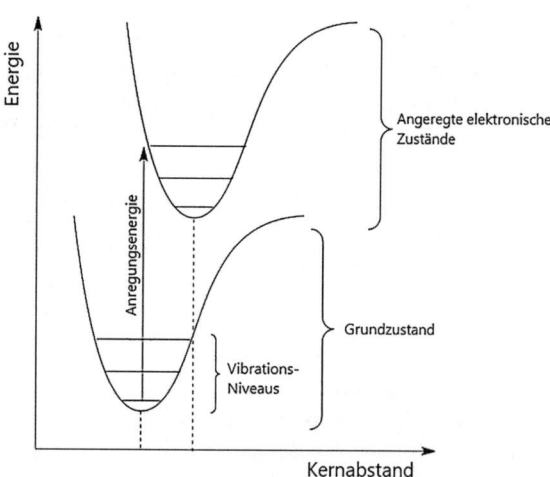

Abb. 3.17 Schematische Darstellung (Potenzialkurven, hier verschoben aufgrund einer Bindungslockerung) von zwei elektronischen Zuständen am Beispiel eines zweiatomigen Moleküls. Der Pfeil zeigt einen der vielen möglichen Schwingungsübergänge zwischen diesen elektronischen Zuständen. Über die Wahrscheinlichkeit, mit der bestimmte kombinierte elektronische und Schwingungsübergänge stattfinden, gibt das Franck-Codon-Prinzip Auskunft

3.1.8.3 Beispiele für astronomisch relevante Moleküle

Im optischen Bereich von Sternspektren findet man gewöhnlich nur wenige Spektrallinien bzw. Banden, die auf Moleküle hinweisen (späte Spektraltypen einmal ausgenommen). Störend machen sich aber manchmal die Absorptionsbanden des atmosphärischen Sauerstoffs (A-Bande, $\lambda = 760$ nm bis 780 nm) und des Wasserdampfes (z. B. $\lambda = 1,34$ nm bis $1,45$ nm) bei spektroskopischen Untersuchungen bemerkbar, die die Sternspektren überlagern. Sie sind beispielsweise deutlich im roten Bereich des Sonnenspektrums auszumachen – vorausgesetzt, es wurde von der Erdoberfläche aus aufgenommen.

Die Präsenz von Molekülen erwartet man bei kühlen Sternen oder bei Sternen, die von kühleren Gas- und Staubwolken umgeben sind, wie es z. B. bei jungen Protosternen der Fall ist. Besonders günstig für die Entstehung von teilweise sehr komplexen Molekülen sind kalte ($T \approx 20$ K) interstellare Gas- und Staubwolken, die man deshalb auch als „Molekülwolken" bezeichnet. Bei solchen Temperaturen können sich Wasserstoffatome in Wechselwirkung mit dem eingelagerten Staub zu Wasserstoffmolekülen verbinden. Da Staubteilchen die UV-Strahlung der Sterne sehr gut absorbieren, sind sie nicht mehr in der Lage, die Molekülbindungen aufzubrechen (die Dissoziationsenergie des Wasserstoffmoleküls liegt bei $\approx 4,52$ eV, was der Energie eines Photons mit $\lambda = 274$ nm entspricht). Das erklärt u. a., warum Molekülwolken fast immer mit galaktischen Dunkelwolken assoziiert sind.

Aufgrund der geringen Anregungsenergien lassen sich interstellare Moleküle besonders gut mit den Methoden und Teleskopen der Mikrometer- und Millimeterwellenastronomie beobachten, da die meisten Rotationsübergänge der in Molekülwolken und in protostellaren Gas- und Staubscheiben vorkommenden heteronuklearen Moleküle wie CO, CS, H_2O und H_2CO gerade in diesem Wellenlängenbereich stattfinden. Sie sind die idealen Beobachtungsinstrumente, um Moleküle in der interstellaren Materie sowie in den Gas- und Staubhüllen junger Sterne bzw. gerade in Entstehung begriffener Sterne aufzuspüren. In diesem Zusammenhang sind gerade protoplanetare Scheiben, welche noch im Kontraktionsstadium befindliche Sterne umgeben, besonders von Bedeutung, da gerade in diesen Scheiben die Planetenbildung stattfindet.

Obwohl H_2-Moleküle die weitaus meisten Teilchen in interstellaren Molekülwolken stellen (auf ca. 10.000 Wasserstoffmoleküle kommt ein Kohlenmonoxidmolekül), sind von ihnen stammende elektronische Absorptionsbanden nur sehr schwer und dann auch nur außerhalb der Erdatmosphäre zu beobachten, da sie im UV-Bereich ($\lambda = 100$ nm bis 110 nm) liegen. Vibrationsbanden (in Emission) findet man dagegen im sichtbaren Rot bis zum mittleren Infrarot ($\lambda \approx 28,2$ μm). Die Anregungsenergien sind hier aber schon so hoch, dass diese Emissionen nur bedingt für die Untersuchung kalter molekularer Wasserstoffwolken geeignet sind. Außerdem erweist sich auch ihre Beobachtung in der Praxis als technisch recht anspruchsvoll.

Aufgrund seiner Symmetrie gehört das Wasserstoffmolekül H_2 bekanntlich zu den homöopolaren Molekülen. Es besitzt also kein permanentes Dipolmoment wie beispielsweise das CH-Molekül. Deshalb sind elektronische Übergänge, bei denen sich J um ± 1 ändert, verboten. Erlaubt sind dagegen Übergänge mit $J = 0$ und $J = \pm 2$. Für Vibrationsübergänge gelten derartige Einschränkungen jedoch nicht, da sie unabhängig von der Rotationsquantenzahl J sind.

Ein sehr wichtiger Übergang in diesem Zusammenhang ist beispielsweise der von $J = 3$ nach $J = 1$ unter Änderung der Vibrationsquantenzahl $v = 1$ nach $v = 0$. Dabei wird eine IR-Linie bei $\lambda = 2,12$ μm emittiert. Da sie in einem IR-Spektrum meist sehr gut auflösbar ist, gehört sie mit zu den am besten untersuchten Moleküllinien des interstellaren molekularen Wasserstoffs. Durch Messung ihrer Intensitätsverteilung am Himmel lässt sich besonders gut die Verteilung der Wasserstoffmoleküle in Gasnebeln erforschen.

Aber auch in Sternatmosphären können sich unter Umständen Wasserstoffmoleküle bilden, die aber nicht stabil sind und deshalb besser als Quasimoleküle bezeichnet werden sollten. Ihre Entstehung kann man sich in etwa wie folgt vorstellen: Unter gewissen Temperatur – und Druckverhältnissen kommt es in einer Sternatmosphäre ab und zu vor, dass zwei Wasserstoffatome sehr nahe beieinander vorbeifliegen, ohne jedoch eine Bindung einzugehen. Genau zu diesem Zeitpunkt kann das System jedoch ein eventuell vorhandenes Strahlungsquant passender Energie absorbieren und eines der beiden Elektronen anregen. Da es dafür verschiedene Möglichkeiten über einen größeren Energiebereich gibt (Streuung der Kerndistanzen während der Absorptionsvorgänge), wird man entsprechend stark gestreckte Einsenkungen im UV-Bereich des Spektrums erwarten können. Beobachtungen mit dem International Ultraviolet Explorer (IUE) haben beispielsweise solche Einsenkungen im Bereich von $\lambda = 160$ nm bei einzelnen Weißen Zwergen nachgewiesen (Koester et al. 1985). Begegnen sich dagegen ein neutrales und ein ionisiertes Wasserstoffatom, dann entsteht kurzzeitig ein H_2^+-Quasimolekül mit einer etwas anderen spektroskopischen Signatur bei einer Wellenlänge um 106 nm und 140 nm. Auch diese Absorptionen ließen sich in den Atmosphären einiger heißer Weißer Zwergsterne zweifelsfrei nachweisen (Stancil 1994).

Ein für die Untersuchung von Sternentstehungsprozessen außergewöhnlich wichtiges „Tracermolekül" ist das des Kohlenmonoxids CO. Dieses Molekül ist vergleichsweise häufig (CO/$H_2 \approx 10^{-4}$) und tritt ständig mit Wasserstoffmolekülen in Wechselwirkung (Stoßanregung), sodass man aus deren Emissionsverhalten sehr schlüssig auf die Eigenschaften des Wasserstoffgases schließen kann, in dem die CO-Moleküle eingebettet sind. So kann man beispielsweise aus der Äquivalentbreite einer CO-Linie (z. B. bei $\lambda = 2,6$ mm, was einem Übergang zwischen $J = 1$ und $J = 0$ entspricht) auf die Dichte der Wasserstoffmoleküle und damit letztlich auf die Masse der Molekülwolke schließen.

Ein ähnliches, für den Astrophysiker wichtiges Tracermolekül ist die Verbindung CS, die bei einer Frequenz von 48 GHz im Millimeterwellenband ($\lambda = 6,2$ mm) emittiert. Durch genaue Untersuchungen derartiger Emissionen lassen sich wertvolle Informationen über die Dichte und die Temperaturverteilung der ansonsten weitgehend unsichtbaren Wasserstoffmoleküle in der Milchstraße ermitteln.

3.1 Physikalische Grundlagen der Spektroskopie

Moleküle sind Repräsentanten des „kalten" Universums. In Sternatmosphären sind die Temperaturen in der Regel viel zu hoch, als dass sich dort wesentliche Mengen bilden könnten. Erst bei späten Spektraltypen werden die Bedingungen für einige wenige, strukturell sehr einfache Spezies etwas besser (s. Tab. 3.5). Obwohl ihre Teilchenzahldichten sehr gering sind, können sie das Aussehen von Sternspektren durchaus dominieren, wie die Titan-Banden der M-Sterne mehr als deutlich zeigen.

Welche Moleküle sich in einer Sternatmosphäre bilden können, hängt neben der Temperatur und den Druckverhältnissen entscheidend von der Häufigkeit der atomar darin vorkommenden Elemente ab. Diese Häufigkeitsverteilung spiegelt meist recht genau die kosmische Elementhäufigkeit zur Zeit der Sternentstehung wider. Nur bei genügend massereichen Sternen kommt es in bestimmten Entwicklungsstadien zu Prozessen, bei denen die in den Kernbereichen fusionierten Elemente (das betrifft in erster Linie Kohlenstoff und Sauerstoff sowie einige schwerere Elemente, die sich durch Neutroneneinfang gemäß dem s-Prozess bilden) durch konvektiven Stofftransport in die Sternatmosphären gelangen und dort ihre spektralen Signaturen hinterlassen (sogenannte *dredge-up*-Ereignisse). Das betrifft beispielsweise massereiche Sterne der Spektraltypen R und N sowie Sterne vom Spektraltyp S (s. Abschn. 2.5.4.8). Bei derartigen Sternen bestimmt gerade das Verhältnis von Kohlenstoff zu Sauerstoff in der Sternatmosphäre ganz wesentlich die Molekülchemie.

In sauerstoffreicheren Sternatmosphären geringer effektiver Temperatur sind die Bedingungen zur Bildung einiger Metalloxide günstig, deren Moleküle sich

Tab. 3.5 Moleküle, deren Signaturen in den Spektren von Sternen später Spektraltypen zu finden sind (Wellenlänge in nm, aus Jaschek 1990)

429,5; 431,5	CH	In den Spektren von späten F-Sternen bis zu späten K-Sternen, wobei das Maximum um G8III bzw. G5 erreicht wird (G-Bande)
421,6; 388,3	CN	In den Spektren von späten F-Sternen bis zu späten K-Sternen, wobei die Liniensichtbarkeit stark mit der Leuchtkraft variiert
495,4; 476,1; 462,6; 458,4; 442,2	TiO	Sichtbar in den Spektren von K5-Sternen bis hin zu späten M-Sternen, wobei beim Spektraltyp M3 Sättigung erreicht wird
704,5; 708,8; 712,6; 758,9; 843,2	TiO	TiO-Banden im NIR
740,0; 790,0	VO	Nur in späten M-Sternen sichtbar
439,5; 469,7; 473,7	C_2	Nur in Kohlenstoffsternen
405,3	C_3	
486,8; 497,9	SiC_2	Nur in Kohlenstoffsternen
464,1; 462,0	ZrO	
791,0; 740,4	LaO	Nur in S-Sternen
1560; 2350	CO	

durch eine außergewöhnlich hohe Bindungsstärke auszeichnen. Das betrifft neben SiO (macht sich spektral nur im IR bemerkbar) besonders die Oxide von Titan, Vanadium und Zirkonium, wobei die Banden von TiO bei Sternen vom Spektraltyp M nahezu das gesamte optische Sternspektrum dominieren. Trotz der geringen Teilchenzahldichte ist hier TiO die wichtigste Opazitätsquelle in deren Atmosphären (Abb. 3.18).

In mehr kohlenstoffreichen Sternatmosphären kommen dagegen erwartungsgemäß häufiger kohlenstoffhaltige Moleküle vor. Bei hohen Temperaturen sind das neben CO in erster Linie C_2 und einige Karbide. Außerdem tritt in manchen Kohlenstoffsternen mit einer erhöhten Stickstoffhäufigkeit auch das ziemlich robuste CN-Molekül spektral in Erscheinung.

Am unteren Ende der Temperaturskala der Sterne (z. B. bei Roten Zwergsternen) nimmt die Vielfalt an Kohlenstoffverbindungen deutlich zu, wobei als Beispiele an dieser Stelle nur die Verbindungen C_2H und C_2H_2 genannt werden sollen. Aber auch andere Moleküle wie CaOH, CaH, H_2O, und FeH (um nur einige zu nennen) finden in Sternatmosphären, deren effektive Temperatur die 3000 K – Marke unterschreitet, gute Entstehungsbedingungen vor.

In den Atmosphären bestimmter Zwergsterne (T-Zwerge) ist schließlich Methan eine besonders häufige Kohlenstoffverbindung (s. Abschn. 2.5.4.10).

3.1.9 Identifikation von Spektrallinien in Sternspektren

Am Anfang jeder Untersuchung von Sternspektren steht die Identifikation der darin vorkommenden Spektrallinien, d. h. die Bestimmung, zu welchen chemischen Elementen und atomaren Übergängen sie jeweils gehören. Praktisch läuft das auf eine möglichst genaue Messung der Wellenlänge λ im Spektrum hinaus, bei der die entsprechende Spektrallinie zu finden ist. Für wichtige und häufig vorkommende Übergänge sind die Wellenlängen bzw. Frequenzen aufgrund von Laboruntersuchungen sehr gut bekannt, sodass ihre Identifikation – insbesondere, wenn man noch plausible Annahmen über ihre Anregungsbedingungen in Sternatmosphären machen kann – meist keine Probleme macht. Entsprechende

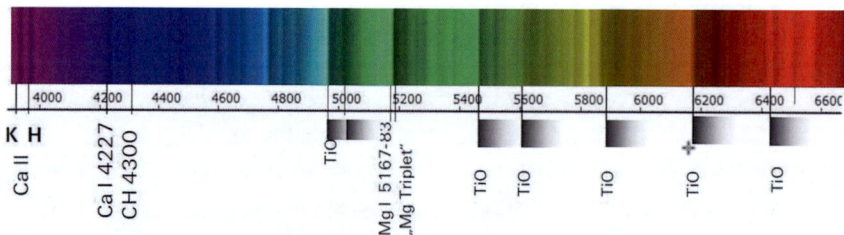

Abb. 3.18 Spektrum von Alpha Herculis (Ras Algethi). Ausgeprägte Molekülbanden von TiO sind das dominierende Merkmal des Spektrums dieses halbregelmäßig veränderlichen Riesensterns vom Spektraltyp M5 Ib-II. (Walker 2012)

Tabellenwerke sind seit Langem Bestandteil der astronomischen und chemischen Fachliteratur und natürlich heute auch digital verfügbar. Schwieriger ist es, die teilweise dicht beieinanderliegenden Absorptionslinien hochionisierter Metalle (z. B. Fe), wie sie zu Tausenden in den Spektren mittlerer und später Spektraltypen vorkommen, bestimmten Elementen oder Ionen verschiedener Ionisationsgrade zuzuordnen. Hier helfen – wie bei der Identifikation verbotener Linien – oftmals nur theoretische Untersuchungen in Form der Berechnung der jeweils möglichen Übergänge und der dazugehörigen Übergangsfrequenzen aus atomphysikalischen Parametern weiter. Das gilt insbesondere für die reichhaltigen spektralen Merkmale von UV-Spektren heißer Sterne, die heute zwar satellitengestützten Beobachtungen zugänglich, im Labor aber kaum zu reproduzieren sind. Für die Ableitung der physikalischen Bedingungen, wie sie innerhalb einer Sternatmosphäre herrschen, ist es aber in den meisten Fällen überhaupt nicht notwendig, jede im Spektrum auftretende Linie genau einem Atom oder Ion eines bestimmten Elements zuzuordnen. Für eine quantitative Spektralanalyse reicht meist eine gewisse Anzahl repräsentativer Spektrallinien aus. Dabei kommt es mehr darauf an, die Linienprofile ausgewählter Spektrallinien möglichst genau zu vermessen. Aus diesem Grund gibt es auch nur recht wenige Sterne, bei denen man eine lückenlose Identifikation der Spektrallinien im sichtbaren Bereich überhaupt versucht hat. Ein solcher Stern ist natürlich erst einmal die Sonne, deren Linien mit sehr hoher Genauigkeit z. B. von C. E. Moore, M. G. J. Minnaert und J. Houtgast im Bereich zwischen $\lambda = 293{,}5$ nm und $\lambda = 877{,}0$ nm erfasst und identifiziert worden sind (Moore et al. 1966). Die qualitative Spektralanalyse, zu deren Hauptarbeitsgebiet die Linienidentifikation gehört, gewinnt aber zunehmend bei der Untersuchung von peculiaren Sternen an Bedeutung, also Sternen, die auf irgendeine Weise von der Norm abweichen, indem sie z. B. Spektrallinien von Elementen enthalten, die man ansonsten nur selten in Sternspektren findet.

Im Zeitalter des Internet existieren mehrere webgestützte Datenbanken zur Identifikation stellarer Spektrallinien. Als Beispiel soll hier nur die „Vienna Atomic Line Database" (VALD) des Astronomischen Instituts der Universität Wien erwähnt werden, die prinzipiell für jeden interessierten Astronomen online verfügbar ist (http://vald.astro.uu.se/). Eine gute Informationsquelle zur Linienidentifizierung ist auch die von Peter van Hoof gepflegte „The Atomic Line List" (http://www.pa.uky.edu/~peter/atomic/). Über eine nutzerfreundliche Eingabemaske kann man sich hier interaktiv für einen gewünschten Wellenlängenbereich (und fakultativ einige andere Angaben wie z. B. Element und Ionisationsgrad) alle in der Datenbank enthaltenen Linien inklusive ihrer wesentlichen atomphysikalischen Daten ausgeben lassen.

Die Untersuchung eines Sternspektrums beginnt man gewöhnlich mit der Kennzeichnung leicht identifizierbarer Linien (z. B. Wasserstofflinien, H- und K-Linie des einfach ionisierten Kalziums, Na-D-Linien etc.) und bestimmt deren Wellenlänge im Vergleich zu den bekannten Linien eines Vergleichsspektrums (Letzteres repräsentiert hier kinematisch das „Laborsystem"). Das erlaubt die genaue Bestimmung der durch die Radialgeschwindigkeit des Sterns verursachten Linienverschiebung, die für die folgenden Arbeiten eine wichtige Korrekturgröße darstellt. Sobald eine Spektrallinie eines Elements sicher identifiziert ist, kann man in einer Datenbank nachschauen, welche Linien noch von diesem Element bzw. Ion zu erwarten sind, und die entsprechenden Kandidaten im Spektrum kennzeichnen. Wie bereits beschrieben, bilden alle erlaubten spektralen Übergänge zwischen zwei Termen ein Multiplett. Die dabei auftretenden Linien haben oft eine unterschiedliche Stärke (Intensität), wobei sich die jeweiligen Intensitätsverhältnisse zwischen den Linien des Multipletts theoretisch vorhersagen lassen. Dabei gilt die Regel, dass Änderungen in den Anregungsbedingungen nur wenig Einfluss auf die Intensitätsverhältnisse zwischen den Linien des gleichen Multipletts nehmen. Identifiziert man beispielsweise eine Linie eines bestimmten Multipletts in einem Sternspektrum, dann kann man anhand der Intensitätsunterschiede oftmals entscheiden, ob die Linie an der Position einer weiteren Linie des Multipletts zu demselben Mutiplett oder zu einem völlig anderen Übergang gehört. Oder ein anderer Fall: Ordnet man beispielsweise einer schwachen Absorptionslinie einen bestimmten Übergang zu, findet aber an der Position einer stärkeren Linie des gleichen Multipletts keine Anzeichen für eine derartige Linie, dann muss die Identifikation offensichtlich falsch sein.

In der modernen beobachtenden Astronomie werden immer mehr automatische Verfahren zur Untersuchung von Sternspektren und damit auch zur Linienidentifizierung eingesetzt. Dazu werden die Spektren digitalisiert (wenn noch Fotoplatten verwendet werden, erfolgt die Digitalisierung mittels Mikrodensitometer, welche die Plattenschwärzung als Funktion der Wellenlänge messen) und danach mithilfe von leistungsfähigen Computerprogrammen die spektralen Merkmale identifiziert und kategorisiert. Diese mittlerweile vollautomatisch ablaufenden Verfahren sind besonders bei Aufgabenstellungen erfolgreich (z. B. im Rahmen von Himmelsdurchmusterungen, sogenannten „Surveys"), wo es gerade auf die Gewinnung umfangreichen und statistisch auswertbaren Materials ankommt.

Ein weiteres, neuerdings besonders bei UV-Spektren gern benutztes Verfahren ist die von Charles R. Cowley mitentwickelte Methode der Wavelength Coincidence Statistics (WCS) (Hartoog et al. 1973). Wie der Name schon sagt, handelt es sich hierbei um ein statistisches Verfahren, bei dem untersucht wird, ob bereits aus Laboruntersuchungen bekannte Spektrallinien im Spektrum eines Sterns nachweisbar sind oder nicht. Aus diesen Untersuchungen werden statistische Kennziffern gewonnen, die eine Beurteilung eines Sternspektrums unter verschiedenen, vorher festgelegten Gesichtspunkten erlauben. So gesehen handelt es sich bei diesem Verfahren nicht unbedingt um eine Methode der Identifizierung von Einzellinien, sondern eher um die Bestimmung globaler spektraler Parameter, wie man sie z. B. für Klassifikationszwecke oder zur Suche nach Objekten mit besonderen Spektralmerkmalen benötigt. Da es relativ leicht algorithmisierbar ist, bildet es die Grundlage von einigen recht leistungsfähigen Analyseprogrammen.

Zum Abschluss müssen noch einige Punkte kurz angesprochen werden, welche die Identifikation von Spektrallinien in Sternspektren zumindest erschweren:

- Zu geringe spektrale Auflösung (oder der Prozess der Linienverbreiterung) führt zur Überlagerung *(blending)* von eng benachbarten Linien, was deren Identifikation teilweise aussichtslos macht.
- Störungen durch atmosphärische Absorptionen und Emissionen (z. B. im roten und infraroten Bereich des sichtbaren Spektralbereichs) überdecken stellare Spektralmerkmale.
- Spektroskopie in Wellenlängenbereichen, für die es nicht genügendes, durch theoretische und Laboruntersuchungen gestütztes Identifikationsmaterial gibt (z. B. UV).
- Schnell rotierende Sterne ($v \sin i > 10$ km/s) bzw. Sterne mit hoher Schwerebeschleunigung an deren Oberflächen (Weiße Zwerge), bei denen die Spektrallinien stark verbreitert werden (Doppler-Verbreiterung, Druckverbreiterung).

Die erfolgreiche Identifizierung von Spektrallinien verschiedener chemischer Elemente stellt zunächst nur einen „Existenzbeweis" für das Vorkommen des entsprechenden Elements in einer Sternatmosphäre oder in der Umgebung eines Sterns dar. Sie sagt für sich genommen noch nichts oder nur sehr wenig über die physikalischen Bedingungen am Ort ihrer Entstehung und über die Häufigkeit, mit der Atome des jeweiligen Elements in der Sternatmosphäre vorhanden sind, aus. Dazu sind weitere Untersuchungen notwendig, die sich insbesondere auf die Linienprofile und ihre Äquivalentbreiten stützen. Dafür sind unter Umständen Spektrografen mit einer möglichst hohen spektralen Auflösung notwendig, die in der Lage sind, auch entsprechende Linienprofile in der für die Aufgabenstellung notwendigen Genauigkeit aufzulösen.

3.1.10 Linienprofile und Linienbreiten

Die Entstehung einer Spektrallinie in einem Spektrum ist das Ergebnis eines kollektiven Vorgangs, in dem eine riesige Zahl von Atomen zur gleichen Zeit eine entsprechende Zustandsänderung erfahren, bei der entweder ein Photon der entsprechenden Wellenlänge emittiert bzw. absorbiert wird. Nach den Kirchhoff'schen Gesetzen beobachtet man entweder eine Absorptionslinie oder eine Emissionslinie im Spektrum, je nachdem, ob die überwiegende Zahl der Atome Licht des entsprechenden Übergangs aus dem umgebenden Strahlungsfeld entnimmt oder an das Strahlungsfeld abgibt. Die Spektrallinien werden dabei neben ihrer Position im elektromagnetischen Spektrum (ausgedrückt durch λ, ν oder $\tilde{\nu}$) durch ihre Linienintensität und ihre Linienbreite charakterisiert, wobei i. d. R. das Verhältnis der Linienintensitäten verschiedener Übergänge von Atomen und Ionen von besonderer physikalischer Relevanz ist.

Natürliche Linienbreite, Lorentz-Profil Dass eine Spektrallinie nicht „unendlich" dünn (scharf) sein kann, lässt sich ohne große Schwierigkeiten aus der Quantenmechanik herleiten. Der Grund dafür ist, dass angeregte Zustände in einem atomaren oder molekularen System immer nur eine endliche Lebensdauer Δt besitzen, was entsprechend der Heisenberg'schen Unschärferelation zwischen Energie E und Zeit t

$$\Delta E \Delta t \geq \frac{\hbar}{2} \qquad (3.91)$$

sowie der Planck'schen Beziehung

$$\Delta E = h \Delta \nu \qquad (3.92)$$

zu einer natürlichen Linienunschärfe $\Delta \nu$ führt.

Mit einer Photonenenergie $E = hc/\lambda$ lässt sich diese „Unschärfe" für einen elektronischen Übergang zwischen den Zuständen m und n wie folgt abschätzen:

$$\Delta \lambda \approx \frac{\lambda^2}{2\pi c} \left(\frac{1}{\Delta t_m} + \frac{1}{\Delta t_n} \right) \qquad (3.93)$$

Da die typische Lebensdauer von angeregten Zuständen in der Größenordnung von 10^{-8} s liegt, kann es im Bereich des sichtbaren Spektrums keine schärferen Linien als $\approx 5 \cdot 10^{-5}$ nm geben. Nur bei metastabilen Zuständen, deren Lebensdauer die genannten 10^{-8} s um Größenordnungen übersteigt, ergeben sich weitaus geringere natürliche Linienbreiten. Von großer astronomischer Bedeutung sind hier die metastabilen Zustände, die zu „verbotenen Linien" führen (s. Abschn. 3.1.5.6). Ansonsten sind sie besonders für die Laser-Physik von Interesse (Abb. 3.19).

An dieser Stelle muss noch erwähnt werden, dass die „Lebensdauer" eines angeregten Zustandes keine Eigenschaft eines individuellen Atoms ist. Für einen angeregten Zustand lässt sich genauso wenig, wie man für ein radioaktives Atom einen konkreten Zerfallszeitpunkt vorhersagen kann, ein Zeitpunkt für dessen Abregung angeben. Der Übergang erfolgt quasi „spontan" und damit rein zufällig, weshalb man bei diesem Vorgang auch von einer „spontanen Emission" spricht.

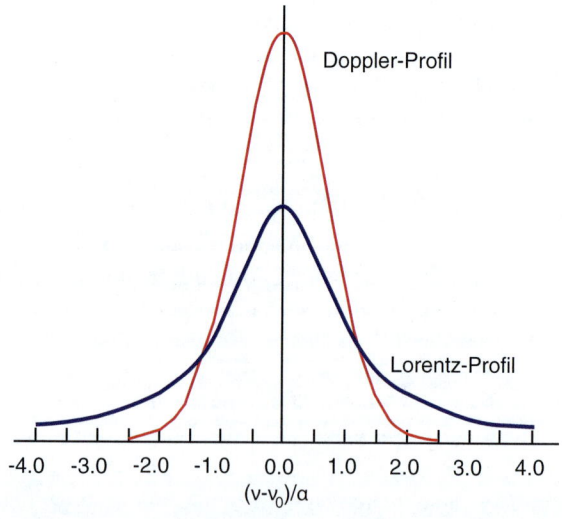

Abb. 3.19 Vergleich eines Lorentz-Profils mit dem Doppler-Profil einer Absorptionslinie gleicher Äquivalentbreite. Das Lorentz-Profil beschreibt dabei die „natürliche" Linienbreite, wie sie aus der Quantenmechanik folgt. Sie wird durch verschiedene Prozesse verbreitert – z. B. aufgrund der Bewegung der strahlungsabsorbierenden Teilchen – was sie „Gauß-ähnlicher" macht. Ein solches (idealisiertes) modifiziertes Linienprofil ist das Doppler-Profil

3.1 Physikalische Grundlagen der Spektroskopie

Dazu betrachtet man am besten eine große Zahl N_m von Atomen, die sich zum Zeitpunkt t in einem angeregten Zustand m befinden. Weiterhin sei w_{mn} die Wahrscheinlichkeit für eine spontane Emission eines Photons beim Übergang $m \to n$ eines individuellen Atoms, bezogen auf die Zeiteinheit Δt. Analog zum radioaktiven Zerfall lässt sich hier sofort folgende Beziehung aufschreiben:

$$\frac{dN_m(t)}{N_m(t)} = -w_{mn}dt \tag{3.94}$$

Sie gibt die Verminderung $dN_m(t)$ der angeregten Zustände aufgrund spontaner Emission im Laufe der Zeit an. Diese Differenzialgleichung lässt sich leicht durch Variablentrennung lösen, wobei sich unter Berücksichtigung der Anfangsbedingung $N_m(t=0) = N_{m0}$ als Lösungsfunktion

$$N_m(t) = N_{m0}\exp(-w_{mn}t) \tag{3.95}$$

ergibt. Da offensichtlich für $t \to \infty$ $N_m(t) \to 0$ gelten muss, uns aber die „mittlere Lebensdauer" $\tau_m = 1/w_{mn}$ interessiert, muss noch über den kompletten Zeitraum integriert werden:

$$N_{m0}\tau_m = \int_0^\infty N_m dt = N_{m0}\overline{\tau} \tag{3.96}$$

Daraus und mit Gl. 3.94 ergibt sich schließlich eine Beziehung, aus der sich die mittlere Lebensdauer τ_m einer großen Zahl von Atomen im Energiezustand E_m bezüglich eines Energiezustandes E_n ausrechnen lässt:

$$N_m = N_{m0}exp\left(-\frac{t}{\tau_m}\right) \tag{3.97}$$

$\overline{\tau}$ ist die Zeit, in der die Zahl der angeregten Atome auf N_{m0}/e gefallen ist. Damit ergeben sich im Mittel endliche Wellenzüge der Länge $\overline{\tau}c$, die schon nach den Gesetzen der klassischen Elektrodynamik ein kontinuierliches Frequenzspektrum aufweisen müssen, – also auch so etwas wie eine natürliche Linienbreite ergeben.

Allgemein lässt sich die Gestalt einer unbeeinflussten Spektrallinie durch eine Funktion $g(\nu, \nu_0)$ in der Form

$$\int_0^\infty g(\nu, \nu_0)d\nu = 1 \tag{3.98}$$

angeben, wobei man den Frequenzwert ν_0 des Maximums der Funktion $g(\nu)$ als Resonanzfrequenz oder kurz als „natürliche Frequenz" dieser Spektrallinie bezeichnet. Im Rahmen der klassischen Elektrodynamik lässt sich die Funktion $g(\nu, \nu_0)$ wie folgt aufschreiben, wobei $\Delta\nu^*$ die volle Halbwertsbreite (s. u.) ist, die sich aus der typischen Lebensdauer $\overline{\tau}$ eines Strahlungsübergangs ergibt:

$$g(\nu, \nu_0) = \frac{1}{2\pi} \frac{\Delta\nu^*}{(\nu - \nu_0)^2 + \left(\frac{\Delta\nu^*}{2}\right)^2} \tag{3.99}$$

$$I(\omega) = I(\omega_0) \frac{1}{2\pi} \frac{\gamma}{(\omega_0 - \omega)^2 + (\gamma/2)^2} \equiv L(\omega_0 - \omega) \quad (3.100)$$

γ bezeichnet hier die sogenannte Dämpfungskonstante.

Ein solches „natürliches" Linienprofil nennt man „Lorentz-Profil". Seine volle Halbwertsbreite

$$(\lambda)_{1/2} = \frac{\lambda^2}{\pi c} \frac{1}{\tau} \quad (3.101)$$

stellt die natürliche Linienbreite dar, die sich ohne Fremdeinfluss nur durch die endliche Abstrahldauer bei einem Strahlungsübergang ergibt. Sie ist astronomisch gewöhnlich von geringem Belang und lässt sich spektroskopisch auch nur sehr schwer auflösen, weil sie normalerweise durch das thermische Doppler-Profil völlig überlagert wird. Im Fall der H_α-Linie liegt sie bei $\approx 4{,}6 \cdot 10^{-5}$ nm.

Während homogene Linienverbreiterungsmechanismen das Linienprofil modifizieren, verändern inhomogene Linienverbreiterungs- bzw. Verschiebungsmechanismen die Lage der Resonanzfrequenz ν_0 auf der Frequenzachse, wie es bekanntlich beim Doppler-Effekt der Fall ist (s. Abschn. 3.1.10.1).

Die wichtigsten Linienverbreiterungsmechanismen sind:

- Doppler-Verbreiterung, verursacht durch die thermische Bewegung der Atome in einem Gas,
- Doppler-Verbreiterung durch nichtthermische Effekte wie beispielsweise die Rotation eines Sterns oder durch Vorgänge der Mikro- und Makroturbulenz in der Sternatmosphäre (denken Sie an die Granulationszellen der Sonnenphotosphäre),
- Druckverbreiterung, verursacht durch Störungen, die durch Stöße mit anderen Teilchen hervorgerufen werden und die damit die Lebensdauer atomarer Zustände verkürzen („Stoßdämpfung"),
- Sättigungsverbreiterung bei zunehmender Säulendichte entsprechender Atome und Ionen.

Durch die Untersuchung von Verbreiterungsmechanismen und deren Auswirkungen auf das Linienprofil lassen sich viele Informationen über die physikalischen Bedingungen am Ursprungsort der Linienabsorption bzw. Linienemission (Sternatmosphäre, expandierende Hüllen, interstellare Materie) ableiten. Linienprofile beinhalten damit bedeutend mehr Informationen über das Ursprungsgebiet einer Spektrallinie als deren bloße Identifikation. Wenn man diese Informationen richtig interpretieren kann, lassen sich im Zusammenspiel zwischen Beobachtung und Theorie erstaunlich genaue Modelle von Sternatmosphären entwickeln (Abb. 3.20).

Am häufigsten hat man es in Sternspektren mit Absorptionslinien zu tun. Bei ihnen handelt es sich erst einmal um nichts anderes als um einen Intensitätseinbruch im Kontinuum einer Strahlungsquelle. Ihre „tiefste" Position erreicht sie bei der Wellenlänge λ_0 (das ist die Position des Linienkerns), während man den Bereich rechts und links davon als „Linienflügel" bezeichnet.

3.1 Physikalische Grundlagen der Spektroskopie

Abb. 3.20 Linienprofil einer Absorptionslinie

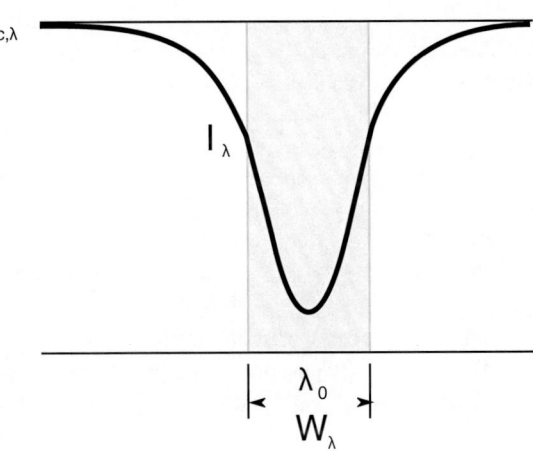

Ist $I_{c,\lambda}$ die Intensität des Kontinuums an der Stelle λ und I_λ die Linienintensität, dann bestimmt das Verhältnis $I_\lambda/I_{c,\lambda}$ als Funktion von λ das Linienprofil. Ist diese Funktion bekannt (z. B. durch die Messung der Schwärzungsverteilung $S(\lambda)$, die im Wesentlichen der Verteilung $I(\lambda)$ proportional ist), dann lässt sich daraus die besser handhabbare Äquivalentbreite W_λ der Spektrallinie bestimmen:

$$W_\lambda = \int \frac{I_{c,\lambda} - I_\lambda}{I_{c,\lambda}} d\lambda \tag{3.102}$$

Physikalisch stellt sie ein Maß für die in der Linie absorbierte Energie dar.

Während die natürliche Äquivalentbreite von Spektrallinien nur wenige Millionstel nm beträgt, liegt die Linienbreite von scharfen Linien im sichtbaren Spektralbereich meist bei einigen Hundertstel nm. Eine genaue Bestimmung der Äquivalentbreite setzt daher eine genügend hohe Auflösung des Spektrografen voraus.

Häufig verwendet man auch den Terminus „Linienstärke" als Synonym für W_λ.

Als relative Linieneinsenkung R_λ bezeichnet man die Größe

$$R_\lambda = \frac{I_{c,\lambda} - I_\lambda}{I_{c,\lambda}} \tag{3.103}$$

und als volle Halbwertsbreite (FWHM = Full Width at Half-Maximum) die Größe $(\Delta\lambda)_{1/2}$, für die

$$\frac{I_{c,\lambda} - I_\lambda}{I_{c,\lambda} - I_{\lambda_0}} = \frac{1}{2} \tag{3.104}$$

gilt.

Gewöhnlich benutzt man zur Darstellung eines Linienprofils eine Normierung, bei der die Intensität des Kontinuums auf 1 gesetzt wird.

Da die Breite und die Gestalt von Spektrallinien nicht allein von den entsprechenden atomaren Übergängen abhängen, sondern primär von den physikalischen Bedingungen des Emissions- bzw. Absorptionsgebietes (z. B. einer Sternatmosphäre), liefern sie wichtige Informationen über diese Eigenschaften. Sie lassen sich prinzipiell aus einer sorgfältigen Analyse der physikalischen Mechanismen erschließen, die primär Einfluss auf das Aussehen einer Linienkontur nehmen. Dazu ist eine Theorie der Linienverbreiterungsmechanismen unabdingbar. Sie erlaubt nämlich wiederum einen Bezug zu plasmaphysikalischen Prozessen und ermöglicht auf diese Weise eine Diagnostik astrophysikalisch relevanter Plasmen.

3.1.10.1 Doppler-Verbreiterung

Der Doppler-Effekt beschreibt die Frequenzänderung $\Delta \nu$, die auftritt, wenn sich eine Strahlungsquelle entweder auf einen Beobachter zu- oder von ihm wegbewegt (wobei in dem hier diskutierten Fall nur die radiale Geschwindigkeitskomponente eine Rolle spielt). Dieser 1842 von Christian Doppler theoretisch vorhergesagte Effekt tritt bei jeder Art von Wellenausbreitung auf. Im Fall von Schallwellen kann man ihn sogar „hören", indem man beispielsweise auf den Sirenenton eines vorbeifahrenden Krankenwagens achtet. Nähert sich das Fahrzeug, nimmt man einen helleren Ton wahr (= höhere Frequenz), entfernt es sich, dann erscheint der Ton tiefer (= geringere Frequenz). Dieser Effekt ist leicht zu verstehen, wenn man sich die Ausbreitung einer Kugelwelle einmal vom Standpunkt eines bewegten Beobachters und einmal vom Standpunkt einer bewegten Strahlungsquelle vergegenwärtigt. Da in der Astronomie Relativgeschwindigkeiten unter Umständen sehr groß sein können, soll hier der relativistische Fall für Lichtwellen behandelt werden. Dabei macht es für astronomische Anwendungen Sinn, die „Erde" als ruhendes System zu betrachten.

Unter Anwendung der speziell-relativistischen Lorentz-Transformationen erhält man für die in einem der beiden Bezugssysteme wahrgenommene Frequenz ν' (bei optischen Phänomenen kann man zwischen den Fällen „bewegter Beobachter" und „bewegte Lichtquelle" nicht unterscheiden, da es nur auf die Relativgeschwindigkeit ankommt):

$$\nu' = \nu \frac{1-\beta}{\sqrt{1-\beta^2}} \quad \text{mit} \quad \beta = \frac{v}{c} \qquad (3.105)$$

(c = Lichtgeschwindigkeit).

Durch Reihenentwicklung von Gl. 3.105 und unter Vernachlässigung aller Glieder ab der 2. Ordnung erhält man den klassischen Ausdruck für die Frequenzverschiebung:

$$\nu' = \nu \left(1 \pm \frac{v}{v_S}\right), \qquad (3.106)$$

wobei v_S ganz allgemein die Ausbreitungsgeschwindigkeit der Welle (z. B. einer Schallwelle in Luft oder einer Lichtwelle im Vakuum) ist.

Man beachte, dass es sich bei der Geschwindigkeit v immer um die radiale Geschwindigkeitskomponente in Bezug auf den Beobachter handelt. Um jedoch die "wahre" Geschwindigkeit zu bestimmen, muss zusätzlich die Richtung des Geschwindigkeitsvektors im Raum bekannt sein (bei Sternen misst man dazu die Eigenbewegung an der Himmelskugel).

Der Wurzelausdruck in Gl. 3.105 führt zu einem weiteren Effekt, der beim klassischen Doppler-Effekt nicht auftritt. Bewegt sich die Strahlungsquelle parallel zum Beobachter, dann ist klassisch $v_r = v_S \cos \vartheta = 0$ kein Doppler-Effekt zu erwarten. Im relativistischen Fall muss man jedoch die Zeitdilatation beachten, die dazu führt, dass die Frequenz ν auf

$$\nu' = \nu\sqrt{1-\beta^2} \tag{3.107}$$

verringert erscheint. Dieser Effekt wird als transversaler Doppler-Effekt bezeichnet und stellt einen rein relativistischen Effekt dar, der in der klassischen Physik kein Pendant findet. Er spielt erst bei sehr hohen Relativgeschwindigkeiten eine Rolle und kann bei den allermeisten astronomischen Anwendungen vernachlässigt werden.

Der Doppler-Effekt ist ein äußerst wichtiges Hilfsmittel, um den Bewegungszustand von Himmelskörpern zu erforschen. Angenommen, bei einem Stern beobachtet man auf der Registrierkurve seines Spektrums bei der H_α-Linie des Wasserstoffs ($\lambda_0 = 656{,}28$ nm) eine Verschiebung der Linienachse um 0,022 nm zu längeren Wellenlängen hin. Das bedeutet wegen

$$\frac{\Delta\lambda}{\lambda_0} = \mp\frac{v_r}{c} = \pm\frac{\Delta\nu}{\nu}, \tag{3.108}$$

dass sich der Stern mit einer radialen Geschwindigkeit v_r von 10 km/s von uns entfernt.

Eine positive Wellenlängenverschiebung bezeichnet man gewöhnlich als Rotverschiebung (wenn sich die Strahlungsquelle, z. B. eine ferne Galaxie, entfernt) und eine negative als Blauverschiebung (wenn sich die Strahlungsquelle nähert). Bei spektroskopischen Doppelsternsystemen kann man leicht beide Effekte beobachten, wenn man die Frequenzverschiebung des Gesamtsystems aufgrund dessen gemeinsamer Bewegung im Raum herausrechnet.

Mit modernen Spektrografen, die speziell für die Messung der Radialgeschwindigkeit ausgelegt sind, lassen sich unter trickreicher Anwendung interferometrischer Verfahren (siehe z. B. Scholz (2014), Abschn. 3.4) heute bereits Genauigkeiten erzielen, die nicht mehr sehr weit von der mit erdgebundenen Teleskopen erreichbaren Grenze von $\approx 0{,}1$ m/s entfernt sind. Diese Genauigkeiten sind notwendig, um mit der „Radialgeschwindigkeitsmethode" extrasolare Planeten sicher aufspüren zu können.

3.1.10.1.1 Thermische Doppler-Verbreiterung

Was für einen Stern gilt, gilt natürlich auch für jedes Atom. Die Bewegung eines Atoms in einem Gas ist bekanntlich thermischer Natur. Je nachdem, ob sich das Atom bei einem Emissions- oder Absorptionsvorgang auf den Beobachter zubewegt oder sich von ihm entfernt, erfolgt eine von dessen Radialgeschwindigkeit abhängige Wellenlängenverschiebung zu kürzeren oder längeren Wellenlängen hin. Bei der Entstehung von Spektrallinien muss man selbstverständlich alle Atome der Strahlungsquelle betrachten, die zu deren Entstehung beitragen. Ihre Geschwindigkeitsverteilung wird bekanntermaßen bei einer gegebenen Temperatur T durch eine Maxwell-Boltzmann-Verteilung beschrieben:

$$N(v)dv \approx v^2 exp\left(-\frac{mv^2}{2k_BT}\right)dv \qquad (3.109)$$

Sie gibt die Anzahl N der Teilchen mit der Geschwindigkeit v im Geschwindigkeitsbereich v $+ dv$ an. Da die radiale Geschwindigkeitskomponente jedes Atoms einen Beitrag zum Doppler-Effekt liefert, kommt es nicht nur zu einer „Unschärfe" einer Spektrallinie, sondern die Maxwell-Boltzmann-Verteilung schlägt direkt auf das Linienprofil (d. h. auf die Intensitätsverteilung $I(\lambda)$ entlang der Linie) durch:

$$I(\lambda) \approx I(\lambda_0)exp\left(-\frac{mc^2(\lambda_0 - \lambda)^2}{2k_BT\lambda^2}\right) \qquad (3.110)$$

$$I(\omega) \approx I(\omega_0)exp\left(-\frac{mc^2}{2k_BT\omega_0^2}(\omega_0 - \omega)^2\right) \equiv G(\omega_0 - \omega) \qquad (3.111)$$

λ_0 ist die vom Doppler-Effekt unbeeinflusste Wellenlänge und G das Gauß-Profil. Da es sich bei diesem Profil um eine Gauß-Kurve handelt, ergibt sich daraus (soweit die Linie noch nicht gesättigt ist) für deren Halbwertsbreite (FWHM):

$$(\Delta\lambda)_{1/2} = 2\lambda_0\sqrt{\frac{2k_Bt\,ln2}{mc^2}} \qquad (3.112)$$

Typische Linienbreiten für den Balmer H_α-Übergang ($n = 3 \rightarrow 2$) sind bei einer Temperatur von $\approx$ 100 K 0,0047 nm und bei einer Temperatur von $\approx$ 6000 K 0,036 nm, wobei – zum Vergleich – die natürliche Linienbreite bei $\approx 4,6 \cdot 10^{-5}$ nm liegt. Mit zunehmender Ordnungszahl eines Elements nimmt bei gegebener Temperatur die Linienbreite ab, weshalb auch die Linien schwererer Elemente schmaler sind als beispielsweise thermisch verbreiterte Wasserstoff- und Heliumlinien (Abb. 3.21).

Die rein thermische Bewegung der Teilchen im Plasma einer Sternatmosphäre ist nicht die einzige Ursache für das Auftreten der Doppler-Verbreiterung. Auch makroskopische Bewegungen in Form von Strömungen (z. B. Konvektion), chaotischen Verwirbelungen und explosiven Prozessen (wie z. B. der Aufstieg und Zerfall von Protuberanzen bei der Sonne) können sich im Doppler-Profil einer Spektrallinie niederschlagen. Ihre Berücksichtigung erweist sich jedoch ohne genaue Kenntnis der makroskopischen Geschwindigkeitsfelder $v(x, y, z)$ in den Sternatmosphären als schwierig. Es existieren mittlerweile verschiedene Ansätze zur Berücksichtigung der Effekte von Mikro- und Makroturbulenz in Form von Korrekturen an Gl. 3.110, die derartige Einflüsse auf das Doppler-Profil approximativ erfassen. In der Sternphysik spielen turbulente Effekte mit ihren mess-

3.1 Physikalische Grundlagen der Spektroskopie

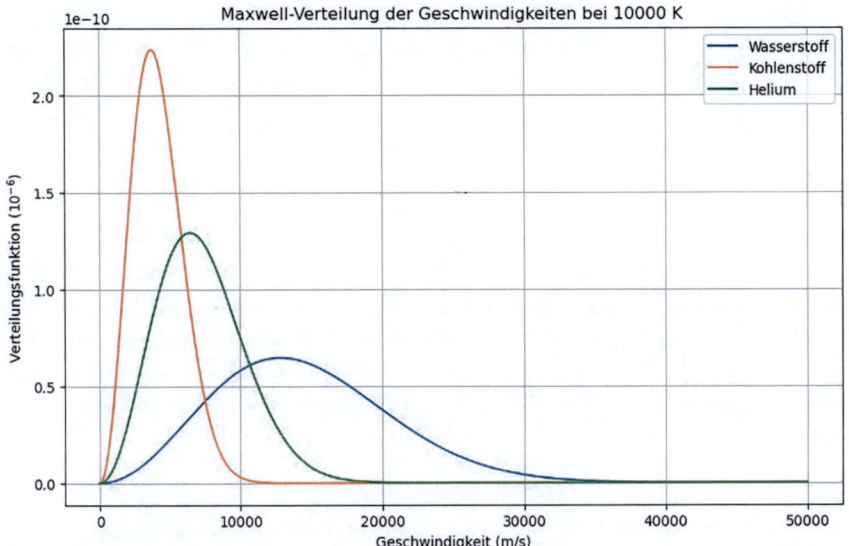

Abb. 3.21 Maxwell-Boltzmann-Verteilung für Wasserstoff, Helium und Kohlenstoff bei einer Temperatur von 10.000 K. Man erkennt deutlich, dass bei einer gegebenen Temperatur Teilchen mit geringerer Masse eine höhere mittlere Geschwindigkeit aufweisen. Das schlägt sich auch im Dopplerprofil ihrer Spektrallinien nieder

baren Auswirkungen auf das Linienprofil insbesondere bei Riesen- und Überriesensternen eine wichtige Rolle. Genau genommen wurde die Existenz großer oberflächennaher Konvektionszellen in den Atmosphären derartiger Sterne erst durch einer besonders genauen Analyse der Doppler-Verbreiterung von Spektrallinien in deren Spektren entdeckt.

3.1.10.1.2 Rotation von Sternen

Ein weiterer wichtiger Anwendungsfall des Doppler-Effekts in der Astronomie liegt in der Bestimmung der Rotationsparameter von Einzelsternen. Man kann sich leicht vorstellen, dass man bei einem rotierenden Stern (natürlich nur, wenn nicht gerade auf einen der Rotationspole eines Sterns geschaut wird, d. h., es muss $i \gg 0$ sein) anstelle einer festen Frequenz ein Strahlungsgemisch mit unterschiedlichen Doppler-Verschiebungen erhält, da sich aufgrund der Rotation ein Teil der Sternmaterie mit jeweils unterschiedlichen Geschwindigkeiten auf den Beobachter zu- und der andere Teil von ihm wegbewegt. Bezeichnet man mit v_R die Radialgeschwindigkeit eines Oberflächenelements am Rand des Sterns, dann folgt aus Gl. 3.108 eine „Verschmierung" einer Spektrallinie über den Bereich

$$\Delta \lambda = \frac{2 v_R}{c_0} \lambda_0. \tag{3.113}$$

Durch diesen Vorgang bildet eine Spektrallinie ein charakteristisches Rotationsprofil (im Idealfall einen Ellipsenbogen) aus, welches umso flacher wird, je größer $|v_R|$ ist. Was sich jedoch nicht ändert, ist die Äquivalentbreite W_λ der Spektrallinie. Auf diese Weise unterscheidet es sich deutlich von den Profilen, die durch andere Verbreiterungsmechanismen hervorgerufen werden.

Solange die Rotationsgeschwindigkeit hoch ist (z. B. über 100 km/s), kann diese Art der Linienverbreiterung in einem Spektrum dominieren. Bei kleineren Rotationsgeschwindigkeiten (beispielsweise bei späten Hauptreihensternen mit $v_R < 25$ km/s) wird jedoch die Trennung von thermischen und turbulenten Effekten zunehmend schwieriger. Ein Problem, was bleibt, ist in Gl. 3.113 noch nicht berücksichtigt. In dieser Beziehung wurde stillschweigend angenommen, dass die Rotationsachse des Sterns genau senkrecht auf der Sichtlinie steht. Das wird selbstverständlich nur selten der Fall sein. Was man auf einem Spektrogramm ausmessen kann, ist vielmehr eine maximale Linienbreite $\Delta\lambda$, die sich aus der projizierten Geschwindigkeit $v_R \sin i$ ergibt, wobei i der Winkel zwischen (unbekannter) Rotationsachse und Sichtlinie ist. Das Problem lässt sich aber statistisch lösen. Beobachtet man sehr viele Sterne und nimmt man weiterhin an, dass die Richtungen ihrer Rotationsachsen im Raum gleichverteilt sind, dann sollte sich der Mittelwert v_R der Größe

$$v_R = \frac{\pi}{4} \langle v_R \sin i \rangle = 0{,}784 \, \langle v_R \sin i \rangle \tag{3.114}$$

annähern. Es ist sinnvoll, diese Größe – wie bereits erwähnt – für physikalisch ähnliche Gruppen (also Sterne eines ausgewählten Spektraltyps und Leuchtkraftklasse) zu ermitteln. Auf diese Weise hat man z. B. herausbekommen, dass die Rotationsgeschwindigkeit bei jungen Sternen höher ist als bei älteren. Es handelt sich hierbei offensichtlich um einen Entwicklungseffekt.

„Blending" von Spektrallinien aufgrund der Sternrotation

Unter dem Begriff „Blending" versteht man die Verbreiterung bzw. Verschmierung von Spektrallinien in den Spektren von Sternen aufgrund ihrer Rotation. Dabei können eng beieinander liegende Spektrallinien zu einer Spektrallinie zusammenfließen, da sich beide Linien aufgrund des Dopplereffekts verbreitern und sich schließlich überlagern. Besonders bei Sternen mit hoher Rotationsgeschwindigkeit wird das Blending signifikant. Dies kann die Identifizierung von Linien in den Spektren erheblich erschweren und verkomplizieren damit beispielsweise die Bestimmung von Elementhäufigkeiten durch Anpassung an theoretische Modelle.

Der Effekt selbst ist leicht zu verstehen: Ein Spektrum ist die auf alle Frequenzen aufgeteilte Summe der Strahlung, die von der gesamten sichtbaren Scheibe eines Sterns ausgeht. Die Strahlung von jenem Teil der Sternscheibe, der sich aufgrund der Sternrotation vom Beobachter entfernt, erscheint rotverschoben, während die Strahlung von dem Teil der Scheibe, der sich dem Beobachter annähert, blauverschoben ist. Die Strahlung, die vom Zentrum ausgeht, bleibt hingegen unverändert, da in diesem Fall die Geschwindigkeitskomponente senkrecht zur Sichtlinie steht. Das ist genau das, was Gl. 3.113 ausdrückt. Wie stark dieser Effekt die Form und Überlagerung nahe beieinander stehender Spektrallinien beeinflusst, hängt von der (meist unbekannten) Ausrichtung der Rotationsachse des Sterns relativ zum Beobachter ab. Wenn die Rotationsachse direkt auf oder von der Sichtlinie weg zeigt, sind Rotationswirkungen hingegen nicht beobachtbar. Dazu kommt noch, dass turbulente Bewegungen sowie großräumige konvektive Strömungen in der Sternatmosphäre ebenfalls Spektrallinien verbreitern und Asymmetrien in den beobachteten Linienprofilen verursachen können, was die Untersuchung von Sternenspektren zusätzlich komplizierter macht.

Das rotationsbedingte „Blending" ist natürlich nur relevant bei Sternen mit intrinsisch hoher Rotationsgeschwindigkeit, wie zum Beispiel schnell rotierenden B-Sterne. Obwohl es sich beim „Blending" um kein intrinsisches physikalisches Phänomen handelt, sondern um ein beobachtungsbedingtes Artefakt handelt, so kann man doch daraus Informationen über die Rotationsdynamik sowie die geometrische Struktur von Sternen gewinnen (Abb. 3.22).

Bei Sternen mit hohen Rotationsgeschwindigkeiten ($v_R > 100$ km/s) bestimmt in vielen Fällen die Rotationsverbreiterung fast ausschließlich das Linienprofil. Da es zumindest bei Sternen ohne nennenswerte Randverdunkelung scharf begrenzt ist, ist $\Delta\lambda$ entsprechend gut messbar. Das betrifft insbesondere Sterne vom Spektraltyp A und B, bei denen man Rotationsgeschwindigkeiten zwischen 50 und 250 km/s festgestellt hat. Noch höhere Rotationsgeschwindigkeiten (bis zu 320 km/s) wurden bei Emissionsliniensternen früher Spektraltypen (z. B. Oe, Be) beobachtet. Die Ausbildung der für diese Sterntypen charakteristischen Emissionslinien wird wahrscheinlich durch Gasverlust an ihrem Äquator (Zentrifugalkräfte) begünstigt, wobei kontinuierlich Material zum Aufbau und zur Aufrechterhaltung einer ausgedehnten Hülle nachgeliefert wird. In dieser dünnen Gashülle entstehen dann die in den Spektren beobachteten Emissionslinien.

Die axiale Rotation von Sternen konnte zum ersten Mal 1911 von Frank Schlesinger anhand des Spektrums des Bedeckungsveränderlichen δ Librae nachgewiesen werden (Schlesinger 1911). Die ersten systematischen Studien zum Thema Eigenrotation von Sternen führten Otto von Struve (1897–1963), Christian T. Elvey (1899–1970) und Christine Westgate in den Jahren 1930 bis 1934 am Yerkes-Observatorium durch. Dabei entdeckten sie, dass die stellare Rotationsrate offensichtlich einem Entwicklungsprozess unterliegt. Frühe Spektraltypen zeigen statistisch eine sehr hohe Rotationsgeschwindigkeit (bis zu 400 km/s), die zu späteren Spektraltypen hin deutlich abnimmt (auf etwa 50 km/s bei K-Sternen).

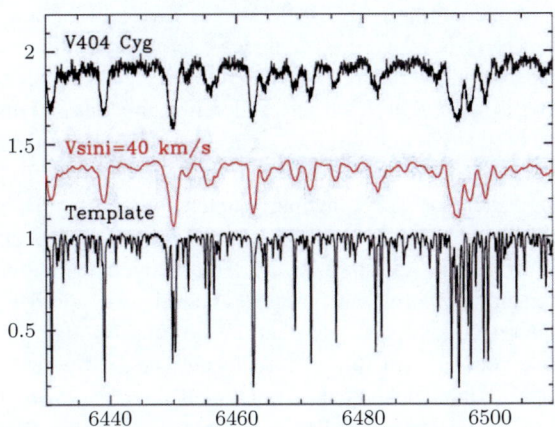

Abb. 3.22 Ein synthetisches Spektrum (unten) wird um sin i = 40 km/s „verbreitert", um das beobachtete Spektrum (oben, hier V404 Cyg) zu reproduzieren. In diesem Fall ist die Dopplerverbreiterung nicht von der Rotation eines Einzelsterns bedingt, sondern aus der Bewegung eines späten G-Sterns mit einer der Sonne vergleichbaren Masse um ein stellares Schwarzes Loch von ca. 9 Sonnenmassen innerhalb von nur 6,5 Tagen

Außerdem gilt die Regel: Je masseärmer ein Hauptreihenstern ist, desto geringer ist seine Rotationsgeschwindigkeit.

Rossiter-McLaughlin-Effekt Unter Umständen enthalten auch Zeitreihen von Linienprofilen bedeckungsveränderlicher Sterne während der Bedeckungsphase Informationen über die Eigenrotation der gerade „verfinsterten" Komponente. Kommt es nämlich zu einer Bedeckung, dann wird sich, wenn man sich die Geometrie des Vorgangs vor Augen führt, abwechselnd die Intensität des von ihr stammenden blau- und rotverschobenen Anteils verändern, was sich mehr oder weniger deutlich im Linienprofil niederschlägt. Durch eine genaue Vermessung dieses Effekts (Rossiter-McLaughlin-Effekt) kann man die Umlaufsrichtung des Begleiters (prograd oder retrograd) sowie die Neigung von dessen Bahnebene relativ zur Rotationsachse ermitteln. Solange der Transit noch nicht eingesetzt hat, misst man aufgrund der Symmetrie des Doppler-Profils einen Radialgeschwindigkeitswert, der nur aus der Bewegung des Systems um den Systemschwerpunkt resultiert. Tritt nun die Bedeckung durch den Begleiter ein, dann ändert sich je nach der Umlaufsrichtung zuerst die kurzwellige oder die langwellige Flanke der Linie, wodurch das Doppler-Profil auf eine typische Art und Weise moduliert wird. Aus dieser Modulation lässt sich dann die Rotationsrichtung des Sterns, der bedeckt wird, und die genaue Inklination der Bahn des Begleiters ermitteln. Dieses Verfahren wird heute auch für Detailuntersuchungen der Bahnlagen von mittels der Transitmethode entdeckten Exoplaneten verwendet (Queloz et al. 2000) (Abb. 3.23).

Doppler Imaging Aus den bei manchen Sternen beobachteten periodischen Änderungen des Rotationsprofils konnte sogar eine raffinierte Methode zur bildmäßigen Rekonstruktion des „Aussehens" der „Sternoberfläche" entwickelt werden, die sogar dann funktioniert, wenn sich der Stern im Teleskop selbst nicht auflösen lässt. Diese Methode wird als „Doppler Imaging" bezeichnet und wurde bereits 1958 von Armin Joseph Deutsch (1918–1969) vorgeschlagen.

Angenommen, ein größerer „Sternfleck" (ähnlich einem Sonnenfleck) wandert aufgrund der Eigenrotation des Sterns über die Sternoberfläche. Seine Radialgeschwindigkeit ist am größten, wenn er entweder gerade an einem Rand des Sterns auftaucht oder am anderen Rand des Sterns wieder verschwindet. Das Licht, das von diesem Fleck emittiert wird, weist deshalb über den Zeitraum einer halben Rotationsperiode eine wechselnde Rotverschiebung auf. Da sich seine Intensität von der Umgebung unterscheidet, macht er sich im Linienprofil durch eine Einsenkung (er ist dunkler als seine Umgebung) oder durch eine Intensitätserhöhung (er ist heller als seine Umgebung) bemerkbar (also in Form von sogenannten *bumps*), wobei diese Abweichung von der Linienkontur innerhalb einer halben Rotationsperiode über das gesamte Linienprofil wandert. Eine genaue Analyse von Zeitreihen hochaufgelöster Spektren eines genügend schnell rotierenden Sterns sollte deshalb Informationen über das Vorhandensein und die Verteilung von Strukturen in der Photosphäre des jeweiligen Sterns liefern können. S.S. Vogt und G.D. Penrod haben 1983 an dem Stern HR 1099 (einem Veränderlichen vom

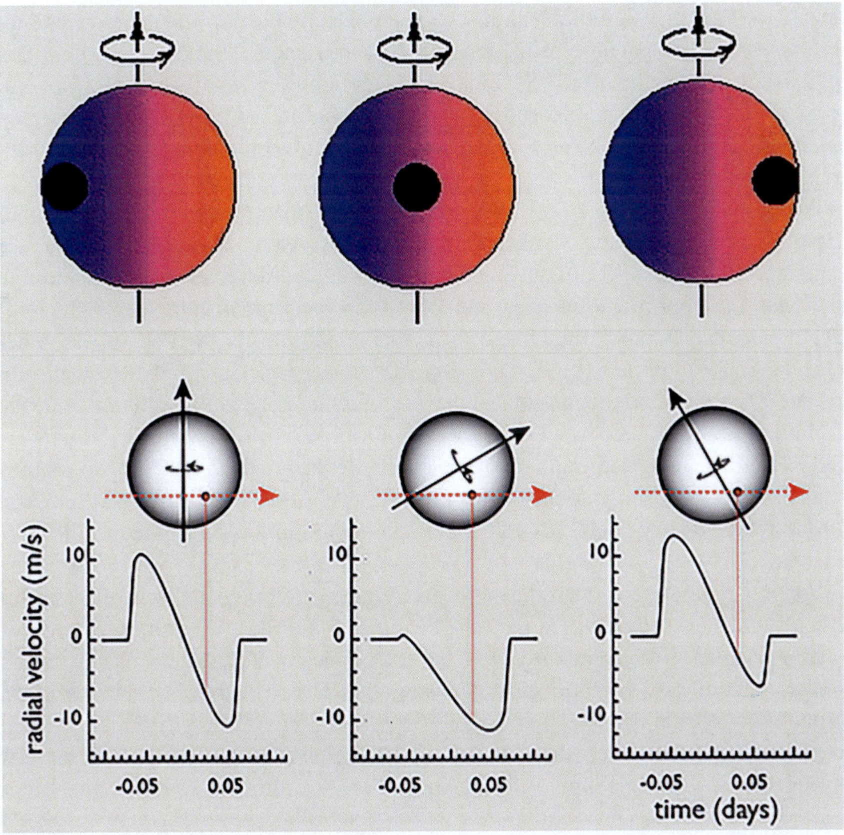

3.1 Physikalische Grundlagen der Spektroskopie

Abb. 3.23 Modifikation der Radialgeschwindigkeitskurve eines Sterns während eines Transits aufgrund des Rossiter-McLaughlin-Effektes

Typ RS Canis Venaticorum) exemplarisch gezeigt, dass die hier vorgestellten Ideen auch wirklich funktionieren (Vogt und Penrod 1983). Von ihnen stammt übrigens die Bezeichnung „Doppler Imaging", welches sich seitdem neben dem Begriff „Doppler-Tomografie" für dieses spezielle bildgebende Verfahren durchgesetzt hat.

Die für die Analyse benutzten Spektrallinien müssen bestimmte Voraussetzungen erfüllen, um brauchbare Ergebnisse zu liefern. Ihr Profil sollte beispielsweise fast ausschließlich durch die Rotation festgelegt sein, was bei Rotationsgeschwindigkeiten von mehr als 20 km/s häufig der Fall ist. Außerdem dürfen sie noch keine Sättigung im Bereich ihres Minimums aufweisen (optisch dünne Linien). Durch moderne elektronische Aufnahmeverfahren konnte das Signal-Rausch-Verhältnis bei der Spektrengewinnung gegenüber fotografischen Verfahren deutlich gesteigert werden, sodass sich geringe Veränderungen in der Linienkontur erfolgreich vermessen lassen. Unter bestimmten Umständen können aus einer

Anzahl von solchen (eindimensionalen) Linienprofilen zweidimensionale (monochromatische) Intensitätsverteilungen auf der Sternscheibe berechnet werden. Der zur Lösung dieses „inversen" Problems notwendige Rechenaufwand ist zwar sehr hoch, aber die einzelnen Schritte von der Fotometrie der Spektrallinie bis zum Zeichnen einer Intensitätskarte lassen sich sehr gut algorithmieren und damit programmieren (Abb. 3.24).

Bleibt noch die Frage zu beantworten, inwieweit man den berechneten Intensitätsverteilungen Glauben schenken darf. Diese Frage ist keineswegs trivial, da verschiedene Helligkeitsverteilungen auf der Sternscheibe durchaus zu einer Abfolge ähnlicher Linienprofile (die aufgrund des Rauschens nicht unterscheidbar sind) führen können. Doppler Imaging gehört, mathematisch gesprochen, zu den eher schlecht konditionierten Problemen, und man muss viel Aufwand betreiben, um aus der Klasse der möglichen Intensitätsverteilungen die jeweils wahrscheinlichste zu finden. Ein Verfahren zur Lösung dieses Problems soll hier nur als Begriff erwähnt werden: die Maximum-Entropie-Methode (Vogt et al. 1987). Neuerdings gelangen auch mit steigendem Erfolg evolutionäre Algorithmen zum Einsatz, um auf indirekte Art und Weise Oberflächenkarten von Sternen aus Linienprofilen abzuleiten.

Von der Sonne weiß man, dass ihre Aktivitätszyklen physikalisch mit dem internen Dynamo zu tun haben, der für die Entstehung und Aufrechterhaltung des solaren Magnetfeldes verantwortlich ist. Bei anderen Sternen ist das natürlich ähnlich. Indem man Sternflecke untersucht, lassen sich wertvolle Informationen (oftmals im Zusammenspiel mit anderen Beobachtungsverfahren) über eventuell vorhandene Magnetfelder, ihre Stärke und zeitliche Entwicklung gewinnen. Insbesondere die Einbeziehung von Spektrallinien, die durch lokale Magnetfelder

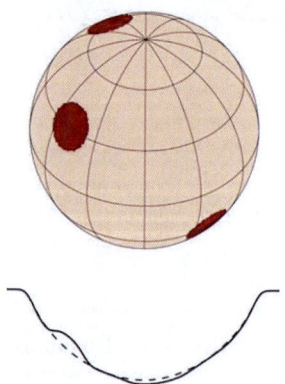
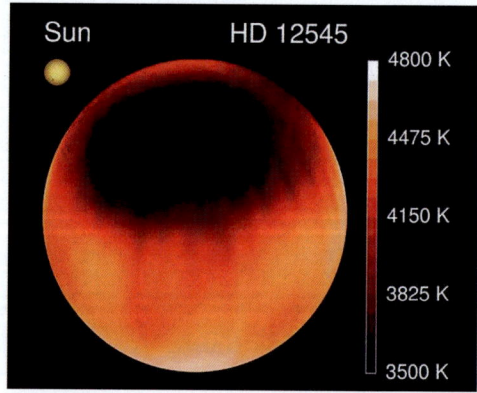

Abb. 3.24 Grundprinzip des Dopper-Imaging – man verfolge einen z. B. durch einen Sternfleck verursachten *bump* innerhalb einer Spektrallinie und nutze dann die dabei gewonnenen Informationen zur Rekonstruktion der Helligkeitsverteilung auf der ansonsten räumlich nicht auflösbaren Sternscheibe. Das Bild rechts zeigt eine 1999 auf diese Weise von Strassmeier et al. erhaltene Temperaturverteilung des Sterns HD 12545 – eines Veränderlichen vom Typ RS Canum Venaticorum, der auch als XX Trianguli bekannt ist. (Strassmeier 1999)

aufgrund des Zeeman-Effektes in mehrere, unterschiedlich polarisierte Komponenten aufgespalten werden, führen zu wichtigen neuen Erkenntnissen über die physikalischen Bedingungen bei magnetischen Sternen. Das indirekte Bildgebungsverfahren, welches auf der Ausnutzung beider Effekte (also Doppler-Effekt und Zeeman-Effekt) beruht, liefert im Prinzip ähnliche Informationen wie die Magnetogramme der solaren Astronomie und wird deshalb auch als „Zeeman Doppler Imaging" bezeichnet (Semel 1989).

3.1.10.2 Druckverbreiterung

Ein früher häufig verwendeter Begriff für die Druckverbreiterung von Spektrallinien ist „Stoßdämpfung". Sie tritt immer dann in Erscheinung, wenn die Dichte und damit der Druck eines Gases einen Wert erreicht, bei dem die mittlere Zeit zwischen zwei Stößen in der gleichen Größenordnung liegt wie die Lebensdauer $\bar{\tau}$ der angeregten Zustände selbst. Oder anders ausgedrückt, die „atomare Schwingung" der Frequenz $\omega_0 = 2\pi \nu_0$ wird bei einem Stoßvorgang derartig gestört, dass sie quasi „außer Phase" gerät, was einer Dämpfung mit einer Dämpfungskonstante γ gleichkommt. Klassisch lässt sich solch ein Vorgang mittels eines gedämpften harmonischen Oszillators beschreiben, dessen Bewegungsgleichung schnell aufgeschrieben ist:

$$\ddot{x} + \gamma \dot{x} + \omega_0^2 x = 0 \tag{3.115}$$

Bei schwacher Dämpfung (was man bei optischen Strahlungsübergängen voraussetzen kann) ergibt sich als Lösungsfunktion:

$$x(t) = x_0 exp\left(-\frac{\gamma t}{2}\right) \cos\left(\sqrt{\omega_0^2 - \frac{\gamma^2}{4}} t\right) \tag{3.116}$$

Um daraus das Linienprofil analog Gl. 3.99 zu erhalten, muss man eine Fourier-Transformation durchführen und dann daraus die frequenzabhängige Intensitätsverteilung $I(\omega)$ berechnen:

$$I(\omega) = I(\omega_0) \frac{1}{2\pi} \frac{\gamma}{(\omega_0 - \omega)^2 + \left(\frac{\gamma}{2}\right)^2} \equiv L(\omega_0 - \omega) \tag{3.117}$$

(L = Linienprofil, hier ein Lorentz-Profil).

Dabei ist die Dämpfungskonstante γ mit der Lebensdauer Δt^* folgendermaßen verknüpft:

$$\gamma = \frac{1}{2\pi \cdot t^*} \tag{3.118}$$

Nach Gl. 3.93 führt eine Verringerung der Lebensdauer eines solchen Zustands aufgrund der Heisenberg'schen Unschärferelation zu einer erhöhten Energieunschärfe und damit automatisch zu einer Verbreiterung der Spektrallinien.

Bei den Stößen zwischen den Atomen bzw. Molekülen in einem Gas kann es sich entweder um elastische oder um unelastische Stöße (also solche mit Energieübertragung) handeln. Bei unelastischen Stößen wird beispielsweise ein Teil der Anregungsenergie in die kinetische Energie oder in die innere Energie eines Stoßpartners überführt, was i. d. R. zu einer sofortigen Abregung und damit zu einer Verkürzung der Lebensdauer $\Delta t_n^* < \overline{\tau}$ des angeregten Zustands führt:

$$\Delta \lambda \approx \frac{\lambda^2}{2\pi c} \left(\frac{1}{\Delta t_m} + \frac{1}{\Delta t_n^*} \right) \quad (3.119)$$

Da viele Teilchen in einem Plasma elektrisch geladen sind (Elektronen, Ionen), wird es bei einer Annäherung an einen Stoßpartner zur Überlagerung der einzelnen individuellen elektrischen Felder kommen, was zwangsweise zu einer zeitabhängigen Störung der Energieniveaus der in einem Atom oder Ion gebundenen Elektronen führt. Dieser bereits 1913 von Antonino Lo Surdo und Johannes Stark (1874–1957) unabhängig voneinander entdeckte Effekt (er wird seitdem „Stark-Effekt" genannt) liefert die grundlegenden Mechanismen, die für das Profil einer druckverbreiterten Spektrallinie im Wesentlichen verantwortlich sind. Der Stark-Effekt führt unter der Präsenz eines genügend starken elektrischen Feldes **E** zu einer Aufspaltung der Energieniveaus der Atome. Der Betrag der Aufspaltung ist dabei entweder der Feldstärke direkt proportional (linearer Stark-Effekt) oder hängt quadratisch von ihr ab (quadratischer Stark-Effekt). Der lineare Effekt wird nur bei Atomen beobachtet, die in der Nebenquantenzahl l entartet sind. Diese Entartung wird durch den Einfluss eines externen elektrischen Feldes aufgehoben, was zu einer Aufspaltung des Niveaus E_n in $(2n-1)$ Komponenten führt. Jedem Wert von l sind bekanntlich aufgrund des Elektronenspins s genau zwei Werte von j (Gl. 3.26) zugeordnet. Und da es zu jeder Hauptquantenzahl n genau $2(n-1)$ Werte von j gibt, ist das entsprechende Niveau auch $2(n-1)$-fach entartet.

Der quadratische Effekt tritt dagegen bei jedem Atom auf, da er zu einer dem Quadrat des äußeren Feldes **E** proportionale Verschiebung der Energieniveaus entlang der Energieachse (S-Niveau) bzw. zu deren Aufspaltung (z. B. D- und F-Niveaus) führt. Erreicht die Feldstärke schließlich einen Wert, bei dem es zu einer Aufhebung der Entartung der Multiplettzustände kommt, dann geht der quadratische Effekt in den linearen über.

In Sternspektren ist der Stark-Effekt (im Unterschied zum Zeeman-Effekt) selbstverständlich niemals in seiner reinen Form zu beobachten. Dazu wären homogene makroskopische elektrische Felder notwendig, die in Sternatmosphären nicht vorkommen. Bei Stoßprozessen bzw. bei nahen Vorübergängen von Ionen und Elektronen kommt es jedoch zu schnell wechselnden Mikrofeldern, die zu einer jeweils individuellen und zeitlich veränderlichen Verschiebung der atomaren Energieniveaus im Sinne des Stark-Effektes führen. In der Summe bedingt dieser Vorgang eine Verbreiterung der Spektrallinien, die umso ausgeprägter ist, je häufiger derartige Wechselwirkungen stattfinden. Da die Stoßwahrscheinlichkeit mit zunehmender Dichte (also zunehmendem Gasdruck P_G) zunimmt, ist die Druckverbreiterung der Spektrallinien ein guter Indikator, um die Elektronen- und Ionendichte im Emissions- bzw. Absorptionsgebiet einer bestimmten Spektrallinie zu ermitteln.

3.1 Physikalische Grundlagen der Spektroskopie

Nicht unerwähnt bleiben soll, dass auch Stöße zwischen neutralen Atomen einen Beitrag zur Druckverbreiterung einer Spektrallinie liefern können. Bei einem nahen Vorübergang zweier elektrisch neutraler Atome wird u. U. für kurze Zeit ein Dipolmoment induziert (was zu den van der Waals-Kräften führt), das wiederum zu einer Ab- bzw. Anregung eines atomaren Zustandes führen kann. Bei kühleren Hauptreihensternen vom Typ „Sonne" überwiegt genau diese Art von Stoßdämpfung, die hauptsächlich von neutralen Wasserstoffatomen in der Photosphäre hervorgerufen wird. In solch einem Fall ist die Dämpfungskonstante γ Gl. 3.118 dem (reziproken) Abstand r^{-6} der beteiligten Atome proportional. Umfassender lässt sich die Dämpfungskonstante (oder allgemeiner die „Verstimmung" eines Emissions- oder Absorptionsvorgangs) durch eine Beziehung der Form

$$\gamma \sim \frac{C_k}{r^k} \qquad (3.120)$$

darstellen. Der Exponent k hängt dabei von der Art der Wechselwirkung ab, während C_k als Wechselwirkungskonstante (die insbesondere atomare Kenngrößen zusammenfasst) bezeichnet wird (Tab. 3.6).

Das Lorentz-Profil $L(\omega_0 - \omega)$ Gl. 3.117, welches sich aufgrund von Kollisionen der strahlenden bzw. absorbierenden Atome mit anderen Teilchen ausbildet, unterscheidet sich vom Gauß-Profil $G(\omega_0 - \omega)$ Gl. 3.111 des thermisch bedingten Doppler-Effekts dadurch, dass es im Zentralbereich spitzer als eine Gauß-Kurve

Tab. 3.6 Wechselwirkungen, die Beiträge zur Druckverbreiterung der Spektrallinien liefern

k	Art der Wechselwirkung	Niveaus	Anwendung / Vorkommen
2	Linearer Stark-Effekt	Entartet	Balmer-Linien; bestimmte Heliumlinien (He^+); Ableitung der Elektronendichte
3	Eigendruckverbreiterung	Entartet	Störung durch (neutrale) gleichartige Atome; tritt besonders bei Sternen späteren Spektraltyps auf; Ableitung der Gasdichte
4	Quadratischer Stark-Effekt	Nicht entartet	Heliumlinien bei frühen Spektraltypen; ausgeprägter bei Elementen größerer Ordnungszahl; führt zu einer Verschiebung des Linienzentrums; Ableitung der Elektronendichte
6	van der Waals – Wechselwirkung	Nicht entartet	Wechselwirkung bei Stößen mit neutralen Wasserstoff- oder anderen neutralen Atomen (Fremdgasverbreiterung); Hauptreihensterne, bei denen nur ein Bruchteil des Wasserstoffgases in deren Atmosphären ionisiert vorliegt (z. B. Sonne); Ableitung der Gasdichte

ist, während es in der unteren Hälfte langsamer abfällt und auf diese Weise die auffälligen Linienflügel entstehen. Wenn jeweils einer von beiden Effekten überwiegt, sind beide Linienprofile gut voneinander zu unterscheiden. Andererseits entsteht durch Überlagerung (genauer Faltung, s. u.) ein neues Profil, welches man nach Woldemar Voigt (1850–1919) als Voigt-Profil bezeichnet.

Bei den Wechselwirkungen, die dem Stark-Effekt zugrunde liegen, spielen neben Ionen auch freie Elektronen eine wichtige Rolle. Deren elektrische Felder können sehr effektiv Wasserstoff- und einige Heliumterme stören (linearer Effekt). Eine detaillierte Analyse derartiger Wechselwirkungsvorgänge (die ja statistischer Natur sind) führt zu einem Linienprofil, welches nicht genau einem Lorentz-Profil entspricht, sondern Abweichungen davon zeigt. Dieses Linienprofil wird nach Johan Peter Holtsmark (1894–1975) Holtsmark-Profil genannt. Es berücksichtigt die gleichzeitige Störung eines angeregten Zustandes durch mehrere geladene Teilchen in dessen unmittelbarer Umgebung. Dadurch ist es in der Lage, insbesondere die Linienflügel von druckverbreiterten Spektrallinien genauer zu reproduzieren, als es allein Gl. 3.117 vermag. Man verwendet es z. B., um aus dem Profil der Balmer-Linien Elektronendichten in Sternatmosphären abzuleiten.

Da die Atmosphären von Riesen- und Überriesensternen sehr dünn sind, spielt bei ihnen die Druckverbreiterung keine oder nur eine untergeordnete Rolle. Anders sieht es schon bei den weitaus kompakteren Hauptreihensternen aus. Die mittlere Zeit zwischen den Stößen der Gasteilchen in ihren Atmosphären lässt sich leicht aus der kinetischen Gastheorie ableiten und beträgt

$$\bar{t}_S = \frac{1}{N\,d^2} \sqrt{\frac{m}{16\pi kT}}, \qquad (3.121)$$

wobei hier N die Teilchenzahldichte, m die Teilchenmasse, d den „Atomdurchmesser" und T die Temperatur bezeichnet. Setzt man $\bar{t}_S \approx \Delta t^*$ (Gl. 3.118), dann erkennt man, dass sich (vorausgesetzt, die Temperatur T ist anderweitig bekannt) aus der Halbwertsbreite einer geeigneten Spektrallinie die Teilchenzahldichte N – und darüber der Gasdruck P_G – bestimmen lässt.

Wie bereits erwähnt, sind die Linien der Balmer-Serie besonders leicht durch den linearen Stark-Effekt zu beeinflussen. Ihre Linienstärke ist deshalb ein wichtiges Kriterium, um Sterne gleichen Spektraltyps in unterschiedliche Leuchtkraftklassen einzuordnen (s. Abschn. 2.5.2). Aufgrund der Anregungsbedingungen betrifft dies im Wesentlichen nur späte B-Typen und den Spektraltyp A, bei dem die Balmer-Absorptionen am deutlichsten ausgeprägt sind. Die Balmer-Linien sind bei Überriesen vom Spektraltyp A bedeutend schwächer als bei Hauptreihensternen desselben Spektraltyps. Die Ursache dafür liegt in der Zunahme der Teilchenzahldichte (und damit des Gasdrucks) in deren Photosphären bei gleichzeitiger Abnahme der Sternradien (Abb. 3.25).

Die Druckverbreiterung kann u. U. solche Ausmaße annehmen, dass beispielsweise bei manchen Weißen Zwergen die Balmer-Absorptionslinien über einen großen Bereich des Kontinuums regelrecht verschmiert werden.

Aber auch der quadratische Stark-Effekt muss bei astrophysikalischen Fragestellungen in manchen Fällen beachtet werden, da er zu einer Verschiebung der

3.1 Physikalische Grundlagen der Spektroskopie

Abb. 3.25 Auswirkung unterschiedlichen Gasdrucks bei A-Überriesen und A-Zwergsternen auf eine Balmer-Absorptionslinie

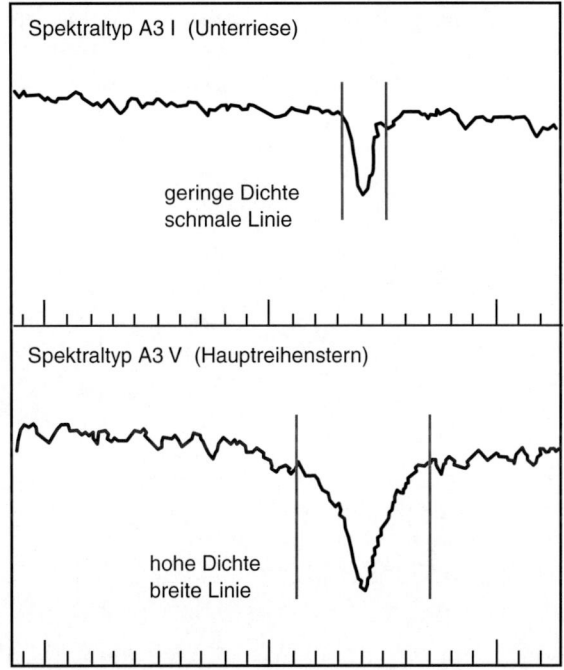

Linienmitte führt – also zu einem Effekt, der als Doppler-Verschiebung missdeutet werden kann.

Seit den 1950er-Jahren ist man in der Lage, sehr genaue Berechnungen in Bezug auf die Wirkung des Stark-Effekts auf die Wasserstoff-Balmer-Linien und Heliumlinien auf quantenmechanischer Grundlage durchzuführen. Die Ergebnisse dieser Rechnungen erlauben im Vergleich mit den entsprechenden Linienprofilen realer Sterne eine von anderen Methoden unabhängige Bestimmung so wichtiger stellarer Parameter wie der effektiven Temperatur, der Oberflächengravitation, der Heliumhäufigkeit sowie der Druckverhältnisse in der Sternatmosphäre.

Inglis-Teller-Beziehung Entsprechend Gl. 3.14 ($n = 2$, Balmer-Serie) nehmen die Linienabstände mit wachsendem m immer mehr ab, bis die Linienserie im Grenzfall $m \to \infty$ bei $\lambda = 364{,}6$ nm in das Balmer-Grenzkontinuum übergeht. Unter der Wirkung des linearen Stark-Effekts wächst jedoch mit steigendem n (Hauptquantenzahl) auch die der Aufspaltung der Terme (2n-1) an, was unter der Einwirkung von Mikrofeldern, die durch die Teilchen eines Elektronengases der Dichte N_e erzeugt werden, zu einer Linienverbreiterung führt. Damit verschiebt sich aufgrund der Überlappung der druckverbreiterten Spektrallinien die Grenze, ab der die Linien der Serie nicht mehr aufgelöst werden können, zu größeren Wellenlängen. David Rittenhouse Inglis (1905–1995) und Edward Teller (1908–2003) haben 1939 eine Beziehung abgeleitet, welche die Elektronendichte N_e zu der letzten beobachteten Einzellinie der Balmer-Serie n_{max} in Beziehung setzt, die zu der Linie im Bereich der Seriengrenze gehört, die gerade noch aufgelöst werden kann:

$$\log N_e = 23{,}26 - 7{,}5 \log n_{\max} \quad T \ll 10^5/n_{\max} \quad (3.122)$$

Indem man auf einem hochaufgelösten Spektrum die Nummer der letzten einzeln sichtbaren Balmer-Linie bestimmt, erhält man mit Gl. 3.122 einen Wert für die Elektronendichte in der jeweiligen Sternatmosphäre.

Einige typische Werte sind in Tab. 3.7 angegeben.

Die Bedingung $T \ll 10^5/n_{\max}$ stellt sicher, dass Elektronenstöße und nicht Stöße von Ionen maßgeblich für die Druckverbreiterung verantwortlich sind. Andernfalls enthält die rechte Seite von Gl. 3.122 die Summe aus Elektronen- und Ionendichte.

3.1.10.3 Voigt-Profil

Die Spektrallinien realer Sterne stellen Überlagerungen zwischen dopplerverbreiterten und durch Druckeffekte verbreitete Linien dar. Mathematisch wird das durch eine Faltung des Gauß-Profils Gl. 3.111 mit dem Lorentz-Profil Gl. 3.117 erreicht, wodurch das Voigt-Profil $V(\omega_0 - \omega)$ entsteht:

$$V = L*G \equiv V(\omega_0 - \omega) = \int_{-\infty}^{\infty} L(\omega)G(\omega_0 - \omega)d\omega \quad (3.123)$$

Leider gibt es keine analytische Lösung dieses Faltungsintegrals, sodass es im praktischen Einsatz etwas schwierig anzuwenden ist. Im allgemeinen Fall lässt sich das aus der Faltung resultierende Voigt-Profil

$$H(\omega) = 2\sqrt{\frac{\ln 2}{\pi}} \frac{f_V(x, \beta)}{(\Delta\omega)_{1/2}} \quad (3.124)$$

durch die Voigt-Funktion

$$f_V(x, \beta) = \frac{\beta}{\pi} \int_{-\infty}^{\infty} \frac{\exp(-y^2)}{\beta^2 + (x-y)^2} dy \quad (3.125)$$

darstellen, wobei sich die Parameter x und β folgendermaßen berechnen lassen:

$$\beta = \sqrt{\ln 2}\frac{(\Delta\omega)_L}{(\Delta\omega)_G} \quad \text{und} \quad x = 2\sqrt{\ln 2}\frac{\omega - \omega_0}{(\Delta\omega)_G} \quad (3.126)$$

Tab. 3.7 Berechnete Elektronendichten gemäß der Inglis-Teller-Beziehung für verschiedene Sterne

Stern	Spektraltyp	$n_{\max}$	$\log N_e$
α Cyg	A2I	29	12,3
α CMa	A2V	18	13,8
τ Sco	B0V	14	14,7
Weißer Zwerg	Da	8	16,5

3.1 Physikalische Grundlagen der Spektroskopie

Die Delta-Werte sind dabei die jeweils vollen Halbwertsbreiten des Lorentz- bzw. Gauß-Profils und ω_0 die Mittenfrequenz der Linie.

Früher verwendete man zur Linienanalyse umfangreiche Tabellen der Voigt-Funktion in Abhängigkeit ihrer Parameter. Heute existiert eine ganze Anzahl effizienter numerischer Algorithmen zur Berechnung dieser Funktion, die in entsprechenden Computerprogrammen zur automatischen Analyse von Spektrallinien verwendet werden (Abb. 3.26).

Schaut man sich das Voigt-Profil etwas genauer an, dann kann man zwei verschiedene Strukturmerkmale unterscheiden. Der Linienkern ist fast ausschließlich durch die thermische Doppler-Verschiebung bedingt, weshalb man ihn auch als „Doppler-Kern" bezeichnet. Druckeffekte führen dagegen zu ausladenden Linienflügeln, die daher oft als „Dämpfungsflügel" bezeichnet werden. Die Linienform wird dabei im Wesentlichen durch das Verhältnis von „Dämpfungsbreite" zu „Doppler-Breite" entsprechend Gl. 3.126, Parameter β, bestimmt. Das ist leicht einzusehen, da der Doppler-Anteil mit wachsendem x exponentiell abfällt, während die Dämpfung dagegen nur mit $1/\Delta\lambda^2$ abnimmt. Das führt bei größer werdender Dämpfungskonstante zwangsläufig zu immer ausgeprägteren Flügeln. Annähernd gilt dabei für den Abstand $\Delta\lambda$ von der Linienmitte, bei dem sich die Dämpfungsflügel vom Doppler-Kern lösen:

$$\Delta\lambda \approx -\log\left(\frac{\Delta\omega_L}{\Delta\omega_G}\right)\Delta\lambda_{Doppler} \qquad (3.127)$$

In Sternatmosphären ist das Verhältnis von Druck- zu Doppler-Verbreiterung meist ≤ 1, was den dort herrschenden hohen Temperaturen bei vergleichsweise niedrigen Drücken geschuldet ist.

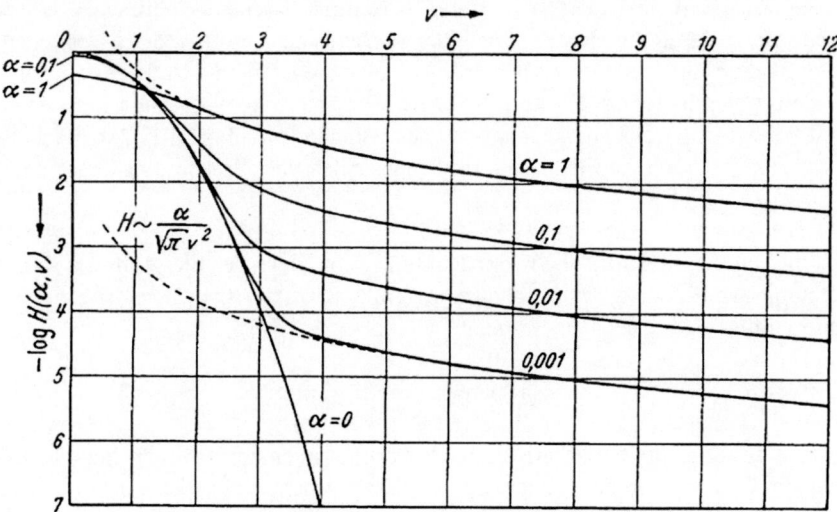

Abb. 3.26 Voigt-Funktion für verschiedene Werte des Dämpfungsparameters β

3.1.11 Linienaufspaltung durch den Zeeman-Effekt

Im Jahre 1896 entdeckte Pieter Zeeman, dass sich Spektrallinien in mehrere Komponenten aufspalten, wenn die strahlenden bzw. absorbierenden Atome einem genügend starken Magnetfeld ausgesetzt werden. Wie wir heute wissen, ist solch ein Feld in der Lage, die Entartung der atomaren Energieniveaus aufzuheben (s. Abschn. 3.1.5.1). Beim „normalen" Zeeman-Effekt zerfallen die Linien eines Singuletterms in drei Komponenten, wenn man die Strahlungsquelle senkrecht zur Feldrichtung beobachtet. Beobachtet man dagegen genau in Feldrichtung, so spaltet sich die Linie in zwei Komponenten auf, die symmetrisch links und rechts von der unbeeinflussten Spektrallinie liegen. Sie sind zueinander entgegengesetzt zirkular polarisiert.

In schwachen magnetischen Feldern beobachtet man eine entsprechende Aufspaltung auch bei Multipletttermen, wobei bei entsprechender spektraler Auflösung eine Vielzahl von Komponenten sichtbar wird. In diesem Fall spricht man von einem „anomalen" Zeeman-Effekt. Wenn sich beide Effekte überlagern, was bei sehr starken Magnetfeldern der Fall ist, dann hat man es mit dem Paschen-Back-Effekt zu tun. Zwar lässt er sich in den Spektren mancher weißer Zwergsterne nachweisen, er soll an dieser Stelle jedoch erst einmal unberücksichtigt bleiben.

Der Zeeman-Effekt spielt in der Astrophysik eine durchaus wichtige Rolle, da er die spektroskopische Vermessung stellarer Magnetfelder ermöglicht. Viele lokale Erscheinungen in Sternatmosphären wie Stern- bzw. Sonnenflecke, chromosphärische Eruptionen (Flares) und stellare Aktivitätszyklen, wie man sie bei F- und G-Sternen findet, haben ihre Ursachen in der Präsenz von Magnetfeldern.

Der Zeeman-Effekt lässt sich bereits in semiklassischer Näherung in seinen Grundzügen im Rahmen des Bohr-Sommerfeldschen Atommodells verstehen. Dazu reicht es aus – so wie es Hendrik Antoon Lorentz bereits Ende des 19. Jahrhunderts getan hat –, das Elektron in einem Wasserstoffatom als einen Kreisstrom I zu betrachten, welcher ein magnetisches Moment $\boldsymbol{\mu}$ antiparallel zur Flächennormale $\boldsymbol{n}$ der durch die Elektronenbahn eingeschlossenen Fläche A bedingt:

$$\boldsymbol{\mu} = IA\boldsymbol{n} = -ev\pi r^2 \boldsymbol{n} \tag{3.128}$$

e ist hier die Elementarladung und v die Umlaufsfrequenz des Elektrons auf seiner Bahn mit dem Radius r. Da für den Bahndrehimpulsvektor $\boldsymbol{L} = 2\pi m_e v r^2 \boldsymbol{n}$ gilt, ergibt sich für das magnetische Moment

$$\boldsymbol{\mu} = -\frac{e}{2m_e}\boldsymbol{L}. \tag{3.129}$$

Es legt die potentielle Energie V des Elektrons in einem externen homogenen Magnetfeld $\boldsymbol{B}$ fest, wobei ϑ den Winkel zwischen dem magnetischen Moment $\boldsymbol{\mu}$ und dem Magnetfeld $\boldsymbol{B}$ bezeichnet:

$$V = -\boldsymbol{\mu}\boldsymbol{B} = -\mu B \cos\vartheta \tag{3.130}$$

3.1 Physikalische Grundlagen der Spektroskopie

Für die nur messbare z-Komponente des Bahndrehimpulsvektors ist nach Gl. 3.36 mit der magnetischen Quantenzahl m_l (die Spin-Bahn-Kopplung soll vernachlässigt werden. Sie führt zum anomalen Zeeman-Effekt):

$$L_z = L\cos\vartheta = \{L, L-1, L-2, \ldots, -L\}\hbar = m_l\hbar \qquad (3.131)$$

Damit ergibt sich in der semiklassischen Näherung für die potentielle Energie (Zeeman-Energie) des magnetischen Moments des Elektrons im Wasserstoffatom

$$V_{m_l} = m_l\frac{e\hbar}{2m_e}B = m_l\mu_B B, \qquad (3.132)$$

wobei μ_B das Bohrsche Magneton Gl. 3.42 mit dem Wert $9{,}274 \cdot 10^{-24}$ J/T bezeichnet. Mit dieser Energie müssen die Energieeigenwerte E_n (Gl. 3.10) des Wasserstoffatoms korrigiert werden:

$$E_{n,m_l} = E_n + V_{m_l} = -\frac{m_e e^4}{8\varepsilon_0^2 h^2}\frac{1}{n^2} + m_l\mu_B B \qquad (3.133)$$

Dieser Ausdruck für die Energieeigenwerte lässt sich mit der Rydberg-Energie E_R (Gl. 3.11) und der Larmor-Frequenz $\omega_L = eB/2m_e$ noch etwas kompakter schreiben:

$$E_{n,m_l} = -\frac{E_R}{n^2} + m_l\hbar\omega_L \qquad (3.134)$$

Er sagt aus, dass sich jedes Niveau n mit $l = 1$ in $m_l = \{0, \pm 1\} \equiv 3$ und jedes Niveau n mit $l = 2$ in $m_l = \{0, \pm 1, \pm 2\} \equiv 5$ etc. Unterniveaus bei Präsenz eines Magnetfeldes B aufspalten muss, deren energetischer Abstand jeweils $\Delta E = \mu_B B$ (und zwar unabhängig von n und l) beträgt.

Die Lösung der Schrödinger-Gleichung mit einem entsprechend erweiterten Hamilton-Operator liefert übrigens und erwartungsgemäß das gleiche Ergebnis wie Gl. 3.134. Ähnliche Rechnungen kann man natürlich auch für Mehrelektronensysteme durchführen, wobei aber die entsprechenden Kopplungssysteme und diverse Auswahlregeln zu berücksichtigen sind. Letztere schränken bereits im Wasserstoffatom die Anzahl der Spektrallinien auf jeweils drei („Lorentz'sches Triplett") ein, beispielsweise bei Übergängen zwischen p- und s-Niveaus sowie d- und p-Niveaus ein. Sie lauten in diesem Fall Δn beliebig, $\Delta l = \pm 1$ und $\Delta m_l = \{0, \pm 1\}$. s-Niveaus werden aufgrund von $l = 0$ und $m_l = 0$ durch Magnetfelder nicht beeinflusst (Abb. 3.27).

Bei Mehrelektronensystemen reicht es nicht mehr aus, nur den Bahndrehimpuls eines Elektrons bei der Berechnung der Linienaufspaltung zu berücksichtigen. Im Fall der Russell-Saunders-Kopplung Gl. 3.40 bzw. nach dem jj-Kopplungsschema Gl. 3.47 ergibt sich für das resultierende magnetische Moment

$$\boldsymbol{\mu}_j = \boldsymbol{\mu}_l + \boldsymbol{\mu}_s = \frac{eZ}{2m_e}(g_l\boldsymbol{l} + g_s\boldsymbol{s}). \qquad (3.135)$$

Die Vorfaktoren g_l und g_s mit $g_l \neq g_s$ werden nach Alfred Landé (1888–1976) als „Landé-Faktoren" bezeichnet. Sie lassen sich im Fall, dass der Gesamtdrehimpuls

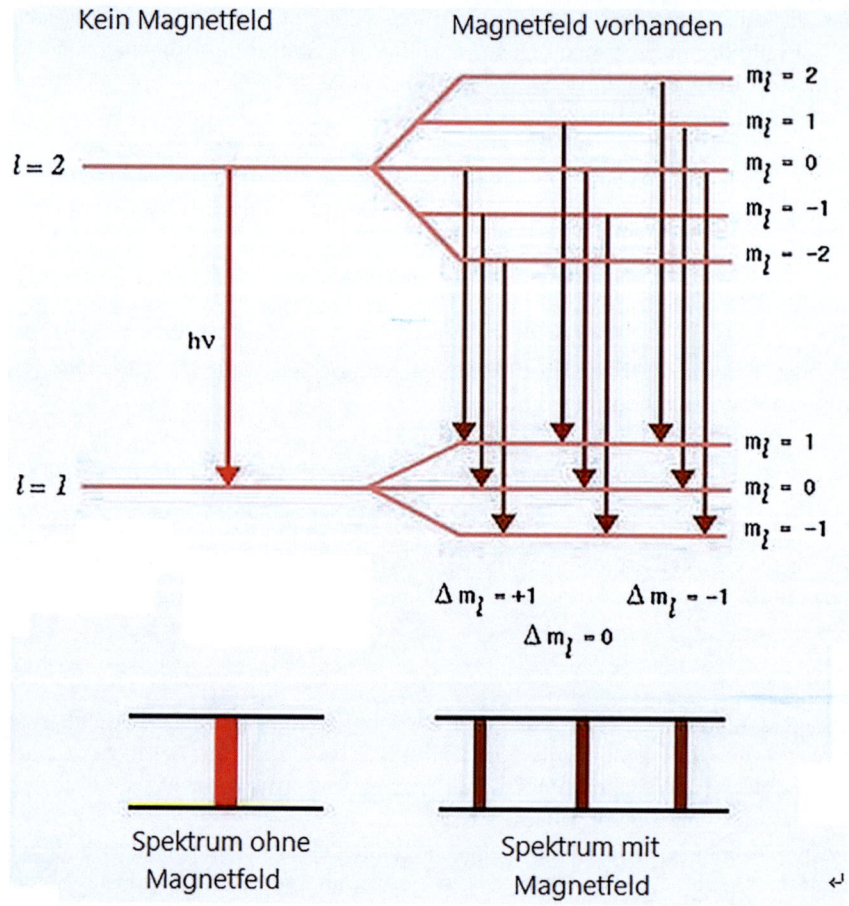

Abb. 3.27 Entstehung der Linienaufspaltung beim Zeeman-Effekt

aus Bahndrehimpuls und Spin zusammengesetzt ist, durch einen „effektiven" g-Faktor ausdrücken:

$$g_j = \frac{g_l(j(j+1) + l(l+1) - s(s+1)) + g_s(j(j+1) + s(s+1) - l(l+1))}{2j(j+1)}$$

(3.136)

Im Allgemeinen ist der Landé-Faktor vom Zustand des Atoms abhängig und kann für von null verschiedene Werte von l und s Werte zwischen 1 und 2 annehmen. Für das Beispiel „Wasserstoffatom" mit $l \neq 0$ und ohne Berücksichtigung des Elektronenspins ist $g_j = 1$. Andernfalls erhält man für die energetische Linienaufspaltung

$$\Delta E = g_j m_j B.$$

(3.137)

Sie ist aufgrund der genannten Abhängigkeit von g_j vom quantenmechanischen Zustand nicht mehr für alle Zustände äquidistant.

Die g_j-Werte wurden für alle möglichen Kombinationen der Quantenzahlen j, l und s berechnet und tabellarisch zusammengestellt. Heute gibt es dafür spezielle Applikationen im Internet, wie zum Beispiel den „Landé g factor calculator" unter https://goo.gl/SHuiRI.

Gelingt es, mit einem Spektrografen die Linienaufspaltung $\Delta\lambda$ für eine bestimmte Spektrallinie λ zu messen, dann lässt sich über folgende zugeschnittene Gleichung die Magnetfeldstärke H in Gauß ausrechnen:

$$H[G] = \frac{854,7\Delta\lambda[pm]}{g_j}\left(\frac{500}{\lambda[nm]}\right)^2 \quad (3.138)$$

Da die Aufspaltung mit zunehmender Wellenlänge größer wird, verwendet man gerne Linien im roten und infraroten Bereich für derartige Messungen. Zwei für diese Zwecke besonders geeignete Linien sind z. B. die Eisenlinien bei einer Wellenlänge von $\lambda = 525$ nm und $\lambda = 868,8$ nm.

Die magnetische Quantenzahl m_l bestimmt bekanntlich auch den Polarisationszustand der entsprechenden Spektrallinie eines Lorentz-Tripletts. Während die Mittenlinie parallel zum Magnetfeld **B** transversal polarisiert ist (π-Komponente des Lorentz-Tripletts, $\Delta m_l = 0$), sind die beiden Außenlinien jeweils entgegengesetzt zirkular polarisiert (σ^+- bzw. σ^--Komponente des Lorentz-Tripletts). Dieses Polarisationsverhalten wurde bereits vor Aufkommen der Quantenmechanik von Hendrik Antoon Lorentz auf Basis der Maxwell'schen Elektrodynamik theoretisch vorhergesagt (Lorentz und Zeemann erhielten für ihre Forschungen bezüglich des Zeeman-Effektes 1902 den Nobelpreis für Physik). Damit ist auch verständlich, weshalb man – wenn man genau in Feldrichtung beobachtet – nur die zwei zirkular polarisierten Linien sehen kann. Schaut man dagegen schräg zur Feldrichtung, dann ergibt sich für die σ-Komponenten statt einer zirkularen eine elliptische Polarisation.

Damit ist nicht nur die Messung der Linienaufspaltung von Interesse, sondern auch der Polarisationsgrad jeder einzelnen Linienkomponente, der sich mittels eines Polarimeters bestimmen und durch die entsprechenden Stokes-Parameter ausdrücken lässt. Die Stokes-Parameter I, Q, U und V wiederum enthalten Informationen über die Richtung des Magnetfeldes.

Auf der Sonne sind nur lokale Magnetfelder im Bereich der Sonnenflecken stark genug, um mit hochauflösenden Spektrografen die Linienaufspaltung deutlich sichtbar zu machen. So führt ein Magnetfeld mit einer Flussdichte von 0,3 T zu einer noch gut messbaren Linienaufspaltung von 0,015 nm (in Sonnenflecken findet man gewöhnlich magnetische Flüsse zwischen 0,19 T und 0,25 ... 0,3 T). Magnetfelder mit einem magnetischen Fluss von weniger als 0,1 T sind dagegen anhand ihrer zu geringen Linienaufspaltung auf der Sonne nur noch sehr schwer oder auch gar nicht mehr messbar.

Magnetografen Um auch schwächere Magnetfelder auf der Sonne zu messen, entwickelten 1952 Harold D. Babcock (1882–1968) und Horace W. Babcock (1912–2003) den ersten Magnetografen. Ihre Idee bestand darin, links und rechts zur Symmetrieachse einer magnetisch beeinflussten Spektrallinie einen schmalen Spalt zu legen und das durch den zweiten Spalt hindurchgehende links- und rechtsdrehend polarisierte Licht mittels einer Pockels-Zelle (einem spannungsgesteuerter Polarisationsmodulator, der auf dem elektro-optischen Pockels-Effekt basiert) in seine linear-polarisierten Komponenten zu zerlegen. Gewöhnlich verwendet man dazu eine Kristallplatte (genauer $\lambda/4$ –Platte) aus Kalium-dideuteriumphosphat (KD_2PO_4), an der eine Wechselspannung von ca. 50 Hz angelegt wird. Auf diese Weise erreicht man, dass mit wechselnder Polarität entweder die σ^+- oder die σ^- -Komponente der Strahlung den hinter dem Spalt angebrachten Photomultiplier (SEV) erreicht. Auch im Strahlengang hinter dem ersten Spalt befindet sich ein Photomultiplier, dessen Ausgang über einen Differenzenverstärker mit dem Ausgang des anderen Photomultipliers verbunden ist. Das dabei entstehende modulierte Differenzsignal wird verstärkt und aufgezeichnet. Es ist nach entsprechender Eichung ein Maß für die magnetische Induktion **B** in dem Bereich der Sonne, der gerade mit dem Magnetografen beobachtet wird.

Bei den ersten Geräten dieser Art hat man dieses Differenzsignal auf einem Oszillografen sichtbar gemacht und abfotografiert. Heute sind die Messmethoden natürlich weitaus ausgefeilter, sodass man Magnetogramme mit einer räumlichen Auflösung von 2" bis 3" in der Qualität von gewöhnlichen Sonnenfotografien aufnehmen kann. Die Empfindlichkeit ist dabei besser als 10^{-3} T.

Mit modernen Vektormagnetografen gelingt nicht nur eine Messung des Betrags der magnetischen Induktion **B**, sondern es lässt sich auch die Richtung ermitteln, in die die **B**-Vektoren an einem bestimmten Ort der Sonnenoberfläche zeigen. Diese Untersuchungsmethode wird insbesondere zur Beobachtung der zeitlichen Entwicklung der extrem starken Magnetgelder verwendet, die mit solaren Flares im Zusammenhang stehen und die bekanntlich auch für unsere Technik auf der Erde gefährlich werden können.

Die Aufnahme von Magnetogrammen ist schon seit Langem eine Standardmethode der Sonnenbeobachtung und wird weltweit in allen Sonnenobservatorien bei der täglichen Sonnenüberwachung eingesetzt.

Zeeman-Doppler-Imaging Verbindet man das Doppler-Imaging von Sternen (s. Abschn. 3.1.10.1.2) mit Polarisationsmessungen, dann lassen sich Magnetfeldkarten schnell rotierender Sterne aus entsprechenden Zeitreihen von durch den Zeeman-Effekt beeinflussten Linienprofilen ableiten. Dabei ermittelt man die zeitliche Veränderung der Stokes-Parameter als Funktion der Wellenlänge über das Linienprofil und bestimmt daraus wiederum durch Lösung eines mathematisch äußerst anspruchsvollen inversen Problems die Verteilung der Longitudinalkomponente des Magnetfeldes über der Sternscheibe (sogenannte *Maximum Entropy Image Reconstruction*). Die Begrenzung auf die longitudinale Feldkomponente ist dabei dem Umstand geschuldet, dass quasi nur der zirkular pola-

3.1 Physikalische Grundlagen der Spektroskopie

risierte Anteil der Strahlung genügend genau detektierbar ist. Der linear polarisierte Anteil, der von der π-Komponente der Linie stammt, ist ungefähr eine Größenordnung schwächer als der Anteil der beiden σ-Komponenten, weshalb auch die davon abhängigen Stokes-Parameter Q und U in den allermeisten Fällen unbestimmbar bleiben. Das bedeutet aber nicht, dass man – z. B. mit leistungsfähigen Echelle-Spektrografen – die transversale Magnetfeldkomponente nicht messen kann. In Einzelfällen ist das durchaus schon gelungen (Abb. 3.28).

Mit der Entwicklung leistungsfähiger Spektropolarimeter – wie beispielsweise Espadons am 3,6 Meter Canada-France-Hawaii-Teleskop oder PEPSI am Large Binocular Telescope – war es möglich, eine ganze Anzahl von magnetisch akti-

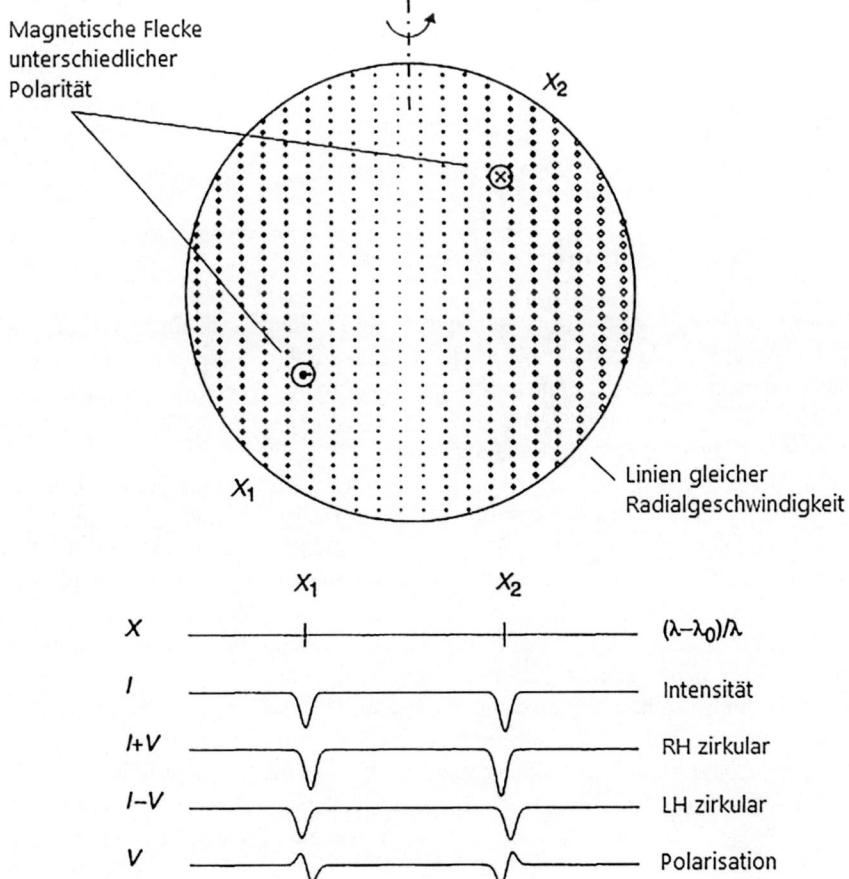

Abb. 3.28 Signatur zweier magnetischer Aktivitätszentren („Sternflecke"), wie man sie beim Zeeman-Doppler-Imaging erhält. I und V geben die gemessenen Stokes-Parameter an den Positionen X_1 und X_2 an, die sich im Laufe der Zeit aufgrund der Rotation des Sterns ändern. (Aus Carter et al. (1996))

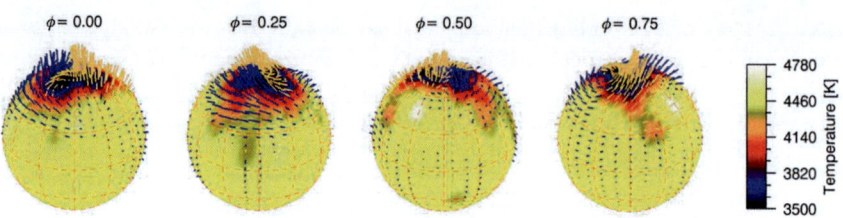

Abb. 3.29 Magnetfeld- und Temperaturkarte der Oberfläche des T-Tauri-Sterns V410 Tauri. Es handelt sich dabei um einen noch sehr jungen Stern (Alter höchstens wenige Millionen Jahre) mit mittelmäßiger magnetischer Aktivität, der sich noch im Kontraktionsstadium befindet (Carroll et al. 2012)

ven Sternen mittels Zeeman-Doppler-Imaging näher zu untersuchen. Für die dafür notwendigen aufwendigen Rechnungen stehen den Astronomen leistungsfähige Rechenprogramme zur Verfügung, die in der Lage sind, aus den spektropolarimetrischen Rohdaten „Bilder" der Sternoberflächen inklusive Magnetfeldstrukturen zu berechnen. Abb. 3.29 zeigt ein Beispiel für eine rekonstruierte Oberflächenkarte des T-Tauri-Sterns V410 Tau bei verschiedenen Rotationswinkeln (Carroll et al. 2012).

3.2 Strahlungstransport in Spektrallinien

Eine Absorptionslinie in einem Sternspektrum lässt sich in einem gewissen Sinn als ein Abbild der Absorptionseigenschaften der Sternatmosphäre in dem Wellenlängenbereich $\Delta\lambda$ (bzw. Frequenzbereich $\Delta\nu$) betrachten, den die entsprechende Spektrallinie abdeckt. Ein Grund dafür ist in der Temperaturschichtung zu suchen, – und zwar in dem Sinn, dass sich über den heißen tieferen Schichten des Sterns eine kühlere Gasschicht befindet, in der das Gas quasi langsam durchsichtig wird und an deren „Oberfläche" die elektromagnetische Strahlung ungehindert in den interstellaren Raum entweichen kann. Dieses Szenario entspricht in etwa dem Kirchhoff'schen Grundversuch, bei dem eine kontinuierliche Strahlungsquelle durch ein durchsichtiges Behältnis mit einem kühleren Gas beobachtet wird und man genau an den Positionen im Spektroskop dunkle Linien erkennen kann, an denen das gleiche Gas bei hohen Temperaturen (d. h., wenn es quasi selbst Strahlung emittiert) Emissionslinien zeigt. Um die Entstehung und das Profil einer Spektrallinie zu verstehen, muss man demnach im Detail untersuchen, was genau physikalisch mit einem Strahlungsfeld passiert (dargestellt durch die Planck-Funktion B_λ bzw. B_ν gemäß Gl. 2.42), wenn es aus dem Sterninneren kommend die Sternatmosphäre durchquert. Im Photonenbild handelt es sich bei diesem Prozess um unablässig stattfindende zufällige Absorptions- und Emissionsvorgänge, wobei sich die freie Weglänge der Photonen entlang des abnehmenden Temperaturgradienten immer mehr erhöht, bis sie ungehindert in den kosmischen Raum entweichen können. Da dabei Energie abtransportiert wird, handelt es sich hierbei um einen Energietransportprozess, den man deshalb auch folgerichtig als

3.2 Strahlungstransport in Spektrallinien

„Strahlungstransport" *(radiative transfer)* bezeichnet. Weitere Möglichkeiten des Energietransports sind bekanntlich Konvektion und Wärmeleitung, wobei nur der konvektive Energietransport in Sternen eine Rolle spielt. Wärmeleitung ist mehr eine Domäne der Festkörper und damit der Gesteinsplaneten. Aber auch bei hoher Elektronenentartung, wie sie beispielsweise im Inneren Weißer Zwergsterne und teilweise auch bei Braunen Zwergen realisiert ist, muss sie unter Umständen berücksichtigt werden.

Da im kosmischen Vakuum keine Konvektion möglich ist, kann ein Stern nur durch die Abstrahlung elektromagnetischer Wellen die in seinem Innern erzeugte Energie wieder loswerden – was übrigens eine wichtige Bedingung für dessen Stabilität ist.

Die mathematische Beschreibung, wie Energie durch Strahlung durch eine Sternatmosphäre transportiert wird, begründet die Theorie des Strahlungstransports, die gleichermaßen auch eine Theorie des physikalischen Aufbaus einer solchen Sternatmosphäre (soweit man konvektiven Energietransport vernachlässigen kann) ist. Sobald nämlich die grundlegenden Prozesse der Wechselwirkung eines gegebenen Strahlungsfeldes mit der Materie bekannt sind, lässt sich im Umkehrschluss aus der Auswertung von Sternspektren auf den Aufbau und die physikalischen Bedingungen in der Sternatmosphäre schließen.

Die erste Frage, die beantwortet werden soll, ist die Frage, wie sich die Intensität I der Strahlung beim Durchgang durch eine rein absorbierende Schicht verändert. Zuvor soll präzisiert werden, was im Folgenden unter Intensität bzw. „spezifischer Intensität" I_ν bei der Frequenz ν zu verstehen ist (s. auch Abschn. 2.2.1).[8] dA sei ein Flächenelement, welches sich irgendwo im Strahlungsfeld befindet. Die Ausbreitungsrichtung des Strahlungsfeldes und die Richtung des Normalenvektors n des Flächenelements dA bilden den Winkel ϑ, sodass $dA \cos\vartheta$ die in Einstrahlungsrichtung projizierte Fläche ist. Die Strahlung selbst stammt aus dem Raumwinkelbereich $d\omega$ und dem Frequenzbereich $\nu + d\nu$. Pro Zeiteinheit dt strömt dann genau die Energie

$$dE = I_\nu \cos\vartheta \; dA \; d\omega dt d\nu \tag{3.139}$$

durch das Flächenelement dA. Hieraus lässt sich sofort die SI-Einheit für die spezifische Intensität I_ν ablesen: $Wm^{-2}sr^{-1}Hz^{-1}$. Physikalisch stellt die spezifische Intensität bei kosmischen Objekten eine Flächenhelligkeit dar, die wegen ($s = $ Weg in Richtung zum strahlenden Objekt)

$$\frac{dI_\nu}{ds} = 0 \tag{3.140}$$

(wenn sich zwischen Beobachter und Objekt Vakuum befindet) entfernungsunabhängig ist. Um sie zu bestimmen, muss man das kosmische Objekt räumlich auflösen können – wie beispielsweise die Sonnenscheibe. Nur bei solchen flächen-

---

[8] Alle frequenzabhängigen Größen lassen sich wegen $\lambda \nu = c$ auch als Funktion der Wellenlänge schreiben. Insbesondere gilt für die Intensität $I_\nu d\nu = I_\lambda d\lambda$.

haften Objekten lässt sich die spezifische Intensität als Funktion des Richtungswinkels ϑ direkt messen. Ihre Variation über die Sonnenscheibe führt beispielsweise zu dem bekannten Effekt der Randverdunkelung. Im Allgemeinen ist die spezifische Intensität innerhalb eines Mediums (Sternplasma), welches Strahlung absorbiert und emittiert, eine Funktion des Ortes und der Richtung r, der Frequenz ν und natürlich auch der Zeit t.

Die Gesamtintensität I erhält man durch Integration über den gesamten Frequenzbereich:

$$I = \int_0^\infty I_\nu d\nu \qquad (3.141)$$

Unter der monochromatischen Strahlungsflussdichte f_ν (engl. flux) versteht man die Leistung pro Flächeneinheit und Frequenzintervall, die sich aus Gl. 3.139 durch Integration über den Raumwinkel ω ergibt, welchen die Quelle am Himmel einnimmt:

$$f_\nu = \frac{1}{dAdtd\nu} \int dE = \int I_\nu \cos\vartheta d\omega \qquad (3.142)$$

Diese Größe hängt im Gegensatz zur Flächenhelligkeit von der Entfernung der Strahlungsquelle ab. Angenommen, ein Stern mit dem Radius R wird aus einer Entfernung r beobachtet. Er erscheint dann unter dem Winkel $\vartheta_{\max}$, der sich aus $\sin\vartheta_{\max} = R/r$ ergibt. Für den am Beobachtungsort gemessenen Strahlungsfluss gilt dann

$$f_\nu = 2\pi I_\nu \int_0^{\vartheta_{\max}} \cos\vartheta \sin\vartheta d\vartheta = 2\pi I_\nu \left(1 - \cos^2\vartheta_{\max}\right) = \pi I_\nu \left(\frac{R}{r}\right)^2 \sim \frac{1}{r^2},$$

womit die quadratische Abnahme der Strahlungsintensität mit der Entfernung gezeigt ist.

Ein typisches Beispiel für eine entfernungsabhängige Strahlungsflussdichte ist die Solarkonstante S, die in Erdentfernung 1367 W/m2 und in Marsentfernung 589 W/m2 beträgt.

Integriert man über alle Frequenzen, dann ergibt sich

$$f = \int I \cos\vartheta d\omega \approx \int I d\omega, \qquad (3.143)$$

wenn die Winkelausdehnung der Strahlungsquelle sehr klein ist (was quasi auf alle Sterne mit Ausnahme der Sonne zutrifft). Weiterhin lässt sich zeigen, dass in einem isotropen Strahlungsfeld der Nettofluss verschwinden muss. Mit Gl. 2.47 und unter Verwendung von Kugelkoordinaten ($d\omega = \sin\vartheta d\vartheta d\varphi$) erhält man:

$$f_\nu = I_\nu \int_{\vartheta=0}^\pi \int_{\varphi=0}^{2\pi} \cos\vartheta \sin\vartheta d\varphi d\vartheta = 0 \qquad (3.144)$$

3.2 Strahlungstransport in Spektrallinien

In diesem Fall strömt gleich viel Strahlung in beiden Richtungen durch die Einheitsfläche und es findet kein Nettotransport von Energie statt. In diesem Sinn ist ein Wert $f_\nu > 0$ ein Maß für die Anisotropie eines Strahlungsfeldes.

Integriert man Gl. 3.144 dagegen nur über einen Halbraum $0 \leq \vartheta \leq \pi/2$, dann folgt daraus für ein isotropes Strahlungsfeld:

$$f_\nu^+ = I_\nu \int_{\vartheta=0}^{\pi/2} \int_{\varphi=0}^{2\pi} \cos\vartheta \sin\vartheta \, d\varphi d\vartheta \tag{3.145}$$

Und das ist genau die Strahlungsenergie, die pro Zeiteinheit die Einheitsfläche verlässt.

Analog ergibt sich für die Einstrahlung $\pi/2 \leq \vartheta \leq 0$:

$$f_\nu^- = I_\nu \int_{\vartheta=\pi/2}^{\pi} \int_{\varphi=0}^{2\pi} \cos\vartheta \sin\vartheta \, d\varphi d\vartheta \tag{3.146}$$

(dieser Term ist wegen $\cos\vartheta < 0$ negativ)
und damit die Bilanz:

$$f_\nu = f_\nu^+ - f_\nu^- \tag{3.147}$$

Sie gibt die durch die Fläche dA transportierte Strahlung an. An der „Sternoberfläche" $r = R_*$ gibt es keine „einfallende" Strahlung, d. h., der Strahlungsfluss ist nur durch den Anteil f_ν^+ gegeben. Multipliziert man jetzt diese Größe mit der Sternoberfläche $4\pi R_*^2$, dann erhält man die monochromatische Leuchtkraft des Sterns:

$$L_\nu = f_\nu^+(R_*) \tag{3.148}$$

und die gesamte stellare Leuchtkraft durch Integration über alle Frequenzen:

$$L = 4\pi R_*^2 \int_0^\infty f_\nu^+(R_*) d\nu \tag{3.149}$$

In diesem Zusammenhang ergibt sich zugleich noch eine weitere nützliche Größe, und zwar die Energiedichte u_ν des Strahlungsfeldes. Darunter versteht man dessen Energie pro Volumeneinheit dV und Frequenzintervall $d\nu$, wobei für das Volumenelement $dV = dA \cdot cdt$ gilt:

$$u_\nu = \int \frac{dE}{dVd\nu d\omega} d\omega = \frac{1}{c} \int I_\nu d\omega \tag{3.150}$$

Für ein isotropes Strahlungsfeld (wie beispielsweise das der 3 Kelvin-Hintergrundstrahlung) ergibt sich daraus $u_\nu = 4\pi J_\nu/c$ mit

$$J_\nu = \frac{1}{4\pi} \int I_\nu d\omega. \tag{3.151}$$

Wie ändert sich nun die Strahlungsintensität, wenn sie eine absorbierende Schicht durchläuft? Angenommen, an einer bestimmten Stelle $r < R_*$ (vom Zentrum des

Sterns gemessen) sei die Intensität I. Ein kleines Stück weiter (also an der Position $r + ds$) hat sich die Intensität aufgrund von Absorptionsprozessen um $I + dI$ verändert. Da es sich dabei um eine Abschwächung handelt, ist dI ein negativer Wert. Bezeichnet man mit κ den Absorptionskoeffizienten (welcher eine Materialeigenschaft darstellt und in diesem Beispiel die Absorptionsfähigkeit der Sternmaterie beschreibt), dann gilt für die Verringerung der Intensität I über die Strecke ds:

$$-\frac{dI}{I} = \kappa \, ds \qquad (3.152)$$

Wie ein Blick auf ein Sternspektrum eindrucksvoll beweist, muss die Größe κ (und damit auch die Intensität I) unter gegebenen Umgebungsbedingungen (T, P, chemische Zusammensetzung) eine (meist komplizierte) Funktion der Frequenz ν sein:

$$-\frac{dI_\nu}{I_\nu} = \kappa(\nu) \, ds = \kappa_\nu \, ds \qquad (3.153)$$

Da κ nichts anderes als ein Wirkungsquerschnitt pro Volumeneinheit ist, wird er in einer reziproken Längeneinheit gemessen (im SI in m^{-1}). Er gibt den Bruchteil der Intensitätsänderung an, welche die Strahlung pro Meter Weg erfährt. Da die Absorptionsvorgänge durch Teilchen entlang des Lichtwegs hervorgerufen werden (durch Strahlungsabsorption und Streuung), hängt κ_ν offensichtlich von der Anzahl dieser (absorbierenden) Teilchen pro Volumeneinheit, also von der Dichte ϱ, ab:

$$\overline{\kappa}_\nu = \frac{\kappa_\nu}{\varrho} \, [m^2/kg] \qquad (3.154)$$

Diese Größe (Massenabsorptionskoeffizient) wird oft verwendet, wenn man die Intensitätsänderung benötigt, die beim Durchgang von Strahlung durch eine Gassäule mit dem Querschnitt 1 m^2 und einem Masseinhalt von 1 kg absorbierender Materie auftritt.

Bezieht man κ_ν auf jeweils ein absorbierendes Teilchen, dann spricht man von einem „atomaren Absorptionskoeffizienten". Dessen Größe entspricht einem klassischen Streuquerschnitt σ_ν, dessen SI-Einheit bekanntlich m^2 ist und wegen seiner Kleinheit oft in *barn doors* (Scheunentore) gemessen wird: 1 barn = $10^{-28} m^2$.

Die wichtigsten mikrophysikalischen Prozesse, die Beiträge zum Absorptionskoeffizenten der stellaren Materie in Abhängigkeit von Druck P, Temperatur T und chemische Zusammensetzung liefern, sind:

- Gebunden-frei-Übergänge (Photoionisation, Strahlungsrekombination)
- Gebunden-gebunden-Absorption (atomare An- und Abregung)
- Frei-frei-Übergänge (kontinuierliche Absorption durch freie Elektronen, Bremsstrahlung)
- Hydrid-Ionen-Absorption (s. Abschn. 3.1.7).

Den Absorptionskoeffizienten κ_ν kann man zur Definition einer weiteren, recht anschaulichen Größe – der optischen Tiefe τ_ν – verwenden. Diese neue und

3.2 Strahlungstransport in Spektrallinien

dimensionslose Größe stellt ein Maß für die „Durchsichtigkeit" einer Sternatmosphäre bei der Frequenz ν dar und wird über das Wegintegral über den Absorptionskoeffizienten entlang des Pfades s (Weg des Lichtstrahls) in Richtung Beobachter berechnet, wobei an der Sternoberfläche $\tau_\nu = 0$ wird:

$$\tau_\nu = \int_0^s \kappa_\nu ds \qquad (3.155)$$

Betrachtet man die Intensität I_ν der Strahlung, die radial aus dem Stern austritt ($dr = ds$), dann folgt aus Gl. 3.153 durch Integration:

$$I_\nu = I_{\nu,0} \exp(-\tau_\nu), \qquad (3.156)$$

d. h., die Intensität $I_{\nu,0}$, die aus einer optischen Tiefe von $\tau_\nu = 1$ stammt, ist an der Sternoberfläche auf $I_{\nu,0}/e$, also auf rund 37 % ihres ursprünglichen Wertes gefallen.

Medien, die bei einer Frequenz ν eine optische Tiefe $\tau_\nu \gg 1$ besitzen, bezeichnet man als bei dieser Frequenz „optisch dick"; andernfalls spricht man von „optisch dünnen" Medien, bei denen näherungsweise

$$I_\nu \approx I_{\nu,0}(1 - \tau_\nu) \qquad (3.157)$$

gilt. Die Erdatmosphäre ist beispielsweise im Bereich des sichtbaren Lichtes „optisch dünn", während sie im fernen UV und im Röntgenbereich „optisch dick" ist.

In der Sternmaterie finden natürlich nicht nur Absorptionsvorgänge statt. Analog zum Absorptionskoeffizienten κ_ν kann deshalb auch ein frequenzabhängiger Emissionskoeffizient ε_ν eingeführt werden, der angibt, wie viel Energie pro Sekunde und Kubikmeter in den Raumwinkel $d\omega = 1$ emittiert wird:

$$dI_\nu = \varepsilon_\nu ds \qquad (3.158)$$

Oder anders ausgedrückt: Diese Beziehung erfasst die längs des Weges zusätzlich emittierte Energie, sodass sich unter der Voraussetzung, dass die Strahlung eine planparallele Schicht unter dem Winkel ϑ durchdringt, folgende Bilanzgleichung aufstellen lässt:

$$\cos\vartheta \frac{dI_\nu}{ds} = -\kappa_\nu I_\nu(\vartheta) + \varepsilon_\nu \qquad (3.159)$$

Man beachte dabei, dass der erste Summand richtungsabhängig und der zweite richtungsunabhängig ist. Auch der Emissionskoeffizient ist gewöhnlich eine komplizierte Funktion der Frequenz und hängt von den physikalischen Bedingungen am Ort der Emissionsvorgänge ab.

3.2.1 Lokales thermodynamisches Gleichgewicht (LTE) und Kirchhoff'scher Satz

(Da Sternatmosphären einen radialen Temperaturgradienten aufweisen, können sie sich nicht im thermodynamischen Gleichgewicht befinden. Thermodynamisches Gleichgewicht setzt explizit voraus, dass überall (d. h. an jedem Ort) die gleiche

Temperatur T herrscht und das Strahlungsfeld isotrop ist – Bedingungen, die nach Definition nur für Schwarze Strahler gelten. Im kosmischen Raum erfüllt lediglich die 3 Kelvin-Hintergrundstrahlung weitgehend diese einschränkenden Forderungen.

Es ist aber durchaus realistisch, die Bedingung des thermodynamischen Gleichgewichts für ein Volumenelement dV innerhalb einer (nicht zu dünnen) Sternatmosphäre anzunehmen, vorausgesetzt, dass sich über die mittlere freie Weglänge der Teilchen (der Weg, den ein Atom bzw. Photon im Mittel zwischen zwei Elementarereignissen zurücklegt) die Gastemperatur gleich bleibt. In solch einem Fall spricht man von einem „lokalen thermodynamischen Gleichgewicht, welches gewöhnlich mit LTE (Local Thermodynamic Equilibrium)) abgekürzt wird. Es erlaubt die uneingeschränkte Anwendung des Kirchhoff'schen Satzes Gl. 3.1, nach dem das Absorptionsvermögen eines Mediums gleich seinem Emissionsvermögen ist, also mit der Planck-Funktion Gl. 2.42:

$$\varepsilon_\nu = \kappa_\nu B_\nu(T) \tag{3.160}$$

Das Verhältnis zwischen Emissionskoeffizient und Absorptionskoeffizient, welches für eine gegebene Temperatur T Gl. 3.160 erfüllt, wird gewöhnlich als „Ergiebigkeit" – oder im englischsprachigen Raum als *source function*-bezeichnet:

$$S_\nu = \frac{\varepsilon_\nu}{\kappa_\nu} = B_\nu(T) \tag{3.161}$$

Physikalisch ist diese Größe der Anzahl der Photonen der Frequenz ν proportional, die pro Einheitsintervall der optischen Tiefe $d\tau_\nu$ pro Zeiteinheit dt in alle Richtungen emittiert werden. Sie besitzt die gleiche Einheit wie die spezifische Intensität. Gilt $dI_\nu/ds > 0$, also $\varepsilon_\nu > \kappa_\nu I_\nu$, wobei ds eine infinitesimale Weglänge entlang des Lichtstrahls ist, dann wird der Lichtstrahl verstärkt. Ist dagegen $dI_\nu/ds < 0$, also $\varepsilon_\nu < \kappa_\nu I_\nu$, dann wird der Lichtstrahl über die Distanz s immer schwächer, bis er vollständig ausgelöscht ist.

Während Gl. 3.160 nur für einen schwarzen Körper im thermodynamischen Gleichgewicht Gültigkeit hat ($S_\nu = B_\nu(T)$), kann in den Fällen, in denen diese Bedingung nicht erfüllt ist, immer eine Art von frequenzabhängiger „Anregungstemperatur" T_{Anr} angegeben werden, für die $S_\nu = B_\nu(T_{Anr})$ ist.

Mit $d\tau_\nu = -\kappa_\nu ds$ lässt sich dann Gl. 3.159 wie folgt schreiben:

$$\cos\vartheta \frac{dI_\nu}{d\tau_\nu} = I_\nu(\vartheta) - S_\nu \tag{3.162}$$

Diese lineare Differentialgleichung 1. Ordnung in der Form einer Strömungsgleichung nennt man in der Astrophysik „Strahlungstransportgleichung". Sie gilt für jeweils eine bestimmte Frequenz und kann zur Berechnung von Strahlungstransportvorgängen in Sternen verwendet werden, bei denen die Bedingung $\Delta R/R \ll 1$ erfüllt ist, wobei ΔR die Mächtigkeit der Sternatmosphäre angibt. In solch einem Fall kann man, ohne einen großen Fehler zu machen, vereinfachend von einer planparallelen Atmosphärenschicht ausgehen. Kommen dagegen die Ausmaße der Sternatmosphäre in die gleiche Größenordnung wie ihre

3.2 Strahlungstransport in Spektrallinien

Radien (wie es beispielsweise bei kühlen Riesensternen der Fall ist), dann muss man ihre Kugelsymmetrie bei der Ableitung berücksichtigen. In diesem Fall gilt $ds = dr/\cos\vartheta$ und $rd\vartheta = -\sin\vartheta ds$, wobei der Winkel ϑ zwischen der Ausbreitungsrichtung der Strahlung und der radialen Richtung nicht mehr konstant ist. Damit ergibt sich:

$$\cos\vartheta \frac{\partial I_\nu}{\partial r} + \frac{1-\cos^2\vartheta}{r}\frac{\partial I_\nu}{\partial \cos\vartheta} = \kappa_\nu(I_\nu(r,\vartheta) - S_\nu) \qquad (3.163)$$

Diese Beziehung gilt insbesondere für Sterne mit mächtigen Atmosphären (Rote Riesen).

Doch wenden wir uns wieder der einfacheren Gl. 3.162 zu. Durch Integration unter Verwendung des integrierenden Faktors $e^{-\tau_\nu}$ erhält man als allgemeine Lösung die Intensität $I_\nu(\vartheta)$, welche unter einem Winkel ϑ die Sternoberfläche ($\tau_\nu = 0$) verlässt (eventuell von außen einfallende Strahlung wird vernachlässigt):

$$I_\nu(\vartheta) = \int_0^\infty \frac{S_\nu(\tau_\nu)}{\cos\vartheta}\exp\left(-\frac{\tau_\nu}{\cos\vartheta}\right)d\tau_\nu \qquad (3.164)$$

(Bemerkung: Da in der Sternatmosphäre ein von innen nach außen verlaufender Temperaturgradient existiert, ist entgegen den Annahmen von LTE) die Ergiebigkeit S_ν eine Funktion der optischen Tiefe selbst, was die Auswertung des Integrals Gl. 3.164 sehr erschwert.)

Im Allgemeinen lässt sich Gl. 3.164 bis auf einige Spezialfälle nur numerisch lösen. Eine einfache analytische Lösung existiert jedoch für den Fall, dass die Ergiebigkeitsfunktion ein gewichtetes Mittel aller ihrer Werte in Blickrichtung ist und man genau senkrecht auf die Sternatmosphäre schaut ($\vartheta = 0$):

$$I_\nu = S_\nu(1 - \exp(-\tau_\nu)) \qquad (3.165)$$

Angenommen, die Frequenz ν_0 entspricht genau der Frequenz der Linienmitte einer Absorptionslinie, dann lassen sich in Abhängigkeit von der optischen Tiefe τ_ν zwei Fälle unterscheiden:

τ_ν	Grenzwert	I_ν
$\tau_{\nu_0} \gg 1$ optisch dick	$\exp(-\tau_\nu) \to 0$	$I_{\nu_0} \approx S_{\nu_0}$
$\tau_{\nu_0} \ll 1$ optisch dünn	$\exp(-\tau_\nu) \to 1-\tau_\nu$	$I_{\nu_0} \approx \tau_{\nu_0} S_{\nu_0}$

Während optisch dünne Linien immer oberhalb der Sättigungsgrenze bleiben, absorbieren optisch dicke Linien die gesamte bei der Frequenz ν_0 aus dem Sterninneren kommende Strahlung. Es gilt dabei die Faustregel, dass man als Beobachter bis ungefähr in eine optische Tiefe von $\tau_\nu \approx 1$ „sehen" kann. Optisch dicke Linien entstehen demnach bereits in sehr geringen Tiefen (die Intensität der Linienmitte entspricht im lokalen thermodynamischen Gleichgewicht (LTE) der Temperatur der Oberkante der absorbierenden Sternatmosphäre), während das Absorptionsgebiet von optisch dünnen Linien in tieferen Schichten der Sternatmosphäre zu suchen ist.

Entstehung von Spektrallinien Mit diesem Wissen kann man sich die Entstehung einer Absorptionslinie in einem Sternspektrum im Prinzip wie folgt vorstellen (s. Abb. 3.30).

Zwischen dem energieerzeugenden Zentrum des Sterns und der Sternoberfläche $r = R_*$ besteht ein Temperaturgradient, d. h., die Temperatur nimmt in radialer Richtung nach außen hin kontinuierlich ab (wie noch gezeigt wird, erreicht sie

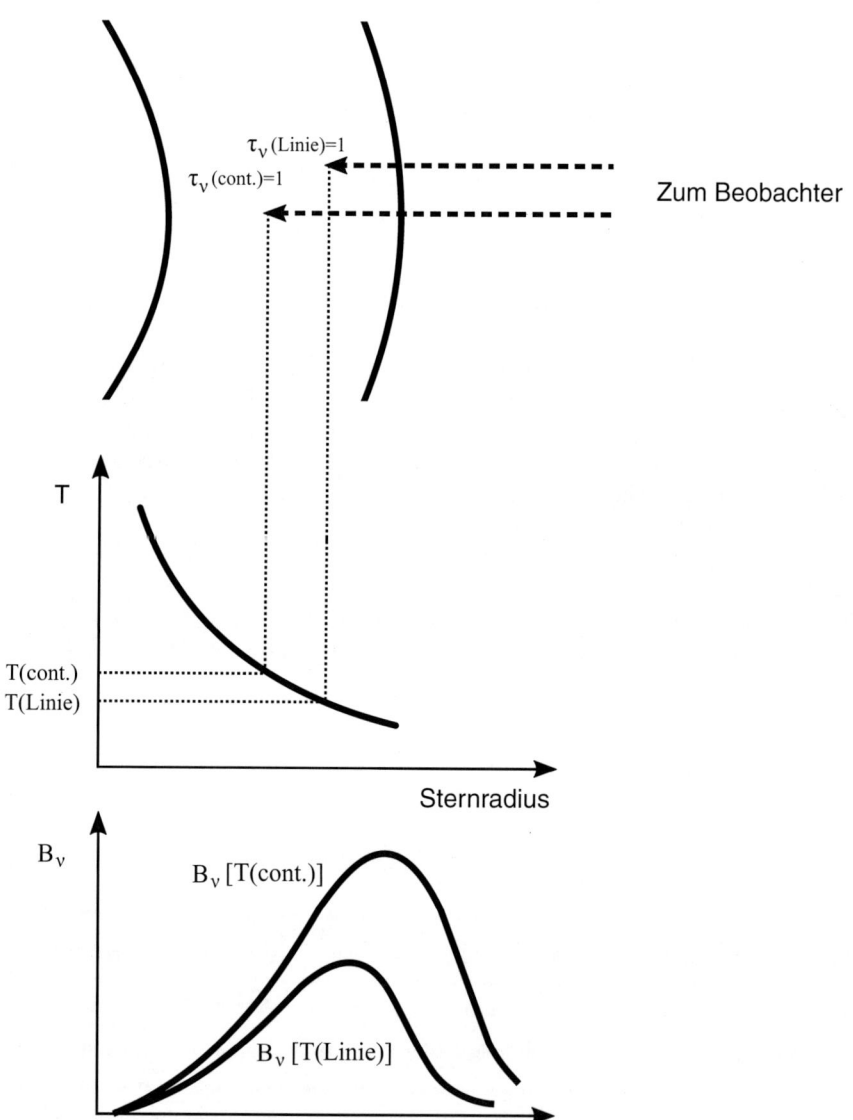

Abb. 3.30 Prinzip der Entstehung einer Absorptionslinie in einem Sternspektrum

dabei bei einer optischen Tiefe von 2/3 die effektive Temperatur T_{eff} des Sterns). Ein Beobachter von außen sieht immer eine Atmosphärenschicht, die bei der Beobachtungsfrequenz bei $\tau_\nu \approx 1$ liegt. Im Fall des Kontinuums ist κ_ν sehr klein, weshalb man besonders tief und damit in eine besonders heiße Atmosphärenschicht hineinsehen kann. Deren Spektrum entspricht näherungsweise dem der Planck-Funktion $B_\nu(T_{\mathrm{cont}})$. Befinden sich dagegen in Blickrichtung in der Gassäule Atome, die in der Lage sind, Licht der Beobachtungsfrequenz ν zu absorbieren, dann wird der Wert $\tau_\nu \approx 1$ bereits in einer entsprechend geringeren und damit kühleren Atmosphärenschicht erreicht. Die Planck-Funktion $B_\nu(T_{\mathrm{line}})$ ist aufgrund der geringeren Temperatur an dieser Stelle flacher, weshalb sich auch ein Intensitätseinbruch (d. h. eine Fraunhofer'sche Linie) im Kontinuum bei der Frequenz ν ausbildet. Die Temperatur dieser Atmosphärenschicht entspricht dabei in etwa der Anregungstemperatur T_{line} der entsprechenden Spektrallinie. In Bezug auf die Ergiebigkeit S_ν gilt hier $\tau_\nu < 1$ und $I_\nu(\tau_\nu) > S_\nu$, was nichts anderes bedeutet, als dass unter den hier genannten Bedingungen Absorption überwiegt (Abb. 3.31).

Erhöht sich die Temperatur radial nach außen, wie es z. B. bei der Sonne beim Übergang der oberen Chromosphäre in die Korona der Fall ist, dann ist wegen $\tau_\nu < 1$ $I_\nu(\tau_\nu) \leq S_\nu$, was bedeutet, dass hier Emission überwiegt. In solch einer Schicht beobachtet man Emissionslinien, wie das bei totalen Sonnenfinsternissen für einen kurzen Augenblick beobachtbare Flashspektrum eindrucksvoll beweist. Da die Temperaturen im Bereich der Chromosphärenaußengrenze ungefähr doppelt so hoch sind wie in der Photosphäre (≈ 10.000 K), ergeben sich Anregungsbedingungen, die insbesondere im UV-Bereich zu einer Vielzahl sehr

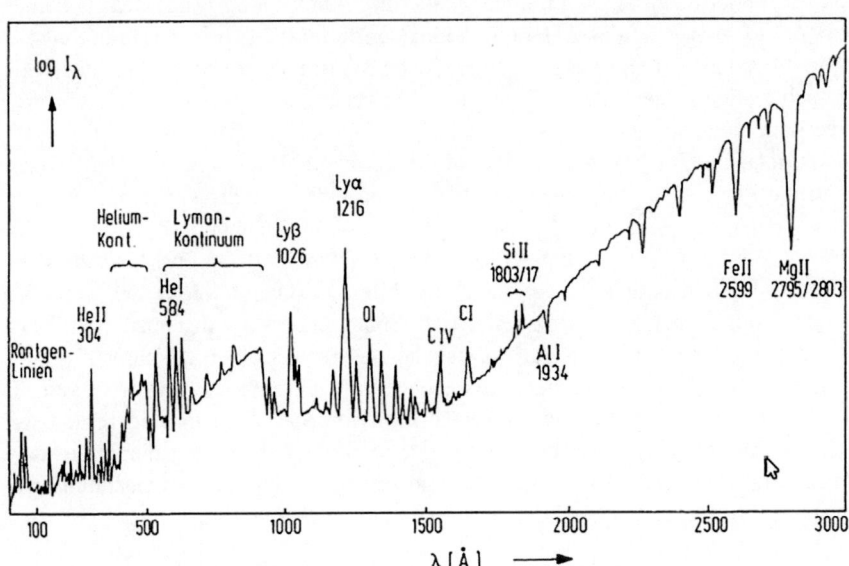

Abb. 3.31 Übergang eines Absorptionslinienspektrums in ein Emissionslinienspektrum am Beispiel des UV-Spektrums der Sonne

intensiver Emissionslinien führen. Die stärksten unter ihnen nutzt man zur monochromatischen Überwachung der Chromosphäre und der Übergangszone der Chromosphäre zur noch bedeutend heißeren Sonnenkorona (T > 10^6 K), was natürlich nur mittels Sonnenbeobachtungssatelliten gelingt[9] (wir erinnern uns – die Erdatmosphäre ist zu unserem Glück für den größten Teil des UV-Bereichs optisch dick und damit undurchsichtig).

Erreicht in einem Absorptionsgebiet $I_\nu > S_\nu$ bzw. in einem Emissionsgebiet $I_\nu \leq S_\nu$ die Intensität der Linienmitte ν_0 den Wert der Ergiebigkeit S_ν (d. h. $I_\nu \approx S_\nu$), dann ist die entsprechende Spektrallinie gesättigt und kann nur noch in der Breite wachsen. Man sagt auch oft, dass in solch einem Fall die Linienmitte „optisch dick" ist. Die relative Linieneinsenkung Gl. 3.103 erreicht dann bei einer Absorptionslinie ihren Maximalwert.

Versagen der LTE-Bedingung Das lokale thermodynamische Gleichgewicht (LTE) ist im Inneren der Sterne und in deren dichteren Atmosphärenschichten sehr gut erfüllt, da in diesem Fall thermodynamisch bedingte Stoßprozesse (Maxwell-Boltzmann-Verteilung) und weniger reine Strahlungsprozesse die Besetzungsstatistik atomarer Energiezustände bedingen. Jedem Emissionsvorgang folgt quasi sofort ein entsprechender Absorptionsvorgang, und zwischen beiden Vorgängen besteht weitgehend ein Gleichgewicht. Der Prozess der Strahlungsdiffusion, der aus solchen unzähligen atomaren Absorptions- und Emissionsvorgängen besteht, bewirkt, dass die im Sterninneren erzeugte Energie sehr lange benötigt, bis sie in die langsam immer durchsichtiger werdenden Atmosphärenschichten gelangt (bei der Sonne irgendwo zwischen 10.000 bis 170.000 Jahre im Vergleich zu etwas mehr als einer Sekunde, wenn die Sonne völlig durchsichtig wäre). Das bedeutet, dass die Idealisierung des LTE) mit steigenden freien Weglängen der Photonen in Sternatmosphären aufgrund der abnehmenden Gasdichte immer schlechter wird, um schließlich in den heißen Koronen völlig zusammenzubrechen. Dort wird die kinetische Temperatur durch das dünne, auf sehr hohe Temperaturen ($\approx 10^5 - 10^6$ K) aufgeheizte Gas bestimmt, während die Temperatur des Strahlungsfeldes (wie es in die Planck-Funktion eingeht) weitaus geringer ist und mehr dem der effektiven Temperatur des Sterns entspricht. Atomare Anregungen werden hier fast nur noch durch das Strahlungsfeld und kaum mehr durch Stoßprozesse bewirkt. Dadurch können Atome länger in metastabilen Zuständen verweilen, was sich spektroskopisch in der Präsenz verbotener Linien äußert (s. Abschn. 3.1.5.6). Die Anwendung der Boltzmann-Statistik auf die Besetzungszahlen atomarer Zustände führt unter solchen Bedingungen zu nicht mehr tolerierbaren Abweichungen, da die Ergiebigkeit S_ν nicht mehr der Planck-Funktion B_ν der kinetischen Temperatur T_{kin} des Plasmas folgt. Das erschwert ungemein die Berechnung der Intensitätsprofile von Spektrallinien, da hier komplexere Methoden auf der Grundlage sogenannter statistischer Gleichungen zum Einsatz gelangen müssen. Im Fall stel-

---

[9] Z. B. Solar Dynamics Observatory, http://sdo.gsfc.nasa.gov/.

larer Photosphären (Hauptreihensterne) werden die damit im Zusammenhang stehenden non-LTE-Effekte aber erst bei sehr heißen Sternen, deren effektive Temperatur die 25.000 K-Marke überschreitet (Spektraltyp O), wesentlich. Dabei erfolgt der Übergang von einem LTE-Regime in ein non-LTE-Regime allmählich und kann insbesondere am vermehrten Auftreten von Spektrallinien von hochionisierter Atome verfolgt werden.

Da mittlerweile die Theorie von non-LTE-Plasmen sehr weit fortgeschritten ist, werden die damit einhergehenden Strahlungsprozesse immer mehr in die Modellierung von Sternatmosphären und die daraus folgende Berechnung synthetischer Spektren einbezogen. Da aber ihre Behandlung die Zielsetzung dieses Buches bei Weitem übersteigen würde, sei an dieser Stelle nur auf das Standardwerk von Ivan Hubeny und Dimitri Mihalas (1939–2013) zum Thema „Sternatmosphären" hingewiesen (Hubeny und Mihalas 2015).

3.2.2 Formale Lösung der Strahlungstransportgleichung

Für einen ersten Überblick über die Funktionsweise des Strahlungstransports reicht es aus, sich eine Sternatmosphäre als eine planparallele Schicht vorzustellen (s. Abb. 3.32). In diesem Fall hängt die spezifische Intensität I_ν nur von der zum Beobachter hin gerichteten Koordinate z und vom Winkel ϑ zwischen der z-Achse und dem Strahl s ab. Hier erweist es sich als günstig, für den Cosinus des Winkels ϑ die Variable $\mu = \cos \vartheta$ einzuführen. Gl. 3.162 wird dann zu

$$\mu \frac{dI_\nu(\mu, z)}{dz} = -I_\nu(\mu, z) + S_\nu(z) = -\kappa_\nu I_\nu(\mu, z) + \varepsilon_\nu(z). \qquad (3.166)$$

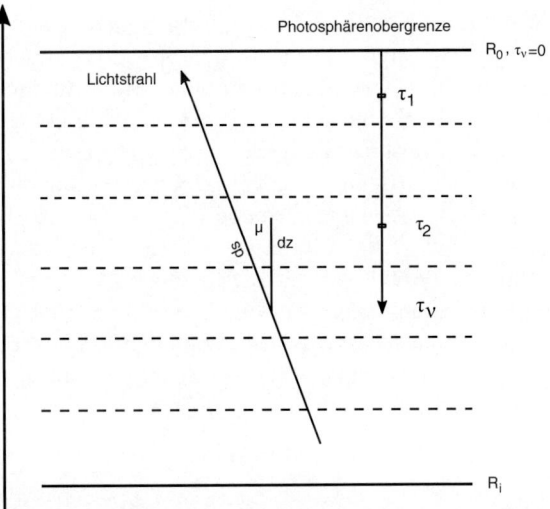

Abb. 3.32 Geometrie einer planparallelen Sternatmosphäre. Der Temperatur- und Dichtegradient steigt von oben nach unten an

Im trivialen Fall $\kappa_\nu = 0$ und $\varepsilon_\nu = 0$, d. h., wenn am betrachten Ort weder Absorptions- noch Emissionsprozesse auftreten, erhält man für $dI_\nu/dz = 0$ die erwartete Lösung $I_\nu = $ const. Dieser Fall ist immer dann erfüllt, wenn das Strahlungsfeld der Frequenz ν in keiner Weise mit dem Medium, welches es durchdringt, wechselwirken kann. Für alle Frequenzen gilt das beispielsweise für ein Vakuum.

Für Gl. 3.166 lässt sich aber auch eine formale Lösung finden. Dazu ersetzen wir die z-Koordinate durch die optische Tiefe, die von der Sternoberfläche aus entgegen der z-Koordinate zunimmt ($dz = -d\tau_\nu/\kappa_\nu$):

$$\mu \frac{dI_\nu(\mu, \tau_\nu)}{d\tau_\nu} = I_\nu(\mu, \tau_\nu) - S_\nu(\tau_\nu) \tag{3.167}$$

Wenn man jetzt diese Gleichung mit dem integrierenden Faktor $\exp(-\tau_\nu/\mu)$ multipliziert und zwischen den beiden optischen Tiefen τ_1 und τ_2 (mit $\tau_2 > \tau_1$) integriert, erhält man als Lösung:

$$I_\nu(\mu, \tau_1) = I_\nu(\mu, \tau_2) \exp\left(-\frac{\tau_2 - \tau_1}{\mu}\right) + \int_{\tau_1}^{\tau_2} \frac{S_\nu(t)}{\mu} \exp\left(-\frac{t - \tau_1}{\mu}\right) dt \tag{3.168}$$

t ist hier eine Hilfsvariable, die innerhalb der Integrationsgrenzen entlang des Lichtstrahls läuft. Mit dem Integral (zweiter Summand) erfasst man den Beitrag zur Intensität, der sich aus der Änderung der Ergiebigkeit entlang des durch das Medium laufenden Lichtstrahls ergibt (Emissionsanteil). Die spezifische Intensität ändert sich demnach über den Sichtwinkel ϑ und die Ergiebigkeit S_ν mit der optischen Tiefe τ_ν in der Sternatmosphäre. Der erste Summand ist dagegen nichts anderes als die am Ort mit der optischen Tiefe τ_2 herrschende Intensität $I_\nu(\mu, \tau_2)$, verringert um den Exponentialfaktor zum Ort mit der optischen Tiefe τ_1 – also dessen Abschwächung entlang des Lichtstrahls (Absorptionsanteil).

Man bezeichnet diese Lösung der Strahlungstransportgleichung deshalb als „formal", weil sie gewisse Abhängigkeiten nicht adäquat abbilden kann, die in realen Sternatmosphären vorhanden sind. So ist die Ergiebigkeit gewöhnlich eine Funktion der spezifischen Intensität. In der Praxis kommen deshalb zur Lösung in entsprechenden Computerprogrammen spezielle numerische Verfahren zum Einsatz. Zu erwähnen ist hier beispielsweise die sogenannte „OK87-Methode", die auf eine Arbeit von G. L. Olson und P. B. Kunasz aus dem Jahre 1987 zurückgeht (Olson und Kunasz 1987) und auch non-LTE-Rechnungen ermöglicht.

Einige einfache Fälle lassen sich aber durchaus mit Gl. 3.168 angehen. Setzt man z. B. $\tau_2 = 0$, was für die Sternoberfläche zutrifft, dann lässt sich der „Einfall" von Strahlung von außerhalb des Sterns (d. h. für $\mu < 0$ für den Ort, an dem $\tau_2 = 0$) vernachlässigen. Der erste Summand der rechten Seite verschwindet, und es bleibt nur das Integral für den Beitrag der spezifischen Intensität übrig, der von „oben" den Ort mit der optischen Tiefe τ_ν erreicht:

3.2 Strahlungstransport in Spektrallinien

$$I_\nu^-(\mu, \tau_\nu) = \int_{\tau_\nu}^{0} \frac{S_\nu(t)}{\mu} \exp\left(-\frac{t - \tau_\nu}{\mu}\right) dt \qquad (3.169)$$

Für die ausgehende Strahlung ($\mu > 0$) ist

$$I_\nu^+(\mu, \tau_\nu) = \int_{\tau_\nu}^{\infty} \frac{S_\nu(t)}{\mu} \exp\left(-\frac{t - \tau_\nu}{\mu}\right) dt, \qquad (3.170)$$

also für einen bestimmten Ort mit der optischen Tiefe τ_ν in der Sternatmosphäre

$$I_\nu(\tau_\nu) = I_\nu^-(\tau_\nu) + I_\nu^+(\tau_\nu) \qquad (3.171)$$

Die beobachtete, d. h. die Sternoberfläche unter einem Winkel ϑ verlassende Intensität $I_\nu(0, \vartheta)$ ist mathematisch nichts anderes als das gewichtete Mittel der Ergiebigkeit entlang der Sichtlinie:

$$I_\nu(\mu, 0) = \int_{\tau_\nu=0}^{\infty} \frac{S_\nu(\tau_\nu)}{\mu} \exp\left(-\frac{\tau_\nu}{\mu}\right) d\tau_\nu \qquad (3.172)$$

3.2.3 Eddington-Barbier-Beziehung

Ein einfacher Ansatz geht davon aus, dass sich die Ergiebigkeit S_ν linear mit der optischen Tiefe verändert. Dazu entwickelt man die Ergiebigkeit um den Punkt τ'_ν in eine Potenzreihe und berücksichtigt nur die ersten beiden Glieder (linearer Ansatz):

$$S_\nu(\tau_\nu) = S_\nu(\tau'_\nu) + (\tau_\nu - \tau'_\nu)\frac{dS_\nu(\tau'_\nu)}{d\tau_\nu} = a + b\tau_\nu \qquad (3.173)$$

Eingesetzt in Gl. 3.172 ergibt sich nach Integration:

$$I_\nu(\mu, 0) = S_\nu(\tau_\nu = \cos\vartheta) \qquad (3.174)$$

Diese Beziehung sagt aus, dass mit guter Näherung die an der Sternoberfläche unter dem Winkel ϑ abgestrahlte spezifische Intensität $I_\nu(\vartheta)$ gleich der Ergiebigkeit S_ν bei einer optischen Tiefe $\tau_\nu = \cos\vartheta$ ist. Sie wird als Eddington-Barbier-Beziehung bezeichnet.

Unter Verwendung dieser Näherung ergibt sich, unter der Annahme eines über den gesamten interessierenden Spektralbereich gemittelten Absorptionskoeffizienten κ („graue Atmosphäre") folgende Beziehung für die mittlere Intensität der die Photosphäre verlassenden Strahlung:

$$\bar{I} = \frac{3}{4\pi}\left(\tau + \frac{2}{3}\right)\sigma T_{\text{eff}}^4 \qquad (3.175)$$

und wegen Gl. 3.161 und Gl. 2.48

$$T^4(\vartheta) = \frac{3}{4}T_{\text{eff}}^4\left(\tau + \frac{2}{3}\right) \qquad (3.176)$$

Diese Gleichung sagt aus, dass die effektive Temperatur eines Sterns nicht an der Oberkante der Photosphäre (d. h. bei $\bar{\tau} = 0$), sondern erst in einer optischen Tiefe von 2/3 realisiert ist. Die Temperatur T_{ph} der Photosphärenobergrenze ergibt sich vielmehr zu

$$T_{\mathrm{ph}} = \frac{T_{\mathit{eff}}}{2^{1/4}} \approx 0{,}84 T_{\mathit{eff}}. \tag{3.177}$$

Oder anders ausgedrückt und wieder auf den frequenzabhängigen Absorptionskoeffizienten bezogen:

Unter der Bedingung des lokalen thermodynamischen Gleichgewichts entspricht die Strahlung bei der Frequenz v der lokalen Temperatur in einer optischen Tiefe von 2/3.

Temperaturschichtung in einer Sternatmosphäre – Randverdunkelung Aus der Tiefenabhängigkeit der Ergiebigkeit in der Eddington-Barbier-Näherung ergibt sich eine elegante Methode, die Temperaturschichtung über den Querschnitt der Photosphäre zu bestimmen. Bedingung dafür ist, dass sich der Stern im Teleskop räumlich auflösen lässt, was bei Sternen gewöhnlich nicht, aber bei der Sonne immer der Fall ist. Bewegt man sich nun vom Zentrum der Sonnenscheibe in Richtung Sonnenrand (also $\vartheta = \{0 \ldots \pi/2\}$), dann sieht der Beobachter immer weniger tief in die Sonnenatmosphäre hinein, da sich die Linie $\tau_\nu = 2/3$ immer weiter nach „oben" – d. h. in kühlere Schichten der Photosphäre – bewegt. Die über den Querschnitt der Photosphäre von innen nach außen abnehmende Temperatur bewirkt, dass die Intensität der Strahlung von der Mitte der Sonnenscheibe zum Rand hin abnehmen muss. Das deckt sich genau mit der Theorie, nach der eine optische Tiefe von 0,5 in der Sonnenatmosphäre einer Temperatur von ≈ 5800 K und eine optische Tiefe von 0,05 einer Temperatur von ≈ 4800 K entspricht.

Die Erscheinung der Randverdunkelung der Sonnenscheibe ist schon lange bekannt. Eine quantitativ richtige Erklärung dafür gelang erstmals 1905 dem deutschen Astronomen Karl Schwarzschild.

Identifiziert man Gl. 3.175 mit der Ergiebigkeit S Gl. 3.173, dann lässt sich gemäß Gl. 3.174 leicht der Intensitätsunterschied zwischen der Mitte und dem Rand der Sonnenscheibe abschätzen. Es gilt

$$\frac{\bar{I}(\vartheta)}{\bar{I}(\vartheta = 0)} = \frac{a + b \cos \vartheta}{a + b} \tag{3.178}$$

mit (Gl. 3.175) $a = \sigma T_{\mathit{eff}}^4 / 2\pi$ und $b = 3\sigma T_{\mathit{eff}}^4 / 4\pi$:

$$\frac{\bar{I}(\vartheta = \pi/2)}{\bar{I}(\vartheta = 0)} = \frac{2}{5} = 0{,}4 \tag{3.179}$$

Das stimmt erstaunlich gut mit der Beobachtung überein, dass die Ausstrahlung am Sonnenrand nur $\approx 40\%$ der Ausstrahlung der Mitte der Sonnenscheibe entspricht. Dieser Effekt ist jedem Amateurastronomen wohlvertraut, da er auf jeder Sonnenfotografie im weißen Licht deutlich zu erkennen ist (Abb. 3.33).

3.2 Strahlungstransport in Spektrallinien

Abb. 3.33 Die Randverdunkelung der Sonnenscheibe ist besonders deutlich im Blaukanal einer Sonnenfotografie zu erkennen. Karl Schwarzschild nutzte 1906 dieses zuvor vielfach unbeachtet gebliebene Phänomen zur erstmaligen Berechnung der Temperaturverteilung innerhalb der solaren Photosphäre

Verlässt man das Modell der „grauen Atmosphäre" und berücksichtigt wieder die Frequenzabhängigkeit der Absorptions- und Emissionskoeffizienten sowie der Ergiebigkeit, S_ν dann lässt sich unschwer auch eine Frequenzabhängigkeit der Randverdunkelung prognostizieren. Und so ist es auch. Während man auf IR-Aufnahmen der Sonnenscheibe kaum eine Randverdunkelung erahnen kann, ist sie auf Sonnenaufnahmen, die beispielsweise mit blauempfindlichem Fotomaterial aufgenommen wurden, ausgesprochen deutlich zu erkennen.

Tab. 3.8 gibt einen Vergleich zwischen beobachteter und der nach der Theorie der grauen Atmosphäre berechneten Randverdunkelung wieder.

Die auf der Sonnenscheibe beobachtete Randverdunkelung weist noch auf einen anderen Sachverhalt hin, der über die Präsenz eines Temperaturgradienten hinausgeht. Sie zeigt nämlich - und das erkannte bereits Karl Schwarzschild zu

Tab. 3.8 Vergleich zwischen berechneter und beobachteter Randverdunkelung der Sonne. (Nach (Scheffler und Elsässer 1974))

$\sin \vartheta = r/R_\odot$	$\tau = \cos \vartheta$	$[I(\vartheta)/I(0)]_{Beobachtet}$	$[I(\vartheta)/I(0)]_{Berechnet}$
0,000	1,000	1,00	1,00
0,200	0,980	0,99	0,99
0,400	0,916	0,96	0,95
0,550	0,835	0,92	0,90
0,650	0,760	0,89	0,86
0,750	0,661	0,83	0,80
0,875	0,484	0,74	0,69
0,950	0,312	0,63	0,59
0,975	0,222	0,55	0,53
1,000	0,000	-	0,40

Beginn des 20. Jahrhunderts - dass in der Photosphäre der Sonne der Energietransport fast ausschließlich durch Strahlung erfolgt. Konvektion spielt im Vergleich dazu keine oder eine nur sehr untergeordnete Rolle. Würde nämlich Konvektion überwiegen, sollte vom Sonnenrand her kaum Strahlung in Richtung Erde gelangen (Schwarzschild 1906).

3.2.4 Strahlungsprozesse und Absorptionskoeffizienten

Die in Gl. 3.152 und 3.153 eingeführten Absorptionskoeffizienten haben offensichtlich mikroskopische Ursachen, die im Wesentlichen mit atomaren Wechselwirkungen zwischen einem Strahlungsfeld und freien sowie an Atomen und Molekülen gebundenen Elektronen zu tun haben. Ihre genaue Kenntnis ist unabdingbar, um aus Atmosphärenmodellen synthetische Spektren berechnen zu können, die sich mit Spektren realer Sterne vergleichen lassen.

Sternatmosphären bestehen aufgrund ihrer hohen Temperaturen > 2500 K aus einem heißen Plasma aus neutralen Atomen, einer Vielzahl von Ionen in unterschiedlichen Ionisationszuständen und aus freien Elektronen, die auf verschiedene Art und Weise untereinander wechselwirken. An dieser Stelle sei noch einmal daran erinnert, dass man durch Konvention den Nullpunkt der Energie eines Elektrons so legt, dass Bindungszustände immer negative Energie und freie Elektronen immer eine positive Energie besitzen. Während gebundene Elektronen nur ganz bestimmte Photonen mit einer zur Zustandsänderung passenden Energie $E_\gamma = h\nu$ aus einem Strahlungsfeld entnehmen (Absorption) oder einem Strahlungsfeld übergeben (Emission) können, gilt für freie Elektronen diese Einschränkung nicht. Sie können quasi jeden möglichen positiven Energiewert annehmen. Man kann deshalb im Wesentlichen drei grundlegende Elektronenübergänge unterscheiden, die in Bezug auf ihre Absorptions- und Emissionskoeffizienten auch unterschiedlich zu behandeln sind:

Gebunden-gebunden-Übergänge (bound-bound transitions) Darunter versteht man die An- und Abregung bei elektronischen Übergängen zwischen unterschiedlichen diskreten atomaren und molekularen Energieniveaus. Es gilt hier

$$h\nu = |E_n - E_m| \text{ mit } n \neq m.$$

Derartige Übergänge führen zu diskontinuierlichen „Linienabsorptionskoeffizienten" und damit zu „Fraunhofer'schen" Absorptionslinien in Sternspektren.

Gebunden-frei-Übergänge (bound-free transitions, Photoionisation) Darunter versteht man die Ionisation eines Atoms, bei der ein gebundenes Elektron durch die Absorption eines genügend energiereichen Photons eine positive Energie erhält und damit zu einem freien Elektron mit der kinetischen Energie $E_{\text{kin}} = m_e v^2/2$ wird. Der dazu inverse Vorgang ist die Rekombination, bei der ein positiv geladenes Ion ein freies Elektron aufnimmt und dabei ein Photon emittiert, wodurch sein Ionisationsgrad um eins verringert wird. Bei diesem Vorgang wird die kinetische Energie des Atoms/Ions um den Teil der Energie erhöht, der bei der Emission des Photons übrig bleibt, nachdem die Bindungsenergie des Elektrons berücksichtigt wurde:

$$h\nu = |E_n| + E_{\text{kin}}$$

Diese Vorgänge führen dazu, dass sich hinter der Seriengrenze ein sogenanntes Seriengrenzkontinuum anschließt, was in Absorptionsspektren oft zu einem starken Intensitätsabfall führt (im Fall der Balmer-Serie des Wasserstoffs (mit $n = 2$) ist dies der „Balmer-Sprung"). In Emissionslinienspektren, wie sie z. B. bei Gasentladungsröhren beobachtet werden, zeigt sich dies als Übergang von immer enger werdenden Emissionslinien in ein entsprechendes Kontinuum.

Frei-frei-Übergänge (free-free transitions) Hierbei handelt es sich um Prozesse, die zu dem Phänomen der Bremsstrahlung führen – oder, etwas genauer, um Streuprozesse, bei denen Impuls bzw. Energie (bei inelastischen Stößen) unter den Streupartnern (zu denen natürlich auch Photonen gehören) umverteilt werden:

$$h\nu = |E^* - E^{**}|$$

Sie alle liefern Beiträge zur kontinuierlichen Absorption.

3.2.4.1 Absorption, spontane und induzierte Emission

Bei einem diskreten Übergang zwischen zwei stationären Elektronenzuständen 1 und 2 wird bekanntlich aus dem elektromagnetischen Strahlungsfeld entweder ein Photon der Energie $\Delta E_{12} = h\nu$ entnommen (Absorption) oder an das Strahlungsfeld abgegeben (Emission). Während ein Absorptionsvorgang immer durch ein äußeres Strahlungsfeld bedingt ist, erfolgt eine Emission in der Regel spontan. Es besteht aber auch die Möglichkeit der induzierten Emission, wie sie beispielsweise bei Maser und Laser realisiert ist und technisch ausgenutzt wird. Zwischen diesen drei elementaren Strahlungsmechanismen existieren Zusammenhänge, die mittels der Einsteinschen Übergangswahrscheinlichkeiten (Einstein-Koeffizienten) beschrieben werden.

Dazu betrachten wir ein Ensemble von Atomen, von denen sich N_1 im energetischen Zustand E_1 (beschrieben durch einen Satz entsprechender Quantenzahlen) und die restlichen N_2 im energetischen Zustand E_2 unter der Bedingung $E_1 < E_2$ aufhalten sollen. Die Zahlen N_i nennt man die „Besetzungszahlen" der jeweiligen energetischen Zustände E_i.

Bezeichnet man mit $u_\nu = n_\nu h\nu$ die spektrale Energiedichte des Strahlungsfeldes bei der Frequenz ν (Photonen-Energiedichte n_ν bei der Frequenz ν in $[\text{Js/m}^3]$), dann ergibt sich für die Zahl der Atome, die durch Entnahme eines Photons aus dem Strahlungsfeld vom Zustand 1 in den Zustand 2 übergehen:

$$dN_1 = -u_\nu N_1 B_{12} dt \qquad (3.180)$$

Hier gibt das Produkt $u_\nu B_{12}$ offensichtlich die Wahrscheinlichkeit für einen Absorptionsvorgang an. Die gesamte aus dem Strahlungsfeld bei der Frequenz ν entnommene Energie ist dann:

$$dE_{\text{abs}} = h\nu \, dN_1 \qquad (3.181)$$

Aufgrund der Wechselwirkung des Atoms mit dem „Nullpunktstrahlungsfeld" („Vakuum") wird diese Energie durch spontane Emission wieder an das Strahlungsfeld zurückgegeben:

$$dE_{\text{em}} = h\nu \, dN_2 \qquad (3.182)$$

Deshalb muss zusätzlich zur induzierten Übergangswahrscheinlichkeit B_{12} noch eine Übergangswahrscheinlichkeit A_{21} eingeführt werden, welche die spontane Emission beschreibt. Für die Änderung der Besetzungszahl des Zustandes E_2 gilt demnach:

$$dN_2 = -(u_\nu B_{21} + A_{21})N_2 dt \qquad (3.183)$$

Im stationären Fall müssen die sich aus Gl. 3.180 und 3.183 ergebenden Zustandsbesetzungen gleich sein, was zu der Beziehung

$$u_\nu N_1 B_{12} = A_{21} N_2 + u_\nu N_2 B_{21} \qquad (3.184)$$

führt. Sie gilt nur im thermodynamischen Gleichgewicht, in dem man für die Änderungsraten der Besetzungszahlen

$$\frac{dN_1}{dt} = -\frac{dN_2}{dt} = -u_\nu N_1 B_{12} + u_\nu N_2 B_{21} + N_2 A_{21} = 0 \qquad (3.185)$$

schreiben kann.

Die Einstein-Koeffizienten A_{21}, B_{12} und B_{21} stellen demnach physikalisch nichts anderes als so etwas wie Übergangswahrscheinlichkeiten zwischen den indizierten energetischen Zuständen dar.

Das aus Gl. 3.184 folgende Verhältnis der Besetzungszahlen

$$\frac{N_2}{N_1} = \frac{u_\nu B_{12}}{A_{21} + u_\nu B_{21}} \qquad (3.186)$$

ist dahingehend von großer Bedeutung, als sich über dieses Verhältnis eine Anbindung an die Boltzmann-Statistik und damit an die Thermodynamik herstellen lässt (Gl. 3.188).

Übergangswahrscheinlichkeit für spontane Emission A_{21} Eine spontane Emission eines Photons findet immer dann statt, wenn sich das Elektron in einem energetisch höheren Niveau (hier 2) befindet und spontan, d. h. ohne erkennbare Wirkung von außen, in ein energetisch niedrigeres (hier 1) Niveau übergeht. Die Anzahl der spontanen Übergänge pro Zeiteinheit hängt dabei von der Besetzungszahl

3.2 Strahlungstransport in Spektrallinien

N_2 und von der mittleren Lebensdauer des Zustandes 2 ab. Daraus folgt, dass der Einstein-Koeffizient A_{21} den Kehrwert der Lebensdauer τ des Zustandes 2 angibt:

$$A_{21} = \frac{1}{\tau_2} \qquad (3.187)$$

Die Zeitkonstante τ hängt dabei von der natürlichen Lebensdauer bzw. von der durch thermische Prozesse (Stöße) verkürzten Lebensdauer des entsprechenden quantenmechanischen Zustandes ab (s. Abschn. 3.1.10).

Übergangswahrscheinlichkeit für Absorption B_{12} Der Einstein-Koeffizient B_{12} ist ein Maß für die Wahrscheinlichkeit dafür, dass aus dem umgebenden Strahlungsfeld ein Photon $\Delta E = h\nu$ entnommen wird und das Atom aus dem Zustand 1 in den Zustand 2 übergeht. Es handelt sich dabei um den inversen Prozess der induzierten Emission, weshalb auch $B_{12} = B_{21}$ gilt.[10] Dieser Vorgang wird (insbesondere in der älteren Literatur) oftmals als „Strahlungsanregung" bezeichnet.

Übergangswahrscheinlichkeit für induzierte Emission B_{21} Die Anzahl der durch induzierte Emission erzeugten Photonen hängt neben der Besetzungsdichte des Zustandes 2 von der Richtung und der Intensität des Strahlungsfeldes mit den Strahlungsmoden der Frequenz ν ab. Induzierte Emission wird beispielsweise bei Laser und (im Mikrowellenbereich) bei Maser zur Strahlungsverstärkung ausgenutzt, nachdem durch „Pumpen" eine Besetzungsinversion zwischen den Zuständen 1 und 2 hergestellt wurde – was nach Gl. 3.188 einem Zustand „negativer Temperatur" entspricht. Laser und (Molekül-) Maser können übrigens auch auf natürliche Art und Weise entstehen, – z. B. in Form von Hydroxyl-Maser in der Nähe Roter Riesensterne.

Im Fall stellarer Materie kann man davon ausgehen, dass im thermischen Gleichgewicht das Verhältnis der Besetzungszahlen Gl. 3.186 einer Boltzmann-Verteilung genügt; dann erhält man mit

$$\frac{N_2}{N_1} = \frac{g_2}{g_1} \exp\left(-\frac{h\nu}{k_B T}\right) \qquad (3.188)$$

die spektrale Energiedichte

$$u_\nu = \frac{A_{21}}{B_{21}} \frac{1}{\left(\frac{g_1}{g_2}\right)\left(\frac{B_{21}}{B_{12}}\right)\left(\exp\left(\frac{h\nu}{k_B T}\right) - 1\right)} \qquad (3.189)$$

Dabei bezeichnen die Größen g jeweils die statistischen Gewichte der Zustände 1 und 2, d. h., sie geben an, wie oft ein Energieniveau in Bezug auf den Drehimpuls J entartet ist (s. Abschn. 3.1.5.1).

---

[10] Vorausgesetzt, die Zustände sind nicht entartet ($g_1 = g_2 = 1$).

Vergleicht man Gl. 3.189 mit dem Planck'schen Strahlungsgesetz in der Form

$$u_\nu = \frac{8\pi h \nu^3}{c^3} \frac{1}{\exp\left(\frac{h\nu}{k_B T}\right) - 1},$$ (3.190)

dann ergeben sich die Einstein-Koeffizienten zu

$$A_{21} = \frac{8\pi h \nu^3}{c^3} B_{12}$$ (3.191)

$$B_{12} = \frac{g_2}{g_1} B_{21}$$ (3.192)

In dem Fall, wenn beide Energiezustände nicht entartet sind (d. h. $g_1 = g_2 = 1$), stimmen – wie bereits erwähnt – die Einstein-Koeffizienten für Absorption und induzierte Emission überein.

Der Koeffizient B_{12} ist außerdem über folgende Beziehung

$$\int \sigma_\nu d\nu = h\nu B_{12}$$

mit dem atomaren Absorptionskoeffizienten σ_ν des entsprechenden Übergangs verknüpft.

In der Astrophysik verwendet man anstelle des Koeffizienten B_{12} oftmals eine Größe, die noch aus der klassischen Behandlung der Linienbildung in Spektren stammt (Lorentz-Oszillatormodell) und „Oszillatorstärke" f_{12} für den Absorptionsübergang $E_1 \to E_2$ genannt wird:

$$f_{12} = \frac{4\varepsilon_0 m_e}{e^2} h\nu B_{12}$$ (3.193)

Diese Größe wird gewöhnlich experimentell bestimmt und ist dimensionslos. Sie kann aber auch (zumindest für atomaren Wasserstoff) mit quantenmechanischen Methoden berechnet werden. Im Fall der Balmer-Alpha-(2p-3d) und der Balmer-Beta-Linie (2p-4d) gilt z. B. $f_{23} = 0,6958$ und $f_{24} = 0,1218$ (Achtung – hier bezeichnen die Indizes die Hauptquantenzahlen n und m der betreffenden Energieniveaus). Bei entarteten Niveaus wird in entsprechenden Tabellenwerken (z. B. (Cox 2000)) stattdessen oftmals die Größe $\log(gf)$ aufgelistet.

Für den Emissionsvorgang $E_2 \to E_1$ gilt eine zu Gl. 3.193 analoge Beziehung, wobei man die Oszillatorstärke (wegen Emission) mit einem Minuszeichen versieht. Mit Gl. 3.192 folgt dann die wichtige Beziehung

$$g_1 f_{12} = -g_2 f_{21}.$$ (3.194)

Sie sagt aus, dass sich bei Übergängen zwischen jeweils zwei Energieniveaus die Oszillatorstärken für Absorption und Emission wie die statistischen Gewichte der Endzustände verhalten.

3.2.4.2 Linienabsorptionskoeffizienten

Mit diesen Vorarbeiten sollte es nun gelingen, einen Zusammenhang zwischen dem Linienabsorptionskoeffizienten und den atomaren Absorptionsprozessen (Absorptionsquerschnitt $\sigma_{gg,\nu}$) herzustellen.

Die Strahlungsenergie E_ν, die bei der Frequenz ν in einem Strahlungsfeld pro Zeiteinheit in einem Volumenelement enthalten ist, entspricht der in $[\mathrm{Jsm^{-3}}]$ gemessenen spektralen Energiedichte Gl. 3.150, also der spezifischen Intensität

$$I_\nu = \frac{cu_\nu}{4\pi}. \qquad (3.195)$$

Die Energie, die dabei pro Sekunde und Flächeneinheit aus dem Strahlungsfeld und dem Raumwinkel $d\omega$ entnommen wird, ist dann wegen Gl. 3.139 und Gl. 3.153 $dE_\nu = \kappa_\nu I_\nu \cos\vartheta \, d\nu d\omega$. Geht man davon aus, dass die Fläche senkrecht im Strahlungsfeld steht ($\vartheta = 0$) und man über die gesamte Spektrallinie um die Mittenfrequenz ν_0 integriert, dann ergibt sich mit Gl. 3.150 für die gesamte pro Zeiteinheit und Einheitsfläche in der Linie absorbierte Energie $cu_\nu \int \kappa_\nu d\nu$. Diese Energie muss durch elementare Absorptionsvorgänge von N_1 Atomen, die sich im Zustand 1 befinden und die jeweils innerhalb einer Zeiteinheit die Energie $h\nu = E_2 - E_1$ dem Strahlungsfeld entnehmen, vom absorbierenden Gas aufgenommen werden. Daraus folgt

$$\frac{c}{h\nu}\int \kappa_\nu d\nu = B_{12}N_1 \qquad (3.196)$$

oder nach Einführung der Oszillatorstärke Gl. 3.193

$$\int \kappa_\nu d\nu = \frac{e^2}{4\varepsilon_0 m_e c} f_{12} N_1. \qquad (3.197)$$

Für den atomaren Linienabsorptionskoeffizienten $\sigma_{gg}(\nu)$ gilt dann unter Berücksichtigung einer auf 1 normierten Linienverbreiterungsfunktion $\Phi(\nu)$:

$$\sigma_{gg,\nu} = \frac{e^2}{4\varepsilon_0 m_e c} f_{12} N_1 \Phi(\nu) \quad \text{mit} \quad \int_0^\infty \Phi(\nu') d\nu' = 1 \qquad (3.198)$$

Der Index „gg" weist auf Gebunden-gebunden-Übergänge hin.

Diese Funktion bestimmt das Profil einer Spektrallinie in Abhängigkeit von der Anzahl der an der Absorption beteiligten Atome, deren Eigenschaften (Oszillatorstärke, konkreter Übergang) und etwaigen Linienverbreiterungsmechanismen (thermische Verbreiterung (s. Abschn. 3.1.10.1.1) und Druckverbreiterung (s. Abschn. 3.1.10.2)). Was die Linienverbreiterungsfunktion betrifft, hat das in Abschn. 3.1.10.3 vorgestellte Voigt-Profil die größte Bedeutung. Es deckt sowohl die Strahlungsdämpfung, thermische Effekte als auch verschiedene Druckverbreiterungsprozesse ab. Zusammenfassend lässt sich also sagen: Linienabsorptionskoeffizienten (und natürlich auch die dazugehörigen Emissionskoeffizienten) sind Funktionen der Einstein-Koeffizienten (quasi eine Materialeigenschaft), der aktuellen Besetzungszahlen und von Linienverbreiterungsmechanismen.

3.2.4.3 Kontinuierliche Absorption

Neben den bereits behandelten gg-Übergängen gibt es noch die bereits kurz angesprochenen gf- und ff-Übergänge, die jeweils zu einer kontinuierlichen Absorption und damit zu signifikanten Abweichungen der Sternstrahlung über einen größeren Frequenzbereich in Bezug auf die Planck-Funktion $B_\nu(T)$ führen. Zur Beschreibung dieser Abweichungen wird der kontinuierliche Absorptionskoeffizient eingeführt, der von der Art der betrachteten Atome (astronomisch signifikant insbesondere Wasserstoff, Helium und einige „Metalle") oder Ionen (z. B. H^- und im geringen Maß H_2^+) sowie von den physikalischen Bedingungen, die in der Sternatmosphäre realisiert sind (Temperatur sowie Ionen- und Elektronendruck), abhängt. Gerade deshalb spielt er in der Physik der Sternatmosphären eine überaus wichtige Rolle, da er als eine Ursache der Opazität (d. h. Lichtundurchlässigkeit, Trübung) der Sternmaterie den Energietransport im Sterninneren ganz wesentlich festlegt. In diesem Zusammenhang muss noch erwähnt werden, dass auch sehr viele eng beieinander liegende Absorptionslinien, die von einem Spektrografen nicht mehr aufgelöst werden, sowie Spektrallinien, die sich aufgrund diverser Verbreiterungsmechanismen überlappen, eine ähnliche Wirkung haben wie eine kontinuierliche Absorption.

3.2.4.3.1 Ionisation, Rekombination und Seriengrenzkontinua

Betrachtet man die Beziehung

$$h\nu = (E_{\text{ion}} - E_n) + E_{\text{kin}} \qquad (3.199)$$

mit der Ionisationsenergie E_{ion} eines Atoms in Hinblick auf Ionisationsprozesse (gf) bzw. Rekombinationsprozesse (fg), dann erkennt man, dass sich an die Seriengrenze $n \to \infty$ ein kontinuierliches Spektrum anschließen muss, welches man deshalb folgerichtig auch als Seriengrenzkontinuum bezeichnet. Der Grund dafür ist, dass freie Elektronen jeden beliebigen Energiewert (ausgedrückt durch ihre kinetische Energie E_{kin}) annehmen können. Wird ein derartiges freies Elektron von einem Ion in ein Energieniveau n eingefangen, dann wird die gesamte Energie Gl. 3.199 in Form eines Photons abgestrahlt. Da diese Energie größer ist als die Ionisationsenergie und natürlich auch die ursprüngliche kinetische Energie des Elektrons enthält, ergibt sich in der Summe entsprechend vieler Rekombinationsvorgänge zwangsläufig ein Seriengrenzkontinuum. Bei Gasentladungsspektren lässt sich dann ein Emissionslinienspektrum beobachten, an dessen kurzwelligem Ende die Spektrallinien immer dichter werden und dann in ein Kontinuum übergehen (Abb. 3.34).

In astronomischen Sternspektren äußert sich dieses Seriengrenzkontinuum in einem meist abrupten Intensitätsabfall im Bereich der Seriengrenze, wo die Absorptionslinien immer enger beieinander stehen, um dann schließlich in ein mit ν^3 abfallendes Kontinuum überzugehen. Im Fall der Seriengrenze der Balmer-Serie ($n = 2$) des Wasserstoffs spricht man vom „Balmer-Sprung" und im Fall der Lyman-Serie ($n = 1$) vom „Lyman-Sprung" oder von der „Lyman-Diskontinuität".

3.2 Strahlungstransport in Spektrallinien

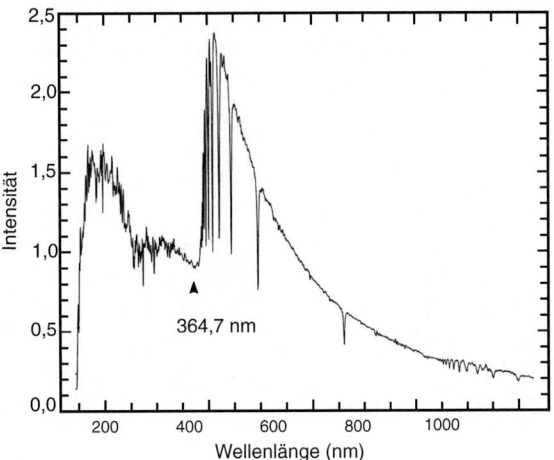

Abb. 3.34 Dieses Spektrum eines A0-Sterns zeigt sehr schön den Intensitätseinbruch hinter der Seriengrenze der Wasserstofflinien der Balmer-Serie bei einer Wellenlänge von ca. 0,36 μm. Er wird als „Balmer-Sprung" oder „Balmer-Diskontinuität" bezeichnet

Der Intensitätseinbruch des Balmer-Sprungs bei einer Wellenlänge von $\lambda \approx$ 364,7 nm ist übrigens ein zwar grobes, aber trotzdem recht brauchbares spektrales Klassifikationsmerkmal, da er sowohl mit der effektiven Temperatur als auch mit der Elektronendichte korreliert (sogenannte „Pariser Klassifikation"). Er fällt dabei nicht genau mit der Wellenlänge der Seriengrenze zusammen, sondern tritt bereits an der Stelle in Erscheinung, wo sich zum ersten Mal Spektrallinien der Serie vollständig überlappen. Da diese Stelle vom Betrag der Druckverbreiterung und damit von der Elektronendichte der Spektrallinien abhängt, ist die Lage dieser Stelle im Sternspektrum auch ein gutes Leuchtkraftkriterium (Inglis-Teller-Beziehung Gl. 3.122).

3.2.4.3.2 Absorptionskoeffizienten für gf-Übergänge

In der Physik der Sternatmosphären spielen in erster Linie die Absorptionskoeffizienten für Wasserstoff, Helium und für eine Anzahl „Metalle" eine besonders wichtige Rolle, da sie im Wesentlichen für die Opazität des stellaren Plasmas verantwortlich sind. Jeder elementare Absorptionsvorgang eines genügend energiereichen Photons führt hier zu einer Ionisation des Atoms. Bedingung ist dabei, dass dessen Energie größer sein muss als die Ionisationsenergie χ des Niveaus n, von dem das Elektron herausgelöst wird. Dabei gilt ungefähr diese Ungleichung:

$$h\nu \geq \chi_n \approx \frac{2\pi m_e e^4}{h^2} \frac{Z^2}{n^2} \qquad (3.200)$$

Die Wahrscheinlichkeit, dass ein Photon ein gebundenes Elektron in einen positiven Energiezustand überführt, wird gewöhnlich durch den Wirkungsquerschnitt für Gebunden-frei-Übergänge σ_{gf} ausgedrückt. Für wasserstoffähnliche Elemente bzw. Ionen lautet er *(hydrogenic approximation)*:

$$\sigma_{gf}(Z,n) = \frac{64\pi^4}{\sqrt{27}} \frac{m_e e^{10}}{ch^6} \frac{Z^4}{n^5} \frac{G^*_{gf}}{\nu^3} \quad (3.201)$$

Die Größe G^*_{gf} ist ein Korrekturfaktor der Größenordnung 1, der sich aus quantenmechanischen Rechnungen ergibt und der als Gaunt-Faktor bezeichnet wird.

Es handelt sich dabei um eine dimensionslose Größe, welche die Wahrscheinlichkeit für den Übergang eines Elektrons von einem gebundenen Zustand zu einem freien Zustand angibt. Sein konkreter Wert hängt von der Energie des Elektronenübergangs ab und kann deshalb unterschiedliche Werte annehmen. Deshalb verwendet man oft einen repräsentativen Mittelwert bei konkreten Rechnungen.

Die Bedingung Gl. 3.200 führt zu sogenannten scharfen Abbruchkanten, die sich in einer für gf-Übergänge typischen „Zackenfunktion" äußern. Sie ist leicht zu erklären. Angenommen, ein Atom befindet sich in einem energetischen Zustand i, von dem aus gesehen die Ionisationsenergie χ_i beträgt. Solange die Photonenenergie kleiner ist als χ_i, kann offensichtlich keine Ionisation stattfinden und der Absorptionswirkungsquerschnitt ist null. An der Grenzfrequenz $\nu = \chi_i/h$ setzt die gf-Absorption plötzlich ein und fällt dann mit wachsendem ν mit ν^{-3} ab (s. Abb. 3.35).

Der atomare Absorptionswirkungsquerschnitt sagt jedoch noch nichts über den Grad der durch gf-Übergänge bedingten Absorption der Sternmaterie aus. Dazu muss man noch die Summe über die Anzahldichte N_{Z_i} aller Ionen mit ihrem jeweiligen Wirkungsquerschnitt bilden:

$$\kappa_{gf,\nu} = \sum_i N_{Z_i} \sigma_{gf}(\nu, Z_i) \left(1 - \exp\left(-\frac{h\nu}{k_b T}\right)\right) \quad (3.202)$$

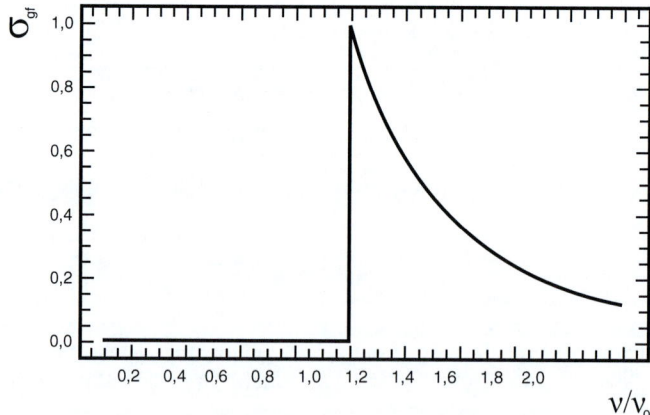

Abb. 3.35 Absorptionswirkungsquerschnitt für gebunden-frei-Übergänge einer Linienserie mit der Basis n

Man beachte hier wieder die Einschränkung Gl. 3.200. Ist für ein gegebenes Z_i und einen energetischen Zustand $n \Rightarrow \chi_n \ll k_b T$, dann ist der Ionisationsgrad der Sternmaterie hoch, und es gibt zu wenige gebundene Elektronen, die sich noch aus dem Atomverbund herauslösen lassen. Im Fall $\chi_n \gg k_b T$ gibt es dagegen nicht genug Photonen mit der erforderlichen Energie, um einen Ionisationsvorgang auszulösen. In beiden Fällen ist der Beitrag des gf-Massenabsorptionskoeffizienten $\rho \overline{\kappa}_{gf,\nu}$ (s. Gl. 3.154) zur Gesamtopazität gering. Nur der Fall $\chi_n \approx k_b T$, welcher mit dem Bereich der Absorptionskanten korrespondiert, liefert dann ähnlich große Beiträge zur Gesamtopazität wie der entsprechende ff-Massenabsorptionskoeffizient.

Gewöhnlich werden Absorptionskoeffizienten für praktische Überschlagsrechnungen in Form von zugeschnittenen Größengleichungen formuliert:

$$\kappa_{gf} \approx 4,3 \cdot 10^{22} \frac{g_{gf}}{t} Z(1-X) \frac{\rho}{T^{3,5}} \quad [m^3/kg] \quad (3.203)$$

Hier repräsentieren X und Z die Massebruchteile von Wasserstoff und den schweren Elemente. g_{bf} steht für einen durchschnittlichen Wert des Gaunt-Faktors, während t der sogenannte „Guillotine-Faktor" ist, der im Bereich von 1–100 liegt und mit der Anzahl der Elektronen, die im betrachteten Ion verbleiben, in Verbindung steht.

Aufgrund der Möglichkeit, dass Atome sich in einem angeregten Zustand befinden, besteht auch die Möglichkeit einer Ionisation aus diesem angeregten Zustand heraus. D führt zu einer zusätzlichen Ionisationskante an dieser Grenze. Die Frequenz der Ionisationskanten von wasserstoffähnlichen Atomen (H, He, C^{+5}, etc.) kann dann mithilfe der Formel

$$\nu_{\text{Kante}} = \frac{RZ^2}{n^2} \quad (3.204)$$

ausgedrückt werden, wobei R die Rydberg-Konstante und Z die Kernladung ist. Die Kanten werden für n = 1, 2, 3, ... gewöhnlich nach „Lyman", „Balmer", „Paschen"... benannt. In diesem Zusammenhang wird auch deutlich, dass der Grad der Wasserstoffionisation in der Sternatmosphäre nur in einem bestimmten Temperaturbereich relevant sein kann: Wasserstoff ist für T ≥ 20,000 K vollständig ionisiert, und die Ionisationskanten verschwinden. Im Gegensatz dazu wird Wasserstoff für T ≤ 6.000 K nicht einmal auf das Niveau n = 2 angeregt, wodurch die Balmer- und höheren Absorptionskanten gar nicht erst ausgebildet werden.

3.2.4.3.3 Absorptionskoeffizienten für ff-Übergänge

Bei hohen Elektronendichten in einem Plasma ist die Wahrscheinlichkeit groß, dass ein Elektron bei einem nahen Vorübergang an einem positiv geladenen Ion mit ihm zusammen für eine kurze Zeit einen Zustand ausbildet, bei dem es in der Lage ist, entweder Strahlung zu absorbieren (Elektron gewinnt an kinetischer Energie, „inverse Bremsstrahlung") oder zu emittieren (Elektron verliert kinetische Energie, „thermische Bremsstrahlung"). Die Präsenz des Ions ist bei diesem Prozess notwendig, damit die Energie- und Impulsbilanz entsprechend den

Erhaltungssätzen am Ende ausgeglichen ist. Für den Streuquerschnitt gilt dabei unter Rayleigh-Jeans-Bedingungen Gl. 2.44:

$$\sigma_{ff}(Z,\nu) = \frac{8}{3\sqrt{2\pi}} \frac{Z^2 e^6}{c(m_e k_B T)^{3/2}} \frac{1}{\nu^2} G_{ff}^* \qquad (3.205)$$

Hier wird davon ausgegangen, dass die Geschwindigkeitsverteilung der freien Elektronen durch eine Maxwell-Boltzmann-Verteilung der Temperatur T gegeben ist.

Der Absorptionskoeffizient ergibt sich in diesem Fall zu

$$\kappa_{ff,\nu} = \sigma_{ff}(\nu, Z) N_I N_E, \qquad (3.206)$$

wobei N_I die Ionendichte und N_E die Elektronendichte bezeichnet. Er hängt neben der Temperatur von der stofflichen Zusammensetzung und vom Ionisationsgrad der stellaren Materie ab.

Auch für κ_{ff} lässt sich für Näherungsrechnungen eine zugeschnittene Größengleichung mit g_{ff} als mittleren Gauntfaktor angeben:

$$\kappa_{ff} \approx 3{,}7 \cdot 10^{16} g_{ff} (1-Z)(1+X) \frac{\rho}{T^{3.5}} \quad [m^3/kg] \qquad (3.207)$$

Die Ausbildung einer nennenswerten ff-Absorption in einer Sternatmosphäre erfordert große Elektronen- und Ionendichten bei hohen Temperaturen. Sie macht sich besonders im fernen IR und im Radiobereich bemerkbar. Bei heißen Sternen liefert der integrale ff-Absorptionskoeffizient einen wichtigen Beitrag zur Opazität der Sternmaterie. Bei der Berechnung müssen alle ff-Absorptionskoeffizienten für alle möglichen Atomarten und deren Ionisationszustände aufsummiert werden. Letztere erhält man durch Lösung der Saha-Gleichung.

Thomson- und Rayleigh-Streuung In heißen Sternen liefern die Thomson-Streuung an freien Elektronen und bei kühleren Sternen die stark wellenlängenabhängige Rayleigh-Streuung Beiträge zum integralen kontinuierlichen Absorptionskoeffizienten. Streuung bedeutet, dass ein Teil des aus dem Sterninneren kommenden Strahlungsstroms aus der Blickrichtung herausgelenkt wird, was effektiv einem Absorptionsvorgang entspricht, obwohl dabei kein Photon absorbiert wird oder anderweitig einen Energieverlust erleidet.

Beginnen wir mit der elastischen Streuung von Photonen an freien Elektronen. Da keine Energieübertragung stattfindet, ändern sich weder die kinetische Energie des Elektrons noch die Frequenz des Photons. Deshalb ist der Streuquerschnitt für alle Frequenzen gleich:

$$\sigma_T = \frac{8\pi}{3} \left(\frac{e^2}{4\pi \varepsilon_0 m_e c^2} \right)^2 = 6{,}65 \cdot 10^{-29} \, m^2 \qquad (3.208)$$

Der Wert in der Klammer wird als klassischer Elektronenradius bezeichnet.

Bildet man das Verhältnis mit einem typischen Wert eines Streuquerschnitts für gf-Übergänge, dann erkennt man, dass der Wert für die Thomson-Streuung um ca. neun Größenordnungen kleiner ist als der σ_{gf}-Wert. Thomson-Streuung kann also nur bei sehr hohen Temperaturen (bei denen die meisten Atome im Gas komplett ionisiert sind und damit als Opazitätsquellen ausfallen) und entsprechenden Elektronenzahldichten eine wesentliche Rolle spielen. Das trifft immer auf das tiefe Innere der Sterne und auf die Atmosphären der heißesten Sterne zu.

Unter bestimmten Bedingungen kann ein Photon auch von einem locker gebundenen Elektron gestreut werden, wobei das Elektron an Energie gewinnt und in einen Kontinuumszustand übergeht (Stoßionisation), während das Photon an Energie verliert, d. h. „röter" wird. Diesen Vorgang einer inelastischen Photonenstreuung bezeichnet man gewöhnlich als „Compton-Effekt".

Erfolgt die Streuung an ganzen Atomen oder Molekülen, beobachtet man eine auffällige Wellenlängenabhängigkeit des Streuquerschnitts:

$$\sigma_R \sim \left(\frac{\lambda_0}{\lambda}\right)^4 \tag{3.209}$$

Diese Form der Streuung, die als Rayleigh-Streuung bekannt ist und die für den blauen Taghimmel verantwortlich ist, liefert nur in sehr kühlen Sternatmosphären und in den ausgedehnten Hüllen von Riesensternen einen nicht zu vernachlässigenden Beitrag zum kontinuierlichen Absorptionskoeffizienten.

3.2.4.4 Rosseland'scher mittlerer Opazitätskoeffizient

Die frequenzabhängige Gesamtopazität der Sternmaterie ergibt sich aus der Summe der einzelnen, die Abweichungen von der Planckschen Funktion beschreibenden (integralen) Absorptionskoeffizienten aller Atom- und Molekülarten:

$$\kappa_\nu(chem.Zus., \rho, T) = \left[\kappa_{gg,\nu} + \kappa_{gf,\nu} + \kappa_{ff,\nu}\right]\left(1 - \exp\left(-\frac{h\nu}{k_b T}\right)\right) + \kappa_T + \kappa_{R,\nu} \tag{3.210}$$

Dabei wurde hier zum ersten Mal der bei den vorangegangenen Betrachtungen vernachlässigte Exponentialfaktor mit berücksichtigt, welcher die durch das Strahlungsfeld induzierte Emission beschreibt.

Die Gesamtabsorption der Sternmaterie hängt also nicht nur von der Frequenz des Lichts ab, die absorbiert wird, sondern auch von der chemischen Zusammensetzung, der Dichte inklusive Elektronendichte und der Temperatur des stellaren Plasmas. Deshalb ist die Funktion κ_ν für eine konkrete Sternatmosphäre auch nur sehr schwer zu berechnen.

Andererseits spielen in der Theorie des Strahlungstransports über alle Frequenzen integrierte Größen wie die Intensität und der Strahlungsstrom eine wichtige Rolle, sodass es für viele Anwendungsfälle vernünftig ist, nach einem für deren Berechnung geeigneten mittleren Absorptionskoeffizienten zu suchen. Um das zu erreichen, wurde der Begriff der „grauen Atmosphäre" als Idealisierung eingeführt

(s. Abschn. 3.2.3). Es handelt sich dabei um eine spezielle (wenn auch nicht sonderlich realistische) Approximation, um die Strahlungstransportgleichung für eine integrale spezifische Intensität und eine integrale Ergiebigkeit zu lösen. Der Absorptionskoeffizient ist hier nur noch eine Funktion der Dichte und der Temperatur und stellt ein harmonisches Mittel über alle Frequenzen dar. Er wird nach Sven Rosseland (1894–1985) als Rosseland'sches Mittel oder Rosseland'scher mittlerer Opazitätskoeffizient bezeichnet. Er lässt sich wie folgt definieren:

$$\frac{1}{\overline{\kappa}} = \frac{\int_0^\infty \frac{1}{\kappa_\nu} \frac{dB_\nu(T)}{dT} d\nu}{\int_0^\infty \frac{dB_\nu(T)}{dT} d\nu} = \frac{\pi}{acT^3} \int_0^\infty \frac{1}{\kappa_\nu} \frac{dB_\nu(T)}{dT} d\nu \qquad (3.211)$$

$a = 7,56 \cdot 10^{-16} \mathrm{Wsm^{-3} K^{-4}}$ Strahlungskonstante.

Dieser Opazitätsmittelwert $\overline{\kappa}$ wird mit großem Erfolg in „optisch dicken" Szenarien angewendet, d. h. insbesondere bei der Berechnung des Strahlungstransports im tiefen Inneren der Sterne. Er ist jedoch, wie bereits erwähnt, nicht einfach zu berechnen. Da der Rosseland'sche Mittelwert aber in vielen Anwendungsfällen der stellaren Astrophysik benötigt wird, wurde er als Funktion der chemischen Zusammensetzung der Sternmaterie sowie deren Dichte und Temperatur tabelliert oder anderweitig (z. B. über Datenbanken im Internet, s. „The Opacity Project" http://opacities.osc.edu) zugänglich gemacht.

Trägt man den Logarithmus dieser Größe für verschiedene Elementzusammensetzungen über dem Logarithmus der Massedichte und der Temperatur T auf, dann erhält man das sogenannte „Kappa-Gebirge".

Ein von der Größenordnung her recht guter Mittelwert für das Rosseland-Mittel der Photosphäre der Sonne ist $\overline{\kappa} \approx 10^{-4} \mathrm{m^{-1}}$ bei einer optischen Tiefe von $\tau = 1$. Die mittlere freie Weglänge eines Photons entspricht hier ungefähr 10 km und ergibt sich als Kehrwert von $\overline{\kappa}$. Das erklärt, warum der Rand der Sonnenscheibe im Teleskop selbst bei sehr hohen Vergrößerungen außergewöhnlich scharf erscheint.

Abschließend soll der Vollständigkeit noch kurz darauf hingewiesen werden, dass in der Sternphysik noch weitere Opazitätsmittelwerte als Gl. 3.210 zur Anwendung kommen. Als Beispiel sei hier nur der „Plancksche Mittelwert" genannt. Er bezieht sich auf den gewichteten Durchschnitt der spezifischen Opazität eines Mediums über alle Wellenlängen, unter Verwendung der Planck-Strahlungsformel Gl. 2.43:

$$\kappa_{Pl} = \frac{\int_0^\infty \kappa_\nu B_\nu(T) d\nu}{\int_0^\infty B_{\nu(T)} d\nu} \qquad (3.212)$$

Der Planck-Mittelwert berücksichtigt somit die Temperaturabhängigkeit der Strahlungsverteilung und gibt an, wie effektiv ein Medium bei einer bestimmten Temperatur Strahlung absorbieren kann. Im Vergleich dazu ist der Rosseland'sche Mittelwert der Opazität ein gewichteter Durchschnitt über alle Wellenlängen, bei dem die Gewichtung durch die Planck-Verteilung der Strahlungsenergie bei der jeweiligen Temperatur erfolgt.

3.2.4.5 Opazität im Dichte-Temperatur-Diagramm

Es ist durchaus nützlich, sich das Verhalten des integralen Absorptionskoeffizienten Gl. 3.210 im ρ-T- Diagramm einmal näher anzuschauen (Abb. 3.36). Bei relativ hohen Dichten oder niedrigen Temperaturen sind die Werte von κ_{gf} und κ_{ff} relativ groß, wahrscheinlich größer als $\kappa_e = \kappa_T + \kappa_R$. Im Allgemeinen wird κ_{gf} bedeutsamer sein als κ_{ff}, da der Koeffizient Gl. 3.203 mehrere Größenordnungen größer ist als der entsprechende Koeffizient in Gleichung Gl. 3.207. Eine Ausnahme ist dann gegeben, wenn der Metallgehalt Z sehr niedrig ist oder X ≈ Y ≈ 1 gilt, sodass κ_{ff} größer sein kann als κ_{gf}. Für niedrigere Werte der Dichte ρ oder höhere Werte der Temperatur T sind dagegen die gf- und ff-Prozesse im Vergleich zur Streuung weniger wichtig.

Im Zusammenhang mit extrem hohen Dichten wird deutlich, dass in derartigen Fällen die Elektronenleitung eine Schlüsselrolle bei der Opazität zu spielen beginnt. Eine zusätzliche Leitfähigkeitsopazität κ_{cond} muss dann eingeführt werden, um sie mit den anderen, in Gl. 3.206 enthaltenen Absorptionskoeffizienten vergleichen zu können.

Mithilfe eines $\rho - T$-Diagramms lässt sich eine Übersicht über die relevanten Regionen für verschiedene Opazitätsprozesse gewinnen, wie es in Abb. 3.36 veranschaulicht ist. Sie gibt die Präsenz von drei Regionen an (gilt für Sterne der Population I). Im linken oberen Bereich, wo die effektive Temperatur bei moderaten Dichten sehr groß ist, dominiert der Prozess der Elektronenstreuung. In der Region der Elektronenentartung wird dagegen die Elektronenleitung zur wichtigsten Opazitätsquelle und die anderen Arten spielen kaum mehr eine Rolle (das Innere von Weißen Zwergen ist quasi durchsichtig). In der Zwischenregion (die „Sternchen" kennzeichnen hier Werte aus dem Standardmodell der Sonne) wird die Opazität durch gf- und ff-Prozesse dominiert.

Detaillierte Modellrechnungen zeigen, dass die Opazität der Sonne von der Photosphäre aus nach innen ansteigt, was hauptsächlich auf den Beitrag des H^--Ions zurückzuführen ist. Die Opazität erreicht dabei ihren Höchstwert, sobald ein beträchtlicher Anteil des Wasserstoffs ionisiert ist, was wiederum dazu führt, dass

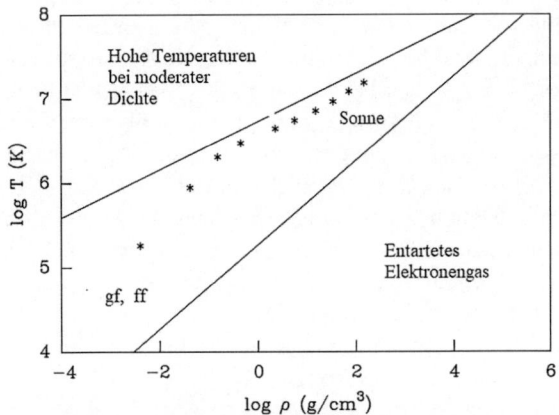

Abb. 3.36 Opazitätsbereiche im Dichte-Temperatur-Diagramm von Population I – Sternen

sich die Häufigkeit des H^--Ions verringert. In tieferen Schichten der Sonne nimmt die Opazität wieder ab, wobei die gf-Übergänge zur vorherrschenden Opazitätsquelle werden, gefolgt von den ff-Übergängen.

3.2.5 Emissionskoeffizienten und spektrale Kontinuumstrahlung

Die von einem heißen Plasma emittierte Strahlung lässt sich gemäß der Gastemperatur unter der Voraussetzung, dass LTE herrscht, durch die Planck-Funktion Gl. 2.42 beschreiben. Diese Bedingung ist überall im Inneren eines Sterns erfüllt, d. h. dort gilt

$$j_\nu = B_\nu(T) \tag{3.213}$$

Diese Strahlung diffundiert durch die Sternatmosphäre, wobei weitere Emissionsquellen dazukommen. Spiegelbildlich zu den Absorptionsvorgängen sind das im Wesentlichen

- ff-Übergänge, bei denen Elektronen im Coulombfeld von Ionen beschleunigt werden und dementsprechend Strahlung emittieren (sogenannte „Coulomb-Bremsstrahlung")
- fg-Übergänge, bei denen bei der Rekombination eines Ions Photonen erzeugt werden, die aufgrund ihrer Energie nicht sofort wieder absorbiert werden können. Man spricht hier von Rekombinationsstrahlung.

Für beide Strahlungsarten lassen sich Emissionskoeffizienten angeben. Sie treten jedoch nur dann deutlich in Erscheinung, wenn sich die Bedingungen im Photosphärenplasma genügend weit vom LTE-Zustand entfernen.

Dass in der Photosphäre die Wechselwirkung zwischen Strahlung und Materie nicht im Gleichgewicht sein kann, erkennt man an der Abweichung der realen spektralen Energieverteilung von der der Photosphärentemperatur entsprechenden Planck-Kurve. Sie stellt quasi die Differenz von der von „unten" aus dem Sterninneren stammenden Strahlung und der in der Photosphäre absorbierten bzw. zusätzlich emittierten Strahlung dar. Die Absorption kann dabei kontinuierlich (z. B. durch H^--Ionen bei $T_{eff} < 6000$ K) oder diskontinuierlich (Fraunhofer-Linien) erfolgen. Bei Photosphärentemperaturen oberhalb von 6000 K (bis etwa 20.000 K) spielt der Wasserstoff eine große Rolle bei der Strahlungsabsorption. Insbesondere führt der Beitrag im Bereich des Balmer-Sprungs zu einem deutlichen Effekt, der sich in einem Zwei-Farben-Diagramm (U-B über B-V) deutlich bemerkbar macht. Die Linien-Absorptionen sind dabei gewöhnlich auf der Wien'schen Seite der Planckfunktion ausgeprägter als auf dem langwelligeren Rayleigh-Jeans-Teil der spektralen Energieverteilung. Sie führen zu einer Art Kontinuum-Depression, die Auswirkungen auf die Lage des Sterns in einem Farben-Helligkeitsdiagramm hat. Insbesondere gilt für die Hauptreihe:

- Kühles Ende: Die B- und V-Bänder liegen immer noch auf der (kurzwelligen) Wien-Seite der Planck-Funktion, aber jetzt ändert sich der Wert von B-V schnell in Richtung höherer Temperaturen, während sich m_V weniger drastisch ändert.
- Mittlerer Temperaturbereich: Die Sterne befinden sich jetzt im Visuellen in der Nähe des Maximums der Intensitätsverteilung. In diesem Temperaturbereich dominiert die Photoionisation von Wasserstoff die Opazität und verursacht die entsprechenden Abweichungen vom Planck-Spektrum.
- Heißes Ende: Der visuelle Teil der spektralen Energieverteilung nähert sich immer mehr der Rayleigh-Jeans-Approximation und die Helligkeitsdifferenz B-V nimmt einen konstanten Wert an (Grenzwert der Rayleigh-Jeans-Funktion). Für heißere Sterne wird m_V deshalb noch größer werden, was sich durch den größeren Sternradius (mehr Masse) sowie durch die lineare Abhängigkeit von m_V von T erklären lässt (Rayleigh-Jeans-Teil der Energieverteilung!).

Absorption hält Energie zurück, d. h. sowohl die kontinuierliche Absorption als auch die Linienabsorption führt dazu, dass sich die Temperatur des Gases erhöht. Man spricht hier von „Rückwärme" oder „Backwarming", was wiederum Auswirkungen auf den Verlauf der Planckkurve hat und, da sich die Leuchtkraft nicht ändern darf, kompensiert werden muss.

3.2.6 Boltzmann-Verteilung

Aussagen darüber, wie die Elektronen bei einer bestimmten Temperatur T auf die einzelnen Energieniveaus von neutralen oder teilweise ionisierten Atomen verteilt sind, liefert unter der Bedingung des thermodynamischen Gleichgewichts die Boltzmann-Verteilung. Bei einer sehr geringen Temperatur erwartet man, dass sich alle Atome im niedrigsten energetischen Zustand, dem Grundzustand, befinden. Mit zunehmender Temperatur werden überwiegend durch Stoßprozesse immer mehr Atome angeregt, sodass die Besetzungszahlen N_i der angeregten Zustände ansteigen. Es bildet sich jeweils ein Gleichgewicht zwischen Stoßanregung und anschließender „Abregung" durch Abstrahlung aus, die für jede Atomsorte und für jede Temperatur charakteristisch ist. Bezeichnet man mit E_0 die Energie des Grundzustandes (welcher hier den Nullpunkt der Energieskala bildet) und mit $\Delta E_n = |E_n - E_0| = h\nu$ die Energiedifferenz zwischen dem Grundzustand und einem angeregten Zustand n, dann entwickeln sich die Besetzungszahlen mit der Temperatur T gemäß

$$\frac{N_n}{N_0} = \frac{g_n}{g_0} \exp\left(-\frac{\Delta E_n}{k_B T}\right) \quad (3.214)$$

zumindest so lange die überwiegende Zahl der Atome weiterhin im Grundzustand verbleibt ($N_n \ll N_0$). Exakt gilt jedoch die Beziehung zwischen den Besetzungszahlen jeweils zweier benachbarter Energieniveaus m und n:

$$\frac{N_m}{N_n} = \frac{g_m}{g_n} \exp\left(-\frac{|E_m - E_n|}{k_B T}\right) \qquad (3.215)$$

Die g-Faktoren (statistische Gewichte) zählen dabei die Zustände, welche bei gegebenen n jeweils die gleiche Energie besitzen, was bekanntlich mit der „Entartung der Energieniveaus" gemeint ist. Bei atomarem Wasserstoff beträgt beispielsweise diese Entartung für jedes Niveau $g_n = 2J + 1 = 2n^2$ (und zwar ohne Berücksichtigung des Kernspins, dessen Anteil sich im Verhältnis der statistischen Gewichte ohnehin herauskürzen würde).

Möchte man die Besetzungszahlen für einen bestimmten Anregungszustand N_s im Verhältnis zur Gesamtzahl N der Atome in einem Einheitsvolumen ausrechnen, dann gilt die aus der statistischen Mechanik bekannte Formel:

$$\frac{N_s}{N} = \frac{g_s \exp\left(-\frac{\Delta E_s}{k_B T}\right)}{g_1 + g_2 \exp\left(-\frac{\Delta E_2}{k_B T}\right) + g_3 \exp\left(-\frac{\Delta E_3}{k_B T}\right) + \cdots} = \frac{g_s \exp\left(-\frac{\Delta E_s}{k_B T}\right)}{\sum_i g_i \exp\left(-\frac{\Delta E_i}{k_B T}\right)} \qquad (3.216)$$

mit der Zustandssumme $Z(T)$ im Nenner. ΔE_i ist jeweils die Anregungsenergie des i-ten Zustandes in Bezug auf den Grundzustand.

Liegt die Temperatur in einem Gas aus neutralem Wasserstoff weit unterhalb von 10^4 K, dann befinden sich die allermeisten Atome im Grundzustand mit $n = 1$ und das Verhältnis der Besetzungszahlen des Grundzustandes und des ersten angeregten Zustandes ($n = 2$, $\Delta E_2 = 10,2$ eV für Balmer α) ist nahezu null. Erst bei Temperaturen in der Größenordnung von 10^4 K (was ungefähr der effektiven Temperatur von Sternen des Spektraltyps A entspricht) gehen immer mehr Wasserstoffatome in den ersten angeregten Zustand über und können Licht, dessen Frequenzen den Balmer-Linien entsprechen, absorbieren. Deshalb bestimmen auch gerade in den Spektren von A0- und A1-Sternen (wie bei Wega im Sternbild Leier und Sirius im Großen Hund) die Balmer-Linien deren Aussehen (s. Abschn. 2.5.4.3). Bei weiter steigenden Temperaturen (also bei B- und O-Sternen) werden die Wasserstoffatome in deren heißen Photosphären zunehmend ionisiert und die Balmer-Absorptionen verschwinden wieder. Es gibt unter diesen Bedingungen einfach nicht mehr genügend viele Wasserstoffatome, die sich im ersten angeregten Zustand befinden. In diesem Fall muss die Ionisierung in die Rechnung mit einbezogen werden, was die Boltzmann-Gleichung in der Form Gl. 3.215 nicht mehr zu leisten vermag. Die Frage, welchen Anteil die einzelnen Ionisationsstufen eines Elements in einem Plasma bei einer bestimmten Temperatur haben, führt direkt zu der für die stellare Astrophysik fundamentalen Saha-Gleichung, die in Abschn. 3.2.7 vorgestellt werden soll.

3.2.7 Saha-Gleichung

In Sternspektren findet man oft Spektrallinien, die dem gleichen Element, aber unterschiedlichen Ionisationsstufen angehören. Ein Beispiel ist die bekannte H- und K-Linie des einfach ionisierten Kalziums bei den Wellenlängen 396,9 nm und 393,4 nm, die oft zusammen mit der Linie des neutralen Kalziums bei $\lambda = 422,6$ nm zu beobachten sind. Da man davon ausgehen kann, dass die Äquivalentbreite Gl. 3.102 einer Spektrallinie der Anzahl der Atome bzw. Ionen proportional ist, welche diese Linie hervorrufen, kann man – wie Meghnad Saha zuerst gezeigt hat – aus dem Verhältnis der Äquivalentbreiten der Linien benachbarter Ionisationsstufen die Sterntemperatur im Entstehungsgebiet der Linien bestimmen. Dazu müssen im Prinzip nur die für das jeweilige Element in den Ionisationsstufen geltenden Ionisationspotenziale $E_{P,n}$ und die aus der Boltzmann-Verteilung folgenden Besetzungszahlen bekannt sein.

Bei steigender Temperatur nimmt entsprechend der Maxwell-Boltzmann-Verteilung Gl. 3.109 der Anteil der Atome mit kinetischen Energien, die größer sind als die Ionisationsenergien, immer mehr zu, sodass es bei Zusammenstößen zum Herauslösen von Elektronen aus den Elektronenschalen der Stoßpartner kommt. Dieser Vorgang wird als Stoßionisation bezeichnet, und als Ionisationsbedingung kann man grob schreiben:

$$k_B T \approx E_{P,n} = |E_\infty - E_n| \qquad (3.217)$$

bzw. für die Ionisation aus dem Grundzustand:

$$k_B T \approx E_{P,1} = |E_\infty - E_1| \qquad (3.218)$$

Gl. 3.217 drückt dabei nur den trivialen Fakt aus, dass sich bereits angeregte Atome leichter ionisieren lassen als Atome, die sich im Grundzustand befinden. Um herauszubekommen, wie stark die einzelnen Ionisationsstufen in einem Plasma vertreten sind, muss die Boltzmann-Gleichung Gl. 3.215 insofern modifiziert werden, als die bei der Ionisation freigesetzten Elektronen in der Berechnung der Zustandssumme Berücksichtigung finden.

Im thermodynamischen Gleichgewicht (genauer LTE, welches man bei nicht zu geringen Gasdichten voraussetzen kann) stellt sich gemäß der Reaktionsgleichung

$$Atom \rightleftarrows Ion + e^-$$

bei einer gegebenen Temperatur immer ein Gleichgewicht zwischen Ionisation und Rekombination ein. Diesen wichtigen Gleichgewichtszustand bezeichnet man als Ionisationsgleichgewicht.

Bei einem Plasma aus nur einer Atomsorte handelt es sich um eine Mischung aus neutralen Atomen und aus Ionen unterschiedlicher Ionisationsstufen, in die zusätzlich noch ein „freies Elektronengas" eingebettet ist. Ein reales stellares Plasma ist dann genau eine Mischung aus den „Plasmen" unterschiedlicher Elemente in unterschiedlichen Konzentrationen plus des genannten Elektronengases.

Im einfachsten Fall reicht es aus, zwei Zustände (z. B. den Grundzustand und die erste Ionisationsstufe) zu betrachten. Erinnert werden soll in diesem Zusammenhang daran, dass die Ionisationsstufen in der Astrophysik mit römischen Ziffern bezeichnet werden, die dem Elementesymbol nachgestellt werden. Römisch Eins (I) kennzeichnet immer neutrale Atome und römisch Zwei (II) einfach ionisierte Atome – im Fall von Wasserstoff beispielsweise HI und HII etc.

Die Energie, die zur Ablösung eines Elektrons aus dem Atomverbund führt (gf-Übergang), setzt sich aus zwei Teilen zusammen. Und zwar aus der Ionisationsenergie des Elektrons $E_P(n)$ im Zustand n und der kinetischen Energie des beim Ionisationsvorgang freigesetzten Elektrons

$$E = E_p(n) + \frac{p^2}{2m_e}, \qquad (3.219)$$

wobei p der Impuls des Elektrons mit der Masse m_e ist. Eingesetzt in die Boltzmann-Gleichung Gl. 3.215 ergibt sich

$$\frac{N_{r+1,m}}{N_{r,n}} = \frac{g_{r+1,m} g_e}{g_{r,n}} \exp\left(-\frac{E_{P,r} + E_{r+1,m} - E_{r,n} + p^2/2m_e}{k_B T}\right), \qquad (3.220)$$

wobei die Größe r die Ionisationsstufe indiziert. Das zusätzlich eingeführte statistische Gewicht g_e gibt die Anzahl der quantenmechanischen Zustände an, die für das freigesetzte Elektron möglich sind, um genau in den Kontinuumszustand mit der kinetischen Energie $p^2/2m_e$ zu gelangen. Nach den Gesetzen der Quantenmechanik muss man, um dieses statistische Gewicht zu bestimmen, von einem endlichen Phasenraumvolumen ausgehen. Nach der Heisenbergschen Unschärfebeziehung folgt, dass man zwei Teilchen mit gleichem Spin immer dann in Bezug auf ihre Position und ihren Impuls als identisch ansehen kann, wenn die Beziehung $dp_i dx_i = h$ erfüllt ist, wobei der Index i über die jeweils drei Impuls- und Ortskoordinaten des Phasenraums läuft. Demnach sind Teilchen, die sich im Phasenraum innerhalb einer Zelle der Größe $\prod_{i=1}^{3} dx_i dp_i = h^3$ befinden, physikalisch nicht zu unterscheiden.

Da die Anzahl der vom Maximalimpuls $p_{\max}$ der Elektronen abhängigen Phasenraumzellen in einem Volumen V gleich $4\pi p_{\max}^3 V/(3h^3)$ ist, ergibt sich (da Elektronen Fermionen mit dem Spin $\pm 1/2$ sind und deshalb zwei Elektronen unterschiedlicher Spinquantenzahl genau eine Phasenraumzelle belegen) für die „Besetzungszahl" dieses Volumens $8\pi p_{\max}^3 V/(3h^3)$. Daraus folgt für die Zustandssumme der Elektronen im Impulsbereich p bis $p + dp$

$$Z(p) dp = \frac{8\pi p^2 V}{h^3} dp, \qquad (3.221)$$

und aufgrund

$$g_e dp = \frac{Z(p)}{N_e V} dp = \frac{8\pi}{N_e} \frac{p^2}{h^3} dp = \frac{8\pi}{N_e} \frac{m_e^3 v_e^2}{h^3} dv \qquad (3.222)$$

mit N_e die Elektronenzahldichte und v_e die Elektronengeschwindigkeit geht Gl. 3.220 in

3.2 Strahlungstransport in Spektrallinien

$$\frac{N_{r+1,m}}{N_{r,n}} N_e dv = \frac{g_{r+1,m}}{g_{r,n}} \frac{8\pi m_e^3}{h^3} \exp\left(-\frac{E_{P,r} + E_{r+1,m} - E_{r,n} + \frac{1}{2} m_e v_e^2}{k_B T}\right) v_e^2 dv \quad (3.223)$$

über

Daraus folgt wegen $\int_0^\infty v_e^2 \exp\left(-v_e^2\right) dv = \sqrt{\pi}/4$ nach Integration über alle Geschwindigkeiten die Saha-Gleichung in der Form

$$\frac{N_{r+1,m}}{N_{r,n}} N_e = \frac{g_{r+1,m}}{g_{r,n}} \frac{2\sqrt{(2\pi m_e k_B T)^3}}{h^3} \exp\left(-\frac{E_{P,r} + E_{r+1,m} - E_{r,n}}{k_B T}\right). \quad (3.224)$$

Die in Gl. 3.224 enthaltene Größe

$$n_{Q_e} = \left[\frac{2\pi m_e k_B T}{h^2}\right]^{3/2} \approx 2{,}41 \cdot 10^{21} T^{3/2}$$

wird manchmal als Quantenkonzentration der Elektronen bei der Temperatur T bezeichnet. Damit lässt sich im Fall des Ionisationsgleichgewichts von Wasserstoff unter der Bedingung der Photoionisation

$$H_n + \gamma \rightleftarrows e^- + p$$

die Saha-Gleichung folgendermaßen aufschreiben:

$$\frac{N(H_n)}{N_e N_p} = \frac{g_n}{n_{Q_e}} \exp\left(-\frac{\varepsilon_n}{k_B T}\right), \quad (3.225)$$

dabei ist $g_n = 2n^2$ (Entartung) und $-\varepsilon_n = E_P + (E_1 - E_n)$.

Man beachte: Wasserstoff kann nur einmal durch Entfernen seines Elektrons ionisiert werden, weshalb im Folgenden der r-Index auch weggelassen wird.

Damit ergibt sich unter Berücksichtigung aller Anregungszustände für den Anteil der neutralen Wasserstoffatome bei der Temperatur T folgende Beziehung:

$$N(\text{HI}) = \frac{N_e N_p}{n_{Q_e}} \sum_{n=1}^\infty g_n \exp\left(-\frac{\varepsilon_n}{k_B T}\right) \quad (3.226)$$

Führt man nun noch die Zustandssumme

$$Z = \sum_{n=1}^\infty g_n \exp\left(-\frac{E_n - E_1}{k_B T}\right) \quad (3.227)$$

ein, dann wird Gl. 3.226 zu

$$\frac{N(\text{HI})}{N_e N_p} = \frac{Z}{n_{Q_e}} \exp\left(\frac{E_P}{k_B T}\right). \quad (3.228)$$

Eine genauere Untersuchung von Gl. 3.227 zeigt jedoch, dass die Zustandssumme für $n \to \infty$ divergiert. Dieses physikalisch offensichtlich unsinnige Ergebnis kann jedoch pragmatisch auf einen Wert der Größenordnung 1 reduziert werden, wenn man den größten n-Wert so wählt, dass der von n abhängige Bohrsche Atomradius Gl. 3.9 ($r_n = 0,53 \cdot 10^{-10} n^2 [m]$) des angeregten Wasserstoffatoms die gleiche Größenordnung erreicht wie der mittlere Abstand der einzelnen Atome im Wasserstoffgas (*cut-off*-Bedingung). Das Verhältnis zwischen ionisierten Atomen und neutralen Atomen lässt sich dann in sehr guter Näherung durch Gl. 3.229 ausdrücken:

$$\frac{N_p}{N(\text{HI})} \approx \frac{n_{Q_e}}{N_e} \exp\left(-\frac{E_P}{k_B T}\right) \qquad (3.229)$$

Im Unterschied zur Boltzmann-Gleichung erscheint in der Saha-Gleichung explizit die Elektronendichte N_e als Ausdruck für die Druckabhängigkeit des statistischen Gewichts der freien Elektronen. Das bedeutet, dass das Ionisationsverhalten eines Gases im thermodynamischen Gleichgewicht nicht nur von der Temperatur T, sondern auch vom Umgebungsdruck P bzw. der Dichte ρ abhängt. Oder anders ausgedrückt: Eine Erhöhung der Temperatur fördert die Ionisation der Sternmaterie, während die Erhöhung des Elektronen-Drucks die Rekombination begünstigt.

Mit diesen Erkenntnissen lässt sich die in Abschn. 2.5.4 ausführlich eingeführte Spektralsequenz der Sterne in ihren Grundzügen deuten, denn sie ist nichts anderes als das optisch sichtbare Resultat der realisierten Besetzungszahlen der angeregten atomaren Zustände und der Ionisationsgrade der verschiedenen, in der Sternatmosphäre vorkommenden Elemente als Funktion der Temperatur. Der Unterschied zwischen den Spektren von Riesensternen und Hauptreihensternen gleicher effektiver Temperatur ergibt sich dagegen aus der höheren Ionisationsrate in den Atmosphären der Riesensterne aufgrund des im Vergleich zu den kompakteren Hauptreihensternen geringeren atmosphärischen Drucks (Tab. 3.9).

Anstelle der Verhältnisse von ionisierten Atomen zu neutralen Atomen ist es oft anschaulicher, den jeweiligen Anteil in Bezug auf alle Atome des Elements in einem Plasma anzugeben. Betrachten wir dazu wieder die Ionisation von reinem Wasserstoff. Im Ionisationsgleichgewicht gilt offensichtlich

Tab. 3.9 Ionisationsenergien für einfache (II) und doppelte (III) Ionisation sowie für die Ionisationsstufen VII und XIX für einige in Sternatmosphären häufig beobachtete Elemente

Element	Z	II [eV]	III [eV]	VII [eV]	XIX [eV]
H	1	13,6			
He	2	24,6	54,4		
C	6	11,3	24,4		
N	7	14,5	29,6	667,0	
O	8	13,6	35,1	739,3	
Na	11	5,1	47,3	208,5	
K	19	4,3	31,8	117,6	4934
Ca	20	6,1	11,9	127,2	5129
Fe	26	7,9	16,2	125,0	1456

3.2 Strahlungstransport in Spektrallinien

$$N_H = N(\text{HI}) + N(\text{HII}) = N_I + N_{II} \text{ und } N_{II} = N_e, \quad (3.230)$$

wobei die Indizes die Ionisationsstufen I (neutral) und II (ionisiert) an den Anzahldichten kennzeichnen.

Im Folgenden soll der Ionisationsgrad – wie in der Astrophysik üblich – mit X bezeichnet werden:

$$X = \frac{N_{II}}{N_H} \quad (3.231)$$

Dieser Wert ist gleich 1, wenn der Wasserstoff vollständig ionisiert ist, und gleich 0, wenn das Wasserstoffgas nur aus neutralen Atomen besteht.

Aus Gl. 3.230 folgt dann:

$$N_{II} = (1 - X)N_H \text{ und } N_{II} = XN_H \quad (3.232)$$

Damit lässt sich die Saha-Gleichung Gl. 3.229 in folgende Form bringen:

$$\frac{N_{II}N_e}{N_H} = \frac{X^2}{1-X}N_H \approx n_{Q_e} \exp\left(-\frac{E_P}{k_B T}\right) \quad (3.233)$$

Betrachtet man das Wasserstoffgas als ideales Gas, dann gilt für dessen Druck $P = Nk_B T$, wobei sich die Teilchenzahldichte aus der Summe aller Teilchensorten im Gas, also in unserem Beispiel der neutralen und der vollständig ionisierten Wasserstoffatome sowie der freien Elektronen, zusammensetzt. Daraus folgt $P = (1 - X)N_H k_B T$ und eingesetzt in Gl. 3.233:

$$\frac{X^2}{1-X^2} = \frac{k_B T}{P} n_{Q_e} \exp\left(-\frac{E_P}{k_B T}\right) \quad (3.234)$$

Im Zentrum der Sonne erwartet man einen Druck in der Größenordnung von $2,3 \cdot 10^{16}$ Pa und eine Temperatur von ca. $1,5 \cdot 10^7$ K. Gl. 3.234 liefert in diesem Fall überraschenderweise nur einen Anteil von rund 75 % ionisiertem Wasserstoff, obwohl man erwarten kann, dass unter den im Sonnenkern herrschenden Temperatur- und Druckverhältnissen der gesamte Wasserstoff im ionisierten Zustand vorliegen sollte. Der Grund dafür ist, dass die Anwendung von Gl. 3.234 auf das Sonneninnere (oder, allgemeiner, auf das Sterninnere) in mehrfacher Hinsicht problematisch ist und dabei zugleich auch die Grenzen der Saha-Gleichung aufgezeigt werden. Zuerst einmal ist die Annahme falsch, dass die solare respektive stellare Materie nur aus Wasserstoff besteht. Das freie Elektronengas und damit die Größe N_e wird nicht nur von den Elektronen der Wasserstoffatome, sondern auch aller anderen ionisiert im Sterninnern vorkommenden Elemente gespeist. Insbesondere „Metalle" mit relativ geringen Ionisationspotenzialen sind bei Hauptreihensternen wichtige Lieferanten für freie Elektronen. Ein weiterer wichtiger Punkt ist, dass die Dichte im Sonnenzentrum so groß ist, dass man die einzelnen Wasserstoffatome nicht mehr als isolierte Einzelteilchen, sondern nur noch als miteinander wechselwirkendes Ensemble von Teilchen betrachten darf.

Das bedeutet konkret, dass der mittlere Abstand der Wasserstoffatome bei dem im Sonnenzentrum herrschenden Druck in die Größenordnung des Bohr'schen Atomradius gelangt. Wie man im Rahmen der Quantenmechanik zeigen kann, führt in solch einem Fall die Wechselwirkung der Atome untereinander zu einer Reduzierung der Besetzungswahrscheinlichkeit der gebundenen Zustände mit der Folge, dass mehr Atome ionisiert werden, als die Saha-Gleichung vorhersagt. Das entspricht physikalisch einer effektiven Absenkung des Ionisationspotenzials des Grundzustandes. Man kann sich das mit einer einfachen Überschlagsrechnung plausibel machen. Vergegenwärtigen wir uns dazu die Bedingungen im Inneren eines Sterns wie unserer Sonne. Die Dichte $\rho_\odot$ beträgt dort ungefähr $1{,}7 \cdot 10^5$ kg m^{-3}. Das bedeutet, dass die Teilchenzahldichte der Wasserstoffatome ungefähr bei $N_H \approx \rho_\odot / m_p \approx 10^{32}$ m^{-3} liegt. Der mittlere Abstand zwischen den Atomen lässt sich dann mit

$$l \approx \sqrt[3]{\frac{3}{4\pi N_H}} \approx 1{,}3 \cdot 10^{-11} \text{ m}$$

leicht abschätzen. Diese Größe muss nun mit dem Atomradius Gl. 3.9 verglichen werden. Damit $l < a_0$ (der Bohr'sche Atomradius) ist, kann es im Sonnenzentrum Wasserstoff weder im Grundzustand noch in irgendeinem angeregten Zustand geben. Unter den dort herrschenden Bedingungen lässt sich Gl. 3.233 offensichtlich nicht mehr vernünftig anwenden, was dann selbstverständlich auch für die Kernregionen aller Sterne gilt. Die Saha-Gleichung liefert dagegen sehr genaue Ergebnisse, wenn man sie auf Sternatmosphären anwendet.

Für die vertikale Struktur eines Sterns ist die Zunahme des Ionisationsgrades und der Elektronengasdichte des stellaren Plasmas mit der Tiefe von Interesse, da beide Größen maßgeblich dessen Absorptionsverhalten für Strahlung bedingen. Damit ergibt sich das Problem, den Ionisationsgrad

$$X_r = \frac{N_r}{N_1 + N_2 + N_3 + N_4 + \cdots} \qquad (3.235)$$

der Ionisationsstufe r zu berechnen. Der Nenner ist dabei die Gesamtzahl der Atome in den indizierten Anregungszuständen (s. als Beispiel Gl. 3.231). Dividiert man Zähler und Nenner durch die Teilchenzahldichten der Neutralgaspopulation des entsprechenden Elements, dann erhält man

$$X_r = \frac{\frac{N_r}{N_1}}{1 + \frac{N_2}{N_1} + \frac{N_3}{N_1} + \frac{N_4}{N_1} + \cdots}$$

was identisch ist mit

$$X_r = \frac{\left(\frac{N_r}{N_{r-1}}\right)\left(\frac{N_{r-1}}{N_{r-2}}\right) \cdots \left(\frac{N_2}{N_1}\right)}{1 + \left(\frac{N_2}{N_1}\right) + \left(\frac{N_3}{N_2}\right)\left(\frac{N_2}{N_1}\right) + \left(\frac{N_4}{N_3}\right)\left(\frac{N_3}{N_2}\right)\left(\frac{N_1}{N_1}\right) + \cdots} \qquad (3.236)$$

3.2 Strahlungstransport in Spektrallinien

wobei jeder Klammerausdruck eine „Saha-Gleichung" der allgemeinen Form

$$\frac{N_{r+1}}{N_r} = \frac{2n_{Q_e}}{N_e} \frac{Z_{r+1}}{Z_r} \exp\left(-\frac{E_P}{k_B T}\right) \tag{3.237}$$

darstellt. Die statistischen Gewichte g_r der Gl. 3.224 sind in dieser Gleichung in der kanonischen Zustandssumme $Z_r = \sum_i g_r \exp(-E_r/k_B T)$ bereits enthalten.

Unter den typischen physikalischen Bedingungen, wie sie in Sternphotosphären realisiert sind, kommen darin die meisten Elemente in größtenteils zwei Ionisationsstufen vor. Erst in den heißen Chromosphären und den noch heißeren Koronen ($T \approx 10^6$ K) steigt die Zahl von Ionen noch höherer Ionisationsstufen stark an, was sich u. a. in den intensiven Emissionen „verbotener" Übergänge äußert (s. Abschn. 3.1.5.6).

3.2.7.1 Anwendungsbeispiele

Mithilfe der Saha-Gleichung konnte man etwa ab den 1920er-Jahren einige Rätsel der Sternspektren lösen – beispielsweise, warum sich die Linienstärken der Spektrallinien von Elementen wie Wasserstoff als Funktion des Spektraltyps ändern oder weshalb Stoffe, die nur in Spuren in den Sternatmosphären enthalten sein können (z. B. Kalzium), trotzdem äußerst intensive Absorptionslinien innerhalb bestimmter Spektralklassen ausbilden. Auch die Entdeckung, dass die Temperaturen oberhalb der Photosphäre der Sonne extrem ansteigen (von ca. 6000 K auf über 1.000.000 K), beruht auf der Anwendung der Boltzmann- bzw. Saha-Gleichung auf die Linien teilweise ionisierter Atome, die im Flashspektrum bei einer totalen Sonnenfinsternis kurzzeitig sichtbar werden.

Zwei besonders auffällige Absorptionslinien im blauen Teil des Sonnenspektrums sind zwei relativ gleich starke und relativ eng beieinander stehende Linien bei $\lambda = 396,8$ nm und $\lambda = 393,4$ nm, für die Joseph Fraunhofer einst die Bezeichnungen „H" und „K" eingeführt hat und die man kurze Zeit später mit dem Element Kalzium in Zusammenhang brachte. Es ist selbst aus heutiger Sicht leicht nachzuvollziehen, dass man damals von der Annahme ausgegangen ist – besonders auch im Vergleich zu den weniger intensiven Wasserstofflinien der Balmer-Serie – dass Kalzium in durchaus größerer Menge in der Photosphäre der Sonne vorkommt. Ist das aber auch wirklich so?

Um eine physikalisch plausible Erklärung für die unterschiedlichen Linienstärken der blauen Kalziumlinien und der Balmer-Linien des Wasserstoffs zu finden, muss man offensichtlich die Anzahl der neutralen Wasserstoffatome im ersten angeregten Zustand ($n = 2$) mit der Anzahl der einfach ionisierten Kalziumatome im Grundzustand (die ja für die Entstehung der Fraunhofer'schen H- und K-Linie verantwortlich sind) vergleichen. Weiterhin muss man noch wissen, dass in der Photosphäre der Sonne die Temperatur T etwa 5780 K und der Elektronendruck P_e etwa 1,5 Pa betragen. Für Wasserstoff im Grundzustand ist die Zustandssumme $Z_I = 2$ und für den ionisierten Zustand $Z_{II} = 1$. Die Ionisationsenergie beträgt 13,6 eV $= 2,179 \cdot 10^{-18}$ J.

Mit diesen Zahlen folgt aus Gl. 3.237 mit $P_e = N_e k_b T$:

$$\left[\frac{N_{II}}{N_I}\right]_H = \frac{0,033}{P_e} T^{5/2} \exp\left(-\frac{158000}{T}\right) \approx 0,00075$$

Das bedeutet, dass nur ein Wasserstoffion auf rund 13.300 neutrale Wasserstoffatome kommt. In der solaren Photosphäre liegt demnach der größte Teil des Wasserstoffs in neutraler Form vor.

Die nächste Frage ist, wie viele von diesen neutralen Atomen sich im ersten angeregten Zustand befinden. Auskunft darüber gibt uns die Boltzmann-Formel Gl. 3.215:

$$\left[\frac{N_2}{N_1}\right]_H = 4 \exp\left(-\frac{1.18 \cdot 10^5}{T}\right) \approx 5,4 \cdot 10^{-9}$$

(die Energie des Grundzustandes des Wasserstoffatoms beträgt $-13,6$ eV und die Energie des ersten angeregten Zustandes $-3,4$ eV).

Das Ergebnis zeigt, dass nur eines von ca. 180 Millionen Wasserstoffatomen bei einer Temperatur von 5780 K in der Lage ist, einen Beitrag zur Bildung von Balmer-Absorptionslinien zu leisten.

Die prinzipiell gleichen Rechnungen sind jetzt für das Element Kalzium durchzuführen. Die Zustandssummen für den neutralen und für den ersten angeregten Zustand können – da sie für Mehrelektronensysteme nicht so leicht zu berechnen sind – diversen Tabellenwerken entnommen werden. In diesem Fall gilt $Z_I = 1,32$ und $Z_{II} = 2,3$. Die Ionisationsenergie ist für dieses Element nur etwa halb so groß wie beim Wasserstoffatom und beträgt $E_P = 6,11$ eV ($9,789 \cdot 10^{-19}$ J).

Für das Verhältnis von ionisiertem zu neutralem Kalzium ergibt sich deshalb unter den Bedingungen der Sonnenphotosphäre

$$\left[\frac{N_{II}}{N_I}\right]_{Ca} = 0,0773 \cdot T^{5/2} \exp\left(-\frac{71000}{T}\right) \approx 900$$

Kalzium liegt demnach fast ausschließlich im einfach ionisierten Zustand vor (nur ein Kalziumatom von ca. 900 Kalziumatomen ist neutral). Das ist auch verständlich, da die thermische Energie ungefähr eine Größenordnung unter dem Ionisationspotenzial liegt und die Saha-Gleichung sehr empfindlich auf eine kleine Änderung von E_P reagiert. Benutzt man jetzt die Boltzmann-Formel, um zu erfahren, wie viele von diesen Kalziumionen sich im Grundzustand befinden, dann erhält man mit $g_1 = 2$ und $g_2 = 4$ für die K-Linie

$$\left[\frac{N_2}{N_1}\right]_{CaII} = 2 \exp\left(-\frac{36230}{T}\right) \approx 0,00379$$

wobei der energetische Abstand zwischen dem ersten angeregten Zustand und dem Grundzustand 3,12 eV ($5 \cdot 10^{-19}$ J) beträgt.

Dieses Ergebnis lässt sich so interpretieren, dass in der Sonnenphotosphäre so gut wie alle Kalziumatome einfach ionisiert sind und sich im energetischen Grundzustand befinden. Das bedeutet, dass quasi jedes Kalziumion in der Lage ist, im Bereich der H- und K-Linie Licht zu absorbieren.

3.2 Strahlungstransport in Spektrallinien

Die „Stärke" einer Absorptionslinie, die in einer Sternatmosphäre generiert wird, hängt von dem Verhältnis der Anzahldichten der entsprechenden Atome im jeweils dazugehörigen angeregten Zustand i zur Anzahldichte aller Atome des Elements ab, also von N_i/N_{ges}. Im Fall der Balmer-Linien gilt demnach wegen $N_1 + N_2 \approx N_I$ und $N_{ges} = N_I + N_{II}$

$$N_2 \approx \left[\left(\frac{N_2}{N_1+N_2}\right)\left(\frac{N_I}{N_{ges}}\right)N_{ges}\right]_H = \left(\frac{5,4 \cdot 10^{-9}}{1+5,4 \cdot 10^{-9}}\right)\left(\frac{1,56 \cdot 10^4}{1+1,56 \cdot 10^4}\right)N_{ges} = 5,3 \cdot 10^{-9}\, N_{ges}$$

und für das ionisierte Kalzium

$$N_1 \approx \left[\left(\frac{N_1}{N_1+N_2}\right)\left(\frac{N_{II}}{N_{ges}}\right)N_{ges}\right]_{Ca} = \left(\frac{1}{1+0,00379}\right)\left(\frac{900}{1+900}\right)N_{ges} = 0,995\, N_{ges}.$$

Deshalb, wie eine Tabelle der solaren Elementhäufigkeiten lehrt, kommen in der Sonnenatmosphäre auf ein Kalziumion ca. 450.000 Wasserstoffatome. Das bedeutet mit den obigen Zahlen, dass es rund 400-mal mehr Ca II-Ionen in der Sonnenatmosphäre gibt als neutrale Wasserstoffatome im Anregungszustand $n = 2$. Das erklärt, warum im Sonnenspektrum die H- und K-Linien bedeutend intensiver sind als die Balmer-Linien.

Analoge Rechnungen lassen sich natürlich für alle möglichen Elemente unter unterschiedlichen Temperatur- und Druckregimen sowie chemischen Zusammensetzungen von Sternatmosphären durchführen, um die Abhängigkeit der entsprechenden Linienstärken von den genannten Parametern zu studieren (Abb. 3.37).

Wie bereits in Abschn. 3.1.7 angerissen, spielt gerade in den Sternatmosphären der mittleren Spektraltypen G und F das negativ geladene Hydridion H^- als wesentliche Opazitätsquelle im optischen und infraroten Spektralbereich eine be-

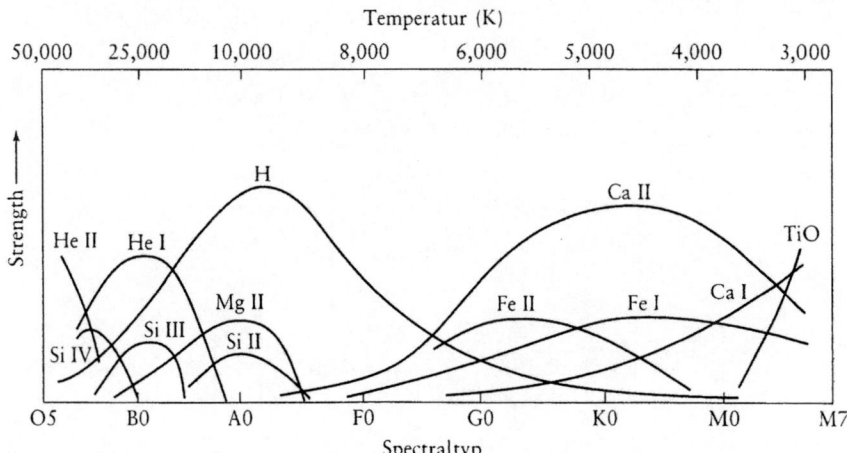

Abb. 3.37 Dieses Diagramm zeigt die Abhängigkeit der Linienstärke ausgewählter Atome und Ionen von der Temperatur einer stellaren Photosphäre: Man beachte besonders die Kurven von neutralem Wasserstoff und von einfach ionisiertem Kalzium

sonders wichtige Rolle, die sich aus dessen permanenter Bildung und Zerstörung gemäß der Reaktionsgleichung

$$H + e^- \rightleftarrows H^- + \gamma$$

ergibt. Je nachdem, auf welcher Seite dieser Gleichung sich das Gleichgewicht einstellt, kann ein heißes neutrales Wasserstoffgas entweder mehr Licht absorbieren oder mehr Licht emittieren. Ausschlaggebend – und das soll hier noch näher untersucht werden – ist dabei die lokale Elektronendichte N_e. Doch zuvor noch ein paar Worte zum Hydridion selbst.

Bei dem Hydridion handelt es sich um ein negativ geladenes Zweielektronensystem ähnlich Helium, jedoch mit der Kernladungszahl 1. Die Bindungsenergie des zusätzlichen Elektrons ist deshalb mit 0,75 eV äußerst gering, sodass es leicht durch Absorption eines Photons im Energiebereich oberhalb der genannten Bindungsenergie aus dem Atomverbund herausgelöst werden kann. Die überschüssige Energie wird dabei auf das nun freie Elektron übertragen. Alle Photonen, deren Wellenlängen unterhalb der Grenzwellenlänge $\lambda = hc/E = 1653$ nm liegen, sind dazu in der Lage. Es verhält sich demnach ähnlich wie ein Wasserstoffatom im Anregungszustand $n = 3$, dessen Seriengrenzkontinuum aus dem NIR kommend den optischen Spektralbereich überdeckt (Paschen-Grenzkontinuum mit der Grenzwellenlänge $\lambda = 820$ nm) und auf diese Weise einen Beitrag zur kontinuierlichen Absorption in diesem Bereich liefert. Die Frage ist hier, unter welchen Bedingungen das H^--Kontinuum bzw. das Paschen-Kontinuum die Opazität der Sternmaterie im optischen Spektralbereich dominiert und welche Konsequenzen das hat.

Als Erstes soll das Verhältnis zwischen neutralen Wasserstoffatomen und Hydridionen unter den Bedingungen der solaren Photosphäre ermittelt werden. Da die beiden Elektronen im Hydridion nur in einem jeweils entgegengesetzten Spinzustand existieren können, hat die Zustandssumme des Hydridions den Wert $Z(H^-) = 1$. Damit folgt aus Gl. 3.237:

$$\frac{N(\mathrm{H})}{N(\mathrm{H}^-)} = \frac{2n_{Q_e}}{N_e} \frac{Z(H)}{Z(H^-)} \exp\left(-\frac{0,75\,\mathrm{eV}}{k_B T}\right)$$

$$\frac{N(\mathrm{H})}{N(\mathrm{H}^-)} = \frac{9,64 \cdot 10^{21} T^{3/2}}{N_e} \exp\left(-\frac{8700}{T}\right)$$

und wegen $P_e = N_e k_b T$:

$$\frac{N(\mathrm{H})}{N(\mathrm{H}^-)} = \frac{0,133 T^{5/2}}{P_e} \exp\left(-\frac{8700}{T}\right) \approx 5 \cdot 10^7$$

Das bedeutet, dass nur eines von 10 Millionen Wasserstoffatomen in der Sonnenatmosphäre ein Hydridion bildet. Um diese gefühlsmäßig sehr kleine Zahl richtig einschätzen zu können, muss noch das Verhältnis der im Niveau $n = 3$ angeregten

3.2 Strahlungstransport in Spektrallinien

Wasserstoffatome zur Zahl der Wasserstoffatome im Grundzustand mittels der Boltzmann-Formel berechnet werden ($g_n = 2n^2$, $\Delta E = 12,1\,\text{eV}$):

$$\left[\frac{N_3}{N_1}\right]_H = \frac{18}{2}\exp\left(-\frac{140400}{T}\right) \approx 2,5 \cdot 10^{-10}$$

Damit ergibt sich für das Verhältnis $N(\text{H}^-)/N_3 \approx 80$. Das bedeutet, dass es in der Photosphäre der Sonne rund 80-mal mehr Hydridionen gibt als die für das Paschen-Kontinuum verantwortlichen neutralen Wasserstoffatome im Anregungszustand $n = 3$. Die Hydridionen sind es also, die die primäre Opazitätsquelle im nahen IR und im sichtbaren Spektralbereich darstellen.

Mit der Freisetzung von Elektronen bei der Absorption eines Photons durch ein Hydridion entsteht noch eine ff-Komponente des H^--Absorptionskoeffizienten. Er beeinflusst besonders den Infrarotbereich des Spektrums und zeigt insbesondere eine rapide Zunahme mit sinkenden Temperaturen und zunehmender Wellenlänge (Bell und Berrington 1987).

Die effektiven Temperaturen der G- und F-Sterne liegen ungefähr zwischen 5000 K und 6800 K. Nun ist es so, dass mit sinkender Temperatur und mit dem damit einhergehenden geringer werdenden Ionisationsgrad der Sternmaterie (die Ionisation von „Metallen" stellt die primäre Quelle freier Elektronen in stellaren Plasmen dar) die Elektronendichte N_e signifikant abnimmt. Unterhalb einer Temperatur von 3000 K bricht deshalb die Erzeugungsrate von H^- jäh ein, sodass das „Gas" weder intensiv strahlen noch intensiv Strahlung absorbieren kann – es wird quasi durchscheinend. Dieser Zustand definiert eine Temperaturgrenze, die ein Stern nur wenig unterschreiten kann. So führt bekanntlich die Expansion eines Sterns am Ende seines Hauptreihen-Daseins dazu, dass sich dessen Leuchtkraft rapide erhöht bei gleichzeitiger Abnahme der effektiven Temperatur. Bei diesem Prozess kann jedoch aus den genannten Gründen die effektive Temperatur nicht unter 3000 K sinken, sodass die Leuchtkraft-Erhöhung allein durch die Vergrößerung der strahlenden Oberfläche des Sterns kompensiert werden muss. Man kann auch sagen, dass die „Aufblähung" des Sterns bei weitgehend konstanter effektiver Temperatur erfolgt. Auf diese Weise entsteht ein „Roter Riesenstern".

Wie entwickelt sich jedoch die Opazität in die Richtung höherer effektiver Temperaturen, also in Richtung der Sterne vom Spektraltyp A und B?

Die typische effektive Temperatur eines A-Sterns liegt bei 10.000 K. Aufgrund des bei dieser Temperatur recht hohen Ionisationsgrades der Sternatmosphäre lässt sich der Elektronendruck auf ca. 100 Pa ansetzen. Für das Verhältnis neutraler Wasserstoff zu Hydridionen folgt dann:

$$\frac{N(\text{H})}{N(\text{H}^-)} \approx 5,6 \cdot 10^6$$

und für den Anteil angeregter neutraler Wasserstoffatome im Zustand $n = 3$:

$$\left[\frac{N_3}{N_1}\right]_H \approx 7 \cdot 10^{-6}$$

Die Anzahl der im angeregten Zustand $n = 3$ befindlichen neutralen Wasserstoffatome ist demnach bei einem A-Stern etwa 28.000-mal größer als unter solaren Verhältnissen. Bei A- und B-Sternen stellt demnach neutraler Wasserstoff eine bedeutend wichtigere Opazitätsquelle dar als die nun in Minderheit geratenen H^--Ionen.

In diesem Zusammenhang soll auch gleich noch auf eine weitere, hiermit in Zusammenhang stehende Opazitätsquelle hingewiesen werden – die Elektronenstreuung (ff-Übergänge). Sie wird umso wichtiger, je größer mit steigender Photosphärentemperatur die Elektronendichte wird. Bei O- und frühen B-Sternen (beispielsweise Blauen Überriesen) löst sie quasi den neutralen Wasserstoff aufgrund von dessen steigendem Ionisationsgrad als wesentliche Quelle kontinuierlicher Absorption ab.

3.3 Quantitative Spektralanalyse

Die Saha-Gleichung und die Boltzmann-Formel lehren, dass man allein aus der Betrachtung der Stärke ausgewählter Spektrallinien in einem Sternspektrum niemals ohne Weiteres auf die Mengenanteile der dazugehörigen chemischen Elemente in der betreffenden Sternatmosphäre schließen kann. Eine besonders starke und damit auffällige Absorptionslinie bedeutet nämlich noch lange nicht, dass das die Linie repräsentierende Element in der Sternphotosphäre auch besonders häufig vorkommt. Das Gegenteil ist oft der Fall, wie die in Abschn. 3.2.7.1 diskutierten Kalziumlinien im kurzwelligen Teil des optischen Sonnenspektrums beweisen. Allein aus diesem Sachverhalt heraus ist zu erkennen, dass es nicht einfach ist, aus einem gegebenen optischen Spektrum globale Informationen über die physikalischen Bedingungen stellarer Photosphären (Stichworte sind hier Temperatur- und Druckschichtung, Energietransport, chemische Zusammensetzung, Magnetfelder etc.) abzuleiten. Es gibt aber zwei Wege, diese Schwierigkeit zu überwinden. Auf der einen Seite entwickelt man theoretische Modelle von Sternatmosphären entsprechend dem Kenntnisstand und verwendet sie zur Berechnung sogenannter „synthetischer Spektren", die sich mit „realen Spektren" vergleichen lassen. Andererseits – quasi die „klassische Methode" – kann man auch an den Spektren selbst ansetzen, um aus deren Parametern (Energieverteilung, Linienidentifikation, Linienprofile etc.) die interessierenden Größen abzuleiten bzw. um daraus wiederum Informationen zu gewinnen, die theoretischen Photosphärenmodellen zugutekommen. Die beiden Seiten zusammenführende Hypothese ist dabei, dass ein synthetisches Spektrum, welches aus einem theoretischen Photosphärenmodell abgeleitet wurde und das im Wesentlichen mit einem beobachteten Spektrum übereinstimmt, die Annahme rechtfertigt, dass auch das dem synthetischen Spektrum zugrundeliegende Photosphärenmodell die physikalischen Parameter der realen Sternatmosphäre innerhalb des angestrebten Genauigkeitsintervalls richtig widerspiegelt. In der Praxis ergibt sich dabei eine Art iterativer Prozess, in dem versucht wird, über eine Folge von verschiedenen komplexen Analyseschritten die Parameter einer Modellatmosphäre solange zu variieren, bis die Abweichungen

3.3 Quantitative Spektralanalyse

zwischen dem sich daraus ergebenden synthetischen Spektrum und dem beobachteten Spektrum möglichst minimal werden. Dieser Vorgehensweise liegt die (begründete) Annahme zugrunde, dass sich ein bestimmtes synthetisches Spektrum auch nur aus einem ganz bestimmten Photosphärenmodell ergibt. Diese Annahme wird auch als „Eindeutigkeitsprinzip" bezeichnet. Der sehr hohe Rechenaufwand, der mit der Methode der synthetischen Spektren verbunden ist, wird mittels der heute verfügbaren Computertechnik klaglos bewältigt. Der Aufwand im Zusammenhang damit (Aufnahme und Vermessung der Spektren, experimentelle und theoretische Arbeiten zur Bestimmung atomphysikalischer Größen wie beispielsweise Absorptionskoeffizienten, Oszillatorstärken etc., Aktualisieren der Berechnungsprogramme und deren Datengrundlage) ist aber geblieben.

Mit der nicht leichten Aufgabe der Datengewinnung durch Analyse von Sternspektren, um daraus beispielsweise die chemische Zusammensetzung einer Sternatmosphäre abzuleiten, beschäftigt sich die quantitative Spektralanalyse. Im Folgenden sollen einige Methoden, die dabei zur Anwendung kommen, in ihren Grundzügen erläutert werden.

3.3.1 Wachstumskurven

Schon rein intuitiv ist klar, dass die „Stärke" einer Spektrallinie – oder genauer, die in ihr absorbierte bzw. emittierte Energie – irgendetwas mit der Anzahl der am Absorptionsvorgang beteiligten Atome/Ionen zu tun haben muss. Um diese innerhalb der Linienkontur absorbierte Energie (bei Emissionslinien emittierten – sie sollen hier aber nicht weiter diskutiert werden) näher zu quantifizieren, wurde die Äquivalentbreite W_λ Gl. 3.102 eingeführt. Der Integrand in dieser Beziehung ist die Linieneinsenkung

$$R_\lambda = \frac{I_{c,\lambda} - I_\lambda}{I_{c,\lambda}}. \qquad (3.238)$$

Im Folgenden soll hier nicht die Frequenz ν, sondern die Wellenlänge λ als Funktionsargument Verwendung finden, da die am häufigsten zur Analyse von Sternspektren verwendeten Spektren Gitterspektren sind, die eine in λ lineare Dispersion aufweisen. Der bereits oben verwendete Index „c" kennzeichnet immer den Kontinuumswert in der unmittelbaren Nähe von λ. Weiterhin soll die Wellenlänge der Linienmitte (also dort, wo bei einer optisch dünnen Linie die Linieneinsenkung am größten ist) mit λ_0 bezeichnet werden.

Was passiert nun, wenn Strahlung „von unten kommend" eine Schicht s kühleren Gases mit einer projizierten Anzahl von N_X Atomen pro Einheitsfläche („Säulendichte" des Elements X), die in der Lage sind, Licht der Wellenlänge zu absorbieren, durchquert? Dabei soll diese Schicht als isotherm und die darin enthaltenen Atome als gleichmäßig verteilt angenommen werden. Weiterhin wird in der gesamten Säule LTE) vorausgesetzt. Im Spektrum bildet sich dann eine Absorptionslinie mit einem entsprechenden Profil und der Linieneinsenkung Gl. 3.238 aus. Deren Äquivalentbreite sei wegen Gl. 3.156.

$$W_\lambda = \int R_\lambda d\lambda = \int (1 - \exp(-\tau_\lambda))d\lambda \tag{3.239}$$

wobei über den gesamten Wellenlängenbereich zu integrieren ist.

Solange die Absorptionslinie „optisch dünn" ist, wird eine Erhöhung der Zahl der absorbierenden Atome in der Schicht die Äquivalentbreite Gl. 3.239 wachsen lassen in der Art, dass eine Verdopplung von N_X auch jeweils zu einer Verdopplung von W_λ führt. Das bedeutet, dass eine stetige Vergrößerung der Anzahl der absorbierenden Atome in der Schicht im gleichen Maße die Äquivalentbreite der optisch dünnen Linie anwachsen lässt. Aus diesem Umstand heraus wird der funktionale Zusammenhang, der genau dieses Verhalten einer Absorptionslinie beschreibt, auch als „Wachstumskurve" (engl. *curve of growth*) bezeichnet.

Das „Wachstum" der Äquivalentbreite einer Linie kann sich aber nur so lange ungehindert fortsetzen, bis die Intensität der Linienmitte null wird. An dieser Stelle wird jetzt das gesamte, vom „Boden" der Schicht ausgehende Licht der Wellenlänge λ_0 absorbiert (d. h., der Linienkern erscheint quasi vollkommen schwarz). Erhöht man jetzt weiter die Säulendichte der absorbierenden Atome, dann wird sich die Intensität der Linienmitte nicht mehr ändern und auch die Äquivalentbreite wird kaum noch zunehmen (s. Abb. 3.38). In einem ent-

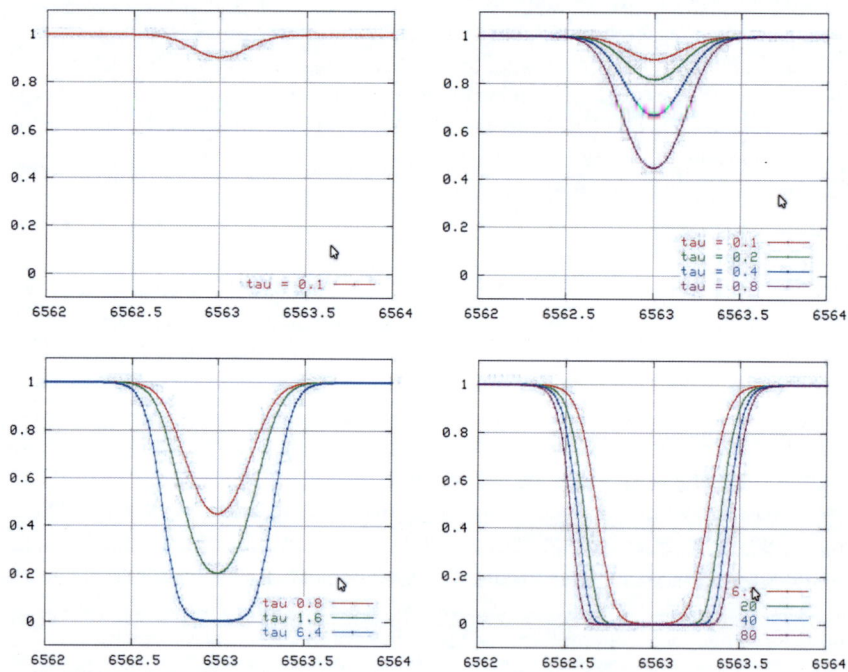

Abb. 3.38 Entwicklung des Profils einer Absorptionslinie mit zunehmender Säulendichte des für die Absorption verantwortlichen Atoms bzw. Ions

3.3 Quantitative Spektralanalyse

sprechenden Graphen mit $\log W_\lambda$ als Ordinate und $\log N_X$ als Abszisse geht der zuerst relativ steile lineare Anstieg der Wachstumskurve in ein mehr flaches Plateau über, welches zur Abszisse nur noch wenig geneigt ist. Oder anders ausgedrückt: Das „Gauß-Profil" der optisch dünnen Linie geht unter dem Einfluss eines Lorentz-Profils immer mehr in das Voigt- Profil einer gesättigten Linie mit entsprechenden Auswirkungen auf die Äquivalentbreite über (s. Abschn. 3.1.10). Neu in der Schicht hinzugekommene absorbierende Atome können sich jetzt nämlich spektroskopisch nur noch auf die Linienflügel auswirken, sodass irgendwann die Äquivalentbreiten wieder zunehmen – nur eben langsamer, als es bei optisch dünnen Linien der Fall ist. An das „Plateau" fügt sich daher ein weiterer, dritter Kurvenabschnitt an. Dieser Abschnitt wird manchmal auch als „Dämpfungsteil" der Wachstumskurve bezeichnet (einfach weil hier das Lorentz-Profil dominiert), und sein Kurvenverlauf ist der Quadratwurzel der Säulendichte N_X proportional (Abb. 3.39).

Wie lässt sich nun dieses Verhalten quantitativ fassen? Ausgangspunkt ist die Beziehung Gl. 3.239. Die optische Tiefe τ_λ entlang der Schicht s

$$\tau_\lambda = \int n_X \kappa_{\lambda,ik} ds \tag{3.240}$$

(n_X = Teilchenzahldichte der Teilchen des Elements X; $N_X = n_X s$ stellt dann die Säulendichte dar)

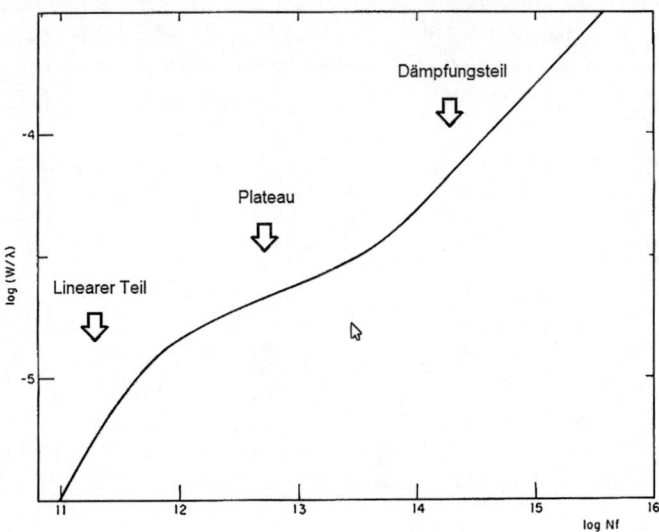

Abb. 3.39 Beispiel für den prinzipiellen Aufbau einer Wachstumskurve

lässt sich bei bekannter Oszillatorstärke f_{ik} für den Übergang $i \to k$ unter Verwendung des Linienabsorptionskoeffizienten Gl. 3.197 mit folgender Gleichung darstellen:

$$\tau_\lambda = \frac{e^2}{4\varepsilon_0 m_e c} \mathcal{N}_X f_{ik} N_i \Phi(\lambda) \tag{3.241}$$

$\Phi(\lambda)$ bezeichnet die auf 1 normierte Linienverbreiterungsfunktion

Im „optisch dünnen" Fall gilt $\exp(-\tau_\lambda) \approx 1 - \tau_\lambda$ und somit Gl. 3.239 $W_\lambda \approx \int \tau_\lambda d\lambda$. Daraus folgt

$$W_\lambda \approx \int \tau_\lambda d\lambda = \int \mathcal{N}_X \kappa_{\lambda,ik} d\lambda = \frac{e^2}{4\varepsilon_0 m_e c} \mathcal{N}_X f_{ik} N_i \int_0^\infty \Phi(\lambda) d\lambda. \tag{3.242}$$

Die Äquivalentbreite einer Absorptionslinie ist also – wie vermutet – der Säulendichte des entsprechenden Elements proportional:

$$W_\lambda \sim \mathcal{N}_X$$

wobei aufgrund der Normierung die Linienverbreiterungsfunktion selbst keinen Einfluss auf das Ergebnis hat.

Wie sieht die Proportionalität aus, wenn das stellare Plasma optisch dick oder – anders ausgedrückt – wenn, wie Abb. 3.38 zeigt, von der Linienmitte ausgehend die gesamte aus dem Kontinuum im Bereich der Spektrallinie stammende Energie absorbiert wird? In diesem Fall hat die Linieneinsenkung ihren größten möglichen Wert erreicht und die Linienflügel können sich nur noch verbreitern. Im Prinzip lassen sich in dieser Hinsicht drei verschiedene „Linientypen" ausmachen, die sich durch ihr jeweils charakteristisches Linienprofil unterscheiden. Moderat starke Linien werden beispielsweise lediglich im Bereich ihres Doppler-Kerns optisch dick, während sehr starke Linien auch im Bereich der Linienflügel das Licht vollständig absorbieren.

Ist die optische Tiefe nur im Bereich der Linienmitte >1, dann spricht man ganz konkret von „starken Linien". Schwache Linien absorbieren dagegen Licht nur teilweise – „dünne Linien".

Betrachten wir als Erstes eine sogenannte „starke Absorptionslinie". Obwohl Gl. 3.239 über den gesamten Wellenlängenbereich zu integrieren ist, sind selbstverständlich nur wenige Nanometer rechts und links vom Linienkern wirklich optisch dick. Der Wellenlängenbereich $\lambda_0 \pm \Delta\lambda$, in dem $\tau_\lambda \gg 1$ gilt, ist offensichtlich sehr eng. Das ist natürlich auch zu erwarten, wenn man sich den asymptotischen Verlauf der Linienverbreiterungsfunktion vergegenwärtigt. Es ist also durchaus vernünftig, das Integral Gl. 3.239 über die Linie in drei Teile aufzuteilen, bei denen nur der Bereich um den Linienkern optisch dick ist:

$$W_\lambda \approx \int_0^{\lambda_0-\Delta\lambda}(1-\exp(-\tau_\lambda))d\lambda + \int_{\lambda_0-\Delta\lambda}^{\lambda_0+\Delta\lambda}(1-\exp(-\tau_\lambda))d\lambda + \int_{\lambda_0+\Delta\lambda}^\infty(1-\exp(-\tau_\lambda))d\lambda \tag{3.243}$$

mit $\tau_\lambda = \mathcal{N}_X \kappa_{\lambda,ik} \Phi(\lambda)$. Da der erste und dritte Summand bei gesättigten Linien keine große Rolle spielt, bleibt wegen $\tau_{\lambda_0} \gg 1$ für die Äquivalentbreite

3.3 Quantitative Spektralanalyse

$$W_\lambda \approx 2\Delta\lambda \tag{3.244}$$

übrig.

Wie sieht nun das Verhalten von W_λ bei moderat starken Linien aus? Wie im Abschn. 3.1.10.1.1 behandelt, führt der thermisch bedingte Doppler-Effekt zu einem „Gauß-Profil" einer Spektrallinie. Daraus ergibt sich näherungsweise

$$W_\lambda \approx 2\Delta\lambda \sqrt{\ln\left(\frac{\mathcal{N}_X \kappa_{\lambda,ik}}{\pi^{1/2}\Delta\lambda}\right)}, \tag{3.245}$$

was bedeutet, dass sich die Äquivalentbreite logarithmisch mit der Säulendichte vergrößert. Dieser Fall tritt ein, wenn $\tau_\lambda > 5$ wird und Kollisionsprozesse zwischen den Atomen (Gasdruck) noch keine so große Rolle spielen.

Bei sehr starken Linien überwiegt dagegen die Druckverbreiterung (Stoßdämpfung), was mit der Dämpfungskonstanten γ zu einer Äquivalentbreite von

$$W_\lambda \approx \frac{\sqrt{\mathcal{N}_X \kappa_{\lambda,ik} \gamma}}{\pi} \tag{3.246}$$

führt. Die Linienflügel wachsen überproportional an, während das Linienzentrum durch die Dämpfung nur schwach berührt wird. Hier beobachtet man ein Anwachsen der Äquivalentbreite, die proportional zur Quadratwurzel der Säulendichte der absorbierenden Teilchen ist.

Optisch dünne Linien	$W_\lambda \sim \mathcal{N}_X$
Gesättigte moderat starke Linien (Gauß-Profil)	$W_\lambda \sim \sqrt{\ln \mathcal{N}_X}$
Gesättigte druckverbreiterte Linien (Lorentz-Profil)	$W_\lambda \sim \sqrt{\mathcal{N}_X}$

Nun ist es leider so, dass man als Beobachter natürlich nicht in das Geschehen einer Sternatmosphäre eingreifen und eben mal – wie in diesem theoretischen Traktat – die Säulendichte oder andere physikalische Parameter, welche die Wachstumskurve festlegen, nach eigenem Gusto verändern kann. Wesentliche Erkenntnisgewinne über eine Sternatmosphäre lassen sich aber erwarten, wenn man auf eine spezielle Art und Weise gewonnene empirische Wachstumskurven mit theoretischen Wachstumskurven vergleicht. Dazu muss man zu ihrer Konstruktion (möglichst) alle im Sternspektrum nachweisbaren Linien des entsprechenden Elements mit ihrer jeweils spezifischen Halbwertsbreite berücksichtigen.

Die theoretische Berechnung von Wachstumskurven verschiedener Elemente erfordert die genaue Kenntnis entsprechender atomphysikalischer Größen (z. B. f-Werte) und die Berücksichtigung einer Vielzahl weiterer, voneinander abhängiger Größen wie Dämpfungskonstanten (γ), Turbulenzgeschwindigkeiten und Doppler-Profile, die wiederum teilweise von der Temperatur T und dem Gasdruck P_G in der Sternphotosphäre abhängen. Letztere sind erst einmal unbekannt und müssen deshalb in einem konkreten Fall separat ermittelt oder zumindest abgeschätzt werden. Das gelingt mittels der Konstruktion einer sogenannten „empirischen Wachstumskurve" auf der Grundlage der Vermessung eines Sternspektrums. Wie das gemacht wird, soll ohne zu sehr ins Detail zu gehen, kurz erläutert werden. Man trägt dazu als Ordinate den Logarithmus aus Äquivalentbreite dividiert durch die Zentralwellenlänge auf, d. h. lg (W_λ/λ_0). Dadurch wird diese Achse unabhängig von einem konkreten quantenmechanischen Übergang. Als Abszisse wählt man dagegen häufig den Logarithmus aus dem Produkt aus statistischem Gewicht g_i, Oszillatorstärke f_{ik} und der Linienmitte λ_0 (man beachte, dass die Säulendichte $\mathcal{N}$ unbekannt ist). Dabei ist f_{ik} ein Maß für die Wahrscheinlichkeit, dass ein bestimmter Übergang $i \rightarrow k$ stattfindet: Je größer f_{ik} ist, desto häufiger wird der entsprechende Absorptionsvorgang in der Gassäule realisiert. Ist die Anregungsenergie E_{1n} bekannt und gibt es Näherungswerte für die Anregungstemperatur T in der Erzeugungsregion der verwendeten Linien, dann ist es günstig, zur Abszissenskalierung die Größe lg (W_λ/λ_0) $-$ 5040 E_{1n}/T zu verwenden.

Indem man die Messwerte möglichst vieler Linien der Atome/Ionen eines bestimmten Elements in ein derartiges Diagramm einträgt, erhält man schließlich eine empirische Wachstumskurve, die sich mit theoretischen Wachstumskurven vergleichen lässt. Aus solch einem Vergleich lassen sich u. a. die Anteile an der Äquivalentbreite einer Spektrallinie extrahieren, welche zur Druckverbreiterung beitragen (HWHM[11] des Gauß'schen Linienprofils, Dämpfungsteil der Wachstumskurve) bzw. welche Geschwindigkeitseffekte (Rotation, Turbulenz $\rightarrow$ HWHM des Lorentz-Profils) liefern. So verschiebt beispielsweise der Effekt der Mikroturbulenz (der bekanntlich zu der thermischen Geschwindigkeit der Atome addiert werden muss, um deren Gesamtgeschwindigkeit zu erhalten) den Punkt im Diagramm, an dem der lineare Teil der Wachstumskurve in das Plateau übergeht, in Ordinatenrichtung „nach oben". Aber auch die Temperatur T, der Gasdruck P_G und die Schwerebeschleunigung im Bereich der Photosphäre haben Einfluss auf den Verlauf der Wachstumskurven. weshalb sich daraus deren Werte auch im Rahmen einer sogenannten „Grobanalyse" durchaus ermitteln lassen.

Das wichtigste Anwendungsgebiet der Wachstumskurvenmethode ist jedoch die quantitative Bestimmung der chemischen Zusammensetzung der Sternatmosphäre. Dabei wird ausgenutzt, dass die Wachstumskurven verschiedener neutraler Elemente (abgeleitet aus den Linien verschiedener Multipletts) meist so ähnlich sind, dass man sie durch Verschiebung entlang der Abszisse in einem Diagramm zur Deckung bringen kann, wobei sich eine für den jeweiligen Stern (u. a. charakterisiert durch T_{eff} und P) repräsentative Wachstumskurve ergibt. Abb. 3.40 zeigt eine solche „allgemeine Wachstumskurve" für die Sonne ($T = 5800$ K; $P = 0,01$ Pa; Abszisse: $\mathcal{N} =$ Atome/cm^2 (Aller 1991)) Wie man sie zur Ermittlung der Säulendichte eines Elements in der Sonnenphotosphäre nutzen kann, soll nun folgende Beispielrechnung für zwei Natriumlinien im Sonnenspektrum zeigen.

---

[11] HWHM = „Half Width at Half Maximum" – die Hälfte der Halbwertsbreite einer Spektrallinie.

Abb. 3.40 Allgemeine Wachstumskurve für einen Stern wie die Sonne. (Nach Aller (1991))

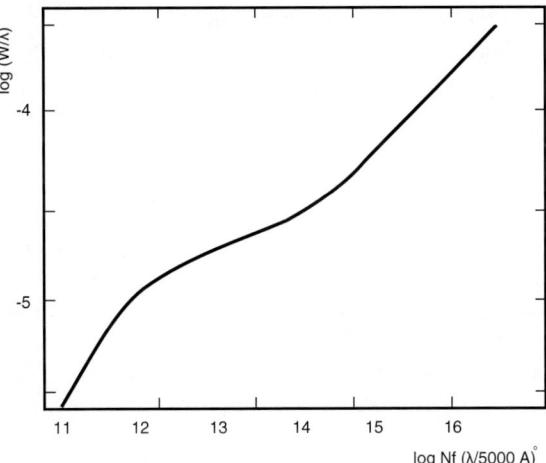

Ausgangsdaten sind die Äquivalentbreiten der Linie $\lambda_1 = 330{,}237$ nm mit $W_{\lambda_1} = 0{,}0087$ nm sowie der Linie (D_2) $\lambda_2 = 589{,}158$ nm mit $W_{\lambda_2} = 0{,}0731$ nm. Die Oszillatorstärken der entsprechenden atomaren Übergänge betragen $f_1 = 0{,}0214$ und $f_2 = 0{,}6405$. Damit ergeben sich die Abszissenwerte $\log(f_1\lambda_1/500) = -1{,}8497$ sowie $\log(f_2\lambda_2/500) = -0{,}1222$. Da beide linienerzeugende Übergänge vom Grundzustand aus erfolgen ($1s^2 2s^2 2p^6 3s$), muss die Säulendichte $\mathcal{N}$ der Na-Atome im Grundzustand auch für beide Linien gleich sein.

Mit $\log W_\lambda$ geht man jetzt in das Diagramm mit der universellen Wachstumskurve von Abb. 3.40 und liest die dazugehörigen Abszissenwerte ab:

λ_1	$\log\left(f_{\lambda_1}\mathcal{N}(\lambda_1/500)\right) = 13{,}20$
λ_2	$\log\left(f_{\lambda_2}\mathcal{N}(\lambda_2/500)\right) = 14{,}80$

Die Säulendichte der absorbierenden Atome ergibt sich schließlich aus den gemessenen Äquivalentbreiten zu

$$\log \mathcal{N} = \log(f_\lambda \mathcal{N}(\lambda/500)) - \log(f_\lambda(\lambda/500)). \tag{3.247}$$

Setzt man hier die zuvor ermittelten Werte ein, dann erhält man folgende Werte:

λ_1	$13{,}20 - (-1{,}85) = 15{,}05$
λ_2	$14{,}80 - (-0{,}12) = 14{,}92$

Also im Mittel $\log \mathcal{N} = 15$, was bedeutet, dass sich in einer „Säule" Sonnenphotosphäre mit dem Querschnitt von 1 cm^2 ca. 10^{15} Natriumatome im Grundzustand befinden. Das ist natürlich noch nicht die gesuchte Gesamtzahl. Um sie zu ermitteln, kann man jetzt sowohl auf die Boltzmann-Formel Gl. 3.215 als auch auf die Saha-Gleichung Gl. 3.237 zurückgreifen.

Da das Verhältnis der statistischen Gewichte der hier betrachteten Übergänge in der Größenordnung 1 liegt, braucht zur Berechnung des Anteils der sich jeweils im angeregten Zustand befindlichen Natriumatome nur der Exponentialfaktor von Gl. 3.215 berücksichtigt zu werden:

$$\exp\left(-\frac{|E_1 - E_n|}{k_B T}\right) = \exp\left(-\frac{hc}{\lambda k_B T}\right)$$

Damit ergibt sich ein Anteil von $\approx 5 \cdot 10^{-4}$ an Atomen, die für die Absorptionsline bei $\lambda_1 = 330,237$ nm und ein Anteil von $\approx 1,5 \cdot 10^{-2}$ an Atomen, die für die Na-Linie D_2 bei $\lambda_2 = 589,158$ verantwortlich zeichnen. Oder, kurz gesagt, Natrium liegt in der Sonnenatmosphäre so gut wie vollständig im Grundzustand vor. Bleibt also nur noch die Frage zu beantworten, wie hoch der Anteil der einfach ionisierten Na-Atome (also von Na II) ist. Um diesen Anteil ausrechnen zu können, müssen die Zustandssummen für Na I und Na II sowie die Ionisationsenergie E_P bekannt sein. In entsprechenden Tabellenwerken findet man dafür: $Z_I = 2,4$, $Z_{II} = 1,0$ und $E_P = 5,14$ eV $(8,235 \cdot 10^{-19}$ J$)$. Mittels der Saha-Gleichung Gl. 3.237 ergibt sich damit unter Verwendung des Elektronendrucks von 0,01 Pa ein Verhältnis $N_{II}/N_I \approx 2,4 \cdot 10^3$. Die integrale Na-Säulendichte beträgt demnach in der solaren Photosphäre $\approx 2 \cdot 10^{18}$ cm^{-2}.

Die Ableitung stellarer Parameter aus der alleinigen Analyse von Wachstumskurven wird gewöhnlich als „Grobanalyse" bezeichnet. Sie erlaubt zwar einen ersten Überblick über den physikalischen Zustand der Sternatmosphäre. Für detailliertere Untersuchungen ist sie jedoch weniger geeignet oder höchstens als „Einstieg" brauchbar. Deshalb folgt gewöhnlich auf die „Grobanalyse" noch eine „Feinanalyse". Bei ihr kommt es besonders auf ein gutes Zusammenspiel zwischen theoretischer Modellierung der Sternatmosphäre (Eingabeparameter können hier durchaus die aus einer Grobanalyse eines Spektrums gewonnenen Näherungen für T, P, chemische Zusammensetzung, Turbulenzanteile etc. sein) und dem Vergleich der sich daraus ergebenden Werte mit den aus der Vermessung eines entsprechenden Spektrums erhaltenen Werten an. Das Prinzip besteht im Wesentlichen darin, dass man über einen iterativen Vorgang, bei dem immer bessere Modellatmosphären berechnet werden, theoretische Äquivalentbreiten ausgewählter Spektrallinien berechnet, die sich mit den Linienbreiten (bzw. Linienprofilen) im ursprünglichen Spektrum vergleichen lassen. Aus den Abweichungen zwischen Beobachtung und Rechnung in den einzelnen Iterationsschritten ergeben sich Korrekturen, die zur Verbesserung des Atmosphärenmodells verwendet werden. Aus dieser hier nur verkürzt wiedergegebenen Verfahrensweise wurde die moderne Methode der synthetischen Spektren entwickelt, über die in Abschn. 3.3.2 noch detaillierter berichtet wird.

Mittels der Methode der Grob- und Feinanalyse konnte erstmalig die kosmologisch und kosmogonisch wichtige Häufigkeitsverteilung der Elemente in der Sonne und bei einigen ausgewählten Sternen (der „Klassiker" ist hier der B0-Stern τ Sco) bestimmt werden. In diesem Zusammenhang sind insbesondere die bahnbrechenden Arbeiten der Kieler Schule unter Albrecht Unsöld in den 1930er- und 1940er-Jahren zu erwähnen.

Ein besonders bemerkenswertes Ergebnis der quantitativen Spektralanalyse war auch der Nachweis eines systematischen Defizits an „Metallen" in den Spektren von Population - II-Sternen, welches sich – wie schnell herausgefunden wurde – kosmologisch mit einem sehr hohen Alter der Mitgliedssterne begründen lässt.

3.3.2 Synthetische Spektren

Ein großes Problem bei der Auswertung linienreicher Sternspektren stellen die sogenannten *Blends* dar. Sie entstehen, wenn nahe beieinander liegende Linien vom verwendeten Spektrografen nicht mehr aufgelöst werden können und dadurch im Spektrum als eine (und meist deformierte) Linie erscheinen, oder wenn die Linienflügel einer Spektrallinie durch benachbarte Linien beeinflusst werden. In beiden genannten Fällen ist eine genaue Messung der Äquivalenzbreiten mit Schwierigkeiten verbunden, wenn nicht ganz unmöglich. Um dieses Problem abzuschwächen oder zu umgehen, wurde in den 1960er-Jahren die Methode der „Spektralsynthese" entwickelt. Das dieser Methode zugrunde liegende Prinzip lässt sich etwa folgendermaßen beschreiben: Im Rahmen eines Photosphärenmodells werden für einen vorgegebenen Spektralbereich mithilfe eines Programms zur Spektralsynthese die Linienabsorptionskoeffizienten für alle interessierenden Elemente und deren quantenmechanische Übergänge (sofern deren atomphysikalische Daten vorliegen) berechnet. Wenn man sie quasi „zusammenaddiert" und daraus den zu erwartenden spektralen Strahlungsfluss als Funktion der Wellenlänge bestimmt, erhält man ein sogenanntes „synthetisches Spektrum" des entsprechenden Photosphärenmodells. Dieses lässt sich dann mit dem Apparateprofil eines Spektrografen gegebener Auflösung „falten" (was einer „Verschmierung" der Details des künstlichen Spektrums entspricht), wodurch sich ein Spektrum ergibt, das direkt mit einem realen Sternspektrum verglichen werden kann.

Dreh- und Angelpunkt dieses Verfahrens ist eine möglichst genaue und physikalisch stimmige Modellierung einer Sternatmosphäre. Die Anfänge entsprechender Bemühungen reichen bis in die 1940er-Jahre zurück. Diese litten jedoch u. a. unter der damals noch nicht vorhandenen, aber für umfangreiche numerische Berechnungen notwendigen Rechentechnik. Ab den 1970er-Jahren begann die Entwicklung des sogenannten ATLAS-Codes durch Robert Kurucz vom Smithsonian Astrophysical Observatory, der mittlerweile als ATLAS 9 und ATLAS12 frei im Internet verfügbar vorliegt. Er berechnet planparallele Sternatmosphären im lokalen thermodynamischen Gleichgewicht und ermöglicht die Ableitung entsprechender synthetischer Spektren. Er ist mittlerweile auch in einer Variante namens SATLAS verfügbar, die eine für Sterne realistischere sphärische Geometrie zugrunde legt (Lester und Neilson 2008).

Ein weiteres Programmpaket mit ähnlicher Aufgabenstellung ist beispielsweise PHOENIX, das von Peter Hauschildt und seinen Mitarbeitern von der Hamburger

Sternwarte auf der Grundlage eines älteren Codes (SNIRIS) seit 1992 kontinuierlich verbessert und weiterentwickelt wurde. Ebenfalls etwa zeitgleich entstand das vier-parametrigen Atmosphärenmodell MARCS (Model Atmospheres in Radiation and Convective Scheme) von Bengt Gustafsson und Roger Bell. Darüber hinaus gibt es noch eine ganze Reihe weiterer Programmcodes, die teilweise zur Modellierung spezieller Sterntypen entwickelt wurden. Als Beispiel sei hier nur das Programmpaket PoWR genannt, das ab 1990 an der Universität Potsdam unter Leitung von Wolf-Rainer Hamann entstanden ist und insbesondere zur Simulation der Atmosphären von Wolf-Rayet-Sternen mit ihren extrem starken Sternwinden und expandierenden Hüllen dient.

Ein modernes numerisches Atmosphärenmodell verwendet i. d. R. nur einige wenige fundamentale Sternparameter als Ausgangsgrößen, wie die effektive Temperatur T_{eff}, den Logarithmus der Schwerebeschleunigung an der Sternoberfläche log g, Mikroturbulenzgeschwindigkeiten v_{mt} und die chemische Zusammensetzung der stellaren Materie [X/H]. Es liefert damit die Eingabeparameter für weitaus komplexere Programmpakete, die in der Lage sind, unter den Modellbedingungen für eine Vielzahl von atomaren Übergängen die Strahlungstransportgleichung numerisch zu lösen (Programme zur Spektralsynthese, z. B. SYNSPEC). Ein modernes Programm zur Berechnung synthetischer Spektren berücksichtigt beispielsweise 26 chemische Elemente, über 150 Ionisationszustände sowie bis zu 100.000 Energieniveaus und vermag auf dieser Grundlage die Absorptionskoeffizienten von einigen Millionen gg-Übergängen zu berechnen. Dabei ist zu beachten, dass solche Programme einer kontinuierlichen Weiterentwicklung unterliegen und ihr Einsatz sich mittlerweile nicht mehr nur auf „klassische" Sterne beschränkt. Weitere Anwendungsgebiete umfassen beispielsweise die Modellierung von Supernovaausbrüchen, von Akkretionsscheiben (z. B. bei bestimmten Typen kataklysmischer Veränderlicher), von protoplanetaren Scheiben bis hin zur Berechnung integraler Spektren ganzer Galaxien unterschiedlicher Populationszusammensetzung. Die Genauigkeit solcher Modelle hängt dabei entscheidend von der Qualität der in sie eingehenden atomphysikalischen Parameter ab. Sie werden deshalb in großen Datenbanken (beispielsweise VALD, Vienna Atomic Line Database, http://vald.astro.uu.se) akribisch gesammelt und gepflegt und sind über das Internet für jeden Interessenten verfügbar.

Wie Abb. 3.41 zeigt, können synthetische Spektren die Spektren realer Sterne natürlich nicht perfekt reproduzieren, obwohl die erzielten Genauigkeiten wirklich bemerkenswert sind. Das ist, wie auch leicht einzusehen, den unausweichlichen Vereinfachungen geschuldet, die überhaupt erst die Modellierung der komplexen Vorgänge in Sternatmosphären ermöglichen. Sie bieten jedoch auch Potenzial für stetige Verbesserungen, wie zum Beispiel den Übergang von einem „planparallelen Atmosphärenmodell" zu einem „sphärischen Atmosphärenmodell", die Berücksichtigung von non-LTE (nicht im lokalen thermodynamischen Gleichgewicht) anstelle von LTE (lokales thermodynamisches Gleichgewicht) bis hin zu 3-D-Modellierungen, die hydrodynamischer Strömungsvorgänge wie Konvektion und Sternwinde berücksichtigen. Dabei ist der Vergleich der Modelle mit realen Referenzsternen unumgänglich, um systematisch die Modellparameter und die

3.4 Photosphärenmodelle

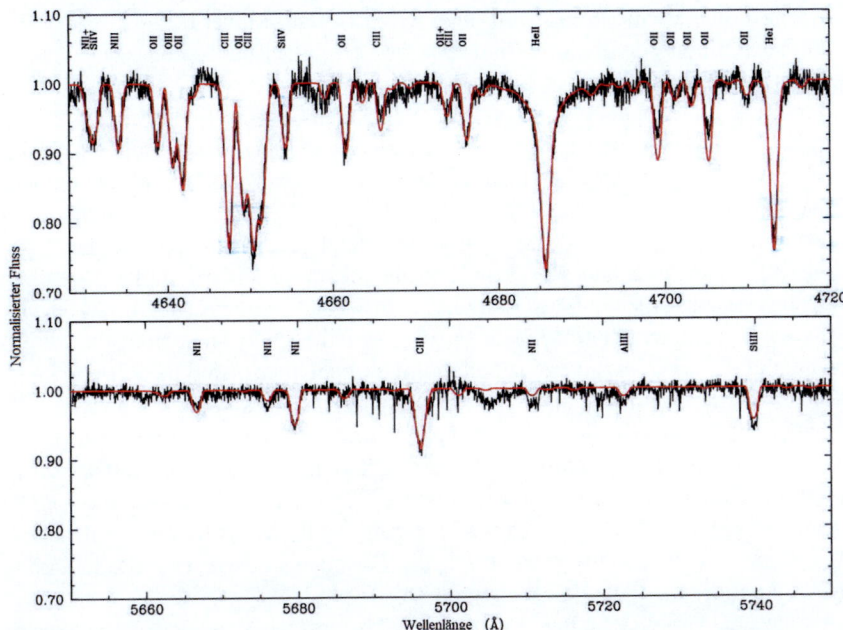

Abb. 3.41 Vergleich zwischen einem realen Spektrum des Sterns HD 207538 mit einem berechneten synthetischen Spektrum. (Catanzaro et al. 2003)

Algorithmen zu verbessern. Ziel ist es dabei immer, ein Atmosphärenmodell zu berechnen, das das beobachtete Spektrum möglichst optimal reproduziert. Nur daraus ergeben sich tiefe Einsichten in die Physik der einzigen für uns wirklich sichtbaren Bereiche eines Sterns.

3.4 Photosphärenmodelle

Die Atmosphäre eines Sterns stellt die Grenze zwischen dem Sterninneren und dem interstellaren Medium dar. Sie besteht natürlich nicht nur aus der Schicht, die man als Photosphäre bezeichnet, und in der das stellare Plasma quasi für sichtbares Licht immer durchlässiger wird. Ihr folgt bei relativ kühlen Sternen – wir wollen uns hier als Beispiel auf die Sonne beziehen – im Anschluss an eine ca. 500 km mächtige Übergangszone die Chromosphäre. In ihr erhöht sich die Temperatur aus einem Temperaturminimum von ≈ 4.400 K heraus über eine Strecke von rund 10.000 km auf zunächst ≈ 10.000 K, um dann in der Übergangsregion zur Korona auf mehrere 100.000 K anzusteigen. Dieser enorme Temperaturanstieg ist mit einer rapiden Abnahme der Gasdichte von ca. 10^{-5} kg/m^3 an der Photosphärenobergrenze auf etwa 10^{-8} kg/m^3 in der Grenzregion zur Korona verbunden. Die damit einhergehenden Ionisations- und Anregungsbedingungen führen dazu, dass die Energieabstrahlung in der solaren Chromosphäre bevorzugt in einzelnen Emissionslinien erfolgt, von denen insbesondere die Wasserstofflinien Lyman-α und Balmer-α, die D_3-Linie des neutralen Heliums sowie die H- und K-Linie des einfach ionisierten Kalziums als Beispiele explizit erwähnt werden sollen.

An die Chromosphäre schließt sich, wie bereits erwähnt, die aus mehreren Komponenten bestehende und in stetiger Expansion begriffene Korona an. In ihr erhöhen sich die Temperaturen noch einmal um eine Größenordnung auf nunmehr einige 10^6 K.

Besonders bei sehr heißen Sternen – beginnend bei mittleren A-Sternen – geraten Chromosphären und Koronen zunehmend in den Hintergrund und werden durch Masseabströme in Form starker „Sternwinde" ersetzt. Hier reicht es gewöhnlich aus, die Sternatmosphäre in zwei grundlegende Schichten, die Photosphäre und den „Sternwind", einzuteilen. Im Vergleich dazu sind die „Sternwinde" kühlerer Sterne (dazu zählt auch der „Sonnenwind") ausgesprochen schwach.

Die Beobachtung heißer Chromosphären und stellarer Koronen ist in erster Linie eine Domäne der satellitengestützten UV-Astronomie, da sie mit irdischen Teleskopen nur schwer beobachtbar sind. Ihre Erforschung hat sich mittlerweile zu einem fast eigenständigen Forschungszweig der stellaren Astronomie entwickelt. Insbesondere auch deshalb, weil gerade die Übergangsregion eines Sterns in den interstellaren Raum noch viele Geheimnisse birgt.

In diesem Abschnitt sollen jedoch die Chromosphäre und die Korona eines Sterns genauso wie die als stellare Winde benannten Materieabflüsse unberücksichtigt bleiben und das Hauptaugenmerk auf die Stern-Photosphäre gelegt werden. Denn gerade diese im Vergleich zum Sternradius äußerst dünne Schicht ist die Region eines Sterns, aus der die meisten beobachtbaren Spektralmerkmale stammen. Aus deren Analyse lassen sich bekanntlich die wichtigsten Basisparameter eines Sterns ableiten, die wiederum für eine Theorie bzw. für die Überprüfung einer Theorie des Sternaufbaus und der Sternentwicklung essenziell sind. Vereinfachend kommt hinzu, dass sich eine Photosphäre weitgehend als statisch ansehen lässt, da in ihr die Bedingungen des hydrostatischen Gleichgewichts mit sehr hoher Genauigkeit erfüllt sind.

Im Folgenden sollen nun die grundlegenden Naturgesetze und Prozesse vorgestellt werden, die – abseits der eigentlichen Spektrenbildung – im Wesentlichen die Physik und Dynamik einer Stern-Photosphäre festlegen und die es mathematisch zu modellieren gilt. Für tiefergehende Studien sei in diesem Zusammenhang auf die bekannten Lehrwerke von Gray (2005) sowie von Hubeny und Mihalas (2015) verwiesen.

3.4.1 Grundlegende Physik einer Sternphotosphäre

Der Übergang om Sterninneren in die Sternatmosphäre erfolgt fließend. Die Untergrenze der Schicht, die man als Photosphäre bezeichnet, wird deshalb auch eher pragmatisch als physikalisch festgelegt. Danach ist der Sternradius genau der Radius, bei dem – von außen betrachtet – die optische Tiefe τ_ν in radialer Richtung den Wert 2/3 annimmt. Gleichzeitig legt dieser Radius die Untergrenze der Photosphäre fest. Das Problematische ist hier nur, dass nach dieser Definition aufgrund der Frequenzabhängigkeit der optischen Tiefe auch die räumliche Lage dieser Untergrenze mehr oder weniger stark von der Beobachtungswellenlänge abhängt. Aber zumindest bei Hauptreihensternen kann man im optischen Spektralbereich diesen Effekt weitgehend vernachlässigen, da er sich beobachtungstechnisch nicht auflösen lässt. Das gilt jedoch nicht für Überriesen, bei denen sich die Sternradien je nachdem, ob man sie im optischen oder im infraroten Spektralbereich gemäß der obigen Definition bestimmt, durchaus messbar unterscheiden können. Einen besonderen Fall stellen die Wolf-Rayet-Sterne und die LBV's (Luminous Blue Variable) dar, bei denen aufgrund der speziellen physikalischen Beschaffenheit der äußeren Sternhülle (hier werden extrem starke Sternwinde generiert) sogar $\tau = 2/3$ zur Festlegung der Photosphärenuntergrenze problematisch ist.

Die Obergrenze der Photosphäre wird bei „kühlen" Sternen, d. h. bei Sternen, die in der Lage sind, eine Chromosphäre auszubilden, durch ein Temperaturminimum in der radialen Temperaturverteilung festgelegt, oberhalb dessen die Temperatur wieder zunimmt. Im Fall der Sonne beträgt dieses Temperaturminimum ≈ 4400 K im Vergleich zu der bei einer optischen Tiefe von 2/3 realisierten effektiven Temperatur von 5778 K. Bei sehr heißen Sternen (beginnend bei $T_{eff} \approx 8000$ K) wird dagegen die Photosphärenobergrenze durch die Bedingung, dass die Ausströmgeschwindigkeit des Sternwindes die lokale Schallgeschwindigkeit des stellaren Plasmas überschreitet, festgelegt.

Als (grobe) Daumenregel kann man sich merken, dass die Mächtigkeit der Photosphäre eines Sterns ungefähr 1/1000 des Sternradius entspricht. Bei der Sonne rechnet man meist mit einem Wert von 300 km bis 400 km, manchmal auch bis 600 km.

Eine Stern-Photosphäre lässt sich durch relativ wenige physikalische Größen – manche von ihnen als Funktion der optischen bzw. geometrischen Tiefe – beschreiben. Diese Größen sind die Temperatur T, der Druck P in Form des Gasdrucks (Summe aus Ionen- und Elektronendruck) und Strahlungsdrucks, die Schwerebeschleunigung g sowie die chemische Zusammensetzung [X/H].. Dazu kommen eventuell weitere Parameter, die beispielsweise zur Beschreibung turbulenter und konvektiver Strömungen, von Magnetfeldern und stellarer Winde notwendig sind. Der Energiedurchsatz (d. h. die Energiemenge, die pro Zeiteinheit durch die Photosphäre „fließt" und dann in den kosmischen Raum abgestrahlt wird) ist durch die Leuchtkraft L des Sterns gegeben.

3.4.1.1 Hydrostatische Schichtung der Photosphäre

Wie in jedem Punkt innerhalb eines Sterns muss im statischen Fall die nach innen gerichtete Gravitationskraft (ausgedrückt durch die Schwerebeschleunigung g) durch eine entsprechende Druckkraft P ausgeglichen werden. Diese Bedingung führt zum Begriff des hydrostatischen Gleichgewichts. Da sich die Photosphäre nur über einen kleinen Teil des Sternradius erstreckt, kann man in ihr ohne einen größeren Fehler zu begehen, die Schwerebeschleunigung als konstant ansehen. Damit ergibt sich für einen sphärisch-symmetrischen Stern wegen $R(Photosphäre) \approx R^*$ mit der Massedichte ρ folgende Beziehung:

$$\frac{dP}{dR} = -\rho g \qquad (3.248)$$

Der Druck des Photosphärenplasmas setzt sich dabei additiv aus dem Gasdruck P_G (Summe aus Ionendruck P_I und Elektronendruck P_e) und dem Strahlungsdruck P_{rad} zusammen.

Die für eine Sternatmosphäre grundlegende Bedingung des hydrostatischen Gleichgewichts lässt sich wegen Gl. 3.154 und 3.155 auch mit der optischen Tiefe als radiale Koordinate ausdrücken:

$$\frac{dP}{d\tau_\nu} = \frac{g}{\kappa_\nu} \qquad (3.249)$$

Um diese Gleichung integrieren zu können, benötigt man weitere Informationen, insbesondere über den realen Temperaturverlauf innerhalb einer Sternatmosphäre.

Tab. 3.10 listet einige typische Werte für den Gas- und Strahlungsdruck innerhalb einer Photosphäre für Hauptreihensterne in Abhängigkeit des Spektraltyps auf.

3.4.1.2 Oberflächengravitation und Skalenhöhe

Die geometrische Ausdehnung einer Sternatmosphäre hängt von der Schwerebeschleunigung g an der Sternoberfläche

$$g = \frac{GM}{R^2} \qquad (3.250)$$

und von der Opazität der Sternmaterie ab. Zur Charakterisierung ihrer „Mächtigkeit" hat sich der Begriff der „Skalenhöhe" eingebürgert. Sie gibt an, über welche Höhe H der Gasdruck in einer als weitgehend isotherm angenommenen Atmosphäre um den Faktor $1/e$ absinkt. Sie ist also genau genommen ein Maß dafür, wie schnell die Druck- und Dichteabnahme mit der Höhe erfolgt:

$$H = \frac{k_B T_{\text{eff}}}{\mu g} \qquad (3.251)$$

mit μ als mittlere Molekülmasse der Sternmaterie. Für einen typischen Hauptreihenstern wie die Sonne ($T_{\text{eff}} = 5778$ K, $\mu \approx 0{,}6$) ergibt sich beispielsweise eine Skalenhöhe von ≈ 270 km.

Tab. 3.10 Typische Gas- und Strahlungsdrücke in der Photosphäre von Hauptreihensternen

Spektraltyp	T_{eff} [K]	P_G [Pa]	P_{rad} [Pa]
B0	20.000	500	40
B3	16.000	300	16
B8	12.000	300	5
A6	8000	1000	1
K5	4000	10.000	0,06

3.4.1.3 Strahlungsgleichgewicht und Strahlungstransport

Die Energie, die tief im Inneren eines Sterns durch thermonukleare Reaktionen freigesetzt wird, muss mit der gleichen Rate durch die Photosphäre „fließen" und an deren Obergrenze in den kosmischen Raum abgestrahlt werden. Dabei darf innerhalb der Photosphäre weder Energie verlorengehen noch Energie erzeugt werden – oder anders ausgedrückt: Eine stellare Atmosphäre darf im Zustand des Strahlungsgleichgewichts (d. h., der Energietransport erfolgt ausschließlich durch Strahlung) diesbezüglich weder Quellen noch „Senken" enthalten. Das gebietet der Energieerhaltungssatz. Formal bedeutet das, dass die Divergenz des Strahlungsflusses $F_{rad} = \pi I$ (Gl. 2.48) in jedem Punkt R der Photosphäre verschwinden muss:

$$\nabla F_{\rm rad} = 0, \tag{3.252}$$

Daraus folgt sofort mit Gl. 2.48

$$F_{\rm rad} = {\rm const.} = \sigma T_{\it eff}^4 \tag{3.253}$$

Diese Größe nennt man „Flusskonstante". Sie macht die effektive Temperatur zu einem ganz wesentlichen Parameter eines Photosphärenmodells.

Der „Transport" der Strahlung (den man sich wie einen Diffusionsvorgang vorstellen kann) durch die Sternatmosphäre wird durch die Strahlungstransportgleichung Gl. 3.162 beschrieben. Für ihre Lösung wurde im Zusammenhang mit der Modellierung von Sternatmosphären eine Vielzahl numerischer Verfahren entwickelt, bei denen es auf hohe Effektivität, Stabilität und Genauigkeit ankommt, da diese Punkte ganz wesentlich den mathematischen Aufwand und damit die Rechenzeit bestimmen. Eine häufig verwendete Methode, die sich programmtechnisch recht gut handhaben lässt, ist die sogenannte Feautrier-Methode (Avrett et al. 1964), die mittlerweile modernisiert und erweitert wurde.

3.4.1.4 Konvektiver Energietransport

Sterne, deren effektive Temperatur einen Wert von ungefähr 8000 K unterschreitet, bilden in ihren Photosphären Konvektionszellen aus (man denke an die Granulation der Sonnenoberfläche). Darunter versteht man nichtstationäre Transportvorgänge, bei denen quasi „Plasmablasen" höherer Temperatur (= geringerer Dichte) aufsteigen, um nach Wärmeabgabe wieder abzusinken. Dieser durch thermisch bedingte Dichteunterschiede induzierte Vorgang setzt ein, sobald das sogenannte „Schwarzschild-Kriterium" erfüllt ist (s. Abschn. 4.3.3):

$$\left(\frac{d\ln T}{d\ln P}\right)_{\rm Rad} > \left(\frac{d\ln T}{d\ln P}\right)_{\rm Ad} \tag{3.254}$$

Die linke Seite dieser Ungleichung stellt dabei den logarithmischen Temperaturgradienten in Bezug auf den Gesamtdruck P unter der Annahme des Strahlungsgleichgewichts dar, während die rechte Seite der relativ einfach zu berechnende „adiabatische Temperaturgradient" ist. Um konvektive Vorgänge adäquat beschreiben zu können, benötigt man explizit einen auf einer entsprechenden Theorie beruhenden Formalismus. Am häufigsten kommt dabei der sogenannte *mixing-length*-Formalismus zum Einsatz. Gelingt es damit, den durch Konvektion bedingten Anteil am Energiefluss durch die Photosphäre zu ermitteln, dann lassen sich auch in solchen Fällen, wegen

$$F_{\text{rad}} + F_{\text{conv}} = \sigma T_{\text{eff}}^4 \qquad (3.255)$$

unter expliziter Vernachlässigung von Strömungsvorgängen statische Photosphärenmodelle entwickeln, ohne dass man dabei auf Details des konvektiven Wärmetransports eingehen muss.

Eine elementare Einführung in die Mischlängentheorie finden Sie z. B. in Böhm-Vitense (1989a).

3.4.1.5 Chemische Zusammensetzung

Eine Sternphotosphäre ist genau genommen nichts weiter als ein Plasma, bestehend aus einer Vielzahl von Atomen und Ionen verschiedenster Elemente, freien Elektronen und – wenn die Temperatur nicht zu hoch ist – aus einfachen und besonders stabilen Molekülen (insbesondere Metalloxiden) sowie Staubaggregationen. Beim Übergang zu besonders massearmen subsolaren Objekten (Braune Zwerge) werden die Bedingungen zur Bildung von Molekülen immer besser, während Ionen immer seltener werden. Solange ein Stern nicht tiefgreifende Konvektionszonen ausbilden kann (Stichwort: *dredge-up*), spiegelt dieses Plasma in seiner stofflichen Zusammensetzung ziemlich genau die chemische Beschaffenheit der Gas- und Staubwolke wider, aus der er entstanden ist (ausgedrückt durch die jeweiligen stellaren Elementhäufigkeiten). Man kann deshalb durch deren Studium wertvolle Erkenntnisse über den kosmischen Materiekreislauf gewinnen.

Bei der Modellierung von Sternatmosphären lässt sich die chemische Zusammensetzung gewöhnlich gemittelt über die Gasdichte berücksichtigen (man unterscheidet hier nur zwischen dem Wasserstoff- und Heliumanteil X und Y sowie dem „Rest" Z, der in der Astronomie bekanntlich unter dem Begriff der „Metalle" subsummiert wird, wobei $X+Y+Z=1$ gilt). Erst wenn es darauf ankommt, synthetische Spektren zu berechnen, wird die konkrete Zusammensetzung je nach Detaillierungsgrad der entsprechenden Codes äußerst wichtig, geht doch für jedes Element eine große Zahl von atomphysikalischen Parametern in die Rechnung ein, die alle als Ausgangsdaten mit einer entsprechenden Genauigkeit bereitgestellt werden müssen. Das betrifft u. a. Linienabsorptionskoeffizienten, Oszillatorstärken, Ionisationsenergien und Energiedifferenzen zwischen verschiedenen Energieniveaus (Stichwort: Grotrian-Diagramm).

Eine weitere Bedingung, die bei jedem Stern (und damit auch von jedem Sternmodell) erfüllt sein muss, besteht in der Forderung nach elektrischer Neutralität. Sie lässt sich formal durch folgende Gleichung ausdrücken:

$$\sum_i n_i Z_i - n_e = 0 \qquad (3.256)$$

3.4 Photosphärenmodelle

wobei Z_i die Ladung ist, die mit dem Niveau i derartig verbunden ist, dass für ein neutrales Atom $Z = 0$, für ein einfach ionisiertes Atom $Z = 1$ etc. gilt, wobei sich die Summation über alle möglichen Ionen aller in der Sternmaterie enthaltenen Elemente erstreckt. n_e legt dann die Elektronenzahldichte der freien Elektronen im stellaren Plasma (und damit explizit auch den Elektronendruck P_e) fest.

3.4.1.6 Geometrie

Reale Sternatmosphären sind vom Standpunkt der Geometrie aus gesehen äußerst dünne Kugelschalen, deren Radius mit dem Sternradius vergleichbar ist. Da außerdem ihre Mächtigkeit nur rund 1/1000 des Sternradius beträgt, ist ihre Krümmung für viele Aufgabenstellungen vernachlässigbar. Das bedeutet, dass man sie in einem Modell am einfachsten als eine planparallele Schicht behandelt, deren vertikale Ausdehnung in der Größenordnung der Skalenhöhe Gl. 3.251 der Sternphotosphäre liegt. Der Vorteil eines solchen Modells liegt darin begründet, dass sich darin alle für die Modellierung wesentlichen physikalischen Größen als Funktionen nur einer Raumkoordinate (z oder τ) aufschreiben lassen, was die Modellrechnungen natürlich enorm vereinfacht. Man spricht deshalb hier auch von sogenannten „1-D-Modellen". Bei ihnen werden i. d. R. Feinstrukturen, die beispielsweise durch konvektive Prozesse bedingt sind (man denke hier nur an die solare Granulation), ausgemittelt oder, wie Sternflecke, gar nicht erst berücksichtigt. Diese Modelleigenschaft lässt sich unter dem Begriff der „Homogenität" zusammenfassen. Es gibt aber auch eine Homogenität in zeitlicher Dimension. Sie besagt, dass sich die Eigenschaften einer Sternatmosphäre innerhalb menschlicher Zeitskalen (gewöhnlich) nicht verändern. Sternatmosphären verhalten sich in dieser Hinsicht weitgehend stationär. Das schließt die Einbeziehung von stark zeitabhängigen Vorgängen wie Pulsationen, starker magnetischer Aktivität, Explosionen (Supernovae!) sowie Masseabflüsse durch Sternwinde in derartigen 1-D-Modellen (weitgehend) aus. Ihren eigentlichen Zweck – die Berechnung synthetischer Spektren „gewöhnlicher" Sterne erfüllen sie dagegen außergewöhnlich gut. Zu diesem Typ von numerischen Photosphärenmodellen gehören u. a. PHOENIX, MARCS (besonders für späte Spektraltypen) und ATLAS (für frühe Spektraltypen).

Nun ist es aber so, dass reale Sterne weder eindimensional noch homogen noch stationär sind. Möchte man also dynamische Vorgänge in Sternatmosphären modellieren, so muss man die Zahl der räumlichen Dimensionen auf 2 (2-D-Modelle, z. B. zur Berücksichtigung der Krümmung eines Sterns – besonders wichtig bei Sternen, bei denen die Atmosphärenmächtigkeit mit dem Sternradius vergleichbar wird) bzw. auf 3 erhöhen (3-D-Modelle) und auch die Zeit mit einbeziehen. 3-D-Modelle gelten mittlerweile als *state of the art*. Ihre Programmierung ist bei Weitem aufwendiger als die von 1-D-Modellen. Dafür können in ihnen hochdynamische Bewegungsvorgänge wie beispielsweise Konvektionsströmungen, die sich an der Sternoberfläche in Granulationszellen äußern, unter vielerlei Randbedingungen verfolgt werden. Indem man innerhalb derartiger Modelle die magnetohydrodynamischen Grundgleichungen numerisch löst, lassen sich auch Magnetfelder und ihre Wirkungen auf die photosphärischen Plasmaströmungen modellieren. Derartige Modellrechnungen werden besonders gern in der Sonnenforschung eingesetzt, da hier ein direkter Vergleich mit räumlich hochauflösenden Sonnenbeobachtungen möglich ist, von dem die normalen „Sternphysiker" nur träumen können.

Die „Geometrie" eines Modellsterns ist immer in ein „Rechengitter" – dem „grid" – eingebettet. Es gibt die „Punkte" vor, für die durch numerische Lösung der Grundgleichungen des Modells (i. d. R. in Differenzengleichungen umgeschriebene Differenzialgleichungen) die interessierenden physikalischen Größen berechnet werden. Es kann sich dabei um „Rechengitter" mit räumlich äquidistanten Abständen, aber auch um Rechengitter handeln, bei denen in bestimmten Bereichen (die man vielleicht höher auflösen möchte) die Gitterpunkte dichter beieinander stehen. Man spricht hier von sogenannten „adaptiven Gittern". Wie man in einem konkreten Modell solch ein *grid* gestaltet, hängt von verschiedenen Aspekten ab, bei denen die räumliche Auflösung nur einen Gesichtspunkt unter vielen darstellt. Größere Gitter erfordern beispielsweise mehr Rechenzeit für einen Iterationsschritt, was wiederum ein Kostenfaktor sein kann, wenn man für die Modellläufe auf teure Rechentechnik angewiesen ist.

Im Fall von 3-D-Modellen unterscheidet man Modelle, die nur einen kleinen Ausschnitt einer Sternatmosphäre simulieren, – z. B. um kleinskalige atmosphärische Strömungen zu untersuchen, – sowie Modelle, die den gesamten Stern in ein Rechengitter einbetten (sogenannte *star in a box*-Modelle. Ein Code, der beide Verfahrensweisen beherrscht, ist der von B. Freytag und M. Steffen entwickelte CO^{5}BOLD-Code (steht für „COnservative COde for the COmputation of COmpressible COnvection in a BOx of L Dimensions", L = 2,3) (Freytag et al. 2002).

3.4.1.7 LTE und non-LTE –Modelle

Die Bedingung des lokalen thermodynamischen Gleichgewichts, wie sie in Abschn. 3.2.1 eingeführt wurde, vereinfacht die mathematische Modellierung stellarer Photosphären. Deshalb ist auch ein Großteil der historisch entstandenen Codes wie Kurucz's ATLAS, Gustafsson's MARCS und PHOENIX unter dieser Prämisse entwickelt worden. Mit ihrer Hilfe und entsprechenden Programmen zur Spektralsynthese konnten mittlerweile große Sammlungen synthetischer Spektren berechnet werden, welche beträchtliche Bereiche stellarer Parameter (T_{eff}, $\log g$, Metallizität) überdecken (s. z. B. Husser et al. 2013) in Bezug auf PHOENIX).

Nachdem Ende der 1960er- und Anfang der 1970er-Jahre die theoretischen Grundlagen unter den für Sterne realistischeren Bedingungen eines nichtlokalen thermodynamischen Gleichgewichts entwickelt worden waren (Auer und Mihalas 1969), kamen – als nicht unerhebliche Probleme in Bezug auf die eingesetzten numerischen Verfahren gelöst waren – Anfang der 1980er-Jahre die ersten non-LTE-Codes zum Einsatz. Dabei hat man sich anfänglich auf sehr heiße Sterne konzentriert (Spektraltyp B und O), bei denen die Abweichungen zwischen der Berechnung auf der Basis von LTE) und den beobachteten Spektren

Tab. 3.11 Gültigkeitsbereiche in Bezug auf die Forderung nach einem lokalen thermodynamischen Gleichgewicht (LTE)

LTE	LTE (fraglich)	Non-LTE
Sternatmosphären mit Partikeldichten zwischen 10^{19} und 10^{22} m^{-3} bei Temperaturen bis ≈ 25.000 K Sterninneres	Atmosphären von Überriesen mit Partikeldichten zwischen 10^{16} und 10^{19} m^{-3}	Chromosphäre, Korona Stellare Winde ISM

besonders auffällig sind.[12] Später wurden die Modelle weiterentwickelt und ihre Resultate in Form entsprechender Archive im Internet veröffentlicht. Als ein Beispiel sei hier das Projekt des „virtuellen Observatoriums" genannt, über das mit dem Programmpaket TMAP (Tübinger NLTE Model Atmosphere Package) gerechnete Photosphärenmodelle heißer kompakter Sterne (d. h. in erster Linie Weißer Zwerge) zugänglich sind. Weitere erwähnenswerte Archive sind OSTAR2002 für O-Sterne und BSTAR2006 für frühe B-Sterne. (Näheres siehe http://nova.astro.umd.edu/) (Tab. 3.11).

3.4.2 Modellatmosphären und Bestimmung der fundamentalen Sternparameter

Ein Stern lässt sich erstaunlicherweise bereits durch einen relativ kleinen Satz von Parametern relativ umfassend charakterisieren. Diese Parameter sind seine Masse M^*, der Radius R^*, die Leuchtkraft L^*, die Rotationsgeschwindigkeit $v^*_{rot} \sin i$ und die chemische Zusammensetzung in Form einer „Elementetabelle" mit der Häufigkeit der jeweiligen Atome in Bezug auf den Wasserstoff oder auf die Gesamtzahl N_{total} aller Atome (d. h. N_i/N_{total}). Manchmal wird zu diesem Satz auch noch die Entfernung r^* gerechnet, ohne deren Kenntnis es schwierig ist, die ersten drei Parameter für einen individuellen Stern anzugeben. Größen, die sich direkt aus Beobachtungen ableiten lassen (zum Teil sogar nach verschiedenen Verfahren), sind die effektive Temperatur T_{eff}, die Gravitationsbeschleunigung an der Sternoberfläche g, die absolute bolometrische Helligkeit m_{bol} als Maß für die Leuchtkraft L^* (vorausgesetzt, die Entfernung r^* ist mit genügender Genauigkeit bekannt) – und die chemische Zusammensetzung mittels quantitativer Spektralanalyse.

In den letzten Jahrzehnten wurden mithilfe von astrometrischen Satelliten (gegenwärtig Gaia) von sehr vielen Sternen die Parallaxe und damit die Entfernung mit davor nie dagewesener Genauigkeit bestimmt. Das ermöglicht mittels einfacher Fotometrie die Ermittlung der absoluten bolometrischen Helligkeit und

---

[12] Eine detaillierte Einführung in die Problematik von non-LTE und ihre Realisierung in stellaren Photosphärenmodellen inklusive der dazu notwendigen mathematischen Verfahren findet sich in Hubeny und Mihalas (2015).

damit der Leuchtkraft der Sterne. Sind erst einmal die Leuchtkraft und die effektive Temperatur (die sich auch fotometrisch oder, noch besser, spektroskopisch bestimmen lässt) bekannt, dann folgt daraus der Sternradius. Gelingt es nun noch, mittels Spektroskopie die Oberflächengravitation eines Sterns zu ermitteln (bzw. interferometrisch den Winkeldurchmesser und beispielsweise mithilfe von Gaia die Parallaxe), dann ergibt sich aus $R*$ und g schließlich die Sternmasse $M*$, wodurch sich das Problem, dass Sterne gleicher Masse, aber unterschiedlichen Entwicklungszustandes unterschiedliche Radien haben, empirisch lösen lässt.

Neuerdings ist es mittels astroseismologischer Methoden auch möglich geworden, mittlere Dichten abzuleiten. Daraus ergibt sich eine weitere Methode zur empirischen Bestimmung stellarer Massen – wenn es darüber hinaus noch gelingt, die Sternscheibchen interferometrisch aufzulösen und die Entfernung mit entsprechender Genauigkeit zu messen.

Fotometrische Messungen sind ein äußerst effektives Mittel, um schnell und mit relativ geringem beobachtungstechnischem Aufwand die Basisparameter sehr vieler Sterne zu bestimmen. Entsprechende Surveys – ob erdgebunden oder satellitengestützt erstellt – sind in großer Zahl in entsprechenden Katalogen und Datenbanken frei verfügbar. Leider lassen sich allein aus derartigen Messungen nicht alle physikalisch relevanten Parameter eines Sterns ableiten, sodass man sie mit detaillierten spektroskopischen Untersuchungen an ausgewählten Einzelsternen ergänzen muss. Insbesondere ist die Bestimmung von Elementehäufigkeiten (und zwar aufgeschlüsselt auf die Elemente des Periodensystems, wobei jedoch nur wenige Elemente wirklich relevant sind) eine reine Domäne der hochauflösenden Spektroskopie. Dabei hat die Verwendung synthetischer Spektren, die aus Modell-Photosphären abgeleitet wurden, die Methode der Wachstumskurven zur Bestimmung der chemischen Beschaffenheit von realen Sternatmosphären vollkommen abgelöst. Das Ziel bei dieser Methode ist es, für ein gegebenes Sternspektrum ein synthetisches Spektrum zu finden, welches es möglichst bis in die Einzelheiten hinein optimal reproduziert. Da die Berechnung synthetischer Spektren mit großem Aufwand verbunden ist, werden sie quasi auf „Vorrat" gerechnet und dann gewöhnlich in speziellen Bibliotheken gesammelt, von denen eine größere Zahl mittlerweile frei im Internet verfügbar ist. Darin sind oftmals ganze Serien von synthetischen Spektren enthalten, die unter Variation bestimmter Parameter wie beispielsweise der Oberflächengravitation, der effektiven Temperatur und chemischen Zusammensetzung berechnet worden sind.[13] Hat man nun für ein gegebenes Sternspektrum ein synthetisches Spektrum gefunden, welches die Energieverteilung, die Stärke und Kontur bestimmter Linien (z. B. der Wasserstofflinien und diverser Metalle) oder welche – ganz allgemein – das betrachtete Spektrum optimal fittet, dann lassen sich die Modelparameter als gute bis sehr gute Näherungen für die anderweitig nur schwer bestimmbaren fundamentalen Sternparameter verwenden. Der „Spektroskopiker" braucht sich dabei

---

[13] Siehe z. B. http://svo2.cab.inta-csic.es/theory/newov/.

in den meisten Fällen keine allzu großen Gedanken zur Funktionsweise des zugrundeliegenden stellaren Atmosphärenmodells zu machen. Für seine weiteren Untersuchungen sind je nach Aufgabenstellung nur die damit gewonnenen Daten und – insbesondere die Abweichungen vom Modell (z. B. in Bezug auf peculiare Elementehäufigkeiten) – von Interesse. Solche gefundenen Abweichungen können dann wieder Ausgangspunkt für weitere Modellrechnungen oder deren Modifizierung sein. Denn nicht nur die Berechnung stellarer Atmosphärenmodelle enthält hochgradig iterative Prozesse, sondern auch ihre Anwendung auf reale Sterne.

3.4.3 Einfacher algorithmischer Ablauf der Modellierung einer Sternatmosphäre

Die Berechnung des radialen Verlaufs grundlegender physikalischer Größen wie Temperatur T, Dichte ρ, Druck P etc. in einer Sternatmosphäre erfolgt mittels eines iterativ arbeitenden Algorithmus, der im Folgenden kurz für die Idealisierung einer planparallelen Atmosphäre vorgestellt werden soll (LeBlanc, 2010). Dazu muss in jeder Schicht des numerischen Models der integrale Strahlungsfluss (2.43) konstant bleiben, während sich die Umgebungsbedingungen von Schicht zu Schicht ändern.

Wie Abb. 3.42 zeigt, beginnt der Algorithmus damit, dass man ihm alle notwendigen Eingangsdaten wie die effektive Temperatur T_{eff}, die Schwerebeschleunigung g (Oberflächengravitation), die chemische Zusammensetzung des Plasmas sowie Daten zu den involvierten Atomen und Molekülen zur Verfügung stellt.

Als Nächstes muss der zu modellierende Bereich der Sternatmosphäre in eine endliche Anzahl von Schichten unterteilt werden. Ihre Anzahl bestimmt u. a. auch die Genauigkeit der Ergebnisse, weshalb sie möglichst nicht zu klein sein sollte (> 100). Man verwendet hierbei nicht den radialen Abstand, sondern die Variation der optischen Tiefe $\tau(\lambda)$ Gl. 2.30 in einem bestimmten Bereich quasi als „Indexvariable" für die Schichten. Üblich ist beispielsweise der Bereich zwischen $log(\tau(\lambda)) = -8$ und $log(\tau(\lambda)) = 3$. Dazu dividiert man diesen Bereich durch die Anzahl der Schichten, was zu einem konstanten Inkrement $\Delta(log(\tau(\lambda)))$ führt. In diesem Fall lässt sich nämlich die Bedingung für das hydrostatische Gleichgewicht wie folgt aufschreiben:

$$\frac{d \ln P}{d \ln \tau} = \frac{g\tau}{\kappa P} = \frac{d \log P}{d \log \tau}$$

κ ist hierbei die mit der optischen Tiefe τ korrespondierende Opazität und $log(\tau)$ wird zu einer abhängigen Variablen.

Im ersten Schritt ist die Gleichung für das hydrostatische Gleichgewicht zu lösen. Da zu diesem Zeitpunkt die „wahre" Opazität noch nicht bekannt ist, wird man hier mit einer groben Schätzung beginnen, die dann im Laufe der Modellrechnung immer mehr verbessert wird. Weiterhin muss an dieser Stelle auch ein Schätzwert (Anfangswert) für den Druck P bereitgestellt werden. In der Regel

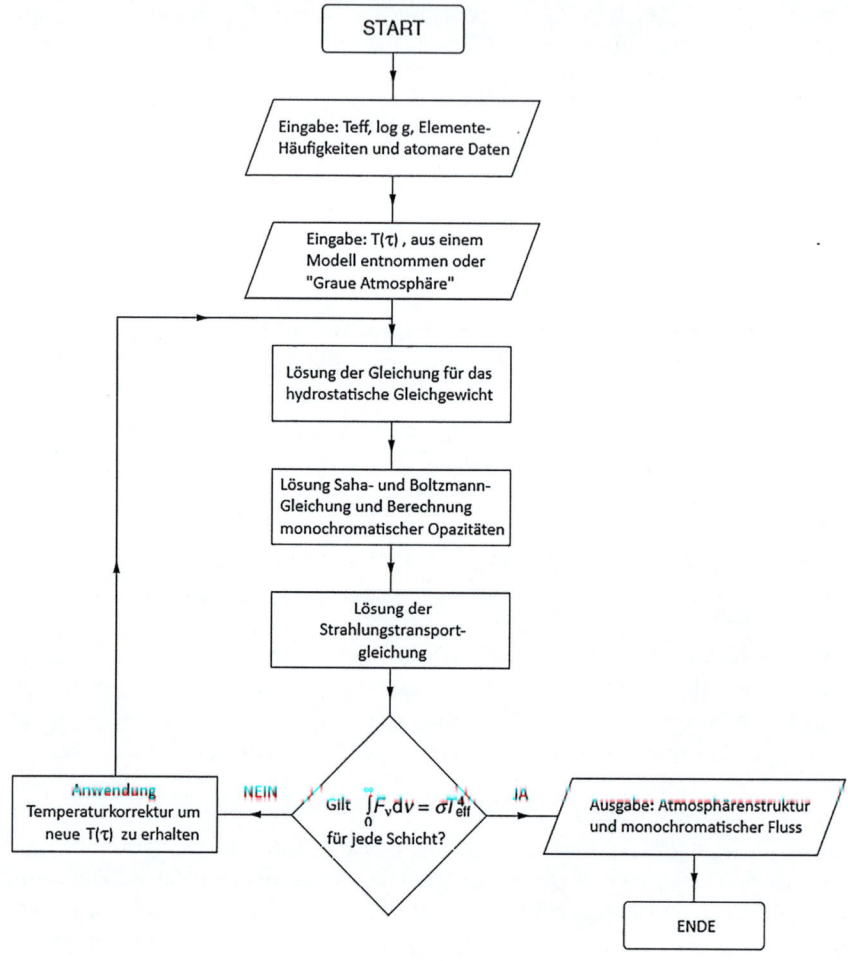

Abb. 3.42 Stark vereinfachtes Ablaufdiagramm für die Modellierung einer planparallelen Sternatmosphäre

wird dafür ein mehr oder weniger arbiträrer Wert in der ersten Schicht (d. h. an der Oberfläche) als Anfangswert verwendet. Er beeinflusst die Struktur der ersten Schichten maßgeblich, hat jedoch nur geringfügige Auswirkungen auf die tieferen Schichten, solange der für die erste Schicht gewählte Druck im Vergleich zum Druck in diesen tieferen Schichten vernachlässigbar ist.

Ist erst einmal die Druckschichtung über $log(\tau)$ bekannt, dann lässt sich unter Vorgabe einer Zustandsgleichung (z. B. „Ideales Gas") die Teilchenzahldichte der in jeder Schicht vorhandenen Partikel berechnet werden, sofern die lokale Temperatur T bereits bekannt ist. Da das jedoch nicht der Fall ist, muss ein initiales Temperaturprofil vorgegeben werden. Das kann beispielsweise das Temperaturprofil einer „Grauen Atmosphäre" sein (Abschn. 3.2.3).

Ist die Gesamtteilchendichte und die Temperatur bekannt, können nun die Saha-Gleichungen für die verschiedenen Teilchenarten numerisch gelöst werden. Anschließend erfolgt die Lösung der Boltzmann-Gleichungen, um die Besetzungszahlen der verschiedenen atomaren Energieniveaus zu erhalten. Diese werden zur Berechnung des monochromatischen Opazitätsspektrums benötigt, dessen Kenntnis wiederum erforderlich ist, um die Strahlungstransportgleichung lösen zu können. Das erfolgt in jede Richtung u und für jede Frequenz v, die im Modell festgelegt sind. Als Ergebnis erhält man die entsprechenden Werte der spezifischen Intensitäten für jede einzelne Atmosphärenschicht.

Da das Frequenzraster in der Regel aus Zehntausenden von Punkten besteht, um das Strahlungsfeld angemessen zu sampeln, sind umfangreiche numerische Ressourcen erforderlich. Die Anzahl der Richtungen oder Werte von u, für welche die Transportgleichung gelöst wird, liegt üblicherweise in der Größenordnung von 10.

Sobald die spezifische Intensität bekannt ist, können die monochromatischen Strahlungsflüsse sowie der integrale Strahlungsfluss berechnet werden. Die Atmosphärenstruktur wird dann als ausreichend genau betrachtet, sobald der integrale Fluss in jeder Atmosphärenschicht innerhalb einer vorgegebenen Toleranz bezüglich $\sigma\left(T_{eff}\right)^4$ liegt. Falls der integrale Fluss diese Toleranz nicht erfüllt, erfordert dies eine Modifikation des Temperaturprofils $T(\tau)$ mit Hilfe eines speziellen Korrekturverfahrens. Dieses zielt darauf ab, ein Temperaturprofil zu generieren, welches zu einem integralen Fluss näher am gewünschten Wert führt. Dieses aktualisierte Temperaturprofil wird dann für einen weiteren Durchlauf der Iterationsschleife verwendet. Dieser iterative Prozess ist so lange zu wiederholen, bis eine atmosphärische Struktur mit einem Temperaturprofil erreicht ist, welches gegen den gewünschten Wert des integralen Flusses konvergiert. Sobald das erreicht ist, kann der Computer die Struktur der Atmosphäre und ihre monochromatischen Strahlungsflüsse ausgeben. Dazu muss in jeder Schicht des numerischen Models der integrale Strahlungsfluss (2.43) konstant bleiben, während sich die Umgebungsbedingungen ändern.

3.4.3.1 Beispiel: Photosphärenmodell der Sonne
In den letzten Jahrzehnten gelangen mittels hydrodynamischer 3-D-Modelle viele neue Einsichten in die solare Photosphäre, wobei sich das Augenmerk immer mehr in Richtung dynamischer Vorgänge (kleinskalige konvektive Strömungen – Stichwort Granulation) und der Modellierung magnetischer bzw. magnetohydrodynamischer Vorgänge (Sonnenflecke, Flares) verschoben hat. Aufgrund dessen, dass sich die dadurch bedingten Strukturen auf der Sonne zu einem guten Teil auch beobachtungstechnisch räumlich und zeitlich auflösen lassen, ergibt sich hier die für den Astrophysiker komfortable Situation, die Ergebnisse ihrer Berechnungen auch empirisch überprüfen zu können. Modelle, die einen derartigen Test bestehen, liefern erfahrungsgemäß auch realistische Ergebnisse, wenn man sie auf Sterne anwendet, die sich in ihrer Parametrisierung von der Sonne unterscheiden. Aber das soll nicht das Thema dieses Abschnitts sein. Es geht hier nur um ein typisches „Basismodell" der Sonnenphotosphäre unter Vernachlässigung dynamischer Vorgänge, wie sie 1-D-Modelle gewöhnlich liefern. Das folgende

Modell (adaptiert aus Gray (2005)) listet lediglich die Temperatur- und Druckverteilung als Funktion der optischen und geometrischen Tiefe auf, wobei die effektive Temperatur zu 5778 K und die Oberflächengravitation zu 274 m/s² angesetzt ist und die solare Standardelementehäufigkeit die Chemie des Photosphärenplasmas widerspiegelt (Tab. 3.12).

Mittels Fitting spektral hoch aufgelöster Sonnenspektren mit synthetischen Spektren konnte auch die stoffliche Zusammensetzung der solaren Photosphäre sehr genau ermittelt werden. Sie stimmt sehr gut mit den Elementehäufigkeiten (unter Nichtbeachtung volatiler Stoffe) überein, wie sie sich auch aus der Analyse primitiver Meteoriten (insbesondere kohliger Chondrite) ergeben (Tab. 3.13).

Tab. 3.12 Modell-Photosphäre (Sonne) (Gray 2005)

$\log \tau_0$	x [km]	T [K]	P_g [Pa]	P_e [Pa]
−4,0	−509	4310	74	0,007
−3,8	−476	4325	107	0,009
−3,6	−448	4345	148	0,013
−3,4	−422	4370	195	0,017
−3,2	−397	4405	257	0,022
−3,0	−373	4445	331	0,028
−2,8	−349	4488	436	0,036
−2,6	−325	4524	562	0,047
−2,4	−301	4561	724	0,059
−2,2	−277	4608	933	0,076
−2,0	−252	4660	1202	0,100
−1,8	−228	4720	1549	0,126
−1,6	−203	4800	1995	0,167
−1,4	−177	4878	2570	0,220
−1,2	−151	4995	3311	0,295
−1,0	−124	5132	4266	0,407
−0,8	−97	5294	5495	0,575
−0,6	−70	5490	7079	0,851
−0,4	−43	5733	8913	1413
−0,2	−19	6043	10.715	2692
0,0	0	6429	12.589	6026
0,2	15	6904	14.125	15.140
0,4	27	7467	15.136	38.900
0,6	37	7962	16.218	83.180
0,8	46	8358	16.982	144.500
1,0	56	8630	18.197	208.900
1,2	68	8811	19.498	263.000

3.4 Photosphärenmodelle

Tab. 3.13 Häufigkeit der chemischen Elemente in der Sonnenphotosphäre und in primitiven Meteoriten. Angegeben sind die auf 10^{12} Wasserstoffatome entfallenden Teilchen gemäß der Beziehung $\log A = 12 + \log(n_i/10^{12})$. i indiziert die Ordnungszahl Z des jeweiligen Elements. (Nach Grevesse und Sauval (1998))

Element	Photosphäre	Meteorit	Element	Photosphäre	Meteorit
1 H	12,00	–	42 Mo	1,92	1,97
2 He	10,98	–	44 Ru	1,84	1,83
3 Li	1,10	3,31	45 Rh	1,12	1,10
4 Be	1,40	1,42	46 Pa	1,69	1,70
5 B	2,55	2,79	47 Ag	0,94	1,24
6 C	8,52	–	48 Cd	1,77	1,76
7 N	7,92	–	49 In	1,66	0,82
8 O	8,83	–	50 Sn	2,00	2,14
9 F	4,56	4,48	51 Sb	1,00	1,03
10 Ne	8,08	–	52 Te	–	2,24
11 Na	6,33	6,32	53 I	–	1,51
12 Mg	7,58	7,58	54 Xe	–	2,17
13 Al	6,47	6,49	55 Cs	–	1,13
14 Si	7,55	7,56	56 Ba	2,13	2,22
15 P	5,45	5,56	57 La	1,17	1,22
16 S	7,33	7,20	58 Ce	1,58	1,63
17 Cl	5,50	5,28	59 Pr	0,71	0,80
18 Ar	6,40	–	60 Nd	1,50	1,49
19 K	5,12	5,13	62 Sm	1,01	0,98
20 Ca	6,36	6,35	63 Eu	0,51	0,55
21 Sc	3,17	3,10	64 Gd	1,12	1,09
22 Ti	5,02	4,94	65 Tb	–0,1	0,35
23 V	4,00	4,02	66 Dy	1,14	1,17
24 Cr	5,67	5,69	67 Ho	0,26	0,51
25 Mn	5,39	5,53	68 Er	0,93	0,97
26 Fe	7,50	7,50	69 Tm	0,00	0,15
27 Co	4,92	4,91	70 Yb	1,08	0,96
28 Ni	6,25	6,25	71 Lu	0,06	0,13
29 Cu	4,21	4,29	72 Hf	0,88	0,75
30 Zn	4,60	4,67	73 Ta	–	–0,13
31 Ga	2,88	3,13	74 W	1,11	0,69
32 Ge	3,41	3,63	75 Re	–	0,28
33 As	–	2,37	76 Os	1,45	1,39

(Fortsetzung)

Tab. 3.13 (Fortsetzung)

Element	Photosphäre	Meteorit	Element	Photosphäre	Meteorit
34 Se	–	3,41	77 Ir	1,35	1,37
35 Br	–	2,63	78 Pt	1,8	1,69
36 Kr	–	3,31	79 Au	1,01	0,85
37 Rb	2,60	2,41	80 Hg	–	1,13
38 Sr	2,97	2,92	81 Tl	0,90	0,83
39 Y	2,24	2,23	82 Pb	1,95	2,06
40 Zr	2,60	2,61	83 Bi	–	0,71
41 Nb	1,42	1,40	90 Th	–	0,09
			92 U	< –0,47	–0,50

In der Photosphäre der Sonne existieren auch Elemente, die unter den dort herrschenden Anregungsbedingungen nicht in der Lage sind, im optischen Bereich genügend starke Absorptionslinien zu erzeugen. Dazu gehören in erster Linie die Edelgase Helium, Neon und Argon. Ihre relativen Häufigkeiten müssen deshalb mit anderen Methoden bestimmt bzw. auf indirektem Wege abgeschätzt werden.

Wie nicht anders zu erwarten, ist Wasserstoff das weitaus häufigste Element der solaren Photosphäre. Es spiegelt in etwa die allgemeine kosmische Häufigkeit dieses bereits im Zuge des Urknalls primordial entstandenen Elements wider. Die Häufigkeit von Helium kann dagegen nicht allein aus dem optischen Photosphärenspektrum erschlossen werden. Wie man leicht nachrechnen kann, befinden sich im Temperaturbereich der solaren Photosphäre so gut wie alle Heliumatome im Grundzustand. Absorptionen produzieren in diesem Fall nur Linien im UV-Bereich, in dem die Abstrahlung der Sonne ohnehin nicht sonderlich groß ist. Heliumlinien lassen sich aber beispielsweise in Emission in der bedeutend heißeren Chromosphäre beobachten. Unter der Annahme, dass die Konzentrationsverhältnisse dort ähnlich denen der Photosphäre sind (sowie in Analogie zur kosmischen Häufigkeitsverteilung der chemischen Elemente) lässt sich ein Wert von knapp 9 % (auf die Teilchenzahl bezogen) abschätzen. Im Sonnenkern sollte dagegen die Konzentration etwas höher sein, da es bei den dort ablaufenden thermonuklearen Reaktionen permanent produziert wird. Es sammelt sich zwar im Kernbereich immer mehr an, kann aber durch den in diesem Bereich fehlenden konvektiven Massentransport nicht in die äußeren Schichten der Sonne gelangen. Bemerkenswert ist außerdem, dass alle anderen Elemente, die schwerer als Wasserstoff und Helium sind, lediglich 0,1 % der Teilchen und 1,9 % der Sonnenmasse ausmachen.

Kosmogonisch ist weiterhin von Wichtigkeit, dass die Materie der Sonnenatmosphäre – was ihre chemische Zusammensetzung betrifft – weitgehend mit der Zusammensetzung der Materie identisch ist, aus der sie sich vor über 4,5 Mrd. Jahren gebildet hat.

3.4.4 Die hydrodynamische Expansion von Stern-Koronen am Beispiel der Sonne

Die Tatsache, dass die Sonne eine heiße Korona besitzt, deren Temperatur um ca. 3 Größenordnungen höher ist als die der Photosphäre (Koronatemperatur $\sim 10^6$ K), impliziert bereits zu einem Teil deren dynamisches Verhalten. Dabei spielt es keine Rolle, wie die Heizungsmechanismen der Korona im Einzelnen aussehen. Schon ein bescheidenes Modell zeigt, dass die Korona permanent in den freien kosmischen Raum expandieren muss und nicht als eingeschlossene, statisch-stabile Gasblase innerhalb des interstellaren Gases existieren kann.

Es ist schon lange bekannt, dass in der Übergangsregion zwischen oberer Chromosphäre und unterer Korona die Temperatur von ca. 10^4 auf über 10^6 K ansteigt, wobei die radialen Ausmaße der Transition-Region nur einige 100 km betragen. Bezeichnet man mit R_{Tr} den Radius der Lage der Oberkante der Übergangszone, dann kann man in einem einfachen Wärmeleitungsmodell die durch diesen Radius definierte Kugeloberfläche als Wärmequelle mit einer permanenten und dort überall gleichen Temperatur von 10^6 K betrachten und untersuchen, wie sich der Wärmefluss einmal in Richtung kühlerer Sonnenatmosphäre und zum anderen in Richtung kalter Weltraum entwickelt. In beiden Fällen erfolgt der Wärmetransport in einem hochleitfähigen Plasma unter Einfluss eines das Plasma durchdringenden Magnetfeldes, wobei die freien Elektronen den Hauptbeitrag liefern. Der Effekt ist ähnlich wie in Metallen, wo eine hohe elektrische Leitfähigkeit mit einer entsprechend hohen thermischen Leitfähigkeit (bekannt als „Wiedemann.Franzsches Gesetz) einhergeht. Erste Untersuchungen zur thermischen Leitfähigkeit von Plasmen in Magnetfeldern wurden 1962 von Lyman Spitzer (1914–1997) veröffentlicht und sollen im Folgenden auf die Sonnenkorona angewendet werden. Aus diesen Untersuchungen folgt z. B.:

In einem vollionisierten Plasma erfolgt der Wärmetransport bevorzugt parallel zu den magnetischen Feldlinien, d. h., der Wärmeleitungskoeffizient λ ist richtungsabhängig.

Der Wärmeleitungskoeffizient parallel zum Magnetfeld ($\lambda_\parallel$) ist der Wurzel aus der 5. Potenz der Plasmatemperatur proportional:

$$\lambda_\parallel \approx T^{5/2} \qquad (3.257)$$

Die Wärmeleitung senkrecht zum Magnetfeld ist vergleichsweise gering und wird durch Protonen und leichte Atomkerne vermittelt, die entsprechend große Gyrationsradien besitzen ($\lambda_\perp \ll \lambda_\parallel$). Ihr Einfluss zum Wärmeabfluss kann deshalb im Folgenden vernachlässigt werden.

Im Fall von klassischer Wärmeleitung ist der Wärmestrom ϕ dem Temperaturgradienten proportional:

$$\phi = \lambda_\parallel \, grad \, T \qquad (3.258)$$

Weiterhin ist es vernünftig anzunehmen, dass es außer der „Oberfläche" der „Transition-Sphäre" keine weiteren Wärmequellen (und natürlich auch keine lokalen

Senken) in dem hier diskutierten einfachen Koronamodell gibt. Diese Forderung impliziert, dass das Temperaturfeld außerhalb von R_{Tr} divergenzfrei ist:

$$\text{div } \phi = 0 \tag{3.259}$$

Aufgrund der Radialsymmetrie sollen alle folgenden Rechnungen in Kugelkoordinaten ausgeführt werden, wobei die winkelabhängigen Größen keine Rolle spielen.

Kombiniert man Gl. 3.258 mit 3.259, dann erhält man folgende gewöhnliche Differentialgleichung

$$\frac{1}{r^2}\frac{d}{dr}\left(\lambda_\parallel r^2 \frac{dT}{dr}\right) = 0 \tag{3.260}$$

mit der Randbedingung $T = 0$ für $r \to \infty$.

Sie besitzt eine Lösung für den Innenraum $r \leq R_{Tr}$ und eine für den Außenraum $r > R_{Tr}$, wobei der Radius in Sonnenradien $R_\odot$ gemessen wird:

$$T = T_{Tr}\left(\frac{R_{Tr}(r - R_\odot)}{r(R_{Tr} - R_\odot)}\right)^{2/7} \quad \text{für } r \leq R_{Tr} \tag{3.261}$$

$$T = T_{Tr}\left(\frac{R_{Tr}}{r}\right)^{2/7} \quad \text{für } r > R_{Tr} \tag{3.262}$$

Die Frage ist nun, ob mit der Temperaturabnahme nach Gl. 3.262 überhaupt ein hydrostatisches Gleichgewicht der „Koronablase" mit dem das Sonnensystem umgebenden interstellaren Gas möglich ist. Um diese Frage zu beantworten, muss man das Druckgleichgewicht zwischen dem (hier statischen) Koronaplasma und dem (neutralen) interstellaren Gas untersuchen, d. h.

$$\frac{dP}{dr} = -\rho \frac{GM_\odot}{r^2} \tag{3.263}$$

wobei die Dichte ρ durch die Zustandsgleichung der idealen Gase ($P = \rho \mathcal{R} T$) ausgedrückt werden kann, woraus für die Gleichgewichtsbedingung

$$\frac{1}{P}\frac{dP}{dr} = -\frac{GM_\odot}{r^2 \mathcal{R} T} \tag{3.264}$$

folgt. Unter Berücksichtigung von Gl. 3.262 ergibt sich daraus folgende Lösung:

$$P = P_{Tr}\left\{\frac{7}{5}\frac{GM_\odot}{P_{Tr}R_{Tr}}\rho_{Tr}\left[\left(\frac{R_{Tr}}{r}\right)^{5/7} - 1\right]\right\} \tag{3.265}$$

Für $\lim_{r \to \infty}$ nähert sich P offensichtlich immer mehr einem konstanten endlichen Wert an:

$$P(\infty) = P_{Tr} exp\left(-\frac{7}{5}\frac{GM_\odot}{P_{Tr}R_{Tr}}\right) \tag{3.266}$$

3.4 Photosphärenmodelle

Da dieser Druck den Druck des interstellaren Gases weit übersteigt, gibt es nichts, was diese Gasblase stabilisieren könnte. Das bedeutet, dass das hier vorgestellte Modell die Wirklichkeit nicht richtig wiedergeben kann und damit physikalisch falsch ist. Wie kommt man nun aus diesem Dilemma heraus? Anstatt einer „statischen" Gasblase soll als Alternative im Folgenden ein kontinuierlicher radialer Ausfluss von Plasma aus der Korona angenommen werden. Im Gegensatz zum statischen Modell (repräsentiert durch Gl. 3.264) muss in diesem Fall neben der Zustandsgleichung der idealen Gase und der Kontinuitätsgleichung auch der Impulserhaltungssatz erfüllt sein, wenn der Ausfluss gleichmäßig, radialsymmetrisch und isotherm erfolgen soll. Das Modell, welches auf diesen Grundsätzen beruht, wird als Parker-Modell bezeichnet.

Kontinuitätsgleichung (v = radiale Ausflussgeschwindigkeit)

$$\nabla(\rho v) = 0 \tag{3.267}$$

Impulserhaltung

$$\nabla(\rho v)v = -\nabla P + \rho g \; mit \; g = -\frac{GM_\odot}{r^3}r \tag{3.268}$$

Zustandsgleichung der idealen Gase

$$P = \rho \mathcal{R} T \tag{3.269}$$

Aus der Forderung nach Isothermie folgt noch $T(r) = T_{Tr}$.

Die erste Erkenntnis, die man aus Gl. 3.267 ableiten kann, ist, dass die Abströmung gleichmäßig erfolgt:

$$r^2 \rho v = \text{const} \tag{3.270}$$

(man verwenden den Nabla-Operator in Kugelkoordinaten).

Gl. 3.268 lässt sich dann folgendermaßen darstellen:

$$\rho v \frac{dv}{dr} = -\frac{dP}{dr} - \frac{GM_\odot}{r^2}\rho \tag{3.271}$$

mit der isothermen Schallgeschwindigkeit $c_s = (P/\rho)^{1/2}$ wird Gl. 3.269 zu

$$c_s = (\mathcal{R}T)^{1/2} \tag{3.272}$$

und die Differentialgleichung Gl. 3.271 erhält die Form:

$$v\frac{dv}{dr} = -\frac{c_s^2}{\rho}\frac{d\rho}{dr} - \frac{GM_\odot}{r^2} \tag{3.273}$$

Wählt man in Gl. 3.270 die Konstante = 1, dann lässt sich in Gl. 3.273 die Dichte substituieren:

$$v\frac{dv}{dr} = -c_s^2 r^2 \frac{d}{dr}\left(\frac{1}{r^2 v}\right) - \frac{GM_\odot}{r^2} \tag{3.274}$$

hieraus folgt nach kurzer Rechnung und Umsortierung der Terme:

$$\left(\frac{v^2 - c_s^2}{v}\right)\frac{dv}{dr} = \frac{2c_s^2}{r^2}(r - r_c) \quad \text{mit} \quad r_c = \frac{GM_\odot}{c_s^2} \tag{3.275}$$

Betrachtet man Gl. 3.274 etwas genauer, dann erkennt man zwei kritische Fälle:

a) $r = r_c$

In diesem Fall muss entweder der Geschwindigkeitsgradient verschwinden oder die Plasmageschwindigkeit gleich der Schallgeschwindigkeit sein.

b) $v = c_s$

In der Entfernung r_c erreicht die Ausflussgeschwindigkeit Schallgeschwindigkeit.

Das ist durchaus verständlich. DIe Ursache für die Expansion der Korona ist die in ihr enthaltene thermische Energie. Der radiale Plasmafluss wird durch die Gravitationsanziehung der Sonne behindert, die bekanntlich mit dem Quadrat der Entfernung abnimmt. Ab einer gewissen Entfernung kann das Plasma dann frei in den (leeren) interstellaren Raum abfließen, wobei sich die Geschwindigkeit immer mehr einem konstanten, von der Koronatemperatur abhängigen Grenzwert annähert.

Die Lösung von Gl. 3.275 ist

$$v^2 - c_s^2 \log(v^2) = 4c_s^2 \left(\log(r) + \frac{r_c}{r}\right) + C \tag{3.276}$$

Man kann zeigen, dass sie in Abhängigkeit om Wertebereich der gewählten Integrationskonstanten C fünf verschiedene Lösungsmannigfaltigkeiten besitzt, von denen drei von vornherein (da unphysikalisch) herausfallen und zwei (IV und V) näher zu untersuchen sind:

- Die Ausflussgeschwindigkeit v steigt an, erreicht bei $r = r_c$ ihr Maximum und fällt danach monoton ab. v bleibt dabei unter der Schallgeschwindigkeit im Plasma.
- Die Ausflussgeschwindigkeit steigt monoton an, wobei sie bei $r = r_c$ die Schallgeschwindigkeit c_s erreicht und danach das Plasma mit Überschallgeschwindigkeit expandiert (Abb. 3.43).

Um zu entscheiden, welche von diesen beiden Lösungen den Sonnenwind richtig beschreibt, muss ihr Verhalten „im Unendlichen" untersucht werden. Im 1. Fall nimmt nach Erreichen des kritischen Punktes r_c die Ausflussgeschwindigkeit kontinuierlich ab, sodass für große näherungsweise

$$-\log(v^2) \approx 4\log(r) \rightarrow v \approx \frac{1}{r^2} \tag{3.277}$$

gilt, was nach Gl. 3.270 bedeutet, dass sich (wie im Chapman-Modell) die Dichte ρ und damit auch der Druck Gl. 3.269 einen endlichen Wert nähert, der immer

3.4 Photosphärenmodelle

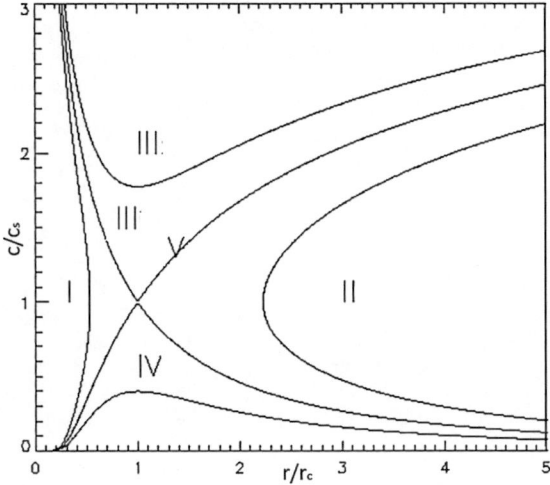

Abb. 3.43 Lösungskurven entsprechend Gl. 3.276 für verschiedene Integrationskonstanten C. Nur Kurven vom Typ V im Parker-Modell kommen zur Beschreibung des Sonnenwindes in Betracht

größer ist als der Druck des interstellaren Gases. Diese Lösung kann damit auch als unphysikalisch ausgeschlossen werden.

Im zweiten Fall ist dagegen (wegen $v \gg c_s$ für große r)

$$v^2 \approx 4\log(r) \to v \approx 2\sqrt{\log(r)} \tag{3.278}$$

und nach Gl. 3.270

$$\rho \approx \frac{\text{const.}}{r^2\sqrt{\log(r)}} \cdot \lim_{r \to \infty} \rho \to 0 \tag{3.279}$$

Das ist genau das Ergebnis, was zu erwarten ist und qualitativ mit den Beobachtungen übereinstimmt. Das heiße koronale Plasma beginnt von der inneren Korona aus immer schneller zu expandieren, bis es am kritischen Punkt die Überschallgeschwindigkeit erreicht und auf diese Weise eine sphärisch-symmetrische Überschallströmung entsteht, deren Gasdruck mit wachsender Entfernung immer weiter abnimmt. Das *experimentum crucis* bestand also darin, diese Überschallströmung nachzuweisen, und das gelang endgültig 1962 mittels der amerikanischen Venussonde Mariner 2, nachdem bereits 1959 die sowjetischen Sonden Lunik 2 und Lunik 3 Hinweise auf ihre Existenz geliefert hatten.

Innerer Aufbau der Sterne 4

> *The universe is „unattractive, implausible, crazy, but beautiful"*
> *John Norris Bahcal (1934–2005) in einem Interview mit der Zeitung „The Star-Ledger of Newark"*

Bis vor wenigen Jahrzehnten noch war für den beobachtenden Astronomen das Innere eines Sterns so etwas wie eine „Black box", abgeschirmt vor den neugierigen Augen der Astronomen durch eine im Vergleich zum Durchmesser nur hauchdünne Photosphäre. Was sich darunter verbarg, ließ sich nur mittels theoretischer Überlegungen – und zwar mit durchaus großem Erfolg – erschließen. Über den durch Irrungen und Wirrungen gepflasterten Weg hin zu einer logisch konsistenten physikalischen Theorie des inneren Aufbaus der Sterne und der Sternentwicklung wurde ja bereits im ersten Kapitel dieses Buches ausführlich berichtet. Erst mit dem experimentellen Nachweis solarer Neutrinos zu Beginn der 1970er-Jahre gelang es zum ersten Mal, direkte Boten aus der Kernzone der Sonne, in der die energieerzeugenden Fusionsreaktionen vermutet wurden, zu beobachten. Dabei ergab sich zugleich ein Problem, das einige Wissenschaftler sofort wieder an der gängigen Theorie des Sonnenaufbaus zweifeln ließ. Kurz gesagt, das äußerst raffinierte „Neutrinoteleskop" in der Homestake- Goldmine in South Dakota/USA lieferte zum Erstaunen der Wissenschaftler viel zu wenige (nur etwa 1/3) dieser experimentell kaum nachweisbaren Elementarteilchen – das „Sonnenneutrinoproblem" war geboren. Mittlerweile (genau genommen im Jahre 2003) konnte es aber, abgesichert durch eine Vielzahl weiterer Beobachtungen und Experimente, zur Zufriedenheit der Sonnenphysiker (und auch zur Freude der Hochenergiephysiker) endgültig gelöst werden. Die Theoretiker unter den Astrophysikern hatten augenscheinlich mit ihrer Theorie der Wasserstofffusion als solare Energiequelle doch Recht. Das unerwartete Defizit an diesen fast wechselwirkungslosen Elementarteilchen, die in unermesslich großer Zahl im Sonnenkern bei der Wasserstofffusion entstehen, lässt sich mit einer speziellen Eigenschaft der Neutrinos erklären, die man als „Neutrinooszillationen" bezeichnet. Es hatte nichts mit einer fehlerhaften Theorie der Kernfusionsprozesse in Sternen wie unserer Sonne zu tun.

Ungefähr zur gleichen Zeit entdeckte man, dass die Sonne ähnlich wie eine „Glocke" schwingt und dass sich die dabei entstehenden „Schwingungsmuster" bzw. Eigenfrequenzen der Schwingungen mittels spektroskopischer und fotometrischer Methoden recht genau ermitteln lassen. Das Erstaunliche dabei ist, dass sich aus der Analyse dieser Schwingungen direkte Rückschlüsse auf die physikalischen Bedingungen im Inneren der Sonne (und allgemein der Sterne) gewinnen lassen. Damit ergaben sich für den Astronomen völlig neue Möglichkeiten, theoretisch erschlossene Sternmodelle direkt an Beobachtungen zu überprüfen. Man denke hier nur an die Vermessung der Lage von Konvektionszonen tief im Sterninneren und deren Vergleich mit theoretischen Vorhersagen oder an die Bestimmung von radialen Rotationsprofilen. Kurz gesagt, aus der Entdeckung solarer Eigenschwingungen (1969) entwickelte sich ein neues und äußerst spannendes Teilgebiet sowohl (speziell) der solaren als auch (allgemein) der stellaren Astrophysik. Im ersteren Fall spricht man von „Helioseismologie" und im zweiten Fall von „Astroseismologie". Damit ist nun auch für den beobachtenden Astronomen das Innere eines Sterns keine „Black box" mehr. Er kann sich nun anhand von Beobachtungen, d. h. auf gewohnte empirische Art und Weise, von der Richtigkeit der Theorie des inneren Aufbaus der Sterne überzeugen.

Das System on Grundgleichungen, die einen Stern beschreiben, ist überschaubar. Es erlaubt unter Berücksichtigung entsprechender Anfangs- und Randbedingungen sowie mit entsprechenden Vorstellungen darüber, auf welche Weise im Sterninneren Energie erzeugt wird, nicht nur den augenblicklichen Zustand eines Sterns zu erfassen, sondern auch seine zeitliche Entwicklung in Abhängigkeit seiner Basisparameter Masse und chemische Zusammensetzung zu verfolgen. Auf diese Weise gelang z. B. ein tieferes Verständnis des empirischen Hertzsprung-Russell-Diagramms, das anfänglich, wie wir heute wissen, nichtreale stellare Entwicklungswege suggerierte (s. Kap. 1). Mehr als ein Jahrhundert theoretische Forschungsarbeiten – oft parallel mit Entwicklungen der modernen Physik wie die Quantentheorie und speziell die Theorie thermonuklearer Reaktionen – haben ein mittlerweile abgerundetes und durchaus detailreiches Bild über die Funktionsweise und den Lebensweg der Sterne sowie ihre Stellung im kosmischen Materiekreislauf ergeben. Heute geht es bereits mehr um Details wie beispielsweise die theoretische Erforschung der kurzen instabilen Phasen der Sternentwicklung, bei denen eine Umstellung der Art der thermonuklearen Energiequellen erfolgt oder es zu explosiven Ereignissen kommt. Man denke hier nur an die hydrodynamische Simulation von Supernovaausbrüchen mittels Supercomputer oder an die Suche nach den Mechanismen, unter denen bestimmte Elemente des Periodensystems jenseits der typischen stellaren thermonuklearen Reaktionsfolgen entstehen – wie beispielsweise Fluor oder Gold.

Die physikalische Theorie der Sterne nimmt in der Astronomie eine zentrale Stelle ein, denn der größte Teil der baryonischen Materie im Weltall ist in Sternen konzentriert. Fast alle Elemente des Periodensystems (Ausnahme sind nur einige

4 Innerer Aufbau der Sterne

wenige überwiegend primordial entstandene Elemente, insbesondere Wasserstoff (inklusive Deuterium), Helium und Lithium) sind entweder in Sternen aus leichteren Elementen fusioniert oder bei in langsam (s-Prozesse) oder schnell (r-Prozesse) ablaufenden Neutronenanlagerungsreaktionen und anschließendem Betazerfall im tiefen Inneren entwickelter massereicher Sterne bzw. bei Supernovaexplosionen erzeugt worden. Darunter sind natürlich alle die Elemente, die für „Leben, wie wir es kennen" essenziell sind (Scholz 2016). Mit den genauen Mechanismen und den Reaktionsabfolgen beschäftigt sich in erster Linie die sogenannte „nukleare Physik der Sterne" (s. z. B. Iliadis 2007). Da Sterne wiederum Galaxien bilden, ist ihr Verständnis natürlich auch für das Verständnis dieser Sternsysteme notwendig. Schlüsselbegriffe sind hier u. a. die „allgemeine und chemische Evolution von Galaxien", die „Sternentstehung" (Problematik Starbursts und Starburst-Galaxien), das kosmologisch und kosmogonisch wichtige Problem der „Population III-Sterne" und, ganz allgemein, ihre Bedeutung bei den grundlegendsten Strukturbildungsprozessen im Kosmos überhaupt sowie im Rahmen des kosmischen Materiekreislaufs. Abb. 4.1 illustriert grafisch diese und darüber hinausgehende Zusammenhänge.

In den folgenden Abschnitten soll ein einfacher und pragmatischer Einstieg in das Gebiet der Sternphysik gewagt werden. Ziel ist es dabei, die Vorgänge, die Sterne leuchten lassen, und die Vorgänge, die den Lebenszyklus eines Sterns bestimmen, im Rahmen allgemeiner physikalischer Gesetze zu erläutern und

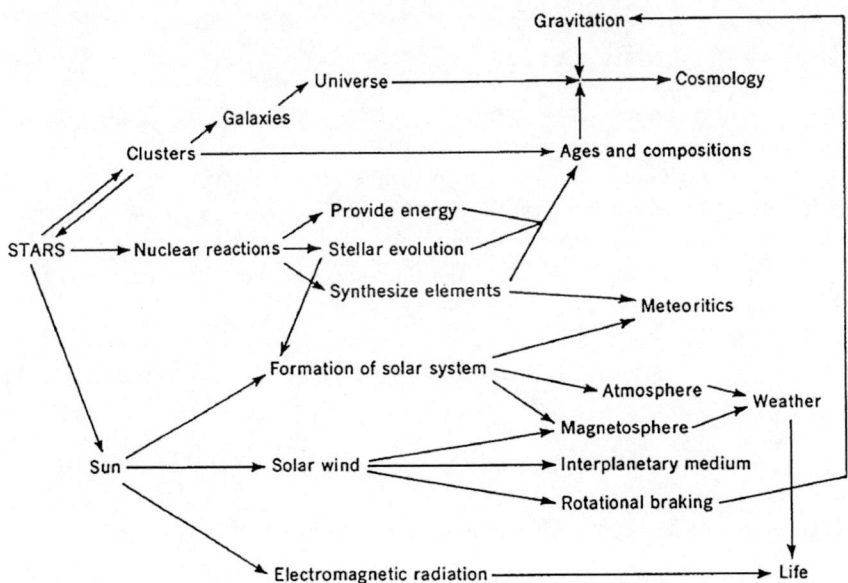

Abb. 4.1 Rolle der Sterne in Astronomie und Astrophysik. Fast jedes astronomische Objekt ist irgendwie mit Sternen und ihrer Struktur und Entwicklung verbunden (Clayton 1984)

nachzuvollziehen. Für weitergehende Studien sei auch auf die Fachliteratur verwiesen, wie beispielsweise Kippenhahn et al. (2012), Weiss et al. (2004) und Hansen et al. (2004).

4.1 Sterne im hydrostatischen Gleichgewicht und Virialtheorem

Gewöhnliche Sterne sind bekanntlich nichts anderes als riesige Gaskugeln, die von der Schwerkraft zusammengehalten werden. Aus dieser Tatsache heraus soll als Erstes untersucht werden, unter welchen Bedingungen derartige Gaskugeln stabil sind, also weder kontrahieren noch expandieren (periodische Radiusänderungen, wie sie bei vielen optisch veränderlichen Sternen auftreten, sollen hier zunächst unberücksichtigt bleiben). Betrachten wir dazu ein sphärisches System mit der Masse M^* und dem Radius R^*. Wie groß ist in diesem Fall die Gravitationskraft, die diese Masse auf ein Volumenelement $dV = dAdr$ mit der Masse $dm = \rho dV$ im Abstand r ausübt? Nach dem Newton'schen Gravitationsgesetz gilt für die in Richtung Sternzentrum gerichtete Gravitationsbeschleunigung:

$$g(r) = \frac{Gm(r)}{r^2}, \qquad (4.1)$$

wobei die Masseverteilungsfunktion $m(r)$ aufgrund der Kugelsymmetrie der Differenzialgleichung

$$\frac{dm(r)}{dr} = 4\pi r^2 \rho(r) \qquad (4.2)$$

genügen muss (Kontinuitätsgleichung). $\rho(r)$ ist die hier noch unbekannte radiale Dichteverteilung, die sich im Gleichgewichtsfall einstellt.

Aufgrund des Gravitationsgradienten „spürt" das Volumenelement bei r an der Innenseite die Kraft $g(r)\rho(r)dV$ und außen $g(r+dr)\rho(r+dr)dV$, wobei die Kräfte nicht gleich sind. Um das auszugleichen, muss das Volumenelement innen den Druck $P(r)$ und außen $P(r+dr)$ aufbringen. Für die Differenz der Druckkräfte entlang des Wegstücks dr ergibt sich dann:

$$F_P = P(r)dA - P(r+dr)dA = P(r)dA - \left[P(r) + \frac{dP}{dr}dr\right]dA \qquad (4.3)$$

$$F_P = -\frac{dP}{dr}dV$$

Die Newton'sche Bewegungsgleichung für das Volumenelement ist.

$$\frac{d^2r}{dt^2}dm = F_G + F_P = -g(r)dm - \frac{dP}{dr}dV, \qquad (4.4)$$

4.1 Sterne im hydrostatischen Gleichgewicht und Virialtheorem

also im Gleichgewichtsfall, wenn die Beschleunigung verschwindet:

$$\frac{dP}{dr} = -g(r)\rho(r) = -\frac{Gm(r)\rho(r)}{r^2} \tag{4.5}$$

Man sagt, ein Stern befindet sich im hydrostatischen Gleichgewicht, wenn diese Gleichung für jeden Abstand r vom Sternzentrum erfüllt ist. Die Lösung dieser Gleichung erfordert zwei Randbedingungen. Im Zentrum des Sterns (also bei $r = 0$) muss offensichtlich der Druckgradient verschwinden und der Druck selbst erreicht seinen Maximalwert. Für die Sternoberfläche ($r = R^*$, Lage der Photosphärenobergrenze) kann man dagegen den Gasdruck in einer ersten Näherung gleich null setzen.

An dieser Stelle soll kurz darauf hingewiesen werden, dass es oftmals besser ist, statt der radialen Koordinate r die Masse m als abhängige Variable zu benutzen. Das ist deshalb günstiger, weil der Sternradius R^* im hohen Maße eine Funktion der Sternentwicklung und damit der Zeit ist, während Masseverlustraten im Vergleich zu Radiusänderungen eher gering sind (Lagrange-Form der stellaren Strukturgleichungen). Es gilt dann für das hydrostatische Gleichgewicht:

$$\frac{dP}{dm} = -\frac{Gm(r)}{4\pi r^4} \tag{4.6}$$

Der Druckgradient ist – wie zur Ausbalancierung der Schwerkraft notwendig – negativ, d. h. der Druck nimmt ab, wenn r, vom Sternzentrum gemessen, zunimmt.

Die wichtigen (und äquivalenten) Ergebnisse aus Gleichung 4.5 und 4.6 lassen sich folgendermaßen in Worte fassen: Eine nichtrotierende Gaskugel befindet sich genau dann in einem Gleichgewichtszustand, wenn die Eigengravitation an jedem Punkt im Stern durch den dort herrschenden Druck ausgeglichen wird (die Gravitation ersucht, den Stern kontrahieren zu lassen; der Druck ist bestrebt, den Stern expandieren zu lassen). Das bedeutet, dass der Druck nahe dem Mittelpunkt der Gaskugel dem Druck gleich sein muss, den eine zylindrische Gassäule mit einer Einheitsquerschnittsfläche und der Länge R^* aufgrund ihres Gewichts liefert. Diese Überlegung kann gleich genutzt werden, um mithilfe von Gl. 4.5 beispielsweise den Druck $P_{\odot c}$ im Zentrum der Sonne abzuschätzen. Durch Integration und unter Einführung einer mittleren Dichte von $\overline{\rho} = 1408$ kg/m^3 erhält man:

$$P_{\odot c} = \frac{\overline{\rho}}{2}\frac{GM_\odot}{R_\odot} \approx 1{,}3 \cdot 10^{14} \text{ Pa} \tag{4.7}$$

Das ist selbstverständlich nur ein sehr grober Näherungswert, der lediglich ein Gefühl für die Größenordnung der Druckverhältnisse im Zentrum von Hauptreihensternen wie der Sonne vermitteln kann. Aus modernen Sonnenmodellen folgt ein realistischerer Wert für den Zentraldruck in der Größenordnung von 10^{16} Pa.

Der Gasdruck P_G ergibt sich aus der Summe von Ionendruck P_I und Elektronendruck P_e, der über eine Zustandsgleichung mit der Temperatur T verknüpft ist. Bei heißen Sternen ist darüber hinaus noch der Strahlungsdruck P_{rad} zu berücksichtigen, der von der durch den Stern diffundierenden Strahlung aufgebaut wird. Der Gesamtdruck P ist dann nichts anderes als die Summe von Gas- und Strahlungsdruck:

$$P = P_G + P_{rad} \tag{4.8}$$

Bei Sternen, deren Inneres ein entartetes Elektronengas enthält, wird der Druck durch den (nichtthermischen) Entartungsdruck der freien Elektronen aufgebracht, und die Überlegungen, die zu Gl. 4.5 geführt haben, müssen modifiziert werden. Das gilt beispielsweise für entartete Sternkerne, für Weiße Zwergsterne und selbstverständlich auch für Neutronensterne, wobei bei Letzteren die (entartete) Neutronenflüssigkeit in ihrem Inneren den Gegendruck zur Gravitationsanziehung liefert. Im Fall der Neutronensterne muss Gl. 4.5 um allgemein-relativistische Effekte modifiziert werden, was zur sogenannten Tolman-Oppenheimer-Volkoff-Gleichung (s. Abschn. 7.2.5.1) (hier eine „post-newtonsche" Näherung!) führt (Kippenhahn et al. 2012):

$$\frac{dP}{dr} = -\frac{Gm}{r^2}\rho\left[1 + \frac{P}{\rho c^2} + \frac{4\pi r^3 P}{mc^2} + \frac{2Gm}{rc^2}\right] \tag{4.9}$$

Trotz des enorm großen Drucks lässt sich die Materie im Zentralbereich der meisten Sterne als „Gas" betrachten. Grund dafür sind die hohen Temperaturen von mehreren Millionen Kelvin, die ein Kondensieren des Plasmas in einen mehr flüssigkeitsähnlichen Zustand verhindern. Deshalb lassen sich für die theoretische Untersuchung von normalen Sternen, soweit man nicht zu sehr ins Detail geht, durchaus die Gesetze für ideale Gase anwenden. Da ein Stern ständig durch Abstrahlung Energie verliert, muss, damit das Druckregime im Sterninneren stabil aufrechterhalten werden kann, diese Energie ständig nachgeliefert werden. Auch dann, wenn man nicht genau weiß, wo diese Energie genau herkommt (erst seit den 1930er-Jahren ist es klar, dass die Energie aus thermonuklearen Reaktionen stammt), lassen sich doch einige grundsätzliche Angaben über den Energiehaushalt eines Sterns machen.

Ausgangspunkt ist die Gl. 4.6, deren beide Seiten mit dem Volumen des Sterns zu multiplizieren sind:

$$\frac{4}{3}\pi r^3 \frac{dP}{dm(r)} = -\frac{1}{3}\frac{Gm(r)}{r} \tag{4.10}$$

Die linke Seite liefert bei (partieller) Integration über den gesamten Stern:

$$\int_0^{M^*} 4\pi r^3 \frac{dP}{dm(r)} dm(r) = [3VP]_0^{M^*} - \int_0^{M^*} 12\pi r^2 \frac{dr}{dm(r)} dm(r)$$

Der Term in den eckigen Klammern ist gleich null, weil das Volumen V bei $r = 0$ und der Druck P bei $r = R^*$ verschwindet (was natürlich eine vereinfachende Annahme ist). Der Term rechts daneben lässt sich mit Gl. 4.2 in folgende Form bringen:

$$\int_0^{M^*} 4\pi r^3 \frac{dP}{dm(r)} dm(r) = -12\pi \int_0^{M^*} r^2 \frac{dr}{dm(r)} P\, dm(r) = -\int_0^{M^*} \frac{3P}{\rho} dm(r) \tag{4.11}$$

4.1 Sterne im hydrostatischen Gleichgewicht und Virialtheorem

Als Nächstes wird die Gleichung für das hydrostatische Gleichgewicht Gl. 4.6 beidseitig mit $4\pi r^2$ multipliziert und anschließend integriert. Dabei interessiert nur der rechte Teil der entstehenden Gleichung, welche die gesamte gravitative Bindungsenergie des Sterns darstellt:

$$-\int_0^{M^*} \frac{Gm(r)}{r} dm(r) = E_G \tag{4.12}$$

Setzt man in den linken Teil von Gl. 4.11 die Gl. 4.6 ein, dann folgt offensichtlich

$$\int_0^{M^*} \frac{Gm(r)}{r} dm(r) = 3 \int_0^{M^*} \frac{P}{\rho} dm(r) = -E_G \tag{4.13}$$

Es gibt also einen Zusammenhang zwischen der gravitativen Bindungsenergie und den Größen P und ρ, die ein Gas beschreiben. Hergestellt wird dieser Zusammenhang über die mittlere kinetische Energie $\overline{E}_k$ der Teilchen in diesem Gas. Nach der idealen Gasgleichung $PV = Nk_BT$ und $\overline{E}_k = \frac{3}{2}Nk_BT$ ergibt sich für die thermische Energie pro Masseeinheit für ein monoatomiges ideales Gas

$$\frac{\overline{E}_k}{\mu} = \varepsilon_T = \frac{3}{2}\frac{P}{\rho}$$

und damit für die thermische Gesamtenergie

$$E_T = \int_0^{M^*} \varepsilon_T dm = \frac{3}{2}\int_0^{M^*} \frac{P}{\rho} dm. \tag{4.14}$$

Eingesetzt in Gl. 4.13 führt das mit Gl. 4.12 zu dem bemerkenswerten Ergebnis

$$E_G = -2E_T. \tag{4.15}$$

Es ist unter dem Namen „Virialtheorem" oder „Virialsatz" bekannt. Dieser impliziert – wenn das auch nicht auf dem ersten Blick sofort zu erkennen ist –, dass die Sterne die einzigen „Objekte" in der Natur sind, welche durch Energieabstrahlung nicht kälter, sondern heißer werden.

Im Fall eines mehratomigen (idealen) Gases gilt für das Verhältnis von Gasdruck zur Dichte

$$\frac{P}{\rho} = (\gamma - 1)\varepsilon_T \tag{4.16}$$

wobei γ das Verhältnis der spezifischen Wärme bei konstantem Druck und zur spezifischen Wärme bei konstantem Volumen ist (Adiabatenexponent $= c_P/c_V$). Der Virialsatz lässt sich dann in der allgemeineren Form

$$E_G = -3(\gamma - 1)E_T \tag{4.17}$$

schreiben. Bei der Anwendung ist jedoch zu beachten, dass die Energie, die in den Strahlungsquanten steckt, nicht berücksichtigt wird und damit Gl. 4.17 streng nur für Sterne gilt, bei denen der Strahlungsdruck vernachlässigt werden kann.

Eine besonders wichtige Konsequenz des Virialsatzes für die Sternphysik besteht in der Erkenntnis, dass die Kontraktion eines Sterns immer zu einer

Temperaturerhöhung im Sterninneren führen muss. Aufgrund der Energieerhaltung entspricht die Änderung der Gesamtenergie $E_{ges} = E_G + E_T$ genau der Leuchtkraft L^* des Sterns, also

$$\frac{dE_{ges}}{dt} + L^* = 0$$

woraus wegen Gl. 4.15

$$L^* = -\frac{1}{2}\frac{dE_{ges}}{dt}$$

folgt. Das bedeutet, dass die Hälfte der bei der Kontraktion freigesetzten gravitativen Bindungsenergie in den kosmischen Raum abgestrahlt wird. Die andere Hälfte erhöht dagegen die innere Energie des Sterns – er heizt sich weiter auf. Damit wird in gewissen (instabilen) Stadien der Sternentwicklung die gravitative Bindungsenergie zu einer besonders wichtigen Energiequelle eines Sterns. Wenn beispielsweise die Energieerzeugungsrate durch Wasserstoffbrennen abnimmt, weil im Sternkern die Wasserstoffvorräte erschöpft sind, dann wird der Stern das Energiedefizit dadurch auszugleichen versuchen, dass sein Kernbereich kontrahiert und dabei die Hälfte der dabei freigesetzten gravitativen Bindungsenergie thermalisiert. Dabei nimmt die Temperatur im Sterninneren zu und erreicht irgendwann einen Wert, bei dem schließlich das Heliumbrennen zündet. Ab diesem Zeitpunkt kann der Energieverlust durch Abstrahlung wieder durch Kernfusion gedeckt werden und der Sternkern hat keine Veranlassung mehr, weiter zu kontrahieren. Die Sternentwicklung ist durch längere stabile Phasen gekennzeichnet, die durch kurze instabile Phasen unterbrochen werden, in denen der Stern das Reservoir seiner Gravitationsenergie anzapfen muss.

Ein Stern besitzt demnach zwei aneinander gekoppelte Energiespeicher. Einmal die Energie, die sich als Feldenergie im Gravitationsfeld befindet und nur von der Masse und der Größe des Sterns abhängt, und zum anderen die innere Energie, die sich indirekt über die Temperatur ausdrücken lässt. Der Virialsatz stellt eine Verbindung zwischen diesen beiden Energiereservoirs her, und zwar derart, dass ein Stern, wenn er seine Energie um eine Einheit verringern möchte, zwei Einheiten aus dem Gravitationsfeld abgeben und eine Einheit in Form von innerer Energie in seinem Inneren speichern muss. Dieser Vorgang ist sehr wesentlich für die Stabilität der Kernfusionsprozesse, da er die Aufrechterhaltung eines stabilen Fließgleichgewichts mit eigener Regulierung ermöglicht. Gleichgewicht herrscht immer dann, wenn die Menge der vom Stern abgestrahlten Energie (was seiner Leuchtkraft entspricht) gleich der Energiemenge ist, die in seinem Inneren durch Kernfusion freigesetzt wird. In diesem Fall stellt sich innerhalb des Sterns eine statische Temperaturverteilung ein. Man kann sich nun leicht überlegen, dass – wenn die Energieproduktion aus irgendwelchen Gründen im Sterninneren zunimmt – der Stern mit einer Expansion reagieren muss, da nur dadurch die Temperatur im Inneren abgesenkt werden kann. Auf diese Weise regelt er sich ganz von allein auf einen Optimalzustand zurück.

4.1 Sterne im hydrostatischen Gleichgewicht und Virialtheorem

Eine wichtige Phase im Leben eines Sterns ist die Phase seiner Entstehung durch Kollaps einer gravitativ instabil gewordenen Gas- und Staubwolke. Sie zeichnet sich dadurch aus, dass aufgrund der Bedingung

$$\left|\frac{1}{\rho}\frac{dP}{dr}\right| < \frac{Gm(r)}{r^2} \qquad (4.18)$$

die radiale Beschleunigungskomponente der zu einem Protostern zusammenstürzenden Teilchen nicht verschwindet.

Während der Kontraktion wird entsprechend dem Virialtheorem Energie freigesetzt, die bis zum Zünden der Kernfusionsprozesse vollständig aus dem Gravitationsfeld entnommen wird. Die Zeitdauer, innerhalb der ein Protostern auf diese Weise seinen Energiehaushalt bestreiten kann, bezeichnet man als Kelvin-Helmholtz-Zeitskala. Sie lässt sich leicht abschätzen, indem man die verfügbare gravitative Bindungsenergie Gl. 4.12 durch eine charakteristische Leuchtkraft L dividiert:

$$\tau_{KH} = \frac{E_G}{L} \rightarrow \text{ für die Sonne } \approx \frac{GM_\odot^2}{R_\odot L_\odot} \qquad (4.19)$$

Für die Sonne ergibt sich z. B. mit der heutigen Sonnenleuchtkraft $L_\odot$ ein Zeitrahmen von etwa 30 Mio. Jahren. Diese Abschätzung hat zu Beginn des 20. Jahrhunderts dazu geführt, dass man die gravitative Kontraktion als Erklärung für eine dauerhafte Energiequelle der Sonne endgültig aufgeben musste.

4.1.1 Abweichungen von der sphärischen Symmetrie

Nach Gl. 4.5 ist der Zustand des hydrostatischen Gleichgewichts durch die Balance zwischen der nach innen gerichteten Gravitationskraft und dem nach außen gerichteten Druck (Gas- und Strahlungsdruck) gegeben. In einem nicht-rotierenden Stern sind diese Kräfte radialsymmetrisch und in jede Richtung gleich, was als Gleichgewichtsfigur eine Kugel impliziert. Rotiert jedoch der Stern, entsteht eine zentrifugale Kraftkomponente, die vom Äquator in Richtung der Rotationsachse wirkt. Diese Kraft verletzt die Radialsymmetrie. Am Äquator wirkt die zentrifugale Kraft der Gravitationskraft teilweise entgegen, während sie an den Polen keine Komponente besitzt. Ist die durch die Rotation bedingte Zentrifugalkraft klein, dann kann deren Auswirkung auf die Form des Sterns vernachlässigt werden. Das lässt sich folgendermaßen zeigen: Ist ω die Winkelgeschwindigkeit, dann lässt sich die Zentrifugalkraft, die auf ein Massenelement m in der Nähe der Sternoberfläche wirkt, durch die Beziehung $m\omega^2 R$ ausdrücken. Gilt demnach

$$\frac{\omega^2}{(GM/R^3)} \ll 1 \qquad (4.20)$$

dann lässt sich die Wirkung der rotationsbedingten Zentrifugalkraft auf die Gleichgewichtsfigur eines Sterns offensichtlich vernachlässigen. Das ist beispielsweise bei der Sonne (Rotationsperiode ca. 27 Tage) der Fall, bei der das durch Gl. 4.20 gegebene Verhältnis bei $1,9 \cdot 10^{-8}$ beträgt. Bei jungen Sternen, die einen Großteil ihres Drehimpulses noch nicht abgebaut haben, kann man dagegen merkliche Abweichungen ihrer Form hin zu einem Rotationsellipsoid erwarten. Für einen O5-Stern der Leuchtkraftklasse V mit 60 $M_\odot$ und einem Radius von 12 $R_\odot$, dessen Rotationsgeschwindigkeit an der Oberfläche 200 km/s erreicht, kann man bereits eine geringfügige Abweichung von der Kugelsymmetrie erwarten, denn hier liegt das Verhältnis Gl. 4.20 bereits bei 0,04.

Ein Beispiel für einen Stern, dessen Unterschied zwischen äquatorialem und polarem Durchmesser durch optische Interferometrie gemessen werden konnte, ist der Stern Altair (α Aql). Bei ihm konnte mittels des CHARA-Arrays im Jahr 2007 nachgewiesen werden, dass der Äquatordurchmesser des Sterns 25 % größer ist als der Poldurchmesser. Dass Altair „abgeflacht" ist, war zu diesem Zeitpunkt zwar bereits bekannt (u. a. aufgrund des Nachweises des Zeipel-Effekts, Kervelle et al. 2005), aber wie groß die „Abplattung" wirklich ist, konnte erst anhand der optischen Auflösung des nur ca. 3 mas großen Sternscheibchens mittels des MIRC-Instruments des CHARA-Interferometers bestimmt werden. Aus den Beobachtungen ergab sich ein Äquatorradius von etwa 2,03 $R_\odot$ und ein Poldurchmesser von 1,63 $R_\odot$ (Monnier et al. 2007). Das entspricht einer Abplattung von rund 0,197. Während die Sonne (am Äquator) 27 Tage für eine Rotation um ihre Achse benötigt, schafft der doppelt so große Altair dies in knapp 10 Stunden (!).

Weitere Sterne, deren Abplattung mit dem CHARA-Array interferometrisch bestimmt werden konnte, sind α Oph (0,178), α Cep (0,167), β Cas (0,184) und α Leo (0,238).

Normalerweise sollte die Winkelgeschwindigkeit mit zunehmender (stellarer) Breite abnehmen. Das ist aber schon bei der Sonne nicht der Fall. Man spricht hier von einer „differentiellen Rotation". Als Ursache dafür wird turbulente Konvektion im Sterninneren vermutet (Küker et al. 2005). Dies verkompliziert eine Betrachtung des hydrostatischen Gleichgewichts, da es zu Strömungen und Scherkräften, insbesondere in der Sternatmosphäre, führen kann (Abb. 4.2).

Zeipel-Effekt
Der Zeipel-Effekt, der nach dem schwedischen Astronomen Edvard Hugo von Zeipel (1873–1959) benannt ist, stellt ein Phänomen dar, das bei schnell rotierenden Sternen auftritt. Er besagt, dass die Oberflächentemperatur eines rotierenden Sterns in Richtung der Rotationsachse geringer ist als in Richtung der Äquatorebene. Dies lässt sich auf die folgenden Gründe zurückführen:

- Die Rotation eines Sterns bewirkt, dass Zentrifugalkräfte der Gravitationskraft entgegenwirken. Diese Kräfte sind am Äquator am stärksten, da die Entfernung zum Rotationszentrum dort am größten ist. Dies führt zu einem Rotationsellipsoid als Gleichgewichtsform eines Sterns.
- Aufgrund der durch die Zentrifugalkraft verringerten effektiven Gravitation ist der Gradient des Strahlungsdrucks am Äquator flacher als an den Polen. Gemäß dem von Zei-

Abb. 4.2 Der Stern Altair im Sternbild Adler weist aufgrund seiner extrem hohen Rotationsgeschwindigkeit die Form eines Rotationsellipsoids auf. Dabei strahlen die Pole aufgrund des Zeipel-Effekts mehr Strahlung ab als die Äquatorregion

pel formulierten Satz strömt die Energie bevorzugt entlang der Richtung des steilsten Strahlungsdruckgradienten, was an den Polen der Fall ist (Zeipel, 1924).
- Die im Kern erzeugte Energie wird vor allem über die Polregionen abgeführt, was zu höheren Temperaturen führt (d. h., die Pole erscheinen heller). Am Äquator ist der Strahlungsdruckgradient flacher, die Wärmeleitfähigkeit geringer und somit auch die Temperatur niedriger.

Der Temperaturunterschied zwischen Pol und Äquator verstärkt gemäß den Gesetzen der Hydrostatik die Abplattung des Sterns und führt zu einer noch ausgeprägteren ellipsoiden Form. Dies liegt daran, dass die niedrigere Temperatur zu einer geringeren Gasdichte führt, wodurch sich die Materie am kühleren Äquator weiter ausdehnt als an den heißeren und damit dichteren Polen. Dies vergrößert den bestehenden Äquatorwulst rotierender Sterne.

Formal lässt sich dieser Sachverhalt wie folgt ausdrücken („Satz von Zeipel":

$$f = \frac{L(P)}{4\pi GM(P)} g^* \tag{4.21}$$

Hierbei bezeichnet f den Strahlungsfluss über eine Oberfläche konstanten Drucks P, wobei L die Leuchtkraft, M die von der Oberfläche eingeschlossene Sternmasse und g^* die lokale (d. h. breitenabhängige) Schwerebeschleunigung ist. Aufgrund der Breitenabhängigkeit von g^* ergibt sich für die effektive Temperatur auch eine Breitenabhängigkeit, und zwar zu $T_{\mathit{eff}} \sim \sqrt[4]{g^*(\vartheta)}$.

Nach der Theorie der rotierenden Sterne kann sich die Rotationsgeschwindigkeit eines Sterns, wenn er nur vom Radius abhängt, nicht gleichzeitig im thermischen und hydrostatischen Gleichgewicht befinden, was als „Zeipel-Paradoxon" bezeichnet wird. Es lässt sich jedoch unter der Annahme, dass die Rotationsgeschwindigkeit höhenabhängig ist oder meridionale Zirkulation vorliegt, auflösen (Näheres siehe Tassoul 1978).

4.1.2 Sternwinde – Verletzung des hydrostatischen Gleichgewichts in Sternatmosphären

Im Prinzip verlieren alle Sterne kontinuierlich Masse an das interstellare Medium. Im Fall der Sonne spricht man dabei vom „Sonnenwind" und ansonsten ganz allgemein von „Sternwinden". Die Abströmgeschwindigkeiten bewegen sich dabei von etwa 10 km/s bis zu einigen Tausend km/s. Beispiele für Sterntypen, die für ihre besonders intensiven Sternwinde bekannt sind, sind O- und B-Sterne, die hinsichtlich ihrer effektiven Temperatur zu den heißesten und massereichsten Sternen im Hertzsprung-Russell-Diagramm gehören. Aufgrund ihrer hohen Oberflächentemperaturen und der damit verbundenen hohen Strahlungsleistung (hier wird der Strahlungsdruck signifikant) können sie durchaus bedeutsame Mengen von Materie mit hoher Geschwindigkeit ins interstellare Medium abgeben. Besonders hervorzuheben sind in diesem Zusammenhang Wolf-Rayet-Sterne (Abschn. 2.5.4.9), bei denen Abströmgeschwindigkeiten von immerhin bis zu 4000 km/s beobachtet wurden. Diese hohen Abströmgeschwindigkeiten überlagern das kontinuierliche Spektrum mit starken, sehr breiten Emissionslinien, die in der Regel ein typisches P-Cygni-Linienprofil aufweisen. Man schätzt, dass ein Wolf-Rayet-Stern innerhalb einer Million Jahren bis zu 3 Sonnenmassen allein über den Sternwind verlieren kann.

Die Verletzung der Bedingung des hydrostatischen Gleichgewichts resultiert hier daraus, dass die radiale Geschwindigkeitskomponente der Materie in der Sternatmosphäre größer ist als die Fluchtgeschwindigkeit. In diesem Fall lässt sich die Massenverlustrate relativ leicht über die Kontinuitätsgleichung Gl. 4.2 abschätzen, wenn die Abströmgeschwindigkeit v bekannt ist:

$$\frac{dM}{dt} = 4\pi r^2 \rho(r) v(r) \qquad (4.22)$$

Die Massenverlustrate variiert in Abhängigkeit von der effektiven Temperatur und Oberflächengravitation eines Sterns etwa zwischen 10^{-14} $M_\odot$/Jahr (Sonne) und $\sim 10^{-5}$ $M_\odot$/Jahr bei sehr heißen O- und B-Sternen.

Ist von einem Stern die Masse M, die Leuchtkraft L und der Radius R bekannt, dann lässt sich folgende zugeschnittene Größengleichung für $\dot M$ angeben („Reimers Massenverlustrate"):

$$\frac{dM}{dt} \sim 10^{-13}\frac{(L/L_\odot)(R/R_\odot)}{(M/M_\odot)} \quad \text{in } M_\odot/\text{Jahr} \qquad (4.23)$$

Zugegebenermaßen sind die Mechanismen, die für den Massenverlust über die Sternoberfläche verantwortlich sind, noch nicht in allen Einzelheiten verstanden. Das gilt insbesondere für Hauptreihensterne, die – wie die Sonne – über eine heiße Chromosphäre und Korona verfügen, die durch nicht-thermische Prozesse aufgeheizt werden.

Die Entdeckung und Erforschung des Sonnenwindes

Vermutungen, dass von der Sonne ein gewisser Einfluss auf die Erde ausgeht, der sich nicht allein durch ihre gravitative Wirkung und die von ihr ausgehende elektromagnetische Strahlung erklären lässt, wurden bereits in der zweiten Hälfte des 19. Jahrhunderts von einigen Wissenschaftlern geäußert. Zu erwähnen ist besonders die Beobachtung, dass im Anschluss an die Entdeckung eines Weißlicht-Flares durch Richard Carrington (1826–1875) am 1. September 1859 etwas zeitversetzt (ca. 18 h) ein magnetischer Sturm und eine verstärkte Polarlicht-Aktivität einsetzten. Damit wurde zum ersten Mal ein Zusammenhang zwischen einem rein solaren mit einem rein irdischen Phänomen hergestellt.

Besonders die Forschungen des norwegischen Physikers Kristian Birkeland (1867–1917) führten zu der Hypothese, dass geladene Teilchen in den Polargebieten in die obere Atmosphäre eindringen und dort für die Entstehung der Aurora Borealis und der Aurora Australis verantwortlich sind.

Ein weiteres Indiz war in diesem Zusammenhang, dass die 1912 von Victor F. Hess (1883–1964) entdeckte „Höhenstrahlung", die man heute als „kosmische Strahlung" bezeichnet, eine Modulation aufwies, deren Periodizität mit dem 11-jährigen Sonnenzyklus (Schwabe-Zyklus) koinzidierte.

Andererseits wurde die Idee, dass von der Sonne ein kontinuierlicher Teilchenstrom ausgeht, bis Anfang der 1950ziger Jahre kaum beachtet, bis der Leipziger Astrophysiker Ludwig Biermann (1907–1986) und der amerikanische Sonnenforscher Eugen N. Parker (1927–2022) die Expansion des koronalen Plasmas näher untersuchten.

Bereits Cuno Hoffmeister (1892–1968) fiel 1943 auf, dass die Richtung der Plasmaschweife von Kometen statistisch um einen kleinen Betrag von der Idealrichtung Komet-Sonne abweicht. Ludwig Biermann erklärte diese Beobachtung damit, dass von der Sonne ein permanenter Strom von geladenen Teilchen ausgeht, deren Bahnen aufgrund der Rotation der Sonne leicht gekrümmt sind, sodass sie die Kometengase unter einem Winkel von 5° bis 6° treffen (Aberration). Diese Teilchenströmung führt schließlich das Kometenplasma mit sich und erzeugt damit die auffallend geraden Plasmaschweife. Im Gegensatz dazu konnten die häufig gekrümmten Staubschweife leicht als ein Zusammenspiel von bahnmechanischen Effekten und dem Strahlungsdruck erklärt werden (vgl. Abb. 4.3).

Ungefähr zur gleichen Zeit (1957) wies der Geophysiker Sydney Chapman (1888–1970) darauf hin, dass die Korona aufgrund ihrer hohen Temperatur weit vom thermodynamischen Gleichgewicht entfernt beständig expandieren muss. Dieser Prozess wurde schließlich von Eugen N. Parker näher untersucht, was letztendlich zur theoretischen Entdeckung des Sonnenwindes führte. Der Begriff „Sonnenwind" wurde von Parker eingeführt, und die Sonnen-Sonde „Parker Solar Probe" ist nach ihm benannt.

Das Parker-Modell Abschn. 3.4.4 der hydrodynamischen Expansion der Sonnenkorona hatte viele Jahrzehnte Bestand und ist in seinen Grundzügen auch heute noch ein guter Ausgangspunkt zur Erklärung des Sonnenwindes und seiner Dynamik.

Der direkte Nachweis des Sonnenwindplasmas im interplanetaren Raum gelang endgültig 1962 mit den Instrumenten der Venussonde „Mariner 2", nachdem 1959 die sowjetische Mondsonde „Lunik 1" erste Hinweise darauf gefunden hatte. Mit den speziell zur Sonnenforschung ausgelegten Sonden „Helios 1" und „Helios 2" fanden zwischen 1974 und 1986 die ersten langandauernden Messkampagnen des Sonnenwindes statt. Heute gehört die Überwachung der solaren Partikelstrahlung zur Routine, um das für irdische Belange so wichtige „Weltraumwetter" vorherzusagen. Eine ganze Armada von Forschungssatelliten ist mittlerweile mit dieser Aufgabe betraut.

Die detaillierte Erforschung des Sonnenwindes in Form von in-situ-Messungen begann in den frühen 1970ziger Jahren mit einigen aufsehenerregenden Entdeckungen. Besonders erfolgreich waren in dieser Beziehung die bereits erwähnten Helios-Missionen (inneres Sonnensystem) und die Voyager-Missionen (äußeres Sonnensystem), mit deren Hilfe wichtige Parameter des Sonnenwindes in unterschiedlichen Entfernungen zur Sonne bestimmt werden konnten. Weiterhin sollte die „Ulysses-Mission" nicht unerwähnt bleiben, mit deren Hilfe die Ausbreitung des

Abb. 4.3 Beim Kometen West war sehr schön der blaue, von der Sonne weg gerichtete Plasmaschweif und der gekrümmte, weit aufgefächerten Staubschweif zu erkennen

Sonnenwindes auch außerhalb der Ekliptikalebene untersucht werden konnte. Das heutige Modell des Sonnenwindes beruht zu einem beträchtlichen Teil auf den Messwerten, die diese und noch anhaltende Missionen über den gesamten Aktivitätszyklus der Sonne geliefert haben und noch liefern.

Ein besonderer Höhepunkt in diesem Zusammenhang war die messtechnische Erfassung der Durchquerung der Randstoßwelle (termination shock) des Sonnenwindplasmas im August 2007 durch Voyager 2 und dessen Einflug in den „Heliosheat", wo sich Sonnenwind und interstellare Materie mischen.

4.2 Energiehaushalt und Leuchtkraft

Der Energiehaushalt eines gewöhnlichen Sterns ist leicht zu verstehen. Alle Energie, die er in den kosmischen Raum abgibt, muss er in seinem Inneren erzeugen. Angenommen, ε sei die Energiemenge, die ein Stern in einer Zeiteinheit pro Masseeinheit auf irgendeine Art und Weise erzeugt, dann muss für die Leuchtkraft des Sterns folgende Beziehung gelten:

$$L^* = \int_0^{M^*} \varepsilon \, dm(r) \tag{4.24}$$

Das bedeutet, dass die Energiemenge, die pro Sekunde durch eine Kugelschale der Dicke dr an der Position r in Richtung Sternoberfläche fließt, gleich der

4.2 Energiehaushalt und Leuchtkraft

Energiemenge ist, die in der gleichen Zeit innerhalb dieser Kugelschale freigesetzt wird. Die „Energiegleichung" lässt sich nach diesen Überlegungen wie folgt in differenzieller Form aufschreiben:

$$\frac{dL(r)}{dm(r)} = \varepsilon \tag{4.25}$$

Hier ist die Größe ε von Interesse, da sie alle energieerzeugenden und -verbrauchenden Prozesse innerhalb eines Masseelements $dm(r)$ subsumiert. Sie besteht genau genommen aus drei Komponenten, von denen jedoch eine nicht zur „Photonen"-Leuchtkraft beiträgt. Den bei Weitem größten Beitrag zu ε liefern die thermonuklearen Reaktionen im Sternkern (ε_{nuc}). Ein weiterer positiver Beitrag ergibt sich aus dem Viralsatz, der besagt, dass die gravitative Kontraktion eines Sterns zur Erhöhung seiner Temperatur führt. In Sternen in normalen stabilen Phasen ihrer Entwicklung liefert er jedoch nur eine kleine und meist vernachlässigbare Regulierungsgröße (ε_g). In instabilen Phasen der Sternentwicklung ist er dagegen von großer Bedeutung. Man denke nur daran, dass ein Protostern im Vorhauptreihenstadium damit immerhin seine komplette Leuchtkraft bestreiten muss. Ein weiterer Beitrag, der aber mit negativem Vorzeichen zu Buche schlägt, ist die Energie, die durch Neutrinos abgeführt wird, (ε_ν). Da diese quasi wechselwirkungsfreien Teilchen die Sternmaterie fast ungehindert durchlaufen können (mit Ausnahme von Supernovae gibt es so gut wie keine Thermalisierung ihrer Energie im Sterninneren), haben sie eine „kühlende Wirkung". Sie implizieren damit zwar auch eine Art von „Energiestrom" in Form einer Neutrinoleuchtkraft, die aber in der Leuchtkraft L^* eines Sterns (da außer bei der Sonne nicht beobachtbar) explizit nicht berücksichtigt wird. In der Summe gilt also.

$$\varepsilon = \varepsilon_{nuc} - \varepsilon_\nu + \varepsilon_g, \tag{4.26}$$

wobei bei der Modellierung typischer Sterne in der Regel auf den Neutrinoanteil ε_ν verzichtet werden kann, da er nur wenige Prozent von L^* ausmacht. Man kann sich das leicht am Beispiel der Sonne veranschaulichen: Die gemessene solare Neutrinorate liegt bei $1{,}8 \cdot 10^{38}$ Neutrinos pro Sekunde, wobei die mittlere Energie der Neutrinos bei $\approx 0{,}26$ MeV ($= 4{,}17 \cdot 10^{-14}$ J) liegt. Mit diesen Zahlen und der Sonnenleuchtkraft $L_\odot = 3{,}846 \cdot 10^{26}$ W folgt daraus ein Verhältnis von solarer Neutrinoleuchtkraft zu solarer Leuchtkraft von $\approx 0{,}02$. Das bedeutet, dass im Fall der Sonne etwa 2 % der bei der Wasserstofffusion erzeugten Energie mit den Neutrinos „verlorengeht".

Für einen statischen Stern, derseine Energie ausschließlich aus thermonuklearen Reaktionen bezieht, lautet die Energiegleichung.

$$\frac{dL(r)}{dm(r)} = \varepsilon_{nuc} \tag{4.27}$$

Möchte man bei der Modellierung eines Sterns jedoch Entwicklungseffekte berücksichtigen, muss die Gleichung 4.27 um die gravitative Komponente ε_g ergänzt werden (zum Beispiel durch die zeitliche Änderung von Druck und Temperatur bei Kollaps oder Expansion des Sternkerns):

$$\frac{dL(r)}{dm(r)} = \varepsilon_{nuc} - c_P T \left(\frac{1}{T}\dot{T} - \frac{\nabla_{ad}}{P}\dot{P} \right) \quad (4.28)$$

Hier bezeichnen, wie üblich, c_P die Wärmekapazität bei konstantem Druck, ∇_{ad} den adiabatischen Temperaturgradienten und $\dot{T}$ und $\dot{P}$ die zeitlichen Änderungsraten von Temperatur und Druck.

4.3 Energietransport

Die Energie, die innerhalb eines verhältnismäßig kleinen Kernbereichs im Zentrum eines Sterns durch thermonukleare Reaktionen kontinuierlich erzeugt wird, muss durch bestimmte Prozesse an die Sternoberfläche, d. h. zur Photosphäre, transportiert werden, wo sie schließlich in den kosmischen Raum abgestrahlt wird. Dafür kommen prinzipiell nur drei Mechanismen in Frage: Wärmeleitung, Konvektion und Strahlungstransport. Die Wärmeleitung spielt im Inneren „normaler" Sterne eine untergeordnete Rolle, da der differenzielle Temperaturgradient meist zu gering ist. Anders ausgedrückt, die freie Weglänge der Ionen und Elektronen im stellaren Plasma ist gewöhnlich sehr klein im Vergleich zur freien Weglänge der Photonen. Erst unter der Bedingung der Elektronenentartung erreichen die Elektronen eine freie Weglänge, die die der Photonen übertrifft. Dies macht die „Elektronenleitung" zu einem wesentlichen Wärmeleitungsmechanismus. Dies erklärt die weitgehende Isothermie im Inneren von Weißen Zwergsternen. Wärmetransport durch Wärmeleitung ist in Festkörpern, wie Metallen, effektiv, wo er hauptsächlich durch Gitterschwingungen oder freie Elektronen erfolgt. Planetare Festkörper kühlen beispielsweise durch Wärmeleitung und Abstrahlung aus. Bleiben also noch Strahlungstransport und Konvektion.

4.3.1 Strahlungstransport

Der Energietransport im tiefen Inneren der Sterne durch elektromagnetische Strahlung unterscheidet sich nicht wesentlich vom Strahlungstransport in der Sternphotosphäre. Nur dass hier das stellare Plasma „optisch dick", also so gut wie undurchsichtig, ist. Die Strahlung kann deshalb nur langsam nach außen „diffundieren", wobei sie dabei unzählige Streu-, Absorptions- und Reemissionsvorgänge durchmacht. Man kann sich diesen Vorgang recht anschaulich als einen *random walk* der Photonen durch den Stern bis zur Photosphäre vorstellen. Und das kann recht lange dauern, wie folgende Überlegungen am Beispiel der Sonne zeigen. Als mittlere freie Weglänge eines Photons zwischen einem elementaren Emissions- und einem Absorptionsvorgang soll eine Strecke von 0,5 cm und eine Zeitdauer von 10^{-8} s zwischen beiden Vorgängen angenommen werden. Die Frage ist nun, nach wie vielen Schritten N wird ein im Sonnenkern startendes Photon die Sonnenoberfläche erreichen wird, wenn es sich rein zufällig durch das Sonneninnere bewegt?

Bezeichnet man mit **d** jeweils den Vektor mit der genannten mittleren freien Weglänge als Betrag, der jeweils einen Emissionsvorgang mit einem Absorptionsvorgang verbindet und dessen Richtung bei jedem solchen Vorgang neu ausgewürfelt wird, und mit **R** den Vektor, der vom Sonnenzentrum bis zu dem Punkt der Photosphäre reicht, an dem das Photon in den kosmischen Raum entschwindet. Sein Betrag entspricht dem Sonnenradius. Es gilt dann offensichtlich unter den genannten Voraussetzungen

$$\mathbf{R} = \sum_{k=1}^{N} \mathbf{d}_k \Rightarrow \mathbf{R} \cdot \mathbf{R} = Nd^2 + d^2 \sum_{i,j}^{N} \cos \vartheta_{ij} = R^2 = Nd^2,$$

wobei ϑ_{ij} der Winkel zwischen den aufeinander folgenden Vektoren $\mathbf{d}_i$ und $\mathbf{d}_j$ ist. Für eine große Zahl von „Zufallsschritten" wird im Mittel die Summe der „Richtungskosinusse" verschwinden, woraus für die Zahl N

$$N \approx \left(\frac{R}{d}\right)^2$$

folgt. Mit den oben angegebenen Werten von $d = 0{,}005$ m und einem Sonnenradius von $R = 6{,}957 \cdot 10^8$ m folgt daraus für $N \approx 2 \cdot 10^{22}$. Dafür werden $\approx$ 6 Mio. Jahre benötigt. Bis es dann schließlich auf der Erde in unser Auge tritt, vergehen weitere acht lange Minuten…

Stellt man sich diesen Vorgang für eine riesige Zahl von Photonen vor, ähnelt er verblüffend einem Vorgang, den man in der Chemie als Diffusion bezeichnet. Auch sie beruht auf einer zufälligen, ungerichteten Bewegung von Teilchen durch ein Substrat infolge ihrer thermischen Energie. Die Fick'schen Gesetze führen hier zu einer Gleichung, die man als Diffusionsgleichung bezeichnet und in folgender Form aufgeschrieben werden kann:

$$j = -\frac{1}{3} \langle v \rangle \langle l \rangle \frac{dn}{dr} \tag{4.29}$$

j ist hier der sogenannte Diffusionsfluss, der durch den Konzentrationsgradienten dn/dr hervorgerufen wird und genau genommen ein Vektor ist, der von einer Stelle hoher Konzentration zu einer Stelle geringer Konzentration zeigt. $\langle v \rangle$ und $\langle l \rangle$ sind jeweils die mittlere Geschwindigkeit und freie Weglänge der Partikel, die sich durch den Konzentrationsgradienten bewegen. Diese Gleichung kann als Analogie für den oben beschriebenen „Diffusionsvorgang" verwendet werden, wenn die darin enthaltenen Größen durch die entsprechenden Größen des Sterns ersetzt werden. Und das gelingt relativ leicht: Der Diffusionsfluss j entspricht dann dem Strahlungsfluss $L(r)/4\pi r^2$, der Konzentrationsgradient lässt sich gemäß $n \to 4\sigma T^4/c$ durch den Temperaturgradienten dT/dr ersetzen, $\langle l \rangle$ entspricht der mittleren freien Weglänge der Photonen, also $l_\gamma = 1/\bar{\kappa}\rho$, und $\langle v \rangle$ der Lichtgeschwindigkeit c. Eingesetzt in Gl. 4.29 ergibt sich dann folgende „Diffusionsnäherung" für den Strahlungstransport im Sterninneren in Form eines radialen Temperaturgradienten:

$$\frac{dT}{dr} = -\frac{3}{64\pi\sigma}\frac{\bar{\kappa}\rho L(r)}{r^2 T^3} = -\frac{1}{4k'}\frac{\rho L(r)}{r^2} \tag{4.30}$$

mit der „radiativen Leitfähigkeit" k'

$$k' = \frac{16\pi\sigma T^3}{3\bar{\kappa}} \tag{4.31}$$

bzw. in der „Lagrange-Darstellung" (unter Verwendung von Gl. 4.2).

$$\frac{dT}{dm(r)} = -\frac{3\bar{\kappa}}{64\pi^2\sigma}\frac{L(r)}{r^4 T^3} = -\frac{1}{4\pi}\frac{L(r)}{r^4 k'} \tag{4.32}$$

Gemäß Gl. 3.149 ist damit der nach außen gerichtete integrale Strahlungsfluss direkt dem Temperaturgradienten proportional (Eddington-Fluss):

$$f^+(r) = \frac{L(r)}{4\pi r^2} \sim k'\frac{dT}{dr}$$

Die Opazität $\bar{\kappa}$ (ausgedrückt durch das Rosseland'sche Mittel, s. Abschn. 3.2.4.4) wirkt hier gewissermaßen als ein „Widerstand", welcher den Energiefluss verzögert. Seine Kenntnis ist deshalb von großer Wichtigkeit bei der Modellierung von Sternen. Leider gestaltet sich seine Berechnung als schwierig, da verschiedene mikrophysikalische Prozesse Beiträge dazu liefern. Deshalb werden i. d. R. über das gesamte Spektrum gemittelte Werte verwendet, die für verschiedene Temperatur- und Dichtebereiche in tabellarischer Form vorliegen (Stichwort „Kappa-Gebirge", siehe z. B. Kippenhahn et al. 2012).

Für einen ersten Überblick kann man für die Opazität der Sternmaterie den Rosseland'schen Mittelwert, definiert durch Gl. 3.211, in folgender Form verwenden:

$$\frac{1}{\bar{\kappa}} = \frac{1}{\kappa_T} + \frac{1}{\kappa_{ff}} + \frac{1}{\kappa_{gf}}$$

Er setzt sich aus drei verschiedenen Teilen zusammen, die sich a) aus der Thomson-Streuung der Photonen an freien Elektronen (κ_T), b) aus Kontinuumsübergängen an Atomen (Bremsstrahlung, κ_{ff}) und c) aus Gebunden-frei-Übergängen, die zur Ionisierung führen (κ_{gf}), ergeben. Für alle diese Anteile lassen sich zugeschnittene Größengleichungen angeben.

a) Thomson-Streuung
   Wegen $\kappa_T = \sigma_T n_e/\rho$ folgt mit Gl. 3.208.

$$\kappa_T = 6{,}65 \cdot 10^{-29}\frac{n_e}{\rho} \quad [\text{m}^2\text{kg}^{-1}] \tag{4.33}$$

oder, ausgedrückt durch den Wasserstoffanteil X an der Sternmaterie (X+Y+Z=1, wobei Y den Heliumanteil und Z den Anteil an „Metallen" beschreibt, s. Abschn. 3.4.1.5):

$$\kappa_T \approx 0{,}02(1+X) \quad [\text{m}^2\text{kg}^{-1}] \tag{4.34}$$

Der Opazitätskoeffizient der Elektronenstreuung hängt offensichtlich nur von der lokalen Elektronendichte und nicht direkt von der Temperatur ab. Da die Elektronendichte jedoch infolge der Ionisierung der Sternmaterie mit dem Ionisierungsgrad ansteigt, wird die Thomson-Streuung als Opazitätsquelle erst in Sternen, die in ihrem Inneren weitgehend ionisiert sind (d. h. bei Temperaturen weit oberhalb von 15 Mio. K), bedeutsam – also bei Sternen größerer Masse.

b) Bremsstrahlung

$$\kappa_{\!f\!f} \approx 4 \cdot 10^{21}(X+Y)(1-X)\rho T^{-7/2} \quad [\text{m}^2\text{kg}^{-1}] \tag{4.35}$$

Diese Beziehung gilt bei vollständiger Ionisation der Sternmaterie.

c) Gebunden-frei-Übergänge

$$\kappa_{gf} \approx 4 \cdot 10^{24} Z(1+X)\rho T^{-7/2} \quad [\text{m}^2\text{kg}^{-1}] \tag{4.36}$$

In Hauptreihensternen om Typ der Sonne liefern die bei den Temperaturen im Inneren noch nicht vollständig ionisierten schwereren Elemente (beispielsweise Neon, Sauerstoff etc.) den Hauptbeitrag zur Opazität. In diesen Fällen wird $\bar{\kappa}$ hauptsächlich durch κ_{gf} bestimmt.

Allgemein gesprochen überwiegt in einem teilweise ionisierten Plasma, d. h. bei geringeren Temperaturen, die Gebunden-frei-Absorption. Bei steigender Temperatur wird die Frei-frei-Absorption immer wichtiger, bis sie in einem vollständig ionisierten Gas dominiert. Dieses Verhalten führt zu einer frequenzabhängigen Opazität, die mit der Dichte ansteigt und sich mit der Temperatur gemäß der Beziehung

$$\bar{\kappa} = C\rho T^{-7/2} \tag{4.37}$$

verringert. Diese Gesetzmäßigkeit wird als „Kramers Gesetz" bezeichnet. Die Konstante C hängt dabei nur von der chemischen Zusammensetzung der entsprechenden Sternmaterie ab.

Die Opazität der Sternmaterie ist also außerordentlich wichtig für die lokale Herausbildung des „radiativen Temperaturgradienten" gemäß Gl. 4.30. Übersteigt dieser Gradient einen gewissen Grenzwert, dann kann es für den Stern effektiver sein, seine Energie in Form von geordneten Materieströmungen zu transportieren. Diese Art von Energietransport ist die Konvektion.

4.3.2 Wärmeleitung

Bei „normalen" Sternen spielt die Wärmeleitung keine Rolle, da sie gegenüber dem Strahlungstransport und der Konvektion vernachlässigbar ist. Anders ist das bei Sternen, die durch entartete Materie stabilisiert werden, wie es bei Weißen Zwergen oder Neutronensternen der Fall ist. Deren Zustandsgleichungen können nicht mehr sinnvoll durch die Zustandsgleichung der idealen Gase approximiert werden. Im Fall von Weißen Zwergen ist die mittlere freie Weglänge der ungebundenen Elektronen in der derselben Größenordnung, über die sich auch die lokale Temperatur ändert. Unter solchen Bedingungen können Elektronen aus den heißeren und tieferen Schichten zu den kühleren und oberflächennahen Schichten gelangen, ohne dass ihrer Bewegung nennenswert behindert wird. Erst in den oberflächennahen Schichten, in denen die Elektronenentartung nachlässt, haben die Elektronen die Möglichkeit, ihre überschüssige Energie an das lokale Plasma durch Stöße abzugeben. Dadurch werden die hochenergetischen Elektronen thermalisiert und erreichen schließlich die Temperatur des umgebenden Mediums.

Der Antrieb ergibt sich auch hier – wie beim Strahlungstransport – durch die Präsenz eines Temperaturgradienten dT/dr. Der dazugehörige Eddington-Fluss f^+ ist dem der Strahlung äquivalent, nur dass die Opazität hier nicht durch das Rosseland-Mittel, sondern durch κ_{cond} gegeben ist:

$$f^+ = -\frac{4\sigma T^3}{3\pi \kappa_{cond} \rho} \frac{dT}{dr} \qquad (4.38)$$

Im Fall der Weißen Zwerge können die Elektronen die Wärmeenergie nahezu ungehindert durch den Stern transportieren, da ihre Wärmeleitfähigkeit (sie ist besser als die von reinem Kupfer!) die Wärmeleitfähigkeit nicht-entarteter Materie um mehrere Größenordnungen übertrifft. Auf diese Weise stellt sich schnell ein weitgehend isothermer Zustand ein.

Eine detaillierte Diskussion der Abkühlungsprozesse, denen Weiße Zwerge unterliegen, findet sich in Abschn. 7.1.5.

4.3.3 Konvektiver Wärmetransport

Unter Konvektion versteht man einen selbstorganisierten Vorgang, bei dem unten erhitzte Materiemassen (Flüssigkeiten oder Gase) aufsteigen, an der Oberfläche einen Teil ihrer thermischen Energie abgeben und anschließend wieder absinken. Es handelt sich dabei um einen Prozess, der sich weitgehend selbst stabilisiert, solange ein bestimmter Temperaturgradient zwischen Unter- und Oberseite einer Konvektionszelle aufrechterhalten wird (Rayleigh-Bénard-Konvektion). Da die bei diesem Vorgang auftretenden Strömungsgeschwindigkeiten so groß sind, dass während des Aufstiegs bzw. während des Absinkens keine Wärme mit der Umgebung ausgetauscht wird, kann man bei der theoretischen Beschreibung mit guter Näherung von einer adiabatischen Zustandsänderung ausgehen.

Um ein Kriterium abzuleiten, nach dem in einem Stern konvektiver Energietransport einsetzt, soll im Folgenden ein Volumenelement („Gasblase") betrachtet werden, welches langsam entgegen dem als gleichförmig angenommenen Gravitationsfeld nach „oben" steigt. Dieses Volumenelement sei im Abstand r vom Sternzentrum lokalisiert und befinde sich mit seiner Umgebung im Gleichgewicht.

4.3 Energietransport

Das bedeutet, dass das Gas in der Umgebung die gleichen Werte für Druck P, Dichte ρ und Temperatur T aufweist wie das Gas in diesem Volumenelement. Wenn es sich nun um die Strecke δr nach „oben" bewegt, wird sich aufgrund des Druck- und Temperaturgradienten die Dichte ρ um $\delta\rho$ und der Druck P um δP verändern. Die analogen Änderungen in der Umgebung des Ortes $r + \delta r$ sollen dagegen im Folgenden mit $\Delta\rho$ und ΔP bezeichnet werden (Abb. 4.4).

Befindet sich das Volumenelement an der neuen Position und ist schwerer als die Umgebung (größere Dichte), hat es die Tendenz, wieder nach unten zu sinken. Andernfalls wirkt eine Auftriebskraft, die das Volumenelement nach oben zu beschleunigen versucht (was übrigens schon Archimedes (287-212 v. Chr.) erkannt hat). Für diesen Fall lässt sich folgende Instabilitätsbedingung angeben:

$$\rho - \delta\rho < \rho - \Delta\rho \tag{4.39}$$

Während sich beim Vorgang des Aufsteigens der Druck innerhalb des Volumenelements sehr schnell mit der Umgebung ausgleicht (nämlich mit Schallgeschwindigkeit), gilt das nicht für die darin enthaltene Wärmeenergie. Man kann deshalb, und zwar ohne einen großen Fehler zu machen, von der Annahme ausgehen, dass die Geschwindigkeit der Aufwärtsbewegung des Volumenelements so groß ist, dass kein effektiver Wärmeaustausch mit der Umgebung erfolgen kann. Mit anderen Worten: Die „Gasblase" verhält sich adiabatisch. Bei abnehmendem Druck wird sie sich dementsprechend ausdehnen, was dazu führt, dass in gleichem Maße ihre innere Energie abnimmt und die Temperatur entsprechend sinkt. Ein sich ausdehnendes Volumenelement verringert bei diesem Vorgang natürlich auch seine Dichte (d. h., es wird leichter), was die Tendenz für einen Aufstieg weiter verstärkt. Aus einer solch kleinen Instabilität kann sich letztendlich ein kollektives Phänomen entwickeln, bei dem riesige Gasmassen in eine geordnete Auf- und

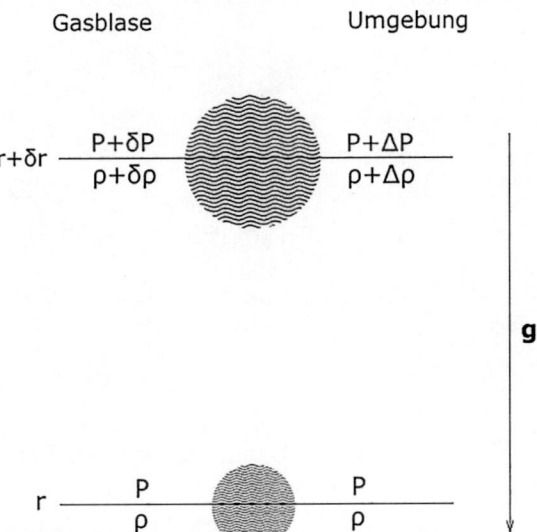

Abb. 4.4 Verhalten einer in einem Gravitationsfeld der Gravitationsbeschleunigung g gemäß dem archimedischen Prinzip aufsteigenden Gasblase

Abwärtsbewegung gezwungen werden, die sich – man denke nur an die Sonnengranulation – in riesigen Konvektionszellen äußern.

Eine adiabatische Zustandsänderung eines (idealen) Gases wird durch die Adiabatengleichung beschrieben:

$$PV^\gamma = const. \text{ bzw. } P\rho^{-\gamma} = const. \tag{4.40}$$

wobei der Adiabatenexponent γ der Quotient aus den spezifischen Wärmekapazitäten bei konstantem Druck und bei konstantem Volumen ist:

$$\gamma = \frac{C_P}{C_V} \tag{4.41}$$

Mit

$$\frac{P - \delta P}{(\rho - \delta\rho)^\gamma} = \frac{P}{\rho^\gamma} \tag{4.42}$$

erhält man für kleine Dichteänderungen unter Anwendung des binomischen Lehrsatzes.

$$(\rho - \delta\rho)^\gamma \approx \rho^\gamma - \gamma\rho^{\gamma-1}\rho \tag{4.43}$$

folgende Beziehung:

$$\delta\rho = \left(\frac{\rho}{\gamma P}\right)\delta P \tag{4.44}$$

Für die Dichteänderung der Umgebung über die Strecke dr gilt dagegen:

$$\Delta\rho = \left(\frac{d\rho}{dr}\right)\delta r \tag{4.45}$$

Damit lässt sich die Instabilitätsbedingung Gl. 4.39 weiter präzisieren:

$$\left(\frac{\rho}{\gamma P}\right)\delta P < \left(\frac{d\rho}{dr}\right)\delta r \tag{4.46}$$

Da der Druckausgleich der Gasblase mit der Umgebung quasi instantan erfolgt, ist es durchaus sinnvoll, wenn man in guter Näherung $\delta P/\delta r$ durch dP/dr ersetzt:

$$\left(\frac{\rho}{\gamma P}\right)\left(\frac{dP}{dr}\right) < \frac{d\rho}{dr} \Rightarrow \frac{dP}{P} < \gamma\frac{d\rho}{\rho} \tag{4.47}$$

Mithilfe der Zustandsgleichung für ideale Gase $PV = Nk_BT$ ergibt sich für den Druck P

$$P = \frac{\rho k_B T}{m}. \tag{4.48}$$

Damit lässt sich in Gl. 4.47 der Dichtegradient durch den Temperaturgradienten ersetzen:

$$\frac{dP}{P} = \frac{d\rho}{\rho} + \frac{dT}{T} \tag{4.49}$$

4.3 Energietransport

Damit erhält man aus Gl. 4.47.

$$\frac{dT}{T} < \frac{\gamma - 1}{\gamma} \left(\frac{dP}{P} \right) \qquad (4.50)$$

also

$$\frac{P}{T} \frac{dT}{dP} < \frac{\gamma - 1}{\gamma} \qquad (4.51)$$

was letztendlich zum sogenannten „Schwarzschild-Kriterium" für das Einsetzen von Konvektion in Sternen führt:

$$\left| \frac{dT}{dr} \right| < \left(\frac{\gamma - 1}{\gamma} \right) \frac{T}{P} \left| \frac{dP}{dr} \right| \Rightarrow \frac{d \ln P}{d \ln T} < \frac{\gamma}{\gamma - 1} \qquad (4.52)$$

Die linke Seite ist hier der radiative Temperaturgradient Gl. 4.30 und die rechte Seite der adiabatische Temperaturgradient. Man beachte, dass in diesem für die Sternphysik äußerst wichtigen Kriterium üblicherweise die absoluten Beträge der entsprechenden Gradienten verwendet werden.

Oft findet man das Schwarzschild-Kriterium in der Literatur auch in folgender logarithmischer Form:

$$\left(\frac{d \ln T}{d \ln P} \right)_{Rad} > \left(\frac{d \ln T}{d \ln P} \right)_{Ad} \qquad (4.53)$$

Sobald diese Ungleichung an einem Ort im Stern erfüllt ist, setzt Konvektion ein. Man nutzt deshalb diese Beziehung, um innerhalb von Sternmodellen die Bereiche aufzufinden, in denen der Wärmetransport überwiegend konvektiv erfolgt. Qualitativ lassen sich anhand der Analyse der Gleichungen Gl. 4.30 und 4.52 bereits abseits von Modellrechnungen grob einige Aussagen über das Auftreten von Konvektionszonen in Sternen treffen. So ist gerade in den äußeren Bereichen relativ massearmer Sterne ($1 M_\odot < M^* < 2 M_\odot$) bzw. bei Sternen mit mit ihnen vergleichbaren effektiven Temperaturen (Rote Riesen) die Opazität sehr hoch („Kramers Gesetz" $\overline{\kappa} = \overline{\kappa}_0 \rho T^{-3,5}$, Wasserstoffionisation). Man kann hier deshalb oberflächennahe Konvektionszonen, deren Mächtigkeit mit sinkender effektiver Temperatur weiter zunimmt, erwarten. Dabei nimmt im Bereich der massearmen Sterne ($M^* < 1 M_\odot$) die Größe ρ/T^3 in den höheren Sternschichten rapide zu, was die radiale Ausdehnung oberflächennaher Konvektionszonen weiter anwachsen lässt. Bei massereichen Sternen $M^* > 2 M_\odot$ ist dagegen das Verhältnis $L(r)/m(r)$ sehr groß, was nichts anderes bedeutet, als dass die Energieerzeugungsrate ε innerhalb des Radius r sehr groß ist. Wenn man dann noch weiß, dass die Energieerzeugung nur im Kernbereich bei extrem hohen Temperaturen stattfindet, dann kann man zeigen, dass massereiche Sterne immer einen konvektiven Kern besitzen müssen (Abb. 4.5).

Die Lage der stellaren Konvektionszonen hängt natürlich nicht nur von der Sternmasse ab, sondern auch von der chemischen Zusammensetzung, den Ionisationsbedingungen, den Opazitätsquellen und dem lokalen Wert des Temperaturgradienten. Konkret tritt Konvektion immer dann auf, sobald lokal das Schwarzschildkriterium erfüllt ist.

Abb. 4.5 Ungefähre Lagen von konvektiven und radiativen Schichten im Inneren von Sternen

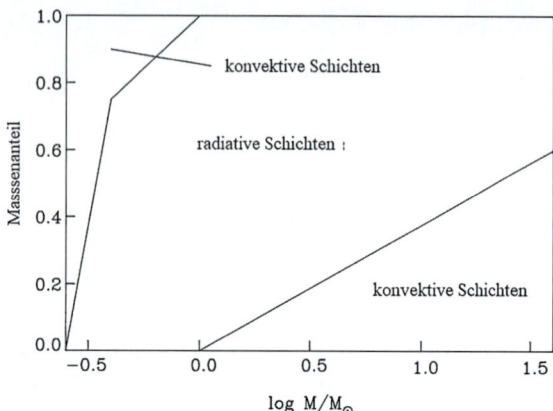

Aufgrund der Beschleunigung der konvektiven Elemente können diese Geschwindigkeiten erreichen, die sie über die durch das Schwarzschild-Kriterium definierten Zonen hinausführen, was zu einer radialen Erweiterung der konvektiven Schichten führt. Dieser Prozess wird als „Overshooting" bezeichnet.

Konvektion ist leider sehr anfällig gegenüber Einflüssen, die sich ihrer Natur gemäß nur recht schwer in Computermodelle integrieren lassen. Das sind z. B.

- hohe Rotationsgeschwindigkeiten,
- starke Eigenmagnetfelder,
- Gradienten in der stofflichen Zusammensetzung,
- Kondensationsprodukte mit hohen Absorptionsvermögen (Kohlenstoff, Karbide).

Wie die Hemmmechanismen im Detail funktionieren, ist beispielsweise im Fall hoher Rotationsgeschwindigkeiten und bei Sternen, die ein sehr starkes Eigenmagnetfeld besitzen, erst rudimentär erforscht. Aber es zeichnen sich Lösungsmöglichkeiten der damit im Zusammenhang aufgeworfenen Probleme durchaus ab.

Nicht unerwähnt darf in diesem Zusammenhang eine oft verwendete Methode bleiben, die auf den bekannten Strömungsmechaniker Ludwig Prandtl (1875–1953) zurückgeht. Es ist die sogenannte „Mischlängentheorie" *(mixing length theory)*. In diesem Zusammenhang versteht man unter der „Mischlänge" den Weg, den eine „Gasblase" in radialer Richtung zurücklegen muss, bis sie in allen ihren Eigenschaften von der Umgebung dispergiert ist und damit ihre Identität verloren hat. Dieser phänomenologische Ansatz lässt sich unter weitgehend adiabatischen Bedingungen relativ gut zur Modellierung konvektiver Schichten in Sternen verwenden. Eine ausführlichere Darstellung findet man z. B. in Kippenhahn und Weigert (1990).

An dieser Stelle lohnt es sich vielleicht, einen kleinen Blick auf die Sonne zu werfen. In ihren zentralen Bereichen liegt die solare Materie so gut wie vollständig ionisiert vor, und der mittlere Opazitätskoeffizient (und damit auch der Adiabatenexponent γ) ändert sich mit r nur sehr wenig. Wenn in radialer Richtung die Temperatur jedoch so weit gefallen ist, dass immer mehr nur teilweise ionisierte Atome vorkommen, nimmt entsprechend der Anteil der Gebunden-frei-Übergänge zu, was die Diffusion der Strahlung nach außen weiter behindert. Bei einem Hauptreihenstern wie der Sonne bedeutet das, dass die Opazität ab einer Temperatur von $\approx 10^4$ K stark zunimmt, was quasi zu einem Wärmestau führt, bei dem lokal die Bedingung Gl. 4.52 erfüllt ist. Der Energietransport durch Strahlung wird immer ineffektiver und deshalb zwangsläufig durch Konvektion ersetzt. Dieser Vorgang wird durch die relativ große Oberflächengravitation der Sonne unterstützt, die eine entsprechend hohe Verdichtung der Gasmassen garantiert ($\rho \approx 10^2$ kg/m^3 im unteren Bereich der Konvektionszone). Die Größe des Adiabatenexponenten γ, dessen Wert bei einem vollständig ionisierten (idealen) Gas bei 5/3 liegt, nimmt mit Verringerung des Ionisationsgrades der solaren Materie mit steigendem r kontinuierlich ab, um schließlich bei Erreichen der Ionisationstemperatur des Wasserstoffs den Minimalwert 1,19 anzunehmen. Konvektion beginnt also dort, wo – vereinfacht gesprochen – im Sonneninneren die Wasserstoff- bzw. Heliumrekombination einsetzt. Das ist etwa bei 0,74 $R_\odot$ der Fall, wo die Temperatur von ca. 15 Mio. K im Sonnenkern auf rund 1,8 Mio. K gefallen ist. Die restlichen 26 % des Sonnenradius bis zur Photosphärenobergrenze bilden die sogenannte Wasserstoffkonvektionszone. Die in diesem Bereich nach oben strömenden Gasmassen benötigen zur Überwindung dieser Distanz etwa 10 Tage. Die Sonnengranulation in ihren verschiedenen Ausprägungen ist nur die oberste, im Teleskop sichtbare Manifestation dieser Zone, wo man das Aufsteigen und Absinken der Gasmassen direkt beobachten kann.

Mit den Methoden der Helioseismologie stehen dem beobachtenden Astronomen heute Messmethoden zur Verfügung, die nicht nur eine theoretische Untersuchung der solaren Konvektionszone ermöglichen. Sie erlauben beispielsweise auch die Lokalisierung des „solaren Dynamos", der für das globale Magnetfeld der Sonne und alle damit verbundenen magnetischen Erscheinungen verantwortlich ist. Erste Ergebnisse entsprechender Untersuchungen deuten darauf hin, dass dieser „Dynamo" in einer Schicht unterhalb der Basis der Wasserstoffkonvektionszone *(convective overshoot layer)* angeordnet ist und nicht in der Konvektionszone selbst, wie noch bis vor nicht allzu langer Zeit angenommen wurde.

4.3.4 Konvektionszeitskala und radiative Zeitskala

Die Konvektionszeitskala und die radiative Zeitskala sind in der Sternphysik zwei wichtige Zeitmaße, welche die Geschwindigkeit des Materietransports bzw. des Energietransports innerhalb eines Sterns beschreiben.

Dabei versteht man unter der „Konvektionszeitskala" die Zeit, die ein Volumenelement dV benötigt, um durch Konvektion über eine bestimmte Distanz r zu wandern. Bezeichnet man mit λ die Distanz, für die gemäß der Bedingung für das hydrostatische Gleichgewicht $|dP|/P \approx 1$ ist, dann ergibt sich

$$\lambda \sim \frac{Pr^2}{GM\rho} \tag{4.54}$$

Diese Größe wird als „Mischungslänge" bezeichnet.
Die Beschleunigung, die ein Volumenelement erfährt, ist durch

$$\ddot{r} \sim \frac{GM}{r^2} \frac{\delta T}{T} \tag{4.55}$$

gegeben. Wegen $\lambda \sim (1/2)\,\ddot{r}\, t_c^2$ ergibt sich für die Zeit t_c, die ein Volumenelement zur Überwindung der Distanz λ benötigt

$$t_c \sim \left(\frac{2\lambda}{\ddot{r}}\right)^{1/2} \tag{4.56}$$

Diese Größe ist ein Maß für die Konvektionszeitskala. Dazu ein Beispiel. Angenommen, die Temperaturänderung über eine Entfernung von $\lambda \approx 10^8$ m beträgt $\delta T \sim 1K$. Bei einer Sternmasse von $M \sim 10^{30}$ kg, einem Sternradius von $r \sim 3 \cdot 10^8$ m und einer Temperatur von $T \sim 10^7$ K ergibt sich eine Konvektionszeitskala von ungefähr 20 Tagen.

Eine Abschätzung der „radiativen Zeitskala" gemäß des in Abschn. 4.3.1 beschriebenen „random walk"-Szenarios ergibt eine Größenordnung von ungefähr 10^6 Jahren. Die konvektive Zeitskala ist demnach sehr kurz im Vergleich zur radiativen Zeitskala. Konvektion ist daher in der Lage, schnell und sehr effektiv einen konvektiven Bereich durchzumischen.

4.4 Zustandsgleichungen

Damit ein Stern im hydrostatischen Gleichgewicht verharren kann, muss er in seinem Inneren ein Druckprofil aufbauen, welches gemäß Gl. 4.5 an jeder Stelle die Gravitationsanziehung der darunterliegenden Schichten ausgleicht. Dieser Druck wird von der stellaren Materie in Form des Gasdrucks (Ionen- und Elektronendruck) und des Strahlungsdrucks oder (unter speziellen Umständen) durch den Entartungsdruck (insbesondere von Elektronen) aufzubringen. Die funktionale Abhängigkeit des Drucks P von weiteren physikalischen Größen wie Temperatur T, Dichte ρ und chemische Zusammensetzung x_i (i indiziert die Ordnungszahl) wird dabei als Zustandsgleichung bezeichnet. Sie lässt sich im Anwendungsfall normaler Sterne formal durch folgende Beziehung ausdrücken:

$$P = f(T, \rho, x_i) \tag{4.57}$$

Allgemeiner gesprochen setzt eine Zustandsgleichung thermodynamische Größen wie P, T, ρ, innere Energie E_i und Entropie S miteinander in Beziehung. Sie wird benötigt, um die Eigenschaften von Festkörpern, Flüssigkeiten, Gasen und Plasmen sowie deren Gemische umfassend zu beschreiben. Derartige Gleichungen sind oft alles andere als trivial und können für die meisten Stoffe nur empirisch

4.4 Zustandsgleichungen

oder halbempirisch (z. B. unter Hinzuziehung komplizierter quantenmechanischer Rechnungen) aufgestellt werden. Sind schließlich für ein konkretes thermodynamisches System (Planet, Stern, Kernmaterie) sämtliche Zustandsgleichungen der sie aufbauenden Stoffe bekannt, dann lassen sich mit ihrer Hilfe prinzipiell alle thermodynamisch relevanten Größen wie Temperatur- und Dichteverteilung, radiale Stoffkonzentrationen und die räumliche Lage von Phasengrenzen berechnen.

Im Gegensatz zu Planeten und „Sternen" im Übergangsbereich zu den Gasplaneten (Braune Zwerge) und den „relativistischen Sternen" (Weiße Zwerge, Neutronensterne) bzw. „relativistischen (entarteten) Sternkernen" sind „normale Sterne" in Bezug auf ihre Zustandsgleichungen recht einfach geartete Objekte. Man kann das folgendermaßen zeigen und begründen: Da ein normaler Stern bekanntlich aus heißer gasförmiger Materie besteht, die teilweise oder vollständig ionisiert vorliegt, werden die elektrisch geladenen Gasbestandteile (d. h. Ionen und Elektronen) untereinander über die Coulomb-Kraft wechselwirken. Die Frage, die sich hier stellt, ist, ob man bei der Beschreibung der Sternmaterie diese Wechselwirkungen explizit berücksichtigen muss oder ob man sie aufgrund der hohen Temperaturen und der damit einhergehenden hohen kinetischen Energien der Gasteilchen vernachlässigen kann. Oder anders ausgedrückt, in welchem Verhältnis steht die Coulomb-Energie E_C zur mittleren thermischen Energie pro Teilchen $k_B \overline{T}$?

Ist $\overline{A}$ die mittlere Massenzahl der Sternmaterie und m_H die atomare Masseneinheit (kann mit der Masse eines Wasserstoffatoms gleichgesetzt werden, daher Index „H"), dann beträgt der mittlere Teilchenabstand $\overline{d}$ im stellaren Gas der mittleren Dichte $\overline{\rho}$

$$\overline{d} = \sqrt[3]{\frac{\overline{A} m_H}{\overline{\rho}}} = \sqrt[3]{\frac{4\pi}{3} \frac{\overline{A} m_H R^{*3}}{M^*}} \approx 1{,}6 \frac{\overline{A}^{\frac{1}{3}} m_H^{\frac{1}{3}} R^*}{M^{*\frac{1}{3}}}.$$

Dieser Abstand zwischen zwei geladenen Teilchen bestimmt im Coulomb-Potenzial die Wechselwirkungsenergie, d. h. $E_C \approx const.(Ze)^2/\overline{d}$, wobei e die Elementarladung und Z die Anzahl der Elementarladungen ist. Die mittlere Temperatur $\overline{T}$ eines Sterns kann man unter Verwendung des Virial-Theorems Gl. 4.15 zu

$$\overline{T} \approx \frac{1}{3} \frac{\overline{A} m_H}{k_B} \frac{GM^*}{R^*}$$

abschätzen. Damit lässt sich nun folgende zugeschnittene Größengleichung für das Verhältnis von Coulomb-Energie

$$E_C \approx \frac{1}{4\pi\varepsilon_0} \frac{(Ze)^2}{\overline{d}} \approx 8{,}98 \cdot 10^9 \frac{(Ze)^2}{\overline{d}}$$

zu mittlerer thermischer Energie $k_B \overline{T}$ eines Teilchens aufschreiben:

$$\frac{E_C}{k_B \overline{T}} \approx 10^{20} \frac{(Ze)^2}{\overline{A}^{4/3} m_H^{4/3} M^{*2/3}} \qquad (4.58)$$

Im Fall eines Sterns aus Wasserstoffgas ($Z = 1$, $\overline{A} = 1$) und der Masse unserer Sonne ergibt sich für das Verhältnis ein Wert nahe bei 1 % ($\approx 0{,}008$). Coulomb-Wechselwirkungen zwischen den Teilchen im stellaren Plasma können deshalb weitgehend vernachlässigt werden. Dies führt zu dem erfreulichen Umstand, den Arthur Stanley Eddington zuerst erkannte, dass man normale Sternmaterie mit großer Genauigkeit als ideales Gas betrachten kann. Für braune Zwergsterne und Gasplaneten gilt diese Aussage jedoch nicht. Bei ihnen benötigt man bedeutend komplexere Zustandsgleichungen, die obendrein stark stoffabhängig sind, um deren thermodynamische Eigenschaften adäquat zu beschreiben. Sie sind ohne Zweifel bedeutend komplizierter aufgebaute Himmelskörper als gewöhnliche Sterne... Noch komplizierter und komplexer sind übrigens Gesteinsplaneten wie unsere Erde. Für sie gilt $E_C/k_B\overline{T} \gg 1$.

4.4.1 Ideales Gas und Photonengas

Unter einem idealen Gas versteht man ein Gas, das aus ausdehnungslosen Teilchen besteht, die untereinander bis auf einen Impulsaustausch durch Stöße keinerlei Wechselwirkungen – auch keine Coulomb-Wechselwirkungen – unterliegen. Wenn sich ein solches Gas im thermodynamischen Gleichgewicht befindet und die Teilchengeschwindigkeiten weit unterhalb der Lichtgeschwindigkeit liegen, gilt als dessen Zustandsgleichung die allgemeine Gasgleichung.

$$PV = Nk_BT = n\mathcal{R}T \tag{4.59}$$

$$P = nk_BT$$

($\mathcal{R} = 8{,}3145\,\text{Jmol}^{-1}\text{K}^{-1}$, molare Gaskonstante). Sie sagt beispielsweise aus, dass bei einem konstanten Volumen V und konstanter Teilchenzahl N der Gasdruck P nur von der Temperatur T abhängt (2. Gesetz von Gay-Lussac).

Bezeichnet $\overline{\mu}$ die mittlere (relative) Molekülmasse und m_H die atomare Masseneinheit (die hier anschaulich durch die Masse eines Wasserstoffatoms dargestellt wird), dann lässt sich für die Teilchenzahl pro Volumeneinheit als

$$n = \frac{\rho}{\overline{\mu}m_H} \tag{4.60}$$

ausdrücken. Die Größe $\overline{\mu}$ hängt von den Teilchenkonzentrationen x_i der einzelnen Elemente ab, aus denen die Sternmaterie besteht. Bei vollständiger Ionisation entstehen aus einem Atom genau ein Ion und z (entsprechend der Kernladungszahl) Elektronen. Mit der Atommasse A_i des Elements mit der Ordnungszahl i gilt demnach

$$\frac{1}{\overline{\mu}} = \sum_i \frac{1+z_i}{A_i}. \tag{4.61}$$

4.4 Zustandsgleichungen

Im Fall von reinem neutralem Wasserstoffgas ist beispielsweise, $\overline{\mu} = 1$ und bei vollständiger Ionisation $\overline{\mu} = 0{,}5$. Um die chemische Zusammensetzung der Sternmaterie in der Zustandsgleichung zu erfassen, wählt man anstelle von Gl. 4.61 meist einen pragmatischen Ansatz. Man teilt dazu die chemischen Elemente in drei Gruppen ein, deren jeweiliger Anteil an der Sternmaterie mit X, Y und Z bezeichnet wird, wobei $X + Y + Z = 1$ gilt. X ist dann der Wasserstoffanteil, Y der Heliumanteil und alle restlichen Elemente, die man in der Astronomie gemeinhin als „Metalle" bezeichnet, bilden den Anteil Z.

Da wegen $\sum_i x_i = 1$ mit $X = x_H$ und $Y = x_{He}$

$$Z = 1 - X - Y \qquad (4.62)$$

gelten muss, kann man die mittlere Molekülmasse des als vollständig ionisiert angenommenen stellaren Plasmas mit der Dichte ρ wie folgt ausdrücken, indem man einfach die Teilchenanzahldichten der Ionen und Elektronen addiert:

	Wasserstoff H	Helium He	„Metalle"
Kerne	$X\rho/m_H$	$Y\rho/4m_H$	$Z\rho/Am_H$
Elektronen	$X\rho/m_H$	$2Y\rho/4m_H$	$\approx \frac{A}{2} \cdot \frac{Z\rho}{Am_H}$

Damit folgt $n = \frac{\rho}{m_H}\left[2X + \frac{3}{4}Y + \frac{Z}{2}\right]$, und unter Beachtung, dass die Massezahl eines „Metalls" gewöhnlich das Doppelte der Ordnungszahl ist:

$$\frac{1}{\overline{\mu}} \approx 2X + \frac{3}{4}Y + \frac{1}{2}Z \qquad (4.63)$$

Wirklich wesentlich für den Anteil Z sind dabei aber nur die Elemente C, N und O, da sie sich im Sterninneren in größerer Menge anreichern können. Das Zahlentripel (X, Y, Z) beschreibt demnach die mittlere stoffliche Zusammensetzung eines Sterns, wobei die Zusammenfassung der „Metalle" in der einzelnen Zahl Z dahingehend gerechtfertigt ist, dass ihr Anteil entsprechend der kosmischen Elementehäufigkeit im Vergleich zu Wasserstoff und Helium nur sehr gering ist (wenige Prozent). Für die solare Materie gilt im Mittel beispielsweise (0,707, 0,274, 0,019), was zu einem $\overline{\mu} \approx 0{,}6$ führt. Im Sonnenkern nimmt man dagegen eine Elementezusammensetzung von (0,34, 0,64, 0,02) an. Hieraus ergibt sich eine Molekülmasse von $\approx 0{,}83$ – hauptsächlich aufgrund der Anreicherung von thermonuklear erzeugtem Helium und der damit bedingten Verarmung an Wasserstoff.

Die Anteile in der Klammer sind sowohl eine Funktion des Sternradius r (schwerere Elemente sammeln sich im Laufe der Zeit im Sternkern an und können beispielsweise bei sogenannten *dredge-up*-Ereignissen sogar in photosphärennahe Schichten gelangen) als auch der Zeit. Und das gleich zweifach. Einmal ändern sich die Anteile im Laufe der Sternentwicklung zugunsten von Y und Z, da Wasserstoff und später auch schwerere Elemente bei Kernfusionsprozessen verbraucht werden. Und zum anderen ändern sie sich auch im Zuge des kosmischen Materiekreislaufes, der mit zunehmendem Weltalter insbesondere zu einer stetigen

Erhöhung des Metallanteils in der interstellaren Materie (aus der neue Sterngenerationen entstehen) führt.

Da sich der Gasdruck P_G in einem Stern aus dem Partialdruck P_I der Ionen und dem Partialdruck P_e der Elektronen zusammensetzt, lassen sich für jeden dieser Teildrucke entsprechende Beziehungen angeben. Für den Ionendruck P_I (d. h. ohne Berücksichtigung der Elektronen) ergibt sich $\overline{\mu}$ aus

$$P_I = \frac{\mathcal{R}}{\overline{\mu}_I}\rho T \tag{4.64}$$

mit

$$\frac{1}{\overline{\mu}_I} \approx 2X + \frac{1}{4}Y + \frac{Z}{\overline{A}}.$$

Für die Sonne ist $\overline{A}$ etwa 20 und damit $\overline{\mu} \approx 1{,}29$.

Analog erhält man für den Elektronendruck P_e, indem man (unter der Annahme einer vollständigen Ionisation) die Elektronen in einem Einheitsvolumen abzählt, also mit

$$\frac{1}{\overline{\mu}_e} \approx X + \frac{1}{2}Y + \frac{1}{2}Z,$$

was mit der mittleren solaren Elementenhäufigkeit $\overline{\mu}_e \approx 1{,}17$ ergibt.

Der Gasdruck P_G ist dann:

$$P_G = \left(\frac{1}{\overline{\mu}_I} + \frac{1}{\overline{\mu}_e}\right)\mathcal{R}\rho T \tag{4.65}$$

Neben dem Gasdruck muss bei massereichen Sternen zusätzlich der Strahlungsdruck berücksichtigt werden, der durch die aus dem Stern herausdiffundierenden Photonen verursacht wird. Er gelangt immerhin in die Größenordnung des Gasdrucks, wenn die Sternmasse ungefähr 50 Sonnenmassen erreicht.

Der Strahlungsdruck ergibt sich daraus, dass Photonen einen Impuls $p = h\nu/c$ tragen und bei einem Absorptions- oder Reflektionsvorgang eine Kraft in Form eines Drucks auszuüben können. Ganz allgemein lässt sich zeigen, dass der Druck P, der durch $n(p) = N(p)/V$ Teilchen pro Volumeneinheit aufgebaut wird, durch das „Druckintegral" *(pressure integral)*

$$P = \frac{1}{3}\int_0^\infty n(p)pv\,dp \equiv \frac{1}{3}\frac{N}{V}\overline{pv} \tag{4.66}$$

gegeben ist. Der Vorfaktor 1/3 ergibt sich aus der Tatsache, dass im Mittel jede Geschwindigkeitskomponente eines Teilchen in alle drei Raumrichtungen gleich wahrscheinlich ist. Das Produkt in den spitzen Klammern stellt dessen Mittelwert über alle N Teilchen des Gases im Volumen V dar (Ensemblemittelwert).

Setzt man in Gl. 4.66 $p = h\nu/c$ und $n(p) = n(\nu)d\nu/dp$, dann erhält man für den Druck eines „Photonengases":

4.4 Zustandsgleichungen

$$P_{rad} = \frac{1}{3}\int_0^\infty n(\nu)h\nu\, d\nu \qquad (4.67)$$

Der Integrand $n(\nu)h\nu$ stellt hier offensichtlich die spektrale Energiedichte u_ν (Gl. 3.190) der Strahlung dar, sodass

$$P_{rad} = \frac{1}{3}\int_0^\infty \frac{8\pi h\nu^3}{c^3}\frac{1}{\exp\left(\frac{h\nu}{k_B T}\right)-1}d\nu = \frac{4\pi}{3c}\int_0^\infty B_\nu(T)d\nu = \frac{4\sigma}{3c}T^4. \qquad (4.68)$$

Gewöhnlich fasst man den Vorfaktor aus $4/c$ und die Stefan-Boltzmann-Konstante σ zur Strahlungskonstanten $a = 7{,}56 \cdot 10^{-16}$ Wsm^{-3}K^{-4} zusammen, sodass für den Strahlungsdruck

$$P_{rad} = \frac{1}{3}aT^4 \qquad (4.69)$$

gilt. Er stellt quasi den dritten „Partialdruck" des Gesamtdruckes P im Sterninneren dar:

$$P = P_I + P_e + P_{rad} = P_G + P_{rad} \qquad (4.70)$$

Mit dieser Gleichung lässt sich leicht ermitteln, unter welchen Bedingungen in einem Stern der Gasdruck und der Strahlungsdruck ungefähr gleich groß sind:

$$T = \sqrt[3]{\frac{3\mathcal{R}}{a\mu}\rho}$$

In einem Diagramm mit der Abszisse $\log \rho$ und der Ordinate $\log T$ trennt eine Gerade mit dem Anstieg 1/3 den Bereich, in dem in Sternen entweder die Strahlung (oben, massereiche Sterne) oder der Gasdruck (unten, massearme Sterne) den Gesamtdruck dominiert.

Damit die äußeren Schichten eines Sterns am Stern gebunden bleiben und nicht abgestoßen werden, darf die „Strahlungsbeschleunigung" die lokale Gravitationsbeschleunigung nicht überschreiten. Diese Voraussetzung begrenzt die maximal erreichbare effektive Temperatur eines Sterns und spielt damit ganz allgemein eine wichtige Rolle bei der Definition von Grenzwerten bezüglich Stabilität und Struktur von Sternen.

Zum Abschluss noch folgender Hinweis: In der englischsprachigen Literatur werden zur Abgrenzung der im folgenden Abschn. 4.4.2 zu behandelnden „vollständig entarteten ‚idealen' Gase" ideale Gase, die nichtentartet sind und deren Teilchengeschwindigkeiten einer Maxwell-Boltzmann-Verteilung gehorchen, oft als „perfekte Gase" bezeichnet.

4.4.2 Entartete Materie

Elektronen unterliegen als Fermionen bekanntlich dem „Pauli-Prinzip", was, wie man im Rahmen der statistischen Mechanik zeigen kann, weitreichende Auswirkungen auf die Zustandsgleichung eines Elektronengases und damit auf dessen thermodynamische Eigenschaften hat. Dieses Prinzip besagt als direkte Konsequenz der Antisymmetrie der Fermionenwellenfunktionen, dass sich in einem quantenmechanischen System zwei Elektronen niemals im gleichen Zustand aufhalten dürfen. Nach der Heisenberg'schen Unschärferelation lässt sich bekanntlich der sechs-dimensionale Orts-Impulsraum („Phasenraum") in diskrete „Phasenraumzellen" $\Delta\Omega$ zerlegen, die maximal nur mit einem Elektronenpaar mit antiparallelem Spin besetzt werden können. Die Größe („das Volumen") dieser Phasenraumzellen ergibt sich dabei direkt aus der Orts-Impulsunschärfe zu

$$\Delta\Omega = \Delta p_x \Delta p_y \Delta p_z \cdot \Delta x \Delta y \Delta z = h^3 \qquad (4.71)$$

Unter Vernachlässigung von thermischen Effekten (wir gehen hier einmal von dem Idealfall $T = 0$ aus, in dem sich alle Elektronen in ihrem niedrigsten energetischen Zustand befinden) sollen sich in einem gegebenen Volumen $n_e V$ Elektronen befinden. Diese Elektronen „bevölkern" im Impulsraum eine Kugel, deren Radius ihrem maximalen Impuls – der als „Fermi-Impuls" p_F bezeichnet wird – entspricht. Die Anzahl der Elektronen pro Volumeneinheit mit einem Impuls im Bereich zwischen p und $p + dp$ ist dann

$$n_e(p)dp = \frac{2}{h^3} \cdot 4\pi p^2 dp \qquad (4.72)$$

und der Fermi-Impuls wegen

$$n_e = \int_0^{p_F} \frac{2}{h^3} \cdot 4\pi p^2 dp = \frac{8\pi p_F^3}{3h^3}$$

$$p_F = \left(\frac{3h^3 n_e}{8\pi}\right)^{1/3} \qquad (4.73)$$

Die Zustandsgleichung für ein solches „entartetes" Elektronengas ergibt sich mittels des „Druckintegrals" Gl. 4.66 und 4.72, wobei jedoch nur bis zum „Fermi-Impuls" integriert werden muss:

$$P_{deg} = \frac{1}{3m_e} \int_0^{p_F} p^2 n_e dp = \frac{8\pi}{15 m_e h^3} p_F^5, \qquad (4.74)$$

also mit Gl. 4.73

$$P_{deg} = \frac{8\pi}{15} \frac{h^2}{m_e} \left(\frac{3n_e}{8\pi}\right)^{5/3} \qquad (4.75)$$

4.4 Zustandsgleichungen

und mit Gl. 4.60

$$P_{deg} = \frac{h^2}{20m_e}\left(\frac{3}{\pi}\right)^{2/3}\left(\frac{\rho}{\mu_e m_H}\right)^{5/3} \tag{4.76}$$

(der Kehrwert von μ_e gibt hier die mittlere Anzahl freier Elektronen pro Nukleon an). Diese Zustandsgleichung ist dahingehend ungewöhnlich, als im Fall der vollständigen Elektronenentartung der Druck offensichtlich völlig unabhängig von der Temperatur ist. Deshalb spricht man hier im Gegensatz zum thermischen Druck „normaler" Gase auch vom „nichtthermischen Entartungsdruck" des Elektronengases. Er ist in der Lage, auch kalte massive Sterne bis zu einem gewissen Grad im hydrostatischen Gleichgewicht zu halten. Solche Sterne sind die Weißen Zwerge, welche die linke untere Ecke des Hertzsprung-Russell-Diagramms bevölkern.

Da die Gravitation der Masse proportional und die Masse eine nichtabschirmbare additive Größe ist, muss eine Grenzmasse existieren, bei der selbst der Entartungsdruck der Elektronen den Kollaps eines entsprechend massiven Sterns nicht mehr verhindern kann. Diese Grenzmasse wurde im Jahre 1930 von dem indischen Astrophysiker Subrahmanyan Chandrasekhar zum ersten Mal berechnet und wird heute als „Chandrasekhar-Grenze" bezeichnet. Sie liegt bei ungefähr

$$M^*_{Ch} = 1{,}46\left(\frac{2Z}{A}\right)^2 M_\odot. \tag{4.77}$$

In dieser Gleichung gibt das Verhältnis der Anzahl Z der Protonen (p) zu der Anzahl A aller Nukleonen (n, p) der Sternmaterie an, wie viele Nukleonen auf ein Elektron kommen, wobei natürlich elektrische Neutralität vorausgesetzt wird.

Übersteigt ein kollabierender Sternkern (wie im Fall einer hydrodynamischen Supernova) die Chandrasekhar-Grenze, dann kann der Kollaps noch einmal durch den Entartungsdruck einer Neutronenflüssigkeit beendet werden (die dabei durch den inversen Betazerfall der Protonen entsteht). In welchem Massebereich Neutronensterne existieren können, lässt sich immer noch nur mit größeren Unsicherheiten angeben. Auf jeden Fall existiert auch für derartige Sterne eine obere Massegrenze, bei deren Überschreitung der finale Kollaps – dann zu einem Schwarzen Loch – unausweichlich wird. Diese obere Grenzmasse bezeichnet man als „Tolman-Oppenheimer-Volkoff-Grenze". Sie sollte irgendwo zwischen 2 und 3,2 $M_\odot$ liegen (die Masse des Pulsars PSR J0348+0432 wurde unter Ausnutzung der sogenannten Shapiro-Verzögerung zu ~2,02 $M_\odot$ bestimmt (Demorest et al. 2010)).

Die Bedingung des hydrostatischen Gleichgewichts bei Neutronensternen wird durch die Tolman-Oppenheimer-Volkoff-Gleichung ausgedrückt, die die notwendigen relativistischen Korrekturen enthält. Zu ihrer Lösung benötigt man wiederum eine Zustandsgleichung, diesmal diejenige der extrem dichten Neutronenmaterie (im Mittel hat ein Neutronenstern eine Masse von 1,4 $M_\odot$ bei einem Radius von ~10 km!). Für sie sind gegenwärtig nur semitheoretische Ansätze verfügbar, da kaum experimentelle Zugänge zur Untersuchung der thermodynamischen Eigenschaften kompakter Kernmaterie zur Verfügung stehen.

Doch zurück zum entarteten Elektronengas. Ähnlich wie man für den „Druck" ein allgemeines „Druckintegral" Gl. 4.66 aufschreiben kann, lässt sich auch ein allgemeiner integraler Ausdruck für die innere Energie E eines Gases angeben:

$$E = \int_0^\infty E_p(p) f(E_p) g(p) dp \qquad (4.78)$$

Diese Gleichung sagt erst einmal nicht viel mehr aus, als dass sich die innere Energie eines Gases aus der Summe aller Einzelenergien $E(p)$ der das Gas bildenden Teilchen ergibt, die sich entsprechend einer Verteilungsfunktion $f(E_p)$ über alle möglichen quantenmechanischen Zustände, ausgedrückt durch die Zustandsdichte $g(p)dp = Vn_e(p)dp$, verteilen. Dabei ist die Gesamtzahl N dieser Teilchen

$$N = \int_0^\infty f(E_p) g(p) dp, \qquad (4.79)$$

also im Fall eines entarteten Elektronengases

$$N = \frac{8\pi V}{3h^3} p_F^3. \qquad (4.80)$$

Der allgemeine Zusammenhang zwischen Energie $E(p)$ und Impuls p eines Teilchens der Masse m wird dabei durch die relativistische Energie-Impuls-Beziehung ausgedrückt:

$$E_p = \sqrt{m^2 c^4 + p^2 c^2} \qquad (4.81)$$

Die Verteilungsfunktion $f(E_p)$ ist im Fall der Elektronen durch die Fermi-Dirac-Statistik gegeben:

$$f(E_p) = \left[\exp\left(\frac{E_p - \mu}{k_B T}\right) + 1\right]^{-1} \qquad (4.82)$$

und im Fall von Bosonen durch die Bose-Einstein-Statistik:

$$f(E_p) = \left[\exp\left(\frac{E_p - \mu}{k_B T}\right) - 1\right]^{-1} \qquad (4.83)$$

wobei hier μ das „chemische Potenzial" bezeichnet, welches durch die Gibbssche Fundamentalgleichung für die innere Energie

$$dE = TdS - PdV + \mu dN \qquad (4.84)$$

definiert wird. Im Fall der Verteilung Gl. 4.82 entspricht diese Energie bei $T = 0$ K genau der Energie (Fermi-Energie), die sich aus dem maximalen Impuls p_F (Gl. 4.73, Fermi-Impuls) ergibt.

Beide „Statistiken" gehen wegen $exp((mc^2 - \mu)/k_B T) \gg 1$ unter „normalen" Bedingungen, bei denen quantenmechanische Effekte wie die Fermionenentartung

4.4 Zustandsgleichungen

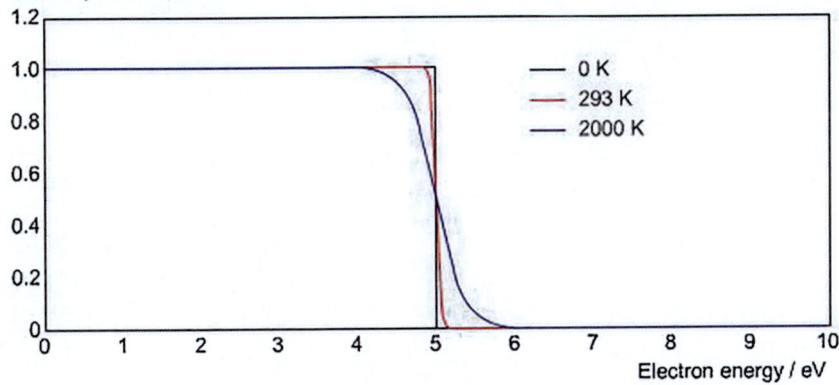

Fermi-Dirac distribution for several temperatures

Abb. 4.6 Fermi-Dirac-Verteilungsfunktion für verschiedene Temperaturen

oder die Bose-Einstein-Kondensation keine Rolle spielen, in die klassische Maxwell-Boltzmann-Statistik über.

Bezeichnet man mit E_F die Energie der Elektronen, deren Impuls dem Fermi-Impuls p_F entspricht und die damit das Druckregime eines vollständig entarteten Elektronengases bestimmen (Fermi-Energie), dann folgen aus Gl. 4.82 mit $\mu = E_F$ (gilt wegen $T = 0$ K) zwei Grenzfälle für die Verteilungsfunktion $f(E_p)$:

$$f(E_p) = \begin{cases} 1 & E_p \leq E_F \\ 0 & E_p > E_F \end{cases} \text{ für } T = 0\,K \tag{4.85}$$

Der erste Grenzfall bedeutet, dass alle Zustände mit $E < E_F$ mit Elektronen besetzt sind. Die Fermi-Energie steht dabei für einen scharfen Sprung in der Fermionenverteilungsfunktion. Der zweite Grenzfall besagt dagegen, dass alle energetischen Zustände oberhalb der Fermi-Energie unbesetzt sind und die Wahrscheinlichkeit, in einen von ihnen ein Elektron anzutreffen, gleich null ist.

Bei steigender Temperatur wird die hier beschriebene scharfe Grenze jedoch mehr und mehr aufgeweicht (s. Abb. 4.6), was aber für die folgenden Überlegungen nicht von Bedeutung ist.

Gl. 4.81 lässt nun die Unterteilung von Teilchen entsprechend ihres Impulses (kinetischer Energie) in zwei Grenzfälle zu, die man als „nichtrelativistisch" bzw. als „relativistisch" bezeichnet, je nachdem, ob bei der Ableitung der Zustandsgleichung speziell-relativistische Effekte unbedingt berücksichtigt werden müssen oder nicht (gilt sowohl für klassische als auch entartete Gase).

a) Nichtrelativistische Elektronenentartung
   In diesem Fall gilt $p_F \ll m_e c$, also mit Gl. 4.73 $n_e \ll (m_e c/h)^3 = \lambda_C^{-3} \approx 7 \cdot 10^{34}$ m^{-3} (λ_C = Compton-Wellenlänge des Elektrons).

Mit $E_p = p^2/2m_e$ erhält man mit Gl. 4.78 und 4.73 unter Beachtung von Gl. 4.72 und 4.79 die innere Energie

$$E = \int_0^{p_F} E_p \frac{2V}{h^3} \cdot 4\pi p^2 dp = \frac{8\pi V}{h^3} \int_0^{p_F} \frac{p^4}{2m_e} dp = \frac{3Np_F^2}{10 m_e}. \quad (4.86)$$

In einem klassischen nichtrelativistischen (idealen) Gas ist der Druck gleich 2/3 der kinetischen Energiedichte (Teilchendichte mal mittlere kinetische Energie der Teilchen), sodass

$$P_{deg} = \frac{2}{3}\frac{E}{V} = \frac{2}{3}\frac{N}{V}\frac{3p_F^2}{10 m_e} = \frac{h^2}{5 m_e}\left(\frac{3}{8\pi}\right)^{2/3} n_e^{5/3} = \frac{1}{20}\left(\frac{3}{\pi}\right)^{2/3} \frac{h^2}{m_e}\left(\frac{\rho}{\mu_e m_H}\right)^{5/3}. \quad (4.87)$$

wobei $n_e = N/V$.

Fasst man die Konstanten zu der Größe K_{kl} zusammen, dann ergibt sich für den klassischen Fall eines vollständig entarteten Elektronengases die Zustandsgleichung

$$P_{deg} = K_{kl} n^{5/3}. \quad (4.88)$$

b) Relativistische Elektronenentartung

Hier gilt $E_p = pc$ und $n_e \gg (m_e c/h)^3$. Damit erhält man

$$E = \int_0^{p_F} E_p \frac{2V}{h^3} \cdot 4\pi p^2 dp = \frac{8\pi V}{h^3} \int_0^{p_F} pc p^2 dp = \frac{3}{4} N p_F c. \quad (4.89)$$

Da in einem relativistischen (idealen) Gas der Druck gleich 1/3 der kinetischen Energiedichte ist, folgt daraus für die entsprechende Zustandsgleichung

$$P_{deg}^* = \frac{1}{3}\frac{E}{V} = \frac{hc}{4}\left(\frac{3}{8\pi}\right)^{1/3} n^{4/3} = \left(\frac{3}{8\pi}\right)^{1/3} \frac{hc}{4}\left(\frac{\rho}{\mu_e m_H}\right)^{4/3}. \quad (4.90)$$

Auch hier kann man wieder die Konstanten zusammenfassen, sodass man für die Zustandsgleichung eines relativistisch entarteten Elektronengases

$$P_{deg}^* = K_{rel} n^{4/3} \quad (4.91)$$

schreiben kann. Wie man am Polytropenexponenten erkennt, steigt der Entartungsdruck im relativistischen Fall weniger stark mit der Zunahme der Elektronendichte an als im „klassischen" Fall, was u. a. Auswirkungen auf die Stabilität Weißer Zwergsterne hat.

Die Näherung „ideales Gas" für ein entartetes Elektronengas ist übrigens keine besonders gute Näherung, da die Vernachlässigung der Wechselwirkung der das Gas bildenden Teilchen gerade hier nicht statthaft ist und sie genau genommen auch nur für den unrealistischen Fall von $T = 0$ K gilt. Wie man sich leicht vorstellen kann, beeinflussen sich die negativ geladenen Elektronen elektromagnetisch umso

4.4 Zustandsgleichungen

stärker, je dichter gepackt sie vorliegen. Mit steigender Elektronendichte werden deshalb spezielle Korrekturen notwendig, die die Zustandsgleichungen entsprechend komplizierter gestalten. Für einfache quantitative Betrachtungen reichen Gl. 4.88 und 4.91 jedoch vollkommen aus.

4.4.3 Innere Energie

Die innere Energie eines idealen Gases ist in allgemeiner Form durch die Beziehung Gl. 4.78 gegeben. Bezieht man sie auf eine Masseeinheit (spezifische innere Energie), dann ergibt sich daraus mit der kinetischen Energie E_{kin} der individuellen, das Gas bildenden Teilchen:

$$u = \frac{1}{\rho} \int_0^\infty n(p) E_{kin}(p) dp \qquad (4.92)$$

Im Fall eines klassischen Gases mit Teilchengeschwindigkeiten weit unter der Lichtgeschwindigkeit gilt für die kinetische Energie der Teilchen $E_{kin} = p^2/2m$. Die Verteilung der Impulse genügt der Maxwell-Boltzmann-Verteilung

$$n(p)dp = \frac{4\pi n p^2}{(2\pi m k_B T)^{3/2}} \exp\left(-\frac{p^2}{2m k_B T}\right) dp, \qquad (4.93)$$

sodass sich unter Beachtung von $P = n k_B T$

$$u_G = \left(\frac{9n^2 k_B^2 T^2}{4\rho^2}\right)^{1/2} = \frac{3}{2} \frac{n k_B T}{\rho} = \frac{3}{2} \frac{P_G}{\rho} \qquad (4.94)$$

ergibt.

Die gleiche Rechnung soll nun auch noch für ein vollständig entartetes klassisches Elektronengas ausgeführt werden, wobei hier auch $E_{kin} = p^2/2m_e$ sowie für die Impulsverteilung Gl. 4.72 gilt. Da es bei $T = 0$ K oberhalb des Fermi-Impulses Gl. 4.73 keine von Elektronen besetzten Zustände mehr gibt, braucht auch nur bis p_F integriert zu werden:

$$u_{deg} = \frac{1}{\rho} \int_0^{p_F} \frac{8\pi p^2}{h^3} \frac{p^2}{2m_e} dp = \frac{4\pi}{5} \frac{p_F^5}{h^3 m_e \rho} \qquad (4.95)$$

Wenn man jetzt mittels Gl. 4.80 die Größe p_F ersetzt, erhält man für die spezifische innere Energie eines vollständig entarteten (klassischen) Elektronengases:

$$u_{deg} = \frac{3}{2} \frac{P_{deg}}{\rho} \qquad (4.96)$$

Bleibt nur noch das „Photonengas". Wegen

$$u_{rad} = \frac{1}{\rho} \int_0^\infty h\nu n(\nu) d\nu = \frac{aT^4}{\rho} \qquad (4.97)$$

folgt nach Gl. 4.69:

$$u_{rad} = \frac{3}{\rho} P_{rad} \qquad (4.98)$$

Die gesamte „innere Energie" eines nichtentarteten Sterns zu einem gegebenen Zeitpunkt setzt sich dann gemäß

$$U^* = \int_0^{M^*} (u_G + u_{rad}) dm \qquad (4.99)$$

aus einem Anteil, der sich aus dem Gasdruck P_G und einem Anteil, der sich aus dem Strahlungsdruck P_{rad} ergibt, zusammen. Nun gilt nach dem Virialsatz Gl. 4.15.

$$E_G = -3 \int_0^{M^*} \frac{P}{\rho} dm \qquad (4.100)$$

und für U^*

$$U^* = \frac{1}{\rho} \int_0^{M^*} \left(\frac{3}{2} P_G + 3 P_{rad} \right) dm \qquad (4.101)$$

bzw., wenn man den Anteil des Gasdrucks P_G am Gesamtdruck mit βP und den Anteil des Strahlungsdrucks P_{rad} am Gesamtdruck mit $(1-\beta)P$ ausdrückt:

$$U^* = \frac{3}{\rho} \int_0^{M^*} \left(1 - \frac{\beta}{2} \right) P\, dm \qquad (4.102)$$

Man erhält dann im Vergleich mit Gl. 4.100 folgende Beziehung:

$$E_G = -\frac{2}{2-\beta} U^* \qquad (4.103)$$

bzw. wegen $E_{ges} = E_G + U^*$ für die Gesamtenergie eines Sterns:

$$E_{ges} = -\frac{\beta}{2-\beta} U^* = \frac{\beta}{2} E_G \qquad (4.104)$$

Sie tendiert in Richtung null, sobald der Anteil der Strahlungsenergie immer mehr die innere Energie zu dominieren beginnt, was letztlich die maximal mögliche Leuchtkraft eines Sterns begrenzt. So lässt sich z. B. im Rahmen des Eddington-Modells zeigen, dass sich die Leuchtkraft L^* eines Sterns in Abhängigkeit von β wie folgt ausdrücken lässt:

$$L^* = \frac{4\pi c G M^*}{\tilde{\kappa}} (1-\beta) \qquad (4.105)$$

$\tilde{\kappa}$ ist ein effektiver Opazitätskoeffizient und der Faktor vor $(1-\beta)$ ist die sogenannte Eddington-Leuchtkraft. Sie wird für $\beta \to 0$ erreicht, wobei der Strahlungsdruck allein die Gravitationsanziehung kompensiert. Eine höhere Leuchtkraft als die Eddington-Leuchtkraft würde einen Masseabfluss über die Sternoberfläche implizieren.

4.5 Statische Sternmodelle

Betrachtet man Sterne als einfache, durch Eigengravitation und Gegendruck stabilisierte Gaskugeln, die vom Zentrum her geheizt werden, dann lassen sie sich relativ leicht durch einen überschaubaren Satz von im Wesentlichen nur vier Differentialgleichungen mit entsprechenden Anfangs- und Randbedingungen sowie einigen Zustands- und Materialgleichungen beschreiben. Wird mit ihrer Hilfe der momentane physikalische Zustand eines Sterns erfasst und der zeitliche Aspekt (bedingt durch die Änderung der chemischen Zusammensetzung der energieerzeugenden Kernregionen) außer Acht gelassen, dann spricht man von einem „statischen Sternmodell" – andernfalls von „Entwicklungsmodellen". Mit Letzteren lässt sich insbesondere der Entwicklungsweg eines Sterns mit gegebener Masse und chemischer Zusammensetzung im HRD verfolgen, was wiederum einen Anschluss an Beobachtungen ermöglicht.

Ein einfaches statisches Sternmodell geht i. d. R. von folgenden Vereinfachungen bzw. Idealisierungen aus:

- Die Sterne werden als sphärisch symmetrische Objekte angesehen, die aus einem Gas bestimmter chemischer Zusammensetzung und aus durch sie hindurch diffundierender Strahlung bestehen. Rotation und Rotationseffekte (Abplattung) sowie die Wirkungen von Magnetfeldern werden vernachlässigt.
- In jedem Punkt innerhalb des Sterns wird nahezu perfektes thermodynamisches Gleichgewicht (LTE) vorausgesetzt. Diese Annahme impliziert, dass die mittlere freie Weglänge sowohl der Gasteilchen als auch der Photonen klein ist im Vergleich zu dem zur Betrachtung herangezogenen Volumenelement. Diese der Wirklichkeit eines Sterns doch recht nahe kommende Annahme bietet den Vorteil, dass man die den Stern durchdringende Strahlung als Schwarzkörperstrahlung ansehen kann. Die real bestehenden kleinen Abweichungen von diesem Konzept führen zu dem beobachteten radialen Nettofluss von Strahlung nach außen, welcher die Leuchtkraft eines Sterns festlegt.
- Die zeitlichen Änderungsraten in Bezug auf die chemische und physikalische Beschaffenheit eines Sterns sind so gering, dass sie in einem statischen Sternmodell vollkommen vernachlässigbar sind. Man kann aber die durch Kernfusionsprozesse und konvektiven Stofftransport bedingten Veränderungen in der chemischen Zusammensetzung der Sternmaterie im energieerzeugenden zentralen Teil eines Sterns derartig berücksichtigen, dass man unter deren Beachtung jeweils Sequenzen von statischen Modellen berechnet und auf diese Weise explizit stellare Entwicklungseffekte erfasst.
- Die einzige Möglichkeit, innerhalb eines Sterns lokal die chemische Zusammensetzung der Sternmaterie zu verändern, sind thermonukleare Reaktionen und der konvektive Stofftransport. Atomare Diffusionsvorgänge können vernachlässigt werden.

Um einen Überblick darüber zu erhalten, wie Sterne prinzipiell aufgebaut sind und funktionieren, reicht es aus, von folgendem, hier zusammenfassend aufgeschriebenen Satz von Gleichungen auszugehen und ihre Lösungen in Form von Funktionen der Art $m = m(r)$, $P = P(r)$, $T = T(r)$, $L = L(r)$ etc. anzugeben. Wie in den vorangegangenen Kapiteln soll hier die Lagrange-Form mit der Masse m als abhängige Variable verwendet werden. Eine Umrechnung in das „Euler-Bild" mit dem Radius r als abhängige Variable gelingt leicht über die Beziehung $dm = 4\pi r^2 \rho dr$.

Aufbaugleichungen (4.106)

a) Hydrostatisches Gleichgewicht Gl. 4.6:

$$\frac{dP}{dm} = -\frac{Gm(r)}{4\pi r^4}$$

b) Kontinuitätsgleichung (Masseerhaltung) Gl. 4.2:

$$\frac{dr}{dm} = \frac{1}{4\pi r^2 \rho(r)}$$

c) Energieerhaltung Gl. 4.25:

$$\frac{dL(r)}{dm(r)} = \varepsilon$$

mit $\varepsilon = \varepsilon_n - \varepsilon_\nu + \varepsilon_g$ Gl. 4.26

d) Energietransport
Strahlung Gl. 4.32:

$$\frac{dT}{dm} = -\frac{3\bar{\kappa}L(r)}{64\pi^2 \sigma r^4 T^3}$$

Adiabatischer konvektiver Wärmetransport Gl. 4.52:

$$\frac{1}{T}\frac{dT}{dm} = \left(\frac{\gamma - 1}{\gamma}\right)\frac{1}{P}\frac{dP}{dm}$$

Einsetzen von Konvektion (Schwarzschild-Kriterium) Gl. 4.53:

$$\left(\frac{d\ln T}{d\ln P}\right)_{Rad} > \left(\frac{d\ln T}{d\ln P}\right)_{Ad}$$

Zustandsgleichungen (4.107)

a) Ideales Gas Gl. 4.65 $P = P(T, \rho, x_i)$:

$$P_G = \left(\frac{1}{\bar{\mu}_I} + \frac{1}{\bar{\mu}_e}\right)\mathcal{R}\rho T$$

4.5 Statische Sternmodelle

b) Entartetes Elektronengas, nichtrelativistisch und relativistisch Gl. 4.88 und 4.91 $P = P(\rho, x_i)$:

$$P = K_{kl} n^{5/3}$$

$$P = K_{rel} n^{4/3}$$

c) Innere Energie $E = E(T, \rho, x_i)$, spezifische innere Energie u Gl. 4.94, 4.96, 4.98

Klassisches ideales Gas Gl. 4.94:

$$u_G = \frac{3}{2} \frac{P_G}{\rho}$$

Klassisches vollständig entartetes Elektronengas Gl. 4.96:

$$u_{deg} = \frac{3}{2} \frac{P_{deg}}{\rho}$$

„Photonengas" Gl. 4.98:

$$u_{rad} = \frac{3}{2} P_{rad}$$

d) Opazität (ausgedrückt durch das Rosseland-Mittel) Gl. 3.211 $\bar{\kappa} = \bar{\kappa}(T, \rho, x_i)$, Kramers Gesetz Gl. 4.37:

$$\bar{\kappa} = C \rho T^{-7/2}$$

e) Energieerzeugungsrate: $\varepsilon = \varepsilon(T, \rho, x_i)$

Randbedingungen (4.108)

Bei $r = 0$ (Zentrum des Sterns):
$$m(r = 0) = 0$$

$$L(r = 0) = 0$$
(4.109)

Bei $r = R^*$ (photosphärische Randbedingung):

$$T(r = R^*) = T_{eff} \qquad (4.110)$$

$$P(r = R^*) = P(Photosph\ddot{a}re)$$

Eventuell auch die Leuchtkraft L^* an der Photosphärenobergrenze (Stefan-Boltzmann-Gesetz) Gl. 2.49

$$L^* = 4\pi \sigma R^2 T_{eff}^4$$

In der Praxis erfolgt oftmals der Anschluss an separat berechnete Atmosphärenmodelle.

Bei $r = R$ (Nullwerte, äußere Schichten des Sterns ergeben unrealistische Werte):

$$T(r = R^*) = 0$$
$$P(r = R^*) = 0 \tag{4.111}$$

Mathematisch stellt ein statisches Sternmodell ein gekoppeltes System von vier gewöhnlichen, nichtlinearen Differentialgleichungen erster Ordnung dar, mit insgesamt vier Randbedingungen, die im Sternzentrum und an der Sternoberfläche erfüllt sein müssen. So gesehen handelt es sich hier um ein gut definiertes Randwertproblem, welches sich jedoch nur numerisch lösen lässt. Entsprechende Verfahren wurden seit den 1950er-Jahren entwickelt und zusammen mit den Modellen der jeweils verfügbaren Rechentechnik angepasst. Heute gehört die Berechnung von Sternmodellen zum Standardrepertoire der stellaren Astrophysik.

4.5.1 Numerische Lösung von Sternstrukturmodellen

Die numerische Modellierung von Sternen zeigt besonders deutlich die Züge einer Koevolution mit der Entwicklung moderner mathematischer Verfahren und der Entwicklung der für ihre Anwendung notwendigen Computertechnik. Aus ehemals einfachen und recht groben Rechenmodellen haben sich mittlerweile hochkomplexe Computerprogramme entwickelt, mit denen sich auch extrem dynamische und komplexe Prozesse, wie sie immer wieder im Laufe des Lebens eines Sterns auftreten, simulieren und untersuchen lassen. Man denke hier nur an die Simulation von Kernkollaps-Supernovae als ein in dieser Hinsicht besonders instruktives Beispiel.

Das Grundprinzip ist jedoch dasselbe geblieben. Man definiert ein Rechengitter (z. B. eindimensional entlang des Sternradius, die konzentrischen Masseschalen des Sterns repräsentierend – „Lagrangian Grid"), auf dem mittels spezieller numerischer Methoden die in Differenzengleichungen umgewandelten Differentialgleichungen iterativ gelöst werden, bis die Lösung die vorgegebenen Randbedingungen erfüllt. Das Verfahren der Wahl ist dabei die an das Newton-Raphson-Verfahren angelehnte Henyey-Methode (Henyey et al. 1964). Mathematisch geht das Verfahren auf den russischen Mathematiker Israel Moissejewitsch Gelfand (1913–2008) zurück, der eine Methode entwickelt hat, große Matrizen mit Bandstruktur zu invertieren. Im Fall der Sternmodellierung baut man eine solche spezielle Matrix über N Stützstellen (wobei N, die Zahl der „Masseschalen", zwischen einigen Hundert und einigen Tausend liegen kann) auf, wobei entsprechend den vier Differentialgleichungen jede Stützstelle durch vier Differenzengleichungen repräsentiert wird. Anschaulich bedeutet das, dass man der Mitte jeder der N Masseschalen konkrete Werte der Lagrange-Koordinate m_i (und damit auch des Radius r_i der Schale) sowie des Drucks P_i, der Temperatur T_i und der

4.5 Statische Sternmodelle

Leuchtkraft L_i zuordnet, welche den Verlauf der genannten Größen über den Sternradius beschreiben. Sie werden bei dem genannten Verfahren mit Näherungswerten belegt. Um die Werte zu finden, die letztendlich sowohl die „Physik" des Sterns (Stichwort Zustandsgleichungen) als auch die Randbedingungen erfüllen (das ist die „Lösung" des Problems), muss man in den vier Differentialgleichungen die räumlichen Ableitungen durch endliche Differenzen – oder anders ausgedrückt, die Differenzialgleichung durch eine geeignete Differenzengleichung ersetzen. So kann beispielsweise die Kontinuitätsgleichung Gl. 4.2 in Bezug auf die benachbarten Masseschalen i und $i + 1$ folgendermaßen aufgeschrieben werden, wobei $r_{i+1/2} = 1/(r_i + r_{i+1})$ die Begrenzung zwischen zwei jeweils benachbarten Masseschalen repräsentiert:

$$\frac{P_{i+1} - P_i}{m_{i+1} - m_i} = \frac{1}{4\pi r_{i+1/2}^2 \rho_{i+1/2}} \quad (4.112)$$

Über die Dichte ρ der i-ten Masseschale lässt sich nun mit der auf die Dichte umgeschriebenen Zustandsgleichung $\rho = \rho(P, T)$ die Dichte der entsprechenden Masseschale approximieren, d. h. formal

$$\rho_{i+1/2} = \rho\left(\frac{1}{2}\Delta P_i, \frac{1}{2}\Delta T_i\right), \quad (4.113)$$

wobei Δ wieder die Differenz des entsprechenden Wertes zwischen zwei benachbarten Masseschalen angibt. Auf die gleiche Weise sind nun auch noch die anderen drei Differenzialgleichungen in entsprechende Differenzengleichungen zu überführen. Damit ergibt sich ein miteinander gekoppeltes Gleichungssystem von – unter Miteinbeziehung der Randbedingungen Gl. 4.108–4N simultan zu lösenden algebraischen Gleichungen. Sie lassen sich iterativ nach einem Verfahren lösen, welches gern zur numerischen Lösung transzendenter Gleichungen, die sich in der Form $f(x) = 0$ aufschreiben lassen, verwendet wird: – das Newton-Raphson-Verfahren. Dazu berechnet man eine Reihe von (hoffentlich) konvergierenden Näherungslösungen gemäß der Vorschrift

$$x_{i+1} = x_i - \frac{f(x_i)}{f'(x_i)} \quad (4.114)$$

Angewendet auf das Problem der stellaren Strukturgleichungen ergibt sich unter Berücksichtigung der Randbedingungen letztendlich ein riesiges System aus 4 N simultan zu lösenden linearen algebraischen Gleichungen, wobei die numerisch zu lösende Aufgabe darin besteht, deren Koeffizentenmatrix zu invertieren und damit neue Näherungswerte für die vier Unbekannten je Masseschale auszurechnen. Dazu lässt sich die spezielle Blockstruktur dieser Matrix ausnutzen, um, quasi häppchenweise, die sie aufbauenden 4×4-Matrizen zu lösen. Indem man gemäß dem Newton-Raphson-Verfahren nach jedem Update der Matrix mit den Werten des vorangegangenen Iterationslaufs die Invertierung wiederholt, erhält man eine gewöhnlich rasch konvergierende Folge von Werten der Unbekannten gegen die gesuchte Lösung, wobei der Iterationslauf bei Erreichen einer vorgegebenen Fehlerschranke abgebrochen wird.

Einen allgemeinen Überblick über dieses erstmals von Kippenhahn und Weigert im großen Stil angewandte Verfahren findet man in deren Lehrbuch (Kippenhahn und Weigert 1990) oder in Böhm-Vitense (1989b). Heute wird das Henyey-Verfahren auch in modernen, zuerst von A. Cox entwickelten hydrodynamischen Sternmodellen zur Lösung der dort verwendeten kompletten, zeitabhängigen, nichtadiabatischen sowie nichtlinearen partiellen Differentialgleichungen der Hydrodynamik (und des Wärmetransports) verwendet. So gesehen gehört diese Methode mit zu den Kernmethoden der *Computational Astrophysics*.

Das Vogt-Russell-Theorem

Ein wichtiger heuristischer Meilenstein in der Entwicklung einer mathematisch-physikalischen Theorie der Sterne stellt das im Jahre 1926 durch den deutschen Astronomen Heinrich Vogt formulierte Theorem dar, welches zuerst als „Vogtscher Eindeutigkeitssatz" formuliert und später dann als Vogt-Russell-Theorem in die Astrophysik eingegangen ist. In einer kurzen Abhandlung, in der er die Beziehung zwischen den Massen und den Leuchtkräften von Sternen untersucht, kommt er zu dem Ergebnis:

... wir müssen annehmen, daß die mittlere Dichte, die effektive Temperatur und die absolute Leuchtkraft eines Sternes nur von seiner Gesamtmasse abhängen. Gegenseitige Abweichungen in der mittleren Dichte, der effektiven Temperatur und der absoluten Leuchtkraft dürfen bei Sternen derselben Masse nur insoweit vorkommen, als die Natur der Sternmaterie, auch wenn man von den Änderungen absieht, welche von Druck, Temperatur und Dichte abhängen, in den einzelnen Sternen, und zwar auch in den Sternen mit derselben Masse nicht ganz einheitlich ist.
Ändert sich infolge Ausstrahlung von Energie die Masse eines Sterns langsam mit der Zeit, so muß sich dementsprechend auch seine mittlere Dichte, effektive Temperatur und absolute Leuchtkraft ändern.

Unabhängig von Heinrich Vogt gelangte kurze Zeit später auch der Astrophysiker Henry Norris Russell quasi zur gleichen Erkenntnis. Er schrieb in einem damaligen Astronomielehrbuch, dessen Koautor er war, Folgendes:

... It is found that a star of given mass and composition will usually be in equilibrium for only one value of the radius, and hence for definite values of the luminosity and surface temperature. For stars of different masses these values will be different, but so long as the composition is the same, all the stars of a given luminosity will have to be of some one definite size, surface temperature, and spectral type.

Die Behauptung, die in diesen beiden Zitaten zum Ausdruck kommt, besteht darin, dass nur zwei Größen, nämlich die Masse und die chemische Zusammensetzung der stellaren Materie, den Radius, die Leuchtkraft sowie die innere Struktur eines Sterns und damit auch dessen Entwicklungsweg eindeutig bestimmen. Für den mehr mathematisch orientierten Physiker ist

4.5 Statische Sternmodelle

der Begriff „Theorem", mit dem diese Behauptung belegt wurde, dahingehend unpassend, als sich diese Behauptung für Sterne nicht mathematisch beweisen lässt. Außerdem wurden mittlerweile einige Gegenbeispiele gefunden, die allein schon damit die Allgemeingültigkeit des Vogt-Russell-Theorems ausschließen. So gesehen stellt dieses „Theorem" eher eine mehr oder weniger grobe Annäherung an die wirklichen Verhältnisse dar, als dass es ein ehernes Naturgesetz ist. Es macht aber durchaus Sinn, das Vogt-Russell-Theorem im Sinne einer Faustregel zu verwenden, denn zumindest bei „normalen" Hauptreihensternen scheint es weitestgehend gültig zu sein. In diesem Sinne kann man also davon ausgehen, dass numerische Sternmodelle mit eindeutig definierten Anfangs- und Randbedingungen auch eindeutige Lösungen des zugrunde liegenden Systems von Differential- und Materialgleichungen sind.

Es gibt mittlerweile eine große Zahl von Programmpaketen zur Berechnung von Sternmodellen und ihrer zeitlichen Entwicklung. Bei einigen von ihnen ist für Interessenten der Quellcode im Internet frei verfügbar. Dazu gehört beispielsweise der Aarhus- Stellar- Evolution- Code – ASTEC (Christensen-Dalsgaard 2007). Aus dem Max-Planck-Institut für Astrophysik in Garching bei München stammt das Programmpaket GARSTEC (Garching Stellar Evolution Code), das seit Anfang der 1960er-Jahre kontinuierlich weiterentwickelt und der immer leistungsfähiger werdenden Computertechnik angepasst wurde und wird (Weiss und Schlattl 2008). Sein Kernel ist quasi das Vermächtnis der bahnbrechenden Arbeiten von Rudolf Kippenhahn, Alfred Weigert und E. Meyer-Hofmeister. Zum Schluss sei nur noch das Programmpaket LPCODE (La Plata Stellar Evolutionary Code) genannt, welches sich besonders bei der Modellierung der letzten Evolutionsphase massearmer Sterne, der Weißen Zwerge, bewährt hat.

Wenn es mehr um didaktische Zwecke geht, dann gelingt die Lösung der vier Differentialgleichungen auch schon (natürlich mit Abstrichen) mithilfe des Runge-Kutta-Verfahrens. Ein relativ simpler Code für eigene Versuche ist z. B. in Ostlie und Carroll (1996) angegeben, der Grundlage für das im Netz frei verfügbare Programm STATSTAR ist.[1] Damit lassen sich einfache Modelle für Hauptreihensterne berechnen und die Ergebnisse grafisch darstellen.

Als Beispiel soll hier kurz der Modelllauf für ein einfaches Sonnenmodell vorgestellt werden (s. Abb. 4.7). Die Ergebnisse zeigen auch gleich die Grenzen des Programms auf. Es gelingt damit nur in den seltensten Fällen, die zentralen Randbedingungen zu erfüllen. Deshalb bricht die Berechnung gewöhnlich bei einer Kernmasse von weniger als einem Hundertstel der Masse der obersten Masseschale ab (Näheres siehe Ostlie und Carroll (1996), Anhang H).

---

[1] http://wps.aw.com/aw_carroll_ostlie_astro_2e/0,11894,3153834-,00.html

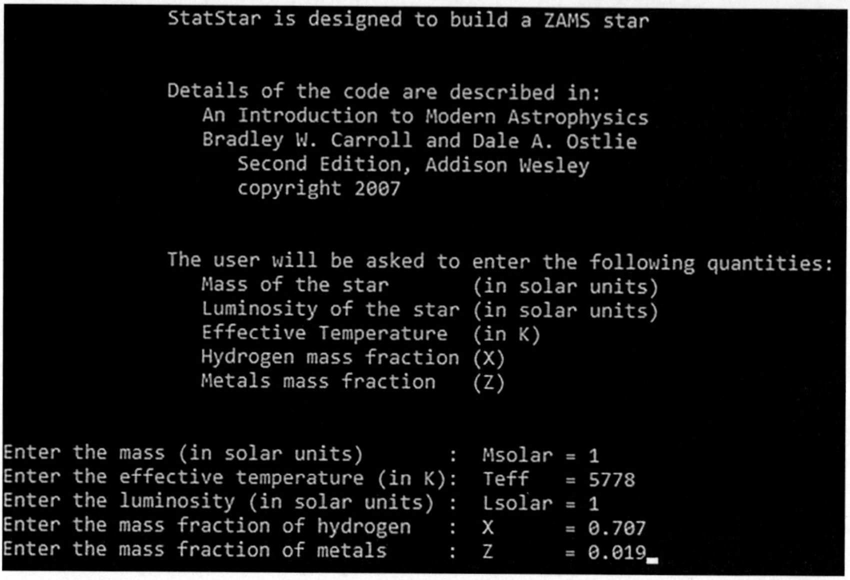

```
            StatStar is designed to build a ZAMS star

            Details of the code are described in:
               An Introduction to Modern Astrophysics
               Bradley W. Carroll and Dale A. Ostlie
                  Second Edition, Addison Wesley
                  copyright 2007

            The user will be asked to enter the following quantities:
               Mass of the star        (in solar units)
               Luminosity of the star  (in solar units)
               Effective Temperature   (in K)
               Hydrogen mass fraction  (X)
               Metals mass fraction    (Z)


Enter the mass (in solar units)         :  Msolar = 1
Enter the effective temperature (in K): Teff   = 5778
Enter the luminosity (in solar units) : Lsolar = 1
Enter the mass fraction of hydrogen    :  X      = 0.707
Enter the mass fraction of metals      :  Z      = 0.019_
```

Abb. 4.7 Eingabebildschirm für die Kommandozeilenversion des Programms STATSTAR mit den entsprechenden Inputwerten für die Sonne. Die Ergebnisse werden automatisch in eine Textdatei geschrieben

4.5.2 Polytrope Lösungen

Bevor den Astrophysikern schnelle elektronische Rechenmaschinen zur Berechnung von Sternmodellen zur Verfügung standen, hat man mit durchaus beachtlichem Erfolg versucht, durch geeignete Näherungen analytisch etwas über den inneren Aufbau der Sterne in Erfahrung zu bringen. Eine besonders vom didaktischen Standpunkt interessante Klasse von Sternmodellen stellen hierbei die sogenannten „polytropen Sterne" dar, die bereits im Jahre 1907 von dem Schweizer Astrophysiker und Meteorologen Robert Emden näher untersucht wurden (Emden 1907). Der Name rührt daher, dass als Zustandsgleichung eine solche der allgemeinen Form

$$P = K\rho^{1+\frac{1}{n}} = K\rho^{\gamma} \tag{4.115}$$

mit dem Polytropenindex n verwendet wird. Diese Gleichung beschreibt eine sogenannte polytropische Zustandsänderung und gilt in der aufgeschriebenen Form nur für ideale Gase. Ist $n = c_P/c_V$, dann gibt Gl. 4.115 den Spezialfall einer adiabatischen Zustandsänderung an (Tab. 4.1).

4.5 Statische Sternmodelle

Tab. 4.1 Einige Spezialfälle von Polytropen bzw. polytropischen Zustandsänderungen

n	Polytrope / Anwendungsfall
0	Isobare Zustandsänderung; Polytrope konstanter Dichte
1	Isotherme Zustandsänderung;
C_P/C_V	Adiabatisch-reversible Zustandsänderung;
3/2	Adiabatische Zustandsänderung; $P_R \ll P_G \rightarrow$ entartetes nichtrelativistisches Gas $P \sim \rho^{5/3}$; komplett konvektive Sterne
3	$P_R \gg P_G$ „Eddington-Standardmodell" $\rightarrow$ besonders geeignet für entartetes relativistisches Gas mit $P \sim \rho^{4/3}$; gute Näherung für massereiche nichtkonvektive Hauptreihensterne, die sich im Strahlungsgleichgewicht befinden
∞	Isochore Zustandsänderung; Polytrope konstanter Temperatur

Ist nun, wie hier, der Druck P lediglich eine Funktion der Dichte ρ (oder der chemischen Zusammensetzung x_i, ausgedrückt durch Teilchenzahldichten), dann lässt sich die Gleichung für das hydrostatische Gleichgewicht Gl. 4.6 und die Massenkontinuitätsgleichung Gl. 4.2 abgekoppelt von den anderen beiden Differentialgleichungen eines einfachen Sternmodells lösen, da in diesem Fall das hydrostatische Gleichgewicht unabhängig von dem Wärmestrom wird, welcher kontinuierlich den Stern durchfließt. Unter der Annahme eines konstanten Polytropenindexes ergibt sich dann ein einfaches Sternmodell, aus dem sich unter der Vorgabe einer Sternmasse M^* und eines Sternradius R^* die gesuchten Funktionen $P(r)$, $T(r)$ und $\rho(r)$ berechnen lassen.

Als Erstes sind die beiden Seiten von Gl. 4.6 (die wir hier in ihrer „Euler-Form" verwenden) mit dem Faktor r^2/ρ zu multiplizieren und danach nach r zu differenzieren. Man erhält die Poisson-Gleichung in der Form

$$\frac{1}{r^2}\frac{d}{dr}\left(\frac{r^2}{\rho}\frac{dP}{dr}\right) = -4\pi G\rho. \tag{4.116}$$

In diese muss nun die Zustandsgleichung Gl. 4.115 eingearbeitet werden. Das geschieht folgendermaßen unter Berücksichtigung, dass die Dichte eine Funktion von r ist:

$$\frac{dP}{dr} = K\left(\frac{1}{n}+1\right)\rho^{1/n}\frac{d\rho}{dr} \tag{4.117}$$

Eingesetzt in Gl. 4.116 ergibt sich eine Differentialgleichung zweiter Ordnung:

$$\frac{(n+1)K}{4\pi Gn}\frac{1}{r^2}\frac{d}{dr}\left(\frac{r^2}{\rho^{\frac{n-1}{n}}}\frac{d\rho}{dr}\right) = -\rho \tag{4.118}$$

deren Lösungen folgende Randbedingungen erfüllen müssen:

Sternoberfläche $r = R^*$: $\rho(R^*) = 0$ (wegen $P(R^*) = 0$),
Sternzentrum $r = 0$: $\frac{d\rho}{dr} = 0$ (wegen $\frac{dP}{dr} = 0$),

Sie werden ganz allgemein als „polytropische Gaskugeln" oder kurz Polytrope bezeichnet.

Um Gl. 4.118 in eine handhabbare Form zu bringen, ist es angebracht, zwei dimensionslose Variablen einzuführen, und zwar

1. eine neue radiale Koordinate ξ („Koordinatenabstand"), welche r gemäß

$$r = \sqrt{\frac{(n+1)K}{4\pi Gn}\xi^2} = \alpha\xi \qquad (4.119)$$

ersetzt, und
2. eine von r abhängige Variable Θ, welche die radiale Dichtefunktion $\rho(r)$ durch

$$\rho = \rho_c \Theta^n \qquad (4.120)$$

ersetzt, wobei ρ_c die Dichte im Zentrum des Sterns bezeichnet. Damit ist $\frac{d\rho}{dr} = \rho_c n \Theta^{n-1} \frac{d\Theta}{dr}$, also $\rho^{\frac{n-1}{n}} = \rho_c^{\frac{n-1}{n}} \Theta^{n-1}$, womit Gl. 4.118 zu

$$\frac{(n+1)K}{4\pi Gn} \frac{1}{r^2} \frac{d}{dr}\left(r^2 \frac{d\Theta}{dr}\right) = -\Theta^n$$

wird. Ersetzt man jetzt gemäß Gl. 4.119 noch r durch den Koordinatenabstand ξ, dann ergibt sich nach kurzer Rechnung die berühmte Lane-Emden-Gleichung:

$$\frac{1}{\xi^2}\frac{d}{d\xi}\left(\xi^2 \frac{d\Theta}{d\xi}\right) + \Theta^n = 0 \qquad (4.121)$$

Auf ihrer Grundlage wurden in der Zeit, als es noch nicht möglich war, detaillierte Sternmodelle numerisch auf Computern zu berechnen, grundlegende Untersuchungen zum inneren Aufbau von Sternen durchgeführt (Eddington 1988; Chandrasekhar 1967).

4.5.2.1 Diskussion und Lösungen der Lane-Emden-Gleichung

Polytrope Sterne lassen sich durch genau drei Parameter K, R und n eindeutig charakterisieren. Analytische Lösungen für die Lane-Emden-Gleichung existieren jedoch nur für die Fälle $n = 0$, $n = 1$ und $n = 5$. Für andere n-Werte lassen sich aber leicht numerische Lösungen ermitteln.

Der erste Fall mit dem Polytropenexponent $n = 0$ beschreibt gemäß Gl. 4.120 einen Stern mit einer durchgehend konstanten Dichte ρ. Für die Randbedingungen sind $\Theta = 1$ und $d\Theta/d\xi = 0$ für $\xi = 0$ anzusetzen. Damit ergibt sich aus Gl. 4.121:

$$\frac{d}{d\xi}\left(\xi^2 \frac{d\Theta}{d\xi}\right) = -\xi^2$$

Durch zweimalige Integration erhält man unter der Maßgabe, dass die erste Integrationskonstante null (wegen $d\Theta/d\xi = 0$) und die zweite Integrationskonstante wegen $\Theta(0) = 1$ eins sein muss, die Lösung.

4.5 Statische Sternmodelle

$$\Theta_0(\xi) = 1 - \frac{\xi^2}{6}. \tag{4.122}$$

Sie wird auch als Lane-Emden-Funktion für $n = 0$ bezeichnet (gekennzeichnet durch den Index 0).

Die Gesamtmasse eines solchen Sterns lässt sich dann unter Verwendung von Gl. 4.119 und 4.120 wie folgt ausrechnen:

$$M^* = 4\pi \int_0^{R^*} r^2 \rho\, dr = 4\pi \alpha^3 \rho_c \int_0^{\xi_I} \xi^2 d\xi = \frac{4}{3}\pi \alpha^3 \rho_c \xi_I^2 = \frac{4}{3}\pi \rho_c R^{*3}$$

Im Fall $n = 1$ hilft die Substitution $\lambda = \xi\Theta$ weiter. Eingesetzt in Gl. 4.121 erhält man

$$\frac{d^2\lambda}{d\xi^2} = -\lambda$$

mit der allgemeinen Lösung

$$\lambda = A\cos\xi + B\sin\xi,$$

wobei A und B die Integrationskonstanten bezeichnen. Die Rücktransformation liefert schließlich für die Lane-Emden-Funktion $\Theta_1(\xi)$

$$\Theta_1(\xi) = \frac{A\cos\xi + B\sin\xi}{\xi},$$

wobei der erste Summand für $\xi \to 0$ undefiniert ist, sodass sich mit $B = 1$ (wegen $\lim_{\xi \to 0} \frac{B\sin\xi}{\xi} = 1$)

$$\Theta_1(\xi) = \frac{\sin\xi}{\xi} \tag{4.123}$$

als Lösung ergibt.

Die Lösung für den Fall $n = 5$, die unabhängig voneinander von Arthur Schuster (1851–1934) und von Robert Emden gefunden wurde, ist durch folgende Lane-Emden-Funktion gegeben:

$$\Theta_5(\xi) = \frac{1}{\sqrt{1 + \frac{\xi^2}{3}}} \tag{4.124}$$

Sie besitzt keine Nullstelle, tendiert aber im Limes $\xi \to 0$ gegen null.

An der Sternoberfläche muss die Dichte verschwinden, d. h., die Oberflächenrandbedingung $\rho(R^*) = 0$ bedeutet $\Theta_n = 0$, woraus sich für $\xi(n)$ die Zahlenfolge $\xi_0 = \sqrt{6}$, $\xi_1 = \pi$ und $\xi_5 = \infty$ ergibt. Konkret heißt das (und es lässt sich leicht beweisen), dass im Allgemeinen der maximale Koordinatenabstand für $n < 5$ endlich bleibt. Für diesen Wertebereich lohnt es sich, die Größen ξ_n, $\xi^2 d\Theta/d\xi$ (an der Stelle $\xi = \xi_n$) und das Verhältnis von Zentraldichte zu mittlerer Dichte, also $\rho_c/\overline{\rho}$, zu berechnen, und zwar unter der Bedingung, dass sie die Randbedingungen für die Sternoberfläche erfüllen. Das wurde beispielhaft von Chandrasekhar aus-

Tab. 4.2 Werte der Lane-Emden-Gleichung (Polytropenkonstanten) für verschiedene Polytropenindizes (Chandrasekhar 1967)

n	$R_n = \xi_n$	$M_n = -\xi^2(d\Theta/d\xi)_{\xi_n}$	$D_n = \rho_c/\overline{\rho}$
0	2,4494	4,8988	1
0,5	2,7528	3,7871	1,8361
1	π	π	3,28987
1,5	3,65375	2,71406	5,99071
2	4,35287	2,41105	11,40254
2,5	5,35528	2,18720	23,40646
3	6,89685	2,01824	54,1825
3,25	8,01894	1,94980	88,153
3,5	9,53581	1,89056	152,884
4	14,97155	1,79723	622,408
4,5	31,8365	1,73780	6189,47
4,9	169,47	1,7355	934.800
5	∞	1,73205	∞

geführt, aus dessen Buch (Chandrasekhar 1967) die Werte der Tab. 4.2 entnommen wurden.

Die gesuchten Funktionen $\Theta_n(\xi)$ für verschiedene n lassen sich mittels einer schrittweisen numerischen Lösung der Lane-Emden-Gleichung unter den genannten Randbedingungen ermitteln (s. Abschn. 4.5.2.2). Der Weg dahin sei hier nur angedeutet: Dazu wird die gewöhnliche Differentialgleichung zweiter Ordnung Gl. 4.121 in ein System aus zwei Differentialgleichungen erster Ordnung überführt. Dabei ist es sinnvoll, folgende Variablen einzuführen: $x = \xi$, $y = \Theta$ und $z = d\Theta/d\xi$

$$\frac{dy}{dx} = z \quad \frac{dz}{dx} = -\frac{1}{x^2}(2xz + x^2 y^n), \qquad (4.125)$$

wobei für das Sternzentrum natürlich y = 0 und z = 0 gelten muss. Abb. 4.8 zeigt eine Reihe auf diese Weise errechneter Lösungskurven. Deren erste Nullstelle – soweit sie existiert – ist ein Maß für den Sternradius R^*.

Es stellt sich nun die Frage, durch welche Polytropen – festgemacht am Polytropenindex n – sich reale Sterne nun am besten und am realistischsten modellieren lassen. Der Fall $n = 0$ führt offensichtlich zu einem Stern, bei dem über den gesamten Sternradius die Dichte konstant ist, was für einen realen Stern mit Sicherheit nicht zutrifft. Die Masse eines solchen Sterns hängt nur – wie wir bereits berechnet haben – von der zentralen Dichte (die hier natürlich gleich der mittleren Dichte ist) und vom Sternradius ab. Für die weiteren Untersuchungen ist es von Interesse, wie sich ganz allgemein die Sternmasse und der Sternradius in Abhängigkeit von n verhalten. Was den Sternradius betrifft, ist die Frage schnell

4.5 Statische Sternmodelle

Abb. 4.8 Numerisch ermittelte Lösungsfunktionen der Lane-Emden-Gleichung für n = 0 bis n = 6 in Schritten von 0,5

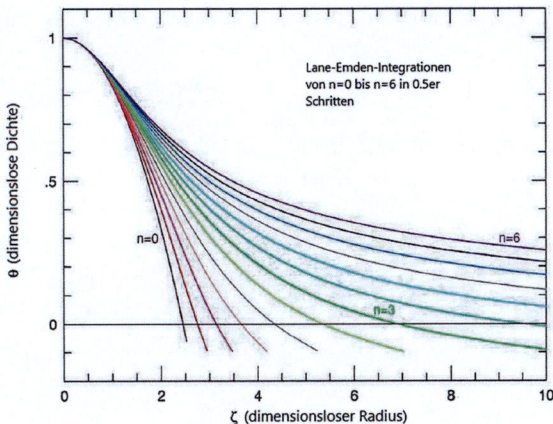

beantwortet. Man muss nur den Koordinatenabstand ξ_n, welcher der (ersten) Nullstelle der n-ten Lösung der Lane-Emden-Gleichung entspricht, wieder in das reale Maß rücktransformieren. Das ist mit Gl. 4.115 und 4.119 schnell getan:

$$R^* = \sqrt{\frac{(n+1)K}{4\pi G \rho_c^{\frac{n-1}{n}}}} \xi_n = \alpha \xi_n \tag{4.126}$$

Für die Sternmasse ergibt sich aus

$$M^* = 4\pi \int_0^{R^*} r^2 \rho \, dr = 4\pi \alpha^3 \rho_c \int_0^{\xi_1} \xi^2 \Theta^n d\xi,$$

wenn Θ^n durch Gl. 4.121 substituiert wird:

$$M^* = 4\pi \alpha^3 \rho_c \int_0^{\xi_1} \frac{d}{d\xi}\left(\xi^2 \frac{d\Theta}{d\xi}\right) d\xi = -4\pi \alpha^3 \rho_c \xi_n^2 \left(\frac{d\Theta}{d\xi}\right)_{\xi_n} \tag{4.127}$$

Für Polytropen mit $n = 1$ ist damit offensichtlich der Sternradius vollkommen unabhängig von der Sternmasse und hängt nur von der Größe K ab. Die Masse eines solchen Sterns ist dann durch folgende Gleichung gegeben:

$$M^* = 4\pi^2 \left(\frac{K}{2\pi G}\right)^{3/2} \tag{4.128}$$

Auch solch ein Modell ist für einen realen Stern nur wenig brauchbar.

Die nächsten, interessanteren Fälle sind $n = 1,5$ und $n = 3$. Bei der Behandlung vollständig entarteter Materie ergab sich mit Gl. 4.76 eine Zustandsgleichung der Form

$$P = K\rho^{5/3} \quad \text{mit dem Polytropenindex } n = 3/2 \tag{4.129}$$

für den nichtrelativistischen Grenzfall (Gl. 4.88) und eine Zustandsgleichung der Form

$$P = K\rho^{4/3} \quad \text{mit dem Polytropenindex } n = 3 \qquad (4.130)$$

für den relativistischen Grenzfall (Gl. 4.91). Das bedeutet, dass sich entartete Sterne wie Weiße Zwerge oder entartete Sternkerne bestimmter Sterntypen als Polytropen behandeln lassen. Aber auch ganz normale Sterne wie beispielsweise die Sonne, die nicht überwiegend konvektiv sind, lassen sich recht gut mittels Polytropen mit dem Polytropenindex $n = 3$ modellieren. Der Druck ergibt sich in diesem Fall als Summe von Gasdruck und Strahlungsdruck, also mit Gl. 4.65 und 4.69:

$$P = \frac{1}{\mu}\mathcal{R}\rho T + \frac{1}{3}aT^4 \qquad (4.131)$$

Bezeichnen wir wieder den Anteil des Strahlungsdrucks am Gesamtdruck mit $(1-\beta)P$, dann lässt sich die Temperatur wegen Gl. 4.69 $T = (3P(1-\beta)/a)^{1/4}$ schreiben und damit aus obiger Beziehung eliminieren:

$$P = \left(\frac{3\mathcal{R}^4}{a\mu^4}\right)^{1/3} \left(\frac{1-\beta}{\beta^4}\right)^{1/3} \rho^{4/3} = K\rho^{4/3} \qquad (4.132)$$

Sterne, deren Stabilität durch Gas- und Strahlungsdruck garantiert wird und bei denen konvektiver Wärmetransport keine oder nur eine untergeordnete Rolle spielt, lassen sich demnach auch durch Polytropen mit $n = 3$ beschreiben. Solch ein Sternmodell soll in der Folge als Eddington-Modell oder „Standard-Modell" bezeichnet werden.

Wie verhält es sich nun bei Sternen, die überwiegend konvektiv sind, wie beispielsweise bei Roten Riesen oder massearme Rote Zwerge? Bei einem vollständig ionisierten Gas beträgt der Adiabatenexponent $\gamma = 5/3$ (s. Abschn. 4.3.2) und damit nach dem Schwarzschild-Kriterium Gl. 4.52

$$\frac{d\ln P}{d\ln T} \approx 2{,}5$$

woraus sofort $T \sim P^{2/5}$ folgt. Da man bei Konvektion aufgrund der guten Durchmischung μ als konstant über den Sternradius annehmen kann, ergibt sich mit Gl. 4.65 folgende Proportionalität:

$$P \sim T\rho$$

$$P \sim P^{2/5}\rho$$

$$P \sim \rho^{5/3}$$

Für voll konvektive Sterne lässt sich demnach ein Polytropenindex gemäß Gl. 4.115 von $n = 3/2$ ansetzen (Tab. 4.3).

4.5 Statische Sternmodelle

Tab. 4.3 Sterntypen, die sich recht gut mittels Polytropen mit dem Polytropenindex n beschreiben lassen

Sterntyp	n
Hauptreihensterne $M^* < 0{,}3 M_\odot$ voll konvektiv	3/2
Hauptreihensterne $M^* = 1..10 M_\odot$	3
Hauptreihensterne $M^* > 10 M_\odot$ mit innerem konvektivem Kern	3/2
Weiße Zwerge $M^* < 0{,}35 M_\odot$	3/2
Weiße Zwerge $0{,}35 M_\odot < M^* < 1{,}2 M_\odot$	3/2 < n < 3
Weiße Zwerge $M^* = 1{,}2 M_\odot$	3

Die Polytrope $n = 3$ stellt übrigens einen Spezialfall dar, da sie in Tab. 4.2 die Stelle kennzeichnet, an der die Sternmasse unabhängig vom Sternradius wird, was sich wie folgt zeigen lässt. Dazu führen wir als Massen- und Radiusäquivalente folgende Polytropenkonstanten ein (hier entfällt der obere Kennzeichnungsindex * im Unterschied zu den „echten" Sternmassen M^* und Sternradien R^*):

$$M_n = -\xi_n^2 \left(\frac{d\Theta}{d\xi}\right)_{\xi_n} \tag{4.133}$$

$$R_n = \xi_n \tag{4.134}$$

ξ_n bezeichnet hier wieder die erste Nullstelle der Lane-Emden-Funktion, wie sie in Tab. 4.2 gelistet ist. Außerdem soll noch der Faktor, mit dem sich aus der mittleren Sterndichte $\overline{\rho}$ dessen Zentraldichte ρ_c ergibt, mit D_n bezeichnet werden. Er ist gemäß Gl. 4.120.

$$\rho_c = \frac{1}{\Theta^n}\overline{\rho} = -\frac{1}{\frac{3}{\xi_n}\left(\frac{d\Theta}{d\xi}\right)_{\xi_n}}\overline{\rho} = D_n \overline{\rho} \tag{4.135}$$

und entspricht damit dem Wert der Spalte $\rho_c/\overline{\rho}$ in Tab. 4.2. Für $n = 1$ erhält man dafür z. B. den Wert $D_1 = \pi^2/3$.

Das Verhältnis von M^* zu M_n ergibt sich mit Gl. 4.127 und 4.133 zu

$$\frac{M^*}{M_n} = 4\pi\alpha \frac{(n+1)K\rho_c}{4\pi G \rho_c^{\frac{n-1}{n}}} = 4\pi\alpha^3 \rho_c$$

und wegen Gl. 4.126 zu

$$\frac{GM^*}{M_n} = \alpha(n+1)K\rho_c^{1/n} = \frac{R^*}{R_n}(n+1)K\rho_c^{1/n}.$$

Substituiert man nun noch die Zentraldichte ρ_c mittels Gl. 4.135 mit der mittleren Dichte $\overline{\rho}$, dann ergibt sich unter Beachtung, dass

$$\left(-\frac{3}{\xi_n}\left(\frac{d\Theta}{d\xi}\right)_{\xi_n}\right)^{-1} = \left(\frac{3M_n}{R_n^3}\right)^{-1}$$

ist, die interessante Beziehung

$$\left(\frac{GM^*}{M_n}\right)^{n-1}\left(\frac{R^*}{R_n}\right)^{3-n} = \frac{((n+1)K)^n}{4\pi G}. \tag{4.136}$$

Sie besagt beispielsweise, dass innerhalb des offenen Intervalls (1,3) für n ein Zusammenhang zwischen Masse und Radius eines Sterns besteht, und zwar in dem Sinn, dass der Radius mit anwachsender Sternmasse geringer wird:

$$R \sim M^{*\frac{1-n}{3-n}} \tag{4.137}$$

Oder anders ausgedrückt: Je massiver ein Stern ist, desto kleiner und dichter ist er auch. Im Fall von $n = 3$ wird die Sternmasse völlig unabhängig vom Sternradius und hängt schließlich nur noch von der Größe K ab. Hier sei besonders der Spezialfall $n = 3/2$ hervorgehoben, wie er für Weiße Zwergsterne und voll konvektive Sterne gilt. In ihrem Fall ist für ein jeweils gegebenes K der Sternradius invers proportional zu ihrer Masse, d. h. $R \sim M^{*-1/3}$.

Gl. 4.136 kann weiterhin gleich als Ausgangspunkt dienen, um einen Zusammenhang zwischen dem zentralen Druck P_c^* eines polytropen Sterns und dessen zentraler Dichte ρ_c^* herzustellen. Dazu müssen lediglich K entsprechend Gl. 4.115 durch P_c^* substituiert und die Terme umsortiert werden:

$$P_c^* = \frac{(4\pi G)^{1/n}}{n+1}\left(\frac{GM^*}{M_n}\right)^{\frac{n-1}{n}}\left(\frac{R^*}{R_n}\right)^{\frac{3-n}{n}} \rho_c^{*\frac{n+1}{n}} \tag{4.138}$$

Sind P_c^* und ρ_c^* bekannt, dann lässt sich über eine geeignete Zustandsgleichung (z. B. Gl. 4.131) auch die Zentraltemperatur T_c^* im Rahmen des Modells ausrechnen.

Wie das folgende Beispiel der Sonne zeigt, sind Polytrope als einfache Sternmodelle verwendbar, da sie von der Größenordnung her durchaus richtige Ergebnisse liefern. Man kann sie beispielsweise für die numerische Lösung der in Abschn. 4.5 vorgestellten Sternstrukturgleichungen nutzen, die eine Ausgangsnäherung benötigen. Aber auch intrinsisch sind polytrope Sternmodelle für bestimmte Untersuchungen (z. B. im Fall adiabatischer Oszillationen) durchaus brauchbar und nicht nur von heuristischem Interesse. So lassen sich z. B. K und n über den Sternradius variieren, um beispielsweise sowohl teilweise oder vollkommen entartete Kernbereiche als auch Bereiche, in denen konvektiver Energietransport überwiegt, zu modellieren.

4.5.2.2 Beispiel: Sonne

Selbstverständlich können polytropische Sternmodelle nur Näherungen für „echte" Sterne sein. So gesehen ist es sicherlich von Interesse, bestimmte Größen wie Zentraldichte ρ_c^*, Zentraldruck P_c^* und Zentraltemperatur T_c^* eines Sterns, welche aus detaillierteren numerischen Modellen mit genügender Genauigkeit bekannt sind, mittels einfacher Polytropenmodelle abzuschätzen und mit denen der genannten numerischen Modelle zu vergleichen. Dafür bietet sich natürlich sofort die Sonne an, die ja generell als universelles Vergleichsobjekt in der Stellarastronomie verwendet wird. Ihre Basisdaten sind:

$$M_\odot = 1{,}9886 \cdot 10^{30} \text{ kg}$$
$$R_\odot = 6{,}957 \cdot 10^8 \text{ m}$$
$$\overline{\rho}_\odot = 1{,}41 \cdot 10^3 \text{ kg m}^{-3}$$
$$x_{i\odot} = (X, Y, Z) = (0{,}707, 0{,}274, 0{,}019) \rightarrow \overline{\mu} \approx 0{,}614$$

Die Abschätzungen sollen unter der Annahme eines Polytropenindexes $n = 3$ und einem über den gesamten Sternradius konstanten K ausgeführt werden. Aus Tab. 4.2 entnehmen wir dazu noch folgende dimensionslosen Werte:

$$M_3 = 2{,}01824$$
$$R_3 = 6{,}89685$$
$$D_3 = 54{,}1825$$

Mit Gl. 4.135 erhält man für die Dichte im Zentrum der Sonne:

$$\rho_{c\odot} = D_3 \overline{\rho} = 76{,}4 \cdot 10^3 \text{ kg m}^{-3} \tag{4.139}$$

Für den im Zentrum der Sonne erwarteten Druck ergibt sich mit Gl. 4.138:

$$P_{c\odot} = \left(\frac{\pi G}{16}\right)^{1/3} \left(\frac{M_\odot}{M_3}\right)^{2/3} \rho_{c\odot}^{4/3} = 1{,}245 \cdot 10^{16} \text{ Pa} \tag{4.140}$$

Nun lässt sich mithilfe der idealen Gasgleichung Gl. 4.65 noch die Zentraltemperatur abschätzen:

$$T_{c\odot} = \frac{\mu P_{c\odot}}{\mathcal{R} \rho_{c\odot}} = 1{,}2 \cdot 10^7 \text{ K}, \tag{4.141}$$

wobei $\mu = \overline{\mu}/1000$ kg/mol ist.

Tab. 4.4 vergleicht diese Ergebnisse mit den Werten, welche das Programm STATSTAR liefert und mit den Werten, welche das *state of the art* Standard Solar Model BP2000 ergibt, das ja nach heutigem Erkenntnisstand die realen Verhältnisse im Kernbereich der Sonne am genauesten wiederzugeben vermag.

Da es für $n = 3$ keine analytische Lösung der Lane-Emden-Gleichung gibt, muss sie gemäß Gl. 4.125 vom Sternzentrum ausgehend schrittweise numerisch

Tab. 4.4 Vergleich der Zentrumswerte der Sonne

Zentrumswerte	Polytrope n = 3	STATSTAR (Zone 450)	SSM BP2000
Temperatur [K]	$1{,}2 \cdot 10^7$	$1{,}3 \cdot 10^7$	$1{,}57 \cdot 10^7$
Dichte [kg/m3]	$76{,}4 \cdot 10^3$	$110{,}7 \cdot 10^3$	$152{,}7 \cdot 10^3$
Druck [Pa]	$1{,}245 \cdot 10^{16}$	$2{,}04 \cdot 10^{16}$	$2{,}48 \cdot 10^{16}$

gelöst werden, um die radiale Dichte-, Masse- und Temperaturverteilung der Sonne bestimmen zu können. Dazu unterteilt man die Sonne in eine endliche Zahl von Kugelschalen, deren äquidistanter Abstand Δx („Schrittweite") betragen soll. Ziel dabei ist es, die Dichte jeder dieser Kugelschalen (dargestellt durch y), Schritt für Schritt zu berechnen. Das führt zu folgender Rechenvorschrift:

$$y_{i+1} = y_i + \frac{dy}{dx}\Delta x \tag{4.142}$$

Die einzige Unbekannte darin ist die aktuelle Änderungsrate der Dichte dy/dx. Für sie kann man analog zu Gl. 4.142 ansetzen:

$$\left(\frac{dy}{dx}\right)_{i+1} = \left(\frac{dy}{dx}\right)_i + \frac{d^2y}{dx^2}\Delta x \tag{4.143}$$

Die hier auftauchende zweite Ableitung der Dichte lässt sich nun leicht durch die Lane-Emden-Gleichung in der Form

$$\frac{d^2y}{dx^2} = -\frac{2}{x}\frac{dy}{dx} - y^n \tag{4.144}$$

substituieren:

$$\left(\frac{dy}{dx}\right)_{i+1} = \left(\frac{dy}{dx}\right)_i - \left(\frac{2}{x}\left(\frac{dy}{dx}\right)_i + y^n\right)\Delta x \tag{4.145}$$

Damit sind alle Gleichungen beisammen, um schnell ein Programm schreiben zu können, welches für ein gegebenes n die Polytrope berechnet. Man beginnt im Sternzentrum, wo man x nahe null setzt (z. B. $x = 0{,}0001$, um eine Division durch null zu vermeiden), $y = 1$ und $dy/dx = 0$ für den Wert $i = 0$. Von hier aus rechnet man solange Gl. 4.142 und 4.145 mit $x_{i+1} = x_i + \Delta x$ mit einer geeigneten Schrittweite Δx durch, bis y sein Vorzeichen wechselt. Dann hat man die Sternoberfläche erreicht.

```
// Prozedur (Pascal) zur Berechnung einer Lösung der Lane-Emden-
Gleichung mit dem Polytropenindex n. Die Ergebnisse werden in
eine in MS Excel ladbare CSV-Datei geschrieben.
procedure Lane_Emden(n:integer);
var DeltaX:real;
```

4.5 Statische Sternmodelle

```
      yi, yii, x :real;
      zi, zii :real;
      LE_Ergebnisse :Textfile;
begin
   AssignFile(LE_Ergebnisse,'LaneEmden.csv');
   Rewrite(LE_Ergebnisse);
   x:=0.00001;
   yi:=1;
   zi:=0;
   DeltaX:=0.001;
   writeln(LE_Ergebnisse,'x',';','y',';','z');
   while yi>0 do
     begin
       x:=x+DeltaX;
       yii:=yi+zi*DeltaX;
       zii:=zi-((2*zi/x)+Power(yi,n))*DeltaX;
       yi:=yii;
       zi:=zii;
       writeln(LE_Ergebnisse,x,';',yi,';',zi);
     end;
   CloseFile(LE_Ergebnisse);
end;
```

Bis hierher wurde mit dimensionslosen Werten gerechnet. Der nächste Schritt besteht nun darin, diesen Algorithmus an die Verhältnisse der Sonne anzupassen, wobei als Grundlage eine $n = 3$ –Polytrope gewählt wird. Als Erstes führen wir gemäß Gl. 4.119 den Skalenfaktor α ein, der die Nullstelle ξ_3 der Polytrope mit dem wahren Sonnenradius verknüpft:

$$\alpha = \frac{R_\odot}{\xi_3} = \frac{R_\odot}{6{,}89685} = 1{,}009 \cdot 10^8 \text{ m} \tag{4.146}$$

Weiterhin benötigen wir eine Gleichung, deren Lösung die Masse als Funktion des Radius liefert. Diese Gleichung ist offensichtlich die Kontinuitätsgleichung Gl. 4.2, die aber unter Beachtung von Gl. 4.120 noch etwas angepasst werden muss:

$$M = 4\pi \alpha^3 \rho_c \int_0^x x^2 y^n dx$$

Da nach der Lane-Emden-Gleichung

$$x^2 z = -\int_0^x x^2 y^n dx$$

ist, ergibt sich für

$$M(x) = -4\pi \alpha^3 \rho_c x^2 z, \tag{4.147}$$

wobei z aus Gl. 4.145 zu berechnen ist. Die weiterhin benötigte Zentraldichte ρ_c der Sonne wurde bereits mit Gl. 4.139 zu $76{,}4 \cdot 10^3$ kg m^{-3} $\cdot 10^3$ kg m^{-3} abgeschätzt.

Druck und Temperatur sind zwei Größen, die bekanntlich über die Zustandsgleichung der idealen Gase miteinander verknüpft sind. Aus Gl. 4.115 und 4.120 ergibt sich eine Gleichung, mit der sich der Gasdruck in der entsprechenden Kugelschale berechnen lässt:

$$P = K\rho_c^{\frac{1+n}{n}} y^{1+n} \qquad (4.148)$$

Die Konstante K ergibt sich dabei aus der Skalierung Gl. 4.119 und der Lane-Emden-Gleichung Gl. 4.121 unter Einbeziehung der Zentraldichte Gl. 4.120 wegen

$$\alpha^2 = \frac{(n+1)K}{4\pi G \rho_c^{\frac{n-1}{n}}}$$

und $n = 3$ zu

$$K = \pi \alpha^2 G \rho_c^{2/3}. \qquad (4.149)$$

Bleibt nur noch, den Temperaturverlauf über den Sonnenradius zu bestimmen. Auch hier bietet sich die Zustandsgleichung für ideale Gase als Ausgangspunkt an, und zwar in folgender Formulierung (Gl. 4.59, 4.60) unter Beachtung von Gl. 4.115:

$$P = \frac{k_B}{\overline{\mu} m_H} \rho T = K \rho^{1+\frac{1}{n}}$$

und nach Auflösen nach T unter Beachtung von Gl. 4.120:

$$T = \frac{\overline{\mu} m_H K \rho^{1/n}}{k_B} = \frac{\overline{\mu} m_H K \rho_c^{1/3} y}{k_B} \qquad (4.150)$$

Damit ergibt sich ergänzend zu Gl. 4.142 bis 4.145 nach Ausrechnen und Einsetzen der Konstanten folgender Formelsatz:

$$\begin{aligned} M &= -9{,}862 \cdot 10^{29} x^2 z \\ \rho &= 76{,}4 \cdot 10^3 y^3 \\ P &= 1{,}245 \cdot 10^{16} y^4 \\ T &= 1{,}21 \cdot 10^7 y \end{aligned} \qquad (4.151)$$

Ein Vergleich der sich ergebenden Kurven mit denen des Standardmodells der Sonne zeigt, dass das Polytropenmodell der Sonne gar nicht so schlecht ist und sich durchaus für grundlegende Untersuchungen im Rahmen der Sternphysik eignet. Ein besonders erwähnenswertes Resultat in diesem Zusammenhang ist die Vorhersage einer oberen Grenzmasse für Weiße Zwerge, die nicht thermisch, sondern durch den Entartungsdruck eines Elektronengases stabilisiert werden. Die Debatte darüber zwischen Subrahmanyan Chandrasekhar und Arthur Stanley

4.5 Statische Sternmodelle

Eddington in den Jahren 1929 und 1935 ist bekanntlich als besonders bemerkenswertes Ereignis in die Geschichte der Astrophysik eingegangen.

```pascal
//Prozedur (Pascal) zur Berechnung der Funktionen ρ(r), M(r),
P(r) und T(r) für die Sonne durch Lösung der Lane-Emden-Gleichung
für einen Polytropenindex n=3

procedure Lane_Emden_Sonne;
var DeltaX:real;
    yi, yii, x:real;
    zi, zii:real;
    rho:real;
    M, MSonne:real;
    P, T:real;
    LE_Ergebnisse: Textfile;
begin
  AssignFile(LE_Ergebnisse,'sonne.csv');
  Rewrite(LE_Ergebnisse);
  x:=0.00001;
  yi:=1;
  zi:=0;
  DeltaX:=0.001;
  MSonne:=1.9886E30;
  writeln(LE_Ergebnisse,'x',';','y',';','z',';','rho',';','log(rho)',';',
    'M/MSonne',';','P',';','log(P)',';','T',';','log(T)');
  while yi>0 do
    begin
      x:=x+DeltaX;
      yii:=yi+zi*DeltaX;
      zii:=zi-((2*zi/x)+Power(yi,3))*DeltaX;
      yi:=yii;
      zi:=zii;
      rho:=76.4E3*Power(yi,3);
      M:=-9.862E29*Power(x,2)*zi;
      P:=1.245E16*Power(yi,4);
      T:=1.21E7*yi;
      writeln(LE_Ergebnisse,x/6.89685,';',yi,';',zi,';',rho,';',
        Log10(rho),';',M/MSonne,';',P,';',Log10(P),';',T,';',Log10(T));
    end;
  CloseFile(LE_Ergebnisse);
end;
```

Innerer Aufbau Die Sonne kann in radialer Richtung in verschiedene Bereiche eingeteilt werden, die sich durch jeweils spezifische physikalische Eigenschaften auszeichnen. Diese Einteilung ermöglicht es, die unterschiedlichen Schichten und ihre charakteristischen Merkmale zu verstehen.

- **Kernregion** ($r < 0{,}2\,R_\odot$): Dieser Bereich erstreckt sich bis etwa 20 % des Sonnenradius. Hier, im Zentrum der Sonne, erfolgt die nukleare Fusion von Wasserstoff zu Helium. Hohe Temperaturen (mehrere Millionen Kelvin) und Drücke ermöglichen es, dass der Wasserstoff unter enormem Druck fusioniert.
- **Strahlungszone** ($0{,}2\,R_\odot < r < 0{,}7\,R_\odot$): In diesem Bereich erfolgt der Transport der durch Kernfusion erzeugten Energie durch Photonen (Strahlungstransport). Die Photonen benötigen viele Tausend Jahre, um aus dem dichten Kernbereich bis zur äußeren Grenze der Strahlungszone zu diffundieren, da sie ständig mit den dichten Partikeln wechselwirken. Die Strahlungszone nimmt etwa 70 % des Sonnenradius ein.
- **Konvektionszone** ($0{,}7\,R_\odot < r < 1\,R_\odot$): Oberhalb der Strahlungszone erstreckt sich die Konvektionszone bis zur Photosphäre. Hier erfolgt der Energietransport durch Konvektion, bei der aufgeheiztes Material nach oben steigt und kühleres Material nach unten sinkt. Dieser Bereich ist durch starke Strömungen gekennzeichnet.
- **Photosphäre** ($r \approx 1\,R_\odot$): Die Photosphäre ist die sichtbare Oberfläche der Sonne. Sie strahlt das meiste sichtbare Licht ab und zeigt Sonnenflecken, die auf Bereiche mit stärkerem Magnetfeld hinweisen. Sie ist der Teil der Sonne, wo die Sonne für sichtbares Licht durchsichtig wird und besitzt eine Mächtigkeit von nur wenigen Hundert Kilometer. Deshalb erscheint der Sonnenrand auch scharf.
- **Chromosphäre** ($r \approx 1 - 2{,}5\,R_\odot$): Über der Photosphäre befindet sich die Chromosphäre, eine Schicht, die während einer Sonnenfinsternis als rötlicher Ring sichtbar ist. Hier steigen die Temperaturen wieder an. Sie erhebt sich ca. 2000 Kilometer über die Photosphäre.
- **Übergangsregion** ($r \approx 2{,}5\,R_\odot$): Diese Region bildet die Grenze zwischen der Chromosphäre und der heißen äußeren Atmosphäre der Sonne, der Korona.
- **Korona** ($r > 2{,}5\,R_\odot$): Die äußere Atmosphäre der Sonne, die Korona, ist extrem heiß (mehrere Millionen Kelvin). Die genaue Ursache der hohen Temperaturen in der Korona ist noch nicht vollständig verstanden und hängt wahrscheinlich mit der Dissipation von Schallwellen, die bei magnetischer Rekonnektion entstehen, zusammen.

Die folgende Tabelle (entnommen aus Allen, 2004) gibt die radiale Verteilung der wesentlichen physikalischen Parameter der Sonne bis zur Photosphäre an, wie sie aus entsprechenden Modellrechnungen folgt:

Die Tab. 4.5 zeigt u. a., dass die ersten 70 % des Sonnenradius nahezu die gesamte Masse der Sonne enthalten. Über 90 % der Leuchtkraft werden innerhalb der ersten 20 % freigesetzt. Die Dichte und Temperatur fallen vom Kern (Temperatur ca. 15 Millionen Kelvin) bis zur „Oberfläche" um den Faktor 1000 ab.

4.5 Statische Sternmodelle

Tab. 4.5 Standard-Modell des Sonneninneren

$r(R_\odot)$	$M(r)(M_\odot)$	$L(r)(L_\odot)$	$T(10^6 K)$	ρ (in 10^3 kg/m^3)	log P (Pa)
0,007	0,00003	0,0002	15,7	150	1,7369
0,02	0,001	0,010	15,6	146	1,7355
0,09	0,057	0,361	13,6	95,73	1,7177
0,22	0,399	0,966	8,77	28,72	1,6525
0,32	0,656	1,000	6,42	9,77	1,5724
0,42	0,817	1,000	4,89	3,22	1,5324
0,52	0,908	1,000	3,77	1,05	1,4722
0,60	0,945	1,000	3,15	0,500	1,4322
0,71	0,977	1,000	2,23	0,177	1,3721
0,81	0,992	1,000	1,29	0,0766	1,3119
0,91	0,999	1,000	0,514	0,0194	1,2119
0,96	0,9999	1,000	0,208	4,85e-3	1,1118
0,99	1,0000	1,000	0,00441	2,56e-4	0,9118
0,995	1,0000	1,000	0,00266	4,83e-5	0,8118
0,999	1,0000	1,000	0,00135	1,29e-6	0,6118
1,000	1,0000	1,000	0,00060	2,18e-7	0,4.918

4.5.2.3 Beispiel: Weiße Zwerge

In Abschn. 4.4.2 wurde die Zustandsgleichung für ein klassisches und ein relativistisches Fermionengas unter Berücksichtigung einer Fermi-Dirac-Verteilung und einer Temperatur von 0 K abgeleitet. Es ergab sich dabei eine Druck-Dichte-Abhängigkeit, die der einer Polytropen mit $n = 3/2$ (klassischer Fall) bzw. $n = 3$ (relativistischer Fall) entspricht. Anhand des relativistischen Falls soll nun ein Ausdruck berechnet werden, mit dessen Hilfe sich die obere Grenzmasse von Weißen Zwergen abschätzen lässt. Die Zustandsgleichung Gl. 4.91 schreiben wir dazu in der Form

$$P^*_{deg} = K^*_{rel} \rho^{4/3} \tag{4.152}$$

mit dem Ziel, daraus die Konstante K^*_{rel} zu bestimmen. Mit Gl. 4.90 unter Beachtung von Gl. 4.60 erhält man

$$K^*_{rel} = \frac{hc}{8(\mu_e m_H)^{4/3}} \left(\frac{3}{\pi}\right)^{1/3}. \tag{4.153}$$

Aus der Nullstelle der Lane-Emden-Funktion für $n = 3$ ergibt sich

$$R_3 = \left(\frac{K^*_{rel}}{\pi G \rho_c^{2/3}}\right)^{1/2} \xi_3 = \alpha \xi_3 \tag{4.154}$$

$$M_3 = -\xi_3^2 \left(\frac{d\Theta}{d\xi}\right)_{\xi_3}$$

und damit für das Verhältnis von M^*/M_3 unter Verwendung von Gl. 4.127 sowie wegen $R^* = \alpha R_3$

$$G\left(\frac{M^*}{M_3}\right) = \left(\frac{R^*}{R_3}\right) 4 K_{rel}^* \rho_c^{1/3}.$$

Ersetzt man nun noch die Dichte im Sternkern ρ_c durch die sich aus Sternmasse und Sternradius ergebende mittlere Dichte $\overline{\rho}$, dann erhält man unter Berücksichtigung von Gl. 4.133 und 4.135

$$M^* = 4\pi M_3 \left(\frac{K_{rel}^*}{\pi G}\right)^{3/2}$$

und damit

$$M^* = \frac{(3/2)^{1/2} M_3}{4\pi} \left(\frac{hc}{G m_H^{4/3}}\right)^{3/2} \frac{1}{\mu_e^2}. \tag{4.155}$$

Sie gibt die Grenzmasse eines Sterns an, der gerade noch durch den Entartungsdruck eines relativistischen Elektronengases stabilisiert werden kann. Diese Grenzmasse ist die schon mehrfach erwähnte Chandrasekhar-Grenze. Sie hängt offenbar nur von der mittleren Molekülmasse $\overline{\mu}$ der Materie ab, aus der der Weiße Zwerg besteht. Fasst man alle Konstanten zusammen (M_3 kann Tab. 4.2 entnommen werden), dann ergibt sich folgende handliche Gleichung:

$$M_{Ch}^* = 1{,}14 \cdot 10^{31} \mu_e^{-2} \; [\text{kg}]$$

bzw.

$$M_{Ch}^* = 5{,}73 M_\odot \mu_e^{-2} \tag{4.156}$$

Für typische Weiße Zwerge setzt man $\mu_e \approx 2$ an, was zu einer Grenzmasse von $\approx 1{,}4$ Sonnenmassen führt. Sternmassen, die diese Grenze überschreiten, können durch ein entartetes Elektronengas nicht mehr stabilisiert werden und müssen beim Fehlen eines entsprechenden thermischen Drucks zwangsläufig weiter kollabieren (z. B. zu einem Neutronenstern). Besteht (als Extrem) der Weiße Zwerg vollständig aus Eisen (Eisen ist das letzte Element im Periodensystem, welches noch exotherm in Sternen fusioniert werden kann), dann liegt in diesem Fall M_{Ch}^* bei etwa 1,24 Sonnenmassen. Auch exaktere Rechnungen unter Einbeziehung relativistischer und Wechselwirkungseffekte ergeben nahezu die gleichen Werte, sodass $1{,}4\,M_\odot$ ein immer noch guter und allgemein akzeptierter Wert für die obere Massengrenze Weißer Zwerge ist.

Weiterhin lässt sich leicht zeigen, dass im nichtrelativistischen Limit sich der Sternradius Weißer Zwerge mit der Masse verringert: $R_{WD}^* \sim M^{-1/3}$. Dies ist genau das entgegengesetzte Verhalten zu normalen Hauptreihensternen und ist ihrer extrem starken Massenanziehung geschuldet. Im Einzelnen gilt für Weiße Zwerge folgende Masse-Radius-Beziehung:

$$\frac{M^*}{M_\odot} = 6{,}66 \cdot 10^{-5} \mu_e^{-5} \left(\frac{R^*}{R_\odot}\right)^{-3} \tag{4.157}$$

In Richtung relativistischem Grenzfall gilt jedoch $R^*_{WD} \sim M^{(3-n)/(1-n)}$ und die Sternmasse wird schließlich für $n = 3$ unabhängig vom Sternradius und der zentralen Dichte, d. h., sie nähert sich immer mehr dem Grenzwert Gl. 4.155.

4.5.2.4 Sterne im Strahlungsgleichgewicht – das Eddington-Modell

Bis hierher wurde bei der Behandlung von Polytropen als einfache Sternmodelle der Leuchtkraft L^* der Sterne explizit noch keine besondere Beachtung geschenkt. Sie trat nur etwas versteckt in der Größe $1 - \beta$ in Erscheinung, die den Anteil des Strahlungsdrucks P_{rad} am Gesamtdruck P angibt (s. Abschn. 4.4.3). Reine Polytropenlösungen sagen jedoch explizit nichts darüber aus, wie die im Sternkern freigesetzte Energie durch den Stern an dessen Oberfläche (Photosphäre) transportiert wird. Gerade die dort abgestrahlte Leistung entspricht jedoch der Leuchtkraft des Sterns. Formal gilt es daher, die Beziehung gemäß Gl. 4.32 für die Strahlungsdiffusion in das Modell zu integrieren. Überführt in die Euler-Form lässt sie sich folgendermaßen aufschreiben:

$$\frac{dT}{dr} = -\frac{\rho \overline{\kappa} L(r)}{4\pi \sigma r^2 T^3} = -\frac{3}{4ac} \frac{\overline{\kappa} \rho(r)}{T(r)^3} \frac{F(r)}{4\pi r^2} \tag{4.158}$$

Der Druck P im Stern in der Entfernung r vom Zentrum ist die Summe aus Gasdruck P_G und Strahlungsdruck P_{rad}, wobei an dieser Stelle nur der Beitrag

$$P_{rad} = (1-\beta)P = \frac{aT(r)^4}{3} \tag{4.159}$$

von Interesse ist. Da der Druck der Gegenpart der Gravitation ist, stellt sich die Frage (und zwar unabhängig davon, auf welche Weise die Strahlungsenergie im Stern freigesetzt wird), bis zu welchem maximalen Strahlungsfluss F sich die Bedingung des hydrostatischen Gleichgewichts Gl. 4.5

$$\frac{dP}{dr} = -\rho(r) \frac{Gm(r)}{r^2} \tag{4.160}$$

in einem Stern aufrechterhalten lässt. Um diese Frage zu beantworten, soll als Erstes untersucht werden, wie sich der Strahlungsdruckanteil mit dem Gesamtdruck im Sterninneren ändert, d. h., es ist die Funktion dP_{rad}/dP zu bestimmen. Das ist mithilfe von Gl. 4.159 und 4.158 schnell geschehen:

$$\frac{dP_{rad}}{dr} = \frac{a}{3}\frac{d}{dr}\left(T(r)^4\right) = \frac{4a}{3}T^3\frac{dT}{dr} = -\frac{\overline{\kappa}\rho(r)}{4\pi c r^2}F(r) \tag{4.161}$$

Unter Beachtung der Bedingung des hydrostatischen Gleichgewichts Gl. 4.160 ergibt sich schließlich das zumindest auf den ersten Blick bemerkenswerte Ergebnis:

$$\frac{dP_{rad}}{dP} = \frac{\overline{\kappa}}{4\pi c Gm(r)} F(r) \qquad (4.162)$$

Eddington, der diese Beziehung zum ersten Mal abgeleitet hat, ging rein heuristisch von der Annahme aus, dass die rechte Seite dieser Gleichung eine Konstante darstellt. In dieser Beziehung erwies sich seine Intuition – zumindest für massereiche und damit leuchtkraftstarke Sterne – als durchaus vernünftig und weitgehend richtig. Die Materie im Inneren massereicher Sterne kann als vollständig ionisiert angesehen werden, weshalb der mittlere Opazitätskoeffizient $\overline{\kappa}$ fast ausschließlich durch Thomson-Streuung bedingt ist (s. Abschn. 3.2.4.3.3). Er zeigt eine typische $T^{-7/2}$-Abhängigkeit von der Temperatur (Gl. 4.37). Andererseits ist bei massereichen (Hauptreihen-) Sternen der Bethe-Weizsäcker-Zweig der Wasserstofffusion bevorzugt, der jedoch eine bedeutend stärkere Temperaturabhängigkeit der auf die Masse bezogenen Energiefreisetzungsrate dF/dm zeigt, als der pp-Zyklus ($\sim T^{18}$ zu T^4). Aus diesem Grund ändert sich das Verhältnis $\overline{\kappa} F/m$ im energieerzeugenden Kernbereich (genauso wie $\rho(r)$) auch nur wenig mit der Temperatur, weshalb man die Eddington'sche Annahme durchaus nicht als abwegig bezeichnen kann. Das hat außerdem den angenehmen Nebeneffekt, dass sich Gl. 4.162 sofort integrieren lässt:

$$P_{rad} = \frac{\overline{\kappa}}{4\pi c GM^*} FP = \frac{F}{L_{Edd}} P = (1-\beta) P \qquad (4.163)$$

Die Größe

$$L_{Edd} = \frac{4\pi c GM^*}{\overline{\kappa}} \qquad (4.164)$$

wird übrigens zu Ehren Arthur Stanley Eddingtons als „Eddington-Leuchtkraft" eines Sterns der Masse M^* bezeichnet. Physikalisch stellt sie die maximale Leuchtkraft dar, bei deren Überschreitung ein Stern nicht mehr hydrodynamisch stabilisiert werden kann. In der Natur beginnt bereits bei bedeutend niedrigeren Leuchtkräften ein Masseabfluss über die Sternoberfläche, der dann recht anschaulich als „Sternwind" bezeichnet wird. Wolf-Rayet-Sterne gehören zu den besonders leuchtkraftstarken Sternen mit extrem starken Sternwinden (s. Abschn. 2.4.4.9).

Die Leuchtkraft L^* „normaler" Sterne liegt i. d. R. weit unterhalb ihrer Eddington-Leuchtkraft, wie die folgende zugeschnittene Formel zeigt:

$$L^* < L_{Edd} = 4 \cdot 10^4 \frac{M^*}{M_\odot} L_\odot \qquad (4.165)$$

Da die Leuchtkraft der hellsten bekannten Sterne etwa bei $\approx 10^6 L_\odot$ liegt, ergibt sich allein daraus schon eine obere Massegrenze von Sternen, die nach Beobachtungen im Bereich von 100 bis 200 $M_\odot$ liegen dürfte.

4.5 Statische Sternmodelle

Zonen innerhalb eines Sterns (oder der ganze Stern selbst), in denen die Bedingung

$$\overline{\kappa} F < 4\pi c G m \tag{4.166}$$

für jedes $m(r)$ erfüllt ist, bezeichnet man im Gegensatz zu den Regionen, in denen konvektiver Energietransport dominiert, als „Strahlungsregionen". Die Bedingung Gl. 4.166 selbst definiert den Zustand des „Strahlungsgleichgewichts", bei dem in jedes Masseelement dm genauso viel Strahlungsenergie hineindiffundiert wie es wieder nach außen abgibt.[2] Grob gesagt befindet sich ein Stern immer dann im Zustand des Strahlungsgleichgewichts, wenn für dessen Leuchtkraft $L^* < L_{Edd}$ gilt. Wird dagegen irgendwo im Stern die Ungleichung Gl. 4.166 verletzt (beispielsweise weil die Opazität zu groß wird), dann geht der Strahlungstransport in konvektiven Wärmetransport über.

Doch zurück zu Gl. 4.163. Vergleicht man diese Gleichung mit Gl. 4.159, die den Anteil des Strahlungsdrucks am Gesamtdruck durch $1 - \beta$ ausdrückt, dann erhält man für den Anteil β des Gasdrucks:

$$\beta = 1 - \frac{F}{L_{Edd}} \tag{4.167}$$

Dieser wird im Rahmen des Eddington-Modells als konstant angesehen. Der Gesamtdruck lässt sich jetzt einmal durch den Strahlungsdruck Gl. 4.69 und einmal durch den Gasdruck Gl. 4.65 ausdrücken:

$$P = \frac{aT^4}{3(1-\beta)} \tag{4.168}$$

$$P = \frac{\mathcal{R}}{\beta\mu} \rho T \tag{4.169}$$

Löst man nun Gl. 4.168 nach der Temperatur T auf und setzt den erhaltenen Ausdruck in Gl. 4.169 ein, dann ergibt sich folgende Polytropengleichung:

$$P = \left(\frac{3\mathcal{R}^4 (1-\beta)}{a\mu^4 \beta^4} \right)^{1/3} \rho^{4/3} \tag{4.170}$$

Das Eddington-Modell eines Sterns im Strahlungsgleichgewicht wird demnach durch eine Polytrope mit dem Polytropenindex $n = 3$ repräsentiert.

An dieser Stelle lässt sich auch gleich die Sternmasse angeben, denn die Größe K in Gl. 4.170 (der Wurzelausdruck) wird eindeutig durch den Wert $M_3 = 2{,}01824$ (s. Tab. 4.2) festgelegt. Mit Gl. 4.127 führt das zu

---

[2] Genaugenommen verletzen auf kurzen Zeitskalen nur physisch veränderliche Sterne diese Bedingung.

$$M^* = \frac{4}{\pi^{1/2}} M_3 \left(\frac{K}{G}\right)^{3/2} = 4{,}5547 \left(\frac{K}{G}\right)^{3/2} \quad (4.171)$$

und mit eingesetztem K aus Gl. 4.170

$$M^* = 4{,}5547 \left(\frac{3\mathcal{R}^4(1-\beta)}{aG^3\mu^4\beta^4}\right)^{1/2}. \quad (4.172)$$

wobei wir hier die spezifische Gaskonstante für atomaren Wasserstoff $\mathcal{R} = 8314{,}5\,\mathrm{J\,kg^{-1}K^{-1}}$ verwenden.

Damit ergibt sich für das Verhältnis von Sternmasse zu Sonnenmasse in Abhängigkeit von μ und β:

$$\frac{M^*}{M_\odot} = 18{,}4 \left(\frac{1-\beta}{\mu^4\beta^4}\right)^{1/2} \quad (4.173)$$

und damit für den Anteil am Strahlungsdruck:

$$1 - \beta = 0{,}0029\,\mu^4\beta^4 \left(\frac{M^*}{M_\odot}\right)^2 \quad (4.174)$$

Und da wegen Gl. 4.167 $L = L_{Edd}(1-\beta)$ ist (die Leuchtkraft entspricht dem Oberflächenstrahlungsfluss), erhält man mit Gl. 4.164 folgenden Zusammenhang zwischen der Leuchtkraft eines Sterns und seiner Masse:

$$\frac{L}{L_\odot} = \frac{0{,}0007\,M_\odot}{\kappa L_\odot}\,\mu^4\beta^4 \left(\frac{M^*}{M_\odot}\right)^3 = 3{,}7\,\frac{\mu^4\beta^4}{\kappa} \left(\frac{M^*}{M_\odot}\right)^3, \quad (4.175)$$

wobei die Konstanten wieder zusammengefasst wurden. Außerdem ist noch darauf hinzuweisen, dass die Größe β selbst von μ und M^* abhängig ist.

Diese Gleichung lohnt es sich, etwas näher anzuschauen. Sie erlaubt nämlich einen Anschluss des zugrunde liegenden Sternmodells an Beobachtungen – denn es handelt sich hier um eine Masse-Leuchtkraft-Beziehung, die sich bekanntlich auch empirisch ermitteln lässt (s. Abschn. 2.5.2).

Nach Gl. 4.175 wächst die Leuchtkraft eines Sterns im Strahlungsgleichgewicht (also eines genügend massereichen Hauptreihensterns) mit der dritten Potenz seiner Masse, was auch ungefähr der beobachteten Masse-Leuchtkraft-Beziehung entspricht („mittlere Hauptreihe" $L^* \sim M^{*3,5}$). Die Einschränkung auf Hauptreihensterne ist sinnvoll, weil es sich hier um eine Sterngruppe handelt, die a) ihren Energiehaushalt durch Wasserstoffbrennen bestreitet und b) einen gut definierten Bereich im HRD einnimmt, der sich als schmaler Streifen von links oben (große Massen, große Leuchtkräfte) nach rechts unten (geringe Massen, geringe Leuchtkräfte) hinzieht. Das zeigt, dass bei ihnen, – wie theoretisch erwartet, – eine

4.5 Statische Sternmodelle

enge Korrelation zwischen Leuchtkraft und Masse besteht. Für andere Sterntypen existiert – mit Ausnahme Weißer Zwerge – keine derartige Korrelation.

Geht man von stofflich homogenen Sternen aus ($\bar{\mu} = const.$), dann muss sich β offensichtlich mit wachsender Sternmasse immer mehr verkleinern, was nichts anderes bedeutet, als dass der Strahlungsdruck zur Aufrechterhaltung des hydrostatischen Gleichgewichts bei massereichen Sternen immer mehr an Bedeutung gewinnt. Hier ist es einmal interessant zu untersuchen, ab ungefähr welcher Sternmasse der Strahlungsdruck über den Gasdruck zu dominieren beginnt. Antwort darauf gibt Gl. 4.174, die auch als „Eddingtons biquadratische Gleichung" bekannt ist. Sie ist offensichtlich „transzendent" und kann deshalb nicht geschlossen nach β aufgelöst werden. Ziel ist es, die Sternmasse abzuschätzen, bei der β den Wert 0,5 unterschreitet. Dazu soll die Größe β als Funktion von $\alpha = \bar{\mu}^2 M^*/M_\odot$ tabelliert werden. Hierfür schreibt man Eddington's biquadratische Gleichung in folgender, iterationsfreundlicher Form:

$$\beta_{i+1} = 1 - 0{,}0029\alpha^2 \beta_i^4,$$

womit sich folgende Wertetabelle ergibt:

$\bar{\mu}^2 M^*/M_\odot$	$\lg(\bar{\mu}^2 M^*/M_\odot)$	β	
0,1	−1	0,9997	
0,5	−0,3	0,9993	
1	0	0,9970	Sonne
2	0,3	0,9886	
3	0,48	0,9757	
4	0,6	0,9596	
5	0,7	0,9415	
10	1	0,8468	
20	1,3	0,7052	
50	1,7	0,5072	Ab hier beginnt der Strahlungsdruck zu überwiegen
100	2	0,3798	
200	2,3	0,2798	Wolf-Rayet-Stern R136a1
500	2,7	0,1820	
1000	3	0,1307	
5000	3,7	0,0596	
10.000	4	0,0423	
50.000	4,7	0,0190	

Wie zu erwarten, nimmt der Strahlungsdruck im Sterninneren mit der Sternmasse zu, um schließlich bei Sternen mit einer Masse jenseits der 50 Sonnenmassengrenze immer mehr gegenüber dem Gasdruck zu dominieren. Eine Erhöhung der

Molekülmasse μ der Sternmaterie, wie sie im Laufe der Hauptreihenentwicklung aufgrund der Umwandlung von Wasserstoff in Helium zu erwarten ist, hat –bezogen auf β – bei einer gegebenen Sternmasse einen umgekehrten Effekt, d. h., die Bedeutung des Strahlungsdrucks an der Aufrechterhaltung des hydrostatischen Gleichgewichts nimmt mit dem Sternalter (soweit es sich auf die Verweildauer auf der Hauptreihe bezieht) tendenziell zu.

Für die Sonne liefern entsprechende Modellrechnungen einen Wert von β von ~ 0,01 mit einem Fehler in der Größenordnung 10^{-3}. Schon hieran erkennt man, dass bei „normalen" Hauptreihensternen (die ja den überwiegenden Anteil der Sternpopulation unserer Milchstraße bilden) dem Strahlungsdruck kein signifikantes Gewicht beizumessen ist. Betrachtet man dagegen den Entwicklungsweg von massiven Hauptreihensternen in Hinblick auf den Anteil des Strahlungsdrucks am Gesamtdruck, ergibt sich ein durchaus bemerkenswertes Verhalten. Bei ihnen nimmt im Laufe der Zeit aufgrund der sehr effektiv ablaufenden Wasserstofffusion der Y-Anteil ihrer chemischen Zusammensetzung immer mehr zu – und zwar mit dem Effekt, dass sie irgendwann die $\beta = 0{,}5$ -Grenze erreichen.[3] Das bedingt einen vermehrten strahlungsgetriebenen Sternwind, wobei der dadurch bedingte Masseverlust die weitere Zunahme von μ quasi derartig ausgleicht, dass β nur noch geringfügig zunehmen kann. Der Masseabfluss kann dabei entweder relativ gleichmäßig erfolgen oder instabil werden, was sich in wechselnden Perioden von starken und weniger starken Sternwinden äußert. Ganz allgemein beobachtet man, dass dabei die Massenverlustrate im Wesentlichen der Leuchtkraft des Sterns proportional ist (Abb. 4.9).

Der Sternwind verhindert demnach, dass ein derartiger Stern im Laufe seiner Entwicklung in einen hydrostatisch bedenklichen Zustand gelangt, in dem dessen Bindungsenergie gemäß dem Virialsatz Gl. 4.17 immer mehr gegen null tendiert. Das ist beispielsweise für einen γ- Wert von 4/3 der Fall, der bekanntlich für ein reines Photonengas gilt.

4.5.3 Homologe Sternmodelle

Die numerische Lösung des Differentialgleichungssystems Gl. 4.106 für ein Sternmodell liefert für eine gegebene Masse und chemische Zusammensetzung ein gemäß dem Vogt-Russell-Theorem (das wir hier insbesondere für Hauptreihensterne als gültig ansehen wollen) eindeutiges Sternmodell. Die Frage, die sich hier stellt, ist, ob es Möglichkeiten gibt, aus einer solchen Lösung (dargestellt

---

[3] Der hier verwendete kritische Wert von $\beta = 0{,}5$ ist hypothetisch und dient deshalb mehr der Veranschaulichung des Prinzips. Bei welchem β-Wert genau der strahlungsgetriebene Sternwind wesentlich wird, ist noch Gegenstand der Forschung.

4.5 Statische Sternmodelle

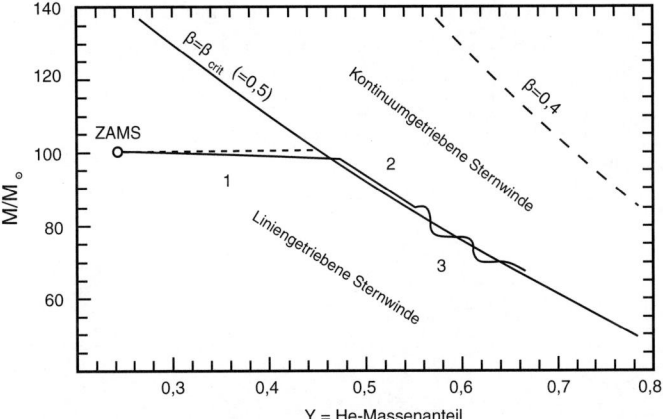

Abb. 4.9 Entwicklungsweg eines massereichen Sterns von der Alter-Null-Hauptreihenposition bis zum Erreichen der kritischen 0,5 β-Grenze. Ab dieser Position wird die durch die Wasserstofffusion bedingte weitere Erhöhung des He-Anteils an der Sternmaterie (Y) durch einen verstärkten Masseverlust (Sternwind) ausgeglichen

durch die Funktionen $P(r)$, $T(r)$, $\rho(r)$ und $L(r)$) auf direktem Wege (d. h. ohne das Differenzialgleichungssystem nochmals für einen anderen M^*-Wert zu lösen) auch auf die Lösung für einen Stern mit einer davon abweichenden Masse zu schließen. Wenn das der Fall ist, bilden die Lösungen eine sogenannte Homologie-Klasse, und es müssen entsprechende Transformationsformeln in Form von Skalierungsfaktoren existieren, die es erlauben, ein Sternmodell für einen Stern der Masse M_1^* in ein Sternmodell eines Sterns der Masse M_2^* (mit jeweils der gleichen chemischen Zusammensetzung) umzurechnen. Diese dafür notwendigen Skalierungsfaktoren werden „Homologierelationen" genannt und die sich daraus ergebenden Sternmodelle „homologe Sterne". Sie zeichnen sich dadurch aus, dass die Variation bestimmter physikalischer Größen wie beispielsweise die Leuchtkraft $L^*(x)$ über den Querschnitt eines Sterns (dargestellt im Lagrange-Bild durch die Massebruchteile $x \equiv m/M^*$) unabhängig von der Sternmasse M^* und damit für alle Sterne der gleichen chemischen Zusammensetzung und der Art ihrer Energieerzeugung identisch ist. Es ist also

$$x = \frac{m_1}{M_1^*} = \frac{m_2}{M_2^*} \qquad (4.176)$$

wobei der Index den jeweiligen Stern bezeichnen soll. Homologie liegt dann vor, wenn für die Lage der homologen Masseschalen für alle x die Beziehung

$$\frac{r_1(x)}{r_2(x)} = \frac{R_1^*}{R_2^*} \qquad (4.177)$$

gültig ist. Mit anderen Worten: Zueinander homologe Sterne weisen in ihrem Inneren die gleiche relative Massenverteilung und damit auch die gleiche relative Dichteverteilung auf. So sind zwei polytrope Sternmodelle mit gleichem Polytropenindex immer homolog zueinander.

Im Fall der Kontinuitätsgleichung Gl. 4.2 bedeutet das z. B. wegen $r_1(x) = r_2(x) R_1^* / R_2^*$

$$\frac{dr_1}{dm_1} = \frac{1}{4\pi r_1^2 \rho_1} \rightarrow \frac{dr_2}{dm_1} = \frac{R_2^{*3}}{4\pi r_2^2 \rho_1 R_1^{*3}}$$

und $dm_1 = M_1^* dx$

$$\frac{dr_2}{dx} = \frac{M_1^*}{4\pi r_2^2 \rho_1} \left(\frac{R_2^*}{R_1^*}\right)^3 \bigg| \cdot \frac{\rho_2}{\rho_2} \cdot \frac{M_2}{M_2}$$

$$\frac{dr_2}{dx} = \frac{M_2^*}{4\pi r_2^2 \rho_2} \left[\frac{\rho_2}{\rho_1} \frac{M_1^*}{M_2^*} \left(\frac{R_2^*}{R_1^*}\right)^3\right]. \tag{4.178}$$

Zwei Sterne 1 und 2 sind hier nur dann homolog, wenn der Ausdruck in der eckigen Klammer genau 1 für alle x-Werte ergibt, was zu

$$\rho_2(x) = \frac{M_2^*}{M_1^*} \left(\frac{R_1^*}{R_2^*}\right)^3 \rho_1(x) \tag{4.179}$$

führt. Das garantiert, dass die relative Dichteverteilung innerhalb von Stern 1 und Stern 2 identisch bleibt, obwohl sich beide Sterne in Masse und Größe unterscheiden. Auf jeden Fall ist die Zentraldichte ρ_c der jeweiligen mittleren Dichte $\overline{\rho}$ direkt proportional (wegen M^*/R^{*3}).

Eine ähnliche Rechnung für das hydrostatische Gleichgewicht Gl. 4.6 respektive den Druckverlauf $P(x)$ im Sterninneren führt zu folgender Skalierung:

$$P_2(x) = \left(\frac{M_2^*}{M_1^*}\right)^2 \left(\frac{R_1^*}{R_2^*}\right)^4 P_1(x) \tag{4.180}$$

Hier gilt für alle x die Proportionalität $P_c \sim M^{*2}/R^{*4}$.

Da im Falle eines idealen Gases für die Temperatur T Gl. 4.59 $T \sim \mu P/\rho$ gilt, ergibt sich in diesem Fall eine Skalierung entsprechend der Proportionalität $T \sim M^*/R^*$ zu

$$T_2(x) = \frac{\mu_2}{\mu_1} \frac{M_2^*}{M_1^*} \frac{R_1^*}{R_2^*} T_1(x). \tag{4.181}$$

Bleibt noch die Leuchtkraft L^*. Sie wird bekanntlich stark von der Opazität der Sternmaterie, ausgedrückt durch die Größe κ, bestimmt, die wiederum nach Kramers Gesetz Gl. 4.37 von der chemischen Zusammensetzung der Sternmaterie, der

4.5 Statische Sternmodelle

Dichte und der Temperatur abhängig ist. Sie soll jedoch im Folgenden als konstant angesehen werden.

Sterne, die sich im Strahlungsgleichgewicht befinden, „transportieren" ihre Energie durch Strahlungsdiffusion nach außen, wobei Gl. 4.32 erfüllt sein muss ($4\sigma = ac$):

$$\frac{dT}{dm} = -\frac{3\overline{\kappa}L^*(r)}{16\pi^2 acr^4 T^3} \tag{4.182}$$

Sie lässt sich unter Verwendung von $dx = dm/M^*$ auch folgendermaßen schreiben:

$$\frac{d(T^4)}{dx} = -\frac{3M^*\overline{\kappa}L^*(r)}{16\pi^2 acr^4}, \tag{4.183}$$

was an den Homologiepunkten zu dem Verhältnis

$$T_2^4(x) = \frac{\kappa_2}{\kappa_1} \frac{M_2^*}{M_1^*} \frac{L_2^*(x)}{L_1^*(x)} \left(\frac{R_1^*}{R_2^*}\right)^4 T_1^4(x) \tag{4.184}$$

führt. Unter Verwendung von Gl. 4.181 gilt dann für die Sternoberfläche (auch ein Homologiepunkt):

$$L_2^* = \left(\frac{\mu_2}{\mu_1}\right)^4 \frac{\kappa_1}{\kappa_2} \left(\frac{M_2^*}{M_1^*}\right)^3 L_1^* \tag{4.185}$$

was – zur Überraschung – nichts anderes als die in Abschn. 4.5.2.4 für im Strahlungsgleichgewicht befindliche chemisch homogene Sterne mit konstanter Opazität abgeleitete Masse-Leuchtkraft-Beziehung ist:

$$L^* \sim \frac{\mu^4}{\kappa} M^{*3} \tag{4.186}$$

Diese Proportionalität sagt insbesondere auch aus, dass die Leuchtkraft homologer Sterne, die aus einem idealen Gas mit konstanter Opazität bestehen, von deren Größe unabhängig ist. Im Vergleich zu Befunden realer Sterne ist das natürlich unrealistisch. Die beiden Größen, die eine Radiusabhängigkeit begründen könnten, sind μ und κ, wobei die Opazität bekanntlich von der Dichte der Sternmaterie, von deren chemischer Zusammensetzung und natürlich von der Temperatur abhängt. Diese Abhängigkeiten sind für einen „echten" Stern natürlich sehr komplex. Man kann sie aber in erster Näherung mittels Kramers Opazitätsgesetz Gl. 4.37 in der verallgemeinerten Form

$$\kappa = \widetilde{\kappa} \rho^\alpha T^{-\beta} \tag{4.187}$$

darstellen. $\widetilde{\kappa}$ sowie die Exponenten α und β werden dabei als konstant betrachtet. Für diesen Fall lässt sich dann auch eine Homologiebeziehung für die Opazität κ aufschreiben:

$$\kappa_2(x) = \frac{\widetilde{\kappa}_2}{\widetilde{\kappa}_1} \left(\frac{\mu_1}{\mu_2}\right)^\beta \left(\frac{R_2^*}{R_1^*}\right)^{\beta-3\alpha} \left(\frac{M_1^*}{M_2^*}\right)^{\beta-\alpha} \kappa_1(x), \tag{4.188}$$

wobei das Verhältnis der $\tilde{\kappa}$-Werte immer nur für die entsprechende Position x gilt, während das Verhältnis der Molekülmassen im Folgenden als überall konstant im Stern angenommen werden soll. Im Fall von $\alpha = 1$ und $\beta = 7/2$ gemäß Gl. 4.37 ergibt sich dann eine moderate Abhängigkeit der Leuchtkraft vom Sternradius:

$$L^* \sim \frac{\mu^{7,5}}{\tilde{\kappa}} \frac{M^{*5,5}}{R^{*0,5}} \tag{4.189}$$

Wie in Abschn. 5.2.1 noch ausführlich erörtert wird, reagieren die energiefreisetzenden Kernfusionsreaktion sehr empfindlich auf Temperaturänderungen. So kann man für die Energiefreisetzungsrate $\varepsilon = \varepsilon(T, \rho, x_i)$ unter alleiniger Betrachtung thermonuklearer Reaktionen (also keine Kontraktion gemäß des Kelvin-Helmholtz-Szenarios) den Ansatz

$$\varepsilon_{nuc} = \varepsilon_0 \rho T^\nu \tag{4.190}$$

wählen, was wegen Gl. 4.25 und 4.176 zu folgendem Ausdruck für die Leuchtkraft führt:

$$\frac{dL^*}{dx} = \varepsilon_0 M^* \rho T^\nu \tag{4.191}$$

Diese Gleichung lässt sich jetzt verwenden, um mit Gl. 4.189 eine Proportionalität zwischen dem Sternradius und der Sternmasse einer homologen Sternfamilie herzustellen. In diesem Fall ergibt sich unter den bereits erwähnten Voraussetzungen (beispielsweise konstante Opazität) folgende allgemeine Masse-Radius-Beziehung:

$$R^* \sim \mu^{\frac{\nu-4}{\nu+3}} M^{*\frac{\nu-1}{\nu+3}} \tag{4.192}$$

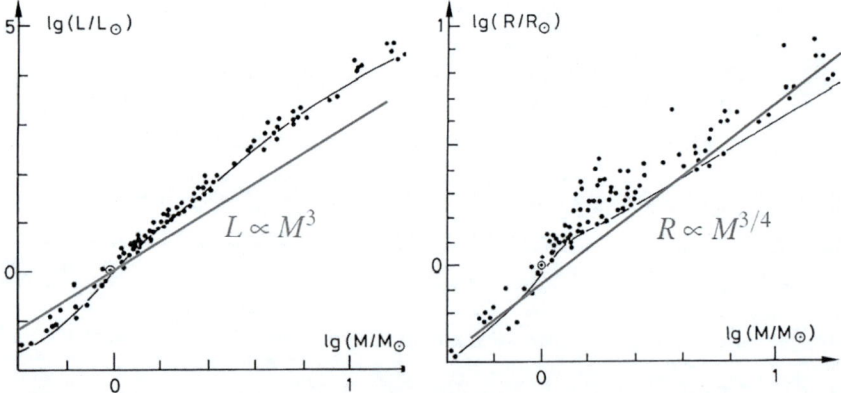

Abb. 4.10 Vergleich der sich aus Homologiebetrachtungen ergebenden Masse-Leuchtkraft-Beziehung und Masse-Radius-Beziehung mit realen Hauptreihensternen. Man erkennt, dass bereits diese einfachen Beziehungen die Hauptreihe im HRD recht gut reproduzieren

$$R^* \sim M^{*\frac{\nu-1}{\nu+3}}$$

Aus der beobachteten Masse-Radius-Beziehung ergibt sich im Mittel für Hauptreihensterne beispielsweise für ν ein Wert von ungefähr 13, was zu $R^* \sim M^{*3/4}$ führt (s. Abb. 4.10). Da sich Hauptreihensterne gegenüber anderen Sternen dadurch auszeichnen, dass sie ihre Energie ausschließlich durch Wasserstofffusion gewinnen und diese im Wesentlichen über zwei Reaktionsmechanismen (pp-Zyklus und Bethe-Weizsäcker-Zyklus) mit unterschiedlicher T-Abhängigkeit ($\nu = 4$ und $\nu = 18$) erfolgt, ergeben sich auch unterschiedliche Masse-Radius-Beziehungen für eher massearme Sterne (pp-Zyklus) und massereiche Sterne (Bethe-Weizsäcker-Zyklus). Das erklärt übrigens auch den „Knick" in der empirischen $\log M - \log R$-Kurve bei ungefähr $1\,M_\odot$.

Nukleare Energieerzeugungsprozesse und Elementesynthese 5

> *...that the sun, daily spending its rays without any nutriment to supply them, will at last be wholly consumed and annihilated; which must be attended with the destruction of this earth, and of all the planets that receive their light from it.*
>
> *Jonathan Swift (1667–1745) Gulliver's Travels – A Voyage to Laputa, Balnibarbi, Luggnagg, Glubbdubdrib and Japan*

Es ist durchaus bemerkenswert, dass man bereits im ersten Drittel des 20. Jahrhunderts eine in sich plausible und in Bezug auf die wahren Verhältnisse schon recht gute Theorie des Sternaufbaus entwickeln konnte, – und zwar ohne etwas Konkretes über die Energiefreisetzungsmechanismen in Sternen zu wissen (s. Kap. 1 und (Eddington 1988)). Erst seit 1925 erkannte man, dass die Sonne zum größten Teil aus Wasserstoff besteht und alle anderen Elemente (mit Ausnahme von Helium) nur geringe Beimengungen der Sternmaterie darstellen (Payne 1925a). Zu diesem Zeitpunkt war die Spezielle Relativitätstheorie Albert Einsteins bereits Allgemeingut unter den Physikern geworden und jeder konnte ausrechnen, wie viel Energie beispielsweise in einem Kilogramm „Masse" enthalten ist. So war es eigentlich folgerichtig, dass man in physikalischen Prozessen, die auch dem Zerfall radioaktiver Elemente zugrunde liegen, eine Möglichkeit für die kontinuierliche Freisetzung großer Energiemengen sah.

Bei der theoretischen Untersuchung des α-Zerfalls, bei dem radioaktives Material Heliumkerne (Alphateilchen) emittiert, kam der russisch-amerikanische Physiker George Gamow auf die Idee, dass die Energiequelle der Sonne auf der Verschmelzung (also Fusion) von jeweils vier leichten Wasserstoffkernen (Protonen) zu einem Heliumkern beruht. Zwar war diese Idee nicht ganz neu (sie wurde bereits um 1920 von William Draper Harkins und Jean Perrin vorgeschlagen, aber aus thermodynamischen Gründen – für die damalige Zeit durchaus plausibel – wieder verworfen), aber Gamow konnte auf quantenmechanischer Grundlage (Tunneleffekt) zeigen, dass Wasserstofffusion auch unter den dafür im Sonnenkern genau genommen viel zu niedrigen Temperaturen funktioniert. Die bei diesem Fusionsvorgang freigesetzte Energie ist in der Summe dieser Reaktionen jedenfalls groß genug, um die Sonne mehrere Milliarden Jahre mit einer zur gegenwärtigen Leuchtkraft vergleichbaren Rate strahlen zu lassen.

Die erste quantitative Theorie, die direkt auf Gamows Ideen aufbaute, stellten schließlich 1939 die Physiker Hans Albrecht Bethe und Carl Friedrich von Weizsäcker auf (Bethe-Weizsäcker-Zyklus), womit im Prinzip das Rätsel, warum Sterne leuchten, gelöst wurde. Zuvor (1938) wurde bereits eine andere Reaktionsfolge (pp-Zyklus) von Charles Louis Critchfield vorgeschlagen und später zusammen mit Hans Bethe qualitativ durchgerechnet. Heute weiß man, dass der Bethe-Weizsäcker-Zyklus bei besonders massereichen und damit heißen Hauptreihensternen überwiegt, während der pp-Zyklus eher den masseärmeren Hauptreihensternen vorbehalten ist.

Der nächste besonders wichtige Baustein in der Theorie der Energiefreisetzung in Sternen stammt von Edwin Ernest Salpeter. Im Jahre 1952 gelang es ihm in einer durchaus Aufsehen erregenden Arbeit (Salpeter 1952) die Bedingungen, die für das sogenannte „Heliumbrennen" notwendig sind (Triple-Alpha-Prozess), in all seinen Einzelheiten aufzuklären. Auf der Grundlage dieser und ähnlicher Forschungsarbeiten konnten nach und nach alle wesentlichen thermonuklearen Reaktionsfolgen ermittelt werden, die für die Energiefreisetzung in Sternen wichtig sind. Wir kennen sie heute unter den Bezeichnungen „Deuteriumbrennen", „Wasserstoffbrennen", „Heliumbrennen", „Kohlenstoffbrennen", „Neonbrennen", „Sauerstoffbrennen" und „Siliziumbrennen". Sie ermöglichen in genügend massereichen Sternen unter Energiefreisetzung (d. h. exotherm) den direkten Aufbau relativ leichter Elemente bis hin zum Eisen.

Aus diesen Anfängen, die sich zuerst mehr am Beispiel der Sonne orientierten, hat sich schließlich das Fachgebiet der Nuklearen Astrophysik entwickelt, in deren Rahmen die thermonuklearen Reaktionsfolgen im Detail untersucht werden, die innerhalb von mehr oder weniger stabil „brennenden" Sternen bzw. während spezieller violenter Phasen ihrer Entwicklung (z. B. Supernovaausbrüchen) überhaupt möglich sind. Ziel ist es dabei, sowohl die Entwicklungsprozesse der Sterne selbst zu verstehen, die stark mit der chemischen Zusammensetzung ihrer energiefreisetzenden Kernbereiche korreliert sind, als auch die chemische Evolution des Kosmos seit dem Urknall nachvollziehbar zu machen (kosmischer Materiekreislauf). Und selbstverständlich möchte man auch ganz genau wissen, auf welche Art und Weise alle natürlich vorkommenden Elemente des Periodensystems jenseits von Wasserstoff im Kosmos überhaupt gebildet werden (Elementesynthese).

5.1 Bindungsenergie und Massendefekt

Mithilfe der Massenspektroskopie konnten die Massen der elementaren Bestandteile der Atomkerne, d. h. der Protonen und der Neutronen, sehr genau bestimmt werden:

5.1 Bindungsenergie und Massendefekt

Proton	$m_p = 1{,}672621898 \cdot 10^{-27}$ kg
Neutron	$m_n = 1{,}674927471 \cdot 10^{-27}$ kg

Gewöhnlich wird die Anzahl der elektrisch positiv geladenen Protonen in einem Atomkern als Kernladungszahl Z (entspricht der Ordnungszahl im Periodensystem der Elemente) und die Anzahl der elektrisch neutralen Neutronen als Neutronenzahl N bezeichnet. Ihre Summe ist die Massenzahl A des jeweiligen Atomkerns. Unter der (begründeten) Annahme, dass Atomkerne ausschließlich aus Protonen und Neutronen bestehen, kann man auf den ersten Blick erwarten, dass sich ihre Masse aus der Summe der Massen seiner Bestandteile ergibt, also im Fall von $^{4}_{2}He$ zu

$$m_{He} = 2 \cdot m_p + 2 \cdot m_n = 6{,}695098738 \cdot 10^{-27} \text{ kg}.$$

Bestimmt man jedoch die Masse eines solchen Heliumatoms massenspektrometrisch, so erhält man $m_{He} = 6{,}646477 \cdot 10^{-27}$. Es ergibt sich demnach eine Differenz von $\Delta m = 0{,}048 \cdot 10^{-27}$ kg oder, anders ausgedrückt, die Masse eines $^{4}_{2}He$-Kerns ist um $\approx 0{,}75\,\%$ geringer als die Summe der Massen seiner (freien) Bestandteile. Ganz allgemein gilt demnach für die Masse eines beliebigen Atomkerns:

$$m_{Kern}(Z,N) = Z \cdot m_p + N \cdot m_n - \Delta m \approx A m_p - \Delta m \tag{5.1}$$

Die Interpretation dieses Effekts ist unter Beachtung der Äquivalenz zwischen Masse und Energie, wie sie durch die Einstein'sche Gleichung $\Delta E = \Delta m c^2$ ausgedrückt wird, recht einfach. Der Massendefekt Δm entspricht der Bindungsenergie der Nukleonen in einem Atomkern. Das ist genau die Energie, die entweder bei der Vereinigung der Kernbestandteile zu einem Atomkern freigesetzt wird (also bei einem Fusionsprozess) oder die aufgebracht werden muss, um einen Atomkern wieder in seine elementaren Bestandteile zu zerlegen.

Für die Bindung der Nukleonen in einem Atomkern ist die extrem kurzreichweitige, starke Wechselwirkung verantwortlich. Um in ihren Einflussbereich zu gelangen, müssen die elektrisch positiv geladenen Protonen die durch den ebenfalls positiv elektrisch geladenen Kern aufgebaute Coulomb-Barriere überwinden, was sehr hohe kinetische Energien erforderlich macht. Im Kern überwiegt die starke Wechselwirkung die elektromagnetische Wechselwirkung, sodass die Coulomb-Abstoßung gleichnamiger elektrischer Ladungen zunächst nur von untergeordneter Bedeutung ist. Bezieht man die Bindungsenergie des Atomkerns auf dessen Nukleonen (d. h. $\Delta E/A$), dann beobachtet man einen interessanten Verlauf dieser Größe als Funktion der Massezahl A (s. Abb. 5.1). Nach einem steilen Anstieg bei leichten Kernen ergibt sich im Bereich von $^{56}_{26}Fe$ und $^{62}_{28}Ni$ ein Maximum, und anschließend eine zwar flache, aber kontinuierliche Abnahme der auf ein Nukleon bezogenen Bindungsenergie. Konkret bedeutet das, dass Kernfusionsprozesse bis zur Bildung von Eisen/Nickel-Kernen exotherm verlaufen, also Energie freisetzende Reaktionen darstellen. Schwere Kerne (z. B. $^{235}_{92}U$) setzen dagegen

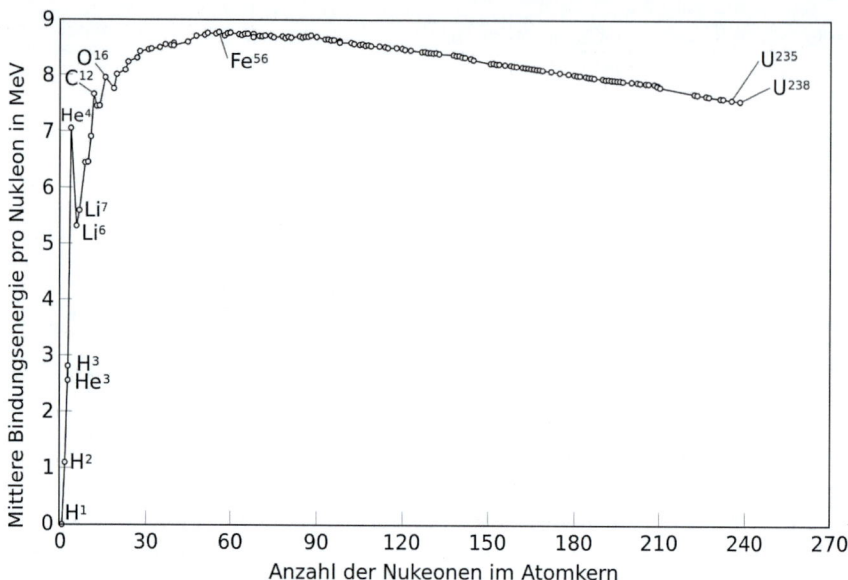

Abb. 5.1 Bindungsenergie pro Nukleon in Abhängigkeit von der Nukleonenzahl im Atomkern

Energie bei ihrer Spaltung (Fission) frei, was ja bekanntlich in Kernkraftwerken zur Energiegewinnung ausgenutzt wird.

Das hier beschriebene Verhalten ist zwar leicht zu erklären (bei schweren Kernen überwiegt die abstoßende Coulomb-Kraft aller Protonen, im Kern wirkt die starke, aber kurzreichweitige Anziehungskraft der jeweils benachbarten Nukleonen infolge der starken Wechselwirkung), aber nicht so leicht zu berechnen. Die gängigste Näherungsmethode in dieser Hinsicht besteht in der Anwendung der Bethe-Weizsäcker-Formel, die auf dem sogenannten „Tröpfchenmodell" schwerer Atomkerne beruht.

5.2 Nukleare Reaktionsraten

Ähnlich wie chemische Reaktionen lassen sich auch nukleare Reaktionen in allgemeiner Form als Bilanzgleichungen formulieren. So lässt sich eine nukleare Reaktion, die in der Lage ist, die Kernladungszahl Z und/oder die Massezahl A eines Kerns zu ändern und an der zwei Teilchen/Kerne beteiligt sind, wie folgt aufschreiben *(two body reaction)*:

$$(Z_i, A_i)_I + (Z_j, A_j)_J \rightleftarrows (Z_k, A_k)_K + (Z_l, A_l)_L \tag{5.2}$$

Dabei ist sowohl die Teilchenzahlerhaltung (Baryonen- und Leptonenzahlerhaltung) als auch die Ladungserhaltung zu gewährleisten:

$$A_i + A_j = A_k + A_l \tag{5.3}$$

5.2 Nukleare Reaktionsraten

$$Z_i + Z_j = Z_k + Z_l$$

Ein Beispiel dafür ist

$$^6_3Li + ^2_1H \rightarrow ^4_2He + ^4_2He.$$

Weitere Reaktionstypen, die an dieser Stelle jedoch nicht näher betrachtet werden sollen, sind Dreierstöße (z. B. $3^4_2He \rightarrow ^{12}_6C + \gamma$) sowie radioaktive Zerfälle, Elektroneneinfang und Photodesintegration schwerer Kerne.

An dieser Stelle soll auf eine kurze und prägnante Schreibweise von Kernreaktionen der Art Gl. 5.2 hingewiesen werden, wie sie auch im Folgenden verwendet werden soll. Ist analog dazu $X_1 + X_2 \rightarrow X_3 + X_4$, dann schreibt man $X_1(x_2, x_4)X_3$, also im Fall des obigen Beispiels $^6_3\text{Li}(^2_1\text{H}, ^4_2\text{He})^4_2\text{He}$ bzw. $^6_3\text{Li}(d, \alpha)\alpha$, wobei man Wasserstoffkerne oft mit p, Deuteriumkerne mit d, Alphateilchen mit α und andere Elementarteilchen mit ihren Standardbezeichnern abkürzt.

Der Massendefekt der Reaktion Gl. 5.2 gibt an, wie viel Energie bei einer derartigen Reaktion freigesetzt (exotherm) bzw. benötigt (endotherm) wird. Es gilt dann unter Beachtung von Gl. 5.3:

$$\begin{aligned}\mathcal{E}_{ij,k} &= \left(m_{kern,i} + m_{kern,j} - m_{kern,k} - m_{kern,l}\right)c^2 \\ &= \left[\left(m_{kern,i} - A_i m_p\right) + \left(m_{kern,j} - A_j m_p\right) - \left(m_{kern,k} - A_k m_p\right) - \left(m_{kern,l} - A_l m_p\right)\right]c^2\end{aligned} \quad (5.4)$$

Dabei wurde der geringfügige Masseunterschied zwischen Proton und Neutron vernachlässigt und die Protonenmasse m_p als Masseeinheit gewählt. Die runden Klammerausdrücke stellen, wie leicht zu erkennen ist, jeweils die Massendefekte der indizierten Kerne dar. Am Vorzeichen von $\mathcal{E}_{ij,k}$ erkennt man, ob bei der Reaktion Energie freigesetzt ($\mathcal{E}_{ij,k} > 0$) oder verbraucht ($\mathcal{E}_{ij,k} < 0$) wird. Im Fall der Wasserstofffusion ist

$$4p \rightarrow ^4_2He + 2e^- + 2\nu_e + 26{,}7\,\text{MeV}$$

und im Falle des 3 α-Prozesses („Heliumbrennen")

$$3^4_2He \rightarrow ^{12}_6C + 6{,}276\,\text{MeV}.$$

Doch zurück zur Sternmaterie, in der derartige Kernreaktionen stattfinden. Der Anteil der jeweils verfügbaren Kernspezies i lässt sich mittels deren Teilchenzahldichte n_i und der Dichte ρ folgendermaßen notieren:

$$x_i = \frac{n_i}{\rho} A_i m_p \quad (5.5)$$

Die Frage ist nun, wie ändert sich dieser Anteil (hier der Spezies i) im Verlauf thermonuklearer Reaktionen, die der Gl. 5.2 genügen? Diese Frage lässt sich mit den Mitteln der Kernphysik beantworten, wobei jedoch erst einmal quantenmechanische Effekte unberücksichtigt bleiben sollen.

Dazu wird ein Einheitsvolumen V – quasi als Reaktionsgefäß – betrachtet, welches von sechs Einheitsflächen A begrenzt ist und in dem sich ein Gemisch von Teilchen der Sorten i mit jeweils den Teilchenzahldichten n_i befindet. Dieses Volumen wiederum soll durch seine Einheitsflächen von einem Teilchenstrom von Teilchen der Sorte j und der Teilchenzahldichte n_j mit der Geschwindigkeit v durchströmt werden. Um jedes Teilchen im Volumen gibt es nun ein Raumgebiet mit einer kreisförmigen Querschnittsfläche, die, wenn sie von einem der das Volumen durchfliegenden Teilchen getroffen wird, mit einer gewissen Wahrscheinlichkeit eine Reaktion auslöst. Diese Querschnittsfläche wird als Wirkungsquerschnitt $\sigma(v)$ bezeichnet. Seine Größe ist genau genommen nichts anderes als ein Maß für die Wahrscheinlichkeit, dass es bei einem Zusammenstoß mit der Relativgeschwindigkeit $v = v_i - v_j$ und damit – in diesem Fall – zu einer Kernreaktion kommt. Ein typischer Wert von σ für einen Protonen-Protonen-Stoß liegt bei $\approx 0{,}2$ b (wobei „b" die Abkürzung für *barn* ist und 1 barn einer Fläche von 10^{-28} m² entspricht). Er ergibt sich klassisch aus den Radien der stoßenden Kerne ($R_i \approx 1{,}3 \cdot 10^{-15} A_i$ m) zu $\sigma = \pi (R_i + R_j)^2$. Quantenmechanisch ist er jedoch energieabhängig und muss in erster Näherung durch die de Broglie-Wellenlänge

$$\sigma = \pi \left(\frac{m_i}{m_r} \frac{\hbar}{\sqrt{2 m_i E}} \right)^2 \tag{5.6}$$

ausgedrückt werden, wobei m_r die reduzierte Masse $m_i m_j / (m_i + m_j)$ beider Stoßpartner bezeichnet. Aber wie noch explizit gezeigt wird, gibt es eine Anzahl weiterer Effekte, die Einfluss auf den Wirkungsquerschnitt einer Kernreaktion nehmen. Hier sei als Beispiel nur die Coulomb-Barriere genannt, die sehr effektiv das Eindringen positiv geladener Teilchen/Kerne in einen anderen Kern verhindert.

Denkt man sich nun diese Querschnittsflächen der Teilchen der Sorte i auf eine der sechs Einheitsflächen des Würfels projiziert, dann überdecken sie dort offensichtlich eine effektive Fläche von $n_i \sigma$. Die Anzahl der Teilchen der Sorte j wiederum, die mit der Geschwindigkeit v_j diese Einheitsfläche durchfliegen, ist $n_j v_j$. Trifft also ein Teilchen der Sorte j die Projektion eines „Wirkungsquerschnitts" auf der genannten Einheitsfläche, dann wird es im Innern des Volumens mit einer entsprechenden Wahrscheinlichkeit zu einer Reaktion kommen, d. h., betrachtet man den gesamten Teilchenstrom durch die Einheitsfläche A, dann sind pro Zeiteinheit $n_i n_j \langle \sigma v \rangle$ Reaktionen zu erwarten. Das Produkt aus Wirkungsquerschnitt σ und der Geschwindigkeit v in Form einer mittleren Wahrscheinlichkeit dafür, dass die Reaktion Gl. 5.2 auch wirklich stattfindet, definiert eine Rate, mit der die Teilchen i und j im Einheitsvolumen in die Teilchen k und l überführt werden, wobei gemäß

$$R_i(Z_i, A_i)_I + R_j(Z_j, A_j)_J \rightleftarrows R_k((Z_k, A_k)_K + (Z_l, A_l)_L)$$

der Index k die Reaktionsprodukte festlegt:

$$\mathcal{R}_{ij,k} = n_i n_j \langle \sigma v \rangle \tag{5.7}$$

Im Fall identischer Teilchen auf der linken Seite der Reaktionsgleichung kann man das Produkt $n_i n_j$ übrigens durch $n(n-1)/2 \approx n^2/2$ ersetzen, was mit dem Kronecker-δ_{ij} zu

5.2 Nukleare Reaktionsraten

$$\mathcal{R}_{ij,k} = \frac{n_i n_j \langle \sigma v \rangle}{1 + \delta_{ij}} \quad (5.8)$$

führt.

In Sternen ist v – soweit quantenmechanische Entartung keine Rolle spielt – durch eine Maxwell-Boltzmann-Verteilung gegeben. Ist nämlich $E = m_r v^2/2$ die auf den Masseschwerpunkt der reagierenden Teilchen i und j bezogene kinetische Energie (wobei m_r die reduzierte Masse darstellt), dann gilt

$$\mathcal{R}_{ij,k} = n_i n_j \int_0^\infty f(E) \sigma v \, dE \quad (5.9)$$

mit

$$f(E)dE = \frac{2}{\pi^{1/2}} \frac{E^{1/2}}{(k_B T)^{3/2}} \exp\left(-\frac{E}{k_B T}\right). \quad (5.10)$$

Die komplexe Mikrophysik der Reaktion steckt dabei in dem Produkt σv ($\equiv$ Reaktionsrate pro Teilchenpaar).

Sind die Wirkungsquerschnitte thermonuklearer Reaktionen bekannt, dann lässt sich die Energiemenge berechnen, die in einem Volumenelement bzw. auf eine Masseeinheit bezogen pro Sekunde durch alle darin ablaufenden Reaktionen freigesetzt wird:

$$\varepsilon_{ij,k} = \frac{\rho}{m_p^2} \sum_{ijk} \frac{1}{1+\delta_{ij}} \frac{x_i}{A_i} \frac{x_j}{A_j} \mathcal{R}_{ij,k} \mathcal{E}_{ij,k} \quad (5.11)$$

Thermonukleare Reaktionen, die im Inneren der Sterne ablaufen, verändern im Laufe der Zeit deren chemische Zusammensetzung, was natürlich Auswirkungen auf den Stern als Ganzes hat (man denke nur an die μ-Abhängigkeit vieler seiner physikalischen Parameter). Genau genommen spiegelt deshalb die Sternentwicklung (anschaulich gemacht durch den Entwicklungsweg eines Sterns im HRD) die Änderung seiner chemischen Zusammensetzung wider, ausgedrückt durch die zeitlichen Ableitungen $dx_i/dt = \dot{x}_i$ der Masseanteile aller in ihm enthaltenen bzw. gebildeten Elemente während seiner Existenz:

$$\dot{x}_i = \frac{\rho}{m_p} A_i \left(-\frac{x_i}{A_i} \sum_{j,k} \frac{x_j}{A_j} \frac{\mathcal{R}_{ij,k}}{1+\delta_{ij}} + \sum_{k,l} \frac{x_l}{A_l} \frac{x_k}{A_k} \frac{\mathcal{R}_{kl,i}}{1+\delta_{kl}} \right) \quad (5.12)$$

Die Gleichung zeigt, dass sich der Mengenanteil des i-ten Elements sowohl aus Aufbaureaktionen als auch aus Abbaureaktionen (die in umgekehrter Reihenfolge ablaufen) ergibt.

Ergänzt man das in Abschn. 4.5 vorgestellte Gleichungssystem u. a. um diese Gleichungen, dann kann man es verwenden, um die zeitliche Entwicklung eines Sterns von seiner „Geburt" bis zu seinem Endzustand im Computer nachzuvollziehen.

5.2.1 Energieabhängigkeit nuklearer Reaktionsraten

Kernfusionsreaktionen machen es erforderlich, dass sich (gewöhnlich) zwei positiv geladene Kerne soweit annähern, dass sie in einen Abstand r_0 zueinander gelangen, in dem die anziehende, aber kurzreichweitige starke Kernkraft die für gleichnamige Ladungen abstoßende, langreichweitige Coulomb-Kraft überwiegt. Sie stellt bekanntlich den Gradienten des Coulomb-Potenzials dar, welches sich wie folgt aufschreiben lässt:

$$E_c(r) = \frac{Z_i Z_j e^2}{4\pi \varepsilon_0 r} \tag{5.13}$$

Abb. 5.2 zeigt eine grafische Darstellung des Potenzialwalls um einen Z-fach geladenen Atomkern.

Ein positiv geladenes Teilchen (Proton oder Atomkern) muss also mindestens eine kinetische Energie besitzen, die der energetischen Höhe des Potenzialwalls entspricht, um vom Atomkern eingefangen und gebunden zu werden. Diese Höhe lässt sich über folgende Formel grob abschätzen, wobei sich die Energie in MeV ergibt, wenn r_0 in fm gemessen wird:

$$E_c(r_0) \approx Z_i Z_j \frac{1{,}44}{r_0} \approx \frac{Z_i Z_j}{A_j^{1/3}} \tag{5.14}$$

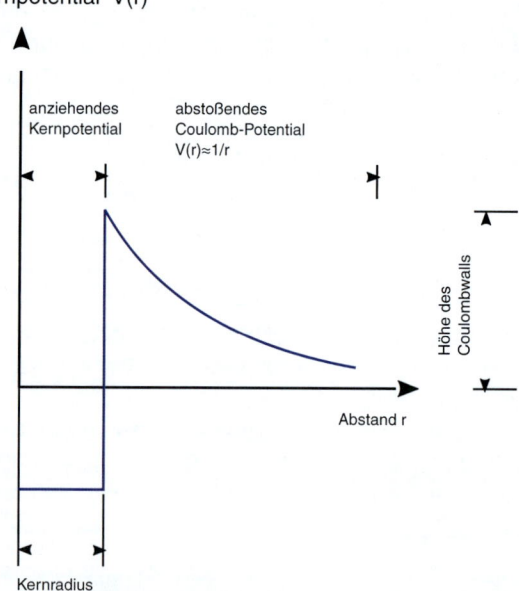

Abb. 5.2 Grafische Darstellung des Verlaufs des Coulomb-Potenzials um einen Atomkern der Kernladungszahl Z. Es gibt die Abstandsbereiche an, in denen entweder die elektrische Abstoßung oder die anziehende Wirkung der Kernkraft (starke Wechselwirkung) überwiegt

5.2 Nukleare Reaktionsraten

Tab. 5.1 Coulomb-Barrieren für einige Reaktionen der Art $X_i + p$, wie sie in Sternen vorkommen

X_i	$Z_i Z_j$	r_0[fm]	$E_c(r_0)$[MeV]
$^{1}_{1}H$	1	2,6	0,55
$^{12}_{6}C$	6	4,3	2,01
$^{28}_{14}Si$	14	5,2	3,87
$^{56}_{26}Fe$	26	6,3	5,94

Der Index j bezeichnet hier den Targetkern, A_j dessen Massezahl und r_0 den Abstand vom Kern, innerhalb dem die starke Kernkraft dominiert.[1] Im Fall von p-p-Stößen liegt die „Wallhöhe" ungefähr bei 1 MeV, und wenn ein Proton den Coulomb-Wall z. B. eines Aluminiumatoms überwinden möchte, ist bereits eine kinetische Energie des „Projektils" von $\approx 4{,}3$ MeV notwendig. Und hier liegt auch schon das Problem: 1 MeV entspricht thermisch einer Temperatur von $1{,}16 \cdot 10^{10}$ K, was ≈ 3 Größenordnungen über der Temperatur liegt, die im Zentrum der Sonne erwartet wird ($\approx 15{,}7 \cdot 10^6$ K). Der Boltzmann-Faktor liegt in diesem Fall ungefähr bei 10^{-322}, was bedeutet, dass die Wahrscheinlichkeit, dass ein „thermisches" Proton bei einem Stoß mit einem anderen Proton die Coulomb-Barriere überwindet, verschwindend klein ist. Und wenn es trotzdem ein paar Protonen aus dem hochenergetischen „Schwanz" der Maxwell-Boltzmann-Verteilung schaffen sollten, den Potenzialwall zu überwinden, so sind das doch nur so extrem wenige, als dass man damit die Energiefreisetzung und so die Leuchtkraft der Sonne (und der Sterne) erklären könnte. Die Coulomb-Abstoßung gleichnamiger Ladungen führt deshalb zu einer (zumindest auf den ersten Blick) unüberwindbaren Barriere für die Fusion zweier Kerne (Tab. 5.1).

Die Erklärung, dass es trotzdem bei den um den Faktor 1000 viel zu niedrigen Zentraltemperaturen zu Kernfusionsprozessen kommt, liegt an einem quantenmechanischen Effekt, der Tunneleffekt genannt wird und der kein klassisches Vorbild hat. Seine Bedeutung für die nukleare Sternphysik wurde zuerst von Georgi Gamow im Jahre 1928 erkannt. Er konnte nämlich zeigen, dass die Wahrscheinlichkeit, das „Projektil" hinter dem Potenzialwall des Targetkerns wiederzufinden (ausgedrückt durch das Quadrat der entsprechenden Wellenfunktion), gar nicht so klein ist, selbst wenn die kinetische Energie des Projektils nur ein Bruchteil derjenigen beträgt, die „klassisch" notwendig wäre, um die Coulomb-Barriere zu überwinden. Bedingung dafür ist, dass die de Broglie-Wellenlänge $\lambda_B = h/p$ des Projektils ungefähr der Breite des Potenzialwalls an der Stelle E_{kin} entspricht. Mit $p = m_r v$ und $E = m_r v^2 / 2$ (wobei auch hier m_r die reduzierte Masse bezeichnet) ergibt sich – wenn r durch λ_B in Gl. 5.13 ersetzt wird – folgende Beziehung:

$$E_c = \frac{Z_i Z_j e^2}{4\pi\varepsilon_0} \frac{\sqrt{2m_r E}}{h} \qquad (5.15)$$

---

[1] Für r_0 gilt ungefähr in [fm]: $r_0 \approx 1{,}3 \left(A_i^{1/3} + A_j^{1/3} \right)$.

Da die Durchtunnelungswahrscheinlichkeit $P(E)$ offenbar von dem Verhältnis zwischen Coulomb-Potenzial E_c und kinetischer Stoßenergie E abhängt

$$\frac{E_c}{E} = \frac{Z_i Z_j e^2}{4\pi^2 \varepsilon_0} \frac{1}{\hbar v} \tag{5.16}$$

muss sich die Durchtunnelungswahrscheinlichkeit verringern, je größer das Verhältnis Gl. 5.16 wird. Eine exakte quantenmechanische Durchrechnung des Problems ergibt schließlich einen P-Wert von

$$P(E) \approx \exp\left[-\left(\frac{E_G}{E}\right)^{1/2}\right]. \tag{5.17}$$

Die Größe

$$E_G = 2m_r c^2 \left(\alpha \pi Z_i Z_j\right)^2 = 986{,}1 \left(Z_i Z_j\right)^2 m_r/m_p [\text{keV}] \tag{5.18}$$

mit der Sommerfeld'schen Feinstrukturkonstante $\alpha \approx 1/137$ wird als „Gamow-Energie" bezeichnet. Mit $m_r = m_p/2$ ergibt sich für einen Protonen-Protonen-Stoß, der zu einer Fusion führt, eine Gamow-Energie von $7{,}90 \cdot 10^{-14}$ J $= 0{,}493$ MeV. Im Zentrum der Sonne herrscht eine Temperatur von $\approx 15{,}7$ Mio. K, was nach Gl. 5.17 eine Durchtunnelungswahrscheinlichkeit von $\approx 10^{-10}$ ergibt. Das ist zwar – rein gefühlsmäßig – ein immer noch nicht gerade sonderlich großer Wert. Aber er garantiert, dass die Kernfusionsprozesse im Sonnenkern langsam und gemächlich und, was mit das Wichtigste ist, äußerst sparsam in Bezug auf den Wasserstoffverbrauch ablaufen. Denn nur deshalb kann ein Stern wie unsere Sonne überhaupt ca. 11 Mrd. Jahre in der Hauptreihenphase verweilen…

Der Wirkungsquerschnitt für eine Fusionsreaktion besteht bei näherer Betrachtung aus zwei Teilen. Der erste Teil enthält eine $1/E$-Abhängigkeit gemäß Gl. 5.6 und kann kompakt durch das Verhältnis $S(E)/E$ ausgedrückt werden, wobei die Funktion $S(E)$ (welche in sich quasi die Mikrophysik des Fusionsvorgangs subsumiert und als „astrophysikalischer S-Faktor" bezeichnet wird) sich nur wenig mit der Energie ändert, dabei aber mit dem Kern in Resonanz geraten kann. Der zweite Faktor entspricht Gl. 5.17 und gibt die Durchtunnelungswahrscheinlichkeit an:

$$\sigma(E) = \frac{S(E)}{E} \exp\left[-\left(\frac{E_G}{E}\right)^{1/2}\right] \tag{5.19}$$

Die mittlere Wahrscheinlichkeit, dass es bei einem Stoß zu einer Fusionsreaktion kommt, ist, wie bereits erwähnt, durch die Größe $\langle \sigma v \rangle$ gegeben, wobei im Folgenden immer von nichtrelativistischen Geschwindigkeiten v ausgegangen wird, wie sie die Maxwell-Boltzmann-Verteilung repräsentiert. Das ist in Sternen, soweit es sich nicht gerade um Neutronensterne handelt, eigentlich immer der Fall.

Mit $v = (2E/m_r)^{1/2}$ und Gl. 5.9, 5.10 sowie Gl. 5.19 ergibt sich dann

5.2 Nukleare Reaktionsraten

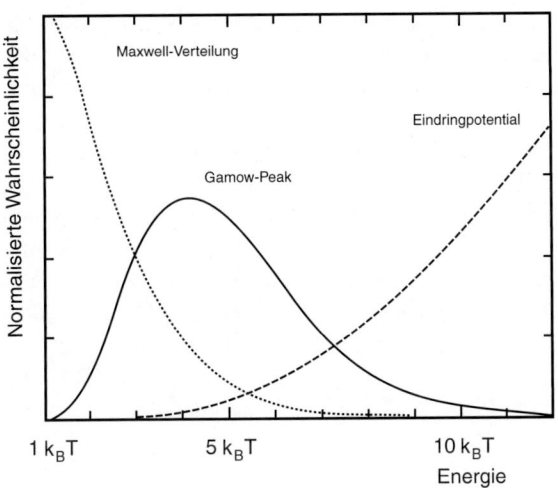

Abb. 5.3 Der „Gamow-Peak" ergibt sich als Produkt zweier Wahrscheinlichkeitsverteilungen. Er definiert quasi ein „Fenster" im Bereich der „Stoßenergie", in der Kernfusionsprozesse möglich werden. Dort, wo der Gamow-Peak sein Maximum hat, erreicht auch die Fusionsrate ihr Maximum

$$\langle \sigma v \rangle = \left(\frac{8}{\pi m_r}\right)^{1/2} \frac{1}{(k_B T)^{3/2}} \int_0^\infty S(E) \exp\left(-\frac{E}{k_B T}\right) \exp\left(-\frac{E_G^{1/2}}{E^{1/2}}\right) dE \quad (5.20)$$

Trägt man die beiden Exponentialfaktoren der rechten Seite als Funktion von $k_b T$ im interessierenden Energiebereich jeweils separat in ein Diagramm ein, dann ergibt sich einmal ein monoton fallender (Maxwell) und zum anderen ein monoton steigender Verlauf (Tunneleffekt), die zusammen als Produkt eine Art von „Glockenkurve" zeigen (s. Abb. 5.3), die als „Gamow-Peak" bezeichnet wird.

$$\langle \sigma v \rangle = \left(\frac{8}{\pi m_r}\right)^{1/2} \frac{1}{(k_B T)^{3/2}} \int_0^\infty E \exp\left(-\frac{E}{k_B T} - \frac{E_G^{1/2}}{E^{1/2}}\right) \frac{S(E)}{E} dE \quad (5.21)$$

Gibt man die Temperatur in „Millionen K" (10^6K) an, dann lässt sich das Maximum $E_{G,max}$ und die energetische Halbwertsbreite ΔE_G des Gamow-Peaks durch folgende zugeschnittene Größengleichungen ausrechnen (in keV):

$$E_{G,max} = 1{,}22 m_r^{1/3} \left(Z_i Z_j\right)^{2/3} T^{2/3} \quad (5.22)$$

$$\Delta E_G = 0{,}75 m_r^{1/6} \left(Z_i Z_j\right)^{1/3} T^{5/6} \quad (5.23)$$

(m_r in [amu] einsetzen, also z. B. 4,004 für ein α-Teilchen). Für die Protonenstoßreaktion p+p unter solaren Bedingungen ($T = 15{,}7 \cdot 10^6$ K) ergibt sich beispielsweise $E_{G,max}$ zu 0,006 MeV, was weit unterhalb der Coulomb-Barriere von 0,55 MeV liegt. Man kann übrigens zeigen, dass für alle für die Energiefreisetzung in Sternen wesentlichen Kernfusionsreaktionen $E_{G,max} \ll E_c(r_0)$ gilt. Phänomenologisch stellt der Gamow-Peak nichts anderes als ein schmales „Fenster" auf der Energieachse dar, in dem die entsprechenden Kernreaktionen möglich werden. Bei geringeren Energien ist der Wirkungsquerschnitt einfach zu klein, und bei höheren Energien gibt es einfach nicht genug Teilchen mit der notwendigen kinetischen Energie im hochenergetischen Bereich der Maxwell-Boltzmann-Verteilung, damit die Reaktion effektiv ablaufen kann. Es legt damit einen ziemlich scharf definierten Temperaturbereich fest, in dem beispielsweise ein thermonuklearer Reaktionszyklus wie der pp-Zyklus, der CNO-Zyklus oder der Triple-Alpha-Prozess ablaufen kann.

Astrophysikalischer S-Faktor
Der „nukleare Teil" der Reaktionswahrscheinlichkeit wird in der Funktion $S(E)$ zusammengefasst, die wie folgt definiert ist:

$$S(E) = \sigma_{ij}(E) E \exp(2\pi\eta)$$

und in der Fachliteratur als „astrophysikalischer S-Faktor" bezeichnet wird. η stellt dabei den dimensionslosen „Sommerfeld-Parameter"

$$\eta = \frac{Z_i Z_j e^2}{4\pi\varepsilon_0 \hbar v}$$

dar, mit dem sich beispielsweise der in Gl. 5.20 enthaltene Gamow-Faktor $P_G(E) = \exp\left(-(E_G/E)^{1/2}\right)$ folgendermaßen aufschreiben lässt:

$$P_G(E) = \exp(-2\pi\eta)$$

Das Problem, vor dem man steht, wenn man nukleare Reaktionsraten in Sternen berechnen möchte, liegt in der genauen Kenntnis der dazu notwendigen Wirkungsquerschnitte. Sie müssen i. d. R. experimentell bestimmt werden, was aber die Schwierigkeit mit sich bringt, dass die experimentell realisierbaren Messbedingungen oft weit von den physikalischen Bedingungen entfernt sind, wie sie in den thermonuklear brennenden Zentralbereichen der Sterne vorliegen. Aufgrund der besseren Interpolationsmöglichkeiten in Bezug auf die interessierenden Energiebereiche erweist sich die Bestimmung von S-Faktoren als bei Weitem günstiger als die der Wirkungsquerschnitte selbst, da sie im Gegensatz zu den Wirkungsquerschnitten gewöhnlich nur wenig mit der Energie variieren (zumindest, solange es zu keinen Resonanzeffekten kommt). Es werden deshalb große Anstrengungen unternommen, die Funktion $S(E)$ für alle in der stellaren Astrophysik wichtigen Kernreaktionen so genau wie möglich zu bestimmen. So beschäftigt sich ein ganzer Zweig der solaren Astrophysik allein damit,

5.2 Nukleare Reaktionsraten

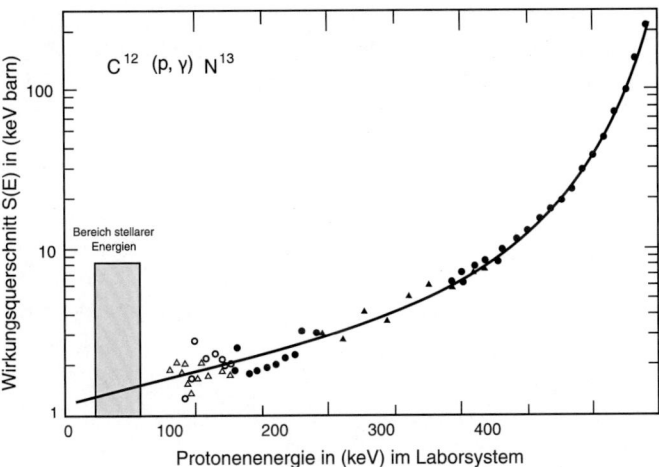

Abb. 5.4 Verlauf des S-Faktors für den radiativen Protoneneinfang durch Kohlenstoffkerne. Da der Bereich der dafür notwendigen stellaren Energien außerhalb der experimentellen Möglichkeiten liegt, versucht man anhand der Messungen bei höheren Energien in diesen Bereich extrapolativ vorzustoßen. Das ist übrigens eine der wichtigsten Aufgabenstellungen der experimentellen nuklearen Astrophysik (Clayton 1984)

die astrophysikalischen S-Faktoren für die im Sonnenkern stattfindenden pp- und CNO-Zyklen zu ermitteln. Zu nennen ist hier u. a. die LUNA Accelerator Facility at the Gran Sasso Facility (LUNA = Laboratoty for Underground Nuclear Astrophysics), die einen 50 kV- und einen 400 kV-Teilchenbeschleuniger unter den idealen Bedingungen (Abschirmung der kosmischen Strahlung zur Verbesserung des Signal-Rausch-Verhältnisses der entsprechenden Messungen) eines in das Gran Sasso-Massiv (Apennin) eingebauten Laboratoriums betreibt (Broggini et al. 2010). Das ist notwendig, weil unter stellaren Verhältnissen die Wirkungsquerschnitte extrem klein sind (picobarns bis femtobarns), was deren direkte Messung im Laboratorium quasi unmöglich macht. So versucht man, die Wirkungsquerschnitte (oder besser den S-Faktor) bei höheren Energien, bei denen die Reaktionsraten so groß werden, dass sie sich deutlich vom „Untergrund" abheben, zu bestimmen, um dann die erhaltenen Messkurven in den astrophysikalisch interessanten Teil hinein zu extrapolieren. Da der astrophysikalisch signifikante Energiebereich meist sehr schmal ist, lässt sich dort die Funktion $S(E)$ oft mit einem vertretbaren Fehler durch einen konstanten Wert S_0 approximieren, soweit in diesem Energiebereich keine Resonanzen zu erwarten sind. Unter dieser Annahme soll nun untersucht werden, wie die zur Reaktionsrate proportionale Größe $\langle \sigma v \rangle$ ganz konkret von der Temperatur T abhängt (Abb. 5.4).

Neben experimentellen Studien hat man mittlerweile aber auch auf quantenmechanischen Grundlagen Rechenmethoden entwickelt, mit deren Hilfe sich für gegebene Kernreaktionen S-Faktoren beziehungsweise Wirkungsquerschnitte auch berechnen lassen. Sie stellen eine wichtige Ergänzung der oft mit großen Fehlern behafteten experimentellen Ergebnisse dar bzw. helfen die dahinter stehende Mikrophysik zu verstehen.

Zu diesem Zweck reicht es aus, den Integranden von Gl. 5.21 separat als Funktion von E zu betrachten:

$$f(E) = \exp\left(-\frac{E}{k_B T} - \frac{E_G^{1/2}}{E^{1/2}}\right) \tag{5.24}$$

Sie besitzt offensichtlich ein Maximum bei dem Energiewert $f'(E) = 0$:

$$E_0 = \left(\frac{k_B T \sqrt{E_G}}{2}\right)^{2/3} = \left(2^{1/2} m_r (\pi k_B c \alpha Z_1 Z_2 T)^2\right)^{1/3} \tag{5.25}$$

und stellt physikalisch gewissermaßen eine mittlere „effektive Energie" bei der Temperatur T dar.

Es ist sinnvoll, die Funktion $f(E)$ um den Punkt E_0 durch eine Normalverteilung (Gauß-Kurve) zu approximieren. Die Taylor-Entwicklung liefert in diesem Fall

$$f(E) = \exp\left(-\frac{E}{k_B T} - \frac{E_G^{1/2}}{E^{1/2}}\right) = f(E_0) + \frac{f''(E_0)}{2}(E - E_0)^2 + \ldots,$$

wobei das zweite Glied der Reihe wegen $f'(E_0) = 0$ verschwindet.

Das erste Glied berechnet sich zu

$$f(E_0) = -\frac{E_0}{k_B T} - \frac{2 E_0^{\frac{3}{2}}}{k_B T E_0^{\frac{1}{2}}} = -\frac{3 E_0}{k_B T} \equiv -\tau. \tag{5.26}$$

Dabei wurde E_G entsprechend Gl. 5.25 substituiert.

Für das dritte Glied der Taylor-Entwicklung ergibt sich mit der gleichen Substitution:

$$\frac{f''(E_0)}{2}(E - E_0)^2 = -\frac{3}{8}\left(\frac{E_G}{E_0^5}\right)^{\frac{1}{2}} (E - E_0)^2 = -\frac{3}{4 k_B T E_0}(E - E_0)^2 \tag{5.27}$$

5.2 Nukleare Reaktionsraten

Mit Gl. 5.26 und 5.27 lässt sich nun Gl. 5.21 wie folgt annähern

$$\langle \sigma v \rangle \cong \left(\frac{8}{\pi m_r} \right)^{1/2} \frac{1}{(k_B T)^{3/2}} \exp(-\tau) \int_0^\infty S(E) \exp\left(-4 \left(\frac{E - E_0}{\Delta E_G} \right)^2 \right) dE, \quad (5.28)$$

wobei $\Delta E_G = 4(k_B T E_0/3)^{1/2}$ ein Standardmaß für die energetische Breite des Gamows-Peaks ist. Um das bestimmte Integral analytisch lösen zu können, sind noch ein paar weitere Überlegungen, – die untere Grenze betreffend – notwendig. Geht man davon aus, dass die Bereiche an den jeweiligen Flanken der Gauß-Kurve nur einen vernachlässigbaren Beitrag zum Integral liefern und dass $S(E) = const.$ über ΔE_G ist, dann erhält man

$$\int_{-\infty}^\infty \exp\left(-\left(\frac{2(E - E_0)}{\Delta E_G} \right)^2 \right) dE = \pi^{1/2} \Delta E_G$$

und damit

$$\langle \sigma v \rangle \cong \left(\frac{8}{m_r} \right)^{1/2} \frac{1}{(k_B T)^{3/2}} \exp(-\tau) S(E_0) \cdot \Delta E_G. \quad (5.29)$$

Nach einigen Termumformungen erhält man schließlich für die mittlere Reaktionsrate bei einem Zweierstoß

$$\langle \sigma v \rangle \cong \frac{8}{3^{5/2}} \frac{h}{2\pi^2 m_r e^2} \frac{S(E_0)}{Z_1 Z_2} \tau^2 \exp(-\tau). \quad (5.30)$$

Diese Gleichung soll jetzt verwendet werden, um etwas über die Temperaturabhängigkeit der thermonuklearen Reaktionen tief im Inneren der Sterne herauszufinden. Bereits in Abschn. 4.5.3 wurde darauf hingewiesen, dass die nukleare Energiefreisetzungsrate in Sternen einer Potenz von T proportional sein muss, was durch den Ansatz Gl. 4.190 ausgedrückt wird. Heruntergebrochen auf die Reaktionsrate bedeutet das:

$$\langle \sigma v \rangle = const. \left(\frac{T}{T_0} \right)^\nu \quad (5.31)$$

Um den Exponenten ν zu bestimmen, der von der Art der Reaktion abhängt, muss Gl. 5.30 logarithmisch entsprechend

$$\nu = \frac{d \ln \langle \sigma v \rangle}{d \ln T} = \frac{d \ln \langle \sigma v \rangle}{d \ln \tau} \frac{d \ln \tau}{d \ln T} \quad (5.32)$$

abgeleitet werden. Es ist

$$\ln \langle \sigma v \rangle = const. + 2 \ln \tau - \tau = const - \frac{2}{3} \ln T - \tau(T)$$

(wegen $\tau \sim T^{-1/3}$). Damit ergibt sich für den Exponenten

$$\nu = -\frac{2}{3} - \frac{d\tau}{d\ln\tau}\frac{d\ln\tau}{dT} = -\frac{2}{3} + \frac{\tau}{3} = \frac{\tau-2}{3}$$

und damit folgende Temperaturabhängigkeit thermonuklearer Reaktionen:

$$\langle\sigma v\rangle \sim T^{\frac{\tau-2}{3}} \tag{5.33}$$

Bei den Temperaturen, wie sie in den Kernbereichen der Sterne herrschen, ist $\tau \gg 2$, was bedeutet, dass die Reaktionsraten extrem empfindlich auf Temperaturänderungen reagieren. Genau genommen ist der Exponent ν selbst eine Funktion von T, die gemäß Gl. 5.26 und 5.25 wie $1/T^{1/3}$ abfällt. Das spielt aber im Folgenden weiter keine Rolle, da dem Temperaturbereich, in dem die entsprechenden Reaktionen effektiv ablaufen, selbst durch den Gamow-Peak enge Grenzen gesetzt sind.

Für die pp-Stoßreaktion unter den Bedingungen des Sonnenzentrums ($T = 15,6 \cdot 10^6$ K) ergibt sich beispielsweise für die Gamow-Energie $E_G = 493$ keV, für die Energie des Maximums des Gamow-Peaks $E_0 = 6$ keV und damit $\tau = 12,7$. Die Temperaturabhängigkeit dieser Reaktion liegt demnach (ν auf eine ganze Zahl gerundet) bei $\approx T^4$.

Führt man die gleiche Rechnung für eine Schlüsselreaktion des „Kohlenstoffbrennens" durch (He-capture: $^{12}_{6}C(\alpha,\gamma)^{16}_{8}O$), welche optimal bei Temperaturen um die $2 \cdot 10^8$ K abläuft, dann erhält man folgende Ergebnisse: $E_G = 424$ MeV, $E_0 = 316$ keV, $\tau = 55$. Die Temperaturabhängigkeit dieser Reaktion liegt also bei $\approx T^{18}$.

Die hohen Potenzen der Temperatur, von denen die Reaktionsraten abhängig sind, führen zu einer Art „Selbstregulation" der Energieerzeugungsprozesse im Inneren der Sterne. Denn bereits eine sehr kleine Temperaturerhöhung hat dramatische Auswirkungen auf die Energiefreisetzungsrate – zieht aber auch folgenden Rückkopplungsmechanismus nach sich:

- Erhöht sich die Temperatur, erhöht sich auch der Gasdruck.
- Dies führt dazu, dass der Kernbereich, in dem die Kernfusionsprozesse stattfinden, expandiert.
- Die Expansion erniedrigt sowohl die Dichte als auch die Temperatur.
- Die Fusionsrate verringert sich.

Auf diese Weise wird quasi eine „Leistungsexkursion" effektiv verhindert und der Stern verbleibt im hydrostatischen Gleichgewicht.

Nimmt dagegen die Reaktionsrate aus dem Grund ab, dass nicht mehr genug „Ausgangsstoffe" zur Verfügung stehen, verringert sich mit der Energieproduktion auch der Gasdruck. Das führt dazu, dass der Kern zu kollabieren beginnt, um das Defizit in der Energiefreisetzung auszugleichen (Virialsatz). Wenn das nicht mehr gelingt, setzt sich der Kernkollaps so lange „im freien Fall" fort, bis der Kern so weit aufgeheizt ist, dass der nächst folgende Kernfusionsprozess zünden kann und dieser dann den Stern wieder stabilisiert. Das passiert beispielsweise bei Hauptreihensternen beim Übergang vom „Wasserstoffbrennen" zum „Heliumbrennen" und hat Auswirkungen auf fast alle stellaren Basisparameter wie Durchmesser, effektive Temperatur und Leuchtkraft.

5.2.2 Resonanzen in den nuklearen Reaktionsraten

Atomkerne können sich in unterschiedlichen diskreten Energiezuständen befinden, deren Energie oberhalb ihres Grundzustandes liegt und die man in gewisser Analogie zu den Verhältnissen in der Atomhülle deshalb auch als angeregte Zustände bezeichnet. Dazu muss man sich deren Potenzialtopf mit diskreten energetischen Niveaus ausgefüllt denken, auf die ein oder auch mehrere Nukleonen angehoben bzw. verteilt werden können. Dieser Umstand hat direkte Auswirkungen auf den astrophysikalischen S-Faktor, der sich ja gewöhnlich nur wenig mit der Stoßenergie ändert. Er kann nämlich unter Umständen mit diesen diskreten Energieniveaus in Resonanz geraten, vorausgesetzt, ein entsprechendes Energieniveau liegt in der Nähe des Gamow-Peaks (übrigens ein Umstand, der gar nicht so selten vorkommt).

Wie kann man sich nun einen solchen Resonanzfall vorstellen? Man geht dazu davon aus, dass sich nach der instantanen Durchtunnelung des Potenzialwalls ein angeregter Kern X^* (engl. *compound nucleus*) gemäß der Reaktionsgleichung

$$X_1 + X_2 \to X^* \to X_3 + X_4 \tag{5.34}$$

bildet, der nach einer kurzen Lebensdauer (die aber größer ist als die Zeit des Durchtunnelungsvorgangs) in die „Reaktionsprodukte" X_3 und X_4 zerfällt. Dabei gibt es gewöhnlich für diesen Zerfallskanal mehrere Möglichkeiten, die nur durch diverse Erhaltungssätze für Energie, Ladung etc. eingeschränkt sind. Auch spielt es keine Rolle, durch welche konkrete Reaktion der *compound*-Kern gebildet wurde. Wenn es zu keinem radioaktiven Zerfall (α-Zerfall) kommt, wird die überschüssige Energie i. d. R. durch Gammaquanten abgeführt.

Die im Potenzialtopf möglichen diskreten Energieniveaus haben einen großen Einfluss auf den Wirkungsquerschnitt der Reaktion, die zu X^* führt, wobei es dabei konkret auf die Niveaus ankommt, die sich im Bereich des Coulomb-Walls ($E > 0$) befinden und die aufgrund der geringen Lebensdauer des *compound*-Kerns recht breit sind. Die Energieniveaus mit $E < 0$ sind im Gegensatz dazu recht schmal, da die entsprechenden Zustände eine vergleichsweise lange Lebensdauer besitzen.[2] Abb. 5.5 zeigt schematisch den Verlauf des kombinierten Kern- und Coulomb-Potenzials mit einigen eingezeichneten Energieniveaus. Trifft ein Teilchen mit der Energie E' den Coulomb-Wall und durchtunnelt ihn, wobei die Energie E' mit einem Energieniveau im Potenzialtopf ungefähr koinzidiert,

---

[2] Die energetische Breite Γ der Niveaus ist eine direkte Konsequenz der Heisenbergschen Energieunschärfe.

Abb. 5.5 Kern- und Coulomb-Potenzial im Bereich eines Atomkerns mit Kernenergieniveaus

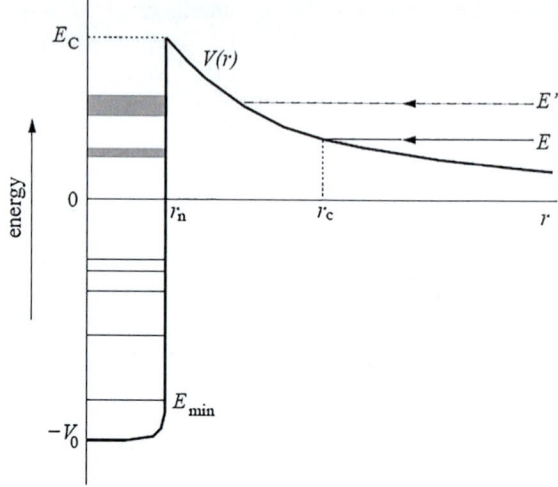

führt das zu einer Resonanz und damit zu einer dramatischen Vergrößerung des Wirkungsquerschnitts σ, der dann fast den „geometrischen" Wert Gl. 5.6 erreichen kann. Ist E_{res} die Energie eines Energieniveaus $E > 0$ mit der Breite Γ und E' die Energie des *compound*-Kerns, dann ergibt sich für den Wirkungsquerschnitt eine Energieabhängigkeit der Form

$$\sigma(E') \sim \pi \lambda_B^2 \frac{1}{(E' - E_{res})^2 + (\Gamma/2)^2} P(E') \qquad (5.35)$$

Diese Gleichung enthält die Breit-Wigner-Verteilung für extrem kurzlebige Teilchen.

Im Resonanzfall mit einer Energie im Bereich des Gamow-Fensters dominiert sehr schnell die Resonanz und nicht der Gamow-Peak die Reaktionsrate. Sie selbst hängt dabei äußerst empfindlich von den mikrophysikalischen Eigenschaften des Resonanzzustandes ab. Da sich außerdem die Niveaudichte mit der Anregungstemperatur im Kern immer mehr erhöht (bis hin zu einem Quasikontinuum), tendieren höhere Reaktionstemperaturen zu resonanten Reaktionsraten, während vergleichsweise geringe Reaktionstemperaturen i. d. R. nicht resonant sind. Beispiele für eine resonante Reaktion sind der 3 α-Prozess, und ein Beispiel für eine nicht resonante Reaktion ist der hier schon mehrfach bemühte Protonen-Protonen-Stoß innerhalb des pp-Zyklus, der zur Bildung eines Deuteriumkerns führt.

Die genaue Kenntnis der Lage von Energieniveaus und ihrer Breiten ist essenziell für die Ableitung ausreichend genauer Kernreaktionsraten. Das betrifft neben den thermonuklearen Reaktionen, wie sie im Innern der Sterne vorkommen, auch die Reaktionen, die man auf der Erde für energieerzeugende Prozesse zu nutzen versucht. Ihre Bestimmung entweder durch quantenmechanische Rechnungen auf der Grundlage detaillierter Kernmodelle bzw. – und nicht nur zur Ergänzung – durch entsprechende Experimente, ist deshalb eine Grundvoraussetzung, um

5.2 Nukleare Reaktionsraten

theoretisch verlässliche Daten über die Energiefreisetzung in Sternen zu erhalten, die ja wiederum wichtige Größen für die Modellierung von Sternen und ihrer zeitlichen Entwicklung darstellen. Eine ausführliche Beschreibung aller damit im Zusammenhang stehenden Fragen findet man z. B. in Clayton (1984) und Iliadis (2007).

Elektronenscreening

Thermonukleare Energiefreisetzungsprozesse finden in heißen Plasmen statt, die aus elektrisch positiv geladenen Atomkernen und negativ geladenen Elektronen („Elektronengas") bestehen. Ist die Gasdichte genügend hoch, kommt es zu einem weiteren Effekt, der einen nicht unwesentlichen Einfluss auf die Reaktionsraten thermonuklearer Reaktionen nimmt und deshalb in den Rechnungen mit berücksichtigt werden muss. Es handelt sich dabei um einen elektrischen Abschirmungseffekt in der Art, dass positiv geladene Kerne negativ geladene Elektronen aus ihrer Umgebung anziehen und diese dann eine Art negative „Ladungswolke" um diese Kerne bilden. Das führt effektiv zu einer Absenkung des Coulomb-Potentials des Kerns, was wiederum die Durchtunnelungswahrscheinlichkeit erhöht. Man kann nun zeigen, dass sich das abstoßende Coulomb-Potential eines Kerns der Kernladungszahl Z durch diesen Effekt um den Faktor $exp(-r/r_D)$ abschwächt, wobei r_D den sogenannten Debye-Hückel-Radius bezeichnet, wie er aus der Theorie der Elektrolyte bekannt ist. Man kann sich ihn quasi als den Abstand des radialen Ladungsschwerpunktes der den Kern umgebenden Elektronenwolke vorstellen, wobei r_D umso näher an den Kern heranrückt, je größer dessen positive Ladung ist. Dieser Effekt führt in erster Näherung zu einer Erhöhung der Zweierstoßreaktionsrate $\langle \sigma v \rangle$ um etwa den Faktor

$$f = exp\left(\frac{Z_1 Z_2 e^2}{k_B T r_D}\right) = exp\left(\frac{E_D}{k_B T}\right) \tag{5.36}$$

unter der Voraussetzung, dass das Verhältnis von Coulomb-Potential an der Stelle r_D zur mittleren thermischen Energie der Teilchen im Plasma $\ll 1$ ist.

Eine genaue Durchrechnung dieses Effektes (siehe z. B. Kippenhahn et al. (2012)) zeigt, dass dieser Korrekturfaktor unter den „Brennbedingungen" normaler Hauptreihensterne nur wenig Einfluss auf die thermonuklearen Energiefreisetzungsraten hat. Das ist aber bei „höheren" Brennphasen (beispielsweise dem „Kohlenstoffbrennen") nicht mehr der Fall. Hier beginnt sich die starke Dichteabhängigkeit des Abschirmungsfaktors bemerkbar zu machen, da er direkt proportional zur Dichte ρ ist, während er mit steigender Temperatur abnimmt. Bei sehr hohen Dichten ($> 10^9$ kg/m^3) wird schließlich die Reaktionsrate fast nur noch von der Materiedichte dominiert und ist von Temperaturänderungen weitgehend unabhängig. Man spricht hier von einem „pycnonuklearen Reaktionsregime",

> in dem die Reaktionsrate exponentiell mit steigender Dichte anwächst. Es spielt insbesondere in den letzten Phasen der Sternentwicklung eine große Rolle, so z. B. in den Kernbereichen Weißer Zwerge und in den äußeren Schichten und Hüllen von Neutronensternen.

5.3 Wichtige nukleare Brennphasen im Laufe der Sternentwicklung

Normalen Sternen stehen im Prinzip nur zwei Energiequellen zur Verfügung, um über einen längeren Zeitraum hinweg einen stabilen hydrostatischen Gleichgewichtszustand aufrechterhalten zu können. Das ist einmal die gravitative Bindungsenergie des Sterns (Virialsatz, s. Abschn. 4.1), die durch Kontraktion angezapft werden kann, und zum anderen die Energie, die permanent bei thermonuklearen Reaktionen freigesetzt wird. Unter der Vielzahl möglicher derartiger Reaktionen ist jedoch wiederum nur eine überschaubare Anzahl davon in der Lage, das Energiebudget eines Sterns dauerhaft aufrechtzuerhalten. Da hierbei die freigesetzte Energie aus dem Massendefekt Gl. 5.4 stammt, sind diese Reaktionen immer mit der Fusion neuer Elemente aus leichteren Elementen verbunden. Die Forderung nach Exothermie begrenzt dabei die Möglichkeit energieerzeugender Reaktionen bis zur Fusion von Eisen ($Z = 26$). Aufbaureaktionen, die zu Elementen mit höherer Ordnungszahl als 26 führen, verbrauchen Energie und können deshalb effektiv keinen Beitrag zur hydrostatischen Stabilisierung eines Sterns liefern. Sie sind aber in verschiedenen Phasen der Sternentwicklung in Bezug auf die allgemeine Elementesynthese (Stichwort s- und r-Prozesse, s. Abschn. 5.3.5) von großer Wichtigkeit. Ihre Erforschung ist die einzige Möglichkeit, um die beobachteten Elementehäufigkeiten im Kosmos und ihre zeitliche Entwicklung im Rahmen des kosmischen Materiekreislaufs aufzuklären.

Die Entwicklungsgeschichte der Sterne ist – auf den Punkt gebracht – eine Geschichte der Kontraktion ihrer energieerzeugenden Kerngebiete. Der Grund dafür liegt in den engen Temperaturbereichen, innerhalb der die für die Energiefreisetzung verantwortlichen thermonuklearen Reaktionen optimal ablaufen. Immer dann, wenn der „Nuklearbrennstoff" in der „brennenden" Zone knapp wird, muss der Sternkern kontrahieren, weil der die Eigengravitation ausgleichende Gegendruck nun nicht mehr thermisch aufgebracht werden kann. Dabei erhitzt er sich bis zu dem Punkt, an dem im Stern schließlich die Zündtemperatur für eine exotherme nukleare Folgereaktion erreicht wird. Hier kann dann eine neue Brennzone den Stern wieder eine Zeitlang thermisch stabilisieren – bis auch hier der Kernbrennstoff irgendwann zu Ende geht. Ob ein Stern in seinem Leben überhaupt alle möglichen Fusionszyklen durchlaufen kann, hängt dabei entscheidend von seiner Ausgangsmasse ab. Erst wenn seine Masse $\approx 8 M_\odot$ übersteigt, kann man davon ausgehen, dass in ihm alle möglichen Kernfusionszyklen stattfinden. Im Einzelnen sind das:

5.3 Wichtige nukleare Brennphasen im Laufe der Sternentwicklung

Fusionszyklus	Brennstoff	Reaktionsprodukte	Typische Brenntemperatur [K]
Deuterium- und Lithiumbrennen	D, Li	He	ab $2{,}5 \cdot 10^6$
Wasserstoffbrennen	H	He	$1 \cdot 10^7$
Heliumbrennen	He	C, O	$1 \cdot 10^8$
Kohlenstoffbrennen	C	O, Ne, Na, Mg	$5 \cdot 10^8$
Neonbrennen	Ne	O, Mg	$1 \cdot 10^9$
Sauerstoffbrennen	O	Mg bis S	$2 \cdot 10^9$
Siliziumbrennen	Si	Fe, Ni	$3 \cdot 10^9$

Sie sollen nun im Folgenden etwas näher beleuchtet werden.

Unsere Sonne gelangt übrigens in ihrem Sternenleben gerade noch in den Bereich des Heliumbrennens, bevor sie sich anschließend relativ unspektakulär in einen Weißen Zwergstern umwandelt. Sie wird dann ein Alter von ungefähr 12,37 Mrd. Jahren erreicht haben.

5.3.1 Deuterium- und Lithiumbrennen

Die Sternmaterie enthält einen gewissen Anteil an primordialem schwerem Wasserstoff, Deuterium, der bereits beginnend ab einer Temperatur von $6 \cdot 10^5$ K mit normalem Wasserstoff zu Helium fusioniert:

$$^{2}H + {}^{1}H \rightarrow {}^{3}He + \gamma \quad (+8.81 \cdot 10^{-13} J) \tag{5.37}$$

Weil im Gegensatz zu ^3He das Heliumisotop ^2He instabil ist (ihm fehlt das stabilisierende Neutron), ist die bei diesen Temperaturen auch denkbare und wegen der hohen Protonenkonzentration sogar bevorzugte Reaktion $^{1}H + {}^{1}H \rightarrow {}^{2}He$ unterdrückt, d. h. der dabei entstandene ^2He-Kern ist instabil und zerfällt ohne eine Nettoenergiefreisetzung sofort wieder in zwei Protonen.

Da gerade junge Protosterne bekanntlich hochgradig konvektiv sind, wird bei ihnen so gut wie der gesamte Deuteriumgehalt durch „Deuteriumbrennen" im Zeitraum von einigen Hunderttausend Jahren aufgebraucht. Damit dieser Kernfusionsprozess überhaupt zünden kann, muss der Protostern bei solarer Metallizität mindestens eine Masse von 13 M_J (Jupitermassen) besitzen.

Die auch in geringer Konzentration in der Protosternmaterie enthaltenen Elemente Lithium, Beryllium und Bor können bereits ab einer Temperatur von ca. 2,5 Millionen K Protonen einfangen. Wesentlich für die Energieerzeugung durch Fusion ist dabei aber nur das „Lithiumbrennen". Die pp-Kette (Gl. 5.42), welche primordiales ^7Li und ^6Li mittels Protoneneinfang exotherm in ^4He umwandelt, besteht aus folgenden Teilreaktionen:

$$^{6}Li + {}^{1}H \rightarrow {}^{7}Be + \gamma \tag{5.38}$$

$$^7Be + e^- \rightarrow {}^7Li + \nu_e$$

$$^7Li + {}^1H \rightarrow {}^8Be + \gamma$$

$$^8Be \rightarrow 2\,{}^4He + \gamma$$

Sie verbraucht recht schnell das im Stern vorhandene Lithium ($[Li/H] \approx 2 \cdot 10^{-9}$), welches danach spektroskopisch nicht mehr nachweisbar ist. Dieser Vorgang wird gewöhnlich als *Lithium depletion* bezeichnet. Deshalb ist die „Brenndauer" auch nur auf wenig über 100 Mio. Jahre begrenzt.

Damit Lithiumbrennen nach Abschluss der Protosternphase einsetzen kann, muss der Protostern mindestens eine Masse von 65 Jupitermassen besitzen.

5.3.2 Wasserstoffbrennen

Das Verschmelzen von netto vier Protonen zu einem $^4_2$He-Kern verspricht gemäß der Bindungsenergietabelle der Elemente die höchste Energieausbeute, die mittels Kernfusion überhaupt möglich ist. Formal lässt sich diese für die Sternphysik grundlegende Reaktion wie folgt aufschreiben:

$$4\,^1_1H \rightarrow {}^4_2He + 2e^+ + 2\nu_e + 26{,}734\,\text{MeV} \tag{5.39}$$

Bei der Reaktion spielt die schwache Wechselwirkung eine wichtige Rolle, da sie zwei Protonen unter Emission von jeweils einem Positron und einem Elektronenneutrino in Neutronen umwandelt. Während die Positronen sofort mit Elektronen annihlieren, können die Neutrinos aufgrund ihrer fehlenden elektrischen Ladung quasi wechselwirkungsfrei die Brennzone und den Stern verlassen und von den dort herrschenden Bedingungen künden. Die Energie, die die Neutrinos mit sich tragen, muss bei der Berechnung der Leuchtkraft eines Sterns gemäß Gl. 4.26 gewöhnlich nicht berücksichtigt zu werden. Sie definiert aber quasi eine eigene „Leuchtkraft", die man als Neutrinoleuchtkraft bezeichnet. Die effektive Energieausbeute der Reaktion Gl. 5.39 ist deshalb auch ein klein wenig geringer als die angegebenen 26,734 MeV.

Die hier aufgeschriebene Reaktionsgleichung impliziert auf der linken Seite einen vierfachen Protonenstoß, der aber so unwahrscheinlich ist, dass er in Sternen so gut wie nie vorkommt. Es muss deshalb andere Wege geben – über miteinander gekoppelte separate Teilreaktionen –, die in der Summe jedoch das gleiche Ergebnis liefern. Im Fall des „Wasserstoffbrennens" gibt es dafür genau vier Möglichkeiten, von denen drei auf pp-Zweierstöße als Ausgangsreaktion beruhen. Sie bilden die sogenannten pp-Ketten der Wasserstofffusion. Die vierte Möglichkeit ist der etwas komplexere Bethe-Weizsäcker-Zyklus, in dem gewissermaßen als „Katylysatoren" Kohlenstoff-, Stickstoff- und Sauerstoffkerne eingebunden sind (weshalb er ja auch alternativ – insbesondere in der englischsprachigen Fachliteratur – „CNO-Zyklus" genannt wird).

Der pp-Zyklus ist auch von kosmologischer Bedeutung, denn er stellt die einzige thermonukleare Energiequelle der Sterne der ersten Sterngeneration (Population III) dar, da bereits der bei höheren Temperaturen effektivere CNO-Zyklus Katalysatorkerne benötigt, die zu diesem Zeitpunkt jedoch noch nicht zur Verfügung standen.

5.3.2.1 pp-Kette (Bethe-Critchfield)

Für die zahlenmäßig überwiegende Zahl der Sterne im Kosmos stellt die Fusion von Wasserstoff zu Helium die wichtigste Energiequelle dar. Diese Sterne werden als Hauptreihensterne bezeichnet, weil sie einen relativ schmalen Streifen schräg durch das HRD bevölkern. Die masseärmeren unter ihnen nutzen dabei überwiegend die pp-Ketten, um aus vier Wasserstoffkernen einen Heliumkern aufzubauen. Die entsprechenden Reaktionsgleichungen sind zuerst im Jahre 1938 von Charles Louis Critchfield vorgeschlagen und dann zusammen mit Hans Albrecht Bethe im Detail untersucht worden. Deshalb spricht man in diesem Fall – insbesondere in der englischsprachigen Literatur – auch vom „Bethe-Critchfield-Zyklus". So werden beispielsweise unter den physikalischen Bedingungen, wie sie im tiefen Inneren unserer Sonne realisiert sind ($T \approx 15{,}6 \cdot 10^6$ K; $P \approx 10^9 - 10^{10}$ MPa), 98,5 % der Energie gemäß folgender Reaktionen freigesetzt (in Klammern ε_{nuc}, τ):

pp-1

$$^{1}_{1}H + ^{1}_{1}H \rightarrow ^{2}_{1}H + e^+ + \nu_e \quad (+1{,}44\,\text{MeV} - 0{,}26\,\text{MeV}(\text{Neutrino}); 10^{10}\text{a}) \quad (5.40)$$

$$^{2}_{1}H + ^{1}_{1}H \rightarrow ^{3}_{2}He + \gamma \quad (+5{,}39\,\text{MeV}; 10^{-8}\text{a})$$

$$^{3}_{2}He + ^{3}_{2}He \rightarrow ^{4}_{2}He + 2^{1}_{1}H \quad (+12{,}86\,\text{MeV}; 10^{5}\text{a})$$

Die Bilanzgleichung lautet (die erste und zweite Reaktion der Kette wird zweimal durchlaufen):

$$4^{1}_{1}H \rightarrow ^{4}_{2}He + 2e^+ + 2\nu_e + 2\gamma \quad (+26{,}2\,\text{MeV} = 4{,}2 \cdot 10^{-12}\,\text{J}) \quad (5.41)$$

Diese Reaktion könnte theoretisch auch in einem reinen Wasserstoffgas ablaufen.

Anstelle der Reaktion $^{3}_{2}He(^{3}_{2}He, pp)^{4}_{2}He$ gibt es noch zwei weitere Möglichkeiten, die die Bilanzgleichung Gl. 5.41 erfüllen. An ihnen sind Lithium-, Beryllium- und Borkerne beteiligt, die als Zwischenprodukte im Reaktionszyklus auftauchen.

pp-2

$$^{3}_{2}He + ^{4}_{2}He \rightarrow ^{7}_{4}Be + \gamma \quad (+1{,}59\,\text{MeV}; 10^{6}\,\text{a}) \quad (5.42)$$

$$^{7}_{4}Be + e^- \rightarrow ^{7}_{3}Li + \nu_e \quad (+0{,}861\,\text{MeV}; 10^{-1}\text{a})$$

pp-3

$$^7_3Li + ^1_1H \rightarrow 2\,^4_2He \quad (17{,}3\,\text{MeV};\ 10^{-5}\,\text{a})$$

$$^3_2He + ^4_2He \rightarrow ^7_4Be + \gamma \quad (+1{,}59\,\text{MeV};\ 10^6\,\text{a}) \qquad (5.43)$$

$$^7_4Be + ^1_1H \rightarrow ^8_5B + \gamma \quad (+0{,}14\,\text{MeV};\ 10^2\,\text{a})$$

$$^8_5B \rightarrow ^8_4Be^* + e^+ + \nu_e$$

$$^8_4Be^* \rightarrow 2\,^4_2He \quad (+18{,}1\,\text{MeV};\ 10^{-8}\,\text{a})$$

Alle drei pp-Ketten laufen im Sterninneren simultan, aber mit unterschiedlichen Anteilen ab. Theoretische Untersuchungen (teilweise bestätigt durch den Nachweis von Sonnenneutrinos) haben beispielsweise für die heutige Sonne ergeben, dass die pp-1-Reaktionen ca. 86 %, die pp-2-Reaktionen rund 14 % und die pp-3-Reaktionen lediglich 0,02 % zur Energiefreisetzung in diesem Zyklus beitragen.

Innerhalb des pp-Zyklus sind noch weitere Reaktionen möglich, die aber innerhalb von Sternen so gut wie keine Rolle spielen. Davon sollen hier nur die sogenannte pep-Reaktion $^1_1H + e^- \rightarrow ^2_1H + \nu_e$ (Anteil < 0,4 %) im pp1-Zweig sowie die hep-Reaktion $^3_2He + ^1_1H \rightarrow ^4_2H + e^+ + \nu_e$ (Anteil < 0,00002 %, auch pp-IV-Kette genannt) Erwähnung finden.

Alle hier aufgeschriebenen Reaktionen sind nichtresonant und enthalten jeweils Zweierstöße elektrisch geladener Teilchen. Ihre Reaktionsraten können deshalb mit Gl. 5.30 bei bekannten $S(E_0)$-Werten berechnet werden. Dabei bestimmen die aus $S(E) = \sigma_{ij}(E)E \exp(2\pi\eta)$ sich ergebenden Wirkungsquerschnitte σ_{ij} die jeweiligen Reaktionswahrscheinlichkeiten, die sich wiederum durch eine charakteristische Zeit τ_i ausdrücken lassen:

$$\tau_i = -\frac{n_i}{dn_i/dt} \qquad (5.44)$$

Der Differenzialquotient stellt dabei die Änderungsrate der entsprechenden Teilchenkonzentration dar.

Für eine quantitative Theorie der Energiefreisetzung in Hauptreihensternen im Allgemeinen und der Sonne im Besonderen benötigt man als Eingabeparameter möglichst verlässliche astrophysikalische S-Faktoren, die entweder theoretisch ermittelt (weil sie beispielsweise zu klein sind für Labormessungen) oder aus Experimenten extrapoliert werden müssen. Die nukleare Astrophysik hat in dieser Hinsicht große Anstrengungen unternommen, um diese Werte möglichst genau zu bestimmen, wobei wegen der empirischen Überprüfbarkeit häufig die Bedingungen des Sonneninneren als Referenzpunkte dienen (Adelberger et al. 2011). Für die Sonne liegt nämlich ein sehr gutes Entwicklungsmodell vor (Standard Solar Model, SSM), mit dem sich die Auswirkungen variierender Reaktionsraten über die ersten 4,6 Mrd. Jahre ihrer Existenz rechnerisch verfolgen und mit dem Momentanzustand vergleichen lassen. Dazu kommen noch Messungen des

Neutrinoflusses aus dem Sonnenkern, die einen detaillierten Blick auf einzelne Reaktionszweige erlauben, in denen β-Zerfälle unter Einfluss der schwachen Wechselwirkung stattfinden. Durch ihre großen τ_i-Werte stellen sie empfindliche „Flaschenhälse" im Kernfusionsnetzwerk dar.

Solch ein „Flaschenhals" findet sich bereits in der Ausgangsreaktion der pp-Kette $p(p, e^+\nu_e)d$, bei der aus zwei Protonen ein Deuteriumkern gebildet wird. Dabei muss ein Proton über die schwache Wechselwirkung in ein Neutron zerfallen, wobei ein Positron und ein Elektronenneutrino emittiert werden. Der S-Wert dafür ist so klein, dass er experimentellen Untersuchungen nicht zugänglich ist und innerhalb der Theorie der schwachen bzw. elektroschwachen Wechselwirkung berechnet werden muss. Derartige Berechnungen ergaben einen Wert von $S(0) = 4 \cdot 10^{-25}$ MeV barn für den Fall $E = 0$, wie er i. d. R. für nichtresonante Reaktionen angegeben wird. Das impliziert einen so kleinen Wirkungsquerschnitt ($\approx 10^{-23}$ barn bei 1 MeV), dass ein erfolgreicher pp-Stoß unter solaren Bedingungen nur extrem selten vorkommt, sodass sich daraus eine mittlere Lebensdauer eines Protons von ca. 10^{10} Jahren ergibt (das ist die gleiche Größenordnung wie die Verweildauer der Sonne im Hauptreihenstadium). Dieser Umstand erklärt sofort, warum die Energiefreisetzung der Sonne über Milliarden von Jahren gleichmäßig und gemächlich und nicht explosiv und schnell abläuft.

Die Folgereaktion $d(p,\gamma)^3_2He$ ist dagegen elektromagnetischer Natur und erfolgt wegen $S(0) \approx 0,2$ eV barn vergleichsweise instantan, d. h. innerhalb von Sekunden. Dabei entsteht ein ^3_2He-Kern, der mit einem weiteren ^3_2He-Kern erfolgreich kollidieren muss, um schließlich einen ^4_2He-Kern zu bilden. Unter den heutigen Bedingungen des Sonneninneren ergibt sich für die Reaktion $^3_2He(^3_2He, 2p)^4_2He$ ein S-Wert von ≈ 5 MeV barn, was zu einer mittleren Lebensdauer eines ^3_2He-Kerns von $\approx 10^6$ Jahren führt. Die ständige Zunahme der ^4_2He-Konzentration macht schließlich die Reaktionszweige pp-2 und pp-3 immer wahrscheinlicher, weil hier ^4_2He wie ein Katalysator wirkt. Ihre Reaktionskinetik erschließt sich aus den in Tab. 5.2 aufgelisteten $S(0)$-Werten.

Die Reaktionen eines Kernfusionszyklus verändern im Laufe der Zeit die Konzentrationen n_i der an diesen Reaktionen beteiligten Teilchen im Reaktionsgebiet, wobei die entsprechenden Konzentrationsänderungen natürlich nicht unabhängig voneinander ablaufen, sondern eine Art „Reaktionsnetzwerk" (dargestellt durch das Gleichungssystem Gl. 5.12) bilden. Schreibt man es unter Be-

Tab. 5.2 Theoretisch und experimentell bestimmte astrophysikalische S-Faktoren für die pp-Reaktionen unter solaren Bedingungen

Reaktion	$S(0)$ in keV barn
$p(p, e^+\nu_e)d$	$4,01 \cdot 10^{-22}$
$d(p,\gamma)^3_2He$	$2,14 \cdot 10^{-4}$
$^3_2He(^3_2He, 2p)^4_2He$	$5,21 \cdot 10^3$
$^3_2He(^4_2He, \gamma)^7_4Be$	$0,56$
$^3_2He(p, e^+\nu_e)^4_2He$	$8,6 \cdot 10^{-20}$
$^7_4Be(p,\gamma)^8_5B$	$0,0208$

achtung von Gl. 5.5 auf Teilchenzahldichten um und setzt für die Reaktionsraten $\lambda_{ij} = \mathcal{R}_{ij,k}/(1-\delta_{ij}) = f\langle\sigma v\rangle_{ij}$ (unter Berücksichtigung des Elektronenscreenings), dann ergibt sich:

$$\frac{dn_i}{dt} = -n_i \sum_{j,k} n_j \lambda_{ij} + \sum_{l,k} n_l n_k \lambda_{lk} \qquad (5.45)$$

Das komplette nichtlineare gekoppelte Differentialgleichungssystem für die zeitliche Entwicklung der im pp-Zyklus involvierten Atomkerne ist dann (wir wählen die Kernbezeichner gemäß Gl. 5.40 bis 5.43 als Indizes):

Wasserstoff $^1_1$H

$$\frac{dn_{1_H}}{dt} = -n_{1_H}^2 \lambda_{1_H 1_H} - n_{1_H} n_{2_H} \lambda_{1_H 2_H} + n_{3_{He}}^2 \lambda_{3_{He} 3_{He}} - n_{1_H} n_{7_{Be}} \lambda_{1_H 7_{Be}} - n_{1_H} n_{7_{Li}} \lambda_{1_H 7_{Li}}$$
$$(5.46)$$

Deuterium $^2_1$H

$$\frac{dn_{2_H}}{dt} = \frac{n_{1_H}^2}{2} \lambda_{1_H 1_H} - n_{1_H} n_{2_H} \lambda_{1_H 2_H} \qquad (5.47)$$

$^3_2$He

$$\frac{dn_{3_{He}}}{dt} = n_{1_H} n_{2_H} \lambda_{1_H 2_H} - n_{3_{He}}^2 \lambda_{3_{He} 3_{He}} - n_{3_{He}} n_{4_{He}} \lambda_{3_{He} 4_{He}} \qquad (5.48)$$

$^4_2$He

$$\frac{dn_{4_{He}}}{dt} = \frac{n_{3_{He}}^2}{2} \lambda_{3_{He} 3_{He}} - n_{3_{He}} n_{4_{He}} \lambda_{3_{He} 4_{He}} + 2 n_{1_H} n_{7_{Be}} \lambda_{1_H 7_{Be}} + 2 n_{1_H} n_{7_{Li}} \lambda_{1_H 7_{Li}} \quad (5.49)$$

$^7_4$Be

$$\frac{dn_{7_{Be}}}{dt} = n_{3_{He}} n_{4_{He}} \lambda_{3_{He} 4_{He}} - n_e n_{7_{Be}} \lambda_{e,7_{Be}} - n_{1_H} n_{7_{Be}} \lambda_{1_H 7_{Be}} \qquad (5.50)$$

$^7_3$Li

$$\frac{dn_{7_{Li}}}{dt} = n_e n_{7_{Be}} \lambda_{e,7_{Be}} - n_{1_H} n_{7_{Li}} \lambda_{1_H 7_{Li}} \qquad (5.51)$$

Dieses Differentialgleichungssystem lässt sich numerisch (z. B. mit dem Runge-Kutta-Verfahren) lösen und auf diese Weise die chemische Entwicklung des Kerns eines Hauptreihensterns im Rahmen eines numerischen Sternmodells verfolgen (wobei natürlich der bei höheren Temperaturen effektivere CNO-Zyklus bei Sternen, deren Masse ungefähr 0,8 $M_\odot$ übersteigt, mit berücksichtigt werden muss).

5.3 Wichtige nukleare Brennphasen im Laufe der Sternentwicklung

Interessant ist in diesem Zusammenhang auch, dass der pp-Kette gemäß Gl. 5.47 quasi ein Mechanismus der Selbstregulation inhärent ist. Der Differentialquotient wird in diesem Fall genau dann positiv, wenn der erste Term auf der rechten Seite kleiner als der zweite Term wird. Das bedeutet, dass die Deuteriumkonzentration im Reaktionsgebiet anwächst. Andernfalls, wenn der erste Term den zweiten übersteigt, nimmt die Deuteriumkonzentration ab. Wie sich zeigen lässt, reguliert sich das Reaktionsnetzwerk auf eine temperaturabhängige Gleichgewichtskonzentration ein, bei der $dn_{2_H}/dt \approx 0$ ist. Sie stellt sich auf diese Weise auf einen Wert ein, der weit unterhalb des primordialen Deuterium-Wasserstoff-Verhältnisses ($\approx 10^{-5}$) liegt. Die mittlere Lebensdauer τ_{2_H} eines Deuteriumkerns liegt dabei unter solaren Bedingungen ($T = 15{,}6 \cdot 10^6$ K) bei etwa 1,6 s (zum Vergleich $\tau_{1_H} \approx 10^{10}$ Jahre). In der gleichen Größenordnung liegt auch der Zeitraum, innerhalb dessen quasi die Gleichgewichtskonzentration des Deuteriums erreicht wird. Diese geringe Deuteriumteilchendichte macht außerdem die denkbare Reaktion eines Deuteriumkerns mit einem $^3_2 He$-Kern extrem unwahrscheinlich. Deshalb bleibt nur die Reaktion mt einem weiteren $^3_2 He$-Kern als Alternative.

Wie entwickelt sich nun die Teilchenzahldichte dieses leichten Heliumisotops im Laufe der Zeit? Antwort darauf erhält man aus einer Analyse der Gl. 5.46 bis 5.48, wobei aber im Folgenden zur Vereinfachung nur die Glieder, die zur pp-1-Kette gehören, berücksichtigt werden sollen. Da für die Deuteriumskonzentration nach Gl. 5.47 im Gleichgewichtsfall

$$\frac{1}{2} n_{1_H}^2 \lambda_{1_H 1_H} = n_{1_H} n_{2_H} \lambda_{1_H 2_H}$$

gilt, kann dieser Ausdruck zur Vereinfachung von Gl. 5.46 verwendet werden, was zu den gekoppelten Gleichungen

$$\frac{dn_{1_H}}{dt} = -\frac{3}{2} n_{1_H}^2 \lambda_{1_H 1_H} + n_{3_{He}}^2 \lambda_{3_{He} 3_{He}} \tag{5.52}$$

$$\frac{dn_{3_{He}}}{dt} = \frac{1}{2} n_{1_H}^2 \lambda_{1_H 1_H} - n_{3_{He}}^2 \lambda_{3_{He} 3_{He}} \tag{5.53}$$

führt. Auch hier tritt eine Art von Selbstregulierung auf, aber in einem ganz anderen Zeitmaßstab als bei der Einstellung des D/H-Verhältnisses. Dieses liegt hier bei

$$\left[\frac{^3_2 He}{^1_1 H} \right]_{\frac{dn_{3_{He}}}{dt}=0} = \left(\frac{\lambda_{1_H 1_H}}{2 \lambda_{3_{He}}} \right)^{1/2} \approx 10^{-5} \quad (T = 15{,}6 \cdot 10^6 \text{ K})$$

(das Gleichgewichtsverhältnis von D/H liegt unter solaren Bedingungen viele Größenordnungen darunter bei ungefähr 10^{-18}). Da die mittlere Lebensdauer eines $^3_2 He$-Kerns in Bezug auf die Reaktion $^3_2 He + ^3_2 He$ ungefähr 100.000 Jahre beträgt, lässt sich zeigen, dass der Gleichgewichtsfall nur in der inneren Zone des wasserstoffbrennenden Kerns der Sonne erreicht wird. In diesem Fall gilt offensichtlich

$$\frac{1}{2}n_{1_H}^2 \lambda_{1_H 1_H} = n_{3_{He}}^2 \lambda_{3_{He} 3_{He}} \tag{5.54}$$

und die pp-1-Reaktionskette vereinfacht sich zu

$$\frac{dn_{1_H}}{dt} = -n_{1_H}^2 \lambda_{1_H 1_H} \tag{5.55}$$

$$\frac{dn_{4_{He}}}{dt} = -\frac{1}{4}n_{1_H}^2 \lambda_{1_H 1_H}. \tag{5.56}$$

Das bedeutet, dass die Reaktionskinetik hier nur noch von der Reaktionsrate der pp-Ausgangsreaktion abhängt – und das ist bekanntlich die bei Weitem am langsamsten ablaufende Reaktion der pp-1-Kette. Der Vorfaktor in Gl. 5.56 weist darüber hinaus darauf hin, dass zum Aufbau eines ^4_2He-Kerns insgesamt vier Protonen und zwei erfolgreiche pp-Stoßreaktionen benötigt werden.

Wenn man die gesamte Brennzone eines Hauptreihensterns betrachtet, dann wird mindestens eine Kerntemperatur von $\approx 10^8$ K benötigt, damit der hier beschriebene Gleichgewichtsfall überhaupt noch während der Zeit des Wasserstoffbrennens erreicht wird (s. Abb. 5.6). Innerhalb der Sonne ist demnach der Kernbereich an ^3_2He verarmt, während es sich oberhalb des Kerns anreichert. Was sich aber im Laufe der Zeit gravitationsbedingt anreichern wird, ist das schwere

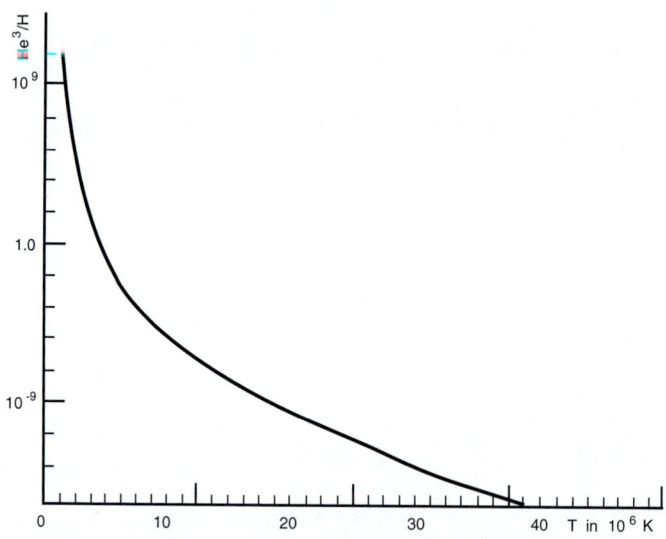

Abb. 5.6 In diesem Diagramm ist das Gleichgewichtsverhältnis $^3_2He/H$ als Funktion der Temperatur in den wasserstoffbrennenden Kernen der Hauptreihensterne aufgetragen. Der gestrichelt dargestellte Kurventeil gibt den Temperaturbereich an, bei dem die Zeitdauer, um die Gleichgewichtskonzentration zu erreichen, größer ist als die Zeit, die dem Stern für das „Wasserstoffbrennen" zur Verfügung steht (Nach Clayton (1984))

Heliumisotop ^4_2He. Es wird im Laufe der Sternentwicklung nach und nach den Wasserstoff aus dem Kernbereich der Sonne verdrängen, was dazu führt, dass sich die energieerzeugenden Fusionsprozesse immer mehr in einer Kugelschale um den schweren He-Kern konzentrieren. Diesen Zustand bezeichnet man als Wasserstoffschalenbrennen. Er leitet den Übergang in das „Rote Riesen"-Stadium der Sonne ein. Bei Sternen, deren Masse deutlich unter einer Sonnenmasse liegt (sogenannte „Rote Zwerge"), kann sich jedoch während des größten Teils ihrer Hauptreihenexistenz kein schwerer He-Kern ausbilden, da diese Sterne in dieser Zeit bis in den Kern hinein konvektiv bleiben.

Erreicht die ^4_2He-Teilchenzahldichte im Reaktionsgebiet eine Größe, bei der Stöße zwischen ^3_2He- und ^4_2He-Kernen immer wahrscheinlicher werden, dann eröffnen sich zwei neue Reaktionszweige pp-2 und pp-3, in denen als Zwischenkerne Beryllium und Lithium bzw. Beryllium und Bor auftauchen. Ihr Anteil an der Energiefreisetzung nimmt mit steigender Temperatur zu. Im Fall der gegenwärtigen Sonne sind sie jedoch nur von untergeordneter Bedeutung, denn sie tragen lediglich mit ≈9 % zur gesamten, im pp-Zyklus freigesetzten Energie bei. Der pp-2-Zweig beginnt mit einer Elektroneneinfangreaktion und einem anschließenden β-Zerfall, bei dem in ca. 89,6 % der Fälle ein Neutrino mit einer Energie von 0,862 MeV bzw. in 10,4 % der Fälle ein Neutrino (0,384 MeV) und ein Photon (0,478 MeV) emittiert werden. Die mittlere Lebensdauer des ^7_4Be-Kerns liegt dabei ungefähr im Bereich zwischen 120 und 140 Tagen, abhängig von der konkreten Form des e^--Einfangs. Sie hängt u. a. von der lokalen Elektronendichte und der Temperatur ab ($\lambda_{e,^7Be} \sim T^{-0,5}$).

Auch die Lebensdauern des im pp-3-Zweig involvierten ^8_5B-Kerns ($\tau \approx 1$ s) und des angeregten ^8_4Be-Kerns ($\tau \approx 10^{-22}$ s) sind so kurz, dass man auch hier eine Gleichgewichtskonzentration annehmen kann.

In allen Zweigen des pp-Zyklus (aber auch innerhalb des CNO-Zyklus) sind durch die schwache Wechselwirkung bedingte Reaktionen involviert, die Elektronenneutrinos produzieren. Je nach Reaktion ist ihr Energiespektrum kontinuierlich mit einer jeweils typischen Maximalenergie oder aber diskret (z. B. Li-Neutrinos je nach Zerfallskanal mit 0,383 MeV und 0,861 MeV). Damit definieren sie eine jeweils spezifische Neutrinoleuchtkraft eines Sterns, die, wenn man sie messen könnte, viel über die physikalischen Bedingungen der wasserstoffbrennenden Zone aussagen würde. Aufgrund des extrem geringen Wirkungsquerschnitts, den Neutrinos nun einmal als elektrisch neutrale Teilchen besitzen (Größenordnung 10^{-17} barn), ist ihr direkter Nachweis nur für die Sonne bzw. – aufgrund der exorbitant hohen Neutrinoflüsse – für nicht allzu weit entfernte Supernovae möglich. Die ersten Versuche dazu wurden Ende der 1960er-Jahre mit einem speziellen „Neutrinoteleskop" in der Homestake-Goldmine in South Dakota durchgeführt. Leider war es nur in der Lage, die hochenergetischen Be-Neutrinos des pp-3-Zweiges zu detektieren, der in der Sonne nur eine untergeordnete Rolle spielt. Die Ergebnisse führten zum sogenannten „Sonnenneutrinoproblem", was bekanntlich eine Zeitlang einige Aufregungen in der Zunft der Sonnenforscher und

Stellarastronomen hervorgerufen hat und das schließlich in den ersten Jahren des 21. Jahrhunderts abschließend gelöst werden konnte.

> **Sonnenneutrinos und das Standardmodell der Sonne**
> Der solare Neutrinofluss in Erdabstand lässt sich leicht abschätzen, wenn man davon ausgeht, dass im pp-Zyklus im Mittel eine Energie von 26,7 MeV freigesetzt wird, von der ca. 2 % auf die dabei entstehenden Neutrinos entfallen. Man erhält einen Wert in der Größenordnung von $\approx 7 \cdot 10^{12}$ m^{-2}s^{-1}. Bei dieser riesigen Zahl erschien es Ende der 1960er Jahre einigen mutigen Wissenschaftlern doch nicht ganz so aussichtslos zu sein, Sonnenneutrinos experimentell nachweisen zu wollen. In diesem Zusammenhang sollen an dieser Stelle in erster Linie die mittlerweile klassischen Messungen mit dem ersten Neutrinoteleskop in der Homestake Goldmine in Süddakota/USA durch Raymond Davies Jr. (1914–2006, Nobelpreis 2002) und John N. Bahcall (1934–2005) etwas näher vorgestellt werden.
>
> In seltenen Fällen sind bestimmte Atomkerne in der Lage, Neutrinos „einzufangen" und damit quasi einen Beta-Zerfall rückgängig zu machen. Das kann man ausnutzen, um Neutrinos auf indirekte Weise über die Produktkerne derartiger Reaktionen nachzuweisen – vorausgesetzt, man kann sie radiochemisch von den Detektorkernen trennen. Geeignete Reaktionen sind beispielsweise:
>
> $$^{37}_{17}Cl + \nu_e \rightarrow ^{37}_{18}Ar + e^- \tag{5.57}$$
>
> $$^{71}_{31}Ga + \nu_e \rightarrow ^{71}_{32}Ge + e^- \tag{5.58}$$
>
> Das Experiment in der Homestake Goldmine beruhte auf der Umwandlung von $^{37}_{17}Cl$, welches ungefähr 24,2 % des natürlich vorkommenden Chlors ausmacht, in das radioaktive Argonisotop $^{37}_{18}Ar$.
>
> Dass man gerade diese Reaktion auswählte, hat hauptsächlich experimentiertechnische Gründe. Chlor ist äußerst billig und kann in Form einer chemischen Verbindung (zumeist Chlorethylen C_2Cl_4, früher Perchlorethylen oder Tetrachlorkohlenstoff genannt) in großer Menge und ausreichender Reinheit bereitgestellt werden. Die durch Neutrinoeinfang entstehenden Argonatome werden dann aus dieser Flüssigkeit mittels des Edelgases Helium ausgewaschen und schließlich mit extrem empfindlichen radiochemischen Methoden nachgewiesen und gezählt. Versuche auf der Basis dieser Reaktion gibt es bereits seit Mitte der 1950er-Jahre und sind seitdem immer weiter perfektioniert worden. Um nur kurz die Schwierigkeiten anzudeuten, mit denen die Experimentatoren bei dem ersten Sonnenneutrinoexperiment zu kämpfen hatten, sei nur erwähnt, dass lediglich 50 Argonatome in 400.000 Litern Chlorethylen während einer Experimentierzeit von 100 Tagen zu erwarten waren. Um die kosmische Strahlung als wesentlichste Fehlerquelle abzuschirmen, musste man die gesamte Ver-

suchsanordnung in 1478 m Tiefe in einem stillgelegten Bergwerk aufbauen. Der eigentliche Detektor bestand aus einem Flüssigkeitstank, der 400 m³ flüssiges Chlorethylen enthielt und ständig mit Helium durchspült wurde. Dabei gelangten die wenigen Argonatome in das Heliumgas und konnten daraus auf radiochemischem Weg (sie verraten sich durch ihren typischen Zerfall) extrahiert und schließlich nachgewiesen werden. Um außerdem die schädliche Neutronenstrahlung des umgebenden Gesteins auszuschalten, wurde während der Messung der den Detektor enthaltene Stollen zusätzlich noch mit Wasser geflutet.

Der schwierigste Teil des Experiments bestand in der Extraktion und Zählung der Argonatome. Dieses Problem konnte jedoch so weit gelöst werden, dass quasi jedes durch eine Neutrinoreaktion entstandene $^{37}_{18}Ar$-Atom auch wirklich registriert wurde.

Ein großer Nachteil der Reaktion Gl. 5.57 ist der äußerst geringe Wirkungsquerschnitt für Neutrinos, deren Energie kleiner als 5 MeV ist. Unterhalb von $E = 0{,}814$ MeV ist sogar ein Neutrinoeinfang vollkommen unmöglich. Deshalb spricht ein Chlorneutrinodetektor fast nur auf die hochenergetischen Neutrinos ($E > 14$ MeV) aus dem pp-3-Zweig an mit der Folge, dass sich mit diesem Detektortyp ausschließlich Neutrinos aus einem sehr selten ablaufenden Seitenast des pp-Zyklus detektieren lassen. Günstiger ist es deshalb, anstelle von Chlor das Metall Gallium als Detektormaterial zu verwenden und damit die Reaktion Gl. 5.58 auszunutzen. Damit lassen sich Neutrinos schon ab einer Energie von $E \geq 0{,}233$ MeV nachweisen und auf diese Weise die physikalisch besonders interessanten Neutrinos aus der Ausgangsreaktion des pp-Zyklus erfassen. Daraus stammen immerhin rund 90 % der von der Sonne emittierten Neutrinos. Aufgrund der hohen Kosten des quecksilberähnlichen Metalls Gallium konnten sich bis heute aber nur wenige Länder ein „Neutrinoteleskop" auf Galliumbasis leisten (Abb. 5.7).

Eines der ersten „Galliumteleskope" wurde in einem Autobahntunnel unterhalb des Gran-Sasso-Massivs in den italienischen Alpen aufgebaut worden und erhielt den Namen GALLEX (= „GALLium-EXperiment"). Es war in den Jahren 1991 bis 1997 in Betrieb. In einem Seitentunnel mit den Maßen $92 \times 17 \times 118$ m befand sich damals ein 80.000 l fassender Tank, der mit konzentrierter $GaCl_3 - HCl$-Lösung gefüllt war. Die Methode zur Extraktion der entstehenden radioaktiven Germaniumatome entsprach in etwa der bereits erläuterten Methode zum Nachweis radioaktiven Argons aus dem C_2Cl_4-Tank in der Homestake-Mine. Nur wurde an Stelle von Helium Stickstoff verwendet, um die entstehenden $GeCl_4$-Moleküle aus dem Detektor auszuwaschen. Diese Moleküle werden wiederum in GeH_4 umgewandelt, welches als Zählgas verwendet wird. Der eigentliche Nachweis erfolgt durch rauscharme Proportionalzählrohre, mit deren Hilfe sich die Rückreaktion $^{71}Ge \rightarrow {}^{71}Ga + e^+ + \bar{\nu}_e$ detektieren lässt.

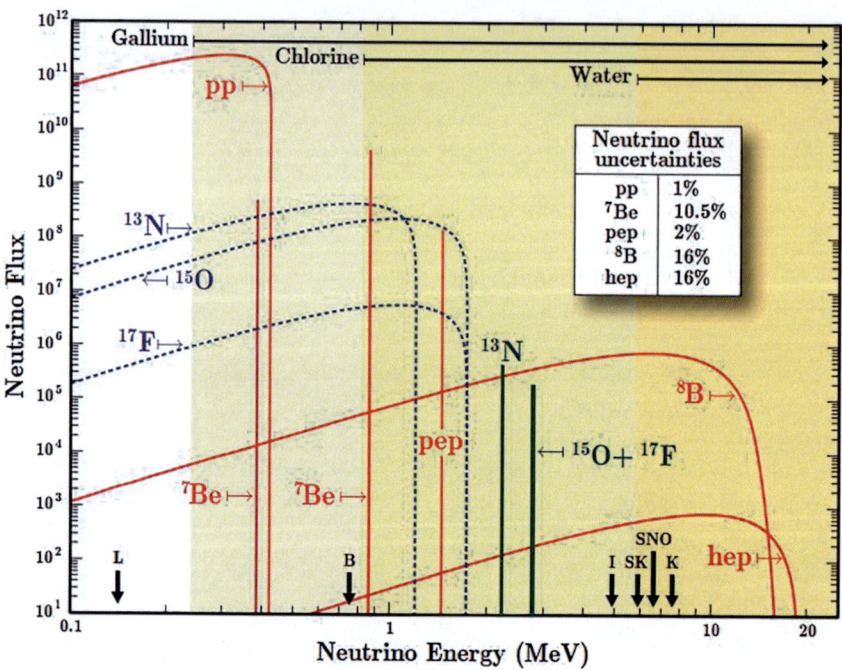

Abb. 5.7 Energieverteilung der Neutrinos, die aus verschiedenen Zweigen des „Wasserstoffbrennens" im Sonneninneren stammen

Das Nachfolgeprojekt von GALLEX ist BOREXINO, welches in der gleichen Örtlichkeit wie GALLEX aufgebaut ist und sich seit dem Jahr 2007 im Messbetrieb befindet. Dieser Detektor dient in erster Linie dem Nachweis von solaren Neutrinos aus dem Be-Zweig des pp-Zyklus ($E = 862$ keV) und verwendet als Nachweismethode die Neutrino-Elektronen-Streuung. Da zum Nachweis der dabei beschleunigten Elektronen organische Szintillatoren verwendet werden, sind damit Echtzeitmessungen bis zu Neutrinoenergien von ca. 450 keV möglich. Im Jahre 2014 gelang mit diesem Experiment schließlich einem Team aus 91 Wissenschaftlern der erste direkte Nachweis von Neutrinos, die aus der $p(p, e^+ \nu_e)d$-Reaktion des pp-1-Zweiges stammen (Bellini et al. 2014).

Den ersten Hinweis darauf, dass mit den Sonnenneutrinos irgendetwas nicht stimmen kann, ergab ein Vergleich der Daten, die mit dem Chlorexperiment und dem Galliumdetektor gewonnen wurden. Später kamen noch die Messwerte hinzu, welche von dem Superkamiokande (Japan) und dem Sudbury-Neutrinoteleskop (SNO, Kanada) stammten. Das Problem war, dass sich die gemessenen Neutrinoflüsse aus den einzelnen Zweigen des pp-Zyklus selbst unter konservativen Annahmen (z. B. Reproduktion

5.3 Wichtige nukleare Brennphasen im Laufe der Sternentwicklung

der Gesamtneutrinoleuchtkraft der Sonne) nicht in Einklang bringen ließen. So machte der Anteil der Neutrinos, der aus dem pp-2-Zweig stammt, weniger als 1 % des Flusses aus, welcher vom Standardmodell der Sonne vorhergesagt wurde. Damit war das „Sonnenneutrinoproblem" in der Welt. Nachdem man verschiedene Erklärungsversuche (z. B. Fehler im Detektionsprozess betreffend) aufgeben musste und erste Zweifel am solaren Standardmodell aufkamen (die sich aber zumindest teilweise wieder in Luft auflösten), konnte man schließlich nur noch von einer Anomalie ausgehen, die sich in der Natur der Neutrinos selbst begründet.

Der eigentliche Durchbruch gelang schließlich im Jahre 2001 einem internationalen Team von Wissenschaftlern, die am SNO im kanadischen Sudbury arbeiten bzw. an der Auswertung der dort gewonnenen Daten beteiligt waren. Mithilfe des mit Deuteriumoxid D_2O („schweres Wasser") gefüllten SNO-Detektors können nämlich Neutrinos auf drei verschiedenen Wegen nachgewiesen werden, die für die einzelnen „Neutrinotypen" (in der Hochenergiephysik *flavor* genannt – Elektronen-, Myonen- und Tauneutrinos) unterschiedlich empfindlich sind. Zu diesen „Wegen" gehört die sogenannte CC-Reaktion *(charged current),* bei der aus einem Deuteron zwei Protonen und ein Elektron entstehen. Sie kann durch Elektronenneutrinos ausgelöst werden. Bei der sogenannten „relativistischen Streuung" (ES) an Elektronen ist zusätzlich auch ein Teil der Myonen- und Tauneutrinos beteiligt. Die dritte Reaktion betrifft auch alle Neutrino-Flavors und erfolgt über neutrale Ströme (NC).

Die Messungen zeigten nun, dass die Neutrinorate, die sich aus der elastischen Streuung an Elektronen ergibt, mit der entsprechenden Rate des Superkamiokande-Detektors übereinstimmt. Die Rate der Neutrinos, die zu CC-Reaktionen führen und nur von Elektronenneutrinos stammen können, war jedoch geringer als die Rate aller anderen, von SNO und Kamiokande nachgewiesenen Neutrinos aus der ES-Reaktion:

SNO	$1{,}8 \cdot 10^6$ cm^{-1}s^{-1}
Superkamiokande	$2{,}3 \cdot 10^6$ cm^{-1}s^{-1}

Das bedeutet, dass ein Teil der aus dem ^8_5B-Zweig stammenden Elektronenneutrinos auf ihrem Weg zur Erde ihre Identität gewechselt haben muss. Weiterhin folgt aus Messungen über die NC-Reaktion, dass in sehr guter Übereinstimmung mit dem Standardmodell der Sonne der Fluss an ^8_5B-Neutrinos $5{,}09 \pm 0{,}62 \cdot 10^6$ cm^{-1}s^{-1} beträgt. Allein aus diesem Befund heraus kann man heute sicher sein, dass Neutrinos eine kleine, wenn auch geringe Masse besitzen und deshalb zwangsläufig zwischen den einzelnen *flavors*-Zuständen oszillieren.

Neutrinooszillationen sind mittlerweile auch bei irdischen Experimenten zweifelsfrei nachgewiesen worden. Zu erwähnen ist z. B. das KEK to KAMIOKANDE-Experiment („K2K"), bei dem ein im japanischen Beschleunigerzentrum KEK erzeugter Myonenneutrinostrahl 250 km durch die Erde hindurch zum Kamioka-Neutrinoteleskop geschickt wurde. Die Ergebnisse zeigen, dass sich – wie vom MSW-Effekt vorhergesagt – ein Teil davon in Tauneutrinos umgewandelt hat.

Einen weiteren unabhängigen Nachweis von Neutrinooszillationen gelang im Jahre 2002 der KamLAND-Kollaboration – einem Zusammenschluss von japanischen, amerikanischen und chinesischen Elementarteilchenphysikern (KamLAND = Kamioka Liquid Scintillator Anti-Neutrino Detector). Sie untersuchten mit einem speziellen, mit 1000 t Szintillatorflüssigkeit gefüllten Detektor in 2700 m Tiefe (in Nachbarschaft des Super-Kamiokande-Neutrinoteleskops) Antineutrinos, die in großer Menge in benachbarten Kernreaktoren diverser Kernkraftwerke erzeugt werden. Dabei konnten sie ein Defizit an Antineutrinos in Bezug auf die theoretischen Erwartungen nachweisen, das sich eindeutig auf Neutrinooszillationen zurückführen lässt. Außerdem ließen sich aus den Messwerten Abschätzungen für den Mischungswinkel Θ und der Differenz der Massenquadrate der beteiligten *flavors*-Zustände ableiten.

Alle diese Resultate zeigen, dass unsere Vorstellungen über die Physik des Sonneninneren weitgehend korrekt sind. Die Elektronenneutrinos, die im Sonnenkern erzeugt werden, müssen auf ihrem Weg zur „Sonnenoberfläche" einen abnehmenden Elektronendichtegradienten durchlaufen, was entsprechend des MSW-Effekts bei einer Resonanzenergie E_ν zu einer Verringerung der entsprechenden Neutrinoflussrate führt, da ein Teil der Teilchen ihr *flavor* ändert. Auf der Erde beobachtet man dann ein Neutrinodefizit, über das sich lange rätseln lässt...

Neutrinooszillationen und Mikheyev-Smirnov-Wolfenstein (MSW)-Effekt

Neutrinos gehören zusammen mit den Elektronen, Myonen und Tauonen zur Gruppe der Leptonen. Lange Zeit nahm man an, dass Neutrinos – genauso wie die Photonen – ruhemasselose Teilchen sind. Die Notwendigkeit, dass Neutrinos keine Ruhemasse besitzen, ist bei elektroschwachen Wechselwirkungen nicht mehr gegeben. Besitzt nämlich ein Neutrino eine kleine, aber endliche Ruhemasse und ist die sogenannte Leptonenzahl L_k (wobei k die Leptonenfamilien indiziert) keine streng gültige Erhaltungsgröße mehr, dann müssen die Neutrinozustände nicht mehr zwangsläufig Energie- bzw. Masseneigenzustände zu sein. Es kann zur Neutrinomischung und damit zum Phänomen der Neutrinooszillationen kommen. Da aber das Raum-Zeit-Verhalten eines Elementarteilchens ganz durch seine Masse bestimmt ist, können in einem sich ausbreitenden Neutrinowellenpaket die Masseneigen-

5.3 Wichtige nukleare Brennphasen im Laufe der Sternentwicklung

zustände untereinander interferieren, was zu einer periodisch wechselnden Identität *(flavor)* des Neutrinos führt. Als Beispiel sollen im Folgenden nur zwei Neutrinoarten, ein Myonenneutrinozustand $|v_\mu\rangle$ und ein Tauneutrinozustand $|v_\tau\rangle$, betrachtet werden. Wenn Neutrinos eine Ruhemasse haben, dann kann nach Bruno Pontecorvo (1913–1993) beispielsweise der Myonenneutrinozustand $|v_\mu\rangle$ aus einer Linearkombination von zwei verschiedenen Masseeigenzuständen $|v_1\rangle$ und $|v_2\rangle$ mit den Massen m_1 und m_2 bestehen. Das heißt in der üblichen Schreibweise

$$|v_\mu\rangle = \cos\Theta |v_1\rangle + \sin\Theta |v_2\rangle$$

wobei Θ den Mischungswinkel bezeichnet. Da die Zustände $|v_\mu\rangle$ und $|v_\tau\rangle$ orthogonal sind, ist

$$\begin{pmatrix} |v_\mu\rangle \\ |v_\tau\rangle \end{pmatrix} = \begin{pmatrix} \cos\Theta & \sin\Theta \\ -\sin\Theta & \cos\Theta \end{pmatrix} \begin{pmatrix} |v_1\rangle \\ |v_2\rangle \end{pmatrix}$$

Sie werden bei schwachen Wechselwirkungsprozessen erzeugt und repräsentieren nicht mehr ein Teilchen bestimmter Masse, sondern eine Kombination von Zuständen verschiedener, massebesitzender Teilchen. Das bedeutet, dass ein als Myonenneutrino erzeugter Zustand mit einem bestimmten Impuls **p** sich mit zwei verschiedenen Massenzuständen unterschiedlicher Geschwindigkeiten im Raum ausbreitet.

Dabei ändern sich die Phasenbeziehungen innerhalb des Mischzustandes, was schließlich dazu führen kann, dass ein Myonenneutrino am Detektor als Tauneutrino registriert wird. Oder, verallgemeinert gesagt, können Neutrinos auf ihrem Weg von ihrem Entstehungsort bis zum Detektor periodisch ihre Identität ändern – d. h., sie oszillieren.

Neutrinos, die in der Hochatmosphäre entstehen, erreichen beispielsweise den Kamiokande-Detektor unter unterschiedlichen Winkeln und damit unterschiedlichen Weglängen. Die Winkelverteilung sollte ohne Neutrinooszillationen der blauen Linie und mit Neutrinooszillationen der grünen Linie in Abb. 5.8 entsprechen. Die Messwerte bestätigen eindeutig den letzteren Fall.

Mit den Methoden der Quantenmechanik lassen sich bei gegebener Massedifferenz Δm leicht die Wahrscheinlichkeiten für das Auftreten der einen oder anderen Neutrinoart am Detektor berechnen. Die für praktische Messungen wichtige Vakuumoszillationslänge λ_v ergibt sich dann aus

$$\lambda_v = \frac{4\pi \hbar p}{\Delta m^2 c^2}$$

Für Myonenneutrinos, die als Sekundärteilchen in der Erdatmosphäre erzeugt werden, liegt die Oszillationslänge nach Messungen mit dem Super-Kamiokande-Detektor ungefähr in der Größenordnung des Erddurchmessers.

Abb. 5.8 Verteilung von mit dem Super-Kamiokande-Detektor nachgewiesenen Myonenneutrinoereignissen in Abhängigkeit vom Einfallwinkel. Die beobachtete Anzahl der in der Atmosphäre entstandenen Myonenneutrinos im Detektor hängt offensichtlich von der von den Neutrinos durchlaufenen Strecke ab – so wie es die Theorie der Neutrinooszillationen auch vorhersagt. (http://www.hyper-k.org)

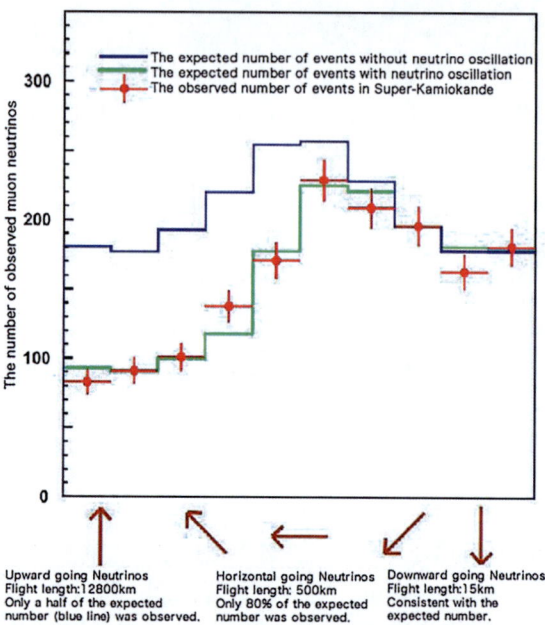

1978 konnten Stanislav Mikheyev, Alexi Smirnov und Lincoln Wolfenstein zeigen, dass die Ausbreitung der Neutrinowellenfunktionen von der Elektronendichte der Umgebung abhängt. Das Oszillationsverhalten ist daher in Materie anders als im Vakuum. Im Einzelnen bedeutet das, dass die Formel für die Vakuumoszillationslänge beim Durchgang durch Materie nicht mehr gültig ist. Bestimmte Elektronendichten führen im Zusammenspiel mit den Neutrinomassedifferenzen zu einer resonanzartigen Verstärkung der Neutrinooszillationen. Diese nach den Autoren als MSW-Effekt benannte Erscheinung erklärt übrigens ziemlich folgerichtig das sogenannte Sonnenneutrinoproblem.

5.3.2.2 CNO-Zyklus (Bethe-Weizsäcker)

Der CNO-Zyklus ist vom Standpunkt des „Chemikers" so etwas wie ein „Katalysatorprozess", in dem die Elemente Kohlenstoff, Sauerstoff und Stickstoff grundlegend für die Reaktion sind, aber dabei nicht verbraucht werden. Als Ergebnis erhält man – genauso wie bei der pp-Kette – aus vier Wasserstoffkernen genau einen Heliumkern.

Ähnlich wie bei der pp-Kette gibt es auch beim CNO-Zyklus mehrere Möglichkeiten diesen zu realisieren. Sie werden mit CNO-1 bis CNO-4 bezeichnet. Für die Energieerzeugung in Sternen ist dabei in erster Linie der Reaktionszyklus CNO-1

5.3 Wichtige nukleare Brennphasen im Laufe der Sternentwicklung

von Bedeutung, der im Fall der Sonne gegenwärtig $\approx 1{,}6\,\%$ von deren Energieproduktion liefert (in Klammern ε_{nuc}, τ).

CNO-1 CN-Zyklus

$$^{12}_{6}C + {}^{1}_{1}H \rightarrow {}^{13}_{7}N + \gamma \quad (+1{,}95\,\text{MeV};\, 6{,}6 \cdot 10^{3}\,a) \tag{5.59}$$

$$^{13}_{7}N \rightarrow {}^{13}_{6}C + e^{+} + \nu_{e} \quad (+2{,}22\,\text{MeV};\, 863\,\text{s}) \tag{5.60}$$

$$^{13}_{6}C + {}^{1}_{1}H \rightarrow {}^{14}_{7}N + \gamma \quad (+7{,}54\,\text{MeV};\, 1{,}6 \cdot 10^{3}\,a) \tag{5.61}$$

$$^{14}_{7}N + {}^{1}_{1}H \rightarrow {}^{15}_{8}O + \gamma \quad (+7{,}35\,\text{MeV};\, 9{,}3 \cdot 10^{5}\,a) \tag{5.62}$$

$$^{15}_{8}O \rightarrow {}^{15}_{7}N + e^{+} + \nu_{e} \quad (+2{,}71\,\text{MeV};\, 176\,\text{s}) \tag{5.63}$$

$$^{15}_{7}N + {}^{1}_{1}H \rightarrow {}^{12}_{6}C + {}^{4}_{2}He \quad (+4{,}96\,\text{MeV};\, 35\,a) \tag{5.64}$$

Die Bilanzgleichung lautet in diesem Fall:

$$^{12}_{6}C + 4\,{}^{1}_{1}H \rightarrow {}^{12}_{6}C + {}^{4}_{2}He + 2e^{+} + 1\nu_{e} \quad (+25{,}04\,\text{MeV} + 1{,}69\,\text{MeV}(\nu_{e})) \tag{5.65}$$

Diese Reaktion benötigt wenigstens eine gewisse Ausgangskonzentration an Kohlenstoffkernen in der Sternmaterie, damit sie ablaufen kann. Gute Bedingungen findet sie deshalb besonders in den metallreichen Sternen der Population I vor.

Der folgende Zyklus wurde 1957 von Burbidge et al. entdeckt und erzeugt als intermediäres Produkt einen Fluorkern, wobei sich aber unter Gleichgewichtsbedingungen das Fluor in der Sternmaterie nicht anreichern kann. Er ergibt sich aus der Tatsache, dass anstelle der Reaktion ${}^{15}_{7}N(p,\alpha){}^{12}_{6}C$ auch der Zerfall des Stickstoffkerns in den Grundzustand von ${}^{16}_{8}O$ gemäß ${}^{15}_{7}N(p,\gamma){}^{16}_{8}O$ möglich ist:

CNO-2 NO-Zyklus

$$^{14}_{7}N + {}^{1}_{1}H \rightarrow {}^{15}_{8}O + \gamma \quad (7{,}35\,\text{MeV};\, 9{,}3 \cdot 10^{5}\,a) \tag{5.66}$$

$$^{15}_{8}O \rightarrow {}^{15}_{7}N + e^{+} + \nu_{e} \quad (2{,}75\,\text{MeV};\, 176\,\text{s}) \tag{5.67}$$

$$^{15}_{7}N + {}^{1}_{1}H \rightarrow {}^{16}_{8}O + \gamma \quad (12{,}13\,\text{MeV};\, 3{,}9 \cdot 10^{4}\,a) \tag{5.68}$$

$$^{16}_{8}O + {}^{1}_{1}H \rightarrow {}^{17}_{9}F + \gamma \quad (0{,}6\,\text{MeV};\, 7{,}1 \cdot 10^{7}\,a) \tag{5.69}$$

$$^{17}_{9}F \rightarrow {}^{17}_{8}O + e^{+} + \nu_{e} \quad (2{,}76\,\text{MeV};\, 93\,\text{s}) \tag{5.70}$$

$$^{17}_{8}O + {}^{1}_{1}H \rightarrow {}^{14}_{7}N + {}^{4}_{2}He \quad (1{,}19\,\text{MeV};\, 1{,}9 \cdot 10^{7};\, \text{resonante Reaktion}) \tag{5.71}$$

Die Kopplung des CNO-1-Zyklus mit dem CNO-2-Zyklus führt zum sogenannten CNO-Bizyklus. Dabei geht eine geringe Menge des Isotops ${}^{15}_{7}N$ gemäß Gl. 5.68

verloren. Aufgrund dessen, dass die Reaktionskinetik in erster Linie durch den Unterschied in den Reaktionsraten der Reaktionen Gl. 5.64 und 5.68 festgelegt ist (er liegt ungefähr bei einem Faktor 1000), bleibt die Bedeutung des CNO-2-Zweiges des Bizyklus in Bezug auf dessen Anteil an der Energiefreisetzung relativ gering. In der Sonne wird beispielsweise dieser Nebenzyklus etwas über 2000-mal seltener durchlaufen als der CN-Zyklus. Die pro Zyklendurchlauf erzielte Energie (24,8 MeV + 1.98 MeV (ν_e)) ist ansonsten nur wenig geringer als die innerhalb des Hauptzyklus freigesetzte Energie.

Die folgenden zwei Reaktionsketten sind nur bei sehr massiven Sternen von einer gewissen Signifikanz. Die erste beruht darauf, dass sich $^{17}_{8}O$ mit einer nicht allzu hohen Wahrscheinlichkeit bei Protoneneinfang in $^{18}_{9}F$ umwandeln kann, während es normalerweise in einen Stickstoffkern und in ein Alphateilchen zerfällt:

CNO-3

$$^{15}_{7}N + ^{1}_{1}H \rightarrow ^{16}_{8}O + \gamma \quad (12{,}13\,\text{MeV}) \tag{5.72}$$

$$^{16}_{8}O + ^{1}_{1}H \rightarrow ^{17}_{9}F + \gamma \quad (0{,}60\,\text{MeV}) \tag{5.73}$$

$$^{17}_{9}F \rightarrow ^{17}_{8}O + e^{+} + \nu_e \quad (2{,}76\,\text{MeV}) \tag{5.74}$$

$$^{17}_{8}O + ^{1}_{1}H \rightarrow ^{18}_{9}F + \gamma\,(5{,}61\,\text{MeV}) \tag{5.75}$$

$$^{18}_{9}F \rightarrow ^{18}_{8}O + e^{+} + \nu_e \quad (1{,}66\,\text{MeV}) \tag{5.76}$$

$$^{18}_{8}O + ^{1}_{1}H \rightarrow ^{15}_{7}N + ^{4}_{2}He \quad (3{,}98\,\text{MeV}) \tag{5.77}$$

Da sich $^{18}_{8}O$ durch Protoneneinfang auch in einen $^{19}_{9}F$-Kern umwandeln kann, ergibt sich schließlich noch ein vierter Nebenzweig:

CNO-4

$$^{16}_{7}O + ^{1}_{1}H \rightarrow ^{17}_{9}F + \gamma \quad (0{,}60\,\text{MeV}) \tag{5.78}$$

$$^{17}_{9}F \rightarrow ^{17}_{8}O + e^{+} + \nu_e \quad (2{,}76\,\text{MeV}) \tag{5.79}$$

$$^{17}_{8}O + ^{1}_{1}H \rightarrow ^{18}_{9}F + \gamma \quad (5{,}61\,\text{MeV}) \tag{5.80}$$

$$^{18}_{9}F \rightarrow ^{18}_{8}O + e^{+} + \nu_e \quad (1{,}66\,\text{MeV}) \tag{5.81}$$

$$^{18}_{8}O + ^{1}_{1}H \rightarrow ^{19}_{9}F + \gamma \quad (1{,}66\,\text{MeV}) \tag{5.82}$$

$$^{19}_{9}F + ^{1}_{1}H \rightarrow ^{16}_{8}O + ^{4}_{2}He \quad (8{,}11\,\text{MeV}) \tag{5.83}$$

5.3 Wichtige nukleare Brennphasen im Laufe der Sternentwicklung

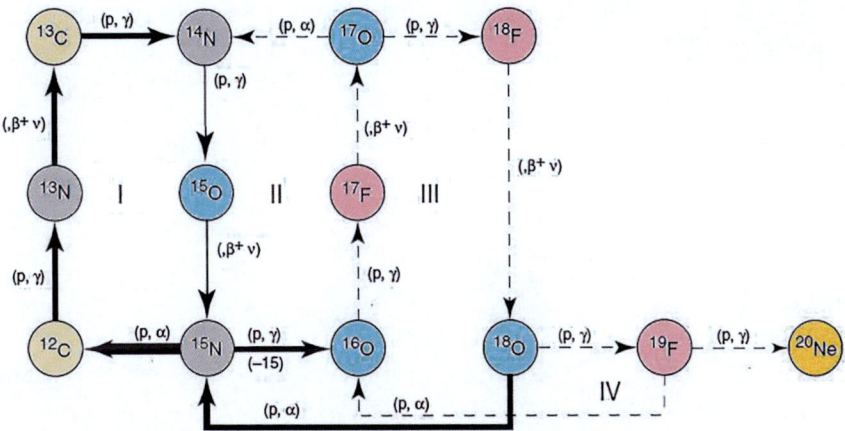

Abb. 5.9 Kompletter CNO-Zyklus. Die Pfeile geben die Reaktionswege an, und ihre Stärke ist ein Maß für die jeweiligen Reaktionsraten für eine Temperatur von 20 Mio. K

Der – auch historisch gesehen – eigentliche Bethe-Weizsäcker-Zyklus ist der CN-Zyklus. Er stellt die wesentlichste Energiequelle heißer und damit massereicher Hauptreihensterne dar. In der Sonne spielt er, wie bereits erwähnt, eine mehr untergeordnete Rolle, wobei seine Bedeutung mit dem anwachsenden He-Kern (und damit auch höheren Kerntemperaturen) in der Zukunft jedoch weiter zunehmen wird (Abb. 5.9).

Zu Beginn des Zyklus durchdringt ein Proton den Potenzialwall des aus sechs Protonen und sechs Neutronen bestehenden Kohlenstoffkerns, wobei sich dessen Kernladungszahl (= Ordnungszahl) um 1 erhöht, was nichts anderes bedeutet, als dass er zu einem Stickstoffkern mit der Massezahl $A=13$ wird. Dieses Isotop ist jedoch instabil. Ein darin gebundenes Proton zerfällt unter der schwachen Wechselwirkung in ein Neutron, ein Positron und ein Elektron-Neutrino. Als Ergebnis entsteht ein Kohlenstoffisotop mit $A=13$. Die Halbwertszeit für diesen Vorgang liegt bei etwa 7 min. Anschließend tritt wieder ein Fusionsprozess ein, wobei jetzt aber Kohlenstoff ($A=13$) in Stickstoff ($A=14$) umgewandelt wird. Dieses Stickstoffisotop ist wiederum Ausgangspunkt für einen weiteren Fusionsprozess, bei dem Sauerstoff ($A=15$) entsteht. Auch dieses Isotop ist instabil und zerfällt mit einer Halbwertszeit von 82 s in Stickstoff ($A=15$), ein Positron und ein Elektron- Neutrino. Und schließlich fusioniert dieser Stickstoffkern mit einem Proton zu einem Kohlenstoffkern ($A=12$), wobei ein Alphateilchen emittiert wird. Damit ist der Zyklus geschlossen und der Kohlenstoffkern steht wieder für einen neuen Kreislauf zur Verfügung.

Auch hier lässt sich das Reaktionsnetzwerk gemäß Gl. 5.45 leicht aufschreiben:
Kohlenstoff $_6^{12}C$

$$\frac{dn_{12_C}}{dt} = n_{1_H} n_{15_N} \lambda_{1_H 15_N} - n_{1_H} n_{12_C} \lambda_{1_H 12_C} \tag{5.84}$$

Kohlenstoff $_6^{13}C$

$$\frac{dn_{13_C}}{dt} = n_{1_H} n_{12_C} \lambda_{1_H 12_C} - n_{1_H} n_{13_C} \lambda_{1_H 13_C} \tag{5.85}$$

Stickstoff $_7^{14}N$

$$\frac{dn_{14_N}}{dt} = n_{1_H} n_{13_C} \lambda_{1_H 13_C} - n_{1_H} n_{14_N} \lambda_{1_H 14_N} \tag{5.86}$$

Stickstoff $_7^{15}N$

$$\frac{dn_{15_N}}{dt} = n_{1_H} n_{14_N} \lambda_{1_H 14_N} - n_{1_H} n_{15_N} \lambda_{1_H 15_N} \tag{5.87}$$

Wasserstoff $_1^1H$

$$\frac{dn_{1_H}}{dt} = -n_{1_H} n_{12_C} \lambda_{1_H 12_C} + n_{1_H} n_{13_C} \lambda_{1_H 13_C} + n_{1_H} n_{14_N} \lambda_{1_H 14_N} + n_{1_H} n_{15_N} \lambda_{1_H 15_N} \tag{5.88}$$

Helium $_2^4He$

$$\frac{dn_{4_{He}}}{dt} = n_{1_H} n_{15_N} \lambda_{1_H 15_N} \tag{5.89}$$

$_7^{13}N$ und $_8^{15}O$ sind jeweils β^+-Strahler mit Halbwertszeiten von ≈ 7 min bzw. 82 s.

Eine Analyse zeigt, dass sich unter den Bedingungen des Sterninneren recht schnell ein Zustand einstellt, in dem die Konzentrationen von $_6^{12}C$ und $_6^{13}C$ sowie $_7^{14}N$ und $_7^{15}N$ einen Gleichgewichtswert erreichen. Am längsten benötigt dabei der Relaxationsprozess bei $_7^{14}N$ ($\approx 9 \cdot 10^5$ Jahre im Sternzentrum), was aber immer noch unter der Dauer des Hauptreihenstadiums eines Sterns bleibt. Man hat es also auch hier mit einem sich selbst regulierenden Prozess zu tun, der sich relativ unabhängig von der anfänglichen chemischen Zusammensetzung der Sternmaterie einstellt.

Komplizierter werden die Verhältnisse, wenn man den NO-Zweig in die Betrachtungen mit einbezieht (er gewinnt ab einer Temperatur von $\approx 2 \cdot 10^7$ K langsam immer mehr an Bedeutung), denn hier kann die lange Lebensdauer von $_8^{16}O$ ($\approx 7,1 \cdot 10^7$ Jahre) das Ausbilden einer Gleichgewichtskonzentration innerhalb des Hauptreihenstadiums unter Umständen verhindern (Details dazu und zu den sich daraus ergebenden Konsequenzen s. Clayton (1984) bzw. Iben und Renzini (1984)).

Betrachtet man den Bizyklus als Ganzes, dann ändert sich die Ausgangskonzentration der Elemente C, N und O langsam derart, dass nach und nach die Konzentration von C und O abnimmt und die Konzentration von $_7^{14}N$ auf deren Kosten ansteigt. In welchem Maße das geschieht, hängt von der Temperatur und der zur Verfügung stehenden Zeit (masseabhängig, da die Sternmasse die Verweildauer auf der Hauptreihe und die Zentraltemperatur festlegt) ab. Es ist sicherlich

5.3 Wichtige nukleare Brennphasen im Laufe der Sternentwicklung

nicht falsch anzunehmen, dass der gesamte in der Natur vorhandene Stickstoff auf diese Weise entstanden ist. Darüber hinaus sinkt das Kohlenstoffisotopenverhältnis $^{12}_{6}C/^{13}_{6}C$ von etwa 90 in der interstellaren Materie auf ≈ 4, sobald die Reaktionen des Bizyklus einen Gleichgewichtszustand erreicht haben.

Zwar ist der NO-Zweig des Bizyklus energetisch gesehen kaum von Bedeutung, doch gewinnt er an Relevanz in Bezug auf die Nukleosynthese selbst. Grund ist die Protoneneinfangreaktion $^{15}_{7}N + ^{1}_{1}H$, die zu 99,9 % zu einem Alphazerfall des angeregten $^{16}_{8}O$-Kerns führt (Gl. 5.64) oder aber, in etwa 0,1 % der Fälle, zu dessen Strahlungsabregung. Anstatt sich in der Sternmaterie anzureichern, initiiert dieses Sauerstoffisotop die Reaktionsfolge CNO-2 (Gl. 5.66–5.71), in deren Ergebnis es wieder, quasi über Umwege, dem Hauptzyklus zugänglich gemacht wird.

Die beiden „Methoden", mit denen in Sternen effektiv Wasserstoff zu Helium fusioniert wird, unterscheiden sich nicht nur in ihrer Reaktionsfolge, sondern auch in der Temperaturabhängigkeit ihrer Effizienz. Das lässt sich am besten in einer grafischen Darstellung, bei der die Energiefreisetzungsrate des pp-Zyklus und des CNO-Zyklus jeweils über der Temperatur aufgetragen ist, ablesen (s. Abb. 5.10). Der Schnittpunkt der beiden Kurven wird bei Sternen mit einer ähnlichen Elementezusammensetzung wie der Sonne ungefähr bei einer Zentraltemperatur von $\approx 1{,}8 \cdot 10^7$ K erreicht, d. h., hier sind beide Fusionsprozesse ungefähr gleich effizient. Bei höheren Temperaturen verliert der pp-Zyklus als stellare Energiequelle schnell an Bedeutung. Deshalb kann man sich als Faustregel merken: Massearme Hauptreihensterne (d. h. unterhalb 1,3 $M_\odot$) beziehen ihre Energie fast

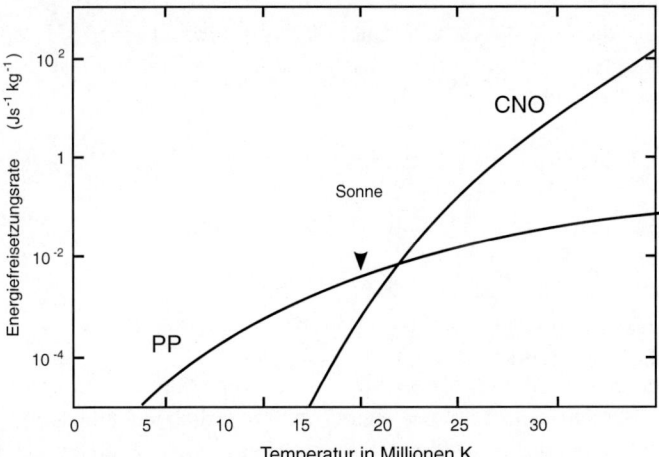

Abb. 5.10 Temperaturabhängigkeit der Energiefreisetzungsraten für den pp-Zyklus und den CNO-Zyklus. Man erkennt deutlich, dass die pp-Reaktionskette bei niedrigen Temperaturen (= massearme Sterne) und der CNO-Zyklus bei hohen Temperaturen (= massereiche Sterne) mehr Energie freisetzt. In der Sonne überwiegt der pp-Zyklus (98,5 %), wobei die Bedingungen für den Bethe-Weizsäcker-Zyklus aufgrund der starken Temperaturabhängigkeit in der Zukunft immer günstiger werden

ausschließlich aus der pp-Reaktion, während massereiche Sterne der Population I (Metallizität!) ihren Energiebedarf primär über den Bethe-Weizsäcker-Zyklus decken.

Die Temperaturabhängigkeit der Energiefreisetzungsrate beim CNO-Zyklus ist, wie man auch an Abb. 5.10 sofort erkennen kann, viel stärker als beim pp-Zyklus. Bei Letzterem ergibt sich eine Proportionalität $\varepsilon_{pp} \sim T^{5,3}$, während sie beim CNO-Zyklus bereits bei $\varepsilon_{CNO} \sim T^{18}$ liegt (der Exponent variiert leicht mit der Zentraltemperatur des Sterns). Grob gerechnet kann man sagen, dass unter den Bedingungen des Sonnenzentrums der CNO-Zyklus nur ungefähr 10 % der für die Strahlungsleistung der Sonne erforderlichen Energie liefert.

5.3.2.3 Hauptreihensterne

Die Hauptreihe wird genau durch die Sterne im HRD definiert, die ihre Strahlungsenergie ausschließlich durch Wasserstoffbrennen im Kern freisetzen. Die Energiefreisetzungsrate ε bestimmt dabei die pro Masseelement dm in den energiefreisetzenden Kernbereichen des Sterns erzielte Strahlungsleistung dL gemäß Gl. 4.25. Sie stellt sich regulativ so ein, dass der durch die Temperatur festgelegte Gasdruck und der Strahlungsdruck den Stern über lange Zeiten (mit geringen Entwicklungseffekten) hydrostatisch stabilisiert.

Die unterschiedliche Temperaturabhängigkeit der beiden Wasserstofffusionsprozesse hat natürlich auch Auswirkungen auf den strukturellen Aufbau eines Sterns. Der CNO-Prozess konzentriert sich beispielsweise besonders stark im Kernbereich, was zu einem starken Temperaturgradienten und damit zu einer Bevorzugung des konvektiven Energietransports führt. Deshalb sind die Kernbereiche massereicher Hauptreihensterne auch konvektiv (Abb. 5.11).

Lässt man die vollkonvektiven Roten Zwergsterne mit einer Masse unterhalb von $0,25\,M_\odot$ einmal unberücksichtigt, dann lassen sich Hauptreihensterne grob in zwei Gruppen einteilen:

- Sterne mit überwiegender Energiefreisetzung durch den CNO-Zyklus – konvektiver Kern und radiative Hülle,
- Sterne mit überwiegender Energiefreisetzung durch den pp-Zyklus – radiativer Kern und konvektive Hülle.

Sterne der ersten Gruppe ($M > 1,4\,M_\odot$) bilden die sogenannte „obere" Hauptreihe und die der zweiten Gruppe die „untere" Hauptreihe.

Mit ansteigender Masse wächst bei Sternen der oberen Hauptreihe auch der konvektive Bereich innerhalb des Sterns kontinuierlich an und kann bei einer Sternmasse von $\approx 100\,M_\odot$ schon 80 % des Sternradius betragen. Das ist der Tatsache geschuldet, dass bei solchen massereichen Sternen der adiabatische Temperaturgradient unterhalb des Wertes für ein ideales Gas fällt (~0,4) und der Strahlungsdruck zu überwiegen beginnt. Damit ist das Schwarzschild-Kriterium Gl. 4.52 bis in die oberen Sternschichten erfüllt.

5.3 Wichtige nukleare Brennphasen im Laufe der Sternentwicklung

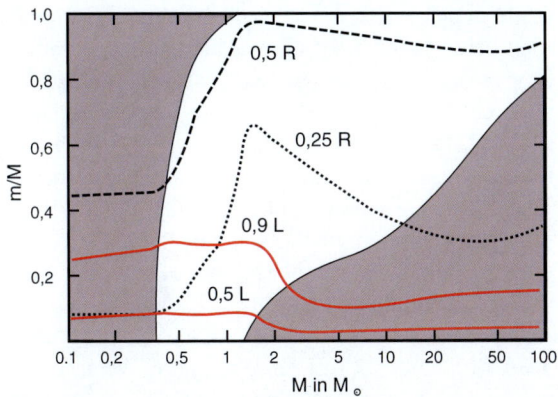

Abb. 5.11 Lage der Konvektionszonen in Hauptreihensternen unterschiedlicher Masse. Die gestrichelten blauen Linien geben jeweils die *m*-Koordinate an, bei der der Abstand vom Zentrum einem Viertel bzw. der Hälfte des Sternradius entspricht. Der Bereich unterhalb der roten Linien ist der Bereich, innerhalb dessen 90 % bzw. 50 % der gesamten Strahlungsleistung des jeweiligen Sterns freigesetzt werden. (Nach Kippenhahn et al. (2012))

Sterne der unteren Hauptreihe gewinnen ihre Strahlungsenergie durch pp-Reaktionen mit einer bedeutend geringeren Temperaturempfindlichkeit, wodurch die Energiefreisetzung über ein größeres Sternvolumen verteilt wird. Der Energiefluss nach außen ist mäßig und der radiative Temperaturgradient gering. Es erfolgt keine Durchmischung, und die schweren Reaktionsprodukte (^4_2He) können sich im Kern ansammeln, wobei sie dort nach und nach den Wasserstoff verdrängen. Erst außerhalb der wasserstoffbrennenden Kernregionen wird es für den Stern günstiger, Energie konvektiv zur Sternoberfläche zu transportieren, wodurch sich eine oberflächennahe Konvektionszone ausbildet, die ungefähr ab $\approx 0{,}6\,M_\odot$ mit kleiner werdender Sternmasse schnell immer größer wird und schließlich ab $\approx 0{,}25\,M_\odot$ quasi den gesamten Stern einnimmt. Im Übergangsbereich zwischen unterer und oberer Hauptreihe kann es aber auch Sterne geben, die sowohl im Kern als auch in der Hülle konvektiv sind oder die überhaupt keine Konvektionszonen besitzen.

Die Strukturgleichung Gl. 4.25, welche die Energieerhaltung ausdrückt (es wird genauso viel Energie abgestrahlt, wie in einem Masseelement pro Zeiteinheit freigesetzt wird), kann man nutzen, um Homologiebeziehungen speziell für Hauptreihensterne aufzustellen (s. Abschn. 4.5.3). Man erhält dann unterschiedliche Ausdrücke für den Sternradius R^* sowie für die Zentraltemperatur T_c^* und die zentrale Dichte ρ_c^* für die untere und obere Hauptreihe, die sich ja in der Art ihres „Wasserstoffbrennens" unterscheiden:

Fusionsprozess	Temperatur-abhängigkeit	Sternradius	Zentraltemperatur	Zentraldichte
pp	T^4	$R^* \sim M^{*0,43}$	$T_c^* \sim \mu M^{*0,57}$	$\rho_c^* \sim M^{-0,3}$
CNO	T^{18}	$R^* \sim \mu^{2/3} M^{*0,81}$	$T_c^* \sim \mu^{1/3} M^{*0,19}$	$\rho_c^* \sim \mu^{-2} M^{-1,4}$

Da sich im Laufe der Zeit aufgrund der thermonuklearen Reaktionen die chemische Zusammensetzung der Sternmaterie zugunsten ihrer schwereren Reaktionsprodukten verändert, muss sich der Stern zwar langsam, aber kontinuierlich den entsprechenden Gegebenheiten immer wieder anpassen. Da sich dies in der Leuchtkraft und der effektiven Temperatur niederschlägt, verharrt ein Stern während seiner Phase des Wasserstoffbrennens nicht an der gleichen Stelle im HRD-Diagramm, sondern folgt langsam einem bestimmten, durch seine Ausgangsdaten (Masse, Metallizität) festgelegten Pfad. Phänomenologisch führt das, betrachtet man sehr viele Sterne, zu einer Verbreiterung der Hauptreihe weg von der (theoretisch linienförmigen) Nullalter-Hauptreihe (ZAMS, s. Abschn. 2.5.4.2.1) in Richtung ansteigender Leuchtkraft. Am Ende dieser Entwicklung sind die thermonuklear brennenden Regionen so weit an Wasserstoff verarmt, dass eine hydrostatische Stabilisierung nicht mehr möglich ist. Der Stern hat dann die Endalter-Hauptreihe (TAMS, siehe Abschn. 2.5.4.2.1) erreicht und ist gezwungen, die Art und Weise, wie er weiterhin Energie freisetzt, umzustellen. Reicht die Masse aus, dann beginnt an dieser Stelle nach einem Kernkollaps (Virialsatz!) die Phase des Heliumbrennens.

Die erste Frage, die sich hier stellt, ist, wie lange das Hauptreihenstadium eines Sterns dauert. Offensichtlich muss diese Zeitdauer etwas mit den verfügbaren Energieressourcen (Masseanteil an Wasserstoff, der thermonuklear in Helium umgewandelt werden kann) und der Energiefreisetzungseffizienz der unter hydrostatischen Bedingungen ablaufenden Wasserstofffusionsprozesse zu tun haben. Die erste Größe ist quasi durch die Sternmasse gegeben, und die zweite Größe wird durch die realisierte Leuchtkraft „nach außen" repräsentiert. Dazu kommt noch, dass laut der Bindungsenergietabelle die Wasserstofffusion die meiste Energie pro Reaktionszyklus freizusetzen in der Lage ist, die Reaktion selbst aber aufgrund der Coulomb-Barriere nur eine sehr geringe Wahrscheinlichkeit besitzt. Das führt dazu (um es einmal ökonomisch auszudrücken), dass Sterne im Zustand des Wasserstoffbrennens äußerst sparsam mit ihrem Nuklearbrennstoff umgehen. Nehmen wir die Sonne. Ihre Masse beträgt $1{,}988 \cdot 10^{30}$ kg, wovon 73,46 % auf Wasserstoff entfallen – ihren „Brennstoff". Die „Konsumptionsrate", also wie viel von diesem „Brennstoff" pro Zeiteinheit in Strahlungsenergie umgewandelt wird, ist durch die Leuchtkraft $L_\odot = 3{,}828 \cdot 10^{26}$ W gegeben (entspricht unter Vernachlässigung der Neutrinoemissionen dem bei den Fusionsreaktionen pro Zeiteinheit in Energie umgewandelten Massendefekt). Das bedeutet, dass die „Hauptreihenlebensdauer" der Sonne offensichtlich der Größe $M_\odot / L_\odot$ proportional sein muss. Zwar bleibt die Masse in diesem Zeitraum weitgehend konstant, jedoch ändert sich doch im Laufe der Zeit die Leuchtkraft – wenn auch nicht dramatisch. Deshalb lässt sich auch ohne große Modellrechnungen ungefähr die Größenordnung der Verweildauer der Sonne auf der Hauptreihe auf folgende Weise abschätzen: Da der Massendefekt des „Wasserstoffbrennens" gemäß Gl. 5.1 bei $\approx 0{,}007$ Protonenmassen liegt, stehen im Fall der Sonne insgesamt

$$E = 0{,}007 * (0{,}73\, M_\odot)_H c^2 = 9{,}14 \cdot 10^{44}\, \text{J}$$

5.3 Wichtige nukleare Brennphasen im Laufe der Sternentwicklung

zur Verfügung. Da die Wasserstofffusion nur im Sonnenkern stattfinden kann, von dem wir annehmen, dass in ihm ungefähr 1/10 des verfügbaren Wasserstoffs enthalten ist, dann reicht dieser Wasserstoff

$$t_\odot = \frac{0{,}1E}{L_\odot} \approx 2{,}4 \cdot 10^{17}\,\text{s}$$

was rund 8 Mrd. Jahren entspricht. Moderne Modellrechnungen sagen für die Verweildauer der Sonne auf der Hauptreihe etwa 10 bis 11 Mrd. Jahre voraus, sodass diese Abschätzung ziemlich genau ist.

Zwischen Leuchtkraft und Masse von Hauptreihensternen besteht im Mittel die Proportionalität $L \sim M^{7/2}$ (Masse-Leuchtkraft-Beziehung Gl. 2.104), sodass man allgemein für die Verweildauer eines Sterns der Masse M^* auch schreiben kann

$$t_* \approx 10^{10} \left(\frac{M^*}{M_\odot}\right)^{-3{,}5} \text{Jahre} \qquad (5.90)$$

Massearme Sterne besitzen demnach eine extrem lange Verweildauer (Rote Zwerge mehrere 10 Mrd. Jahre bis eine Billion Jahre), während massereiche Sterne, d. h. Sterne, deren Ausgangsmasse beispielsweise $10\,M_\odot$ übersteigen, ihren „Brennstoff" bereits innerhalb weniger Millionen Jahre verbrauchen. Oder anders ausgedrückt, ihre unter Umständen schnelle Generationenfolge lässt im Laufe der Zeit die Metallizität der interstellaren Materie anwachsen, was über längere Zeiträume gesehen Auswirkungen auf die strukturellen Merkmale folgender Sterngenerationen hat bzw. haben wird (Abb. 5.12).

Eine weitere wichtige Frage ist, welcher Masseanteil des Wasserstoffs in einem Stern während der Hauptreihenphase überhaupt zu Helium fusioniert werden kann. Die Beantwortung dieser Frage führt zum Begriff der Schönberg-Chandrasekhar-Grenze (Schönberg und Chandrasekhar 1942). Sie bezeichnet das Verhältnis zwischen der Masse eines isothermen He-Kerns M^*_{core} eines Sterns und seiner Gesamtmasse M^*_{total}, bis zu dem ein Stern im hydrostatischen Gleichgewicht gehalten werden kann. Wird dieses Verhältnis erreicht (das „Wasserstoffbrennen" lässt ja den zentralen He-Kern im Laufe der Zeit immer mehr anwachsen), dann wird der Kern instabil werden und zu kontrahieren beginnen. Das betrifft nicht alle Hauptreihensterne, da masseärmere Sterne einen teilentarteten Kern ausbilden können (Stichwort Entartungsdruck, s. Abschn. 4.4.2), während bei massereichen Sternen ($M^* > 2$ bis $3\,M_\odot$) der Kern konvektiv ist und damit kein reiner He-Kern entstehen kann. Auch er wird am Ende des Hauptreihenstadiums kontrahieren, aber ohne zuvor eine gleichmäßige Temperatur angenommen zu haben. Wie entsteht nun ein „He-Kern" in einem Stern? Da Helium spezifisch schwerer ist als Wasserstoff, wird er sich schon allein deshalb nach und nach zusammen mit einer kleinen Beimengung noch schwerer Elemente im Sternkern konzentrieren. Je weniger Wasserstoff eingelagert ist, desto geringer wird die thermonukleare Energiefreisetzungsrate, bis sie nahezu null wird. Die energiefreisetzende Zone konzentriert sich dann immer mehr auf eine dem He-Kern aufliegende Schale, die im Laufe der Zeit radial langsam in dem gleichen Maße nach außen wandert

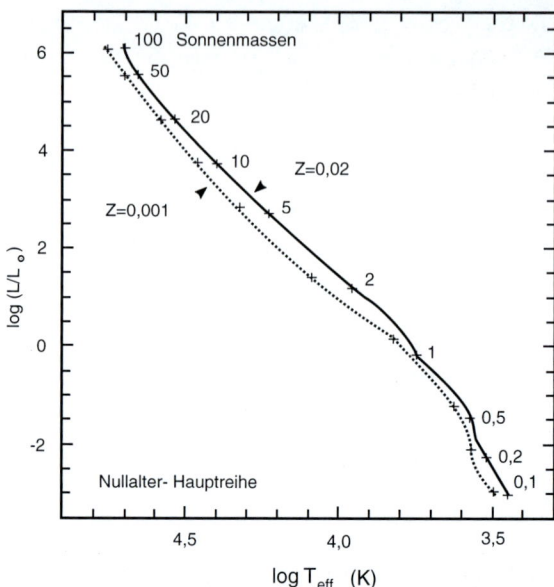

Abb. 5.12 Verschiebung der Nullalter-Hauptreihe mit steigender Metallizität. Die blaue Linie ist mit $X=0{,}7$ und $Z=0{,}02$ (solare Zusammensetzung) und die rote Linie mit $X=0{,}757$ und $Z=0{,}001$ (Population II-Sterne) gerechnet. Da sich mit dem Erlöschen jeder Generation massereicher Sterne die Metallizität der interstellaren Materie – dem Baustoff der folgenden Sterngenerationen – erhöht, wird jede folgende Sterngeneration im Vergleich zur vorangegangenen bei gegebener Masse etwas kühler und leuchtschwächer sein, wobei die Auswirkungen bei masseärmeren Sternen ausgeprägter sind

wie der He-Kern an Größe gewinnt (Rote-Riesen-Phase). Da innerhalb des He-Kerns $dL/dm = 0$ wird, kann er keinen (bzw. nur einen sehr kleinen) Temperaturgradienten mehr ausbilden. Das bedeutet wiederum nichts anderes, als dass er über sein Volumen eine gleichmäßige Temperatur annimmt – d. h., er geht in einen isothermen Zustand über.[3] Er wird zwar unter seinem eigenen, mit der Zeit langsam zunehmenden Gewicht immer wieder etwas schrumpfen und dabei auch etwas heißer werden (Virialsatz), aber dabei isotherm bleiben. Das geht so lange gut, wie der Gasdruck die darüber liegende Sternhülle noch tragen kann. Aber irgendwann wird das nicht mehr der Fall sein. Die Grenzbedingung, die sich dafür aus einem polytropen Sternmodell ergibt, ist dann

---

[3] Die Isothermie ist nicht ganz ideal, da ein geringfügiger Energieverlust durch Neutrinos erfolgt. Diese „Neutrinokühlung" ist im Sternkern am größten und nimmt darin nach außen hin ab. Der daraus resultierende Temperaturgradient hat bei masseavarmen Sternen (bis etwa 2,2 $M_\odot$) Auswirkungen auf den sogenannten primären „Heliumflash", mit dem sie bekanntlich ihre neue Lebensphase des „Heliumbrennens" beginnen.

$$\left(\frac{M^*_{core}}{M^*_{total}}\right)_{SCL} = 0{,}37 \left(\frac{\mu_{env}}{\mu_{core}}\right)^2. \tag{5.91}$$

Wird sie erreicht, wird er kollabieren. Bei Sternen mit einer ähnlichen chemischen Zusammensetzung wie der Sonne ist das genau dann der Fall, sobald der He-Kern ungefähr 10 % der Gesamtmasse des Sterns erreicht. Bei der Kontraktion erhitzt sich der Kern, indem er einen Teil der dabei freiwerdenden potentiellen Gravitationsenergie in Wärme umsetzt. Das führt dazu, dass die äußere Hülle zu expandieren beginnt, ohne dass sich jedoch dabei die Leuchtkraft merklich ändert. Der Stern bläht sich gewissermaßen im Zustand des Wasserstoffschalenbrennens auf und bewegt sich im HRD schnell nach rechts in Richtung geringer werdender effektiver Temperatur. Es gibt nun verschiedene Möglichkeiten, wie diese Entwicklung gestoppt werden kann. Ist die Kernmasse relativ gering, kann Elektronenentartung auftreten, noch bevor die Temperatur erreicht wird, um Helium als neuen „Nuklearbrennstoff" zu zünden. Der Entartungsdruck stabilisiert dann den Stern wieder. Interessanter ist der Fall, wenn der Kern sich bei seiner Kontraktion so stark erhitzt, dass die Brenntemperatur des Triple-Alpha-Prozesses erreicht wird $(T > 10^8 \text{ K})$. Dann steht dem Stern eine neue Energiequelle zur Verfügung, die ihn wieder für einen gewissen Zeitraum stabilisiert. Der weitgehend isotherme Kern hört auf zu kontrahieren und wird durch einen heliumbrennenden konvektiven Kern ersetzt (Tab. 5.3).

5.3.3 Heliumbrennen – der Triple-Alpha-Prozess

Das „Heliumbrennen", welches etwa bei einer Temperatur von 100 Mio. K bei einer Materiedichte von 10^5 bis 10^8 kg/m^3 zündet, ist astrobiologisch von herausragender Bedeutung, da es die Fusion von Kohlenstoff und Sauerstoff ermög-

Tab. 5.3 Eigenschaften von Hauptreihensternen unterschiedlicher Masse

Masse $[M_\odot]$	Effektive Temperatur [K]	Leuchtkraft $[L_\odot]$	Hauptreihenlebensdauer $[10^6 \text{Jahre}]$
0,50	3800	0,03	200.000
0,75	5000	0,3	30.000
1,0	6000	1	10.000
1,5	7000	5	2000
3	11.000	60	200
5	17.000	600	70
9	23.000	4000	20
15	28.000	17.000	10
25	35.000	80.000	7

licht, die zusammen mit Wasserstoff und noch einigen weiteren Elementen die Grundbausteine der überaus reichhaltigen Kohlenstoffchemie und damit der „Chemie des Lebens" an sich bilden. Das erkennt man allein schon daran, dass der menschliche Körper – grob gerechnet und auf die Masse bezogen – zu 65 % aus Sauerstoff (hauptsächlich an Wasserstoff gebunden – als Wasser) und zu 18 % aus Kohlenstoff besteht. Auch in der Tabelle der kosmischen Elementehäufigkeiten (z. B. konkret für die Sonnenphotosphäre, s. Tab. 3.13) ragen Kohlenstoff und Sauerstoff unter den „Metallen" deutlich hervor. Im Sonnensystem ist beispielsweise Sauerstoff das dritthäufigste und Kohlenstoff das vierthäufigste Element des Periodensystems. Da die genannten Elemente während der kurzen Zeit der primordialen Nukleosynthese nicht entstehen können (Stichwort „Berylliumbarriere"), müssen sie zwangsläufig in der Zeit nach dem Urknall in Sternen fusioniert und dann an die interstellare Materie abgegeben worden sein. Durch welche Reaktionsfolgen und unter welchen physikalischen Bedingungen das genau geschehen ist bzw. heute noch geschieht, hat 1951 als erster Edwin Ernest Salpeter herausgefunden:

$$^{4}_{2}He + {}^{4}_{2}He \rightleftharpoons {}^{8}_{4}Be \quad (-91{,}78\,\text{keV}) \tag{5.92}$$

$$^{8}_{4}Be + {}^{4}_{2}He \rightarrow {}^{12}_{6}C + 2\gamma \quad (+7{,}275\,\text{MeV}) \tag{5.93}$$

$({}^{12}_{6}C^{*} \rightarrow {}^{12}_{6}C + 2\gamma$ oder ${}^{12}_{6}C^{*} \rightarrow {}^{12}_{6}C + e^{+} + e^{-} \rightarrow 2\gamma \ \tau = 1{,}8 \cdot 10^{-16}\,\text{s})$

Da hier in der Summe drei Heliumkerne an der Bildung eines Kohlenstoffkerns gemäß $3\alpha \rightarrow {}^{12}_{6}C$ beteiligt sind, wird die thermonukleare Reaktionsfolge Gl. 5.92 und 5.93 auch als Triple-Alpha-Prozess bezeichnet. Sie soll nun etwas genauer untersucht werden, da sie einige Überraschungen bereithält. Denn damit die Reaktion überhaupt stattfinden kann, müssen offenbar drei Heliumkerne nahezu simultan zusammenstoßen, da der intermediär erzeugte Berylliumkern mit einer Halbwertszeit von lediglich $6{,}7 \cdot 10^{-17}$ s sofort wieder in zwei Alphateilchen zerfällt. Obwohl die Wahrscheinlichkeit nicht gerade hoch ist, dass es innerhalb der kurzen Lebensdauer des Berylliumkerns zu einem weiteren Stoß mit einem Alphateilchen kommt, wird sich im Reaktionsgebiet trotzdem eine Art chemisches Gleichgewicht zwischen den Helium- und den Berylliumkernen mit einer gewissen, wenn auch geringen Gleichgewichtskonzentration auf Seiten des Berylliums ausbilden. Wie E. E. Salpeter in seiner Arbeit von 1952 zeigen konnte (Salpeter 1952), handelt es sich hier um eine der in Abschn. 5.2.2 vorgestellten Resonanzreaktionen, die unter den Bedingungen des Sterninneren (d. h. bei einer Temperatur von $\approx 1{,}2 \cdot 10^{8}$ K) die Konzentration der ${}^{8}_{4}Be$-Kerne soweit erhöht ($\approx 10^{27}$ Be-Kerne auf $\approx 10^{35}$ He-Kerne pro m^{3}), dass jetzt die Folgereaktion Gl. 5.93 durchaus effektiv ablaufen kann. Der Grundzustand des ${}^{8}_{4}Be$-Kerns (Drehimpuls null, positive Parität, $E_0 = 92{,}12$ keV) entspricht nämlich ziemlich genau der Energie zweier Alphateilchen im Sternkern, was den genannten Resonanzeffekt bedingt. Oder anders ausgedrückt: Die Grundzustandsenergie von ${}^{8}_{4}Be$ fällt in das energetische Fenster Gl. 5.22 und 5.23 der Fusionsreaktion ${}^{4}_{2}He + {}^{4}_{2}He$ mit

5.3 Wichtige nukleare Brennphasen im Laufe der Sternentwicklung 523

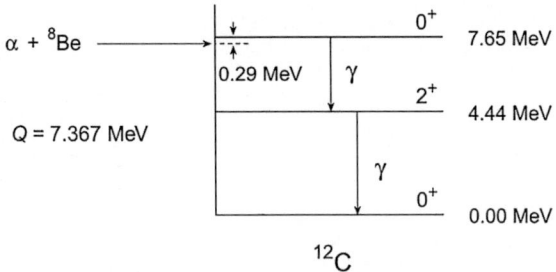

Abb. 5.13 Energieniveaus des angeregten Kohlenstoffkerns im letzten Schritt des Triple-Alpha-Prozesses mit den Möglichkeiten seines Zerfalls in den Grundzustand. Die Niveaus sind in Einheiten von J^P angegeben und die Energien relativ zum Grundzustand. Der 0^+ – Zustand stellt die berühmte Hoyle-Resonanz dar

dem Effekt, dass der Wirkungsquerschnitt entsprechend größer wird. Schließlich kommen bei einer Temperatur von ≈ 200 Mio. K auf je einen ^8_4Be – Kern ca. 20 Mio. ^4_2He – Kerne, wobei dieses Verhältnis in einem besonders hohem Maß temperaturabhängig ist. Auf diese Weise wird quasi das Ausgangsmaterial für den zweiten Teil des Triple-Alpha-Prozesses bereitgestellt (Abb. 5.13).

Das Ergebnis der nun möglich gewordenen Einfangreaktion Gl. 5.93 ist, wie Fred Hoyle 1953 theoretisch vorhersagte, ein energetisch angeregter Kohlenstoffkern. Denn die gleiche Reaktion mit einem Kohlenstoffkern im Grundzustand als Ergebnis würde bei Temperaturen um 10^8 K einfach zu langsam und damit ineffektiv ablaufen. Um die Position des Kohlenstoffs in der kosmischen Elementehäufigkeitsskala zu erklären, muss auch hier eine Resonanzreaktion vorliegen. Hoyle und Mitarbeiter veranschlagten eine Anregungsenergie von ungefähr 7,7 MeV, um die berechneten Kohlenstoffproduktionsraten mit den Beobachtungen in Einklang zu bringen (Hoyle et al., 1953). Diese Resonanz ($E = 7,656$ MeV) wurde dann auch vier Jahre später experimentell bestätigt. Sie liegt nur 0,29 MeV über der Ruheenergie der Summe aus Alphateilchen und Berylliumkern. Normalerweise wandelt sich der energetisch angeregte Kohlenstoffkern nach dem Alphateilcheneinfang sofort wieder durch Alphazerfall in drei Heliumkerne um. Manchmal, wenn auch bedeutend seltener, wird dagegen die überschüssige Energie durch einen Kaskadenübergang in den Grundzustand durch Emission von (aus quantenmechanischen Gründen[4]) zwei Gammaquanten (4,44 MeV und 3,21 MeV) bzw. durch Bildung eines Elektron-Positron-Paares (das wiederum in Gammaquanten zerstrahlt) abgebaut. In diesem Fall bleibt ein

---

[4] Ein Übergang von einem angeregten $J^P = 0^+$-Zustand ist nur über einen 2^+-Zwischenzustand erlaubt, da $0^+ \rightarrow 0^+$-Übergänge durch eine Auswahlregel verboten sind. J bezeichnet hier den Gesamtdrehimpuls und P die Parität des entsprechenden Zustandes.

Kohlenstoffkern im Grundzustand zurück, der nun für weitere Kernreaktionen zur Verfügung steht:

$$^{12}_{6}C^* \rightarrow {^{12}_{6}C} + 2\gamma \quad (+7{,}656\,\text{MeV}) \tag{5.94}$$

Ähnlich wie bei Beryllium bildet sich auch hier unter den Bedingungen des Sternkerns ein Gleichgewichtszustand zwischen der Konzentration der $^{4}_{2}He$-Kerne und der der angeregten Kohlenstoffkerne $^{12}_{6}C^*$ aus, welcher ein kontinuierliches „Brennen" ermöglicht. Ohne „Hoyle-Resonanz" wäre demnach die Kohlenstoffproduktion extrem stark behindert bzw. fast völlig unterdrückt. Damit ergibt sich die bemerkenswerte Situation, dass die Produktionsrate von Kohlenstoff $^{12}_{6}C$ ganz empfindlich von der Existenz und der genauen Lage des ersten angeregten Zustands des Kohlenstoffkerns abhängt. Und ohne diesen Anregungszustand gäbe es nicht genug Kohlenstoff auf der Welt, um eine Kohlenstoffchemie zu ermöglichen – und damit auch kein „Leben, wie wir es kennen". Da die Energieniveaus von Atomkernen durch Naturkonstanten festgelegt sind (im hier vorliegenden Fall durch die Kopplungskonstante für die starke und die elektromagnetische Wechselwirkung), kann man sich durchaus die Frage stellen, welchen Einfluss ihre Variation auf die Erzeugungsrate von Kohlenstoff im Kosmos hat. Stephen Hawking (1942–2018) und Leonard Mlodinow stellen dazu in ihrem populärwissenschaftlichen Buch *The Grand Design* (2011) fest (Hawking und Mlodinow 2011):

> Such calculations show that a change of as little as 0,5 % in the strength of the strong nuclear force, or 4 percent in the electric force, would destroy either nearly all carbon or all oxygen in every star, and hence the possibility of life as we know it.

Hierbei handelt es sich um eine Argumentation aus dem Umfeld des philosophisch umstrittenen „anthropischen Prinzips", welches die Aussage trifft, dass unser Universum nur deshalb beobachtbar ist, weil es Eigenschaften besitzt, die die Entstehung intelligenter Beobachter (damit meint man uns) zulassen. Auf das bemerkenswerte Faktum, dass unsere Existenz nur von der genauen Lage eines bestimmten Anregungszustandes eines Kohlenstoffkerns abhängt, hat bereits Fred Hoyle 1953 hingewiesen und damit indirekt eine später (1957) experimentell verifizierte Tatsache anhand des erst heute als „anthropisches Prinzip" bezeichneten Prinzips theoretisch vorhergesagt – Chapeau!

Der Triple-Alpha-Prozess reagiert noch stärker in Bezug auf seine Energiefreisetzungsrate als der CNO-Prozess auf geringfügige Temperaturänderungen: $\varepsilon_{3\alpha} \sim T^{40}$. Dramatische Folgen hat diese Abhängigkeit – wie noch im Einzelnen zu erläutern sein wird – in einem Phänomen, welches man als „Heliumflash" bezeichnet und den quasi alle Sterne erleiden, deren Masse zum Zünden des Heliumbrennens ausreicht, aber $2{,}2\,M_\odot$ nicht übersteigt (d. h. unsere Sonne hat ihn noch vor sich). Aufgrund einer unter dieser Bedingung auftretenden Teilentartung des stellaren He-Kerns kann der Stern hier nämlich eine mit dem Zünden des Heliumbrennens einhergehende Leistungsexkursion nicht moderieren, da der entsprechende Rückkopplungsmechanismus unter diesen Umständen nicht funktioniert.

5.3 Wichtige nukleare Brennphasen im Laufe der Sternentwicklung

Eine weitere Besonderheit der Energiefreisetzungsrate des Heliumbrennens ist, dass sie nicht linear (wie beim Wasserstoffbrennen), sondern quadratisch von der Materiedichte in der thermonuklear brennenden Zone abhängt (es handelt sich, als Elementarprozess betrachtet, bei der 3α-Reaktion quasi um einen Dreiteilchenstoß).

Die Bildungsrate von $^{12}_{6}C$ lässt sich leicht in einer geschlossenen Formel angeben, sobald die Berylliumkonzentration einen Gleichgewichtswert angenommen hat:

$$\frac{dn_{12_C}}{dt} = \frac{3\sqrt{3}n_{4_{He}}^3}{1{,}8 \cdot 10^{-16}} \frac{h^2}{2\pi m_{4_{He}} k_B T} exp\left(-\frac{(m^*_{12_C} - 3m_{4_{He}})c^2}{k_B T}\right) \quad (5.95)$$

Wie die Gleichung zeigt, hängt die Produktionsrate von Kohlenstoff neben der Temperatur T nur vom Massendefekt $(m^*_{12_C} - 3m_{4_{He}})c^2 = 0{,}3795$ MeV und von der Halbwertszeit des elektromagnetischen Übergangs $^{12}_{6}C^* \rightarrow {^{12}_{6}C} = 1{,}8 \cdot 10^{-16}$ s ab. Die hohe Temperatur von etwa 100 Mio. K wird quasi benötigt, um einen angeregten Kohlenstoffkern zu erzeugen (entspricht der Bereitstellung der dafür notwendigen Aktivierungsenergie von 0,3795 MeV), der dann unter Abgabe des kompletten Massendefekts $(3m_{4_{He}} - m_{12_C})c^2 = 7{,}275$ MeV in seinen energetischen Grundzustand übergeht. Dieser Vorgang findet ungefähr einmal pro 2.500 angeregten Kohlenstoffkernen statt. Normalerweise zerfallen sie sofort wieder in jeweils drei Alphateilchen. Deshalb kann man diesen Vorgang als kleine unwesentliche Störung des statistischen Gleichgewichts zwischen der Bildungsrate der Berylliumkerne und der Bildung angeregter Kohlenstoffkerne im Hoyle-Resonanzfall betrachten:

$$^4_2He + {^4_2He} + {^4_2He} \rightleftharpoons {^4_2He} + {^8_4Be} \begin{matrix} \rightleftharpoons {^{12}_{6}C^*} \rightarrow {^{12}_{6}C} \\ \rightleftharpoons {^{12}_{6}C^*} \rightarrow 3{^4_2He} \end{matrix} \quad (5.96)$$

Nur der obere Zerfallskanal produziert stabilen Kohlenstoff im Grundzustand. Er sammelt sich dann langsam im Sternkern an und steht dort, soweit die Bedingungen dafür gegeben sind, für weitere Kernfusionsreaktionen zur Verfügung.

5.3.3.1 Folgereaktionen zur Synthese von Sauerstoff, Neon und Magnesium

Ein Teil des Kohlenstoffs (ungefähr die Hälfte, stark abhängig von der Temperatur) wandelt sich in Sauerstoff um – welcher bekanntlich in Verbindung mit Wasserstoff das biologisch wichtige Lösungsmittel Wasser bildet:

$$^{12}_{6}C + {^4_2He} \rightarrow {^{16}_{8}O} + \gamma \,(+7{,}162\,\text{MeV}) \quad (5.97)$$

Diese Reaktion wird kaum durch Resonanzen in der Nähe des Gamow-Peaks ($E_G = 315$ keV bei $T \approx 2 \cdot 10^8$ K, (Iliadis 2007)) beeinflusst, was auch den kleinen astrophysikalischen S-Faktor (er liegt mit größeren Unsicherheiten ungefähr bei 0,3 MeV barn) erklärt. Diese Unsicherheiten haben großen Einfluss auf die Berechnung der Produktionsrate von Sauerstoff in heliumbrennenden Sternen, sodass man im Einzelnen schwer vorhersagen kann, ob sich im Sternkern im Laufe der Zeit mehr Kohlenstoff oder mehr Sauerstoff ansammeln wird. Von „außen" ist das erst einmal nicht feststellbar, da die Reaktionsprodukte im Sternkern gefangen bleiben. Sie gelangen nur unter bestimmten Ausnahmebedingungen in die Sternatmosphäre, wo beispielsweise die Art der Staubbildung (mehr Oxide oder mehr Graphit) in kühleren Sternatmosphären und Sternwinden davon beeinflusst wird. Diese Ausnahmebedingungen werden unter dem Begriff dredge-up zusammengefasst. Bei diesem Vorgang kann kurzzeitig eine äußere Konvektionszone bis in die tiefen Brennzonen hinabreichen und die dort angereicherten Stoffe in die Sternatmosphäre transportieren. Aber auch Instabilitäten in der dünnen, den Sternkern umgebenden Heliumbrennzone können einen Stofftransport in den konvektiven Teil des Sterns bewirken. Derartige Vorgänge führen übrigens dazu, dass man die M-Sterne der Leuchtkraftklasse III (Riesen) nach dem Mengenverhältnis C/O in ihren ausgedehnten Atmosphären in zwei Klassen unterteilen kann: in sauerstoffreiche Sterne mit C/O<1 und in kohlenstoffreiche Sterne C/O>1. Damit hat man zumindest für die Klasse von Sternen, die einen entsprechenden *dredge-up* durchgemacht haben (AGB-Sterne), die Möglichkeit abzuschätzen, wie häufig sich in ihnen entweder ein Kohlenstoffkern oder mehr ein Sauerstoffkern ausbildet.

Wenn im Laufe der Zeit die Menge des im konvektiven Sternkern verfügbaren Heliums mehr und mehr abnimmt, werden die Bedingungen für die Reaktion Gl. 5.97 immer besser, sodass sie – was die Energiefreisetzung betrifft – mit der 3 α-Reaktion durchaus konkurrieren kann. Ihr Beitrag zum stellaren Energiebudget wird dann wesentlich, was u. a. Auswirkungen auf die Zeitdauer der heliumbrennenden Phase eines Sterns gegebener Masse hat.

Eine auf Gl. 5.97 aufbauende Folgereaktion führt schließlich zur Fusion von Neon gemäß der Reaktionsgleichung

$$^{16}_{8}O + ^{4}_{2}He \rightarrow ^{20}_{10}Ne + \gamma (+4{,}73\,\text{MeV}). \tag{5.98}$$

Ihr können sich weitere Reaktionen anschließen, in deren Ergebnis stabile Kerne von Magnesium (und sogar Silizium, $^{24}_{12}Mg(\alpha,\gamma)^{28}_{14}Si$) entstehen können:

$$^{20}_{10}Ne + ^{4}_{2}He \rightarrow ^{24}_{12}Mg + \gamma \ (+9{,}32\,\text{MeV}) \tag{5.99}$$

Sie sind jedoch in Bezug auf die Energieausbeute im Vergleich zur Kohlenstoff- und Sauerstofffusion für einen primär heliumbrennenden Stern nur von geringer Bedeutung. Außerdem arbeiten sie effektiv erst bei sehr hohen Temperaturen ($> 10^9$ K, s. Abschn. 5.3.4.2).

Das Heliumbrennen produziert also zwei extrem wichtige, für das Leben auf der Erde essenziell notwendige Elemente: Kohlenstoff und Sauerstoff. Diese Elemente tauchten im Kosmos erst auf, als sich das Leben der ersten Sterngeneration nach dem Urknall seinem Ende näherte. Während der ersten Minuten des Urknalls konnten sich aufgrund der sogenannten „Berylliumbarriere" nur Elemente bis Lithium bilden. Sie besagt, dass in den ersten Minuten des Urknalls (in denen bekanntlich die primordiale Elementesynthese abgelaufen ist) aufgrund der kurzen Lebensdauer des Berylliumkerns kein Kohlenstoff entstehen konnte, da die dafür notwendigen Temperaturen $T > 10^8$ K infolge der adiabatischen Abkühlung des Plasmas (Expansion des Raumes) nicht lange genug vorhanden waren. Und ohne Kohlenstoff konnten sich natürlich auch keine darauf aufbauenden Elemente mit $Z > 6$ bilden. Das bedeutet, dass für die Fusion aller Elemente im Periodensystem oberhalb von Lithium primär Sterne benötigt werden.

5.3.3.2 Primär heliumbrennende Sterne

Ein Stern benötigt eine gewisse Mindestmasse, damit er in seinem Sternenleben einmal in den Genuss des Heliumbrennens kommen kann. Diese Mindestmasse liegt ungefähr bei $0{,}7\,M_\odot$, sodass auch unsere Sonne darunterfällt. Bei ihr wird es in ca. vier Milliarden Jahren soweit sein, wenn das Wasserstoffschalenbrennen (die Sonne befindet sich dann im Roter Riese-Stadium) ihren Energiebedarf nicht mehr zu decken vermag. Bis dahin produziert die wasserstoffbrennende Schale immer weiter Helium, mit dem Effekt, dass der He-Kern fortwährend massiver wird und er dadurch langsam zu kontrahieren beginnt. Irgendwann kommt es dabei zur Elektronenentartung, sodass neben dem Gasdruck der nichtthermische Entartungsdruck des Elektronengases nach und nach eine weitere Gegenkraft zur gravitativen Anziehung aufbaut (s. Abschn. 4.4.2). Auf diese Weise kann der He-Kern noch ein hübsches Stück weiter wachsen, als eigentlich erlaubt ist, bis er schließlich unter seinem eigenen Gewicht zusammenbricht (das ist bei ca. $0{,}45\,M_\odot$ der Fall). Der nun folgende Übergang zum Heliumbrennen ist alles andere als gemächlich – man spricht direkt von einem primären „Heliumflash", über den im Folgenden noch Genaueres zu berichten sein wird. Sterne, deren Ausgangsmasse die $2{,}3\,M_\odot$-Grenze übersteigt, kennen dagegen diesen Effekt nicht, da deren Kern ohne Elektronenentartung die Schönberg-Chandrasekhar-Grenze erreicht. Bei ihnen erfolgt im Verlauf des Kernkollapses der Übergang zum Heliumbrennen vergleichsweise gemächlich, sobald eine zentrale Dichte von $\approx 10^7$ kg/m³ und eine Temperatur von $\approx 10^8$ K erreicht ist. Es folgt dann eine weitere und relativ stabile Entwicklungsphase im Leben des Sterns, die aber aufgrund der geringeren Energieeffizienz des Heliumbrennens im Vergleich zum Wasserstoffbrennen entsprechend kürzer ist. Im Prinzip wiederholt sich ab hier die Geschichte: Aus dem aus dem Triple-Alpha-Prozess resultierenden Kohlenstoff und Sauerstoff entsteht nach und nach ein letztendlich nichtkonvektiver isothermer C/O-Kern im Zentrum des Sterns. Das Heliumbrennen wird dabei quasi in eine dünne Schicht über diesen Kern ausgelagert. Man spricht hier analog zum Wasserstoffschalenbrennen vom Heliumschalenbrennen. Nach außen schließt sich dem eine wasserstoffbrennende Schale an, die den Sternkern von den wasserstoffreichen äußeren Schichten abgrenzt. Wenn die Sternmasse groß genug ist, wird auch irgendwann der C/O-Kern entarten und schließlich instabil werden.

Einteilung der Sterne nach ihrer Masse
Insbesondere bei der Untersuchung der Entwicklungswege der Sterne jenseits der Hauptreihe ist es sinnvoll, Sterne anhand ihrer Masse in drei Gruppen einzuteilen. Denn von ihrer Masse hängt es entscheidend ab, welche Kernfusionsprozesse in ihrem weiteren Sternenleben eine Rolle spielen werden.

Rote Zwerge
Das sind Sterne, die den Massebereich zwischen dem der Braunen Zwerge (die nicht mehr als Sterne gelten, $M < 0{,}08\,M_\odot$ und ungefähr $0{,}7\,M_\odot$ ausfüllen. Sie erreichen im Laufe ihres extrem langen Sternenlebens niemals den Zustand des Heliumbrennens.

Massearme Sterne
Darunter versteht man Sterne in einem Massebereich zwischen ungefähr $0{,}7\,M_\odot$ und etwa $2{,}3\,M_\odot$, die am Ende ihres Hauptreihendaseins in ihrem Zentrum einen zumindest teilentarteten He-Kern aufgebaut haben. Der Übergang zum Heliumbrennen erfolgt bei ihnen unter einer quasi unkontrollierten Energiefreisetzung („Heliumflash"), die erst dann in eine weitgehend kontinuierliche Brennphase (die aber durch weitere sekundäre Heliumflashs unterbrochen werden kann) übergeht, wenn die Entartung im Bereich der Brennzone aufgehoben ist.

Sterne im mittleren Massebereich
Bei diesen Sternen erfolgt der Übergang zum Heliumbrennen eher allmählich, da der nichtentartete He-Kern über eine thermische Rückkopplung (Volumenvergrößerung bei Temperaturerhöhung) den Vorgang moderieren kann. Im Verlauf des Heliumbrennens entsteht schließlich ein entarteter Kohlenstoff-Sauerstoff-Kern, der während des Schalenbrennen langsam anwächst. Sein Massebereich liegt ungefähr zwischen $2{,}3\,M_\odot$ und $8\,M_\odot$. Diese Sterne entwickeln oftmals einen starken Sternwind, der ihre äußere Hülle nach und nach abträgt. Am Ende ihrer Entwicklung bleiben Weiße Zwerge übrig, die entweder primär aus Kohlenstoff oder aus Sauerstoff bestehen (sogenannte CO *white dwarfs*).

Massereiche Sterne
Darunter versteht man Sterne, deren Masse $8\,M_\odot$ übersteigt. Sie sind in der Lage, das Kohlenstoffbrennen in einem nichtentarteten Sternkern zu zünden. Oberhalb von $10\text{--}11\,M_\odot$ ist der Stern dann in der Lage, alle möglichen Fusionsschritte bis Eisen zu durchlaufen. Sie enden zumeist durch Kernkollaps in einer Supernovaexplosion.

Sterne mit einem C/O-Kern besiedeln eine gut abgegrenzte Region im HRD – den asymptotischen Riesenast (Asymptotic Giant Branch – AGB-Sterne, s. Abschn. 2.5.4.2.7). Sie sind in der Regel leuchtkräftiger bei geringerer effektiver Temperatur als Rote Riesen vergleichbarer Masse und damit, was ihren Durchmesser betrifft, auch etwas größer.

Heliumzünden in einem entarteten He-Kern (Heliumflash) Massearme Sterne bilden während des Wasserstoffschalenbrennens einen teilentarteten und nahezu isothermen He-Kern aus. Das liegt daran, dass es in der Wachstumsphase des He-Kerns gleichsam zu einem Wettlauf zwischen der damit einhergehenden Druckerhöhung und dem parallel dazu verlaufenden Temperaturanstieg kommt. Im Fall massearmer Sterne gewinnt der Druck aufgrund der noch vor Erreichen der für das Heliumbrennen notwendigen Zündtemperatur einsetzenden Elektronenentartung das Rennen. Dieser Entartungsdruck P_{deg} ist gemäß Gl. 4.76 lediglich von der im Sternkern erreichten Materiedichte ρ und nicht mehr von der dort herrschenden Temperatur T abhängig. Der Druckanteil, der in diesem Fall von dem Gas der He-Kerne aufgebracht wird (Gl. 4.64, P_I), hängt dagegen weiterhin von der Temperatur ab, gerät aber im Vergleich zu P_{deg} ins Hintertreffen und wird damit mit fortschreitender Entartung für die Aufrechterhaltung des hydrostatischen Gleichgewichts immer bedeutungsloser. Dadurch wird der Stern aber einer ganz wesentlichen Rückkopplungsmöglichkeit in Bezug auf eine temperaturbedingte Erhöhung thermonuklearer Reaktionsraten beraubt. Sterne sind ja bekanntlich die einzigen Objekte in der Natur, die durch Abstrahlung immer heißer werden (d. h., sie besitzen eine negative Wärmekapazität). Da nukleare Energiefreisetzungsraten viel empfindlicher auf Temperaturerhöhungen als auf Dichteerhöhungen reagieren (s. Gl. 5.33), wird eine „Störung" im Sinn von $L_{nuc} > L$ sofort durch eine Volumenvergrößerung (aufgrund des dadurch bedingten Druckanstiegs) bei nahezu gleichbleibender Temperatur ausgeglichen. Auf diese Weise wird selbstregulierend ein jeweils stabiles Verhältnis von nuklearer Energiefreisetzung und aktueller Brenntemperatur erreicht, welches umso besser eingehalten wird, je höher die Potenz der Temperaturabhängigkeit der entsprechenden Kernfusionsreaktion ist (z. B. $\sim T^{40}$ für das Heliumbrennen). Dieses Verhalten ist eine direkte Konsequenz der Proportionalität zwischen innerer Energie E_i und Temperatur T eines idealen Gases.

In einem entarteten Gas wird eine Temperaturerhöhung zwar auch den Druck der Ionen erhöhen, aber das bleibt solange ohne Effekt, wie der Ionendruck den Entartungsdruck des Elektronengases nicht erreicht – oder genauer, bis die Entartung in der Brennzone nicht aufgehoben ist. Sobald dieser Fall eintritt, kann das Gas wieder frei expandieren und sich der Sternkern auf die Gleichgewichtstemperatur für den Brennprozess einregulieren.

Sobald energiefreisetzende Fusionsreaktionen in einem entarteten bzw. teilentarteten Sternkern einsetzen, führt das zu einer Temperaturerhöhung, die wiederum die Fusionsreaktionen weiter anheizen – es kommt zu einer thermischen Instabilität, die zu einer schnell anwachsenden Leistungsexkursion führt. Dieser Vorgang wird in der Sternphysik als *thermonuclear runaway* bezeichnet. Er kann in verschiedenen Stadien der Sternentwicklung oder unter speziellen Bedingungen, wie er beispielsweise dem Ausbruch klassischer Novae zugrunde liegt, auftreten.

Nach Gl. 4.138 lässt sich der Zentraldruck eines polytropen Sterns ($n = 3$) wie folgt aufschreiben:

$$P_c^* = KM^{*2/3}\rho_c^{4/3} \tag{5.100}$$

Im hydrostatischen Gleichgewicht muss demnach zwischen dem zentralen Druck und der zentralen Dichte folgende Beziehung bestehen:

$$\frac{dP_c^*}{P_c^*} = \frac{4}{3}\frac{d\rho_c}{\rho_c} \tag{5.101}$$

Nun unterscheiden sich die Zustandsgleichungen für ideale Gase und für entartete Materie, die sich in der allgemeinen Form

$$P = \rho^a T^b \tag{5.102}$$

schreiben lässt, durch ihre Koeffizienten a und b, was zu

$$\frac{dP_c^*}{P_c^*} = a\frac{d\rho_c}{\rho_c} + b\frac{dT_c}{T_c} \tag{5.103}$$

führt. Durch Kombination von Gl. 5.101 und 5.103 erhält man

$$\left(\frac{4}{3} - a\right)\frac{d\rho_c}{\rho_c} = b\frac{dT_c}{T_c} \tag{5.104}$$

Diese Gleichung lohnt es sich etwas näher anzuschauen. Solange der Vorfaktor auf der linken Seite der Gleichung positiv bleibt, ist eine Kontraktion immer mit einer Temperaturerhöhung und eine Expansion mit einer Temperaturerniedrigung verbunden. Nach Gl. 4.64 ist für ein ideales Gas (die beste Approximation für ein vollständig ionisiertes Sternplasma) $a = 1$ und $b = 1$. Damit haben rechte und linke Seite von Gl. 5.104 immer das gleiche Vorzeichen und der Stern wird jede Temperaturerhöhung mit einer instantanen Expansion und damit „Kühlung" beantworten, bis sich der Stern wieder im hydrostatischen Gleichgewicht befindet.

Im Fall entarteter Materie liegt der Dichteexponent zwischen 4/3 und 5/3 (s. Abschn. 4.4.2) und eine Temperaturabhängigkeit ist quasi nicht vorhanden bzw. so gering, dass man für b die Bedingung $0 \leq b \ll 1$ festlegen kann. In diesem Fall wird die rechte Seite der Gl. 5.104 negativ, und die Größen $d\rho_c/\rho_c$ und dT_c/T_c müssen sich in ihrem Vorzeichen unterscheiden. Physikalisch bedeutet das, dass eine Erhöhung der inneren Energie des Sterns (z. B. aufgrund des Zündens einer neuen exothermen thermonuklearen Reaktion) nicht mehr zu dessen Expansion (=Volumenvergrößerung), sondern zu einer geringfügigen Erhöhung der Temperatur in der Brennzone führt. Aufgrund der exponentiellen Abhängigkeit der Energieerzeugungsrate von der Temperatur erhöht das rapide die Effektivität der Energiefreisetzung, was die Temperatur natürlich weiter ansteigen lässt etc. pp. Innerhalb kürzester Zeit (Zeitskala einige Dutzend bis zu 10^3 Sekunden) baut sich auf diese Weise eine Leistungsexkursion auf, die erst gestoppt wird, wenn in der

5.3 Wichtige nukleare Brennphasen im Laufe der Sternentwicklung

Brennzone die Entartung aufgehoben ist und wieder die Zustandsgleichung für ideale Gase gilt. Erst dann ist der Stern wieder in der Lage, sich selbstständig in einen hydrostatisch stabilen Zustand einzuregulieren und sich thermisch zu stabilisieren.

Dass diese Art von thermischer Instabilität in bestimmten Phasen der Sternentwicklung eine Rolle spielt, ist seit den 1960er-Jahre bekannt. Eine erste genaue Analyse dieser Instabilität im Zusammenhang mit dem Zünden des Triple-Alpha-Prozesses in massearmen Sternen und unter Berücksichtigung einer Neutrinokühlung des Sternkerns stammt von C. H. Thomas aus dem Jahre 1967 (Thomas 1967). Seine grundlegenden Erkenntnisse darüber konnten mittlerweile durch entsprechende Modellrechnungen weiter präzisiert werden, ohne dass sich dabei im Gesamtbild wesentliche Änderungen ergeben haben (Gautschy 2012) (Abb. 5.14).

Wie bereits erwähnt, ist der He-Kern im Zentrum eines wasserstoffschalenbrennenden Sterns nur näherungsweise isotherm. Der Grund dafür liegt darin, dass in ihm Neutrinos im Zuge der Wechselwirkung von Photonen mit dem stellaren Plasma und bei der Streuung von Photonen an Elektronen gebildet werden, die instantan Energie abtransportieren (man spricht hier explizit von „Plasmaneutrinos"). Deren Bildungsrate ist im Sternkern am größten, in dem die Materiedichte des Sterns ihr Maximum erreicht. Das führt zu einem leicht negativen Temperaturgradienten in diesem Bereich mit dem Effekt, dass das Temperaturmaximum des Sterns bereits etwas außerhalb von dessen Zentrum erreicht wird. In dieser Schale startet auch der Heliumflash, der innerhalb von Sekunden die Energiefreisetzung um viele Größenordnungen explosionsartig ansteigen lässt.

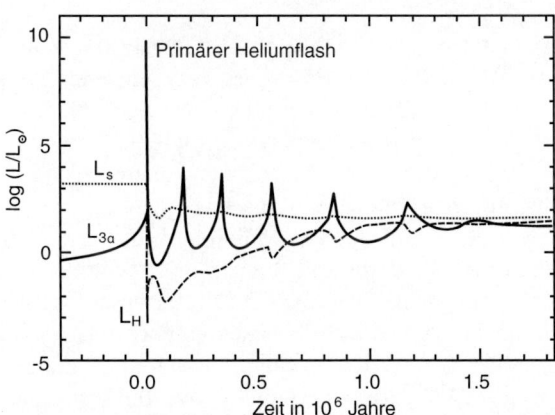

Abb. 5.14 Entwicklung der Leuchtkraft eines massearmen Sterns vom Ende des Wasserstoffschalenbrennens (Roter Riese-Stadium) bis zum Beginn des Heliumkernbrennens. Der Nullpunkt auf der Zeitachse kennzeichnet den Zeitpunkt, zu dem mit dem primären Heliumflash der Triple-Alpha-Prozess im entarteten He-Kern zündet. L_S zeigt die Entwicklung der Gesamtleuchtkraft des Sterns (man beachte die logarithmische Teilung der Ordinate), die sich aus der Energiefreisetzung durch Wasserstoffbrennen (L_H, gestrichelte Linie) und durch den Triple-Alpha-Prozess ($L_{3\alpha}$, durchgezogene Linie) ergibt. (Nach (Salaris und Cassisi 2005))

Die lokale Leuchtkraft kann dabei auf 10^{10}–10^{11} $L_\odot$ anwachsen, was immerhin der Gesamtleuchtkraft einer ganzen Galaxie entspricht. Von „außen" ist davon jedoch erst einmal kaum etwas zu bemerken, da die Energie in der Sternhülle gefangen bleibt und im Wesentlichen in die Aufhebung der Elektronenentartung und in die Volumenarbeit der anschließenden Hüllenexpansion gesteckt wird. In dem Moment, in dem der Heliumflash sein Maximum erreicht, erlischt aufgrund der mit der Expansion des Sterninneren einhergehenden Abkühlung die wasserstoffbrennende Schale, um später, nach Konsolidierung des Heliumbrennens, erneut zu zünden. Oberhalb der heliumbrennenden Schale bildet sich als Konsequenz des hohen Energieflusses eine Konvektionszone aus, die sich radial nach außen bis knapp unter die wasserstoffbrennende Schale ausdehnt. Auch in Richtung Sternkern (der noch entartet bleibt, da die Zeitdauer des primären Heliumflashs für eine effektive Wärmediffusion in diese Region nicht ausreicht) frisst sich die heliumbrennende Schale langsam durch, um beispielsweise bei einem Stern mit der Masse von 1,3 $M_\odot$ nach ca. 2 Mio. Jahren das Sternzentrum zu erreichen. Dabei kommt es noch zu mehreren sekundären Flashereignissen – in dem genannten Beispiel sind das nach den Berechnungen von Alfred Gautschy insgesamt fünf (Gautschy 2012). Der zeitliche Abstand (in Jahren) zwischen zwei sekundären Flashereignissen lässt sich dann mit folgender Formel abschätzen:

$$\log \Delta t \approx 5{,}83 - 3{,}23 \left(\frac{m_{core}}{M_\odot} \right) \tag{5.105}$$

Die Kernmasse ist dabei die Masse des He-Kerns zum Zeitpunkt des Maximums des Heliumbrennens. Mit dem letzten sekundären Flash geht der Stern in die Phase des Kern-Heliumbrennens unter quasi idealen Gleichgewichtsbedingungen über.

Das Einsetzen des Heliumbrennens in einer Schale oberhalb des Sternkerns führt zu der absonderlichen Situation, dass die schweren Reaktionsprodukte Kohlenstoff und Sauerstoff im Sternkern über dem leichteren Helium geschichtet werden, was Anlass zu einer Rayleigh-Taylor-Instabilität gibt. Wie es scheint, ist sie aber nicht sonderlich problematisch, weil das vorherrschende Temperaturprofil offenbar ein „Durchbrechen" des spezifisch schwereren Materials verhindert.

Im HRD erreicht der Stern mit dem Heliumflash das Ende seines Weges auf dem Rote-Riesen-Ast (RGB, Red Giant Branch) und gelangt auf den sogenannten Horizontalast, auf dem er schließlich mit dem Einsetzen des Heliumkernbrennens endgültig angekommen ist. Die hier lokalisierten Sterne haben alle einen weitgehend identischen He-Kern, was dazu führt, dass ihre Leuchtkraft nur wenig um den Mittelwert von $\approx 100\,L_\odot$ variiert. Ihre effektive Temperatur wird im Wesentlichen durch die in der Sternhülle konzentrierte Masse und deren Metallizität festgelegt.

In dieser Phase der Sternentwicklung beginnt der Aufbau eines C/O-Kerns, in dessen Verlauf die He-Brennzone wieder radial nach außen wandert. Der Weg des Sterns führt dann im HRD zurück in Richtung Riesenast, ohne ihn jedoch wieder zu erreichen (AGB-Sterne).

5.3 Wichtige nukleare Brennphasen im Laufe der Sternentwicklung

Heliumzünden in nichtentarteten He-Kernen Übersteigt die Ausgangssternmasse 2,3 $M_\odot$, dann entartet dessen langsam wachsender He-Kern auf seinem Weg zur Schönberg-Chandrasekhar-Grenze Gl. 5.91 nicht, d. h., er wird während dieser Wachstumsphase durchgängig durch den thermischen Ionen- und Elektronendruck hydrostatisch stabilisiert. Bei Überschreitung dieser Grenzmasse, was bei Sternen mit intermediärer Masse nach einer Phase des Wasserstoffschalenbrennens und bei massiven Sternen sofort mit Beendigung von ihres Hauptreihenstadiums passiert, kann der Stern das hydrostatische Gleichgewicht nicht mehr aufrechterhalten, d. h., der He-Kern wird zu kontrahieren beginnen und dabei über seinen Radius einen Temperaturgradienten aufbauen. Die dabei durch das Virialtheorem freigesetzte Wärme generiert einen radialen Wärmestrom und erhöht den Druck, der wiederum den Sternkern trotz stetiger Kontraktion von einem Zeitpunkt zum anderen in einem quasistatischen Gleichgewichtszustand hält. Die Kontraktion selbst erfolgt innerhalb der Helmholtz-Kelvin-Zeitskala, bis schließlich im Sternzentrum die Zündtemperatur und kritische Dichte des Triple-Alpha-Prozesses erreicht ist. Der Zündvorgang verläuft dabei im Gegensatz zum Heliumflash völlig unspektakulär.

Die Entwicklung des inneren Aufbaus von einem rein wasserstoffbrennenden Stern bis hin zur Ausbildung eines C/O-Kerns soll im Folgenden kurz und beispielhaft an einem Stern von 5 $M_\odot$ ($Z=0{,}02$) anhand eines sogenannten „Kippenhahn-Diagramms" vorgestellt werden (s. Abb. 5.15).

Darunter versteht man ein Diagramm, in dem die Lage von thermonuklear brennenden Zonen und die Lage von Konvektionszonen über die Zeitachse (Abszisse) aufgetragen werden (s. Abschn. 6.1.1). Da es während der Sternentwicklung zu großen Radiusänderungen kommt, ist es sinnvoll, als Ordinate nicht den Stern-

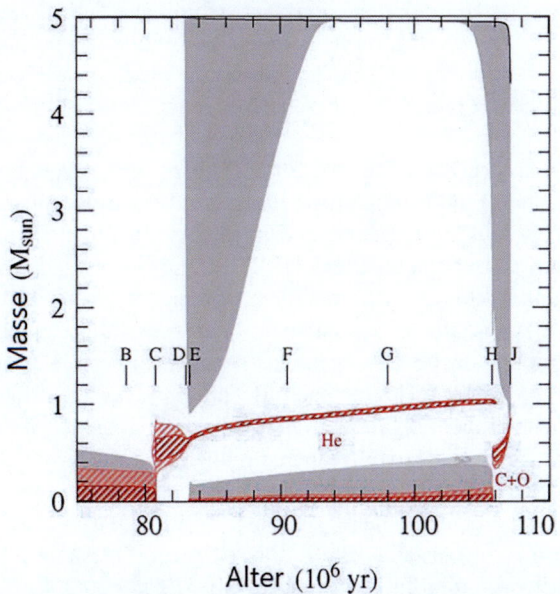

Abb. 5.15 Kippenhahn-Diagramm der Entwicklung eines Sterns von 5 Sonnenmassen. Konvektive Bereiche sind grau, Bereiche, in denen thermonukleares Brennen stattfindet, rot dargestellt

radius selbst, sondern die von ihm abhängige Massekoordinate $m(r)$ im Verhältnis zur Gesamtmasse des Sterns zu verwenden („Lagrange-Form"). Das ist bei der Interpretation eines derartigen Diagramms zu beachten.

Die wichtigsten Entwicklungsstufen des Sterns sind im Diagramm durch die Großbuchstaben B bis J gekennzeichnet:

B: Beginn der Kontraktionsphase am Ende des Hauptreihenstadiums ($R^* \approx 9\,R_\odot$).

C: Der Wasserstoff im Sternkern erschöpft sich; Beginn der Herausbildung eines nichtkonvektiven He-Kerns; das Wasserstoffbrennen konzentriert sich in einer „dicken" Brennschale oberhalb des He-Kerns *(thick shell burning)*.

D: Ausbildung einer tiefreichenden Hüllenkonvektionszone; der wachsende He-Kern nähert sich der Schönberg-Chandrasekhar-Grenze; mit der Verringerung der Temperatur der Hülle erhöht sich deren Opazität, was zur schnellen Expansion der Sternhülle führt ($R^* \approx 90\,R_\odot$) → Roter Riese.

E: Kontraktion des He-Kerns und Zünden des Triple-Alpha-Prozesses im Sterninneren; Ausbildung eines kompakten vollkonvektiven heliumbrennenden Kerns; das Wasserstoffbrennen konzentriert sich in einer „dünnen" Brennschale *(thin shell burning)* oberhalb des He-Kerns; die effektive Temperatur des Sterns nimmt mit leicht wachsender Leuchtkraft zu und erreicht im Punkt G ihr Maximum (erste Hälfte des sogenannten *blue loop*).

F: Der Abbau der Hüllenkonvektionszone ist so weit fortgeschritten, dass die Hülle wieder weitgehend radiativ ist. Der Stern wandert im HRD-Diagramm aus dem Rote-Riesen-Ast, was mit einer Erhöhung seiner effektiven Temperatur einhergeht.

G: Die effektive Temperatur des Sterns verringert sich wieder (Wendepunkt)

H: Das Heliumbrennen verlegt sich in eine dem sich ausbildenden entarteten C/O-Kern überlagerte Schale. Die Sternhülle wird schnell wieder durchgehend konvektiv. Im HRD gelangt der Stern wieder in die Region nahe Punkt E

J: Beendigung des He-Schalenbrennens

Diese kurze Skizze des Entwicklungsweges eines typischen Sterns intermediärer Masse zeigt exemplarisch, dass der mit dem Beginn und dem Verlauf des Heliumbrennens einhergehende Umbau der inneren Struktur des Sterns Auswirkungen auf dessen Position im HRD hat. Die verschiedenen Zeitskalen entsprechender Entwicklungsabschnitte führen in einem realen HRD zu unterschiedlichen Besetzungszahlen, was sich besonders auffällig an der „Hertzsprung-Lücke" der Population I-Sterne bemerkbar macht. Sie entsteht dadurch, dass Sterne mit $M > 3\,M_\odot$, deren Hüllen nach Beendigung des zentralen Wasserstoffbrennens sehr schnell bei ungefähr gleichbleibender Leuchtkraft expandieren und damit bis auf eine effektive Temperatur um die 5000 K abkühlen, den Bereich im HRD, den man als „Unterriesenast" (Sub Giant Branch, SGB) bezeichnet, in kurzer Zeit (einige 10^6 Jahre) durchwandern. Die Wahrscheinlichkeit, sie in diesem Entwicklungszustand anzutreffen, ist gering. Deshalb ist der SGB im HRD auch nur schwach mit Sternen besetzt (Abb. 5.16).

5.3 Wichtige nukleare Brennphasen im Laufe der Sternentwicklung

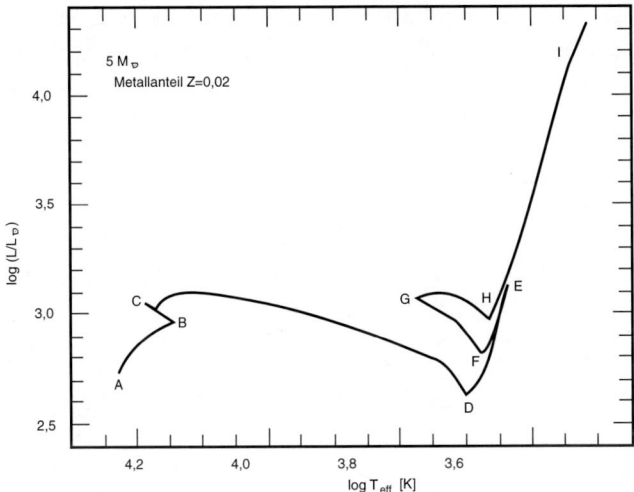

Abb. 5.16 Entwicklungsweg eines Sterns von 5 Sonnenmassen im HRD

Bei ihrer Wanderung mehr oder weniger horizontal zur Temperaturachse des HRD kreuzen Sterne intermediärer Masse bis zu dreimal eine schmale Zone, die als Instabilitätsstreifen bekannt ist (s. Abschn. 2.5.4.2.8) Das betrifft besonders Sterne, die auf ihrem Entwicklungsweg einen ausgedehnten *blue loop* durchlaufen. Sie treten dann als Delta-Cepheiden in Erscheinung, die einen leuchtkraftabhängigen Pulsationslichtwechsel aufweisen, bei dem Leuchtkraft und Pulsationsdauer sehr genau miteinander korreliert sind. Der Pulsationslichtwechsel tritt dabei innerhalb der Entwicklungspunkte F und G sowie G und H auf. Ursache dafür ist der sogenannte Kappa-Mechanismus, der mit einer periodisch bedingten Änderung der Strahlungstransporteigenschaften (Stichwort Opazität) – in diesem Fall aufgrund der Heliumionisation $He^+ \rightleftharpoons He^{++}$ – in der Sternatmosphäre zu tun hat.

5.3.4 Fortgeschrittene thermonukleare Brennphasen

Die meisten Sterne beenden ihr „nukleares Zeitalter" entweder mit der Ausbildung eines He-Kerns oder, wenn ihre Masse dazu ausreicht, mit der Ausbildung eines CO-Kerns. Sie gehen dann, vereinfacht gesprochen, unter Abstoßung ihrer äußeren Hülle allmählich in einen Weißen Zwergstern über, der dann alle Zeit der Welt hat, um langsam auszukühlen. Unsere Sonne wird beispielsweise in $\approx$ 7,9 Mrd. Jahren genau auf diese Weise enden.

Die auf dem Triple-Alpha-Prozess folgende Phase energiefreisetzender Kernprozesse erfordert bereits Sterne mit einer Ausgangsmasse von mindestens

$\approx 5\,M_\odot$.[5] Nur sie sind in der Lage, in ihren teilentarteten Kernen das sogenannte „Kohlenstoffbrennen" zu zünden. Um schließlich alle physikalisch überhaupt möglichen Brennstufen in einem Sternenleben zu durchlaufen, benötigt ein Stern eine Ausgangsmasse von $\geq 8\,M_\odot$. Nur derartige Sterne sind in der Lage, neben dem Kohlenstoff-, Neon- und Sauerstoffbrennen auch noch das Siliziumbrennen zu zünden. Letztendlich beenden die massereicheren unter ihnen ($\geq 11\,M_\odot$) in Gestalt eines Typ Ia-Supernovaausbruchs ihr reguläres Sternenleben, wobei – je nach Ausgangsmasse des dabei kollabierenden finalen Fe-Kerns – ein Neutronenstern (Kernmasse zwischen $\approx 1{,}2\,M_\odot$ und $\approx 2{,}7\,M_\odot$), ein Schwarzes Loch (Kernmasse $\geq 2{,}7\,M_\odot$ bzw. ZAMS-Ausgangsmasse $\geq 25\,M_\odot$) oder, im Extremfall, nur „Explosionsschutt" (bei sogenannten Paarinstabilitätssupernova, $M^* \geq 140\,M_\odot$) übrig bleiben.

Eine wichtige Besonderheit der fortgeschrittenen Brennphasen besteht in der wachsenden Größe ihrer sie repräsentierenden Reaktionsnetzwerke. Genau genommen beginnen sich ab einer Temperatur von $\approx 10^9$ K die einzelnen Brennphasen immer mehr zu überlappen, sodass sie nicht mehr klar voneinander getrennt werden können. Auch die Zahl der möglichen Kernreaktionen nimmt rapide zu, sodass ein ständiges Umarrangieren der Kerne in der Brennzone stattfindet. Prozesse der Strahlungsdesintegration lassen eine Vielzahl leichter Nuklide entstehen, die bei den in der Brennzone herrschenden Temperaturen sofort wieder von anderen schwereren Kernen eingefangen werden. Endotherme und exotherme Reaktionen lösen sich dabei ab und der Nettoenergiegewinn wird mit steigender Kerntemperatur immer geringer. Schließlich enden die energieerzeugenden Fusionsprozesse bei $^{56}_{26}Fe$, welches sich dann bei genügend massereichen Sternen im Sternkern ansammelt. Photonenstöße und Plasmaschwingungen lassen in riesiger Zahl Neutrinos und Antineutrinos entstehen, die quasi ungehindert den Stern verlassen können, was wiederum dazu führt, dass in dieser Phase der Sternentwicklung die Neutrinoleuchtkraft weitaus größer wird als die radiative Leuchtkraft.

Im Vergleich zur Dauer des Hauptreihenstadiums sind die Zeitskalen der fortgeschrittenen Brennphasen äußerst kurz, sodass es schwierig bis vollkommen unmöglich ist, konkrete Sterne in derartigen Brennphasen in der Milchstraße aufzufinden. Erst wenn sie spektakulär als Supernova in Erscheinung treten, kann man manchmal noch nachträglich ältere Beobachtungsdaten von deren Vorgänger *(Progenitor)* recherchieren, wie es z. B. bei dem Stern Sanduleak −69.202 in der Großen Magellanschen Wolke gelungen ist, der bekanntlich im Jahre 1987 als Supernova (SN 1987a) explodierte.

---

[5] Die Massen hängen von der Ausgangsmetallizität der Sternmaterie und von einem etwaigen Masseverlust während der vorangegangenen Brennphasen ab. Entscheidend ist jedoch letztendlich die Masse des sich während des Heliumbrennens ausbildenden CO-Kerns, dessen Kontraktion ja die für das Kohlenstoffbrennen notwendige Temperatur und Dichte liefern muss.

5.3.4.1 Kohlenstoffbrennen

Sterne mit intermediärer Masse verlieren während ihres AGB-Stadiums aufgrund starker Sternwinde merklich an Masse. Sie können damit während der Phase des Heliumbrennens i. d. R. keinen genügend massereichen CO-Kern aufbauen, der zum Zünden der nächsten Stufe in der Reihe der energieerzeugenden Kernfusionsprozesse notwendig ist ($M_{core} > 1{,}06\,M_\odot$). Diese nächste Stufe ist das Kohlenstoffbrennen, welches eine Dichte von mindestens $3 \cdot 10^9$ kg/m^3 und eine Temperatur von mindestens $5 \cdot 10^8$ K zur Voraussetzung hat. Dazu ist eine Ausgangssternmasse (ZAMS) von wenigstens $7\,M_\odot$ notwendig (der genaue Wert ist ein wichtiger astrophysikalischer Parameter). Denn nur solche Sterne besitzen am Ende der Phase des Heliumbrennens einen genügend massereichen und teilentarteten CO-Kern, in dem im Zuge der Kernkontraktion eine oder mehrere „Kohlenstoffflashs" zünden können. Wenn die Ausgangsmasse von den in dieser Entwicklungsstufe angelangten Sternen zwischen $7\,M_\odot$ und $\approx 10\,M_\odot$ lag, spricht man von „Super-AGB-Sternen" (SAGB). Sie stellen die Sternpopulation dar, aus der die meisten Supernovae, die massivsten Weißen Zwerge und vielleicht auch die masseärmsten Neutronensterne in der Galaxie hervorgehen.

Beim Kohlenstoffbrennen verschmelzen jeweils zwei Kohlenstoffkerne bei einem Stoß zu einem neuen Kern, wobei verschiedene Reaktionskanäle möglich sind (hier nur die wichtigsten):

$$^{12}_{6}C + ^{12}_{6}C \rightarrow ^{24}_{12}Mg + \gamma \quad (+13{,}930\,\text{MeV}) \tag{5.106}$$

$$^{12}_{6}C + ^{12}_{6}C \rightarrow ^{23}_{11}Na + p \quad (+2{,}241\,\text{MeV}) \tag{5.107}$$

$$^{12}_{6}C + ^{12}_{6}C \rightarrow ^{20}_{10}Ne + ^{4}_{2}He \quad (+4{,}617\,\text{MeV}) \tag{5.108}$$

$$^{12}_{6}C + ^{12}_{6}C \rightarrow ^{23}_{12}Mg + n \quad (-2{,}599\,\text{MeV}) \tag{5.109}$$

$$^{12}_{6}C + ^{12}_{6}C \rightarrow ^{16}_{8}O + 2\,^{4}_{2}He \quad (-0{,}114\,\text{MeV}) \tag{5.110}$$

Für die Energiefreisetzung zur Aufrechterhaltung des hydrostatischen Gleichgewichts des Sterns sind in dieser Auflistung nur die Reaktionen Gl. 5.107 und 5.108 von Bedeutung. Die Reaktion Gl. 5.106, die zu Magnesium $^{24}_{12}Mg$ führt, besitzt eine zu geringe Reaktionsrate, als dass sie trotz ihrer höheren Energieausbeute signifikant zum Energiehaushalt eines SAGB-Sterns beitragen könnte.

Weiterhin beachte man, dass die letzten beiden Reaktionen endotherm sind, also Energie verbrauchen. Ganz wesentlich ist hier aber, dass die durch Gl. 5.109 und 5.110 beschriebene Umwandlung zweier Kohlenstoffkerne in das Mg-Isotop $^{23}_{12}Mg$ zu einem Neutronenfluss beiträgt, der sogenannte s-Prozesse initiiert, durch die durch Neutroneneinfang und damit assoziierte β-Zerfälle eine Vielzahl weiterer Elemente aufgebaut werden können. Die wichtigsten Neutronenlieferanten im Zuge des Kohlenstoffbrennens sind jedoch $^{22}_{10}Ne(^{4}_{2}He,n)^{25}_{12}Mg$ und, mit einer geringeren Ausbeute $^{21}_{10}Ne(^{4}_{2}He,n)^{24}_{12}Mg$. Auch die bei manchen Reaktionen freigesetzten Alphateilchen stehen natürlich wieder für weitere Kernreaktionen zur Verfügung. Sie werden beispielsweise in Reaktionen der Art $^{16}_{8}O(^{4}_{2}He,\gamma)^{20}_{10}Ne$ oder $^{20}_{10}Ne(^{4}_{2}He,\gamma)^{24}_{12}Mg$ verbraucht. Das Gleiche gilt natürlich auch für die bei manchen Reaktionen freigesetzten Protonen, die z. B. in Reaktionen der Art $^{12}_{6}C(p,\gamma)^{13}_{7}N$ bzw. $^{20}_{10}Ne(p,\gamma)^{21}_{11}Na$ verbraucht werden.

Die genaue Kenntnis der astrophysikalischen S-Faktoren und damit der Wirkungsquerschnitte der beiden für das Kohlenstoffbrennen wesentlichsten Reaktionen im Bereich des Gamow-Peaks bei $\approx 1{,}5 \pm 0{,}3$ MeV ist eine Grundvoraussetzung, um deren genaue Reaktionsraten und die damit im Zusammenhang stehenden Sternparameter (z. B. die bereits erwähnte Grenzmasse) berechnen zu können. Entsprechende Experimente im Rahmen der experimentellen nuklearen Astrophysik sind jedoch äußerst schwierig, sodass die in Sternmodellberechnungen einfließenden Reaktionsraten immer noch mit großen Fehlern behaftet sind (Strieder 2010). Insbesondere gilt es auch die Frage experimentell zu klären, inwieweit noch unbekannte bzw. theoretisch vermutete Resonanzen (Cooper et al. 2009) im Bereich des Gamow-Fensters der $^{12}_{6}C - ^{12}_{6}C$-Reaktion existieren.

Im Endstadium des Kohlenstoffbrennens besteht der Sternkern zu ca. 95 % aus Kernen der Elemente $^{16}_{8}O$, $^{20}_{10}Ne$ und $^{24}_{12}Mg$.

Alle Reaktionsprodukte der Reaktionen Gl. 5.106 bis 5.110 sind in der Lage, Alpha-Teilchen einzufangen und auf diese Weise weitere Elemente zu fusionieren. Man spricht hier in Anlehnung zum Triple-Alpha-Prozess einfach von „α- capture". So werden alle Elemente im Periodensystem, deren Kernladungszahl sich als ganzzahliges Vielfaches von Alpha-Teilchen ausdrücken lässt, also $Z = n \times \alpha$, „α-Elemente" genannt. Wenn also in einem Stern genügend $^{12}_{6}C$ fusioniert worden ist, können weitere Elemente durch α-Einfang gebildet werden, wie z. B.

$$^{12}_{6}C + ^{4}_{2}He \rightarrow ^{16}_{8}O + \gamma \tag{5.111}$$

$$^{12}_{8}O + ^{4}_{2}He \rightarrow ^{20}_{10}Ne + \gamma \tag{5.112}$$

$$^{20}_{10}Ne + ^{4}_{2}He \rightarrow ^{24}_{12}Mg + \gamma \tag{5.113}$$

$$^{24}_{12}Mg + ^{4}_{2}He \rightarrow ^{28}_{14}Si + \gamma \tag{5.114}$$

wobei Reaktionen über Gl. 5.113 in AGB-Sternen stattfinden können, da dort die äußere Schale des C/O-Kerns konvektiv ist und damit ins sie leicht Helium eingemischt werden kann.

5.3.4.2 Neonbrennen

Man könnte vermuten, dass der dem Kohlenstoffbrennen folgende nukleare Prozess das „Sauerstoffbrennen" ist, welches zum Zünden eine Materiedichte von $\approx 10^{10}$ kg/m³ und eine Zündtemperatur von $\approx 1{,}5 \cdot 10^{9}$ K benötigt. Das ist aber nicht der Fall. Denn „davor" rangiert noch die Reaktion

$$^{20}_{10}Ne + \gamma \rightarrow ^{16}_{8}O + ^{4}_{2}He \quad (-4{,}73 \text{ MeV}) \tag{5.115}$$

welche zwar endotherm ist, aber Alphateilchen für folgende exotherme Reaktionen liefert:

$$^{20}_{10}Ne + ^{4}_{2}He \rightarrow \,^{24}_{12}Mg + \gamma \quad (+9{,}316\,\text{MeV}) \tag{5.116}$$

$$^{24}_{12}Mg + ^{4}_{2}He \rightarrow \,^{28}_{14}Si + \gamma \quad (+9{,}984\,\text{MeV}) \tag{5.117}$$

$$^{23}_{11}Na + ^{4}_{2}He \rightarrow \,^{26}_{12}Mg + p \quad (+1{,}821\,\text{MeV}) \tag{5.118}$$

$$^{26}_{12}Mg + ^{4}_{2}He \rightarrow \,^{29}_{14}Si + n \quad (+0{,}034\,\text{MeV}) \tag{5.119}$$

Diese Reaktionen werden unter dem Begriff des „Neonbrennens" zusammengefasst. Die wichtigste Nettoreaktion lässt sich für das Neonbrennen kompakt wie folgt aufschreiben:

$$2\,^{20}_{10}Ne \rightarrow \,^{16}_{8}O + \,^{24}_{12}Mg \quad (+4{,}586\,\text{MeV}) \tag{5.120}$$

Sie besteht aus einer energiezehrenden Desintegration von Neonkernen zu Sauerstoffkernen, wobei das dabei freiwerdende Alphateilchen in einer energiefreisetzenden Reaktion von einem Neonkern eingefangen und zu einem Magnesiumkern umgewandelt wird.

Reaktionen der Art Gl. 5.115, bei denen ein Kern ein Photon absorbiert und dabei in zwei Teile zerplatzt, bezeichnet man ganz allgemein als Photodesintegrationsprozesse ($^{20}_{10}Ne$ besitzt bei Weitem die geringste Alphateilchenbindungsenergie). Sie werden ab Temperaturen von $\approx 10^9$ K wesentlich, bei denen dann genügend kurzwellige Gammaquanten mit der dafür erforderlichen Energie (hier $E_\gamma \geq 4{,}73$ MeV) vorhanden sind. Gerade in den letzten Brennstadien massereicher Sterne sind derartige Reaktionen immer wichtiger werdende Bestandteile von deren Reaktionsnetzwerken.

Als Ergebnis dieser Reaktionsnetzwerke baut sich aus dem CO-Kern, der als Ergebnis des Kohlenstoffbrennens entstanden ist, sehr schnell ein schwerer OMg-Kern im Zentrum des Sterns auf. Dabei wird ein durchaus wesentlicher Teil der darin freigesetzten Energie instantan durch Neutrinos abgeführt. Sie entstehen mit einer geringen Wahrscheinlichkeit u. a. bei Photonenstößen, die normalerweise zur Elektron-Positron-Paarbildung (und anschließender Annihilation) führen:

$$\gamma + \gamma \rightleftarrows e^- + e^+ \rightarrow \left(1\,\text{auf}\,10^{22}\,\text{Paarbildungsprozessen}\right) \nu_e + \bar{\nu}_e \tag{5.121}$$

Aber auch Plasmaschwingungen in der dichten Sternmaterie der Brennzonen sind hier höchst effektive Quellen von sogenannten Plasmaneutrinos (Stichwort Plasmonenzerfall in Neutrino-Antineutrino-Paare). Weitere Neutrinoquellen stellen die sogenannten „Bremsstrahlungsneutrinos" (wenn unter gewissen Bedingungen bei einer inelastischen Streuung eines Elektrons an einem Atomkern anstelle eines Gammaquants ein Neutrino-Antineutrino-Paar entsteht) und die durch Compton-Prozesse entstehenden Neutrinos dar.

Die genannten Reaktionen ergeben einen wichtigen Mechanismus, um schnell Energie aus den Kernen entwickelter massereicher Sterne abzuführen, und zwar mit dem Effekt, dass sich insbesondere ab dem Sauerstoffbrennen die Reaktions-

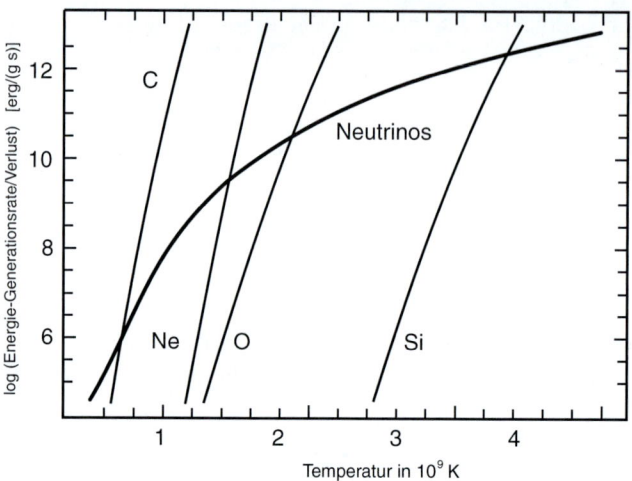

Abb. 5.17 Energieverluste durch Neutrinos während der letzten thermonuklearen Brennphasen entwickelter Sterne (Woosley et al. 2002)

raten erhöhen und die Sternkerne dadurch noch schneller ausbrennen. In diesem Stadium der Sternentwicklung kann schließlich die Neutrinoleuchtkraft die radiative Leuchtkraft des Sterns bei Weitem übersteigen. Bedingung dafür ist jedoch, dass im Sternkern die Elektronenentartung noch nicht zu weit fortgeschritten ist (Abb. 5.17).

Damit ein Stern das Neonbrennen zünden kann, muss er eine Masse von $\geq 11\,M_\odot$ besitzen. Dabei findet das Neonbrennen immer, – und zwar unabhängig von der Sternmasse, – in einem konvektiven Kernbereich statt. Gegen Ende der Brenndauer (sie liegt bei einem Stern mit $\approx 15\,M_\odot$ in der Größenordnung von einem Jahr und ist damit ca. 2000-mal kürzer als die Zeitdauer des Kohlenstoffbrennens) lagert sich das Neonbrennen zunehmend in eine Schale um den sich bildenden OMg-Kern aus, ohne jedoch das Schalenbrennen über den Zündzeitpunkt des nun folgenden Sauerstoffbrennens in einem für den Energiehaushalt des Sterns wesentlichen Maß aufrechterhalten zu können. Im Endstadium des Neonbrennens besteht der Sternkern zu ca. 95 % aus Kernen der Elemente $^{16}_{8}O$ und $^{24}_{12}Mg$.

5.3.4.3 Sauerstoffbrennen

Erreicht mit dem schwächer werdenden Neonbrennen der ca. $1\,M_\odot$ enthaltende MgO-Kern bei seinem Kollaps eine Temperatur von $\approx (1{,}5\ldots 2{,}6)\cdot 10^9$ K, dann zünden die folgenden primären Reaktionen

$$^{16}_{8}O + {}^{16}_{8}O \to {}^{31}_{15}P + {}^{1}_{1}H \quad (+7{,}678\,\text{MeV}) \tag{5.122}$$

$$^{16}_{8}O + {}^{16}_{8}O \to {}^{30}_{14}Si + 2\,{}^{1}_{1}H \quad (+0{,}381\,\text{MeV}) \tag{5.123}$$

$$^{16}_{8}O + {}^{16}_{8}O \to {}^{28}_{14}Si + {}^{4}_{2}He \quad (+9{,}594\,\text{MeV}) \tag{5.124}$$

5.3 Wichtige nukleare Brennphasen im Laufe der Sternentwicklung

$$^{16}_{8}O + {}^{16}_{8}O \rightarrow {}^{24}_{12}Mg + 2{}^{4}_{2}He \quad (-0{,}390\,\text{MeV}) \tag{5.125}$$

$$^{16}_{8}O + {}^{16}_{8}O \rightarrow {}^{30}_{15}P + {}^{2}_{1}H \quad (-2{,}409\,\text{MeV}) \tag{5.126}$$

$$^{16}_{8}O + {}^{16}_{8}O \rightarrow {}^{31}_{16}S + n \quad (+1{,}499\,\text{MeV}), \tag{5.127}$$

die in der Summe zusammen mit einer Vielzahl von Sekundärreaktionen, welche die bei den primären Reaktionen erzeugten leichten Teilchen konsumieren, als „Sauerstoffbrennen" bezeichnet werden. Ein solcher thermonuklearer Prozess ist bei einem Stern von $\approx 15\,M_\odot$ innerhalb von ca. 3 Jahren in der Lage, $\approx 90\%$ des anfänglich vorhandenen OMg-Kerns in einen Silizium-Schwefel-Kern umzuwandeln. Diese Zeitspanne ist bei nicht zu massiven Sternen oftmals länger als die vorangegangene Phase des Neonbrennens. Der Grund dafür liegt im hohen Sauerstoffanteil der Materie der Brennzone (ca. 70 %) und in der besseren Energieausnutzung der involvierten Reaktionen.

Der wesentlichste Reaktionskanal des Sauerstoffbrennens ist mit einem $\approx 60\%$ Anteil durch Gl. 5.122 gegeben, bei dem ein Proton freigesetzt wird. Anschließend wird der in dieser Stoßreaktion entstandene Phosphorkern über die sekundären Reaktionen $^{31}_{15}P({}^{1}_{1}H,\gamma){}^{31}_{16}S$ bzw. $^{31}_{15}P({}^{1}_{1}H,{}^{4}_{2}He){}^{28}_{14}Si$ entweder in einen Schwefel- oder in einen Siliziumkern umgewandelt. Der zweithäufigste Reaktionskanal ist durch Gl. 5.124 gegeben, welcher Alphateilchen für eine Vielzahl von Folgereaktionen liefert (Kippenhahn et al. 2012).

Abgesehen von $^{28}_{14}Si$ und $^{31}_{16}S$ produziert das Sauerstoffbrennen noch eine ganze Anzahl neutronenreicher Isotope wie $^{30}_{14}Si$, $^{35}_{16}S$ und $^{37}_{17}Cl$, was dazu führt, dass schließlich im entstehenden SiS-Kern die Anzahl der Neutronen die der Protonen übersteigt. Typische Reaktionen, die Einfluss auf den Neutronenüberschussparameter (Iliadis 2007)

$$\eta = \sum_i \frac{(N_i - Z_i)}{M_i} X_i \tag{5.128}$$

(N_i Neutronenzahl, Z_i Protonenzahl, M_i relative Atommasse in amu und X_i Masseanteil des Nuklids i im stellaren Plasma)
nehmen, sind u. a. $^{30}_{15}P(e^+ + \nu){}^{30}_{14}Si$ als Beispiel für einen β^+-Zerfall und $^{35}_{17}Cl(e^-,\nu){}^{35}_{16}S$ als Beispiel für eine Elektroneneinfangreaktion. Sie lassen η bei einem Stern von $\approx 15\,M_\odot$ bis auf einen Wert von $\approx 0{,}007$ anwachsen.

Neben dem „normalen" Sauerstoffbrennen gibt es auch noch ein „explosives" Sauerstoffbrennen, das immer dann stattfindet, wenn als Ergebnis eines Kernkollapses, der zu einer Supernovaexplosion führt, eine Schockwelle den Stern durcheilt und dabei kurzzeitig (d. h. für einige Zehntel sekunden) die Materie lokal auf mehr als 3,6 Mrd. K erhitzt. Dabei kommt es zu dem interessanten Effekt, dass bei diesen Temperaturen die Rate für die Photodesintegration von Sauerstoffkernen $^{16}_{8}O(\gamma,{}^{4}_{2}He){}^{12}_{6}C$ die Rate für die Bildungsreaktion $^{16}_{8}O + {}^{16}_{8}O \rightarrow {}^{32}_{16}S^*$ erreicht und übersteigt. Außerdem ist diese Form des „Brennens" für die Bildung der meisten Elemente/Isotope mittlerer Masse, d. h. derjenigen im Bereich zwischen Silizium und Kalzium, verantwortlich, die nicht selbst stabile Produkte des hydrostatischen Neon- und Sauerstoffbrennens sind.

5.3.4.4 Siliziumbrennen

Das Reaktionsnetzwerk, welches die ultimative Umwandlung von $^{28}_{14}Si$ in $^{56}_{26}Fe$ realisiert und in der Lage ist, dabei auch noch Energie freizusetzen, bezeichnet man als „Siliziumbrennen". Da in diesem Netzwerk einige tausend Reaktionen und einige hundert unterschiedliche Kerne/Isotope miteinander vernetzt sind, ergibt sich eine Komplexität, die sich nur mit hohem rechentechnischen Aufwand wirklichkeitsnah modellieren lässt. Insbesondere spielen bei den beim Siliziumbrennen realisierten extrem hohen Temperaturen ($T \geq 2{,}7 \cdot 10^9$ K bei $\rho \geq 3 \cdot 10^{10}$ kg/m^3) Photodesintegrationsprozesse eine entscheidende Rolle, da sie kontinuierlich kleinere Kernbruchstücke (z. B. in Form von Alphateilchen, aber auch von Protonen und Neutronen) liefern, die dann für eine Vielzahl weiterer Aufbaureaktionen zur Verfügung stehen.

Im Gegensatz zu den vorangegangenen Kernfusionsphasen sind Stöße der Art $^{28}_{14}Si + ^{28}_{14}Si$ bzw. $^{28}_{14}Si + ^{32}_{16}S$, die zu einer Fusion der genannten Kerne führen, aufgrund ihrer sehr hohen Coulomb-Barrieren (sie sind dem Produkt der Kernladungszahlen proportional) äußerst unwahrscheinlich. Der Weg zum Eisen muss deshalb über eine Vielzahl aneinander reihender Zwischenschritte erfolgen, von denen hier nur folgende exemplarisch vorgestellt werden sollen:

$$^{28}_{14}Si + ^{4}_{2}He \rightarrow ^{32}_{16}S + \gamma \tag{5.129}$$

$$^{32}_{16}S + ^{4}_{2}He \rightarrow ^{36}_{18}Ar + \gamma \tag{5.130}$$

$$^{36}_{18}Ar + ^{4}_{2}He \rightarrow ^{40}_{20}Ca + \gamma \tag{5.131}$$

$$^{40}_{20}Ca + ^{4}_{2}He \rightarrow ^{44}_{22}Ti + \gamma \tag{5.132}$$

$$^{44}_{22}Ti + ^{4}_{2}He \rightarrow ^{48}_{24}Cr + \gamma \tag{5.133}$$

$$^{48}_{24}Cr + ^{4}_{2}He \rightarrow ^{52}_{26}Fe + \gamma \tag{5.134}$$

$$^{52}_{26}Fe + ^{4}_{2}He \rightarrow ^{56}_{28}Ni + \gamma \tag{5.135}$$

Alle diese Reaktionen benötigen Alphateilchen, die unter den Bedingungen des Siliziumbrennens in großer Zahl durch Photodesintegrationsprozesse bereitgestellt werden. Die wichtigste Quelle ist hier die Photodesintegration des Siliziums selbst *(Silicon melting)*, die primär über folgende Reaktionskette erfolgt:

$$^{28}_{14}Si + \gamma \rightarrow ^{24}_{12}Mg + ^{4}_{2}He \tag{5.136}$$

$$^{24}_{12}Mg + \gamma \rightarrow ^{20}_{10}Ne + ^{4}_{2}He \tag{5.137}$$

$$^{20}_{10}Ne + \gamma \rightarrow ^{16}_{8}O + ^{4}_{2}He \tag{5.138}$$

$$^{16}_{8}O + \gamma \rightarrow {}^{12}_{6}C + {}^{4}_{2}He \quad (5.139)$$

$$^{12}_{6}C + \gamma \rightarrow 3{}^{4}_{2}He \quad (5.140)$$

Sie ist im Gegensatz zur Reaktionsfolge Gl. 5.129 bis 5.135 endotherm, was bedeutet, dass sie dem Sternenkern Energie entzieht. Wie weiter zu erkennen ist, lassen sich pro Siliziumkern maximal sieben Alphateilchen gewinnen, die dann in entsprechenden Einfangreaktionen zum Aufbau schwererer Elemente als Si genutzt werden können.

Viele der genannten Reaktionen stehen dabei miteinander im Gleichgewicht, sodass sich die Häufigkeit der Reaktanten im stellaren Plasma der Brennzone mit einer der Saha-Gleichung für Ionen äquivalenten Beziehung berechnen lässt. Es zeigt sich dabei, dass die letztendlich am häufigsten produzierte Kernspezies ganz wesentlich vom Neutronenexzess Gl. 5.128 im Sternkern abhängt, der sich ja bereits während des Sauerstoffbrennens ausbildet. Ist beispielsweise $\eta < 0{,}01$, dann wird das primäre Produkt des Siliziumbrennens $^{56}_{28}Ni$ sein. Erhöht sich dieser Wert beispielsweise auf mehr als 0,02, dann bildet sich primär $^{54}_{26}Fe$ und bei einem noch größeren η wiederum mehr $^{64}_{28}Ni$. Zusammenfassend kann man also feststellen: Siliziumbrennen zerstört im Wesentlichen das Silizium im Sternkern und produziert dabei Elemente der Nickel-Eisen-Gruppe, die das Silizium und den Schwefel im Sternkern schnell ersetzen.

Mit den sich immer mehr annähernden Raten der Aufbaureaktionen und der Photodesintegrationsreaktionen ergibt sich ein Zustand, in dem die Gleichgewichtsverhältnisse nicht mehr von den Reaktionsraten selbst, sondern nur noch von der statistischen Verteilung der nuklearen Bindungsenergien der Reaktionspartner abhängen. Einen derartigen speziellen Gleichgewichtszustand bezeichnet man als „nukleares statistisches Gleichgewicht" (Nuclear Statistical Equilibrium, NSE). Es ist näherungsweise in den Hochtemperaturabschnitten des Siliziumbrennens ($T = 3 \ldots 4 \cdot 10^9$ K) erfüllt, wo es unter den Bedingungen eines Neutronenexzesses die Bildung von Kernen gerade der Eisengruppe begünstigt (d. h. Fe, Co und Ni). Eisen ist dabei das Element, bei dem mit ≈ 8 MeV/Nukleon die maximal mögliche Bindungsenergie pro Nukleon erreicht wird (s. Abschn. 5.1) und damit in der Lage ist, seiner Photodesintegration bis hin zu einer Temperatur von $\approx 7 \cdot 10^9$ K erfolgreich zu trotzen. Ihre eigentliche Bedeutung erhält das NSE aber erst in den explosiven Phasen der Nukleosynthese, wie sie während eines Supernovaausbruchs stattfinden.

5.3.4.5 Prä-Supernovaentwicklung und Gravitationskollaps massereicher Sterne

Sterne, deren ZAMS-Masse 10 bis 11 $M_\odot$ übersteigt, sind im Laufe ihres Sternenlebens prinzipiell in der Lage, alle möglichen energieerzeugenden Kernfusionsphasen zu durchlaufen. Sie bauen letztendlich einen Fe-Kern auf, dessen Kollaps schließlich zu einem Supernovaausbruch führt. In diesem Zusammenhang ist es erst einmal von Interesse, mit welchen Zeitskalen man es hier zu tun hat. Unabhängig von der Ausgangsmasse verbringt ein Stern prozentual gesehen die

Tab. 5.4 Zeitdauer der einzelnen Brennphasen eines Sterns von $15\,M_\odot$. (Nach (Hirschi et al. 2004))

Brennphase	Brennstoff	Temperatur [K]	Dichte [kg/m³]	Produkte	Zeitdauer [a]
Wasserstoffbrennen	H	$3{,}5 \cdot 10^7$	$5{,}8 \cdot 10^3$	He	$1{,}13 \cdot 10^7$
Heliumbrennen	He	$1{,}8 \cdot 10^8$	$1{,}4 \cdot 10^6$	C, O	$1{,}34 \cdot 10^6$
Kohlenstoffbrennen	C	$8{,}3 \cdot 10^8$	$2{,}4 \cdot 10^8$	O, Ne	$3{,}93 \cdot 10^3$
Neonbrennen	Ne	$1{,}6 \cdot 10^9$	$7{,}2 \cdot 10^9$	O, Mg	3,08
Sauerstoffbrennen	O, Mg	$1{,}9 \cdot 10^9$	$6{,}7 \cdot 10^9$	Si, S	2,43
Siliziumbrennen	Si, S	$3{,}3 \cdot 10^9$	$4{,}3 \cdot 10^{10}$	Fe, Ni	7,8 Tage

meiste Zeit seines Lebens im Hauptreihenstadium. Die darauf folgenden Entwicklungsabschnitte – festgemacht an der jeweils zuletzt gezündeten thermonuklearen Brennphase – werden vergleichsweise immer kürzer, bis schließlich der bei diesen Sternen unausweichliche Kollaps ihres Eisenkerns nur noch Sekundenbruchteile dauert. Die folgende Tab. 5.4, die auf Modellrechnungen eines Sterns von $15\,M_\odot$ (ZAMS) beruht (Hirschi et al. 2004), zeigt exemplarisch die im Laufe der Zeit immer kürzer werdenden Brennabschnitte bis zur Beendigung des Siliziumbrennens. Die angegebenen Zeitdauern sind dabei nur Anhaltspunkte für die jeweilige Größenordnung, da sie im Detail stark von den zugrunde liegenden Modellparametern abhängen. Insbesondere hat bereits eine anfängliche Rotation des Sterns Auswirkungen auf die entsprechenden Werte.

Die rapide fallende Zeitdauer der fortgeschrittenen Brennphasen hat nicht nur etwas mit der anwachsenden energetischen Ineffizienz der entsprechenden thermonuklearen Reaktionen zu tun, sondern auch mit dem immer größer werdenden instantanen Energieverlust durch Neutrinos, deren freie Weglänge den Sterndurchmesser weit übersteigt. Er verringert zunehmend den radiativen Anteil der Leuchtkraft L_{tot}, die ja wiederum – über den Strahlungsdruck – den Stern hydrostatisch stabilisiert. Deshalb existiert auch eine direkte Proportionalität zwischen der Größe $L_{tot} = L_{rad} + L_\nu$ und der Dauer der Brennphase in Abhängigkeit der darin insgesamt realisierten Energiefreisetzungsrate.

Der Zentralbereich des Sterns selbst ist in Schalen unterschiedlicher chemischer Zusammensetzung unterteilt (sogenanntes „Zwiebelschalenmodell" der Kernbereiche massiver Sterne, s. Abb. 5.18), wobei die heliumbrennende Schale den darunter liegenden Kernbereich von der massiven äußeren Hülle des Sterns quasi abschirmt. Denn die in ihr enthaltene Masse ist zum einen größer als die Masse der unter ihr liegenden Schichten, und zum anderen ändert sich der aus dem Kern stammende thermische Fluss nur wenig im Verlauf der weiteren Evolution des Sterns. Dieser Kernbereich kann sich deshalb weitgehend unabhängig von der Sternhülle entwickeln, was konkret bedeutet, dass deren Temperaturänderungen

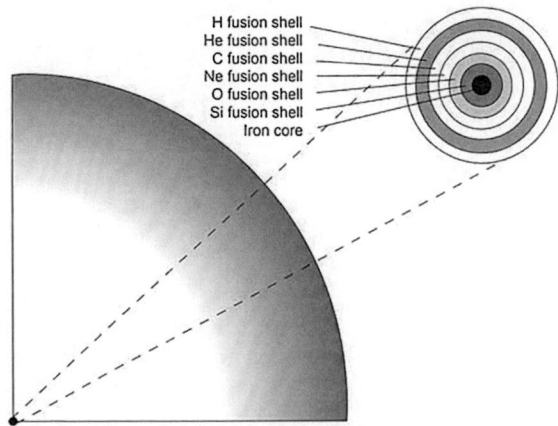

Abb. 5.18 Zwiebelschalenmodell *(onion model)* eines massiven Sterns. Es zeigt den Schalenaufbau eines massereichen Sterns kurz vor dem katastrophalen Ende des Siliziumkernbrennens

und die durchaus drastischen Dichteänderungen während der fortgeschrittenen Kernfusionsphasen so gut wie nicht auf die Sternhülle durchschlagen. Die heliumbrennende Schale schirmt auf diese Weise sehr effektiv die dramatischen Änderungen im Sternkern während der letzten Brennphasen nach außen hin ab, sodass sie quasi (d. h. bis die Supernova schließlich ausbricht) unbeobachtbar bleiben.

Die Energiefreisetzung des Sterns konzentriert sich dabei im größten Teil der Zeit in den Brennschalen, während ein zentrales „Kernbrennen" nur mehr episodisch auftritt. Die Regulierungsmechanismen zur Stabilisierung der Kernzone sind darüber hinaus etwas diffiziler als beispielsweise bei Hauptreihensternen, da die Energiefreisetzungsraten in den einzelnen Schalen unterschiedlich sind und die Neutrinokühlung im eigentlichen Kernbereich keine vernachlässigbare Größe mehr darstellt. Es kommt dabei im Wesentlichen immer auf das Ausmaß des Energieverlustes durch Neutrinos an, auf die der Sternkern entsprechend mit allen sich daraus ergebenden Konsequenzen (wie Kontraktion) reagieren muss.

In Abb. 5.19 ist der Verlauf von zentraler Dichte und Temperatur eines Sterns mit der Ausgangsmasse von $15\,M_\odot$ in einem Diagramm dargestellt, wie sie detaillierte Modellrechnungen von W.M. Sparks et al. (1980) ergeben haben. Es handelt sich bei dem Modellstern um einen Roten Überriesen mit einer effektiven Temperatur von ≈ 2630 K und einer Leuchtkraft von $\approx 43000\,L_\odot$. Die Entwicklung seiner Kernregion während der letzten 1693 Jahre seines regulären Sternlebens soll hier, – und zwar ohne zu sehr ins Detail zu gehen, – kurz nachgezeichnet werden. Dabei wird im Text auf die mit Großbuchstaben in Abb. 5.19 hervorgehobenen Punkte Bezug genommen.

Der Punkt A (zugleich Nullpunkt der Zeitskala) repräsentiert den Zustand des Sterns am Ende des Kohlenstoffkernbrennens, bei dem sich eine schwache wasserstoffbrennende Schale bei $m_r = 3{,}6\,M_\odot$, eine stärker brennende He-Schale

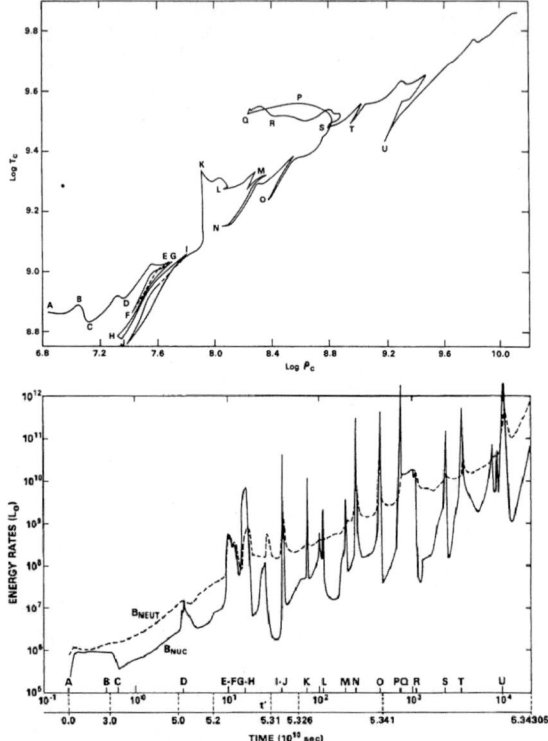

Abb. 5.19 Entwicklung der zentralen Temperatur und Dichte eines Sterns von ursprünglich 15 Sonnenmassen und (unten) die auf die Masse bezogene Energiefreisetzung im Vergleich mit dem durch Neutrinos bedingten Energieverlust als Funktion der Zeit. (Sparks und Endal 1980)

bei $1{,}74\,M_\odot$ und eine kohlenstoffbrennende Schale bei $m_r = 1{,}20\,M_\odot$ ausgebildet hat. Im Sternkern ist aufgrund der Neutrinokühlung eine leichte Temperaturinversion entstanden, sodass die maximale Kerntemperatur von $\approx 7{,}5 \cdot 10^8$ K bei $m_r = 0{,}22\,M_\odot$ erreicht wird.

Rund 1600 Jahre später kommt es in der kohlenstoffbrennenden Schale zu einem Flash im Sinne einer Leistungsexkursion (Punkt D), der zu einer schnellen Expansion des über der Schale liegenden Materials führt. In den folgenden 60 Jahren erhöht sich die Kerntemperatur zusehends, bis schließlich in der Schale $m_r = 0{,}41\,M_\odot$ das Neonbrennen zündet (Punkt E). Die damit verbundene Energiefreisetzung zündet kurz danach außerhalb des Kerns den Sauerstoff, wodurch sich ein konvektiver Bereich in der Brennzone bildet. Damit ist eine Expansion des Sternkerns und, damit assoziiert, eine Verringerung von dessen Temperatur und Dichte verbunden (Bereich zwischen E und F). Die Bedingungen innerhalb des Sterns ändern sich derartig, dass es kurz hintereinander zu mehreren Ne-O-Flashs in unterschiedlichen Masseschalen kommt, welche jeweils die nukleare Energiefreisetzungsrate kurzzeitig äußerst stark ansteigen lässt (deutlich zu erkennen im Bereich zwischen E und M). So tritt ein vergleichsweise starker O-Flash bei $t = 1692$ a in der Masseschale $m_r = 1{,}25\,M_\odot$ (Punkt N) auf. Die damit verbundene Konvektionszone dehnt sich infolgedessen in die neonbrennende Zone und darüber hinaus aus, wodurch Ne in die Flashregion gelangen kann. Mit hoher Wahrscheinlichkeit erlischt dabei die kohlenstoffbrennende Schale, und die heliumbrennende Schale wird bei $m_r = 1{,}70\,M_\odot$ stabilisiert und konvektiv mit neuem Brennmaterial versorgt, was deren Energieoutput signifikant erhöht. Weitere Flashereignisse folgen.

Die letzte Phase vor dem finalen Kollaps wird durch eine Kontraktion des nun hauptsächlich aus Si, S und Ar bestehenden Sternkerns mit einer Masse von $\approx 1{,}6\,M_\odot$ eingeleitet. Das Schalenbrennen konzentriert sich in den Bereich der Masseschalen zwischen $m_r = 1{,}6\,M_\odot$ und $m_r = 1{,}7\,M_\odot$. Wird schließlich im Sternkern eine Temperatur von $\approx 3 \cdot 10^9$ K und eine Dichte von $6{,}5 \cdot 10^{11}$ kg/m^3 erreicht, was bei $t = 1693$ Jahre bei Punkt P der Fall ist, dann beginnt die kurze Ära eines rapide ablaufenden Siliziumbrennens, bei dem fast das gesamte Material des Sternkerns sukzessive in Eisen umgewandelt wird. Eine kurzeitig ausgebildete Konvektionszone, die sich vom Sternkern aus bis in die Massenschale $m_r = 1{,}3\,M_\odot$ erstreckt, garantiert dabei eine Umwälzung der im Sternkern konzentrierten Materie und damit auch eine fast vollständige Umsetzung von dessen ursprünglichem Inventar in Eisen. Ist das quasi geschehen (d. h., wenn der Anteil an Fe im Kern einen Wert von über 99 % erreicht hat), dann verschwindet am Punkt R die Konvektionszone wieder und der Kern beginnt unter Ausbildung einer siliziumbrennenden Schale zu kontrahieren. Am Punkt S tritt dabei noch in den entsprechenden Masseschalen ein Si-Flash und am Punkt T ein O-Flash auf, bis schließlich kurz vor dem endgültigen Kollaps noch ein äußerst schnell ablaufender Si-Flash am Punkt U zu einer rapiden Zunahme der Neutrinoleuchtkraft ($\approx 6 \cdot 10^{11}\,L_\odot$) des Sterns führt.

Wie man sieht, sind die Umwälzungen, die am Ende des „Sternenlebens" eines massereichen Sterns in seiner im Vergleich zum ganzen Stern winzigen Kernzone ablaufen, von hoher Dynamik auf kurzen Zeitskalen geprägt, die aber auf das äußere Erscheinungsbild des Sterns nur marginal Einfluss nehmen. Das ändert sich aber schlagartig, sobald der schwere Eisenkern gravitativ instabil wird und im freien Fall zu kollabieren beginnt. Dieser „Gravitationskollaps", der den Sternkern entweder in einen Neutronenstern oder in ein Schwarzes Loch überführt, hat dramatische Folgen für den „Rest" des Sterns, der auf diese Weise zu einer Supernova wird. Es lohnt sich deshalb, die grundlegenden Vorgänge, die in thermonuklearer Hinsicht im Vorfeld und während eines solchen Ausbruchs ablaufen, etwas näher zu betrachten.

5.3.4.5.1 Gravitationskollaps des Fe-Kerns

Unser Beispielstern von ursprünglich $15\,M_\odot$ besitzt kurz vor dem Supernovaausbruch eine Größe von ≈ 1020 Sonnendurchmessern (das entspricht etwa 80 % der optischen Größe des Roten Riesen Beteigeuze) und einen Fe-Kern von $1{,}66\,M_\odot$. Die sich am Ende seines „Sternenlebens" abzeichnenden dramatischen Ereignisse kündigen sich allmählich an. Nach Erreichen des NSE ändert sich der Adiabatenexponent γ dahingehend, dass er zusehends kleiner wird und sich dabei dem kritischen Wert von 4/3 (das ist der Wert für ein reines Photonengas) nähert. Der

Grund dafür ist primär in den immer effektiver werdenden Photodesintegrationsprozessen zu suchen. Als Reaktion darauf wird gemäß dem Virialsatz Gl. 4.17 der Sternkern dynamisch instabil und beginnt entsprechend zu kontrahieren. Die dabei freiwerdende Energie kann dabei anfänglich noch durch einen anwachsenden Neutrinostrom abgeführt werden. Aber es bahnen sich weitere Prozesse an, die die Schrumpfung des Sternkerns beschleunigen. In dem Moment, in dem der Fe-Kern endgültig seine hydrostatische Stabilisierung verliert, beginnt er schließlich im freien Fall zu kollabieren. Und das geschieht extrem schnell, denn für die Zeitdauer eines solchen Kollapses *(free-fall time)* gilt folgende Beziehung:

$$\tau_{FF} = \sqrt{\frac{3\pi}{32G\rho}} \qquad (5.141)$$

Mit einer zentralen Dichte von $\approx 7 \cdot 10^{11}$ kg/m³ ergibt sich daraus für die Dauer des Kollapses weniger als 0,08 s (d. h. die Implosionsgeschwindigkeit erreicht ca. 1/3 der Lichtgeschwindigkeit). Während dieser kurzen Zeitdauer findet ein Prozess statt, den man etwas salopp als „Neutronisierung" des Fe-Kerns bezeichnen kann. Solange die Masse des kollabierenden Sternkerns die Oppenheimer-Volkoff-Grenzmasse nicht übersteigt, wird der Entartungsdruck der dabei entstehenden Neutronen schließlich den Kollaps stoppen. Der Fe-Kern des Riesensterns hat sich dann bereits in einen schnell rotierenden Neutronenstern umgewandelt (Drehimpulserhaltung), und die dabei freigesetzte gravitative Bindungsenergie führt nun leicht zeitversetzt zu einer völligen Zerstörung der Sternhülle, d. h., aus dem Kernkollaps entwickelt sich das komplexe Phänomen einer (in diesem Fall „hydrodynamischen") Supernova.

Der endgültige Kollaps selbst wird im Wesentlichen von zwei Kernprozessen eingeleitet und begleitet: der Photodesintegration des Eisens und der Umwandlung der Protonen durch Elektroneneinfang in Neutronen.

Bereits vor Beginn des Kollapses werden die thermischen Photonen so energiereich, dass sie beginnen, das Ergebnis von mehreren hunderttausend Jahren andauernder Kernfusionsprozesse quasi wieder rückgängig zu machen, indem sie die Eisenkerne gemäß der Reaktionsgleichung

$$\gamma + {}^{56}_{26}Fe \rightarrow 13\, {}^{4}_{2}He + 4n \quad (-124{,}4\,\text{MeV}) \qquad (5.142)$$

nach und nach in leichtere Kerne und diese schließlich in Heliumkerne zerlegen. Die Häufigkeiten dieser leichten Kerne lassen sich mittels einer der Saha-Gleichung analogen Gleichung in Abhängigkeit der Temperatur berechnen und auf diese Weise ihre Konzentrationen im Kernbereich des Sterns ermitteln. Dabei wird selbstverständlich berücksichtigt, dass durch Anlagerung von Alphateilchen an leichte Kerne auch entsprechende Aufbaureaktionen auftreten. Nur verschiebt sich mit steigender Temperatur das Gleichgewicht zwischen Zerfall und Aufbau derartig, dass es bei immer leichteren Kernen zu liegen kommt. Und auch die Heliumkerne werden teilweise mittels Photonen in ihre elementaren Grundbausteine aufgespalten:

$$\gamma + {}^{4}_{2}He \rightarrow 2\, {}^{1}_{1}H + 2n \quad (-26{,}7\,\text{MeV}) \qquad (5.143)$$

Die genannten Photodesintegrationsprozesse untergraben die Stabilität des Fe-Kerns so nachhaltig, dass er instabil wird und schließlich unter seinem eigenen Gewicht zusammenbricht. Der Grund dafür ist, dass die Reaktionen Gl. 5.142 und 5.143 endotherm verlaufen und die Energie für diese Art der Desintegration der inneren Energie der Sternmaterie entnommen werden muss, was wiederum den davon abhängigen, und den Sternkern hydrostatisch stabilisierenden Druck drastisch verringert. Der Sternkern wird also weiter kontrahieren und sich dabei weiter aufheizen, was wiederum die Photodesintegration befördert. Es handelt es sich hier – wie auch bei dem folgenden Vorgang des Elektroneneinfangs – um einen *runaway*-Prozess, der sich quasi selbst befeuert.

Der während des Kollapses maßgebliche energiezehrende Prozess ist jedoch der bereits erwähnte Elektroneneinfang. Darunter versteht man die Reaktion

$$p + e^- \rightarrow n + \nu_e, \tag{5.144}$$

bei der Protonen in Neutronen unter Abgabe eines Elektronenneutrinos umgewandelt werden. Es handelt sich hier um eine Umkehrung des bekannten Betazerfalls des freien Neutrons, weshalb man bei diesem Vorgang manchmal auch von einem „inversen Betazerfall" spricht. Diese „Neutronisation" der Sternmaterie kann bereits innerhalb schwerer Kerne stattfinden, die sich dabei zunehmend in Neutronencluster umwandeln und am Ende sich mit allen anderen Neutronen und Neutronencluster zu einem ca. 20 km großen „Neutronentropfen" – dem Neutronenstern – vereinigen. Die Bildung von Neutronencluster aus schweren Atomkernen wie $^{56}_{26}Fe$ erfordert Materiedichten oberhalb von $1,1 \cdot 10^{12}$ kg/m³, weil erst dann die Fermi-Energie der entartet vorliegenden Elektronen die energetische Barriere für den inversen Betazerfall eines in einem $^{56}_{26}Fe$-Kern gebundenen Protons erreicht ($E_F > 4{,}211$ MeV). Dieser Vorgang wird mit steigender Dichte immer effektiver, und die Energie der entarteten Elektronen wird in einem zunehmend stärker werdenden Neutrinoflash transformiert, wobei die Neutrinos den kollabierenden Sternkern mit (nahezu) Lichtgeschwindigkeit verlassen. Mit dem sukzessiven Verschwinden des entarteten Elektronengases schwindet natürlich auch dessen Beitrag am Druck, was den Kollaps weiter beschleunigt. Wenn man bedenkt, dass der kollabierende Fe-Kern ungefähr 10^{57} Elektronen enthält und jedes von einem Proton eingefangene Elektron ein Neutrino mit einer durchschnittlichen Energie von 10 MeV emittiert, dann wird innerhalb der wenigen Millisekunden, die solch ein Kollaps dauert, absolut gesehen eine Energie von $\approx 10^{45}$ J freigesetzt. Das ist ungefähr 1/10 der gravitativen Bindungsenergie, die beim Kollaps des Fe-Kerns (seine Größe ist etwas kleiner als die eines typischen Weißen Zwergs) zu einem Neutronenstern mit einem Radius von ca. 20 km entsteht. Aufgrund der hohen Dichte der sich bildenden Kernmaterie ist die freie Weglänge der Elektronenneutrinos kurz vor dem Stopp des Kollapses, d. h. bei einer Materiedichte in der Größenordnung von 10^{14} kg/m³, vergleichbar mit dem Durchmesser des nun auf einige Dutzend Kilometer geschrumpften Kerns. Sie sind jetzt in der Lage, mit der nachstürzenden Sternmaterie zu wechselwirken und auf diese Weise maßgeblich deren Dynamik mitzubestimmen.

Ein weiterer Vorgang, der erst bei sehr massereichen Sternen an Bedeutung gewinnt, ist die Erzeugung von Elektronen-Positronen-Paaren aus entsprechend energiereichen Gammaquanten. Die dabei entstehenden Teilchen besitzen selbst nur eine geringe kinetische Energie, weshalb ihr Beitrag am Elektronendruck vernachlässigbar bleibt, während die aus dem Strahlungsfeld verschwindenden Gammaquanten den Strahlungsdruck vermindern.

Klassifikation von Supernovae
Die astronomische Überlieferung berichtet, dass es Fritz Zwicky war, der in einer Vorlesung im Jahre 1931 am CalTech den Begriff der „Supernova" für kurzzeitig (einige Wochen) extrem leuchtkräftige Sterne prägte. Dabei hatte er den Stern S Andromedae im Hinterkopf, der im Jahre 1885 inmitten des Andromedanebels aufleuchtete und eine Helligkeit von 6 Magnituden erreichte. Damals wusste man schon die ungefähre Entfernung des Andromedanebels, sodass bereits eine kurze Überschlagsrechnung zeigte, dass S Andromedae ein Stern sein musste, der innerhalb weniger Dutzend Tage mehr Energie abstrahlt als es unsere Sonne in Millionen von Jahren vermag. Eine schlüssige Erklärung dafür gab es damals freilich noch nicht.

Später erkannte man, dass solche Sterne in der Vergangenheit auch in unserer Milchstraße aufgeleuchtet sind und dabei von Menschen (u. a. 1572 von Tycho Brahe und 1604 von Johannes Kepler; die erste registrierte Beobachtung einer Supernova geht auf das Jahr 185 n. Chr. zurück) beobachtet wurden. Da seit 1604 keine Supernova mehr in der Milchstraße beobachtet wurde, spricht man von sogenannten „historischen Supernovae" (Tab. 5.5).

Supernovae sind zwar seltene Erscheinungen (man rechnet in der Milchstraße im Schnitt mit einem Ausbruch aller 40 bis 60 Jahre). Leider bleiben davon viele hinter den dichten Gas- und Staubwolken im Bereich des galaktischen Zentrums verborgen. Aber immerhin kennt man mittlerweile rund 300 ihrer Hinterlassenschaften (die sogenannten „Supernovaüberreste") im beobachtbaren Teil unserer Heimatgalaxie.

Eine besonders nahe Supernovaexplosion war die Supernova mit der Bezeichnung SN 1987A, die im März 1987 in der Großen Magellan'schen Wolke aufleuchtete. Von ihr konnten mit irdischen Neutrinoteleskopen sogar etwas mehr als zwei Dutzend Neutrinos detektiert werden.

Die wesentlichsten und auch statistisch relevantesten Beobachtungsresultate stammen jedoch von extragalaktischen Supernovae, d. h. von Sternexplosionen, die in weit entfernten Galaxien aufleuchten und diese bisweilen sogar überstrahlen. Von ihnen sind mittlerweile bereits mehr als 10.000 Objekte katalogisiert worden, und wöchentlich kommen neue hinzu. Anhand ihrer spektralen Merkmale und Lichtkurven entwickelte Rudolph Minkowski 1941 ein Klassifikationsschema, das auch heute noch ver-

Tab. 5.5 Historische Supernovae und Supernovae der näheren galaktischen Umgebung

Jahr	Typ	Maximalhelligkeit	Entdecker	Überrest
185 n. Chr	I?	−8	Chinesen	RCW86
393	?	−1	Chinesen	
837	?	−8?	Chinesen	IC 443
1006	I	−10	Chinesen/Araber	PKS 1459-41
1054	II	−6	Chinesen/Japaner/Chaco Canyan Indianer	M 1 (Krebsnebel) Pulsar
1181	II?	−1	Chinesen/Japaner	3C48, Pulsar
1572	I	-4	Tycho Brahe	Tycho
1604	I	-3	Johannes Kepler/Galileo Galilei	Kepler
ca. 1680	II	+5?	Flamsteed	Cas A
M31				
1885	I	+6	Hartwig	
LMC				
1987	II	+2,9	Ian Shelton	SN 1987A

wendet wird und deshalb hier kurz vorgestellt werden soll. Damals wusste man noch nicht, dass es in Bezug auf die Ausbruchmechanismen zwei verschiedene Typen von Supernovae gibt, nämlich einmal die in diesem Abschnitt vorgestellten „hydrodynamischen Supernovae" (Kernkollapssupernovae) und zum anderen die „themonuklearen Supernovae", bei denen vor dem Ausbruch in einem Doppelsternsystem ein Weißer Zwerg so lange Materie von seinem Begleiter akkretiert, bis schließlich explosionsartig thermonukleare Reaktionen zünden, die den Weißen Zwerg förmlich zerreißen.

Supernovae werden, wie bereits erwähnt, primär nach ihrem Spektrum klassifiziert, wobei folgende Typen unterschieden werden:

Typ Ia

Supernovae diesen Typs verraten sich durch intensive He-Linien zur Zeit ihres Maximums bei völligem Fehlen von Wasserstofflinien. Wenn später die Helligkeit absinkt, findet man zusätzlich Linien von Metallen wie Fe und Co in ihren Spektren. Diese Art von Supenovae bilden, was die absolute Helligkeit ihres Maximums betrifft, im Wesentlichen eine sehr homogene Gruppe, weshalb sie in der extragalaktischen Astronomie auch als „Standardkerzen" zur Entfernungsbestimmung verwendet werden. Im Unterschied zu den folgenden Typen entstehen sie nur in Doppelsternsystemen, indem eine Komponente in Form eines CO-*white dwarfs* Materie von seinem Begleiter akkretiert, bis er soviel Materie aufgesammelt hat, dass seine Masse die Chandrasekhar-Grenzmasse erreicht. Mit dem „Instabilwerden" zünden thermonukleare Reaktionen, die den Weißen Zwerg vollständig zerstören (d. h., es bleibt hier kein irgendwie geartetes kompaktes Objekt in Form eines Neutronensterns übrig). Der Grund dafür ist folgender: Während genügend massereiche Sterne am Ende ihres Lebens einen Eisenkern besitzen, der nicht weiter fusionieren kann, besteht der Weiße Zwerg aus einem Kern potentiell fusionsfähigen Kohlenstoffs und Sauerstoffs. Beginnt dieser nun zu kollabieren, steigen Druck und Temperatur schnell an und erreichen Werte, bei denen explosives Kohlenstoff- und Sauerstoffbrennen möglich wird. Diese Stoffe werden in einer Reaktionskette schließlich zu $^{56}_{28}Ni$ „verbrannt". Die hierbei und in der Folge bei weiteren Kernreaktionen freigesetzte Energie lässt letztendlich den Weißen Zwerg explodieren.

Typ II
Dieser Typ zeichnet sich durch die Dominanz der Wasserstofflinien der Balmer-Serie in seinem Spektrum aus. Darüber hinaus findet man noch Linien von Mg, O und Ca, während Heliumlinien völlig fehlen. Diese Art von Supernovae beobachtet man hauptsächlich in den hellen Spiralarmen von Galaxien. Physikalisch sind sie das Ergebnis des Kernkollapses massereicher Sterne ($M^* \geq 8\,M_\odot$) mit ausgedehnten wasserstoffreichen Hüllen am Ende ihres kurzen Sternenlebens. Anhand weiterer spektraler Merkmale und der Gestalt ihrer Lichtkurve werden sie noch in eine Anzahl weiterer Untergruppen eingeteilt.

Typ Ib und Ic
Supernovae, die man dem Typ Ib zuordnet, besitzen besonders starke He-Linien in ihren Spektren, die im Typ Ic fehlen. In beiden Typen findet man weiterhin kaum Hinweise auf Wasserstoff. Dafür besitzen ihre Spektren auffällig starke Linien, die von O, Ca und Mg stammen. Sie sind das Ergebnis des Kernkollapses massereicher Sterne ($M^* \geq 25 M_\odot$), die in einem Wolf-Rayet-Stadium den größten Teil des Wasserstoffs ihrer Sternhülle durch Sternwinde verloren haben.

Hypernovae
Vor einiger Zeit wurde der Begriff der „Hypernova" in die astronomische Literatur eingeführt (Woosley und Weaver 1981). Er beschreibt extrem seltene Supernovaphänomene, die besonders in irregulären Starburst-Galaxien auftreten und deren (elektromagnetischer) Energieoutput 10^{45} J erreicht und teilweise sogar übersteigt. Je nachdem, ob in ihren Spektren Wasserstoff nachweisbar ist, werden sie in die Untertypen I (kein H) und II (H nachweisbar) eingeteilt. Dazu kommt noch ein spezieller Typ R, der sich durch eine Lichtkurve auszeichnet, deren Verlauf durch den Zerfall einer besonders

großen Menge $^{56}_{28}Ni$ ($\approx 4 - 5M_\odot$) bestimmt ist. Auch hier handelt es sich um spezielle Kernkollapssupernovae, bei denen ein Schwarzes Loch entsteht oder die den kollabierenden Stern unter Umständen völlig zerstören.

Einfacher dualer Bestimmungsschlüssel für die wichtigsten Supernovatypen anhand spektraler Merkmale

1 Balmer-Linien im Spektrum vorhanden	Typ II, hydrodynamisch
1* Balmer-Linien im Spektrum nicht nachweisbar	2
2 Si-Linien im Spektrum vorhanden	Typ Ia, thermonuklear
2* Si-Linien im Spektrum nicht nachweisbar	3
3 He-Linien im Spektrum vorhanden	Typ Ib, hydrodynamisch
3* He-Linien im Spektrum nicht nachweisbar	Typ Ic, hydrodynamisch

5.3.4.5.2 Supernovaausbruch

Der Kernkollaps hält so lange an, bis schließlich die Inkompressibilität der „Neutronenflüssigkeit" (bedingt durch die „Neutronenentartung") den Kollaps stoppt. Das geschieht ein klein wenig unterhalb des Gleichgewichtsradius des neu entstandenen Protoneutronensterns. Er wird also – wie eine zusammengedrückte Feder – sofort nach dem Stopp in seine reguläre Gleichgewichtslage zurückschwingen. Dies wird als „*core bounce*" bezeichnet, wobei eine überschallschnelle Kompressionswelle (Stoßwelle) in der nachstürzenden Materie erzeugt wird. Diese sich durch die Sternhülle hindurchfressende Stoßwelle ist zusammen mit den Neutrinos für die eigentliche Phänomenologie der entstehenden Supernova verantwortlich, indem sie die Implosion der Sternhülle in eine Explosion umkehren. Modellrechnungen zeigen, dass die ausgehende Schockwelle die durchlaufende Materie bis auf die Nukleonen dissoziiert, was sehr viel Energie erfordert (≈ 8 MeV/Nukleon) und die Stoßwelle bereits nach wenigen 100 km zum Stillstand bringt. Der sich aber unterhalb der Stoßfront ausbildende intensive Neutrinostrom schiebt sie jedoch wieder kräftig an, sodass vor der Stoßwelle die Materie weiter komprimiert, erhitzt und schließlich radial weggeschleudert und hinter der Stoßwelle turbulent/konvektiv verwirbelt wird. Dieses Phänomen ist der Ausdruck einer speziellen hydrodynamischen Instabilität, die als *standing accretion shock instability* bezeichnet wird. Sie treibt die zunehmend immer stärker ausgebeulte Stoßfront radial durch die äußere Sternhülle – der Stern explodiert förmlich (Abb. 5.20).

Da die mit der Neutrinoabsorption einhergehende „Neutrinoheizung" nicht überall gleich ist, bilden sich hinter der Stoßfront „heiße Blasen", die zu einer äußerst komplexen und weitgehend asymmetrischen Explosion führen. Aufgrund des riesigen Durchmessers des Riesensterns dauert es jedoch Stunden, bis sich die Wirkungen des Kernkollapses bis zur Sternoberfläche hindurchgearbeitet haben. Dann beginnt rasant die Leuchtkraft des Sterns anzusteigen, um im Maxi-

Abb. 5.20 Supernova 1994D in der a. 25 Mio. Lichtjahre entfernten Galaxie NGC 4526 im Virgo-Galaxienhaufen. Sie erreichte eine maximale scheinbare Helligkeit von 11,8 mag und wurde als Typ Ia – Supernova klassifiziert (HST)

mum einen Wert von ungefähr $10^{10}\, L_\odot$ zu erreichen (das entspricht immerhin der Leuchtkraft einer ganzen Galaxie!). Dieser im Detail äußerst komplexe Vorgang lässt sich inzwischen mittels dreidimensionaler numerischer Supernovamodelle auf Supercomputern recht gut simulieren und auf diese Weise sichtbar machen.

Stoßwellen haben die Eigenschaft, dass sie entlang ihrer Front die Materie verdichten und extrem aufheizen. Wenn sie sich also durch die einzelnen Sternschichten hindurchbewegen, sind sie eine Zeitlang in der Lage, in diesen Schichten verschiedene explosiv ablaufende thermonukleare Reaktionen zu zünden. Deren Energieoutput erhöht letztendlich die Leuchtkraft um viele Größenordnungen und lässt die Supernova hell aufleuchten. Außerdem bewirkt der vom zurückschwingenden Neutronenstern ausgehende erhöhte Neutronenfluss spezielle Neutronenanlagerungsreaktionen, die im Zusammenspiel mit Betazerfällen zur Entstehung einer Vielzahl von Elementen führen, die zum Teil weit oberhalb von $Z = 26$ (Fe) liegen (Stichwort: r-Prozess-Nukleosynthese). Ihr Zerfall zu stabilen Kernen noch während der ersten Expansionsphase der Sternhülle ist darüber hinaus eine weitere Energiequelle, die deren Explosion vorantreibt und die Leuchtkraft weiter anwachsen lässt bzw. einen nicht unerheblichen Anteil an ihr leistet. Eine wichtige Reaktion stellt in diesem Zusammenhang der Zerfall des während des Ausbruchs in großer Menge (ca. 0,1 $M_\odot$, bei sogenannten „Hypernovae" sogar bis zu 5 $M_\odot$) entstandenen Ni-Isotops $^{56}_{28}Ni$ in $^{56}_{27}Co$ dar, für den im Wesentlichen zwei Zerfallskanäle existieren – einmal in Form eines β^+-Zerfalls und zum anderen durch Elektroneneinfang:

$$^{56}_{28}Ni \rightarrow {}^{56}_{27}Co + e^+ + \nu_e + \gamma \quad (\tau = 6{,}1 \text{ Tage}) \tag{5.145}$$

5.3 Wichtige nukleare Brennphasen im Laufe der Sternentwicklung

$$^{56}_{28}Ni + e^- \rightarrow {}^{56}_{27}Co + \nu_e \tag{5.146}$$

Auch das Kobaltisotop $^{56}_{27}Co$ ist radioaktiv und zerfällt unter dem Einfluss der schwachen Wechselwirkung mit einer Halbwertszeit von deutlich längeren 78 Tagen in stabiles Eisen:

$$^{56}_{27}Co \rightarrow {}^{56}_{26}Fe + e^+ + \nu_e + \gamma \quad (\tau = 77{,}7 \text{ Tage}) \tag{5.147}$$

Aber auch Elektroneneinfang ist natürlich möglich:

$$^{56}_{27}Co + e^- \rightarrow {}^{56}_{26}Fe + \nu_e \tag{5.148}$$

Das genannte Ni-Isotop stellt gewissermaßen einen Energiespeicher dar, der den größten Teil seiner Energie während der ersten zwei Wochen des Supernovaausbruchs an die Sternmaterie abgibt und damit die Leuchtkraft über den ansonsten erreichbaren Maximalwert weiter ansteigen lässt. Dieser Anstieg ist in einer Supernovalichtkurve gewöhnlich recht gut zu erkennen. Der anschließende Zerfall des Kobalts, der sich gewöhnlich über mehrere Monate hinzieht, ist dagegen für den für eine Supernovalichtkurve charakteristischen langsamen Abstieg der Helligkeit bis hin zu einem mehr oder weniger deutlich sichtbaren Knick, der zu einem flacher werdenden Verlauf der Lichtkurve führt, verantwortlich.

Übrigens, nur etwa 0,001 % bis 0,01 % der gravitativen Bindungsenergie einer hydrodynamischen Supernova wird überhaupt in elektromagnetische Strahlung umgesetzt und legt quasi ihre optische Leuchtkraft fest. Weitere 1 % werden in die kinetische Energie des expandierenden Supernovaüberrestes transformiert (d. h. $\approx 10^{44}$ J), was gut mit deren beobachteten Expansionsgeschwindigkeiten, die in der Größenordnung von einigen 10^4 km/s liegen, kompatibel ist. Der Rest verteilt sich im Wesentlichen auf den enormen Neutrinostrom, der bei der Umwandlung eines stellaren Fe-Kerns in einen Neutronenstern entsteht.

5.3.5 s-, r- und p-Nukleosynthese

Energiefreisetzende Fusionsreaktionen sind aufgrund der nuklearen Bindungsenergien nur bis zum Element Eisen möglich. Energie aus Elementen höherer Ordnungszahl lässt sich unter bestimmten Umständen durch Kernspaltung *(fission)* gewinnen, was die Frage aufwirft, wie diese Elemente entstanden sind bzw. noch heute entstehen. Kernphysikalisch kommen dafür nur endotherme Neutronen-Anlagerungsreaktionen in Verbindung mit Betazerfällen infrage. Sie erfordern extrem hohe Neutronenflussraten, wie sie in der Natur nur während der thermonuklearen Brennphasen nach dem Wasserstoffbrennen und bei Supernova-Ausbrüchen auftreten. Nukleonenstöße, d. h. primär Stoßreaktionen von Kernen mit Protonen und Alphateilchen, führen in dieser Hinsicht aufgrund der stärker werdenden Coulomb-Barriere immer weniger zum Erfolg. Nuklidemit einer Massezahl über 60 können auf diese Weise kaum noch synthetisiert werden. Hier bieten sich Neutronen an, da die Coulomb-Barriere für sie nicht existent ist und sie zudem in Protonen zerfallen können, wodurch die Kernladungszahl eines Nuklids erhöht wird.

Die Neutroneneinfangreaktion kann allgemein folgendermaßen aufgeschrieben werden:

$$(Z, A) + n \to (Z, A + 1) + \gamma \qquad (5.149)$$

Solange der dabei entstehende neue Kern für längere Zeit stabil bleibt, kann dieser Vorgang bei Vorhandensein einer ausreichend intensiven Neutronenquelle fortgesetzt werden, bis das entsprechende Isotop schließlich unter dem Einfluss der schwachen Wechselwirkung zerfallen muss:

$$(Z, A + 1) + n \to (Z + 1, A + 1) + e^- + \nu_e \qquad (5.150)$$

Dieser Kern, der genau genommen ein neues Element darstellt, kann nun weitere Neutronen einfangen und damit seine Massezahl erhöhen, bis wieder ein Betazerfall auftritt etc. Auf diese Weise ergeben sich im Periodensystem Pfade, die zu immer schwereren Elementen führen. Das Element mit der größten Ordnungszahl, das natürlich auf der Erde vorkommt, ist ein spezielles Plutoniumisotop. Alle anderen Elemente mit Z > 94 sind allesamt künstlich gebildet worden, was nicht heißt, dass sie in violenten, hochenergetischen Prozessen im Kosmos nicht auch erzeugt werden. Ihre Lebensdauer (beschrieben durch die Halbwertszeit τ ihrer radioaktiven Zerfallsmodi) ist jedoch zu gering, um sich in der kosmischen Materie anzureichern.

Die wesentlichen Parameter, die derartige Reaktionen festlegen, sind zum einen die Halbwertszeiten der im Prozess involvierten radioaktiven Isotope und zum anderen die Zeit, die im Mittel verstreicht, bis ein Nuklid ein weiteres Neutron einfängt. Letztere Zeitskala hängt entscheidend von der Neutronenflussrate und von der Temperatur ab. Diese bestimmt auch, wie schnell die einzelnen Prozessschritte aufeinanderfolgen. Ist die Zeitskala für einen Neutroneneinfang bedeutend größer als die Halbwertszeit des entsprechenden Betazerfalls, dann spricht man von „langsamen" Prozessen, – abgekürzt durch ein „s" für *slow*. DerartigeNukleosynthese- Prozesse finden in schalenbrennenden Riesensternen statt.

Ist dagegen die Zeitskala für einen Neutroneneinfang bedeutend kleiner als die Halbwertszeit des entsprechenden Betazerfalls, dann spricht man von „schnellen" Prozessen und kürzt sie mit „r" für *rapid* ab. Sie treten nur während eines Supernovaausbruchs auf und sind dort für die Entstehung besonders schwerer Elemente verantwortlich.

Mittels s- und r-Prozessen lassen sich insbesondere neutronenreiche Kerne „fusionieren". uf der Isotopenlandkarte gibt es jedoch auch Nuklide, die sich durch einen Neutronenmangel auszeichnen. Sie sind zwar 10- bis 100-mal seltener als „normale" Nuklide, aber es gibt sie – was auch hier die Frage nach ihrer Entstehung aufwirft. Für diese Nuklide sind Kernreaktionen verantwortlich, die im Unterschied zu den s- und r-Prozessen als „p-Prozesse" bezeichnet werden, Diese Prozesse sind in der Lage, unter Ausnutzung der bei s- und r-Prozessen synthetisierten Nuklide protonenreiche und stabile Elemente oberhalb von A = 73 zu erzeugen. Beispiele für solche Nuklide sind $^{74}_{34}Se$ und $^{196}_{80}Hg$.

5.3 Wichtige nukleare Brennphasen im Laufe der Sternentwicklung

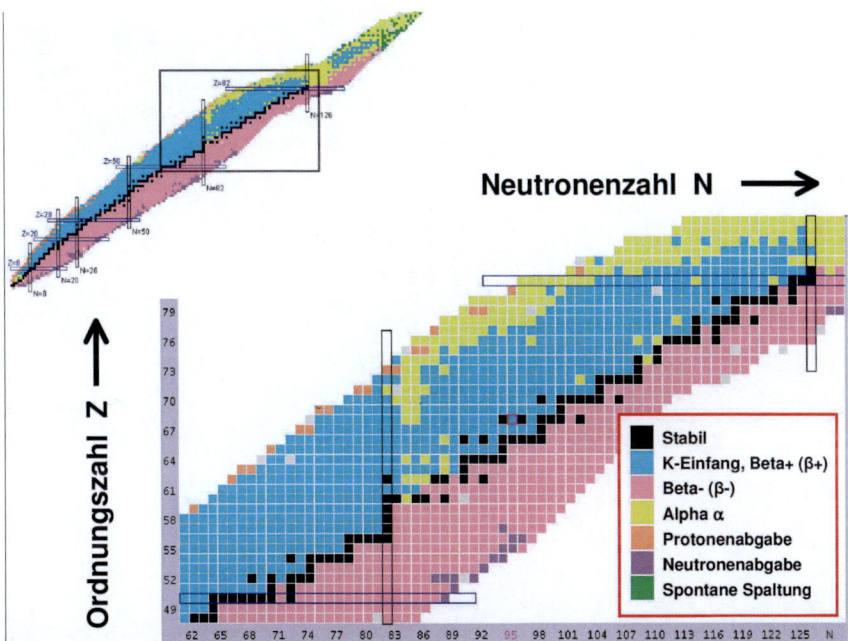

Abb. 5.21 Auschnitt aus der Nuklidkarte

5.3.5.1 Nuklidkarte

Trägt man alle bekannten (und eventuell theoretisch möglichen) Nuklide in eine Karte ein, deren Ordinate die Ordnungszahl (= Zahl der Protonen Z) und die Abszisse die Neutronenzahl (N = A-Z) abträgt, und färbt man die diskreten Punkte noch entsprechend der Art ihres radioaktiven Zerfalls ein, erhält man die sogenannte Nuklidkarte. Alle Isotope eines Elements liegen dann auf einer der Abszisse parallelen (waagerechten) Geraden. In Abb. 5.21 sind die stabilen Isotope schwarz dargestellt und bilden (besonders gut sichtbar in dreidimensionalen Nuklidkarten, in denen zusätzlich die Halbwertszeit eines radioaktiven Isotops entlang der z-Achse abgetragen ist) ein „Tal der Stabilität". Unterhalb dieses „Tals" sind die Beta-Minus-Strahler und oberhalb davon die Beta-Plus- sowie die Alpha-Strahler angeordnet.

Ein Kern, der ein Neutron einfängt, bewegt sich von seiner Position im Diagramm um einen Schritt nach rechts, wodurch er das „Tal der Stabilität" Schritt für Schritt verlässt. Die Wahrscheinlichkeit nimmt zu, dass ein Neutron im Kern einen Betazerfall „erleidet". Wenn das der Fall ist, dann erhöht sich die Kernladungszahl um eins, und das Nukleid wandert im Diagramm eine Position nach oben und wird damit zu einem neuen Element. Wenn sich Neutroneneinfang und Betazerfall abwechseln, kann der Kern langsam am rechten Rand des Stabilitätstals entlangwandern – und zwar maximal bis zur Position der Massezahl A = 210,

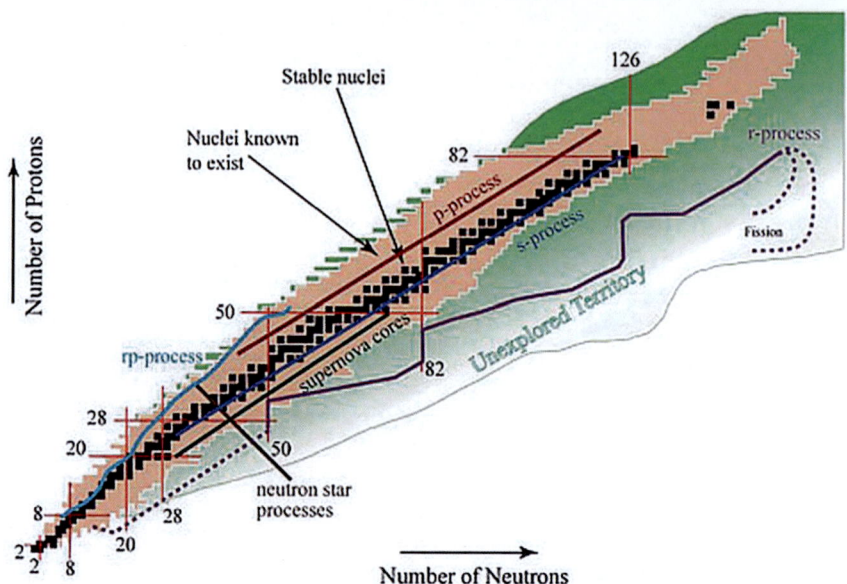

Abb. 5.22 Prozesspfade in der Nukleidkarte, die zu stabilen Elementen oberhalb von Eisen führen

deren Zerfall zyklisch immer wieder zum (stabilen) Element Bismut (Z = 83) zurückführt. Dieser „Abschlusszyklus" lässt sich kurz wie folgt notieren:

$^{209}_{83}Bi(n,\gamma)^{210}_{83}Bi(e^- + \nu_e)^{210}_{84}Po(^4_2He)^{206}_{82}Pb(n,\gamma)^{207}_{82}Pb(n,\gamma)^{208}_{82}Pb(n,\gamma)^{209}_{82}Pb(e^- + \nu_e)^{209}_{83}Bi \downarrow$

Auf dem Weg zu diesem Zyklus können, beginnend bei Elementen der Eisengruppe, eine ganze Anzahl stabiler Elemente mit Z > 26 entstehen, wenn die Neutronenflussdichte genügend groß ist und die Neutroneneinfangszeitskala größer ist als die Halbwertszeit des Neutronenzerfalls in Protonen, Elektronen und Elektronenneutrinos (s-Prozesse). Typische und in der kosmischen Elementehäufigkeit etwas herausragende stabile Nuklide, die auf diese Weise entstehen, sind $^{88}_{38}Sr$, $^{89}_{39}Y$, $^{90}_{40}Zr$, $^{138}_{56}Ba$, $^{139}_{57}La$, $^{140}_{58}Ce$, $^{141}_{59}Pr$, $^{208}_{82}Pb$ und schließlich $^{209}_{83}Bi$.

Wenn die Neutronenflussdichte so stark wird, dass – beginnend ab Fe-Kernen – das „Neutroneneinsammeln" schneller vonstattengeht als der Betazerfall, dann können extrem neutronenreiche Isotope und damit auch Elemente weitab der Bi-Grenze entstehen. Man denke hier beispielsweise an Uran $^{238}_{92}U$. Die denkbaren Wege dahin verlaufen weitab der Betastabilität auf der Flanke des steil nach rechts ansteigenden Stabilitätstals (r-Prozesse) (s. Abb. 5.22).

Auf der neutronenarmen linken Seite der Nuklidkarte gibt es stabile Kerne, die durch Neutroneneinfang und anschließenden Betazerfall nicht gebildet werden können. Für ihre Entstehung sind spezielle Kernreaktionen verantwortlich, zu denen der Protoneneinfang (p-Prozess) und der Kernphotoeffekt gehören.

Letzterer ist nur in Gebieten mit extrem intensiver Gammastrahlung effektiv, wobei Reaktionen der Form $[Z,A](\gamma,n)[Z,A-1]$, $[Z,A](\gamma,p)[Z-1,A-1]$ und, $[Z,A](\gamma,{}_2^4He)[Z-2,A-2]$ möglich sind. Außerdem gibt es noch den Prozess der Spallation, bei dem bei einem hochenergetischen Stoß ($E > 100$ MeV) ein Kern in zwei oder mehrere Teile zerschlagen wird. Das Nuklid ${}_2^3He$ wird wahrscheinlich ausschließlich durch derartige, in der Literatur manchmal auch als l- bzw. LiBeB-Prozesse bezeichnete inelastische Stöße produziert.

5.3.5.2 s-Prozesse

Langsam ablaufende Neutroneneinfangreaktionen benötigen selbstverständlich erst einmal als Stoßpartner freie Neutronen. Und zwar in so großer Zahl, dass derartige Reaktionen auch effektiv ablaufen können. Die Frage ist, durch welche nuklearen Prozesse in einem Stern eine entsprechend hohe Neutronenflussdichte erreicht wird und welche Voraussetzungen ein Stern dafür erfüllen muss. Die Hauptzweige energiefreisetzender thermonuklearer Reaktionen produzieren jedenfalls keine freien Neutronen, sodass man als deren Quelle spezielle sekundäre Reaktionen postulieren muss. Als wichtigste Neutronenquellen haben sich dabei folgende Reaktionen erwiesen:

$$ {}^{22}_{10}Ne + {}^4_2He \rightarrow {}^{25}_{12}Mg + n \qquad (5.151) $$

$$ {}^{13}_{6}C + {}^4_2He \rightarrow {}^{16}_{8}O + n \qquad (5.152) $$

Aber hier stellt sich die Frage nach dem Ursprung der Kerne ${}^{22}_{10}Ne$ und ${}^{13}_{6}C$, die ja offensichtlich keine primären Produkte des Heliumbrennens bzw. des C-Schalenbrennens (AGB-Sterne) darstellen. Es zeigt sich, dass aber während des AGB-Stadiums eines nicht zu massereichen Sterns Bedingungen eintreten können, die beispielsweise eine erhöhte Produktion von ${}^{13}_{12}C$ anhand der Reaktion

$$ {}^{12}_{6}C + p \rightarrow {}^{13}_{7}N + \gamma \qquad (5.153) $$

$$ {}^{13}_{7}N \rightarrow {}^{13}_{6}C + e^+ + \nu_e, \qquad (5.154) $$

die einen sogenannten „Protoneneinfang" darstellt, ermöglichen. Modellrechnungen zeigen, dass sie in der Zeit kurz nach dem dritten dredge-up auftreten. Beim dritten dredge-up erlöscht die wasserstoffbrennende äußere Schale und die Konvektionszone kann sich weiter in Richtung Sternkern ausbreiten und dabei schwerere Elemente, die sich in der heliumbrennenden Schale angesammelt haben, in der Sternhülle verteilen. Bei diesem Prozess, so vermutet man, wird auch eine entsprechende Menge von Wasserstoffkernen in die nichtkonvektive helium- und kohlenstoffreiche Zwischenschale diffundieren und ermöglicht damit die Reaktionen Gl. 5.153–5.154 und auf diese Weise schließlich einen starken Neutronenfluss gemäß der Reaktion Gl. 5.152. Bedingung ist, dass in der Reaktionszone Temperaturen um $0{,}8 \cdot 10^8$ K (≈ 8 keV) herrschen, was unter Berücksichtigung der Entwicklung von AGB-Sternen die Aufrechterhaltung eines Neutronenflusses von $\approx 10^{11}$ m^{-2}s^{-1} über ca. 10.000 Jahre ermöglicht (Bisterzo et al. 2015).

Den Ort der Reaktion $^{22}_{10}Ne(^{4}_{2}He,n)^{25}_{12}Mg$ vermutet man im Inneren bestimmter AGB-Sterne, die einen thermischen Puls erlitten haben. Er tritt immer dann auf, wenn das unterhalb der wasserstoffbrennenden Schale in einer Schicht angesammelte Helium so dicht und so heiß wird, dass seine Basis schließlich zum explosionsartigen Zünden des Triple-Alpha-Prozesses kommt. Dieser Vorgang kann sich in einem Stern mit Abständen von einigen 10^4 bis 10^5 Jahren durchaus mehrfach wiederholen, wobei die Anzahl dieser Wiederholungen primär von der Sternmasse und der Metallizität der Sternmaterie abhängt. In diesem Zusammenhang ist von Bedeutung, dass durch derartige Pulse eine konvektive Zone generiert wird, welche die im CNO-Zyklus angefallenen $^{14}_{7}N$-Kerne[6] in einen Bereich transportieren, in dem bei Temperaturen um die $2,7 \cdot 10^8$ K ($\approx$ 23keV) folgende Reaktionskette ablaufen kann:

$$^{14}_{7}N + ^{4}_{2}He \to ^{18}_{9}F + \gamma \qquad (5.155)$$

$$^{18}_{9}F \to ^{18}_{8}O + e^+ + \nu_e$$

$$^{18}_{8}O + ^{4}_{2}He \to ^{22}_{10}Ne + \gamma$$

$$^{22}_{10}Ne + ^{4}_{2}He \to ^{25}_{12}Mg + n$$

Der damit einhergehende Anstieg des Neutronenflusses führt kurzzeitig zu einer Teilchenzahldichte von $\approx 10^{16}$ Neutronen pro m^3 und zu einer über einige Jahre andauernden n-Exposition von $\approx 10^{-2} mb^{-1}$ (Iliadis 2007). Die Effektivität der damit einhergehenden s-Prozesse hängt stark und komplex von der Metallizität der involvierten Sternmaterie ab, was deren Modellierung in Sternmodellen erschwert. Auch Neutronenabsorber spielen eine gewisse Rolle, da sie in der Lage sind, die Neutronenzahldichte merklich zu verringern. Zu nennen sind hier Nuklide wie $^{3}_{2}He$ und auch $^{25}_{12}Mg$, die entweder einen großen Wirkungsquerschnitt in Bezug auf Neutroneneinfang besitzen oder in vergleichsweise hoher Konzentration vorliegen (wie $^{16}_{8}O$ im Zuge des Heliumbrennens). In diesem Sinn ist die Reaktionskette Gl. 5.155 *self-poisoning*, d. h., ihr Endprodukt ist in der Lage, den Neutronenfluss zu dämpfen. Dieser Effekt erlaubt übrigens die Erklärung gewisser Auffälligkeiten in der kosmischen Häufigkeitsverteilung mittelschwerer Elemente.

Eine empirische Prüfung von Modellrechnungen, die die s-Prozess-Nukleosynthese mit berücksichtigen, kann im Prinzip über die Häufigkeitsverteilung der produzierten s-Prozess-Nuklide mit A > 90 bis zu $^{208}_{82}Pb$ erfolgen, indem man sie mit der Elementehäufigkeitstabelle des Sonnensystems bzw. von präsolaren Partikeln *(presolar grains)* vergleicht (s-Prozesse produzieren etwa die Hälfte der Elemente mit Z > 26 (Fe)). Die Schwierigkeiten, die sich dabei ergeben, bestehen in der Unkenntnis der genauen chemischen Entwicklung unserer Milchstraße seit ihrer Entstehung, denn an den heutigen Elementehäufigkeiten, wie sie im Sonnen-

---

[6] Siehe Abschn. 5.3.2.2.

5.3 Wichtige nukleare Brennphasen im Laufe der Sternentwicklung

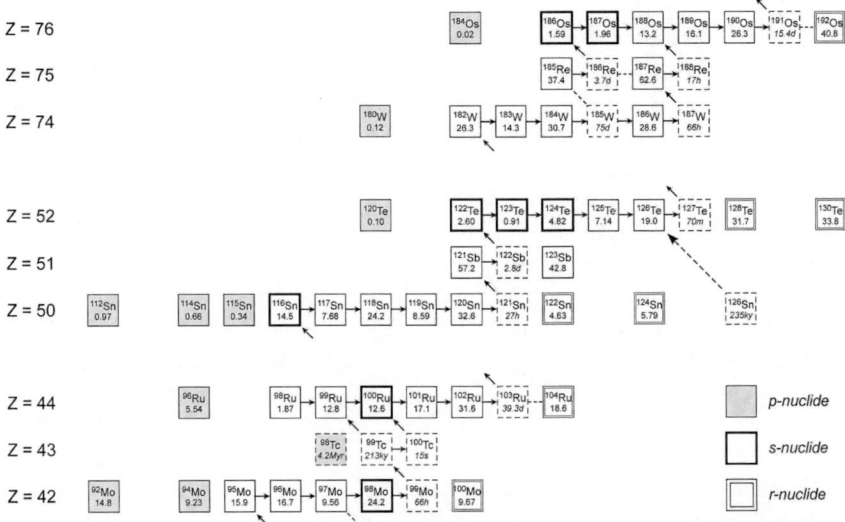

Abb. 5.23 Beispiele für s-Prozesswege in den Bereichen zwischen $Z=42$ und 44 (Ruthenium), $Z=50$ und 52 (Tellur) sowie $Z=74$ und 76 (Osmium)

system realisiert sind, haben viele Sterngenerationen mit jeweils unterschiedlicher Ausgangsmetallizität und Entwicklungswegen ihren Anteil.

Die folgende Abb. 5.23 zeigt als Beispiel Ausschnitte aus einigen Wegen (Mo–Tc–Ru, Sn–Sb–Te, und W–Re–Os) auf der Nuklidkarte, die bei s-Prozessen durchlaufen werden. Gestrichelte Boxen kennzeichnen radioaktive Nuklide (mit Halbwertszeiten). Sogenannte „s-Nuklide" (mit solarer Häufigkeit) werden durch fett gezeichnete Boxen dargestellt. Waagerechte Pfeile bezeichnen Neutroneneinfänge, die Massezahl A um eine Einheit erhöhen und schräge Pfeile Betazerfälle, welche die Massezahl A unbeeinflusst lassen, aber stattdessen die Ordnungszahl Z um eine Einheit vergrößern. Nuklide, die nicht durch s-Prozesspfade erreichbar sind, sind entweder speziell mit Doppelrahmen (d. h. sie entstehen ausnahmslos bei r-Prozessen) oder durch schattierte Kästchen (wenn sie durch Protoneneinfang gebildet werden) gekennzeichnet. Soweit sie stabil sind, sind auch hier die solaren Häufigkeiten angegeben (Böhlke et al. 2005).

Die Berechnung der Häufigkeiten der bei jedem Prozessschritt entstehenden Nuklide erfordert wieder die Lösung eines Gleichungssystems, das der Gl. 5.45 weitgehend analog ist und die genaue Kenntnis der jeweilgen Neutroneneinfangsquerschnitte (und eventueller Resonanzen) für gegebene Temperaturen und Neutronenzahldichten voraussetzt. Ihre Bestimmung ist eine wichtige Aufgabe der experimentellen Astrophysik.

5.3.5.3 r-Prozesse

Beim r-Prozess folgen die Neutroneneinfänge eines Kerns viel schneller aufeinander, als dass in diesem Zeitraum die dadurch gebildeten Nuklide wieder radioaktiv zerfallen könnten. Auf diese Weise bilden sich schnell Kerne großer Massenzahlen, aus denen dann anschließend, in Kaskaden von Betazerfällen, stabile Elemente wie $^{104}_{44}Ru$ und $^{100}_{42}Mo$ (um nur zwei zu nennen) entstehen. Auch langlebige radioaktive Elemente, die über den s-Prozess wegen der Bi-Schranke nicht erreichbar sind, können nur auf diese Weise gebildet werden. Typische Beispiele dafür sind die Uranisotope $^{235}_{92}U$ und $^{238}_{92}U$. Dazu sind jedoch so extrem hohe Neutronenflussdichten ($> 10^{26} m^{-2} s^{-1}$) erforderlich, die in weitgehend normalen stellaren Entwicklungsphasen nicht einmal ansatzweise zu realisieren sind. Nur bei Kernkollapssupernovae und bei der Verschmelzung zweier Neutronensterne in einem binären System sind Neutronenflussraten in der angegebenen Größenordnung zu erwarten. Theoretisch wurden insbesondere r-Prozesse in den neutrinogetriebenen Stoßwellen von Kernkollapssupernovae untersucht (s. z. B. Wanajo et al. (2001)) und als wahrscheinliche Orte für die Bildung schwerer Elemente identifiziert. Zwar reproduzieren die in den Modellrechnungen verwendeten umfangreichen Reaktionsnetzwerke in einigen wesentlichen Punkten nicht die solaren Elementehäufigkeiten (das betrifft u. a. die Überproduktion beispielsweise der Elemente Sr, Y und Zr), aber das Problem ist vielleicht in Zukunft lösbar (Wanajo und Shinya 2013).

Vom theoretischen Standpunkt sehr verlockend ist auch die Hypothese, dass r-Prozesselemente im Augenblick der Fusion zweier Neutronensterne in großer Menge entstehen (insbesondere Gold!). Umfangreiche Modellrechnungen stützen diese Annahme (s. z. B. Goriely et al. (2011)), und zwar insbesondere auch deshalb, weil die sich aus den Simulationen ergebenden Elementehäufigkeiten für A>140 sehr gut mit denen des Sonnensystems übereinstimmen. Der Grund dafür liegt in einer komplexen Prozessierung der gebildeten Nuklide, die innerhalb von Sekundenbruchteilen mehrfache Umwandlungen (Fissionen, radioaktive Zerfälle, wiederholte Neutroneneinfänge) durchmachen müssen, was schließlich zu einer von den Anfangsbedingungen relativ unabhängigen Elementehäufigkeitsverteilung führt. Die absolute Menge der einzelnen Elemente, die bei Neutronensternkollisionen in der Milchstraße nach diesem Modell im Laufe der Zeit entstanden sein müsste (was sich anhand der Elementehäufigkeitsverteilung abschätzen lässt), steht jedenfalls nicht im Widerspruch zur Abschätzung der Zahl der bis heute in der Milchstraße stattgefundenen Neutronensternkollisionen. Trotzdem gibt es ernsthafte Einwände gegen dieses Modell. Im Gegensatz zu Supernovaexplosionen kondensieren bei Neutronensternkollisionen keine Staubpartikel mit Elementen aus der r-Prozesskette (wie es in den expandierenden Hüllen von Supernovaexplosionen der Fall ist), was die Frage der Feinverteilung dieser Elemente in der interstellaren Materie aufwirft. Um hier Klarheit zu schaffen, ist noch viel Forschungsarbeit nötig.

Abb. 5.24 p-Nuklide sind von den s-Prozesswegen jeweils durch ein stabiles Isotop getrennt. (Rauscher et al. 2013)

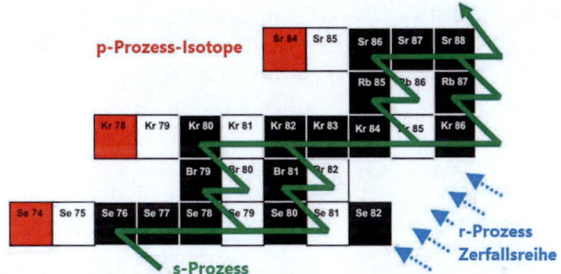

5.3.5.4 p-Prozesse

Protonenreiche Nuklide, die vom s- Prozessweg abweichen und damit links vom Stabilitätstal der Nuklidkarte liegen, können weder durch den s-Prozess noch durch den r-Prozess erzeugt werden. Hier sind insbesondere die Elemente mit Massezahlen $A \geq 74$ zu nennen (bis $^{196}_{80}Hg$), die prinzipiell nicht über s- und erst recht nicht durch r-Prozesse erreichbar sind. Ihre stabilen Isotope zeichnen sich durch eine im Vergleich zu den s- und r-Nukliden besonders geringe Häufigkeit im Sonnensystem aus (ungefähr 1/100 der benachbarten s- und r-Nuklide). Außerdem besitzen die p-Nuklide bis auf ganz wenige Ausnahmen jeweils geradzahlige Protonen- und Neutronenzahlen. Über ihre Entstehung und ihren Entstehungsort war man sich lange uneins, und auch heute gibt es noch nicht viele abschließende Erkenntnisse über die genauen Örtlichkeiten und Umstände ihrer Entstehungn. Ihr Ursprung beruht jedenfalls auf Protoneneinfangreaktionen und auf (unvollständigen) Photodesintegrationsprozessen (Abb. 5.24).

Protoneneinfangreaktionen erfordern eine protonenreiche Umgebung bei entsprechend hohen Temperaturen, denn es gilt ja den Coulomb-Wall entsprechender „Saatkerne" zu überwinden. Ein Beispiel dafür ist die Reaktion $^{91}_{41}Nb(p,\gamma)^{92}_{42}Mo$. Derartige Reaktionen werden gewöhnlich als (p,γ)-Reaktionen bezeichnet.

Reaktionen der Art (γ,p) und (γ,n) erfordern eine gammaquantenreiche Umgebung, wobei die Energie der Gammaquanten mindestens die Bindungsenergie des im Kern am schwächsten gebundenen Nukleons erreichen muss (beispielsweise $E > 2{,}3$ MeV für $^2_1H(\gamma,n)p$). Sie werden unter dem Begriff des „Kernphotoeffekts" zusammengefasst und stellen einen Akt der Photodesintegration eines Nuklids dar. Aufgrund ihrer besonderen Wichtigkeit bei der Bildung von p-Nukliden in extrem hochenergetischen ($T \approx 2 \ldots 3 \cdot 10^9$K) und explosiven Umgebungen spricht man neuerdings in der Literatur vermehrt von γ-Prozessen, wenn man genau diese Art von Photodesintegration meint.

Die Bildungsrate von p-Nukliden wird durch drei Bedingungen bestimmt, die auch Hinweise auf die Orte geben, an denen deren Entstehung wahrscheinlich ist. Der erste Parameter ist die Temperatur, und zwar als Funktion der Zeit, denn die beispielsweise für Protoneneinfangreaktionen und Photodesintegrationsprozesse nötigen Temperaturen werden in Sternen nur kurzzeitig bei explosiven Ereignissen erreicht. Im ersteren Fall spielt auch die lokale Protonendichte eine wichtige Rolle, da sie mit entscheidend die Effektivität der entsprechenden (p,γ)-Reaktionen festlegt. Und nicht zuletzt müssen genügend Ausgangsnuklide in Form von „Saatkernen" vorliegen, die zuvor in s-Prozessen synthetisiert worden sind.

Als Entstehungsgebiete der p-Elemente des Periodensystems werden gegenwärtig folgende Orte favorisiert diskutiert:

- Schalen massiver Kernkollapssupernovae („hydrodynamische Supernova"),
- Bereiche extremer „Neutrinowinde" während des Ausbruchs einer Kernkollapssupernova,
- thermonukleare Explosionen masseakkretierender Weißer Zwerge („thermonukleare Supernovae"),
- thermonukleare Reaktionen in einer dünnen Oberflächenschicht masseakkretierender Neutronensterne,
- Akkretionsscheiben um kompakte Objekte (z. B. Schwarze Löcher),
- Vereinigung von binären Neutronensternen.

Sie zeichnen sich alle durch physikalisch extreme Umgebungsbedingungen aus, wie sie innerhalb normaler Sterne nicht vorkommen.

Eine ausführliche Zusammenfassung des gegenwärtigen Erkenntnisstands in Bezug auf die astrophysikalischen Implikationen der Bildung von p-Nukliden findet man in Rauscher et al. (2013).

Evolution der Sterne

> *Stars are born, they live and they die. Filling the night sky like beacons in an ocean of darkness, they have guided our thoughts over the millennia to the secure harbor of reason.*
>
> Heinz R. Pagels (1939–1988), Perfect symmetry,

Schon Heraklit wusste: „Alles fließt". Dem schien der für den Menschen immer gleichbleibende Sternenhimmel entgegenzustehen, denn er galt bis in die Neuzeit hinein als Inbegriff des wahrhaft Unveränderlichen. Erst mit dem Aufkommen der Astrophysik im 19. Jahrhundert begann man zu erahnen, dass die Vielfalt der Sterne, festgemacht an ihrer Leuchtkraft und Temperatur, in Wirklichkeit das Abbild eines Gemischs von Sternen unterschiedlichen Alters und unterschiedlicher Masse ist, die heute unsere Milchstraße besiedeln. Das oft gebrauchte Analogon eines Volksfestes, bei dem sich Jung und Alt treffen und an deren Nebeneinander ein aufmerksamer Beobachter leicht die Entwicklung des Menschen vom Säugling bis zum Greis nachvollziehen kann, trifft auch auf die Sterne zu. Hier ist das „Volksfest" das Hertzsprung-Russell-Diagramm und die „Punkte" darin stellen Sterne mit unterschiedlichen Anfangsvoraussetzungen (Masse, Metallizität) und Entwicklungsalter dar. Nur ist es hier schwieriger, ohne genau zu wissen, wie Sterne „funktionieren", in diesem Diagramm Entwicklungslinien abzulesen. Man erinnere sich nur an die im Eingangskapitel (s. Kap. 1) vorgestellte Kontroverse, ob beispielsweise Rote Riesensterne eher am Anfang des Lebens eines Sterns stehen oder eher an dessen Ende. Das menschliche Leben ist einfach zu kurz, um (mit Ausnahmen) an einem individuellen Stern Entwicklungseffekte wahrnehmen zu können. Was aber in Beobachtungen sichtbar wird, ist die Entwicklung von Ensembles von Sternen, die Sternhaufen und Sternassoziationen bilden und bei denen es eine gute Arbeitshypothese ist anzunehmen, dass alle ihre Mitglieder ungefähr gleichzeitig und zusammen an einem bestimmten Ort unserer Galaxis entstanden sind und die jeweils ein unterschiedliches Entwicklungsalter aufweisen. Das ist so, als ob man auf der Erde einen Kindergarten, eine Schule, einen Betrieb und ein Altersheim besucht und die dortigen Menschen nach ihren Eigenschaften kategorisiert. Auf diese Weise erhält man aus Beobachtungen eines zeitlichen Istzustandes Informationen über das zeitliche Nacheinander einer Entwicklungssequenz. Und genauso gehen auch die Astronomen vor, indem sie die Eigenschaften einer Vielzahl von Sternen unterschiedlichen Alters ermitteln, um daraus quasi empirisch Informationen über deren Entwicklung abzuleiten. Auf diese Weise wurde beispielsweise in den 1920er-Jahren dann doch recht schnell klar, dass Rote Riesensterne nicht am Anfang, sondern mehr am Ende der Entwicklung „normaler" Sterne stehen müssen.

Mit der Ausarbeitung einer in sich schlüssigen, physikalisch begründeten „Theorie der Sterne" ergab sich schließlich ab den 1960er-Jahren die Möglichkeit, Entwicklungswege von Sternen rein rechnerisch über viele Millionen Jahre hinweg „am Computer" zu verfolgen, um auf diese Weise im Detail zu erforschen, welche Auswirkungen die mit den Energieerzeugungsprozessen einhergehenden Veränderungen in der Struktur und Chemie des Sterninneren auf ihr äußeres Erscheinungsbild haben. Insbesondere derartigen Modellrechnungen und dem Vergleich ihrer Ergebnisse mit den Beobachtungsdaten „echter" Sterne verdanken wir unsere mittlerweile sehr detaillierten Kenntnisse über die stellaren Entwicklungswege von der „Sterngeburt" innerhalb einer kollabierenden kalten Gas- und Staubwolke bis zu ihrem mehr oder weniger spektakulären Ende als Weißer Zwergstern bzw. Neutronenstern oder Schwarzes Loch.

Exakt formuliert umfasst die Theorie der Sternentwicklung die Untersuchung aller Prozesse, welche die zeitliche Änderung der physikalischen Basisdaten (Zustandsgrößen) der Sterne unterschiedlicher Ausgangskonfigurationen (festgemacht an der Ausgangsmasse M^*, der chemischen Zusammensetzung X der Sternmaterie und eventuell der Rotationsparameter (Drehimpuls) und intrinsischer Magnetfelder) betreffen. Man löst dazu die um die zeitliche Dimension erweiterten Grundgleichungen (s. Abschn. 4.5) und verfolgt die Modellentwicklung über entsprechende Zeiträume hinweg. Die Änderungen in der inneren Struktur können dann in sogenannten „Kippenhahn-Diagrammen" veranschaulicht und die Entwicklungswege im HRD verfolgt werden. Die Zeitskalen sind dabei oft an kritische Entwicklungsstufen anzupassen, um beispielsweise auch im Vergleich zum Sternenleben kurze Episoden wie *dredge-up*-Ereignisse, thermische Impulse, Flash-Ereignisse, Zeiten verstärkten Masseverlusts durch stellare Winde, das Durchwandern von Instabilitätsstreifen im HRD bis hin zu Supernovaexplosionen adäquat modellieren zu können. Im Folgenden sollen nun – beginnend mit der Sternentstehung – die Entwicklungslinien von Sternen verschiedener Masse bis hin zu ihrem „Sterntod", der sich in einem Übergang in eine der kompakten Endstadien Weißer Zwerg, Neutronenstern und Schwarzes Loch äußert, beispielhaft vorgestellt werden.

6.1 Evolutionäre Sternmodelle

In Abschn. 4.5 wurden die Gleichungen zusammengestellt, welche einem statischen Sternmodell zugrunde liegen (Gl. 4.106–4.108). Sie erlauben für einen Satz von Anfangs- und Randbedingungen die Berechnung des inneren Aufbaus eines Sterns für den Zeitpunkt, für den entsprechende Anfangsbedingungen vorliegen. Nun müssen Sterne, um stabil existieren zu können, permanent Energie abstrahlen, die sie in ihrem Innern durch exotherme thermonukleare Reaktionen bzw. in bestimmten instabilen Phasen durch Kontraktion freisetzen. Diese Energiefreisetzungsprozesse wiederum ändern mit der Zeit die physikalischen Bedingungen innerhalb des Sterns, was natürlich auf seine innere Struktur und sein äußeres Erscheinungsbild (dargestellt beispielsweise durch die Leuchtkraft L^*, die effektive Temperatur T_{eff} und den Sternradius R^*) Auswirkungen hat. Ergänzt man das genannte Gleichungssystem um diesen Aspekt und definiert man Zeitschritte, die so bemessen sind, dass sie diese Änderungen in der gewünschten Auflösung reproduzieren können, dann erhält man als Lösungen eine Serie von Sternmodellen, welche die zeitliche Entwicklung eines Einzelsterns reproduzieren. Solche Sternmodelle werden als „evolutionäre Sternmodelle" bezeichnet.

Um in ein Sternmodell die zeitliche Dimension zu integrieren, sind als Erstes die physikalischen Parameter zu identifizieren, die primär von der Zeit abhängen. Das betrifft einmal die „Energiefreisetzungsrate" ε (= Energiebetrag, der pro Masseelement und Zeiteinheit im Sterninneren effektiv erzeugt bzw. verbraucht wird), die nach Gl. 4.26 aus einem „nuklearen", einem gravitativen und einem Neutrinoanteil besteht, wobei die Neutrinos aufgrund ihrer extrem geringen Wechselwirkungswahrscheinlichkeit mit der Sternmaterie Energie quasi instantan abführen (deshalb negatives Vorzeichen) und damit den radiativen Anteil (Leuchtkraft) der Gesamtleistung des Sterns verringern. Im Modell ist der thermonukleare Anteil selbst von der Art der thermonuklearen Reaktionskette, der Temperatur $T(r)$ und den Masseanteilen X_i der an der Reaktion beteiligten Stoffe im betrachteten Masseelement $dm(r)$ abhängig.

Bei den folgenden Überlegungen sollen vorerst die erwähnten Neutrinoverluste vernachlässigt werden (sie machen bei der Sonne ca. 2 % der Gesamtleistung aus). Im statischen Fall wird der Energiebedarf des Sterns dann allein durch thermonukleares „Brennen" gedeckt, d. h. (s. Gl. 4.27)

$$\frac{dq}{dt} = \varepsilon_{nuc} - \frac{dL}{dm} \qquad (6.1)$$

wobei q wie üblich die erzeugte Wärme bezeichnet. Nach dem ersten Hauptsatz der Thermodynamik besteht bekanntlich ein Zusammenhang zwischen der inneren Energie u der stellaren Materie und der vom Gravitationsfeld bei einer Kontraktion (oder Expansion) geleisteten Volumenarbeit pdV:

$$dq = du + pdV = du - \frac{p}{\rho^2}d\rho \qquad (6.2)$$

Und damit für die zeitliche Änderung von q:

$$\frac{dq}{dt} = \frac{du}{dt} - \frac{p}{\rho^2}\frac{d\rho}{dt} = \varepsilon_{nuc} - \frac{dL}{dm} \qquad (6.3)$$

Wegen Gl. 4.26 ergibt sich daraus sofort für den gravitativen Anteil an ε:

$$\varepsilon_g = -\frac{du}{dt} + \frac{p}{\rho^2}\frac{d\rho}{dt} \qquad (6.4)$$

Die Energiegleichung Gl. 4.106c schreibt sich dann (hier inklusive der Neutrinoverluste):

$$\frac{dL(r)}{dm(r)} = \varepsilon_{nuc} - \varepsilon_{\nu} - \frac{du}{dt} + \frac{p}{\rho^2}\frac{d\rho}{dt} \qquad (6.5)$$

Man beachte, dass sowohl die nukleare Energiefreisetzungsrate ε_{nuc} als auch die Energieverlustrate durch Neutrinos ε_{ν} selbst wieder Funktionen des Drucks p, der Temperatur T und der chemischen Zusammensetzung x_i sind (i indiziert hier alle im stellaren Plasma enthaltenen Nuklidarten).

In evolutionären Sternmodellen ist weiterhin die Gleichung für das hydrostatische Gleichgewicht Gl. 4.106a um einen Term zu erweitern, der die Beschleunigung von Radiusänderungen der Massenschalen berücksichtigt:

$$\frac{dP}{dm} = -\frac{Gm(r)}{4\pi r^4} - \frac{1}{4\pi r^2}\frac{d^2 r}{dt^2} \qquad (6.6)$$

Die wichtigsten Änderungen betreffen aber die Änderungen der chemischen Zusammensetzung der einzelnen Bereiche eines Sterns im Laufe seiner Entwicklung aufgrund der thermonuklearen Elementesynthesereaktionen, wie sie in Abschn. 5.3 ausführlich beschrieben worden sind. Die in einem Volumenelement der Dichte ρ enthaltenen Nuklide i der Massen $m_i = A_i m_p$ und der Anzahldichten n_i legen jeweils den Masseanteil x_i des Nuklids i fest:

$$x_i = \frac{n_i m_i}{\rho} \qquad (6.7)$$

Da Nuklide sowohl erzeugt als auch zerstört werden können, ergeben sich mit den entsprechenden Reaktionsraten folgende i Gleichungen (s. Abschn. 5.2):

$$\frac{dx_i}{dt} = \frac{\rho}{m_p} A_i \left(-\frac{x_i}{A_i} \sum_{j,k} \frac{x_j}{A_j} \frac{\mathcal{R}_{ij,k}}{1+\delta_{ij}} + \sum_{k,l} \frac{x_l}{A_l} \frac{x_k}{A_k} \frac{\mathcal{R}_{kl,i}}{1+\delta_{kl}} \right) \qquad (6.8)$$

Sie erlauben die Berechnung der Gleichgewichtskonzentrationen aller in einem Volumenelement unter Gleichgewichtsbedingungen enthaltenen Nuklide. Auch hier gilt, dass die Reaktionsraten genauso wie die nuklearen Energiefreisetzungsraten Funktionen des Drucks p, der Temperatur T und der chemischen Zusammensetzung x_i der Sternmaterie sind.

Evolutionäre Sternmodelle werden i. d. R. für verschiedene Ausgangsmassen und unterschiedlicher chemischer Zusammensetzung (um beispielsweise der

Populationszugehörigkeit genüge zu tun) berechnet. Ausgangspunkt kann dabei eine Vor-Hauptreihenkonfiguration sein (d. h. der Protostern befindet sich noch im Kontraktionsstadium und deckt allein seinen Energiebedarf durch ε_g) oder aber eine Konfiguration, in der die Kontraktion nach dem Zünden des Wasserstoffbrennens zum Stillstand gekommen ist ($\varepsilon_g = 0$) und der Stern seinen Energiebedarf von diesem Zeitpunkt an ausschließlich durch ε_n deckt. Man spricht in letzterem Fall von „Nullalter-Hauptreihenmodellen". Eine Massensequenz von derartigen Modellsternen definiert im HRD für eine jeweils vorgegebene chemische Zusammensetzung die Nullalter-Hauptreihe (ZAMS, Zero Age Main Sequence). Im Laufe der Sternentwicklung wird sich ein Stern mehr oder weniger schnell von seinem Ausgangspunkt auf der ZAMS entfernen und dabei einen mehr oder weniger komplizierten Weg durch das HRD nehmen, bis er schließlich einen von seiner Ausgangsmasse abhängigen stabilen Endzustand erreicht, für den dann im Wesentlichen $\varepsilon_g = \varepsilon_n = 0$ gilt. Solche Endzustände sind Weiße Zwerge, Neutronensterne und stellare Schwarze Löcher. Unter ganz seltenen Umständen (Stichwort: Paarinstabilitätssupernovae) kann es sogar passieren, dass von einem Stern am Ende seines Lebens nicht einmal ein Schwarzes Loch mehr übrig bleibt.

6.1.1 Visualisierung von Entwicklungsprozessen

Sternmodelle sind in situ erst einmal riesige Tabellen, in denen meist über eine dem Sternradius äquivalente Koordinate (i. d. R. das Verhältnis $x \equiv m(r)/M^*$, „Lagrange-Bild") die entsprechenden physikalischen Größen wie Temperatur, Druck, Energiefreisetzungsrate, Art des Energietransports, chemische Zusammensetzung etc. aufgelistet sind. Um Entwicklungsprozesse sichtbar werden zu lassen, ist es sinnvoll, einige der hier genannten Größen grafisch zu visualisieren. Es hat sich dabei eine Kombination von „Kippenhahn-Diagramm" und HRD bewährt, wobei man unter einem „Kippenhahn-Sternentwicklungsdiagramm" eine grafische Darstellung des radialen Aufbaus eines Sterns gegebener Masse (und einer vorgegebenen anfänglichen chemischen Zusammensetzung) entlang der Zeitachse versteht. Da im Laufe der Sternentwicklung der Sternradius um viele Größenordnungen variieren kann, wählt man in solch einem Diagramm anstelle des Radius die Lagrange-Koordinate x als Abszisse, wodurch in der Darstellung dieser Effekt unterdrückt wird. Im Diagramm werden dann entsprechend schraffiert (oder auch farbig) die Masseschalenbereiche gekennzeichnet, in denen Kernfusionsprozesse ablaufen, in denen bestimmte Elemente eine vorgegebene Konzentration übersteigen, in denen es zu Mischvorgängen kommt und in denen der Energietransport entweder konvektiv oder per Strahlung erfolgt. Jeder Ordinatenwert entspricht dabei einem Sternmodell (parametrisiert durch sein „Alter"), welches wiederum einen bestimmten Wert für die Leuchtkraft und die effektive Temperatur liefert – also einen definierten Datenpunkt im HRD. Alle derartigen Datenpunkte zusammen bilden schließlich eine Entwicklungslinie. Gewöhnlich werden darüber hinaus bestimmte eingreifende strukturelle Veränderungen im Sterninneren (Ausbildung von konvektiven Bereichen, Zünden oder Erlöschen bestimmter thermonuklearer Reaktionen) in beiden Diagrammen zusätzlich (z. B. mit Großbuchstaben) markiert. Da die verschiedenen thermonuklearen Brennphasen eines Sterns unterschiedlichen Zeitskalen folgen, muss gewöhnlich innerhalb des Diagramms die Ordinatenskalierung angepasst werden, was bei der Interpretation eines Kippenhahn-Entwicklungsdiagramms natürlich zu beachten ist.

Das folgende Beispieldiagramm in Abb. 6.1 ist der klassischen Arbeit von Rudolf Kippenhahn et al. aus dem Jahre 1965 über die Entwicklung eines Sterns von $5\,M_\odot$ entnommen und basiert auf einer Zeitserie von 400 Sternmodellen (Kippenhahn et al. 1965).

Eine weitere Art von Kippenhahn-Diagramm visualisiert den inneren Aufbau von Sternen verschiedener Masse zu einem gegebenen Zeitpunkt bzw. Entwicklungszustand. Hier wird als Abszisse wiederum die Lagrange-Koordinate x verwendet, aber über der Ordinate nicht die Zeit, sondern die Ausgangssternmasse aufgetragen. Abb. 6.2 zeigt ein Beispiel für ein derartiges Diagramm, in dem explizit die Lage der konvektiven Masseschalen von Nullalter-Hauptreihensternen in Abhängigkeit der Sternmasse dargestellt ist.

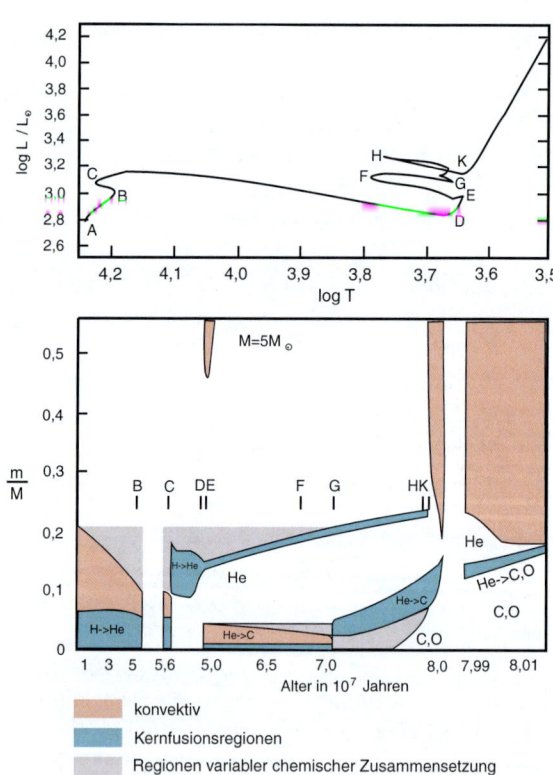

Abb. 6.1 Kippenhahn-Diagramm eines Sterns von $5\,M_\odot$ der extremen Population I. Dargestellt ist dessen Entwicklungsweg, beginnend mit dem Zünden des Wasserstoffbrennens, in Einheiten von 10^7 Jahren. „rötlich" dargestellte Bereiche kennzeichnen Gebiete im Stern, in denen konvektiver Massetransport vorliegt. Hellblaue Bereiche stellen Regionen im Stern dar, in denen thermonukleare Reaktionen mit einem $\varepsilon_n > 0{,}1\,\text{W/kg}$ stattfinden. Regionen mit variabler chemischer Beschaffenheit sind grau gekennzeichnet. Die Großbuchstaben korrespondieren mit den Punkten auf der Entwicklungslinie im HRD oberhalb des Kippenhahn-Diagramms. (Aus Kippenhahn et al. 1965)

6.1.2 Stellare Zeitskalen

Sternentwicklungsprozesse folgen verschiedenen „stellaren" Zeitskalen, die mit Änderungen in der mechanischen Struktur, mit Änderungen in der thermischen Struktur und mit maßgeblichen Änderungen in der stofflichen Zusammensetzung von Sternen zu tun haben. Sie beantworten beispielsweise Fragen der Art: Wie lange würde es dauern, bis ein Stern wie die Sonne zu einem Punkt kollabiert, wenn man in Gedanken den Druck – d. h. die Gegenkraft zur Gravitation – quasi ausschalten würde? Oder wie lange könnte die Sonne ihre heutige Leuchtkraft allein durch Kontraktion (Stichwort: Virialsatz) aufrechterhalten, wenn es keine nukleare Energiefreisetzung in ihrem Kern mehr gäbe? Wie lange benötigt eine Druckwelle, um einen Stern zu durchlaufen? Und natürlich die Frage, wie lange könnte ein Stern wie die Sonne ihre Leuchtkraft allein durch „Verbrennung" ihres gesamten Wasserstoffvorrats zu Helium aufrechterhalten? Die Zeitskalen, die sich als Antwort auf diese Fragen ergeben, sollen im Folgenden kurz vorgestellt werden.

6.1.2.1 Dynamische Zeitskala – Frei-Fall-Zeitskala

Die Bewegungsgleichung für Teilchen auf dem Sternradius R^*, der im freien Fall unter dem Einfluss des stellaren Gravitationsfeldes kollabiert, lautet

$$\frac{d^2 R}{dt^2} = -\frac{GM^*}{R^2(t)}, \tag{6.9}$$

wobei als Anfangsbedingungen $R(t=0) = R^*$ und $dR/dt(t=0) = 0$ zu setzen sind. Sie lässt sich folgendermaßen lösen. Aus

$$\frac{d}{dt}\left(\frac{dR}{dt}\right)^2 = 2\frac{dR}{dt}\frac{d^2 R}{dt^2}$$

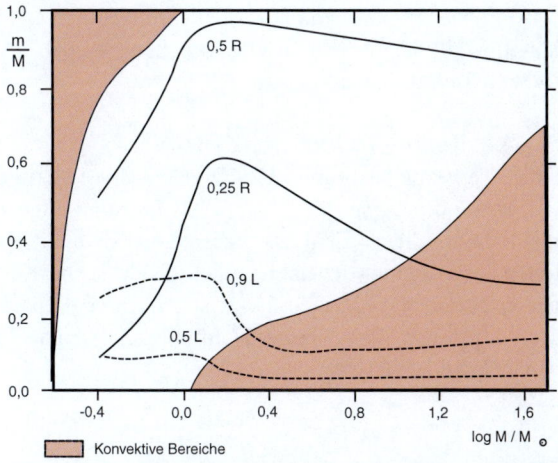

Abb. 6.2 Lage von konvektiven Bereichen in Sternen unterschiedlicher Masse auf der Nullalter-Hauptreihe. Die beiden durchgezogenen Kurven geben die m/M^*-Werte für ¼ und ½ des Sternradius an, die beiden gestrichelten Kurven kennzeichnen die Masseschalen, innerhalb derer 50 % bzw. 90 % der Leuchtkraft generiert werden. (Kippenhahn und Weigert 1990)

ergibt sich folgende leicht zu integrierende Beziehung:

$$\frac{d}{dt}\left(\frac{dR}{dt}\right)^2 = -\frac{2GM^*}{R^2}\frac{dR}{dt}$$

woraus sich unter Berücksichtigung der Anfangsbedingungen sofort

$$\frac{dR}{dt} = -\left(\frac{2GM^*}{R} - \frac{2GM^*}{R^*}\right)^{1/2}$$

ergibt (man wähle die negative Wurzel). Ihre Lösung liefert die Zeit, in der der Sternradius im freien Fall zu null geschrumpft ist:

$$\tau_{FF} = \frac{\pi}{\sqrt{8}}\left(\frac{R^3}{GM^*}\right)^{1/2} \qquad (6.10)$$

Diese Zeit wird als „Frei-Fall-Zeit" bezeichnet und ist mit Gl. 5.141 äquivalent. Sie spielt größenordnungsmäßig bei einer Vielzahl von astrophysikalischen Prozessen, bei denen die Schwerkraft dominiert, eine Rolle. Das betrifft beispielsweise die Kontraktion einer kalten interstellaren Gas- und Staubwolke („Molekülwolke") mit dem Ergebnis, dass aus ihr Protosterne „auskondensieren". Auch der Kollaps eines genügend massereichen Sternkerns, wenn er sich am Ende des Lebens eines Sterns nicht mehr durch einen entsprechenden Gegendruck stabilisieren lässt, erfolgt in der Frei-Fall-Zeit. Konkret bedeutet das, dass ein ungefähr marsgroßer Sternkern aus Fe innerhalb von Sekundenbruchteilen zu einem Neutronenstern mit einem Durchmesser von ~ 20 km kollabiert (s. Abschn. 5.3.4.5.1). Die dynamische Zeitskala legt aber auch die Zeitskala fest, in welcher ein Stern auf Abweichungen vom hydrostatischen Gleichgewicht zu reagieren in der Lage ist. Dieser Umstand spielt beispielsweise in der Astroseismologie eine nicht unbedeutende Rolle.

Man beachte, dass die „Frei-Fall-Zeit" gemäß Gl. 5.141 nur von der Dichte abhängt. Weiterhin erreichen alle Teilchen, formal gesehen, zur gleichen Zeit das (hier singuläre) Kollapszentrum.

6.1.2.2 Kelvin–Helmholtz-Zeitskala

Diese Zeitskala bestimmt, wie lange ein Stern allein durch Anzapfen seiner gravitativen Bindungsenergie E_G seine als konstant angenommene Leuchtkraft L^* aufrechterhalten kann. Er muss dazu gemäß dem Virialsatz kontinuierlich schrumpfen – ein Vorgang, der nach seinen Entdeckern „Kelvin–Helmholtz-Kontraktion" genannt wird. Das Verhältnis zwischen gravitativer Bindungsenergie und Leuchtkraft legt dann die „Kelvin–Helmholtz-Zeitskala" (auch „thermische Zeitskala" genannt) eines Sterns fest:

$$\tau_{KH} = \frac{E_G}{L} \approx \frac{GM^{*2}}{R^*L^*} \qquad (6.11)$$

Angenommen, im Sterninneren würden plötzlich alle thermonuklearen energiefreisetzenden Prozesse erlöschen. Dann könnte beispielsweise unsere Sonne noch rund 30 Mio. Jahre ihre heutige Leuchtkraft allein dadurch aufrechterhalten, dass sie langsam schrumpft und dabei immer heißer wird (man erinnere sich, jeweils eine Hälfte der bei der Kontraktion freigesetzten potentiellen Gravitationsenergie wird abgestrahlt und die andere Hälfte zur Erhöhung der inneren Energie des Sterns aufgewendet).

Stellare Entwicklungsprozesse, bei denen die gravitative Bindungsenergie angezapft werden muss, machen maximal 1 % der Lebensdauer eines Sterns aus. Der größte Teil davon entfällt auf die Vor-Hauptreihenentwicklung, die in Gänze von der Kelvin–Helmholtz-Kontraktion energetisch begleitet wird. Den Rest nehmen die zeitlich gleichsam vernachlässigbaren Epochen ein, in denen eine Kontraktion des Sternkerns Energiedefizite in der nuklearen Energiefreisetzung ausgleichen muss, um den Stern hydrostatisch stabil zu halten. Das ist immer dann der Fall, wenn der Kernbrennstoff in der Brennzone knapp wird und der Stern somit gezwungen ist, einen neuen, „höheren" Brennzyklus zu zünden.

6.1.2.3 Nukleare Zeitskala

Ein Stern besitzt nur einen begrenzten Vorrat an nuklearem Brennmaterial, welches er im Laufe seines Sternenlebens zur Deckung seines Energiebedarfs nutzen kann. Es reicht dabei für die folgenden Überlegungen aus, den Wasserstoffanteil an der Sternmaterie zu betrachten ($\approx 70\,\%$), da das Wasserstoffbrennen für einen Stern die effektivste Methode der Energiefreisetzung darstellt und die ihm folgenden Brennphasen energetisch immer ineffektiver und damit auch kürzer werden – soweit sie überhaupt noch zum Tragen kommen. Die nukleare Zeitskala ist dann ein Maß für den Zeitraum, in dem ein Stern seine Leuchtkraft ausschließlich durch thermonukleare Reaktionen – hier die Umwandlung von Wasserstoff in Helium – decken kann. Aus theoretischen Überlegungen ist bekannt, dass nur etwa 1/10 des gesamten im Stern vorhandenen Wasserstoffs thermonuklear zu Helium „verbrannt" werden kann, wobei die nukleare Energiefreisetzungsrate $\varepsilon_{nuc,g}$ bei $6{,}3 \cdot 10^{14}$ J/kg liegt. Im Fall der Sonne bedeutet das, dass $0{,}7 \cdot 0{,}1 = 0{,}07$ Masseanteile zur Energiefreisetzung mit der entsprechenden Rate genutzt werden können. Das sind mit $M_\odot = 1{,}98 \cdot 10^{30}$ kg insgesamt $8{,}73 \cdot 10^{43}$ J. Dividiert durch die Leuchtkraft $L_\odot = 3{,}846 \cdot 10^{26}$ W erhält man für die nukleare Zeitskala der Sonne $\tau_{NN} = 7{,}2 \cdot 10^9$ Jahre. Das ist zugleich eine grobe Abschätzung für die Zeit, die die Sonne in ihrem Hauptreihenstadium verbringt.

Wie folgende Tab. 6.1 zeigt, ist die nukleare Zeitskala stark masseabhängig, bedingt dadurch, dass die Leuchtkraft eines Hauptreihensterns stark mit der Masse zunimmt: Je größer die Sternmasse, desto schneller verbraucht er seinen nuklearen Brennstoff und desto kürzer ist seine Lebensdauer.

Formal lässt sich für die nukleare Zeitskala folgender Ausdruck aufschreiben:

$$\tau_{NN} = \frac{f x_H M^* \varepsilon_n}{L^*}, \tag{6.12}$$

Tab. 6.1 Nukleare Zeitskalen für Hauptreihensterne unterschiedlicher Masse

Spektraltyp	Masse in $M_\odot$	Leuchtkraft in $L_\odot$	τ_{NN} in Jahre
O5 V	60	$7{,}9 \cdot 10^5$	$5{,}5 \cdot 10^5$
B0 V	18	$5{,}2 \cdot 10^4$	$2{,}4 \cdot 10^6$
B5 V	6	$8{,}3 \cdot 10^2$	$5{,}2 \cdot 10^7$
A0 V	3	54	$3{,}9 \cdot 10^8$
F0 V	1,5	6,5	$1{,}8 \cdot 10^9$
G0 V	1,1	1,5	$5{,}1 \cdot 10^9$
K0 V	0,8	$4{,}2 \cdot 10^{-1}$	$1{,}4 \cdot 10^{10}$
M0 V	0,5	$7{,}7 \cdot 10^{-2}$	$4{,}8 \cdot 10^{10}$
M5 V	0,2	$1{,}1 \cdot 10^{-2}$	$1{,}4 \cdot 10^{11}$

wobei f den Bruchteil am Kernbrennstoff angibt, der überhaupt thermonuklear zur Energiefreisetzung genutzt werden kann. x_H ist der Wasserstoffanteil an der Gesamtmasse des Sterns.

Für die Zeitskalen der Sternentwicklung gilt immer die Beziehung $\tau_{NN} \gg \tau_{KH} \gg \tau_{FF}$. Fast alle Sterne, die wir beobachten, befinden sich in der τ_{NN}-Phase dieser Zeitskalen. Sehr kurze Entwicklungsphasen sind nur in seltenen Fällen beobachtbar und auch meist nur dann, wenn sie mit explosiven Erscheinungen wie einer Supernova-Explosion verbunden sind.

6.2 Sternentstehung

Die Sternentstehung ist erst einmal ein vollkommen normaler Vorgang im Zuge des kosmischen Materiekreislaufs, der aber an ganz spezielle Bedingungen geknüpft ist, die nicht in jeder Galaxie zu jedem Zeitpunkt gegeben sind. Man erkennt das u. a. daran, dass die Sternbildungsrate Σ_{SF} global gesehen zum einen eine Funktion des Weltalters ist und zum anderen von Galaxientyp zu Galaxientyp mit der jeweils im interstellaren Medium konzentrierten Materie korreliert (ISM, Interstellar Medium). Bezeichnet m_G die Menge an Gas, welche pro Zeiteinheit in einer Galaxie in Sterne überführt wird, dann ist

$$\Sigma_{SF} \sim -\frac{dm_G}{dt}. \qquad (6.13)$$

Gasreiche Galaxien haben dann verständlicherweise generell hohe Sternbildungsraten, während andere, die nur einen geringen oder so gut wie keinen nennenswerten Anteil an interstellarer Materie aufweisen, auch nur eine geringe bzw. kleine Sternbildungsrate besitzen. Diese Aussage wird noch etwas dadurch relativiert, dass nach Stand der Kenntnis nur bestimmte Gas- und Staubaggregationen zur Sternbildung fähig sind, nämlich kalte und massive „Wolken" aus molekularem Wasserstoff – die man aus diesem Grund auch ganz allgemein als „Molekülwolken" bezeichnet. Sie stellen die eigentlichen Geburtsstätten der Sterne in Galaxien von der Art unserer Milchstraße dar. Bereits rein optisch fallen sie auf Himmelsaufnahmen in Form von „Dunkelwolken" auf, da sie neben dem Gas noch eine Staubkomponente besitzen ($\approx 1\,\%$), die sehr effektiv in der Lage ist, das Licht der in und hinter der Wolke liegenden Sterne zu absorbieren. Nur IR-Strahlung wird vergleichsweise wenig abgeschwächt, sodass gerade die Infrarotastronomie in Zusammenarbeit mit der Mikrometerwellenastronomie als besonders geeignet angesehen wird, das Problem der Sternentstehung und der Vor-Hauptreihenentwicklung der Protosterne auf Seiten der Beobachtung in Angriff zu nehmen. Dazu kommt noch, dass die sich um Protosterne ausbildenden zirkumstellaren Scheiben die Geburtsorte von Planeten sind. Wie man heute nicht nur theoretisch, sondern auch empirisch gesichert zeigen kann, sind planetare Körper nichts anderes als Nebenprodukte der Sternentstehung. Wenn man also erforschen möchte, wie sich beispielsweise unser eigenes Planetensystem vor $\approx 4{,}56 \cdot 10^9$ Jahren gebildet hat, dann muss man sich vordergründig mit der Frage auseinandersetzen, auf welche Weise Sterne im Massebereich unserer Sonne im Kosmos entstehen. Gerade der gegenwärtige „Hype" in Bezug auf Exoplaneten hat die Frage der Sternentstehung und ihrer frühen Entwicklungsstadien zu einem zentralen Thema der modernen stellaren Astrophysik gemacht (s. z. B. Scholz 2014). Dabei hat sich gezeigt, dass zwar das „große Bild" richtig (Gravitationskollaps und Fragmentation einer Molekülwolke), aber der Vorgang der Sternentstehung im Detail äußerst komplex und in vielen Einzelheiten noch ungenügend erforscht ist (man denke nur an den Einfluss von die ISM durchsetzenden Magnetfeldern und an verschiedenskalige Turbulenzen innerhalb von Molekülwolken – um nur zwei Problemfelder zu nennen).

Grundsätzlich lassen sich anhand von Beobachtungen zwei Haupttypen von Sternbildungsprozessen identifizieren, nämlich den „spontanen" und den „stimulierten" Sternbildungsprozess. Der spontane Prozess tritt immer dann auf, sobald die Schwerkraft in einer interstellaren Gaswolke (genauer „Molekülwolke") die Kontrolle übernimmt und kleine Dichtefluktuationen innerhalb der Wolke aufgrund ihrer eigenen Schwerkraft zu kollabieren beginnen. Das ist immer dann der Fall, wenn eine Dichtefluktuation in der Gaswolke das sogenannte „Jeans-Kriterium" Gl. 6.21 erfüllt. Andererseits wird der stimulierte Sternbildungsprozess durch externe Faktoren in Gang gesetzt, wie zum Beispiel Stoßwellen, die eine Molekülwolke durchlaufen (ausgelöst durch Supernovaexplosionen), Kollisionen zwischen Gaswolken, Kompression durch expandierende H II-Regionen sowie Winde von massiven Sternen. Diese äußeren Einflüsse können den Kollaps von Gaswolken fördern und somit die Entstehung neuer Sterne induzieren. Beide Prozesse sind integraler Bestandteil des komplexen Geflechts der Sternentstehung, wobei die exakten Mechanismen noch Gegenstand der Forschung sind.

Im Folgenden soll ein kurzer und auf das Wesentliche beschränkter Überblick über das Thema gegeben werden, wobei sich die Darstellung auf die Entstehung von massearmen Sternen in unserer Milchstraße konzentriert. Eine umfassende Monografie, die ein besonderes Augenmerk auf Beobachtungen und ihre Interpretation legt, aber auch theoretische Modelle nicht ausspart, ist (Stahler und Palla 2008).

Die Theorie der Sternentstehung gehört zu den kompliziertesten und, wie bereits erwähnt, in vielen Details auch noch unverstandenen Teilgebieten der stellaren Astrophysik. Sie muss die grundlegenden Erkenntnisse in Bezug auf Gravitation, Thermodynamik, Hydro- und Magnetohydrodynamik, Atomphysik und Chemie sowie Strahlungstransport unter einen Hut bringen, um die extrem komplexen und in ihren Abhängigkeiten kaum zu übersehenden Prozesse adäquat beschreiben zu können, die den Weg von einer kalten turbulenten Molekülwolke über die Protosternbildung bis hin zu einem langzeitstabilen Hauptreihenstern säumen.

6.2.1 Interstellares Medium (ISM) und Molekülwolken

Das interstellare Medium, d. h. die Materie „zwischen den Sternen", wird vom Wasserstoff dominiert. Er ist bekanntermaßen das bei Weitem häufigste Element im Kosmos und kommt dort je nach Umgebungsbedingungen ionisiert, neutral, molekular oder, wenn auch vergleichsweise selten, in chemischer Verbindung mit anderen Elementen vor. Bekanntlich sind insgesamt 91,2 % aller Atome der Sonne Wasserstoffatome, die allein 71 % der Sonnenmasse ausmachen. Dann folgt Helium mit einem Anteil von 8,7 % an den Atomen und 27,1 % an der Sonnenmasse. Der „Rest" – die „Metalle" – werden von Elementen mit Z >2 aufgebracht, wobei deren Anteil mit steigender Ordnungszahl schnell abnimmt. Was die Zusammensetzung des „Interstellaren Mediums" (ISM) betrifft, so kann man von einer weitgehend analogen mengenanteilsmäßigen Zusammensetzung ausgehen. Der Grund dafür ist, dass die Sonne selbst vor ca. 4,56 Mrd. Jahren aus „interstellarer Materie" entstanden ist und sich seitdem die chemische Zusammensetzung ihrer äußeren Schichten so gut wie nicht verändert hat.

Wasserstoff ist als dünnes Gas in der Milchstraße quasi omnipräsent, wobei es sich primär in einer dünnen, nur ungefähr 100 pc dicken Schicht über die galaktische Scheibe verteilt. Optisch sichtbar wird es jedoch erst dann, wenn es in der Nähe heißer Sterne ionisiert wird und im optischen Spektralbereich (Wasserstofflinien, insbesondere H_α) zu leuchten beginnt. Diese meist schwach leuchtenden Gebiete werden als „H-II-Regionen" bezeichnet. Ihre typische Temperatur liegt bei $\approx 10^4$ K. Besonders auffällige unter ihnen bilden bekannte Gasnebel wie den Orionnebel M42/43, den Omeganebel M17, den Trifidnebel M20 oder den Adlernebel M16, die allesamt junge Sternhaufen enthalten.

Neutraler Wasserstoff (HI) ist hingegen unsichtbar. Er kann aber aufgrund einer speziellen Linienemission im Zentimeterwellenbereich („21 cm-Linie des neutralen Wasserstoffs") recht gut radioastronomisch erfasst und seine Verteilung sowie seine radialen Geschwindigkeitskomponente sehr genau kartiert werden. Die typische Temperatur von H-I-Regionen liegt bei ≈ 125 K, wobei man, ohne einen größeren Fehler zu begehen, in optisch dichten Gebieten durchaus von einem nahezu isothermen Temperaturregime ausgehen kann (Tab. 6.2).

6.2 Sternentstehung

Tab. 6.2 Physikalische Charakteristika verschiedener interstellarer Regionen

Region	Teilchenzahldichte $[\text{cm}^{-3}]$	Typische Temperatur [K]
Sternumgebung (Korona)	$< 10^{-2}$	≈ 500.000
H-II-Region (ionisierter Wasserstoff)	> 100	≈ 10.000
H-I-Region (atomarer Wasserstoff)	$100 - 300$	≈ 100
Molekülwolken	≈ 10.000	≈ 20
Sternbildungsregionen	$10^7 - 10^8$	$\approx 100 - 300$
Protoplanetare Scheiben	$10^4 (\text{außen}) - 10^{10} (\text{innen})$	$20(\text{außen}) - 500(\text{innen})$
Sternhüllen	10^{10}	$\approx 2000 - 3500$

Weitab von Quellen intensiver stellarer UV-Strahlung, an Orten, wo sich das Wasserstoffgas entsprechend abkühlen kann, werden die Bedingungen zur Molekülbildung auf den Oberflächen eingelagerter Staubkörner immer besser. Aus neutralem atomarem Wasserstoff entsteht hier im Laufe der Zeit molekularer Wasserstoff H_2, der sich in den „Dunkelwolken" immer mehr ansammelt und auf diese Weise die bereits erwähnten „Molekülwolken" bildet. Da die in das Gas eingelagerten mikrometergroßen Staubpartikel die UV-Strahlung der Sterne wirksam absorbieren, ist diese nicht mehr in der Lage, die schwachen Molekülbindungen aufzubrechen. Das chemische Gleichgewicht verschiebt sich zunehmend vom dissoziierten atomaren Wasserstoff zum gebundenen molekularen Wasserstoff, bis Letzterer schließlich überwiegt. Derartige Molekülwolken waren lange Zeit optisch nur an der absorbierenden Wirkung des in die Wolken eingelagerten Staubs erkennbar. Heute lassen sie sich mittels „Molekülspektroskopie" insbesondere im Millimeter- und Submillimeterbereich mit entsprechenden Teleskopen sehr gut beobachten. Man sieht damit jedoch nicht das molekulare Wasserstoffgas selbst, sondern die mit dem molekularen Wasserstoff assoziierten heteronuklearen Moleküle wie CO, CS, H_2O und H_2CO. Homonukleare Wasserstoffmoleküle besitzen nämlich selbst keine Emissionslinien im Radio-, Mikrowellen- und Infrarotbereich, die sie eventuell verraten könnten (gilt zumindest für die Temperaturen, wie sie in Dunkelwolken herrschen, $T < 20$ K). Lediglich UV-Emissionen können unter Umständen auftreten. Sie lassen sich aber nur äußerst schwer beobachten, denn UV-Strahlung wird im interstellaren Medium besonders stark absorbiert. Auch die IR-Strahlung des Rotations-Schwingungs-Spektrums des H_2-Moleküls bei $\lambda = 77$ μm ist aufgrund der relativ hohen Anregungsenergie, die einer Temperatur von $T \approx 185$ K entspricht, nur bedingt zur Untersuchung kalter Molekülwolken geeignet. Man kann sie aber zur Detektion von Sternentstehungsgebieten innerhalb von Molekülwolken verwenden, die deutlich wärmer sind als ihre Umgebung.

Am wirkungsvollsten hat sich jedoch die Beobachtung eines bestimmten „Stellvertretermoleküls" des molekularen Wasserstoffs erwiesen, und zwar des Kohlenmonoxids CO. Da es zum einen recht häufig in Molekülwolken vorhanden ist ($n(CO)/n(H_2) \gg 10^{-4}$) und zum anderen leicht durch Stöße mit Wasserstoffmolekülen angeregt werden kann, lässt sich aus seinem Emissionsverhalten sehr gut und exakt auf die physikalischen Eigenschaften des umgebenden Wasserstoffgases schließen. Aus der Linienbreite der CO-Linie bei $\lambda = 2{,}6$ mm kann beispielsweise direkt auf die Anzahldichte der Wasserstoffmoleküle und, zusammen mit der räumlichen Ausdehnung der Molekülwolke, schließlich auf deren Masse geschlossen werden. CO-Surveys stellen deshalb die wichtigsten Informationsquellen in Bezug auf galaktische Molekülwolken dar. Das betrifft ihre Verteilung in der galaktischen Ebene, ihre Masse und Ausdehnung und natürlich auch ihre Bewegungsverhältnisse sowie ihre intrinsischen physikalisch-chemischen Eigenschaften. Dabei stechen insbesondere die sogenannten „Riesenmolekülwolken" (GMC, Giant Molecular Clouds) hervor, die Ausdehnungen von einigen 10 pc bis zu über 100 pc erreichen und in sich Massen von 10^4 bis 10^6 $M_\odot$ vereinigen. Ihre mittleren Teilchendichten liegen bei $\approx 10^8$ Teilchen pro m^3, wobei diese Zahl in sogenannten „Filamenten", „Klumpen" und „Kernen" bedeutend größer und in anderen Teilen der Wolke auch um ein Vielfaches geringer sein kann, d. h., derartige Wolken sind gewöhnlich hochgradig inhomogen. Sie durchziehen dabei in einer Art fraktaler Struktur die gesamte galaktische Ebene, wobei sich die Riesenmolekülwolken primär in den Spiralarmen der Milchstraße konzentrieren. Dort treten dann auch verstärkt und fortlaufend Sternbildungsprozesse auf. Ihr „Ergebnis" – leuchtkräftige Sterne und von ihnen verursachte H-II-Regionen – sind es ja auch, die quasi das Spiralmuster auf die galaktische Ebene einer Spiralgalaxie zeichnen. Lokale Beispiele für GMCs sind der Orion-, der Taurus-Auriga-, der Ophiuchus- und der Perseuskomplex. Den auffälligsten „Kern" des Orionkomplexes stellt dabei der „Orionnebel" M42/43 dar, der sich in einer Entfernung von 1350 Lj befindet und eines der aktivsten Sternentstehungsgebiete in der unmittelbaren galaktischen Nachbarschaft der Sonne ist (Tab. 6.3).

Molekülwolken sind kosmisch gesehen recht kurzlebige Objekte, die individuell nur wenige Millionen Jahre existieren (d. h. ihre Lebensspanne übersteigt höchstens um eine Größenordnung ihre Frei-Fall-Zeit τ_{FF} Gl. 6.10 und liegt im Mittel bei $\approx 30 \cdot 10^6$ Jahre). Dann lösen sie sich auf, indem sie beispielsweise infolge eines Gravitationskollapses in Kerne fragmentieren, die sich wiederum zu Protosternen entwickeln. Dabei werden maximal 3 % ihrer Ausgangsmasse in Sterne konvertiert. Das entspricht bei einer Gesamtmasse von $\approx 2 \cdot 10^9$ $M_\odot$ an molekularem Wasserstoff, welcher in der Scheibe unserer Milchstraße vorhanden ist, einer Sternbildungsrate von etwa 2 Sonnenmassen pro Jahr und korrespondiert größenordnungsmäßig mit der Sternbildungsrate, die aus Beobachtungen der in den Spiralarmen konzentrierten OB-Assoziationen resultiert. Die Sternbildung ist demnach ein sehr schnell ablaufender Prozess, der einsetzt, sobald sich eine dafür geeignete Molekülwolke gebildet hat. Wenn daraus einige massereiche Sterne entstanden sind und diese ihr Vor-Hauptreihenstadium beendet haben, löst sich die Molekülwolke schließlich auch wieder sehr schnell unter dem Einfluss kurzwelliger Strahlung und intensiver Sternwinde auf und wandelt sich in eine H-II-Region um. Deshalb sind junge Sternhaufen auch oft in Gasnebel (wie dem Orionnebel) eingebettet.

6.2 Sternentstehung

Tab. 6.3 Einige charakteristische Daten gut erforschter Molekülwolken

Molekül-wolke	Teilchenzahl-dichte [cm^{-3}]	Temperatur [K]	Masse [$M_\odot$]	Ausdehnung [pc]	Optische Extinktion [mag]
Orionkomplex	≈ 100	$15-20$	≈ 100.000	≈ 50	≈ 2
Taurus-Aurigakomplex	≈ 500	≈ 10	≈ 10.000	≈ 10	≈ 5
Kern von OMC 1	≈ 200.000	≈ 80	≈ 500	$\approx 0{,}5$	–
Typische Bok-Globule	≈ 10.000	≈ 10	10	$\approx 0{,}1$	≥ 10

Die einzelnen Wasserstoffphasen der ISM (HII, HI und H$_2$) kommen in der galaktischen Scheibe übrigens sehr homogen und sehr „rein" vor, wobei die Übergangsbereiche (z. B. zwischen H-II- und H-I-Regionen) gewöhnlich sehr schmal und gut detektierbar sind.

Die Entstehung neuer Sterne aus ursprünglich atomaren Wasserstoffwolken hängt nach neueren Untersuchungen mit interstellaren Schockwellen zusammen, wie sie beispielsweise von Supernovaexplosionen ausgehen und die sich mit Überschallgeschwindigkeit im interstellaren Gas ausbreiten, wobei auch das galaktische Magnetfeld eine Rolle spielt. Derartige Schockwellen führen, sobald sie lokal miteinander wechselwirken, zu mehr oder weniger großen Dichtefluktuationen. In besonders dichten Bereichen einer solchen Fluktuation kommt es dann, wie entsprechende Modellrechnungen zeigen, zu einer beschleunigten Bildung von H_2-Molekülen auf den Oberflächen der darin konzentrierten Staubpartikel. Sie ziehen quasi neutrale Wasserstoffatome an und binden sie mittels schwacher van-der-Waals-Kräfte auf ihrer Oberfläche, wobei die Bindungsenergie bei 0,04 eV liegt. Das Wasserstoffatom kann dann aufgrund quantenmechanischer Effekte auf der Partikeloberfläche umherwandern, bis es von einem Gitterdefekt eingefangen wird, was die Bindungsenergie auf $\approx 0{,}1$ eV erhöht. Ein zweites Wasserstoffatom, das auch von der Partikeloberfläche eingefangen wird, „sucht" sich nun das bereits eingefangene Wasserstoffatom und verbindet sich mit ihm zu einem Wasserstoffmolekül. Da es nun keine ungepaarten Elektronen mehr besitzt, ist es nur noch schwach an die Partikeloberfläche gebunden und wird sie im nächsten günstigen Moment verlassen. Dabei nimmt das Staubpartikel die überzählige Energie und den überzähligen Impuls auf, sodass die entsprechenden Erhaltungssätze erfüllt sind. Dieser Mechanismus arbeitet umso effektiver, je höher die Teilchendichte und je geringer die Temperatur ist. Bei $n = 10^{10}$ Wasserstoffatomen pro m^3 dauert bei ca. 2 % Staubbeimengung die Umwandlung des neutralen Wasserstoffs in neutrale Wasserstoffmoleküle ca. 100.000 Jahre.

Es besteht aber auch die Möglichkeit der Molekülbildung direkt aus der Gasphase heraus, vorausgesetzt, die Temperaturen sind ausreichend hoch:

$$H + e^- \rightarrow H^- + \gamma \tag{6.14}$$

bzw.

$$H^- + H \rightarrow H_2 + e^- \tag{6.15}$$

$$H + H^+ \rightarrow H_2^+ + \gamma \tag{6.16}$$

$$H_2^+ + H \rightarrow H_2 + H^+ \tag{6.17}$$

Aufgrund der nur sehr geringen Teilchenzahldichten von freien Protonen und freien Elektronen in H-I-Regionen sind derartige Reaktionen jedoch äußerst unwahrscheinlich und damit die Molekülerzeugungsraten fast schon vernachlässigbar klein. Sie spielten jedoch im frühen Universum zur Zeit der Population III-Sterne eine durchaus wichtige Rolle, da es damals noch keine Staubpartikel gab.

Der Grund für die äußerst geringen Reaktionsraten dieser Gasphasenreaktionen liegt in der Struktur des Wasserstoffmoleküls. Denn im Gegensatz zu Deuterium (DH) handelt es sich bei H_2 um ein homonukleares Molekül ohne permanentes Dipolmoment, dessen Bindungsenergie 4,75 eV beträgt. Wie im Abschn. 3.1.8.2.3 erläutert, sind hier Rotations-Vibrations-Übergänge geringer Energie, die zu Mikrometer- bzw. Millimeterwellenstrahlung führen, verboten. Erst Quadrupolübergänge sind wieder erlaubt, setzen aber ganz spezielle Umgebungsbedingungen voraus, wie sie beispielsweise von Schockwellen erzeugt werden, die bei ihrem Durchgang das Wasserstoffgas erhitzen.

Eine gewisse Zwischenform zwischen H-I-Regionen, in denen neutraler atomarer Wasserstoff überwiegt, und Molekülwolken, in denen der Wasserstoff überwiegend molekular vorkommt, stellen die sogenannten „diffusen Wolken" *(diffuse clouds)* dar. Bei ihnen handelt es sich um eher isoliert auftretende Gaswolken mit vergleichsweise geringem Staubanteil, die etwa jeweils zur Hälfte aus atomarem und molekularem Wasserstoff bestehen. Ihr massenmäßiger Anteil an der gesamten interstellaren Materie der galaktischen Scheibe ist gering. Auch konnten in ihnen noch niemals größere Verdichtungen beobachtet werden, die sich eventuell als Sternentstehungsgebiete deuten ließen (Abb. 6.3).

Der Prozess der Sternentstehung beginnt mit einer Instabilität in einer kalten Molekülwolke, die zu einer auf die Umgebung gravitativ wirksamen Dichteerhöhung führt. Dem schließen sich sechs gut unterscheidbare Entwicklungsphasen an, an deren Ende schließlich ein Nullalter-Hauptreihenstern steht. Die sechs Entwicklungsphasen davor sind:

1. Gravitationskollaps des dichtesten Teils einer Molekülwolke ($\approx 10^5 M_\odot$) im freien Fall (isotherm).
2. Während des Gravitationskollapses fragmentiert die Molekülwolke in Wolkenkerne unterschiedlicher Masse, die im freien Fall weiter kollabieren und möglicherweise weiter fragmentieren, was zur Entstehung eines Sternhaufens führen kann.
3. Bildung eines Wolkenkerns, der weiter (homolog) kontrahiert – zuerst isotherm, dann adiabatisch -, bis sich bei einer Temperatur on etwa ≈ 170 K die erste Gleichgewichtsphase (erster protostellarer Kern) einstellt.

Abb. 6.3 Staubstrukturen, die einen Protostern im Nebel L1527 umgeben, aufgenommen von NIRCam am James-Webb-Weltraumteleskop (NASA, ESA, CSA, und STScI)

4. Dissoziation der in der Sternmaterie enthaltenen Moleküle bei etwa $T \approx 2000$ K. Der Polytropenexponent nähert sich dem Wert von 4/3. Mit weiterer Temperaturzunahme beginnt die Ionisation von Wasserstoff und Helium im Kernbereich bei etwa $T \approx 20.000$ K – Beginn der zweiten Gleichgewichtsphase.
5. Hauptakkretionsphase: Der Protostern bildet eine Akkretionsscheibe aus, über die er weiter an Masse gewinnt. Seine Leuchtkraft wird hauptsächlich durch die Energie gedeckt, die bei der Abbremsung der mit Überschallgeschwindigkeit radial einfallenden Materie an der Akkretionsstoßfront freigesetzt wird (Akkretionsleuchtkraft).
6. Vor-Hauptreihenphase: (quasistatische Kelvin–Helmholtz-Kontraktion un das Zünden des Deuteriumbrennens). Bei einer Sternmasse unterhalb von $\approx 0{,}08\,M_\odot$ kann die einsetzende Elektronenentartung die Kontraktion und damit die weitere Erhitzung des Sternkerns stoppen, sodass ein derartiger Stern („Brauner Zwerg") niemals das Hauptreihenstadium erreicht.

Mit Erreichen der Zündtemperatur des pp-Brennens im Sternzentrum ist der Protostern nun zu einem Hauptreihenstern geworden und hat damit die erste langzeitstabile Entwicklungsstufe erreicht. Wie lange er diese Entwicklungsstufe einnimmt, hängt entscheidend von seiner Masse ab.

Im Zuge der Sternbildung nehmen die Dichte um ca. 24 Größenordnungen und die Temperatur um etwa sechs Größenordnungen zu.

Klassifikation junger stellarer Objekte
In den meisten Fällen lassen sich mit den heute verfügbaren Teleskopen zirkumstellare Scheiben nicht räumlich auflösen. Es ist daher schwierig zu bestimmen, ob ein junges stellares Objekt (YSO, Young Stellar Object) eine solche Scheibe besitzt oder nicht. Für statistische Untersuchungen ist es von Interesse, welcher Prozentsatz der jungen stellaren Objekte in einem Sternentstehungsgebiet sich im Kontraktionsstadium befindet, eine zirkumstellare Scheibe gebildet hat oder deren Gas- und Staubscheibe sich gerade auflöst oder bereits verschwunden ist. Die einzige Möglichkeit, diese Stadien zu unterscheiden, liegt in der Untersuchung der spektralen Energieverteilung im Infrarotbereich (λ meist im Bereich zwischen 2,2 µm und 24 µm). Dabei wird ausgenutzt, dass Gas- und Staubhüllen, bipolare zirkumstellare Scheiben sowie junge T-Tauri-Sterne eine unterschiedliche spektrale Energieverteilung in ihren IR-Spektren aufweisen. Konkret wird zu deren Klassifikation der Anstieg der Funktion $\log(\lambda F_\lambda)$ über die Wellenlänge λ verwendet, die relativ leicht aus Infrarotmessungen abgeleitet werden kann:

$$\alpha_{IR} = \frac{\Delta \log(\lambda F_\lambda)}{\log(\lambda)}$$

Dabei gibt F_λ den Strahlungsfluss bei der Wellenlänge λ an. Entsprechend dem Wert des Klassifikationsparameters α_{IR} werden vier Klassen von jungen stellaren Objekten (YSO) unterschieden:

Klasse 0
Diese Klasse umfasst Molekülwolkenkerne, die sich noch nicht in der Kontraktion befinden und deren zentraler Protostern vollständig von der Hülle verdeckt ist. Aufgrund der niedrigen Temperatur strahlen diese Kerne hauptsächlich im fernen Infrarotbereich sowie im Submillimeter- und Millimeterwellenbereich und sind im nahen Infrarot kaum nachweisbar. α_{IR} ist deshalb unbestimmt.

Klasse 1
YSOsder Klasse 1 haben im nahen Infrarotbereich eine „flache" oder nur leicht ansteigende spektrale Energieverteilung, d. h., für α_{IR} gilt $\alpha_{IR} \geq -0,3$. Diese YSOs haben ein typisches Alter von 1 bis $2 \cdot 10^5$ Jahren und ihre Hülle hat eine Masse von einigen Zehnteln der Sonnenmasse. Ein Teil ihrer Leuchtkraft entstammt der thermalisierten Energie, die bei der Masseakkretion des zentralen Protosterns frei wird.

Klasse 2
Diese Klasse umfasst klassische T-Tauri-Sterne, die oft von einer Gasscheibe mit bipolaren Ausflüssen umgeben sind. Für sie gilt $-1,6 \leq \alpha_{IR} \leq 0,3$. Ein weiteres spektrales Klassifikationsmerkmal dieser

Objektklasse ist die Äquivalentbreite der H_α-Balmer-Linie bei $\lambda = 656{,}3$ nm die 0,1 nm übersteigt. Wenn dies nicht der Fall ist, wird das Objekt als *weak-lined* T-Tauri-Stern (Klasse 3) klassifiziert.

T-Tauri-Sterne sind sehr junge Sterne (d. h. weniger als 10^7 Jahre alt) mit einer Masse zwischen 0,2 und 3 $M_\odot$. Sie stellen einen Übergangszustand zwischen einem noch in Kontraktion befindlichen Protostern und einem massearmen Hauptreihenstern dar. Sie kommen häufig in sogenannten T-Assoziationen vor, die mit kühlen Molekülwolken assoziiert sind.

Klasse 3
Hierbei handelt es sich um optisch sichtbare Vor-Hauptreihensterne (PMS, Pre Main Sequence Stars). Die Strahlung ihrer Photosphären führt zu $\alpha_{IR} < -1{,}6$. Ihre Hüllen haben sich bis auf einen geringen Rest verflüchtigt. Zu dieser Klasse zählt man beispielsweise T-Tauri-Sterne, deren H_α-Linie eine Äquivalentbreite von $< 0{,}1$ nm aufweist. Das deutet darauf hin, dass ihre Akkretionsrate unter einen kritischen Wert gefallen ist.

Diese Klassifikation ist einer Entwicklungssequenz äquivalent, in der die Masse der zirkumstellaren Hülle immer mehr abnimmt und der Protostern immer deutlicher sichtbar wird. In der Praxis kann es aber unter Umständen schwierig sein, Objekte der Klassen 1 und 2 sicher auseinanderzuhalten. Hier spielt die Neigung der zirkumstellaren Scheibe zur Sichtlinie eine gewisse Rolle. Bei großer Neigung kann z. B. die spektrale Signatur eines Objekts der Klasse 2 durchaus dem eines Objekts der Klasse 1 gleichen. Hier helfen dann nur spektroskopische Detailuntersuchungen, um die Klassifikation zu verifizieren.

6.2.2 Gravitationskollaps einer Molekülwolke und Sternbildung

Unter einer Gravitationsinstabilität versteht man den Zustand einer Gaswolke, bei dem ihre Eigengravitation größer wird als die Summe aller nach „außen" gerichteten inneren Kräfte (thermisch bedingter Gasdruck, durch Rotation verursachte Zentrifugalkräfte, Magnetfelder). Solch eine Gaswolke wird zwangsläufig unter ihrer eigenen Gravitationswirkung zu kollabieren beginnen, und zwar so lange, bis sich wieder ein Gleichgewichtszustand zwischen Massenanziehung und inneren Kräften eingestellt hat. Es gibt nun eine ganze Anzahl von Möglichkeiten, dass in einer kalten Molekülwolke derartige Instabilitäten entstehen. So kann zumindest theoretisch bereits eine relativ geringe Temperaturerniedrigung zu einer lokalen Dichteerhöhung führen, die ausreicht, um einen lokalen Kollaps einzuleiten, der schließlich die gesamte Molekülwolke mitreißt. Aber auch die Stoßwelle, die von einer Supernovaexplosion ausgeht, kann entlang ihrer Stoßfront – sobald sie auf eine Molekülwolke trifft – derartige Instabilitäten initiieren, die sich dann rasch zu kollabierenden Teilwolken entwickeln. Als weitere Quelle von Gravitationsinstabilitäten in Molekülwolken gelten neben intrinsischen Turbulenzen auch starke Sternwinde, die von benachbarten Riesensternen ausgehen. Beispiele dafür glaubt man im Bereich des Orionnebels gefunden zu haben. Neuere Forschungen sehen insbesondere in Überschallturbulenzen die wesentliche Ursache für die Ausbildung von gravitativem Instabilitäten in kalten Molekülwolken.

Damit es in einer interstellaren Gaswolke zu gravitativen Instabilitäten kommt, muss das sogenannte „Jeans-Kriterium" erfüllt sein. Es lässt sich folgendermaßen plausibel machen: Gegeben sei eine Gaswolke geringer Dichte und Temperatur, die sich im thermodynamischen Gleichgewicht befindet. Im Bereich einer lokalen Dichteerhöhung vergrößert sich die Masseanziehung, was sich in einem Anstieg des Gasdrucks äußert. Die Frage ist nun, unter welchen Bedingungen statt einer Expansion eine Kontraktion der Gaswolke zu erwarten ist. Das ist offensichtlich dann der Fall, wenn der Gasdruck (ausgedrückt durch seine thermische (innere) Energie E_T) die Eigengravitation E_G nicht mehr auszugleichen vermag. Nach dem Virialsatz Gl. 4.15 lässt sich diese Bedingung (und unter Vernachlässigung einer Eigenrotation sowie der Präsenz von Magnetfeldern) wie folgt formulieren:

$$2E_T + E_G < 0 \tag{6.18}$$

Die mittlere kinetische Energie eines Teilchens beträgt $E_{kin} = 3k_bT/2$ und für die Anzahl N der Teilchen in einer Gaswolke der Masse M_c kann $N = M_c/(\overline{\mu}m_H)$ geschrieben werden, sodass sich schließlich für die thermische Energie

$$E_T = \frac{3}{2}\frac{M_c k_b T}{\overline{\mu}m_H} \tag{6.19}$$

ergibt. Mit

$$E_G = -\frac{3}{5}\frac{GM_c^2}{R_c} \tag{6.20}$$

lässt sich nun die Bedingung Gl. 6.18 wie folgt formulieren:

$$\frac{3M_c k_b T}{\overline{\mu}m_H} < \frac{3}{5}\frac{GM_c^2}{R_c}, \tag{6.21}$$

wobei R_c den Radius der als kugelförmig angenommenen Gaswolke bezeichnet. Er lässt sich leicht durch M_c und deren Anfangsdichte ρ_0 substituieren, sodass man für die Jeans-Masse

$$M_J = \left(\frac{5k_b T}{G\overline{\mu}m_H}\right)^{3/2}\left(\frac{3}{4\pi\rho_o}\right)^{1/2} \tag{6.22}$$

erhält. Eine (nichtrotierende) Gaswolke wird demnach instabil, sobald folgende Ungleichung erfüllt ist:

$$M_c > M_J \tag{6.23}$$

Analog zu dieser Beziehung kann man auch einen „Grenzradius" R_J definieren (Jeans-Radius), für den sich dann als Instabilitätsbedingung

$$R_c > R_J \tag{6.24}$$

mit

$$R_J = \left(\frac{15 k_b T}{4\pi G \overline{\mu} m_H \rho_o}\right)^{1/2} \tag{6.25}$$

ergibt. Da die Ausgangsdichte dem Verhältnis M_c/R_c^3 proportional ist, kann auch für die Gasdichte ein kritischer Wert gefunden werden, für den

$$\rho_c > \rho_J \tag{6.26}$$

gilt. Die kritische Dichte ist dann durch den Ausdruck

$$\rho_J = \frac{3}{4\pi M_c^2} \left(\frac{5 k_b T}{G \overline{\mu} m_H}\right)^3 \tag{6.27}$$

gegeben.

Interstellare Gaswolken nehmen wie auch alle Sterne an der Rotation um das galaktische Zentrum teil und besitzen allein schon deshalb einen gewissen Drehimpuls ($\omega \approx 10^{-15}\, s^{-1}$). Dazu kommen Strömungsvorgänge und Turbulenzen in unterschiedlichen Skalen, die entsprechende Beiträge liefern. Das führt dazu, dass gravitativ instabil werdende Molekülwolken über alle Teilchen gemittelt einen effektiven Drehimpuls besitzen, der aufgrund der Drehimpulserhaltung im Verlauf der Frei-Fall- und Kontraktionsphase immer mehr an Bedeutung gewinnt. Deshalb werden die Wolkenkerne im Verlauf der Kontraktion immer stärker rotieren, bis die daraus resultierenden Zentrifugalkräfte die gravitative Anziehung ausgleichen. In diesem Fall muss Gl. 6.18 entsprechend modifiziert werden:

$$2(E_T + E_{rot}) + E_G < 0 \tag{6.28}$$

Daraus ergibt sich ein entsprechend erweiterter Ausdruck für die kritische Jeans-Masse:

$$M_J = \left(\frac{5 k_b T}{G \overline{\mu} m_H} + \frac{R^2 \omega^2}{G}\right)^{3/2} \left(\frac{3}{4\pi \rho_o}\right)^{1/2} \tag{6.29}$$

Aus dieser Gleichung folgt unter Berücksichtigung der Bedingung Gl. 6.23, dass die Rotation einer Gaswolke den Kollaps erschweren wird, wenn nicht sogar völlig verhindern kann. Gelingt es jedoch der Gaswolke, auf irgendeine Art und Weise ihren Drehimpuls während ihrer Kontraktion umzuverteilen, dann setzt sich der Gravitationskollaps zu einem Protostern fort. Das kann beispielsweise in Wechselwirkung mit dem interstellaren Magnetfeld, durch eine Fragmentation in Einzelwolken und in Form der Ausbildung eines Wolkenkerns *(bulk)* mit rotierender abgeflachter Gasscheibe geschehen. Im letzteren Fall konzentriert sich der

Drehimpuls weitgegend auf die rotierende Scheibe, während der Kern ungehindert weiter kollabieren kann. Die Ursache für ihre Entstehung liegt u. a. daran, dass nämlich nur die senkrecht zur Rotationsachse wirkende Komponente der Zentrifugalkraft eine entsprechende Wirkung auf das einströmende Gas entfalten kann. Das bedingt, dass der Materieeinfall parallel zur Rotationsachse nicht beeinflusst wird, während der Materieeinfall senkrecht zur Rotationsachse erschwert ist.

Ein weiteres stabilisierendes Element, welches verhindert, dass große Molekülwolken bei einer geringfügigen Störung sofort in sich zusammenfallen, sind die sie durchsetzenden Magnetfelder B. Auch sie müssen selbstverständlich im Virialsatz Berücksichtigung finden[1]:

$$2(E_T + E_{rot}) + B + E_G < 0 \qquad (6.30)$$

Aufgrund der Beobachtung galaktischer Synchrotronstrahlung im Radiobereich weiß man, dass das Milchstraßensystem mit einem schwachen Magnetfeld durchsetzt ist, wobei innerhalb der galaktischen Scheibe die Magnetfeldlinien in etwa der Spiralstruktur folgen. Die beobachteten Magnetfeldstärken, ermittelt anhand der Faraday-Rotation der die Scheibe durchdringenden Radiostrahlung extragalaktischer Quellen und aus der Linienaufspaltung diskreter Radiolinien aufgrund des Zeeman-Effektes, liegen im Bereich zwischen 0,1 nT und 1 nT. In dichten Gaswolken erhöht sich dieser Wert sogar auf bis zu 5 µT. Das ist ein Anzeichen dafür, dass das Magnetfeld mit dem Gas der ISM in Wechselwirkung tritt. Da Magnetfelder bekanntlich nur die Bewegung geladener Teilchen beeinflussen (Stichwort: Lorentz-Kraft), können sie nur an die wenigen, in den Molekülwolken beispielsweise durch kosmische Strahlung oder bei Stößen entstandenen Ionen ankoppeln und deren Bahn festlegen. Indem diese an Magnetfeldlinien geketteten Ionen gegen die reichlich vorhandenen Wasserstoffmoleküle stoßen, überträgt sich ein Teil ihrer kinetischen Energie auf diese neutrale Gaskomponente. Das ist übrigens auch der Grund dafür, warum sich Molekülwolken kaum unter 10 K abkühlen. Man kann also vermuten bzw. davon ausgehen, dass ein entsprechend starkes Magnetfeld genauso wie eine Eigenrotation in der Lage ist, einen Gravitationskollaps zu verzögern. Mehr noch, von dessen Größe kann es abhängen, ob aus Wolkenkernen mehr massereiche oder mehr massearme Sterne entstehen.

Die Sternentstehung beginnt mit der Erzeugung von gravitativen Instabilitäten. Dabei war lange Zeit nicht völlig klar, durch welche physikalischen Bedingungen derartige Instabilitäten in praxi bedingt sind. Heute weiß man, dass turbulente Prozesse, angeregt durch Stoßwellen (in großen Skalen durch Supernovae und „Wolkenkollisionen", in kleineren Skalen durch junge Sterne mit Materieausflüssen und durch magnetische Instabilitäten), die Hauptursache für die Fragmentie-

---

[1] Aber auch dieser Ausdruck ist noch nicht vollständig. Ist nämlich die kollabierende Molekülwolke in einem Medium mit nichtverschwindendem Druck eingebettet, muss dessen Druck als „Oberflächendruck" mit in die Betrachtungen einbezogen werden. Da es hier aber nur um grundsätzliche Aspekte der Sternentstehung geht, soll dieser Umstand vernachlässigt werden.

rung und das Instabilwerden von Molekülwolken ist (Stichwort: „Überschallturbulenz"). Diese primär aus Beobachtungen abgeleitete Theorie wird mittlerweile durch vielfältige theoretische Untersuchungen und durch entsprechende Simulationsrechnungen auf Großrechnern untermauert. Sie ist übrigens die einzige Theorie, welche in der Lage ist, die empirische Anfangsmassenfunktion in ihrer Gänze befriedigend zu reproduzieren.

Der Zerfall einer Molekülwolke in Protosterne ist ein äußerst komplexer hydrodynamischer Vorgang, der sich in Form eines, zugegebenerweise recht groben Bildes wie folgt beschreiben lässt: Sobald der Kollaps die Wolke erfasst hat, nimmt die Gasdichte stetig zu, was nach Gl. 6.22 mit einer entsprechenden Verringerung der Jeans-Masse verbunden ist. Das führt dazu, dass gravitativ wirksame Wolkenbereiche, deren Masse ursprünglich unterhalb ihrer Jeans-Masse lag, nun ebenfalls instabil werden und separat kollabieren beginnen. Dieser Vorgang fragmentiert die Molekülwolke in „Klumpen" und diese wiederum in protostellare Kerne, die sich zu Protosternen mit Massen im Bereich zwischen 0,01 und maximal 100 Sonnenmassen entwickeln. Sie definieren die sogenannte Anfangsmassenfunktion (IMF, Initial Mass Function), welche angibt, wieviele Sterne pro Masseintervall beim Kollaps einer Molekülwolke einer gegebenen Ausgangsmasse gebildet werden. Sie wird gewöhnlich empirisch anhand von jungen Sternhaufen unter Berücksichtigung ihrer Entstehungsgebiete ermittelt und ist eine äußerst wichtige Größe, um verschiedene denkbare Modi der Sternentstehung zu falsifizieren. Die Beobachtungen lassen den Schluss zu, dass sie universeller Natur ist. Nach Kroupa (2002) lässt sie sich folgendermaßen parametrisieren:

$$N(M^*) \sim \left\{ \begin{array}{ll} M^{-0,3} & 0,01 \leq M^*/M_\odot < 0,08 \\ M^{-1,3} & 0,08 \leq M^*/M_\odot < 0,5 \\ M^{-2,3} & 0,5 \leq M^*/M_\odot \ldots 100 \end{array} \right\} \quad (6.31)$$

Der Bereich, der sich ab 1 Sonnenmasse anschließt und einen Anstieg um $-2,3$ und mehr aufweist, nennt man den Salpeter-Anstieg (Salpeter slope). Das wichtigste empirische Merkmal der IMF ist jedoch der Umstand, dass die meisten Sterne der galaktischen Scheibe M-Zwerge mit Massen zwischen 0,1 und 0,6 $M_\odot$ sind. Masseärmere Sterne (Braune Zwerge) und massereiche Sterne ($> 8 M_\odot$) sind im Vergleich dazu äußerst selten, wobei, und das sei hier angemerkt, die Entdeckungswahrscheinlichkeit der extrem leuchtkraftschwachen Braunen Zwerge sehr gering ist. Ihre Häufigkeit erschließt sich nur aus Beobachtungen in der unmittelbaren kosmischen Nachbarschaft unserer Sonne und aus den Surveys, die primär dem Nachweis extrasolarer Planeten gewidmet sind (z. B. im Rahmen der „Kepler" – Mission).

Die im Folgenden vorgestellten Sternentstehungsphasen sind nicht immer deutlich voneinander getrennt, sondern gehen quasi mit Überschneidungen stufenlos ineinander über. Sie geben jeweils einen primären Aspekt in der frühen Entwicklungsgeschichte eines Sterns an.

6.2.2.1 Isotherme Kollapsphase

Die erste Kollapsphase erfolgt im freien Fall gemäß der Frei-Fall-Zeitskala Gl. 6.10 (d. h. $\tau_{FF} \approx 1{,}2 \cdot 10^6$ Jahre bei einer Ausgangsdichte von $n \approx 10^9$ Teilchen/m^3). Dabei nimmt die Dichte im Wolkenkern stetig zu, sodass man formal auch eine Erhöhung des Gasdrucks und damit auch der Temperatur erwarten würde. Das ist aber nicht der Fall; die Temperatur bleibt weitgehend konstant (10–20 K). Es muss also effektive Kühlungsmechanismen während dieser als „isotherm" bezeichneten Phase geben, die die Gastemperatur konstant halten. Und hier kommen zum ersten Mal der in der Molekülwolke eingelagerte Staub und verschiedene Moleküle zum Zuge. „Kühlung" bedeutet nämlich erst einmal nichts anderes, als dass die kinetische Energie der Gasteilchen bei Stößen in „innere" Energiefreiheitsgrade der Stoßpartner überführt wird, die auf diese Weise die thermische Energie kurzzeitig speichern, um sie etwas zeitversetzt in Form elektromagnetischer Strahlung wieder abzugeben. In dem optisch dünnen Gas können die von Staubteilchen oder angeregten Molekülen emittierten Photonen schließlich ungehindert in den interstellaren Raum entweichen und auf diese Weise effektiv Energie aus dem kollabierenden Wolkenbereich abführen. Neben den Staubteilchen (die entsprechend ihrer Schwarzkörpertemperatur kontinuierliche IR-Strahlung emittieren) haben sich CO-Moleküle, Wassermoleküle und molekularer Stickstoff N_2 als sehr effektive Kühlgase herausgestellt. Dieser Mechanismus funktioniert bis zu einer Teilchenzahldichte von 10^{16} Teilchen pro m^3 recht gut. Bei höheren Dichten wird die Abstrahlung von IR-Quanten immer mehr behindert, sodass die beim Kollaps freigesetzte potentielle Gravitationsenergie die Wolke vom Zentrum her aufzuheizen beginnt. Man kann auch sagen, dass die kollabierende Wolke in ihrem zentralen Teil zunehmend optisch dick wird. Diese Form der Aufheizung ist bereits Teil der adiabatischen Phase des Gravitationskollapses. An ihrem Ende steht, wie im Abschn. 6.2.2.2 noch näher erläutert wird, ein sogenannter „Protostern". Dessen zentrale Dichte übersteigt dann bereits deutlich den kritischen Wert von etwa 10^{-10} kg/m^3 (entspricht $2 \cdot 10^{10}$ Wasserstoffmoleküle pro cm^3), bei dem aufgrund der eingelagerten Staubpartikel die Materie für IR-Strahlung undurchlässig wird.

6.2.2.2 Adiabatische Kollapsphase und Ausbildung eines hydrostatischen Kerns

Sobald die Materie optisch dick wird, ändert sich ihr thermodynamisches Verhalten. Mit zunehmender Kompression (= steigende Gasdichte ρ) nimmt die Temperatur T und wegen $p \sim \rho T$ auch der Druck p zu, da die noch in der isothermen Phase effektiv arbeitenden Kühlmechanismen in den nun für IR-Strahlung opaken Zentralbereich der Wolke ausfallen. Der Druck steigt gemäß $p = K\rho^\gamma$ an, wobei im Dichtebereich zwischen 10^{-10} kg/m^3 und $5{,}7 \cdot 10^{-5}$ kg/m^3 $\gamma = 7/5$ zu setzen ist (dieser γ-Wert gilt für zweiatomige Gase). Es stellt sich eine hydrostatische Schichtung ein, sodass man ab hier durchaus schon von der Ausbildung eines ersten quasistabilen protostellaren Kerns sprechen kann (s. Abb. 6.4). Seine Ausmaße dürften bei einigen Astronomischen Einheiten (AU) liegen. Wenn die Kern-

6.2 Sternentstehung

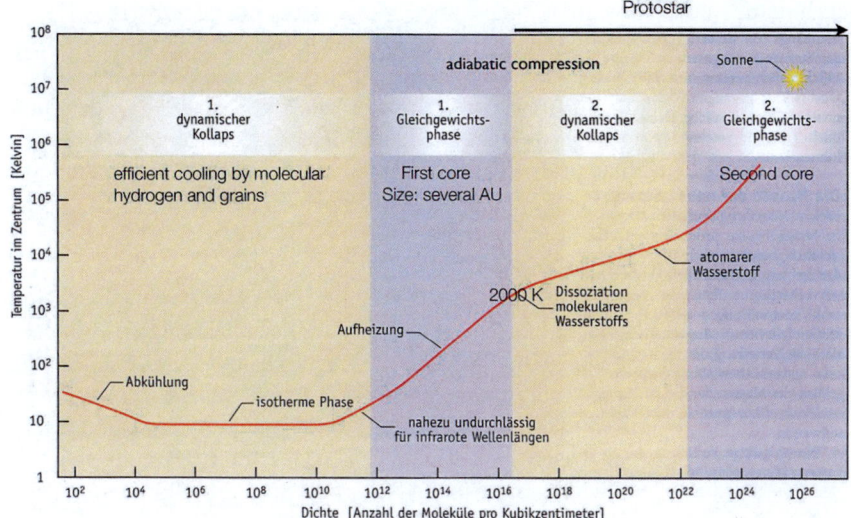

Abb. 6.4 Phasen der Sternentstehung

temperatur schließlich ≈ 1000 K erreicht, beginnt der eingelagerte Staub zu verdampfen. Dadurch fällt er als Opazitätsquelle weg. Außerdem wird – beginnend bei Temperaturen oberhalb von 200 K – ein Teil der beim Kollaps generierten thermischen Energie zur Anregung der Rotations- und Vibrationsfreiheitsgrade der Wasserstoffmoleküle verbraucht.

Für die Ausbildung eines protostellaren Kerns, der – nun unter näherungsweisen adiabatischen Bedingungen – aufgrund der auf ihn einfallenden Materie langsam wächst, existiert eine untere Massegrenze. Sie resultiert aus dem Umstand, dass mit steigender Dichte auch die Jeans-Masse anwächst (etwa $M_J \sim \sqrt{\rho}$) mit dem Ergebnis, dass irgendwann eine weitere Fragmentation nicht mehr möglich ist. Eine grobe Abschätzung führt hier zu einer minimalen Jeans-Masse von etwa 0,1 – 0,01 $M_\odot$, was mit der Existenz Brauner Zwergsterne koinzidiert. Technisch spricht man in diesem Zusammenhang auch von einer „opazitätsbegrenzten Fragmentation" und von einer unteren opazitätsbedingten Grenzmasse, die sich formal zu 0,007 $M_\odot$ ergibt.

Wenn die Temperatur im Kern schließlich ≈ 2000 K erreicht, beginnen die Wasserstoffmoleküle zu dissoziieren. Aus dem zweiatomigen Gas wird ein einatomiges Gas und γ erreicht den kritischen Wert von 4/3, was bei dessen Unterschreitung den quasistatischen Zustand erst einmal beendet und den Kern weiter unter Temperaturerhöhung kontrahieren lässt. Bei noch höheren Temperaturen (≈ 20.000 K) setzt, begleitet von weiteren Kontraktionszyklen, die Ionisation von Wasserstoff und Helium ein. Mit der Ausbildung einer zweiten Gleichgewichtsphase ist dann die adiabatische Phase der Sternentstehung beendet und es beginnt die sogenannte „hydrostatische Phase", die durch eine kontinuierliche Massenzunahme des nun „Protostern" genannten Wolkenkerns charakterisiert ist. Seine Masse ist anfangs noch relativ gering ($\approx 0{,}01\,M_\odot$), was sich aber in der einsetzenden Hauptakkretionsphase aufgrund des kontinuierlichen Gaseinfalls schnell ändern wird. Sobald im Inneren des Protosterns die für Sterne typischen Dichten erreicht werden, entsteht aus ihm ein „Pre-Main-Sequence-Star" (PMS), der schließlich mit dem Zünden des Wasserstoffbrennens zu einem Hauptreihenstern wird (vorausgesetzt, seine eingesammelte Masse reicht dafür aus).

6.2.2.3 Hauptakkretionsphase

Mit der Entstehung eines hydrostatisch quasistabilen Protosterns ist auch die Ausbildung einer Kugelschale verbunden, in der die radial aus der äußeren Hülle einfallende Materie abrupt abgebremst wird. Diese Kugelschale bildet die sogenannte „Akkretionsstoßfront" *(accretion shock)* und definiert zugleich einen scharfen Radius, den man direkt als den Radius R^* des Protosterns interpretieren kann. Da das Gas von außen quasi im freien Fall und mit einer Geschwindigkeit einfällt, die höher ist als die lokale Schallgeschwindigkeit, erfolgt in der Stoßfront sozusagen die komplette Umwandlung von dessen kinetischer Energie in Strahlung. Sie definiert die Akkretionsleuchtkraft des Protosterns:

$$L_{acc} = \frac{GM^*}{R^*}\frac{dM}{dt} \tag{6.32}$$

Dabei wird in der Akkretionsfront eine Temperatur von 10^5 bis 10^6 K erreicht, was bedeutet, dass das Strahlungsmaximum im extremen UV- und weichen Röntgenbereich zu liegen kommt ($\lambda \approx 10$ nm). Protosterne sollten demnach Röntgenquellen sein. Das ist aber nicht der Fall, weil die UV- und Röntgenstrahlung die äußere Hülle des Protosterns nicht unbeeinflusst durchdringen kann. Die hohen Temperaturen bewirken oberhalb der Stoßfront die Ausbildung einer staubfreien Zone, die als *opacity gap* bezeichnet wird. Sie endet an der Stelle, an der die von außen einfallenden Staubpartikel so stark erhitzt werden, dass sie verdampfen. Die Grenze, an der das geschieht, bildet die Staubzerfallsfront. Ihr schließt sich nach außen die Staubphotosphäre des Protosterns an. In ihr findet die Umwandlung der von der Akkretionsstoßfront stammenden, extrem kurzwelligen Strahlung in langwellige IR-Strahlung statt. Die in der Akkretionsstoßfront freigesetzte Energie ist damit für $\approx 10^5$ Jahre eine Quelle äußerst intensiver IR-Strahlung, welche die Leuchtkraft des Protosterns bestimmt. Danach ist entweder die gesamte Hülle akkretiert oder die im neu entstandenen Stern gezündeten Kernfusionsprozesse liefern genügend Strahlung, um die Staubhülle von innen her zu erodieren und damit aufzulösen.

Die hier beschriebene Art der Akkretion wird gewöhnlich als „sphärische Akkretion" bezeichnet, da sie isotrop, d. h. aus allen radialen Richtungen gleichmäßig, erfolgt. Nun besitzen aber die kollabierenden Wolkenkerne einen Anfangsdrehimpuls, der beim Kollaps erhalten bleibt. Mit kleiner werdendem Radius rotiert der Wolkenkern deshalb immer schneller, was zu dessen Abplattung und schließlich zur Ausbildung einer rotierenden Materiescheibe um den Wolkenkern bzw. Protostern führt (zirkumstellare Gas- und Staubscheibe). Auf diese Weise wird ein Mechanismus angeschoben, der sehr effektiv in der Lage ist, Drehimpuls vom Sternkern abzuführen. Er kann also, ohne durch Zentrifugalkräfte stabilisiert zu werden, weiter kontrahieren.

Die Materie in der Scheibe bewegt sich näherungsweise auf Kepler-Bahnen im Gravitationsfeld der zentralen Masse, wobei dissipative Prozesse in der Scheibe einen Drehimpulstransport nach außen und einen Massetransport in engen Spiralbahnen nach innen bewirken, wo schließlich die Materie vom Protostern, oftmals kanalisiert durch Magnetfelder, akkretiert wird. Die beim Einwärtsspiralen freigesetzte potentielle Gravitationsenergie wird dabei im Wesentlichen über die Scheibenoberfläche abgestrahlt. Dieser hier nur kurz beschriebene Vorgang, der im Einzelnen sehr komplexer Natur ist, wird als Scheibenakkretion bezeichnet. Er lässt die Masse des Protosterns weiter anwachsen (Abb. 6.5).

Sind zirkumstellare Scheiben der Ausgangspunkt der Planetenentstehung, dann werden sie gewöhnlich synonym auch „protoplanetare Scheiben" (oder *proplyds*) genannt. Näheres dazu sowie einige Beispiele finden Sie in Scholz (2014).

Im Zusammenhang mit der Scheibenakkretion müssen unbedingt die bipolaren Ausflüsse erwähnt werden, die bei vielen Protosternen mit zirkumstellaren Scheiben beobachtet werden. Darunter versteht man Jet-artige Materieströme in Richtung der Rotationsachse (d. h. nach „oben" und nach „unten" in Bezug auf die Scheibenebene – deshalb „bipolar"), die Ausflussgeschwindigkeiten von bis zu 300 km/s erreichen. Ihre Entstehung und ihre genaue Funktionsweise sind noch Gegenstand intensiver Forschung.

In der Akkretionsphase nimmt die Masse des Protosterns immer mehr zu – verbunden mit einer entsprechenden Temperaturerhöhung in seinem Zentralbereich. Der Protostern befindet sich jetzt in der Vor-Hauptreihenphase seiner Entwicklung und erzeugt neben der Massenakkretion Energie durch langsame Kontraktion gemäß der Kelvin–Helmholtz-Zeitskala. Außerdem zünden in seinem Inneren die ersten Kernfusionsprozesse die bewirken, dass der Sternkern voll konvektiv wird.

Abb. 6.5 Künstlerische Darstellung der Gas- und Staubscheibe um einen massereichen Protostern. Der Scheibendurchmesser beträgt ca. 130 AU und beinhaltet ungefähr die gleiche Masse wie der Protostern im Zentrum. Der Zentralteil der Scheibe ist nahezu staubfrei (ESO)

6.2.2.4 Vor-Hauptreihenentwicklung

Sobald sich die Staubhülle um den Protostern gelichtet hat und er seinen Energiehaushalt in einem quasistatischen Gleichgewicht primär durch die bei der Kelvin–Helmholtz-Kontraktion freigesetzte Gravitationsenergie und zu einem geringen Teil durch Deuterium- und Lithiumbrennen decken kann, wird er zu einem Vor-Hauptreihenstern (PMS), dem sich eine intrinsische Leuchtkraft L^* und eine effektive Temperatur T_{eff} zuordnen lässt. In diesem Zustand sind junge Sterne gewöhnlich schon recht gut beobachtbar, denn sie machen sich häufig in Sternentstehungsgebieten als unregelmäßig veränderliche T-Tauri-Sterne (0,07 bis $\approx 3\,M_\odot$), und, bei größeren Massen (etwa ab $2\,M_\odot$), als Herbigs Ae/Be-Sterne bemerkbar.

Sterne, deren Masse bei ihrer Entstehung unterhalb von $0{,}07\,M_\odot$ liegt, erreichen niemals die Zündtemperatur des Wasserstoffbrennens. Nach einer kurzen Phase des Deuterium- und Lithiumbrennens, deren Energiefreisetzungsrate jedoch im Vergleich zur Kelvin–Helmholtz-Kontraktion nur gering ist, entartet der Kern mit dem Effekt, dass die gravitativ bedingte Kontraktion beendet und der Stern endgültig hydrostatisch stabilisiert wird. Derartige Sterne müssen nun den (langen) Rest ihres Sternendaseins unter stetiger Abkühlung im Zustand eines Braunen Zwerges verharren…

6.2.2.4.1 Stellare Geburtslinie

Da PMS-Sterne eine definierte effektive Temperatur und Leuchtkraft besitzen, lässt sich ihr Entwicklungsweg in Abhängigkeit verschiedener Ausgangsmassen sehr gut in einem HRD veranschaulichen. Er beginnt bei der sogenannten „Geburtslinie", ein mehr heuristisches Konstrukt, von der aus sich dann der Entwicklungsweg eines Sterns gegebener Masse zur Nullalter-Hauptreihe verfolgen lässt. Sie ergibt sich aus der Beobachtung, dass die Mitglieder von T-Assoziationen im HRD einen definierten Bereich einnehmen, der klar nach „oben" begrenzt ist – und diese Grenze ist nichts anderes als die *stellar birthline*. Auf ihr werden die Protosterne zum ersten Mal sichtbar, d. h., ihre Hülle ist quasi durchsichtig geworden. Man kann die Existenz der Geburtslinie natürlich auch theoretisch begründen. Sobald die Hauptakkretionsphase beendet ist, wird nämlich die Leuchtkraft nicht mehr durch Gl. 6.32 festgelegt, sondern durch die Leuchtkraft, die sich aus der effektiven Temperatur und dem Sternradius ergibt:

$$L^* = 4\pi R^{*2} \sigma T_{\mathit{eff}}^4 \qquad (6.33)$$

Der Radius der strahlenden Sphäre wird dabei durch die innere hydrostatische Struktur des Sterns determiniert und hängt nur von der Masse des Protosterns und nicht von der Akkretionsrate ab. Die Geburtslinie ergibt sich daher aus der Lage von Objekten mit Protosternradien im HRD nach Beendigung ihrer Massenakkretionsphase. Tab. 6.4, die aus (Stahler und Palla 2008) entnommen ist, gibt die theoretische Geburtslinie von Sternen im Massebereich zwischen $0{,}1\,M_\odot$ und $8\,M_\odot$ an. Protosterne, deren Masse $8\,M_\odot$ übersteigt, erreichen die Hauptreihe noch in dem Zustand, in dem sie von einer optisch undurchlässigen Gas- und Staubhülle

6.2 Sternentstehung

Tab. 6.4 Theoretische Geburtslinie von PMS-Sternen als Funktion ihrer Masse. (Aus Stahler und Palla 2008)

$1M^*$ [$M_\odot$]	R^* [$R_\odot$]	$\log L^*$ [$L_\odot$]	$\log T_{eff}$ [K]	Δt_D [a]	Δt_{ZAMS} [a]
0,1	2,49	−0,28	3,49	$1{,}5 \cdot 10^6$	$3{,}7 \cdot 10^8$
0,2	2,52	−0,01	3,52	$8{,}5 \cdot 10^5$	$2{,}4 \cdot 10^8$
0,4	2,70	+0,27	3,56	$3{,}0 \cdot 10^5$	$1{,}1 \cdot 10^8$
0,8	4,32	+0,78	3,61	$2{,}7 \cdot 10^4$	$5{,}2 \cdot 10^7$
1,0	4,92	+0,85	3,63	$6{,}9 \cdot 10^3$	$3{,}2 \cdot 10^7$
1,5	5,09	+0.89	3,65	0	$1{,}2 \cdot 10^7$
2,0	4,94	+0,90	3,67	0	$8{,}4 \cdot 10^6$
3,0	5,66	+0,94	3,70	0	$2{,}0 \cdot 10^6$
4,0	10,2	+2,09	3,84	$1{,}4 \cdot 10^4$	$8{,}2 \cdot 10^5$
5,0	8,20	+2,83	4,05	$8{,}3 \cdot 10^3$	$2{,}3 \cdot 10^5$
6,0	4,62	+3,24	4,27	$1{,}1 \cdot 10^3$	$2{,}9 \cdot 10^4$
7,0	3,28	+3,40	4,32	$7{,}0 \cdot 10^1$	$8{,}5 \cdot 10^3$
8,0	3,11	+3,55	4,36	0	0

Gerechnet für eine sphärische Akkretion mit einer konstanten Rate von $\dot{M} = 10^{-5} M_\odot$ pro Jahr

umgeben sind. Für sie macht der Begriff der *birthline* keinen Sinn mehr, da sich anhand von Beobachtungen der Zeitpunkt des Erreichens der *birthline* und des Erreichens der ZAMS nicht mehr unterscheiden lässt.

6.2.2.4.2 Deuteriumbrennen

Liegen bei einem PMS-Stern die zentrale Dichte zwischen 10^3 bis 10^5 kg/m³ und die Kerntemperaturen im Bereich zwischen 10^5 und 10^6 K, dann sind die Bedingungen für die Reaktion $^2_1D(^1_1H,\gamma)^3_2He$ (+5,5 MeV) gegeben. Diese erste energiefreisetzende thermonukleare Reaktion im Leben eines Sterns wird als „Deuteriumbrennen" bezeichnet. Es setzt die Anwesenheit von schwerem Wasserstoff in der Sternmaterie voraus. Hierbei ist die sogenannte primordiale Deuteriumhäufigkeit anzusetzen, denn Deuterium wird generell in Sternen zerstört. Das führt dazu, dass Sterne nahezu deuteriumfrei sind ($(D/H)_{star} \approx 10^{-17} \ldots 10^{-18}$). Deuterium selbst wird zusammen mit Lithium in wesentlichen Mengen nur im Zuge der primordialen Elementesynthese, die kurz (wenige Minuten) nach dem Urknall stattgefunden hat, produziert. Das Deuterium-Wasserstoff-Verhältnis ist deshalb ein äußerst wichtiger kosmologischer Beobachtungsparameter, in dessen Bestimmung Astronomen viel Beobachtungsarbeit investiert haben. Es liegt bei $(D/H)_{primordial} \approx 3 \cdot 10^{-5}$, was in jedem Fall groß genug ist, um in jungen Sternen das Deuteriumbrennen zu ermöglichen.

Mit dem Zünden des Deuteriumbrennens ergibt sich eine neue Energiequelle im Stern. Die dabei entstehende Strahlung kann jedoch aufgrund der hohen

Opazität der Sternmaterie nicht durch Strahlungstransport abgeführt werden, sodass sehr schnell das Schwarzschild-Kriterium Gl. 4.52 erfüllt wird und konvektiver Wärmetransport einsetzt, der schließlich den gesamten Protostern erfasst. Auf diese Weise wird die Sternmaterie kontinuierlich umgewälzt, und es gelangt immer wieder „frisches" Deuterium (welches zusätzlich durch Akkretion nachgeliefert wird) in die Brennzone. Auf die Leuchtkraft hat das Deuteriumbrennen während der Hauptakkretionsphase nur wenig Einfluss. Es steigert jedoch die innere Energie der Sternmaterie. Außerdem hat das Deuteriumbrennen aufgrund der starken Abhängigkeit der Reaktionsrate von der Temperatur ($\varepsilon_D \sim T^{11,8}$) eine stabilisierende Wirkung auf den noch sehr jungen Stern. Denn eine Erhöhung der Temperatur lässt entsprechend die Reaktionsrate ansteigen, was wiederum den Stern expandieren lässt. Die damit einhergehende Abkühlung verringert im Gegenzug die Reaktionsrate, sodass im Zusammenspiel dieser beiden gegenläufigen Effekte ein gut austarierter Regelmechanismus etabliert wird, der die Kerntemperatur bei $\approx 10^6$ K einreguliert. Dieser Gleichgewichtszustand wird erst dann empfindlich gestört, wenn die Akkretionsrate und damit die Zufuhr von frischem Deuterium deutlich abnimmt. Über kurz oder lang erlischt das Deuteriumbrennen mangels „Brennstoff", und der Stern muss das entstehende Energiedefizit durch eine quasistatische Kelvin–Helmholtz-Kontraktion ausgleichen. Für massearme Sterne koinzidiert das Erlöschen des Deuteriumbrennens mit dem Ende der Hauptakkretionsphase. Von diesem Augenblick an ist die Leuchtkraft des Protosterns nicht mehr durch die Abstrahlung des Akkretionsschocks bedingt, sondern nur noch durch die Energie, die bei dessen Kontraktion freigesetzt wird, d. h., der Protostern ist jetzt endgültig auf der stellaren Geburtslinie im HRD angekommen. Im Zuge dessen geht das Sterninnere vom konvektiven Regime über eine darauf folgende kurze Phase des D-Schalenbrennens (welches die konvektive, deuteriumbrennende Schale immer weiter nach außen treibt, bis sie schließlich verschwindet) zum Wärmetransport durch Strahlung über. Der Entwicklungsweg eines Protosterns im HRD, welcher die Phase nachzeichnet, in der er vollkonvektiv ist, weist einige Besonderheiten auf, die von dem japanischen Astrophysiker Chushiro Hayashi 1961 entdeckt wurden. Dieser spezielle Entwicklungsweg, der insbesondere für Protosterne mit einer Masse unterhalb von $\approx 1,5\ M_\odot$ zutrifft, wird als „Hayashi-Linie" bezeichnet und ist von großer Signifikanz hinsichtlich der frühen Entwicklung nicht allzu massereicher Sterne.

6.2.2.4.3 Hayashi-Linie

Bei den relativ geringen Temperaturen im Inneren von Protosternen stellen die Hydridionen H^- (Abschn. 3.1.7) eine besonders wichtige Opazitätsquelle dar, wobei die zu ihrer Bildung notwendigen Elektronen von den in der Protosternhülle teilionisierten Metallatomen stammen. Sie unterbinden sehr effektiv den Strahlungstransport und bewirken im Zusammenspiel mit einem deuteriumbrennenden bzw. später langsam kontrahierenden Kernbereich, dass der Protostern vollständig konvektiv wird. Wie Chushiro Hayashi zeigte, besteht in diesem Zusammenhang eine spezelle Abhängigkeit der effektiven Temperatur T^*_{eff} von der

Leuchtkraft L^* und der Sternmasse M^*, die sich im Fall primärer H^--Opazität als lineare Funktion der Form.

$$\ln T^*_{\text{eff}} = 0{,}05 \ln L^* + 0{,}2 \ln M^* + \text{const.} \tag{6.34}$$

schreiben lässt. Sie beschreibt im HRD einen von der Geburtslinie nahezu senkrecht nach unten verlaufenden Entwicklungsweg, der als „Hayashi-Linie" bezeichnet wird. Typische T^*_{eff}-Werte liegen zwischen ≈ 3000 K und ≈ 5000 K. Sie bleiben für eine gegebene Sternmasse und chemische Zusammensetzung der Sternmaterie weitgehend konstant, während die Leuchtkraft kontinuierlich bis zum Erreichen eines Minimalwertes abnimmt.

Physikalisch trennt die Hayashi-Linie im HRD einen linken „erlaubten" Bereich (in dem Sterne jedoch nicht vollkonvektiv sein können) von einer rechts von ihr liegenden „verbotenen Zone", die von einem stellaren Entwicklungsweg nicht passiert werden kann. Sterne, die genau auf der Hayashi-Linie liegen, die ihrer Masse und chemischen Zusammensetzung entspricht, müssen durchgängig konvektiv sein. Man spricht in diesem Zusammenhang auch davon, dass sich diese Sterne in der „Hayashi-Phase" ihrer Vor-Hauptreihenentwicklung befinden. Bei größeren Massen ($> 2M_\odot$) ist diese Phase jedoch nur noch wenig oder gar nicht mehr ausgeprägt. Ab $\approx 4M_\odot$ bleiben Protosterne immer radiativ und entwickeln sich unter Kontraktion mit tendenziell stetig wachsender Leuchtkraft auf die Nullalter-Hauptreihe zu. Das passiert übrigens bereits, wenn sie noch durch eine Staubhülle verhüllt und deshalb optisch noch nicht sichtbar sind.

Die Hayashi-Phase eines PMS-Sterns endet mit der Ausbildung eines immer größer werdenden radiativen Kerns, da die Opazität der Sternmaterie mit zunehmender Temperatur und der damit einhergehenden Ionisation immer geringer wird. Zugleich steigt am Ende der Hayashi-Linie die effektive Temperatur an, was in einer entsprechenden Krümmung der Entwicklungslinie in diesem Bereich erkennbar ist. Mit der Ausbildung des radiativen Kerns lässt sich die bei der Kontraktion freigesetzte Energie besser in die Sternhülle transferieren, was in Folge die Leuchtkraft tendenziell von einem Minimalwert am unteren Ende der Hayashi-Linie anwachsen lässt, begleitet von einer Zunahme der effektiven Temperatur des Sterns.

6.2.2.4.4 Entwicklungsweg vom Ende der Hayashi-Phase bis zur ZAMS

PMS-Sterne, deren Masse unterhalb von 0,2 $M_\odot$ liegen, bleiben in ihrer weiteren Entwicklung vollständig, also auch im Kern, konvektiv. Bei größeren Massen geht die Hayashi-Linie in einen zuerst zur Temperaturachse parallellen ($\approx 0{,}6\ M_\odot$) und bei noch größeren Massen schräg ansteigenden Ast über, der traditionell als Henyey-Linie bezeichnet wird. Der Anstieg der effektiven Temperatur und somit die Länge des Entwicklungsweges bis zum Erreichen des Zündpunktes des Wasserstoffbrennens ist, wie Abb. 6.6 deutlich zeigt, bei massearmen Sternen geringer als bei massereichen. Außerdem existiert für PMS-Sterne auf der Henyey-Linie eine gut definierte Masse-Leuchtkraft-Beziehung, für die folgende Proportionalität (mit $\overline{\kappa}$ als mittlere Opazität) gilt: $L^* \sim M^{*3}/\overline{\kappa}$.

Abb. 6.6 Entwicklungswege von Vor-Hauptreihensternen unterschiedlicher Masse im HRD

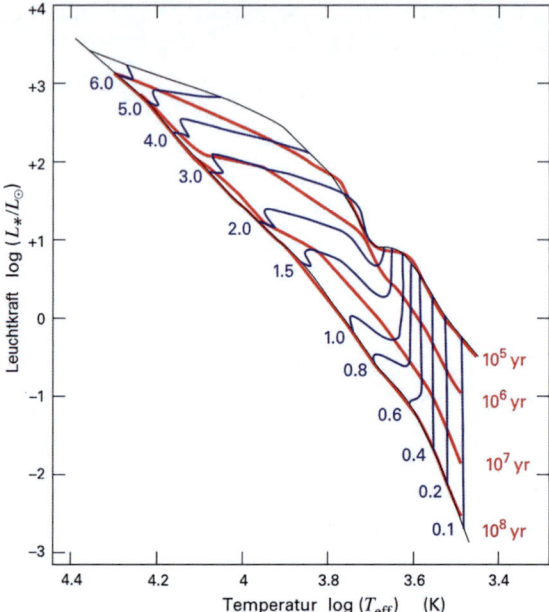

Während der Kontraktionsphase auf der Henyey-Linie konzentriert sich die Masse immer mehr im Sternkern, dessen Dichte und Temperatur dadurch weiter ansteigen. Bei einer Temperatur von $3 \cdot 10^6$ K beginnt das in der Sternmaterie hauptsächlich primordial enthaltene Lithiumisotop $^{7}_{3}Li$ Protonen einzufangen und zu $^{4}_{2}He$ zu zerfallen:

$$^{7}_{3}Li + ^{1}_{1}H \rightarrow ^{4}_{2}He + ^{4}_{2}He \quad (+17{,}35 \text{ MeV}). \tag{6.35}$$

Diese Reaktion wird als Lithiumbrennen bezeichnet und führt ziemlich schnell zu einer Verarmung der Sternmaterie an dem genannten Lithiumisotop, welches in der interstellaren Materie in einem Konzentrationsverhältnis von $[^{7}_{3}Li/^{1}_{1}H] \approx 2 \cdot 10^{-9}$ enthalten ist. Die in einem Protostern ursprünglich vorhandene Menge erlaubt es, die Reaktion Gl. 6.35 für ca. 100.000 Jahre aufrecht zu erhalten. Dann ist sie aufgebraucht und das Lithiumbrennen erlischt. Damit es überhaupt zünden kann, muss ein Protostern mit solarer Metallizität mindestens eine Masse von 65 Jupitermassen (0,06 $M_{\odot}$) besitzen. Objekte, die unterhalb dieser Grenzmasse liegen und deren Masse die untere Grenzmasse für das Zünden des Deuteriumbrennens (13 Jupitermassen = 0,012 $M_{\odot}$) nicht unterschreitet, bezeichnet man als „Braune Zwerge". Dabei bezieht sich der Begriff „Braun" nicht so sehr auf die Farbe (einem menschlichen Auge erscheinen sie eher dunkelrot bis purpurn), sondern er wurde gewählt, um sie von den Roten Zwergsternen (massearme Hauptreihensterne der Spektraltypen M und K) begrifflich abzugrenzen. Während Letztere quasi am Ende ihres PMS-Daseins an der Hauptreihe „kleben" bleiben, kreuzen Braune Zwerge auf ihrem Entwicklungsweg kurz die Hauptreihe, um nach dem schnellen Versiegen ihrer ohnehin nicht sehr effektiven Kernfusionsprozesse langsam auszukühlen. Ihre hydrostatische Stabilisierung wird dabei durch die Elektronenentartung in ihrem Kernbereich gewährleistet.

Im Massebereich zwischen $\approx 0{,}08\ M_\odot$ und $0{,}5\ M_\odot$ sind PMS-Sterne im Zustand des Lithiumbrennens im Wesentlichen konvektiv, was dazu führt, dass solche Sterne schnell an Li verarmen, d. h., bei derartigen Sternen lässt sich dieses Element schließlich nicht mehr anhand der ansonsten recht auffälligen Absorptionslinie bei $\lambda = 670{,}8$ nm nachweisen. Diesen Sachverhalt kann man ausnutzen, um anhand von Beobachtungen massearme Rote Zwerge von Braunen Zwergen mit identischer effektiver Temperatur (=Spektraltyp) zu unterscheiden:

- Stellare Objekte des Spektraltyps M8 und später mit nachweisbarem Li in ihren Spektren sind Braune Zwerge.
- Stellare Objekte mit einem Spektraltyp früher als M8, die auch Li in nachweisbarer Menge enthalten, können, müssen aber nicht (alte) Braune Zwerge sein.
- Ein stellares Objekt mit einem Alter unter 150 Ma ohne nachweisbare Li-Absorption ist eindeutig ein Stern.
- Ein stellares Objekt, dessen effektive Temperatur unterhalb von 2500 K liegt (Spektraltyp L, Abschn. 2.4.4.10), gehört zur Gruppe der Braunen Zwerge.

Die Idee, anhand der Präsenz von Lithiumlinien in Sternspektren Braune Zwerge von Roten Zwergen zu unterscheiden, stammt ursprünglich von Rafael Rebolo (Rebolo et al. 1992). Ein absolut sicheres Unterscheidungsmerkmal stellt das seitdem als „Lithiumtest" bezeichnete Verfahren zwar nicht dar. Es ist aber durchaus eine Hilfe, wenn es z. B. gilt, in einem jungen Sternhaufen Braune Zwerge zu identifizieren. Ergänzen lässt sich dieser Test mit dem Nachweis bestimmter Moleküle (beispielsweise Methan CH_4) in den Spektren der zu untersuchenden Objekte, die nur in entsprechend kühlen Atmosphären existieren können. Hauptreihensterne besitzen immer eine effektive Temperatur oberhalb von 2500 K. Moleküle, die nur unterhalb dieser Grenztemperatur stabil sind, können deshalb zur Absicherung des Status „Brauner Zwerg" herangezogen werden. Darüber hinaus ist für diesen Zweck T_{eff} natürlich selbst ein brauchbarer Parameter, da er sich relativ leicht aus spektralfotometrischen Messungen im IR ermitteln lässt.

Braune Zwerge
Unterhalb der Temperaturschwelle für das Wasserstoffbrennen gibt es einige wenige Fusionsreaktionen, die zum Teil schon ab einer Kerntemperatur von ~1 Mio. K und darunter zünden. Für die Astrophysik sind davon nur das sogenannte „Deuteriumbrennen" und das „Lithiumbrennen" von Bedeutung. Deuteriumbrennen setzt bereits ab einer Masse von ungefähr 13 M_J ein, während das Lithiumbrennen (es zündet bei ungefähr 2,5 Mio. K) eine Mindestmasse von 65 M_J voraussetzt. Auch hier gibt es eine leichte Abhängigkeit der Mindestmasse von der Metallizität der Sternmaterie: je geringer die

Metallizität, desto höher die Sternmasse, ab der Kernfusionsprozesse zünden.

Während Rote Zwerge „an der Hauptreihe kleben bleiben", kreuzen Braune Zwerge am Anfang ihres Lebens kurz die Hauptreihe um danach – nach dem schnellen Versiegen der nicht sehr effektiven Fusionsprozesse in ihrem Inneren – langsam auszukühlen. Die Stabilisierung erfolgt dabei durch den Druck eines entarteten Elektronengases in ihrem Inneren, d. h., sie kontrahieren nicht weiter, weil der nichtthermische Entartungsdruck dauerhaft das hydrostatische Gleichgewicht aufrechterhält.

Aufgrund ihrer äußerst geringen Leuchtkraft ($L_* < 10^{-4} L_\odot$) und niedrigen Temperatur ($T_{eff} < 1800$ K, Strahlungsmaximum im IR) sind sie nur äußerst schwierig zu entdecken und zu beobachten. Die Zahl der bis heute bekannten Braunen Zwerge liegt in der Größenordnung von 10^3. Man findet sie auch in unmittelbarer solarer Nachbarschaft. So konnte 2013 mit WISE J104915.57-531.906 ein binäres System aus zwei Braunen Zwergen (Abstand 1.5", entspricht ~ 3 AU) in einer Entfernung von lediglich 6,5 Lj. entdeckt werden, die damit den Stern Wolf 359 als drittnächsten Sonnennachbarn verdrängen (K.L. Luhman 2013).

Die untere Grenzmasse von ~ 13 M_J bei diesen substellaren Objekten kennzeichnet den stufenlosen Übergang zu den Gasriesen, die entweder gebunden an einen Mutterstern als Planet oder – in Form von Einzelobjekten – als *free floaters* die Galaxien bevölkern.

Für die Planetologie ist die Abgrenzung dieser Objektgruppen untereinander anhand von Beobachtungsdaten ein großes Problem. Die Masse als entscheidender Parameter ist oftmals nur bis auf einen Faktor *sin i* bestimmbar, was natürlich große Unsicherheiten bei Exoplaneten mit Massen, die im Grenzbereich liegen, hervorruft.

Ist das fragliche Objekt individuell auflösbar (was bei kritischen Exoplanetenkandidaten fast nie der Fall ist), dann kann man in seinem Spektrum nach für Braune Zwergsterne typischen Merkmalen suchen. Als ein relativ sicherer Test gilt der Nachweis von Lithiumlinien (Rebolo et al. 1992). Aber auch Linien, die sich Methan zuordnen lassen, helfen unter Umständen einen Braunen Zwergstern von einem (planetaren) Gasriesen zu unterscheiden.

Der erste Braune Zwerg wurde 1995 gefunden (Teide 1). In das gleiche Jahr datiert auch die Identifizierung des im Jahr davor entdeckten Begleiters des kleinen Roten Zwergsterns Gliese 229 als Braunen Zwerg (Nakajima et al. 1995).

Erreicht schließlich der PMS-Stern im Zuge seiner Vorhauptreihenkontraktion in seinem Zentrum eine Temperatur von mindestens $3 \cdot 10^6$ K, dann werden die ersten thermonuklearen Reaktionen des pp-Zyklus möglich, oder anders ausgedrückt, das „Wasserstoffbrennen" zündet. Das passiert kurz bevor der PMS-Stern die Nullalter-Hauptreihe erreicht.[2] Bei dieser Temperatur wird auch noch eine andere Reaktion wichtig, nämlich die Konversion des in der Sternmaterie enthaltenen Kohlenstoffs $^{12}_{6}C$ in Stickstoff $^{13}_{7}N$ gemäß $^{12}_{6}C\left(^{1}_{1}H,\gamma\right)^{13}_{7}N$. Sie verursacht bei Sternen, die ihre Energie primär durch den pp-Zyklus freisetzen, die typische V-Struktur am Ende der Henyey-Linie zwischen dem Zeitpunkt des Wasserstoffzündens und dem endgültigen Erreichen der ZAMS.

Ab einer Temperatur von $\approx 1{,}4 \cdot 10^7$ K sind schließlich die Voraussetzungen zum Zünden des CNO-Zyklus gegeben, der aber erst ab einer Sternmasse von mehr als 1,3 $M_\odot$ energetisch effektiver als der pp-Zyklus arbeitet. Dieser Übergang vom bei massearmen Sternen dominierenden pp-Regime zum CNO-Regime der massereichen Sterne führt zu einer Änderung des Anstiegs der ZAMS im HRD.

Mit dem Wasserstoffbrennen und dem damit einhergehenden Übergang in einen langzeitstabilen hydrostatischen Zustand ist der PMS-Stern nun endgültig auf der Hauptreihe angekommen und darf sich ab jetzt schlicht als „Stern" bezeichnen.

6.2.2.4.5 T-Tauri-Sterne

Sterne im Kontraktionsstadium, deren Masse $\approx 3\ M_\odot$ nicht übersteigt und die einen raschen unregelmäßigen Lichtwechsel meist geringer Amplitude zeigen (0,05–0,5 mag), werden nach ihrem Prototyp „T Tauri" als T-Tauri-Sterne (früher auch RW-Aurigae-Sterne) bezeichnet. Ihre Bezeichnung erhielten sie im Jahr 1945, als Alfred Joy eine Gruppe von elf unregelmäßig veränderlichen Sternen nach ihrem Prototyp T Tauri im Sternbild Stier benannte. Sie treten meist in lockeren Aggregationen in Verbindung mit Gasnebeln und Dunkelwolken auf, für die im Jahre 1951 der sowjetische Astronom P.N. Kholopov den Begriff der T-Assoziation prägte. Sie bestehen aus einigen Dutzend bis zu mehr als 400 T-Tauri-Sternen, wobei ihre räumliche Dichte im Bereich zwischen etwa 0,02 pro pc^3 und ≈ 3 pro pc^3 liegt (s. Tab. 6.5). In der Milchstraße konnten bis heute ungefähr 40 T-Assoziationen, die immer mit Sternentstehungsgebieten assoziiert sind, identifiziert werden. In Tab. 6.5 sind einige der bekannteren unter ihnen mit ihren Basisdaten aufgelistet.

Spektroskopisch fallen T-Tauri-Sterne, deren Spektraltyp von F bis M reicht, insbesondere durch die Präsenz von Kalzium II- und Wasserstoff-Balmer-Linien in Emission auf (in erster Linie H_α), die bei näherer Analyse Hinweise sowohl auf einfallende Materie als auch auf Materieausfluss geben. Außerdem beobachtet man bei allen T-Tauri-Sternen eine erhöhte Röntgenaktivität und, wie bereits erwähnt, einen raschen unregelmäßigen Lichtwechsel. Bei einigen T-Tauri-Ster-

---

[2] Der PMS-Stern hat dann seine Position auf der ZAMS erreicht, wenn der gravitative Anteil der Energiefreisetzung aufgrund der Vor-Hauptreihenkontraktion verschwunden ist. Der Stern stabilisiert sich ab diesem Zeitpunkt nur noch allein durch die Energie, die durch die Wasserstofffusion freigesetzt wird. Die Kelvin–Helmholtz-Kontraktionsphase ist damit beendet.

Tab. 6.5 Bekannte T-Assoziationen in der Milchstraße

Assoziation	Sternbild	Anzahl Mitglieder	Entfernung [pc]
Tau T1	Taurus	15	200
Tau T2	Taurus	12	170
Aur T1	Auriga	15	170
Ori T1	Orion	49	400
Ori T2 (M42)	Orion	450	400
Mon T1 (NGC 2264)	Monoceros	198	800
Ori T3	Orion	103	400
Sco T1	Scorpius	33	210
Del T1	Delphinus	25	200
Per T2	Perseus	16	380

nen findet man auch verbotene Linien (s. Abschn. 3.1.5.6) in ihren Spektren, wie sie sonst nur in Gasnebeln auftreten. Daraus kann man schlussfolgern, dass sich außerhalb ihrer aktiven Chromosphäre eine ausgedehnte dünne Gashülle befindet, in der sich unter Umständen Anregungsbedingungen ausbilden, die zu den genannten „verbotenen Emissionen" führen. Dass viele T-Tauri-Sterne noch eine Gas- und Staubhülle besitzen, zeigt sich auch in ihrem deutlichen IR-Exzess. Außerdem rotieren sie außergewöhnlich schnell als Konsequenz der Drehimpulserhaltung während ihrer Bildungsphase. Diese schnelle Rotation (typisch 1 bis 8 Tage, bei der Sonne ≈ 26 Tage) führt im Zusammenspiel mit einer ausgedehnten Konvektionszone zu einer außergewöhnlich starken magnetischen Oberflächenaktivität ($\approx 0{,}1$ T), was sich beispielsweise in ausgedehnten „Sternflecken" in einer gewissen Analogie zu den bekannten Sonnenflecken äußert.[3] Sie nehmen eine Fläche von ca. 3 bis 20 % der Sternoberfläche ein und sind ein Grund für den unregelmäßigen Lichtwechsel der T-Tauri-Sterne. Man hat sogar spektroskopische Verfahren entwickelt, mit deren Hilfe sich bei geeigneter Raumlage der Rotationsachse derartige Sternflecken bildlich rekonstruieren lassen (Doppler Imaging, siehe Abschn. 3.1.10.1.2). Die mit diesen Sternflecken assoziierten chromosphärischen Eruptionen (Stichwort: Flareaktivität aufgrund magnetischer Rekonnektion, bis zu 1000-mal stärker als solare Flares) bedingen eine starke Röntgenfluktuation im Bereich eines Faktors von 10, die sich mit weltraumgestützten Röntgenteleskopen messen und verfolgen lässt.

T-Tauri-Sterne gehören zu den in der Box „Klassifikation junger stellarer Objekte" vorgestellten *young stellar objects,* deren Klasse II und III sie repräsentie-

---

[3] Im Unterschied zur Sonne sind die Sternflecken klassischer T-Tauri-Sterne heißer als die umgebende Photosphäre, sodass sie vielleicht mit den Fußpunkten aus der Akkretionsscheibe einfallender und durch Magnetfelder kanalisierter Materieströme zusammenfallen.

ren. Ihre Phänomenologie ist u. a. durch Ausflüsse und Sternwinde bedingt, die – wie entsprechende Beobachtungen im IR- und Radiobereich zeigen – zu einer Massenverlustrate in der Größenordnung von 10^{-7} bis $10^{-8}\,M_\odot$ pro Jahr führen (Sonne gegenwärtig $\approx 10^{-14}\,M_\odot$ pro Jahr). Ausflüsse, insbesondere diejenigen entlang eines schmalen Kegels über den Polen (sogenannte bipolare magnetohydrodynamische Jets).

T-Tauri-Sterne, die YSOs der Klasse II entsprechen, werden als „klassische T-Tauri-Sterne" (cTTS) bezeichnet. Aus der Hülle selbst wird bei ihnen nur noch sehr wenig Materie akkretiert. Die Masseakkretion erfolgt vielmehr über die Innenkante der gut ausgeprägten zirkumstellaren Scheibe, wobei sich aufgrund äußerst komplexer magnetohydrodynamischer Vorgänge oftmals bipolare Jets ausbilden. Treffen sie auf interstellare Materie, dann werden sie stark abgebremst, wodurch symmetrisch zur Lage des T-Tauri-Sterns Emissionsgebiete für IR-Strahlung entstehen, an deren Existenz man wiederum YSOs der Klasse II sehr gut identifizieren kann.

Spektroskopisch lassen sich cTTS anhand der großen Äquivalentbreite ($\Delta\lambda > 1$nm) der H_α-Emission erkennen. Sie unterscheiden sich dadurch von den sogenannten „weak-Line T-Tauri Stars", wTTS, ($\Delta\lambda \approx 0{,}1$ nm), die YSOs der Klasse III entsprechen. Bei ihnen treten keine bipolaren Jets mehr auf, was darauf hindeutet, dass bei ihnen die Scheibenakkretionsrate einen dafür kritischen Wert unterschritten hat. In dieser Phase entstehen übrigens in der zirkumstellaren Scheibe, die in diesem Fall oft „protoplanetare Scheibe" genannt wird, planetare Körper (s. z. B. Scholz 2014).

Die starken optischen Wasserstoffemissionen, der H- und K-Linie des einfach ionisierten Kalziums sowie diverse verbotene Linien, wie sie beispielsweise vom International Ultraviolet Explorer beobachtet wurden, weisen auf ähnliche Entstehungsmechanismen hin, wie sie im Bereich der oberen Chromosphäre und der sich anschließenden Übergangsregion *(transition region)* zur Korona gegeben sind. Die Breite und die oft beobachtete Violettverschiebung verbotener Linien weisen auf die Existenz eines radial abströmenden Sternwindes hin, der die Transitionregion durchströmt. In der Gesamtschau stellen klassische T-Tauri-Sterne recht komplexe *compound*-Systeme dar, die aus einem noch in Kontraktion befindlichen Stern, einer aktiven stellaren Photosphäre, einer zirkumstellaren Akkretionsscheibe aus kühlem Material und aus mehr oder weniger stark ausgeprägten bipolaren Jets aufgebaut sind. Wie sie sich im Einzelfall einem Beobachter darbieten, hängt auch davon ab, unter welchem Winkel man auf ihre Rotationsachse schaut. Immerhin konnte mittlerweile mithilfe des Hubble-Weltraumteleskops die unmittelbare Umgebung einiger T-Tauri-Sterne so weit räumlich aufgelöst werden, dass Strukturen ihrer Hülle und der Akkretionsscheibe sowie der bipolaren Jets sichtbar geworden sind.

Zum Schluss noch ein paar Worte zu den „weak-Line T-Tauri Stars" wTTS. Da ihnen größtenteils ihre Hülle abhanden gekommen ist, werden sie manchmal auch „naked T-Tauri stars" genannt, was ihnen aber nicht ganz gerecht wird. Sie können immerhin noch ausgeprägte protoplanetare Scheiben besitzen, deren „Sichtbarkeit" in den Spektren dieser Sterne nicht immer gegeben ist. Außerdem zeigen sie gewöhnlich eine stärkere Röntgenaktivität als klassische T-Tauri-Sterne. Das liegt sicherlich zumindest teilweise an der fehlenden Hülle, die ansonsten recht effektiv kurzwellige Strahlung absorbiert.

Typische Alter von cTTS sind, bezogen auf den Beginn ihres Protosterndaseins, 1 bis 4 Mio. Jahre, während wTTS in der Regel älter als 5 Mio. Jahre sind.

Zum Schluss dieses Abschnitts sollen noch zwei Untergruppen von T-Tauri-Sternen zumindest erwähnt werden. Das sind einmal die YY-Orionis-Sterne, in deren Spektren zumindest zeitweise inverse P-Cygni-Profile auftreten (Masseeinfall), und zum anderen die FU-Orionis-Sterne, die zu extremen Helligkeitsausbrüchen neigen (bis zu 6 mag innerhalb eines Jahres).

6.2.2.4.6 Herbigs Ae/Be-Sterne

Für T-Tauri-Sterne gibt es eine obere Massegrenze, die bei etwa 2 bis 2,5 $M_\odot$ liegt. Massereichere Sterne im Kontraktionsstadium, etwa zwischen 3 und vielleicht maximal 20 $M_\odot$, werden nach ihrem Entdecker und spezifischen Spektralmerkmalen als „Herbigs Ae/Be-Sterne" bezeichnet (kurz „HES", – Herbigs Emission Line Stars). George Herbig (1920–2013) definierte sie anhand folgender Merkmale:

a) Sterne vom Spektraltyp A oder früher mit auffälligen Emissionslinien,
b) sind immer mit Regionen dichter ISM assoziiert (wichtig zur Unterscheidung von älteren Be-Sternen der Leuchtkraftklassen III, IV und V).
c) zeigen oft einen starken IR-Exzess; IR-Spektren enthalten Festkörperabsorptionsbanden verschiedener Silikate, aber auch von FeO, polyzyklischen Kohlenwasserstoffen (PAHs) und von Wassereis,
d) „beleuchten" die umgebenden Gas- und Staubwolken /Reflektionsnebel.

Im Unterschied zu den T-Tauri-Sternen ist die Vor-Hauptreihenentwicklung von Herbigs Ae/Be-Sternen vergleichsweise kurz (d. h. unter 10^7 Jahren) oder findet (ab ca. 8 $M_\odot$) gar nicht mehr statt, da dann ihre Geburtslinie mit der ZAMS zusammenfällt. Sie sind die unmittelbaren Vorläufer heißer A- und B-Hauptreihensterne, die, wenn sie noch nicht zu alt sind, oft als Relikte IR-aktive Trümmerscheiben *(debris disks)* besitzen. Bekannte Beispiele dafür sind α Piscis Austrini (Fomalhaut) und α Lyrae (Wega).

Die oft sehr komplexen spektralen Strukturen (beispielsweise P-Cygni-Profile von Balmer-Linien, Auftreten verbotener Linien wie von [OI], Röntgenemissionen und das Phänomen der Superionisation) zeigen, dass „Herbigs Emissionsliniensterne" strukturierte Objekte sind, bei denen sich chromosphärische Aktivitäten, Masseakkretion, stellare Winde und magnetohydrodynamische Jets quasi überlagern. Optische Jets konnten bei einer ganzen Anzahl von HESs nachgewiesen werden, wobei die maximalen Ausflussgeschwindigkeiten meist im Bereich zwischen 50 km/s und 400 km/s liegen. Sie sind nicht selten mit Herbig-Haro-Objekten assoziiert, d. h. mit HI-Emissionsgebieten, welche die Wechselwirkungsregionen protostellarer Jets mit der ISM kennzeichnen. Sie zeigen häufig knotige Strukturen, deren Entstehung durch Schockanregung erklärt wird (sie tritt auf, wenn der überschallschnelle Jet auf interstellares Gas trifft, abgebremst wird und

Abb. 6.7 Herbig-Haro-Objekt HH 212 im Bereich des Sternbilds Orion – aufgenommen im IR mit der Kamera ISAAK am 8-m-Teleskop (UT3) der Europäischen Südsternwarte. Die Quelle der bipolaren Jets – ein sehr junger Stern – ist noch hinter der Staubscheibe verborgen. Die hellen Knoten in den stark kollimierten Jets weisen darauf hin, dass es ca. alle 30 bis 40 Jahre zu Jetpulsen kommt, deren Ursache und Mechanismus jedoch noch weitgehend unklar sind

dabei so etwas wie ein Bugschock entsteht). Außerdem strömt das Gas über die bipolaren Jets nicht gleichförmig vom Stern ab, sondern unterliegt Schwankungen in Geschwindigkeit und Dichte.

Wirklich detaillierte Untersuchungen an Herbig-Haro-Objekten (insbesondere im Orion-Molekülwolkenkomplex) gelangen erst mit dem Hubble-Weltraumteleskop, mit Riesenteleskopen mit adaptiver Optik und mittels radiointerferometrischer räumlicher Auflösung von Molekülemissionen (insbesondere CO). Erst sie zeigten, dass sie immer mit bipolaren Ausflüssen junger Sterne im Stadium der Scheibenakkretion verbunden sind, was ältere Hypothesen über ihre Natur obsolet machten (Abb. 6.7).

6.3 Hauptreihen- und Nach-Hauptreihenentwicklung

Laut Definition erreichen junge Sterne in dem Moment ihr Hauptreihendasein, wenn in ihrem Inneren die Wasserstofffusion zündet und die dabei freigesetzte Energie den Stern dahingehend stabilisiert, dass seine Kelvin–Helmholtz-Kontraktion beendet wird. Genau zu diesem Zeitpunkt ist er auf der Nullalter-Hauptreihe (ZAMS) angekommen, von wo aus sein „Leben" als „richtiger" Stern zeitlich gezählt wird. In diesem Abschnitt soll nun sein weiterer Lebensweg verfolgt werden, bis er schließlich langsam und gemächlich (Weißer Zwerg, Brauner Zwerg) oder von Knall auf Fall (Neutronenstern, Schwarzes Loch oder „verschwindend in einer Explosionswolke") sein Endstadium erreicht. Sein Schicksal ist dabei – und das ist eine der großen Entdeckungen der Astrophysik des frühen 20. Jahrhunderts – im Wesentlichen durch zwei Parameter festgelegt, seiner Masse und seine chemische Zusammensetzung, meist ausgedrückt durch den Grad der Metallizität X.

Der Übergang vom Vor-Hauptreihenstadium zum Hauptreihenstadium ist kein plötzlicher Vorgang. Zwischen dem Zünden des Wasserstoffbrennens und dem Erreichen seiner Position auf der ZAMS vergeht natürlich etwas Zeit. Sie ist durch chemische Ausgleichsvorgänge im Kernbereich (betrifft in erster Linie $^{3}_{2}He$) und einen Umbau der inneren Struktur gekennzeichnet. Dabei gibt es Unterschiede, ob man Sterne im unteren Massebereich (Low Main Sequence, $M^* \leq 1{,}3\,M_\odot$, pp-Zyklus, radiativer Kern) oder im mittleren und oberen Massebereich (Upper Main Sequence, $M^* > 1{,}3\,M_\odot$, CNO-Zyklus, konvektiver Kern) betrachtet. Die Ursache dafür ist die Art des Wasserstoffbrennens, die jeweils überwiegt. Hauptreihensterne, die überwiegend Energie mittels des Bethe-Weizsäcker-Zyklus freisetzen, haben einen höheren Masseumsatz als Sterne, die den pp-Zyklus zur Energiefreisetzung nutzen. Das führt dazu, dass je höher die Ausgangsmasse eines Sterns ist, desto schneller geht er in den Zustand des Wasserstoffschalenbrennens bzw. des Heliumkernbrennens über, weil sich im Kernbereich immer mehr fusioniertes Helium ansammelt. Man kann die Verweilzeit τ_{MS} auf der Hauptreihe mittels Gl. 5.90 grob folgendermaßen abschätzen (in Klammern Werte aus Sternentwicklungsmodellen):

$M^*/M_\odot$	τ_{MS} in Jahre
0,80	$2{,}2 \cdot 10^{10}$
1,00	$1{,}0 \cdot 10^{10}\,(1{,}1 \cdot 10^{10})$
1,25	$4{,}6 \cdot 10^{9}\,(2{,}8 \cdot 10^{9})$
1,50	$2{,}4 \cdot 10^{9}\,(1{,}5 \cdot 10^{9})$
2,25	$5{,}8 \cdot 10^{8}\,(2{,}8 \cdot 10^{8})$
3,00	$2{,}1 \cdot 10^{8}\,(2{,}2 \cdot 10^{8})$
5,00	$3{,}6 \cdot 10^{7}\,(6{,}5 \cdot 10^{7})$
9,00	$4{,}6 \cdot 10^{6}\,(2{,}1 \cdot 10^{7})$

Während dieser Zeit entfernt sich der Stern langsam von der ZAMS, um irgendwann die Endalter-Hauptreihenposition (TAMS) zu erreichen. Zu diesem Zeitpunkt wird das Wasserstoffbrennen im zentralen Sternkern aufgrund von dessen Verarmung an fusionsfähigem Wasserstoff beendet. Der Entwicklungspfad zwischen der ZAMS-Position und der TAMS-Position im HRD ist umso kürzer, je geringer die Masse des Sterns ist (s. Abb. 6.8). Das bedeutet, dass gerade massearme Sterne während ihrer Hauptreihenphase ihre Leuchtkraft und ihre effektive Temperatur über sehr große Zeiträume außergewöhnlich konstant halten (die Strahlungs-

6.3 Hauptreihen- und Nach-Hauptreihenentwicklung

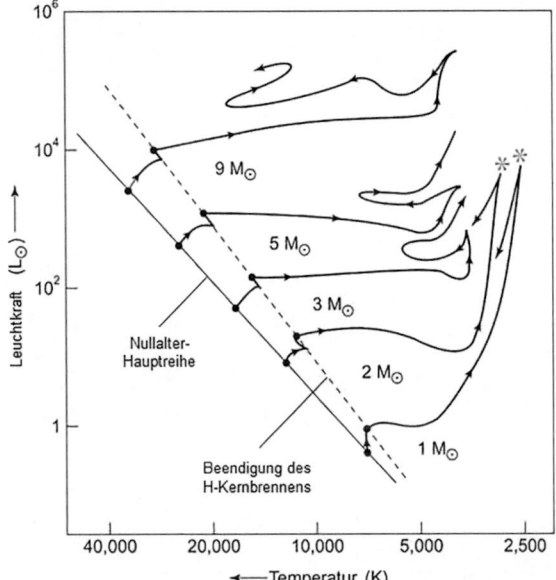

Abb. 6.8 Entwicklungswege von Sternen zwischen 1 und 9 Sonnenmassen im HRD. Der Entwicklungspfad auf der Hauptreihe verläuft zwischen der Anfangsposition auf der ZAMS bis zum Erlöschen des zentralen Wasserstoffbrennens auf der TAMS

leistung der Sonne hat beispielsweise in den letzten $\approx 4{,}5$ Mrd. Jahren um gerade einmal ¼ zugenommen). Dieser Umstand ist übrigens von großer astrobiologischer Bedeutung, da er die Klimastabilität von potenziell lebensfreundlichen Planeten in relativ engen Grenzen über sehr lange Zeiträume garantieren kann. Die Wahrscheinlichkeit, dass sich Leben auf Planeten um Sterne, deren Masse die der Sonne übersteigt, entwickeln kann, ist deshalb (und auch aus anderen Gründen) äußerst gering.

Wie die Entwicklung nach Verlassen der Hauptreihe weitergeht, hängt davon ab, welche Dichten und Temperaturen im Sternkern nach Beendigung des Wasserstoffbrennens erreicht werden. Diese Parameter bestimmen, ob der Stern neben der Kontraktion seines Kerns im Laufe seiner Existenz noch weitere nukleare Energiequellen anzapfen kann. Die Zusammenhänge lassen sich anhand eines Dichte-Temperatur-Diagramms recht gut veranschaulichen, wobei es angebracht ist, eine logarithmische Skalierung zu wählen (Abb. 6.9).

Für die Materie in den Sternkernen sind prinzipiell nur die Domänen I bis III zugänglich. Sterne, deren Masse so groß ist, dass in ihnen der Strahlungsdruck den Gasdruck übersteigt, können theoretisch zwar die Domäne IV ankratzen. Sie sind jedoch dynamisch instabil, d. h., sie entwickeln entweder extrem starke Sternwinde, oder der Strahlungsdruck würde sie unweigerlich auseinandertreiben. Deshalb muss es oberhalb von $\approx 100\,M_\odot$ auch eine Grenzmasse geben, die Sterne prinzipiell nicht überschreiten können. Nach Beobachtungen dürfte sie in der Nähe von $\approx 300\,M_\odot$ liegen.

Thermonukleare Fusionsreaktionen benötigen eine bestimmte, von der Materiedichte abhängige Zündtemperatur. Wenn sie erreicht ist, setzt quasi die Energie-

Abb. 6.9 Temperatur-Dichte-Diagramm mit eingezeichneten Domänen verschiedener, durch unterschiedliche Zustandsgleichungen definierter Materiezustände

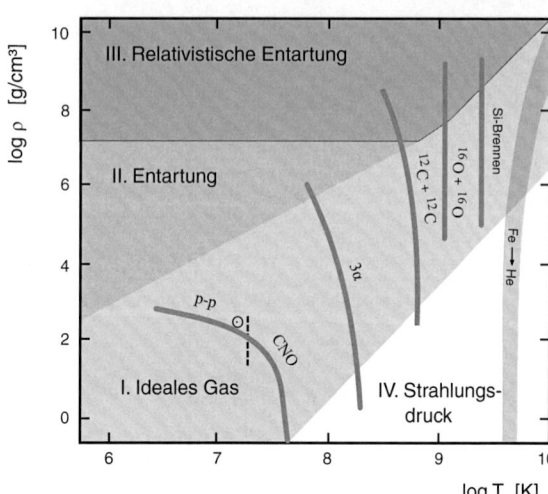

freisetzung durch „nukleares Brennen" ein. Man kann für jede Art des „Brennens" eine minimale Energieerzeugungsrate ε_{nuc} festlegen, ab der und darüber die nuklearen Prozesse den Energiehaushalt eines Sterns vollständig bestreiten können. Ein guter Richtwert für diese Rate ist $\varepsilon_{nuc,min} \approx 0{,}1$ J kg^{-1}s^{-1}.

Für jeden nuklearen Prozess lässt sich dann gemäß Gl. 4.190 die Temperatur- und Dichteabhängigkeit der Energiefreisetzungsrate wie folgt aufschreiben:

$$\log \rho = -\nu \log T + \log \left(\frac{\varepsilon_{nuc,min}}{\varepsilon_0} \right) \qquad (6.36)$$

Diese Funktion definiert innerhalb ihres Wertebereichs für jede Art des nuklearen Brennens eine Kurve im $\log T$, $\log \rho$-Diagramm, bei deren Überschreiten von links nach rechts im Sternkern die entsprechenden thermonuklearen Reaktionen mit der geforderten Effizienz möglich werden (s. Abb. 6.10).

Das beginnt mit der Zündkurve des Wasserstoffbrennens, die sich aus einem Ast, welcher das pp-Brennen und einem Ast, der den CNO-Zyklus repräsentiert, zusammensetzt. Der Übergang, bei dem die Leuchtkraft primär durch den Bethe-Weizsäcker-Zyklus (CNO-Zyklus) bedingt ist, liegt bei einer Kerntemperatur von etwa $3 \cdot 10^7$ K. Die unterschiedliche Krümmung der beiden Äste liegt am unterschiedlichen Exponenten der Temperaturabhängigkeit der Effektivität der entsprechenden Kernreaktionen ($\nu \approx 5{,}3$ im pp-Ast, $\nu \approx 18$ im CNO-Ast).

Dem Wasserstoffbrennen folgt bei steigenden Zündtemperaturen das Heliumbrennen, dann das Kohlenstoff-, Neon- und Sauerstoffbrennen und schließlich das Siliziumbrennen. Aufgrund dessen, dass in jeder neuen Brennphase der Exponent ν der Temperaturabhängigkeit von ε_{nuc} immer größer wird, werden gemäß Gl. 6.36 die Kurven auch immer steiler. Rechts werden sie schließlich durch einen Streifen begrenzt, in dem die Bedingungen so extrem werden, dass das während des Siliziumbrennens fusionierte Eisen durch Photodesintegration schließlich wieder in Alphateilchen zerfällt (s. Abschn. 5.3.5.4).

6.3 Hauptreihen- und Nach-Hauptreihenentwicklung

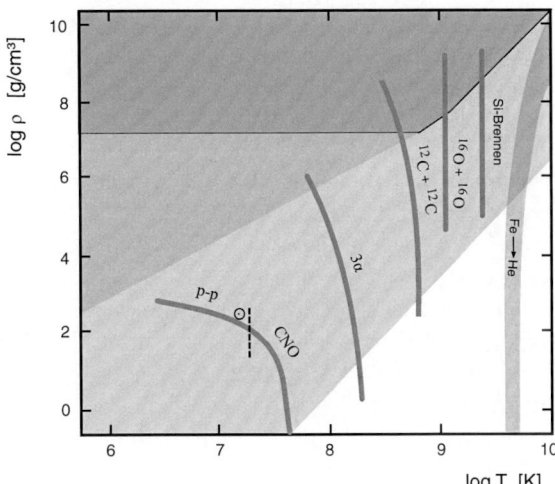

Abb. 6.10 Temperatur-Dichte-Diagramm mit den eingezeichneten Grenzkurven für die verschiedenen, in Sternen wesentlichen nuklearen Brennzyklen

Man kann jetzt den Entwicklungsweg von Sternen mit unterschiedlicher Masse und Metallizität anhand ihrer zentralen Temperatur und Dichte innerhalb dieses Diagramms verfolgen. Verwendet man dazu in erster Näherung Polytropenmodelle, dann sind diese Entwicklungslinien Geraden mit einer Steigung, die ungefähr der der Domänengrenze IV zu I entspricht. Nur die Entwicklungspfade von Sternen, die sich am Ende ihres Sternenlebens als entartete Himmelskörper stabilisieren, knicken schließlich nach links ab und gehen in eine Abkühlungskurve über. Das betrifft Braune und Weiße Zwerge sowie prinzipiell auch Neutronensterne, nur dass bei ihnen keine Elektronenentartung, sondern Neutronenentartung die Kerndichte auch bei sinkender Temperatur konstant hält (s. Abb. 6.11). Ihre Abkühlungskurve verläuft weit oberhalb des hier dargestellten Diagrammbereichs.

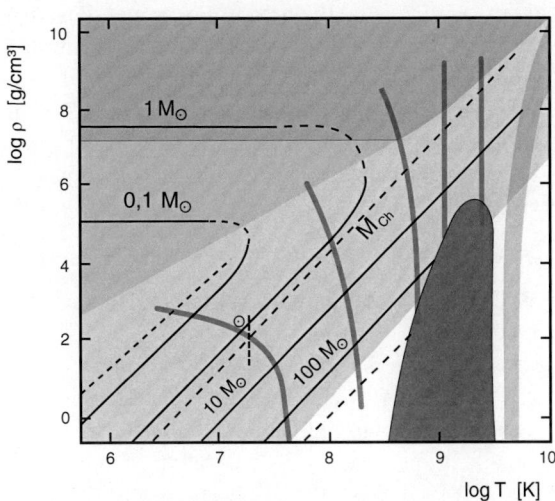

Abb. 6.11 Temperatur-Dichte-Diagramm mit stellaren Entwicklungslinien von Sternen unterschiedlicher Ausgangsmasse

Die Sternentwicklung ist im Prinzip – unabhängig davon, wie sich dessen Hülle verhält – von der Tendenz her eine Geschichte der Kernkontraktion. Sie beginnt bei geringen zentralen Dichten und Temperaturen links unten im $\log T$, $\log \rho$-Diagramm als Protostern, der durch Kontraktion und Massenakkretion kontinuierlich Dichte und Temperatur im Kernbereich erhöht. Ist die Ausgangsmasse größer als eine untere Grenzmasse ($\approx 0{,}075\,M_\odot$), dann erreicht er irgendwann die Zündlinie des Wasserstoffbrennens, womit eine lange stabile Phase des Wasserstoffkernbrennens und anschließend des Wasserstoffschalenbrennens beginnt. Sie kann bei massearmen Roten Zwergen die Hubble-Zeit (d. h. das momentane Weltalter) weit übersteigen. Bei der Sonne, deren Schnittpunkt mit der Zündlinie des Wasserstoffbrennens näher am CNO-Ast liegt, beträgt die Zeitdauer der Hauptreihenphase immer noch etwa 11 Milliarden Jahre. Bei noch höherer Ausgangsmasse nimmt die Zeitdauer der allein wasserstoffbrennenden Phase weiter ab, die dann ab 10 $M_\odot$ nur noch wenige Millionen Jahre beträgt.

Geht der „Kernbrennstoff" – hier Wasserstoff – zur Neige, beginnt der Sternkern wieder zu kontrahieren, um das entstehende Energiedefizit auszugleichen. Die Dichte und die Temperatur nehmen schnell zu, und wenn die Masse ausreicht, wird die Zündlinie für den Triple-Alpha-Prozess erreicht. Das ist bei allen Sternen der Fall, deren Masse die Grenzmasse von $\approx 0{,}3\,M_\odot$ übersteigt. Die Kernbereiche Roter Zwerge mit Massen unterhalb dieser Grenzmasse entarten bereits, bevor die Bedingungen für das Heliumbrennen erreicht werden. Und so geht es fort. Sterne, deren Kernmasse die Chandrasekhar-Grenzmasse von $\approx 1{,}44\,M_\odot$ übersteigt, durchqueren alle möglichen Zündlinien und biegen dann in den Bereich der relativistischen Entartung ab. Geraten sie dabei in den Bereich der Eisen-Desintegration, endet ihr Sternenleben oft in einer Supernovaexplosion. Je nach verbleibender Masse entsteht dabei ein Neutronenstern oder ein Schwarzes Loch (s. Abschn. 5.3.4.5.2) Bei sehr großen Sternmassen kann ihr explosives Ende aber auch schon eher eintreten, und zwar dann, wenn sie in den Instabilitätsbereich geraten, in dem sich im Anschluss an das Kohlenstoffbrennen aufgrund der massiven Erzeugung von Elektronen-Positronen-Paaren der Strahlungsdruck so stark verringert, dass er zur hydrostatischen Stabilisierung des Sterns teilweise ausfällt. Daraus resultiert entweder ein Kernkollaps zu einem Schwarzen Loch oder die völlige Zerstörung des Sterns. Man spricht in diesem Fall von einer Paarinstabilitätssupernova (Hypernova). Die genaue Massegrenze, ab der sie unausweichlich wird, ist nicht bekannt. Sie dürfte nach theoretischen Untersuchungen irgendwo zwischen 140 und 150 $M_\odot$ liegen.

6.3.1 Evolution Roter Zwergsterne

Rote Zwerge sind Sterne im Massebereich zwischen $\approx 0{,}08\,M_\odot$ und $\approx 0{,}7\,M_\odot$, deren Leuchtkraft meist unter 1 % der Sonnenleuchtkraft bleibt. Aufgrund ihrer geringen effektiven Temperatur, die zwischen 2300 K (Spektraltyp M9V, wobei es sich hier, bis etwas zum Spektraltyp M7V, oftmals um Braune Zwerge handeln

6.3 Hauptreihen- und Nach-Hauptreihenentwicklung

dürfte, die aufgrund ihrer geringen Masse nicht einmal in der Lage sind, die Reaktionen des niederenergetischen Zweiges des pp-Zyklus zu zünden) und maximal 4000 K (Spektraltyp M0V, eventuell K) variiert, erscheinen sie in rotem Licht, was auch ihren Namen erklärt. Obwohl sie etwa 80 % der Sternbevölkerung in der galaktischen Scheibe ausmachen, kann aufgrund ihrer geringen Leuchtkraft keiner von ihnen mit bloßem Auge am Nachthimmel beobachtet werden. Einer der bekannteren Vertreter ist Proxima Centauri, der in der utopischen Literatur häufig erwähnt wird und nur 4,243 Lj von der Sonne entfernt ist. Ein noch näherer Stern konnte übrigens bis heute nicht gefunden werden, sodass Proxima Centauri der sonnennächste Stern ist. Seine Basisdaten sind in folgender Tabelle aufgelistet:

Scheinbare Helligkeit	11,05 mag
Absolute Helligkeit (V)	15,49 mag
Entfernung	1,3 pc = 4,243 Lj
Masse	0,123 $M_\odot$ ($\approx$ 129 Jupitermassen)
Leuchtkraft (V)	$4{,}92 \cdot 10^{-5} \, L_\odot$
Effektive Temperatur	$\approx$ 3040 K
Spektraltyp	M6Ve
Radius	0,154 $R_\odot$
Rotationsdauer (Äquator)	86,2 Tage
Alter	$4{,}85 \cdot 10^9$ Jahre
Veränderlichkeit	UV-Ceti-Typ (Flare-Stern)

Unter den 30 sonnennächsten Sternen befinden sich 18 Rote Zwergsterne, was auf eine bemerkenswert hohe Populationsdichte in der Milchstraße hinweist. Auffällig sind ihre z. T. recht starken Magnetfelder, die ähnlich wie bei der Sonne durch einen Dynamoeffekt erzeugt werden. Sie führen dazu, dass einige von ihnen entweder auffällige Sternflecken oder eine unregelmäßige Flare-Aktivität zeigen. Rote Zwerge mit Flareaktivität werden nach ihrem Prototyp als UV-Ceti-Sterne (oder kurz als „Flare-Sterne") bezeichnet. Beobachtet man dagegen (z. B. mittels Doppler-Imaging) nur „Sternflecken", die zu einem „Rotationslichtwechsel" geringer Amplitude Anlass geben, dann werden derartige Rote Zwergsterne der Gruppe der BY-Draconis-Sterne zugeordnet.

Die Entstehung der starken Magnetfelder resultiert im Wesentlichen aus der Wechselwirkung von Konvektion und differentieller Rotation. Diese Wechselwirkung treibt einen effektiven Dynamo an, der wiederum zur Entstehung von Sternflecken und Flares führt. Aufgrund ihrer geringen absoluten Leuchtkraft fallen diese Aktivitätsphänomene besonders deutlich auf. Diese magnetische Aktivität ist besonders bei jungen Sternen dieses Typs relativ häufig und nimmt dann mit dem Sternalter ab. Der Grund dafür ist der Verlust an Eigendrehimpuls, der im Lauf der Zeit zu einer Verringerung der Rotationsfrequenz führt.

Rote Zwerge, oder genauer gesagt diejenigen, die als M-dwarfs bezeichnet werden, besitzen aufgrund ihrer geringen Leuchtkraft nach Gl. 6.12 eine extrem lange nukleare Zeitskala (ein typischer Wert liegt bei $\tau_{NN} \approx 10^{12}$ bis 10^{13} Jahre). Das bedeutet, dass sie sich, – und zwar unabhängig davon, wann auch immer sie in der Vergangenheit entstanden sind – im Hauptreihenstadium befinden. Ihre Zukunft kann deshalb nur (und nicht durch Beobachtungen ergänzt) durch Modellrechnungen erschlossen werden. Für einen Stern mit einer Ausgangsmasse von 0,1 $M_\odot$ ergibt sich dabei ungefähr der in Abb. 6.12 dargestellte Entwicklungsweg im HRD (Laughlin et al. 1997).

Er beginnt mit dem Abstieg des Protosterns entlang der Hayashi-Linie in Richtung ZAMS, die er nach ungefähr 2 Mrd. Jahren erreicht. Dann zündet der niederenergetische Zweig des pp-Zyklus, und die Kontraktion hört auf. Die effektive Temperatur des Roten Zwerges beträgt jetzt ≈ 2230 K, und die Leuchtkraft 0,00042 $L_\odot$. Damit tritt der Stern in eine extrem lange Lebensphase ein, in der er sich chemisch dahingehend verändert, dass in den ersten $2 \cdot 10^{12}$ Jahren der Massenanteil von ^3_2He langsam zunimmt, da im pp-I-Zyklus mehr davon erzeugt als verbraucht wird. Er bleibt dabei vollständig konvektiv, was eine durchgängig gleichmäßige Vermischung von ^1_1H, ^3_2He und ^4_2He gewährleistet. Mit der Erhöhung der Konzentration des genannten Heliumisotops ^3_2He (ihr Maximalwert mit einem Masseanteil von 9,95 % wird nach $1{,}38 \cdot 10^{12}$ Jahren erreicht) und der auch langsam anwachsenden Kerntemperatur werden schließlich die Anteile, die der pp-II- und der pp-III-Zweig zur Leuchtkraft liefert, auch stetig größer. Bei einer Kerntemperatur von $\approx 4{,}8 \cdot 10^6$ K wird in Bezug auf ^3_2He der Umkehrpunkt erreicht, weil ab diesem Zeitpunkt mehr ^3_2He verbraucht als neu erzeugt wird. Nach $\approx 3 \cdot 10^{12}$ Jahren wird ^4_2He den größten Massenanteil stellen. Die Photosphärentemperatur hat sich dann auf ≈ 2500 K erhöht, und der Rote Zwerg besitzt jetzt eine Leuchtkraft von ungefähr einem Tausendstel der Sonnenleuchtkraft. Durch den größer werdenden He-Anteil und den entsprechend abnehmenden Wasserstoffanteil an der Sternmaterie wird die Kernregion immer dichter und heißer.

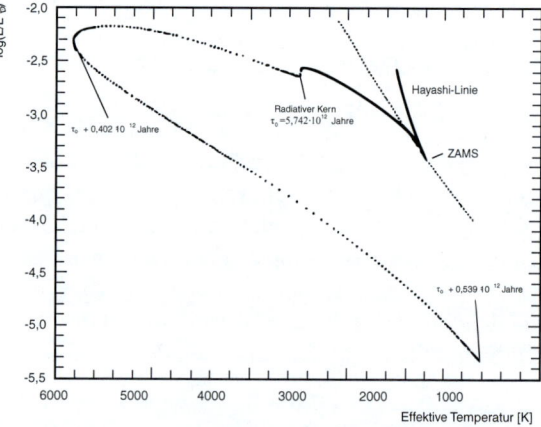

Abb. 6.12 Entwicklungsweg eines M-Zwergs mit einer Masse von 0,1 Sonnenmassen und der solaren Metallizität im HRD nach Modellrechnungen (Laughlin et al. 1997)

Schließlich wird nach $5{,}74 \cdot 10^{12}$ Jahren ein kritischer Wert erreicht (effektive Temperatur ≈ 3450 K, Leuchtkraft $\approx 0{,}003 L_\odot$), bei dem der nun recht hohe He-Anteil von mehr als 80 % die Opazität der Sternmaterie so weit verringert, dass die Konvektion durch Strahlungstransport abgelöst wird. Das bedeutet, die Kernregion wird zunehmend radiativ. Der im Kern enthaltene Wasserstoff wird nun sehr schnell zu Helium verbrannt, wodurch sich aufgrund der damit einhergehenden Verarmung an nuklearem Brennstoff die Brennzone aus dem Kern stetig radial nach außen verlagert und Wasserstoffschalenbrennen einsetzt. Die nuklear brennende Zone erreicht dabei jedoch nicht mehr die Sternbereiche, die immer noch konvektiv durchmischt werden. Die Ausbildung des radiativen Kerns ist übrigens – da mit einer leichten Kontraktion des Sterns verbunden – gut an einer geringfügigen Leuchtkraftabnahme im HRD bei $t = 5{,}742 \cdot 10^{12}$ Jahre zu erkennen.

Damit geht nach ca. 420 „Hubble-Zeiten" (d. h. dem gegenwärtigen „Weltalter") die extrem lange Jugendzeit des Roten Zwerges zu Ende, und sein dazu vergleichsweise „kurzes Erwachsenenalter" beginnt.

Der nun fast reine Heliumkern wird isotherm und gewinnt durch die moderate Arbeit der langsam nach außen wandernden Schalenbrennzone immer mehr an Masse, was sich in einer kontinuierlichen Erhöhung der Kerntemperatur bis auf $1{,}2 \cdot 10^7$ K niederschlägt, wobei die Kernzone entartet und der Entartungsdruck der Elektronen ganz wesentlich das hydrostatische Gleichgewicht des Sterns gewährleistet. Dadurch, dass die äußere Konvektionszone nicht mehr die Brennzone erreicht, wird deren chemische Zusammensetzung ($\approx 15{,}5$ % Wasserstoff, der Rest Helium) quasi eingefroren. Das Entwicklungstempo des Sterns beschleunigt sich zunehmend, was sich in einem Anstieg der effektiven Temperatur auf bis zu 5800 K (entspricht ungefähr der Photosphärentemperatur der Sonne) bei einem moderaten Anstieg der Leuchtkraft auf etwa $0{,}007\ L_\odot$ äußert. Damit erreicht der Rote Zwerg nach ca. 450 „Hubble-Zeiten" seinen heißesten Punkt im HRD. Man spricht – insbesondere bei Sternen mit einer Ausgangsmasse zwischen $0{,}12\ M_\odot$ ($T_{eff,max} \approx 7600$ K) und etwa $0{,}16\ M_\odot$ ($T_{eff,max} \approx 8600$ K) – jetzt auch vom hypothetischen Zustand eines „Blauen Zwerges", da sich die Farbe des Sterns von ehemals Tiefrot über Gelb bis nach Blau verschoben hat. Ab diesem Punkt geht es nur noch abwärts zu immer geringeren effektiven Temperaturen mit entsprechend sinkender Leuchtkraft. Der Stern insgesamt kontrahiert langsam, während die wasserstoffbrennende Schalenquelle immer schwächer wird und schließlich erlischt. Aus dem ehemals „Roten Zwerg" wird ein heliumreicher Weißer Zwerg, der immer weiter abkühlt. Nach weiteren knapp 10 „Hubble-Zeiten" beträgt die effektive Temperatur dann nur noch ≈ 1650 K und die Leuchtkraft liegt bei etwa einem Hunderttausendstel der heutigen Sonnenleuchtkraft. Zu diesem Zeitpunkt ist der Stern insgesamt $6{,}280 \cdot 10^{12}$ Jahre alt. Der genaue Zeitraum, den ein Roter Zwerg im wasserstoffbrennenden Zustand verbringt, hängt auch von seiner Metallizität ab. Rote Zwerge, die gegenwärtig in interstellaren Gas- und Staubwolken entstehen, „leben" aufgrund ihres größeren Anteils an „Metallen" um einiges länger als massegleiche Rote Zwerge, die sich in der ersten großen Sternentstehungsphase nach dem Urknall gebildet haben. Der Grund dafür liegt darin, dass Metalle die Opazität der Sternmaterie erhöhen und damit die Abstrahlung dämpfen. Es muss deshalb weniger Energie freigesetzt werden, um das Strahlungsgleichgewicht aufrechtzuerhalten.

Wie sehen aber nun die Entwicklungspfade Roter Zwerge mit geringeren bzw. höheren Massen aus? Ein neu entstandener Roter Zwerg mit einer Masse von 0,06 $M_\odot$ entwickelt sich nach einer kurzen Episode des Deuterium-, Lithium- und Wasserstoffbrennens (ohne dass Letzteres jemals eine größere Bedeutung gewinnt) schnell zu einem „Braunen Zwerg". Rote Zwerge mit einer Ausgangsmasse zwischen ungefähr 0,08 $M_\odot$ und ungefähr 0,16 $M_\odot$ besitzen ähnliche Entwicklungswege wie das eben behandelte Beispiel eines Roten Zwergs von 0,1 $M_\odot$ (s. Abb. 6.13). Erwähnenswert ist hier die bereits erläuterte Phase sehr hoher effektiver Temperatur bei Sternen mit Massen oberhalb 0,1 $M_\odot$ und unterhalb 0,2 $M_\odot$ („Blauer Zwerg"). Da sich bei ihnen eher ein radiativer Kern ausbildet, besitzen sie am Ende ihrer Entwicklung – als „Weißer Zwerg" – einen höheren Anteil an unverbranntem Wasserstoff in ihren atmosphärischen Hüllen. Beobachterisch nachprüfen lässt sich dieser theoretische Befund freilich nicht, da es, bis es so weit ist, noch etwas Zeit braucht.

Interessanter ist die Frage, unter welchen Bedingungen als Rote Zwergsterne entstandene stellare Objekte das für Hauptreihensterne typische „Rote-Riesen-Stadium" erreichen – wenn überhaupt. Solange nämlich diese Sterne in ihren zentralen Bereichen nicht entarten, kann deren Temperatur anwachsen, was mit einer steigenden Energieproduktion in deren Schalenbrennzone verbunden ist. Ab einer Masse von etwa 0,15 $M_\odot$ ist dieser Vorgang mit einer Hüllenexpansion verbunden, die umso ausgeprägter wird, je weiter sich die Sternmasse der Grenzmasse von M-Zwergen nähert. Ein Roter Zwerg von $\approx 0{,}2\ M_\odot$ bläht sich dabei relativ schnell etwa auf Sonnengröße auf, und ein Stern von $\approx 0{,}25\ M_\odot$ bereits auf etwa zwei Sonnendurchmesser. In diesem Fall übersteigt das Verhältnis von Sternradius zum

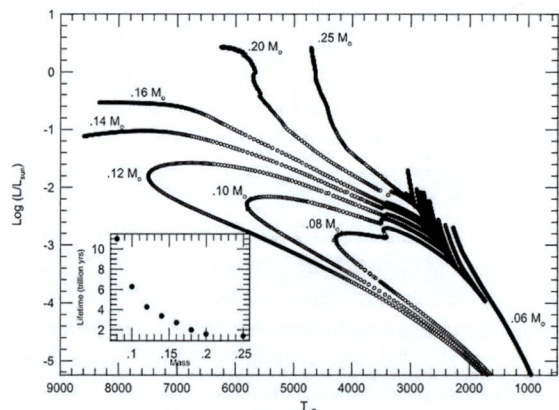

Abb. 6.13 Entwicklungswege Roter Zwergsterne im Massebereich zwischen 0,06 $M_\odot$ und 0,25 $M_\odot$ im HRD (Laughlin et al. 1997)

Radius des radiativen Heliumsternkerns bereits das Zehnfache. Im HRD zeigt ein solcher Stern das typische Verhalten eines Aufstiegs in den Riesenast. Die massenbezogene Übergangszone, unterhalb der sich ein Roter Zwerg zu einem Blauen Zwerg und oberhalb der sich ein Roter Zwerg zu einem Roten Riesen entwickelt, liegt ungefähr zwischen 0,16 $M_\odot$ und 0,25 $M_\odot$. Dabei werden aber erst bei einer Sternmasse von mindestens 0,5 $M_\odot$ die physikalischen Bedingungen erreicht, die zum Zünden des Heliumbrennens führen.

Damit der genannte Übergang in den Riesenast stattfinden kann, muss sich in der äußeren Sternhülle die Opazität der Sternmaterie über einen schmalen ansteigenden Temperaturbereich stark vergrößern (Stichwort Hydridionenabsorption und Wasserstoffionisation). Ist das der Fall, bleibt dem Stern nichts weiter übrig, als seine Oberfläche zu vergrößern – d. h. zu expandieren –, bis sich wieder ein Gleichgewicht zwischen Energieerzeugungsrate und Leuchtkraft eingestellt hat. Das Ausmaß dieser Expansion hängt dabei stark von dem noch in der Hülle verbliebenen Wasserstoffanteil ab.

Die große Zahl, die lange Lebensdauer und die Entwicklungswege der Sterne am unteren massearmen Teil der Hauptreihe haben natürlich Konsequenzen für die Leuchtkraftentwicklung der Galaxien im Kosmos. Denn mit jeder Sterngeneration nimmt das Material, das für die Entstehung neuer Sterne zur Verfügung steht, ab. Außerdem nimmt im Laufe der Zeit die Metallizität der interstellaren Materie zu, was natürlich wieder Auswirkungen auf die Entwicklungswege der sich daraus bildenden Sterngeneration hat. Berücksichtigt man alle diese Faktoren, wird in ca. $6 \cdot 10^{11}$ Jahren (= 46 „Hubble-Zeiten") unsere Milchstraße dramatisch an Glanz verlieren. Ihr abnehmendes schwaches Glimmen wird noch eine Zeitlang durch das blaue Licht der Sterne mit Massen unterhalb 0,1 $M_\odot$ bestimmt (Blaue Zwerge), bis auch sie quasi erlöschen. Und spätestens dann wird es wirklich zappenduster im Kosmos.

6.3.2 Evolution massearmer Sterne

Sterne mit einer ZAMS-Ausgangsmasse zwischen ungefähr 0,7 $M_\odot$ und etwa 2,3 $M_\odot$ werden als massearme Sterne bezeichnet. Sie bauen während ihres Hauptreihendaseins einen Heliumkern auf, der an seinem Ende zumindest teilentartet ist. Auch hier soll die Entwicklungsgeschichte eines typischen Vertreters etwas ausführlicher vorgestellt werden – und zwar am Beispiel unserer Sonne. Die Beschreibung folgt dabei im Wesentlichen den Modellrechnungen von H. P. Schroder und E. C. Smith (2008).

Die wichtigsten Basisdaten der Sonne für den gegenwärtige Zeitpunkt können folgender Tabelle entnommen werden:

Scheinbare Helligkeit	−26,74 mag
Absolute Helligkeit (V)	+4,83 mag
Entfernung	1 AU

Masse	$1{,}9884 \cdot 10^{30}$ kg $= 1\,M_\odot$ (≈ 1047 Jupitermassen)
Leuchtkraft (V)	$3{,}846 \cdot 10^{26}$ W $= 1\,L_\odot$
Effektive Temperatur	≈ 5778 K
Spektraltyp	G2V
Radius	696.342 km $= 1\,R_\odot$
Rotationsdauer (Äquator)	25,4 Tage
Alter	$4{,}57 \cdot 10^9$ Jahre

Die Sonne ist zusammen mit vielen anderen Sternen vor 4,56 Mrd. Jahren – getriggert durch einen Supernovaausbruch, der einst eine Molekülwolke instabil werden ließ – entstanden. Als sie nach ihrem Kontraktionsstadium die ZAMS erreichte, war ihr Durchmesser ungefähr 6 % bis 12 % kleiner als ihr heutiger Wert. Mit einer effektiven Temperatur von ≈ 5500 K (heute ≈ 5780 K) ergibt sich daraus eine Leuchtkraft, die um 30 % bis 40 % geringer war als heute. Dieser Befund, der aus entsprechenden Sternentwicklungsmodellen zwingend folgt, führt zum sogenannten *faint young sun paradox*, der in der Planetologie der Erde und des Mars eine wichtige Rolle spielt (wie war es möglich, dass es in der Frühgeschichte der genannten Planeten flüssiges Wasser auf ihrer Oberfläche gab, obwohl die Gleichgewichtstemperatur bedeutend geringer gewesen sein muss als heute? – Stichwort „planetarer Treibhauseffekt", s. auch Scholz (2016).

Suche nach dem Geburtsort der Sonne
Seit der Entstehung der Sonne sind mittlerweile 4,56 Milliarden Jahre vergangen. Seit dieser Zeit hat sie schon etwa 20-mal das galaktische Zentrum auf einer nicht genau definierbaren Bahn umkreist, sodass es auf den ersten Blick schwierig erscheinen mag, etwas über den „Ort" bzw. die stellare Umgebung der „Sonnengeburt" in Erfahrung zu bringen. Dieses Unterfangen ist natürlich schwierig, wenn man unter „Ort" einen genauen Ort in unserer Milchstraße versteht, der sich in Koordinaten wie galaktische Länge und galaktische Breite fassen lässt. Etwas realistischer ist es da schon, eine Aussage über die stellare Umgebung und die näheren Umstände der Entstehung der Sonne und ihrer Planeten zu treffen. Auch hier ist man natürlich auf ein gerütteltes Maß an Vermutungen angewiesen, die aber nicht völlig, wie gleich gezeigt wird, aus der Luft gegriffen sind. Ausgangspunkt für die entsprechenden Überlegungen ist die Entwicklung von offenen Sternhaufen, wie sie sich sowohl aus theoretischen Überlegungen als auch aus Beobachtungen ergibt.

In unserer Milchstraße sind ungefähr 1000 offene Sternhaufen in entsprechenden Katalogen und Datenbanken erfasst. Ihre Gesamtzahl dürfte aber um den Faktor 10 größer sein, da die meisten aufgrund der interstellaren Extinktion (verursacht durch Gas- und Staubwolken) von der Erde aus nicht zu beobachten sind. Diese 1000 offenen Sternhaufen stellen zusammen mit den sogenannten Sternassoziationen eine durchaus gute statistische Grundlage dar, um ihre Entstehung, die Entwicklung ihrer Sternpopulation und ihre dynamische Lebensdauer (also die Zeit, bis ihre Mitglieder im allgemeinen Sternfeld aufgegangen und nicht mehr als Assoziation erkennbar sind) zu erforschen.

Sterne entstehen, wie in Abschn. 6.2 beschrieben, durch Kontraktion und Fragmentation kalter Molekülwolken, sodass am Anfang ein neuentstandener Stern fast immer ein Mitglied eines mehr oder weniger kompakten Sternhaufens ist – und warum sollte das bei der Sonne anders gewesen sein? Zwar ist isolierte Sternentstehung immer möglich, aber es spricht im Fall der Sonne sehr viel dagegen. Insbesondere der Einfluss einer nahen Supernovaexplosion auf den solaren Nebel ist hier, wie noch zu erläutern sein wird, das stärkste Indiz dafür.

Ein offener Sternhaufen kann aus wenigen Dutzend bis zu mehreren Hunderttausend Sternen bestehen. Für kosmogonische Untersuchungen sind dabei insbesondere junge Sternhaufen, die erst wenige Millionen Jahre alt sind oder in denen sogar die Sternbildung noch stattfindet (wie beispielsweise im Orionnebel), von Interesse. Ihre wichtigsten Parameter sind neben Alter (das sich mit einer Unschärfe von $\approx$ 2 Mio. Jahre bestimmen lässt), die Anzahl ihrer Mitglieder N, die Sterndichte ρ_* (bzw. Größe R des Raumgebietes den der Haufen einnimmt), und die Masseverteilung in Form der Massefunktion $n(M^*)$.

Statistische Untersuchungen zeigen, dass Sterne unterschiedlicher Masse auch unterschiedlich häufig entstehen, was sich deutlich in der Massenfunktion offener Sternhaufen niederschlägt. Sterne, deren Masse unterhalb der unserer Sonne liegt, entstehen danach besonders häufig.[4] Sterne von mehr als 1 $M_\odot$ entsprechend seltener. Sterne von mehr als 10 $M_\odot$ bilden sich im Mittel sogar ausgesprochen selten. Deshalb gibt es auch einen statistischen Zusammenhang zwischen der Mitgliederzahl N eines jungen offenen Sternhaufens und der Zahl der darin pro Massenbereich enthaltenen Sterne. Das heißt, die Frage, „Wie viele Sterne muss im Mittel ein Sternhaufen enthalten, damit darin mindestens ein Stern von 10 $M_\odot$ zu finden ist?" – lässt sich statistisch-empirisch beantworten. Und hierin liegt auch der Schlüssel, etwas über den „Geburtssternhaufen" unserer Sonne zu erfahren.

Sterne in jungen oder im Entstehen begriffenen Sternhaufen nehmen in mehrfacher Hinsicht Einfluss auf die Bildung eines Planetensystems aus einer protostellaren Gas- und Staubscheibe. Erst einmal implizieren Stern-

---

[4] Das Maximum der Häufigkeitsverteilung liegt bei etwa 0,2 bis 0,3 $M_\odot$, wobei der Übergang zu Braunen Zwergsternen (M<0,9 $M_\odot$) aufgrund ihrer schwierigen Beobachtbarkeit problematisch ist.

haufen, wenn sie entweder sehr sternreich oder sehr kompakt sind, eine im Vergleich zum allgemeinen Sternfeld hohe Sterndichte. Hohe Sterndichte bedeutet wiederum (besonders wenn einige massereiche Sterne zu ihrer Population gehören) ein erhöhtes „externes" Strahlungsfeld am Ort der Protosternbildung, eine erhöhte Wahrscheinlichkeit dafür, dass ein extrem massereicher Stern (M>8 $M_\odot$) seine Entwicklung noch im Zeitfenster der Planetenbildung abschließt und als Supernova explodiert sowie eine erhöhte Wahrscheinlichkeit für nahe Sternpassagen mit unter Umständen dramatischen Auswirkungen auf die Bildung eines Planetensystems.

Die radioaktiven Isotope und schweren Elemente, die sich in kohligen Chondriten erhalten haben, beweisen beispielsweise, dass in der Frühgeschichte unseres Sonnensystems ein massereicher Stern, der letztendlich in einer Entfernung von weniger als einem Lichtjahr vom Ort der Protosonne explodiert ist, eine wichtige Rolle gespielt haben muss. Die dabei freigesetzten Nuklide erlauben eine Abschätzung der Masse des Vorgängers *(progenitors)* der Supernova: $\approx 25\ M_\odot$. Solch ein Stern hat eine Lebensdauer bis zum Kernkollaps von weniger als 5 Mio. Jahren. Die Stellarstatistik lehrt, dass die Wahrscheinlichkeit, dass solch ein Stern in einem jungen Sternhaufen entsteht, erst bei einer Mitgliederzahl von $N \approx 2000$ die 80 %-Marke überschreitet (Adams 2010). Dazu kommt noch die außergewöhnliche Nähe des Ausbruchs, die auf eine vormals hohe Sterndichte schließen lässt. Hieraus kann man schlussfolgern, dass die Ursonne in ihrer frühen Jugend Mitglied eines Sternhaufens von wahrscheinlich deutlich mehr als 2000 Mitgliedern gewesen sein muss.

Aber auch noch zwei weitere Besonderheiten des heutigen Sonnensystems bekräftigen diese These: einmal der plötzliche Abbruch der „Flächendichte" des Sonnensystems gleich hinter der Neptunbahn und die große Zahl von Kuiper-Objekten mit einer außergewöhnlich großen Bahnexzentrizität (Beispiel (90.377) Sedna, e = 0,85). Diese „Flächendichte" ist ein theoretisches Konstrukt, das sich aus einer gleichmäßigen Verteilung der in den Planeten, Planetoiden und Kometen eingeschlossenen Masse schwerer als Helium ergibt, ergänzt durch Wasserstoff und Helium entsprechend der solaren Elementehäufigkeit. Aus ihr lassen sich wichtige Informationen über den ursprünglichen Aufbau der solaren protostellaren Scheibe zu Beginn der Zeit der Planetenbildung gewinnen.

Für den eben erwähnten deutlichen Abbruch in der Flächendichte bieten sich gleich mehrere Erklärungsmöglichkeiten an. Im Orionnebel – einem Geburtsort relativ massereicher Sterne – befinden sich viele sehr heiße O-Sterne, deren Strahlungsmaximum aufgrund ihrer hohen effektiven Temperatur zwischen 30.000 und 50.000 K im UV liegt. Sie sind sehr massereich (M>20 $M_\odot$) und besitzen eine Leuchtkraft, die die der Sonne um das mehr als 20.000-Fache übersteigt. Ihr Strahlungsfeld ist in der Lage, massiv auf die Hüllen und Scheiben benachbarter neuentstandener Sterne Ein-

6.3 Hauptreihen- und Nach-Hauptreihenentwicklung

fluss zu nehmen. So ist es denkbar (man kennt eine Vielzahl entsprechender Beispiele im Orionnebel), dass solch ein Strahlungsfeld die zirkumstellare Scheibe um die Ursonne durch Photoevaporation hat schrumpfen lassen und auf diese Weise den heute noch zu beobachtenden „Schnitt" in der Massenflächendichte hinter der Neptunbahn ($r \approx 30$ AU) verursacht hat.

Es ist aber auch denkbar – obwohl es dafür keine expliziten Hinweise gibt –, dass sich in unmittelbarer Umgebung der Ursonne ein weiterer Stern aufgehalten hat, wobei zu diesem frühen Zeitpunkt beide Sterne gravitativ gekoppelt waren und sich um ihren gemeinsamen Schwerpunkt bewegten. Auf diese Weise ist es durchaus möglich, dass die dabei auftretenden periodischen Störungen die protoplanetare Scheibe nach und nach verkleinerte und außerdem den noch heute nachweisbaren scharfen Rand entstehen ließ. Bei einem nahen Vorübergang eines anderen Haufenmitglieds ist dann die gravitative Bindung zwischen den beiden Sternen gelöst worden, und die Sonne zieht seitdem als Einzelstern durch den kosmischen Raum.

Etwas wahrscheinlicher und durch Simulationsrechnungen gestützt ist dagegen das Szenario, dass ein naher Vorübergang eines Sterns im Bereich der Scheibenaußenkante (d. h. in ca. 100 AU Abstand von der Ursonne) die protoplanetare Scheibe modifiziert hat. Es wird dabei der Scheibe eine Spiralstruktur aufgeprägt, deren äußere Arme sich von der Scheibe lösen, während der innere Teil kompakt bleibt. Schon nach einigen 10.000 Jahren haben sich dann die äußeren Arme im interstellaren Raum aufgelöst, während die innere Scheibe kompakt bleibt, aber einen scharfen äußeren Rand ausbildet. Die bereits erwähnten hohen Bahnexzentrizitäten einiger Kuiper-Objekte scheinen gerade dieses Szenario zu stützen.

Was die äußere Hülle, insbesondere die Sonnenatmosphäre, betrifft, so ist ihre chemische Zusammensetzung mit Ausnahme weniger, sehr reaktiver Elemente wie Deuterium und Lithium noch nahezu die gleiche wie zur Zeit ihrer Entstehung vor mehr als viereinhalb Milliarden Jahren (s. Tab. 3.13). Das liegt daran, dass die Kernreaktionen, welche die Elementezusammensetzung ändern können – und hier ist nur das Verhältnis von Wasserstoff zu Helium von Bedeutung –, tief im radiativen Kern der Sonne stattfinden. Solange dieser Bereich nicht konvektiv mit der Sternhülle verbunden ist, sind die Reaktionsprodukte (hier Helium) quasi im Sonnenkern gefangen. Die Entwicklung der Sonne hin zu einem Roten Riesen ist dabei im Wesentlichen das Resultat der Ausbildung eines mit der Zeit wachsenden und immer heißer werdenden zentralen Heliumkerns. So lag nach Ende der konvektiven Protosternphase der Heliumanteil im Sonnenkern bei etwa 25 % (also wie in der gegenwärtigen Photosphäre) und der Wasserstoffanteil bei etwa 73 %. Heute liegt das Verhältnis ungefähr bei 63 % He zu 35 % H, wobei der He-Anteil natürlich weiter (und in der Zukunft auch etwas schneller als in der Vergangenheit) anwächst.

Die langsame Entwicklung der Sonne weg von ihrer Ausgangsposition auf der ZAMS hin zur „Endalter-Hauptreihe" (TAMS) ist mit einer stetigen Temperatur- und Dichteerhöhung im Sonnenkern verbunden, da sich dort mit dem He-Anteil auch die mittlere Molekülmasse $\overline{\mu}$ gemäß

$$\overline{\mu} = \frac{2}{3X + \frac{Y}{2} + 1} \tag{6.37}$$

(s. Abschn. 4.4.1) erhöht (Gl. 6.37 gilt für vollständige Ionisation). Dadurch verringert sich gemäß Gl. 4.65 (wenn man Dichte und Temperatur in erster Näherung als konstant ansieht) der Gasdruck und der Kern wird durch die darüber liegende Masse der Sternhülle quasi zusammengepresst. Dadurch wird er kompakter und heißer, was im Laufe der Zeit die Bedingungen für die höherenergetischen Zweige des pp-Zyklus und schließlich auch des CNO-Zyklus verbessert. In den nächsten 1,2 bis 1,3 Milliarden Jahren wird deshalb die gesamte Abstrahlung der Sonne um weitere 10 % zunehmen. Nach dem Stefan-Boltzmann-Gesetz entspricht das nur einem Anstieg der effektiven Temperatur um etwa 150 K. Die Auswirkungen auf die Erde werden jedoch dramatisch sein.

In ungefähr 6,4 Milliarden Jahren wird die Sonne eine Leuchtkraft von etwa 2,2 $L_\odot$ erreichen und ihr Kernbereich zunehmend an Wasserstoff verarmen (d. h., sie wird zu einem Gelben Unterriesen). Sie versucht dann, das damit einhergehende energetische Defizit durch eine Kontraktion des Kerns auszugleichen, was letztendlich zu einer weiteren Erhöhung ihrer Leuchtkraft über die nächsten 700 Mio. Jahre führt. Konkret bedeutet das, dass die Sonne auf das 2,3-Fache ihres heutigen Durchmessers anwachsen und ihre Leuchtkraft auf etwa das 2,7-Fache der heutigen Leuchtkraft steigen wird. Der Planet Mars wird dann in etwa den gleichen Energieeintrag pro Flächeneinheit erhalten wie die Erde heute.

Ab diesem Zeitpunkt beginnt eine relativ kurze (im Vergleich zur Dauer des Hauptreihenstadiums), aber sehr turbulente und aufregende Phase im Leben der Sonne. Sobald der Wasserstoffanteil im Sonnenkern unter 12 % gefallen ist, wird sich eine dicke, den Heliumkern umgebende Schale ausbilden, in der die Wasserstofffusion fortgeführt wird, da sie im Zentrum des Sternkerns aufgrund von „Brennstoffmangel" fast zum Erliegen gekommen ist. Die physikalischen Bedingungen im heliumreichen Kern – was Temperatur und Dichte betrifft – reichen aber vorerst noch nicht aus, um darin das „Heliumbrennen" zu zünden. Dieses „Wasserstoffschalenbrennen" lässt aber den Heliumkern weiter an Masse gewinnen, da er das dabei produzierte Helium aufnimmt. Er wird damit immer schwerer und dabei unter dem Gewicht der darüberliegenden Hülle kontrahieren, was wiederum mit der Umwandlung potentieller Gravitationsenergie in Strahlung und in „innere Energie" (Temperaturerhöhung) verbunden ist. An dieser Stelle sei noch einmal erwähnt (s. Abschn. 5.3.3), dass Sterne als selbstgravitative Systeme eine negative Wärmekapazität besitzen. Der Sternkern, der Energie durch Strahlung verliert, wird dabei immer heißer, während die Hülle, die die aus dem Sternkern stammende Strahlung absorbiert, dabei auskühlt mit dem Resultat, dass sich die Gashülle auszudehnen beginnt. Die „Volumenarbeit" wird durch die Energie geleistet, die gemäß dem Virialsatz bei der Kernkontraktion freigesetzt wird. Diese Kontraktion des nun fast inerten Heliumkerns während der Phase des Wasserstoffschalenbrennens lässt die Sonne aus genau diesem Grund schnell zu einem Roten Riesen anwachsen. Die Kontraktion kann jedoch den Radiuszuwachs durch die Zunahme an fusioniertem Helium nicht vollständig kompensieren, d. h., trotz Kontraktion wächst die Größe des Heliumkerns weiter. Der genaue Verlauf dieses Übergangs hängt jedoch stark von dem Massenverlust der Sonne in der Zeit davor sowie in der Zeit des Übergangs ab (Schroder und Smith 2008). Entsprechende Rechnungen zeigen, dass der Sonnenradius zum Zeitpunkt der maximalen Hüllenexpansion einen Wert von $\approx 256\,R_\odot$ (1,2 AU) erreichen wird, was mehr ist als der heutige Radius der Erdbahn (215 $R_\odot$). Ob die Sonne in 7,16 Mrd. Jahren die Erde „verschlucken" wird, ist jedoch nicht völlig sicher. Durch den Massenverlust aufgrund des im Rote Riesen-Stadium anwachsenden Sternwindes nimmt nämlich die gravitativ wirksame Masse der Sonne ab, was zu einer Anhebung der Erdbahn führt (d. h., die Erde und alle anderen Planeten migrieren quasi nach außen). Diese „Anhebung" der Erdbahn ist wahrscheinlich groß genug, um sicherzustellen, dass die Erde – wenn auch nur vorübergehend als glutflüssiger Gesteinskörper – die Rote Riesen-Phase der Sonne überlebt.

Aber zurück zur Sonne als „Roter Riese". Die Expansion der Sternhülle führt einmal zu einer Absenkung der effektiven Temperatur auf ≈ 2600 K (die Farbe ist nun tiefrot) und zu einer massiven Erhöhung der Leuchtkraft auf $\approx 2700\,L_\odot$. Die Sternhülle ist durchgängig konvektiv, während der Sternkern inklusive der wasserstoffbrennenden Schale weiterhin radiativ ist. Er enthält jetzt ungefähr 45 % der noch verbliebenen Sonnenmasse.

Der Übergang der Sonne von der Hauptreihe zum Roten Riesen-Ast lässt sich sehr gut im HRD verfolgen (s. Abb. 6.14). Nach einer Episode als „Gelber Unterriese" (SGB-Stern, Sub Giant Branch), in der die Leuchtkraft trotz langsamer Vergrößerung des Sternradius relativ konstant bleibt, beginnt eine rapide Zunahme der Leuchtkraft, die mit einer entsprechenden Radiusvergrößerung bei gleichzeitiger Abnahme der effektiven Temperatur verbunden ist. Der Entwicklungspfad der Sonne verläuft dann steil nach oben – und zwar parallel zur Hayashi-Linie, welche, wie bereits im Abschn. 6.2.2.4.3 erläutert wurde, vollkonvektive Sterne von der für sie verbotenen Region rechts davon (wo bekanntlich kein hydrostatisches Gleichgewicht mehr möglich ist) trennt. Den „höchsten Punkt" im HRD, der dabei erreicht wird, nennt man in der Fachliteratur den „RGB-Tip". Ein typisches Sonnenmodell (Schroder und Smith 2008) sagt dafür folgende Parameter voraus:

Alter	12,17 Ga
Leuchtkraft	2730 $L_\odot$
Effektive Temperatur	2602 K
Radius	256 $R_\odot$
Verbliebene Masse	0,668 $M_\odot$

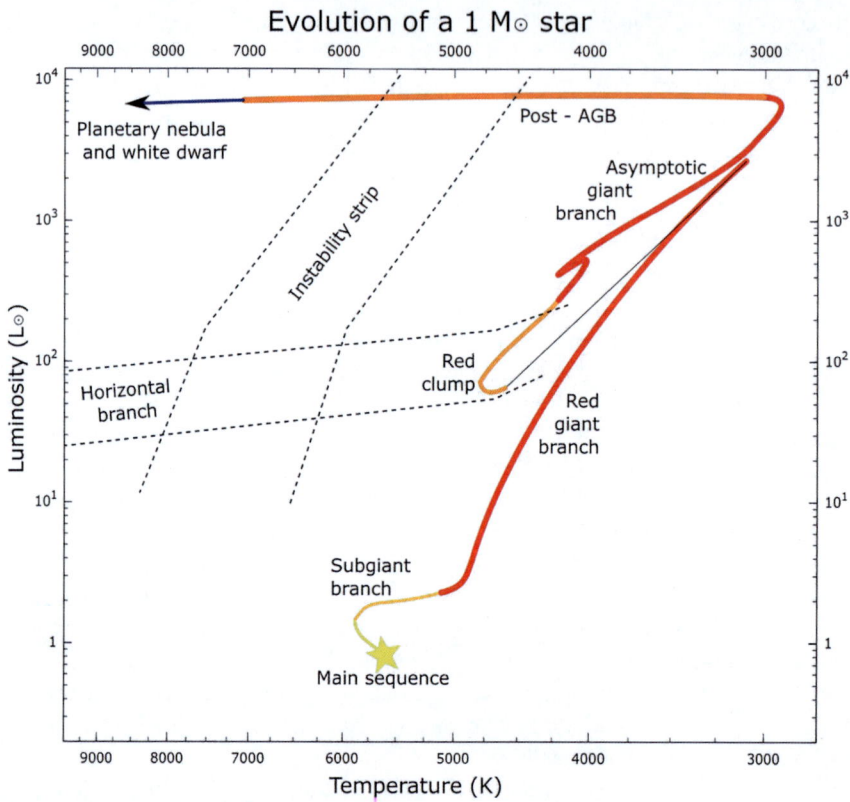

Abb. 6.14 Evolutionsweg der Sonne im HRD von der ZAMS bis zum Post-AGB-Stadium

Der Übergang in den Roten Riesen-Ast des HRD führt zu einer gravitativ nur noch schwach gebundenen Sternhülle, was einen Massenabfluss in den interstellaren Raum begünstigt. Die enorme Leuchtkraft und der damit verbundene Photonenfluss sind jetzt in der Lage, sowohl Atome als auch die in der kühlen Atmosphäre des Roten Riesen auskondensierten Staubkörnchen per Strahlungsdruck in Form eines langsamen Sternwindes ($v \approx 10\ldots 50$ km/s) abfließen zu lassen. Dieser Massenverlust lässt sich mittels einer empirisch gefundenen Beziehung („Reimers Formel") abschätzen:

$$\dot{M}^* = -4 \cdot 10^{-13} \eta \frac{L^*}{L_\odot} \frac{R^*}{R_\odot} \frac{M_\odot}{M^*} \quad \text{(in } M_\odot \text{ pro Jahr)}. \tag{6.38}$$

Wichtig ist hier auch der Effizienzfaktor η, der irgendwo im Bereich zwischen 0,25 und 0,5 liegen dürfte. Schroder und Smith erhielten beispielsweise für die Sonne einen Massenverlust bis zum Erreichen des RGB-Tips von 0,332 $M_\odot$ (Schroder und Smith 2008), was sich mit den Angaben anderer Autoren in etwa deckt. Die genaue Größe dieses Masseverlustes (und auch der noch folgende, z. B.

6.3 Hauptreihen- und Nach-Hauptreihenentwicklung

in den Phasen thermischer Pulse) hat durchaus Auswirkungen auf die weitere Entwicklungsgeschichte der Sonne.

Doch nun zurück zum Inneren der Sonne beim Übergang in das Rote Riesen-Stadium. Mit steigender Dichte nähert sich nämlich der Sternkern (und zwar bereits beim Verlassen des Unterriesenastes) immer mehr den Bedingungen, unter denen das Elektronengas vom Zentrum her entartet ($\rho \geq 1{,}5 \cdot 10^5$ kg/m^3). Neben dem klassischen Gasdruck entsteht damit eine weitere Druckkomponente, die der gravitativen Massenanziehung entgegen wirkt. Das hat zur Folge, dass nun mit steigender Masse (verursacht durch die Heliumproduktion des Wasserstoffschalenbrennens) der Kernradius nicht mehr tendenziell zu-, sondern vielmehr abnimmt. Nun ist es aber so, dass eine Kontraktion eines entarteten Sternkerns im Gegensatz zu einem „normalen" Sternkern nicht mehr dessen Temperatur zu erhöhen vermag. Vielmehr wird sich aufgrund der Wärmeleitung ein isothermer Zustand einstellen, dessen Temperatur durch die Temperatur der wasserstoffbrennenden Schale festgelegt ist. Und diese wird im Laufe der Zeit mit wachsender Leuchtkraft immer heißer, und zwar ohne dass sich die Druckverhältnisse im Sternkern dabei wesentlich ändern. Der Leuchtkraftanstieg hängt dabei nur von der Kernmasse M_c und dem Kernradius R_c ab, wobei folgende funktionelle Abhängigkeit besteht:

$$L^* \sim M_c^7 R_c^{-16/3} \tag{6.39}$$

Dass hierbei die Masse der Sternhülle keine Rolle spielt, lässt sich folgendermaßen erklären: Es entwickelt sich nämlich ein sehr großer Dichteunterschied zwischen dem entarteten Sternkern und der darüber liegenden wasserstoffbrennenden Schale und der Hülle an sich, d. h., der von der Hülle generierte Druck ist an dessen Basis um ein Vielfaches geringer als der Druck im Heliumkern. Man kann deshalb, und zwar ohne einen allzu großen Fehler zu machen, beide Systeme – Kern und Hülle – als praktisch entkoppelt ansehen. Die Temperatur und die energetische Effizienz der H-Brennschale werden damit ausschließlich durch den durch Massezuwachs langsam kontrahierenden Heliumkern festgelegt: Je massiver der Heliumkern wird, desto mehr kontrahiert er. Je mehr er kontrahiert, desto effektiver arbeitet die Wasserstoffschalenquelle. Je effizienter die Wasserstoffschalenquelle arbeitet, umso mehr Energie wird freigesetzt, was wiederum sowohl die Kernmasse als auch die Leuchtkraft weiter anwachsen lässt etc. pp.

Sobald der Heliumkern der Sonne schließlich eine Masse von $\approx 0{,}45\, M_\odot$ erreicht hat, wird auch die Zündtemperatur für das Heliumbrennen von ca. 10^8 K erreicht. Da der Heliumkern entartet ist, führt das – so wie im Abschn. 5.3.3.2 im Detail beschrieben – zu einer plötzlichen Leistungsexkursion, bei der die Energieerzeugungsrate (und damit die im Kernbereich generierte Leuchtkraft) exponentiell ansteigt, $\varepsilon_{nuc} \sim T^{40}$). Innerhalb weniger Sekunden steigt die Strahlungsleistung auf bis zu $10^{11} L_\odot$. Die Sonne „erleidet" einen Heliumflash, der einige Stunden anhält. Er wird erst dann beendet, wenn die Temperatur im Heliumkern so weit angestiegen ist ($T_c \geq 3 \cdot 10^8$ K), dass die Elektronenentartung aufgehoben wird und der Ionen- und der klassische Elektronendruck wieder die hydrostatische Stabilisierung des Sterns gewährleisten. Dabei dehnt sich der Sternkern aus,

d. h., er wird wieder größer und dabei kühler. Das verhindert, dass der Stern quasi explodiert. Die in dieser kurzen Episode freigesetzte Energie wird konvektiv in der ausgedehnten Hülle des Roten Riesen verteilt, was letztendlich verhindert, dass der Stern im Zuge des Heliumflashs zerstört wird. Es kann dabei durchaus möglich sein, dass infolge der Ereignisse ein kleiner Teil der Sternhülle abgestoßen wird. Wie hoch der damit verbundene Massenverlust aber konkret ist, lässt sich nur sehr schwer abschätzen und ist Gegenstand der Forschung.

In detaillierten Sternmodellen wird die Entartung des Kerns nicht bereits beim „primären" Heliumflash aufgelöst, sondern schrittweise in einer Serie weiterer, sekundärer Flashereignisse über einen Zeitraum von etwas mehr als einer Million Jahre. Erst danach ist die Elektronenentartung im Kern aufgelöst und der Triple-Alpha-Prozess kann stabil in dem nun vollständig konvektiven Heliumkern arbeiten.

Dem Auge eines äußeren Beobachters bleibt dieses dramatische Ereignis im Leben der Sonne quasi verborgen (s. Abb. 6.15), da die gesamte freigesetzte Energie vollständig in der ausgedehnten Hülle des Roten Riesen absorbiert wird. Er wird aber im Laufe der Zeit ein schnelles Schrumpfen des Roten Riesen bemerken – im HRD erfolgt nun der noch nicht in allen Einzelheiten vollständig verstandene Übergang vom Riesenast in den bedeutend „tiefer" liegenden Horizontalast. Dieses „Schrumpfen" (erkennbar am steilen Abstieg des Entwicklungspfades im HRD innerhalb von $\approx 10^3 - 10^4$ Jahren) ist eine direkte Konsequenz der mit der Aufhebung der Entartung verbundenen Kernexpansion. Die Effizienz des Wasserstoffschalenbrennens nimmt an der nun kühler gewordenen Oberfläche des Helium-

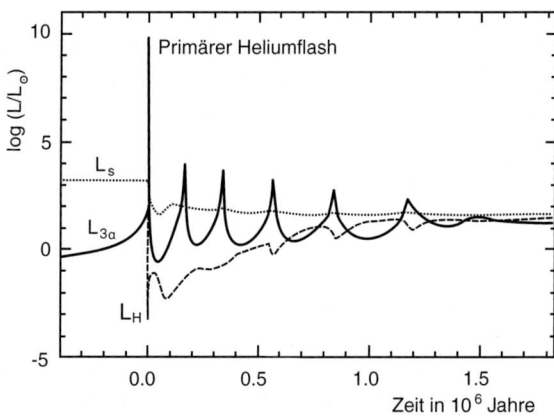

Abb. 6.15 Entwicklung der Leuchtkraft eines massearmen Sterns während der ersten 1,5 Ma nach dem primären Heliumflash (= Nullpunkt der Zeitachse). Der Anteil des Heliumbrennens an der punktiert dargestellten Gesamtleuchtkraft wird durch die ausgezogene Kurve und der Anteil des Wasserstoffschalenbrennens durch die gestrichelt dargestellte Kurve angegeben. Erst nachdem im gesamten Heliumkern die Elektronenentartung aufgehoben ist, wird ein stabiles Heliumbrennen möglich. (Salaris und Cassisi 2005)

kerns ab, was die Leuchtkraft erniedrigt und die darüber liegende Sternhülle kontrahieren lässt.[5]

Nachdem der Stern seine neue Gleichgewichtskonfiguration eingenommen hat, kann nun das gleichmäßige Heliumbrennen im Kernbereich den größten Teil des Energiehaushalts übernehmen und das Wasserstoffschalenbrennen (im Rote Riesen-Stadium war das einmal der alleinige Energielieferant!) den Rest. Die Sonne hat quasi ihre Position – diesmal auf der „Nullalter-Heliumhauptreihe" – erreicht, von wo aus sie sich in Richtung „asymptotischer Riesenast" weiterentwickeln wird. Zu diesem Zeitpunkt (die Sonne hat jetzt ein Alter von $\approx$ 12,3 Ga erreicht) ist ihre Leuchtkraft von etwa 2730 $L_\odot$ auf nur noch $\approx$ 55 $L_\odot$ gefallen. Die effektive Temperatur beträgt jetzt $\approx$ 4670 K und der Sonnenradius ist auf etwa 11 $R_\odot$ zurückgegangen (Schroder und Smith 2008).

Ein typisches Kennzeichen von Sternen auf dem Horizontalast des HRD – der aber nur bei alten Kugelsternhaufen gut ausgeprägt ist – ist die geringe Leuchtkraftstreuung. Der Grund dafür liegt darin, dass der Heliumflash immer beim Erreichen einer bestimmten Kernmasse ($\approx$ 0,45 $M_\odot$ bei solarer Metallizität) und damit weitgehend unabhängig von der Gesamtmasse zu diesem Zeitpunkt einsetzt, weshalb dann auch alle Sterne im unteren Horizontalast einen nahezu identischen Heliumkern besitzen. Die Variationsbreite in der effektiven Temperatur und im Sternradius ist deshalb allein durch die Metallizität der Sternmaterie und der noch verbliebenen Gesamtmasse des Sterns gegeben.

Den Horizontalast im HRD kreuzt der „Instabilitätsstreifen", indem in den Sternhüllen der Kappa-Mechanismus den Stern zu radialen Pulsationen anregt (RR-Lyrae-Sterne). Die Sonne wird jedoch auf ihrem Entwicklungsweg durch das HRD nicht einmal in die Nähe dieses unteren Teils des Instabilitätsstreifens gelangen.

Das Heliumbrennen im Sternkern, welches Kohlenstoff und Sauerstoff produziert, hält etwa 10^7 bis 10^8 Jahre an. Danach ist der radiative Kernbereich bereits so stark an Helium verarmt, dass der Stern in den Zustand des Heliumschalenbrennens übergehen muss. Damit ist auch der Aufenthalt auf dem Horizontalast des HRD beendet. Die Sonne besteht nun aus einem C/O-Kern (der immer mehr entartet), einer heliumbrennenden Schale, einer Heliumzwischenschale, einer wasserstoffbrennenden Schale und einer ausgedehnten Sternhülle.

Der fortwährend schwerer werdende C/O-Kern beginnt unter dem eigenen und dem Gewicht der darüber liegenden Schichten zu schrumpfen, und damit nähert sich auch die wasserstoffbrennende Schale oberhalb des Heliumkerns der heliumbrennenden Zone. Oder anders ausgedrückt, sie wird heißer, wodurch wiederum ihre Energiefreisetzungsrate ansteigt, was sich in einem kontinuierlichen Anstieg der Leuchtkraft äußert. Dieser Leuchtkraftanstieg setzt sich auch im Zustand des

---

[5] Man erkennt hier sehr schön das sogenannte „Spiegelprinzip": Sobald der Kern expandiert (d. h. wenn die Elektronenentartung aufgehoben wird), muss die Sternhülle kontrahieren, wobei die wasserstoffbrennende Schale quasi als „Spiegel" dient.

Heliumschalenbrennens fort, da die dabei freigesetzte Energie (und die sich nähernden Brennschalen) das Wasserstoffbrennen weiter anheizen.

Das Heliumschalenbrennen und der Aufbau eines wiederum isothermen C/O-Kerns lassen den Stern wieder wachsen und zum zweiten Mal zu einem Roten Riesen werden. Sterne dieser Art „besiedeln" den sogenannten „asymptotischen Riesenast" (AGB) im HRD, der eine Erweiterung des Rote Riesen-Astes zu höheren Leuchtkräften und höheren effektiven Temperaturen darstellt. Gewöhnlich sind hier die Sterne bei gegebener Masse auch größer als gewöhnliche Rote Riesen vergleichbarer Masse. Bei der Sonne wird das aber wahrscheinlich nicht der Fall sein. Bei ihr sagen Sternmodelle eine maximale Leuchtkraft von etwas über 2000 $L_\odot$ (bzw. über 4100 $L_\odot$ bei einem thermischen Puls, s. u.) vorher. Dabei erreicht die Sonne eine maximale Größe von $\approx$ 150 $R_\odot$ (bzw. $\approx$ 180 $R_\odot$ bei einem thermischen Puls), was weit unter dem RGB-tip-Wert von 256 $R_\odot$ bleibt.

Wenn der Aufstieg der Sonne aus dem Horizontalast in den asymptotischen Riesenast beendet und die Sonne nun zu einem „AGB-Riesen" geworden ist (nach ca. 12,3 Ga), kommt es in einer gewissen Regelmäßigkeit alle 1000 bis 10.000 Jahre zu wiederkehrenden Helligkeitsanstiegen von einigen 100 Jahren Dauer, die mit der Abstoßung von Teilen der äußeren Sternhülle verbunden sind. Man spricht hier von den bereits kurz erwähnten „thermischen Pulsen", deren physikalische Ursachen nun kurz erläutert werden sollen.

Der Schalenaufbau des Kerns eines AGB-Sterns bedingt nämlich einen zyklischen Prozess, der sich aus der Wechselwirkung zwischen dem C/O-Kern und den beiden, durch eine Heliumzwischenschicht getrennten Brennschalen ergibt. Primär ist dabei, dass der weitgehend isotherme und entartete C/O-Kern durch die Arbeit der darüberliegenden heliumbrennenden Schale kontinuierlich an Masse gewinnt, was ihn anwachsen, aber auch gravitativ mit entsprechender Erwärmung schrumpfen lässt. Damit wird folgender zyklischer Prozess in Gang gesetzt:

- Durch die Erhitzung des C/O-Kerns wird wegen der exponentiellen Abhängigkeit der Energieerzeugungsrate der thermonuklearen Reaktionen in der heliumbrennenden Schale deren Effektivität stark gesteigert mit dem Ergebnis, dass die darüberliegende Zwischenschale expandiert, was wiederum die wasserstoffbrennende Schale in Bereiche verschiebt, in denen die Temperatur für das Wasserstoffbrennen nicht mehr ausreicht, d. h., die Wasserstoffschalenquelle erlischt langsam und der Stern muss seine Leuchtkraft allein durch die in der Heliumbrennschale freigesetzte Energie begleichen.
- Während in der Heliumbrennschale das Helium in Kohlenstoff/Sauerstoff fusioniert wird, gewinnt der C/O-Kern entsprechend an Masse, während die Masse in der Zwischenschale immer kleiner wird und die Energieproduktionsrate entsprechend zurückgeht. Die innere Konvektionszone nähert sich dabei mehr und mehr der heliumbrennenden Schale mit dem Effekt, dass – sobald die Zündtemperatur für die Wasserstofffusion erreicht ist – die wasserstoffbrennende Schale wieder belebt wird und die heliumbrennende Schale ihre Arbeit einstellt. Die gesamte Leuchtkraft des Sterns wird nun allein durch die in der Wasserstoffbrennschale freigesetzte Energie gewährleistet.

6.3 Hauptreihen- und Nach-Hauptreihenentwicklung

- Während nun wieder Wasserstoff zu Helium fusioniert wird, gewinnt entsprechend die Heliumzwischenschicht wieder an Masse. Ist schließlich eine kritische Masse erreicht, zündet in Form eines *shell flash* der über dem C/O-Kern liegende Teil der Heliumzwischenschale – und zwar so heftig, dass der freigesetzte Energiebetrag die Leuchtkraft plötzlich stark ansteigen lässt: Ein thermischer Puls wird generiert. Da es eine gewisse Zeit dauert, bis dieser „Energieschub" den Stern entsprechend ausgedehnt hat und die Oberfläche erreicht, verzögert sich der damit verbundene Helligkeitsanstieg um einige Jahre bis Jahrzehnte. Durch die Expansion der Heliumzwischenschicht erlischt schließlich die Wasserstoffbrennschale und das Heliumbrennen muss wieder allein den Energiehaushalt des Sterns decken, wodurch der Zyklus von Neuem beginnt.

Nur ergänzend soll erwähnt werden, dass in der Episode, in der thermische Pulse stattfinden, s-Prozess-Nukleosynthesereaktionen (s. „s-Prozesse") besonders effektiv schwere Elemente erzeugen. Grund dafür sind *dredge-up*-Ereignisse[6], bei denen Konvektionsströme kurzzeitig Wasserstoffkerne in den Bereich der Heliumbrennschale transportieren und dort die neutronenerzeugenden Reaktionen Gl. 5.153, 5.154 → 5.152 ermöglichen.

Im Fall der Sonne sagen die Sternentwicklungsmodelle vier bis fünf derartiger *helium shell flashes* voraus, wobei immer Teile der Sternhülle verloren gehen. Beim letzten Flash wird dann die gesamte noch verbliebene äußere Sternhülle abgesprengt und es entsteht ein neuer Planetarischer Nebel.

Die AGB-Phase von Sternen ist gerade durch einen besonders hohen Masseverlust charakterisiert, der durch intensive Sternwinde und radiale Pulsationen (sogenannte „Superwinde") verursacht wird (s. Abschn. 6.3.3). Derartige Sterne, die einen langperiodischen Lichtwechsel ($P \approx 100$ bis 1000 Tage) hoher Amplitude (bis zu elf Größenklassen) aufweisen, bezeichnet man als Mira-Sterne. Am Ende der AGB-Phase wird die Sonne den größten Teil ihrer wasserstoffreichen Hülle verloren haben und der Sternkern liegt jetzt schon fast frei. Während die letzten Reste von Wasserstoff und Helium auf seiner Oberfläche nuklear verbrennen, nimmt die effektive Temperatur des Sterns enorm zu. Man erkennt das deutlich im HRD, wo der Entwicklungsweg der Sonne bei nahezu gleichbleibender Leuchtkraft nach links zu immer höheren effektiven Temperaturen verläuft, bis ein Maximum erreicht wird (post-AGB-Phase), von dem aus dann der unausweichliche Abstieg in die Domäne der Weißen Zwergsterne erfolgt, die sich links unten im HRD befindet. Schließlich bleibt nur noch der entartete C/O-Kern übrig, der als kom-

---

[6] Bei der Sonne erwartet man nur ein einziges *dredge-up*-Ereignis (sogenannter *second dredge-up*, da der *first dredge-up* bereits stattgefunden hat, als die Sonne noch ein Roter Riese war). Bei massereicheren Sternen kann im Gegensatz dazu auch noch (sogar mehrfach) ein dritter *dredge-up* auftreten.

Tab. 6.6 Entwicklungsphasen der Sonne nach dem Evolutionsmodell von Schroder und Smith (2008)

Phase	Alter [Ga]	Leuchtkraft $[L_\odot]$	$T_{eff}[K]$	Radius $[R_\odot]$	Masse $[M_\odot]$
ZAMS	0,00	0,70	5596	0,89	1,000
Gegenwart	4,58	1,00	5774	1,00	1,000
Hauptreihe ($T_{eff,max}$)	7,13	1,26	5820	1,11	1,000
TAMS	10,00	1,84	5751	1,37	1,000
RGB-Tip	12,17	2730	2602	256	0,668
He-Zero Age	12,17	53,7	4667	11,2	0,668
AGB-Tip	12,30	2090	3200	149	0,546
AGB-Tip – TP	12,30	4170	3467	179	0,544

TP = Thermischer Puls; 1 AU = 215 $R_\odot$

pakter Weißer Zwergstern langsam auskühlen wird, um schließlich – irgendwann in sehr, sehr ferner Zukunft – als „Schwarzer Zwerg" endgültig zu verlöschen.

Die Sonne wird zum Zeitpunkt der Entstehung des Weißen Zwergsterns ungefähr ein Alter von 12,35 Ga erreicht haben. Ihre Masse wird dann aber nur noch etwa halb so groß sein wie heute und sich in einem Himmelskörper von etwa der 1,5-fachen Größe der Erde konzentrieren (Tab. 6.6).

6.3.3 Evolution von Sternen im mittleren Massenbereich

Sterne mit einer Ausgangsmasse zwischen 2,3 $M_\odot$ und 8 $M_\odot$, die man dem mittleren Massenbereich zuordnet, können während ihrer Hauptreihenentwicklung keinen entarteten Heliumkern ausbilden, weshalb sie auch keinen Heliumflash erleiden (s. Abschn. 5.3.3.2). Erst der während des Heliumbrennens aufgebaute C/O-Kern ist dann wieder entartet, was in einer späteren Entwicklungsstufe und genügend großer Kernmasse eventuell zu einem „Carbon-Flash" führen kann.

Als Beispiel für einen Stern intermediärer Masse soll in diesem Abschnitt der Entwicklungsweg eines Sterns mit einer Ausgangsmasse von 5 $M_\odot$ vorgestellt werden, wie er sich aus entsprechenden Modellrechnungen ergibt.

Ein derartiger Stern mit solarer chemischer Zusammensetzung beginnt seine Laufbahn auf der ZAMS mit einer Leuchtkraft, die etwa bei 530 $L_\odot$ liegt. Seine effektive Temperatur beträgt zu diesem Zeitpunkt ca. 17.000 K. Er gehört damit der „oberen Hauptreihe" an, deren Mitglieder ihre Energie so gut wie ausschließlich aus dem CNO-Zyklus beziehen. Die thermonuklearen Reaktionen finden dabei in einem relativ kleinen Kern statt, der in sich etwa 1,2 $M_\odot$ konzentriert und dessen Temperatur bei ca. $27,3 \cdot 10^6$ K liegt. Dieser Kern ist durchgängig konvektiv, sodass während des gesamten „Kernbrennens" eine vollständige Durchmischung stattfindet. Dabei kommt es zu einem sogenannten *overshoot*, d. h. eine Ausweitung des konvektiven Bereichs über den Sternkern hinaus mit dem Resultat,

6.3 Hauptreihen- und Nach-Hauptreihenentwicklung

dass die Kernmasse bei Erreichen der TAMS größer wird als in dem Fall, bei dem der konvektive Bereich mit dem wasserstoffbrennenden Kernbereich zusammenfällt – mit entsprechenden Auswirkungen für den weiteren Entwicklungsweg des Sterns. Insbesondere erhöht sich dadurch auch der Zeitraum, den der Stern im Hauptreihenstadium verbringt, um ca. 15 %.

Ist schließlich der auf die Masse bezogene Wasserstoffanteil im Kernbereich unter 5 % gefallen, dann reicht die durch Wasserstofffusion freigesetzte Energie nicht mehr aus, um den Stern im Gleichgewicht zu halten. Es beginnt eine Phase der Kontraktion, bei der die dabei freigesetzte potentielle Gravitationsenergie zur wesentlichsten Energiequelle des Sterns wird. Diese Phase wird als *overall contraction* bezeichnet und bewirkt, dass die effektive Temperatur wieder zunimmt. Der Evolutionspfad knickt am Punkt B in Abb. 5.16 in Richtung höherer Temperaturen ab, bis schließlich am Punkt C das zentrale Wasserstoffbrennen erlischt und damit auch die Konvektion im Heliumkern beendet wird. An dieser Stelle kommt wieder das bereits kurz in einer Fußnote erwähnte „Spiegelprinzip" zum Zuge:

- Wenn der Sternkern kontrahiert muss die Sternhülle expandieren.
- Wenn sich der Sternkern ausdehnt, muss sich die Sternhülle zusammenziehen.

Da jetzt der Sternkern gravitativ bedingt langsam kontrahiert, wird sich die Sternhülle also rasch ausdehnen, wobei die Atmosphärenschichten abkühlen und deren Opazität rapide zunimmt. Dabei bildet sich beim Weg von C nach D, der erst einmal mit einem gewissen Leuchtkraftverlust verbunden ist, eine „dicke" wasserstoffbrennende Schalenquelle aus *(thick shell burning)*, die, was die in ihr enthaltene Masse betrifft, mit Annäherung an D sehr schnell immer „schmaler" wird (s. Abb. 6.1). Der Heliumkern gewinnt weiter an Masse und erreicht und über-

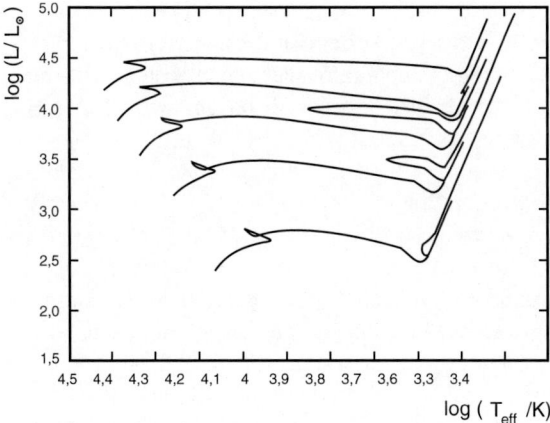

Abb. 6.16 Entwicklungspfade von Sternen mit solarer Metallizität unterschiedlicher Masse (von unten nach oben 4, 6, 8, 10 und 12 Sonnenmassen). Der Entwicklungsweg innerhalb des *blue loop* und darüber hinaus ist violett und dick dargestellt. (Walmswell et al. 2015)

schreitet schließlich die Schönberg-Chandrasekhar-Grenze (s. Abschn. 5.3.2.3), was den Kernkollaps beschleunigt. Da sich im gleichen Maße die Sternhülle ausdehnt (Spiegel-Prinzip), vergrößert sich damit auch der Dichtekontrast zwischen Sternkern und Hülle. Der erwähnte Leuchtkraftverlust von ca. 1260 $L_\odot$ auf ca. 400 $L_\odot$ ist dabei der Volumenarbeit der Sternhülle geschuldet, die auf diese Weise einen guten Teil der im Sternkern freigesetzten Energie absorbiert.

Dieser Übergang in den Bereich des Unterriesenastes (SGB) dauert für einen Stern mit 5 Sonnenmassen wahrscheinlich weniger als eine Million Jahre, d. h., er geht astronomisch gesehen recht rasch vonstatten, weshalb es auch schwierig ist, entsprechende Sterne in genau diesem speziellen Entwicklungsstadium aufzufinden. In einem empirischen HRD massereicherer Sterne ergibt sich deshalb auch ein Gebiet, welches nur mit sehr wenigen Sternen besetzt ist. Dieses Gebiet wird traditionell als „Hertzsprung-Lücke" bezeichnet.

Mit dem Erreichen des Punktes D auf dem Entwicklungspfad im HRD beginnt ein neuer Zeitabschnitt im Leben des Sterns. Der Heliumkern ist nun so heiß geworden, dass das Wasserstoffschalenbrennen, was die Energiefreisetzungsrate betrifft, gegenüber der Energiefreisetzung durch Kontraktion wieder die Oberhand gewinnt. Der Unterriese entwickelt sich zu einem leuchtkraftstarken Roten Riesen, d. h., er dehnt sich schnell mit extrem zunehmender Leuchtkraft, aber nahezu gleichbleibender effektiver Temperatur aus, wobei die Sternhülle erst einmal bis in große Tiefen konvektiv wird. Dabei erreicht sie auf halbem Weg zwischen D und E eine Tiefe, in der sie unter Umständen vielleicht sogar die Zone „ankratzt", die ehemals von der „dicken" wasserstoffbrennenden Schale eingenommen wurde, was dann einem *dredge-up*-Ereignis entspricht.

Im Punkt E des Entwicklungspfades werden im Heliumkern des Sterns schließlich in Bezug auf Temperatur und Druck die Bedingungen erreicht ($T_c \approx 10^8$ K, $\rho_c \approx 10^7$ kg/m^3), unter denen das Heliumbrennen, – und zwar ganz unspektakulär, da keine Kernentartung vorliegt, – zünden kann. Es beginnt nun eine Entwicklungsphase, die man als „Blaue Schleife" *(blue loop)* bezeichnet (der Weg E–F–G–H in Abb. 5.16) und die den „Roten Riesen" unter Verringerung und dann wieder Anstieg der Leuchtkraft zuerst in Bereiche höherer effektiver Temperatur führt (er wird „blauer"), um sich danach wieder der Hayashi-Linie der vollkonvektiven Sterne zu nähern. Im Kippenhahn-Diagramm (s. Abb. 5.15) erkennt man, dass in dieser Zeit Energie einmal durch den Triple-Alpha-Prozess im zentrumsnahen Kernbereich und zum anderen in einer schmalen Wasserstoffbrennzone (CNO-Prozess) freigesetzt wird. Letztere liefert kontinuierlich Helium für den Sternkern, während das Heliumbrennen den Anteil an Kohlenstoff und Sauerstoff im Sternzentrum erhöht. Dabei ist der Bereich des Heliumbrennens konvektiv, während die ursprünglich weitgehend konvektive Hülle schnell radiativ wird. Der Punkt mit der größten effektiven Temperatur ($T_{eff} \approx 6300$ K) – in Abb. 5.16 mit G bezeichnet – wird erreicht, sobald die wasserstoffbrennende Schale ≈ 80 % und der heliumbrennende Kern ≈ 20 % der Leuchtkraft liefert. Danach nimmt der Anteil der Wasserstoffbrennschale relativ zum Anteil des heliumbrennenden Kerns ab und der Stern wandert im HRD wieder nach rechts zu geringer werdenden effektiven Temperaturen. Ein Stern, der solch einen *loop* durchläuft, nennt man gewöhnlich einen *blue loop star.* Wie stark dabei diese „Schleife" im HRD ausgeprägt ist, hängt entscheidend von der Masse und der Metallizität der Sternmaterie ab. Einen umfangreichen Überblick über derartige BL-Sterne und über die Ursachen für diese etwas ungewöhnlich erscheinende „Exkursion" in Richtung früherer Spektraltypen findet man u. a. in Walmswell et al. (2015) (Abb. 6.16).

Zu bemerken ist noch, dass die Schleife zweimal den Instabilitätsstreifen im HRD kreuzt, wodurch der Stern zu radialen Pulsationen angeregt wird. Sterne, die sich in solch einem Entwicklungsstadium befinden, werden als Delta-Cepheiden bezeichnet (s. Box „Klassische Delta-Cepheiden").

Am Ende dieser „Rundreise" im HRD, die rund 20 bis 22 Mio. Jahre dauert, hat sich im Zentrum des Sterns ein entarteter C/O-Kern ausgebildet, und das Heliumbrennen verlagert sich zunehmend in eine Schale um diesen nun nicht mehr konvektiven Kern. Die damit einhergehende radiale Expansion der darüber liegenden Massenschalen führt zu einer Temperaturabnahme, welche die wasserstoffbrennende Schale schließlich erlöschen lässt. Die Sternhülle wird wieder konvektiv (es kommt zu einem zweiten *dredge-up* in die wasserstoffverarmte ehemalige H-Brennschale), und der Stern wandert parallel zur Hayashi-Linie unter starker Zunahme der Leuchtkraft in den asymptotischen Riesenast ab, d. h., der „BL-Stern" wird zu einem AGB-Stern ($L^* \approx 20.000\,L_\odot$). Das ist auch der Punkt (J in Abb. 5.16), an dem der Wasserstoff oberhalb der He-Schalenbrennzone erneut zündet und der Stern nun seine Energie aus zwei Schalenbrennzonen bezieht. Damit beginnt die *thermally pulsating AGB phase,* in der es zu einer Vielzahl thermischer Pulse kommt (s. Abschn. 6.3.2), die wiederum (neben einem starken Sternwind) zu einem signifikanten Massenverlust der Sternhülle beitragen.

Klassische Delta-Cepheiden

Sterne im mittleren und größeren Massenbereich, die auf ihrem Weg in den asymptotischen Riesenast eine ausgeprägte „blaue Schleife" durchlaufen, müssen zweimal den Instabilitätsstreifen im HRD durchqueren, in dem sie zu spezifischen radialen Pulsationen angeregt werden, deren Periode eng mit ihrer Leuchtkraft korreliert ist. Derartige leuchtkraftstarke Sterne werden nach ihrem Prototyp (δ Cephei, entdeckt im Jahre 1786 durch John Goodricke (1764–1786)) „Delta-Cepheiden" oder kurz „Cepheiden" (genauer „klassische Cepheiden") genannt. Es handelt sich dabei um Überriesen (Leuchtkraftklasse Ib) mit absoluten Helligkeiten zwischen -2 und -6 Größenklassen im Spektralbereich zwischen F5 und K0, wobei mit abnehmender effektiver Temperatur die Periodenlänge zunimmt. Ihre Durchmesser liegen etwa zwischen 10 und 150 Sonnendurchmessern, wobei auch eine enge Korrelation zwischen Sternradius R und Periodendauer Π in der Form $R \approx 4 \cdot 10^6 \mathrm{[km]} \cdot \Pi\mathrm{[d]}$ besteht (Hoffmeister et al. 2013). Wichtiger ist aber der funktionale Zusammenhang zwischen Leuchtkraft L – ausgedrückt durch die absolute Helligkeit M – und der Lichtwechselperiode Π, die im Jahre 1912 von Henrietta Swan Leavitt gefunden wurde und die Delta-Cepheiden zu äußerst wichtigen Objekten für die Astronomen macht, wenn es um die Festlegung der kosmischen Entfernungsskala geht.

Analysiert man im Detail die Lichtkurve und die Radialgeschwindigkeitskurve klassischer Cepheiden über eine Periode, dann ist unschwer zu erkennen, dass der Zeitpunkt der höchsten radialen Expansionsgeschwindigkeit des Sterns mit dem Helligkeitsmaximum zusammenfällt. Das Helligkeitsminimum tritt dagegen ein, wenn die Kontraktionsgeschwindigkeit maximal wird. Die „mittlere" Helligkeit wird dabei genau dann erreicht, wenn der Stern seine größte radiale Ausdehnung hat (s. Abb. 6.17).

Der beobachtete Lichtwechsel wird dabei im Wesentlichen nicht – wie man vielleicht auf den ersten Blick erwarten könnte – durch die die Radiusänderung bedingte Vergrößerung bzw. Verkleinerung der strahlenden Oberfläche verursacht, sondern vielmehr durch eine periodische Änderung der effektiven Temperatur des Sterns. Primär ist jedoch die Schwingung des

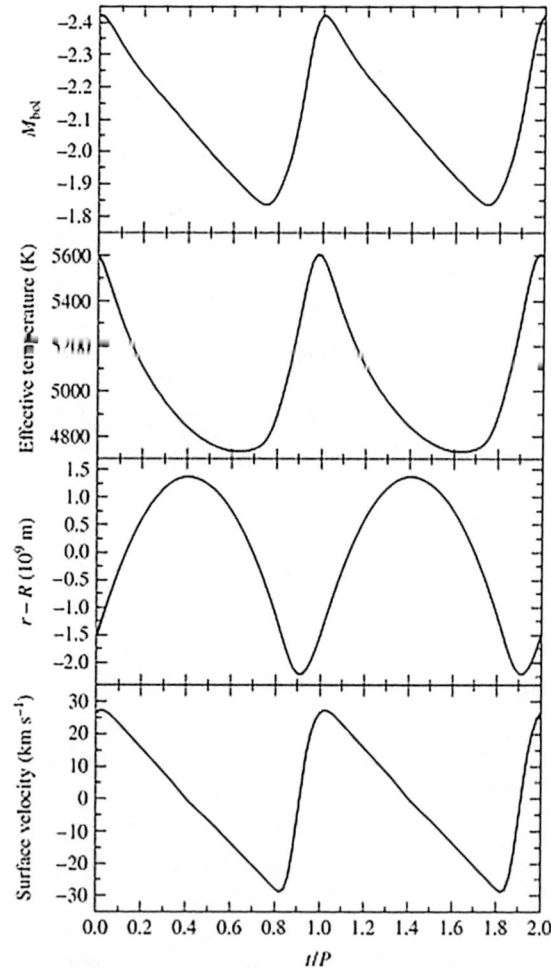

Abb. 6.17 Korrelation zwischen Gesamthelligkeit (bolometrische Helligkeit), effektiver Temperatur, Radiusänderung und Radialgeschwindigkeit über eine Periode des Lichtwechsels eines klassischen Delta-Cepheiden

Sterns relevant. Die Frage ist nur, durch welche physikalischen Prozesse sie bei Delta-Cepheiden (und auch anderen Pulsationsveränderlichen) angeregt wird? Und welche Schwingungsmoden sind überhaupt möglich? Dabei sollen im Folgenden nur radiale Schwingungen betrachtet werden, wie sie in stark vereinfachter Form bereits am Ende des 19. Jahrhunderts von August Ritter im Rahmen der Newton'schen Mechanik theoretisch behandelt wurden (Ritter 1880).

Eine radiale Pulsation zeichnet sich dadurch aus, dass sich die Form der Oberfläche des Sterns nicht ändert (d. h., der Stern bleibt kugelförmig), sondern lediglich periodisch das Sternvolumen verändert. Ein Massenelement dm bewegt sich während eines solchen Vorgangs immer radial zwischen zwei Extremwerten hin und her, wobei die Verschiebung selbst wieder von der Lage dieses Massenelements im Stern abhängt. In einem gewissen Sinn schwingen die Gasmassen des Sterns dabei wie die Luft in einer oben offenen Orgelpfeife, d. h., man kann Grundschwingungen von Obertönen unterscheiden. Allgemein spricht man hierbei von radialen Schwingungsmoden. Dabei können „Obertöne" innerhalb des Sterns Kugelflächen ausbilden, auf denen die Auslenkung $dr(t)$ des Massenelements dm null bleibt. Diese Kugelflächen bezeichnet man als „Knotenflächen" (s. Abb. 6.18).

Die Schwingung des Sterns ergibt sich dann aus der Überlagerung aller möglichen Moden. Die Aufgabe der Astroseismologie ist es – z. B. aus den Helligkeitsvariationen bzw. periodischen Radialgeschwindigkeits-

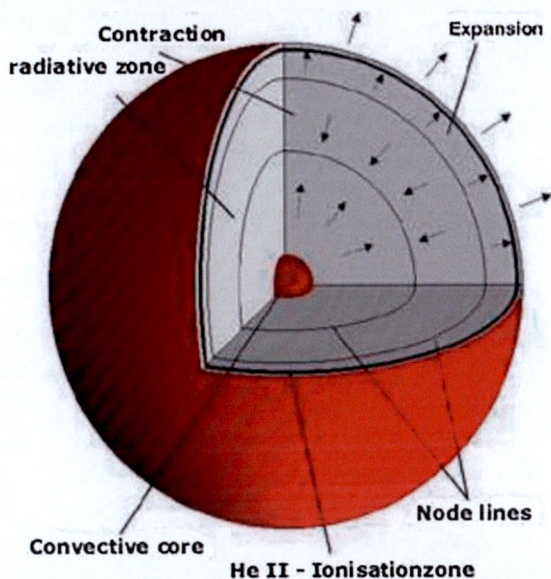

Abb. 6.18 Knotenflächen innerhalb eines radial schwingenden Sterns. Ein „Knoten" fällt dabei mit dem Sternzentrum zusammen. Da der hier dargestellte Stern im „zweiten Oberton" ($m = 2$) schwingt, muss er drei „Knotenflächen" besitzen (die Grundschwingung ist durch $m = 0$ gegeben)

änderungen – diese Moden zu ermitteln, um daraus – im Vergleich mit Sternmodellen – etwas über den inneren Aufbau der Sterne zu erfahren.

Die einfachsten Schwingungsmoden sind die bereits erwähnten radialen Moden mit dem Grad $l = 0$ und dort wieder die fundamentale radiale Mode $m = 0$ (Grundschwingung), die den Stern sich periodisch aufblähen und dann wieder kontrahieren lässt. Der Kern bildet dabei quasi den „Knoten" und die Sternoberfläche in Analogie zur Grundschwingung in einer oben offenen Orgelpfeife den „Antiknoten". Bei diesem radialen Schwingungsvorgang kühlt bei Expansion der davon betroffene Sternbereich entsprechend ab, während bei Kontraktion die Temperatur entsprechend zunimmt – mit den beobachtbaren Auswirkungen auf die Helligkeit des Sterns (Stichwort: Stefan-Boltzmann-Gesetz). Bei Delta-Cepheiden und RR-Lyrae-Sternen ist das gewöhnlich die „Hauptmode" (neben anderen), in denen sie schwingen.

Wenn ein Stern radial im ersten Oberton schwingt ($m = 1$), bildet sich innerhalb des Sterns eine sphärische Knotenfläche aus, die in Ruhe bleibt. Sie trennt zwei Gebiete, die phasenversetzt gegeneinander schwingen. Schwingt ein Stern radial im zweiten Oberton ($m = 2$), dann bilden sich bereits zwei sphärische Knotenflächen innerhalb des Sterns aus (also mit dem Kern insgesamt drei „Schwingungsknoten", s. Abb. 6.18).

Mittlerweile ist auch eine größere Anzahl von Delta-Cepheiden und RR-Lyrae-Sternen bekannt, die simultan sowohl im „Grundton" als auch im „ersten Oberton" schwingen. Diese Cepheiden werden gewöhnlich als „bimodale Cepheiden" bezeichnet. Daneben hat man aber auch eine Anzahl von Triple-Mode-Cepheiden entdeckt, die entweder in den ersten drei Oberschwingungen oder in der Grundschwingung und den ersten beiden Oberschwingungen pulsieren. Sie alle lassen sich durch die astroseismologisch ableitbaren Periodenverhältnisse der einzelnen Schwingungsmoden untereinander charakterisieren.

An den realen Periodenverhältnissen erkennt man auch, dass das Analogon zu den oben offenen Orgelpfeifen in quantitativer Hinsicht nicht besonders gut passt. Der Hauptunterschied besteht dabei darin, dass die Gasdichte in einer Orgelpfeife über ihre Länge konstant bleibt, während im Stern die Dichte ρ entsprechend einer Funktion $\rho(r)$ von außen nach innen stetig zunimmt. Das eröffnet übrigens ganz allgemein die Möglichkeit, durch eine Fourier-Analyse des Schwingungsspektrums eines Sterns im Zusammenspiel mit einem theoretischen Sternmodell empirisch etwas über dessen inneren Aufbau in Erfahrung zu bringen.

Doch warum gelangen Sterne überhaupt in die Situation, merklich in Schwingung zu geraten, sobald ihr Entwicklungsweg bestimmte Regionen im HRD kreuzt? Oder anders ausgedrückt: Unter welchen physikalischen Rahmenbedingungen können sich zufällige kleine radiale Störungen zu makroskopischen Schwingungen aufschaukeln, die sich in einem periodi-

6.3 Hauptreihen- und Nach-Hauptreihenentwicklung

schen Lichtwechsel wie z. B. bei den Delta-Cepheiden äußern? Da Sternschwingungen prinzipiell nicht adiabatisch erfolgen können (die während der Kontraktion freigesetzte Wärme wird ja zu einem Teil abgestrahlt), wird normalerweise jede Störung sofort gedämpft. Bei einem Oszillator würde man sagen, dass mit jeder Schwingung die Rückstellkraft vermindert wird, was dessen Amplitude entsprechend verkleinert. Allein schon deswegen müssen Sterne von Natur aus weitgehend stabile (statische) Gaskugeln sein. Existiert jedoch ein Mechanismus, der in der Lage ist, den genannten Energieverlust zu kompensieren, dann kann sich durchaus ein stabiler Schwingungszustand makroskopischen Ausmaßes einstellen. Und genau ein solcher Mechanismus tritt innerhalb des Instabilitätsstreifens im HRD auf. Er hängt mit der Präsenz einer oberflächennahen HII-Ionisationszone (genauer *HII partial ionization zone*) in der Sternatmosphäre zusammen[7] und wird als Kappa-Mechanismus bezeichnet (zur Erinnerung: „Kappa" ist das Formelzeichen, welches in der Astrophysik gewöhnlich für die Opazität verwendet wird).

Der Temperaturbereich hinsichtlich der effektiven Temperatur eines Sterns, in der sich eine den Kappa-Mechanismus antreibende HeII-Ionisationszone im Stern in der richtigen Tiefe ausbilden kann (die typische Temperatur einer derartigen Zone ist $\approx 4 \cdot 10^4$ K), liegt etwa zwischen 5000 K und 7500 K und erklärt die Breite und den nahezu senkrechten Verlauf der entsprechenden Instabilitätszone im HRD. In ihr wird – je nach Temperatur – Helium entweder ionisiert oder ionisiertes Helium rekombiniert gemäß $He^+ \rightleftharpoons He^{++}$, was sich in der Lichtdurchlässigkeit (Opazität) der HeII-Ionisationszone niederschlägt. Das führt dazu, dass innerhalb der Ionisationszone die Temperatur bei Kompression weniger stark ansteigt, da ein Teil der dabei freigesetzten Energie zur Ionisation des Heliums aufgewendet werden muss. Der Dichteanstieg bei Kompression ist dadurch nicht betroffen. Die Opazität folgt dabei Kramers Gesetz Gl. 4.37, wobei die Dichteänderung die Temperaturänderung übersteigen muss. Im umgekehrten Fall – bei der Expansion des Sterns - verringert sich die Temperatur der HeII-Ionisationszone nicht signifikant, weil bei der Rekombination der He-Ionen Energie (Wärme) freigesetzt wird.

---

[7] Die meisten Sterne besitzen gewöhnlich zwei Hauptionisationszonen – eine $H \rightleftharpoons H^+$ /$He \rightleftharpoons He^+$ – Ionisationszone in geringerer Tiefe ($T \approx 1 \ldots 1,5 \cdot 10^4$ K) und eine $He^+ \rightleftharpoons He^{++}$ – Ionisationszone in größerer Tiefe bei $T \approx 4 \cdot 10^4$ K. Die genaue radiale Lage dieser Zonen im Stern legt die Pulsationseigenschaften eines Sterns, der aufgrund des Kappa-Mechanismus schwingt, fest. Zur Vereinfachung soll hier jedoch nur von einer partiellen HeII-Ionisationszone ausgegangen werden.

Aus diesem Sachverhalt ergibt sich nun eine Prozessfolge, in der Wärmeenergie in Analogie zu einem Carnot'schen Kreisprozess in mechanische Energie radialer Pulsationen überführt wird:

- Wenn der Stern kontrahiert, steigt die Temperatur auch in der He II-Ionisationszone und He wird ionisiert, wodurch die Opazität ansteigt. Dadurch wird der Strahlungstransport aus tieferen Schichten in die oberhalb dieser Zone liegenden Schichten erschwert.
- Die Strahlung staut sich gewissermaßen unter der nun weniger lichtdurchlässigen Schicht an, wodurch der Druck zunimmt, bis die Sternhülle als Reaktion darauf zu expandieren beginnt. Nun setzt die He-Rekombination ein, wodurch die Opazität wieder geringer wird. Damit kann die angestaute Strahlung den nun lichtdurchlässiger gewordenen Stern verlassen.
- Damit verringert sich wiederum der Strahlungsanteil am Gesamtdruck, und der Stern beginnt quasi unter dem Gewicht seiner äußeren Schichten zu kontrahieren, wodurch sich die HeII-Ionisationszone zusätzlich erwärmt und die daraus resultierende Ionisation die Opazität wieder ansteigen lässt.

Bei diesem Vorgang wird in jedem Oszillationszyklus ein klein wenig Energie aus dem Strahlungsstrom entnommen und in mechanische Energie der Pulsation überführt. So schaukeln sich, sobald ein Stern auf seinem Entwicklungsweg in den Instabilitätsstreifen eintritt, kleine radiale Störungen nach und nach zu makroskopischer Amplitude auf, bis die intrinsischen Dämpfungsmechanismen die Amplitude auf einem gewissem Niveau stabilisieren.

Klassische Delta-Cepheiden besitzen Lichtwechselperioden zwischen 2 Tagen und 45 Tagen. Die Periodenlänge Π hängt dabei von der mittleren Leuchtkraft L^* dieser Sterne ab, deren Masse etwa zwischen 2 $M_\odot$ und 10 $M_\odot$ liegt. Diese Perioden-Leuchtkraft-Beziehung ist übrigens eine direkte Konsequenz des hier in seinen Grundzügen erläuterten Kappa-Mechanismus. Das lässt sich qualitativ leicht folgendermaßen zeigen, indem man sich die radiale Bewegung der Sternmassen nach Erreichen des maximalen Radius als „freien Fall" gemäß dem 3. Keplerschen Gesetz vorstellt:

$$\frac{\Pi^2}{R^3} = \frac{4\pi^2}{GM^*} \tag{6.40}$$

Daraus lässt sich folgende Proportionalität ablesen:

$$\Pi^2 \sim \frac{R^3}{M^*}, \tag{6.41}$$

wobei sich die Sternmasse M^* durch den Sternradius R und die mittlere Dichte $\overline{\rho}$ des Sterns ausdrücken lässt:

$$M^* \sim \overline{\rho} R^3 \tag{6.42}$$

6.3 Hauptreihen- und Nach-Hauptreihenentwicklung

Eingesetzt in Gl. 6.41 ergibt sich als erste wesentliche Erkenntnis

$$\Pi \sim \frac{1}{\sqrt{\bar{\rho}}}, \tag{6.43}$$

sodass $\Pi\sqrt{\bar{\rho}} = const.$ sein muss. Das bestätigt die Beobachtung, dass bei zwei Cepheiden mit unterschiedlicher Lichtwechselperiode das Periodenverhältnis in etwa dem umgekehrten Verhältnis der Wurzeln ihrer mittleren Dichten proportional ist.

Nach Gl. 2.49 ist die Leuchtkraft L^* dem Quadrat des Sternradius proportional, sodass aus Gl. 6.43.

$$\Pi \sim R^{3/2} \sim L^{*3/4} \tag{6.44}$$

folgt. Die Leuchtkraft L^* kann nach Gl. 2.23 wiederum durch die absolute (bolometrische) Helligkeit ausgedrückt werden, sodass sich nach kurzer Rechnung folgender Zusammenhang zwischen absoluter Helligkeit M_{bol} und Pulsations (= Lichtwechsel) – Periode Π ergibt:

$$M_{bol} = -3{,}33 \log \Pi + const. \tag{6.45}$$

Vergleicht man diese Formel mit der empirisch für klassische Cepheiden abgeleitete Perioden-Helligkeits-Beziehung für die absolute Helligkeit M (mit Π in Tagen)

$$M = -2{,}81 \log \Pi - 1{,}43 \tag{6.46}$$

dann bestätigt sie die eben ad hoc abgeleitete Gleichung doch recht gut. Ihre große Bedeutung für die Astronomie liegt darin, dass sich aus der Differenz zwischen der scheinbaren Helligkeit eines Sterns m (natürlich erst nach Extinktionskorrektur) und der aus Gl. 6.46 folgenden absoluten Helligkeit M sofort die Entfernung des Sterns d ergibt:

$$d = 10^{\frac{m-M+5}{5}} \quad \text{in [pc]} \tag{6.47}$$

Aus diesem Grund gelten in der Astronomie Delta-Cepheiden auch als „Standardkerzen" der Entfernungsbestimmung. Aufgrund ihrer großen absoluten Helligkeit lassen sie sich auch in größerer Entfernung beobachten und ihre Lichtwechselperioden bestimmen. So kann man sie – z. B. unter Verwendung des Hubble-Weltraumteleskops – bis in den Entfernungsbereich des Virgo-Galaxienhaufens ($\approx 5 \cdot 10^7$ Lj) zur Entfernungsbestimmung individueller Galaxien nutzen.

Ein AGB-Stern intermediärer Masse besteht im Prinzip aus einem C/O-Kern, dem eine heliumbrennende Schicht, eine heliumreiche Zwischenschicht und dann eine wasserstoffbrennende Schicht folgt. Diese wiederum wird durch eine radiative Zone von der tiefreichenden konvektiven Sternhülle abgeschirmt. Die heliumbrennende Schicht lässt die Masse des C/O-Kerns weiter wachsen, der dadurch kontrahiert und mit ansteigender Dichte zunehmend entartet. Nach dem „Spiegelprinzip" führt das zur Expansion der über der heliumbrennenden Schale liegenden heliumreichen Zwischenschicht. Das hat zwei Effekte zur Folge. Einmal nimmt die Temperatur in der Wasserstoffbrennschale ab, die dadurch immer weniger Energie freisetzt, bis sie schließlich erlischt. Außerdem wirkt natürlich auch hier das „Spiegelprinzip", wobei die sich ausdehnende Heliumzwischenschicht zuerst zu einer Kontraktion der Sternhülle führt, die in eine Expansion umschlägt, sobald die „Spiegelschicht" – d. h. die wasserstoffbrennende Schale – ihre Arbeit einstellt. Damit beginnt die „frühe" AGB-Phase (E-AGB stars), in der der Stern seine Energie allein durch das Heliumschalenbrennen bezieht und dabei seine Leuchtkraft kontinuierlich erhöht. Sie dauert so lange an, bis die Hereiche Zone um den C/O-Kern ausgebrannt ist. Im Zuge dieses Vorgangs erhöht sich in Abhängigkeit von der Gesamtmasse des Sterns die Dichte des C/O-Kerns auf Werte zwischen 10^8 kg/m^3 und 10^{11} kg/m^3, was zur Elektronenentartung führt. Dessen Massenzunahme aufgrund des Heliumschalenbrennens lässt ihn kontrahieren, wobei aber die dabei frei werdende potentielle Gravitationsenergie zu einem wesentlichen Teil durch Plasmaneutrinos abgeführt wird („Neutrinokühlung" des Sternkerns). Da sie bevorzugt im dichtesten Teil des C/O-Kerns entstehen, d. h. im Zentralbereich, führt das dazu, dass die Zone der höchsten Kerntemperatur nicht mit dem Sternzentrum zusammenfällt, sondern eine Kugelschale bildet, die mit steigender Kerndichte kontuinuierlich radial nach außen wandert. Die genannte „Neutrinokühlung" verhindert außerdem bei Sternen unterhalb einer Gesamtmasse von etwa 7 $M_\odot$, dass im C/O-Kern die für das Kohlenstoffbrennen notwendigen Bedingungen eintreten. Genau genommen wird in dem Fall, wo das Kohlenstoffbrennen im entarteten C/O-Kern doch zündet, die daraus resultierende Leistungsexkursion durch die Bildung von Neutrinos überkompensiert, sodass sie quasi sofort wieder gedrosselt wird. Trotzdem wird sukzessive der Kohlenstoff in Neon umgewandelt, und aus dem AGB-Stern ($7M_\odot < M^* \leq 10 M_\odot$) wird jetzt ein Super-AGB-Stern, dessen Kern sich zu einem O/Ne-Kern entwickelt. Hier bleibt schließlich ein *O/Ne white dwarf* übrig, denn in dem genannten Massenbereich erreichen die Kerntemperaturen nicht die Werte, die ein Neonbrennen ermöglichen würden.

Die Grenzmasse, ab der die Neutrinokühlung nicht mehr genügend groß ist, um die durch Kontraktion des Sterns bzw. durch Kohlenstoffbrennen freigesetzte Energie aus dem Sternkern abzuführen, liegt bei $\approx 1{,}4 M_\odot$. Das entspricht einer Gesamtmasse des AGB-Sterns von ca. 8 bis 9 $M_\odot$. In diesem Fall erwartet man analog zum „Heliumflash" einen „Carbonflash", der dann so energiereich ist, dass er durch die Sternhülle eine Kompressionswelle schickt, die den ganzen Stern auseinandertreibt und bei dem der gesamte Sternkern zerstört wird (Kippenhahn und Weigert 1990). Ob dieser Vorgang im Kosmos wirklich stattfindet, ist jedoch noch unklar. Untersuchungen an jungen offenen Sternhaufen, die bereits Weiße Zwerge als Mitglieder besitzen, deuten eher darauf hin, dass der mit der AGB-Phase verbundene enorme Massenverlust dazu führt, dass die Sternhülle schneller erodiert ist, als dass der entartete C/O-Kern seine kritische Masse von $\approx 1{,}4 M_\odot$ erreicht. Das bedeutet, dass der entartete C/O-Kern während der gesamten AGB- und post-

6.3 Hauptreihen- und Nach-Hauptreihenentwicklung

AGB-Phase erhalten bleibt, sodass Sterne im intermediären Massenbereich ihren Endzustand immer als Weiße Zwerge vom C/O-Typ bzw. O/Ne-Typ erreichen.

Doch nun zurück zur E-AGB-Phase. Während dieser Entwicklungsphase wandert die heliumbrennende Schale schnell radial nach außen, bis sie die an Helium verarmte Übergangsregion zur ehemals wasserstoffbrennenden Schale erreicht. Dann geht ihre Energiefreisetzungsrate mangels „Brennstoff" rapide zurück, was den Sternkern kontrahieren lässt, bis die erneut gezündete Wasserstoffbrennschale den Energiebedarf des Sterns wieder ganz allein decken kann. Mit dem temporären Erlöschen der Heliumbrennschale ist die frühe AGB-Phase quasi beendet und der Stern geht in die *thermally pulsing phase* (AP-AGB stars) über. Sie beginnt damit, dass sich das beim Wasserstoffbrennen gebildete Helium in einer den entarteten C/O-Kern umgebenden Schale ansammelt, wo es mit steigender Masse komprimiert und erhitzt wird. Erreicht diese He-Schale eine bestimmte, von der Masse des C/O-Kerns abhängige Größe, dann kommt es zur explosionsartigen Zündung des Heliumbrennens in Form eines sich selbst verstärkenden Prozesses, der aber aufgrund der hier nicht vorhandenen oder nur gering ausgeprägten Elektronenentartung nicht das Ausmaß eines „Kern-Helium-Flashs" erreicht. Im Maximum liegt im Fall einer derartigen „He-Schaleninstabilität" (He-shell flash) die in der dünnen Heliumschicht kurzzeitig erzielte Strahlungsleistung bei etwa 10^7 bis 10^8 $L_\odot$ (im Vergleich zu ca. 10^{11} $L_\odot$ bei einem Heliumflash). Die bei diesem explosionsartigen Zünden freigesetzte Energie wird einerseitsl zur weiteren Erhitzung der He-Brennschale (was primär die Leistungsexkursion verursacht) und andererseits zur Expansion verbraucht. Dieser Vorgang, der einige Jahre anhält, führt dazu, dass die wasserstoffbrennende Schale radial nach außen und damit in kühlere Bereiche geschoben wird, wo sie schließlich temporär erlischt. Damit beginnt ein Zyklus, wie er bereits in Abschn. 6.3.2 im Fall der Sonne beschrieben wurde. Die Heliumbrennschale produziert so lange Kohlenstoff und Sauerstoff, bis die He-Konzentration in der Zwischenschale nach einigen Hundert Jahren so weit abgenommen hat, dass die Energieerzeugungsrate sinkt und sich dadurch bedingt die äußere Konvektionszone unter Umständen bis in den Bereich der Zwischenschale ausbreiten kann, wobei wasserstoffreiches Hüllenmaterial mit dem kohlenstoffreichen Material der heliumbrennenden Zwischenschale gemischt wird *(third dredge-up)*. Dabei wird auch Kohlenstoff in die Sternatmosphäre verfrachtet, wo er kondensieren und durch Sternwinde in den interstellaren Raum verfrachtet werden kann. Auf jeden Fall wird jedoch die Wasserstoffbrennzone wieder belebt, indem sie – nach dem endgültigen Erlöschen des Heliumbrennens – erneut zündet und einen vergleichsweise langen Zeitraum stabilen Wasserstoffschalenbrennens einleitet. Während dieser Zeit füllt sich langsam die Zwischenschale wieder mit Helium, bis irgendwann wieder die kritische Masse für das Zünden des Triple-Alpha-Prozesses erreicht ist und eine weitere He-Schaleninstabilität den stabilen Zustand des Wasserstoffschalenbrennens beendet, wodurch der Zyklus von Neuem beginnt. Dieser Zyklus kann sich je nach Sternmasse x-mal wiederholen. Ein Stern mit einer Masse von 5 $M_\odot$ „erleidet" nach einem Modell von T. Blöcker beispielsweise neun derartige thermische Impulse (Blöcker 1995). Die konkrete Anzahl von thermischen Pulsen, die in der TP-AGB-Phase auftreten, hängt dabei entscheidend vom Massenverlust des Sterns innerhalb der AGB-Phase ab, der sich modellmäßig nicht einfach darstellen lässt.

Die genaue Dauer des Zeitraums zwischen jeweils zwei thermischen Pulsen ist massenabhängig und liegt bei AGB-Sternen mit einem C/O-Kern im Bereich von $\approx 0{,}5\ M_\odot$ bei einigen 10^4 Jahren und bei AGB-Sternen mit deutlich höherer Kernmasse bei ca. 1000 (und weniger) Jahren. Dabei nimmt die Impulsamplitude mit der Impulsnummer stetig zu und ist ab einer bestimmten Periodenzahl jedes Mal mit einem tiefen *third dredge-up*-Ereignis verbunden (dabei gilt: je stärker der thermische Puls, umso tiefer kann der konvektive Bereich in den Kernbereich des Sterns vorstoßen). Auf diese Weise gelangt immer mehr Kohlenstoff in die Sternatmosphäre und der AGB-Stern wird nach einigen *dredge-up*-Ereignissen zu einem klassischen Kohlenstoffstern *(carbon red giant)*.

Die thermischen Pulse sind auch immer mit Episoden starken Neutronenflusses verbunden, wodurch s-Prozess-Nukleosynthese möglich wird (s. Abschn. 5.3.5.2). Hier ist besonders die Reaktion $^{22}_{10}Ne\left(^{4}_{2}He,n\right)^{25}_{12}Mg$ zu nennen, die während einer He-Schaleninstabilität, d. h. wenn die Temperatur auf mehr als $3{,}5 \cdot 10^8$ K ansteigt, einen großen Neutronenfluss bewirkt, in dessen Zuge wiederum Elemente wie Zirkonium, Strontium und Barium (um nur drei Beispiele für typische s-Prozesselemente zu nennen) entstehen. Sie gelangen durch die mit den thermischen Pulsen verbundenen *dredge-up*-Prozessen in die Sternatmosphären und von dort schließlich in den interstellaren Raum. Spektroskopisch ließen sich die eben als Beispiele genannten Elemente alle in AGB-Sternen nachweisen.

Ein weiterer Effekt, der bei AGB-Sternen mit einer Masse von mehr als 6 $M_\odot$ auftritt, bezeichnet man in der Sternphysik als *hot-bottom burning* (Sugimoto 1971). Darunter versteht man den Umstand, dass in der Zeit zwischen zwei thermischen Impulsen die Temperaturen an der Untergrenze der konvektiven Hülle so groß werden, dass Wasserstoffbrennen stattfinden kann. Der CNO-Zyklus bekommt dadurch kontinuierlich „frisches" Hüllenmaterial geliefert, was einmal Einfluss auf die Leuchtkraft hat und zum anderen der Brennzone Kohlenstoff aus tieferen Schichten zuführt, der dann, wie im Abschn. 5.3.2.2 beschrieben, in Stickstoff umgewandelt wird. Dazu sind Temperaturen oberhalb von $6{,}5 \cdot 10^7$ K notwendig. Bei Temperaturen oberhalb von $8 \cdot 10^7$ K wird auch die Umwandlung von $^{16}_{8}O$ in $^{16}_{7}N$ möglich – zumindest wenn die Metallizität der Sternmaterie nicht allzu hoch ist. Dieser hier nur kurz beschriebene Prozess kann übrigens verhindern, dass ein AGB-Stern zu einem Kohlenstoffstern wird. Außerdem macht er diese Sterne zu sehr effektiven Stickstofferzeugern. wobei der Stickstoff per Konvektion gleich mit der Hüllenmaterie gemischt wird und so in die Sternatmosphäre gelangen kann. Weiterhin kann das *hot-bottom burning* zu einer Anreicherung der Sternatmosphäre mit Lithium führen. Denn ab Temperaturen oberhalb von $4 \cdot 10^7$ K führt der Cameron-Fowler-Mechanismus $^{3}_{2}He\left(^{4}_{2}He,\gamma\right)^{7}_{4}Be\left(e^-,\nu\right)^{7}_{3}Li$ sehr effektiv zu einer Anreicherung der Sternmaterie mit Lithium. Das produzierte $^{7}_{4}Be$ wandelt sich dabei, nachdem es durch Konvektionsströme aus dem Reaktionsgebiet in kühlere Bereiche der Sternhülle abtransportiert wurde, durch Elektroneneinfang in Lithium um. Dort mischt es sich mit der Materie der Sternhülle, wobei sich mit der Zeit ein Gleichgewicht zwischen neu entstandenem und in die Brennzone zurücktransportiertem und dort wieder zerstörtem Lithium einstellt. Diese Gleichgewichtskonzentration ist dann auch in der Sternatmosphäre zu erwarten. Der hier beschriebene Transport von Lithium zur Sternoberfläche ist deshalb möglich, weil der Temperaturbereich in der unteren Sternhülle, in dem $^{7}_{4}Be$ durch die Reaktion

$$^{7}_{4}Be + p \rightarrow 2\,^{4}_{2}He$$

zerstört werden kann ($2 \cdot 10^7 < T < 8 \cdot 10^7$ K), schnell „durchströmt" wird, sodass die Konvektionszeitskala die Zeitskala der Lithiumzerstörung übersteigt.

In der TP-Phase der AGB-Entwicklung erfolgt die Li-Produktion natürlich immer nur schubweise, weil a) ein Teil davon während eines thermischen Impulses zerstört wird und b) es in der Pausenphase erst einmal eine gewisse Zeit braucht, bis das *hot bottom burning* wieder richtig einsetzt und neues Lithium produziert. Dieser Vorgang lässt sich erfolgreich in entsprechenden Sternmodellen simulieren, wobei die Simulationsergebnisse recht gut die Li-Anomalien in leuchtkraftstarken langperiodisch veränderlichen Sternen im AGB-Ast des HRD widerspiegeln. Bei derartigen *superrich lithium giants* ist die Lithiumhäufigkeit zum Teil bis zu drei Größenordnungen höher als bei Sternen mit einer solaren Zusammensetzung – ein empirisch gesichertes Faktum, das sich anders als durch den eben beschriebenen Mechanismus kaum erklären lässt.

Die AGB-Phase ist die (nichtexplosive) Phase im Leben eines Sterns, in der er die meiste Masse durch intensive Sternwinde und bei radialen Pulsationen verliert. „Optisch" wird dieser Vorgang in Form der „Planetarischen Nebel" sichtbar, die für kurze Zeit (d. h. für lediglich einige 10^4 Jahre) das Ende der AGB-Phase von Sternen mit einer Ausgangsmasse zwischen ungefähr 1 und 8 Sonnenmassen markieren. Dabei spielen insbesondere „staubgetriebene Sternwinde" eine wichtige Rolle, denn gerade AGB-Sterne besitzen oft ausgedehnte und optisch dicke Staubhüllen (man denke nur an die OH/IR-Sterne, die aufgrund der starken Extinktionswirkung ihrer Staubhüllen nur im IR- und Mikrowellenbereich beobachtbar sind).

Entstehung von Staub in kühlen Sternatmosphären
Auf die theoretische Möglichkeit, dass sich in kühlen Hüllen von Riesensternen „Staub" bilden kann, haben zum ersten Mal Fred Hoyle und N. C. Wickramasinghe im Jahre 1962 hingewiesen (Hoyle und Wickramasinghe 1962). Dazu ist es notwendig, dass die Temperatur der äußeren Schichten der Sternatmosphäre zwischen 3500 K und 2000 K (oder darunter) liegt, damit es zur Keimbildung und zum Keimwachstum von Festkörperpartikeln direkt aus der Gasphase heraus kommen kann. Und genau solche Bedingungen sind u. a. in den äußeren Hüllen von AGB-Sternen erfüllt. Hauptreihensterne (massearme Rote Zwerge hoher Metallizität ausgenommen) sind im Gegensatz dazu zur Staubbildung nicht in der Lage. Welche Art von „Staub" in den genannten Hüllen entsteht, hängt dabei entscheidend davon ab, ob sie entweder reich an Kohlenstoff (d. h. C/O>1) oder reich an Sauerstoff (C/O<1) sind. Im ersten Fall werden hauptsächlich Karbide bzw. Gra-

phit- und Rußpartikel entstehen, während man im zweiten Fall eher Silikate als Kondensationsprodukte erwarten kann.

Primäre Staubbildung erfolgt immer durch direkte Kondensation aus der Gasphase heraus, sobald die Temperatur unter die Kondensationstemperatur gefallen und im Gas eine Sättigung des entsprechenden Stoffs eingetreten ist. Physikalisch lassen sich zwei Arten von „Kondensation" unterscheiden, die man einmal als „inhomogene Kondensation" (bei der ein Kondensationskern vorhanden sein muss) und zum anderen als „homogene Kondensation" bezeichnet. Der Staub in kühlen Sternatmosphären entsteht immer durch homogene Kondensation, bei der im stellaren Gas direkt Festkörperpartikel entstehen – ein Vorgang, den man „Keimbildung" (engl. *nucleation*) nennt. Es handelt sich dabei um einen thermodynamisch eher gehemmten Vorgang, bei dem sich eine genügend große Anzahl von Atomen zur Clusterbildung zusammenfinden müssen. Das ist nur unter der Bedingung eines mit den entsprechenden Stoffen übersättigten Gases und ausreichend tiefer Temperatur möglich. Ist aber erst einmal ein derartiger Cluster entstanden, dann kann er durch Aufsammeln weiterer Atome oder Moleküle zu Nanopartikeln anwachsen, in denen sich dann die Atome chemisch verbinden. Diese Art von Wachstum wird aber erst dann zu einem selbstablaufenden Prozess, wenn der Cluster eine bestimmte kritische Größe überschreitet. Erreichen die Partikel diese Größe nicht, dann werden sie sich im umgebenden Gas wieder auflösen. Weiterhin benötigt der Wachstumsprozess natürlich eine gewisse Zeit, in der sich die Umgebungsbedingungen nicht zu stark ändern dürfen. Das bedeutet, dass die Staubbildung in expandierenden Sternhüllen und in Sternwinden durch deren Zeitskalen eingeschränkt ist. Das ist auch leicht zu verstehen, da beispielsweise eine gleichmäßige radiale Expansion einer Sternhülle deren Teilchenzahldichte offensichtlich entsprechend $n \sim r^{-2}$ verringert. So sollte sich außerhalb der Photosphäre eines AGB-Riesensterns eine Zone mit relativ hohen Teilchenzahldichten ($n \approx 10^{19} \mathrm{m}^{-3}$) und Temperaturen ausbilden, die der Kondensationstemperatur diverser (mineralischer) Festkörper entsprechen und in der eine schnelle Staubbildung möglich wird. Und das insbesondere auch deshalb, weil beispielsweise radiale Pulsationen, vom Stern ausgehende Schallwellen (die unter Umständen zu Stoßwellen anwachsen können) und andere, mehr lokale Instabilitäten die Überwindung der thermodynamischen Barriere der Nukleation befördern. Insbesondere Pulsationen können dabei mehr oder weniger zyklische Phasen vermehrter Staubbildung triggern.

Der primäre Staub ist aufgrund der zufälligen Art der Agglomeration amorph und chemisch oft nicht abgesättigt, sodass erst ein nachträgliches *processing* in Form einer Erhitzung ihm schließlich eine kristalline bzw. polykristalline Struktur gibt. Dies muss aber nicht unbedingt im primären Staubentstehungsgebiet selbst passieren, sondern kann auch im weiteren zirkumstellaren Umfeld oder direkt im interstellaren Raum geschehen.

6.3 Hauptreihen- und Nach-Hauptreihenentwicklung

Als Beispiel soll nun kurz auf die Staubbildung speziell in Kohlenstoffsternen eingegangen werden, in deren Sternatmosphäre durch *dredge-up*-Ereignisse in der TP-AGB-Phase Kohlenstoff eingetragen wurde und in denen der Kohlenstoff gegenüber Sauerstoff überwiegt (d. h. $C/O > 1$). In deren äußerer Hülle dominieren bei Temperaturen zwischen 2500 K und 1500 K Kohlenstoffmonomere wie $C_n (n = 1, 2, 3)$, C_2H_2 und CH_4, wobei Ethin wahrscheinlich am häufigsten vorkommt. Kohlenstoff kann bekanntlich – wie eine Anzahl anderer Stoffe (z. B. Schwefel) – in mehreren allotropen Modifikationen existieren. Die amorphe Form kommt dabei als Ruß, die einfachste kristalline Form dagegen als Graphit vor. Daneben sind noch Mikrodiamanten und die Fullerene von einer gewissen astrophysikalischen Bedeutung. In Verbindung mit Wasserstoff bildet Kohlenstoff eine Vielzahl von polymeren Molekülen, wobei insbesondere die hexagonalen Ringmoleküle (Aromate) in Form von PAHs (polyzyklische aromatische Kohlenwasserstoffe) in diesem Zusammenhang eine durchaus bedeutsame Rolle spielen. Sie entstehen in Sternwinden durch Aufbrechen von Ethinmolekülen durch Stöße und anschließendes Rearrangieren der dabei entstehenden Phenylradikale zu Benzolringen. Letztere können sich dann wiederum zu planaren Polymeren verknüpfen, welche die Tendenz haben, sich zu übereinanderliegenden Schichtstrukturen zu verbinden. Am Ende entstehen ruß- und graphitähnliche Partikel, die durch den Strahlungsdruck des Sterns in den interstellaren Raum verfrachtet werden.

Eine weitere Möglichkeit besteht im direkten Auskondensieren von amorphem Kohlenstoff aus der Gasphase. Auch in diesem Fall können aus C - und C_2-Monomeren Ringcluster entstehen, die sich zu lockeren amorphen Kohlenstoff- und Graphitpartikeln (und wahrscheinlich auch zu Fullerenen) entwickeln. Kohlenstoffatome können sich auch mit Metallatomen zu Karbiden und mit Schwefel zu Sulfiden verbinden. Einige Forscher vermuten sogar, dass beispielsweise SiC-Cluster unter gewissen Bedingungen in Form von Kondensationskeimen Ausgangspunkt für eine inhomogene Nukleation von Kohlenstoffstaubpartikel sind (Frenklach et al. 1989).

Wie der Name schon sagt, hat diese Art von Masseabfluss etwas mit der Präsenz von Festkörperpartikeln („Staub") in den kühlen Atmosphären von AGB-Sternen zu tun. Aus ihrer Bildung in kühlen Sternhüllen ergibt sich folgender Mechanismus für einen „staubgetriebenen Sternwind":

- Staubteilchen absorbieren Strahlung, wodurch sie sich aufheizen und im Gleichgewichtsfall diese Strahlung in Form von IR-Strahlung wieder isotrop abstrahlen.
- Elektromagnetische Strahlung ist in der Lage, auf Körper (Staubteilchen) Impuls zu übertragen, d. h. einen „Strahlungsdruck" zu entwickeln.

- Bei der Absorption von Photonen durch ein Staubteilchen wird deren Impuls auf das Staubteilchen übertragen, wodurch eine Impulskomponente entgegengesetzt der Gravitationskraft entsteht. Überwiegt die daraus resultierende Kraft die Gravitationsanziehung, wird das Staubteilchen vom Strahlungsdruck vom Stern weg beschleunigt.
- Zusammenstöße zwischen den Staubteilchen mit dem Gas, in dem sie eingebettet sind, bewirken auch die Beschleunigung des Gases. Auf diese Weise entsteht eine radiale, vom Stern weggerichtete Strömung aus Gas und Staub („Sternwind").
- Die Staubteilchen erfahren so lange eine Beschleunigung, bis das Strahlungsfeld wegen seiner $1/r^2$ -Abhängigkeit soweit ausgedünnt ist, dass kein effektiver, für die Beschleunigung der Staubteilchen notwendiger Impulstransport mehr möglich ist. Das bedeutet, dass in einer Entfernung von einigen Sternradien die Abströmgeschwindigkeit schließlich einen konstanten Wert annimmt, der bei etwa 12 km/s liegt.

Der hier nur kurz beschriebene Vorgang funktioniert natürlich nur dann einigermaßen effektiv, wenn die zur Staubbildung neigenden Stoffe auch in den Sternatmosphären in der dazu notwendigen Konzentration vorhanden sind. Und das ist in kohlenstoffreichen Atmosphären eher erfüllt als in Atmosphären, in denen das Kohlenstoff-Sauerstoff-Verhältnis C/O < 1 ist. AGB-Sterne, bei denen das der Fall ist, benötigen auch eine kritische Leuchtkraft, damit es überhaupt zur Staubbildung kommt. Wie viel Staub entsteht, hängt demnach auch vom momentanen Strahlungsfeld am Ort der Staubentstehung (insbesondere von dessen UV-Anteil) und in einem nicht unwesentlichen Ausmaß von der Dynamik der Sternpulsationen selbst ab. Je ausgedehnter die Pulsationen sind, desto besser die Bedingungen zur Nukleation von Staubpartikeln. Hier ergibt sich zugleich ein Zusammenhang zu den sogenannten „pulsationsgetriebenen Sternwinden", über die noch zu sprechen sein wird.

Modellrechnungen für AGB-Sterne, die auf reinen staubgetriebenen Sternwinden beruhen, ergeben eine Massenverlustrate von etwa 10^{-7} $M_\odot$/a, was von der Größenordnung her durchaus mit den Erwartungen übereinstimmt (die Sonne verliert – zum Vergleich – gegenwärtig 10^{-14} $M_\odot$ pro Jahr). Allein reicht sie jedoch nicht aus, um den gesamten Masseverlust in der AGB-Phase und der post-AGB-Phase zu erklären. Es müssen deshalb noch weitere Mechanismen existieren, um die aus den Beobachtungen folgenden Masseverlustraten adäquat reproduzieren zu können. Hier bieten sich langperiodische radiale Pulsationen als Erklärungsmodell an. Denn viele AGB-Sterne sind oftmals veränderliche Sterne (z. B. Mira-Sterne, bis $\approx 3 M_\odot$), deren Lichtwechsel durch Pulsationen mit Perioden zwischen etwa 80 Tagen und 1000 Tagen hervorgerufen wird. Diese Pulsationen wiederum regen in den ausgedehnten Hüllen Stoßwellen an, welche in der Lage sind, das gravitativ nur locker gebundene Hüllenmaterial nach außen zu beschleunigen. Dabei kann ab einem gewissen Abstand die radiale Geschwindigkeitskomponente des nach außen strömenden Gases durchaus die Entweichgeschwindigkeit erreichen, was dann zwangsläufig zum Abfluss der Materie in den kosmischen Raum führt.

Dieser Prozess wird noch dadurch verstärkt, dass gerade Stoßwellen die Bildung von Staub in der äußeren Sternhülle begünstigen. Und genau dieser Staub ist wiederum in der Lage, und zwar, wie bereits erläutert, in Wechselwirkung mit der Strahlung des Sterns (Strahlungsdruck), einen staubgetriebenen Sternwind zu erzeugen. Berücksichtigt man beide Mechanismen in einem entsprechenden hydrodynamischen Sternmodell, dann ergeben sich Massenverlustraten im Bereich zwischen $10^{-7} M_\odot / a$ bis maximal $10^{-4} M_\odot / a$. Derartige „Sternwinde" bezeichnet man als „pulsationsgetriebene Winde".

In diesem Zusammenhang sei noch an die in Abschn. 4.4.3 eingeführte Eddington-Leuchtkraft L_{Edd} erinnert. Sie kann formal unter Verwendung des auf die Masse bezogenen mittleren Absorptionskoeffizienten $\bar{\kappa}$ folgendermaßen definiert werden:

$$L_{Edd} = \frac{4\pi c G M^*}{\bar{\kappa}} \quad (6.48)$$

Wird sie innerhalb einer Sternatmosphäre erreicht (z. B. aufgrund der Kontinuumsabsorption von eingelagerten Staubpartikeln), dann führt der Strahlungsdruck zu einer Ausströmung, d. h., ab diesem Moment sind die Teilchen nicht mehr gravitativ an den Stern gebunden.

Derartige staub- und pulsationsgetriebenen Sternwinde, werden, wenn sie in der Spitze Masseverlustraten von $10^{-7} M_\odot / a$ erreichen, häufig als „Superwinde" bezeichnet. Sie sind typisch für die kurzen Episoden thermischer Pulse und erodieren sehr schnell die Hüllen von TP-AGB-Sternen. Ihre Wirkung kann man übrigens sehr schön in dem schalenartigen Aufbau mancher Planetarischer Nebel (z. B. des Ringnebels M57) beobachten. Ihr Auftreten leitet quasi das Ende der AGB-Phase von Riesensternen ein, indem die Masse der Sternhülle rapide abnimmt. Erreicht sie schließlich in Abhängigkeit der Masse des C/O-Kerns nur noch einen Wert zwischen $10^{-2} - 10^{-3} M_\odot$, dann beginnt sich die Hülle zusammenzuziehen und der Stern verlässt den asymptotischen Riesenast – d. h., er tritt in die post-AGB-Phase ein, an deren Ende als Endzustand ein Weißer Zwergstern steht, der hauptsächlich aus Kohlenstoff und Sauerstoff oder aus Sauerstoff und Neon aufgebaut ist. Dieser Übergang ist mit dem kurzzeitigen „Aufleuchten" eines Planetarischen Nebels verbunden, der bereits zuvor aus dem Material, welches die Sternwinde in den interstellaren Raum transportiert haben, entstanden ist.

Betrachtet man den Entwicklungsweg im HRD, dann erkennt man, dass sich die Leuchtkraft auf hohem Niveau stabilisiert und im Laufe der Zeit der Stern, was seine effektive Temperatur betrifft, immer heißer wird. Der Grund dafür liegt darin, dass die Wasserstoffschalenquelle nun sehr stabil arbeitet und kontinuierlich Wasserstoff in Helium umwandelt und der Stern weiterhin ziemlich gleichmäßig durch den Sternwind an Masse verliert. Im Gegensatz zur TP-AGB-Phase besteht nun wieder eine feste Beziehung zwischen der Masse des Sternkerns und seiner Leuchtkraft (Stichwort *core mass-luminosity relation*), wobei der Massenverlust zu einer steigenden effektiven Temperatur bei annähernd gleichbleibender Leuchtkraft führt. Erreicht T_{eff} einen Wert von ≈ 30.000 K (wie er für OB-Hauptreihensternen typisch ist), dann führt die intensive UV-Strahlung zur Auflösung der Staubhülle um den Stern und die Strahlung kann das den Stern umgebende dünne Gas ionisieren, welches dann im Licht diverser Rekombinationslinien (z. B. Wasserstoff) und in einer Vielzahl verbotener Linien zu leuchten beginnt. Es beginnt die kurze Phase (einige 10.000 Jahre), in der um den post-AGB-Stern ein Planetarischer Nebel erstrahlt. Seine Struktur gibt Zeugnis ab vom intensiven Masseverlust insbesondere während der TP-AGB-Phase, wo ganze Schalen von Sternmaterie in den interstellaren Raum abgestoßen wurden.

Die post-AGB-Phase dauert ungefähr 10^4 Jahre. Dann ist die Masse der Sternhülle unter den kritischen Wert von $\approx 10^{-5} M_\odot$ gefallen und die Wasserstoffschalenquelle erlischt endgültig. Unter Umständen kann es zuvor noch zu einem finalen thermischen Puls kommen, welcher die Resthülle des Sterns absprengt. Übrig bleibt lediglich der Sternkern, der nun als Weißer Zwerg das Endstadium von Sternen bis $\approx 8 M_\odot$ Ausgangsmasse erreicht hat. Dessen hydrostatische Stabilität wird nur noch durch das entartete Elektronengas sichergestellt, weshalb sich auch mit fortschreitender Abkühlung (und der damit verbundenen schwindenden Leuchtkraft) der Sternradius nicht mehr verändert. Im HRD wandert nun der Stern steil nach unten in das Gebiet der Weißen Zwerge.

Planetarische Nebel

Aus heutiger Sicht erscheint die Bezeichnung „Planetarischer Nebel" für die leuchtenden Überreste der Hüllenerosion von AGB-Sternen als etwas unglücklich gewählt, denn mit „Planeten" haben sie wirklich nichts zu tun. Der Begriff erschließt sich jedoch aus dem historischen Kontext, in dem er geprägt wurde. Sie erscheinen nämlich oftmals als kleine, mehr oder weniger runde Scheibchen im Fernrohr – ähnlich wie z. B. der bläulich-grün leuchtende Planet Uranus, der im Jahre 1781 von Wilhelm Herschel entdeckt wurde. Genau dieser Umstand hat Herschel auch veranlasst, kleine und von der Form her oftmals runde Nebelfleckchen als „Planetarische Nebel" zu bezeichnen. Ihre wahre Pracht und Formenvielfalt offenbaren sie jedoch erst auf hochaufgelösten Aufnahmen mit irdischen Riesenteleskopen oder dem Hubble-Weltraumteleskop. Dabei sind Planetarische Nebel – gemessen an der kosmischen Zeitskala – nur extrem kurzlebige Objekte, die sich schnell (d. h. innerhalb weniger 10.000 Jahre) im interstellaren Raum zerstreuen. Das ist auch ein Grund dafür, dass sie – verglichen mit den Sternen – recht selten sind. Bis heute hat man in unserer Milchstraße ca. 3.000 von ihnen katalogisiert, wobei man ihre Gesamtzahl auf etwa 10.000 schätzt. Sie verteilen sich dabei recht gleichmäßig über die galaktische Scheibe, wobei aber eine deutliche Konzentration zum galaktischen Zentrum hin auszumachen ist.

Zu bemerken ist noch, dass begrifflich häufig auch die „Reste" von Nova- und Supernovaausbrüchen als „Planetarische Nebel" bezeichnet werden – man denke hier nur an den „Krebsnebel" M1 im Sternbild Stier (Taurus). Um diese soll es an dieser Stelle jedoch nicht gehen, da sie zwar vielleicht phänomenologisch den hier behandelten durchaus nahestehen mögen, ihre Entstehung jedoch ganz anderen physikalischen Mechanismen verdanken.

Der erste „Planetarische Nebel" wurde im Jahre 1764 von Charles Messier (1730–1817) entdeckt und als 27. Objekt (M27) in seinen Nebelkatalog aufgenommen. Im Fernrohr erscheint er nicht ganz rund, sondern mit einer mittigen Einschnürung, weshalb er von Wilhelm Herschel auch „Hantelnebel" *(dumbbell nebula)* genannt wurde – eine Objektbezeichnung, die jedem Amateurastronomen ein Begriff ist. 1779 fand dann der französische Astronom Antoine Darquier (1718–1802) einen „sehr trüben Nebel, aber mit perfektem Umriss; er ist so groß wie Jupiter und sieht aus wie ein verblassender Planet". Dieser „trübe" Nebel ist der bekannte Ringnebel M57 im Sternbild Leier. Er gilt seiner Form nach und mit seinem schwachen, bläulich-weiß leuchtenden Zentralstern (der visuell erst in größeren Amateurteleskopen sichtbar wird) quasi als ein Prototyp eines Planetarischen Nebels. Mit einem scheinbaren Winkeldurchmesser von ungefähr einer Bogenminute gehört er zu den „größeren" Objekten dieser Art. Die meisten Planetarischen Nebel erscheinen am Himmel dagegen meist nur wenige Bogensekunden groß und verraten sich eher durch ihr außergewöhnliches Emissionslinienspektrum (s. Tab. 6.7).

Insgesamt betrachtet zeigen Planetarische Nebel eine große Formenvielfalt. Viele sind scheiben- oder ringförmig, andere wiederum erscheinen von der Struktur her eher elliptisch, und manche haben ein ziemlich unregelmäßiges Aussehen, das oftmals nicht einfach zu interpretieren ist. Mittlerweile gibt es jedoch ein allgemein anerkanntes Klassifikationsschema, das etwas Systematik in die Morphologie planetarer Nebel bringt (Manchado et al. 1997). Das ist eine Voraussetzung dafür, die Mechanismen zu erklären, die zu der beobachteten Formenvielfalt führen. In diesem Zusammenhang ist jedoch zu beachten, dass die meisten Planetarischen Nebel nur wenige Bogensekunden groß sind, sodass sich ihre wahre Gestalt und Struktur meist erst auf Aufnahmen mit Riesenteleskopen, unter Ausnutzung adaptiver Optiken und auf Aufnahmen mit dem Hubble-Weltraumteleskop offenbart (s. Abb. 6.19).

Planetarische Nebel (PN) sind das Ergebnis starker Sternwinde, die Sterne mit einer Ausgangsmasse zwischen etwa 1 $M_\odot$ und ungefähr 8 $M_\odot$ am Ende ihrer Existenz als Riesenstern entwickeln. Die Materie, die diese Sternwinde in den interstellaren Raum entweder mehr oder weniger kontinuierlich oder in Form abgestoßener Sternhüllen transportiert haben, beginnt erst dann selbst zu leuchten, wenn der Ursprungsstern so weit erodiert ist, dass sein heißer Kernbereich quasi freiliegt. Zuvor – in einer kurzen Übergangsphase als „Proto-Planetary Nebulae" (PPN) – erscheint der Nebel als Reflektionsnebel mit einem kontinuierlichen Spektrum. Die ersten Objekte dieser Art wurden erst Anfang der 1980er-Jahre entdeckt bzw. identifiziert.

Tab. 6.7 Daten einiger Planetarischer Nebel. (Daten aus verschiedenen Quellen)

Name [NGC]	Z-Stern Helligkeit [m]	Z-Stern Spektraltyp	Entfernung [Lj]	Winkeldurchmesser	Durchmesser [Lj]	Expansionsgeschwindigkeit [km/s]	Eigenname
40	11,65	WC8	3500	0,6' × 0,4'	0,6	29	
246	11,95	OV1	2055	4' × 3,5'	2	38	
2392	10,43	O7f	2870	0,9' × 0,9'	0,7	54	Eskimonebel
2440	17,7		4000	1,32' × 1.32'	1,1	23	
6210	12,90	O3	6500	0,5' × 0,47'	0,5	21	Schildkrötennebel
6543	20	O7+WR	3000	6,4' × 0,3'	0,6	20	Katzenaugennebel
6572	13,6	Of+WR	2500	0,6' × 0,41'	0,4	16	
6720	15,00	cont	2300	1,4' × 1'	1,3	30	Ringnebel
7027	19,4		3000	0,3' × 0,2'	0,2	18	
7293	13,43		650	16' × 28'	5,6	14	Helix-Nebel
7662	13,3	cont	5600	0,99' × 0,71'	0,8	26	Blauer Schneeball

Bei den nach der Hüllenerosion quasi freiliegenden Sternkernen handelt es sich vom Spektrum her um Sterne vom Spektraltyp O (s. Abschn. 2.4.4.1) bzw. um Wolf-Rayet-Sterne (s. Abschn. 2.4.4.9). Dabei besitzen die O-Sterne, die Zentralsterne Planetarischer Nebel sind, eine deutlich geringere Leuchtkraft als O-Sterne gleicher Temperatur, die den oberen Bereich der Hauptreihe bevölkern. Entwicklungsgeschichtlich handelt es sich bei ihnen um post-AGB-Sterne auf ihrem Abstieg in den Bereich der Weißen Zwerge im HRD, die einen großen Teil ihres Lichtes im kurzwelligen UV-Bereich (hauptsächlich im Bereich des Lyman-Kontinuums) emittieren. Genau diese Strahlung ist es, die die Planetarischen Nebel zum Leuchten anregt (sie werden quasi zu einer H-II-Region). Denn sie ist genügend energiereich, um dass Wasserstoffgas, aus dem sie hauptsächlich bestehen, zu ionisieren, wobei durch anschließende Rekombination insbesondere die Balmer-Linien im Spektrum in Emission erscheinen. Man kann sich also einen Planetarischen Nebel als ein „Objekt" vorstellen, das die unsichtbare UV-Strahlung seines heißen

6.3 Hauptreihen- und Nach-Hauptreihenentwicklung

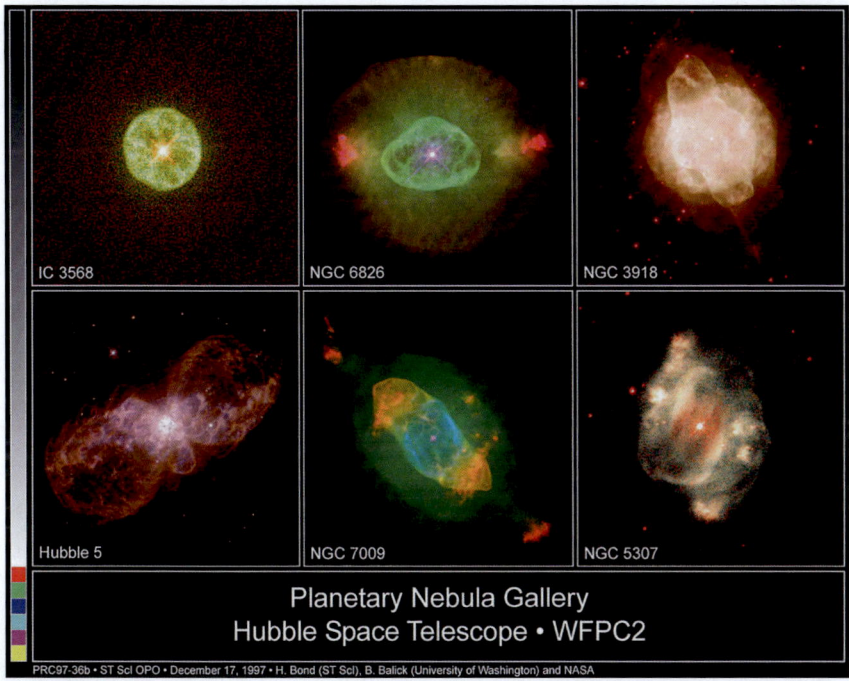

Abb. 6.19 Beispiele für Planetarische Nebel, fotografiert mit dem Hubble-Teleskop (Nasa)

Zentralsterns ($T_{eff} > 30.000$ K) in sichtbares Licht umwandelt. Nicht nur die Balmer-Linien erscheinen in Emission. Es treten noch eine Vielzahl weiterer Emissionslinien auf, wie z. B. die Linien des einfach und zweifach ionisierten Heliums sowie Emissionen von [OII] und [OIII] oder von [NeIII] und [NeV], bei denen es sich um „verbotene Linien" handelt (s. Abschn. 3.1.5.6). Astronomiegeschichtlich soll nicht unerwähnt bleiben, dass die starken „verbotenen" [OIII]-Emissionen bei $\lambda = 495{,}9$ nm und $\lambda = 400{,}6$ nm ursprünglich einem neuen Element „Nebulium" zugeordnet wurden, weshalb man in älterer Literatur diese beiden sehr intensiven Emissionslinien in Fraunhofer'scher Tradition oft mit N_1 und N_2 bezeichnet hat.

Spektroskopisch lässt sich relativ leicht nachweisen, dass Planetarische Nebel radial nach außen expandierende Gasmassen sind, die sich von einem Zentrum in ihrem Inneren mit ca. 20 bis 30 km/s entfernen. Der sichtbare Teil erreicht dabei einen Durchmesser, der typischerweise zwischen einigen Zehnteln und (bei sehr alten Objekten) bis zu 1–2 Lj liegt. Obwohl der Zentralstern (der sich in der post-AGB-Phase immer mehr zu einem Weißen Zwerg entwickelt) noch einige Hundert Millionen Jahre intensive UV-Strahlung emittieren wird, verschwindet der Nebel aufgrund seiner Expansion (die mit einer Dichteabnahme verbunden ist) relativ schnell wieder. Das erklärt übrigens recht zwanglos die kurze Lebensdauer dieser Objekte, die auch mit den über den Doppler-Effekt spektroskopisch gemessenen Expansionsgeschwindigkeiten durchaus übereinstimmt. Genau das sind auch die Geschwindigkeiten, die staub- und pulsationsgetriebenen Sternwinde von Riesensternen nach deren Beschleunigungsphase maximal erreichen. Die Frage, die sich hier stellt, ist vielmehr folgende: Wenn die Entstehungsgeschichte der Planetarischen Nebel im Wesentlichen immer gleich ist, wie erklärt sich dann ihr großer Formenreichtum? Es stimmt, viele PN ähneln verblüffend den zu erwartenden „Gasblasen", die ein gleichmäßiger isotroper Sternwind oder eine gleichmäßig abgestoßene Sternhüllenschicht erzeugt. Es gibt auch, wie insbesondere die detailreichen Aufnahmen des Hubble-Weltraumteleskops zeigen, zweigeteilte, sogenannte bipolare PNs bis hin zu komplexen multipolaren Gebilden, deren Entstehung alles andere als offensichtlich ist. Auch die Feinstruktur der Planetarischen Nebel ist ungewöhnlich vielgestaltig, sodass es keinen Nebel gibt, der irgendeinem anderen gleichtt. Dazu kommen noch nur schwer erklärbare Inhomogenitäten, was sowohl die Teilchenzahldichte, die Temperatur als auch die chemische Zusammensetzung betrifft, die relativ kleinskalig innerhalb eines Planetarischen Nebels variieren können. Man denke hier beispielsweise an die weit über 3500 knotenartigen Gebilde innerhalb des Helixnebels NGC 7293, der sich ca. 650 Lj von der Erde entfernt im Sternbild Wassermann befindet. Ihre wahre Natur ist auch heute noch in Teilen umstritten (Abb. 6.20).

Die Morphologie der Planetarischen Nebel muss selbstverständlich immer im Zusammenhang mit dem post-AGB-Stern gesehen werden, der ja sowohl das Material des Nebels als auch die UV-Strahlung liefert, die ihn zum Leuchten bringt. Das Grundmodell geht dabei von einem isotropen Sternwind und von einem gleichmäßigen isotropen „Abschieben" einer äußeren Sternhülle als Resultat eines thermischen Pulses aus. Ohne Störungen ergeben sich daraus die wunderschönen scheibchenförmigen „Prototypen" von PNs, die man sich ohne große Mühe als expandierende Gasblase vorstellen kann, die von einem Zentralstern abgestoßenwird. Diese kann auf vielfältige Arten morphologisch modifiziert werden. Dabei sind folgende Mechanismen in der Diskussion (Auswahl):

- Verschieden schnelle isotrope und anisotrope Sternwinde,
- Temporär auftretender anisotroper Massenverlust aufgrund der Rotation des AGB-Sterns und der Existenz speziell ausgeprägter Magnetfeldern innerhalb des Sterns,
- Präsenz von stellaren Begleitern (Doppel- und Mehrfachstern, planetare Körper),

6.3 Hauptreihen- und Nach-Hauptreihenentwicklung

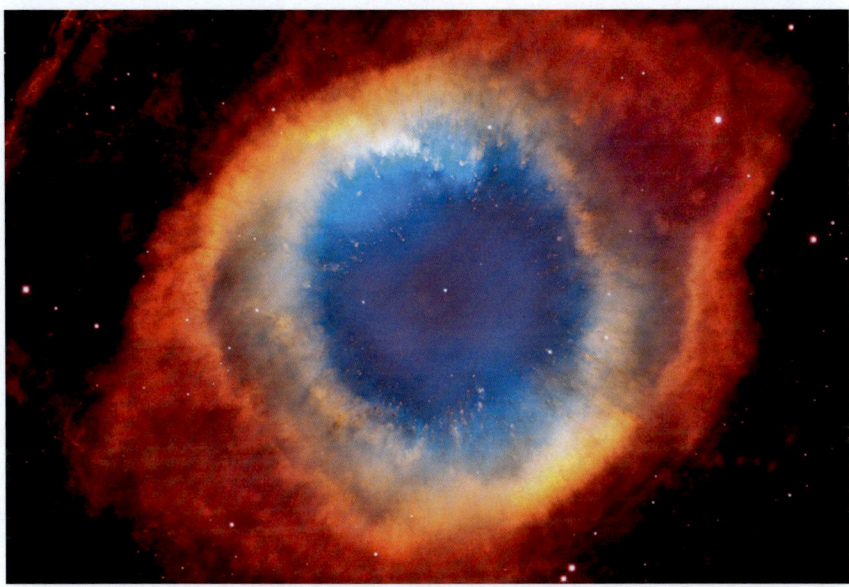

Abb. 6.20 Die Aufnahme des Helixnebels NGC 7293 mit dem Hubble-Weltraumteleskop zeigt viele Details, die sich nur sehr schwer erklären lassen. Zu nennen sind hier insbesondere die rund 3500 „kometenähnlichen" Strukturen (Knoten), deren Entstehung immer noch rätselhaft ist (NASA)

- Inhomogenitäten in der Sternatmosphäre (Sternflecken), die eine lokal verstärkte Staubproduktion bedingen und damit anisotrope staubgetriebene Sternwinde induzieren (eine mögliche Erklärung für die vielen „Staubknoten" im Helixnebel),
- Akkretionsprozesse in Doppelsternsystemen: Akkretionsscheiben können unter Umständen zu bipolaren Massenausflüssen aus dem System AGB-Stern und Begleiter führen.

An dieser Stelle soll nur kurz auf das IWM-Modell (Interacting Wind Model) eingegangen werden, welches wesentliche Strukturen in Planetarischen Nebeln recht gut zu reproduzieren vermag. Es stellt das Basismodell dar, auf dessen Grundlage man versucht, die beobachtete Formenvielfalt der Planetarischen Nebel zu erklären. Es geht in seiner einfachsten Form von zwei Arten von Sternwinden aus, die sich in Geschwindigkeit und zeitlichem Auftreten unterscheiden. In der frühen Phase der Entstehung eines PN ist ein langsamer, staubgetriebener Sternwind mit einer Ausströmgeschwindigkeit von durchschnittlich 12 km/s für den primären Masseabfluss verantwortlich. Im Idealfall erfolgt er isotrop-sphärisch – manch-

Abb. 6.21 Der Katzenaugennebel (NGC 6543) im Sternbild Drache gehört zu den strukturell am komplexesten aufgebauten Planetarischen Nebeln. Seine Entfernung wird auf etwa 3300 Lj geschätzt. (Aufnahme Hubble-Teleskop)

mal durchsetzt von dichteren Teilen mehr oder weniger gleichmäßig abgestoßener äußerer Sternhüllen (s. Abb. 6.21).

Wenn schließlich die Sternhülle des Roten Riesen so weit erodiert ist, dass der dichte und heiße Sternkern langsam sichtbar wird, dann geht von diesem eine neue Art von Sternwind aus, dessen Geschwindigkeit zwischen 1.000 und 3.000 km/s liegt. Er holt schnell den langsamen Sternwind ein und tritt dabei mit ihm in Wechselwirkung. Es entstehen Stoßwellen, die die Gasblase durchdringen und lokal verdichten. Diese Verdichtungen werden schließlich sichtbar, sobald die UV-Strahlung des post-AGB-Objekts das Gas ionisiert und zum Leuchten anregt.

Beim „schnellen" Sternwind handelt es sich um ionisierte Plasmen, die vom Strahlungsdruck des mehr als 30.000 K heißen Zentralsterns angetrieben werden. Der Beschleunigungsmechanismus beruht dabei größtenteils auf UV-Linienabsorption und weniger auf Kontinuumsstreuung, wie es bei strahlungsgetriebenen Sternwinden gewöhnlich der Fall ist. Da diese Art von Sternwind hochgradig inhomogen ist, führt sie zu irregulären Strukturen innerhalb älterer Planetarischer Nebel. Das von der Sternoberfläche abströmende ionisierte Gas wird außerdem von den Magnetfeldern des Zentralsterns beeinflusst, was zusammen mit der Sternrotation zu den bereits erwähnten bi- und multipolaren Strukturen führen kann, die manche Planetarische Nebel auszeichnen.

Die Morphologie der Planetarischen Nebel veranschaulicht den Übergang eines AGB-Sterns von der TP-Phase in die post-AGB-Phase, an deren Ende ein Weißer Zwergstern steht. Je nachdem, ob die vom Zentralstern emittierte UV-Strahlung vollständig im Nebel absorbiert wird oder ein Teil davon den Nebel verlassen kann, spricht man entweder von „materiebegrenzten" PNs (sie besitzen noch eine Hülle aus Neutralgas, durch die sich bei laufender Expansion des Nebels die Ionisationsfront hindurchfrisst) oder von „strahlungsbegrenzten" PNs. Im letzteren Fall reicht die kurzwellige Strahlung aus, um den gesamten Wasserstoff des Planetarischen Nebels zu ionisieren.

Die Materie der Planetarischen Nebel, die mit den Reaktionsprodukten der tief im Innern der Sterne fusionierten Elemente angereichert ist (hier sind insbesondere neben Kohlenstoff und Sauerstoff die bei s-Prozessen entstandenen Elemente zu nennen), zerstreut sich schnell im interstellaren Raum. Sie ist deshalb ein wesentliches Glied im kosmischen Materiekreislauf und erhöht insbesondere im Laufe der Zeit – zusammen mit den Supernovaüberresten – den Metallgehalt der interstellaren Materie.

6.3.4 Evolution von Sternen im oberen Massenbereich

Sterne, deren Masse 8 $M_\odot$ übersteigt, sind in unserer Milchstraße recht selten, obwohl sie aufgrund ihrer enormen Leuchtkraft und ihres intensiven blauweißen Lichts (Spektraltyp B2 und jünger) äußerst auffällig sind. Man rechnet grob, dass auf einen Stern mit einer Masse von beispielsweise 20 $M_\odot$ etwa 100 Sterne mit nur einer Sonnenmasse und auf einen Stern von etwa 100 $M_\odot$ mehr als eine Million andere „Sonnen" kommen (und selbst diese sind im Vergleich zu den noch masseärmeren Roten Zwergen nicht besonders häufig). Zusammen mit Sternen vom Spektraltyp A sind sie aufgrund ihrer hohen effektiven Temperatur (UV-Strahlung) in der Lage, großräumig den in der galaktischen Scheibe omnipräsenten Wasserstoff zu ionisieren und damit zum Leuchten anzuregen. Gerade deshalb sind massereiche Sterne (s. Abschn. 2.3.5) in der Milchstraße fast immer mit H-II-Regionen assoziiert. Zusammen mit ihnen zeichnen sie in ihrer Gesamtheit das für Spiralgalaxien typische Muster auf die galaktische Scheibe. Der Grund dafür ist, dass sich zum einen ihre Entstehungsgebiete gerade in den Spiralarmen konzentrieren (Stichwort Dichtewellen) und zum anderen ihre Aufenthaltsdauer in der Hauptreihe zu gering ist, als dass sie während ihres Sternenlebens den Bereich eines Spiralarms aufgrund ihrer Bewegung um das galaktische Zentrum verlassen könnten.

Massereiche Sterne entstehen – genauso wie auch massearme Sterne – beim Kollaps kalter Molekülwolken, wobei es in den Szenarien jedoch wesentliche Unterschiede gibt. Auch hier entstehen zuerst relativ kompakte Sternhaufen, die sich aber oft schnell in lockere OB-Assoziationen auflösen. Die kompaktesten Ansammlungen massereicher Sterne (sogenannte Supersternhaufen, Starburst-Cluster) findet man in unserer Milchstraße beispielsweise im Bereich des Carina-Spiralarms (HD 97950, NGC 3603) sowie in Form des kompakten Sternhaufens Westerlund 1 (WD1) im Sternbild Altar am Südhimmel. Er enthält allein sechs Gelbe Hyperriesen, vier Rote Überriesen, 24 Wolf-Rayet-Sterne, einen Leuchtkräftigen Blauen Veränderlichen (LBV), eine größere Zahl von OB-Überriesen sowie einen in mehrfacher Hinsicht ungewöhnlichen Be-Stern, der nach Meinung einiger Astronomen das Ergebnis einer kürzlich stattgefundenen Sternverschmelzung sein dürfte. Er stützt damit die These, dass sich außergewöhnlich massereiche Sterne (d. h. auf jedem Fall mit Massen um die 100 $M_\odot$ und mehr) nur in dichten Kernen in Entstehung begriffener Sternhaufen durch Zusammenstoß und Verschmelzung von bereits massereichen Protosternen samt ihrer Hüllen bilden können. Die auftretenden dynamischen Prozesse führen dabei unter Umständen dazu, dass die Sterne mit hoher Geschwindigkeit aus dem Verband des Sternhaufens ausgestoßen werden, was wiederum eine elegante Erklärung für die Existenz von jungen O-Sternen weitab von jungen Sternhaufen und OB-Assoziationen ist. Wenn diese Sterne eine besonders hohe Raumgeschwindigkeit aufweisen (d. h. etwa 50 bis 150 km/s relativ zur Umgebung), dann spricht man von *runaway stars* oder „Schnellläufern". Verfolgt man – wenn möglich – jedoch ihre Bahnen zurück, dann enden sie meistens in bekannten OB-Assoziationen und bestätigen somit die „Rauswurftheorie".

Der „Prototyp" von Supersternhaufen ist jedoch R136 in der Großen Magellan'schen Wolke, dessen Alter auf ein bis maximal zwei Millionen Jahre geschätzt wird. Über ihn wurde bereits in Abschn. 2.3.5 ausführlich berichtet.

Die Entstehung massereicher Sterne gibt in vielerlei Hinsicht immer noch eine Menge Rätsel auf. Das liegt u. a. auch an einer wesentlich schlechteren empirischen Grundlage der entsprechenden Theorien, als es bei Sternen kleiner und mittlerer Masse der Fall ist. Denn ihre frühen Entwicklungsphasen sind durch mächtige, optisch dichte Gas- und Staubhüllen verdeckt und darüber hinaus auch noch zeitlich sehr kurz. Sie werden für den Beobachter quasi erst dann sichtbar, wenn sie ihr Protosterndasein längst beendet haben und bereits auf der Hauptreihe angekommen sind. Einige Implikationen, was die Theorie der Entstehung von massereichen Sternen betrifft (insbesondere in Bezug auf die beiden grundlegenden Theorien, Sternkernakkretion *(core accretion)* und konkurrierendes Wachstum *(competitive accretion)*), findet sich stellvertretend in dem Review-Artikel von Tan et al. (2014).

Massereiche Sterne ($M^* > 8\,M_\odot$) besiedeln ab etwa dem Spektraltyp B2 die obere Hauptreihe im HRD. Sie sind in der Lage, mittels He-Brennen nichtentartete C/O-Kerne aufzubauen, die wiederum die Grundlage für folgende höhere thermonukleare Brennphasen (z. B. Kohlenstoffbrennen, Neonbrennen etc.) bilden. Erst ab einer ZAMS-Masse von etwa 11 bis 12 $M_\odot$ erreicht der C/O-Sternkern eine

Masse (ca. 1,1 $M_\odot$), ab der schließlich alle energieerzeugenden Kernfusionsprozesse vom Stern durchlaufen werden können und an deren Ende ein Fe-Kern steht, dessen Gravitationskollaps bekanntlich zu einer Kernkollapssupernova führt (s. Abschn. 5.3.4.5).

Massereiche Sterne erleiden schon allein aufgrund ihrer enormen Leuchtkraft in allen ihren Entwicklungsphasen einen kontinuierlichen Masseverlust durch (im Wesentlichen) strahlungsgetriebene Sternwinde. Ab einer Ausgangsmasse von $\approx 15\,M_\odot$ ist dieser Masseverlust so groß, dass durch ihn der weitere Entwicklungsweg des Sterns massiv beeinflusst wird. Das Problem dabei ist, dass sich die entwicklungsbedingten Masseverlustraten $\dot{M}$ nur schwer berechnen und auch anhand von Beobachtungen nicht leicht bestimmen lassen. Dadurch ergeben sich Unsicherheiten in entsprechenden evolutionären Sternmodellen, die sich beispielsweise in den Zeitskalen der einzelnen Entwicklungsphasen niederschlagen. Die letzten Entwicklungsphasen, beginnend mit dem Kohlenstoffbrennen, sind dabei so kurz, dass die Wahrscheinlichkeit, einen Stern darin anzutreffen, äußerst gering ist (s. Tab. 6.8). Erst die allerletzte Phase – der Kollaps des Eisenkerns – führt schließlich zu einem Feuerwerk, das dann wahrlich nicht mehr zu übersehen ist.

Betrachtet man die obere Hauptreihe von Feldsternen, dann erkennt man deren Ausweitung zu sehr hohen Leuchtkräften hin. Denn hier kommt es zu Überschneidungen zwischen Hauptreihensternen der Leuchtkraftklasse V sowie Riesen (LK III) und Unterriesen (LK IV). Das liegt daran, dass die in diesem Parameterbereich angesiedelten massereichen Sterne alle eine nichtkonvektive äußere Hülle besitzen, in der die metallizitätsbedingte Opazität ganz wesentlich den Strahlungstransport (und damit den Energietransport) bestimmt. Außerdem spiegelt sich der Fakt wider, dass die hier angesiedelten Sterne aufgrund ihrer großen Masse eine vergleichsweise geringe Lebensdauer besitzen (Größenordnung 10^6 bis 10^7 Jahre) – d. h., ein großer Teil von ihnen steht kurz vor dem Übergang in das Rote-Riesen-Stadium.

Weiterhin legen die Beobachtungen nahe, dass es mehrere Phasen in der Hauptreihenentwicklung besonders massiver OB-Sterne gibt, die man als Rote Hyperriesen (RSG, Red Supergiants), Gelbe Hyperriesen (YSG, Yellow Supergiants), Blaue Hyperriesen (BSG, Blue Supergiants), Leuchtkräftige Blaue Veränderliche (LBV, Luminous Blue Variable – manchmal auch „Hubble-Sandage-Veränderliche" genannt) und als Wolf-Rayet-Sterne (WR) klassifiziert. Für sie hat man die Leuchtkraftklasse 0 eingeführt (absolute Helligkeit $M_{bol} > -7$ mag). Ihre Leuchtkraft kann einige 10.000 bis zu einer Million mal größer als die Leuchtkraft der Sonne sein. Der berühmte „Pistolenstern" in der Nähe des galaktischen Zentrums (er ist Mitglied des Quintuplet-Sternhaufens im Sternbild Schütze) besitzt z. B. eine Leuchtkraft von sagenhaften 1.700.000 $L_\odot$. Da er hinter Gas- und Staubmassen verborgen liegt, wurde er erst zu Beginn der 1990er-Jahre mit dem Hubble-Weltraumteleskop entdeckt. Auch der Schwanzstern im Sternbild Schwan, Deneb, ist ein Hyperriese (LBV). Seine absolute Helligkeit liegt bei $-8{,}4$ mag, was eine Entfernung von ca. 3000 Lj (mit großen Unsicherheiten) impliziert.

Tab. 6.8 Ergebnisse von Modellrechnungen für Sterne mit Ausgangsmassen von 15, 20 und 25 Sonnenmassen solarer Zusammensetzung (aus Limongi et al. 2000). Angegeben sind die Zeitdauer der einzelnen Brennphasen sowie die Masse des konvektiven Sternkerns. Man beachte, dass die genannten Zeiträume stark vom Masseverlust und der Metallizität der Sternmaterie abhängen und somit nur Richtwerte für deren Größenordnung sind

	$15\,M_\odot$	$20\,M_\odot$	$25\,M_\odot$
Wasserstoffbrennen (Hauptreihenphase)			
Dauer in 10^6 Jahren	10,7	7,48	5,93
Maximale Masse konv. Kern in $M_\odot$	6,11	9,30	13,77
Endmasse des Heliumkerns in $M_\odot$	4,10	5,94	8,01
Heliumbrennen			
Dauer in 10^6 Jahren	1,4	0,93	0,68
Maximale Masse konv. Kern in $M_\odot$	2,33	3,63	5,23
Endmasse des C/O-Kerns in $M_\odot$	2,39	3,44	4,90
Kohlenstoffbrennen			
Dauer in 10^3 Jahren	2,60	1,45	0,97
Maximale Masse konv. Kern in $M_\odot$	0,41	–	–
Neonbrennen			
Dauer in Jahren	2,00	1,46	0,77
Maximale Masse konv. Kern in $M_\odot$	0,66	0,50	0,50
Sauerstoffbrennen			
Dauer in Jahren	2,47	0,72	0,33
Maximale Masse konv. Kern in $M_\odot$	0,94	1,12	1,15
Siliziumbrennen			
Dauer in Tagen (radiativer Kern)	106	10	7,1
Dauer in Tagen (konvektiver Kern)	7,3	1,3	1,25
Maximale Masse konv. Kern in $M_\odot$	1,14	1,11	1,12
Endmasse des Eisenkerns in $M_\odot$	1,43	1,55	1,53

Damit gehört er zu den mit am weitesten von der Erde entfernten Sternen, die mit freiem Auge zu sehen sind.

Aufgrund ihrer enormen Helligkeit sind Hyperriesen mittels der heute verfügbaren Riesenteleskope auch sehr gut in benachbarten Galaxien wie beispielsweise in den Magellan'schen Wolken oder im Andromedanebel zu beobachten. Auf diese Weise lassen sich wertvolle statistische Informationen über die Mitglieder dieser Sternfamilie gewinnen.

Sterne in der Art der Hyperriesen sind in gewisser Hinsicht alle etwas grenzwertig. Ihre Leuchtkraft liegt bereits in Regionen, in denen die Eddington-Leuchtkraft (s. Abschn. 4.5.2.4) wesentlich wird und es über die Sternatmosphäre zu enormen Massenabflüssen in Form äußerst intensiver strahlungsgetriebener Sternwinde (unterstützt durch eine schnelle Rotation) kommt. Man erkennt das

6.3 Hauptreihen- und Nach-Hauptreihenentwicklung

spektroskopisch deutlich an den P-Cygni-Profilen von Spektrallinien, die genau das Resultat dieser Massenabflüsse sind. Diese Massenabflüsse in Sternmodellen adäquat zu berücksichtigen, stellt übrigens eine große Herausforderung dar, denn sie bestimmen ganz wesentlich die Entwicklungswege massereicher Sterne im HRD.

Grob lassen sich diese Entwicklungswege masseabhängig wie folgt darstellen (W?? –Wolf-Rayet-Sterne, s. Abschn. 2.4.4.9)):

Massenbereich zwischen 10 und 20 $M_\odot$
O-Stern -> RSG -> [„blue loop" mit Kreuzen des Delta-Cepheiden-Instabilitätsstreifens] -> RSG -> Supernova

Massenbereich zwischen 20 und 30 $M_\odot$
O-Stern -> (BSG? ->) RSG -> BSG -> *(blue loop)* -> RSG -> Supernova (SNIb)

Massenbereich zwischen 30 und 40 $M_\odot$ (eventuell mit LBV-Stadium)
O-Stern -> BSG -> RSG ->WNE -> WCE -> Supernova (SNIb)

Massenbereich zwischen 40 und 60 $M_\odot$ (eventuell mit WCL $\leftrightarrows$ WO – Stadium)
O-Stern -> BSG -> [LBV $\leftrightarrows$ WNL] -> WCL -> Supernova (SNIc)

Massenbereich zwischen 60 und 90 $M_\odot$
O-Stern -> [Of/WNL $\leftrightarrows$ LBV] -> WNL -> WCL -> Supernova (SNIc)

Massenbereich > 90 $M_\odot$
O-Stern -> Of -> WNL -> (WNE) -> WCL -> WCE -> Hypernova?

Einige Entwicklungsstadien (gekennzeichnet durch „$\leftrightarrows$") können dabei abwechselnd mehrfach absolviert werden. Das RSG-Stadium wird nur von Sternen mit einer Ausgangsmasse von mehr als 30 $M_\odot$ und das LBV-Stadium (+ Wolf-Rayet-Phase) nur von Sternen mit einer Ausgangsmasse von mehr als 40 $M_\odot$ durchlaufen.

Eine Zwischenstellung zwischen den massiven O-Sternen und massiven Wolf-Rayet-Sternen nehmen die LBV-Sterne ein, die es lohnt, sich etwas näher anzuschauen. In unserer Milchstraße sind hier insbesondere die Sterne P Cygni und η Carinae zu nennen, die gewissermaßen als Prototypen dieser speziellen Sterne gelten. Beide fielen den Astronomen ursprünglich durch plötzliche und teilweise enorme Helligkeitsanstiege auf, für die sich lange Zeit keine schlüssige Erklärung finden ließ.

P Cygni wurde im August des Jahres 1600 durch den holländischen Kartografen Willem Janszoon Blaeu (1571–1638) entdeckt, als er plötzlich für das freie Auge sichtbar wurde (Helligkeit ≈ 3 mag, „Nova Cygni 1600"). In den folgenden Jahren begann er zunehmend zu verblassen, bis er im Jahre 1626 wieder völlig unsichtbar wurde. Im Jahre 1655 war er jedoch plötzlich wieder sichtbar. Danach zeigte er einen stark schwankenden Lichtwechsel mit abnehmender Amplitude, bis sich etwa ab 1700 seine Helligkeit ein wenig unterhalb der 5. Größenklasse stabilisierteund danach relativ unspektakulär auf seinen heutigen Wert von 4,8 mag anstieg. Der Helligkeitszuwachs betrug dabei etwa 15 % pro Jahrhundert. Er wird als Folge einer Expansion des Sterns bei seinem Übergang von einem Blauen zu einem Gelben Hyperriesen interpretiert. Sowohl spektrale Merkmale als auch Beobachtungen mit Riesenteleskopen zeigen, dass P Cygni von einem expandierenden Nebel umgeben ist, der von der großen Eruption des Jahres 1600 stammt. Die spektroskopisch aus den Linienprofilen abgeleitete Expansionsgeschwindigkeit liegt bei etwa 140 km/s.

Eine noch dramatischere Helligkeitsentwicklung über die letzten Jahrhunderte zeigte η Carinae, der im Jahre 1834 kurzzeitig mit einer Helligkeit von −0,8 mag zu einem der hellsten Sterne des Südhimmels wurde (Sirius hat eine scheinbare Helligkeit von −1,46 mag). In Edmund Halleys (1656–1741) Sternenkatalog des Südhimmels, den er im Jahre 1677 auf St. Helena erarbeitet hatte, war er noch mit einer Helligkeit von ≈ 4 mag verzeichnet. Danach wurde er immer heller und wurde im Jahre 1730 zu einem der hellsten Sterne des Sternbilds Schiffskiel. Bis 1782 ging dann die Helligkeit von η Carinae wieder auf ihren Ausgangswert von 1677 zurückund stieg anschließend – ab 1820 – wieder allmählich an. 1827 erreichte er eine Helligkeit von 2,5 mag. Zehn Jahre später kam es dann zu einem gewaltigen Ausbruch, dessen Maximalhelligkeit mit −0,8 mag im Jahre 1843 erreicht wurde. Zu diesem Zeitpunkt war η Carinae der zweithellste Stern am Nachthimmel. Danach folgte ein kontinuierlicher Helligkeitsabstieg, und ab etwa 1900 war der Stern für das bloße Auge wieder völlig verschwunden. Erst ab 1940 nahm seine Helligkeit wieder zu, sodass er heute als Stern der 5. Größenklasse gerade so mit dem bloßen Auge an einer dunklen, wolkenlosen Nacht zu erkennen ist.

η Carinae ist von einem spektakulären Nebel aus Gas und Staub umgeben, der aus dem Material stammt, welches der Hyperriese bei seiner Eruption in der Mitte des 19. Jahrhunderts ausgestoßen hat (Homunkulusnebel). Er zeigt seine ganze Pracht und Struktur jedoch erst auf Aufnahmen des Hubble-Weltraumteleskops (s. Abb. 6.22). Auffällig ist hierbei seine ausgeprägte *double-lobe*-Struktur, wie man sie auch von manchen Planetarischen Nebeln her kennt.

Dessen Anisotropie – oder, ganz allgemein, die Anisotropie der meisten LBVs (Beispiele sind neben η Carinae die Sterne HR Carinae und AG Carinae, Groh et al. 2009) lässt sich auf die hohe Rotationsgeschwindigkeit, bei der die äußeren Schichten des Sterns der kritischen Kepler-Geschwindigkeit nahekommen, zurückführen. Wie entsprechende Untersuchungen zeigen (Georgy 2010), sollte das Verhältnis von Oberflächenwinkelgeschwindigkeit zur kritischen Kepler-Geschwindigkeit größer als 0,8 sein, da der Massenfluss am Pol mehr als das 1,65-Fache des Massenflusses am Äquator beträgt.

Im inneren Bereich des Nebels liegt die Expansionsgeschwindigkeit bei etwa 30 km/s, während sich die äußere Front der Nebelhülle mit ca. 700 km/s ausdehnt. Die Längsausdehnung dieses wegen seines Aussehens auf älteren Aufnahmen „Homunkulusnebel" bezeichneten Objekts beträgt etwa 18 Bogensekunden, was bei einer Entfernung von ca. 7.500 Lj einer Länge von etwa einem halben Lichtjahr entspricht. Er allein bewirkt durch seine extinktive Wirkung eine Abschwächung des in seinem Zentrum liegenden Hyperriesen um rund 4 Größenklassen und verhindert, dass der Zentralstern (ein Doppelstern mit einer Umlaufsperiode von 5,54 Jahren, bestehend aus einem LBV und einem O-Stern) direkt beobachtet werden kann.

6.3 Hauptreihen- und Nach-Hauptreihenentwicklung

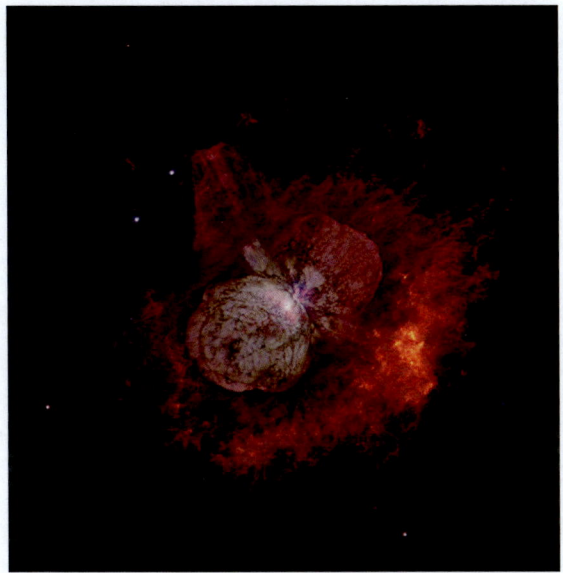

Abb. 6.22 Homunkulusnebel um den LBV-Stern η Carinae. Er ist das Ergebnis des großen Ausbruchs von 1845 (Hubble-Teleskop, NASA)

Betrachtet man neben diesen beiden Beispielen noch weitere LBVs, dann kann man im Wesentlichen drei unterscheidbare Arten von Helligkeitsvariationen beobachten, – und zwar:

- Kurzzeitvariationen mit einer typischen Zeitskala von Monaten und einer Amplitude zwischen 0,1 und 0,3 Größenklassen. Sie hängen mit nichtradialen (multimodalen) Pulsationen zusammen, wie man sie bei heißen Hyperriesen oft findet (α Cygni-Variationen).
- Relativ unregelmäßige Helligkeitsänderungen mit einer Amplitude zwischen 0,5 und 1 Größenklasse und einer Zeitskala von Jahren. Sie definieren die sogenannten S Doradus-Variationen, die typisch für alle LBVs sind und werden auf irreguläre Radiusänderungen zurückgeführt. Dabei bleibt zwar die gesamte (bolometrische) Leuchtkraft des Sterns konstant, aber es erfolgt eine Art Umverteilung der Strahlung aus dem visuellen Spektralbereich in den ultravioletten und umgekehrt – sichtbar anhand einer entsprechenden Drift des Spektraltyps zwischen B und A.
- Große Helligkeitsausbrüche von mehreren Größenklassen, wie man sie sowohl bei P Cygni als auch bei η Carinae in der Vergangenheit beobachtet hat. Über die genauen Ursachen dieser Helligkeitsausbrüche herrscht jedoch immer noch Unklarheit. Es scheint Verstärkungsmechanismen zu geben, bei denen geringfügige innere lokale Leuchtkraftänderungen starke Instabilitäten in der äußeren Sternhülle provozieren, die dann im Grenzbereich zur Eddington-Leuchtkraft

Tab. 6.9 Eigenschaften einiger LBV's aus der Milchstraße (MW) und der Großen Magellanischen Wolke (LMC)

Stern	Ort	Entfernung	Leuchtkraft	T_{eff}	Radius	Mit Nebel
η Car	MW	7500 Lj	5.000.000 $L_\odot$	10.000–35.200 K	60–800 $R_\odot$	Ja
AG Car	MW	20.000	1.500.000	17.000–22.800	40–450	Ja
R127	LMC	170.000	1.200.000	8.500–30.000	40–500	Ja
R143	LMC	170.000	790.000	8.500–20.000	70–400	Nein
P Cyg	MW	7000	560.000–900.000	18.000–20.000	76	Ja
S Dor	LMC	169.000	1.000.000	8510	390	Nein
HR Car	MW	17.600	416.000–79.000	7.900–21.900	220	Ja
HD 160529	MW	8000	290.000	8.000–12.000	150–330	Nein
R110	LMC	170.000	290.000	7.600–10.000	180–300	Nein
R71	LMC	170.000	260.000	9.000–14.000	90–200	Ja

und im Zusammenspiel mit starken Magnetfeldern zu den in den Nebeln manifestierten bipolaren Masseausflüssen führen.

Während die Leuchtkraft von LBV's weitgehend konstant ist (sie liegt zwischen einigen Hunderttausend und mehreren Millionenfachen der Sonne), variiert die Helligkeit im sichtbaren Spektralbereich mit der effektiven Temperatur, wobei die effektive Temperatur wiederum mit den Radiusänderungen des Sterns korreliert ist. Hohen effektiven Temperaturen entsprechen dabei kleine Radien und großen Radien geringen effektiven Temperaturen (s. Tab. 6.9). Dabei gilt ungefähr die Proportionalität $R^* \sim T_{eff}^{-2}$.

LBV's zeigen viele Gemeinsamkeiten zu den ähnlich leuchtkräftigen Wolf-Rayet-Sternen. Heute nimmt man an – und entsprechende Modellrechnungen unterstützen diese Thesen – dass LBV's mit hoher Wahrscheinlichkeit die direkten Vorgänger von WN-Sternen sind (Letztere zeichnen sich durch die Präsenz von Stickstofflinien aus, s. Abschn. 2.4.4.9). Ihre Seltenheit ist dann nichts anderes als der Ausdruck dafür, dass sie eine vergleichsweise kurze Übergangsphase zwischen Hauptreihen-O-Sternen und den im Sternkern He-brennenden Wolf-Rayet-Sternen repräsentieren. Dass LBV's nicht gleich selbst als Supernovae am Ende ihres Entwicklungsweges explodieren, liegt an ihrem enormen Massenverlust während ihrer eruptiven Phasen. Jedoch ist nicht ausgeschlossen, dass dies hin und wieder doch geschieht. Die Eigenschaften einiger spezieller Supernovae (z. B. SN 2005gl, SN 2006gy) weisen jedenfalls auf diese Möglichkeit hin.

Wie sieht die Nach-Hauptreihenentwicklung massiver Sterne im Einzelnen aus? Während Sterne im mittleren Massenbereich einen C/O-Kern ausbilden und als Weißer Zwerg enden, können Sterne ab einer Ausgangsmasse von ungefähr 11 $M_\odot$ prinzipiell alle energieerzeugenden thermonuklearen Phasen durchlaufen mit der Konsequenz, dass am Ende ihres „Sternenlebens" ein Fe-Kern entsteht, der gravitativ instabil wird und schließlich kollabiert. Je nachdem, ob die Kernmasse die Oppenheimer-Volkoff-Grenze erreicht oder nicht, entsteht daraus entweder ein Neutronenstern oder ein stellares Schwarzes Loch (s. Abschn. 5.3.4.5). Unter gewissen Umständen, die noch nicht sehr gut erforscht sind, kann es sogar passieren, dass nicht einmal mehr ein Schwarzes Loch übrig bleibt. Das ist nach entsprechenden Modellrechnungen bei den noch weitgehend hypothetischen metallfreien Sternen der ersten Sternengeneration (Population III) der Fall (Gilfanov et al. 2002). Dabei explodiert der Stern bereits im Stadium des Übergangs vom Heliumbrennen zum Kohlenstoffbrennen, vorausgesetzt, der Heliumsternkern erreicht die kritische Masse von ungefähr 65 $M_\odot$ (der genaue Wert hängt stark von der Metallizität der Sternmaterie ab). Das ist bei Sternen mit einer Ausgangsmasse im Bereich von etwa 140 bis 250 $M_\odot$ der Fall. Sie enden in einer sogenannten Paarinstabilitätssupernova, in deren Verlauf der Stern völlig zerstört wird. Erst ab einer Kernmasse von mehr als 133 $M_\odot$ bleibt beim Kollaps wieder ein Schwarzes Loch übrig.

Beispielhaft soll jetzt kurz die Entwicklung des Kernbereichs eines Sterns von 15 $M_\odot$, beginnend mit der Ausbildung des C/O-Kerns, etwas näher vorgestellt werden (Woosley et al. 2002). Solch ein Objekt repräsentiert nämlich recht gut den unteren Bereich der „massereichen Sterne", aus denen beim finalen Kernkollaps letztendlich extrem kompakte Neutronensterne entstehen.

Interessanterweise äußert sich dieser vergleichsweise kurze Entwicklungsabschnitt (Größenordnung 10^3 Jahre) kaum in Veränderungen im äußeren Erscheinungsbild des Sterns, d. h., seine Position im HRD ist über diesen Zeitraum quasi fixiert. Im Kernbereich wechseln sich dagegen Phasen der Stabilität mit Phasen der Kontraktion ständig ab, wodurch mit ansteigender Temperatur und in immer kürzeren Abständen zuerst das Kohlenstoffbrennen, dann das Neon- und Sauerstoffbrennen und schließlich das Siliziumbrennen einsetzt, wobei die jeweils vorangegangene Art des thermonuklearen Brennens in eine entsprechende Schale ausgelagert wird. Auf diese Weise entsteht im Sternkern eine zwiebelartige Struktur, deren Schalen sich chemisch stark unterscheiden (s. Abb. 5.18). Im letzten Stadium, kurz vor dem Kernkollaps, besteht der innere Kern aus Elementen der Fe–Ni-Gruppe, an den sich jeweils nach außen eine Si-S-reiche Schale, eine O-Ne-Mg-reiche Schale, eine C-O-Schale und schließlich eine He-Schale sowie eine mächtige H–He-Sternhülle anschließt. Die Entstehung dieser „Zwiebelstruktur" ist mit einer komplizierten Abfolge von konvektiv brennenden Kern- und Schalenbereichen, wie sie in Abb. 6.23 zu erkennen sind, verbunden. Die Energie, die thermonuklear freigesetzt wird, kann zu einem großen Teil sofort den Stern verlassen, denn sie wird durch einen mit der Kerntemperatur stetig ansteigenden Strom von Neutrinos abtransportiert. Es besteht ein Gleichgewicht zwischen nuklearer Energieproduktion und der Energie, die durch die Neutrinos abgeführt wird (Neutrinokühlung) – was übrigens die genaue Temperatur festlegt, unter welcher die entsprechenden thermonuklearen Reaktionen im Sternkern ablaufen.

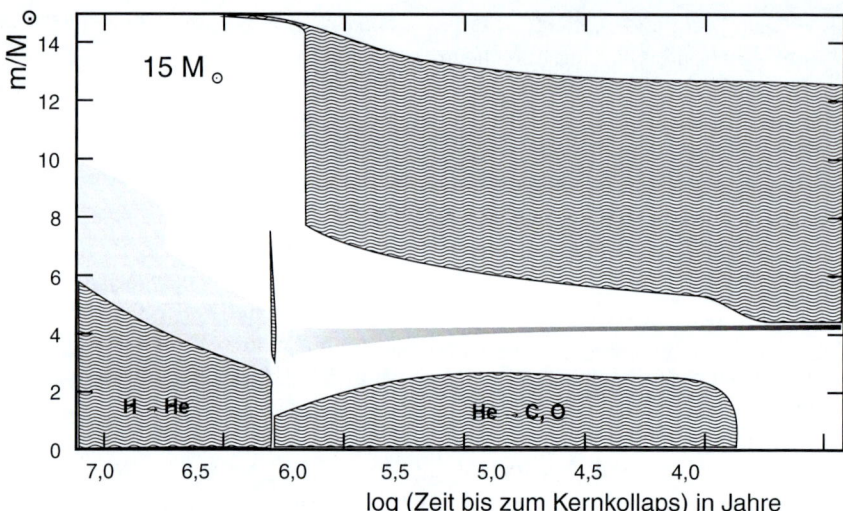

Abb. 6.23 Entwicklung der konvektiven Bereiche eines 15 Sonnenmassen-Sterns mit Beginn des Heliumbrennens bis zum Kohlenstoffbrennen. (Aus Woosley et al. 2002)

Außerdem hat die Neutrinokühlung eine hochgradig stabilisierende Wirkung auf den Sternkern, denn sie verhindert, dass es zu explosionsartig ansteigenden nuklearen Energiefreisetzungsraten kommt. Auf die Sternhülle selbst haben die im Kernbereich episodisch stattfindenden Umbauprozesse jedoch so gut wie keinen Einfluss. Dazu sind die Zeitskalen des konvektiven und des radiativen Strahlungstransports einfach zu groß. Aus diesem Grund kann man auch (wie bereits erwähnt) – und zwar ohne einen größeren Fehler zu machen - die Sternhülle als quasi vom Sternkern abgekoppelt betrachten. Die dramatischen Veränderungen im Sternkern sind deshalb von außen – bis zum Zeitpunkt des finalen Kernkollaps – quasi nicht beobachtbar (es sei denn, man hat in der Nähe ein Neutrinoteleskop stehen…).

Mit dem Einsetzen des „Siliziumbrennens" beginnen die letzten Tage im Leben des Sterns (s. Tab. 5.4), an dessen Ende ein massiver Fe/Ni-Kern steht. Sobald seine Masse einen kritischen Wert erreicht hat ($\approx 1{,}66 M_\odot$), wird er instabil und es setzen die kernphysikalischen Prozesse ein, wie sie im Abschn. 5.3.4.5.1 beschrieben worden sind. Der unausweichlich gewordene Kernkollaps mündet dann in den Ausbruch einer „hydrodynamischen" Supernova, bei dem die gesamte Außenhülle des Sterns abgesprengt wird und im Fall unseres Beispielsterns von 15 $M_\odot$ Ausgangsmasse nur ein schnellrotierender Neutronenstern übrig bleibt. Er stellt einen der drei stabilen Endstadien von Sternen dar, über die im Kap. 7 etwas ausführlich berichtet werden soll.

6.4 Sternhaufen und Sternentwicklung

Die Lebensdauer eines Sterns erstreckt sich über Millionen bis Milliarden von Jahren, während die Verfügbarkeit von Beobachtungsdaten auf einen vergleichsweise kurzen Zeitraum beschränkt ist. Dies stellt eine Herausforderung dar, da viele Aspekte der stellaren Evolution sich über Zeiträume erstrecken, die unsere direkten Beobachtungsmöglichkeiten überschreiten. Ausnahmen sind Supernova-Ausbrüche Änderungen bei Protosternen, Vor-Hauptreihensterne oder bei Roten Riesen (besonders AGB), die auf Entwicklungseffekte zurückzuführen sind. Insbesondere AGB-Sterne zeigen oft langsame, aber stetige Veränderungen in ihrer Leuchtkraft und Größe. Als Beispiel sei hier nur Beteigeuze (αOri) genannt, die gegenwärtig besonders auffällige Helligkeits- und Farbänderungen zeigt, die auf den Beginn einer Instabilitätsphase hinweisen, die über kurz oder lang in einem Kernkollaps (Supernovaexplosion) enden wird. Die Zeitskalen jedoch, in denen „gewöhnliche" Sterne Änderungen in ihrer Struktur erfahren, sind für direkte Beobachtungen viel zu groß. Man kann hier aber jeden einzelnen Stern mit seinen Basiseigenschaften und Alter als individuellen „Schnappschuss" auffassen und aus dem gegenwärtigen Nebeneinander von Sternen unterschiedlichen Alters auf deren zeitliche Entwicklung schließen. Das Problem besteht hier aber in erster Linie in der zeitlichen Einordnung, d. h. in der Bestimmung des Alters eines Sterns, das durch seine Masse, Leuchtkraft und Spektraltyp gegeben ist. Und hier kommen die Sternhaufen ins Spiel. Denn gerade die Beobachtung von Sternhaufen ermöglicht es, diesen zeitlichen Einschränkungen zu begegnen. Die Homogenität der Sternhaufen und ihre Entstehung aus ein und derselben Gas- und Staubwolke bedeuten nämlich, dass alle Mitgliedssterne eines Haufens etwa gleich alt sein müssen. Diese Erkenntnis erlaubt es, eine Vielzahl von Sternen verschiedener Entwicklungsstadien zu analysieren, die alle zu einem bestimmten Zeitpunkt in der Vergangenheit gleichzeitig entstanden sind (Götz, 1990). Gerade diese in diesem Sinne homogene Zusammensetzung bietet einen einzigartigen Einblick in die stellare Entwicklung und ermöglicht es, verschiedene Phasen des Lebenszyklus von Sternen unterschiedlicher Anfangsmasse und Metallizität eingehend zu untersuchen und mit Modellrechnungen zu vergleichen.

Man kennt unterschiedliche Arten von Sternhaufen, die sich hinsichtlich ihrer Zusammensetzung, Größe und Entstehungsgeschichte unterscheiden. Die Hauptkategorien von Sternhaufen sind offene Sternhaufen und Kugelsternhaufen. Dazu kommen noch die sogenannten „Sternassoziationen", die man in einem gewissen Sinne als eine lockere Form von offenen Sternhaufen betrachten kann, bei denen die Mitglieder nur sehr schwach gravitativ miteinander verbunden sind.

6.4.1 Kugelsternhaufen

Kugelsternhaufen sind dicht gepackte, kugelförmige Ansammlungen von alten Sternen, die gravitativ miteinander verbunden sind. Diese Sternhaufen befinden sich in der Regel im Halo von Galaxien, insbesondere in elliptischen und spiralarmfreien Galaxien. In der Milchstraße sind laut aktuellen Katalogen rund 150 Kugelsternhaufen verzeichnet (Kharchenko 2013). Die Gesamtzahl der Kugelsternhaufen in der Milchstraße dürfte allerdings deutlich höher sein. Schätzungen auf Basis von Durchmusterungen im Infrarot- und Radiobereich belaufen sich auf 150 bis 200 Kugelsternhaufen (Ivanov et al. 2005) oder sogar bis zu 500 Kugelsternhaufen (Binney und Merrifield 2000). Ein Großteil der noch unentdeckten Kugelsternhaufen befindet sich perspektivisch in den zentralen Regionen der Milchstraße, die durch interstellaren Staub stark abgeschirmt sind. Mit verbesserten Beobachtungsmethoden und Instrumenten wie dem Very Large Telescope der ESO oder dem Atacama Large Millimeter Array konnten hier in den letzten Jahren gerade Dutzende weitere Kugelsternhaufen aufgespürt werden.

Kugelsternhaufen stellen Relikte aus früheren Phasen der Galaxienentwicklung dar und entstanden (zumindest bei der Milchstraße) während der Bildungsphase der Galaxien selbst (Abb. 6.24).

Grundlegende Eigenschaften Die bekannten Kugelsternhaufen haben Durchmesser zwischen 5 pc (ca. 16 Lj., E 3) und 120 pc (ca. 360 Lj., NGC 2419) und enthalten zwischen 6.000 (AM 4, Sternbild Hydra) und bis zu 10 Mio. Sternen (Omega Centauri). Dabei korreliert die Größe eines Kugelsternhaufens in der Regel mit seiner Gesamtmasse.

Kugelsternhaufen gehören mit einem Alter von typischerweise 10–13 Mrd. Jahren zu den ältesten Objekten in der Milchstraße und beherbergen nur Sterne der Population II. Ihre Metallizität ist mit Werten von -2 bis -1 deutlich geringer als die jüngerer Sternpopulationen. Da die Lebensdauer der Sterne mit zunehmender Masse abnimmt, finden sich in den alten Kugelsternhaufen nur noch Sterne mit verhältnismäßig geringen Massen. Die untere Massengrenze von Hauptreihensternen liegt beispielsweise bei etwa 1,3 Sonnenmassen, was auch bei dem hohen Alter der Kugelsternhaufen zu erwarten ist. Aufgrund ihrer großen Sterndichte haben Kugelsternhaufen häufig eine nahezu kugelförmige Gestalt und rotieren als Ganzes. Sie enthalten wenig interstellares Gas oder Staub, sodass nach ihrer

Abb. 6.24 Kugelsternhaufen M13 im Sternbild Herkules

Bildung keine weitere Sternentstehung mehr stattfinden konnte (vielleicht mit Ausnahme von Omega Centauri, in dem man mit Hilfe des Hubble-Weltraumteleskops relativ „junge" blaue Sterne gefunden hat, die man als „Blue-Hook-Sterne" bezeichnet und die sich höchstwahrscheinlich einer zweiten Sternentstehungsgeneration im Kugelsternhaufen zuordnen lassen, vgl. Tailo et al. 2015).

Kugelsternhaufen findet man, wie bereits erwähnt, nicht nur in der Milchstraße. Beim Andromedanebel M31 konnten bisher ca. 250 Kugelsternhaufen identifiziert und katalogisiert werden. Einige ließen sich beispielsweise mit dem Hubble-Weltraumteleskop sogar in Einzelsterne auflösen. Bei der viel weiter entfernten und bedeutend größeren elliptischen Riesengalaxie M87 (Entfernung ca. 55 Mio. Lichtjahre) konnten im Rahmen eines Surveys mit dem Subaru-Teleskop ca. 12.000 entdeckt werden (Tamura et al. 2006). Ihre Gesamtzahl wird auf mehr als 20.000 geschätzt.

In den Halos einiger elliptischer Galaxien konnten Kugelsternhaufen von sehr jungem Alter gefunden werden. Die Entstehung dieser Galaxien wird auf die Verschmelzung von zwei oder mehr kleineren Galaxien zurückgeführt, wobei derartige Zusammenstöße gewöhnlich eine Phase intensiver Sternentstehung einleiten („Starburst"). Aktuelle wissenschaftliche Untersuchungen haben ergeben, dass auch während dieses Prozesses die Bildung von Kugelsternhaufen durchaus möglich ist.

6.4.2 Offene oder Galaktische Sternhaufen

Unter „Offenen Sternhaufen" versteht man Ansammlungen von mehreren hundert bis zu einigen tausend Sternen im Bereich der galaktischen Scheibe (Spiralarme), die eine gemeinsame Entstehungsgeschichte besitzen und die mehr oder weniger stark gravitativ miteinander verbunden sind. Sie heben sich deutlich vom Sternhintergrund ab und unterscheiden sich dabei vor allem durch ihre Lokalisation, ihre geringe Sterndichte und ihr Alter von den mehr im galaktischen Halo angesiedelten Kugelsternhaufen. Die meisten von ihnen sind mit einem Alter von wenigen Millionen bis maximal einigen hundert Millionen Jahren vergleichsweise jung und gehören der metallreichen Population I an. Offene Sternhaufen findet man nur in Spiralgalaxien und Galaxien unregelmäßigen Typs, in denen noch genügend Gas vorhanden ist, damit dort noch Sternbildung stattfinden kann (was beispielsweise in elliptischen Galaxien nicht mehr der Fall ist).

Grundlegende Eigenschaften Die Struktur von offenen Sternhaufen kann man am besten als unregelmäßig und locker beschreiben, wobei sie dazu neigen, sich im Laufe der Zeit unter dem Einfluss der Gezeitenkräfte der Galaxie aufzulösen. Man kann dann ihre Mitglieder höchstens noch durch signifikante gemeinsame Merkmale im allgemeinen Sternfeld identifizieren (beispielsweise als Bewegungssternhaufen oder als Sternassoziation).

In unserer Milchstraße sind bis jetzt ca. 1200 offene Sternhaufen als solche identifiziert und katalogisiert worden. Ihre tatsächliche Zahl wird aber auf weitaus mehr geschätzt (ca. 10 × mehr), da viele allein durch den in der galaktischen Ebene konzentrierten interstellaren Staub verdeckt und somit schwer nachweisbar sind. Fortschritte in der Infrarot-Astronomie haben es jedoch ermöglicht, durch den interstellaren Staub hindurch zu sehen. Auf diese Weise lassen sich immer noch bislang verborgene offene Sternhaufen entdecken.

In Spiralgalaxien wie der Milchstraße sind offene Sternhaufen hauptsächlich in den Spiralarmen zu finden, da dort aufgrund der höheren Gasdichte auch die meisten Sterne entstehen. Sie konzentrieren sich dabei entlang der galaktischen Ebene, aus der sie maximal 180 Lj. „herausragen" können. Das ist sehr wenig im Vergleich zu dem Radius der Milchstraße von ca. 10^5 Lj.

Die Verteilung von offenen Sternhaufen in der Milchstraße hängt stark von ihrem Alter ab. Ältere Sternhaufen sind überwiegend in größeren Entfernungen vom galaktischen Zentrum zu finden. Die stärkeren Gezeitenkräfte in der Nähe des Zentrums begünstigen nämlich die Zerstörung von Sternhaufen, die auf diese Weise relativ schnell im allgemeinen Sternfeld verschwinden. Außerdem sind die Riesenmolekülwolken, die ebenfalls zur Auflösung von offenen Sternhaufen beitragen können, eher in den inneren Regionen der Galaxie konzentriert. Daher neigen die meisten Sternhaufen in den zentralen Regionen dazu, sich früher aufzulösen als jene, die sich weiter in den äußeren Regionen der Galaxie aufhalten.

Der älteste bekannte offene Sternhaufen in der Milchstraße ist NGC 6791, der sich etwa 13.500 Lichtjahre vom galaktischen Zentrum entfernt im Sternbild Leier befindet. Sein Alter wird auf 8 bis 10 Mrd. Jahre geschätzt. Er ist mit einem Durchmesser von ca. 100 Lj. sehr kompakt und enthält in seinem Raumvolumen etwa 100 Sterne, bei denen es sich überwiegend um Rote Riesen handelt.

Die große Entfernung von NGC 6791 zum galaktischen Zentrum ist wahrscheinlich der Grund für sein hohes Alter, da dort die bereits beschriebenen „Auflösungsmechanismen" weniger stark wirken (Abb. 6.25).

Da sich die Sterne eines Sternhaufens in einem vergleichsweise kleinen Volumen konzentrieren, kann die Entfernung dieses Volumens gewöhnlich als Entfernung aller Mitglieder des Sternhaufens betrachtet werden. Bei bekannter Entfernung lassen sich die individuellen Eigenschaften der Sterne innerhalb des Hau-

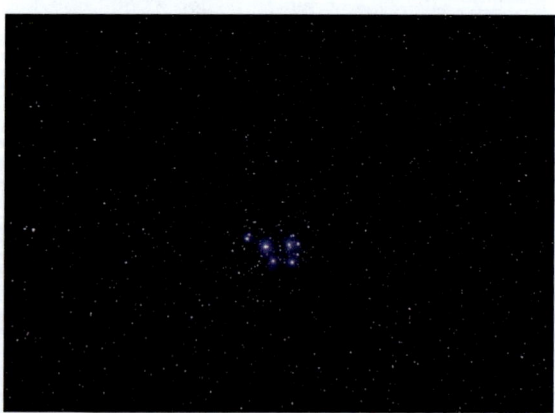

Abb. 6.25 Der offene Sternhaufen der Plejaden stellt die größte kompakte Anhäufung von jungen B-Sternen dar. (Aufnahme Dr. A. Matauscheck)

fens detaillierter untersuchen und ihre jeweiligen Entwicklungsstände ableiten. Weiterhin ist man in der Lage, die für die Festlegung der kosmischen Entfernungsleiter so wichtige Perioden-Leuchtkraft-Beziehung bestimmter veränderlicher Sterne (insbesondere Delta-Cepheiden und RR-Lyrae-Sterne) zu eichen. Denn diese Sterne haben eine große absolute Helligkeit und können deshalb noch in sehr großer Entfernung identifiziert werden, was insbesondere für die extragalaktische Astronomie von großer Bedeutung ist.

Es gibt mehrere Methoden zur Entfernungsbestimmung von offenen Sternhaufen, von denen hier nur folgende stichwortartig erwähnt werden sollen: Parallaxenmessung (mittels Astrometriesatelliten wie Hipparcos und Gaia), dynamische Parallaxen („Sternstromparallaxen" von sogenannten „Bewegungssternhaufen"), Hauptreihen-Fitting, Isochronen-Fitting, spektroskopische Parallaxen sowie Entfernungsschätzungen anhand der intrinsischen Helligkeit individueller Haufensterne.

6.4.3 Sternassoziationen

Der Begriff der „Sternassoziation" für lockere, im Sternfeld kaum sichtbare Sternhaufen wurde 1947 von dem sowjetisch-armenischen Astronomen Victor Ambartsumian (1908–1996) eingeführt, um eine spezielle Klasse von offensichtlich sehr jungen Sterngruppierungen zu beschreiben. Diese Sterngruppierungen bestehen aus Sternen, die sich gemeinsam aus derselben Molekülwolke gebildet haben und in einem lockeren, aber trotzdem noch gravitativ gebundenen Verband verblieben sind. Die erste als „Sternassoziation" erkannte Sterngruppierung ist der Bewegungssternhaufen Ursa Major (sogenannte „Bärengruppe"), dem fünf der sieben Sterne des „Großen Wagens" angehören. Er wurde 1915 von dem Baseler Astronomen Leopold Courvoisier (1873–1955) entdeckt (Courvoisier, 1916).

Grundlegende Eigenschaften Die Sterne in einer Assoziation haben aufgrund ihrer gemeinsamen Herkunft ein sehr ähnliches Alter von nur wenigen Millionen Jahren. Je nachdem, durch welche Sterntypen sie repräsentiert werden bzw. wo am Himmel man sie findet, unterscheidet man

OB-Assoziationen: Bestehen hauptsächlich aus Sternen der Spektraltypen O und B. Viele Sterne im Bereich der Gürtelsterne des Sternbilds Orions gehören einer OB-Assoziation an.

T-Assoziationen: Hierbei handelt sich um lockere Sternansammlungen, in denen man Vorhauptreihensterne vom Typ T-Tauri findet. Eine typische T-Assoziation findet man im Umfeld der Trapezsterne im Orionnebel M42/43.

R-Assoziationen: Darunter versteht man lockere Ansammlungen von jungen Sternen, die noch in einem Reflexionsnebel eingebettet sind. Als Beispiel sei hier nur NGC 1333 im Sternbild Perseus genannt, das selbst Teil eines größeren Sternentstehungsgebietes ist.

In der Milchstraße konnten bis heute etwa 1000 Sternassoziationen katalogisiert werden. Auch hier ist, wie bei offenen Sternhaufen, die wahre Anzahl bedeutend größer. Die Anzahl der Sterne reicht von ca. einem Dutzend bis maximal 100 Sternen, die einen lockeren Verbund bilden, der sich im Gegensatz zu offenen Sternhaufen kaum vom Sternhintergrund abhebt. Insbesondere die Sterne einer OB-Assoziation prägen durch ihre starke UV-Strahlung und durch sie ausgehende Sternwinde die Dynamik in ihrer unmittelbaren Umgebung, indem sie beispielsweise das interstellare Wasserstoffgas ionisieren und zum Leuchten anregen (HII-Gebiete). Aus der chemischen Homogenität der Sterne lässt sich auf die Zusammensetzung der Gas- und Staubwolke schließen, aus der sie gemeinsam entstanden sind. Insbesondere die Analyse ihrer Spektren liefert wichtige empirische Hinweise auf die jeweiligen Entstehungsbedingungen, was wiederum für die Verifizierung der Theorie der Sternentstehung von großer Bedeutung ist. Dazu kommt noch, dass man auch hier Sterne mit einer großen Bandbreite an Massen vorfindet, die sich unterschiedlich schnell entwickeln. Für den Astrophysiker stellen sie deshalb geradezu ideale „Laboratorien" zur Erforschung der frühen Stufen der Sternentwicklung dar.

6.4.4 Hertzsprung-Russell-Diagramme und Sternentwicklung

Im Folgenden sollen alle grafischen Darstellungen, die die effektive Temperatur oder ein Analogon dafür, wie „Farbe" und Spektraltyp, über eine photometrische Größe wie „scheinbare" oder „absolute Helligkeit" bzw. Leuchtkraft von Sternen eines Sternhaufens oder einer Sternassoziation auftragen, unter dem Begriff des „Hertzsprung-Russell-Diagramms" (HRD) subsummiert werden (schließt also Farben-Helligkeitsdiagrammen (FHD) mit ein). Allen ist in diesem Fall gemeinsam, dass sie eine Population von Sternen unterschiedlichen Entwicklungszustandes, aber gleichen Alters repräsentieren und damit für jeden Sternhaufen charakteristisch sind. Dadurch, dass zwischen der scheinbaren Helligkeit m und der absoluten Helligkeit M eine (unter Vernachlässigung der interstellaren Extinktion, ausgedrückt durch den Farbexzess) Proportionalität besteht, wobei der Proportionalitätsfaktor der Entfernungsmodul $(m - M)$ ist, braucht man ein beobachtetes HRD (oder FHD) nur um diesen Entfernungsmodul entlang der Helligkeitsachse parallelverschieben, um zu einem absoluten HR-Diagramm zu gelangen. Die Verteilung der Sterne im Diagramm ändert sich dabei nicht. Daraus ergibt sich übrigens eine elegante Methode, um die Entfernung eines Sternhaufens zu bestimmen, die man als „Hauptreihen-Fitting" bezeichnet. Diese Methode ist auch unter der Bezeichnung „Anpassen der ZAMS (Zero Age Main Sequence) an die FHDs" bekannt. Die ZAMS stellt bekanntlich den Verlauf der Nullalter-Hauptreihe in einem FHD dar, wenn sich dessen Sterne genau in einer Entfernung von 10 pc befinden würden. Die Ordinate repräsentiert in solch einem Diagramm die absolute Helligkeit M. Um nun die Entfernung eines Sternhaufens, dessen FHD bekannt ist (hierbei repräsentiert die Ordinate die scheinbare Helligkeit m in einem bestimmten Farbbereich, z. B. V = visuell), zu ermitteln, muss man nur noch die ZAMS möglichst genau mit der Hauptreihe des entsprechenden Sternhaufens in dessen FHD zur Deckung bringen. Um wie viel dazu das ZAMS entlang der

Helligkeitsachse parallelverschoben werden muss, gibt der Entfernungsmodul Gl. 2.39 an, der gleichzeitig ein direktes Maß für die Distanz r des entsprechenden Sternhaufens in pc ist. Diese Methode ist um so genauer, je mehr Sterne – insbesondere Hauptreihensterne – der entsprechende Sternhaufen enthalten.

Die ZAMS ist genau genommen ein theoretisches Konstrukt, das aus der Theorie der Sternentwicklung folgt und aus entsprechenden Modellrechnungen für verschiedene Materiezusammensetzungen abgeleitet wird. Als das noch nicht möglich war, benötigte man eine „Hauptreihe" von einem möglichst nahen Sternhaufen, dessen Entfernung durch eine der Standardmethoden der Astrometrie bestimmt werden konnte. Dieser Sternhaufen ist Melotte 25, besser als „Hyaden" bekannt Abb. 2.53. Seit 1908 weiß man, dass es sich bei den Hyaden um einen „Bewegungssternhaufen" handelt (d. h., die Mitglieder bewegen sich im Raum auf parallelen Bahnen in eine bestimmte Richtung (Apex), was den Einsatz der Methode der „Sternstromparallaxe" erlaubt, um dessen Entfernung zu bestimmen). Ein genauerer Wert für die Distanz ergibt sich aus direkten Parallaxenmessungen der Einzelsterne mittels Astrometriesatelliten (Hipparcos, Gaia). Danach ist das Zentrum des Haufens 153 Lj. (47 pc) von der Sonne entfernt.

Eine weitere Methode der Entfernungsbestimmung von Sternhaufen nutzt „Isochronen aus. Darunter versteht man theoretische Kurven im Hertzsprung-Russell-Diagramm (HRD), die Sterne gleichen Alters, aber unterschiedlicher Ausgangsmasse miteinander verbinden. Diese Kurven werden auf Grundlage von Modellen der stellaren Entwicklung unter Berücksichtigung von Parametern wie ZAMS-Masse, chemischer Zusammensetzung und Alter erstellt. Abb. 6.26 zeigt einige

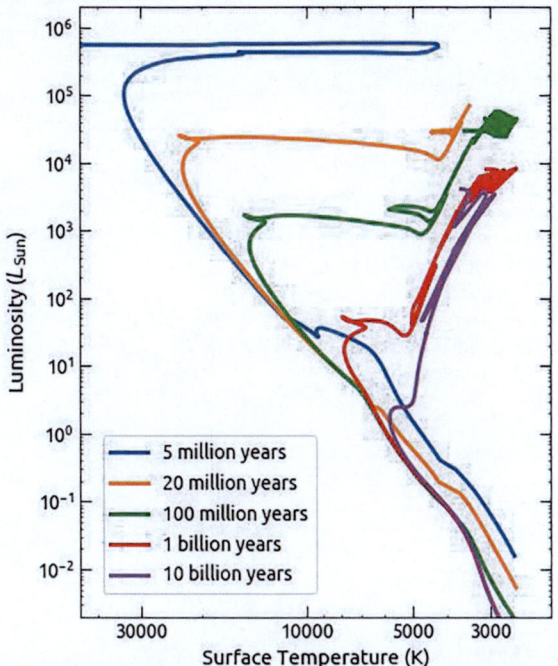

Abb. 6.26 Theoretische Isochronen für Sterne mit solarer Metallizität

aus Sternmodellen von Leo Girardi et al. abgeleitete theoretische Isochronen für Sterne, deren Metallizität annähernd dem der Sonne entspricht.

In der Regel werden Diagramme wie Abb. 6.26 in FHDs transformiert, indem man als Ordinate anstelle der Leuchtkraft die absolute Helligkeit und als Abszisse, als Maß für die effektive Temperatur, einen geeigneten Farbenindex (oft $B-V$ oder $G_{BP} - G_{RP}$ bei Gaia-Daten) wählt. Liegt nun ein analoges Diagramm für einen Sternhaufen vor, das aus den Beobachtungen aller (sicheren) Haufenmitglieder abgeleitet wurde, dann gilt es, unter den Modell-Isochronen diejenige auszuwählen, die am besten die Punkte (Sterne) im empirischen FHD fittet. Ist eine solche Isochrone ermittelt, erhält man daraus eine recht gute Schätzung des Alters und der Metallizität der Sterne des Sternhaufens und aus der Skalendifferenz der Ordinate beider Diagramme den Entfernungsmodul des Sternhaufens Abb. 6.27.

Ein wichtiger „Ankerpunkt" bei diesem Verfahren stellt der sogenannte „Abknickpunkt" im HRD von Sternhaufen dar, der den Übergang von massearmen Sternen mit konvektivem Kern zu massereicheren Sternen mit radiativem Kern markiert. Seine Lage ist charakteristisch für das Alter des Sternhaufens und unabhängig von dessen Entfernung, wobei gilt: je älter der Sternhaufen ist, desto weiter in den roten Bereich ist sein Abknickpunkt im HRD verschoben. Ohne diesen deutlichen Abknickpunkt von der Hauptreihe wäre die Entfernungs- und Altersbestimmung von Sternhaufen mittels Isochronen-Fitting kaum möglich.

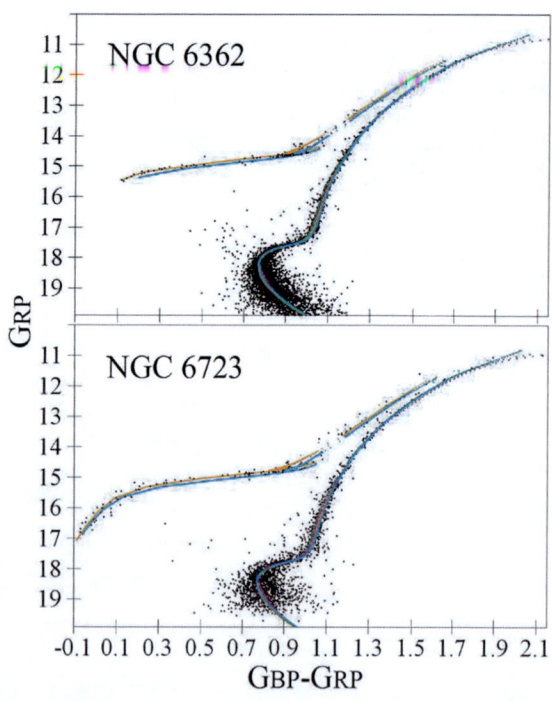

Abb. 6.27 Isochrone-Fitting der beiden Kugelsternhaufen NGC 6362 und NGC 6723. Entlang der Abszisse ist der EDR3 $G_{BP} - G_{RP}$ Farbenindex aufgetragen. Die Isochronen von NGC 6362 entsprechen ungefähr einem Alter von 12 Mrd. Jahren und die von NGC 6723 von ungefähr 12,4 Mrd. Jahren. Die unterschiedlichen Farben geben jeweils Kurven von Modellsternen unterschiedlicher Metallizität wieder (Gontcharov et al. 2023)

Die korrekte Identifizierung des Abknickpunktes der Hauptreihe ist eine der größten Herausforderungen beim Isochronen-Fitting und entscheidend für die Genauigkeit der Alters- und Entfernungsbestimmung von Sternhaufen. Denn er ist nicht immer eindeutig mit der gewünschten Genauigkeit auszumachen, sondern markiert eher eine Übergangsregion. Das kann an photometrischen Unsicherheiten liegen, an einer möglichen Verfälschung der Hauptreihe durch nicht aufgelöste Doppelsterne und an einer natürliche Altersspreizung der Sterne in einem Sternhaufen. Um diese Probleme zu lösen, wurden verschiedene Methoden entwickelt, die alle ihre Vor- und Nachteile haben. Als eine Möglichkeit sei hier nur die Kombination optischer und NIR-Photometrie zur Erstellung entsprechender FHDs genannt.

Die HRDs von Kugelsternhaufen und offenen Sternhaufen unterscheiden sich deutlich aufgrund ihres unterschiedlichen Besatzes von Sternen, die sich aus deren Entstehungsgeschichte (Ausgangsmasse), Metallizität und Alter ergeben. Während die Kugelsternhaufen unserer Milchstraße alle ziemlich zur gleichen Zeit innerhalb eines Zeitfensters von ca. zwei Milliarden Jahren zusammen mit der Milchstraße entstanden sind (d. h. vor ca. 13,5 Mrd. Jahren), entstehen „offene Sternhaufen" noch heute in den zahlreichen Sternentstehungsgebieten der Spiralarme. Sie weisen deshalb ein breites Spektrum hinsichtlich ihres Alters auf, und ihr Material repräsentiert unterschiedliche Generationen von Sternen, was sich beispielsweise sehr gut in der Metallizität der Sternmaterie widerspiegelt. Abb. 6.28 zeigt das FHD eines besonders alten Kugelsternhaufens (M 92, Alter ca. 13 Gyr) und eines typischen offenen Sternhaufens, und zwar den mit einem Alter von ca. 100 Mio. Jahren recht jungen M 45 (Plejaden, Abb. 6.29). Der älteste offene

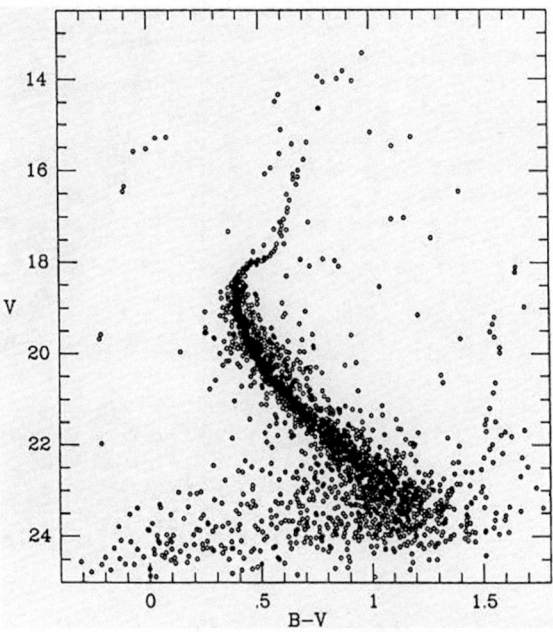

Abb. 6.28 Farben-Helligkeitsdiagramm des sehr alten Kugelsternhaufens M 92 im Sternbild Herkules (Stetson und Harris 1988)

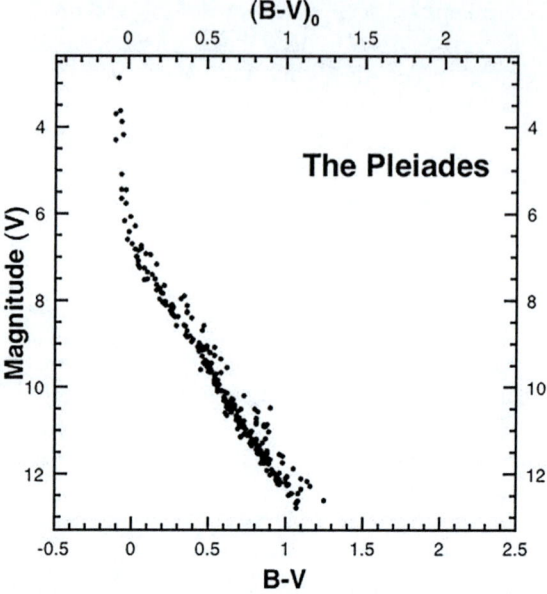

Abb. 6.29 Farben-Helligkeitsdiagramm der Plejaden (M45). Das Alter dieses Sternhaufens beträgt etwa 100 Mio. Jahre

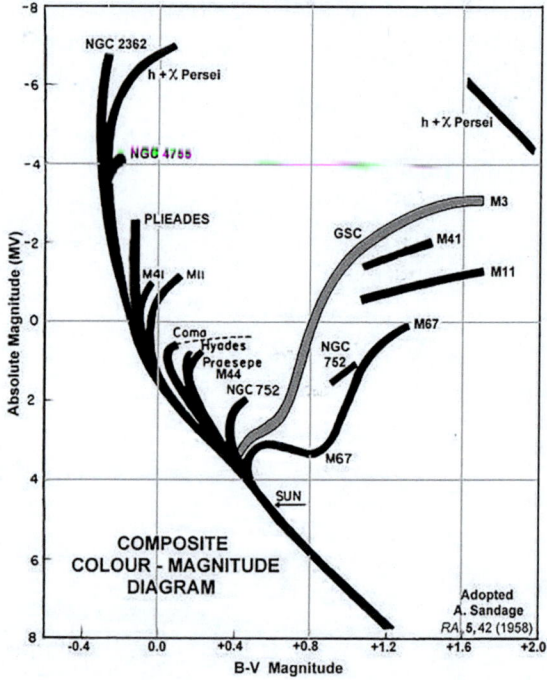

Abb. 6.30 Schematische Darstellung einiger offener Sternhaufen unterschiedlichen Alters in einem FHD

6.4 Sternhaufen und Sternentwicklung

Sternhaufen der Milchstraße ist der Sternhaufen NGC 6791 im Sternbild Leier, dessen Alter auf ungefähr 8 Mrd. Jahre geschätzt wurde (Platais et al. 2011). Nicht ganz so alt ist NGC 188 im Sternbild Cepheus, der mit ca. 6,3 Mrd. Jahren lange Zeit in dieser Beziehung den Rekord hielt.

Sind Sternhaufen erst einmal hinsichtlich ihres Alters genügend genau datiert, kann man anhand der Besetzung ihrer HRDs theoretische Sternentwicklungsmodelle validieren und damit auch von empirischer Seite den Prozess der Sternentwicklung von Sternen unterschiedlicher Ausgangsmasse und chemischer Beschaffenheit verifizieren.

Das altersbedingte „Abknicken" der Hauptreihe in Richtung Riesenast zeigt sehr schön Abb. 6.30.

Endstadien der Sternentwicklung 7

> *Unusual signals from pulsating radio sources have been recorded at the Mullard Radio Astronomy Observatory. The radiation seems to come from local objects within the galaxy, and may be associated with oscillations of white dwarfs or neutron stars.*
>
> A. Hewish, S. J. Bell, J. D. H. Pilkington, P. F. Scott, E. A. Collins – abstract from (Hewish et al. 1968)

Das Jahr 1915 brachte eine Entdeckung, die in den Folgejahren zu vielen kontroversen Diskussionen führen sollte. Denn sie zeigte, dass es im Kosmos offensichtlich extrem dichte Materiezustände geben muss, für die es damals nicht einmal Ansätze für eine Erklärung gab. Diese Entdeckung gelang Walter Sydney Adams (1876–1956) am Mt. Wilson-Observatorium und betraf die Farbe des Sirius-Begleiters – sie war nämlich nicht, wie angenommen, rot, sondern blauweiß, was bedeutet, dass dieser Stern eine ähnlich hohe effektive Temperatur besitzen muss wie Sirius selbst. Diese Beobachtung, die auf den ersten Blick gar nicht so spektakulär erscheinen mag, führte nämlich zu Konsequenzen für die Natur dieses Sterns, die in den Augen der Wissenschaftler jener Zeit geradezu absurd erschienen. Dazu muss man Folgendes wissen: Bereits 1844 schlussfolgerte Friedrich Bessel (1784–1846) aus genauen Positionsbeobachtungen von Sirius (dem hellsten Stern des Sternbilds Großer Hund und des Nachthimmels überhaupt), dass dieser Stern einen unsichtbaren Begleiter besitzen muss, also in Wirklichkeit ein physischer Doppelstern war. Diese von ihm noch als Hypothese vorgetragene Idee wurde 1851 durch umfangreiche Rechnungen erhärtet (Christian August Friedrich Peters (1806–1880)) und konnte schließlich – mehr zufällig und weniger beabsichtigt – 1862 durch die Entdeckung von Sirius B durch Alvan Graham Clark (1832–1897) endgültig bestätigt werden. Zu Beginn des 20. Jahrhunderts war sowohl die Bahn dieses schwach leuchtenden Begleiters um Sirius (Sirius A) als auch die Entfernung mit ca. 8,6 Lj bereits recht gut bekannt. Man wusste, dass Sirius A ungefähr die doppelte Sonnenmasse besitzt und sein schwächerer Begleiter auch noch einmal ungefähr eine Sonnenmasse „auf die Waage" bringt (s. Abschn. 2.1.4). Die Leuchtkraft beider Sterne unterscheiden sich jedoch um den Faktor 800. Sirius B sollte deshalb nach Meinung der damaligen Astronomen ein leuchtkraftschwacher, kühler und damit mehr rot gefärbter Stern sein. Die Entdeckung Adams zeigt jedoch, dass er ähnlich heiß sein muss wie Sirius A. Und das bedeutet bei dem beobachteten Helligkeitsunterschied von fast 10 Größenklassen, dass seine strahlende Oberfläche sehr klein ist. Das heißt wiederum nach Gl. 2.49, dass Sirius B kaum größer als die Erde sein dürfte. Und rund eine Sonnenmasse in einer Kugel so groß wie die Erde führt zu einer mittleren Dichte von etwa 10^8 kg/m^3 – ein für die damalige Zeit völlig unvorstellbarer, ja hochgradig absurder Wert ($\approx$ 9000-mal dichter als Blei!).

Zur gleichen Zeit veröffentlichte Albert Einstein seine Allgemeine Relativitätstheorie, die u. a. die Existenz einer gravitationsbedingten Rotverschiebung der Spektrallinien bei entsprechend massiven Sternen vorhersagte. 1919 erbaute man zu deren Nachweis auf dem Telegrafenberg in Potsdam ein spezielles Sonnenobservatorium („Einsteinturm") mit dem Ziel, diese gravitationsbedingte Frequenzverschiebung nachzuweisen und zu vermessen. Dieses Ziel konnte aber nicht erreicht werden. 1924 schlug Arthur Stanley Eddington vor, dieses Phänomen am Beispiel des Sirius-Begleiters zu untersuchen. Ein Jahr später konnte Adams entsprechende Spektren aufnehmen und vermessen, wobei er den von Eddington theoretisch aus den Einstein'schen Gleichungen ermittelten Wert bestätigte. Damit war zugleich gezeigt, dass „Weiße Zwerge" – denn um diesen Sterntyp handelt es sich bei dem Siriusbegleiter – wirklich extrem kompakte Sterne sind.[1] Es blieb aber immer noch die Frage nach der Natur dieser Sterne zu beantworten. Die entscheidenden Erkenntnisse in dieser Hinsicht lieferte die Quantentheorie, bzw. etwas genauer, das Paulische Ausschließungsprinzip, welches ein von klassischen Vorstellungen komplett abweichendes thermodynamisches Verhalten von aus Fermionen bestehenden Gasen vorhersagte. Ralph Fowler konnte schließlich 1926 zeigen, dass ein Elektronengas unter bestimmten Bedingungen, die man als „Entartung" bezeichnet, einen von der Temperatur unabhängigen Druck aufbauen kann, der in der Lage ist, solche kompakten Objekte wie Weiße Zwergsterne hydrostatisch zu stabilisieren (s. Abschn. 4.4.2).

Zu Beginn der 1930er-Jahre kamen Wilhelm Anderson (1880–1940), Edmond Clifton Stoner (1899–1968) und Subrahmanyan Chandrasekhar unabhängig voneinander zu der Erkenntnis, dass es für Weiße Zwerge, die durch ein entartetes Elektronengas stabilisiert werden, massenmäßig eine Obergrenze geben muss (Blackman 2006). Diese Massenobergrenze wird heute als Chandrasekhar-Grenzmasse bezeichnet und liegt in einem von der chemischen Zusammensetzung der Sternmaterie abhängigen Bereich um etwa 1,4 $M_\odot$. Die Einführung dieser Grenzmasse führte übrigens im Jahre 1935 zu einer sehr kontrovers geführten Debatte zwischen Arthur Stanley Eddington und dem damals noch sehr jungen

---

[1] Die Messungen am Wilson-Observatorium ergaben – wie man heute weiß – einen mit 21 km/s zu geringen Äquivalentwert für die gravitative Rotverschiebung, die nach modernen Messungen (Hubble-Telekop) eher bei $\approx$ 80 km/s liegt.

Subrahmanyan Chandrasekhar. Arthur L. Miller hat darüber ein gut recherchiertes und unterhaltsames Buch mit dem Titel *Empire oft he Stars* geschrieben, welches im Jahre 2006 auch in Deutsch, diesmal unter dem etwas reißerischen Titel *Der Krieg der Astronomen*, erschienen ist und welches die Entdeckungsgeschichte der Endstadien der Sternentwicklung aus dem Blickwinkel der darin involvierten Wissenschaftler nachzeichnet (Miller 2005).

Mit der Einführung einer oberen Grenzmasse für Weiße Zwerge kam zwangsläufig die Frage auf, was wohl mit Sternen geschieht, die am Ende ihres Lebens immer noch eine Masse besitzen, die oberhalb dieser Grenzmasse liegt. In diesem Fall – und auf diese Konklusion wies der sowjetische Physiker Lew Dawidowitsch Landau bereits 1932 hin – scheint ein Kollaps zu einer, mathematisch gesprochen, Singularität formal unausweichlich zu sein. Diese „Singularität" wurde 1967 schließlich von John Archibald Wheeler (1911–2008) mit dem sehr einprägsamen Wort „Schwarzes Loch" (Black Hole) belegt, nachdem sich die russische Bezeichnung замороженная звезда („gefrorener Stern", aufgrund der Phänomenologie des Gravitationskollapses für einen entfernten Beobachter) nicht durchsetzen konnte.

In das Jahr 1932 fällt auch die Entdeckung des Neutrons durch James Chadwick (1891–1974), das bereits in den 1920er-Jahren theoretisch postuliert wurde. Bei diesem Teilchen handelt es sich, genauso wie beim Elektron, um ein Fermion, weshalb ein „Neutronengas" den gleichen quantenstatistischen Gesetzmäßigkeiten wie ein Elektronengas unterliegt. 1934 hatten die beiden Astronomen Fritz Zwicky und Walter Baade die Idee, dass vielleicht Supernovae Objekte sind, in denen „normale" Materie auf irgendeine Art und Weise in „Neutronenmaterie" (die zumindest prinzipiell aufgrund ihrer Ladungsfreiheit auf Kerndichte komprimierbar ist) umgewandelt wird. In ihren Worten hört sich diese Idee dann so an (Baade und Zwicky 1934):

> With all reserve we advance the view that super-nova represents the transition of an ordinary star into a neutron star, consisting mainly of neutrons. Such a star may possess a very small radius and an extremely high density. As neutrons can be packed much more closely than ordinary nuclei and electrons, the „gravitational packing" energy in cold neutron star may become very large, and under certain circumstances, may far exceed the ordinary nuclear packing fractions. A neutron star would therefore represent the most stable configuration of matter as such.

Diese Idee wurde in der Folgezeit von Georgi Gamow aufgegriffen, indem er, analog zur Elektronenentartung, Neutronen als entartetes Gas betrachtete und berechnete, dass Neutronensterne mit der Masse der Sonne – sollte es sie wirklich geben – nur einen Durchmesser von gerade einmal 20 km haben sollten. Damit schien es hoffnungslos, diese unvorstellbar dichten „Sterne" jemals als reale Objekte entdecken zu können. Doch dann kam drei Jahrzehnte später der Zufall zu Hilfe. Radioastronomen entdeckten im Jahre 1967 geheimnisvolle Impulsfolgen, die mit der Genauigkeit einer Atomuhr im gleichmäßigen Abstand aufeinanderfolgten. Man glaubte für einen kurzen Augenblick, hier Signale entfernter Zivilisationen vor sich zu haben, was sich übrigens in der internen Bezeichnung dieser neuen pulsierenden Radioquellen niederschlug (LGM, Little Green Man). Aber schnell wurde klar, dass diese geheimnisvollen Impulsfolgen in schnellrotierenden magnetischen Neutronensternen ihren Ursprung haben. Und als man schließlich 1969 einen dieser „Pulsare" am Ort des Krebsnebels (den Rest des Supernovaausbruchs des Jahres 1054) fand, hatte sich auch die Idee von Baade und Zwicky letztendlich in ihren Grundzügen als richtig herausgestellt.

Doch zurück in die Zeit kurz vor Ausbruch des 2. Weltkrieges. An der Universität Berkeley in Kalifornien beschäftigten sich Robert Oppenheimer und sein kanadischer Kollege George Volkoff mit dem Problem einer Zustandsgleichung für reine Neutronenmaterie. Dabei erkannten sie, dass es auch für Neutronensterne ähnlich wie für Weiße Zwerge eine obere Massengrenze geben muss. Diese Grenzmasse bezeichnet man heute als „Oppenheimer-Volkoff-Grenze". Sie liegt – begründet in der immer noch hochgradigen Unkenntnis der genauen Zustandsgleichungen für Kernmaterie – irgendwo zwischen 2 und 3,2 Sonnenmassen. Übersteigt die Masse eines im freien Fall kollabierenden Sternkerns diese Grenzmasse, dann entsteht zwangsläufig ein Schwarzes Loch mit einer – klassisch allgemein-relativistisch gesehen – Singularität im Zentrum, in dem die Dichte einen unendlich großen Wert erreicht. In natura erwartet man aber, dass dieser unphysikalische Zustand durch Quanteneffekte verhindert wird. Genaueres dazu wird man aber erst dann in Erfahrung bringen, wenn es in Zukunft gelingen sollte, die Allgemeine Relativitätstheorie (eine klassische Feldtheorie) mit der Quantentheorie zu einer widerspruchsfreien Theorie der Quantengravitation zu vereinigen.

Die Existenz von kosmischen Objekten mit der erwarteten Phänomenologie von Schwarzen Löchern ist mittlerweile unbestritten und durch eine Vielzahl von Beobachtungen abgesichert. Man findet sie als supermassive Kerne von Spiral- und elliptischen Galaxien, in den Kernen einzelner Kugelsternhaufen (quasi als „mittelschwere Schwarze Löcher" wie beispielsweise im Zentrum von ω Centauri) und als stellare Schwarze Löcher, die sich beispielsweise als Komponenten von Doppelsternsystemen durch ihre Massenakkretion verraten (u. a. in Form einer Quelle intensiver Röntgenstrahlung). Der „Klassiker" ist hier der Röntgendoppelstern Cygnus X-1, der, wie man heute weiß, aus einem Blauen Riesen und einem Schwarzen Loch besteht.

Zu erwähnen ist auch noch, dass Schwarze Löcher, die so nahe aneinandergeraten, dass sie verschmelzen, Quellen von intensiven Gravitationswellen sind. Ein entsprechendes Signal konnte im Jahre 2015 mittels der LIGO-Observatorien nachgewiesen werden, was sowohl technisch als auch astronomisch eine außergewöhnliche Leistung darstellt (Abbott et al. 2016). Im Jahre 2017 erhielten für diese Entdeckung (und die dazu erforderlichen technischen und physikalisch-theoretischen Vorarbeiten) Rainer Weiss, Barry Barish und Kip S. Thorne den Nobelpreis für Physik.

Kompakte astrophysikalische Objekte können nicht mehr adäquat mit den Mitteln der klassischen Physik beschrieben werden, da bei ihnen im besonderen Maße relativistische Effekte und natürlich auch Quanteneffekte eine große Rolle spielen. Gerade Neutronensterne und Schwarze Löcher sind im besten Sinne des Wortes „allgemein-relativistisch", d. h., man benötigt für ihre genaue Beschreibung zwingend die Gleichungen der Allgemeinen Relativitätstheorie. Was die theoretische Behandlung dieser Objekte betrifft, sei deshalb auf entsprechende Lehrwerke und Monografien verwiesen (z. B. Shapiro und Teukolsky (1983) und Camenzind (2007)). Im letzten Kapitel dieses Buches soll es daher weniger um die sehr komplizierte „Theorie" kompakter Endstadien der Sternentwicklung gehen, vielmehr soll der Blick auf eine phänomenologische Beschreibung und auf die Schilderung von in diesem Zusammenhang wichtigen Beobachtungsergebnissen gerichtet werden.

7.1 Weiße Zwerge

Der größte Teil der Sterne im Kosmos (man schätzt $\approx$ 95 bis 98 %) enden als Weiße Zwergsterne. Sie bilden deshalb eine genau genommen schon rein zahlenmäßig große Population, die aber – beispielsweise in empirisch erstellten HRD der Sonnenumgebung – aufgrund ihrer geringen Leuchtkraft und damit Entdeckungswahrscheinlichkeit nur wenig in Erscheinung tritt. Bereits Eddington erkannte in den 1920er Jahren, dass Weiße Zwergsterne im Kosmos recht häufig sein müssen – und das zu einer Zeit, als lediglich drei Sterne dieses Typs sicher bekannt waren (Sirius B, Prokyon B und Van Maanens Stern). Heute können die Astronomen in entsprechenden Katalogen auf die Grunddaten (Position, Helligkeit, eventuell Spektraltyp) von weit über 20.000 sicher identifizierten Weißen Zwergsternen zurückgreifen (s. z. B. Kleinman et al. (2012)) oder http://www.astronomy.villanova.edu/WDCatalog/ mit über 14.000 Objekten). Mit dem Hubble-Weltraumteleskop und seiner hohen räumlichen Auflösung lassen sich nun auch Weiße Zwergsterne in einigen alten Kugelsternhaufen wie ω Centauri oder M4 beobachten (s. Abb. 7.1), was den Vorteil hat, dass sie alle ungefähr gleich weit entfernt sind und sich somit sofort – zumindest was ihre Helligkeit betrifft – untereinander vergleichen lassen (Abb. 7.2).

Von ähnlich großer Bedeutung wie Kugelsternhaufen sind auch offene Sternhaufen unterschiedlichen Alters für stellarstatistische Untersuchungen Weißer Zwerge. Lassen sich in ihnen Weiße Zwergsterne nachweisen, dann kann man nach Sicherstellung ihrer Haufenzugehörigkeit spektroskopisch ihre effektive Temperatur T_{eff} und (über die Druckverbreiterung der Spektrallinien) ihre Oberflächenschwerkraft (log g) bestimmen. Lässt sich weiterhin im HRD des Haufens aus der Lage des Abknickpunktes der Hauptreihe („Knie") dessen *turn-off*-Masse ablesen, dann weiß man, dass die Ursprungssterne der im Sternhaufen befindlichen Weißen Zwerge eine Masse oberhalb dieser Masse besessen haben müssen. Gelingt es, aus den genannten Daten noch semiempirisch die Abkühldauer der beobachteten Weißen Zwergsterne zu berechnen, dann kann man sie vom Haufenalter abziehen und damit die Zeitdauer zwischen Sternentstehung und post-AGB-Phase (Stichwort „Planetarischer Nebel") berechnen und mit entsprechenden Sternentwicklungsmodellen vergleichen, woraus dann wiederum die ZAMS-Masse des Ausgangssterns (*progenitor*) folgt. Entsprechende Untersuchungen an einer ganzen Anzahl offener Sternhaufen ergaben, dass die obere

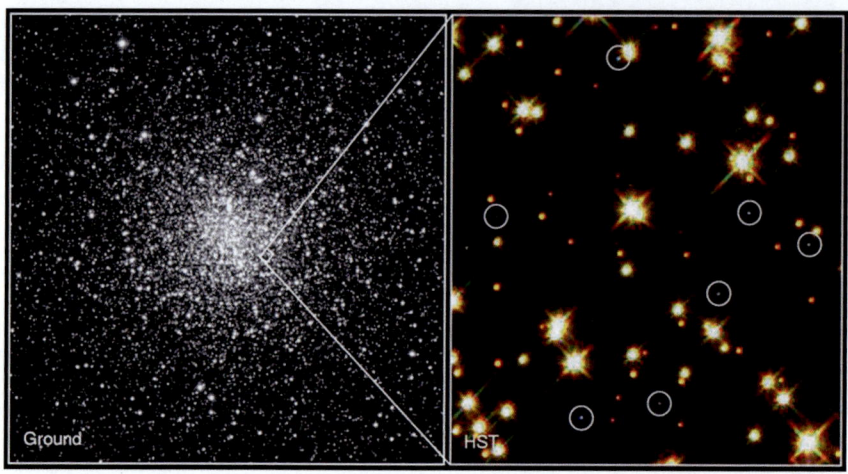

Abb. 7.1 Ausschnitt aus dem 7200 Lj entfernten Kugelsternhaufen M4, aufgenommen mit dem Hubble-Weltraumteleskop am 28. August 1995. Die eingekreisten schwachen Lichtpunkte auf der rechten Seite sind Weiße Zwergsterne, die mit einem Alter zwischen 12 und 13 Mrd. Jahren zu den wahrscheinlich ältesten Sternen im Universum gehören (HST, NASA)

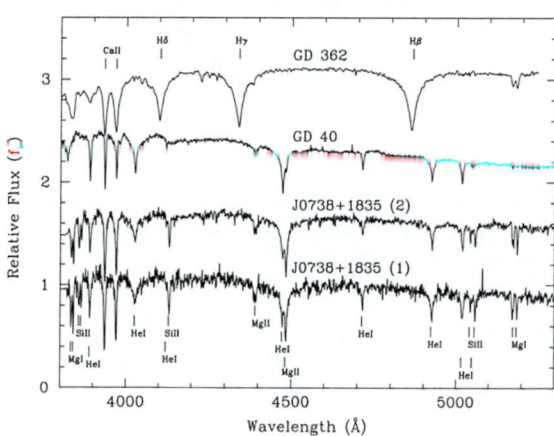

Abb. 7.2 Spektren der Weißen Zwerge GD 362 (Spektraltyp DAZB), GD 40 (DA) und J0738+1835 (DBZ). Das Objekt J0738+1835, 440 Lj von der Erde entfernt, ist dahingehend bemerkenswert, als es Spektralmerkmale zeigt, die darauf hinweisen, dass dieser Weiße Zwerg silikatische Materie eines durch Gezeitenkräfte zerstörten Exoplaneten eingesammelt hat (Dufour et al. 2010)

ZAMS-Grenzmasse für Sterne, die am Ende ihres Sternenlebens zu Weißen Zwergen werden, bei $8 \pm 1\, M_\odot$ liegt. Sterne, deren Masse diese, in diesem Fall empirisch bestimmte Ausgangsmasse übersteigt, enden entweder als Neutronensterne oder Schwarze Löcher oder werden (sehr selten) beim finalen Kernkollaps völlig zerstört.

Vom stofflichen Aufbau her unterscheidet man entsprechend der chemischen Struktur des AGB-Sterns folgende drei Typen von Weißen Zwergen:

- He white dwarfs: Ausgangsmasse des *progenitors* unterhalb der Sonnenmasse ($\approx 0{,}5\, M_\odot$),

- C/O white dwarfs: Ausgangsmasse im Bereich der Sonnenmasse bis hin zu etwa 8 $M_\odot$,
- O/Ne/Mg white dwarfs: Ausgangsmasse zwischen 8 $M_\odot$ und vielleicht maximal 10 $M_\odot$,

Unter außergewöhnlichen Bedingungen erscheinen zumindest theoretisch Weiße Zwerge mit einem Fe-Kern als möglich, vorausgesetzt, es existiert ein Mechanismus, der durch Masseverlust einen derartigen Sternkern unterhalb der Chandrasekhar-Massengrenze belässt.

Wenn man die Elektronenentartung als primäres Merkmal eines Weißen Zwerges ansieht, dann könnte man mit einer gewissen Berechtigung auch massearme Braune Zwerge dieser Sternfamilie zuordnen – gewissermaßen als „H white dwarfs", da sie überwiegend aus Wasserstoff bestehen.

Weiße Zwergsterne rotieren mit einer Rotationsgeschwindigkeit von meist unter 40 km/s vergleichsweise langsam. Sie lässt sich mit einer Unbestimmtheit, die durch die unbekannte Raumlage der Rotationsachse zur Sichtlinie bedingt ist ($v_{rot} \sin(i)$), spektroskopisch über die Vermessung der schmalen Linienkerne der ansonsten stark verbreiterten Wasserstofflinien bestimmen. Sie zeigen bekanntlich bei einem rotierenden Objekt eine entsprechende zyklische Verschiebung relativ zur Normalposition (soweit die Rotationsachse nicht genau zum Beobachter oder von ihm weg weist). Bei magnetischen Weißen Zwergen kann man auch die Modulation der zirkular polarisierten Strahlung ausnutzen, um die Rotationsgeschwindigkeit des Sterns zu ermitteln. Und noch besser gelingt die Messung der Rotationsgeschwindigkeit mit den Methoden der Astroseismologie. Dafür sind aber nur Weiße Zwerge mit einem messbaren Pulsationslichtwechsel geeignet (sogenannte ZZ-Ceti-Sterne).

Wie bereits in Abschn. 2.5.2 kurz erwähnt, lassen sich Weiße Zwerge nicht so ohne Weiteres in die Standardspektralsequenz einordnen, weshalb man für sie die spezielle Spektralklasse „D" (abgeleitet von *degenerated*) eingeführt hat (s. Tab. 7.1). Ihre spezifischen Spektralmerkmale koinzidieren in einem gewissen Sinn dabei mit der Art des stofflichen Grundgerüstes dieser Sterne, d. h., ob sie einst aus einem Sternkern aus Helium oder einem Sternkern aus Kohlenstoff bzw. Sauerstoff (oder einer Mischung aus beiden, eventuell noch mit Neon versetzt) entstanden sind. So hat man beispielsweise Weiße Zwerge gefunden, deren Heliumhülle quasi nicht mehr existent ist. Sie stellen sozusagen „nackte" C/O-Kerne dar, von denen interessanterweise einige mit einer Periode von wenigen Minuten pulsieren. Der Prototyp dieser „Carbon White Dwarfs" ist SDSS J142625.71+575.218.3 – ein im Jahre 2008 im Sternbild Ursa Major entdeckter und ca. 800 Lj entfernter Weißer Zwergstern, der extrem heiß ist ($T_{eff} = 19.800$ K), ein starkes Magnetfeld besitzt (> 100 T) und mit einer Periode von 8 min pulsiert (Dufour et al. 2008). Am häufigsten sind jedoch, und das ist ja nach der Theorie der Sternentwicklung auch nicht anders zu erwarten, Weiße Zwerge, die fast vollständig aus Helium aufgebaut sind.

Tab. 7.1 Spektralmerkmale Weißer Zwergsterne

Typ	Merkmale
DA	Balmer-Linien des Wasserstoffs dominieren das Spektrum (ähnlich A-Sterne) T_{eff} im Bereich zwischen 5000 und 150.000 K
DB	Linien des neutralen Heliums (He I) dominieren das Spektrum T_{eff} im Bereich zwischen 10.000 und 30.000 K
DO	Linien des ionisierten Heliums erscheinen am stärksten, aber auch He I / oder Wasserstofflinien sind sichtbar T_{eff} im Bereich zwischen 45.000 und mehr als 100.000 K
DZ	Linien ionisierter Metalle dominieren das Spektrum. Gewöhnlich ist die Linie des einfach ionisierten Kalziums am auffälligsten
DQ	Besonders im UV-Bereich des Spektrums treten Kohlenstofflinien in Erscheinung T_{eff} unter 11.000 K; „hot DQ's" zwischen 18.000 und 24.000 K
DC	Quasi kontinuierliches Spektrum (Linieneinsenkungen < 5 %), T_{eff} meist unter 10.000 K

7.1.1 Spektrum

Die für Weiße Zwerge reservierten Spektraltypen wurden in diesem Buch bereits in Abschn. 2.5.2 überblicksmäßig vorgestellt, ohne jedoch auf Details einzugehen. Das soll an dieser Stelle nun nachgeholt werden.

Das erste Spektrum, das jemals von einem Weißen Zwerg aufgenommen wurde, stammt aus dem Jahre 1910 und ist das Spektrum des schwachen, bläulich leuchtenden Begleiters des Sterns o^2 Eridani, der heute als 40 Eri B bezeichnet wird. Wenige Jahre später konnte dann auch das Spektrum des Sirius-Begleiters mittels des Hooker-Teleskops fotografiert werden, und zwar mit dem überraschenden Ergebnis, dass er ähnlich „heiß" ist wie 40 Eri B (beide wurden ursprünglich als A-Sterne klassifiziert). Ihre daraus resultierende Färbung und ihre im Vergleich zu anderen A-Sternen außergewöhnlich geringe Leuchtkraft waren schließlich für Arthur Stanley Eddington Anlass genug, diese Sterne „Weiße Zwerge" zu nennen.

Aufgrund der geringen Zahl spektroskopisch beobachtbarer Weißer Zwerge wurde ihrer spektralen Klassifikation anfänglich (d. h. bis in die 1940er-Jahre hinein) nur wenig Aufmerksamkeit gewidmet. Erst Astronomen wie Gerard Peter Kuiper (1905–1973) und Willem Jacob Luyten (1899–1994) versuchten schließlich, etwas Systematik in deren Spektren zu bringen. Denn die ursprüngliche Einordnung in das MK-Klassifikationsschema erwies sich zunehmend als problematisch, und zwar schon allein deswegen, weil die stark verbreiterten Balmer-Absorptionen über einen außergewöhnlich großen Temperaturbereich (im Unterschied zu Hauptreihensternen) dominant sichtbar bleiben. Im Gegensatz zu den übrigen Sternspektren schienen die Spektren der Weißen Zwerge keiner deutlichen Temperatursequenz zu folgen. Außerdem fand man Objekte, bei denen mehr Heliumlinien zum Vorschein kamen und bei denen die Balmer-Linien unterdrückt sind. Nachdem 1952 Luyten schließlich den Großbuchstaben „D" für den speziellen Spektraltyp eingeführt hatte und mittels des 200-Zoll-Hale-Teleskops die Beobachtungsgrundlagen dieser kleinen, äußerst kompakten Sterne entscheidend verbessert werden konnten, war die Zeit gekommen, eine verbindliche Spektralsequenz der Weißen Zwergsterne in Angriff zu nehmen. 1994 wurde sie dann offiziell eingeführt (s. Tab. 7.1). Dem „D" folgt dann ein Buchstabe, welcher primär spektroskopische Merkmale beschreibt. So bedeutet ein „A", dass im Spektrum die Balmer-Linien gut erkennbar sind. Fehlen sie dagegen und sind stattdessen Helium-Absorptionen auszumachen, dann wird das durch den Buchstaben „B" gekennzeichnet. Sind auf dem Spektrum so gut wie keine Spektrallinien zu identifizieren, dann wird das durch den Buchstaben „C" (für *continuous spectra*) ausgedrückt. Sehr selten findet man auch Weiße Zwerge, in denen Linien des einfach ionisierten Heliums dominieren (Typ DO), in denen nur Metalllinien nachweisbar sind (z. B. Ca, Typ DZ) oder die durch Kohlenstoffmolekülbanden (Swan-Bande C_2) bzw. durch die lange rätselhaften Minkowski-Banden bei $\lambda = 365{,}0, 413{,}5$ und $446{,}6$ nm ausgezeichnet sind (DQ). Diesem Spektralbezeichner (gilt nur für die Spektraltypen DA und DB) folgt gewöhnlich noch eine Zahl (von „1" bis „13", oftmals auch halbzahlig), die für eine Temperatur steht. Sie ergibt sich aus der Division von $50.400\,\text{K}/T_{\text{eff}}$, wobei in der Regel auf einen ganzen oder halbzahligen Wert gerundet wird. So liegt, – um nur ein Beispiel zu nennen, die effektive Temperatur eines Weißen Zwergs vom Spektraltyp DA2 im Bereich zwischen 22.400 K und 28.800 K (wasserstoffreiche Weiße Zwerge (DA) überdecken immerhin einen Temperaturbereich zwischen ≈ 5000 K und ≈ 150.000 K[2]). Manchmal kommt auch noch ein weiterer Index zum Einsatz, der mit einem Unterstrich vom Spektraltyp (und Temperaturindex) getrennt angeschrieben wird und als Zahl den Logarithmus der Oberflächengravitation g angibt, der sich bekanntlich über die Druckverbreiterung der Spektrallinien ermitteln lässt. Die Bezeichnung DB1.5_8 bedeutet beispielsweise, dass man es hier mit einem Weißen Zwergstern zu tun hat, in dessen Spektrum Heliumlinien, aber keine Wasserstofflinien präsent sind, der eine effektive Temperatur von ≈ 33.600 K besitzt und dessen Schwerebeschleunigung an der „Sternoberfläche" $\log(g) = 6{,}5$ beträgt.

Zusätzlich zum Temperaturindex ist oftmals auch noch ein Postfix üblich, um weitere spezielle Merkmale (beispielsweise die Präsenz von Emissionslinien, Lichtwechsel, Nachweis von Magnetfeldern) kurz und bündig notieren zu können (s. Tab. 7.2).

Die Spektralklassifikation Weißer Zwerge ist noch nicht vollständig abgeschlossen, denn immer noch werden neue Mitglieder dieser Sternenfamilie entdeckt, die sich nicht passgenau in das hier kurz vorgestellte Klassifikationsschema einordnen lassen. Zu nennen sind hier vielleicht die fotometrisch veränderlichen PG 1159-Sterne, deren Einordnung in die bestehende Spektralsequenz noch immer kontrovers diskutiert wird.

---

[2]Als der „heißeste" Weiße Zwerg gilt der mit dem UV-Weltraumteleskop FUSE im Sternbild Kassiopeia entdeckte KPD 0005+5106. Aus seinem Spektrum konnte auf eine Photosphärentemperatur von $2 \cdot 10^5$ K geschlossen werden (Werner et al. 2008).

Tab. 7.2 Zusätzliche Symbole (Postfixe) zur Ergänzung des Spektraltyps Weißer Zwerge

P	Nachweisbare Polarisation des Sternlichts weist auf starke Magnetfelder hin
H	Magnetische Weiße Zwerge ohne nachweisbare Polarisation
X	„Peculiar" oder sonstige seltsame Spektralmerkmale
E	Spektren enthalten Emissionslinien
?	Unbestimmt (schwer klassifizierbar)
V	Stern mit nachweisbarem Lichtwechsel
d	Spektrum enthält Merkmale, die von interstellarer Materie (ISM) bzw. „staubiger" zirkumstellarer Materie stammen
CI, CII	Kohlenstoff im Spektrum präsent (bei DQ-Typen)
OI, OII	Sauerstoff im Spektrum präsent (bei DQ-Typen)

Aufgrund ihrer hohen Temperatur strahlen Weiße Zwerge bevorzugt im UV-Bereich ab, sodass sie dankbare Beobachtungsobjekte für UV-Teleskope außerhalb der Erdatmosphäre sind. Umfangreiches Datenmaterial (insbesondere Spektren) in diesem Spektralbereich haben beispielsweise der „International Ultraviolet Explorer" (IUE) und der „Far Ultraviolet Spectroscopic Explorer" (FUSE) geliefert, mit deren Hilfe wertvolles Beobachtungsmaterial bezüglich der Atmosphären Weißer Zwerge gesammelt werden konnte.

7.1.2 Physische Eigenschaften

Die beobachtete Strahlung stammt bei den Weißen Zwergsternen – wie bei anderen Sternen auch – primär aus ihrer Photosphäre, deren Mächtigkeit hier nur etwa 1/1000 des Sternradius beträgt. Aufgrund der enormen Oberflächengravitation dieser extrem kompakten Objekte unterscheiden sich die physikalischen Bedingungen am Ort ihrer Entstehung jedoch sehr stark von denen „gewöhnlicher" Sterne. Kenntlich ist das z. B. an der sehr starken Druckverbreiterung der Spektrallinien, die sie unter Umständen sogar soweit „abflachen", dass sie kaum noch im Spektrum erkennbar sind (Spektraltyp DC). Die Aufgabe der theoretischen Sternphysik ist es, Modelle für derartige „exotische" Sternatmosphären zu entwickeln, und die Aufgabe der beobachtenden Astronomie ist es, empirisch bestimmte Ausgangsdaten und Vergleichsdaten zu liefern, mit denen diese Modelle verglichen, verbessert und eventuell auch falsifiziert werden können.

Aus den Spektren Weißer Zwerge lassen sich prinzipiell die effektive Temperatur T_{eff} (aus der spektralen Energieverteilung), die Oberflächengravitation $\log g$ (aus der Linienverbreiterung, in seltenen Fällen auch aus der relativistischen Gravitationsrotverschiebung) und Informationen über die Präsenz von Magnetfeldern (Polarisationsgrad) und die chemische Zusammensetzung ableiten. Ist auch noch die Entfernung durch Messung der Parallaxe (oder anderweitig, beispielsweise aufgrund der Mitgliedschaft in einem Sternhaufen) bekannt, dann

7.1 Weiße Zwerge

Tab. 7.3 Massen und Radien von Weißen Zwergen in physischen Doppelsternsystemen

Stern	Masse in $M_\odot$	Radius in 0,01 $R_\odot$	T_{eff} in K	Entfernung in Lj	Helligkeit in mag
Sirius B	$1{,}00 \pm 0{,}02$	$0{,}8167 \pm 0{,}038$	25.190	8,58	8,44
Procyon B	$0{,}58 \pm 0{,}014$	$1{,}234 \pm 0{,}032$	7.740	10,43	10,81
40 Eri B	$0{,}501 \pm 0{,}011$	$1{,}36 \pm 0{,}024$	16.180	16,29	9,52
Stein 2051 B	$0{,}50 \pm 0{,}06$	$1{,}11 \pm 0{,}15$	7.120	18,06	12,43

folgt aus der (bolometrischen) Helligkeit die Leuchtkraft L^* als weiterer wichtiger Basisparameter.

Eine Massenbestimmung auf „direktem" Wege ist nur bei ganz wenigen Weißen Zwergen möglich, die Mitglieder von Doppelsternsystemen sind (s. Tab. 7.3). Es kommen dabei die Methoden zur Anwendung, die in Abschn. 2.4.1 beschrieben sind. Gewöhnlich nutzt man dafür aber den Zusammenhang zwischen effektiver Temperatur T_{eff} und Leuchtkraft L zur Bestimmung des Sternradius R^* (fotometrische Sterndurchmesser, s. Abschn. 2.3.10) und der Oberflächengravitation

$$g = \frac{GM^*}{R^{*2}} \qquad (7.1)$$

aus, um mehr oder weniger verlässliche Werte für die Sternmasse M^* zu erhalten. Sollte es sogar gelingen, die schwerkraftbedingte relativistische Rotverschiebung $\Delta \lambda$ zu messen (wie bei Sirius B), dann lässt sich bei bekanntem Sternradius auch folgende Beziehung zur Massenbestimmung verwenden:

$$\frac{\lambda}{\Delta \lambda} = \frac{GM^*}{c^2 R} \qquad (7.2)$$

Besonders wichtig sind hierbei verlässliche Werte für das Masse-Radius-Verhältnis, da sich daraus gewisse Rückschlüsse auf die Zustandsgleichung der Materie, aus der Weiße Sterne bestehen, ziehen lassen. Insbesondere wird damit auch ein Vergleich zwischen der empirischen und der theoretischen Masse-Radius-Beziehung möglich. In methodischer Hinsicht muss man in diesem Zusammenhang häufig auf statistisch erhobene Daten zurückgreifen, wie sie für das Beispiel von 298 Weißen Zwergsternen vom Spektraltyp DA aus dem „Palomar-Green (PG) Survey" in Abb. 7.3 visualisiert werden (Liebert et al. 2004). Insbesondere zeigt die Massenverteilung ein schon länger bekanntes Merkmal, nämlich einmal eine „kleine" Spitze bei $\approx 0{,}4\, M_\odot$ und ein Hauptmaximum bei $\approx 0{,}6\, M_\odot$. Berücksichtigt man noch, dass der „Schwanz" der Verteilung zu höheren Massen zunehmend verfälscht ist (je größer die Masse, desto kleiner der Radius und damit die Leuchtkraft, und je kleiner die Leuchtkraft (= Helligkeit), desto geringer das für diese Grenzhelligkeit im Survey erfasste Volumen und damit $n(M^*)$), dann erhält man nach entsprechenden Korrekturen ein weiteres Häufigkeitsmaximum bei $\approx 0{,}9\, M_\odot$. DB-Zwerge zeigen übrigens ein im zentralen Bereich (d. h. zwischen $0{,}4\, M_\odot$ und $0{,}8\, M_\odot$) ziemlich analoges Verhalten, d. h., auch sie besitzen ein Häufigkeitsmaximum bei $\approx 0{,}6\, M_\odot$.

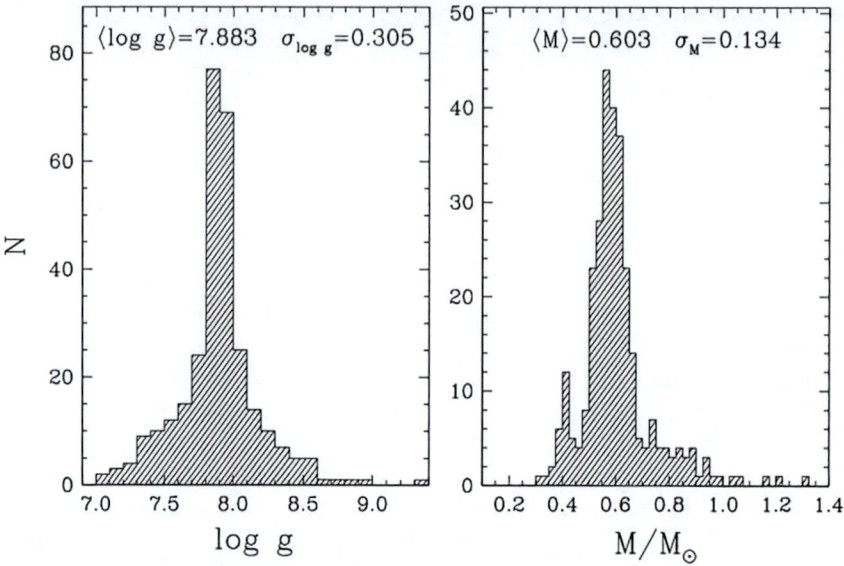

Abb. 7.3 Verteilung der Oberflächengravitation und der Masse von 298 Weißen Zwergen vom Typ DA. (Nach Liebert et al. (2004))

Diese hier kurz vorgestellte Massenverteilungsfunktion hängt von einer ganzen Anzahl von Parametern ab, wie der Sternbildungsrate in der galaktischen Vergangenheit, dem durch Massenverluste modifizierten Entwicklungsweg zwischen Hauptreihenstadium und post-AGB-Stadium und natürlich der ZAMS-Masse (und Metallizität) des Ursprungssterns. Insbesondere sollte die Massenverteilungsfunktion auch die Chandrasekhar-Grenzmasse an ihrem rechten Ende widerspiegeln. Der Besatz in diesem Bereich könnte nach Meinung einiger Astronomen durch „Verschmelzung" von jeweils zwei Weißen Zwergen, die ein enges Doppelsternsystem bilden, verursacht sein.

Zwischen dem Spektraltyp DA und den Nicht-DA-Spektraltypen gibt es dahingehend einen Schnitt, dass die DA-Zwerge eine (fast) reine Wasserstoffatmosphäre besitzen, während alle anderen eine gleichfalls (fast) reine Heliumatmosphäre aufweisen. Der Grund liegt in der extrem starken Oberflächengravitation ($\log g \approx 6{,}5$, bei der Sonne 2,4), die schnell für eine stoffliche Entmischung sorgt, indem die schwereren Elemente in tiefere Atmosphärenschichten absinken und sich so dem Auge des Beobachters entziehen.[3] Die in den DZ-Sternen nachweisbaren „Metalle" und der in DC-Zwergen nachweisbare Kohlenstoff bedürfen deshalb genauso wie das weitgehende Fehlen von Wasserstoff in allen Nicht-DA-Zwergen auch einer besonderen Erklärung.

---

[3] Auf die Möglichkeit einer derartige Erklärung für die auffällige „chemische Reinheit" der Atmosphären Weißer Zwerge hat bereits 1945 Evry Schatzman (1920–2010) hingewiesen.

7.1 Weiße Zwerge

„Magnetische" Weiße Zwerge, sowohl als isolierte Objekte als auch als aktive Komponenten in kataklysmischen Veränderlichen (z. B. AM Herculis-Sterne (Polare)), sind schon länger bekannt. Anhand des Polarisationsgrades ihrer Strahlung (Zeeman-Spektralpolarimetrie) konnten bei ihnen Magnetfeldstärken im Bereich zwischen 0,01 kT und 100 kT nachgewiesen werden. Dabei besitzen ungefähr 10 % der isolierten Weißen Zwerge an ihrer Oberfläche eine Flussdichte von mehr als 100 kT. Das eröffnet interessante Fragestellungen in Bezug auf das Verhalten astrophysikalischer Plasmen unter dem Einfluss derartig starker Magnetfelder. Da nicht alle Weißen Zwerge nachweisbare Magnetfelder besitzen, stellt sich auch hier sofort die Frage nach den Bedingungen, denen sie ihre Existenz verdanken. Hier scheint eine enge Beziehung zu den chemisch pekuliaren Ap-Sternen zu bestehen, die ja bekanntlich bereits in situ komplexe Magnetfelder in der Größenordnung von 0,1 T besitzen. Diese Felder werden ähnlich wie auch in der Sonne über einen magnetohydrodynamischen Generatoreffekt erzeugt und aufrechterhalten. Wenn nun am Ende des AGB-Stadiums der Sternkern eines solchen Sterns mit intrinischem Magnetfeld B_1 von einem Radius R_1 zu einem Radius R_2 kontrahiert, dann verstärkt es sich aufgrund der Erhaltung des magnetischen Flusses gemäß

$$B_1 R_1^2 = B_2 R_2^2 \qquad (7.3)$$

Und dieses Magnetfeld bleibt quasi im entstehenden Weißen Zwerg eingefroren. Das magnetische Feld (meist ein einfaches Dipolfeld) wird also nicht aktiv im Inneren des Weißen Zwerges erzeugt, sondern stellt sozusagen ein Fossil aus „früheren" Zeiten dar.

Da Weiße Zwerge keine Energie mehr durch thermonukleare Prozesse freisetzen können, muss ihre mit dem Alter geringer werdende effektive Temperatur das Resultat eines stetigen Abkühlungsprozesses sein. In diesem Zusammenhang ist die Verteilung dieser Sterne im HRD durchaus von Interesse, da diese Verteilung in gewisser Weise deren Abkühlungsprozess widerspiegelt. Besonders aussagekräftig sind hier Farben-Helligkeits-Diagramme von alten Kugelsternhaufen. Zum einen sind hier alle Sterne etwa gleich alt, und zum anderen weisen sie entwicklungsbedingt eine hohe Besetzungsdichte an Weißen Zwergen auf. Entsprechende Surveys derartiger *halo white dwarfs* wurden in den letzten Jahren insbesondere in den Kugelhaufen M4 und ω Centauri mithilfe des Hubble-Weltraumteleskops durchgeführt (vgl. z. B. Monelli et al. 2005 und Abb. 7.4). Leider ist der größte Teil der Weißen Zwerge in Kugelsternhaufen einfach zu lichtschwach, um selbst mit den heutigen Riesenteleskopen spektroskopisch untersucht zu werden. Nur für einige besonders „junge" Objekte unter ihnen gelang zumindest die Bestimmung des Spektraltyps – und der war ausnahmslos DA. Ob das Fehlen von heliumreichen Weißen Zwergen in Kugelsternhaufen nur ein beobachtungstechnisch bedingter Auswahleffekt ist oder ob es vielleicht doch tiefere physikalische Ursachen dafür gibt, muss noch geklärt werden. Jedenfalls für statistische Untersuchungen sind Kugelsternhaufen aufgrund ihrer großen Zahl an Weißen Zwergen besonders gut geeignet.

Abb. 7.4 Farben-Helligkeits-Diagramm von 2200 Weißen Zwergsternen im Kugelhaufen ω Centauri. Die Daten wurden mit dem Hubble-Weltraumteleskop unter Verwendung von Filtern für das B- und R-Band (434 nm und 635 nm) erhalten. Gezeigt ist die Domäne der Weißen Zwerge (links) und die Hauptreihe (rechts). Man erkennt weiterhin, dass die Abkühlungssequenz der Weißen Zwerge etwa 8 bis 10 Größenklassen unterhalb der Hauptreihe verläuft. (Monelli et al. 2005)

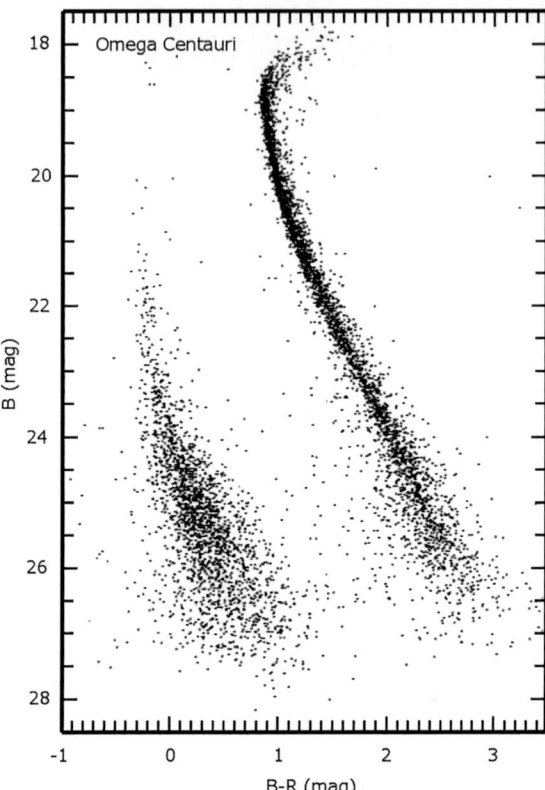

7.1.3 Atmosphäre

Aufgrund der extrem großen Oberflächengravitation Gl. 3.250, welche die der Erde um den Faktor 10^5 übersteigt, herrschen in der Atmosphäre eines Weißen Zwerges (Skalenhöhe ≈ 50 m für eine Wasserstoffatmosphäre) außergewöhnliche, man kann sogar sagen, äußerst seltsame Bedingungen. Sie führen u. a. zu einer effektiven Entmischung der darin enthaltenen Stoffe in Form gravitationsbedingter Sedimentation. Die schweren Atome sinken ab, und die leichten sammeln sich in der äußerst schmalen Atmosphärenschicht an. Hier kann es (bis auf einige außergewöhnliche Ausnahmen, s. u.) zwei Fälle geben: Besteht im Weißen Zwerg beispielsweise ein Wasserstoffdefizit (Spektraltyp DB), dann wird seine Atmosphäre primär aus Helium bestehen, und es ist eine durchaus berechtigte (und gar nicht so leicht zu beantwortende) Frage, wodurch ein derart auffälliges Defizit verursacht wird. Anderenfalls besitzen die meisten Weißen Zwerge eine fast reine Wasserstoffatmosphäre (DA), welche kaum (oder gar kein) nachweisbares Helium enthält – eine direkte Folge der bereits erwähnten gravitationsbedingten Sedimentation.

2016 fand man überraschenderweise einen Weißen Zwerg (Katalogbezeichnung SDSS J124043.01+671.034.68), dessen Außenhülle primär aus Sauerstoff besteht (Kepler et al. 2016). Seine stellaren Primärdaten ($\approx 0{,}6\ M_\odot$, $T_{eff} = 2{,}2 \cdot 10^4$ K) scheinen auf den ersten Blick nicht außergewöhnlich zu sein. Nur würde man in solch einem Fall eher deutliche Wasserstoff- bzw. Heliumlinien im Spektrum erwarten und keinesfalls spektrale Signaturen von Sauerstoff sowie (in Spuren) von Magnesium, Neon und Silizium. Da Störeinflüsse (wie etwa bei J0738+1835, s. Abb. 7.2) offenbar ausscheiden, muss dieser Befund etwas mit der Entwicklung und dem Ende des *progenitor*-Sterns oder einer wie auch immer bedingten Erosion der äußeren Atmosphärenschichten zu tun haben. Der erste Fall steht jedenfalls im Gegensatz zur Theorie der Sternentwicklung, nach der nur Sterne mit einer Ausgangsmasse von etwas mehr als $6\ M_\odot$ (zumindest theoretisch) in einem engen Massenbereich einen O/Ne/Mg-Kern ausbilden können. Dazu hätte aber die Masse des Weißen Zwerges deutlich höher sein müssen als beobachtet. Weitere Erklärungsversuche gehen von einem Kohlenstoffflash aus (nochmaliges plötzliches Zünden des Kohlenstoffbrennens in der Übergangsphase zum Weißen Zwerg), welcher die äußere wasserstoff- und heliumreiche Hülle absprengte, oder von einer Art „Erosion", verursacht durch einen massereicheren, aber bis jetzt unentdeckt gebliebenen Begleiter.

Für Weiße Zwerge mit einer im Wesentlichen aus Kohlenstoff bestehenden Atmosphäre (DQ), deren Existenz schon seit längerer Zeit bekannt ist, gibt es dagegen auch von Seiten der Theorie plausible Erklärungsmodelle. Sie beruhen hauptsächlich auf einer Abstoßung der äußeren Sternhülle und einer anschließenden Entmischung von C und O in der verbliebenen Atmosphärenschicht.

Unterhalb der dichten, aber noch als gasförmig zu betrachtenden Sternatmosphäre schließt sich eine ca. 50 km mächtige Übergangsschicht an, die bei C/O-Weißen Zwergen nach einer gewissen Abkühlungszeit in eine kristalline Struktur aus C- und O-Ionen übergeht und schließlich als Folge eines stetigen Abkühlungsprozesses das gesamte Innere des Weißen Zwerges ausfüllen wird.

Für eine gewisse Zeit, wie numerische Modelle zeigen, kann sich sogar oberflächennah ein Temperaturgradient einstellen, der zu Konvektion führt. Solch eine *superficial convection zone* spielt dabei durchaus eine Schlüsselrolle in der weiteren Abkühlungsgeschichte eines Weißen Zwerges, da sie einen direkten Einfluss auf die Abkühlungsrate hat. Das ist insbesondere dann der Fall, wenn sie bis in Teile des entarteten Sterninneren hinabreicht.

7.1.4 Innere Struktur

Im Inneren von Weißen Zwergsternen ist nicht mehr der klassische Ionen- und Elektronendruck für die hydrostatische Stabilisierung des Sterns zuständig, sondern der temperaturunabhängige Entartungsdruck eines freien Elektronengases zwischen den den Stern aufbauenden Atomrümpfen. Das führt – wie man bereits an einem einfachen Polytropenmodell zeigen kann – zu einer scheinbar paradoxen

Masse-Radius-Beziehung der Art $R_{WD}^* \sim M^{-1/3}$ (gilt für nichtrelativistische Entartung). Sie sagt nämlich aus, dass ein Weißer Zwerg mit zunehmender Masse im Gegensatz zu „normalen" Sternen immer kleiner wird – und zwar bis er eine durch den relativistischen Grenzfall ($n = 3$ – Polytrope) definierte Massengrenze erreicht (Oppenheimer-Volkoff-Grenze) und weiter kollabiert (s. auch Abschn. 4.5.2.3). Man kann dieses Verhalten auch als Ausdruck der Wirkung der speziellen Zustandsgleichung für entartete Materie werten, welche die Berechnung von entsprechenden Sternmodellen ermöglicht.

Die Präsenz eines entarteten Elektronengases hat noch eine weitere wichtige Konsequenz. Wie man bereits selbst an einem Metallstab erkennen kann, der an einem Ende stark erhitzt wird, ist ein freies Elektronengas ein exzellenter Wärmeleiter. Das führt dazu, dass sich im Innern eines Weißen Zwerges eine gleichmäßige Temperatur einstellt, d. h., dass die inneren ungefähr 99 % der Sternmaterie nahezu isotherm sind. Sie wird vom „kalten Kosmos" nur durch eine dünne, schlecht wärmeleitende undurchsichtige Hülle, die auch die Sternatmosphäre umfasst, abgeschirmt. Sie verhindert sehr effektiv das schnelle Auskühlen des Sterns. So zeigt eine effektive Temperatur von 16.000 K beispielsweise eine „interne" Temperatur von etwa $2 \cdot 10^7$ K an. Der starke, fast stufenförmige Temperaturgradient über eine vergleichsweise geringe Schichtdicke führt dabei unter Umständen zu einer oberflächennahen Konvektionszone, was natürlich große Auswirkungen sowohl auf die Sternatmosphäre (Spektraleigenschaften, effektive Temperatur) als auch auf den gesamten Auskühlungsprozess an sich hat. Modellrechnungen zeigen außerdem, dass eine derartige oberflächennahe Konvektionszone durchaus bis in das entartete Sterninnere reichen kann – mit entsprechenden Auswirkungen auf Material- und Wärmetransportvorgänge.

Die intrinsische Wärmemenge ist zum allergrößten Teil in der Bewegungsenergie der den Stern aufbauenden und unter starker Kompression stehenden Atomrümpfe (Ionen) gespeichert und kann nur sehr langsam durch die isolierende Sternatmosphäre in den Weltraum abgestrahlt werden. Da alle thermonuklearen energiefreisetzenden Reaktionen erloschen sind, gibt es auch so gut wie keine effektiven Möglichkeiten zu ihrer Regeneration mehr, d. h., der Weiße Zwerg beginnt nach den Gesetzen der Thermodynamik ganz langsam auszukühlen, um irgendwann einmal – in ganz, ganz ferner Zukunft – als „Schwarzer Zwerg" (genau genommen ein auskristallisierter hyperdichter Festkörper) zu enden (s. Abschn. 7.1.5). Die thermische Energie, die im entarteten Elektronengas enthalten ist, kann aufgrund der Entartung nicht an den Weltraum abgegeben werden und bleibt deshalb erhalten. Wenn also im Folgenden von der Temperatur im Inneren eines Weißen Zwerges gesprochen wird, ist immer die Temperatur der Atomrümpfe gemeint.

Da die Temperatur der Atomrümpfe langsam abnimmt, hat das entsprechende Auswirkungen auf den Aggregatzustand der Sternmaterie. Anfänglich kann man immer noch von einem dichten Plasma sprechen, welches aber mit sinkender Temperatur immer mehr die Eigenschaften einer Flüssigkeit annimmt. Irgendwann nehmen die Ionen dann einen festen Platz ein und bilden eine Art Kristallgitter.

7.1 Weiße Zwerge

Diesen Übergang in den festen Zustand kann man in Analogie zur Kristallbildung aus Flüssigkeiten ohne Weiteres als „Auskristallisation" bezeichnen. Dabei handelt es sich um einen Phasenübergang der 1. Art, bei dem eine gewisse Menge latenter Wärme freigesetzt wird. Sein Beitrag zur Leuchtkraft des Weißen Zwerges ist zwar merklich, bleibt aber gering ($\approx$ 5 %). Effektiver scheint in diesem Zusammenhang eine chemische Entmischung der Sternmaterie zu sein. Man stellt sich vor, dass sich in der Flüssigkeit „feste Flocken" (aus Sauerstoff) bilden, die, wenn sie schwerer als die Umgebung sind, absinken, wobei potentielle Gravitationsenergie freigesetzt wird. Auf diese Weise findet eine Sedimentation statt, in deren Verlauf sich schwerere Elemente (insbesondere Sauerstoff) in Kernnähe ansammeln. Der Prozess selbst ist recht kompliziert. Seine Effektivität hängt sehr stark von der chemischen Zusammensetzung der Sternmaterie ab, konkret vom Verhältnis von Kohlenstoff zu Sauerstoff und vom Neonanteil. Da Weiße Zwerge mit einer Masse ab ca. 0,5 $M_\odot$ zu einem großen Teil aus Kohlenstoff bestehen, werden sie in vollständig „auskristallisierter" Form gerne als „riesige Diamanten" angesehen. Es gibt durchaus schon empirische Hinweise auf ihre Existenz (z. B. Kaplan et al. (2014) und Kanaan et al. (2005)). Insbesondere Weiße Zwerge, die sehr kühl sind und zusätzlich auch noch einen messbaren Pulsationslichtwechsel aufweisen, können mit astroseismologischen Methoden näher untersucht werden, um Informationen über den Kristallisationszustand ihres Inneren zu erhalten. Ein sehr interessantes Objekt ist in diesem Zusammenhang der DAV-Zwerg BPM 37.093, der mit dem ZZ-Ceti-Stern V886 Cen identisch ist. Er hat eine Masse von $\approx 1{,}1$ $M_\odot$ bei einem Durchmesser von etwa 4000 km (d. h., er ist nur ein klein wenig größer als der Erdmond). Seine Entfernung von der Erde beträgt gerade einmal 50 Lichtjahre, wodurch er als Weißer Zwerg mit einer Helligkeit von 14 mag recht gut beobachtbar ist. Sein Lichtwechsel, dessen Amplitude nur wenige Zehntel Größenklassen bei einer Periodendauer von einigen Minuten beträgt, wird durch nichtradiale gravitationsbedingte Schwingungen (sogenannte g-Moden) verursacht. Über eine Frequenzanalyse einer möglichst langen zusammenhängenden fotometrischen Zeitreihe lassen sich im Zusammenspiel mit entsprechenden Sternmodellen Aussagen über den „Aggregatzustand" der Materie im Inneren eines Weißen Zwerges machen. Auf jeden Fall ist anhand des Powerspektrums der Pulsationsmoden eine Unterscheidung zwischen „fest" und „flüssig/gasförmig" möglich. Die entsprechenden Untersuchungen mittels einer „Whole Earth Telescope"-Kampagne legen nahe (Kanaan et al. 2005), dass BPM 37.093 zu einem wesentlichen Teil im auskristallisierten Zustand vorliegt (man schätzt zwischen etwa 30 und 90 % mit einer deutlichen Tendenz zum höheren Wert hin) (s. Abb. 7.5). Der Kohlenstoff (und eventuell auch der Sauerstoff) bildet dabei ein kubisch-raumzentriertes Gitter, in dessen Zwischenräumen sich das freie entartete Elektronengas befindet. Obwohl es sich damit etwas vom Diamanten unterscheidet (Diamanten besitzen genau genommen ein kubisch-flächenzentriertes Kristallgitter), spricht man auch hier gewöhnlich (wegen des Kohlenstoffs) von einer „Diamantstruktur". Da sich auch ein Astronom nur schwer die Bezeichnung

Abb. 7.5 Man vermutet anhand astroseismologischer Untersuchungen, dass der ca. 50 Lj. entfernte und ungefähr erdmondgroße Weiße Zwerg mit der Katalogbezeichnung BPM 37.093 zu etwa 90 % zu einem „Diamanten" auskristallisiert ist. (NASA)

„BPM 37.093" merken kann, bekam dieser außergewöhnliche Weiße Zwerg den hübschen Spitznamen „Lucy"[4]...

7.1.5 Abkühlung

Hat der nach der post-AGB-Phase freigelegte entartete Sternkern die Domäne der Weißen Zwerge im HRD erreicht, dann beginnt dessen lange andauernde Abkühlungsphase, die ihn in fernster Zukunft als „Schwarzen Zwerg" endgültig erstarren lässt. Das momentane „Weltalter" reicht dazu jedoch noch lange nicht aus, sodass es in „unserem" Kosmos solche Objekte nicht geben kann. Der Terminus „Weißer Zwerg", der sich ja auf die „Sternfarbe" bezieht, ist so gesehen eigentlich nur für junge kompakte elektronenentartete Sterne gültig. Denn sie werden im Laufe ihrer Abkühlung mit sinkender effektiver Temperatur über Gelb, Orange und Rot stufenlos ihre Farbe ändern, bevor sie für einen im optischen Spektralbereich beobachtenden Astronomen endgültig aus dem Blickfeld verschwinden.

---

[4] „Lucy" ist bekanntlich der Name, den man einem im Jahre 1974 im Afar-Dreieck entdeckten weiblichen Australopithecinen-Skelett gegeben hat und das heute als Paratypus für die Frühmenschenart „Australopithecus afarensis" gilt. Damals dudelte im Camp der Paläontologen pausenlos der Beatles-Song „Lucy in the Sky with Diamonds". Und auch der Spitzname „Lucy" für BPM 37.093 speist sich aus genau der gleichen Quelle...

Unser Kosmos ist gegenwärtig 13,8 Mrd. Jahre alt. Die ältesten Weißen Zwerge, die sich im Kosmos finden lassen sollten, wären dann die letzten Überbleibsel der ersten Sterngeneration, von der ansonsten außer ihren an die interstellare Materie abgegebenen thermonuklearen Reaktionsprodukten (die teilweise seitdem mehrfach durch folgende Sterngenerationen „prozessiert" worden sind) nichts übrig geblieben ist. Deshalb ist es sowohl von kosmologischem als auch kosmogonischem Interesse, anhand von Beobachtungen an real existierenden Weißen Zwergen, deren untere Grenze in Bezug auf die effektive Temperatur zu bestimmen. Denn diese Marke identifiziert Objekte, die aus jener fernen Zeit stammen, in der die chemische Entwicklung unserer Galaxie gerade erst begonnen hat. Oder anders ausgedrückt, kennt man die Abkühlungsfunktion Weißer Zwerge in Abhängigkeit ihrer Masse, chemischen Zusammensetzung und Ausgangstemperatur, dann lässt sich deren effektive Temperatur als Maß für ihr Alter verwenden – mit vielfältigen astronomischen Anwendungsfällen. Allein schon deshalb wurde von theoretischer Seite dem Abkühlungsverhalten Weißer Zwerge viel Aufmerksamkeit gewidmet.

Weiße Zwerge sind nur noch bedingt und in geringem Maße in der Lage, intrinsisch Energie zu erzeugen (beispielsweise durch gravitationsbedingte Kontraktion und, in „kühleren" Entwicklungsphasen, durch Freisetzung von Kristallisationswärme), sodass man in erster Näherung nur den kontinuierlichen Energieverlust durch Abstrahlung über die Sternoberfläche in die Betrachtung einbeziehen muss. Sie speist sich fast ausschließlich aus der thermischen Energie der Atomrümpfe (Ionen), während die Energie, die bei einer gravitationsbedingten Kontraktion gemäß dem Virialsatz freigesetzt wird, zu einem entsprechenden Anstieg der Fermi-Energie des entarteten Elektronengases führt (Koester und Chanmugam 1990). Da sich die Größe der abstrahlenden Oberfläche mit der Zeit so gut wie nicht mehr verändert, lässt sich weiterhin ein weitgehend lineares Abkühlungsverhalten erwarten – so wie man es auch von Festkörpern kennt.

Ausgangspunkt der Abkühlungsgeschichte ist die quasi isotherme Temperatur im Inneren des Weißen Zwerges, die im Wesentlichen der Temperatur entspricht, die in der den Sternkern im AGB-Stadium unmittelbar umgebenden thermonuklear brennenden Schale geherrscht hat. Bei einem C/O-Zwerg liegt sie damit in der Größenordnung von 10^8 K. Diese „Hitze" wird durch die dichte, aber nichtentartete Sternatmosphäre abgeschirmt, die sich nur mittels Strahlungstransport an die Sternoberfläche transportieren lässt, von wo aus sie schließlich in den Weltraum abgestrahlt wird. Fragen, die in diesem Zusammenhang eine Rolle spielen, sind beispielsweise: Ab welcher „Tiefe" (gemessen von der Sternoberfläche aus) setzt bei einem Weißen Zwerg die Elektronenentartung ein? Welcher Zusammenhang besteht zwischen der effektiven Temperatur eines Weißen Zwerges und der isothermen Temperatur in seinem Inneren? Welche Effekte können zu einer Abweichung von einer zeitlich linearen Abkühlung führen?

In der einfachsten Form kann man sich einen Weißen Zwerg aus zwei Teilen aufgebaut vorstellen: im Inneren ein entarteter, weitgehend isothermer *bulk* und außen eine geringmächtige, nichtentartete und opake Atmosphärenschicht, in der sich ein stabiler Temperaturgradient ausbildet. Da in diesem Modell der Radius des Weißen Zwerges zeitlich konstant bleibt (d. h. $d\rho/dt = 0$), gilt für die Änderung der spezifischen inneren Energie u:

$$\frac{du}{dt} = \left(c_V^{Ionen} + c_V^{Elektronen}\right)\frac{\partial T}{\partial t} \quad (7.4)$$

Die spezifische Wärmekapazität eines entarteten nichtrelativistischen Elektronengases

$$c_V^{Elektronen} \approx n_e \left(\frac{k_B T}{E_F}\right) \quad (7.5)$$

kann aufgrund dessen, dass die Fermi-Energie E_F der Elektronen die thermische Energie $k_B T$ der Ionen weit übersteigt, nur einen vernachlässigbaren Anteil zu c_V liefern. Der Stern kann deshalb die darin enthaltene „Wärme" nicht anzapfen. Abgestrahlt kann nur die Wärme werden, die in der inneren Energie der Ionen (Atomrümpfe) Gl. 4.94 enthalten ist:

$$\frac{du_G}{dt} = \frac{3}{2}n_i k_B \frac{\partial T}{\partial t} \quad (7.6)$$

Bezeichnet U_G die im Gesamtvolumen enthaltene Wärmeenergie (Atomrümpfe), dann entspricht dessen zeitliche Änderung

$$L = -\frac{dU_G}{dt} = -\frac{d}{dt}\left[\frac{3}{2}k_B \iint n_i dT \, dV\right] \quad (7.7)$$

genau der Leuchtkraft L des Weißen Zwerges.

Um den Temperaturgradienten (d. h. das Verhältnis zwischen der Temperatur T_{WD} im Inneren des Weißen Zwerges zur Effektivtemperatur T_{eff}, mit der er strahlt) zu bestimmen, benötigt man ein Modell für die Sternatmosphäre, durch welche schließlich der Energiefluss in Form eines Strahlungstransportes erfolgt. Dazu greift man am besten auf Gl. 4.32 zurück, die, überführt in die Euler-Form und unter Einführung der Strahlungskonstanten $a = 4\sigma/c = 7{,}56 \cdot 10^{-16}$ Ws m^{-3}K^{-4}, sich wie folgt aufschreiben lässt:

$$\frac{L}{4\pi r^2} = -\frac{4}{3}\frac{ac}{\rho\overline{\kappa}}T^3\frac{dT}{dr} \quad (7.8)$$

Unter der Voraussetzung einer hydrostatischen Schichtung der Atmosphäre Gl. 3.248 ergibt sich damit:

$$\frac{dP}{dT} = \frac{16\pi acG}{3\overline{\kappa}}\frac{M}{L}T^3 \quad (7.9)$$

Wesentlich ist hier die Größe $\overline{\kappa}$, welche die Opazität der Sternmaterie beschreibt. Sie bestimmt die „Effektivität" des Strahlungstransports durch die Atmosphärenschicht. Diese Atmosphärenschicht ist sehr heiß und sehr dicht, sodass überwiegend ff-Übergänge (s. Abschn. 3.2.4.3.3) und gf-Übergänge (s. Abschn. 3.2.4.3.2) die Opazität bestimmen. Kramers Gesetz Gl. 4.187 lässt sich damit mit $\alpha = 1$ und $\beta = -7/2$ in guter Näherung verwenden, was eingesetzt in Gl. 7.9 zu

$$\frac{dP}{dT} = \frac{16\pi a c G}{3\rho \tilde{\kappa}} \frac{M}{L} T^{13/2} \qquad (7.10)$$

führt. Der Druck P in der nichtentarteten und als ideal anzusehenden Atmosphäre wird bei DA-Zwergen fast ausschließlich durch den Partialdruck des Wasserstoffs bestimmt, also gemäß Gl. 4.64

$$P_H = \frac{\rho k_B T}{\overline{\mu} m_H}, \qquad (7.11)$$

sodass sich, eingesetzt in Gl. 7.10 und nach Integration[5]

$$P^2 = \int \frac{32\pi a c k_B G M}{3\tilde{\kappa} \overline{\mu} m_H L} T^{15/2} dT = \frac{64}{51} \frac{\pi a c k_B G M}{3\tilde{\kappa} \overline{\mu} m_H L} T^{17/2} \qquad (7.12)$$

ergibt. Ersetzt man nun den Gasdruck auf der linken Seite durch die Dichte entsprechend Gl. 7.11, dann erhält man eine Beziehung der Art

$$\rho = K_1 \sqrt{M/L} \left(\frac{\overline{\mu}}{\tilde{\kappa}}\right)^{1/2} T^{13/4}, \qquad (7.13)$$

wobei alle konstanten Werte in der Konstanten K_1

$$K_1 = \sqrt{\frac{64}{51} \frac{\pi a c G m_H}{k_B}}$$

zusammengefasst wurden.

Diese Gleichung gilt natürlich nur so lange, wie der Entartungsdruck der Elektronen keine Rolle spielt. Bewegt man sich von der Sternoberfläche aus immer tiefer in Schichten ansteigender Dichte, erreicht man irgendwo die Stelle, an der der Gültigkeitsbereich von Gl. 7.13 endet. Das ist offensichtlich dann der Fall, wenn der Gasdruck Gl. 7.11 gleich dem Druck des entarteten Elektronengases Gl. 4.87 wird:

$$P_G = P_{deg},$$

d. h. mit Gl. 4.59 unter Beachtung von Gl. 4.60 (Elektronenzahl pro Volumeneinheit bei vollständiger Ionisation):

$$\frac{\rho_c k_B T_c}{\mu_e m_H} = \frac{1}{20} \left(\frac{3}{\pi}\right)^{2/3} \frac{h^2}{m_e} \left(\frac{\rho_c}{\mu_e m_H}\right)^{5/3} \qquad (7.14)$$

---

[5] Da die effektive Temperatur sehr viel kleiner ist als die Ionentemperatur im entarteten Sterninneren ($T_{eff} \ll T_{WD}$) wird als äußere Randbedingung $T = 0$ bei $P = 0$ gewählt.

Das „c" indiziert im Folgenden immer den isothermen Kern, wobei $\rho_c = \rho(R_c)$ der Dichtewert an der Kern-Hüllen-Grenzfläche ist. Für sie erhält man nach Umformung folgende Beziehung:

$$\rho_c = \frac{40\sqrt{5}}{3}\pi \left(\frac{k_B m_e}{h^2}\right)^{3/2} \mu_e m_P T_c^{3/2}, \qquad (7.15)$$

so nach Zusammenfassung aller konstanten Werte:

$$\rho_c = K_2 \mu_e T_c^{3/2} \qquad (7.16)$$

Und da an der Kern-Hüllen-Grenze die Dichte einen definierten Wert $\rho = \rho_c$ hat und für Erstere Gl. 7.13 gilt, folgt nach Gleichsetzung für die Leuchtkraft L eines Weißen Zwerges der Masse M mit der momentanen Kerntemperatur T_c:

$$L = \left(\frac{K_1}{K_2}\right)^2 \frac{\overline{\mu}}{\widetilde{\kappa}\mu_e^2} M T_c^{7/2} \qquad (7.17)$$

Diese Beziehung sagt aus, dass die Leuchtkraft eines Weißen Zwergs in Abhängigkeit von seiner chemischen Zusammensetzung durch die Ionentemperatur T_c seines isothermen Inneren festgelegt ist. Mit der oft benutzten Näherung für das Rosseland'sche Mittel

$$\widetilde{\kappa} = 4.34 \cdot 10^{23} Z(1+X) \mathrm{m^2 kg^{-1}}$$

und einer chemischen Zusammensetzung $X = 0$ und $Z = 0{,}1$ sowie $\overline{\mu} = 1{,}4$ und $\mu_e = 2$ (DB dwarf) ergibt sich z. B. folgende zugeschnittene Größengleichung für die Leuchtkraft L eines Weißen Zwerges:

$$\frac{L}{L_\odot} = 1{,}75 \cdot 10^{-31} \frac{M}{M_\odot} T_c^{7/2} \qquad (7.18)$$

$$\log\left(\frac{L}{L_\odot}\right) = -30.7 + \log\left(\frac{M}{M_\odot}\right) + 3{,}5 \log T_c$$

Für einen Weißen Zwerg mit den genannten Daten und einer Kerntemperatur von 10^8 K erhält man damit eine Leuchtkraft von $10^{-3}\ L_\odot$, was im erwarteten Bereich für diese einfache Abschätzung liegt.

Dass die Verhältnisse in Wirklichkeit jedoch etwas komplexer sind, zeigt Abb. 7.6, welche auf detaillierten Sternmodellen beruht (Chabrier et al. 2000).

Da ein Weißer Zwerg zur Aufrechterhaltung seiner Leuchtkraft nur auf die intrinsische Wärme U der nichtentarteten Ionen (Atomrümpfe) zurückgreifen kann und diese aufgrund der Abstrahlung kontinuierlich abnimmt:

$$L = -\frac{dU}{dt} \qquad (7.19)$$

Abb. 7.6 Zusammenhang zwischen Kerntemperatur und Leuchtkraft Weißer Zwerge, wie er sich aus detaillierten Modellrechnungen ergibt. (Nach Chabrier et al. (2000))

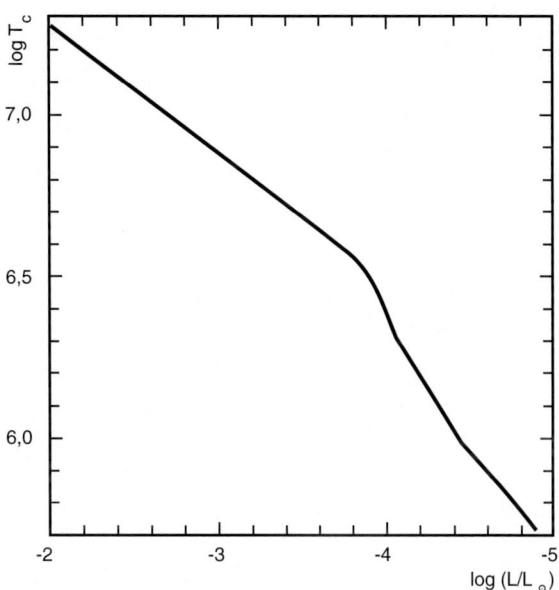

muss auch die Leuchtkraft L mit der Zeit geringer werden. Die Zeitdauer τ, die vergeht, wenn die Leuchtkraft von einem Ausgangswert L_0 auf einen Wert $L \ll L_0$ sinkt, nennt man Abkühlungszeitskala (*cooling age*).

Die gesamte im Weißen Zwerg in der Masse M gespeicherte Wärmeenergie U ist nach Gl. 4.94 unter Beachtung von Gl. 4.60

$$U = \frac{3}{2} k_B T_c \frac{M}{\overline{\mu} m_H} \tag{7.20}$$

und deren zeitlicher Änderung Gl. 7.19

$$-\frac{dU}{dt} = -\frac{d}{dt}\left(\frac{3}{2} k_B T_c \frac{M}{\overline{\mu} m_H}\right). \tag{7.21}$$

Gleichsetzen mit Gl. 7.17 liefert

$$-\frac{d}{dt}\left(\frac{3}{2} \frac{k_B T_c}{\overline{\mu} m_H}\right) = \left(\frac{K_1}{K_2}\right)^2 \frac{\overline{\mu}}{\widetilde{\kappa} \, \mu_e^2} T_c^{7/2} = C T_c^{7/2}, \tag{7.22}$$

d. h. nach Integration in den Grenzen t_0 und t:

$$\frac{3}{5} \frac{k_B}{\overline{\mu} m_H}\left(\frac{1}{T^{5/2}} - \frac{1}{T_0^{5/2}}\right) = C(t - t_0) = C\tau \tag{7.23}$$

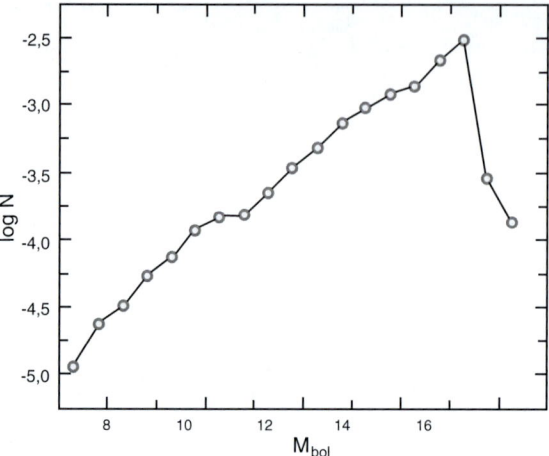

Abb. 7.7 Leuchtkraftfunktion sonnennaher Weißer Zwerge (Sloan Digital Sky Survey)

Daraus lässt sich eine Gleichung für die Abkühlungsfunktion (Änderung der Leuchtkraft mit der Zeit τ in Form eines Potenzgesetzes gewinnen („Mestels law"):

$$\log\left(\frac{L}{L_\odot}\right) = \log\left(\frac{M}{M_\odot}\right) - \frac{7}{5}\log\tau + 10.3 \tag{7.24}$$

(τ in Jahren). Ein Weißer Zwerg mit einer Masse von 0,6 $M_\odot$ verliert demnach in $\approx$ 100.000.000 Jahren ungefähr 1/100 seiner Leuchtkraft. Dieses durch „Mestels Gesetz" beschriebene Verhalten wird im Wesentlichen (mit geringfügigen Abweichungen) auch durch entsprechende Modellrechnungen bestätigt, sodass es für einfache quantitative Untersuchungen durchaus geeignet ist.

Eine interessante Frage, die sich in diesem Zusammenhang stellt, betrifft die Leuchtkraftfunktion Weißer Zwergsterne: Kann sie Mestels Gesetz von Seiten der Beobachtung bestätigen? Abb. 7.7 zeigt die Verteilung sonnennaher Weißer Zwerge als Funktion ihrer absoluten Helligkeit (gewissermaßen als Maß für ihre Leuchtkraft), wie sie aus Daten des Sloan Digital Sky Surveys abgeleitet wurden. Sie stellt gewissermaßen die Anzahl N von Weißen Zwergen pro Volumeneinheit (hier pc^3) und absoluter Helligkeit dar. In der Sonnenumgebung kommt grob gerechnet auf zehn Sterne ein Weißer Zwerg, was absolut einer Anzahldichte von 0,005 pro pc^3 entspricht. Sie ist das Resultat einer (hier) als gleichmäßig angenommenen Sternbildungsrate seit der Zeit, in der die ersten Sterne der Milchstraße entstanden sind.

Wie man Abb. 7.7 entnehmen kann, besteht zwischen $\log N$ und M_{bol} bis zur „Abbruchkante" bei $M_{bol} = 15{,}4$ ein weitgehend linearer Verlauf mit einem Anstieg von

$$\frac{d\log N}{d M_{bol}} \approx 0{,}29, \tag{7.25}$$

wobei zwischen bolometrischer Helligkeit und Leuchtkraft die Beziehung Gl. 2.23 besteht. Damit ergibt sich

$$\frac{d \log N}{d L} \approx -0{,}73, \tag{7.26}$$

was wiederum sehr gut mit Mestels Gesetz übereinstimmt:

$$\frac{d \log N}{d L} = -\frac{5}{7} = -0{,}714 \tag{7.27}$$

Bleibt noch zu klären, was die „auffällige" Abbruchkante bei Weißen Zwergen mit einer Leuchtkraft unterhalb von 0,00005 $L_\odot$ bedeutet. Setzt man diesen Wert in Gl. 7.24 ein (für $M = 0{,}6\,M_\odot$), dann erhält man für τ einen Wert von ≈ 18 Mrd. Jahren, was bereits deutlich das „Hubble-Alter" unseres Universums ($\approx 13{,}8$ Ga) übersteigt. Verwendet man dagegen moderne Modellrechnungen, reduziert sich die Abkühldauer auf etwa 10 Mrd. Jahre, was den wahren Gegebenheiten schon näher kommt, aber das „qualitative" Ergebnis (dass es nämlich aufgrund des endlichen Weltalters noch keine Weißen Zwergsterne unter einer bestimmten „Leuchtkraftsschranke" geben kann) genauso bestätigt.

In der Natur ist das Abkühlungsgesetz in der Form $L \sim \tau^{-7/5}$ natürlich nur tendenziell erfüllt, da es verschiedene physikalische Prozesse gibt, die auf die Abkühlungsdynamik Einfluss nehmen und die in der hier vorgestellten Ableitung keine Berücksichtigung gefunden haben. Einer dieser Prozesse wurde bereits angesprochen – die Auskristallisation der Sternmaterie, die einsetzt, sobald die Temperatur T_c unter einen kritischen Wert gefallen ist. Dabei wird ein gewisser Betrag von Kristallisationswärme freigesetzt, welche eine Zeitlang die Leuchtkraft weniger stark abnehmen lässt, als es Mestels Gesetz vorhersagt.

Im Einzelnen lassen sich folgende Hauptstadien im Abkühlungsprozess ausmachen, die sich zum Teil überlappen:

Neutrinokühlung In der Anfangsphase des Daseins als Weißer Zwerg, wenn die Kerntemperatur noch extrem hoch ist, entstehen im Sterninneren in großer Zahl Plasmaneutrinos, die aufgrund ihres außergewöhnlich geringen Wirkungsquerschnitts in der Lage sind, Energie quasi instantan abzuführen. Denn für Neutrinos existiert bekanntlich der wärmeisolierende „Deckel" der Sternatmosphäre nicht. Diese Art der „Neutrinokühlung" (wie sie ganz allgemein in den Kernregionen von AGB-Sternen eine wichtige Rolle spielt, s. Abschn. 6.3.3) ist anfänglich sehr effektiv und lässt einen Weißen Zwerg im HRD recht schnell in immer noch sehr heiße Regionen geringerer Leuchtkraft abwandern.

Innerhalb des Zeitraums, in dem die Neutrinokühlung wesentlich ist, können manche Weiße Zwerge in einem gewissen Maße auch noch thermonukleare Energiequellen anzapfen – und zwar in Form eines geringfügigen Wasserstoff- oder Heliumschalenbrennens. Genau genommen scheint aber nur Letzteres einen signifikanten Beitrag zur Leuchtkraft eines gerade entstandenen Weißen Zwerges leisten zu können.

Kühlung in der Phase der Verflüssigung des Sterninneren Diese Abkühlungsphase wird im Wesentlichen durch die Opazität der nicht- oder an der Basis nur teilentarteten Sternatmosphäre bedingt und erfolgt entsprechend Mestels Gesetz. Trotzdem ist die Berechnung im Detail schwierig, da wirklich verlässliche Opazitätswerte über Kramers Gesetz hinaus weitgehend fehlen oder unsicher sind. Es ist dabei ein großer Unterschied, ob die äußere Hülle des Weißen Zwergs hauptsächlich aus Wasserstoff oder primär aus Helium besteht. In Wirklichkeit wird man jedoch meist eine Mischung aus beiden Gasen vorfinden, wobei die Opazität u. a. vom Mischungsverhältnis abhängt. Außerdem ist bei jungen Weißen Zwergen eine oberflächennahe Konvektion zu erwarten, die bei der Berechnung des Strahlungstransports mit berücksichtigt werden muss.

Wärmeerzeugung durch Auskristillisation Es ist ein aus der Chemie allbekanntes Phänomen, dass es bei der Auskristallisation einer unterkühlten Flüssigkeit zu einer Wärmeentwicklung kommt, wobei die freigesetzte Wärme gewöhnlich als Kristallisationswärme bezeichnet wird. Das analoge Phänomen tritt auch im Innern Weißer Zwerge auf, wenn sich die Atomrümpfe unterhalb einer kritischen Temperatur zu einem Ionengitter arrangieren. Da es sich bei diesen Atomrümpfen bei den meisten Weißen Zwergen im Wesentlichen um Kohlenstoff handelt, ist – wie bereits in Abschn. 7.1.4 beschrieben – das Resultat eine diamantähnliche kristalline Struktur, die vom Sternkern ausgehend im Laufe der Zeit bis an die Atmosphärengrenze anwächst. Dieser Vorgang verzögert die Abkühlung des Sterninneren, was phänomenologisch zu einer langsameren Leuchtkrafterniedrigung führt, als es Mestels Gesetz vorhersagt. Dieser Effekt ist übrigens in Abb. 7.8 sehr gut als deutliche Abweichung vom $\tau^{-7/5}$ – Gesetz zu erkennen.

Ist der Kristallisationsvorgang abgeschlossen, wird keine latente Wärme mehr freigesetzt und die Abkühlung setzt sich – verstärkt durch Gittereffekte – beschleunigt fort.

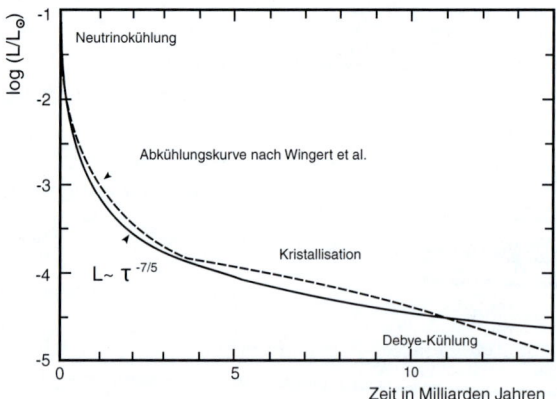

Abb. 7.8 Abkühlungsfunktion eines Weißen Zwerges von 0,6 Sonnenmassen

Debye-Kühlung Bei diesen „Gittereffekten" handelt es sich um kohärente Gitterschwingungen (Phononen), die dazu führen, dass die spezifische Wärmekapazität nun dem Debye-Gesetz genügt. Fällt T_c unter die entsprechende Debye-Temperatur, dann führt das zu einem schnellen Abkühlungsprozess, den man als Debye-Kühlung bezeichnet. Sie beschleunigt den Abkühlungsprozess enorm, was zu einer schnellen Abnahme der Leuchtkraft des Weißen Zwerges bei Erreichen dieser Phase führt. Die meisten Weißen Zwerge im gegenwärtigen Universum dürften jedoch aufgrund des aktuellen Weltalters die Phase der Debye-Kühlung noch nicht erreicht haben, weshalb sich dieser Effekt auch nicht auf die beobachtete Leuchtkraftfunktion auswirkt.

7.2 Neutronensterne

Neutronensterne begannen ihre „Existenz" im Bewusstsein der Astronomen als theoretisches Konstrukt mit der Maßgabe, dass man sie wohl nie als reale Objekte im Kosmos wird auffinden können. Das Schlüsseljahr ist hier 1932, in dem sowohl das theoretisch vorhergesagte Neutron durch James Chadwick experimentell entdeckt wurde, als auch in der „Physikalischen Zeitschrift der Sowjetunion" ein kleiner Artikel mit dem Titel „Über die Theorie der Sterne" des damals bereits international bekannten theoretischen Physikers Lew Dawidowitsch Landau erschienen ist. Darin stellte Landau die Idee zur Diskussion, ob es nicht Sterne („unheimliche Sterne") geben könnte, die (bzw. deren Kernbereiche) vollständig aus entarteter Materie (Elektronen, Neutronen) bestehen und die durch deren Entartungsdruck stabilisiert werden. Aus dieser Idee ergab sich für ihn noch eine Anzahl weiterer Schlussfolgerungen, die sich aber in der Folgezeit nicht bestätigten. Zwei Jahre später vermuteten Fritz Zwicky und Walter Baade, dass Supernovaexplosionen zur Bildung kompakter Neutronensterne führen könnten, und 1939 zeigten Robert Oppenheimer und George Michael Volkoff, dass es auch für Neutronensterne eine obere Grenzmasse geben muss, vorausgesetzt, dass die Quantentheorie und die Allgemeine Relativitätstheorie unter den dort herrschenden Bedingungen gültig bleiben. Sie erkannten weiterhin, dass die Radien derartiger Sterne in der Größenordnung von einigen 10 km liegen müssen – und das bei einer Masse, die mit derjenigen der Sonne vergleichbar ist! Damit schien auch klar zu sein, dass sich derartig kompakte Objekte wohl niemals werden direkt beobachten lassen.

Aber wie sagt das Sprichwort? – „Unverhofft kommt oft". Und dieses „unverhoffte Ereignis" zeigte sich auf einem Schrieb, welcher die Radiosignale eines Radiointerferometers in Cambridge bei einer Wellenlänge von 3,7 m im Jahre 1967 aufzeichnete. Die Besonderheit lag darin, dass die Signale aus einer bestimmten Region des Himmels stammten (Sternbild Vulpecula) und sich mit der Genauigkeit einer Atomuhr mit einer Periode von 1,34 s immer wiederholten. Zur damaligen Zeit waren den Astronomen keine natürlichen Mechanismen bekannt, die in der Lage wären, solche zeitlich überaus stabilen Impulsfolgen zu erzeugen. Das beobachtete Phänomen war – gelinde gesagt, äußerst rätselhaft – was übrigens auch eine prompte Veröffentlichung der Entdeckung erst einmal verhinderte.

Die Cambridger Radioastronomen unter Leitung von Antony Hewish (Nobelpreis 1974) nutzen erst einmal die Zeit, um den zeitlichen Abstand zwischen den ca. 0,3 s langen Impulsen zu ermitteln und deren außergewöhnliche Konstanz zu verifizieren. Umgerechnet in das Schwerpunktsystem Sonne – Planeten ergab sich für dieses später unter PSR 1919+21 katalogisierte Objekt eine Periodendauer von $P_s = 1{,}3372795 \pm 0{.}0000020$ Sekunden (Hewish et al. 1968).[6] Ein Gedanke, der hier durchaus auf den ersten Blick als folgerichtig erscheinen mag, war, dass es sich hier vielleicht um künstliche Signale einer fernen außerirdischen Zivilisation handeln könnte. Aber bereits eine logische Analyse der Signale ließ diese Deutung als wenig wahrscheinlich erscheinen. Das betrifft sowohl das Fehlen einer sinnvollen Modulation des Signals als auch die Breite des Frequenzbandes, in dem die Pulse nachweisbar sind. Ihre größte Intensität haben sie dabei gerade bei besonders niedrigen Frequenzen, die sich bekanntlich besonders schlecht vom „galaktischen Rauschen" abheben. Und sollte die Impulsstrahlung isotrop sein und aus der Milchstraße stammen, dann erfordert ihre Erzeugung eine Leistung, die das energetische Budget einer hypothetischen Zivilisation um viele Größenordnungen übersteigen würde. Der Vorschlag, diese neue rätselhafte Radioquelle „LGM 1" zu nennen (LGM steht für „Little Green Man"), hat auch deshalb nie Eingang in die wissenschaftliche Fachliteratur gefunden. Und auch die dahinter liegende „Deutung" wurde immer obsoleter, da kurz danach (man wusste ja nun, nach welchen Signalen man suchen musste!) auch noch „LGM 2", „LGM 3" und „LGM 4" entdeckt wurden… (Abb. 7.9).

Kurz nach der Veröffentlichung der Entdeckungsdaten der ersten – nun als „Pulsare" (*pulsating radio sources*) – bezeichneten Radioquellen setzte eine Flut von Deutungsversuchen ein, die sich im Wesentlichen um folgende Fragestellungen rankten:

- Wie lässt sich der offenbar vorhandene, extrem konstante „Uhrenmechanismus" erklären?
- Durch welchen physikalischen Prozess wird die Impulsstrahlung in der beobachteten Intensität und Regelmäßigkeit erzeugt?

Einen Hinweis auf die richtige Deutung kam mit der Entdeckung eines Pulsars mit dem 90 m-Radiospiegel von Green Bank, der mit dem Krebsnebel – einem schon seit längerer Zeit bekannten Supernovaüberrest – assoziiert zu sein schien (PSR B0531+21). Immerhin hatten schon 1934 Fritz Zwicky und Walter Baade vermutet, dass bei einer Supernovaexplosion nur ein extrem dichter Sternkern, ein Neutronenstern, zurückbleibt. Die Idee, dass es sich bei den Pulsaren um genau solche „Neutronensterne" handelt, geht auf Thomas Gold zurück (Gold 1968).

---

[6] Heute kann man Pulsperioden mit einer Präzision von 1 zu 10^{16} messen, was u. a. die Detektion von „Neutronensternbeben" erlaubt, die sich in einer plötzlichen kleinen Periodenänderung äußern.

7.2 Neutronensterne

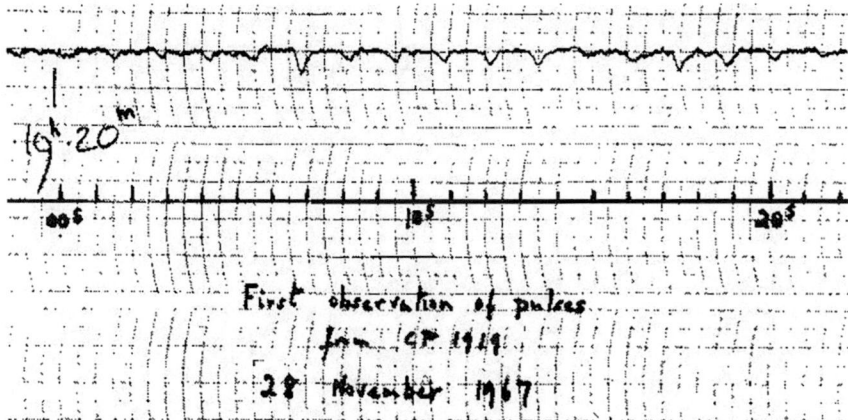

Abb. 7.9 Messstreifen mit den Signalen des ersten Pulsars (PSR 1919+21) vom 28. November 1967 – entdeckt von Jocelyn Bell (Burnell)

Seine Deutung erschien aber anfänglich als so absurd, dass man während der ersten wissenschaftlichen Konferenz zum Thema „Pulsare" nicht einmal eine Diskussion darüber in Erwägung zog.[7]

Aber sie war nun in der Welt und es zeigte sich, dass die Hypothese eines schnellrotierenden, mit einem starken Magnetfeld umgebenen Neutronensterns, bei dem Rotationsachse und magnetische Achse nicht zusammenfallen, die Phänomenologie eines Pulsars am glaubwürdigsten erklären kann. Innerhalb kürzester Zeit wurden diesbezüglich neue Beobachtungsprogramme initiiert, an denen sich fast alle führenden Radioobservatorien der Welt in irgendeiner Form beteiligten. Hier sei insbesondere auf ein international aufgestelltes Team von Astronomen aus den USA, Australien, Großbritannien und Italien unter der Leitung von Dick Manchester hingewiesen, welches zusammen mittlerweile weit über tausend Pulsare radioastronomisch entdecken konnten. Das entspricht mehr als einem Drittel der im ATNF Pulsar-Katalog[8] verzeichneten 2613 Pulsaren (Stand

---

[7] „Shortly after the discovery of pulsars I wished to present an interpretation of what pulsars were, at this first pulsar conference: namely that they were rotating neutron stars. The chief organiser of this conference said to me, „Tommy, if I allow for that crazy an interpretation, there is no limit to what I would have to allow". I was not allowed five minutes floor time, although I in fact spoke from the floor. A few months later, this same organiser started a paper with the sentence, „It is now generally considered that pulsars are rotating neutron stars." Thomas Gold: „New Ideas in Science", Journal of Scientific Exploration, 1989, Vol. 3, No. 2, 103–112.

[8] http://www.atnf.csiro.au/research/pulsar/psrcat/.

```
                                                    No. 2110
              PULSATING RADIO SOURCES NEAR CRAB NEBULA
   W. E. Howard, III, National Radio Astronomy Observatory, Green
   Bank, West Virginia, transmits the following information from D. H.
   Staelin and E. C. Reifenstein, III: "Two pulsating radio sources
   have been found with the 300 ft. transit antenna of the National
   Radio Astronomy Observatory. These sources, tentatively designated
   NP 0527 and NP 0532 pending the determination of more accurate pos-
   itions, are both located in the vicinity of the Crab Nebula and
   could be coincident with it. Each source was observed on three
   days in October, 1968 with a 50 channel receiver covering the band
   110-115 MHz with 0.1 MHz resolution. Both sources are so sporadic
   that no periodicities are evident. The pulse width appears less
   than 120 ms. The maximum observed pulse energies for NP 0527 and
   NP 0532 were 207 x 10^-26 and 16 x 10^-26 (jm^-2 Hz^-1), respectively.
   Other source parameters are:
     NAME         α_1950           δ_1950        ∫N_e dℓ cm^-2      Period
     NP 0527    5^h 27^m ±6^m     +22°30' ±2°   1.58±0.03 x 10^20   <0^s.25
     NP 0532    5  32   ±3        +22 30  ±2    1.74±0.02 x 10^20   <0.13
```

Abb. 7.10 IAU-Zirkular Nr. 2110 mit der Entdeckungsmeldung von zwei pulsierenden Radioquellen im Himmelsbereich um den Krebsnebel M1 – dem Überrest der Supernova des Jahres 1054. Eine davon erwies sich als dessen schon länger bekannter Zentralstern

Oktober 2017). Aber auch die Theoretiker stürzten sich auf das Thema. Während anfänglich die Entwicklung einer Theorie des Emissionsmechanismus der Pulsare im Vordergrund stand, ist heute die Physik des extrem dichten Inneren von Neutronensternen ein Hauptthema theoretischer Forschung. Hier zeigt sich, dass im Nachhinein der Terminus „Neutronenstern" nicht unbedingt ganz glücklich gewählt wurde, denn nur in den allereinfachsten Modellen kommt man nur mit diesem Teilchen aus. Heute weiß man, dass neben Neutronen auch andere Teilchen wie schwere Hyperonen bis hin zu Quark-Gluon-Gemischen im Sternzentrum den inneren Aufbau solcher besser als „kompakte Sterne" (*compact stars*) zu bezeichnenden Himmelskörper festlegen. Pulsare im Besonderen und Neutronensterne im Allgemeinen stellen deshalb für den Physiker so etwas wie spezielle „Laboratorien" dar, mit deren Hilfe (Beobachtungen) sich ihre Theorien über extrem dichte Materiezustände zumindest teilweise überprüfen lassen. Dem kommt zugute, dass man mittlerweile auch Neutronensterne kennt, die nicht als Pulsare in Erscheinung treten, sondern beispielsweise als Komponenten von Doppelsternsystemen, wo sie eine Quelle intensiver Röntgenstrahlung sind (Massenakkretion, „Röntgenpulsare (s. Abschn. 7.2.2)), oder als „Magnetare", die man als des „Pudels Kern" sogenannter „Soft Gamma Repeater" (SGR) ansieht (Abb. 7.10).

Mit Neutronensternen ist eine Vielzahl aufregender Entdeckungen verbunden, von denen eine Auswahl hier nur kurz aufgelistet werden soll:

1967 – Franco Pacini (1939–2012) entwickelt in einem Paper die Idee, dass stark magnetische Neutronensterne ihre Rotationsenergie anzapfen können, um einen starken Fluss relativistischer Teilchen zu erzeugen (Pacini 1967).

1967 – Radioastronomische Entdeckung des ersten Pulsars durch Jocelyn Bell (Burnell) und Antony Hewish.

1968 – Pulsar als Zentralstern eines Supernovaüberrestes identifiziert – Krebsnebelpulsar.

1974 – Entdeckung eines Doppelsternsystems, welches aus zwei Neutronensternen (davon ein Pulsar) besteht (PSR B1913+16), durch Joseph Hooton Taylor jr. und Russell Hulse. Indirekter Nachweis von Gravitationswellen (Nobelpreis 1993).

1979 – Entdeckung eines intensiven Gammastrahlenausbruchs (GRB 790305b), für den später ein Magnetar verantwortlich gemacht wurde.

1982 – Entdeckung des ersten „Millisekundenpulsars" durch Don Backer (PSR B1937+21). Dabei handelt es sich um einen Pulsar mit einer Rotationsperiode von 1,557708 ms, was impliziert, dass sich dieser Neutronenstern 642-mal pro Sekunde um seine Achse dreht.

1987 – Entdeckung des ersten Pulsars in einem Kugelsternhaufen (M28) durch A. G. Lyne und Kollegen.

1971 – Entdeckung der Röntgenpulsare mit UHURU (z. B. Her X-1); sie werden als akkretierende Neutronensterne in engen Doppelsternsystemen interpretiert.

1992 – Entdeckung von drei Exoplaneten um einen Pulsar durch Aleksander Wolszczan und Dale Frail mittels des Arecibo-Radioteleskops (s. z. B. Scholz (2014)).

2006 – Entdeckung von theoretisch vorhergesagten „Störungen" in der Pulsfrequenz von Pulsaren (*pulsar glitches*) bei PSR J0537–6910 im Supernovaüberrest NGC 2060 durch John Middleditch und Mitarbeiter. Ihre Beobachtungen erlauben tiefe Einsichten in das Innere von Neutronensternen und ermöglichen die Überprüfung entsprechender theoretischer Modelle.

2010 – Entdeckung des Pulsars PSR J1614–2230 (P = 3,150807653427 ms), dessen Masse aus seinen Bahndaten (er bildet mit einem Weißen Zwerg ein Doppelsternsystem) sehr genau zu $1,97 \pm 0.04\,M_\odot$ bestimmt werden konnte.

2017 – Zwei in der Galaxie NGC 4993 zusammenstoßende und dabei verschmelzende Neutronensterne führten zur Emission von Gravitationswellen, welche vom Virgo-Ligo-Netzwerk zweifelsfrei detektiert werden konnten.

Eine Entwicklung einer allgemeingültigen Theorie kompakter Sterne, die den Anspruch erhebt, möglichst bis ins Detail realistisch zu sein, ist ein schwieriges Unterfangen und lange noch nicht abgeschlossen. Der physikalische Rahmen wird dabei durch die Allgemeine Relativitätstheorie (aufgrund der Raum-Zeit-verzerrenden enormen Oberflächengravitation), durch die Kernphysik („Atmosphäre" und obere Kruste) und durch die Quantentheorie in Form moderner Quantenfeldtheorien (hier ist beispielsweise explizit die Quantenchromodynamik zu nennen) festgelegt. Eine entsprechende Würdigung aller damit im Zusammenhang stehenden Fragestellungen würde jedoch den Rahmen dieses Buches bei Weitem sprengen, weshalb hier auf die vielfältige Fachliteratur zum Thema hingewiesen sei (z. B. Camenzind (2007) sowie Shapiro und Teukolsky 1983) als gute Einstiege).

7.2.1 Radiopulsare

Zeichnet man über einen längeren Zeitraum die Intensität I der Strahlung eines Pulsars bei einer gegebenen Frequenz ν mit hoher zeitlicher Auflösung über der Zeit t auf, dann erkennt man, dass die zeitlichen Abstände der Maxima (Periode) äußerst exakt eingehalten werden, während die Pulsform in Höhe und Gestalt (und auch mit der Beobachtungsfrequenz) stark variiert. Mittelt man dagegen die Pulsform über eine große Anzahl von Impulsen, dann erhält man eine „mittlere Pulsform" für eine gegebene Beobachtungsfrequenz ν, die für jeden einzelnen Pulsar charakteristisch zu sein scheint und die – zusammen mit der Periode P – quasi dessen individuellen „Fingerabdruck" darstellt. Die dabei ausgemittelten „Feinstrukturen" betreffen Intensitätsschwankungen auf einer Zeitskala von $\approx 10^{-6}$ Sekunden, was u. a. gewisse Rückschlüsse auf die Größe des Emissionsgebietes und der interstellaren Materie erlaubt, welche die Strahlung durchläuft (interstellare Dispersion). Gewöhnlich besteht solch ein „gemittelter" Puls aus mehreren Komponenten (oft zwei), die man dann als „Subpulse" bezeichnet. Weiterhin kann man – insbesondere bei Pulsaren mit längeren Perioden (einige Sekunden) – Pulsformen beobachten, die sich zeitlich selbst periodisch ändern. Man spricht hier gewöhnlich von *drifting subpulses*, die wiederum eigenen Gesetzmäßigkeiten unterliegen.

Ein weiteres interessantes Faktum besteht in der deutlich bimodalen Verteilung der Pulsperioden, die jeweils eine Häufung im Millisekundenbereich und im Bereich um 0,5 s zeigt (s. Abb. 7.11).

Etwas ungewöhnlich erscheint auf den ersten Blick, dass sich die Pulsformen eines individuellen Pulsars in verschiedenen Frequenzbereichen (d. h. vom

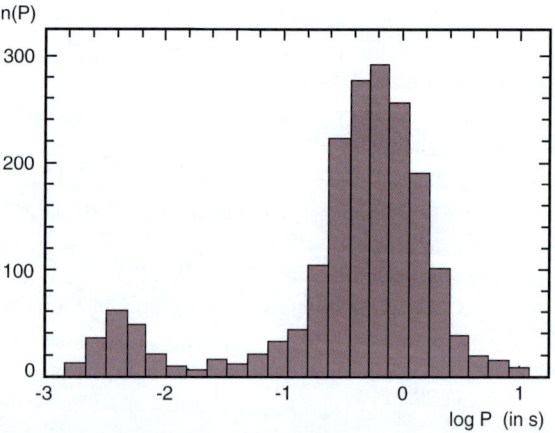

Abb. 7.11 Verteilung der Perioden aller bis 2010 entdeckten Pulsare (entsprechend ATNF Pulsar Catalogue)

7.2 Neutronensterne

Abb. 7.12 Pulsformen des Krebsnebelpulsars bei verschiedenen Beobachtungsfrequenzen. (Nach Moffett, Hankins (1995))

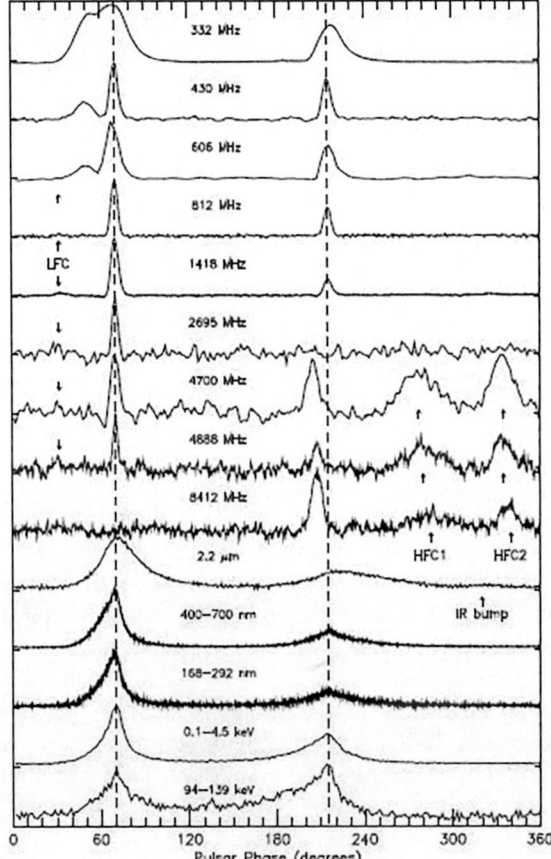

langwelligen Radiobereich bis hin zur kurzwelligen Röntgenstrahlung) stark ähneln, wie man es am Beispiel des Krebsnebelpulsars sehr schön erkennen kann (s. Abb. 7.12). Das bedeutet, dass die Emission der Strahlung eines Pulsars außergewöhnlich breitbandig erfolgt, wobei als weiteres wichtiges Merkmal – was die etwaige Deutung des Phänomens betrifft – noch das Polarisationsverhalten der Strahlung hinzukommt. Die Pulsarstrahlung ist nämlich originär hochgradig linear polarisiert, wobei es auch hier (wie bei der Strahlungsintensität) zu starken Abweichungen von Puls zu Puls kommt. Im Mittel ergibt sich aber ein relativ gleichmäßiger Verlauf von Polarisationsgrad (ausgedrückt durch die Stokes-Parameter) und Polarisationswinkel, wobei der Verlauf dieser beiden Größen wiederum mit der Strahlungsintensität korreliert ist. In diesem Verlauf verbergen sich wichtige Informationen, welche über die Struktur des Magnetfeldes der Strahlungsquelle sowie ihre räumliche und zeitliche Änderung Auskunft geben.

Zur Deutung des Phänomens der Pulsarstrahlung ist natürlich auch deren spektrale Energieverteilung von großer Bedeutung, da sie thermische und

Abb. 7.13 Spektrale Energieverteilung des Krebsnebelpulsars PSR B0531+21. Die durchgezogene Linie stellt überwiegend Synchrotronstrahlung dar

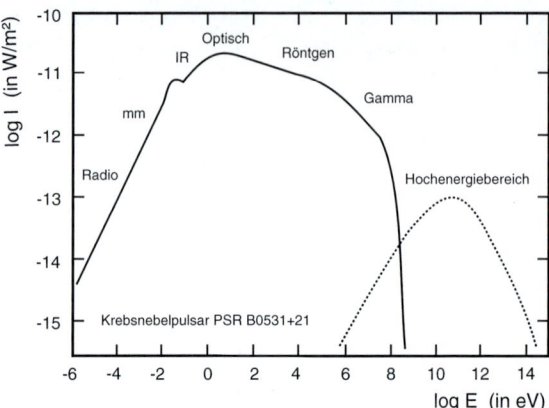

nichtthermische Emissionsmechanismen unterscheiden kann. Und hier zeigte sich, dass die Pulsarstrahlung zum größten Teil Synchrotronstrahlung ist, was bedeutet, dass sie primär von Elektronen, die sich beschleunigt um Magnetfeldlinien bewegen, über einen großen Frequenzbereich hinweg emittiert wird. Im optischen Spektralbereich bedeutet das, dass sich die Intensität gemäß der Beziehung $I_\nu \sim \nu^{-\alpha}$ mit $\alpha > 0$ mit der Frequenz ν ändert. Weitere Anteile – im hochenergetischen Teil des Spektrums – sind u. a. durch die Compton-Streuung an den Photonen der kosmischen Hintergrundstrahlung bedingt (s. Abb. 7.13).

Pulsare lassen sich am einfachsten im Radiowellenbereich zwischen 0,4 GHz und 2 GHz beobachten. Ihr Spektrum ist konvex mit einem meist deutlich sichtbaren Maximum und einem plötzlichen Abbruch bei ≈ 100 MHz, was mit dem Synchrotronmechanismus ihrer Entstehung zu tun hat. Weniger als ein Dutzend Pulsare konnten mittlerweile auch optisch identifiziert werden. Dazu gehören neben dem bereits erwähnten Krebsnebelpulsar (Helligkeit 17 mag) der Velapulsar (24 mag) und PSR B1509-58 (25,7 mag). Geminga, der unserer Sonne am nächsten liegende Neutronenstern, konnte als optisches Pendant einer kompakten Gammastrahlenquelle identifiziert werden. „Pulse" ließen sich bisher bei ihm nur im weichen Röntgenbereich nachweisen (Periode 0,237 s). Er ist, wie man heute weiß, der Überrest einer Supernova, welche vor etwa 300.000 Jahren ausgebrochen sein muss und deren Schockwelle einen riesigen „Hohlraum" in die interstellare Materie gerissen hat (*local bubble*). Innerhalb dieser „Blase" hält sich übrigens gegenwärtig unsere Sonne auf, was gewisse Vorteile für diejenigen Astronomen mit sich bringt, die sich mit kosmischer Strahlung beschäftigen…

Wenn man von der Arbeitshypothese ausgeht, dass die Pulsdauer der Rotation eines Sterns geschuldet ist, lässt sich dessen Dichte überschlagsmäßig leicht abschätzen. Denn für einen gravitativ gebundenen Stern darf die Zentrifugalbeschleunigung am Äquator (festgelegt durch die Winkelgeschwindigkeit $\omega = 2\pi/P$) nicht die Oberflächengravitation g übersteigen, was zu folgender Ungleichung führt:

7.2 Neutronensterne

$$\omega^2 R^* < \frac{GM^*}{R^{*2}}, \tag{7.28}$$

woraus, umgestellt nach der Rotationsperiode P, sofort

$$P^2 > \left(\frac{4\pi}{3} R^{*3}\right) \frac{3\pi}{GM^*} \tag{7.29}$$

folgt. Mit der mittleren Dichte $\overline{\rho}$ einer Kugel heißt das

$$P > \sqrt{\frac{3\pi}{G\overline{\rho}}}, \tag{7.30}$$

was wiederum bedeutet, dass die mittlere Dichte $\overline{\rho}$ des Pulsars folgende Ungleichung zu erfüllen hat, damit er mit der Periode P stabil rotieren kann:

$$\overline{\rho} > \frac{3\pi}{GP^2} \tag{7.31}$$

Setzt man in diese Ungleichung die Daten des zuerst entdeckten Pulsars ein ($P = 1{,}34$ s), dann ergibt sich für dessen minimale Dichte ein Wert von $\approx 8 \cdot 10^{10}$ kg/m^3. Das entspricht etwa dem 4000-fachen Wert der mittleren Dichte eines Weißen Zwerges. Das ist zwar immer noch einige Größenordnungen von der Dichte von Kernmaterie entfernt, zeigt aber, dass es sich bei Pulsaren um „kompakte Sterne" handeln muss. Pulsare mit Neutronensternen zu identifizieren, war deshalb keine schlechte Idee.

Der Hulse-Taylor-Doppelpulsar

Bei diesem bemerkenswerten Objekt handelt es sich um einen Pulsar, dessen „Richtstrahl" die Erde alle 59,03 ms überstreicht. Das ist an sich noch nichts Besonderes, denn es sind mittlerweile 3.724 Pulsare bekannt (Stand August 2024). Das eigentlich Besondere ist, dass er zusammen mit einem weiteren Neutronenstern, der sich nur indirekt bemerkbar macht, ein Doppelsternsystem in Form eines Doppelpulsars bildet. Die Bahnelemente des Systems konnten radioastronomisch sehr genau aus der periodischen, durch den Doppler-Effekt hervorgerufenen Frequenzdrift der Pulsfrequenz bestimmt werden. Diese Arbeit haben Russell Alan Hulse und Joseph Taylor bereits 1974 mithilfe des Arecibo-Radioteleskops erledigt.

Masse Pulsar	$1{,}4408 \pm 0{,}0003\, M_\odot$
Masse Begleiter	$1{,}3873 \pm 0{,}0003\, M_\odot$
Pulsarperiode (Pulsfrequenz)	59,03 ms (~17 Hz)
Umlaufzeit T um den Systemschwerpunkt	7,7519337 h
Zeitliche Änderung $\dot{T}$ der Umlaufzeit	$-2{,}427 \cdot 10^{-12}$

Jährliche Periastrondrehung	4,2°
Radialgeschwindigkeit	+75 km/s bis −300 km/s
Periastron	1,1 $R_\odot$
Apastron	4,8 $R_\odot$
Exzentrizität	0,615
Neigung der Bahn gegen die Sichtlinie Pulsar-Erde	~45°
Entfernung	~21.000 Lj

Während die Pulse „normaler" Pulsare hochgradig frequenzstabil sind (so stabil, dass man sie als kosmische Atomuhren verwenden kann), erschien die Pulsfolge des Pulsars PSR 1913+16 mit einer Periode von 7,75 h überprägt zu sein, woraus man abgeleitet hat, dass er Bestandteil eines Doppelsternsystems mit einer Umlaufsperiode von 7,75 h ist. Aus den Doppler_Daten ließen sich dann nach der prinzipiell gleichen Methode, wie sie auch bei spektroskopischen Doppelsternen angewendet wird, die wichtigsten Bahndaten ableiten.

Die Existenz einer extrem genauen „Uhr" vor Ort und das „Hören" von ihrem „Ticken" mit Radioteleskopen auf der Erde erlaubt nicht nur eine genaue Bestimmung der Bahn, sondern auch den Nachweis von sehr kleinen, allein durch die Schwerkraft hervorgerufenen Nebeneffekten. Das betrifft einmal das Phänomen der Periastrondrehung (entspricht der Drehung des Merkurperihels im Sonnensystem), aber auch den Energieverlust, den der Doppelpulsar durch die Abstrahlung von Gravitationswellen erleidet. Dieser Effekt äußert sich nach Gl. 7.84 in einer kontinuierlichen Verkleinerung der Bahnhalbachsen, was sich wiederum in einer stetigen Verringerung der Umlaufsperiode niederschlägt.

Weitere Effekte, die sich sehr genau aus den präzise bestimmten Ankunftszeiten der Radioimpulse bestimmen lassen, gehen auf die Zeitdilatation und auf die Gravitationsrotverschiebung zurück. Aus den daraus abgeleiteten Größen konnten die Einzelmassen der das System bildenden Neutronensterne und die Neigung ihrer in einer Ebene verlaufenden Bahn relativ zur Sichtlinie zur Erde bestimmt werden. Klassisch ist bekanntlich nur die Massensumme ($M_1 + M_2$) eines Doppelsternsystems messbar, und die Bahnneigung i zur Sichtlinie bleibt i. d. R. unbestimmt. Im Fall von PSR 1913+16 konnte erstmalig die ART verwendet werden, um genau diese Kenndaten des Systems auszurechnen, die sonst einer Messung unzugänglich geblieben wären.

Die Extraktion relativistischer Effekte aus den Daten, welche ein Radioteleskop liefert, erfolgt in mehreren Schritten, die hier nur angedeutet werden können. Ausgangspunkt der Überlegungen ist ein extrem genauer und konstant bleibender Zeitmaßstab, der durch die Rotationsperiode des „aktiven" Pulsars, dessen Signale empfangen werden, gegeben ist. Das ist das

"Ticken" der Pulsaruhr. Dieses "Ticken" ist aber aufgrund von kinematischen Effekten (Rotation der Erde um ihre Achse, Bewegung der Erde um die Sonne, Bewegung des Pulsars um seinen Systemschwerpunkt, Relativbewegung zwischen Sonne und Doppelpulsar) in der Realität ungleichmäßig, wobei der größte Teil dieser Ungleichmäßigkeiten durch den durch diese Bewegungen verursachten Doppler-Effekt bewirkt wird: bewegen sich Pulsar und Erde aufeinander zu, dann werden die Impulsabstände Δt_{beo} kleiner, Bewegen sie sich dagegen voneinander weg, dann werden sie größer. Es gilt deshalb als Erstes, diesen Effekt zu eliminieren. Das geschieht, indem man die Position des "Senders" (also des Pulsars) in den Systemschwerpunkt (Baryzentrum) des Doppelpulsars und die Position des "Empfängers" in den Systemschwerpunkt des Sonnensystems verlegt. Beide Bezugspunkte befinden sich im Abstand d voneinander, wobei die Richtung zum Doppelpulsar durch den Einheitsvektor e_{SP} gegeben ist. Der Ort des Radioteleskops (den man sich im Zentrum der Erde vorstellt) relativ zum Baryzentrum der Sonne im Moment t_b, in dem ein Impuls eintrifft, wird durch den Vektor **r** festgelegt.

Damit folgt für die Transformation des "topozentrischen" Beobachtungszeitpunktes t_{to} (time of arrival) auf die "baryzentrische Zeit" t_{ba}

$$t_{ba} - t_{to} = \frac{\mathbf{r} \cdot \mathbf{e}_{SP}}{c} + \frac{(\mathbf{r} \cdot \mathbf{e}_{SP})^2 - |\mathbf{r}|}{2cd} \tag{7.32}$$

Der erste Term der rechten Seite beschreibt offensichtlich die Lichtlaufzeit zwischen Erde und Baryzentrum, und der zweite Term berücksichtigt die Parallaxe des Doppelpulsars, weshalb darin auch die Entfernung d enthalten ist. Diese zwei Terme reichen aber bei der hohen Genauigkeit, mit der die Zeitpunkte, in denen die Pulsarimpulse auf der Erde eintreffen, gemessen werden, für die Transformation noch nicht aus. Es müssen vielmehr noch diverse Dispersionseffekte Δt_D berücksichtigt werden (verursacht durch freie Elektronen in der Sichtlinie zum Pulsar und durch die etwas geringere Lichtgeschwindigkeit in der Erdatmosphäre) sowie allgemein-relativistische Effekte Δt_{rel}, die sich daraus ergeben, dass man bei den geforderten Genauigkeiten das Gravitationsfeld der Sonne genau genommen bereits durch die äußere Schwarzschild-Lösung beschreiben muss. Als Stichpunkt soll hier nur der Begriff der "gravitativen Zeitverzögerung" (Shapiro-Effekt) genannt werden. Die Transformationsgleichung in das baryzentrische System der Sonne lautet damit vollständig:

$$t_{ba} - t_{to} = \frac{\mathbf{r} \cdot \mathbf{e}_{SP}}{c} + \frac{(\mathbf{r} \cdot \mathbf{e}_{SP})^2 - |\mathbf{r}|}{2cd} + \Delta t_D + \Delta t_{rel} \tag{7.33}$$

t_{ba} und t_{to} repräsentieren dabei zwei unterschiedliche Zeitsysteme ("baryzentrische" und "topozentrische" Zeit).

Eine ähnliche, wenn auch kompliziertere Beziehung ergibt sich auch für die Transformation der Emissionszeitpunkte T des Pulsars auf das Schwerpunktsystem des Doppelpulsars. Dabei ist zu beachten, dass man es hier mit einem hochgradig relativistischen System zu tun hat, sodass man die Bahnbewegung des Pulsars um den Systemschwerpunkt auf der Grundlage der Einstein'schen Gravitationsfeldgleichungen berechnen muss. Zusätzlich ist noch die Bewegung der beiden Bezugspunkte relativ zueinander zu beachten. Da sich PSR 1913+16 näher am galaktischen Zentrum befindet als die Sonne, ist seine Umlaufgeschwindigkeit auch entsprechend größer. Dabei ist seine Position bezüglich der Sonne derartig, dass er sich gegenwärtig auf seiner „Innenbahn" der Sonne nähert, und zwar noch so lange, bis er sie irgendwann einmal überholen und sich anschließend wieder von ihr entfernen wird. Bis dahin führt diese Relativbewegung zu einer Verkürzung der Abstände der Impulse, die bei der Erde eintreffen. Sie müssen natürlich auch bei der Modellbildung Berücksichtigung finden. Schließlich lässt sich die Zeit T durch die Zeit t_{ba} in Form einer Funktion $T = T(t_{ba})$ darstellen.

Im „unbeschleunigten" Fall lässt sich die Impulsfrequenz durch die Rotationsfrequenz $\Omega = 2\pi/T$ des Pulsars ausdrücken, wobei $T = t_{ba} - t_0$ in dessen Eigenzeit gemessen wird. t_0 ist dabei ein geeignet gewählter Zeitnullpunkt (Referenzepoche), in dem die berechnete Phase des Signals im Baryzentrum des Sonnensystems z. B. gerade null ist. Entwickelt man die Impulsphase $\varphi(t)$ in eine Reihe, dann erhält man eine Beziehung der Form

$$\varphi(t) = \varphi_0 + T\,\Omega_0 + \frac{1}{2}T^2\dot{\Omega}_0 + \frac{1}{6}T^3\ddot{\Omega}_0^3 + \ldots + \text{Restglied}. \quad (7.34)$$

Die darin enthaltenen Frequenzänderungen (verursacht durch diverse Dämpfungsmechanismen) sind äußerst gering und bei höheren Ableitungen meist auch gar nicht mehr messbar.

Bei einem Pulsar in einem Doppelsternsystem tritt neben relativistischen Effekten eine Vielzahl von Beschleunigungen auf, die zu einem großen Teil seiner Bahn um den Systemschwerpunkt geschuldet sind. Es gilt dann nicht mehr nur einfach $t_{ba} - t_0 = T$, sondern zu T kommen verschiedene Korrekturterme hinzu, die sich aus der Bahnbewegung und damit aus den Bahnparametern ergeben und relativistischer Natur sind. Man spricht auch von einem „Zeitmodell" der Bahnbewegung des Pulsars. Ziel dieses Modells ist es, die klassischen Bahnparameter Umlaufperiode P, Bahnexzentrizität e, Bahnneigung i und Länge des Periastron ω so festzulegen, dass die Abweichungen (Residuen) der mit diesem modifizierten T aus Gl. 7.34 berechneten Phasen mit den auf das Baryzentrum des Sonnensystems bezogenen Phasen so gering wie möglich sind. Die relativistischen Effekte (bis auf die Periastrondrehung) werden dabei im Modell separat behandelt. Ein solches, noch quasinewtonsches Modell wurde z. B. erstmalig 1976 von Saul A. Teukolsky und Roger Blandford für den Pulsar PSR 1913+16 entwickelt. Da im Periastron gemäß dem 2. Keplerschen Gesetz die Bahngeschwindigkeit am größten ist, kann man den Zeitpunkt, wenn sich der aktive Pulsar in diesem Punkt seiner Bahn befindet, als Referenzzeitpunkt T_0 verwenden. Er lässt sich aus einer Vielzahl von Impulsen über mehrere Umlaufperioden sehr genau bestimmen.

Die „mittlere Anomalie" ist dann einfach durch

$$M = \frac{2\pi}{P}(t_{ba} - T_0) \tag{7.35}$$

gegeben, womit die berühmte Kepler-Gleichung

$$E = -e \sin E = \frac{2\pi}{P}(t_{ba} - T_0) \tag{7.36}$$

geschrieben werden kann. T_0 wird dabei im Zeitsystem des Schwerpunkts des Sonnensystems gemessen. Mit den Bahnparametern des Pulsars erhalten Blandford und Teukolsky folgende Beziehung für die Transformation der baryzentrischen Ankunftszeit der Impulse t_{ba} in die Eigenzeit des Pulsars T:

$$t_{ba} - t_{to} = T + \left(x(\cos E - e)\sin\omega + \left(x\sqrt{1-e^2}\cos\omega + \gamma\right)\sin E\right) \tag{7.37}$$

$$\left(1 - \frac{2\pi}{P}\left(x\sqrt{1-e^2}\cos\omega\cos E - x\sin\omega\sin E\right)\left(\frac{1}{1-\cos E}\right)\right)$$

x = projizierte große Bahnhalbachse a des Pulsars in Zeiteinheiten = $(a \sin i)/c$,

γ = Summe aller gravitativen Effekte im Pulsarumfeld,

$\omega = \omega_0 + \dot\omega(t_{ba} - T_0)$ Länge des Periastrons unter Berücksichtigung der Periastrondrehung.

Unter Verwendung dieses Modells können bei entsprechend genauer Kenntnis der Bahnparameter (die sich durch Einsetzen in Gl. 7.34 und den Vergleich der Abweichungen der berechneten zu den beobachteten Impulsankunftszeiten bestimmen lassen) die kinematischen und die relativistischen Effekte aus den Beobachtungen herausgerechnet werden. Führt man das über sehr viele Umlaufperioden des Pulsars durch, dann werden sich systematische Abweichungen ergeben, deren Ursache der Energieverlust Gl. 7.80 durch die permanente Emission von Gravitationswellen ist. Sie bewirken im Beispiel des Hulse-Taylor-Pulsars eine Verringerung der großen Bahnhalbachse um 3,1 mm pro Umlauf. Dieser Wert ist nur deshalb messbar, weil er kumulativ wirkt und nach Gl. 7.84 und 7.85 zu einer genau vorhersagbaren Vergrößerung der Umlaufsfrequenz führt.

Ohne Gravitationswellenstrahlung würde Gl. 7.37 die Impulsankunftszeiten vollständig beschreiben und es wäre keine Verzögerung der Zeitwerte für einen Periastrondurchgang nachzuweisen, d. h., die Messpunkte würden in einem Diagramm, dessen Ordinate die Zeitverzögerung und dessen Abszisse die Beobachtungszeit darstellt, auf einer zur Abszisse parallelen Geraden $\Delta t = 0$ liegen. Das ist aber nicht der Fall, wie Hulse und Taylor schon nach wenigen Beobachtungsjahren zeigen konnten. Die Verzögerungswerte schmiegten sich an eine Kurve an, die nicht nur monoton abfällt, sondern deren negative Steigung dabei auch noch kontinuierlich zunimmt. Und genau solch eine Kurve erwartet man, wenn das Doppelpulsarsystem kontinuierlich an kinetischer Energie verliert:

$$\frac{dP}{dt} = -\frac{192}{5\,c^5}\left(\frac{2\pi}{P}\right)^{5/3} G^{5/3} \frac{M_1 M_2}{(M_1 + M_2)^{1/3}} \qquad (7.38)$$

Die genaue Analyse des Doppelpulsars PSR 1913+16 ergab demnach einen Befund, der so wichtig erschien, dass das Nobelpreiskomitee den Nobelpreis für das Jahr 1993 an Russell Hulse und Joseph Taylor für „die Entdeckung eines neuen Typs eines Pulsars, der neue Möglichkeiten zur Erforschung der Gravitation eröffnete" zuerkannte.

Zu erwähnen ist noch, dass das quasinewtonsche Teukolsky-Blandford-Modell mittlerweile durch bessere, direkt auf der Allgemeinen Relativitätstheorie beruhende Modelle ersetzt wurde. Zu nennen ist hier z. B. das Modell von Thibault Damour und Nathalie Deruelle (1985). Damit ist man sogar in der Lage, auch verschiedene, mit der Allgemeinen Relativitätstheorie konkurrierende Gravitationstheorien zu überprüfen.

7.2.1.1 Strahlungsmechanismus

Wenn man die Pulsperiode eines Pulsars mit seiner Rotationsperiode identifiziert, dann bleibt immer noch die Frage, wie die mit dieser Periode aufleuchtenden Strahlungsimpulse entstehen. Thomas Gold brachte in dieser Hinsicht ein starkes intrinsisches Magnetfeld in die Diskussion, denn ein Sternkern, der zu einem Neutronenstern kollabiert, rotiert nicht nur immer schneller (Pirouetteneffekt), sondern auch die Magnetfeldlinien, die seine Oberfläche durchstoßen, rücken immer enger zusammen (anschaulich gesprochen, bleibt beim Kollaps ihre Anzahl konstant – Erhaltung des magnetischen Flusses). Das entspricht einer enormen Verstärkung des Magnetfeldes **B**, das man in erster Näherung als ein klassisches Dipolfeld mit jeweils einem magnetischen Nordpol, einem magnetischen Südpol und einer beide Pole verbindenden magnetischen Achse ansehen kann. Dabei ist für das Verständnis des Pulsarphänomens wesentlich, dass die Lage der magnetischen Achse und die der Rotationsachse unabhängig voneinander sind – d. h., sie fallen gewöhnlich nicht zusammen. Damit ergibt sich geometrisch eine Feldkonfiguration, wie sie in Abb. 7.14 dargestellt ist. Man spricht in solch einem Fall von einem „schiefen Rotator".

Abb. 7.14 Dipolfeldstruktur um einen Pulsar (Modell des schiefen Rotators)

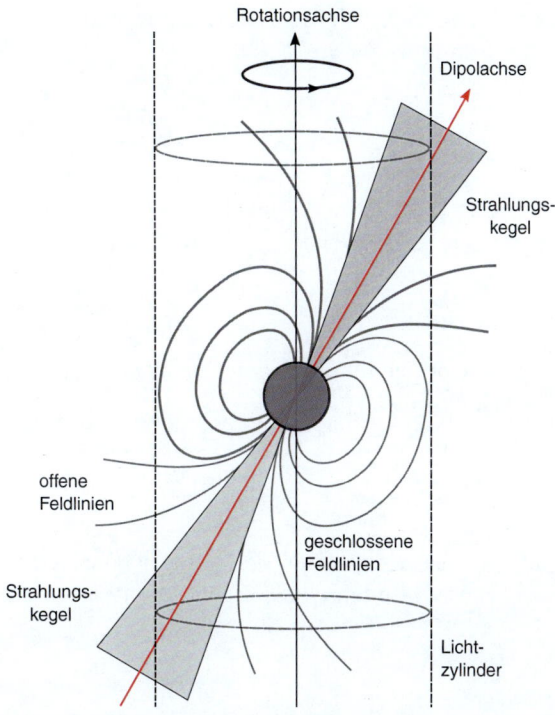

Genauso wie ein rotierender elektrischer Dipol, dessen Dipolachse gegenüber der Rotationsachse um einen Winkel α geneigt ist, elektromagnetische Strahlung emittiert, so emittiert auch ein magnetischer Dipol in Form eines schiefen Rotators Strahlung mit einer Leuchtkraft (Strahlungsleistung) von

$$L = \frac{2}{3} \frac{m_\perp^2}{c^3} \omega^4. \tag{7.39}$$

$m_\perp = m \sin \alpha$ ist hier die senkrechte Komponente des magnetischen Moments m, für das man nach den Gesetzen der klassischen Elektrodynamik im Fall einer Kugel

$$m = BR^2 \tag{7.40}$$

ansetzen kann. Die Winkelgeschwindigkeit ω eines Pulsars ist durch dessen Rotationsperiode P gegeben:

$$\omega = \frac{2\pi}{P} \tag{7.41}$$

Hieraus ergibt sich aus Gl. 7.39 für die Strahlungsleistung eines Pulsars:

$$L = \frac{2}{3c^3} \left(\frac{2\pi}{P}\right)^4 BR^2 \sin \alpha \tag{7.42}$$

Das Energiereservoir für diese „Leuchtkraft" ist die Rotationsenergie des Neutronensterns, für die

$$E_{rot} = \frac{1}{2}J\omega^2 = 2\pi^2 \frac{J}{P^2} \qquad (7.43)$$

gilt. J stellt hier das Massenträgheitsmoment des Sterns dar. Zu dessen Abschätzung lässt sich die Formel für das Trägheitsmoment Θ einer homogen aufgebauten Kugel verwenden:

$$\Theta = \frac{2}{5}MR^2 \qquad (7.44)$$

Damit ergibt sich für die Energie, die in der Rotation eines Neutronensterns steckt, folgende Beziehung:

$$E_{rot} = \frac{4}{5}\pi^2 M \left(\frac{R}{P}\right)^2 \qquad (7.45)$$

Aufgrund der Abstrahlung Gl. 7.39 verliert der Neutronenstern stetig an Rotationsenergie, was dazu führt, dass er immer langsamer rotiert, – d. h.

$$\frac{dP}{dt} > 0. \qquad (7.46)$$

Daraus folgt mit Gl. 7.45 für die Abnahme der Rotationsenergie mit der Zeit:

$$\frac{dE_{rot}}{dt} = -4\pi^2 \frac{\Theta}{P^3}\frac{dP}{dt} = -L \qquad (7.47)$$

Nun kann man die Größen P und $\dot{P}$ bei einem Pulsar – wenn man ihn lange genug beobachtet, – recht genau messen. Damit lässt sich mit Gl. 7.47 das Oberflächenmagnetfeld B abschätzen. Da der Winkel α jedoch (beobachterisch) unbestimmt bleibt, lässt sich nur eine untere Grenze für den magnetischen Fluss auf der Oberfläche angeben:

$$B > \sqrt{\frac{3c^3}{8\pi^2}\frac{\Theta}{R^6}P\frac{dP}{dt}} \qquad (7.48)$$

Geht man (vernünftigerweise) weiterhin davon aus, dass sich diese Größe langfristig nicht oder kaum verändert, dann lässt sich die Zeit abschätzen, die zwischen zwei unterschiedlichen Perioden P_0 (beispielsweise zum Zeitpunkt der Entstehung des Pulsars bei einem Supernovaausbruch) und P (heute) vergangen ist, vorausgesetzt, man kennt $\dot{P}$ und das Produkt $\dot{P}P$ ist zeitlich konstant (eine Konsequenz der Bedingung $B(t) = const.$):

$$\int_{P_0}^{P} P\,dP = P\frac{dP}{dt}\int_0^{\tau} dt = P\dot{P}\tau \qquad (7.49)$$

Damit folgt mit $P_0^2 \ll P^2$ eine charakteristische Zeit, die man durchaus als das „Alter" eines Pulsars interpretieren kann:

$$\tau = \frac{P}{2\dot{P}} \qquad (7.50)$$

Somit stellen Millisekundenpulsare offensichtlich sehr junge Neutronensterne dar, während Pulsare, deren Rotationsperiode größer als, sagen wir einmal 1 Sekunde, ist, bereits recht betagt sind. Im Fall des Krebsnebelpulsars, der vor etwas mehr als 960 Jahren entstanden ist (im Jahre 1054 wurde u. a. von chinesischen Astronomen die dazugehörige Supernova beobachtet und dokumentiert), kann man aus dem ATNF-Pulsarkatalog folgende Werte entnehmen: $P = 0{,}03339$ s, $\dot{P} = 4{,}209 \cdot 10^{-13}$. Eingesetzt in Gl. 7.50 ergibt sich damit ein „Pulsaralter" von 1257 Jahren, was unter den bei der Ableitung von Gl. 7.50 gemachten Voraussetzungen erstaunlich gut mit dessen „wahrem" Alter übereinstimmt.

Die beiden Zahlen kann man auch gleich nutzen, um die Stärke des Magnetfeldes des Krebsnebelpulsars abzuschätzen. Aus Gl. 7.48 folgt mit $R = 10^4$ m (einem typischen Neutronensternradius) und $M = 1{,}4 M_\odot$ („kanonische Neutronensternmasse") $B \approx 10^8$ T. Das ist genau die Größenordnung für die magnetische Flussdichte B, wie man sie bei neu entstandenen Neutronensternen erwartet. Ist der das Magnetfeld aufrechterhaltende Dynamoeffekt außerdem noch besonders effektiv (was bei anfänglich geringen Rotationsperioden ab 1 Sekunde oftmals der Fall zu sein scheint), dann sind sogar Werte im Bereich von 10^{10} bis 10^{11} T möglich. Solche speziellen Neutronensterne treten als „Soft Gamma Repeater" in Erscheinung und werden „Magnetare" genannt.

Magnetare
Eine spezielle Form von Neutronensternen, die bei einer Supernova unter Umständen übrigbleiben, ist durch ein besonders starkes Magnetfeld ausgezeichnet (was bei einer Oberflächenfeldstärke von mehr als 10^{11} T natürlich völlig untertrieben ist – immerhin ist das ~ 1000-mal stärker als das Magnetfeld eines gewöhnlichen Pulsars!).[9] Diese zunächst nur theoretisch postulierten Himmelskörper haben folgerichtig den Namen „Magnetare" erhalten (Duncan und Thompson 1992). Man schätzt, dass es nur einige Dutzend von ihnen in unserer Milchstraße gibt. Ihre Seltenheit erklärt sich vielleicht damit, dass sie während eines Kernkollapses gewöhnlich nur als kurze instabile Zwischenstufe (wenn ihre Masse nur knapp unterhalb der Oppenheimer-Volkoff-Grenze liegt) in Erscheinung treten, um etwas zeitversetzt

---

[9] Ein Neodym-Magnet, wie er in Windkraftanlagen verbaut wird, besitzt eine magnetische Feldstärke von ~ 1 T. Die maximale, überhaupt physikalisch mögliche magnetische Flussdichte liegt bei 10^{13} T.

dann doch noch aufgrund der Massezunahme durch rückfallende Materie zu einem Schwarzen Loch zu kollabieren. Wenn das nicht geschieht, bleibt ein einzelner Magnetar zurück, der bei einem Durchmesser von ungefähr 20 km und einer Masse von 2 $M_\odot$ – 3 $M_\odot$ eine Rotationsperiode von 1–12 s besitzt, wobei die Rotationsfrequenz mit zunehmendem Alter tendenziell abnimmt.

Im Zusammenhang mit kosmischen Katastrophen, die beispielsweise einer Biosphäre auf einem Planeten gefährlich werden können, spielt weniger deren permanente Soft-Gamma- und (thermische) Röntgenleuchtkraft eine Rolle (sie erreicht immerhin auch Werte bis zu 10^{29} W), sondern die kurzen, plötzlichen Gammaflares, bei denen innerhalb weniger Zehntel Sekunden mehr Energie abgestrahlt wird, als die Sonne in ~ 100.000 Jahren zu produzieren in der Lage ist. Die State of the Art-Theorie geht davon aus, dass es sich hier um Hyperflares handelt mit einem ähnlichen Entstehungsmechanismus, wie er auch für solare Flares angenommen wird: Rekonfiguration instabil gewordener Magnetfeldstrukturen mittels Rekonnektion. Nur dass man es hier nicht mit Magnetfeldern mit einer Flussdichte von einigen Tesla, sondern von einigen 100 Mio. – 100 Mrd. Tesla zu tun hat. Solche Explosionen können darüber hinaus zu intensiven Sternbeben auf dem Neutronenstern führen und ihn wie eine Glocke schwingen lassen.

Dazu nur ein Beispiel: Am 27. Dezember 2004 beleuchtete der Soft Gamma Repeater (ein spezieller Magnetar) SGR 1806-20 für einen Bruchteil einer Sekunde die Erde mit einer Intensität, die sogar die des Vollmondes um einiges übertroffen hat. Insgesamt dauerte das gesamte Ereignis 380 s. Man errechnete für diesen Hyperflare eine absolute Helligkeit von −29 mag, d. h., er war für ~ 0,6 s ungefähr 1000-mal heller als alle Sterne der Milchstraße zusammengenommen. Er verursachte massive Störungen in der Ionosphäre der Erde und beeinträchtigte, wie berichtet wurde, massiv den Funkkontakt zur U-Boot-Flotte der USA. Auch das Erdmagnetfeld erhielt quasi einen Schlag, und es dauerte einige Zeit, bis es wieder in seinen Normalzustand zurückgefunden hatte. Bis dato war dieses Ereignis der stärkste Gammaflash, den Wissenschaftler je beobachten konnten. Und selbst ein Teil der vom Erdmond reflektierten Strahlung hatte noch messbare Auswirkungen auf die obere Erdatmosphäre.

Das Objekt SGR 1806-20 ist schon seit 1979 als galaktische Röntgen- und Gammaquelle bekannt, die in mehr oder weniger regelmäßigen Abständen Ausbrüche von kurzwelliger Strahlung zeigt. Es befindet sich nahe dem galaktischen Zentrum (Sternbild Schütze), von dem es von der Erde aus gesehen nur knapp 10° entfernt ist. Als wahrscheinlichste Distanz wurde nach verschiedenen Methoden ein Wert von ca. 50.000 Lj ermittelt. Und diese große Entfernung war echtes Glück. Stellt man sich vor, dieser Ausbruch wäre in einem Abstand von nur einigen wenigen Dutzend Lichtjahren passiert, dann hätte das ohne Zweifel gravierende Folgen für das Leben auf der

Erde gehabt. Die Gammastrahlungsausbrüche von Magnetaren stellen deshalb durchaus gefährliche Ereignisse für Planeten mit Biosphäre dar, obwohl – wie Hochrechnungen für die Milchstraße zeigen – das Gefährdungspotenzial aufgrund ihrer Seltenheit eher gering ist (Magnetare machen maximal 10 % der Neutronensternpopulation aus).

Das magnetische Dipolfeld wird, da die Feldlinien in der hochleitfähigen Kernmaterie der Neutronensterne eingefroren sind, bei der Rotation mitgeführt, wobei ab einer bestimmten, von der Rotationsgeschwindigkeit abhängigen Entfernung die Magnetfeldlinien die Lichtgeschwindigkeit c erreichen. Diese Bedingung definiert einen Zylinder mit der Rotationsachse im Zentrum, der gewöhnlich als „Lichtzylinder" bezeichnet wird (s. Abb. 7.14). Der dazugehörige Radius $R_{co} = c/\omega$ heißt deshalb auch „Korotationsradius". Nur innerhalb dieses Zylinders sind die Magnetfeldlinien zwischen den beiden magnetischen Polen geschlossen und definieren eine Art innere Magnetosphäre, in der enorme elektrische Ströme fließen. Im Bereich außerhalb des Lichtzylinders sind dagegen nur offene Magnetfeldlinien möglich, über die geladene Partikel die Umgebung des Neutronensterns verlassen können.

Elektrisch geladene Partikel „spüren" über die Lorentz-Kraft $\boldsymbol{F}_B$ dieses Magnetfeld und werden auf Spiralbahnen entlang der Magnetfeldlinien gezwungen:

$$\boldsymbol{F}_B = q(\boldsymbol{v} \times \boldsymbol{B}) \tag{7.51}$$

(q elektrische Ladung, $\boldsymbol{v}$ Geschwindigkeitsvektor).

Indem die Teilchen (hauptsächlich Elektronen) den gekrümmten Magnetfeldlinien folgen, bewegen sie sich beschleunigt, was wiederum nach den Gesetzen der klassischen Elektrodynamik zur Abstrahlung elektromagnetischer Wellen tangential zur Bewegungsrichtung des Teilchens führt. Diese Art von Strahlung, die entstehungsbedingt stark linear polarisiert ist und deren Frequenzspektrum nicht dem eines Schwarzen Strahlers genügt, nennt man Synchrotronstrahlung. Sie ist typisch für Neutronensterne und für einen Teil der Strahlung eventuell damit assoziierter Supernovaüberreste. Ein typisches Beispiel dafür ist wiederum der Krebsnebel M1.

Bewegen sich geladene Teilchen entlang der korotierenden geschlossenen Feldlinien, dann erzeugen diese Ströme durch Induktion im Bereich der Neutronensternoberfläche Spannungen in der Größenordnung von $\approx 10^6$ V. Sie sind in der Lage, Elektronen aus der Neutronensternoberfläche herauszuziehen und entlang der Magnetfeldlinien zu beschleunigen. Handelt es sich dabei um Feldlinien im Bereich der Pole, die den Lichtzylinder durchdringen, dann können die daran gebundenen geladenen Teilchen den Neutronenstern verlassen. Dabei emittieren sie innerhalb eines schmalen Kegels um die Dipolachse elektromagnetische Strahlung in Form eines „Strahlungsbeams". Überstreicht dieser Beam die Position der Erde, dann beobachtet man einen entsprechenden Strahlungsimpuls, – und zwar unabhängig von der Strahlungsfrequenz. Überstreicht dieser Beam jedoch nicht die Position der Erde, dann bleibt der Neutronenstern unentdeckt. Das Pulsarphänomen als Folge davon, dass Rotationsachse und Dipolachse nicht zusammenfallen, nennt man deshalb auch in guter Analogie „Leuchtturmeffekt" (beim Leuchtturm ist $\alpha = 90°$, während dieser Winkel sich bei Pulsaren in der Regel nicht bestimmen lässt). Im Einzelnen ist das Zustandekommen der Pulsarstrahlung ein äußerst komplexer Vorgang, da hier kollektive Phänomene (Stichwort: Maser) und Prozesse der Ladungstrennung eine Rolle spielen. Insbesondere entstehen Kaskaden von Teilchenbündeln, die in der Lage sind, kohärent Strahlung zu emittieren. Deshalb wird in manchen Frequenzbereichen auch eine Leuchtkraft erreicht, welche die Eddington-Leuchtkraft um Größenordnungen überschreiten kann. Das ist in diesem Zusammenhang aber kein Problem, da diese „Leuchtkraft" für diese Art von Abstrahlung gemäß ihrer Definition gar nicht anwendbar ist.

Da die von den geladenen Teilchen emittierte Strahlung in der Krümmungsebene ihrer Bahn um die Magnetfeldlinien linear polarisiert ist, folgt, dass bei einem „Pulsdurchgang" auf der Erde der Polarisationswinkel um π drehen muss – ein Effekt, der auch genauso beobachtet wird. Theorie und Beobachtung stehen somit auch in dieser Hinsicht voll im Einklang.

7.2.2 Röntgenpulsare

1971 fanden Riccardo Giacconi (Nobelpreis 2002) und seine Mitarbeiter bei der Auswertung der Messwerte, die der Röntgensatellit „der ersten Generation" UHURU von der damals schon seit 1967 bekannten Röntgenquelle Centaurus X-3 („Krzemińskis Stern") gewonnen hatte, ein mit einer Periode von 4,84 s moduliertes Röntgensignal. Sie nannten diese Art von Röntgenquelle in Analogie zu den Radiopulsaren „Röntgenpulsare".

Eine genaue Analyse des Zeitverhaltens der Pulsperiode von Centaurus X-3 zeigte außerdem, dass der im Großen und Ganzen regelmäßige Verlauf gewissen, genauso regelmäßigen Schwankungen unterworfen ist. So variiert das Röntgensignal bei diesem Objekt im Verlauf von zwei Tagen mit einer Amplitude von rund 7 ms sinusförmig um seinen mittleren Wert von 4,84 s. So etwas ist genau dann zu erwarten, wenn sich die Strahlungsquelle um ein weiteres Objekt bewegt, d. h., wenn sie Komponente eines engen Doppelsternsystems ist. Gemäß Gl. 3.108 erscheint nämlich die Pulsperiode verkürzt, wenn sich die Strahlungsquelle radial auf den Beobachter zubewegt und entsprechend verlängert, wenn sie sich wieder entfernt. Wie sich später an einer ganzen Anzahl weiterer punktförmiger galaktischer Röntgenquellen verifizieren ließ, sind Röntgenpulsare Neutronensterne in Doppelsternsystemen. Und was für den beobachtenden Astronomen besonders erfreulich ist – man konnte die Begleitsterne einer ganzen Anzahl von ihnen auch optisch identifizieren. So war Cen X-3 schon längere Zeit als 13,25 mag heller veränderlicher Stern V779 Cen katalogisiert worden. Das gilt – um ein weiteres Beispiel zu nennen – auch für die 1971 von UHURU entdeckte stark pulsierende

Röntgenquelle Herculis X-1. Sie fällt, wie A. Davidsen und Mitarbeiter zeigen konnten (Davidsen; Henry; Middleditch; Smith 1972), mit dem ungewöhnlichen Veränderlichen HZ Her zusammen. Dabei handelt es sich um ein optisch rasch veränderliches und dabei irreguläres Verhalten zeigendes Objekt, dessen Helligkeit in zwei unterscheidbaren Aktivitätsphasen zwischen 13,0 mag und 14,0 mag variiert. Es wurde bereits 1936 von Cuno Hoffmeister an der Sternwarte Sonneberg in Thüringen entdeckt (Abb. 7.15).

Rechnet man die durch den Doppler-Effekt verursachte Periodenmodulation heraus, dann bleibt bei diesen speziellen Röntgenquellen ein ähnlich stabiles und periodengenaues Signal übrig, wie man es auch bei den Radiopulsaren kennt. Das lässt den Schluss zu, dass es auch hier an die Rotationsperiode eines Neutronensterns gekoppelt ist bzw. dessen Rotationsperiode genau widerspiegelt. Danach benötigt der Neutronenstern im System Cen X-3 4,84 s für eine volle Rotation um seine Achse und der Neutronenstern in Her X-1 1,24 s. Eine der kürzesten Rotationsperioden unter den Röntgenpulsaren besitzt IGR J00291+5934, der sich erstaunliche 599 mal pro Sekunde um seine Achse dreht. Aber das ist noch nicht die Grenze: Im Sternbild „Füchschen" braucht ein Millisekundenradiopulsar (PSR B1937+21) lediglich 1,5578065 ms für eine volle Rotation! Noch schneller soll sich übrigens der 1999 entdeckte Röntgenpulsar XTE J1739–285 drehen – nämlich 1122-mal pro Sekunde. Eine Reinspektion der vom Rossi X-Ray Timing Explorer (RXTE) gelieferten Daten konnte jedoch diese hohe Rotationsfrequenz nicht bestätigen (Chakrabarty 2008). Übrigens, die Existenz von Millisekundenpulsaren lässt sich allein aus der Drehimpulserhaltung beim Kernkollaps einer Supernova nicht erklären. Wie noch gezeigt wird, gibt es in engen

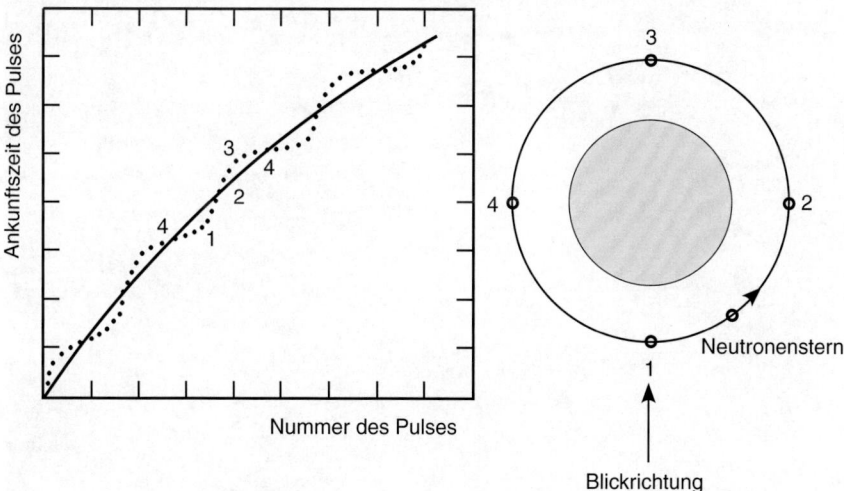

Abb. 7.15 Die Bewegung des Neutronensterns um den Systemschwerpunkt des binären Systems, dem er angehört, verursacht eine sinusförmige Überlagerung der Kurve der Ankunftszeiten der Pulse beim Beobachter (Doppler-Effekt)

Doppelsternsystemen mit Akkretionsfluss zum Neutronenstern Mechanismen des Impulstransports, die einen Neutronenstern immer schneller rotieren lassen.

Die erste Frage, die sich im Zusammenhang mit Röntgenpulsaren stellt, ist die Frage nach der Quelle ihrer gepulsten oder plötzlich freigesetzten Röntgenstrahlung. Genauso wie bei Radiopulsaren wird hier das extrem starke Magnetfeld eine wichtige Rolle spielen. Dazu kommt noch ein Akkretionsfluss vom Begleitstern, der entweder in einer flachen Akkretionsscheibe um den Neutronenstern mündet oder dessen Sternwind vom kompakten Begleiter aufgesaugt wird. Es ist sinnvoll, sich erst einmal die physikalischen und geometrischen Verhältnisse eines Röntgenpulsars zu vergegenwärtigen.

7.2.2.1 Aufbau eines Röntgendoppelsterns

Röntgendoppelsterne bestehen, wie der Name schon sagt, aus zwei Komponenten: einem mehr oder weniger „normalen Stern" und einem nahen kompakten Begleiter – entweder ein Neutronenstern oder manchmal auch ein Schwarzes Loch (s. Abb. 7.16).

Weiterhin unterscheidet man nach der Masse des Begleitsterns sogenannte „Low Mass X-ray Binaries" (LMXB) und „High Mass X-ray Binaries" (HMXB), wobei bei Letzteren i. d. R. ein Be-Stern oder ein OB-Überriese ist. Für die Masse des Neutronensterns kann ungefähr dessen „kanonische Masse" von $\approx 1{,}4\,M_\odot$ angesetzt werden, was übrigens die Beobachtungen im Wesentlichen bestätigen

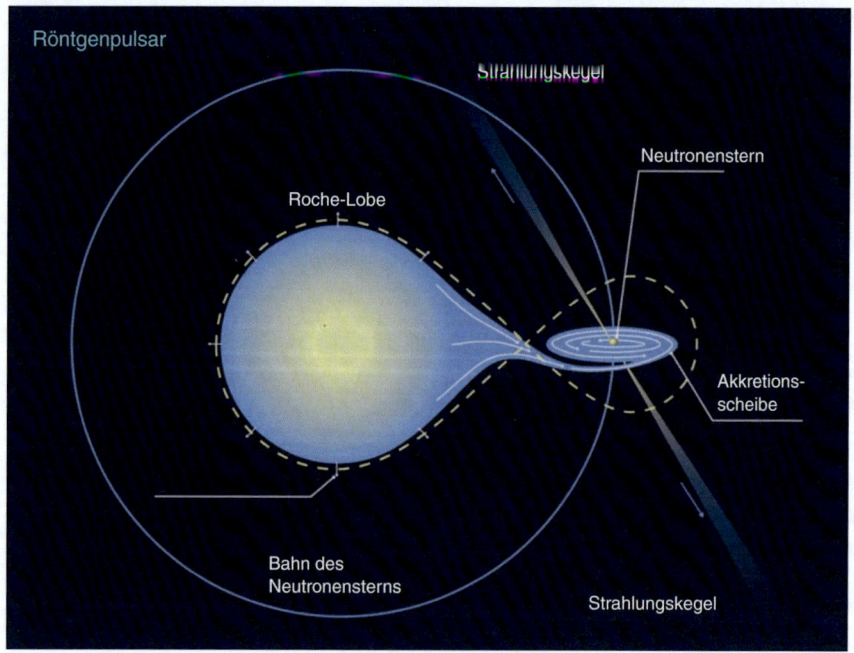

Abb. 7.16 Schematischer Aufbau eines Röntgendoppelsterns

Tab. 7.4 Eigenschaften galaktischer Röntgendoppelsterne

	HMXB	LMXB
Röntgenspektrum	$kT \geq 15$ keV (harte Röntgenstrahlung)	$kT \leq 10$ keV (weiche Röntgen-strahlung)
Art der Veränderlichkeit	Reguläre Röntgenpulse (Röntgenpulsar). Es treten keine Röntgen.Bursts auf	Darunter vergleichsweise wenige Röntgenpulsare. Meist handelt es sich um X-ray Burster
Akkretionsprozess	„Windakkretion" – der Sternwind des heißen Begleiters wird vom kompakten Stern eingefangen und akkretiert	Roche-Lobe-Überfluss über den inneren Lagrange-Punkt
Typische Akkretionszeitskala	10^5 a	$10^7 - 10^9$ a
Kompakter Begleiter	Hochmagnetischer Neutronenstern, Schwarzes Loch	Schwachmagnetischer Neutronenstern, Schwarzes Loch
Populationszugehörigkeit	Junge Scheibenpopulation; Alter unterhalb von 10^7 a	Gehäuft im Bereich des galaktischen Zentrums und zerstreut im Bereich der galaktischen Ebene, jedoch in hohen galaktischen Breiten; Alter $> 10^5$ a
„Normaler" Begleiter	Leuchtkräftige O- und B-Sterne mit einer Masse $> 10\,M_\odot$	Weißer Zwerg, aber auch ein entwickelter Hauptreihen- oder Heliumstern und, sehr selten, ein Roter Riese; Masse $< 2\,M_\odot$
Katalog	https://heasarc.gsfc.nasa.gov/W3Browse/all/hmxbcat.html	https://heasarc.gsfc.nasa.gov/W3Browse/all/lmxbcat.html

(s. auch Abschn. 7.2.3). Eine dritte Gruppe, die quasi die Lücke zwischen LMXB's und HMXB's schließt, sind die „Intermediate Mass X-ray Binaries" (IMXB). Es handelt sich dabei um recht seltene Röntgendoppelsterne, deren „normale" Begleiter den Spektraltypen A oder F angehören. Sie zeigen sowohl in zeitlicher als auch räumlicher Hinsicht ein oftmals sehr spezielles Massenakkretionsverhalten (Tab. 7.4).

Innerhalb jeder der hier genannten Gruppen von Röntgendoppelsternen beobachtet man weiterhin eine ganze Bandbreite unterschiedlichen Verhaltens hinsichtlich ihres Röntgenspektrums und des zeitlichen Verhaltens der Intensität der Röntgenemission. Man unterscheidet z. B. neben den „klassischen" Röntgenpulsaren im Wesentlichen noch sogenannte „transiente Röntgenquellen" und Burstquellen (*burster*), die sich durch mehr oder weniger, meist im Minutentakt auftretende Strahlungsausbrüche auszeichnen. Hier ergibt sich eine Formenvielfalt, bei der es nicht einfach ist, sie alle unter einen Hut zu bringen. Im Folgenden soll deshalb nur auf den speziellen Fall für ein binäres System eingegangen werden, bei dem der „normale" Begleiter seinen Roche-Lobe (s. Box) ausfüllt und die durch den inneren Lagrange-Punkt abfließende Materie um den Neutronenstern eine flache Akkretionsscheibe bildet (also so, wie auf Abb. 7.16 zu sehen ist). Da die von diesen Objekten emittierte Röntgenstrahlung primär von der aus einer Akkretionsscheibe dem Neutronenstern zufließenden Materie stammt, spricht man hier von „akkretionsangetriebenen Röntgenpulsaren". Hierbei ist es ganz wesentlich, auf welche Weise die um den Neutronenstern rotierende Materie auf den Neutronenstern gelangt. Denn hier spielt dessen enormes Magnetfeld (man erinnere sich, gewöhnlich $\geq 10^8$ T) eine wichtige Rolle, da es die heiße einströmende Materie abhält, tief in die Magnetosphäre einzudringen. Das sorgt dafür, dass das heiße Plasma nicht gleichmäßig auf die „Atmosphärenschicht" des Neutronensterns auftrifft, sondern vielmehr um ihn korotierend herumfließt, um dann, durch das Dipolfeld „gebündelt" innerhalb einer vergleichsweise kleinen Zone um dessen magnetische Pole dessen Oberfläche zu erreichen („magnetischer Trichter"). Die Ausdehnung dieser Zonen liegt dabei gerade einmal in der Größenordnung einiger weniger Quadratkilometer. Diese beiden diametral gegenüberliegenden Flächen stellen quasi die Emissionsgebiete der kurzwelligen Röntgenstrahlung dar. Auf sie stürzen pro Sekunde einige 100 Milliarden Tonnen Materie herab, wobei sie über eine kleine Längenskala (= Höhe der Akkretionssäule) von einer Einfallgeschwindigkeit von $\approx 10^5$ km/s (entspricht im Wesentlichen der Fallgeschwindigkeit und damit ungefähr einer Energie von 200 MeV pro Partikel) auf null abgebremst wird. Die dabei freigesetzte kinetische Energie erhitzt die Sternoberfläche lokal auf etwa 10^7 K, was sie zu einem thermischen Röntgenstrahler werden lässt. Bei genügend großer Akkretionsrate können hier sogar energiefreisetzende thermonukleare Reaktionen auftreten. Zünden sie explosionsartig, spricht man von „Bursts". Sie treten beispielsweise dann auf, wenn sich unterhalb der Akkretionssäule bei Neutronensternen mit einem vergleichsweise schwachen Magnetfeld genügend Helium angesammelt hat und es durch die Oberflächenschwerkraft so weit komprimiert wurde, dass es bei der gegebenen Oberflächentemperatur plötzlich thermonuklear „zündet" – was innerhalb einer Sekunde passieren kann. Der dabei genauso plötzlich einsetzende Röntgenfluss „kühlt" das Reaktionsgebiet innerhalb einiger 10 s wieder so weit ab, dass die thermonuklearen Reaktionen schließlich wieder erlöschen. Ab jetzt dauert es wieder eine Weile, bis sich wiederum genügend reaktionsfähiges Helium in der Neutronensternatmosphäre angesammelt hat und der Vorgang von Neuem beginnen kann (s. Abb. 7.17). Ein typischer Röntgenpulsar, der dieses periodische Verhalten zeigt, ist 4U/MXB 1820-30 (Haberl, Stella 1987).

Da mit steigender Akkretionsrate die „Leuchtkraft" des Auftreffpunktes anwächst, kommt es zur Wechselwirkung der nach oben entweichenden Strahlung mit dem herabstürzenden Plasma, welches dann bereits in größerer Höhe abgebremst, nichtsdestotrotz aber auf mehrere Millionen K aufgeheizt wird. Das heißt, die Akkretionssäule (sie hat die Form eines auf der kleinen Seite stehenden Kegelstumpfes oder, anschaulicher, eines Trichters) wird höher und die

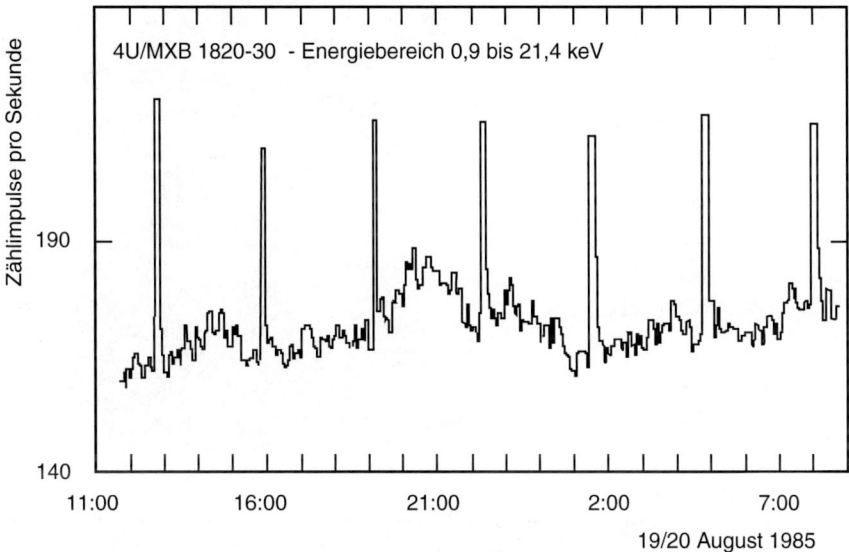

Abb. 7.17 Röntgenbursts von 4U/MXB 1820-30 im Zeitraum 11:00 bis 7:00 UT am 19/20 August 1985, aufgezeichnet vom Röntgensatelliten EXOSAT. (Nach Haberl, Stella (1987))

Röntgenstrahlung kann auch verstärkt seitlich entweichen.[10] Und das hat beobachterische Konsequenzen. Dazu kommen noch relativistische Effekte, die etwas mit der Lichtablenkung in einem Schwerefeld zu tun haben. Immerhin ist der Neutronensternradius nicht weit vom Schwarzschild-Radius entfernt, mit dem Effekt, dass das Licht durch die kompakte Masse des Neutronensterns stark gekrümmt wird und deshalb ein äußerer Beobachter von einem „kanonischen" Neutronenstern immerhin 84 % seiner Oberfläche sehen kann (s. Abb. 7.18). Auch erscheint er ihm um einen gewissen Prozentsatz vergrößert. Damit sind bei einer bestimmten Rotationsphase auch beide Polflecke bzw. die sich darüber erhebenden Akkretionssäulen sichtbar, was deutliche Auswirkungen auf die jeweilige Form des Röntgenpulses hat. Insbesondere erreicht der Pulsar in diesem einfachen, rein geometrischen Modell überraschenderweise seine größte Röntgenhelligkeit, wenn sich eine Akkretionssäule in Blickrichtung genau (!) in der Mitte des Neutronensterns befindet. Dann gelangt das gesamte die Akkretionssäule auf der Rückseite des Neutronenstern verlassende Röntgenlicht zum Beobachter, der dann einen „hellen" Ring um den Neutronenstern (ähnlich wie bei einer ringförmigen Sonnenfinsternis) bemerken würde. In der Natur sind die Verhältnisse

---

[10] In Draufsicht erscheint die Akkretionssäule dunkel, da die „aufsteigende" Strahlung in der Säule absorbiert wird. Außerdem erzeugt die nach unten entweichende Röntgenstrahlung um die „helle" Zone eine Art Halo, der seinerseits wiederum Röntgenstrahlung emittiert.

Abb. 7.18 Durch die relativistische Lichtablenkung ist bei einem Neutronenstern mehr als die Hälfte seiner Oberfläche sichtbar. Bei einem „kanonischen Neutronenstern", dessen Masse nach Definition 1,4 Sonnenmassen und dessen Radius 10 km beträgt, sind das genau 84 %. Natürlich gibt es diesen Effekt auch bei der Sonne. Nur liegt hier die "einsehbare Oberfläche" bei lediglich 50,0002 %

natürlich weitaus komplizierter, als es dieses einfache Modell auch nur näherungsweise wiedergeben kann. Das betrifft beispielsweise Fragen der Wechselwirkung der emittierten Röntgenstrahlung mit dem wie durch einen Trichter einfallenden und durch das starke Magnetfeld geleiteten Akkretionsstrom (Stichwort „Reprocessing der Röntgenstrahlung") sowie die Problematik des „Füllens" des Trichters selbst, denn dazu muss das Magnetfeld des Neutronensterns mit dem Innenrand der Akkretionsscheibe in Wechselwirkung treten. Dabei ist es von Bedeutung, unter welchem Winkel die Magnetfeldlinien der Neutronensternmagnetosphäre die Akkretionsscheibe schneiden. Solche und noch eine Vielzahl anderer, nur schwer zu berechnender Prozesse haben Einfluss auf das Akkretionsverhalten eines Röntgenpulsars und bestimmen seine Phänomenologie.

Die Massenakkretion ist übrigens der astrophysikalische Prozess, welcher die meiste Energie in Bezug auf die Ruheenergie freizusetzen in der Lage ist. So kann Akkretion im günstigsten Fall etwa 15- bis 60-mal so viel Energie liefern, wie es allein durch thermonukleare Reaktionen möglich ist (d. h. $\approx 10^{16}$ J/kg). Das erklärt auch die exorbitant hohen Röntgenleuchtkräfte der Röntgenpulsare, die etwa zwischen 10^{27} und 10^{31} W liegen.

Lagrange-Punkte und Roche-Flächen (Roche-lobes)
Eine spezielle Form des Dreikörperproblems wurde 1772 von Joseph-Louis Lagrange (1736–1813) im Detail untersucht und wird seitdem als Lagrangescher Spezialfall bezeichnet. M_1 und M_2 sind zwei Punktmassen, die sich entsprechend dem Zweikörperproblem um ihren gemeinsamen Schwerpunkt S bewegen, und m eine Testmasse, die klein ist im Vergleich zu M_1 und M_2. Ziel ist es, Raumpunkte zu finden, an denen Kräftegleichgewicht in Bezug auf m herrscht. Die Kräfte, die dabei zu berücksichtigen sind, sind die Gravitationskräfte zwischen den Massenpunkten und der Zentrifugalkraft aufgrund der Bewegung der drei Massen um ihren gemeinsamen

7.2 Neutronensterne

Abb. 7.19 Verwendetes Koordinatensystem zur Lösung des Lagrangeschen Spezialfalls der Himmelsmechanik

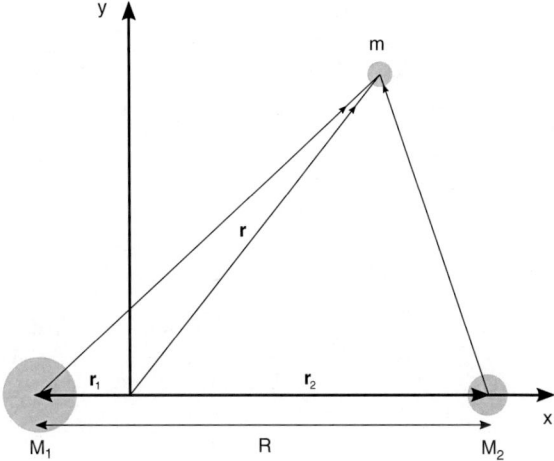

Schwerpunkt S. Die gesuchten Raumpunkte bezeichnet man deshalb auch als Librationspunkte (von lat. *libra* – Waage). Populärer ist jedoch die Bezeichnung „Lagrange-Punkte" (Abb. 7.19).

Die Kraft **F**, die in Richtung von **r** auf m wirkt, ergibt sich aus der Newtonschen Bewegungsgleichung

$$F(t) = m \frac{d^2 r(t)}{dt^2} = -GM_1 m \frac{r(t) - r_1}{|r(t) - r_1|^3} - GM_2 m \frac{r(t) - r_2}{|r(t) - r_2|^3} \quad (7.52)$$

Lösungen dieser Differentialgleichungen, welche die relative Position der Punktmassen M_1, M_2 und m unverändert lassen, ergeben die gesuchten Gleichgewichtspunkte.

Um die Relativbewegung der beiden großen Massen auszuschalten, wird ein Koordinatensystem mit dem Zentrum S gewählt, dessen z-Achse in Richtung des Bahndrehimpulses von m zeigt und dessen x-Achse durch die beiden Massenmittelpunkte von M_1 und M_2 gegeben ist. Die Vektoren, die vom Schwerpunkt S aus in Richtung von ω, m, M_1 und M_2 weisen (mit R als Abstand der beiden Massen M_1 und M_2), sehen in diesem mitrotierenden (synodischen) Koordinatensystem folgendermaßen aus:

$$\omega = \begin{pmatrix} 0 \\ 0 \\ \omega \end{pmatrix} \begin{pmatrix} e_x \\ e_y \\ e_z \end{pmatrix}, r = \begin{pmatrix} x(t) \\ y(t) \\ 0 \end{pmatrix} \begin{pmatrix} e_x \\ e_y \\ e_z \end{pmatrix} \quad (7.53)$$

$$r_1 = -\frac{M_2}{M_1 + M_2} R e_x$$

$$r_2 = \frac{M_1}{M_1 + M_2} R e_x$$

In Bezug auf m bildet dieses Koordinatensystem („Lagrange-System") ein Nichtinertialsystem, was dazu führt, dass Scheinkräfte auftreten. Diese Scheinkräfte müssen natürlich in den Bewegungsgleichungen berücksichtigt werden. Das geschieht folgendermaßen:

Die Winkelgeschwindigkeit ω ist gemäß dem zweiten Kepler'schen Gesetz:

$$\omega^2 = \frac{G(M_1 + M_2)}{R^3} \tag{7.54}$$

Laut Definition gilt das Newton'sche Grundgesetz Gl. 7.52 nur in Inertialsystemen. Beim Übergang in das rotierende Bezugssystem transformiert sich bekanntermaßen ein Ortsvektor wie

$$\frac{d\boldsymbol{r}_I}{dt} = \frac{d\boldsymbol{r}}{dt} + \boldsymbol{\omega} \times \boldsymbol{r}, \tag{7.55}$$

wobei I das Inertialsystem indiziert. Den Vektor $\boldsymbol{v} = \boldsymbol{\omega} \times \boldsymbol{r}$ bezeichnet man als Rotationsgeschwindigkeit. Differenziation von Gl. 7.55 nach der Zeit liefert die Beschleunigungen:

$$\frac{d^2\boldsymbol{r}_I}{dt^2} = \frac{d^2\boldsymbol{r}}{dt^2} + \frac{d\boldsymbol{\omega}}{dt} \times \boldsymbol{r} + 2\boldsymbol{\omega} \times \frac{d\boldsymbol{r}}{dt} + \boldsymbol{\omega} \times \boldsymbol{v}. \tag{7.56}$$

Der erste Term ist die Radialbeschleunigung, der zweite Term die lineare Beschleunigung, der dritte Term die Coriolis-Beschleunigung und der vierte Term die Zentripetalbeschleunigung.

Wendet man diese Transformation auf Gl. 7.52 an, dann erhält man:

$$\boldsymbol{F}_\omega = m\frac{d^2\boldsymbol{r}}{dt^2} = -GM_1 m \frac{\boldsymbol{r} - \boldsymbol{r}_1}{|\boldsymbol{r} - \boldsymbol{r}_1|^3} - GM_2 m \frac{\boldsymbol{r} - \boldsymbol{r}_2}{|\boldsymbol{r} - \boldsymbol{r}_2|^3} - 2m\left(\boldsymbol{\omega} \times \frac{d\boldsymbol{r}}{dt}\right) - m\boldsymbol{\omega} \times (\boldsymbol{\omega} \times \boldsymbol{r})$$
$$\tag{7.57}$$

Da m im Gleichgewichtspunkt mit dem Koordinatensystem mitrotiert, $\boldsymbol{r}$ demnach darin seine Richtung beibehält, kann der geschwindigkeitsabhängige Term vernachlässigt werden. In Koordinatenschreibweise unter Ausnutzung von Gl. 7.56 und den Abkürzungen A und B ergibt sich dann (im Weiteren wird $m = 1$ gesetzt; $R = $ Abstand M_1 und M_2):

$$A = \frac{M_1}{M_1 + M_2} \text{ und } B = \frac{M_2}{M_1 + M_2} \tag{7.58}$$

$$\boldsymbol{F}_\omega = \omega^2 \begin{pmatrix} \frac{x - A(x+BR)R^3}{\left(\sqrt{(x+BR)^2 + y^2}\right)^3} - \frac{B(x-AR)R^3}{\left(\sqrt{(x+AR)^2 + y^2}\right)^3} \\ \frac{y - AyR^3}{\left(\sqrt{(x+BR)^2 + y^2}\right)^3} - \frac{ByR^3}{\left(\sqrt{(x+AR)^2 + y^2}\right)^3} \\ 0 \end{pmatrix} \begin{pmatrix} \boldsymbol{e}_x \\ \boldsymbol{e}_y \\ \boldsymbol{e}_z \end{pmatrix}$$

Die Lösung der Gleichung $\boldsymbol{F}_\omega = 0$ liefert die gewünschten Stabilitätspunkte. Nach einer zwar elementaren, aber trotzdem relativ schwierigen Rechnung erhält man folgende fünf Punkte, bei denen Gleichgewicht zwischen der durch die Gravitation der beiden Massen verursachten Anziehung und der durch die Bewegung von m um den Schwerpunkt S resultierenden Zentrifugalkraft besteht:

$$\mathbf{L1} = \begin{pmatrix} R\left[1 - \left(\frac{B}{3}\right)^{\frac{1}{3}}\right] \\ 0 \\ 0 \end{pmatrix} \begin{pmatrix} \boldsymbol{e}_x \\ \boldsymbol{e}_y \\ \boldsymbol{e}_z \end{pmatrix} \qquad (7.59)$$

$$\mathbf{L2} = \begin{pmatrix} R\left[1 + \left(\frac{B}{3}\right)^{\frac{1}{3}}\right] \\ 0 \\ 0 \end{pmatrix} \begin{pmatrix} \boldsymbol{e}_x \\ \boldsymbol{e}_y \\ \boldsymbol{e}_z \end{pmatrix}$$

$$\mathbf{L3} = \begin{pmatrix} -R\left[1 + \frac{5}{12}B\right] \\ 0 \\ 0 \end{pmatrix} \begin{pmatrix} \boldsymbol{e}_x \\ \boldsymbol{e}_y \\ \boldsymbol{e}_z \end{pmatrix}$$

$$\mathbf{L4} = \begin{pmatrix} \frac{R}{2}\left[\frac{M_1 - M_2}{M_1 + M_2}\right] \\ \frac{\sqrt{3}}{2}R \\ 0 \end{pmatrix} \begin{pmatrix} \boldsymbol{e}_x \\ \boldsymbol{e}_y \\ \boldsymbol{e}_z \end{pmatrix}$$

$$\mathbf{L5} = \begin{pmatrix} \frac{R}{2}\left[\frac{M_1 - M_2}{M_1 + M_2}\right] \\ -\frac{\sqrt{3}}{2}R \\ 0 \end{pmatrix} \begin{pmatrix} \boldsymbol{e}_x \\ \boldsymbol{e}_y \\ \boldsymbol{e}_z \end{pmatrix}$$

Die drei ersten Lagrange-Punkte liegen in einer Linie mit S, M_1 und M_2, wobei die Abstände durch das Verhältnis der beiden Hauptmassen bestimmt sind. Die Punkte L4 und L5 bilden dagegen mit M_1 und M_2 ein gleichseitiges Dreieck, weshalb sie auch als Dreieckspunkte bezeichnet werden. Vom Inertialsystem aus betrachtet, bewegen sich die Massen und die Punkte L1 bis L5 quasi starr um den Schwerpunkt S.

Die Kraft Gl. 7.57 ist der Ausdruck (Gradient) eines Potenzials Φ_R, welches vereinfacht wie folgt aufgeschrieben werden kann:

$$\Phi_R = -\frac{GM_1}{r_1} - \frac{GM_2}{r_2} - \frac{\omega^2 s^2}{2} \qquad (7.60)$$

s ist hier der senkrechte Abstand des Aufpunktes (Ort der Probemasse m) von der durch den Systemschwerpunkt gehenden Rotationsachse des Systems. Eine Äquipotentialflächendarstellung dieses als „Roche-Potenzial" bezeichneten

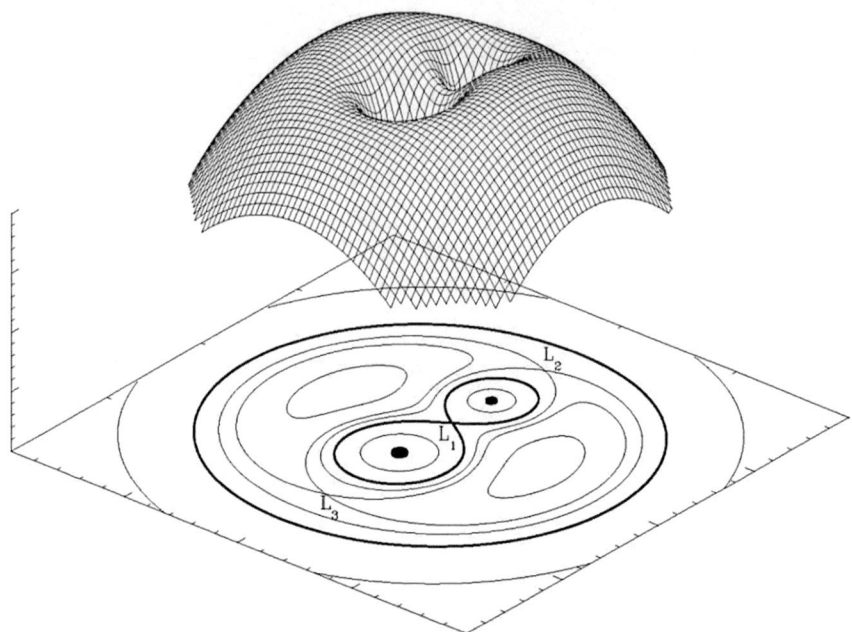

Abb. 7.20 3-D-Darstellung des Roche-Potenzials eines Doppelsternsystems mit dem Massenverhältnis 2:1, darunter die 2-D-Projektion mit der eingezeichneten Position der Lagrange-Punkte L_1 bis L_3 gemäß Gl. 7.59

> Potenzials zeigt Abb. 7.20 (benannt nach Édouard Albert Roche (1820–1883) – einem der begnadetsten Himmelsmechaniker des 19. Jahrhunderts).
> Unter einer Äquipotentialfläche versteht man dabei eine „Hyperfläche" im Raum, deren Punkte alle das gleiche Potenzial besitzen. Im Fall des Roche-Potenzials hängt deren Form vom Massenverhältnis M_1/M_2 ab, wobei für ein gegebenes Massenverhältnis alle Abmessungen proportional zum Abstand R der beiden Sterne anwachsen. Im Folgenden ist erst einmal nur eine Äquipotentialfläche von Interesse, und zwar genau diejenige, die durch den Potenzialwert des „inneren Lagrange-Punktes" L_1 definiert ist. Legt man durch diesen Punkt eine zu den anderen Lagrange-Punkten koplanare Ebene, dann ergibt sich in 2D eine 8-förmige Schnittkurve, die als Roche-Grenzkurve bezeichnet wird (Abb. 7.21).
> Die Oberfläche eines Sterns in einem Doppelsternsystem passt sich nun immer genau der Äquipotentialfläche an, deren zugeordnete Kraft mit der entsprechenden Druckkraft auf der Sternoberfläche im Gleichgewicht steht. Oder anders ausgedrückt, die Form eines Sterns in einem (engen) Doppelsternsystem wird allein durch die Form dieser Äquipotentialfläche bestimmt. Wenn sich also der Stern entwicklungsbedingt ausdehnt (oder sich

Abb. 7.21 Beispiel für einen typischen halbgetrennten Doppelstern, dessen primäre Komponente seinen Roche-Lobe voll ausfüllt. Die über den Lagrange-Punkt L_1 ausfließende Materie bildet um den kompakten Begleiter (Weißer Zwerg, Neutronenstern, Schwarzes Loch) eine Akkretionsscheibe

die Orbitalparameter dahingehend ändern, dass sich R verkleinert), wird er immer mehr eine Tropfenform annehmen, deren Spitze in Richtung seines Begleiters zeigt. Seine maximal mögliche Ausdehnung hat er schließlich in dem Moment erreicht, in dem seine Oberfläche mit der Äquipotentialfläche, die die Roche-Grenzkurve enthält, zusammenfällt. Jede weitere Ausdehnung führt dann zu einem Massenabfluss über den Lagrange-Punkt L_1 zum Begleiter hin. Aus einem zuvor getrennten Doppelsternsystem hat sich nun ein halbgetrenntes System entwickelt, zu dem neben den Zwergnovae auch die Röntgendoppelsterne gezählt werden. Den Extremfall stellen die sogenannten „Kontaktsysteme" dar, bei denen beide Sterne ihre Roche-Loben voll ausfüllen. Beispiele dafür sind die sogenannten W-Ursae Majoris-Bedeckungssysteme mit ihrer charakteristischen Lichtkurve.

Zum Abschluss dieses Abschnitts noch ein paar Worte zu den „massiven" Röntgenpulsaren (HMXBs), da sich bei ihnen die Masse des Neutronensterns mit klassischen Mitteln (hochauflösender Spektroskopie) recht genau bestimmen lässt. Hier sind besonders die Objekte von Interesse, deren massereiche Komponente ein OB-Stern ist (M^* zwischen 10 und mehr als 40 $M_\odot$). In diesem Fall kann es sich bei der die Röntgenstrahlung „erzeugenden" Akkretion entweder um „Windakkretion" oder um Massenakkretion durch Roche-lobe Überfluss handeln, vorausgesetzt, der OB-Stern füllt sein gesamtes Roche-Volumen aus. Diese Art von HMXBs ist selten, denn einmal ist bereits die Entstehung eines *binary* mit zwei entsprechend massiven Sternen schon recht ungewöhnlich (der „Vorgänger" des Neutronensterns muss ja noch um einiges massiver gewesen sein als sein gegenwärtiger OB-Begleiter). Dazu kommt noch, dass die OB-Phase aus Gründen der Sternentwicklung auch nur einige 10^4 Jahre andauern kann. Sobald das Wasserstoffschalenbrennen einsetzt und sich der Hauptreihenstern in Richtung Überriese zu entwickeln beginnt, setzt auch ein starker Sternwind ein, der – vom Neutronenstern eingefangen – ihn zu einer Röntgenquelle werden lässt. Sie verstärkt sich noch einmal, sobald sich der Überriese soweit ausgedehnt hat, dass es zum Roche-lobe-Überfluss kommt und sich eine Akkretionsscheibe um den Neutronenstern ausbildet. Das System zeigt jetzt alle Merkmale eines HMXBs. Der massiv zunehmende Materieausfluss des OB-Sterns kann schließlich ihn und den Neutronenstern in eine gemeinsame Hülle einschließen, mit dem Effekt, dass der Neutronenstern langsam in Richtung OB-Stern spiralt. Explodiert dieser später als Supernova, dann bleibt als Ergebnis ein Doppelpulsar ähnlich dem Hulse-Taylor-Pulsar übrig – oder, wenn der Massenverlust ausreicht, dieses Szenario zu verhindern, – ein System aus einem Neutronenstern und einem Weißen Zwerg.

Tritt der HMXB als Röntgenpulsar in Erscheinung, lässt sich dessen Bahn äußerst genau durch die Analyse der Eintreffzeiten der Röntgenpulse bestimmen. Dieses Verfahren wird als *pulse-timing analysis* bzw. Doppler *delay* bezeichnet. Durch klassische Spektralanalyse lässt sich weiterhin die Radialgeschwindigkeitskurve des OB-Sterns aus den zyklischen Linienverschiebungen in dessen Spektrum ableiten. Beobachtet man zusätzlich noch eine Art „Bedeckungslichtwechsel" der Röntgenquelle, dann ist es klar, dass man ungefähr auf die Kante der Bahnebene des Systems blickt, was wiederum bedeutet, dass die Neigung der Bahnebene zur Sichtlinie in der Nähe von 90° liegen muss. Mit diesen Angaben ist dann eine recht genaue Massenbestimmung von beiden Komponenten möglich (man beachte die Fehlergrenzen in Tab. 7.5). Gelingt es noch, spektroskopisch die Eigenrotation des OB-Sterns zu vermessen, ergibt sich eine weitere Möglichkeit, den Inklinationswinkel i einzuschränken. Man kann nämlich dann davon ausgehen, dass ein OB-Stern, der sein Roche-Volumen ausfüllt, eine gebundene Rotation um den Systemschwerpunkt ausführt.

Die Ergebnisse solcher Massenbestimmungen von Neutronensternen in HMXB-Systemen können der Tab. 7.5 entnommen werden. Sie beruhen u. a. auf Radialgeschwindigkeitsmessungen mit dem VLT und den Daten diverser Röntgensatelliten.

7.2 Neutronensterne

Tab. 7.5 HMXB-Systeme, bei denen eine Massenbestimmung hinsichtlich beider Komponenten gelungen ist

HMXB	Spektraltyp	M_{OB} in $M_\odot$	M_{NS} in $M_\odot$	P_{orb} in d	P_{NS} in s (Rotation)
4U1907+09	B	≈ 27	$\approx 1,4$	8,38	438
4U1700-37	O6,5	58 ± 11	$2,4 \pm 0,3$	3,41	
4U1538-52	B0	16 ± 5	$1,1 \pm 0,4$	3,73	530,14
GX301-2	B1,5	40 ± 10	$1,9 \pm 0,6$	41,498	696
Cen X-3	O6,5	$20,2 \pm 1,8$	$1,34 \pm 0,16$	2,087	4,84
Vela X-1	B0,5	$23,8 \pm 2,4$	$1,86 \pm 0,16$	8,964	282
LMC X-4	O7	$14,5 \pm 1,0$	$1,25 \pm 0,11$	1,40	13,498
SMC X-1	B0	$15,7 \pm 1,5$	$1,06 \pm 0,11$	3,89	0,7098
2S0114+650	B1	16 ± 5	$1,7 \pm 0,5$	11,6	860

7.2.2.2 „Recycelte Pulsare"

Binäre Systeme mit einem Neutronenstern als Komponente sind das Ergebnis der Entwicklung eines Doppelsternsystems, dessen massereichere Komponente ($M > 8\,M_\odot$) nach vergleichsweise kurzer Entwicklungszeit als Kernkollapssupernova geendet hat. Ein typisches Beispiel für ein LMXB-Ausgangssystem ist ein *binary*, bestehend aus einem 15 $M_\odot$ – und einem 1,6 $M_\odot$ – Stern, wie es von T. M. Tauris und E. van der Heuvel näher untersucht wurde (Tauris und Heuvel 2003). Vorbild dafür ist ganz konkret das Objekt PSR 1855+09, welches aus einem Neutronenstern ($P = 5$ms, d. h. einem „Millisekundenpulsar") und einem Weißen Zwerg besteht, die zusammen mit einer Umlaufperiode von 12,3 Tagen um ihren gemeinsamen Schwerpunkt kreisen.

Die Rotationsfrequenzen der Millisekundenpulsare sind eigentlich viel zu groß, als dass sie bereits beim Kernkollaps der Ausgangssupernova aufgrund des Pirouetteneffekts entstanden sein könnten.[11] Schaut man sich ihre Population einmal etwas näher an, dann fällt als Erstes auf, dass sie überwiegend in binären Systemen beheimatet und oftmals dazu auch noch recht alt sind (man findet sie insbesondere auch in Kugelsternhaufen). Dieser Umstand lässt bereits vermuten, dass ihre extrem geringe Rotationsperiode nicht primordial bedingt ist, sondern eher eine Art Entwicklungseffekt darstellt, der etwas mit einem akkretionsbedingten Impulsfluss (Bahndrehimpuls) aus dem System zum kompakten Begleiter (wie z. B. in LMXB-Systemen) zu tun hat. Man kann sich dieses Szenario etwa wie folgt vorstellen:

Nachdem der massereiche Stern in einer Supernovaexplosion untergegangen ist, bildet der dabei entstandene Neutronenstern zusammen mit dem ehemals massearmen Begleiter (der jetzt – s. Abb. 7.22, – oftmals der „schwerere" Part im

---

[11] Die Rotationsperioden „normaler" Pulsare liegen gewöhnlich zwischen 0,1 und 10 s.

Abb. 7.22 Entwicklung eines binären Systems aus einem ursprünglich 15 $M_\odot$ - und einem ursprünglich 1,6 $M_\odot$-Stern zu einem Millisekundenpulsar ähnlich PSR 1855+09 (Nach Tauris und Heuvel (2003))

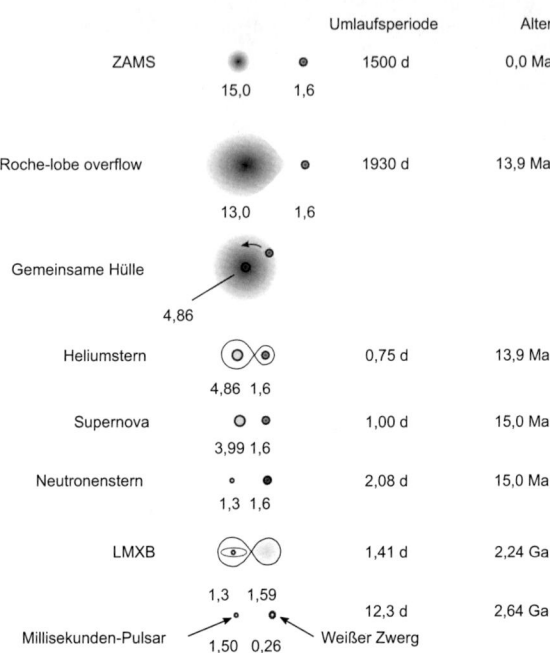

System – also der *primary* – ist) ein relativ enges System. In der Folgezeit entwickelt sich der Hauptreihenstern entsprechend seiner stellaren Ausgangsparameter weiter und wird schließlich eines Tages beginnen sich aufzublähen, wobei er nach und nach seinen Roche-lobe ausfüllt, bis seine Materie über den inneren Lagrange-Punkt zum nun schon recht betagten und wahrscheinlich nicht mehr sonderlich schnell rotierenden Neutronenstern überfließen kann. Es entsteht ein LMXB-System, welches phänomenologisch als Röntgenpulsar in Erscheinung tritt. Dabei kann die Zeitdauer, in der Massenakkretion auftritt, recht lang sein (10^8 bis 10^{10} Jahre). Was noch bedeutsamer ist – sie hat einen ganz wesentlichen Einfluss auf die weitere Dynamik der Bahnbewegung der beiden Doppelsternkomponenten umeinander und auf deren Eigendrehimpulse.

Durch die Massenakkretion erfolgt bekanntlich eine stetige Umverteilung von Masse und Drehimpuls im Doppelsternsystem, wobei für die folgenden ersten Überlegungen vereinfacht von einem „konservativen" System ausgegangen werden soll, bei dem der Gesamtdrehimpuls J und die Gesamtmasse $M_G = M_1 + M_2$ erhalten bleiben. Das ist zwar im Allgemeinen nicht der Fall, was aber für die folgenden qualitativen Betrachtungen erst einmal keine Rolle spielt.

Der Betrag des Bahndrehimpulses J eines Doppelsternsystems ist gegeben durch

$$J = \frac{M_1 M_2}{M_G} \omega a^2 \sqrt{1 - e^2}, \tag{7.61}$$

a ist die große Bahnhalbachse, e die Bahnexzentrizität und ω die Winkelgeschwindigkeit. Da als Erstes schnell die Bahnexzentrizität abgebaut wird, ist es sinnvoll, von einer Kreisbahn um die Hauptkomponente auszugehen. Damit vereinfacht sich Gl. 7.61 zu

$$J^2 = G\frac{M_1^2 M_2^2}{M_G}a = const. \tag{7.62}$$

Indiziert man mit (A) den Ausgangszustand und mit (E) den Endzustand, dann ergibt sich daraus für die Änderung der großen Bahnhalbachse a unter der Bedingung, dass die Gesamtmasse M_G beim Massentransfer zwischen *primary* und Neutronenstern erhalten bleibt:

$$\frac{a^{(E)}}{a^{(A)}} = \left(\frac{M_1^{(A)} M_2^{(A)}}{M_1^{(E)} M_2^{(E)}}\right)^2,$$

woraus mit dem 3. Kepler'schen Gesetz das geänderte Periodenverhältnis

$$\frac{P^{(E)}}{P^{(A)}} = \left(\frac{M_1^{(A)} M_2^{(A)}}{M_1^{(E)} M_2^{(E)}}\right)^3$$

folgt.

Nun ist jedoch die Annahme, dass sich J im System mit der Zeit nicht ändert, unrealistisch. Es gibt verschiedene physikalische Prozesse, die Einfluss auf die zeitliche Entwicklung des Bahndrehimpulses in einem LMXB-System haben. Das sind

- Massenverluste im System (Sternwinde, Jets),
- Spin-Bahn-Kopplung,
- Wechselwirkung mit dem Magnetfeld des Neutronensterns (magnetische Abbremsung),
- Gravitationswellenstrahlung,
- Gezeiteneffekte bei $0 < e < 1$.

Die zeitliche Änderungsrate der großen Bahnhalbachse ist dann:

$$\frac{da}{dt} = 2a\left(\frac{1}{J}\frac{dJ}{dt} - \frac{1}{M_1}\frac{dM_1}{dt} - \frac{1}{M_2}\frac{dM_2}{dt}\right) + \frac{a}{M_G}\left(\frac{dM_1}{dt} + \frac{dM_2}{dt}\right) \tag{7.63}$$

wobei alle genannten Einflüsse in dJ/dt subsummiert sind.

Die dynamische Entwicklung eines Doppelsternsystems hängt nun stark davon ab, in welchen Anteilen die genannten Einflüsse wirken, unter welchen Bedingungen (Entwicklungsstadium des masseabgebenden Begleiters, Ausgangsbahnlage) und wie lange. Akkretion durch Massenabfluss über den inneren Lagrange-Punkt (Roche-*lobe overflow*) kann nämlich bereits im Hauptreihenstadium, im Stadium des Wasserstoffschalenbrennens und natürlich auch während des Heliumschalenbrennens des Begleitsterns auftreten, wobei letztere Phasen etwas bevorzugt sind, da deren Kernkontraktion eine Hüllenexpansion und damit ein leichteres Ausfüllen des Roch-*lobe* ermöglichen. Hier ist eine gewisse Formenvielfalt zu erwarten, wie sie auch durch Beobachtungen bestätigt wird.

Im Bereich der inneren Akkretionsscheibe, wo deren Anbindung an die Magnetosphäre des Neutronensterns erfolgt, kann mit der Masse auch Drehimpuls direkt auf den Pulsar übertragen werden. Dabei es es von Vorteil, wenn der Neutronenstern ein vergleichsweise moderates Magnetfeld ($B < 10^4$ T) besitzt, was eine entsprechend kompakte Magnetosphäre impliziert. Auf diese Weise kann die Akkretionsscheibe näher an den Neutronenstern heranrücken und ihre innere Grenze eine höhere Rotationsgeschwindigkeit erreichen, die dann in etwa der Kepler-Geschwindigkeit in dem entsprechenden Abstand entspricht. Es gilt dann die Gleichgewichtsbedingung in Bezug auf die gravitative Anziehungs- und Zentrifugalkraft:

$$\omega_K = \frac{1}{r^2}\sqrt{GM_{NS}/r} \tag{7.64}$$

Die Größe $r^2\omega_K$ lässt sich hier als den auf die Masse bezogenen Drehimpuls („spezifischer Drehimpuls") interpretieren:

$$\ell(r) = \sqrt{GM_{NS}r} \tag{7.65}$$

Der minimale Abstand r_{min} der inneren Kante der Akkretionsscheibe zum Neutronenstern wird durch das Ausmaß von dessen Magnetosphäre festgelegt. Denn ab hier kann die Materie nur noch entlang der Magnetfeldlinien die Scheibe verlassen, um entsprechend kanalisiert über die Poltrichter auf den Neutronenstern zu fließen. Dabei wird der in der einfließenden Materie enthaltene spezifische Drehimpuls ℓ auf den Neutronenstern übertragen und in dessen Eigendrehimpuls deponiert. Dabei entsteht ein Drehmoment **D** am Neutronenstern, dessen Betrag durch folgende Beziehung gegeben ist:

$$D = \frac{dM}{dt}\sqrt{GM_{NS}r_{min}} = \frac{dJ_{NS}}{dt} \tag{7.66}$$

($dM/dt \equiv \dot{M}$ ist hier die Akkretionsrate). Die Frage ist nun, wie der Stern auf dieses Drehmoment reagiert – und das hängt wiederum davon ab, ob die Richtung des Eigendrehimpulses des Neutronensterns mit der Richtung des Bahndrehimpulses übereinstimmt oder nicht. Aus grundsätzlichen Überlegungen – und auch weil noch kein Gegenbeispiel bekannt geworden ist – kann man von der Gültigkeit der ersten Aussage ausgehen: $J_{orb} \parallel J_{NS}$. Der Eigendrehimpuls J_{NS} des Neutronensterns lässt sich dann – unter der Annahme, dass es sich dabei um einen starren Körper handelt – mit seinem Massenträgheitsmoment Θ wie folgt aufschreiben:

$$J_{NS} = \Theta\Omega \tag{7.67}$$

Für die Änderung der Winkelgeschwindigkeit Ω des Neutronensterns (Eigenrotation) aufgrund der Übertragung von spezifischem Drehimpuls ℓ durch die Massenakkretion $\dot{M}$ ergibt sich dann zu

$$\frac{\dot{\Omega}}{\Omega} = \frac{\dot{M}}{J_{NS}}\ell. \tag{7.68}$$

Da der spezifische (d. h. auf die Masseeinheit bezogene) Eigendrehimpuls des Neutronensterns $\ell_{NS} = \Theta/M_{NS}$ ist, gilt für die Änderungsrate von dessen Rotation:

$$\frac{\dot{\Omega}}{\Omega} = \frac{\dot{M}}{M_{NS}}\frac{\ell}{\ell_{NS}} \tag{7.69}$$

Dabei ist noch nicht berücksichtigt, dass sich mit der Massenakkretion natürlich auch das Trägheitsmoment Θ und die Masse M_{NS} des Neutronensterns ändert. Berücksichtigt man diese Änderungen, dann ergibt sich folgende Beziehung:

$$\frac{\dot{\Omega}}{\Omega} = \frac{\dot{M}}{M_{NS}}\left(\frac{\ell}{\ell_{NS}} - \frac{d\ln\Theta}{d\ln M_{NS}}\right) \tag{7.70}$$

Sie sagt qualitativ Folgendes aus: Im Fall, dass der Eigendrehimpuls des Neutronensterns die gleiche Drehrichtung hat wie die Akkretionsscheibe bzw. der Bahndrehimpuls, dann wird unter der Voraussetzung, dass die Zunahme des Eigendrehimpulses größer ist als dessen Abnahme durch Anwachsen des Trägheitsmoments des Neutronensterns, der Neutronenstern immer schneller rotieren (*spin-up*). Wie man anhand der Zustandsgleichungen für Neutronensterne zeigen kann, ist die genannte Voraussetzung immer erfüllt ($d\ln\Theta/d\ln M_{NS} \approx 1$). Scheibenakkretion kann also einen alten, „langsam" rotierenden Neutronenstern – ähnlich wie ein Kind mit Peitsche den Kreisel – wieder auf Touren bringen, d. h. „recyceln". Man spricht deshalb bei alten Pulsaren, die auf diese Weise wieder Schwung gewonnen haben, von „recycelten Pulsaren". Alle Millisekundenpulsare gehören dazu.

Im Detail sind die physikalischen Vorgänge, die zum Spin-up-Effekt von Neutronensternen führen, recht komplex. Für eine erste detailliertere Einführung sei deshalb auf Ghosh et al. (1977) verwiesen.

Die Ausbildung einer langzeitaktiven Akkretionsscheibe kann unter gewissen Umständen auch zur völligen Zerstörung des Begleitsterns des Neutronensterns führen. Das ist der Fall, wenn die aufgrund der Akkretion extrem intensive Partikel- und Röntgenstrahlung eines recycelten Pulsars die Photosphäre des Begleiters trifft und ihn dort stark aufheizt. Das führt zu einer verstärkten Erosion des Sterns, da hier im Laufe der Zeit sehr viel Materie abdampft (also eine Art Ablation). Diese Materie dämpft entsprechend die Röntgenpulse des Millisekundenpulsars, sodass man selbst bei ungünstiger Lage der Bahnebene zur Sichtebene dieser Binärsysteme eine Art Bedeckungslichtwechsel beobachten kann. Wie Berechnungen zeigen, kann der Strahlungs- und Partikelbeschuss innerhalb von einigen 100 Millionen Jahren den Begleiter völlig auflösen. Deshalb bezeichnet man Röntgenpulsare, die sich in solch einem Stadium befinden, auch als „Black-Widow Pulsars" (d. h. „Schwarze-Witwen-Pulsare"). Ein Beispiel für solch ein Objekt, von denen etwa 30 bis heute (2017) identifiziert werden konnten, ist J1810+1744 (Umlaufperiode 3,6 h, Rotationsperiode des Pulsars 1,66 ms, Abstand

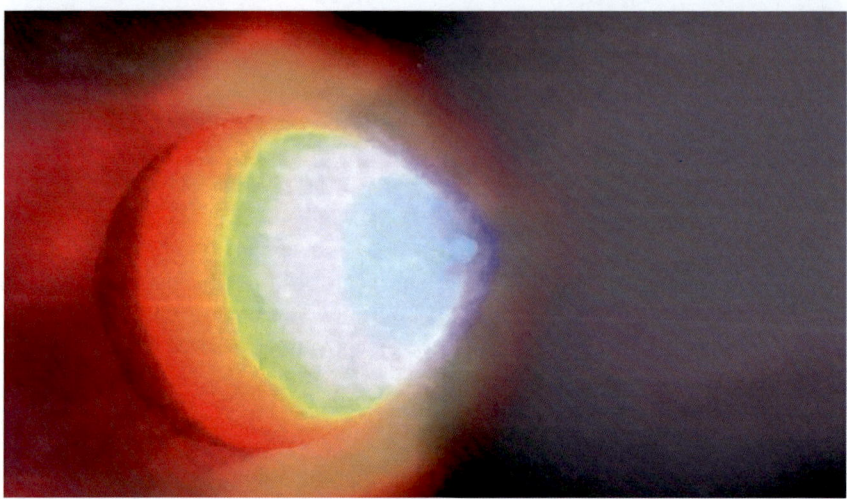

Abb. 7.23 Begleitstern eines Black-Widow-Pulsars, dessen dem Pulsar zugewandte Seite durch die kurzwellige Strahlung und Partikelstrahlung extrem stark aufgeheizt wird. Das führt zu einem kontinuierlichen Massenverlust, der bis zur fast vollständigen Auflösung des Begleiters führen kann (NASA)

Begleiter – Pulsar $\approx 1{,}33 R_\odot$, Minimalmasse des Begleiters $0{,}035\ M_\odot$, Entfernung $\approx 1{,}6$ kpc) (Abb. 7.23).

7.2.3 Physische Eigenschaften

Seit der Entdeckung der Pulsare als pulsierende Radioquellen konnten Neutronensterne bzw. Doppelsternsysteme mit mindestens einem Neutronenstern als Komponente sowohl optisch als auch im Röntgen- und Gammabereich beobachtet werden. Damit ließ sich die empirische Basis dieser ansonsten hauptsächlich der theoretischen Forschung zugänglichen Objekte stark verbreitern. Seit 1974 weiß man auch von seiten der Beobachtung, dass zwei Neutronensterne, die sich gemeinsam als binäres System um ihren gemeinsamen Schwerpunkt bewegen, Gravitationswellen emittieren – sich also ganz genau so verhalten, wie es die Allgemeine Relativitätstheorie von 1916 vorhersagt. Ein weiteres, völlig neues Beobachtungsfenster hat sich 2017 mit dem interferometrischen Nachweis der Gravitationswellen von zwei sich verschmelzender Neutronensterne geöffnet, was selbst von der Tagespresse registriert wurde – ohne jedoch ansatzweise der Tragweite dieser Messung sowohl in methodischer Hinsicht als auch hinsichtlich ihrer Bedeutung für die Erforschung dieser extremen Himmelskörper gerecht werden zu können. Gerade von seiten der Gravitationswellenastronomie sind in Zukunft sicherlich noch viele aufregende Beobachtungen zu erwarten, die unser Bild in Bezug auf Neutronensterne und Schwarze Löcher weiter präzisieren werden.

7.2 Neutronensterne

Aus der Allgemeinen Relativitätstheorie folgt, dass es für Neutronensterne eine obere Massengrenze geben muss, bei deren Überschreitung es unweigerlich zu einem physikalisch nicht mehr aufhaltbaren Gravitationskollaps, zu einem Schwarzen Loch kommt. Der genaue Wert dieser Grenzmasse – Tolman-Oppenheimer-Volkoff-Grenze[12] genannt – ist eine wichtige Größe, die leider nur innerhalb eines relativ großen Fehlerintervalls bekannt ist (zwischen 1,5 und 3 $M_\odot$). Sie ist zwar theoretisch berechenbar, aber der Wert, der dabei herauskommt, ist stark vom gewählten Modell des inneren Aufbaus eines solchen „kompakten Sterns" abhängig (Stichwörter: Zustandsgleichung der Kernmaterie, Quark-Gluon-Plasma). Wie noch zu erklären sein wird, ist das ursprünglich von Oppenheimer und Mitarbeitern verwendete Modell eines Sterns, der aus einem auf Kerndichte komprimierten, entarteten Neutronengas besteht, nur eine allererste Näherung. Gerade weil verschiedene Modelle kompakter Sterne (man unterscheidet mittlerweile im Fall kompakter Sterne Neutronensterne und Quarksterne sowie alle möglichen Übergänge zwischen ihnen) unterschiedliche Grenzmassen ergeben, ist es wichtig, so genau wie möglich Neutronensternmassen (und gleichsam auch Radien) aus Beobachtungen abzuleiten. Denn anhand solcher empirisch bestimmter Massen bzw. Masse-Radius-Verhältnisse lassen sich verschiedene Modelle kompakter Sterne hinsichtlich ihrer Realitätsnähe beurteilen bzw. sogar falsifizieren.

Es gibt natürlich auch eine theoretische Untergrenze für Neutronensterne. Sie liegt bei ungefähr 0,1 $M_\odot$, wird aber wahrscheinlich niemals erreicht, aufgrund der speziellen Entstehungsgeschichte von Neutronensternen in Supernovaexplosionent. Wie Abb. 7.24 zeigt, liegen die explizit gemessenen Neutronensternmassen im Wesentlichen im Bereich zwischen 1 und 2 $M_\odot$, mit einer erwarteten Häufung um 1,35 bis 1,4 $M_\odot$ bei den am genauesten vermessenen Komponenten von Doppelpulsaren.

Der Mittelwert der aus Beobachtungen abgeleiteten Masse von Neutronensternen in Doppelpulsaren liegt bei $\approx 0{,}137\ M_\odot$, bei *binaries*, die aus einem Neutronenstern und einem Weißen Zwerg bestehen, bei $\approx 0{,}144\ M_\odot$, bei *binaries*, bestehend aus einem Neutronenstern und einem gewöhnlichen Hauptreihenstern, bei $\approx 0{,}16\ M_\odot$ und bei Röntgendoppelsternen bei $\approx 0{,}155\ M_\odot$ (https://stellarcollapse.org/nsmasses).

Etwas aus der Reihe fällt der Vela X-1- Pulsar, dessen Masse in der Literatur zu $1{,}86 \pm 0{,}16\ M_\odot$ (Barziv et al. 2001) bzw. $2{,}12 \pm 0{,}16\ M_\odot$ (Falanga et al. 2015) angegeben wird. Weitere Beispiele für Neutronensterne, deren Masse die 2 $M_\odot$ - Grenze kratzt oder übersteigt, sind J1614-2230 ($1{,}928 \pm 0{,}017\ M_\odot$), J0348+0432 ($2{,}01 \pm 0{,}04\ M_\odot$) und B1516+02B ($2{,}08 \pm 0{,}19\ M_\odot$) – alles Binaries mit einem

---

[12] Sie ist genaugenommen für nichtrotierende Neutronensterne definiert und kann unabhängig von der Zustandsgleichung der Sternmaterie gemäß der ART eine obere Grenze von 3,2 $M_\odot$ nicht übersteigen. Rotierende Neutronensterne können aufgrund der dabei der Gravitation entgegenwirkenden Zentrifugalkräfte größere Massen erreichen als ihre statischen Pendants.

Abb. 7.24 Explizit gemessene Massen von Neutronensternen

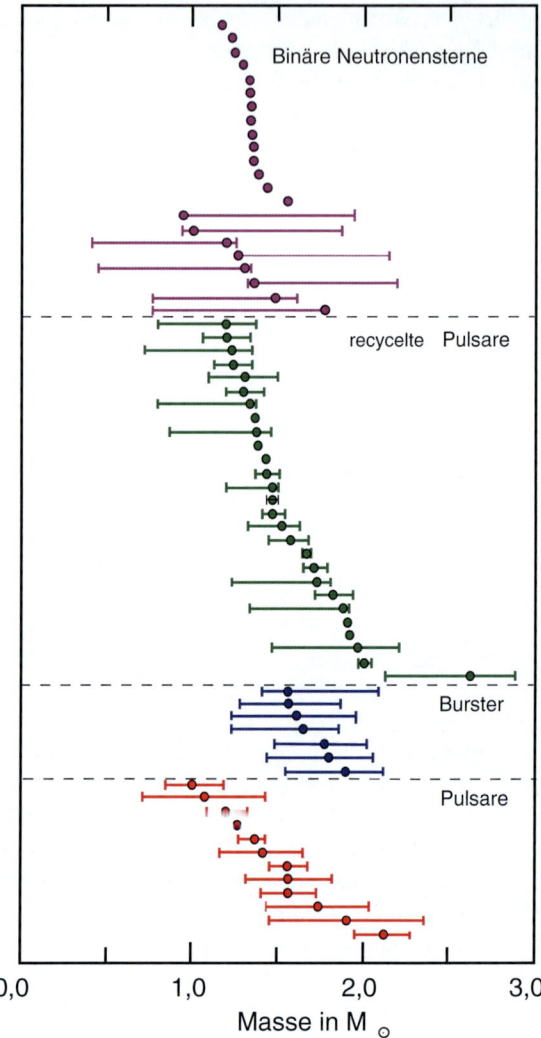

Weißen Zwerg als Komponente. Weiterhin ist der Millisekundenpulsar J1311-3430 zu erwähnen, der zuerst als punktförmige Gammastrahlenquelle vom Energetic Gamma Ray Experiment Telescope (EGRET) entdeckt und später vom im Jahre 2008 in den Orbit verbrachten Fermi Gamma-Ray Space Telescope (FGST) als Millisekundenpulsar vom Typ „Black Widow" identifiziert wurde. Dieser Neutronenstern, dessen Rotationsperiode bei 2,5 ms liegt und dessen Umlauf um seinen „leichten" Begleiter (einen Heliumstern mit einer unteren Massengrenze von $\approx 10^{-2}\ M_\odot$, der sein gesamtes Roche-Volumen ausfüllt) nur 93,8 Minuten dauert, besitzt eine Masse im Bereich zwischen 2,15 $M_\odot$ und 2,7 $M_\odot$ (Pletsch et al. 2012). In der gleichen Liga spielt auch

Abb. 7.25 Verteilung der Massen von Neutronensternen. (Nach https://stellarcollapse.org/nsmasses)

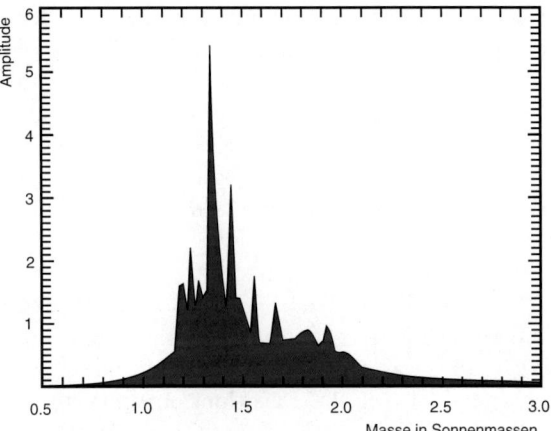

der im Kugelsternhaufen NGC 6440 entdeckte Millisekundenpulsar J1748-2021B (Freire et al. 2007), dessen Masse zu $2{,}74 \pm 0{,}21\, M_\odot$ bestimmt wurde. Gerade Pulsare, die den Bereich der oberen Massengrenze kompakter Sterne abdecken, sind wichtig für deren theoretische Beschreibung. Zu ihrer Erklärung werden sogenannte „steife" Zustandsgleichungen für Materie benötigt, die auf mehr als Atomkerndichte komprimiertist, was deren mathematische Struktur und Gültigkeitsbereiche entsprechend einschränkt.

Noch wichtiger als das Massenspektrum kompakter Sterne (s. Abb. 7.25) ist ihre Masse-Radius-Relation, was die Frage aufwirft, inwieweit es möglich ist, den Durchmesser von Neutronensternen aus Beobachtungen abzuleiten. Die in Abschn. 2.3 beschriebenen Methoden sind hier offensichtlich fast alle nicht anwendbar. Die Lage ist jedoch dank der Röntgendoppelsterne nicht ganz so hoffnungslos. Seit Ende der 1970er Jahre wurden Methoden entwickelt, um anhand von spektroskopischen Beobachtungen an geeigneten Röntgen-Burst-Quellen (d. h. speziellen X-Ray- *binaries*, die in regelmäßigen Abständen von ein paar Stunden oder Tagen spektakuläre Ausbrüche von Röntgenstrahlung zeigen) Informationen über Masse und Radius des Materie akkretierenden Neutronensterns zu erhalten. Man nutzt dazu aus, dass die durch Akkretion erzielte Röntgenleuchkraft bei einem thermonuklear verursachten Strahlungsausbruch (Burst) durch die Eddington-Leuchtkraft Gl. 4.164 (die noch um einen relativistischen Korrekturfaktor ergänzt werden muss) begrenzt wird. Für L_{Edd} gilt hier:

$$L_{Edd} = \frac{4\pi c G M_{NS}}{\bar{\kappa}} \left(1 - \frac{2GM_{NS}}{c^2 R_{NS}}\right)^{-1/2} = 4\pi R_{NS}^2 \sigma T_{eff}^4 \qquad (7.71)$$

Die Ursache für die erwähnten periodisch wiederkehrenden Ausbrüche ist in einem schon längere Zeit bekannten Phänomen zu suchen, welches man als *thin shell instability* bezeichnet. Sie tritt in AGB-Sternen in der heliumbrennenden

Schicht oberhalb des C/O-Kerns auf und ist dadurch bedingt, dass die nukleare Energieerzeugungsrate temperaturempfindlicher ist als die Strahlungskühlung, die auf die dünne Schale beschränkt bleibt. Eine ähnliche Instabilität entsteht auch, wenn Materie auf einen Neutronenstern überfließt und sich auf ihm verteilt. Erreicht die Schicht eine kritische Masse, dann zünden darin plötzlich Kernfusionsprozesse, welche den hier angesammelten Kernbrennstoff (in erster Linie Helium, $T \approx 10^9$ K) innerhalb von einigen Dutzend Sekunden „verbrennen". Dabei dehnt sich die Schicht aus und kühlt ab, was die Kernfusionsprozesse beendet – bis der nächste Zyklusschritt beginnt.

Die dabei freigesetzte Energie in Form des Strahlungsdrucks ist dabei oftmals in der Lage, die darüberliegende Sternatmosphäre anzuheben (*photospheric radius expansion*), was bedeutet, dass die Leuchtkraft kurzzeitig die Eddington-Leuchtkraft Gl. 7.71 erreicht. Der Moment, wenn die Photosphäre auf die Neutronensternoberfläche zurückfällt, wird gewöhnlich als *touchdown* bezeichnet und korrespondiert mit dem Zeitpunkt, zu dem die Photosphärentemperatur ihren Maximalwert erreicht hat.

Wenn man also die größten, in Burstquellen erzielten Leuchtkräfte als Eddington-Leuchtkraft interpretiert, lassen sich daraus Werte für Masse und Radius der entsprechenden Neutronensterne ableiten. Ab 2006 liegen erste Beobachtungen an LXMB's in der dazu notwendigen Genauigkeit vor, um einigermaßen verlässliche Neutronensternradien ermitteln zu können. Ein paar Beispiele dafür sind in Tab. 7.6 aufgelistet.

Von besonders großem Interesse sind auch Beobachtungen von isolierten Neutronensternen und von Neutronensternen in *binaries*, die nur schwache Anzeichen von Phänomenen zeigen, die durch Massenakkretion hervorgerufen werden. Solche Objekte sind als „quiescent Low-Mass X-ray Binaries" (qLMXBs) bekannt. An ihnen und an isolierten Neutronensternen ist es unter Umständen möglich, die thermische (Röntgen-) Strahlung, die von deren Atmosphäre ausgeht, zu detektieren. Diese Strahlung enthält Informationen über die effektive Oberflächentemperatur und – noch viel wichtiger – über die Oberflächengravitation (Gravitationsrotverschiebung), die bekanntlich vom Verhältnis M_{NS}/R_{NS} abhängt. Außerdem können in guter Auflösung vorliegende Röntgenspektren, wie

Tab. 7.6 Aus dem *touchdown*-Strahlungsfluss einiger Röntgen-*binaries* abgeleitete Neutronensternradien

Röntgenquelle	Touchdown-Fluss in 10^{-11} [W/m²]	Rotationsfrequenz [Hz]	Entfernung [kpc]	Radius [km]
4U 1724-207	5,29 ± 0,58		7,4 ± 0,5	12,2 ± 1,4
SAX J1748.9-2021	4,03 ± 0,54	410	8,2 ± 0,6	11,7 ± 1,7
4U 1820-30	5,98 ± 0,66		8,4 ± 0,6	11,1 ± 1,8
EXO 1745-248	6,69 ± 0,74		≈ 6,3	10,5 ± 1,6
KS 1724-207	4,71 ± 0,52	524	≈ 8	10,0 ± 2,2
4U 1608-52	18,5 ± 2,0	620	–	9,8 ± 1,8

sie z. B. das Röntgenteleskop „Chandra" liefert, – unter Verwendung plausibler Atmosphärenmodelle durch „Fitting" mit daraus abgeleiteten synthetischen Spektren Radien abgeleitet werden. Ein Beispiel für die Anwendung dieser Methode auf den qLMXB mit der Bezeichnung „X4" im Kugelsternhaufen 47 Tuc findet sich in Heinke et al. (2006).

Standardmäßig nutzt man zur Radiusabschätzung im Prinzip die Methode, wie sie in Abschn. 2.3.10 kurz vorgestellt wurde. Wenn die Röntgenleuchtkraft L_X (bzw. der Gesamtfluss L_{bol}) und die effektive Temperatur $T_{\textit{eff}}$ eines Neutronensterns sowie dessen Entfernung bekannt sind, kann man diese Informationen nutzen, um dessen Radius abzuschätzen. Es ergeben sich dabei aber einige methodische Schwierigkeiten, die in der relativistischen Natur des Untersuchungsobjektes und im starken Absorptionsverhalten der interstellaren Materie in Bezug auf Röntgenstrahlung begründet sind und die Genauigkeit einer Radiusabschätzung entsprechend verringern.

Beim Fitting des beobachteten thermischen Spektrums muss beispielsweise die gravitative Rotverschiebung beachtet werden, da sie eine Verschiebung des Strahlungsmaximums zu größeren Wellenlängen hin bewirkt:

$$T_{\textit{eff},obs} = \left(1 - \frac{2GM_{NS}}{c^2 R_{NS}}\right)^{1/2} T_{\textit{eff}} \qquad (7.72)$$

Mit dem beobachteten bolometrischen Strahlungsfluss ergibt sich dann mit Gl. 2.49 für den „fotometrischen" Sternradius:

$$R_{NS} = \sqrt{\frac{L_{bol}}{4\pi \sigma T^4_{\textit{eff},obs}}} \qquad (7.73)$$

Hieraus kann man entnehmen, dass aufgrund der enormen Oberflächengravitation (sie übersteigt die der Erde um das mehr als 10^{11}-fache) ein Neutronenstern für einen weit entfernten Beobachter größer erscheint, als er in Wirklichkeit ist.

Die Anwendung der Methode der fotometrischen Sterndurchmesserbestimmung auf isolierte Neutronensterne bzw. auf geeignete qLMXBs ist auf relativ wenige dafür geeignete Objekte begrenzt. So sind Neutronensterne, die älter als ca. eine Million Jahre sind, so weit abgekühlt, dass ihre Oberflächentemperatur nicht mehr ausreicht, um genügend thermische Röntgenstrahlung zu emittieren. Sehr junge Neutronensterne wiederum zeigen oftmals das bekannte Pulsarphänomen, bei dem die nichtthermische Röntgenstrahlung die thermische Komponente überdeckt. Außerdem ergeben sich Schwierigkeiten bei der Interpretation von Röntgenspektren, da die Strahlung gewöhnlich unter dem Einfluss extrem starker Magnetfelder emittiert wird. Die Ergebnisse an einzelnen Objekten sind aber durchaus ausreichend, um anhand von Beobachtungen Grenzen für die Gültigkeit verschiedener, auf speziellen Zustandsgleichungen hochkomprimierter Materie beruhender Neutronensternmodelle festlegen zu können (Steiner et al. 2010).

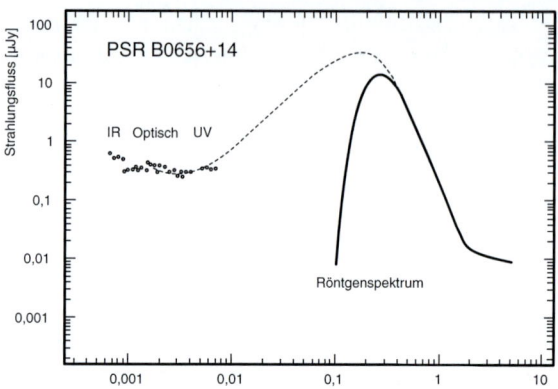

Abb. 7.26 Röntgenspektrum des isolierten Neutronensterns PSR B0656+14

Ein Beispiel für ein beobachtetes Röntgenspektrum zeigt Abb. 7.26. Die starke Abweichung vom Schwarzkörperspektrum zu niedrigeren Photonenenergien ist durch die absorbierende Wirkung der interstellaren Materie verursacht.

PSR B0656+14 rechnet man mit einem geschätzten Alter von $\approx$ 100.000 Jahren (ähnlich wie Geminga) zu den Pulsaren im „mittleren" Alter. Sein Spektrum enthält sowohl thermische als nichtthermische Anteile im Röntgen- und auch im UV-Bereich, die zu vielerlei Untersuchungen Anlass geben (Durant et al. 2011). Für eine Achsenumdrehung benötigt er 385 ms, und der Pulsar selbst ist als „Sternchen" mit einer B-Helligkeit von 26 mag im optischen Spektralbereich (Entfernung 940 ± 100 Lj) beobachtbar. Er gehört damit zu den sieben „optischen Pulsaren", die bis heute (2017) identifiziert wurden.

Gravitationswellen

Nach der Allgemeinen Relativitätstheorie (ART) breiten sich Änderungen im Gravitationsfeld nicht instantan (zum selben Zeitpunkt), sondern mit Lichtgeschwindigkeit aus. Das führt zu der Konsequenz, dass z. B. alle beschleunigt bewegten gravitativ wirksamen Massen eine Art „Quadrupolstrahlung" in Form von Gravitationswellen emittieren müssen, die in der Lage ist, aus dem entsprechenden System Energie abzuführen. Diese Erkenntnis geht direkt auf Albert Einstein zurück, der sie bereits 1916 und detaillierter 1918 („Einstein'sche Quadrupolformel") aus seiner ART ableitete. Freilich sind die emittierten Leistungen bei normalen Systemen unmessbar klein (Jupiter emittiert beispielsweise eine Leistung von insgesamt 5,2 kW an Gravitationsstrahlung bei seinem Weg um die Sonne, die Erde lediglich 200 W). Anders sieht es aber aus, wenn sich z. B. zwei Neutronensterne zu einem Schwarzen Loch vereinigen oder der Kern einer Supernova zu einem Neutronenstern oder Schwarzen Loch zusammenbricht. In diesem Fall können die sich wellenartig ausbreitenden Änderungen in der Raumzeit auf der Erde zu durchaus messbaren Effekten führen, vorausgesetzt, die Quellen sind

7.2 Neutronensterne

stark genug bzw. nicht zu weit entfernt (auch hier gilt das $1/r^2$ Abstandsgesetz). Mit dem Aufspüren und dem Vermessen dieser Quellen anhand ihrer Gravitationswellen beschäftigt sich der zurzeit modernste Zweig der Astrophysik – die Gravitationswellenastronomie. Erste Ergebnisse haben 2017 bereits zur Vergabe des Physiknobelpreises an führende Beteiligte geführt.

Bei Gravitationswellen handelt es sich genau genommen um Transversalwellen, die ähnlich wie die elektromagnetischen Wellen in zwei verschiedenen Polarisationszuständen „×" und „+" auftreten und sich dabei in der Art unterscheiden, wie sie beim Durchgang einen ausgedehnten Körper deformieren. Nur dass die „Polarisationsebenen" nicht 90°, sondern 45° zueinander geneigt sind (in der Quantenphysik ergibt sich dieser Umstand daraus, dass Photonen als Spin- 1-Teilchen und Gravitonen als Spin- 2-Teilchen gelten). Im Gegensatz zur elektromagnetischen Strahlung beschleunigt bewegter elektrischer Ladungen besitzt die Gravitationswellenstrahlung aufgrund des Äquivalenzprinzips (Gleichheit von schwerer und träger Masse) keine Dipolkomponente, sondern nur Quadrupol- und Multipolkomponenten höherer Ordnung, was wesentlich zu der Kleinheit ihrer Effekte beiträgt. Auch das Superpositionsprinzip gilt nur näherungsweise für kleine Amplituden und damit schwache Gravitationsfelder, da die Einstein'schen Gravitationsfeldgleichungen im Gegensatz zu den Maxwell'schen Gleichungen nichtlinear sind: Gravitationswellen sind nicht harmonisch, sondern nichtlinear.

Was „schwingt", sind auch keine elektrischen oder magnetischen Felder, sondern die „Raumzeit" selbst ändert periodisch ihre „Krümmung", wobei sich die wellenartige Störung mit Vakuumlichtgeschwindigkeit durch den kosmischen Raum ausbreitet. Trifft sie auf einen ausgedehnten Körper, wird er auf eine spezifische Art und Weise deformiert, die man prinzipiell messen kann. Diese Deformation beruht auf einer Abstandsänderung ds zwischen den im Raum vorhandenen Objekten. In einer „flachen" Raumzeit beträgt der infinitesimale Abstand zwischen zwei Ereignissen (Linienelement genannt):

$$ds^2 = dx^2 + dy^2 + dz^2 - c^2 dt^2. \tag{7.74}$$

Wird sie durch eine Gravitationswelle der Elongation $h(t)$ durchquert, dann werden die senkrecht zur Ausbreitungsrichtung z stehenden Richtungen auf eine spezifische Weise verändert:

$$ds^2 = (1 + h(t))dx^2 + (1 - h(t))dy^2 + dz^2 - c^2 dt^2 \tag{7.75}$$

Ein typischer Wert für die Amplitude h einer Gravitationswelle ist $\approx 10^{-21}$.

Angenommen, irgendwo im Weltraum fernab störender Massen befindet sich ein Zylinder mit ideal kreisförmigem Querschnitt, der von hinten kommend, in Richtung seiner Längsachse von einer Gravitationswelle

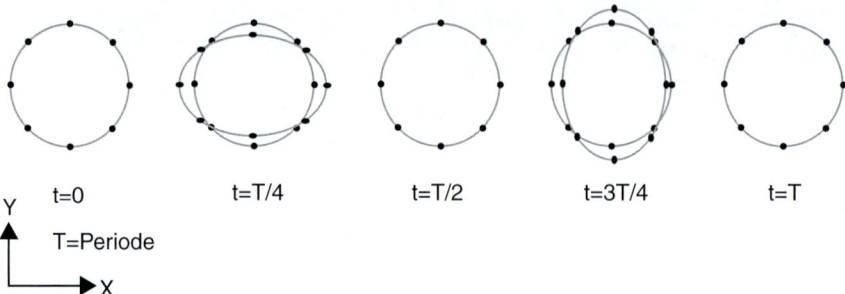

Abb. 7.27 Deformation einer Zylinderquerschnittsfläche beim Durchgang einer „+" – polarisierten Gravitationswelle

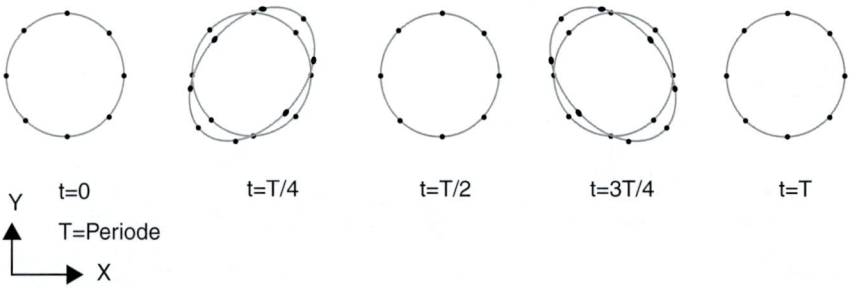

Abb. 7.28 Deformation einer Zylinderquerschnittsfläche beim Durchgang einer x-polarisierten Gravitationswelle

durchlaufen wird. Dieser Durchgang führt zu einer zeitlichen Änderung der Form der Zylinderfläche, die dabei auf eine typische Weise deformiert wird. Zuerst wird der Zylinder entlang der y-Achse zusammengestaucht, wobei sich die Kreisfläche in eine Ellipsenfläche mit größer werdender Achse in x-Richtung umwandelt. Danach erfolgt eine Stauchung in x-Richtung, wodurch sich die Achse in y-Richtung vergrößert (s. Abb. 7.27).

Diese Deformation ist charakteristisch für eine in „Plus"-Richtung polarisierte Gravitationswelle.

Bei einer in „Kreuz"-Richtung polarisierten Welle sieht die Deformation dagegen wie in Abb. 7.28 dargestellt aus. Die Ellipsenfläche bleibt immer gleich der ursprünglichen Kreisfläche, d. h. allgemein ausgedrückt, eine Gravitationswelle verzerrt die Kontur eines Körpers, aber seine Querschnittsfläche ändert sich nicht. Außerdem sind an der Deformation immer zwei Raumrichtungen beteiligt.

Wenn sich ein Astronaut in der Nähe zweier sich fast berührender Schwarzer Löcher befinden würde, die sich mit riesiger Geschwindigkeit

7.2 Neutronensterne

um ihren gemeinsamen Schwerpunkt bewegen, so wäre das mehr als unangenehm, da die Gravitationswellen ihn abwechselnd in eine Richtung dehnen und in die andere Richtung stauchen würden. Die Amplitude der Deformation nimmt jedoch mit der Entfernung ab, wobei für das Verhältnis von Längenänderung ΔL zu Länge L in Bezug auf die Elongation $h(t)$ der Gravitationswelle folgende Relation besteht:

$$\frac{\Delta L(t)}{L} = \frac{1}{2} h(t) \qquad (7.76)$$

Für die Auslenkung h(t) ergibt sich in der $x - y$-Ebene nach der ART folgende Näherungsformel („+" Polarisation):

$$h(t) = h \sin(2\pi v t) \left[\left(\frac{x}{L}\right)^2 - \left(\frac{y}{L}\right)^2 \right] \qquad (7.77)$$

Die Amplitude h selbst ist von der zweiten zeitlichen Ableitung des Quadrupolmoments Q der Masseverteilung, welche die Quelle der Gravitationswelle ist, abhängig:

$$h \sim \frac{G}{c^4} \frac{\ddot{Q}}{r} \qquad (7.78)$$

(r ist der Abstand zur Strahlungsquelle).

h nimmt also genauso wie bei einer elektromagnetischen Welle mit $1/r$ ab (die Intensität $I \sim h^2$ verringert sich dagegen quadratisch mit r). Der Vorfaktor, der ungefähr bei 10^{-44} Wm/s liegt, ist jedoch so klein, dass man schon riesige, sich bewegende Massensysteme benötigt, damit deren Quadrupolmomentänderungen diesen Wert ausgleichen können.

Im Fall eines Doppelsternsystems (ein typisches Beispiel wäre ein System aus zwei engen Neutronensternen) gilt z. B.:

$$h \sim \frac{2G\, v^2}{c^4\, r} \left(\frac{M_1 M_2}{M_1 + M_2} \right) \qquad (7.79)$$

Dabei emittieren sie Gravitationsstrahlung immer mit einer Frequenz, die dem Zweifachen der Bahnfrequenz ω entspricht, also ungefähr zwischen 10^{-3} und 10^2 Hz.

Wie groß ist dann in etwa die relative Deformation $\Delta L/L$, welche eine Gravitationswelle eines engen Doppelsterns aus zwei Neutronensternen mit jeweils kanonischer Masse (1,4 $M_\odot$) auf der Erde hervorrufen würde? Unter der Annahme, dass sie sich mit einer Geschwindigkeit von 1/100 der Lichtgeschwindigkeit um ihren gemeinsamen Schwerpunkt bewegen und das System $\approx$10.000 Lj von der Erde entfernt ist, ergibt sich das ernüchternde Ergebnis von $\Delta L/L \approx 10^{-21}$. Die gesamte Erde würde beim Durchlaufen einer solchen Gravitationswelle nur um ca. 10^{-14} m (das entspricht ungefähr dem Zehntausendstel des Durchmessers eines Wasserstoffatoms) zusammengedrückt und auseinandergezogen werden.

In den Bereich des prinzipiell Messbaren gelangt man dagegen im unwahrscheinlichen Fall, dass sich z. B. in einer Galaxie im benachbarten Virgogalaxienhaufen zwei supermassive Schwarze Löcher vereinigten (beispielsweise jedes mit 10 Mio. Sonnenmassen). Dann liefert die Abschätzung (Entfernung zum Virgohaufen $\approx$ 65 Mio. Lj) einen Wert von $\Delta L/L \approx 10^{-19}$. Das macht auf den Erddurchmesser bezogen eine Deformation von ungefähr 10^{-12} m aus. Bis heute (Frühjahr 2018) konnten mithilfe des LIGO-Netzwerkes immerhin bereits zwei Ereignisse interferometrisch detektiert werden, die genau den Zusammenstoß und die anschließende Vereinigung zweier Schwarzer Löcher zu einem einzigen Schwarzen Loch dokumentieren.

Interessant ist in diesem Zusammenhang auch die Energieverlustrate $-dE/dt$ (eine Leistung), die ein Doppelsternsystem durch die Emission von Gravitationswellenstrahlung erfährt. Sie lässt sich folgendermaßen abschätzen (Kreisbahn):

$$-\frac{dE}{dt} = \frac{32}{5} \frac{G^4}{c^5} \frac{M_1^2 M_2^2 (M_1 + M_2)}{R^5}, \quad (7.80)$$

wobei R der Abstand der beiden Sterne ist. Dieser Energieverlust führt zu einer stetigen Änderung $\dot{T}$ der Umlaufperiode aufgrund der damit einhergehenden Verkleinerung des Bahnradius R.

Ersetzt man im 3. Kepler'schen Gesetz das Quadrat der Umlaufzeiten durch die kinetische Energie E, dann erhält man für den Bahnradius R (bei einer Kreisbahn gilt $a = R$).

$$R = -\frac{G}{2} \frac{M_1 M_2}{E} \quad (7.81)$$

Die Änderung des Radius mit der Zeit ist demnach

$$\frac{dR}{dt} = -\frac{G M_1 M_2}{2} \frac{dE}{E^2} \frac{dE}{dt} \quad (7.82)$$

und mit Gl. 7.80

$$\dot{R} = \frac{dR}{dt} = -\frac{64}{5} \frac{G^3}{c^5} \frac{M_1 M_2 (M_1 + M_2)}{R^3} \quad (7.83)$$

Da weiterhin aus dem 3. Kepler'schen Gesetz

$$\frac{\dot{P}}{P} = \frac{3}{2} \frac{\dot{R}}{R} \quad (7.84)$$

folgt, ergibt sich für die relative Änderung der Umlaufzeit pro Zeiteinheit folgende Gleichung:

$$\frac{\dot{P}}{P} = -\frac{96}{5}\frac{G^3}{c^5}\frac{M_1 M_2 (M_1 + M_2)}{R^4} \qquad (7.85)$$

Diese hat praktisch eine große Relevanz, denn mit ihr ist es gelungen, Gravitationswellen indirekt nachzuweisen (genauer mit der von Peters (1964) auf elliptische Bahnen verallgemeinerten Version).

Geeignete Objekte zur Messungder durch Gravitationsstrahlung bewirkten Änderung der Umlaufzeit sind kompakte Objekte, die sich auf engen Bahnen um ihren gemeinsamen Schwerpunkt bewegen. Dabei muss eine Komponente ein Pulsar sein, dessen extrem genaue und stabile Pulsfrequenz mit Radioteleskopen hoher Zeitauflösung über viele Jahre hinweg gemessen werden kann. Er stellt gewissermaßen ein Zeitnormal ähnlich einer Atomuhr am Ort des Doppelsternsystems dar. Ein solches Doppelsternsystem ist z. B. der Binärpulsar PSR 1913+16 im Sternbild Adler.

7.2.4 Protoneutronensterne

Die Umwandlung des innerhalb von Sekundenbruchteilen kollabierenden Eisenkerns eines gravitativ instabil gewordenen Riesensterns in einen kompakten Neutronenstern führt zu einem ca. 20 s andauernden Zwischenstadium, in dem die bei der Neutronisierung der Materie entstehenden Neutrinos eine besonders wichtige Rolle spielen. Dieses „Zwischenstadium" auf dem Weg zu einem Neutronenstern (oder ggf. einem Schwarzen Loch oder einem Quarkstern) bezeichnet man als „Protoneutronenstern". Die in dieser frühen Phase der Neutronensternentwicklung stattfindenden physikalischen Prozesse sind äußerst komplex und haben einen großen Einfluss auf die weitere Entwicklung, da sie eine Anzahl wichtiger Parameter wie Drehimpuls (Rotationsperiode) oder auch die Masse begrenzen. So ist es z. B. in mehreren Phasen der Protoneutronensternentwicklung möglich, dass der Neutronenstern weiter zu einem Schwarzen Loch kollabiert, was u. a. zu prinzipiell beobachtbaren Konsequenzen – beispielsweise in der zeitlichen Entwicklung des Neutrinoflusses und dessen Wirkung auf die äußeren Sternhüllen – führt. Weiterhin bildet sich in diesem frühen Stadium der Neutronensternbildung genau die Stoßwelle aus, die zusammen mit dem im Prozess der Deleptonisierung (s. u.) freigesetzten Neutrinos die Expansion und damit Zerstörung der Sternhülle bewirkt, deren optischen Abglanz bekanntlich ein entfernter Beobachter als Ausbruch einer Typ-II Supernova registriert (s. Abschn. 5.3.4.5.2).

Der in der Freifall-Zeitskala stattfindende Kollaps des Sternkerns endet in dem Moment abrupt, sobald die Materiedichte so extrem groß geworden ist, dass die nun „steife" Zustandsgleichung (bedingt durch den Entartungsdruck der Neutronen und die Wirkung der kurzreichweitigen abstoßenden Kernkräfte) keine weitere Kompression zu noch höheren Dichten (kleineren Radien) mehr zulässt. Das bedeutet, dass im Kernbereich der Kollaps plötzlich stoppt, obwohl von außen weiter radial Materie mit einer Geschwindigkeit von mehr als 70.000 km/s einfällt und sich unter entsprechend starker Abbremsung schichtartig über den Kern anlagert und dabei Energie deponiert.

Der aufgrund der endlichen Größe des kollabierenden Eisenkerns schnell abnehmende radiale Materiefluss führt schließlich zu einer Entspannung des Kernbereichs, die noch während des einwärts gerichteten Materieflusses anhält, und zu einem „Zurückschwingen" in dessen natürliche Gleichgewichtslage, was mit der Entstehung einer radial nach außen wandernden Stoßwelle verbunden ist. Dieser für das Verständnis des Supernovaphänomens besonders wichtige Vorgang wird als *core bounce* bezeichnet. Die Materie des Protoneutronensterns (ein komplexes Gemisch aus Neutronen, Protonen, Elektronen, Positonen Neutrinos und anderen Elementarteilchen wie Pionen und Hyperonen) ist nach diesem Vorgang so extrem heiß und so extrem dicht, dass die während des Kollapses in riesiger Zahl entstandenen Neutrinos quasi eingeschlossen sind, d. h., ihre freie Weglänge ist mit ca. 0,1 ... 1 m im inneren Kernbereich (er enthält zu diesem Zeitpunkt ungefähr eine Masse von 0,7 $M_\odot$) des Protoneutronensterns immer noch klein gegenüber dem Radius des kompakten Objekts insgesamt. Man sagt auch, die Materie ist aufgrund der sie enthaltenen riesigen Zahl von Neutrinos (ν_e, ν_μ, ν_τ) und freien Elektronen „leptonenreich" ($Y_{e,\nu} \approx 0{,}3..0{,}4$). Dem schließt sich eine sphärische Region an, aus der die Neutrinos herausdiffundieren können; anders ausgedrückt, die Materie wird hier auf einmal durchlässig für Neutrinos. Man bezeichnet diese Region deshalb analog zur „Photosphäre" eines „normalen" Sterns (also genau dort, wo die Materie für Photonen durchlässig wird) als „Neutrinosphäre". Dem schließt sich eine „neutrinodünne" Region an, bei der die freie Weglänge der Neutrinos immer noch eine Zeitlang kleiner als die Abmessungen des Sterns bleibt.

Was passiert nun in den ca. zwei Dutzend Sekunden der Existenz eines Protoneutronensterns? Nachdem die Stoßwelle des *core bounce* unter Energiedissipation den Protoneutronenstern durchlaufen hat, wird sie in ca. 100 bis 200 km Entfernung durch die radial einfallende Materie gestoppt, wobei sich kurzzeitig eine weitgehend ortsfeste Stoßwelle ausbildet. Innerhalb der nächsten 10 s diffundieren die Neutrinos aus dem Protoneutronenstern und entwickeln dabei einen Druck, der die „eingefrorene" Stoßwelle wieder anschiebt. Die bei diesem als „Deleptonisierung" bezeichneten Vorgang (Neutrinoemission, Umwandlung der Protonen durch Elektroneneinfang in Neutronen) freigesetzte Energie (sie liegt in der Größenordnung von 10^{46} J) entspricht ungefähr der gravitativen Bindungsenergie des Sterns, was dazu führt, dass seine Außenhülle völlig abgestoßen wird, um perspektivisch innerhalb weniger Millionen Jahre Bestandteil der interstellaren Materie zu werden. Mit dem erneuten „Anschieben" der Stoßfront gehen hochgradige, durch die vom Kern emittierten Neutrinoströme angefachten Rayleigh-Helmholtz-Instabilitäten befeuerte turbulente Prozesse einher (s. Abb. 7.29), die sich mittels numerischer Simulationsrechnungen studieren lassen (s. z. B. Melson et al. (2015)). Bis die Stoßwelle die Sternoberfläche schließlich erreicht, vergehen mehrere Stunden. Aus diesem Grund kann ein mit Neutrinoteleskopen detektierbares Neutrinosignal auch bereits entsprechend lange vor dem optischen „Sichtbarwerden" einer Supernova auftreten.

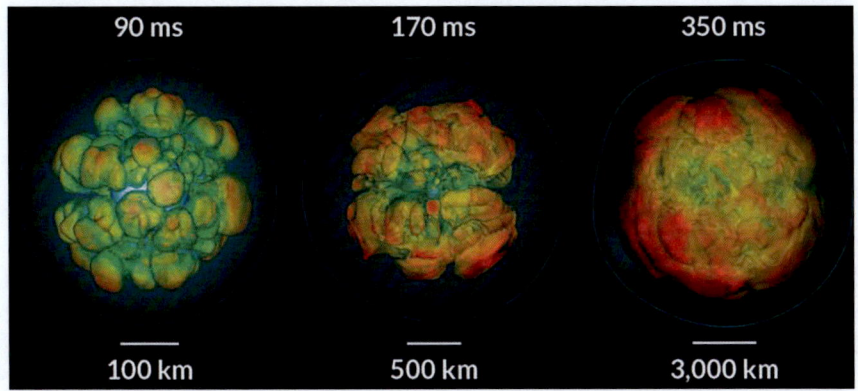

Abb. 7.29 Nach dem *core bounce* (t = 0) rapide anwachsende Stoßfront (blaue Begrenzung, man beachte den Längenbalken), hinter der sich eine durch Neutrinos angeregte und durch Rayleigh-Helmholtz-Instabilitäten hochgradig turbulente „Schubzone" entwickelt. Die Farben kodieren die Bewegungsrichtung („Rot" bedeuten mehr nach außen, „Blau" mehr nach innen gerichtete Strömungen) und die *bubbles* stellen Flächen ungefähr gleicher Entropie (korreliert mit der Temperatur) dar. (Melson et al. 2015)

Nach ungefähr 10 bis 15 s nach dem *core bounce* ist die „Deleptonisierung" des Neutronensterns abgeschlossen. Die Neutrinoemission geht aber weiter, nur dass jetzt die Neutronensternmaterie für die Neutrinos quasi durchsichtig geworden ist, da ihre freie Weglänge den Durchmesser des Protoneutronensterns zu übersteigen beginnt. In den nächsten 10 bis 20 s werden die durch URCA-Prozesse (s. Abschn. 7.2.5.2.2) in großer Zahl entstehenden Neutrinos in Form thermischer Neutrinos abgestrahlt, was die Neutronensternmaterie schnell auf Temperaturen unterhalb von 10^{10} K bringt. Ist schließlich diese Temperatur erreicht, dann hat sich der heiße Protoneutronenstern in einen normalen „kalten" Neutronenstern umgewandelt.

Ungefähr 50 s nach dem *core bounce* erreicht die mittlere freie Weglänge der Neutrinos die Größenordnung des Sternradius (Riesenstern), d. h., sie können ab diesem Zeitpunkt den Stern weitgehend ungehindert verlassen. In der Summe trägt der infolge eines Kernkollapses emittierte Neutrinostrom ca. 99 % der dabei freigesetzten gravitativen Bindungsenergie (ca. $0{,}7\,M_\odot \cdot c^2$) mit sich fort, was physikalisch einer intensiven Kühlleistung des Protoneutronensterns bzw. Neutronensterns entspricht (erinnert sei daran, dass nur 1 % der Energie einer Kernkollapssupernova für die Expansion der Sternhülle verwendet und nur 0,001 % bis 0,01 % als optische Strahlung freigesetzt wird).

Innerhalb der folgenden 10.000 bis 100.000 Jahre spielt der Anteil der thermischen Abkühlung durch Emission von Röntgen- und Gammastrahlung in der Gesamtbilanz so gut wie keine Rolle (d. h. konkret, bis eine effektive Temperatur von $\approx$ 1 Million K erreicht ist). Die Abkühlung der Neutronensternkruste selbst hat aber selbstverständlich Einfluss auf das Maximum der thermischen Gamma- und Röntgenstrahlung (Wien'sches Verschiebungsgesetz), sodass sich an deren zeitlicher Veränderung indirekt die von Neutrinos dominierte Abkühlung beobachten lässt.

Bis es zum „Wiederanschieben" der Stoßwelle kommt, wird der neugeborene Neutronenstern die durch die Stoßfront gefallene Materie akkretieren und dabei noch etwas an Masse gewinnen (die Masseakretionsphase eines Protoneutronensterns ist im Wesentlichen 0,5 s nach dem *core bounce* abgeschlossen). Erreicht er dabei die Oppenheimer-Volkoff-Grenzmasse, dann kollabiert er zwangsweise zu einem Schwarzen Loch mit dem Effekt, dass der Neutrinofluss plötzlich abgeschnitten wird. Es werden aber auch Szenarien diskutiert, bei denen der Prozess der Deleptonisierung und die anschließende Neutrinokühlung den Protoneutronenstern unter Umständen wieder in eine gravitativ instabile Lage bringen, die ihn weiter zu einem Schwarzen Loch kollabieren lassen (Prakash et al. 2001).

7.2.5 Innerer Aufbau

Mit den „Neutronensternen" erreichen kosmische Objekte einen physikalischen Zustand, zu dessen Beschreibung der Bezugsrahmen der klassischen Mechanik bzw. Hydrodynamik (Stabilität) nicht mehr ausreicht. Um das zu erkennen, reicht es aus, einmal auf gewohnte Art und Weise die Entweichgeschwindigkeit von der Oberfläche eines Neutronensterns überschlagsmäßig auszurechnen ($M_{NS} = 1{,}4\,M_\odot$; $R_{NS} = 10$ km). Man erhält:

$$v_{ent} = \left(\frac{2GM_{NS}}{R_{NS}}\right)^{1/2} = 1{,}93 \cdot 10^8 \text{m/s} \approx 0{,}643\,c \qquad (7.86)$$

Das bedeutet, man muss ein Masseteilchen auf über 60 % der Lichtgeschwindigkeit beschleunigen, damit es die Oberfläche eines solchen kompakten Sterns verlassen kann. Licht, welches die Sternoberfläche verlässt, verliert auch an Energie mit dem Effekt, dass dessen Frequenz abnimmt bzw. die Wellenlänge anwächst. Dieses Phänomen ist die gut bekannte Gravitationsrotverschiebung:

$$\nu_\infty = \left(1 - \frac{2GM_{NS}}{R_{NS}c^2}\right)^{1/2} \nu \qquad (7.87)$$

Da sich auch das Frequenzmaximum des thermischen Spektrums zu längeren Wellenlängen hin verschiebt, misst ein weit entfernter Beobachter auch eine entsprechend „verschobene" effektive Temperatur:

$$T_{eff}^\infty = \left(1 - \frac{2GM_{NS}}{R_{NS}c^2}\right)^{1/2} T_{eff} \qquad (7.88)$$

Ursache dafür ist das um die kompakte (rotierende) Masse geänderte Raum-Zeit-Gefüge, das sich hier nicht mehr durch eine flache „euklidische" Metrik beschreiben lässt. Im „einfachen" Fall (Neutronenstern rotiert nicht) ist das die äußere Schwarzschild-Metrik, wie sie Karl Schwarzschild im Jahre 1916 als exakte Lösung der Einstein'schen Gravitationsfeldgleichungen für den Außenraum einer kugelförmigen Masse (Stern) erhalten hat bzw. die Kerr-Metrik, welche die Effekte der Rotation (Drehimpuls *J*) mit berücksichtigt (in der Allgemeinen Relativitätstheorie sind nicht nur schwere Massen Quellen für das Gravitationsfeld, sondern auch beschleunigte Massen bzw. Massenströme). Daraus folgt übrigens die im Abschn. 7.2.2.1 erwähnte „Vergrößerung" eines Neutronensterns um den Faktor 1,22 für einen weit entfernten Beobachter.

Die Quintessenz dieser Betrachtungen ist, dass man zur Beschreibung der Struktur eines Neutronensterns nicht nur auf die Quantentheorie (hier erweitert auf die Quantenfeldtheorien des Standardmodells der Elementarteilchenphysik), sondern auch auf die ART zurückgreifen muss. Das soll im Folgenden aber nur beschreibend und qualitativ geschehen, da im Rahmen dieses Buches nicht der dazu notwendige Formalismus vorausgesetzt werden kann und deshalb in dieser Hinsicht auf Spezialliteratur verwiesen werden muss. Eine zeitgemäße und gut lesbare Einführung sowohl in die Spezielle Relativitätstheorie (SRT) als auch in die Allgemeine Relativitätstheorie (ART) ist z. B. bei Boblerst et al. (2015) zu finden. Was Neutronensterne (und Schwarze Löcher) betrifft, kann nach wie vor Shapiro und Teukolsky (1983) empfohlen werden.

7.2.5.1 Hydrostatisches Gleichgewicht unter allgemein-relativistischen Bedingungen

Grundlegend für die zeitliche Stabilität eines Sterns ist die Bedingung des hydrostatischen Gleichgewichts, wie es in Abschn. 4.1 eingeführt wurde. Für eine kugelsymmetrische Massenschale der Dicke Δr und Dichte ρ im Abstand r vom Sternzentrum gilt im klassischen Grenzfall gemäß Gl. 4.2:

$$m(r + \Delta r) = m(r) + 4\pi r^2 \rho(r) \Delta r \tag{7.89}$$

Von Kugelschale zu Kugelschale ändert sich dann wegen $\Delta P = -g\rho \cdot r$ der Druck entsprechend

$$\Delta P = -\frac{Gm(r)}{r^2} \Delta r. \tag{7.90}$$

Da Neutronensterne relativistische Objekte sind, muss die „klassische" Dichte ρ durch die „träge Massendichte" (inertial mass density) $\hat{\rho} \equiv \rho + P/c^2$ ersetzt werden, die auch die nicht in der Ruhemasse subsummierte Energie umfasst und welche relativistisch die „träge Masse" des Masseelements Δm festlegt. Weiterhin bewirkt die „verzerrte" Metrik im Bereich des Neutronensterns eine von der klassischen Physik abweichende Volumendefinition (der Raum ist hier merklich gekrümmt), was sich in einer Redefinition der Größe $m(r)$ (also der Masse innerhalb des Radius r) äußert:

$$\hat{m}(r) \equiv m(r) + 4\pi r^3 \frac{P}{c^2} \tag{7.91}$$

Dabei wird vereinfacht angenommen, dass es sich bei der Neutronensternmaterie um ein Fluid mit einem isotropen Druck P handelt, d. h., es gilt effektiv $\rho = \rho + 3P/c^2$. Weiterhin wird durch die Wirkung des Gravitationsfeldes auf die Metrik der Raum-Zeit die radiale Koordinate verkürzt, d. h., r^2 ist in Gl. 7.89 durch

$$\widehat{r}^2 \equiv r^2 \left(1 - \frac{2Gm(r)}{rc^2}\right) \tag{7.92}$$

zu ersetzen. Hier tritt zum ersten Mal eine für Massen charakteristische Länge auf, die man als „Schwarzschild-Radius" bezeichnet:

$$r_S = \frac{2GM}{c^2} \tag{7.93}$$

Ihr physikalischer Sinn wird in Abschn. 7.4 noch näher zu erläutern sein. Hier nur so viel: Je mehr sich die räumliche Ausdehnung einer Masse ihrem Schwarzschild-Radius nähert, um so mehr müssen allgemein-relativistische Effekte zu deren Beschreibung herangezogen werden (s. z. B. Gl. 7.87 und 7.88).

Führt man nun alle hier genannten Substitutionen an Gl. 7.90 aus, dann erhält man

$$\Delta P = -G \left(\frac{\left(\rho + \frac{P}{c^2}\right)\left(m(r) + 4\pi r^3 \frac{P}{c^2}\right)}{r\left(r - \frac{2Gm(r)}{c^2}\right)} \right) \Delta r, \tag{7.94}$$

was nach Vollzug des Grenzübergangs zur Tolman-Oppenheimer-Volkoff-Gleichung (TOV) führt:

$$\frac{dP}{dr} = -G\left(\rho + \frac{P}{c^2}\right) \frac{m(r) + 4\pi r^3 \frac{P}{c^2}}{r\left(r - \frac{2Gm(r)}{c^2}\right)} = -\frac{G\rho m(r)}{r^2} \frac{\left(1 + \frac{P}{\rho c^2}\right)\left(1 + \frac{4\pi r^3 P}{m(r)c^2}\right)}{1 - \frac{2Gm(r)}{c^2 r}} \tag{7.95}$$

Im klassischen Grenzfall $r \gg r_S$ und $P \ll \rho c^2$ geht sie, wie erwartet, in Gl. 4.5 über.

Zusammen mit Gl. 4.2 erlaubt sie unter Mitwirkung entsprechender Zustandsgleichungen die Berechnung der radialen Druck- und Dichteverteilung innerhalb eines Neutronensterns.

In allen relevanten Anwendungsfällen lässt sich die Tolman-Oppenheimer-Volkoff-Gleichung gewöhnlich nur numerisch lösen. Trotzdem existieren exakte analytische Lösungen wie z. B. für eine sphärische Massenverteilung konstanter Dichte $\rho = \rho_c = $ const. In diesem Fall erhält man unter Einbeziehung von Gl. 4.2 folgenden Ausdruck für den Druck im Sternzentrum:

$$P_c = \rho_c c^2 \frac{(1 - r_S/R)^{1/2} - 1}{1 - 3(1 - r_S/R)^{1/2}} \tag{7.96}$$

7.2 Neutronensterne

Hier ist besonders der Nenner interessant, denn er lässt den Druck divergieren, je mehr sich der Ausdruck $3(1 - r_S/R)^{1/2}$ der 1 nähert. Daraus ergibt sich ein natürlicher Grenzradius R_{krit} für einen kompakten Stern:

$$R_{krit} = \frac{9}{4}\frac{GM}{c^2} = \frac{9}{2}r_S \qquad (7.97)$$

Unterschreitet er diese Größe, dann wird er nach der ART unweigerlich zu einem Schwarzen Loch kollabieren. Daraus ergibt sich in Abhängigkeit von der Art der Materie, aus der ein Neutronenstern besteht, eine obere Schranke für dessen hydrostatische Stabilität, die oft in Form einer Grenzmasse (analog zur Chandrasekhar-Grenze) angegeben wird. Man bezeichnet diese Grenzmasse als Oppenheimer-Volkoff-Grenze. Sie ist auch heute nur grob näherungsweise bekannt, da sie genau genommen von der (noch weitgehend) unbekannten Zustandsgleichung der Neutronensternmaterie abhängt. Geht man von dem unrealistischen Fall aus, dass ein Neutronenstern vollständig aus einem entarteten „Neutronengas" besteht, dessen Entartungsdruck die Gegenkraft zur Eigengravitation liefert, ergibt sich eine Grenzmasse von 0,71 $M_\odot$ bei einem Sternradius von knapp unter 10 km. Die Theorie liefert im allgemeinen Fall der sogenannten „Fermionensterne" (d. h. von Sternen, die nur aus jeweils einer Sorte von „Fermionen", also Teilchen mit halbzahligem Spin, aufgebaut sind) folgende Grenzen:

$$M_{OV} \approx 0{,}7\left(\frac{1\,\text{GeV}}{m_F}\right)^2\left(\frac{2}{g}\right)^{\frac{1}{2}}\ [M_\odot] \qquad (7.98)$$

$$R_{OV} \approx 9{,}6\left(\frac{1\,\text{GeV}}{m_F}\right)^2\left(\frac{2}{g}\right)^{\frac{1}{2}}\ [R_\odot] \qquad (7.99)$$

Der hier genannte Grenzfall ist beispielsweise durch die Neutronenmasse $m_F = m_N = 0{,}9395654\,\text{GeV}/c^2$ und den Entartungsfaktor $g = 2$ gegeben. Weitere Beispiele – wenn auch in erster Linie von reinem akademischem Interesse – sind Fermionensterne, die allein aus Neutrinos ($g = 2$) oder aus Gravitinos ($g = 4$) bestehen. Man hat solche Sterne gelegentlich als „Alternative" zu Schwarzen Löchern mit ihren „physikalisches Bauchweh" verursachenden Zentralsingularitäten diskutiert. Leider sind sie nicht in der Lage, das beobachtete Massenspektrum stellarer und galaktischer Schwarzer Löcher auf realistische Weise abzubilden.

Doch zurück zur Oppenheimer-Volkoff-Grenze. Dass die theoretisch für reine Neutronenmaterie gültige Grenzmasse in der Natur nicht realisiert ist, erkennt man bereits trotz aller Unsicherheiten an der offensichtlichen Existenz von Neutronensternen mit einer Masse jenseits (innerhalb der Fehlergrenzen) von 2 $M_\odot$. Sie liegen aber durchaus noch im Bereich moderner Abschätzungen, für die in der Literatur Werte zwischen 1,5 und 3,2 $M_\odot$ zu finden sind. Es wird vermutet, dass sich die Sternmaterie vom Zentrum her zusehends in ein Quark-Gluon-Plasma umwandelt, je mehr sich die Masse des „Neutronensterns" der (realen) Oppenheimer-Volkoff-Grenze nähert. Sobald diese höchst seltsame und extreme Form der Materie im Stern überwiegt, spricht man übrigens von einem „Quarkstern"

Wenngleich sich die hydrostatisch bedingte Druckzunahme von der „Atmosphäre" zum Zentrum des Neutronensterns stetig verhält, so bedingt sie doch einen schalenartigen Aufbau. Der Grund dafür ist darin zu suchen, dass sich die Sternmaterie unter verschiedenen Druckregimen unterschiedlich verhält bzw. es in bestimmten Tiefen zu einschneidenden stofflichen Veränderungen aufgrund von Phasenübergängen kommt. Um dieses Verhalten adäquat beschreiben zu können, ist die Kenntnis der Zustandsgleichung der Materie unter den jeweiligen Bedingungen unbedingt notwendig. Und gerade hier liegt das Problem. Der Zustand der Materie innerhalb eines Neutronensterns ist so extrem von den auf der Erde realisierbaren Materiezuständen entfernt, dass nur theoretische Untersuchungen auf der Grundlage moderner Elementarteilchentheorien (z. B. der Quantenchromodynamik hinsichtlich des Übergangs von Neutronenmaterie in ein Quark-Gluon-Plasma) überhaupt erfolgversprechend sind. In dieser Hinsicht sind viele theoretisch gewonnene Erkenntnisse über den inneren Aufbau von Neutronensternen hochgradig hypothetisch. Das gilt es zu beachten, wenn im Folgenden ein grober Überblick über den radialen Aufbau von Neutronensternen zu geben versucht wird.

7.2.5.2 Grundlegende Struktur eines Neutronensterns

Aus grundsätzlichen theoretischen Überlegungen zur inneren Struktur eines Neutronensterns lässt sich dessen Inneres in mindestens fünf gut unterscheidbare „Schalen" unterteilen:

1. Atmosphäre,
2. äußere Kruste,
3. innere Kruste,
4. Mantelbereich,
5. zentraler Kern.

Die physikalische Beschreibung dieser Schalen wird mit zunehmender Tiefe immer hypothetischer – insbesondere was den den Bulkbereich und den Kern betrifft, so existiert dafür eine große Zahl von Modellvorstellungen, die alle noch auf ihrer Verifizierung durch Beobachtungen warten… Was aber mittlerweile als zweifelsfrei sicher gilt, ist die Aussage, dass „Neutronensterne" nicht nur aus Neutronen bestehen. Auch eine Vielzahl anderer Teilchen, die sich aus den Grundbausteinen des Standardmodells der Elementarteilchenphysik aufbauen lassen, sind im Inneren dieser kompakten Objekte zu finden. Neben Protonen und einer riesigen Zahl von Elektronen (welche quasi alle im Neutronenstern noch vorhandenen positiven elektrischen Ladungen ausgleichen) vermutet man u. a. das Vorkommen von Hyperonen (Baryonen, die mindestens ein s-Quark enthalten) und Baryonenresonanzen, von Pionen- und Kaonenkondensaten (bei diesen Teilchen handelt es sich um Bosonen, die unter bestimmten Bedingungen ein Bose–Einstein-Kondensat bilden können) sowie – im Zentrum – ein Quark-Gluon-Plasma. Denn dort ist der Druck so groß, dass sich die Bestandteile schwerer Teilchen – die

7.2 Neutronensterne

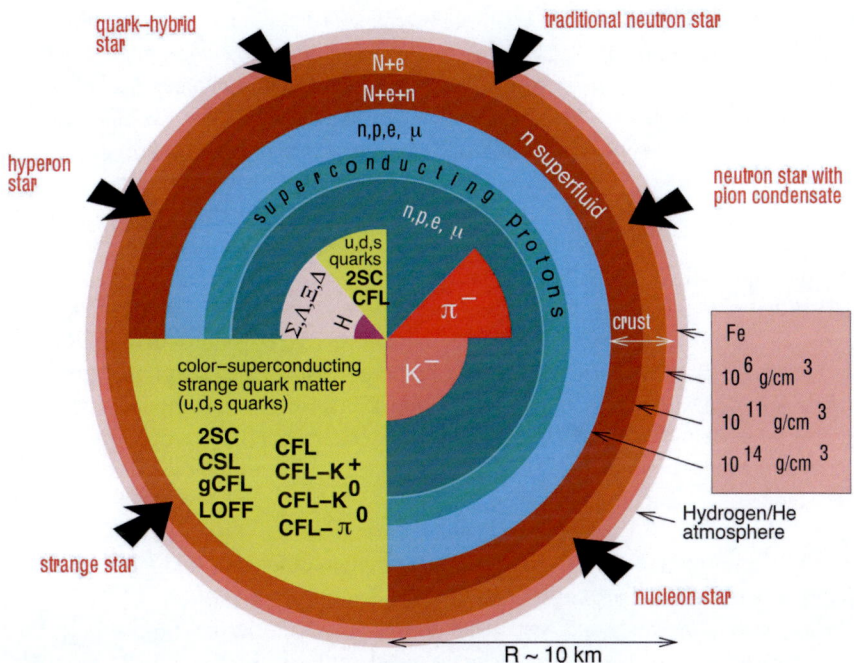

Abb. 7.30 Verschiedene Modelle des inneren Aufbaus von Neutronensternen (Weber 2004)

Quarks sowie ihre Mittler-Teilchen, die Gluonen – ihr Confinement aufgeben und eine neue Materieform – eben das Quark-Gluon-Plasma – ausbilden. Wie groß der im Kernbereich realisierte Druck ist, hängt dabei nur von der Gesamtmasse des Neutronensterns und dessen Rotationsfrequenz ab. Er ist in der Lage, die Materie im Sternkern auf das mehr als Zehnfache der Dichte zu komprimieren, wie sie gewöhnliche Atomkerne besitzen. Diese hohen Dichten ($> 10^{18}$ kg/m^3) führen zu neuen Materieformen, von denen das bereits erwähnte Quark-Gluon-Plasma nur eine von mehreren denkbaren ist. Eine weitere, in diesem Zusammenhang oft diskutierte Materieform ist die sogenannte „seltsame Quarkmaterie" (*strange quark matter*), die als absolut stabile Materieform gilt (Weber et al. 2007). Detaillierte theoretische Untersuchungen des inneren Aufbaus dieser extrem kompakten kosmischen Objekte zeigen immer mehr, dass der Begriff „Neutronenstern" für sie – im Wortsinn – nur äußerst eingeschränkt zutrifft. Er hat sich nun einmal historisch durchgesetzt und wird sich kaum mehr ändern lassen. Trotzdem ist es sinnvoll, diese Objekte in Gruppen einzuteilen, je nachdem, wie man ihren inneren Aufbau modelliert (s. Abb. 7.30).

Im „klassischen" Bild besteht der Mantel- und Kernbereich im Wesentlichen aus Nukleonen (n, p), umgeben von Elektronen und Myonen. Aber es gibt (trotz „Ockhams Rasiermesser") berechtigte Zweifel an diesem Modell. Unter dem extremen Druck ist es vorstellbar, dass die Nukleonen quasi in ihre Bestandteile zerfallen und dabei neue Teilchen, z. B. bestimmte Mesonen (die nicht aus drei Quarks, sondern aus Quark-Antiquark-Paaren bestehen), bilden und die wiederum als Bosonen in der Lage sind, sich in einem einzigen makroskopischen quantenmechanischen Zustand anzusammeln – ein Vorgang, der gewöhnlich als „Bose–Einstein-Kondensation" bezeichnet wird. Im Fall von Pionen spricht man konkret von einem „Pionenkondensat" und im Fall von Kaonen von einem „Kaonenkondensat".

Eine weitere, nicht von der Hand zu weisende Möglichkeit besteht darin, dass die Nukleonen durch den immensen Druck so weit zusammengequetscht werden, dass quasi ihre „Individualität" aufgehoben wird und eine neue Art spezieller „Quarkmaterie" entsteht – das bereits mehrfach erwähnte „Quark-Gluon-Plasma".

Es ist aber auch denkbar, dass sich noch in der dynamischen Phase des Gravitationskollapses aufgrund der dabei freiwerdenden Energie „exotische" Teilchen bilden, die auch Quarks der zweiten Generation – insbesondere strange-Quarks – enthalten. Diese als „Hyperonen" bezeichneten Baryonen wären im Kern- und Mantelbereich – zumindest theoretisch – in der Lage, die dort sonst zu erwartenden Nukleonen zu ersetzen. Im Unterschied zu den Hyperonen, wie man sie auf der Erde mit großen Teilchenbeschleunigern bei Teilchenkollisionen erzeugen kann, könnten diese sehr schweren Teilchen unter den Bedingungen eines Neutronensterns durchaus langzeitstabil sein (*strange quark matter*).

Um es kurz zu machen: Aus welcher Art von Materie das tiefe Innere von Neutronensternen besteht, ist immer noch unbekannt. Es gilt deshalb alle Möglichkeiten – soweit es seriös zu machen ist – durchzurechnen, um daraus Implikationen abzuleiten, die sich anhand von Beobachtungen zumindest prinzipiell überprüfen lassen. In dieser Beziehung hat sich übrigens im Jahr 2017 ein neues „Beobachtungsfenster" für die Astrophysiker geöffnet: der interferometrische Nachweis von Gravitationswellen, die von zwei sich verschmelzenden Neutronensternen ausgehen. Die genaue Signatur eines solchen Gravitationswellensignals enthält nämlich potentiell auch Informationen über deren Materiezustand. Die Herausforderung liegt, natürlich neben der Messung selbst, in ihrer richtigen Interpretation und im Abgleich mit den verschiedenen Neutronensternmodellen.

7.2.5.2.1 Atmosphäre

Die erste Frage, die sich im Zusammenhang mit einer „Neutronensternatmosphäre" stellt, ist die Frage nach ihrer Mächtigkeit. Das physikalische Maß dafür ist die im Abschn. 3.4.1.2 eingeführte „Skalenhöhe" H, ausgedrückt durch Gl. 3.251. Sie reicht für eine grobe Abschätzung völlig aus. Dabei ist es nicht unrealistisch, von einer heißen ($T_{eff} \approx 3 \cdot 10^6$ K) Kohlenstoffatmosphäre ($\mu_C \approx 12\,m_H$) auszugehen (Beispiel Cas-A, s. u.), was bei einem „kanonischen Neutronenstern" ($M^* = 1{,}4\,M_\odot; R^* = 10^4$ m) zu einer Skalenhöhe von ≈ 1 mm für eine „Kohlenstoffatmosphäre" bzw. ≈ 1 cm für eine Wasserstoffatmosphäre führt. Diese einfache Abschätzung lehrt also bereits, dass die Mächtigkeit einer Neutronensternatmosphäre im Zentimeterbereich liegen dürfte.

Aber kann man hier „wirklich" noch von „Atmosphäre" = „Gashülle" sprechen? Ist sie unter den hier an der Neutronensternoberfläche herrschenden Bedingungen nicht eher etwas für einen „Festkörperphysiker" – auch wenn die Temperaturen weit jenseits seiner Vorstellungswelt liegen? Dass man hier trotzdem von einer „Atmosphäre" sprechen kann, liegt gerade an den hohen Temperaturen im Millionen-Kelvin-Bereich. Denn bei diesen Temperaturen ist die thermische Energie der Teilchen immer noch um einiges größer als die Coulomb'schen Bindungsenergien zwischen den Teilchen eines irgendwie gearteten Ionengitters. Bewegt man sich gedanklich radial durch die Neutronensternatmosphäre in Richtung „Oberfläche", dann erreicht man aufgrund der geringen Skalenhöhe schnell den Punkt, an dem die Materie quasi erstarrt. Die Materiedichte erhöht sich dabei bereits über sehr kurze Distanzen von $\approx 10^6$ kg/m³ auf $\approx 10^{10}$ kg/m³, bei der trotz der weiter ansteigenden Temperatur die Verfestigung der Materie zu einer kristallinen Kruste erfolgt.

Typische Teilchenzahldichten von Neutronensternatmosphären liegen zwischen 10^{22} und 10^{32} Teilchen pro Kubikmeter. Die Dynamik des heißen ionisierten Plasmas wird dabei primär durch das extrem starke Oberflächenmagnetfeld bestimmt. Wichtig ist auch der Druck der austretenden kurzwelligen Strahlung, die nach manchen Modellen in der Lage ist, insbesondere eine Atmosphäre aus leichten Teilchen effektiv auszudünnen.

Wie bei jedem anderen Stern auch stellt die Neutronensternatmosphäre den Bereich dar, aus dem – hier thermische Gamma- und Röntgenstrahlung – in den Kosmos entweichen kann. Und diese Strahlung ist bei einzelnen Neutronensternen mit Weltraumteleskopen wie „Chandra" durchaus beobachtbar.

Die stoffliche Zusammensetzung einer Neutronensternatmosphäre hängt entscheidend davon ab, ob er Komponente eines Doppelsternsystems mit Massenakkretion ist oder er als Einzelstern durch den Weltraum irrt. Im ersten Fall erwartet man leichte Elemente wie Wasserstoff und Helium als primäre Bestandteile. Die Atmosphären nichtakkretierender Neutronensterne sollten dagegen mehr den stofflichen Zustand des Sterns selbst bzw. die Reaktionsprodukte, die sich bei thermonuklearen Reaktionen während einer vorangegangenen aktiven Akkretionsphase auf der Oberfläche gebildet haben, widerspiegeln. Entsprechende Signaturen sind deshalb in den Röntgen- und Gammaspektren entsprechender Objekte zu erwarten. Auch die stoffliche Zusammensetzung der nach einer Supernovaexplosion noch eine Zeitlang auf den gerade entstandenen Neutronenstern herabstürzenden Materie bestimmt natürlich in einem gewissen Maße die chemische Zusammensetzung von dessen Atmosphäre.

Das erste Objekt, das in dieser Hinsicht wirklich im Detail untersucht wurde, ist die im Jahre 1999 entdeckte kompakte Röntgenquelle im Zentrum des Cassiopeia-A-Supernovaüberrestes (Ho und Heinke 2009). Sie entstand um das Jahr 1680 bei einer weitgehend unbemerkt gebliebenen Supernovaexplosion in ≈ 11.000 Lj Entfernung im Sternbild Kassiopeia und stellt deren kompakten Rest dar. Der Neutronenstern, der beim Kernkollaps eines instabil gewordenen Roten Riesen vor rund 340 Jahren entstanden ist, zeigt nicht nur nicht das bekannte Pulsarphänomen, sondern ist auch in anderer Hinsicht eher ungewöhnlich. So gelang es, mit dem Röntgenobservatorium „Chandra" Spektren im Energiebereich zwischen 0,5 und 10 keV aufzunehmen und mit entsprechenden synthetischen Spektren zu vergleichen. Summarisch ergab sich daraus schon einmal eine bolometrische Leuchtkraft von $7 \cdot 10^{26}$ W.

Die eigentliche Überraschung ist jedoch, dass sich das beobachtete Röntgenspektrum am besten reproduzieren lässt, wenn man von einer stark kohlenstoffhaltigen Neutronensternatmosphäre ausgeht. Nicht leichte Gase wie H und He sollten deshalb die gasförmige Hülle des Neutronensterns bilden, sondern Kohlenstoffkerne. Sie stammen mit hoher Wahrscheinlichkeit aus den kohlenstoffbrennenden Schalen des Roten Riesen, deren Material nach der Supernovaexplosiom auf den Neutronenstern herabgeregnet ist. Es kann aber auch sein, dass sich der Kohlenstoff bei entsprechenden thermonuklearen Reaktionen direkt auf der Oberfläche oder in einer dünnen, ≈ 100 Mio. K heißen Schicht knapp unterhalb der Oberfläche gebildet hat. Im letzteren Fall ist zu erwarten, dass im Laufe der Zeit der Kohlenstoffanteil langsam abnimmt, da mit Erlöschen der Kernfusionsreaktionen kein Nachschub mehr zu erwarten ist, aber der Neutronenstern natürlich weiterhin leichte Stoffe aus seiner Umgebung aufsammeln und in der dünnen Atmosphärenschicht konzentrieren wird.

Da der Pulsar im Zentrum von Cas-A keine rotationsbedingte Modulation seiner Strahlung zeigt, geht man davon aus, dass sein Magnetfeld vergleichsweise schwach ist. Sein Durchmesser dürfte unter der Annahme einer „kanonischen" Neutronensternmasse bei 24 bis 30 km liegen und die effektive Temperatur etwa $1.8 \cdot 10^6$ K betragen (Ho und Heinke 2009).

7.2.5.2.2 Äußere und innere Kruste

Der Atmosphäre folgt in radialer Richtung die „Kruste", die durch den Übergang in eine kristalline bzw. quasikristalline Struktur hoher Temperatur ($T \approx 10^{11}$ K) und Dichte ($\rho_c \approx 10^{16}$ bis 10^{17} kg/m³) gekennzeichnet ist und deren Materie sich in einem lokalen thermodynamischen Gleichgewichtszustand (LTE)) befindet. Dabei ist von einem radialen Gradienten in Bezug auf die Zusammensetzung der Kruste auszugehen. Während im oberflächennahen Bereich noch eine Mischung von schweren und leichten Teilchen (z. B. $^{2}_{4}He$) vorherrscht, so wandeln sich die das Kristallgitter aufbauenden Kerne mit steigendem Druck durch pyknonukleare[13] Reaktionen (darunter versteht man ganz spezielle Arten von Fusionsprozessen, die nur bei Dichten oberhalb von 10^9 kg/m³ (Wasserstofffusion) auftreten können), immer mehr in schwerere Kerne bis hin zu Eisen um. Die bei diesem Vorgang freigesetzte Wärme erhöht zusätzlich den Wärmeinhalt der Neutronensternkruste, was u. a. natürlich gewisse Auswirkungen auf deren Abkühlung und die damit verbundenen Strukturveränderungen hat. Die Krustenbildung muss allein schon deshalb als ein dynamischer Prozess angesehen werden, der sofort nach der Konstituierung des Neutronensterns mit der Abkühlung seiner obersten Schichten beginnt. Der entscheidende Parameter ist dabei die Temperatur T. Solange sie oberhalb einer Grenztemperatur von $\approx 5 \cdot 10^9$ K liegt, kommt es in der Kruste zu stofflichen und strukturellen Änderungen, die temperaturabhängig sind. Unterhalb dieser Grenztemperatur erstarrt schließlich die Materie und bildet dann

---

[13] Griech. *pyknos* = dicht.

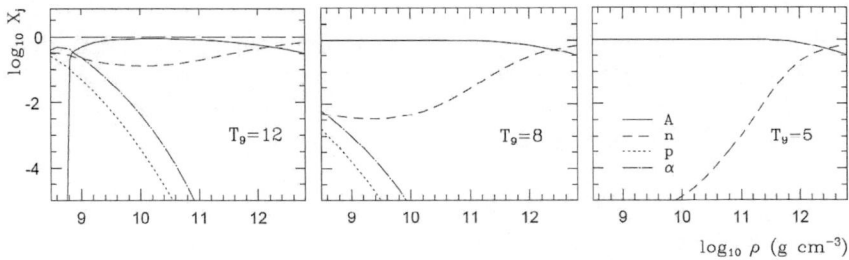

Abb. 7.31 Änderung der teilchenmäßigen Zusammensetzung der Krustenmaterie eines Neutronensterns bei verschiedenen Temperaturen und Dichten

wahrscheinlich eine dichte, massive kristalline Kruste, die sich auch bei weiterer Abkühlung nicht oder kaum mehr ändert. Dieser Zustand ist übrigens bereits nach ca. 100 Jahren Abkühlungsdauer erreicht. Während dieser Zeit übersteigt die Oberflächentemperatur des Neutronensterns die Temperatur von dessen Innerem, sodass neben dem Energieverlust durch Abstrahlung (Photonen, Neutrinos) auch eine gewisse „Abkühlung" von „innen heraus" stattfinden kann (durch sogenannte *cooling waves*). Auf welche Weise sich dabei die stoffliche Zusammensetzung im Dichtebereich zwischen etwa 10^{12} und 10^{15}. kg/m³ ändert, zeigen beispielhaft numerische Berechnungen auf Grundlage einer von J. M. Lattimer und F. Douglas Swesty entwickelten Zustandsgleichung für heiße dichte Materie (Lattimer und Douglas Swesty 1991) (s. Abb. 7.31).

Auskühlungsprozesse
Ein Himmelskörper kann bekanntlich nur durch Energieabstrahlung in den freien Weltraum abkühlen. Im Fall der Neutronensterne ist diese Strahlung anfänglich primär Neutrinostrahlung, welche die Kühlung durch Emission elektromagnetischer (Röntgen-) Strahlung solange übersteigt, wie die effektive Temperatur oberhalb von $\approx 10^6$ K liegt.[14] Dieser Temperaturwert wird irgendwann zwischen 10.000 und 100.000 Jahren nach der Entstehung des Neutronensterns unterschritten. Um beispielsweise auf die Temperatur der Sonnenphotosphäre zu kommen, ist schon eine Abkühlungsdauer in der Größenordnung von etwa 10^9 Jahren erforderlich. Diese hier genannten Abschätzungen gelten jedoch nur für isolierte, d. h. einzelne, nicht akkretierende Neutronensterne. Massenakkretionsprozesse können die genannten Zeitskalen natürlich stark verlängern, da gewisse Aufheizvorgänge im

---

[14] Bei kompakten Objekten wie Weißen Zwergen und, noch viel deutlicher, bei Neutronensternen sind elektromagnetische Abkühlungsprozesse aufgrund ihrer kleinen strahlenden Oberfläche von vornherein sehr ineffektiv.

Bereich der Neutronensternkruste damit verbunden sind. Auch ein Teil der enormen kinetischen Energie, die allein in der Rotation eines Neutronensterns steckt, lässt sich durch Reibungsprozesse im fluiden Innern dieser Sterne in thermische Energie umwandeln, was natürlich deren Abkühlung verzögert.

Den Hauptbeitrag zur Abkühlung eines neu entstandenen Neutronensterns liefert ein nach einem Casino in Rio de Janeiro mit Namen „Urca" benannter Prozess, bei dem Neutrinos und Antineutrinos freigesetzt werden, die aufgrund ihres geringen Wirkungsquerschnitts selbst einen extrem dichten Neutronenstern – quasi ohne auf ihrem Weg absorbiert zu werden – verlassen können. Dieser von George Gamow und Mario Schönberg (wir hoffen im genannten Casino bei einem guten Cocktail)[15] entdeckte nukleare Prozess wird als URCA-Prozess bezeichnet und kann formal für Atomkerne kurz wie folgt aufgeschrieben werden:

$$^{A}_{Z}X_N(e^-, \nu_e)_{Z-1}^{A}X_N \qquad (7.100)$$

Nach dem Elektroneneinfang, der die Ordnungszahl des Kerns um eine Einheit verringert, folgt sofort ein Betazerfall, der den Ursprungszustand auf einem geringeren energetischen Niveau wieder herstellt:

$$_{Z-1}^{A}X_N(e^-\overline{\nu}_e)_{Z}^{A}X_N \qquad (7.101)$$

Netto verliert der Kern zwar dadurch an Energie, ansonsten bleibt er aber unverändert. Der Elementarprozess, der sich hinter dieser Reaktion verbirgt, sieht dann folgendermaßen aus:

$$n + e^- \to n + \nu_e \qquad (7.102)$$

$$n \to p + e^- + \overline{\nu}_e$$

(anstelle des Elektrons kann prinzipiell auch ein schweres Myon stehen). Er wird als „Direkter URCA-Prozess" bezeichnet und kann nur auftreten, wenn die Protonenkonzentration und die Temperaturen genügend groß sind. Denn eine derartige Reaktion geschieht nur dann, wenn die Reaktanten freie energetische Zustände im Bereich der Fermi-Energie besetzen können. Ansonsten sind sie nach dem Pauli-Prinzip verboten. Wenn die Protonen- und Elektronen-Fermi-Impulse im Vergleich zu den Neutronen-Fermi-Impulsen zu gering sind, ist der direkte URCA-Prozess blockiert, da es unmöglich ist, unter diesen Bedingungen die Impulserhaltung zu befriedigen. Entsprechende Berechnungen zeigen, dass das Verhältnis der Anzahldichte von Protonen zu der von Nukleonen ungefähr den Wert 0,1 überschreiten muss,

---

[15] Es ist überliefert, dass Mario Schönberg im genannten Casino gegenüber George Gamow bezüglich der Abkühlung eibes Supernovakerns (Neutronenstern) Folgendes geäußert haben soll: „The energy disappears in the nucleus oft he supernova as quickly as the money disappeared at that roulette table."

damit der Prozess stattfinden kann (Yakovlev und Pethick 2004). Er wird deshalb in die Neutronensternkernbereiche verortet.

Eine alternative Möglichkeit, energiereiche Neutrinos zu produzieren, stellt der „modifizierte URCA-Prozess" dar:

$$n + p + e^- \rightarrow n + n + \nu_e \tag{7.103}$$

$$n + n \rightarrow n + p + e^- + \bar{\nu}_e$$

Er besitzt zwar einen um ca. sieben Größenordnungen geringeren Emissionsgrad als der direkte URCA-Prozess, arbeitet dafür aber bereits bei geringeren Dichten (beispielsweise im superfluiden Mantelbereich). In diesem Zusammenhang ist auch noch die von B. Friman und O. Maxwell zur Diskussion gestellte Nukleonen-Nukleonen-Bremsstrahlung zu erwähnen (Friman und Maxwell 1979), bei der Paare von Neutrinos und Antineutrinos jeglichen Flavors entstehen (weshalb im Folgenden auch der entsprechende Index weggelassen wird):

$$n + n \rightarrow n + n + \nu + \bar{\nu} \tag{7.104}$$

$$p + p \rightarrow p + p + \nu + \bar{\nu}$$

$$p + n \rightarrow p + n + \nu + \bar{\nu}$$

URCA-Prozesse sind auch in Pionenkondensaten möglich, deren Existenz im tiefen Inneren von Neutronensternen möglich erscheint. Sie sollen hier nur der Vollständigkeit halber Erwähnung finden:

$$n + e^- \rightarrow n + \pi^- + \nu_e \tag{7.105}$$

$$n + \pi^- \rightarrow n + e^- + \bar{\nu}_e$$

Weitere denkbare Neutrinoquellen sind spezielle „schwache" (z. B. $e^- + e^+ \rightarrow \nu_e + \bar{\nu}_e$ oder die Neutrinoemission, die bei der Bildung von Neutronen-Cooper-Paaren beim Übergang der Neutronenmaterie in den superfluiden Zustand entsteht) und Plasmonenzerfallsprozesse.

Die Berechnung der Abkühlungsgeschichte eines Neutronensterns ist aus vielerlei Gründen recht schwierig. Das liegt u. a. daran, dass die zu erwartenden Abkühlungsraten mit verschiedenen Größen stark korreliert sind, die wiederum von Neutronensternmodell zu Neutronensternmodell entsprechend variieren. Das betrifft die Temperatur (im Inneren von Neutronensternen weitgehend isotherm), die teilchenmäßige Zusammensetzung der Materie, dessen Dichte und die eventuelle Präsenz suprafluider Schichten im Mantelbereich. Eine kompakte Einführung in dieses noch stark im Fluss befindliche Forschungsgebiet ist beispielsweise in Potekhin et al. (2015) zu finden.

Mit zunehmender Tiefe steigt der Druck natürlich immer weiter an, mit dem Effekt, dass die noch den Elementen zuordbaren Kerne immer näher zusammenrücken. Ab einer kritischen Dichte ρ_{nd} treten schließlich die Neutronen aus dem Kernverbund aus und bilden mit Protonen, Elektronen, Positronen, Elektronenneutrinos und Antineutrinos eine Art Gemisch, zu dem bei weiter steigender Dichte weitere Elementarteilchenarten hinzukommen. Laut Definition ist ρ_{nd} der Dichtewert, bei dem bei einer Temperatur von $T = 0$ K die ersten freien, d. h. nicht mehr in Atomkernen gebundenen Neutronen erscheinen. Der Fachausdruck dafür ist *neutron drip*. Er leitet sich physikalisch aus folgendem Effekt ab: Die relativistischen Elektronen nahe der Fermi-Energie sind in der Lage, in die Atomkerne der Neutronensternkruste einzudringen, wobei sie mit einer gewissen Wahrscheinlichkeit einen inversen Betazerfall auslösen:

$$p + e^- \to n + \nu_e, \tag{7.106}$$

und zwar mit dem Ergebnis, dass die Anzahl der Neutronen im Kern auf Kosten der Protonen immer mehr zunimmt. Diese Neutronen werden entsprechend dem Pauli-Prinzip auf die verfügbaren Kernenergieniveaus verteilt, bis dasjenige Energieniveau erreicht ist, welches in etwa der Ruheenergie $m_n c^2$ des Neutrons entspricht. Von hier aus ist es dann nur noch ein kleiner Schritt, bis das Neutron den Kernverbund verlässt, d. h. quasi aus dem Atomkern „herauströpfeln", kann. Die Energie des Neutrons setzt sich ab diesem Moment aus seiner Ruheenergie und der aus seinem Impuls p_n folgenden kinetischen Energie zusammen:

$$E_n = \sqrt{p_n^2 c^2 + m_n c^2} \tag{7.107}$$

Dabei wird p_n gewöhnlich als Fermi-Impuls des Neutrons bezeichnet. Sein Wert $p_n > 0$ gibt an, dass sich das Neutron nicht mehr in einem Bindungszustand, sondern in einem Kontinuumszustand befindet. Je mehr solche Neutronen „freigesetzt" werden, desto größer wird auch die Fermi-Energie E_F („Kontinuumsneutronen" bilden ein entartetes Gas). Und je größer E_F wird, um so mehr Neutronen werden wiederum aus den Atomkernen entlassen. Am Anfang „schwimmen" noch Atomkerne in der bei diesem Vorgang entstehenden „Neutronenflüssigkeit", um schließlich – nach vollständiger „Neutronisation" – völlig darin aufzugehen. In der Tiefe, in der dieser Vorgang abgeschlossen ist, beginnt quasi der Bulkbereich des Neutronensterns.

Berechnungen liefern übrigens für den *neutron drip* ρ_{nd} einen Wert von $\approx 4 \cdot 10^{14}$ kg/m³. Bei geringeren Dichten wird der Druck im Wesentlichen vom Fermi-Gas der Elektronen und bei höheren Dichten schließlich vom Entartungsdruck der Neutronen aufgebracht.

Die Kruste eines Neutronensterns lässt sich in eine „äußere Kruste" und in eine „innere Kruste" einteilen. Die „äußere" Kruste spiegelt im gewissen Sinn den Materiezustand wider, wie man ihn auch in Weißen Zwergen erwartet. Die äußerste Schale besteht aus einem kristallinen Gitter schwerer Ionen (insbesondere ^{56}Fe), in das ein entartetes Elektronengas eingeschlossen ist. Dieses Elektronengas wird oberhalb einer Massendichte von $\approx 10^9$ kg/m³ relativistisch. Dass sich die

Ionen analog zu einem Metallgitter anordnen, hat - genau wie bei jedem anderen kristallinen Festkörper - rein energetische Gründe. Es gilt nämlich, die Coulomb-Wechselwirkung der Ionen untereinander zu minimieren, was im vorliegenden Fall zu äußerst „reinen" kubisch-raumzentrierten Gittern (sogenannten einkristallinen bcc-Gittern mit einer vernachlässigbar geringen Anzahl von Gitterfehlern) führt. Aufgrund der extrem starken gravitativen Verdichtung ist diese kristalline Kruste extrem starr, d. h., sie ist, „anschaulich" gesprochen, einige Milliarden mal „härter" als Stahl. Während man vor einiger Zeit noch annahm, dass „Berge" auf der Neutronensternoberfläche höchstens einige wenige Millimeter in dessen „Atmosphäre" hineinragen, zeigen neuere Simulationsrechnungen, dass gerade diese „Starrheit" wahrscheinlich sogar „Berge" bis zu 10 cm Höhe erlaubt (Horowitz und Kadau 2009). Und das hat durchaus beobachtbare Konsequenzen. Denn lokale Abweichungen von der hydrodynamischen Gleichgewichtsfigur eines schnell rotierenden Neutronensterns führen nach der Allgemeinen Relativitätstheorie zur Emission von Gravitationswellenstrahlung. Und bei den von C. J. Horowitz und K. Kadau vermuteten maximalen Berghöhen sollte deren Intensität unter Umständen sogar schon in den Messbereich des LIGO-Netzwerkes hinein reichen. In dieser Hinsicht sind also – so kann man zumindest hoffen – in den nächsten Jahren viele interessante Beobachtungen und darauf aufbauende Untersuchungen zu erwarten (Abb. 7.32).

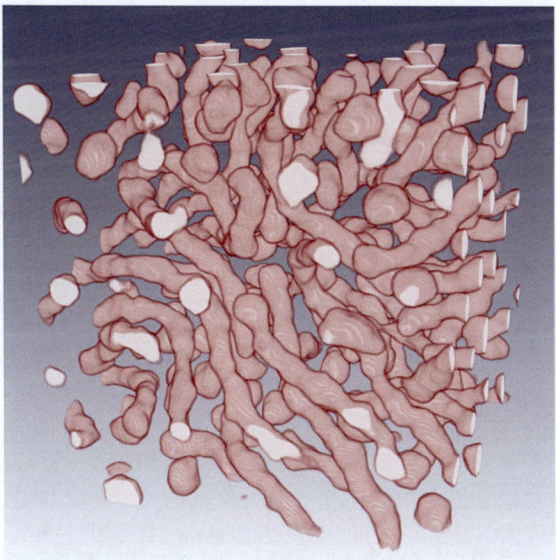

Abb. 7.32 Die Kantenlänge dieses Bildes, das die Struktur einer bestimmten Sorte „nuklearer Pasta" visualisiert, entspricht ungefähr dem 1/10.000 eines Nanometers. Es ist das Ergebnis einer Clustersimulation von André Schneider mit 51.200 Protonen und Neutronen unter den Bedingungen, wie sie im Inneren eines Neutronensterns herrschen. Die komplexen Formen resultieren aus der Konkurrenz zwischen anziehenden Kernkräften und abstoßenden elektrischen Kräften innerhalb der dichten Kernmaterie. (Visualisation: David Reagan, André Schneider)

Man schätzt, dass die äußere kristalline Kruste, die nach gewöhnlicher Lesart bis etwa zum „Neutronentropfpunkt" reicht, eine Mächtigkeit von einigen hundert Metern hat und Dichtewerte von ungefähr 1/500 der Atomkerndichte erreicht (die Dichte von gewöhnlicher Kernmaterie liegt bei $\rho_N = 4 \cdot 10^{17}$ kg/m³). Bewegt man sich von hier aus radial weiter, nimmt im Bereich der inneren Kruste die Teilchenzahldichte der freien Neutronen weiter zu, und die Massendichte erreicht schließlich an der Grenze zum Mantel ungefähr die Hälfte der Kerndichte ρ_N. Dabei sollte es nach entsprechenden quantenmechanischen Rechnungen am unteren Rand der inneren Kruste aufgrund des zunehmenden Drucks (der den Abstand der Nukleonen im Kern immer mehr verringert) zu strukturellen Veränderungen der Neutronensternmaterie kommen. Die Atomkerne bilden Cluster, die nach und nach ihre sphärische Gestalt verlieren und stattdessen immer weiter auseinandergezogen werden, wodurch sie sich von der Form her schließlich der bekannten Nudelsorte „Spaghetti" ähneln beginnen.[16] Noch weiter innen entstehen aus diesen „Spaghetti" scheibenartige Gebilde, die in ihrem Aufbau dann eher einer „Lasagne" gleichen, um im Bild eines neapolitanischen Pastakochs zu bleiben. Noch weiter in Richtung Sternzentrum werden die festen Atomcluster unter zunehmendem Druck schließlich zu einer mehr oder weniger gleichförmigen Teigmasse mit zunächst stäbchen- und dann eher kugelförmigen Hohlräumen zusammengepresst – *swiss cheese state* hat sich für diesen Materiezustand als Fachbegriff eingebürgert (Ravenhall et al. 1983), (Röpke 2017). Diese sogenannten „Pastaphasen" (*nuclear pasta*) sind aber bislang Spekulation und weit von einer empirischen Überprüfbarkeit entfernt, obwohl sie durchaus beobachtbare Konsequenzen haben und sogar mit einigen Beobachtungen koinzidieren (gl. B. Pons et al, 2013). Man vermutet, dass diese Cluster nicht nur im Inneren von Neutronensternen existent sind, sondern dass sie auch kurzzeitig in einem kollabierenden Sternkern einer Kernkollapssupernova auftreten können (Abb. 7.33).

Dass die Neutronen (sie machen hier ≈ 95 % der Nukleonen aus) anschließend in eine spezielle Art von Quantenflüssigkeit übergehen und sich die noch zu ungefähr 5 % darin tummelnden Protonen zu sogenannten „Cooper-Paaren" mit antiparallelem Spin vereinigen (und damit supraleitende Eigenschaften annehmen), wird von der Mehrheit der Wissenschaftler angenommen, die sich mit dem inneren Aufbau von Neutronensternen beschäftigen.

7.2.5.2.3 Mantelbereich

Im Übergangsbereich zwischen innerer Kruste und Bulk geht die Materie in eine Neutronenflüssigkeit über, die außerdem noch Elektronen und zu einem geringen Prozentsatz Protonen enthält. Alle diese Teilchen befinden sich bei einem bestimmten Mischungsverhältnis (ca. 9:1 für n:p) im chemischen Gleichgewicht. Konkret bedeutet das, dass die jeweiligen Fermi-Energien der Neutronen, Protonen

---

[16] Die Formänderung hängt damit zusammen, dass ab einem gewissen Nukleonenabstand (< 0,05 fm) die Coulomb-Abstoßung energetisch in den Bereich der durch die starke Wechselwirkung bedingten Oberflächenspannung der als „Tröpfchen" angesehenen Kerncluster kommt.

7.2 Neutronensterne

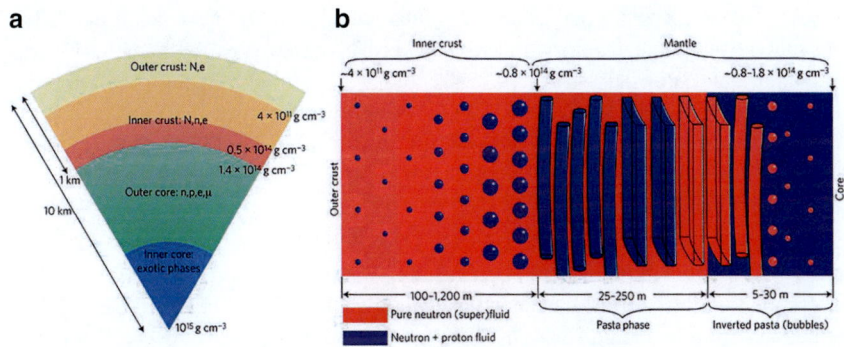

Abb. 7.33 Nukleare Pastaphasen im Bereich der inneren Kruste und des Mantels eines Neutronensterns. Im Bereich des inneren Kerns eines Neutronensterns taucht das Kristallgitter schwerer neutronenreicher Kerne mit dem eingebetteten relativistischen Elektronengas in eine wahrscheinlich suprafluide Neutronenflüssigkeit ein. Bei ausreichend hohen Dichten beginnen die Kerne, Cluster zu bilden, die sich entlang bestimmter Richtungen verbinden, um ausgedehnte Röhren, Schichten und Blasen aus Kernmaterie zu formen (https://compstar.uni-frankfurt.de/outreach/short-articles/the-nuclear-pasta-phase/)

und Elektronen ungefähr in die gleiche Größenordnung zu liegen kommen. Das führt dazu, dass unter diesen Umständen freie Neutronen absolut stabil bleiben und keinem Betazerfall mehr ausgesetzt sind. Der Grund dafür ist, dass die Energie des beim Betazerfall freigesetzten Elektrons immer unterhalb der Fermi-Grenze des entarteten Elektronengases bleibt, d. h. es gibt für ein derartiges Elektron keinen freien quantenmechanischen Zustand mehr, den es potentiell besetzen könnte (Stichwort: Pauli-Verbot). Das ist übrigens auch der Grund, warum ein Neutronenstern überhaupt überwiegend aus freien Neutronen bestehen kann.

Im Bulk- und Kernbereich des Neutronensterns verschwindet aufgrund der geradezu idealen Wärmeleiteigenschaften des entarteten Elektronengases der radiale Temperaturgradient, sodass man das Innere eines solchen Sterns als isotherm betrachten kann. Sobald die darüber liegende Kruste auf die Bulktemperatur abgekühlt ist, beginnt auch dieser Bereich des Neutronensterns langsam auszukühlen, indem energiereiche Gamma- und Röntgenstrahlung durch die Kruste diffundiert und von der Oberfläche in den kosmischen Raum abgestrahlt wird. Der Energieverlust durch thermische Photonen beginnt in dieser Phase langsam die Neutrino-Leuchtkraft zu übersteigen. Unterschreitet die Bulktemperatur ungefähr 10^9 K (dieser Wert ist noch sehr unsicher), dann wird die Neutronenflüssigkeit suprafluid und die eingelagerten Protonen erhalten supraleitfähige Eigenschaften. Diesen Vorgang (es handelt sich dabei um einen Phasenübergang) lohnt es sich etwas genauer anzuschauen, denn unter irdischen Bedingungen sind Suprafluidität und Supraleitfähigkeit bekanntlich Tieftemperaturphänomene.

Eine suprafluide Flüssigkeit besitzt einige im wahrsten Sinne des Wortes exotische Eigenschaften, von denen die verschwindende Viskosität mit am erstaunlichsten ist. Denn eine Flüssigkeit mit der Viskosität null besitzt keine innere Reibung mehr. Eine Strömung einer derartigen Flüssigkeit kann z. B. keinen Druck mehr auf einen Körper ausüben. Am Beispiel des bei 2,17 K suprafluid werdenden ^4_2He lässt sich dieser Effekt sehr schön experimentell zeigen, indem man beispielsweise einen Strahl dieser Flüssigkeit durch eine Düse auf die Propellerfläche einer Lichtmühle richtet. Sie wird sich trotzdem niemals auf diese Weise in Rotation versetzen lassen.

Eine weitere bedeutsame Eigenschaft eines Suprafluids ist dessen ideale Wärmeleitfähigkeit, die den Aufbau eines Temperaturgradienten verhindert. Suprafluide Flüssigkeiten sind genau aus diesem Grund immer isotherm. Versetzt man eine suprafluide Flüssigkeit in eine schnelle Rotation, dann entstehen in der Flüssigkeit quantisierte mechanische Wirbel. Derartige Wirbel in schnellrotierenden Neutronensternen können dabei zu durchaus beobachtbaren Konsequenzen führen – und zwar in Form einer abrupten Änderung der Rotationsfrequenz, die man als *glitches* bezeichnet (Ho et al. 2015). Und solche *glitches* konnten bisher nur bei einigen wenigen jungen Pulsaren (Velapulsar, Krebsnebelpulsar) beobachtet und näher analysiert werden.

Physikalisch lässt sich das Phänomen der Suprafluidität als Resultat eines makroskopisch sichtbar werdenden quantenmechanischen Effekts erklären, den man als Bose–Einstein-Kondensation bezeichnet. In diesem Zustand, den nur Teilchen mit ganzzahligem Spin eingehen können[17], erfolgt eine völlige Delokalisation der das Kondensat bildenden Teilchen, die sich im Idealfall nun alle im gleichen quantenmechanischen Zustand ansammeln (kondensieren). Das führt sowohl zum makroskopischen Phänomen der Suprafluidität als auch zur Supraleitfähigkeit, unter welcher bekanntlich der vollkommen widerstandslose Ladungstransport (Stromfluss) verstanden wird. Aufgrund der Spezifik der elektromagnetischen Wechselwirkung kann Suprafluidität nur bei ganz wenigen Isotopen ($^4_2He, ^3_2He$ und ^6_3Li) nahe dem absoluten Temperaturnullpunkt auftreten, und auch die Supraleitfähigkeit erfordert sehr niedrige Temperaturen (der Rekord bei den „Hochtemperatursupraleitern" liegt gegenwärtig bei einer Sprungtemperatur von $-23\,°C$ (Hochdruckphase von Lantanhydrid)).

Das Erstaunliche an den Supraleitern ist, dass die Ladungsträger Elektronen, also Fermionen sind. Damit sie widerstandslos durch einen Leiter „fließen" können, müssen sie jedoch einen Zustand einnehmen, in dem der Spin null oder eins beträgt. Unter dem Einfluss eines Metallgitters und genügend tiefen Temperaturen gelingt das durch den Zusammenschluss von jeweils zwei Elektronen zu einem Paar mit antiprallelem bzw. parallelem Spin. Solche Elektronenpaare (oder ganz allgemein Fermionenpaare) nennt man nach ihrem Entdecker „Cooper-Paare". Im Fall von Leitungselektronen treten sie gewöhnlich in Form eines Singulettzustands (Gesamtspin $=0$) oder – seltener – in Form eines Triplettzustands (Spins parallel, Gesamtspin $=1$) auf. Supraleitfähigkeit könnte man demnach stark vereinfacht als Phänomenologie einer „suprafluiden Flüssigkeit" aus Elektronen-Cooper-Paaren ansehen, die widerstandslos durch einen Festkörper fließt. Ihre theoretische Beschreibung liefert die sogenannte BCS-Theorie (benannt nach ihren Autoren John Bardeen (1908–1991), Leon Neil Cooper und John Robert Schrieffer).

---

[17] „Bosonen" – im Gegensatz zu den „Fermionen", die einen halbzahligen Spin besitzen und die deshalb dem Pauli-Verbot unterworfen sind.

Da der physikalische Mechanismus, der zu Suprafluidität und Supraleitfähigkeit führt, ganz allgemein für alle Vielteilchensysteme aus Bosonen und Fermionen, die sich zu Cooper-Paaren vereinigen, gilt, lässt er sich auch auf Pionen, Nukleonen und deren Bestandteile, die Quarks, anwenden. Cooper-Paarungen neutraler Fermionen führen dabei zur Superfluidität und Cooper-Paarungen geladener Fermionen zur Supraleitfähigkeit. Eine Besonderheit stellt dabei die Quarksupraleitfähigkeit dar, da Quarks neben einer drittelzahligen elektrischen Ladung bekanntlich auch noch eine Farbladung tragen.

Die Bildung von Quasibosonen aus gepaarten Fermionen ist theoretisch in ihren Grundzügen gut verstanden (Stichwort: BCS-Gap-Gleichung). Deshalb lässt sich das Auftreten von suprafluiden und supraleitfähigen Materiezuständen auch fernab einer direkten experimentellen Überprüfbarkeit vorhersagen. Der Übergang erfolgt – wiederum ganz allgemein – bei einer bestimmten kritischen Temperatur T_c, welche beispielsweise eine supraleitfähige Phase von einer nichtsupraleitfähigen Phase trennt. Der Übergang selbst ist ein Phasenübergang zweiter Ordnung.

Die Idee, dass es im Inneren von Neutronensternen vielleicht superfluide Bereiche geben könnte, geht auf den sowjetischen Physiker Arkadi Beinussowitsch Migdal (1911–1991) zurück (Migdal 1960). Dessen Idee wurde in der Folgezeit präzisiert und ist in ihrer heutigen Form quasi „natürlicher Bestandteil" eines jeden Neutronensternmodells. Dabei unterscheidet man zwei Arten der Neutronensuperfluidität (entsprechend Singulett- und Triplett-Paarzustände) und eine Art von Supraleitfähigkeit – nämlich die der elektrisch positiv geladenen Protonen. Im noch hochgradig hypothetischen Kernbereich von Neutronensternen vermutet man weitere Arten der Supraleitfähigkeit (und zwar die der Quarks). Die im Vergleich zu „irdischen" Suprafluiden und Supraleitern hohen kritischen Temperaturen, die in der Größenordnung von einer Milliarde Kelvin liegen dürften, erklären sich damit, dass hier für die Paarbildung der Nukleonen die kurzreichweitige Kernkraft maßgeblich ist.

Der Übergang der Neutronen in den superfluiden Zustand erfolgt unterhalb der *neutron drip line* im Bereich der inneren Kruste. Die Neutronen beginnen jetzt nach und nach, alle möglichen Kontinuumszustände zu besetzen, und die Bedingungen, unter denen sich Neutronen-Cooper-Paare im Singulettzustand bilden, werden immer günstiger. Auf diese Weise entsteht – sobald im Abkühlungsprozess die Temperatur in der inneren Kruste die kritische Temperatur T_c unterschritten hat – eine superfluide Zone. Die zu einem gewissen Prozentsatz in der Neutronenflüssigkeit eingelagerten (und dabei noch überwiegend in Atomkernen gebundenen) Protonen sind aufgrund des noch zu geringen Drucks nicht in der Lage, Cooper-Paare zu bilden, weshalb die innere Neutronensternkruste zwar suprafluid, aber nicht supraleitfähig ist. In einigen Neutronensternmodellen endet diese Zone in ca. 11 km Tiefe in einer Schicht „normaler" Neutronenflüssigkeit, bis dann im Bulkbereich die Neutronen wieder in eine etwas anders geartete suprafluide Phase übergehen (Cooper-Paare im Triplettzustand). Und hier gibt es auch keine in Atomkerne gebundenen Protonen mehr, sodass die sich nun frei in der Neutronenflüssigkeit bewegenden Protonen ihrerseits in der Lage sind, Cooper-Paare zu bilden. Auf diese Weise ist die Materie unterhalb der Neutronensternkruste nicht nur suprafluid, sondern auch supraleitfähig.

Die thermodynamischen Eigenschaften des Neutronen- und Protonensuperfluids haben natürlich Auswirkungen auf die Abkühlungsgeschichte von Neutronensternen. So führt die Bildung von Cooper-Paaren zur Emission von Neutrinos und Antineutrinos gemäß

$$n + n \rightarrow [nn] + \nu + \overline{\nu} \qquad (7.108)$$

$$p + p \rightarrow [pp] + \nu + \overline{\nu},$$

wodurch thermische Energie in den Weltraum abgeführt wird. Dieser Prozess ist zu erwarten, sobald die Temperatur die kritische Temperatur T_c unterschreitet. Er verstärkt eine Zeitlang den Neutrinofluss eines Neutronensterns, während das Superfluid selbst wiederum andere neutrinofreisetzende Prozesse eher hemmt.

Theoretiker sagen voraus, dass der Übergang in eine suprafluide Phase aufgrund der damit verbundenen Neutrinoemission zu einer schnellen Abkühlung des Neutronensterns führt, die dann auch beobachtbare Konsequenzen hat. Diese bestehen in einer kontinuierlichen Abnahme der thermisch bedingten Röntgenleuchtkraft innerhalb einer sehr kurzen Zeitskala, die in der Größenordnung von Jahrzehnten liegt. Und genau solch ein Abfall der Röntgenleuchtkraft konnte bei dem im Jahre 1999 entdeckten Neutronenstern im Zentrum des 11.000 Lj entfernten Supernovaüberrests Cas A (Ausbruch vor knapp 340 Jahren) mithilfe des Röntgenteleskops „Chandra" beobachtet werden (Page et al. 2011). Er entspricht ungefähr einer Abkühlung des Neutronensterns um $\approx 4\%$ innerhalb nur eines Jahrzehnts und übersteigt damit alle Erwartungen herkömmlicher Abkühlungsmodelle. Man glaubt deshalb nicht ohne Grund, dass die Astrophysiker hier quasi der Bildung einer suprafluiden Phase im Inneren eines noch sehr jungen Neutronensterns beiwohnen (Chamel 2011).

Ein weiterer Effekt, welcher zu beobachtbaren Konsequenzen führt, ist die bereits erwähnte Bildung von quantisierten Wirbelstrukturen in rotierenden suprafluiden Flüssigkeiten, sobald die Rotationsgeschwindigkeit einen gewissen Grenzwert übersteigt. Man bringt ihn mit dem offenbar nur bei jungen Pulsaren beobachtbaren Phänomen der plötzlichen Änderung der Rotationsfrequenz um winzige Sekundenbruchteile in Verbindung (*glitches* – Störungen, $\Delta\omega/\omega \approx 10^{-6} - 10^{-8}$). Dabei ist besonders deren Relaxationsverhalten von Interesse, welches einer Exponentialfunktion folgt. Unabhängig von derartigen Störungen nimmt die Rotationsperiode von Neutronensternen mit der Zeit langsam, aber kontinuierlich ab. Diese zeitliche Abnahme lässt sich im Fall von Pulsaren sehr genau messen. Hin und wieder steigt jedoch die Rotationsfrequenz innerhalb von Minuten kurzzeitig an – der Pulsar gibt quasi kurzzeitig Gas –, um danach langsam exponentiell wieder in seine normale Rotationsfrequenz überzugehen.[18] Und

---

[18] Der Velapulsar zeigt z. B. *glitches* mit einer ansteigenden Rotationsperiode gemäß $\Delta \dot{P}/\dot{P} \approx 0{,}01$ mit einer Relaxationsdauer von ≈ 50 Tagen (Shapiro und Teukolsky 1983).

das ist genau das, was man unter dem Relaxationsverhalten eines Pulsar-*glitches* versteht und welches neben dem eigentlichen *glitch* einer Erklärung bedarf. Diese Relaxation kann sich dabei über Wochen und Monate hinziehen.

Das einfachste Modell, welches eine Erklärung für dieses Phänomen (auch „Neutronensternbeben" genannt") zu geben versucht, wurde bereits 1969 von Gordon Baym et al. zur Diskussion gestellt (Baym et al. 1969). Es ist unter dem Begriff des „Zweikomponentenmodells" bekanntgeworden. „Zwei Komponenten" bedeutet hier, dass man sich den Neutronenstern aus einer starren Kruste von wenigen Kilometern Mächtigkeit und aus einem suprafluiden Inneren aufgebaut denkt, die über ihre innere Grenzfläche durch magnetische und viskose Prozesse miteinander verkoppelt sind. Die Kruste wird dabei als elektrisch geladen und das Innere als neutral angesehen. Beobachten lässt sich nur die Rotationsfrequenz ω_{crust} der starren Kruste. Man vermutet in erster Näherung, dass auch das Innere des Neutronensterns mit der gleichen Rotationsfrequenz (also weitgehend „starr") mitrotiert (ω_{core}).

Aufgrund der rotationsbedingten Zentrifugalkräfte und der an der Kruste zerrenden magnetischen Kräfte nimmt die Neutronensternoberfläche aus hydrodynamischen Gründen eine definierte Gleichgewichtsform an, die aufgrund der Starrheit der Kruste auch dann noch weitgehend erhalten bleibt, wenn sich die Rotationsfrequenz im Laufe der Zeit langsam verringert (es sei daran erinnert, dass eine Verlangsamung der Rotation ein typischer Alterungsprozess von Neutronensternen ist). Die Spannungen, die sich dabei zwangsläufig aufbauen, werden vorerst in der Kruste so lange deponiert, bis deren Bruchgrenze erreicht ist und die starre Kruste in eine neue, der aktuellen Rotationsfrequenz entsprechende Gleichgewichtslage übergeht – ein Sternbeben erschüttert den Neutronenstern.

Im simplen „Zweikomponentenmodell" (wir folgen hier im Wesentlichen Shapiro und Teukolsky (1983)) geht man davon aus, dass sich das Trägheitsmoment der Kruste Θ_{crust} vom Trägheitsmoment Θ_{core} unterscheidet und zwischen beiden nur eine schwache Kopplung besteht. Auf die Kruste wirkt durch die Anbindung des extrem starken Magnetfeldes ein Drehmoment D_{crust} und an die äußere Grenzfläche des inneren Kerns ein Drehmoment D_{core}, sodass für die Winkelbeschleunigung der Kruste die Beziehung

$$\frac{d\omega_{crust}}{dt} = \frac{D_{crust} - D_{core}}{\Theta_{crust}} \qquad (7.109)$$

gilt. Die Anbindung des inneren suprafluiden Bereichs an die Kruste über rheologische Prozesse kann aufgrund der verschwindenden Viskosität einer suprafluiden Flüssigkeit nur gering sein. Es ist aber möglich, dass die bereits erwähnten rotationsbedingten quantisierten Wirbel bis in die innere Kruste hineinreichen und so – neben magnetischen Effekten – eine schwache Bindung zwischen Kern und Neutronensternkruste bewirken, was ein inneres Drehmoment

$$D_{core} = \Theta_{core} \frac{d\omega_{core}}{dt} = \frac{\Theta_{crust}(\omega_{crust} - \omega_{core})}{\tau_{crust}} \qquad (7.110)$$

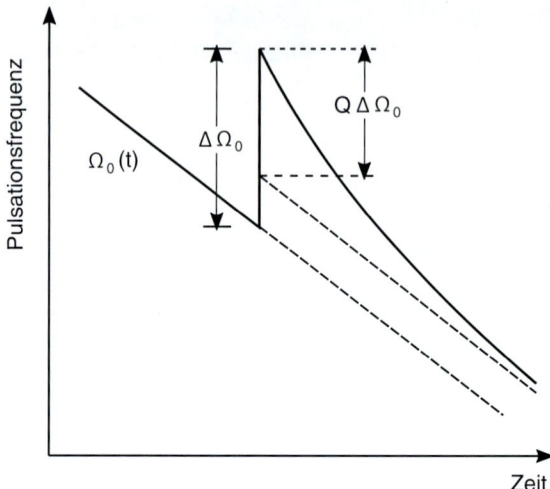

Abb. 7.34 Relaxationsverhalten eines typischen Pulsar-*glitches*, wie es das einfache Zweiphasenmodell liefert. (Nach Shapiro und Teukolsky (1983))

hervorruft. Den Parameter τ_{crust} kann man als Kopplungsparameter (eine Zeitdauer) bezeichnen, wobei dessen Größe quasi die „Stärke" der Kopplung angibt. So führt ein kleiner τ_{crust}-Wert zu einer höheren „Bindungsstärke" zwischen Kruste und Kern – und umgekehrt.

Bei einem „Neutronensternbeben" in Form eines *glitches* erhöht sich zum Zeitpunkt $t = 0$ die Winkelgeschwindigkeit um $\omega_{core}(t = 0) + \Delta\omega_{core}(t = 0)$. Nimmt man diese Änderung als Anfangsbedingung, dann lässt sich die Differenzialgleichung Gl. 7.110 lösen, was zu folgendem Ergebnis führt:

$$\omega_{core}(t) = \omega_{core}(t_0) + \Delta\omega_{core}(t_0) \left[q \exp\left(-\frac{t}{\tau}\right) - q + 1 \right] \quad (7.111)$$

q ist hier ein Maß für den Relaxationsverlauf (*healing parameter*) und $\tau = \tau_{crust}(\theta_{core}/(\theta_{core} + \theta_{crust}))$. Mit einer derartigen Funktion lässt sich nun der beobachtete Relaxationsverlauf sehr gut fitten (s. Abb. 7.34).

Das hier vorgestellte Modell ist natürlich sehr einfach gehalten und kann deshalb die „Feinstruktur" dieser plötzlichen „Störungen" im Rotationsverhalten eines jungen Pulsars höchstens qualitativ beschreiben. In „Wirklichkeit" sind die Verhältnisse natürlich komplexer (s. Haskell und Melatos (2015)). Es zeigt aber trotzdem recht deutlich, dass ein umfassendes Verständnis des inneren Aufbaus von Neutronensternen ohne die Annahme eines suprafluiden Materiezustands kaum möglich ist.

Der wesentliche Punkt in der Deutung des Effektes ist die (schwache) rheologische Kopplung im Grenzbereich zwischen innerer Kruste und suprafluidem Mantel/Kern. Die innere Kruste ist dabei durch eine „normale" Komponente (in räumlichen Gittern angeordnete Atomkerne) und eine sie durchsetzende suprafluide

Komponente charakterisiert, während das Innere als rein suprafluid (es gibt hier keine „Atomkerne" mehr) angesehen wird. Nun weiß man, dass rotierende Suprafluide quantisierte Wirbel ausbilden, die sich durch eine „Wirbelstärke" (engl. *vorticity*)

$$\zeta = \frac{\pi N \hbar}{m_N} n \qquad (7.112)$$

beschreiben lassen. N bezeichnet hier die Windungszahl, m_N die Neutronenmasse und n die Wirbelanzahl (eine ganze Zahl). Unter der Annahme, dass der suprafluide Kern mit einer Winkelgeschwindigkeit ω_{core} um eine feste Achse starr rotiert, gilt $2\omega_{core} = \zeta/N$, also

$$\omega_{core} = \frac{\pi \hbar}{2 m_N} n. \qquad (7.113)$$

Diese Beziehung sagt aus, dass es für eine gegebene Rotationsgeschwindigkeit auch eine entsprechende Anzahl von Wirbeln geben muss, die dann aus energetischen Gründen bis in die innere Kruste verlaufen und sich dort mit der Kruste quasi verhaken. Man spricht hier von einer Art „Pin"-Effekt, der bewirkt, dass die Wirbel in ihrer Bewegung eingeschränkt werden. Aufgrund der in einem Superfluid verschwindenden Viskosität sollte sich eine abnehmende Rotationsfrequenz der Kruste bekanntlich nicht auf dessen Kernbereich übertragen. Der „Pin"-Effekt bewirkt jedoch mit zunehmender Differenz $\Delta\omega$ zwischen der Winkelgeschwindigkeit der Kruste und des suprafluiden Kerns eine Art „Magnus"-Kraft, die, nachdem sie eine gewisse kritische Größe erreicht hat, die über die Wirbel vermittelte rheologische Bindung zwischen Kern und Kruste – getriggert durch ein Sternbeben – plötzlich aufhebt. Dabei wird der im Laufe der Zeit im Neutronenstern beim Aufbau der Geschwindigkeitsdifferenz angesammelte Drehimpuls zur Neutronensternoberfläche transportiert, was schließlich eine Beschleunigung der Rotation der Kruste zur Folge hat: Ein glitch" wird im $\omega_{NS} - t$-Diagramm sichtbar...

Der genaue Mechanismus und unter welchen Umständen genau das Sternbeben verursachende *unpinning* auftritt (also die Frage nach entsprechenden „Trigger"-Ereignissen), ist Gegenstand der Forschung. Einen recht detaillierten Überblick über den gegenwärtigen Erkenntnisstand zu dieser Problematik geben Haskell und Melatos (2015), auf deren Review-Artikel deshalb hier explizit hingewiesen werden soll.

Das hier in seinen Grundzügen vorgestellte „Wirbelmodell" stellt auch heute noch – wenn auch in einer weitaus komplexeren Weise – das Standardmodell von Pulsar-*glitches* vom „Vela-Typ" und teilweise des „Crab-Typs" dar (Vela- und Krebsnebelpulsar). *glitches*, die dagegen mit hoher Wahrscheinlichkeit durch magnetosphärische Effekte hervorgerufen werden – wie es beispielsweise bei den Magnetaren der Fall ist – werden damit jedoch nicht erfasst.

Neben der „Hochtemperatur"-Neutronensuperfluidität erwartet man in einigen Neutronensternmodellen noch eine weitere Form von suprafluiden Kondensaten, die man als „Pionenkondensate" bezeichnet. Pionen, die in zwei unterschiedlich elektrisch geladenen Formen und einer neutralen Form vorkommen, stellen in der effektiven Theorie der starken Wechselwirkung die Vermittlerteilchen der Kernkraft dar und bestehen jeweils aus einem Quark-Antiquark-Paar ($\pi^+ = (u\bar{d})$, $\pi^- = (d\bar{u})$, $\pi^0 = $ Mischzustand aus π^+ und π^-). Da sie einen ganzzahligen Spin besitzen, können sie unter bestimmten Bedingungen nativ (d. h. ohne Paarbildung) ein Bose–Einstein-Kondensat bilden. Man vermutet anhand theoretischer Überlegungen, dass entsprechende Bedingungen im tieferen Inneren von Neutronensternen erfüllt sind.

Neben Pionen können auch sogenannte Kaonen (sie enthalten immer ein s-Quark bzw. Antiquark neben einem Quark bzw. Antiquark der ersten Teilchengeneration) „Kondensate" bilden. Man spricht dann von „Kaonenkondensaten" in Kernmaterie. Auch ihre Existenz scheint in Neutronensternen möglich zu sein.

7.2.5.2.4 Sternkern

Mit der Entdeckung von Neutronensternen, deren Masse weit oberhalb der kanonischen Neutronensternmasse liegt, d. h. konkret im Bereich um die 2 $M_\odot$ (z. B. PSR J0348+0432), stellt sich die Frage nach dem Materiezustand im Kernbereich eines solchen Neutronensterns neu. „Klassisch" stellt man sich nämlich vor, dass sich die Neutronenmaterie des Mantelbereichs mit beigemengten Protonen und Elektronen sowie einigen angeregten Mesonen- und Baryonenzuständen bis zum Sternzentrum fortsetzt. Diese Vorstellung lässt sich aber mit der Entdeckung von Neutronensternen der Art PSR J0348+0432 nicht mehr aufrechterhalten, da die physikalischen Bedingungen in deren Kernbereich so extrem sind, dass hier Übergänge von der Neutronenmaterie in neue exotische Materieformen zu erwarten sind, bei denen das bereits erwähnte Quark-Gluon-Plasma nur eine davon ist. Man verlässt hier auch endgültig das Gebiet des halbwegs gesicherten Wissens und gelangt in die Welt der begründeten Hypothesen. Einige dieser Hypothesen postulieren sogar neue kompakte Sternarten, deren innerer Aufbau sich von klassischen Neutronensternen stark unterscheidet – die sogenannten Hybridsterne, die Quark- und Diquarksterne sowie die „seltsamen" Sterne (*strange stars*). Die Kontroverse dreht sich hier in erster Linie um die Art der Zustandsgleichung, welche eine Beschreibung des Verlaufs diverser physikalischer Größen und damit einhergehender Phasenübergänge im Kernbereich kompakter Sterne in Abhängigkeit von deren Masse erlaubt. Hieraus ergibt sich auch eine prinzipielle empirische Überprüfbarkeit, da die Zustandsgleichung starken Einfluss auf das Verhältnis zweier prinzipiell beobachtbarer Größen hat, nämlich Masse und Radius. Das beobachtete Masse-Radius-Verhältnis (bei PSR J0348+0432 sind das $\approx 2\ M_\odot$ zu $\approx 13 \pm 2$ km) ist hierbei ein die theoretischen Überlegungen stark einschränkender Faktor. Der funktionale Zusammenhang zwischen M und R ist sogar bei „Neutronensternen" und „Quarksternen" so verschieden, dass er zu deren Unterscheidung genutzt werden kann. Mittlerweile werden übrigens bereits ein knappes halbes Dutzend kompakter Sterne als mögliche „Quarksterne" angesehen.

Der theoretische Rahmen, innerhalb dessen der Übergang der Neutronenmaterie in superdichte Kernmaterie und schließlich in Quarkmaterie beschrieben wird, sind das Standardmodell der Elementarteilchenphysik und die folgend mit QCD abgekürzte Quantenchromodynamik. Letztere stellt die Quantenfeldtheorie

Abb. 7.35 Vereinfachtes Phasendiagramm kompakter Materie, wie man sie im Inneren von Neutronen- und Quarksternen erwartet

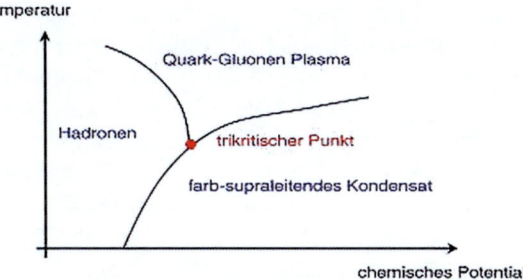

der starken Wechselwirkung dar und beschreibt den Zusammenhalt und das *confinement* der farbgeladenen Quarks[19] innerhalb der Teilchenfamilie der Hadronen – vermittelt duch Farb- und Antifarbladungen tragende Gluonen (in der Quantenelektrodynamik entsprechen sie den Photonen und in der Theorie der schwachen Wechselwirkung den W- und Z-Bosonen).

Genauso wie man in der klassischen Thermodynamik das Verhalten der Materie unter verschiedenen Druck- und Temperaturregimen mittels Phasendiagrammen beschreiben kann, ist das bei kompakter Materie natürlich genauso möglich. Abb. 7.35 zeigt ein solches, auf seine wesentlichen Merkmale zusammengefasstes Phasendiagramm, wobei auf der y-Achse die Temperatur T und auf der x-Achse das chemische Potenzial μ aufgetragen ist. Letzteres ist eine spezielle thermodynamische Zustandsgröße, die in dem genannten Fall ein Maß für die Möglichkeit einer Materieform darstellt, in eine andere Phase überzugehen (Phasenübergang). Ein typischer und jedermann bekannter Phasenübergang in der irdischen Welt ist der Übergang von flüssigem Wasser zu festem Eis, sobald die Temperatur unter Normalbedingungen die 0 °C-Grenze unterschreitet. Ein Phasenübergang im Inneren eines Neutronensterns wäre dann in gewisser Analogie der Übergang dichter Neutronenmaterie in ein Quark-Gluon-Plasma. Während man das Phasendiagramm von Wasser in gewissen Grenzen noch experimentell bestimmen kann, ist das bei Dichten in der Größenordnung von Kernmaterie und darüber so gut wie nicht mehr möglich. Hier ist man auf theoretische Modelle angewiesen, die, vielleicht noch abgesichert durch die Ergebnisse, die bei Schwerionenstößen gewonnen wurden (hierbei werden schwere Atomkerne, z. B. von Gold, auf nahezu Lichtgeschwindigkeit beschleunigt und dann zum Zusammenstoß gebracht, wobei für einige $\approx 10^{-24}$ Sekunden („Yoktosekunden") ein Materiezustand eintritt, wie er auch im Zentrum von Quarksternen erwartet wird), die Aufstellung entsprechender Zustandsgleichungen (EoS, Equation of State) ermöglichen. Und

---

[19] Die Farbladung (und Antifarbladung), die in drei Ausprägungen auftritt, ist eine ladungsartige Größe, über die die starke Wechselwirkung in Form einer Austauschwechselwirkung vermittelt wird. Die Vermittlerteilchen, die jeweils eine Farbladung und eine Antifarbladung tragen, werden als Gluonen bezeichnet. Die Kraftwirkung resultiert im Austausch dieser Teilchen zwischen den Farbladungen tragenden Quarks und wird durch die QCD beschrieben.

diese wiederum hängen stark von den Ad-hoc – Annahmen ab, unter denen sie aufgestellt werden. Wenn man die bis heute angesammelten Beobachtungsdaten zur Grundlage nimmt, lassen sie sich innerhalb ihrer Fehlergrenzen alle mehr oder weniger gut mit dem Standardmodell eines Neutronensterns (Nukleonen- bzw. Hadronenmaterie bis in den Kern) erklären. Alle anderen Theorien lassen sich in dieser Hinsicht bereits mit „Ockhams Messer" aussondern. Andererseits ist es sicherlich nicht richtig, Nukleonen als kleine, feste Billiardkugeln anzusehen, denn es handelt sich ja bei ihnen um gebundene Teilchensysteme aus jeweils drei Quarks. Bei entsprechend hohem Druck sollten sie soweit zusammengepresst werden, dass sich ihr *confinement* auflöst und eine neue Art von Materie in Erscheinung tritt – die Quarkmaterie. Es erscheint aber auch als möglich, dass unter den Bedingungen eines Neutronensterns Teilchen der zweiten Generation – hier Baryonen, die neben den *up*- und *down*-Quark auch *strange*-Quarks beinhalten – eine Rolle zu spielen beginnen. Diese speziellen Baryonen werden als Hyperonen bezeichnet. Sie bestehen wie die Nukleonen aus jeweils drei Quarks, wobei aber mindestens ein Quark ein s-Quark ist. Dabei unterscheidet sich das s-Quark von den *up*- und *down*-Quark deutlich in der Ruhemasse, die in Energieeinheiten nach Berechnungen auf der Grundlage der Gitterquantenchromodynamik bei $m(s) = (93{,}5 \pm 2{,}5)$ MeV liegt. Für die Ruhemasse der Quarks der ersten Teilchengeneration wurde dagegen ein Wert von $m(u,d) = (3{,}40 \pm 0{,}25)$ MeV ermittelt (Abb. 7.36).

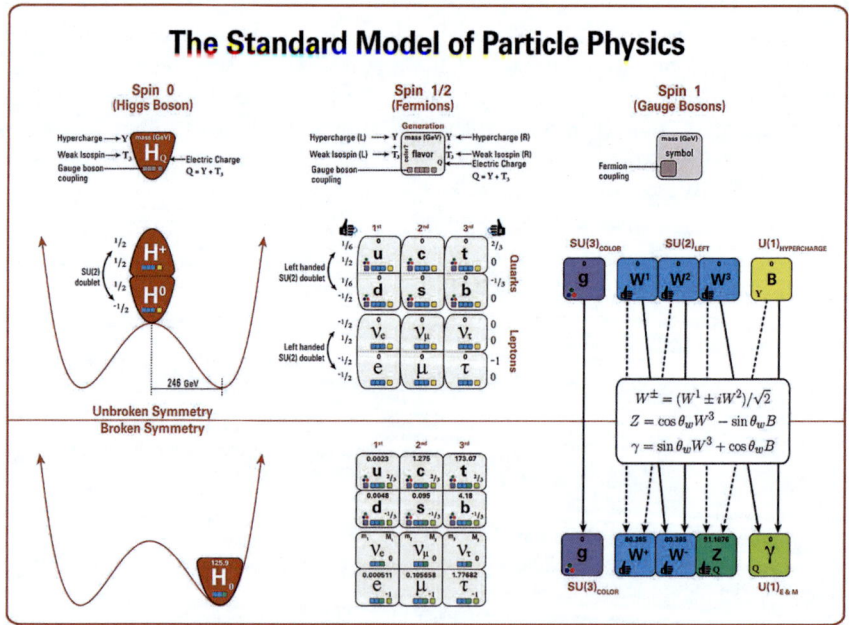

Abb. 7.36 Standardmodell der Elementarteilchenphysik. (Wikimedia)

Hyperonen sind dem Elementarteilchenphysiker wohlvertraute Objekte, die sich in Beschleunigerexperimenten in großer Zahl erzeugen lassen. Doch sie sind nicht stabil und zerfallen innerhalb einiger 10^{-10} s unter dem Einfluss der schwachen Wechselwirkung wieder in leichtere Teilchen. Doch tief im Inneren von Neutronensternen – so sagen es einige Theoretiker voraus – könnten sie vielleicht über viele Millionen Jahre stabil bleiben und so eine Art „seltsamer Materie" bilden.

Es ist aber auch möglich – und wurde bereits im Abschn. 7.2.5.2.3 angesprochen –, dass es zur Bildung von Bose–Einstein-Kondensaten aus Pionen oder aus Kaonen kommt. Auch in letzteren, den K-Mesonen, steckt ein s-Quark oder s-Antiquark. Sie sind im Gegensatz zu den Hyperonen jedoch aus einem „normalen" d- bzw. u-Quark und einem s-Antiquark (oder einem d- bzw. u-Antiquark und einem s-Quark) aufgebaut. Da es sich bei diesen Teilchen um Bosonen mit Spin null handelt, können sie kollektiv in einen einzigen gemeinsamen Quantenzustand übergehen, der einen Neutronensternkern zu einem wahrlich makroskopischen Quantenobjekt machen würde.

Von welcher Art von Materie nun genau der Kern eines Neutronensterns gegebener Masse aufgebaut ist, entzieht sich immer noch der Kenntnis. Aber das könnte sich in nächster Zeit ändern. Es häufen sich immer mehr Entdeckungen und Beobachtungen, die es erlauben, zwischen den einzelnen, von den Theoretikern erdachten Modellvorstellungen zu unterscheiden. Wie bereits erwähnt, spielt dabei die empirische Ermittlung von Masse und Radius von Neutronensternen eine Schlüsselrolle. Aber auch die neuerdings detektierbaren Gravitationswellensignale, wie sie von sich vereinigenden binären Neutronensternen ausgehen, enthalten wertvolle Informationen über deren konkreten inneren Aufbau. Ein derartiges, vom Gravitationswellennetzwerk LIGO am 17. August 2017 aufgenommenes Signal, wird derzeit intensiv ausgewertet.

7.3 Quarkmaterie und (mehr oder weniger seltsame) Quarksterne

Unter „Quarkmaterie" versteht man bestimmte, noch weitgehend theoretische Materiephasen, deren Dynamik durch Quarks und die starke Wechselwirkung vermittelnden Feldquanten, den Gluonen, determiniert ist. Der Parameterbereich in Bezug auf Druck und Temperatur, in dem diese Materiephasen existent sind, liegt weit, weit außerhalb der menschlichen Erfahrungswelt. Lediglich „heiße Quarkmaterie" in Form eines Quark-Gluon-Plasmas ließ sich bis heute bei Kollisionen von schweren Ionen in Schwerionenbeschleunigern (wie z. B. SPS am CERN oder dem RHIC auf Long Island/New York) und anderen Teilchenbeschleunigern wie dem LHC (CERN) für winzigste Bruchteile von Sekunden (d. h. konkret im Yoktosekundenbereich) beobachten. Die hierbei gewonnenen Erkenntnisse stellen gewissermaßen die Ankerpunkte dar, von denen aus man versucht, in dieses noch weitgehend unerforschte Gebiet vorzustoßen. „Heiße Quarkmaterie", wie sie sich in Schwerionenstößen offenbart, ist jedoch als Modell für die Materie, wie man sie im Kern massereicher Neutronensterne vermutet, leider nur bedingt geeignet. Die kinetische Temperatur ist in Neutronen- bzw. Quarksternen um viele Größenordnungen geringer als in dem Tropfen Quark-Gluon-Plasma, der sich bei Schwerionenstößen bildet, weshalb man hier im Gegensatz dazu auch von „kalter Quarkmaterie" spricht. Deren Eigenschaften lassen sich derzeit nur durch entsprechende Rechnungen auf Grundlage der QCD ermitteln. Es gilt dabei aus grundsätzlichen Erwägungen heraus, die relevanten thermodynamischen Größen, die man zur Beschreibung dieser Materiezustände benötigt, zu berechnen.

Zwei wesentliche Größen sind hier die Temperatur T und das chemische (Quark-)Potenzial μ, die zusammen das Phasendiagramm aufspannen, dessen durch Phasengrenzen abgeteilte Domänen es für Kern- und Quarkmaterie zu bestimmen gilt. Die sehr abstrakte, aber mathematisch wohldefinierte Größe μ hat dabei etwas mit einer Art Änderungsrate von Quarks und Antiquarks in einem Teilchensystem zu tun, welches einen Phasenübergang durchmacht.

In der „normalen" Welt ist die Quarkmaterie in „Beutel" (*bags*) eingeschlossen, die sich im Vakuum bewegen und dabei gebundene Systeme bilden, die man bekanntlich als Atomkerne bezeichnet. Die elektrisch positiv geladenen (uud)-*bags* sind die Protonen und die elektrisch neutralen (udd)-*bags* die Neutronen. Die u- und d-Quarks können sich innerhalb ihres *bags* (Durchmesser $\approx 1{,}7$ fm) quasi frei bewegen („asymptotische Freiheit"), sind aber aufgrund der Spezifik der sie bindenden starken Wechselwirkung nicht in der Lage, den *bag* zu verlassen. Dieses Phänomen wird als Quarkeinschluss (*quark confinement*) bezeichnet und bewirkt, dass es in unserer „normalen" Welt keine freien Quarks gibt. Auch bei sehr hohen Kollisionsenergien, wie sie mit Teilchenbeschleunigern wie dem LHC im Schwerpunktsystem erreicht werden, beobachtet man keine freien Quarks, da die Energie, die eigentlich zum Herauslösen der Quarks aus ihrem Einschluss dienen soll, lediglich zu neuen *bags* (d. h. sowohl zu Baryonen-*bags* aus drei Quarks als auch zu Mesonen-*bags* aus jeweils einem Quark-Antiquark-Paar) führt.

Rücken nun die Atomkerne immer weiter zusammen (d. h., das „Vakuum" zwischen ihnen schrumpft), dann werden sich (wie bereits behandelt – Stichwort „Neutronen drip", $\rho \approx 4 \cdot 10^{14}$ kg/m^3) nach und nach die Atomkerne in einer extrem dichten Neutronenflüssigkeit auflösen und damit ihre Individualität verlieren.

7.3.1 Quark-Gluon-Plasma

Was passiert nun, wenn die Abszisse in Abb. 7.35 noch weiter nach rechts wandert, bis μ ungefähr 400 MeV erreicht, oder wenn T in den Bereich von $\approx 10^{12}$ K gelangt? Dann erwartet man, dass sich die Quark-*bags* nach und nach auflösen (d. h., es findet ein Vorgang statt, den man als *deconfinement* bezeichnet) und die Neutronenmaterie in völlig neue Materieformen – z. B. in ein Quark-Gluon-Plasma (QGP) – übergeht. In derartigen Phasen bestimmt die starke Wechselwirkung in Form der „Farbkräfte" die Teilchendynamik. Physisch sollten diese neuen Materiezustände mehr einer Flüssigkeit als einem Gas ähneln. Auch erwartet man bei besonders hohen Dichten und bei Temperaturen, die weit unter

7.3 Quarkmaterie und (mehr oder weniger seltsame) Quarksterne

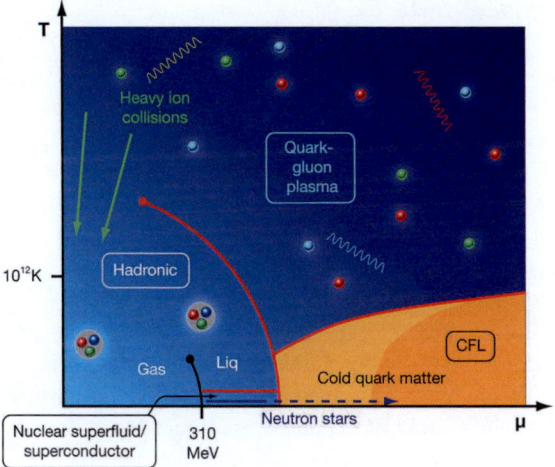

Abb. 7.37 Phasendiagramm von hadronischer und Quarkmaterie. Während der Tieftemperaturübergang von hadronischer Materie zu Neutronenmaterie bei µ ≈ 310 MeV recht gut gesichert ist, ist der µ-Wert für den Phasenübergang von Neutronenmaterie zu kalter Quarkmaterie noch unbekannt. Insbesondere sind auch die zwischen diesem Übergang und dem Übergang in die CFL-Phase vermuteten Formen der Quarkmaterie noch weitgehend eine „theoretische Wüste"

der GUT-Temperatur[20] liegen, das Auftreten einer neuen Art von Supraleitfähigkeit, die man als „Farbsupraleitung" (*color superconductivity*) bezeichnet. Sie tritt dann auf, wenn sich analog zu den Cooper-Paaren von Elektronen nach der BCS-Theorie Quark-Quark-Paare bilden, die sich über Gluonenaustausch gegenseitig anziehen. Da es acht verschiedene Gluonen gibt, erwartet man auch verschiedene Formen der Farbsupraleitfähigkeit, die jeweils als eigene Materiephasen angesehen werden können. Dazu kommt noch ein Phänomen, welches man als *color-flavor locking* bezeichnet, bei dem verschiedene Quarksorten (*flavor*, also u, d, s) mit entsprechender Farbladung (r, g, b) auf eine bestimmte Weise in einer 1:1-Beziehung miteinander verpaart sind (z. B. $u_b \leftrightarrow s_r$, $d_r \leftrightarrow u_g$, $d_b \leftrightarrow s_g$ etc.). Derartige Quarkmaterie wird als Color-Flavor Locked-Quarkmaterie bezeichnet und in Phasendiagrammen meist mit CFL abgekürzt. Da sie bei niedrigen Temperaturen existieren kann, wird ihre Existenz in den Zentralbereichen massereicher Neutronen- bzw. Quarksterne erwartet. Nur leider sind auch heute noch die entsprechenden Domänengrenzen im T-µ -Diagramm weitgehend unbekannt, um in dieser Hinsicht hinreichend genaue Angaben machen zu können (s. Abb. 7.37).

---

[20] GUT, Grand Unification Theory. Die Energieskala (ausgedrückt durch eine Temperatur), bei der die drei Grundkräfte der Natur (Coulomb-Kraft, schwache Kernkraft, starke Wechselwirkung) nicht mehr unterscheidbar sind (man sagt, sie sind „vereinigt"), liegt bei $k_B T \approx 10^{12}$ K (GUT-Temperatur).

7.3.2 Seltsame Materie

Zwar ist „seltsame Materie" (*strange matter*) auf ihre eigene spezifische Art und Weise „seltsam". Aber der Name rührt nicht von ihrem „seltsamen" Verhalten her, sondern daher, dass an ihrer Konstituierung „seltsame" Quarks, sogenannte s-Quarks, beteiligt sind. Diese Art von Quarks bilden zusammen mit dem *charm*- oder c-Quark im Standardmodell der Elementarteilchenphysik die zweite Quarkgeneration.

s-Quarks sind durch eine spezielle Quantenzahl ausgezeichnet, die man als *strangeness* bezeichnet. Ihr Wert ist entgegengesetzt gleich der Anzahl der in einem Baryon enthaltenen *strange*-Quarks. Ein einzelnes *strange*-Quark hat demnach die „Seltsamkeit" -1 (und ein Anti-s-Quark dementsprechend $+1$). Baryonen, die mindestens ein s-Quark (oder Antiquark) und ansonsten nur Quarks der ersten Teilchengeneration enthalten, werden als Hyperonen bezeichnet. Ihre Lebensdauer liegt gewöhnlich in der Größenordnung von 10^{-10} s, wobei der Zerfall überwiegend unter dem Einfluss der schwachen Wechselwirkung erfolgt. Außerdem haben sie eine größere Ruhemasse als Neutronen und Protonen. Theoretische Untersuchungen haben nun ergeben, dass, wenn die gewöhnliche Atomkerndichte weiter erhöht wird, sich eines der beiden d-Quarks eines Neutrons (ddu) in ein s-Quark umwandelt, sodass zuerst ein Λ-Hyperon und dann dessen Anregungszustände (z. B. Σ^0) entstehen können. Weiterhin sind Neutronen durch Elektroneneinfang und anschließenden Zerfall gemäß $e^- + n \to \Sigma^- + \nu_e$ in der Lage, Sigma-Minus-Hyperonen zu bilden. Aufgrund der hohen Fermi-Energie ist jedoch ein schneller Zerfall dieser schweren Hyperonen in leichtere Teilchen erschwert, sodass sie durchaus langzeitstabil sein könnten. Die *strange matter hypothesis* sagt jedenfalls voraus, dass sich derartige schwere seltsame Baryonen in den Kernbereichen von Neutronensternen ansammeln können.

> **Zustandsgleichungen von kompakter Materie**
> Die Materie, aus der Neutronensterne und Quarksterne bestehen, ist der experimentellen Untersuchung in Laboren nicht oder nur in stark eingeschränkter Form (Teilchen- bzw. Schwerionenbeschleuniger, Streuexperimente) zugänglich. Das bedeutet, dass insbesondere das thermodynamische Verhalten von Materie bei mehrfacher Atomkerndichte – ausgedrückt durch eine entsprechende Zustandsgleichung – immer noch nicht mit ausreichender Sicherheit bekannt ist. Aber derartige Zustandsgleichungen sind dringend erforderlich, um die stellaren (hier relativistischen) Strukturgleichungen zu lösen, d.h., um Modelle kompakter Sterne zu konstruieren.
>
> Zustandsgleichungen, welche den Parameterbereich, beginnend bei ca. zweifacher Atomkerndichte, bei vergleichsweise niedrigen Temperaturen abdecken, sind immer noch hochgradig theoretische Konstrukte, die sich i. d. R. im Detail nur durch Rechnungen auf der Grundlage moderner Quantenfeldtheorien erschließen lassen. Da in ultrakompakter Materie die

starke Wechselwirkung primär die Gegenkraft zur Gravitation aufbringt, ist gerade zur Beschreibung der Quarkmaterie (ob als Quark-Gluon-Plasma oder seltsame Materie sei dabei dahingestellt) die Quantenchromodynamik von ausschlaggebender Bedeutung. Nur leider ist diese Theorie hochgradig nichtlinear, was entsprechende Ableitungen von Zustandsgleichungen extrem erschwert. Man hilft sich hier gern damit, dass man entweder phänomenologische Ansätze nutzt (z. B. *bag*-Modelle) oder die Feldgleichungen auf sogenannten Rechengittern auf Supercomputern löst. Diese für numerische Rechnungen ausgelegten Feldtheorien sind dem Physiker unter dem Namen „Gittereichtheorien" geläufig, und man geht davon aus, dass sich auf ihrer Grundlage mehr oder weniger realistische Zustandsgleichungen (sowie deren Domänenstruktur – Stichwort „Phasendiagramm" und „Phasenübergänge") aufstellen lassen.

Es liegt in der Natur der Sache, dass die verschiedenen Bereiche eines kompakten Sterns durch unterschiedliche Zustandsgleichungen beschrieben werden. Das betrifft die Kruste, den Mantelbereich und eventuell den Kern, wenn die Druckverhältnisse darin die Bildung von Quarkmaterie möglich machen (ab einer Neutronensternmasse oberhalb von $\approx 1{,}6\,M_\odot$ wird eine Dichte im Sternkern von ca. dem Vierfachen der Atomkerndichte erreicht, was ein *deconfinement* der Quarks wahrscheinlich werden lässt). Im gleichen Maße, wie von der Oberflächenschicht in Richtung Sternkern die Dichte zunimmt, wachsen auch die Unsicherheiten, was die die Materie beschreibenden Zustandsgleichungen betrifft. Man erkennt das u. a. an der Vielzahl von Varianten, die in der Literatur vorgeschlagen und zur Diskussion gestellt werden. Um nicht den Überblick zu verlieren und um gut etablierte Zustandsgleichungen von neuen Vorschlägen unterscheiden zu können, werden sie oft mit einer Abkürzung versehen, welche i. d. R. auf ihre Autoren hinweisen. So bedeutet beispielsweise die Abkürzung FMT „Feynman-Metropolis-Teller", da sie auf eine Arbeit von Richard Feynman (1918–1988), Nicholas Metropolis (1915–1999) und Edward Teller (1908–2003) aus dem Jahre 1949 zurückgeht (Feynman et al. 1949). In ihrer modernen Form wird sie zur Beschreibung der oberen 100 m-Kruste von Neutronensternen verwendet, die man sich (wie im Abschn. 7.2.5.2.2 beschrieben) als eine kristalline Kruste aus $^{56}_{26}Fe$-Kernen plus einem eingebetteten Elektronengas vorstellen kann (Abb. 7.38).

Ab einer Dichte von $\approx 10^7\,\text{kg/m}^3$ bis zum „Neutron drip point" wird gern die BPS-Zustandsgleichung zur Beschreibung der Neutronensternmaterie verwendet. Sie beruht auf theoretischen Untersuchungen von Gordon Baym, Christopher J. Pethick und Peter Sutherland unter der Annahme vernachlässigbarer Temperatur und eines vollständigen nuklearen Gleichgewichtszustandes (Baym, Pethick, Sutherland 1971). Dem schließt sich ein Dichtebereich an, der die innere Kruste beschreibt. Hier ist die BBS-Zustandsgleichung (BBS = Baym, Bethe, Pethick) bis zu ungefähr

Abb. 7.38 Beispiele einiger analytischer Kurven verschiedener Zustandsgleichungen von Neutronensternen unter Vernachlässigung von Temperatur- und Rotationseffekten

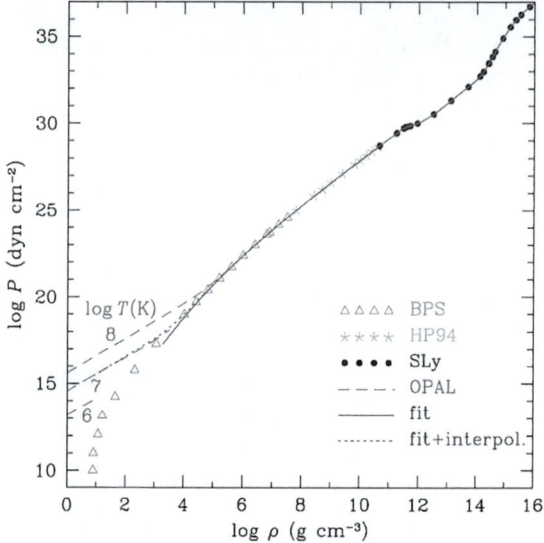

einer zweifachen Kerndichte noch eine relativ gute Approximation. Bei noch höheren Dichten nehmen die Anzahl der vorgeschlagenen Zustandsgleichungen und deren Unsicherheitsbereiche stark zu. Als Beispiel soll hier nur das Modell von F. Douchin und P. Haensel erwähnt werden, das auf einer effektiven Kern-Kern-Wechselwirkung vom Skyrme-Typ[21] beruht und sowohl Teile der festen Kruste als auch das flüssige Innere eines Neutronensterns erfasst (Douchin und Haensel 2001).

Prinzipiell geht man bei der Entwicklung von Modellen kompakter Sterne davon aus, dass sich bei gegebener Zentraldichte ρ_c unter Verwendung einer Zustandsgleichung die dazugehörige Sternmasse M_N^* mithilfe der TOV-Gleichung Gl. 7.95 numerisch berechnen lässt. Darüber hinaus lassen sich im gleichen Rechengang auch noch der dazugehörige Sternradius R_N^* und damit das für die empirische Überprüfung wichtige Masse-Radius-Verhältnis ermitteln. Indem man verschiedene und als realistisch eingestufte Zustandsgleichungen verwendet, die jeweils Extreme darstellen (z.B. eine entsprechend „weiche" und eine entsprechend „steife" EoS), lässt sich der Bereich, innerhalb dessen Massen und Radien von Neutronen- und Quarksternen stabil existieren können, eingrenzen (s. Abb. 7.39). Durch Beobachtungen ermittelte M_N^*/R_N^*-Werte erlauben dann prinzipiell eine

---

[21] Es handelt sich hier um ein spezielles effektives Wechselwirkungspotenzial zwischen den Nukleonen in Isospin-symmetrischer Kernmaterie (d. h. N=Z), welches von Tony Hilton Roy Skyrme (1922–1987) vorgeschlagen wurde.

Ionen analog zu einem Metallgitter anordnen, hat - genau wie bei jedem anderen kristallinen Festkörper - rein energetische Gründe. Es gilt nämlich, die Coulomb-Wechselwirkung der Ionen untereinander zu minimieren, was im vorliegenden Fall zu äußerst „reinen" kubisch-raumzentrierten Gittern (sogenannten einkristallinen bcc-Gittern mit einer vernachlässigbar geringen Anzahl von Gitterfehlern) führt. Aufgrund der extrem starken gravitativen Verdichtung ist diese kristalline Kruste extrem starr, d. h., sie ist, „anschaulich" gesprochen, einige Milliarden mal „härter" als Stahl. Während man vor einiger Zeit noch annahm, dass „Berge" auf der Neutronensternoberfläche höchstens einige wenige Millimeter in dessen „Atmosphäre" hineinragen, zeigen neuere Simulationsrechnungen, dass gerade diese „Starrheit" wahrscheinlich sogar „Berge" bis zu 10 cm Höhe erlaubt (Horowitz und Kadau 2009). Und das hat durchaus beobachtbare Konsequenzen. Denn lokale Abweichungen von der hydrodynamischen Gleichgewichtsfigur eines schnell rotierenden Neutronensterns führen nach der Allgemeinen Relativitätstheorie zur Emission von Gravitationswellenstrahlung. Und bei den von C. J. Horowitz und K. Kadau vermuteten maximalen Berghöhen sollte deren Intensität unter Umständen sogar schon in den Messbereich des LIGO-Netzwerkes hinein reichen. In dieser Hinsicht sind also – so kann man zumindest hoffen – in den nächsten Jahren viele interessante Beobachtungen und darauf aufbauende Untersuchungen zu erwarten (Abb. 7.32).

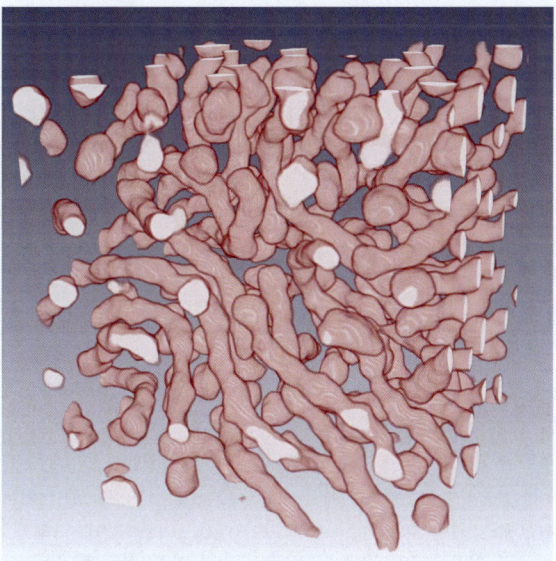

Abb. 7.32 Die Kantenlänge dieses Bildes, das die Struktur einer bestimmten Sorte „nuklearer Pasta" visualisiert, entspricht ungefähr dem 1/10.000 eines Nanometers. Es ist das Ergebnis einer Clustersimulation von André Schneider mit 51.200 Protonen und Neutronen unter den Bedingungen, wie sie im Inneren eines Neutronensterns herrschen. Die komplexen Formen resultieren aus der Konkurrenz zwischen anziehenden Kernkräften und abstoßenden elektrischen Kräften innerhalb der dichten Kernmaterie. (Visualisation: David Reagan, André Schneider)

Man schätzt, dass die äußere kristalline Kruste, die nach gewöhnlicher Lesart bis etwa zum „Neutronentropfpunkt" reicht, eine Mächtigkeit von einigen hundert Metern hat und Dichtewerte von ungefähr 1/500 der Atomkerndichte erreicht (die Dichte von gewöhnlicher Kernmaterie liegt bei $\rho_N = 4 \cdot 10^{17}$ kg/m^3). Bewegt man sich von hier aus radial weiter, nimmt im Bereich der inneren Kruste die Teilchenzahldichte der freien Neutronen weiter zu, und die Massendichte erreicht schließlich an der Grenze zum Mantel ungefähr die Hälfte der Kerndichte ρ_N. Dabei sollte es nach entsprechenden quantenmechanischen Rechnungen am unteren Rand der inneren Kruste aufgrund des zunehmenden Drucks (der den Abstand der Nukleonen im Kern immer mehr verringert) zu strukturellen Veränderungen der Neutronensternmaterie kommen. Die Atomkerne bilden Cluster, die nach und nach ihre sphärische Gestalt verlieren und stattdessen immer weiter auseinandergezogen werden, wodurch sie sich von der Form her schließlich der bekannten Nudelsorte „Spaghetti" ähneln beginnen.[16] Noch weiter innen entstehen aus diesen „Spaghetti" scheibenartige Gebilde, die in ihrem Aufbau dann eher einer „Lasagne" gleichen, um im Bild eines neapolitanischen Pastakochs zu bleiben. Noch weiter in Richtung Sternzentrum werden die festen Atomcluster unter zunehmendem Druck schließlich zu einer mehr oder weniger gleichförmigen Teigmasse mit zunächst stäbchen- und dann eher kugelförmigen Hohlräumen zusammengepresst – *swiss cheese state* hat sich für diesen Materiezustand als Fachbegriff eingebürgert (Ravenhall et al. 1983), (Röpke 2017). Diese sogenannten „Pastaphasen" (*nuclear pasta*) sind aber bislang Spekulation und weit von einer empirischen Überprüfbarkeit entfernt, obwohl sie durchaus beobachtbare Konsequenzen haben und sogar mit einigen Beobachtungen koinzidieren (gl. B. Pons et al. 2013). Man vermutet, dass diese Cluster nicht nur im Inneren von Neutronensternen existent sind, sondern dass sie auch kurzzeitig in einem kollabierenden Sternkern einer Kernkollapssupernova auftreten können (Abb. 7.33).

Dass die Neutronen (sie machen hier $\approx 95\%$ der Nukleonen aus) anschließend in eine spezielle Art von Quantenflüssigkeit übergehen und sich die noch zu ungefähr 5 % darin tummelnden Protonen zu sogenannten „Cooper-Paaren" mit antiparallelem Spin vereinigen (und damit supraleitende Eigenschaften annehmen), wird von der Mehrheit der Wissenschaftler angenommen, die sich mit dem inneren Aufbau von Neutronensternen beschäftigen.

7.2.5.2.3 Mantelbereich

Im Übergangsbereich zwischen innerer Kruste und Bulk geht die Materie in eine Neutronenflüssigkeit über, die außerdem noch Elektronen und zu einem geringen Prozentsatz Protonen enthält. Alle diese Teilchen befinden sich bei einem bestimmten Mischungsverhältnis (ca. 9:1 für n:p) im chemischen Gleichgewicht. Konkret bedeutet das, dass die jeweiligen Fermi-Energien der Neutronen, Protonen

---

[16] Die Formänderung hängt damit zusammen, dass ab einem gewissen Nukleonenabstand ($< 0{,}05$ fm) die Coulomb-Abstoßung energetisch in den Bereich der durch die starke Wechselwirkung bedingten Oberflächenspannung der als „Tröpfchen" angesehenen Kerncluster kommt.

7.3 Quarkmaterie und (mehr oder weniger seltsame) Quarksterne

Abb. 7.39 Masse-Radius-Beziehung von Neutronensternen, wie man sie unter Verwendung einer „weichen" (linke Begrenzung des Unbestimmtheitsbereichs) und einer „steifen" Zustandsgleichung (dessen rechte Begrenzung) erhält. (Nach Hebeler et al. (2013))

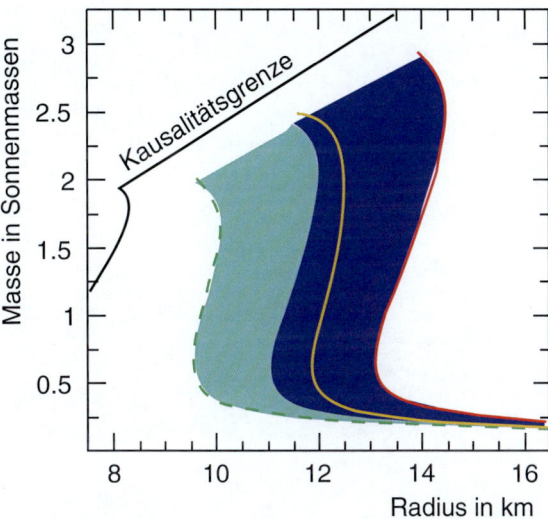

Entscheidung darüber, welche Zustandsgleichungen man weiterverfolgen und welche man quasi wieder vergessen kann. In Abb. 7.39, die der Arbeit von Hebeler et al. (2013) entnommen ist, stellt beispielsweise die grüne linke Begrenzungskurve die Masse-Radius-Relation für eine „weiche" EoS dar, die sehr gut den kleinstmöglichen Radius über einen großen Massebereich widerspiegelt. Dieser Radius liegt bei ungefähr 10 km. Die mittlere orange Linie ist mit einer Maximalmasse von etwa 2,4 $M_\odot$ verträglich und sagt über einen großen Massebereich einen Radius von etwa 12 km voraus. Eine „steife" EoS erlaubt wiederum Radien zwischen 13 km und 14 km für typische Neutronensternmassen (deren „kanonische" Masse liegt, zur Erinnerung, bei $\approx 1{,}4\,M_\odot$), wobei die Zentraldichte einen geringeren Wert annimmt, als es bei einer „weichen" EoS der Fall ist.

Immer noch problematisch ist der im Kernbereich massiver Neutronensterne (d. h. von Neutronensternen, deren Masse die kanonische Masse deutlich übersteigt) erwartete Phasenübergang von Neutronenmaterie zu Quarkmaterie. Hier wird zur Ermittlung der Zustandsgleichung oftmals das bereits Ende der 1960er-Jahre entwickelte „Bag-Modell" der Hadronen herangezogen, wie es beispielsweise von Nikolei Nikolajewitsch Bogoljubow (1909–1992) eingeführt und am MIT später weiterentwickelt wurde (MIT-Bag Modell, s. z. B. Greiner und Schäfer (1989)). Es erklärt rein phänomenologisch u.a., warum man in der Natur niemals Einzelpartikel mit Farbladung beobachten kann, d.h., warum Quarks immer in einem *confinement* gefangen sind. Das ändert sich jedoch, wenn die Materiedichte den zwei- bis vierfachen Wert der „normalen" Atomkerndichte erreicht. Dann überlappen sich die Neutronen untereinander, und es kommt schließlich zu einem Phasenübergang, bei dem das *confinement* aufgelöst wird. Neutronen verlieren ihre „Individualität" als Hadronen, und es entsteht das bereits in Abschn. 7.3.1 vorgestellte Quark-Gluon-Plasma. Diesen Vorgang sollte natürlich eine realistische Zustandsgleichung widerspiegeln können. Ein Beispiel für eine derartige Zustandsgleichung ist die NJL- EoS (NJL = Nambu, Jona und Lasinio), die auf dem MIT-Bag-Modell der Hadronen beruht und deren theoretische Grundlage als phänomenologische Theorie der Quantenchromodynamik gilt.

Ein wesentlicher Parameter ist in diesem Zusammenhang die sogenannte Bag-Konstante B, die man sich als so etwas wie ein Maß für den Außendruck auf den die Quarks enthaltenen „Beutel" (=Hadron) vorstellen kann und die, ausgedrückt durch eine Energie, etwa bei $B \approx 2{,}3 \cdot 10^9$ MeV^4 liegt. Mit Zustandsgleichungen in der Art von NJL lassen sich dann Modelle von Quarksternen entwickeln, deren Masse und Radius nur noch von dem konkreten Wert von B abhängen (Kojo et al. 2014):

$$M_N^* \approx 1{,}78 \left(\frac{155 \text{ MeV}}{B^{0{,}25}} \right)^2 M_\odot \qquad (7.114)$$

$$R_N^* \approx 9{,}5 \left(\frac{155 \text{ MeV}}{B^{0{,}25}} \right)^2 \text{ km} \qquad (7.115)$$

Sie ergeben „Quarksterne" mit Massen unterhalb der sowohl beobachteten als auch „kanonischen" Neutronensternmasse mit sehr kleinen Radien (etwa 5 km). Für seltsame Quarkmaterie liegt B bei etwa $5{.}77 \cdot 10^8$ MeV^4 und damit liegt die mit Gl. 7.114 abgeschätzte Maximalmasse bei $\approx 1{,}78\ M_\odot$, was aber immer noch unterhalb der beobachteten Maximalmasse von kompakten Sternen nahe $2\ M_\odot$ liegt. Wahrscheinlich zeigen sich hier die Unsicherheiten der entsprechenden Zustandsgleichung zugrunde liegenden Modellannahmen.

Dieses Beispiel soll nur zeigen, wie wichtig, aber auch wie schwierig es ist, auf der Grundlage einer entweder phänomenologischen (Bag-Modell) oder exakten Theorie (QCD, Gitter-QCD) Zustandsgleichungen aus „ersten Prinzipien" zu entwickeln, ohne dass effektiv auf experimentelle Daten zurückgegriffen werden kann. Aber mit den beständig ausgereifter werdenden Methoden, aus Beobachtungen die Massen und Radien kompakter Sterne mit steigender Genauigkeit zu bestimmen, ergeben sich zunehmend bessere Möglichkeiten, die Realitätsnähe derartiger Zustandsgleichungen empirisch zu überprüfen.

Die genaue Form der starken Wechselwirkung zwischen den Konstituenten der Kern- bzw. Quarkmaterie legt bekanntlich deren Zustandsgleichung, also die thermodynamische Beziehung zwischen Druck, Temperatur und Energiedichte, fest. Die Aufgabe für den Physiker besteht nun darin, eine möglichst korrekte, d. h. mit den Beobachtungen an Neutronensternen verträgliche EoS abzuleiten, was ein

7.3 Quarkmaterie und (mehr oder weniger seltsame) Quarksterne

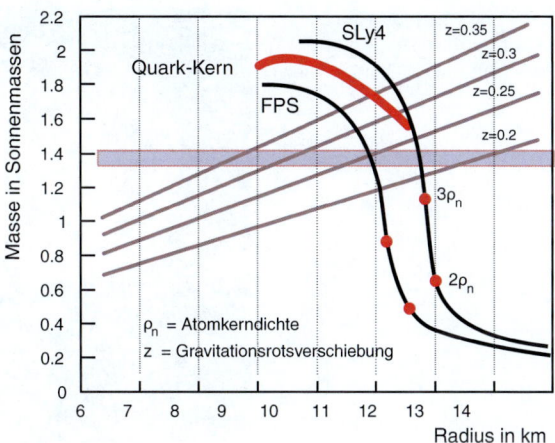

Abb. 7.40 Masse-Radius-Beziehung von Neutronensternen in Abhängigkeit der dem Sternmodell zugrunde liegenden Zustandsgleichung. FPS stellt hier eine sogenannte „weiche" und SLY4 eine sogenannte „steife" Zustandsgleichung (hier für rein hadronische Materie) dar

durchaus formidables und zurzeit nur theoretisch angehbares Problem darstellt. Das betrifft insbesondere die an dieser Stelle diskutierten hypothetischen Materieformen, deren Existenz man unter den extremen Bedingungen kompakter Sterne vermutet. In diesem Zusammenhang unterscheidet man übrigens „weiche" und „steife" Zustandsgleichungen, die zu unterschiedlichen Masse-Radius-Beziehungen von Neutronensternen führen (s. Abb. 7.40). Löst man beispielsweise die relativistischen Sternaufbaugleichungen für eine „weiche" EoS, findet man eine geringere Grenzmasse, ab der ein Neutronenstern zu einem Schwarzen Loch kollabiert.

Hieraus ergibt sich im Zusammenhang mit der Bildung von Hyperonen im Kernbereich kompakter Sterne ein Problem. Die Bildung von Hyperoneng weicht nämlich die Zustandsgleichung auf, was zu einer Maximalmasse eines Neutronensterns von $\approx 1{,}38\, M_\odot$ führt – also zu einem Wert, der noch unterhalb der kanonischen Neutronensternmasse ($1{,}4\, M_\odot$) liegt und damit den Beobachtungen widerspricht. Vom Standpunkt der Theorie erscheint jedoch die Bildung seltsamer Baryonen im Kern von Neutronensternen als unvermeidlich. Zum anderen hat man aber mittlerweile kompakte Sterne bis in den Bereich von $2\, M_\odot$ entdeckt. Dieser offensichtliche Widerspruch ist als „Hyperonpuzzle" in die Fachliteratur eingegangen (Bombaci 2016). Mittlerweile sind jedoch durchaus einige ernstzunehmende Lösungsansätze für dieses „Rätsel" vorgeschlagen worden, die auf der Existenz von abstoßenden Termen in der Nukleon-Hyperon- und Hyperon-Hyperon-Wechselwirkung beruhen und die zu einer „Versteifung" der Zustandsgleichung führen. Auch ist es denkbar, dass die extrem dichte Materie entweder vor oder nach der Hyperonenbildung einen Phasenübergang zu einer hinreichend „steifen" Quarkmaterie durchmacht (Abb. 7.41).

Doch zurück zur *strange matter hypothesis*, die davon ausgeht, dass „seltsame Materie" unter gewissen Umständen stabiler ist als „normale" Kernmaterie. Nach dieser Hypothese (sie wurde u. a. von Edward Witten in den 1980er-Jahren näher untersucht) ist „normale" Materie auf (sehr, sehr lange Sicht) metastabil und in der Lage, in seltsame Materie (*strangelets*) zu zerfallen. Die Umwandlung kann aber

Abb. 7.41 Innerer Aufbau eines Neutronensterns und eines (seltsamen) Quarksterns

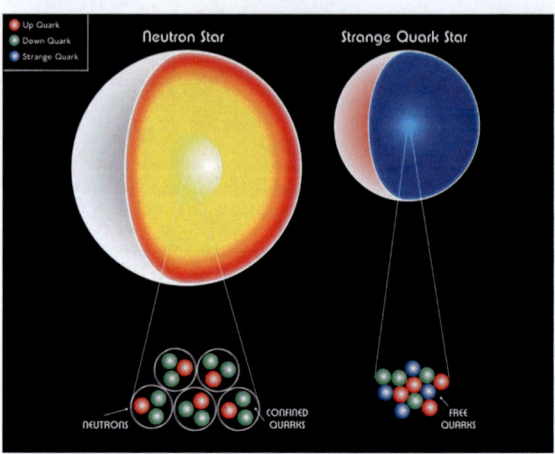

auch unter den Druck- und Temperaturbedingungen im Zentrum von Neutronensternen beschleunigt erfolgen, wenn der Punkt des *deconfinements* (d. h. die Quarks verlassen ihre *bags* und bilden ein Quark-Gluon-Plasma) für normale oder Hyperonenmaterie erreicht wird. Es sind dann im Wesentlichen zwei Szenarien denkbar: Im ersten Fall ist der Übergang des 2-*flavor*-Stadiums der Materie (u- und d-Quarks) in den 3-*flavor*-Zustand (u-, d- und s-Quarks) integraler Bestandteil des Phasenübergangs von Kernmaterie in ein Quark-Gluon-Plasma. Im zweiten Fall erfolgt der Übergang in seltsame Materie erst aus dem 2-*flavor*-Zustand der Quarkmaterie heraus in einem Folgeschritt. Aber es sind – und darauf soll hier auch explizit hingewiesen werden – durchaus Szenarien denkbar, bei denen es zu keinerlei Bildung von *strange matter* kommt.

Wesentlich für die Physik von Neutronen- bzw. Quarksternen ist dabei die EoS, die aus den jeweiligen Szenarien ergibt. Sie legt fest, unter welchen Bedingungen der Stern bei einem entsprechenden Phasenübergang stabil bleibt oder nicht. Denn davon hängt der Druck ab, welcher der Gravitationsanziehung entgegengesetzt wird und das Objekt im hydrostatischen Gleichgewicht verharren lässt. Ist er zu gering, dann sinkt die Grenzmasse, bei der ein Kollaps zu einem Schwarzen Loch unausweichlich wird. Deshalb ist die Ermittlung von Massen und Radien realer kompakter Sterne zurzeit immer noch die beste Möglichkeit, um Neutronen- bzw. Quarksternmodelle, die auf der Grundlage theoretisch abgeleiteter Zustandsgleichungen berechnet werden, auf ihre Realitätsnähe zu überprüfen.

Eine interessante Beobachtung, die die Elementarteilchenphysiker im Zusammenhang mit der Bildung von Materie mit s-Quark-Inhalt gemacht haben, ist, dass sich mit ihrem Erscheinen die Energie pro Baryon verringert, was Auswirkungen auf die Stabilität der jeweiligen Materieform hat. Es zeigt sich nämlich, dass dann der 2-*flavor*-Zustand der Quarkmaterie weniger stabil ist als der 3-*flavor*-Zustand mit s-Quark-Inhalt. Wenn diese Hypothese stimmen sollte, hätte das einige erstaunliche Konsequenzen, nach denen man gezielt experimentell – beispielsweise mittels Teilchenbeschleunigern oder in der kosmischen Strahlung – suchen könnte.

7.3 Quarkmaterie und (mehr oder weniger seltsame) Quarksterne

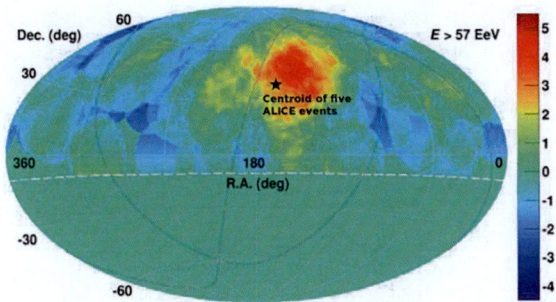

Abb. 7.42 Lage der fünf von ALICE detektierten, zu Myonenschauern geführten und als *strangelet*-Einfall interpretierten Ereignisse am Himmel. Ihre Position liegt mit $\alpha \approx 11^h 15^m$ und $\delta \approx +39°$ nahe am galaktischen Nordpol, was auf ihren intergalaktischen Ursprung hindeutet. (Aus Kankiewicz et al. (2017))

Zu nennen ist hier der mögliche Nachweis kleiner Cluster von seltsamer Materie (*strangelets*) in der primären kosmischen Strahlung mittels des ALICE-Experiments (CERN), die zu dafür typischen sekundären Myonenschauern führen (Kankiewicz et al. 2017). Diese *strangelets* könnten beispielsweise bei der Kollision seltsamer Sterne (analog zu Neutronensternmerging-Ereignissen) freigesetzt werden und anschließend als kleine stabile Materiefetzen durch den kosmischen Raum irren, bis sie irgendwann die Erde treffen, wo man sie dann anhand ihrer Sekundärwirkungen erkennen und damit nachweisen kann. Da sie von seltenen lokalen Ereignissen stammen, sollten sie anisotrop verteilt sein – und genau das ist bei den fünf in Kankiewicz et al. (2017) analysierten Ereignissen der Fall (Abb. 7.42).

Eine wichtige Frage, die nicht so leicht zu beantworten ist, ist die nach dem „Wie" des Phasenübergangs von normaler Quarkmaterie zu stabiler seltsamer Materie im Inneren eines kompakten Sterns. Er erfordert nämlich einen ungeheuren Energieaufwand, da bei diesem Vorgang eine riesige Zahl von Quarks der ersten Teilchengeneration (welche bekanntlich die „normale" Materie konstituieren) in bedeutend massivere s-Quarks transformiert werden muss (der Massenunterschied liegt bei etwa 0,1 GeV). Und das erscheint auf den ersten Blick völlig unmöglich zu sein. Es gibt jedoch einen Ausweg, der eine gewisse Analogie zum plötzlichen Erstarren einer unterkühlten Flüssigkeit hat, in die man ein Stück von deren festen Phase wirft. Solch ein Stück „feste Phase" könnte ein ausreichend großes *strangelet-nugget* sein, welches in den Neutronenstern eindringt (oder sich anderweitig irgendwo im Sternkern bildet) und die Umwandlung in *strange quark matter* auslöst. Es handelt sich dabei um einen irreversiblen Vorgang, da dies ansonsten eine Rückumwandlung des s-Quarks über die schwache Wechselwirkung erfordern würde, was jedoch unter den Bedingungen eines kompakten Sterns ausgeschlossen ist. Dass solch ein Vorgang (er wird neuerdings analog zur „Neutronisation" der Materie bei der kanonischen Bildung eines Neutronensterns als *strangenization* von 2-*flavor*-Materie in 3-*flavor*-Materie bezeichnet) überhaupt möglich ist, liegt in der energetischen Struktur von in dieser Beziehung relevanten Systemen.

Während die Natur bei Atomkernen (deren Bestandteile (Nukleonen) 2-*flavor*-Systeme sind) Elektronen benötigt, um eine elektrische Neutralität herzustellen, ist das bei 3-*flavor*-Materie (vorstellbar als riesige „Kerne" aus jeweils der gleichen Anzahl von u-, d- und s-Quarks) nicht notwendig. In diesem Fall ziehen es die kurzreichweitigen Kräfte innerhalb der stark wechselwirkenden Materie es vor, den *flavor* zu maximieren, um auf diese Weise die Gesamtenergie des Systems zu minimieren. Im Ergebnis des Kernkollapses einer Supernova käme es dann anstelle der Neutronisation der Protonen durch Einverleibung der freien Elektronen eher zur *strangenization* der Materie, und es bliebe in einem solchen Fall eine neue Art von Stern übrig, die nicht aus Neutronen, sondern aus riesigen Clustern von 3-*flavor*-Materie aufgebaut ist. Solche Sterne nennt man im Unterschied zu den „seltsamen Quarksternen" aus einem 3-*flavor*-Quark-Gluon-Plasma neuerdings *strangeon stars* (Lai und Xu 2017).

Die Hypothese, dass ganz allgemein seltsame Quarkmaterie nach ihrer Entstehung auch bei verschwindendem Druck stabil bleibt (bekannt als "Bodmer-Witten-Vermutung"), hat natürlich Konsequenzen für den inneren Aufbau kompakter Sterne. Sie würden dann nämlich vollständig aus seltsamer Materie zusammengesetzt sein und in ihrem Inneren keinen stofflichen Gradienten zeigen (also genau so, wie es sich einst Lew Landau für Neutronensterne ausgedacht hat). Es gibt jedoch auch Vorschläge für Modelle, die nur einen Kern aus seltsamer (oder normaler) Quarkmaterie besitzen, über den sich Schichten aus einer Mischphase von Quarks und Hadronen bzw. aus „normaler" Neutronensternmaterie erheben (Drago und Lavagno 2001). Solche kompakten Sterne werden gewöhnlich als „Hybridsterne" bezeichnet.

Letztendlich kann jedoch nur die Beobachtung klären, ob Quark-, Hybrid- oder neuerdings auch Präonensterne wirklich in der Natur realisiert sind.

Präonensterne
Diese Art „exotischer Sterne" mit Radien im Bereich von einem Meter bei einer Masse von maximal 100 Erdmassen, was zu einer Dichte von etwa $5 \cdot 10^{26}$ kg/m^3 führt, sind rein theoretische Konstrukte, die in einer Arbeit von Johan Hansson und Fredrik Sandin im Jahre 2004 das Licht der Welt erblickten (Hansson und Sandin 2004). Dem geht die Hypothese voraus, dass es eine Ebene tiefer unter den Quarks und Leptonen weitere „elementare" Teilchen gibt, die man als „Präonen" (engl. *preons*) bezeichnet. Diese sollen wiederum (punktförmige) Subkomponenten der Quarks und Leptonen der drei Teilchengenerationen des Standardmodells sein, was bedeuten würde, dass sowohl die Quarks als auch alle Leptonen (wie das Elektron) in Wirklichkeit zusammengesetzte Teilchen sind. Im Gegensatz zu der Idee der Präonensterne ist die Vorstellung, dass eine weitere Strukturebene unterhalb des Standardmodells existieren könnte, schon recht alt. Erste Überlegungen dazu wurden bereits in den 1970er-Jahren publiziert. Insbesondere hat aber erst

das sogenannte Rishon-Modell von Haim Harari in dieser Hinsicht eine gewisse Popularität erreicht (Harari 1979).

Mithilfe der Präonentheorie versucht man vordergründig, einige noch ungelöste Fragen des Standardmodells anzugehen, um theoretisch auszuloten, ob sich diese Fragen eventuell unter der Annahme der Existenz spezieller Subteilchen beantworten lassen. Das betrifft u. a. die Erklärung des beobachteten Massenspektrums der Quarks (und ihre Berechnung aus der Theorie heraus), die Frage, warum es genau drei Teilchengenerationen gibt und nicht mehr und nicht weniger, und natürlich die Frage, die sich mit der Postulierung neuer Teilchen immer stellt – könnten sie Kandidaten für die „dunkle Materie" im Kosmos sein? Wie jede wissenschaftliche Theorie ist eine solche Theorie am Ende nur so viel wert, wie sich mit ihr auch beweisen lässt. Es gilt also, aus ihr heraus eindeutige praktische Konsequenzen abzuleiten, nach denen es sich lohnt, in Experimenten und Beobachtungen gezielt zu suchen. Eine solche Konsequenz sind die Präonensterne.

Man glaubt nicht, dass derartige „Sterne" irgendwo am Endpunkt der Entwicklung gewöhnlicher Sterne stehen. Es handelt sich bei ihnen dann eher um kirschkerngroße bis metergroße Überbleibsel aus der Zeit des Urknalls, die – da stabil – bis in die heutige Zeit überlebt haben. Sie würden quasi die Lücke zwischen Neutronen- und Quarksternen sowie Schwarzen Löchern schließen. Beobachtungstechnisch werden verschiedene Möglichkeiten für ihren Nachweis diskutiert und anhand ihrer zu erwartenden Eigenschaften überprüft. Zu nennen ist hier das Phänomen des Gravitationsfemtolensings, welches das Frequenzspektrum von entfernten Gammastrahlungsquellen unter dem Einfluss dieser Objekte auf eine typische Art und Weise verändert, sowie der Nachweis von Gravitationswellenstrahlung, die beim Zusammenspiralen und letztlichen Verschmelzen zweier gravitativ gebundener Präonensterne emittiert wird. Sie sollte, wie entsprechende Abschätzungen zeigen, durchaus im Nachweisbereich der LIGO-Gravitationswelleninterferometer liegen.

Übrigens deuten neuere Forschungen, die insbesondere im Zusammenhang mit dem experimentellen Nachweis des Higgs-Teilchens stehen, eher darauf hin, dass es bereits aus grundsätzlichen Erwägungen heraus keine Strukturebene unterhalb des Standardmodells (wie es die Präonentheorie verlangt) geben kann. Damit wäre auch die Hypothese der Existenz von Präonensternen im Universum obsolet.

7.4 Stellare Schwarze Löcher

Genau genommen verlassen wir mit diesem Abschnitt die Sternphysik. Schwarze Löcher sind nämlich keine Sterne. Sie besitzen weder eine physikalisch sinnvolle mittlere Dichte, noch bauen sie einen Druck auf, der sie stabilisiert, und auch der

Temperaturbegriff ist für sie lediglich im Zusammenhang mit Quanteneffekten von gewisser Bedeutung. Auch so etwas wie eine „Zustandsgleichung" ist für derartige Objekte nicht notwendig, ja nicht einmal definierbar, was sie für den Sternphysiker sehr sympathisch – aber auch recht langweilig macht. Die Parameter, die ein Schwarzes Loch vollständig beschreiben, sind durchaus überschaubar – Masse M, Drehimpuls J und (der Vollständigkeit halber) elektrische Ladung Q. Letzteren Parameter kann man bei realen Schwarzen Löchern vernachlässigen, da diese Eigenschaft bei einem Gravitationskollaps verloren geht. Was sind dann aber nun „Schwarze Löcher" oder „Black Holes", wie sie einst John Archibald Wheeler so schön bildhaft benannt hat?

Ein Schwarzes Loch stellt gewissermaßen eine Anomalie in der Raumzeit dar, die die Raumzeit an seinem Ort unendlich krümmt und sie im „unendlich Entfernten" in eine „flache" Raumzeit übergehen lässt – d. h., ein „Schwarzes Loch" ist streng genommen ein geometrisches Objekt. Die Ursache für die genannte Krümmung ist die gravitativ wirksame Masse (Gravitationsladung), die formal in einer zentralen Singularität von punkt- oder kreisförmiger Gestalt konzentriert ist. Die Feldtheorie, die das Gravitationsfeld eines solchen Objekts beschreibt, ist die von Albert Einstein im Jahre 1916 aufgestellte Allgemeine Relativitätstheorie, deren Formalismus auch zu deren Beschreibung unbedingt erforderlich ist. Die exakte Definition eines Schwarzen Loches hört sich deshalb auch so an:

▶ Bei einem Schwarzen Loch handelt es sich um eine spezielle Lösung der Einsteinschen Feldgleichungen, die für $r \to \infty$ asymptotisch flach ist (d. h. sie geht in einen sogenannten Minkowski-Raum über) sowie einen Ereignishorizont (s. u.) besitzt.

Die einfachste Lösung, bei der nur der Parameter M eine Rolle spielt, wurde bereits 1916 von Karl Schwarzschild gefunden. Es ist die berühmte Schwarzschild-Lösung der Einstein'schen Feldgleichungen, die ganz praktisch nicht nur das Gravitationsfeld eines Schwarzen Loches, sondern einer jeden kugelsymmetrischen statischen (d. h. nichtrotierenden) Masseverteilung beschreibt. In der Astrophysik ersetzt sie quasi das Newton'sche Gravitationsgesetz, wenn es z.B. darum geht, extrem genaue Himmelsmechanik zu betreiben (man denke nur an interplanetare Raumflugmissionen wie New Horizon). Mit ihrer Hilfe lässt sich beispielsweise exakt die Apsidendrehung[22] von Planeten- und Satellitenbahnen berechnen, was mit der klassischen Newtonschen Theorie bekanntlich nur zum Teil gelingt. Man denke hier nur an die berühmte Kontroverse, die Periheldrehung der Merkurbahn betreffend. Die Beobachtung lieferte in diesem Fall einen zusätzlichen Beitrag von $\approx 43''$ pro Jahrhundert, der sich im Rahmen der Newon'schen

---

[22] Unter einer „Apsidendrehung" einer elliptischen Umlaufbahn versteht man eine fortschreitende Drehung der ganzen Bahn innerhalb der Bahnebene. Dabei dreht sich die Apsidenlinie (also die Linie, die Perihel und Gravitationszentrum (Sonnenzentrum) verbinden) kontinuierlich, während die Bahnform und die Ebene der Bahn im Raum unverändert bleiben.

7.4 Stellare Schwarze Löcher

Himmelsmechanik partout nicht aufklären ließ. Albert Einstein konnte aber zeigen, dass es sich hier um einen allgemein-relativistischen Effekt handelt, der sich im Rahmen der ART quasi in Wohlgefallen auflöst...

Schwarzschild-Löcher Die statische Schwarzschild-Lösung wird gerne für die relativistische Beschreibung der Gravitation langsam rotierender Sterne verwendet, für die sie eine gute Näherung darstellt. Da in der Allgemeinen Relativitätstheorie aber nicht nur die schwere Masse (Gravitationsladung), sondern auch Massenströme (d. h. Impulse) die Krümmung der Raumzeit beeinflussen, kommt bei realen Sternen noch ein weiterer Parameter ins Spiel, nämlich deren Drehimpuls J. Die exakte Lösung der Einstein'schen Feldgleichungen unter zusätzlicher Berücksichtigung dieser Größe gelang im Jahre 1963 dem neuseeländischen Mathematiker Roy Kerr. Sie wird seitdem als „Kerr-Lösung" bezeichnet.

Was haben nun Schwarze Löcher mit der Schwarzschild- und der Kerr-Lösung der Einstein'schen Feldgleichungen zu tun? Dazu soll im Folgenden eine Größe eingeführt werden, die in der Differenzialgeometrie vierdimensionaler Mannigfaltigkeiten eine wichtige Rolle spielt, das Linienelement *ds*, welches einen infinitesimalen Abstand zwischen zwei Punkten dieser Mannigfaltigkeit beschreibt. Die Bühne des physikalischen Geschehens in unserem Universum kann man sich bekanntlich aus einem Kontinuum von Punkten aufgebaut denken, die zusammen einen Ort (x,y,z) und einen Zeitpunkt (t) eindeutig beschreiben. Solch ein Punkt wird als „Ereignis" bezeichnet. Die Größe *ds* beschreibt hier also den infinitesimalen Abstand zwischen zwei Ereignissen, und zwar derart, dass sich zwei unterschiedliche Beobachter darauf verständigen können, dass genau diese Größe für sie immer den gleichen Abstand darstellt. Man sagt auch, dass ein durch *ds* gegebener raumzeitlicher Abstand Lorentz-invariant ist. Als Synonym für dieses Linienelement lässt sich auch der Begriff der Metrik (d. h. „Abstandsfunktion") verwenden, da er die Messung von Abständen innerhalb der durch die Metrik definierten Mannigfaltigkeiten ermöglicht. Die Raumzeit ist dabei eine spezielle vierdimensionale Mannigfaltigkeit (genauer eine pseudo-Riemann'sche Mannigfaltigkeit), deren Struktur von der Anwesenheit von Energie (Masse) und Impuls (beschrieben durch einen Energie-Impuls-Tensor) bestimmt wird: „Die Geometrie sagt der Materie, wie sie sich bewegen soll, und die Materie diktiert der Geometrie, wie sie sich zu krümmen hat" (J. A. Wheeler).

Im Fall einer statischen kugelförmigen Massenverteilung lässt sich das Quadrat des Linienelements unter Verwendung von Kugelkoordinaten beispielsweise wie folgt aufschreiben („äußere Schwarzschild-Metrik", die Vorfaktoren vor den Koordinatendifferenzialen bilden den sogenannten metrischen Tensor $g_{\mu\nu}$):

$$ds^2 = \frac{dr^2}{1 - \frac{2GM}{rc^2}} + r^2\left(d\vartheta^2 + \sin^2\vartheta\, d\varphi^2\right) - \left(1 - \frac{2GM}{rc^2}\right)c^2 dt^2 \quad (7.116)$$

Für den Grenzübergang $r \to \infty$ geht diese Metrik in die Metrik des pseudo-euklidischen Minkowski-Raums über:

$$ds^2 = dr^2 + r^2\left(d\vartheta^2 + \sin^2\vartheta\, d\varphi^2\right) - c^2 dt^2 \tag{7.117}$$

(entspricht Gl. 7.74).

Hier interessiert zuerst einmal der radiale Anteil, der offensichtlich eine ausgezeichnete Länge enthält:

$$r_g = \frac{2GM}{c^2} \tag{7.118}$$

Sie definiert eine Hyperfläche im Raum, bei der der Ausdruck Gl. 7.116 offensichtlich singulär wird. Ob und was das physikalisch zu bedeuten hat, wird im Folgenden noch zu erläutern sein. Hier erst einmal nur so viel: Der Radius r_g, der als Schwarzschild-Radius bezeichnet wird, ist bei gewöhnlichen Sternen sehr klein. Die Sonne mit einer Masse von $1{,}98 \cdot 10^{30}$ kg besitzt beispielsweise einen Schwarzschild-Radius von lediglich 2953 km, woran man erkennen kann, dass die Abmessungen gewöhnlicher Sterne viele Größenordnungen oberhalb ihres Gravitationsradius $r_g/2$ liegen. Nur Quark- und Neutronensterne kommen zumindest in deren Nähe. „Sterne", deren Masse sich vollständig innerhalb ihres Schwarzschild-Radius befindet (und zwar formal innerhalb einer Singularität, in der die Energiedichte gegen ∞ strebt), nennt man „Schwarze Löcher".

Eine genauere Analyse der Metrik Gl. 7.116 zeigt sehr schnell, dass das Singulärwerden des radialen Abstands bei r_g nur der Wahl des Koordinatensystems (Kugelkoordinaten) geschuldet ist (die Determinante der Metrik bleibt nämlich bei $r = r_g$ regulär). Bei einer genügend großen Zentralmasse (wie in den Kernen von Riesengalaxien realisiert) würde wahrscheinlich ein Beobachter, der durch den Schwarzschild-Radius durchfällt, an dieser Position nichts außergewöhnliches bemerken – erst später wird es für ihn aufgrund der zwischen Kopf und Fuß wirkenden Gezeitenkräfte zunehmend ungemütlicher, wie man sich leicht vorstellen kann.[23] Trotzdem hat die durch r_g definierte Hyperfläche eine durchaus wichtige physikalische Bedeutung. Mit dem Queren dieses Radius überschreitet nämlich der Beobachter – „literarisch" gesprochen – den Rubikon, denn keine Kraft der Welt kann ihn mehr aus dem Inneren dieses Radius wieder in die „Außenwelt" befördern. Es handelt sich nämlich bei dieser Hyperfläche um eine sogenannte „lichtartige" Fläche, von der aus nicht einmal mehr Lichtstrahlen entweichen können. Sie trennt quasi Ereignisse innerhalb der Hyperfläche von Ereignissen außerhalb dieser Hyperfläche, weshalb sie auch als „Ereignishorizont" bezeichnet wird. Warum das so ist, lässt sich durch die Analyse des Ausdrucks vor der Zeitkoordinate in Erfahrung bringen. Für einen weit entfernten Beobachter stellt sich danach der Kollaps eines Sterns zu einem Black Hole wie folgt dar: Er sieht zuerst den Stern sich immer schneller im freien Fall zusammenziehen, bis eine maximale Kollapsgeschwindigkeit erreicht wird. Ab diesem Zeitpunkt beginnt sich

---

[23] Der Effekt entspricht für den frei fallenden „Beobachter" derjenigen einer mittelalterlichen Streckbank, wie sie in jener düsteren Zeit gern zu Folterzwecken verwendet wurde...

der Kollaps zunehmend zu verlangsamen, wobei sich die kollabierende Sternoberfläche immer mehr dem Schwarzschild-Radius nähert, ohne ihn jedoch jemals zu erreichen. Für den äußeren Beobachter wird demnach die Sternoberfläche zu keiner Zeit zu einem „Schwarzen Loch" zusammenfallen, sondern, – zwar unter schneller Abnahme der Helligkeit aufgrund der gravitativen Rotverschiebung – ewig davor verharren. Das erklärt auch die frühere russische Bezeichnung замороженная звезда[24] für einen derartigen Himmelskörper, bis sich schließlich auch in dieser Sprache der Begriff Чёрная дыра durchgesetzt hat.

Ein mit dem Stern mitkollabierender Beobachter wird dagegen in für ihn endlicher Zeit und damit ziemlich schnell (s. Gl. 6.10) und auf Nimmerwiedersehen (spätestens nach dem Durchfallen des Ereignishorizontes) im Schwarzen Loch verschwinden. Der Widerspruch zu dem vorherigen Ergebnis, bei dem ein weit entfernter Beobachter den Sternkollaps bzw. den Fall eines Beobachters in Richtung Schwarzes Loch verfolgt, ist jedoch nur ein scheinbarer. Er ist im Kontext der ART leicht erklärbar, indem man berücksichtigt, dass sich beide Betrachtungsweisen auf jeweils unterschiedliche Bezugssysteme beziehen.

Das Dilemma, welches der in ein Schwarzes Loch fallende Beobachter hinsichtlich seiner im „Außenraum" verbleibenden Verwandtschaft und seines Freundeskreises erfährt, hat übrigens bereits Edgar Allen Poe (1809–1849) literarisch in seiner Novelle *Hinab in den Maelström* von 1841 meisterhaft beschrieben, weshalb die entsprechende Stelle hier kurz zitiert werden soll:

> Nach einer kleinen Weile überwog in mir die verwegenste Neugier auf den Strudel selbst. Ich empfand tatsächlich den Wunsch, selbst um des Opfers willen, das ich bringen musste, seine Tiefen zu erforschen; und es schmerzte mich ganz besonders, dass ich niemals in der Lage sein würde, meinen alten Gefährten an Land über die gesehenen Geheimnisse zu berichten.

Was nun genau mit der Materie geschieht, die sich innerhalb des Ereignishorizontes zwangsläufig in Richtung Zentralsingularität bewegen muss (eine andere Bewegung ist unmöglich), ist völlig unbekannt und auch nicht für einen Beobachter im Außenraum empirisch verifizierbar, da der Ereignishorizont die Singularität für immer verbirgt. Nur bei rotierenden Schwarzen Löchern (Kerr-Löchern, s. u.) gibt es die mathematisch begründbare Möglichkeit, dass sich unter bestimmten Bedingungen kein Ereignishorizont ausbildet. Die Hypothese des „kosmischen Zensors", wie sie von Roger Penrose eingeführt wurde, verneint jedoch die Existenz derartiger Objekte, die dann sogenannte „nackte Singularitäten" darstellen würden. In der ART bleibt jedenfalls im Fall eines Schwarzschild-Black Holes nur noch die gravitative Wirkung der einfallenden Masse übrig. Man weiß aber auch, dass die (un)physikalische Zentralsingularität Schwarzer Löcher (bei der die Energiedichte formal unendlich groß wird) der Theorie selbst geschuldet ist, da sie nicht in der Lage ist, Quanteneffekte zu berücksichtigen. Quanteneffekte sollten aber wesentlich werden, sobald sich die Dichte der Planck-Dichte

---

[24] „gefrorenen Stern".

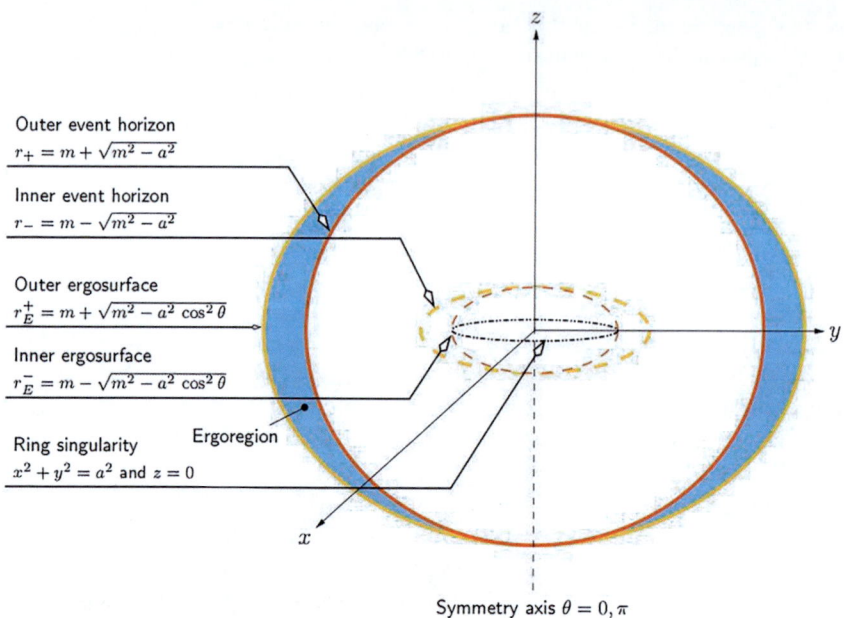

Abb. 7.43 Struktur eines Kerr-Lochs

($\approx 5 \cdot 10^{96}$ kg/m³) nähert. Schwarze Löcher werden damit zur Domäne zukünftiger Quantengravitationstheorien, an denen weltweit intensiv geforscht wird.

Kerr-Löcher „Schwarzschild-Löcher" in der Raumzeit sind recht einfache Gebilde, die aber genau genommen kaum eine kosmische Relevanz besitzen. Denn jedes Objekt, das irgendwie zu einem Schwarzen Loch kollabiert, besitzt einen Drehimpuls, der beim Kollaps erhalten bleibt (deshalb drehen sich ja auch Neutronensterne so schnell um ihre eigene Achse). Und in diesem Fall sieht die Metrik wesentlich komplizierter aus, denn der metrische Tensor enthält nun – technisch gesprochen – auch einen nicht-diagonalen Term (eine sehr schöne und relativ leicht zu lesende Einführung in die Problematik „Schwarze Löcher" auf der Grundlage ihres mathematischen Formalismus findet man z. B. in Taylor und Wheeler (2000), auf die hier explizit verwiesen werden soll). Und das hat Auswirkungen auf die Struktur derartiger, als Kerr-Löcher bezeichneter Objekte (s. Abb. 7.43).

Auch Kerr-Löcher besitzen (gewöhnlich) einen Ereignishorizont, dessen Radius zusätzlich von dem Verhältnis von Drehimpuls J zur Masse M („spezifischer Drehimpuls") abhängt, wobei die Einschränkung $|J/M| \leq r_g/2$ gilt:

7.4 Stellare Schwarze Löcher

$$r_{g,Kerr} = \frac{GM}{c^2}\sqrt{\left(\frac{GM}{c^2}\right)^2 - \left(\frac{J}{Mc}\right)^2} = \frac{GM}{c^2}\left(1 - \sqrt{1-a^2}\right) \quad (7.119)$$

Die dimensionslose Größe $a \equiv \pm J/M$[25] bezeichnet man als Kerr-Parameter. So wie er sich dem Wert 1 nähert, so nähert sich der Ereignishorizont des Kerr-Lochs dem halben Schwarzschild-Radius. Solch ein Objekt mit $a = 1$ nennt man ein „extremes Kerr-Loch". Formal bewegt sich bei ihm ein Punkt auf dem Horizont genau mit Lichtgeschwindigkeit. Da in diesem Extremfall die Singularität im Zentrum sichtbar wird, hat man ihn vom „kosmischen Zensor" verbieten lassen...

Die Außenraumstruktur eines Kerr-Lochs, wie sie sich aus der Auswertung der Metrik mit verschiedenen Kerr-Parametern ergibt, ist viel komplexer als bei der Schwarzschild-Lösung. Anhand der zwei Vorzeichen der Wurzel in Gl. 7.119 besitzt ein Kerr-Loch beispielsweise zwei Ereignishorizonte – einen äußeren Ereignishorizont $r^{+}_{g,Kerr}$ und einen hinter ihm verborgenen inneren Ereignishorizont $r^{-}_{g,Kerr}$. Letzterer wird auch „Cauchy-Horizont" genannt und besitzt einige erstaunliche Eigenschaften, die aber für die Außenwelt ohne Bedeutung sind. Jeder dieser beiden „Horizonte" ist von einem Raumgebiet umgeben, welches man als Ergoregion bezeichnet und dessen äußere Begrenzung („Ergosphäre") die Form einer abgeplatteten Kugelfläche hat:

$$r_E(\vartheta) = \frac{GM}{c^2} + \sqrt{\left(\frac{GM}{c^2}\right)^2 - a^2\cos^2\vartheta} \quad (7.120)$$

Der Winkel ϑ benennt hier den Poloidalwinkel. Physikalisch bedeutet der durch die Ergosphäre gegebene „Rand" eines Kerr-Lochs die Grenze, bis zu der ein Teilchen noch nicht gezwungen wird, mit dem Schwarzen Loch zu korotieren. Innerhalb der Ergosphäre wird schließlich jede Form von Materie (also z.B. auch Photonen) zur Mitrotation gezwungen. Dem könnte formal nur ein Teilchen entgehen, wenn es sich mit Überlichtgeschwindigkeit bewegen würde, was aber prinzipiell unmöglich ist. Dieser Effekt (*frame dragging*) ist ein rein relativistischer Effekt und der klassischen Physik unbekannt. Außerdem können innerhalb der Ergosphäre Teilchen eine negative Energie besitzen, was wiederum einen Mechanismus ermöglicht, bei dem dem Kerr-Loch Rotationsenergie entzogen werden kann. Dieser Mechanismus wird als Penrose-Prozess bezeichnet.

Die größte Ausdehnung erreicht die Ergoregion offensichtlich bei einem extremen Kerr-Loch, während die Ergosphäre bei einem Drehimpuls $J = 0$ mit dem Schwarzschild'schen Ereignishorizont Gl. 7.118 zusammenfällt und damit verschwindet.

Im Unterschied zu einem Schwarzschild-Loch ist die Quelle der Gravitation nicht eine (formal) nulldimensionale Punktsingularität, sondern eine ein-

---

[25] Das Vorzeichen gibt die Drehrichtung des Black Holes (retrograd oder prograd) zu einem Testsystem (z. B. einer Akkretionsscheibe) an.

dimensionale Ringsingularität. Das ist ein durchaus wesentlicher topologischer Unterschied, der verschwindet, sobald der Kerr-Parameter a zu null wird. Nicht nur intuitiv erscheint die mathematische Schlussfolgerung, dass in einer Singularität jedwede Energiedichte divergiert (d. h. unendlich groß wird), als physikalisch absurd. Man vermutet, dass sich dieser Zustand durch Quanteneffekte verhindern ließe. Ansonsten kann man sich natürlich erst einmal argumentativ darüber hinwegtrösten, dass nach dem *cosmic censorship* – Prinzip derartige unphysikalische Singularitäten für unsere Augen ohnehin für immer hinter einem Ereignishorizont verborgen bleiben.

Gravasterne Schon länger wird in Theoretikerkreisen diskutiert, ob es Lösungen der Einstein'schen Feldgleichungen gibt, mit denen man Sterne konstruieren kann, die prinzipiell – und zwar unabhängig von ihrer Ausgangsmasse – nicht zu einem Black Hole kollabieren können, sondern davor einen Gleichgewichtszustand erreichen. Erste entsprechende Überlegungen, jedoch noch nicht im Hinblick auf Schwarze Löcher, wurden bereits Mitte der 1960er-Jahre von russischen Physikern geäußert. Sie laufen auf ein Konzept hinaus, welches von modernen Quantenfeldtheorien vorgegeben ist und etwas mit dem Begriff des physikalischen Vakuums als Grundzustand jedweder Quantenfelder zu tun hat. Dazu hier nur so viel: Unter gewissen Umständen lässt sich dem physikalischen Vakuum innerhalb des durch den Schwarzschild-Radius gegebenen Volumens eine endliche Energiedichte (man denke an die „dunkle Energie" des Universums) zubilligen, was man zur Konstruktion statischer „Sterne" nutzen kann, die außen (d. h. außerhalb, aber nahe an r_g) eine Plasmaschale und im Inneren einen speziellen Quantenzustand (ein sogenanntes gravitatives Bose–Einstein-Kondensat) besitzen (s. Abb. 7.44). Eine

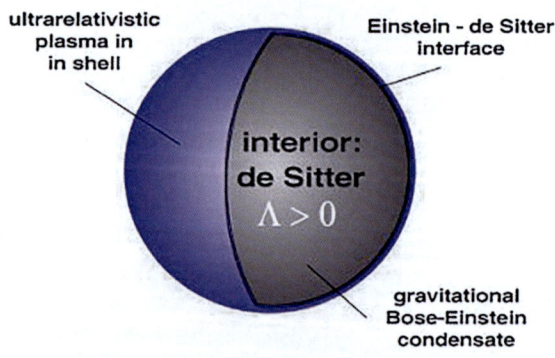

Abb. 7.44 Schematischer Aufbau eines hypothetischen Gravasterns

wie auch immer geartete Singularität haben derartige „Gravasterne" (ein Kunstwort, zusammengesetzt aus „Gravitation", „Vakuum" und „Stern") jedoch nicht. Die Idee der Existenz solcher „Vakuumsterne" (was ihr Oberbegriff ist) wurde zuerst von Pawel Mazur und Emil Mottola in einer Arbeit aus dem Jahre 2001 näher ausgearbeitet und als Alternative hinsichtlich Black Holes vorgeschlagen (Mazur und Mottola 2002). Seitdem sind – wenn auch hochgradig hypothetisch – sowohl Entstehungsszenarien entwickelt als auch Modelle für den zur Bildung derartiger Sterne notwendigen quantenmechanischen Phasenübergang ausgearbeitet und auf Plausibilität und Vereinbarkeit mit den bekannten Naturgesetzen geprüft worden. Die dabei erzielten Ergebnisse hören sich zwar extrem spannend an, aber so richtig überzeugend sind sie nicht. Dazu kommt noch, dass es für einen entfernten Beobachter weitgehend unmöglich ist, „echte" Schwarze Löcher von Gravasternen zu unterscheiden. Ein Hauptkritikpunkt ist dabei auch der Umstand, dass es bei derartigen „Vakuumsternen" bis heute kein Pendant zu Kerr-Löchern gibt, oder anders ausgedrückt: Es ist noch nicht gelungen, den Aspekt der Rotation in das Modell schlüssig zu integrieren. Das ist aber unbedingt notwendig, da nur rotierende Gravasterne, genauso wie Kerr-Löcher, in der Lage sind, bei Massenakkretion polare Materiejets zu erzeugen, wie man sie beispielsweise bei Quasaren und anderen Typen aktiver Galaxienkerne (Stichwort: supermassives Schwarzes Loch) beobachtet. Und so bleiben Gravasterne und andere Typen von Vakuumsternen weiterhin nur eine Spielwiese für eine kleine Schar von Theoretikern ohne ernsthaften Praxisbezug. „Ockhams Rasiermesser" bevorzugt in diesem Fall eindeutig die klassischen Lösungen, die zu Black Holes führen.

7.4.1 Einteilung Schwarzer Löcher nach Entstehung und Masse

Alle bis heute nachgewiesenen Black Hole-Kandidaten (d. h. von Himmelskörpern, die sich aufgrund ihrer durch Massenakkretion ergebenden Phänomenologie und durch ihre Entstehungsgeschichte vernünftigerweise nur als Schwarze Löcher interpretieren lassen) können in folgende Gruppen eingeteilt werden:

Supermassive Schwarze Löcher
Massenbereich zwischen etwa 10^5 und 10^{10} $M_\odot$. Sie bilden die Kerne fast aller elliptischen massereichen Galaxien sowie (fast?) aller Spiralgalaxien. Sie sind für die Aktivität galaktischer Kerne, wie sie sich beispielsweise bei Quasaren besonders deutlich zeigt, verantwortlich. Auch unsere Milchstraße besitzt ein zentrales Black Hole, dessen Masse zu $4.3 \cdot 10^6$ $M_\odot$ bestimmt werden konnte.

Mittelschwere Schwarze Löcher
Massenbereich zwischen etwa 10^2 und $\leq 10^5$ $M_\odot$. Es gibt Hinweise darauf, dass Kerne gewisser sternreicher Kugelsternhaufen ein Schwarzes Loch dieses Typs enthalten. Zwei Beispiele dafür sind Omega Centauri ($M_{BH} \approx 40.000$ $M_\odot$) (Noyola et al. 2008) und der Kugelsternhaufen Mayall II im Halo der Andromedagalaxie.

Stellare Schwarze Löcher
Massenbereich zwischen etwa 2,5 $M_\odot$ und vielleicht 50 $M_\odot$. Die untere Massengrenze wird durch die Oppenheimer-Volkoff-Grenzmasse festgelegt. Derartige Schwarze Löcher sind nach dem heutigen Kenntnisstand das Ergebnis des Kernkollapses massereicher Sterne oder des gravitativen Instabilwerdens eines genügend massiven Neutronensterns und anschließendem Gravitationskollaps aufgrund von Massenakkretion oder Verschmelzung mit einem Begleiter. Bei ca. 25 Röntgendoppelsternen unserer Milchstraße geht man davon aus, dass eine ihrer Komponenten ein Schwarzes Loch (Kerr-Loch) darstellt. Das „klassische" Beispiel ist hier die bekannte Röntgenquelle Cygnus X-1.

Zu diesen drei Gruppen kommen noch zwei weitere hypothetische Gruppen hinzu, deren Existenz von manchen Wissenschaftlern für möglich gehalten wird, deren Nachweis aber noch aussteht. Das sind einmal die „primordialen Schwarzen Löcher" im Massenbereich ungefähr zwischen Erd- und Sonnenmasse, die als Relikte aus der Zeit des Urknalls bis heute überlebt haben sollen, und die sogenannten „Mikro-Black-Holes", die innerhalb verschiedener Varianten von Stringtheorien eine gewisse Rolle spielen.

7.4.2 Röntgendoppelsterne mit Black Hole-Komponente

Der Nachweis der Existenz stellarer Schwarzer Löcher in unserer Milchstraße stellt Astronomen vor ein Herausforderung dar. Das liegt nicht etwa an einer zu geringen Zahl (man schätzt sie auf ca. 10^6 bei rund $3 \cdot 10^{11}$ Sternen), sondern an der Schwierigkeit ihrer Auffindung und zweifelsfreien Identifizierung. Isolierte Schwarze Löcher entziehen sich z. B. weitgehend der Beobachtung – es sei denn, sie treten als Mikrogravitationslinsenereignis in Erscheinung. Aus diesem Grund hat man nur eine Chance, wenn das Black Hole eine masseakkretierende Komponente eines engen binären Systems ist. Dann erfordert dessen Identifizierung im Wesentlichen zwei Schritte:

- der Nachweis, dass es sich bei der massenakkretierenden Komponente um ein kompaktes Objekt handelt (also entweder um einen Neutronenstern oder um ein Schwarzes Loch), was anhand des Spektrums und des zeitlichen Verhaltens der bei der Massenakkretion emittierten Röntgen- und Gammastrahlung gelingt,
- und – das ist das wichtigste Kriterium – dass die Masse der kompakten Komponente innerhalb der Fehlergrenzen deutlich die Oppenheimer-Volkoff-Grenzmasse von mindestens 2,5 … 3,2 $M_\odot$ übersteigt.

Eine weitere Möglichkeit, Schwarze Löcher zu detektieren, soll hier nicht unerwähnt bleiben. Sie besteht im Nachweis des typischen Gravitationswellensignals, welches bei der Vereinigung zweier Schwarzer Löcher oder bei der Bildung eines Schwarzen Lochs bei der Verschmelzung zweier Neutronensterne entsteht. Auch anhand der Morphologie und des Verhaltens der Neutrinoleuchtkraft einer Kernkollapssupernova kann zumindest prinzipiell auf die Entstehung eines Schwarzen Loches geschlossen werden.

7.4 Stellare Schwarze Löcher

Mit dem Verbringen von Detektoren und Teleskopen außerhalb der Erdatmosphäre erschloss sich den Astronomen seit den 1970er-Jahren auch das hochenergetische Universum, das Universum der energiereichen Röntgen- und Gammastrahlung, die bekanntlich von der irdischen Lufthülle vollständig absorbiert wird. Das führte zur Entdeckung einer neuen Art von Doppelsternen, die man als Röntgendoppelsterne bezeichnet (s. Abschn. 7.2.2.1). Ihr kompakter Begleiter ist entweder ein Neutronenstern oder eben ein Schwarzes Loch.

Die einfachste Methode, um zu entscheiden, ob solch ein Röntgendoppelstern ein Schwarzes Loch oder eher einen Neutronenstern enthält, ist die Bestimmung der Massensumme des Systems anhand von dessen Bahnparametern mittels der Gesetze, die der größte deutsche Astronom aller Zeiten, Johannes Kepler, schon vor längerer Zeit gefunden hat (s. Abschn. 2.4.1). Die Art des Begleitsterns, von dem Materie zum kompakten Begleiter überfließt, lässt sich mit spektroskopischen Mitteln bestimmen und damit – z. B. durch Vergleiche mit Sternen von gleicher Art und Entwicklungszustand – dessen Masse abschätzen. Ergibt sich auf diese Weise für den kompakten Begleiter nach Auflösung der Massenfunktion des Doppelsternsystems ein Massenwert, der z. B. 3 $M_\odot$ deutlich übersteigt, dann wird man es mit hoher Wahrscheinlichkeit mit einem Black Hole und nicht mehr mit einem Neutronenstern zu tun haben. Mit dieser hier nur kurz skizzierten Methode wurde beispielsweise schon recht früh (in den 1970er Jahren, als die Röntgenastronomie ihre ersten großen Entdeckungen feierte) festgestellt, dass sich im System des spektroskopischen Doppelsterns und der Röntgenquelle Cygnus X-1 ein Schwarzes Loch befinden muss. Schon deshalb lohnt es sich etwas genauer darauf einzugehen, wie sich dieses immer noch außergewöhnliche System heute der Forschung präsentiert.

Cygnus X-1 Röntgenstrahlung von diesem Objekt konnte – wie man heute weiß – bereits 1963 und in den Folgejahren mithilfe von Röntgendetektoren ausgestatteten Höhenforschungsraketen registriert werden. Aber erst 1971 (damals lagen auch die ersten detaillierten Beobachtungen des ersten Röntgensatelliten UHURU vor) war es möglich, die Position dieser außergewöhnlich starken Röntgenquelle am Himmel einzugrenzen, sodass es einer Gruppe von Astronomen gelang, sie mit einem zuvor schon als Radioquelle aufgefallenen Stern von knapp neunter Größe zu identifizieren. Die Katalogbezeichnung des sich dahinter verbergenden Blauen Überriesen ist HD 226.868 (O9.7 Iab). Seine Spektrallinien zeigen eine periodische Verschiebung innerhalb von 5,5998 Tagen, was diesen Stern zu einem spektroskopischen Doppelstern macht, dessen Begleiter jedoch unsichtbar bleibt (ein sogenanntes „Einspektrensystem"). Die im Spektrum nachweisbaren He II-Emissionen weisen ferner auf die Präsenz einer Akkretionsscheibe hin, die sich dann auch als Quelle für die stark fluktuierende Röntgenstrahlung (man spricht von einer *shot noise*-Charakteristik) interpretieren ließ. In solch einem Fall kann man aus den Impulslängen einen maximalen Quellendurchmesser ableiten. Es ergab sich dabei ein Wert von 0,8 Lichtsekunden, d. h.

rund 240.000 km.[26] Darüber hinaus konnten noch weitere periodische Änderungen in Zeitskalen von Tagen beobachtet werden. So nahm man u. a. überrascht zur Kenntnis, dass sich zwischen März und April 1971 die gewöhnliche Röntgenintensität im Energiebereich zwischen 2 und 6 keV um den Faktor 4 erhöhte (Reinhardt 1973). Solche und ähnliche Beobachtungen zeigten deutlich, dass hier offensichtlich Material vom Überriesen zu einem äußerst kompakten Objekt überfließt und dort eine Akkretionsscheibe speist, welche die wahre Quelle für die hochenergetische Röntgenstrahlung darstellt. Eine erste Bestimmung der Massenfunktion Gl. 2.90 zu 0,21 $M_\odot$ ergab unter der Annahme, dass der Blaue Überriese eine Masse von etwa 30 $M_\odot$ besitzt, eine Masse für den kompakten Begleiter von mehr als 6,5 $M_\odot$. Er konnte also schon unter Berücksichtigung des damaligen (ungenügenden) Wissensstandes kein Neutronenstern mehr sein. Deshalb gilt seit 1973 der kompakte Begleiter im System Cygnus X-1 auch als ein sehr sicherer Black Hole-Kandidat. In der Folgezeit wurde natürlich versucht, die Einzelmassen der Komponenten dieses Röntgendoppelsterns so genau wie möglich zu bestimmen, wobei auch andere Beobachtungen, das heißt nicht nur die der Bahnbewegung, in die Analyse einbezogen wurden. Hier sei besonders auf die Arbeit von Jerome A. Orosz aus dem Jahre 2011 hingewiesen (Orosz et al. 2011), die zu folgendem Ergebnis kam:

- Masse des Hauptsterns: $19{,}2 \pm 1{,}9\,M_\odot$,
- Masse des Kerr-Lochs: $14{,}8 \pm 1{,}0\,M_\odot$,
- Bahnneigung i: $27{,}1° \pm 0{,}8°$,
- Entfernung: 1,86 (+0,12; $-0{,}11$) kpc ($\approx$ 6070 Lj) (Reid et al. 2011).

Die Entfernung von Cygnus X-1 war lange Zeit nur ungenügend bekannt. Erst die radiointerferometrisch möglich gewordene Vermessung der winzig kleinen Parallaxe von gerade einmal $0{,}539 \pm 0{,}033$ Millibogensekunden erlaubte eine relativ sichere Entfernungsbestimmung und damit auch eine entsprechend sichere Ableitung der „Geometrie" des Systems (Reid et al. 2011).

Man schätzt, dass der blaue Hauptstern einen Durchmesser von etwa 17 $R_\odot$ hat und das Schwarze Loch gerade einmal 1,5 bis 2 $R_\odot$ von dessen Oberfläche entfernt ist. Weiterhin ist es mit einer von James Steiner und Mitarbeitern entwickelten Methode gelungen (Steiner et al. 2009), den Abstand des inneren Randes der Akkretionsscheibe zum Black Hole zu bestimmen, was wiederum die Ableitung des Kerr-Parameters a ermöglichte. Es zeigte sich, dass mit hoher Signifikanz $a > 0{,}95$ ist, was bedeutet, dass das Kerr-Loch im Cygnus X-1-System mit fast maximal möglichem Drehimpuls rotiert (Gou et al. 2011).

---

[26] Bereits aus den 1970er Jahren stammende Messungen zeigen Schwankungen der Röntgenintensität bis in den Millisekundenbereich hinein, was übrigens genau den theoretischen Erwartungen in Bezug auf Turbulenzen in einer einem Black Hole (und nicht Neutronenstern) umgebenden Akkretionsscheibe entspricht.

7.4 Stellare Schwarze Löcher

Wichtige Informationen über den unmittelbaren Nahbereich des Black Holes im Cygnus X-1-System erhält man durch eine sorgfältige Analyse des kurzwelligen Strahlungsspektrums, da dessen wesentlichste Emissionsgebiete im Bereich der Akkretionsscheibe und der beiden polaren Jets liegen. Außerdem befindet sich Cygnus X-1 im Randbereich des sogenannten „Tulipnebels" (SH2-101), dessen Gasmassen von den von der Röntgenquelle ausgehenden Jets beeinflusst werden.

Mikroquasare Übrigens führt die durch Beobachtungen abgesicherte Präsenz polarer Jets zur Klassifizierung entsprechender Röntgendoppelsterne als „Mikroquasare", d. h. zu Objekten, die im Kleinen analoge Eigenschaften aufweisen wie Quasare. Bei Letzteren befindet sich ein supermassives Schwarzes Loch im Zentrum einer Akkretionsscheibe, in der ganze Sterne zerrissen werden um schließlich unter Freisetzung enormer Energiemengen in deren „Gravitationsstrudel" zu verschwinden. Da das zentrale Black Hole rotiert (d. h. ein Kerr-Loch ist), bilden sich im Verlauf der Massenakkretion zwei entgegengesetzt gerichtete polare Jets aus, in denen Materie bis nahe Lichtgeschwindigkeit beschleunigt wird (sogenannte „relativistische Jets"). Der Mechanismus ist dabei bei Quasaren und Mikroquasaren im Wesentlichen gleich und lässt sich vereinfacht wie folgt erklären: Durch den stetigen Akkretionsfluss vom Begleitstern bildet sich aufgrund der allgemeinen Drehimpulserhaltung eine quasistationäre Akkretionsscheibe, die bis wenige Schwarzschild-Radien an den Ereignishorizont des Black Hole heranreicht. Die „Abbruchkante" ist dabei idealerweise durch den Abstand vom Black Hole gegeben, ab dem keine stabilen gebundenen Bahnen metrikbedingt mehr möglich sind. Bei einem extrem Kerr-Loch fällt z. B. die letzte physikalisch mögliche Kreisbahn (auch als *innermost stable circular orbit* bezeichnet) mit dem Horizontradius zusammen. Mit kleiner werdendem Drehimpuls entfernt sich deshalb die Lage dieser letzten stabilen Kreisbahn auch vom Ereignishorizont, um schließlich bei einem Schwarzschild-Loch einen Abstand von $3r_g$ zu erreichen. Teilchen, die diesen Abstand unterschreiten, werden dann schnell (in Eigenzeit) auf den Horizont hin fallen und dahinter im Schwarzen Loch verschwinden. Das hat übrigens nichts mit dem oft benutzten Bild eines „An- oder Einsaugens" von Materie zu tun. Es handelt sich einfach um das allbekannte Phänomen des „freien Falls" – nur halt etwas schneller als gewohnt (bei stellaren Schwarzen Löchern werden dabei relativistische Geschwindigkeiten erreicht) (Abb. 7.45).

Für die Ausbildung der für Mikro- wie auch „Makro"-Quasare charakteristischen bipolaren Jets sind die die differenziell rotierende Akkretionsscheibe durchsetzende Magnetfelder verantwortlich, deren Wechselbeziehung mit dem extrem heißen Plasma der Akkretionsscheibe durch die Gesetze der Magnetohydrodynamik beschrieben wird. Diese Magnetfelder haben eine ordnende Wirkung, in dem sie die Akkretionsscheibe stabilisieren und ausrichten – ein Vorgang, der in der Fachsprache als *magneto-spin alignment* bezeichnet wird. Nur aus diesem

Abb. 7.45 Künstlerische Darstellung des Röntgendoppelsterns Cygnus X-1, dessen kompakter Begleiter ein Kerr-Loch mit einer Masse von ungefähr 15 Sonnenmassen ist (NASA)

Grund liegen Akkretionsscheiben von Kerr-Löchern jeweils in deren Äquatorialebene, und die sich bei der Rotation immer mehr verdrehenden (offenen) Magnetfeldlinien schrauben sich genau über den Rotationspolen in die Höhe, wobei sie geladene Teilchen zu hochenergetischen Jets geladener Teilchen bündeln. Dass es dazu kommt, hängt mit einem 1977 von Roger D. Blandford und Roman Znajek entdeckten Weg zusammen, einem Kerr-Loch sehr effektiv Rotationsenergie zu entziehen. Gelangen nämlich Magnetfeldlinien in die Ergosphäre, dann müssen sie aufgrund des *frame dragging* mit dem umgebenden Raum mitrotieren, was zur zwangsweisen Ausbildung einer sich über die Pole erstreckenden achsensymmetrischen schlauchförmigen Magnetosphäre führt (s. Abb. 7.46).

Dabei wird dem Kerr-Loch Rotationsenergie entzogen und zur Verstärkung des Magnetfeldes aufgewandt – ein Mechanismus, der als „gravitomagnetischer Dynamoeffekt" bezeichnet wird, da er gewisse Analogien zum elektromagnetischen Dynamoeffekt aufweist. Er bewirkt, dass geladene Teilchen, die in die Ergosphäre eingedrungen sind, diese wieder unter Energiezugewinn entlang der Magnetfeldlinien über die Pole verlassen können. Während also der Blandford-Znajek-Mechanismus den Kerr-Parameter absenkt, erhöht ihn der Masseneinfall (= Drehimpulseintrag) durch Akkretion, sodass sich unter Umständen ein gewisses Gleichgewicht ausbilden kann. Aber auch neutrale Teilchen können – nachdem sie in zwei Teilchen zerfallen sind - den Drehimpuls des Kerr-Lochs vermindern. Der Mechanismus, der dies hier bewirkt, ist der klassische Penrose-Prozess. Denn die Theorie rotierender Schwarzer Löcher sagt vorher, dass es für

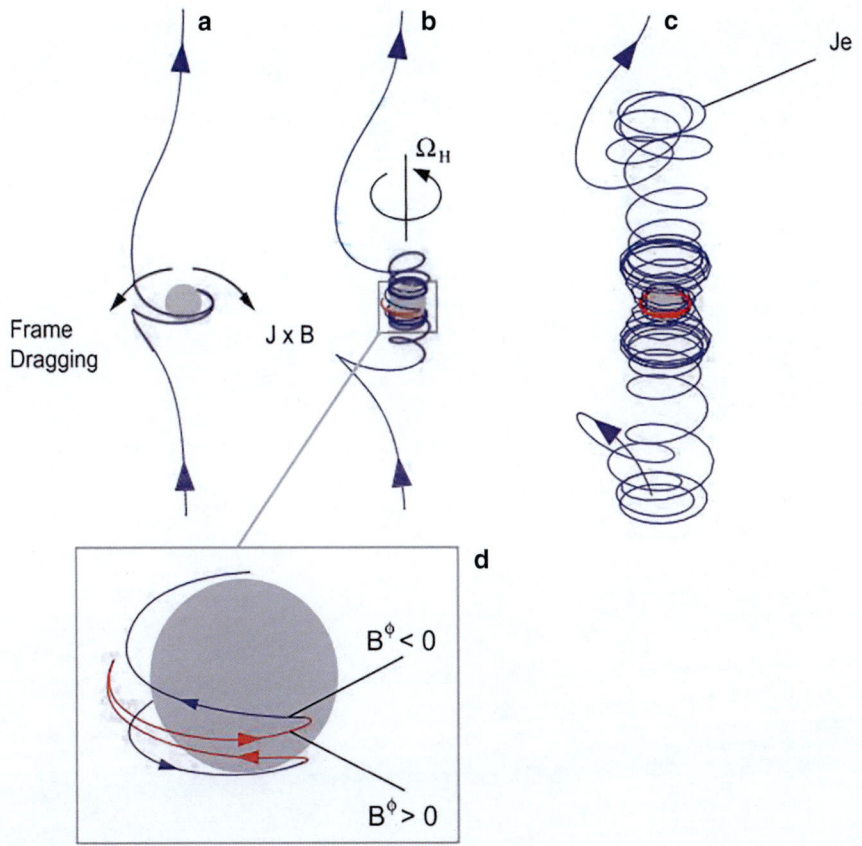

Abb. 7.46 Ausbildung einer für Jets typischen Magnetfeldstruktur auf der Grundlage des Blandford-Znajek-Mechanismus. (Nach Semenov et al. (2004))

einen weit entfernten Beobachter Teilchenzustände negativer Energie innerhalb der Ergosphäre geben kann, die Teilchen einnehmen können, wenn sie sich relativ zum Kerr-Loch retrograd bewegen. Zerfällt so ein Teilchen (z. B. aufgrund der schwachen Wechselwirkung) in zwei Teilchen, so wird das eine Teilchen in Eigenzeit hinter dem Ereignishorizont verschwinden, während das andere Teilchen mit Energiegewinn die Ergosphäre ins Unendliche verlassen kann.

Die Theorie der Jetbildung bei Scheiben-Masseakkretion ist im Übrigen sehr anspruchsvoll. An dieser Stelle kann deshalb auch nicht detaillierter darauf eingegangen werden. Sie ist aber notwendig, um das Mikro-Quasar-Phänomen bei engen *binaries* mit einem Kerr-Loch oder einem Neutronenstern als Komponente erklären zu können (Tab. 7.7).

Tab. 7.7 Black-hole-Kandidaten der Milchstraße im stellaren Massebereich

Objekt	Position RA/D	Stern	Black Hole	Kerr-Parameter	Umlaufperiode	Entfernung
A0620−00 V616 Mon	06h 22 m 44 s −00° 20′ 44.72″	K5 V 11 ±2	5,61 ± 0,25	0,0–0,2	7.75234 ± 0.00010 h	3460 ± 390
GRO J1655−40 V1033 Sco	16h 54 m 00.14 s −39° 50′ 44.9″	F5 IV 6.3 ± 0.3	2,6–2,8	0,6–0,8	2,6 d	≈ 11.000
XTE J1118+480 KV UMa	11h 18 m 10.80 s 48° 02′ 12.3″	6.8 ± 0.4	6 − 6,5		0,17 d	≈ 6200
Cyg X-1	19h 58 m 21.68 s +35° 12′ 06″	O9.7 Iab 19,2 ± 1,9	14,8 ± 1,0	>0,95	5.5998 d	≈ 6070
GRO J0422+32 V518 Per	04h 21 m 42.77 s +32° 54′ 26.7″	M4.5 V 1,1	3,66–4.97		0,21	≈ 8500
GRO J1719−24 V2293 Oph	17h 19 m 37 s −25° 01′ 03″	K0.5 V 1,6	≥ 4,9		0,6 d (?)	≈ 8500
GS 2000+25 QZ Vul	20h 02 m 49.58 s +25° 14′ 11.3″	K3–6 V 0,5	7,2–7,8		8.26 h	8800 ± 2300
V404 Cyg	20h 24 m 03.83 s +33° 52′ 02.2″	K3 III 0.7	9		6,5 d	7800 ± 460
GX 339-4 V821 Ara	17h 02 m 49.5 s −48° 47′ 23″	5–6	?		1,75	≈ 15.000
GRS 1124−683 GU Mus	11h 26 m 26.60 s −68° 40′ 32.3″	K3V–K7V	7,0 ± 0.6		10,4 h	≈ 17.000
XTE J1550−564 V381 Normae	15h 50 m 58.78 s −56° 28′ 35.0″	K3III 6.0–7.5	9,6 ± 1.2	0,34 ± 0,2	1,5 d	≈ 17.000

(Fortsetzung)

7.4 Stellare Schwarze Löcher

Tab. 7.7 (Fortsetzung)

Objekt	Position RA/D	Stern	Black Hole	Kerr-Parameter	Umlaufperiode	Entfernung
4U 1543–475 IL Lup	15h 47 m 09 s -47° 40′ 10″	0.25	9,4 ± 1,0	0,75 -0,85	1,1 d	≈ 24.000
XTE J1819–254 V4641 Sgr	18h 19 m 22 s -25° 24′ 25″	5–8	7,1 ± 0,3		2,82 d	24.000–40.000
GRS 1915+105 V1487 Aql	19h 15 m 11.6 s +10° 56′ 44″	1	12,4	>0,95		≈ 28.000
XTE J1650–500	16h 50 m 00.98 s −49° 57′ 43,6″		5–10		0,32	

Anhang

Physikalische und astronomische Konstanten.

Lichtgeschwindigkeit (Vakuum)	c	$299.792{,}458\,\text{ms}^{-1}$
Newtonsche Gravitationskonstante	G	$6{,}6738 \cdot 10^{-11}\,\text{m}^3\text{kg}^{-1}\text{s}^{-2}$
Plancksches Wirkungsquantum	h	$6{,}626075 \cdot 10^{-34}\,\text{Js}$
Boltzmann-Konstante	k_B	$1{,}3806504 \cdot 10^{-23}\,\text{JK}^{-1}$
Bohrscher Atomradius	a_0	$0{,}529 \cdot 10^{-10}\,\text{m}$
Bohrsches Magneton	μ_B	$9{,}274 \cdot 10^{-24}\,\text{J/T}$
Elektrische Feldkonstante	ε_0	$8{,}8542 \cdot 10^{-12}\,\text{AsV}^{-1}\text{m}^{-1}$
Magnetische Feldkonstante	μ_0	$1{,}2566 \cdot 10^{-6}\,\text{NA}^{-2}$
Elementarladung	e	$1{,}602177 \cdot 10^{-19}\,\text{C}$
Elektronenmasse	m_e	$9{,}109534 \cdot 10^{-31}\,\text{kg}$
Protonenmasse	m_p	$1{,}672622 \cdot 10^{-27}\,\text{kg}$
Neutronenmasse	m_n	$1{,}674927 \cdot 10^{-27}\,\text{kg}$
Stefan-Boltzmann-Konstante	σ	$5{.}6705 \cdot 10^{-8}\,\text{Wm}^{-3}\text{K}^{-4}$
Sommerfeldsche Feinstrukturkonstante	α	$7{,}297353 \cdot 10^{-3}$
Strahlungskonstante	a	$7{,}5659 \cdot 10^{-16}\,\text{Jm}^{-3}\text{K}^{-4}$
Spezifische Gaskonstante (H)	$\mathcal{R}$	$8314{,}5\,\text{Jkg}^{-1}\text{K}^{-1}$
Universelle Rydbergkonstante	R_∞	$1{,}097 \cdot 10^7\,\text{m}^{-1}$
Rydberg-Frequenz	ν_R	$3{,}2898 \cdot 10^{15}\,\text{Hz}$
Entfernungseinheiten		
Parsek		$1\text{pc} = 3{,}0867 \cdot 10^{16}\,\text{m} \approx 3{,}26\,\text{Lj}$
Lichtjahr		$1\text{Lj} = 9{,}4607 \cdot 10^{15}\,\text{m}$
Sonne		
Masse	$M_\odot$	$1{,}9884 \cdot 10^{30}\,\text{kg}$
Radius	$R_\odot$	$6{,}9634 \cdot 10^8\,\text{m}$

Leuchtkraft	$L_\odot$	$3{,}846 \cdot 10^{26}$ W
effektive Temperatur	$T_{\mathit{eff},\odot}$	5.778 K
Absolute Helligkeit (V)		+4,83 mag
Rotationsperiode (siderisch)	$P_\odot$	$25{,}38\,d$
Spektralklasse		$G2V$

Literatur

Abbott BP, Abbott R, Abbott TD et al (2016) Observation of gravitational waves from a binary black hole merger. Phys Rev Lett 116:061102. https://doi.org/10.1103/PhysRevLett.116.061102

Adams F (2010) The birth environment of the solar system. Annu Rev Astron Astrophys 48:47–85

Adelberger EG, García A, Robertson RGH et al (2011) Solar fusion cross sections. II. The p p chain and CNO cycles. Rev Mod Phys 83:195–245. https://doi.org/10.1103/RevModPhys.83.195

Aller LH (1991) Atoms, stars, and nebulae. Cambridge University Press

Aristoteles (1857) Vier Bücher über das Himmelsgebäude und zwei Bücher über das Entstehen und Vergehen, Verlag Wilhelm Engelmann Leipzig

Atkinson RE, Houtermans FG (1929) Zur Frage der Aufbaumöglichkeit der Elemente in Sternen. Z Phys 54:656–665. https://doi.org/10.1007/BF01341595

Auer LH, Mihalas D (1969) Non-Lte model atmospheres. I. Radiative equilibrium models with – alpha. Astrophys J 156:157. https://doi.org/10.1086/149955

Avrett EH, Gingerich OJ, Whitney CA (1964) Proceedings of the first Harvard-Smithsonian conference on stellar atmospheres, smithsonian institution, astrophys. Observ.

Baade W, Zwicky F (1934) Cosmic rays from super-novae. Proc Natl Acad Sci U S A 20:259–263. https://doi.org/10.1073/PNAS.20.5.259

Babusiaux C, van Leeuwen F, Barstow MA, Jordi C, Vallenari A, Bossini D, ... Bassilana JL (2018) Gaia Data Release 2-Observational Hertzsprung-Russell diagrams. Astron Astrophys 616, A10

Bailer-Jones CAL, Irwin M, Von Hippel T (1998) Automated classification of stellar spectra – II. Two-dimensional classification with neural networks and principal components analysis. Mon Not R Astron Soc 298:361–377. https://doi.org/10.1046/j.1365-8711.1998.01596.x

Barziv O, Kaper L, Van Kerkwijk MH et al (2001) The mass of the neutron star in Vela X-1. Astron Astrophys 377:925–944. https://doi.org/10.1051/0004-6361:20011122

Baym G, Pethick C, Sutherland P (1971) The ground state of matter at high densities: equation of state and stellar models. ApJ 170:299

Baym G, Pethick C, Pines D (1969) Superfluidity in neutron stars. Nature 224:673–674. https://doi.org/10.1038/224673a0

Beals CS (1929) On the nature of wolf-rayet emission. (Plates 7 and 8.). Mon Not R Astron Soc 90:202–212. https://doi.org/10.1093/mnras/90.2.202

Bell KL, Berrington KA (1987) Free-free absorption coefficient of the negative hydrogen ion. J Phys B At Mol Phys 20:801–806. https://doi.org/10.1088/0022-3700/20/4/019

Bellini G, Benziger J, Bick D et al (2014) Neutrinos from the primary proton–proton fusion process in the Sun. Nature 512:383–386. https://doi.org/10.1038/nature13702

Benthin J (1872) Lehrbuch der Sternkunde in entwickelnder Stufenfolge, Verlag Ernst Fleischer Leipzig

Bessel FW (1839) Bestimmung der Entfernung des 61sten Sterns des Schwans. Astron Nachrichten 16:65–96. https://doi.org/10.1002/asna.18390160502

Bessel FW, Schumacher HC (1848) Populäre Vorlesungen über wissenschaftliche Gegenstände, Perthes-Besser & Mauke Hamburg

Binney J, Merrifield M (2000) Galactic astronomy

Bisterzo S, Gallino R, Kaeppeler F et al (2015) The branchings of the main s-process: their sensitivity to alpha-induced reactions on 13C and 22Ne and to the uncertainties of the nuclear network. Mon Not R Astron Soc 449(1):506–527. https://doi.org/10.1093/mnras/stv271

Blackman E (2006) Giants of physics found white-dwarf mass limits. Nature 440:148–148. https://doi.org/10.1038/440148d

Blackwell DE, Petford AD, Arribas S et al (1990) Determination of temperatures and angular diameters of 114 F-M stars using the infrared flux method (IRFM). Astron Astrophys (ISSN 0004–6361) 232:396–410.

Blöcker T (1995) Stellar evolution of low and intermediate-mass stars. I. Mass loss on the AGB and its consequences for stellar evolution. Astron Astrophys 297:727–738

Boblerst S, Müller T, Wunner G (2015) Spezielle und allgemeine Relativitätstheorie Grundlagen, Anwendungen in Astrophysik und Kosmologie sowie relativistische Visualisierung. Springer Berlin

Böhlke JK, de Laeter JR, Hidaka H et al (2005) Isotopic Compositions of the Elements, 2001. J Phys Chem Ref Data 34:57–67. https://doi.org/10.1063/1.1836764

Böhm-Vitense E (1989) Introduction to stellar astrophysics I. Cambridge University Press, Cambridge

Böhm-Vitense E (1989) Introduction to stellar astrophysics II. Cambridge University Press, Cambridge

Böhm-Vitense E (1989) Introduction to stellar astrophysics III. Cambridge University Press

Bombaci I (2016) The hyperon puzzle in neutron stars. In: Proceedings of the 12th international conference on hypernuclear and strange particle physics

Bono G, Caputo F, Castellani V, Marconi M (1997) Nonlinear investigation of the pulsational properties of RR Lyrae variables. Astron Astrophys, Suppl Ser 121(2):327–341

Bono G, Castellani V, Marconi M (2000) Classical cepheid pulsation models. III. The predictable scenario. Astrophys J 529(1):293.

Bressan A, Marigo P, Girardi L, Salasnich B, Dal Cero C, Rubele S, Nanni A (2012) PARSEC: stellar tracks and isochrones with the PAdova and TRieste stellar evolution code. Mon Not R Astron Soc 427(1):127–145

Broggini C, Bemmerer D, Guglielmetti A, Menegazzo R (2010) LUNA: Nuclear astrophysics deep underground. Annu Rev Nucl Part Sci 60:53–73. https://doi.org/10.1146/annurev.nucl.012809.104526

Burbidge EM, Burbidge GR, Fowler WA, Hoyle F (1957) Synthesis of the elements in stars. Rev Mod Phys 29:547–650. https://doi.org/10.1103/RevModPhys.29.547

Camenzind M, Max, (2007) Compact objects in astrophysics. Springer, Berlin

Carroll TA, Strassmeier KG, Rice JB, Künstler A (2012) The magnetic field topology of the weak-lined T Tauri star V410 Tauri. Astron Astrophys 548:A95. https://doi.org/10.1051/0004-6361/201220215

Carter B, Brown S, Donati JF et al (1996) Zeeman doppler imaging of stars with the AAT. Publ Astron Soc Aust 13:150–155.

Castellani V, Innocenti S, Marconi M (1999) Theoretical zero age main sequences revisited. Astron Astrophys 349:834–838

Catanzaro G, André MK, Leone F, Sonnentrucker P (2003) High resolution spectroscopy of HD 207538 from Far-UV (FUSE) to Visible (SARG-TNG). Astron Astrophys 404:677–687. https://doi.org/10.1051/0004-6361:20030507

Chabrier G, Brassard P, Fontaine G, Saumon D (2000) Cooling sequences and color-magnitude diagrams for cool white dwarfs with hydrogen-atmospheres. Astrophys J 543:216–226. https://doi.org/10.1086/317092

Chakrabarty D (2008) The spin distribution of millisecond X-ray pulsars. In: A decade of accreting millisecond x-ray pulsars; AIP conference proceedings, 1068:67–74.

Chamel N (2011) A stellar superfluid. Physics (College Park Md) 4:14. https://doi.org/10.1103/Physics.4.14

Chandrasekhar S (1967) An introduction to the study of stellar structure. Dover

Christensen-Dalsgaard J (2007) ASTEC – the aarhus STellar evolution code. Astrophys Space Sci 316(1–4):13–24

Clayton DD (1984) Principles of stellar evolution and nucleosynthesis. University of Chicago Press

Clerke AM (2010) A popular history of astronomy during the nineteenth century. Cambridge University Press

Cooper RL, Steiner AW, Brown EF (2009) Possible resonances in the 12C + 12C fusion rate and superburst ignition. Astrophys J 702:660–671. https://doi.org/10.1088/0004-637X/702/1/660

Cowling TG (1941) The non-radial oscillations of polytropic stars. Mon Not R Astron Soc 101:367–375. https://doi.org/10.1093/mnras/101.8.367

Courvoisier L (1916) Über die Bahnkrümmung des Sternsystems Ursa major. Astronomische Nachrichten 202(8):121, 202, 121.

Cox AN (2000) Allen's astrophysical quantities. Springer, New York

Croll J (1889) Stellar evolution and its relations to geological time. Cambridge University Press

Davidsen A, Henry JP, Middleditch J, Smith HE (1972) Identification of the x-ray pulsar in hercules: a new optical pulsar. ApJ 177:L97

Davies B, Beasor ER (2020) The 'red supergiant problem': the upper luminosity boundary of Type II supernova progenitors. Mon Not R Astron Soc 493(1):468–476

Demorest PB, Pennucci T, Ransom SM et al (2010) A two-solar-mass neutron star measured using Shapiro delay. Nature 467:1081–1083. https://doi.org/10.1038/nature09466

Di Stefano R (2010) Transits and lensing by compact objects in the kepler field: disrupted stars orbiting blue stragglers. Astron J 141(5), 142(12), (2011). https://doi.org/10.1088/0004-6256/141/5/142

Doppler C, Studnica FJ (1903) Ueber das farbige Licht der Doppelsterne und einiger anderer Gestirne des Himmels. Borrosch & Andrè Prag

Douchin F, Haensel P (2001) A unified equation of state of dense matter and neutron star structure. Astron Astrophys 380:151–167

Drago A, Lavagno A (2001) From quark stars to hybrid stars. Phys Lett B 511:229–234. https://doi.org/10.1016/S0370-2693(01)00579-2

Dufour P, Fontaine G, Liebert J et al (2008) SDSS J142625.71+575218.3: The first pulsating white dwarf with a large detectable magnetic field. Astrophys J Lett 683(2), L167. https://doi.org/10.1086/591672

Dufour P, Kilic M, Fontaine G et al (2010) The discovery of the most metal-rich white dwarf: composition of a tidally disrupted extrasolar dwarf planet. Astrophys J 719:803–809. https://doi.org/10.1088/0004-637X/719/1/803

Duncan RC, Thompson C (1992) Formation of very strongly magnetized neutron stars – implications for gamma-ray bursts. Astrophys J 392:L9. https://doi.org/10.1086/186413

Durant M, Kargaltsev O, Pavlov GG (2011) Multiwavelength spectroscopy of PSR B0656+14. Astrophys J 743:38. https://doi.org/10.1088/0004-637X/743/1/38

Eddington AS (1909) Note on major macmahon's paper; On the determination of the apparent diameter of a fixed star. Mon Not R Astron Soc 69:178–181. https://doi.org/10.1093/mnras/69.3.178

Eddington AS (1988) The internal constitution of the stars. Cambridge University Press

Emden R (1907) Gaskugeln: Anwendungen der mechanischen Wärmetheorie auf kosmologische und meteorologische Probleme. B. Teubner, Leipzig

Falanga M, Bozzo E, Lutovinov A et al (2015) The ephemeris, orbital decay, and masses of 10 eclipsing HMXBs. Astron Astrophys 577, idA130, 16 pp. https://doi.org/10.1051/0004-6361/201425191

Feussner K, Dubois P (1930) Trübungsfaktor, precipitable water, Staub. Gerlands. Beitr. Geophys.

Feynman R, Metropolis N, Teller E (1949) Equations of state of elements based on the generalized fermi-thomas theory. Phys Rev 75:1561–1573. https://doi.org/10.1103/PhysRev.75.1561

Flower (1996) Transformations from theoretical hertzsprung-russell diagrams to color-magnitude diagrams: Effective temperatures. B-V Colors, and bolometric corrections, ApJ 469:355

Fontenelle de M. (Bernard Le Bovier), Dialogen über die Mehrheit der Welten. C.F. Himburg, 1780

Fowler RH (1926) On dense matter. Mon Not R Astron Soc 87:114–122. https://doi.org/10.1093/mnras/87.2.114

Fracassini LEP, Pastori L, Covino S, Pozzi A (2000) Catalogue of apparent diameters and absolute radii of stars (CADARS) – third edition – comments and statistics. Astron Astrophys 367:521–524. https://doi.org/10.1051/0004-6361:20000451

Freire PCC, Ransom SM, Begin S et al (2007) Eight new millisecond pulsars in NGC 6440 and NGC 6441. The Astrophys J 675(1):670–682 (2008)

Frenklach M, Carmer C, Feigelson E (1989) Silicon carbide and the origin of interstellar carbon grains. Nature 339:196–198

Freytag B, Steffen M, Dorch B (2002) Spots on the surface of Betelgeuse – results from new 3D stellar convection models. Astron Nachrichten 323:213–219. https://doi.org/10.1002/1521-3994(200208)323:3/4<213::AID-ASNA213>3.0.CO;2-H

Friman BL, Maxwell OV (1979) Neutrino emissivities of neutron stars. Astrophys J 232:541. https://doi.org/10.1086/157313

Gautschy A (2012) Helium ignition in the cores of low-mass stars. eprint arXiv:1208.3870

Georgy C (2010) Anisotropic mass loss and stellar evolution: from be stars to gamma ray bursts. University of Geneva

Ghosh P, Pethick CJ, Lamb FK (1977) Accretion by rotating magnetic neutron stars. I – flow of matter inside the magnetosphere and its implications for spin-up and spin-down of the star. Astrophys J 217:578. https://doi.org/10.1086/155606

Gilfanov M, Sunyeav R, Churazov E (2002) Lighthouses of the universe: the most luminous celestial objects and their use for cosmology. In: Gilfanov M, Sunyeav R, Churazov E (Hrsg) Lighthouses of the universe: The most luminous celestial objects and their use for cosmology: Proceedings of the MPA/ESO/MPE/USM Joint Astronomy Conference Held in Garching, Germany, 6–10 August 2001. Springer, Berlin/Heidelberg,

Gold T (1968) Rotating neutron stars as the origin of the pulsating radio sources. Nature 218:731–732. https://doi.org/10.1038/218731a0

Gontcharov GA, Khovritchev MY, Mosenkov AV, Il'in VB, Marchuk AA, Poliakov DM, ... Hebdon N (2023) Isochrone fitting of galactic globular clusters–IV. NGC 6362 and NGC 6723. Mon Not R Astron Soc 518(2):3036–3054.

Goriely S, Bauswein A, Janka HT (2011) R-process nucleosynthesis in dynamically ejected matter of neutron star mergers. Astrophys J Lett 738(2), Artic id L32, 6 pp (2011). https://doi.org/10.1088/2041-8205/738/2/L32

Gou L, McClintock JE, Reid MJ et al (2011) The extreme spin of the black hole in cygnus X-1. Astrophys J 742(2), Artic id 85, 17 pp (2011). https://doi.org/10.1088/0004-637X/742/2/85

Gray DF (2005) The observation and analysis of stellar photospheres. Cambridge University Press

Greiner W, Schäfer A (1989) Quantenchromodynamik, Theoretische Physik 10. Harri Deutsch

Grevesse N, Sauval AJ (1998) Standard solar composition. Space Sci Rev 85:161–174. https://doi.org/10.1023/A:1005161325181

Groh JH, Hillier DJ, Damineli A et al (2009) On the nature of the prototype LBV AG Carinae I. Fundamental parameters during visual minimum phases and changes in the bolometric luminosity during the S-Dor cycle. Astrophys J 698:1698–1720. https://doi.org/10.1088/0004-637X/698/2/1698

Haberl F, Stella L (1987) EXOSAT observations of double-peaked bursts with radius expansion from 4U/MXB 1820-30. ApJ 314:266–271

Habing HJ, Olofsson H (Hrsg) (2004) Asymptotic giant branch stars. Springer, New York

Hall JC, Lockwood GW (2000) Evidence of a pronounced activity cycle in the solar twin 18 scorpii. Astrophys J 545:L43–L45. https://doi.org/10.1086/317331

Hanbury-Brown R, Davis J, Allen LR, Rome JM (1967) The stellar interferometer at narrabri observatory II: the angular diameters of 15 stars. Mon Not R Astron Soc 137:393–417. https://doi.org/10.1093/mnras/137.4.393

Hanbury-Brown R, Twiss RQ (1956) Correlation between photons in two coherent beams of light. Nature 177:27–29. https://doi.org/10.1038/177027a0

Hanbury-Brown RH, Davis J, Allen LR (1967) The stellar interferometer at narrabri observatory I: a description of the instrument and the observational procedure. Mon Not R Astron Soc 137:375–392. https://doi.org/10.1093/mnras/137.4.375

Hansen CJ, Kawaler SD, Trimble V (2004) Stellar interiors, physical principles, structure, and evolution. Springer, New York

Hansson J, Sandin F (2004) Preon stars: a new class of cosmic compact objects. Phys Lett B 616:1–7. https://doi.org/10.1016/j.physletb.2005.04.034

Harari H, Haim, (1979) A schematic model of quarks and leptons. Phys Lett B 86:83–86. https://doi.org/10.1016/0370-2693(79)90626-9

Hartmann J (1904) Investigations on the spectrum and orbit of delta Orionis. Astrophys J 19:268. https://doi.org/10.1086/141112

Hartoog MR, Cowley CR, Cowley AP (1973) The application of wavelength coincidence statistics to line identification: HR 465 and HR 7575. Astrophys J 182:847. https://doi.org/10.1086/152188

Harvey PM, Wilking BA, Joy M (1984) On the far-infrared excess of Vega. Nature 307:441–442. https://doi.org/10.1038/307441a0

Haskell B, Melatos A (2015) Models of pulsar glitches. Int J Mod Phys D 24(3)

Hawking S, Mlodinow L (2011) The grand design, Random House Digital Inc

Haubois X, Perrin G, Lacour S et al (2009) Imaging the spotty surface of Betelgeuse in the H band. Astron Astrophys 508(2):923–932

Hebeler K, Lattimer JM, Pethick CJ, Schwenk A (2013) Equation of state and neutron star properties constrained by nuclear physics and observation. Astrophys J 773(1), 11, 14. https://doi.org/10.1088/0004-637X/773/1/11

Heinke CO, Rybicki GB, Narayan R, Grindlay JE (2006) A hydrogen atmosphere spectral model applied to the neutron star X7 in the globular cluster 47 tucanae. Astrophys J 644:1090–1103. https://doi.org/10.1086/503701

Henyey LG, Forbes JE, Gould NL (1964) A new method of automatic computation of stellar evolution. Astrophys J 139:306. https://doi.org/10.1086/147754

Hewish A, Bell SJ, Pilkington P, Scott FCR (1968) Observation of a rapidly pulsating radio source. Nature 217:709–713

Hirschi R, Meynet G, Maeder A (2004) Stellar evolution with rotation XII: Pre-supernova models. Astron Astrophys 425:649–670. https://doi.org/10.1051/0004-6361:20041095

Ho WCG, Espinoza CM, Antonopoulou D, Andersson N (2015) Pinning down the superfluid and measuring masses using pulsar glitches. Sci Adv 1:e1500578–e1500578. https://doi.org/10.1126/sciadv.1500578

Ho WCG, Heinke CO (2009) A neutron star with a carbon atmosphere in the cassiopeia a supernova remnant. Nature 462(7269):71–73. https://doi.org/10.1038/nature08525

Hoffmeister C, Richter G, Wenzel W (2013) Veränderliche Sterne. Springer

Horowitz CJ, Kadau K (2009) Breaking strain of neutron star crust and gravitational waves. Phys Rev Lett 102:191102. https://doi.org/10.1103/PhysRevLett.102.191102

Hoyle F, Dunbar DNF, Wensel WA, Walfang W (1953) The 7.68-MeV state in 12C. Phys Rev 92:649.

Hoyle F, Wickramasinghe N (1962) On graphite particles as interstellar grains. MNRAS 124:417

Hubeny I, Mihalas D (2015) Theory of stellar atmospheres. Princeton University Press
Husser TO, von Berg SW-, Dreizler S et al (2013) A new extensive library of PHOENIX stellar atmospheres and synthetic spectra. Astron Astrophys 553(A6):9.
Iben I, Renzini A (1984) Single star evolution I. Massive stars and early evolution of low and intermediate mass stars. Phys Rep 105:329–406. https://doi.org/10.1016/0370-1573(84)90142-X
Iliadis C (2007) Nuclear physics of stars. Wiley-VCH Weinheim
Ivanov VD, Kurtev R, Borissova J (2005) Red giant branch stars as probes of stellar populations-II. Properties of the newly discovered globular cluster GLIMPSE-C01. Astron Astrophys 442(1):195–200.
Jaschek C (1990) The classification of stars. Cambridge Unbiversity Press
Kahler JB (1994) Sterne und ihre Spektren. Springer Spektrum Heidelberg
Kanaan A, Nitta A, Winget DE et al (2005) Whole earth telescope observations of BPM 37093: Astroseismological test of crystallization theory in white dwarfs. Astron Astrophys 432:219–224. https://doi.org/10.1051/0004-6361:20041125
Kankiewicz P, Rybczynski M, Wlodarczyk Z, Wilk G (2017) Muon bundles from the Universe. Astrophys J 839(1)
Kaplan DL, Boyles J, Dunlap BH et al (2014) Companion to PSR J2222–0137: the coolest known White dwarf? Astrophys J 789:119. https://doi.org/10.1088/0004-637X/789/2/119
Keenan PC (1993) Revised MK spectral classification of the red carbon stars. Publ Astron Soc Pacific 105:905. https://doi.org/10.1086/133252
Kepler SO, Koester D, Ourique G (2016) A white dwarf with an oxygen atmosphere. Science 352:67–69. https://doi.org/10.1126/science.aad6705
Kervella P, Jankov S, Vakili F, Ohishi N, Nordgren TE, Abe L (2005) Gravitational-darkening of altair from interferometry. Astron Astrophys 442(2):567–578
Kharchenko NV, Piskunov AE, Schilbach E, Röser S, Scholz RD (2013) Global survey of star clusters in the Milky Way-II. The catalogue of basic parameters. Astron. Astrophys. 558(A53)
Kippenhahn R, Thomas HC, Weigert A (1965) Sternentwicklung IV. Zentrales Wasserstoff- und Heliumbrennen bei einem Stern von 5 Sonnenmassen. Z Astrophys 61:241.
Kippenhahn R, Weigert A (1990) Stellar structure and evolution. XVI, 468 pp. 192 figs.
Kippenhahn R, Weigert A, Weiss A (2012) Stellar structure and evolution. Springer, Berlin, Heidelberg
Kirchhoff GR, Bunsen RW (1860) Chemische Analyse durch Spectralbeobachtungen. Ann Phys 110:161–189
Kleinman SJ, Kepler SO, Koester D et al (2012) SDSS DR7 white dwarf catalog. Astrophys J Suppl 204(1)
Koester D, Chanmugam G (1990) Physics of white dwarf stars. Reports Prog Phys 53:837–915. https://doi.org/10.1088/0034-4885/53/7/001
Koester D, Weidemann V, Zeidler EM, Vauclair G (1985) The explanation of the 1400 and 1600 A features in DA white dwarfs. Astron Astrophys (ISSN 0004–6361), 142(1):L5–L8.
Kojo T, Powell PD, Song Y, Baym G (2014) Phenomenological QCD equation of state for massive neutron stars. https://doi.org/10.1103/PhysRevD.91.045003
Kravchenko K, Chiavassa A, Van Eck S, Jorissen A, Merle T, Freytag B, Plez B (2019) Tomography of cool giant and supergiant star atmospheres-II. Signature of convection in the atmosphere of the red supergiant star μ Cep. Astron Astrophys 632(A28)
Kroupa P (2002) The initial mass function of stars: evidence for uniformity in variable systems. Sci 295(5552):82–91. https://doi.org/10.1126/science.1067524
Küker M, Rüdiger G (2005) Differential rotation on the lower main sequence. In: Astronomische Nachrichten. 326. Jahrgang, Nr. 3. National Center for Supercomputing Applications, S. 265–268
Labeyrie A (1970) Attainment of diffraction limited resolution in large telescopes by fourier analysing speckle patterns in star images. Astron Astrophys 6:85

Landolt-Börnstein (1982) Numerical data and functional relationship in science and technology, Bd. Vi/2b. Springer, Berlin

Lane HJ (1870) On the theoretical temperature of the Sun, under the hypothesis of a gaseous mass maintaining its volume by its internal heat, and depending on the laws of gases as known to terrestrial experiment. Am J Sci s2-50:57–74. https://doi.org/10.2475/ajs.s2-50.148.57

Lattimer JM, Douglas Swesty F (1991) A generalized equation of state for hot, dense matter. Nucl Phys A 535:331–376. https://doi.org/10.1016/0375-9474(91)90452-C

Laughlin G, Bodenheimer P, Adams FC (1997) The end of the main sequence. Astrophys J 482:420–432. https://doi.org/10.1086/304125

Lai D, Rafikov RR (2005) Effects of gravitational lensing in the double pulsar system J0737-3039. Astrophys J 621(1):L41

LeBlanc F (2011) An introduction to stellar astrophysics. Wiley

Leighton RB, Noyes RW, Simon GW (1962) Velocity fields in the solar atmosphere. I. Preliminary Report. Astrophys J 135:474. https://doi.org/10.1086/147285

Lester JB, Neilson HR (2008) SAtlas: Spherical versions of the atlas stellar atmosphere program. Astron Astrophys 491(2):633–641

Liebert J, Bergeron P, Holberg JB (2004) The formation rate, mass and luminosity functions of DA white dwarfs from the palomar green survey. Astrophys J Suppl Ser 156(1):47–68. https://doi.org/10.1086/425738

Limongi M, Straniero O, Chieffi A (2000) Massive stars in the range 13–25 M: Evolution and nucleosynthesis. II. The Solar Metallicity Models. Astrophys J Suppl Ser 129(2):625–664. https://doi.org/10.1086/313424

Manchado A, Guerrero MA, Stanghellini L, Serra-Ricart M (1997) The IAC morphological catalog of Northern Galactic Planetary Nebulae. Planet Nebul Proc 180th Symp Int Astron Union 24.

Mazur P, Mottola E (2002) Gravitational condensate stars. American Physical Society, April Meeting, April 20–23 2002, Albuquerque New Mexico

Melson T, Janka HT, Marek A (2015) Neutrino-driven supernova of a low-mass iron-core progenitor boosted by three-dimensional turbulent convection. Astrophys J Lett 801(2), Artic id L24, 6 pp. https://doi.org/10.1088/2041-8205/801/2/L24

Merrill SPW (1952) Spectroscopic observations of stars of class S. Astrophys J 116:21. https://doi.org/10.1086/145589

Michelson A, Pease F (1921) Measurement of the diameter of alpha-orionis by the interferometer. Astrophys J 53:249–259

Migdal AB (1960) Superfluidity and the moments of inertia of nuclei. Sov. Phys. JETP 37(10) Number 1

Miller AI (2005) Empire of the stars: Friendship, obsession and betrayal in the quest for black holes. Hachette Digital, London

Moffett DA, Hankins TH (1995) Multifrequency radio observations of the crab pulsar. Astrophys J 468:779

Mon M, Suzuki M, Moritani Y, Kogure T (2013) Spectroscopic variations of the be-shell star EW Lac in the V/R variation periods. Publ Astron Soc Jpn 65(4)

Monelli M, Corsi CE, Castellani V et al (2005) The discovery of more than 2000 white dwarfs in the globular cluster ω centauri. Astrophys J 621:L117–L120. https://doi.org/10.1086/429255

Monnier JD, Zhao M, Pedretti E, Thureau N, Ireland M, Muirhead P, ... Berger D (2007) Imaging the surface of altair. Science 317(5836):342-345

Monroe TR, Meléndez J, Ramírez I et al (2013) High Precision abundances of the old solar twin HIP 102152: Insights on Li depletion from the oldest sun. Astrophys J Lett 774(2)

Moore CE (1968) Partial grotrian diagrams of astrophysical interest. Natl. Bur. Standards, Washington

Moore CE, Minnaert MGJ, Houtgast J (1966) The solar spectrum 2935 A to 8770 A. National Bureau of Standards Monograph, Washington: US Government Printing Office (USGPO)

Morgan WW, Keenan PC, Kellman E (1943) An atlas of stellar spectra, with an outline of spectral classification.
Moulton FR (1909) On certain implications of possible changes in the form and dimensions of the sun, and some suggestions toward explaining certain phenomena of variable stars. Astrophys J 29:257. https://doi.org/10.1086/141652
Narayanan VK, Gould A (1998) Correlated errors in Hipparcos parallaxes towards the Pleiades and the Hyades. https://doi.org/10.1086/307716
Noyola E, Gebhardt K, Bergmann M (2008) Gemini and hubble space telescope evidence for an intermediate mass black hole in omega centauri. Astrophys J 676(2):1008–1015. https://doi.org/10.1086/529002
Oey MS, Clarke CJ (2005) Statistical confirmation of a stellar upper mass limit. https://doi.org/10.1086/428396
Olofsson H, Bergman P, Lucas R et al (1998) A thin molecular shell around the carbon star TT CYG. Astron Astrophys v330, pL1-L4 330:L1–L4.
Olson GL, Kunasz PB (1987) Short characteristic solution of the non-LTE line transfer problem by operator perturbation—I. The one-dimensional planar slab. J Quant Spectrosc Radiat Transf 38:325–336. https://doi.org/10.1016/0022-4073(87)90027-6
Öpik E (1938) Composite stellar models. Publ Tartu Astrofiz Obs vol 30, ppD1-D48 30:D1–D48.
Orosz JA, McClintock JE, Aufdenberg JP et al (2011) The mass of the black hole in cygnus X-1. Astrophys J. https://doi.org/10.1088/0004-637X/742/2/84
Ostlie DA, Carroll BW (1996) An introduction to modern stellar astrophysics. Addison-Wesley
Pacini F (1967) Energy Emission from a neutron star. Nature 216:767–768
Page D, Prakash M, Lattimer JM, Steiner AW (2011) Rapid cooling of the neutron star in cassiopeia a triggered by neutron superfluidity in dense matter. Phys Rev Lett 106:081101. https://doi.org/10.1103/PhysRevLett.106.081101
Paunzen E (2004) The lambda bootis stars. Proc Int Astron Union 2004:443–450. https://doi.org/10.1017/S1743921304004867
Payne CH (1925) Astrophysical data bearing on the relative abundance of the elements. Proc Natl Acad Sci 11:192–198. https://doi.org/10.1073/pnas.11.3.192
Payne CH (1925b) Stellar atmospheres; A contribution to the observational study of high temperature in the reversing layers of stars.
Pfaff F (1868) Die neuesten Forschungen auf dem Gebiete der Schöpfungsgeschichte. Heyder Zimmer, Frankfurt a. M.
Planck M (1900) Zur Theorie des Gesetzes der Energieverteilung im Normalspectrum. Ann Phys 309:553–563
Platais I, Cudworth KM, Kozhurina-Platais V, McLaughlin DE, Meibom S, Veillet C (2011) A new look at the old star cluster NGC 6791. Astrophys J Lett 733(1):L1
Pletsch HJ, Guillemot L, Fehrmann H et al (2012) Binary millisecond pulsar discovery via gamma-ray pulsations. Sci 338(6112):1314. https://doi.org/10.1126/science.1229054
Pons JA, Viganò D, Rea N (2013) A highly resistive layer within the crust of X-ray pulsars limits their spin periods. Nat Phys 9:431–434. https://doi.org/10.1038/nphys2640
Potekhin AY, Pons JA, Page D (2015) Neutron stars – cooling and transport. Sp Sci Rev 191(1–4):239–291. https://doi.org/10.1007/s11214-015-0180-9
Prakash M, Lattimer JM, Sawyer RF, Volkas RR (2001) Neutrino propagation in dense astrophysical systems. Annu Rev Nucl Part Sci 51:295–344. https://doi.org/10.1146/annurev.nucl.51.101701.132514
Queloz D, Eggenberger A, Mayor M et al (2000) Detection of a spectroscopic transit by the planet orbiting the star HD209458. A&A 359:L13–L21
Rauscher T, Dauphas N, Dillmann I et al (2013) Constraining the astrophysical origin of the p-nuclei through nuclear physics and meteoritic data. Reports Prog Phys 76(6), Artic id 066201. https://doi.org/10.1088/0034-4885/76/6/066201
Ravenhall DG, Pethick CJ, Wilson JR (1983) Structure of matter below nuclear saturation density. Phys Rev Lett 50:2066–2069. https://doi.org/10.1103/PhysRevLett.50.2066

Rebolo R, Martin E, Magazzu A (1992) Spectroscopy of a brown dwarf candidate in the Alpha Persei open cluster. ApJ 389:L83–L86

Reid MJ, McClintock JE, Narayan R et al (2011) The trigonometric parallax of cygnus X-1. Astrophys J 742(2), Artic id 83, 5 pp. https://doi.org/10.1088/0004-637X/742/2/83

Reinhardt M (1973) X-ray sources in binary systems. Naturwissenschaften 60:532–538. https://doi.org/10.1007/BF01178335

Richichi A (1997) Lunar occultation measurements of stellar angular diameters. Int Astron Union Symp 189:45–50

Ritter A (1880) Untersuchungen über die Höhe der Atmosphäre und die Constitution gasförmiger Weltkörper. Ann der Phys Chemie 247:978–997. https://doi.org/10.1002/andp.18802471315

Römer O (1676) Démonstration touchant le mouvement de la lumière. J des Savants 7:233ff.

Röpke G (2017) Correlations and clustering in dilute matter. eprint arXiv:1703.06734

Salaris M, Cassisi S (2005) Evolution of stars and stellar populations. Wiley

Salpeter EE (1952) Nuclear reactions in stars without hydrogen. Astrophys J 115:326. https://doi.org/10.1086/145546

Samus NN et al (2013) General catalog of variable stars (GCVS database, Version 2013 Apr. http://www.sai.msu.su/gcvs/gcvs/iii/html/

Santos N, Israelian G, Mayor M (2004) Spectroscopic [Fe/H] for 98 extra-solar planet-host stars. Exploring the probability of planet formation. A&A 415:1153–1166

Scardia M, Argyle RW, Prieur JL et al (2007) The orbit of the visual binary ADS 8630 (γ Vir). Astron Nachrichten 328:146–153. https://doi.org/10.1002/asna.200610710

Scheffler H, Elsässer H (1974) Physik der Sterne und der Sonne. Wissenschaftsverlag Bibliographisches Institut, Zürich, B.I

Schelling von FWJ (1996) Philosophie der Mythologie: in drei Vorlesungsnachschriften 1837–1842.

Schlesinger F (1911) Rotation of stars about their axes. Mon Not R Astron Soc 71:719–719. https://doi.org/10.1093/mnras/71.9.719

Scholz M (2014) Planetologie extrasolarer Planeten. Springer, Berlin

Scholz M (2016) Astrobiologie. Springer, Berlin

Schönberg M, Chandrasekhar S (1942) On the evolution of the main-sequence stars. Astrophys J 96:161. https://doi.org/10.1086/144444

Schroder KP, Smith RC (2008) Distant future of the sun and earth revisited. https://doi.org/10.1111/j.1365-2966.2008.13022.x

Schwarzschild K (1906) Ueber das Gleichgewicht der Sonnenatmosphäre. Nachrichten von der Gesellschaft der Wissenschaften zu Göttingen, Math Klasse 41–53.

Secchi, PA (1877) Le Stelle: Saggio di Astronomia Siderale, Milano: Fratelli Dumolard

Secchi PA (1878) Die Sterne – Grundzüge der Astronomie der Fixsterne. F. A. Brockhaus, Leipzig

Semel M (1989) Zeeman-Doppler imaging of active stars. I – Basic principles. Astron Astrophys (ISSN 0004-6361) 225(2):456–466

Semenov V, Dyadechkin S, Punsly B (2004) Simulations of jets driven by black hole rotation. Sci 305(5686):978–980. https://doi.org/10.1126/science.1100638

Shapiro SL, Teukolsky SA (1983) Black holes, white dwarfs, and neutron stars: The physics of compact objects.

Sommerfeld A (1919) Atombau und Spektrallinien. Vieweg, Braunschweig

Sparks WM, Endal AS (1980) Theoretical studies of massive stars. II – Evolution of a 15 solarmass star from carbon shell burning to iron core collapse. Astrophys J 237:130. https://doi.org/10.1086/157851

Stahler SW, Palla F (2008) The formation of stars. Wiley-Vch

Stancil PC (1994) Continuous absorption by He2(+) and H2(+) in cool white dwarfs. Astrophys J 430:360. https://doi.org/10.1086/174411

Steiner AW, Lattimer JM, Brown EF (2010) The equation of state from observed masses and radii of neutron stars. Astrophys J 722(1):33–54. https://doi.org/10.1088/0004-637X/722/1/33

Steiner JF, McClintock JE, Remillard RA et al (2009) Measuring black hole spin via the x-ray continuum fitting method: beyond the thermal dominant state. Astrophys J Lett 701(2):L83–L86. https://doi.org/10.1088/0004-637X/701/2/L83

Stetson PB, Harris WE (1988) CCD photometry of the globular cluster M92. Astron J (ISSN 0004–6256) 96:909–975. NSERC-supported research

Strassmeier KG (1999) Doppler imaging of stellar surface structure. XI. The super starspots on the K0 giant HD 12545: larger than the entire Sun, Astronomy and Astrophys 347:225-234

Strieder F (2010) Carbon burning in stars – Prospects for underground measurements of the 12C+12C fusion reactions. J Phys Conf Ser 202:012025. https://doi.org/10.1088/1742-6596/202/1/012025

Stroemgren B (1933) On the interpretation of the Hertzsprung-Russel-Diagram. Publ og mindre Meddeler fra Kobenhavns Obs 86:1–28.

Struve W (1840) Über die Parallaxe des Sterns α Lyrae nach Micrometermessungen am grossen Refractor der Dorpater Sternwarte. Astron Nachrichten 17:177–180. https://doi.org/10.1002/asna.18400171202

Sugimoto D (1971) Mixing between stellar envelope and core in advanced phases of evolution. III. Prog Theor Phys 45:761–775. https://doi.org/10.1143/PTP.45.761

Tailo M, D'Antona F, Vesperini E, Di Criscienzo M, Ventura P, Milone A, ... Capuzzo-Dolcetta R (2015) Rapidly rotating second-generation progenitors for the'blue hook'stars of? Centauri.

Tamura N, Sharples RM, Arimoto N, Onodera M, Ohta K, Yamada Y (2006) A subaru/suprime-cam wide-field survey of globular cluster populations around M87–I. Observation, data analysis and luminosity function. Mon Not R Astron Soc 373(2):588–600

Tan JC, Beltran MT, Caselli P et al (2014) Massive star formation. Protostars Planets VI, Henrik Beuther, Ralf S Klessen, Cornelis P Dullemond, Thomas Henning (Hrsg) Univ Arizona Press Tucson 914:149–172. https://doi.org/10.2458/azu_uapress_9780816531240-ch007

Tassoul J-L (1978) Theory of rotating stars. Princeton University Press, Princeton

Tauris TM, Heuvel E van den (2003) Formation and evolution of compact stellar X-ray sources. Compact stellar X-ray sources Ed by Walter Lewin Michiel van der Klis Cambridge Astrophys Ser No 39 Cambridge, UK Cambridge Univ Press ISBN 978–0–521–82659–4, ISBN 0–521–82659–4, 102277/0521826594, 2006, 39:623–665.

Taylor EF, Wheeler JA (2000) Exploring black holes – introduction to general relativity. Addison Wesley Longman Inc.

Thomas HC (1967) Sternentwicklung VIII. Der Helium-Flash bei einem Stern von 1. 3 Sonnenmassen. Z Astrophys 67:420–445

Unsöld A (1938) Physik der Sternatmosphären. Springer, Berlin

Verheyen L, Messineo M, Menten KM (2012) SiO-Maseremission von Roten Überriesen in der gesamten Galaxie. I. Ziele in massiven Sternhaufen. Astronomie Astrophysik. 541: A36. arXiv: 1203.4727

Vogel HC (1891) Spectrographische Beobachtungen an Algol. Mem della Soc Degli Spettrosc Ital 19:21–23.

Vogt SS, Penrod GD, Hatzes AP (1987) Doppler images of rotating stars using maximum entropy image reconstruction. Astrophys J 321:496. https://doi.org/10.1086/165647

Vogt SS, Penrod GD (1983) Doppler Imaging of spotted stars – Application to the RS canum venaticorum star HR 1099. Publ Astron Soc Pacific 95:565. https://doi.org/10.1086/131208

Walker R (2012) Spectroscopic atlas for amateur astronomers.

Walmswell JJ, Tout CA, Eldridge JJ (2015) On the blue loops of intermediate-mass stars. https://doi.org/10.1093/mnras/stu2666

Wanajo S, Kajino T, Mathews GJ, Otsuki K (2001) The r-process in neutrino-driven winds from nascent, „Compact" neutron stars of core-collapse supernovae. Astrophys J 554(1):578–586. https://doi.org/10.1086/321339

Wanajo S, Shinya (2013) The r-process in proto-neutron-star wind revisited. Astrophys J Lett 770(2), Artic id L22, 6 pp. https://doi.org/10.1088/2041-8205/770/2/L22

Weber F (2004) Strange quark matter and compact stars. Prog Part Nucl Phys 54(1):193–288. https://doi.org/10.1016/j.ppnp.2004.07.001

Weber F, Ho A, Negreiros RP, Rosenfield P (2007) Strangness in neutron stars. Int J Mod Phys D 16:231–245. https://doi.org/10.1142/S0218271807009966

Weinreb S, Barrett AH, Meeks ML, Henry JC (1963) Radio observations of OH in the interstellar medium. Nature 200:829–831. https://doi.org/10.1038/200829a0

Weiss A, Hillebrandt W, Thomas H-C, Ritter H (2004) Cox & Giuli's principles of stellar structure. Cambridge Scientific Publishers, Cambridge

Weiss A, Schlattl H (2008) GARSTEC—the garching stellar evolution code. Astrophys Space Sci 316:99–106. https://doi.org/10.1007/s10509-007-9606-5

Weizsäcker von CF (1938) Über Elementumwandlungen im Innern der Sterne.

Welch DL (1994) A near-infrared variant of the barnes-evans method for finding cepheid distances calibrated with high-precision angular diameters. Astron J 108(4):1421–1426. https://doi.org/10.1086/117164

Werner K, Rauch T, Kruk JW (2008) Discovery of photospheric CaX emission lines in the far-UV spectrum of the hottest known white dwarf (KPD0005+5106). Astron Astrophys 492(3):L43–L47. https://doi.org/10.1051/0004-6361:200811126

Whitford AE (1939) Photoelectric Observation of diffraction at the moon's limb. Astrophys J 89:472. https://doi.org/10.1086/144068

Wien W (1893) Eine neue Beziehung der Strahlung schwarzer Körper zum zweiten Hauptsatz der Wärmetheorie.

Wilson OC, Vainu Bappu MK (1957) H and K emission in late-type stars: dependence of line width on luminosity and related topics. Astrophys J 125:661. https://doi.org/10.1086/146339

Woosley SE, Heger A, Weaver TA (2002) The evolution and explosion of massive stars. Rev Mod Phys 74:1015–1071. https://doi.org/10.1103/RevModPhys.74.1015

Woosley SE, Weaver TA (1981) Theoretical models for supernovae.

Xiaoyu L, Renxin X (2017) Strangeon and strangeon star. J Phys Conf Ser 861(1)

Yakovlev DG, Pethick CJ (2004) Neutron star cooling. Annu Rev Astron Astrophys 42(1):169–210. https://doi.org/10.1146/annurev.astro.42.053102.134013

Young JS, Baldwin JE, Boysen RC et al (2000) New views of Betelgeuse: multi-wavelength surface imaging and implications for models of hotspot generation. Mon Not R Astron Soc 315:635–645. https://doi.org/10.1046/j.1365-8711.2000.03438.x

Zeipel EHv (1924) The radiative equilibrium of a rotating system of gaseous masses. Mon Not R Astron Soc 84(9):665–719. Bibcode:1924MNRAS..84..665V. https://doi.org/10.1093/mnras/84.9.665

Zöllner JKF (1881) Wissenschaftliche Abhandlungen, Bd IV. L. Staackmann, Leipzig

Stichwortverzeichnis

A

Absorptionskoeffizient, 340
  atomarer, 328, 344
  für Frei-frei-Übergänge, 349
  für Gebunden-frei-Übergänge, 347
  Hydridion, 367
  integraler, 351
  kontinuierlicher, 346, 350
  Linien-, 340, 345, 372
  Massen-, 328
  mittlerer s. Rosseland'sches Mittel
Absorptionsquerschnitt, 345
AGB-Stern, 38, 181, 183, 184, 213, 526, 532, 538, 559, 560, 638, 639, 641, 642, 644, 697, 739
Airy-Scheibchen, 88
Akkretionsscheibe, 720, 722, 734
  magneto-spin alignment, 799
Algol-Stern, 110
Alkalimetall
  Linienspektrum, 253
  Spektralserien, 254
Alpha-Capture, 538
AM-Herculis-Stern, 44, 142, 212
Am-Stern, 170
Anfangsmassenfunktion, 587
Anregung (Elektronenzustände), 242
Apertursynthese, 93
Ap-Stern, 170
Astralreligion, 1
Astronomie
  babylonische, 3
  griechische, 3
Astrophysik, nukleare
  Anfänge, 24
Astrophysik
  Entstehung, 9

Astroseismologie, 48, 49, 51, 57, 127, 402, 631, 679
  satellitengestützte, 131
Asymptotic Giant Branch Bump
  HRD, 218
Auswahlregel s. Spektrallinie

B

B[e]-Stern, 167
B2FH-Theorie, 24
Baade-Wesselink-Verfahren s. Sterndurchmesserbestimmung
Bag-Modell der Hadronen, 776, 779, 781
Balmer-Serie des Wasserstoffs, 144, 161, 168, 180, 237, 271, 314, 315, 341, 346
Balmer-Sprung, 84, 196, 341, 346, 347
Baryonenstern, 134
BCS-Theorie, 766, 777
Bedeckungsveränderliche, 110, 126, 308
Bergmann-Serie der Alkalimetall, 254
Berylliumbarriere, 522, 526
Be-Stern, 165, 166
Beta-Cephei-Stern, 49, 120
Bethe-Critchfield-Zyklus s. pp-Zyklus
Bethe-Weizsäcker-Zyklus s. CNO-Zyklus
Bewegungssternhaufen, 667
Bindungsenergie, gravitative, 407–409, 549, 555, 573
Black-Widow Pulsars, 735
Blandford-Znajek-Mechanismus, 800
Blauer Hyperriese (Blue Supergiant BSG), 653
Blauer Überriese, 204
Blauer Zwerg (hypothetisch), 611, 613
Blazhko-Effekt, 171
Blending (Spektrallinien), 306

Blue-Hook-Stern, 663
Blue loop, 534, 535, 628, 629, 655
Blue Stragglers, 214, 215
Bodmer-Witten-Vermutung, 786
Boltzmann-Gleichung, 356, 357, 360, 363, 368, 376
Boltzmann-Verteilung, 343, 355, 357
Born-Oppenheimer-Näherung, 278
Bose-Einstein-Kondensation, 435, 754, 756, 766, 772, 775
Bose-Einstein-Statistik, 434
Brackett-Serie des Wasserstoffs, 238
Brauner Zwerg, 189, 201, 210, 384, 427, 581, 587, 589, 592, 596, 597, 608, 612, 679
Breit-Wigner-Verteilung, 492
Bremsstrahlung, 419
  inverse, 349
  thermische, 349
Bremsstrahlungsneutrinos, 539
B-Stern
  heliumschwacher, 168
  heliumstarker, 168
BY-Draconis-Stern, 181, 609

C

Cameron-Fowler-Mechanismus, 638
Carbon-Flash, 626
Chandrasekhar-Grenze, 212, 433, 462, 608, 674, 679, 684, 753
  Entdeckung, 27
Chromosphäre (Sonne), 395
CNO-Zyklus, 464, 473, 476, 496, 510, 513, 516, 560, 599, 604, 606, 618, 638
Compton-Effekt, 351
Compton-Streuung, 706
Cooper-Paar, 761, 764, 766–768, 777
Core bounce, 553, 748–750
Core-Collapse Supernova CCSN s. Supernova, hydrodynamische
Cygnus X-1 (Entdeckung), 42

D

Debye-Kühlung, 699
Deleptonisierung, 747, 748
Delta-Cepheiden, 114, 115, 129, 175, 214, 219, 535, 629, 631–635, 665
  bimodale, 632
  Perioden-Leuchtkraft-Beziehung, 46
  Pulsationsveränderliche, 45
  Triple-Mode, 632

Delta-Scuti-Stern, 49, 120, 128, 171, 173, 175, 219
Deuteriumbrennen, 189, 210, 476, 495, 581, 592–594, 596, 597, 612
Deuteriumschalenbrennen, 594
Dispersion, interstellare, 704
Doppelastrometrischer, 122
Doppelstern, 121
  spektroskopischer, 122, 124
Doppler delay s. pulse-timing analysis
Doppler-Effekt, 112, 124, 142, 163, 165, 302, 304, 305, 311, 709
  Entdeckung, 14
  transversaler, 303
Doppler-Imaging, 109, 142, 308, 310, 322, 609
Doppler-Tomografie s. Doppler-Imaging
DQ-Herculis-Stern, 142
Dredge-up, 172, 293, 429, 559, 625, 628, 629, 637, 638, 641
dredge-up, 526
Dreifarbenfotometrie, 193
Dreikörperproblem, 724
Druckintegral, 430

E

Eddington-Barber-Beziehung, 337
Eddington-Leuchtkraft, 139, 438, 464, 643, 654, 657, 739, 740
Eddington-Modell, 452, 463, 465
Eddingtons biquadratische Gleichung, 467
Einstein-Koeffizient, 341, 342, 344, 345
Einsteinsche Quadrupolformel, 742
Elektronengas
  entartetes, 434, 527, 540
  nichtrelativistisch entartetes, 435
  relativistisch entartetes, 436
Elektronenscreening, 493, 500
Elementehäufigkeit, kosmische, 522
Elementesynthese, 475, 476, 494
  primordiale, 527, 593
Emission
  induzierte, 341, 343
  spontane, 298, 341, 342
Emissionsnebel, 162
Endalter-Hauptreihe, 518, 604, 618
Energieniveauschema, 238
Energietransport, 416
  Konvektion, 420
  Strahlungstransport, 416
Entartungsdruck, 521, 529

Ereignishorizont, 791, 793, 799, 801
Ergiebigkeit, 330, 333, 336, 337
Ergosphäre, 793, 800

F
Faint young sun paradox, 614
Farben-Helligkeits-Diagramm, 192
Farbexzess, 196
Farbsupraleitung, 777
Fermi-Dirac-Statistik, 434
Fermi-Energie, 435, 549, 691, 760, 762
Fermi-Impuls, 434, 437, 762
Fermionenstern, 753
FK-Comae-Berenices-Stern, 181
Flarestern s. UV-Ceti-Stern
Fotometrie, fotografische, 19
Frame dragging, 793, 800
Franck-Codon-Prinzip, 290
Fraunhofer'sche Linien (Entdeckung), 11
Free floaters, 598
Fried-Parameter, 101
FU-Orionis-Stern, 602

G
Gamma-Cassiopeiae-Stern, 166
Gamma-Doradus-Stern, 174
Gammastrahlungsausbruch, 716, 717
Gamow-Energie, 484, 490
Gamow-Faktor, 486
Gamow-Fenster, 538
Gamow-Peak, 485, 486, 490–492, 538
Gas
    ideales, 428
    innere Energie, 437
    Photonengas, 430, 437
Gelber Hyperriese (Yellow Supergiants YSG), 653
Gelber Unterriese (Yellow Subgiant), 619
Gibbssche Fundamentalgleichung, 434
Gleichgewicht
    chemisches, 522, 577, 764
    hydrostatisches (allgemein-relativistisch), 751, 784
    hydrostatisches, 200, 405, 426, 433, 447, 467, 468, 490, 494, 519, 529, 530, 533, 568, 572, 598, 611
    Ionisations-, 357, 359, 360
    lokales thermodynamisches (LTE), 164, 329–331, 334, 369, 378, 386, 758
    thermodynamisches, 329, 330, 342, 355, 360, 428
Glitches, 703, 766, 768, 770, 771

Gravastern, 794, 795
Gravitationsfemtolensing, 787
Gravitationskollaps, 153, 547, 575, 578, 580, 585, 586, 588, 653, 659, 675, 737, 756, 788, 796
Gravitationslinseneffekt, 135
Gravitationsrotverschiebung, 682, 708, 750
Gravitationswelle, 676, 711, 733, 736, 742, 743, 745, 746, 763, 787
Gravitomagnetischer Dynamoeffekt, 800
Grotrian-Diagramm, 263, 264, 267
Guillotine-Faktor, 349

H
Hauptakkretionsphase (Protosternbildung), 590, 592, 594
Hauptreihenfitting, 58, 666
Hayashi-Kontraktion, 40
Hayashi-Linie, 41, 594, 595, 610, 619, 628, 629
Helioseismologie, 48–50, 57, 220, 221, 228, 402, 425
Heliumbrennen, 209, 212, 213, 408, 476, 479, 491, 495, 518, 521, 524–529, 532, 534, 537, 559, 560, 606, 608, 613, 618, 621, 623, 625, 626, 628, 629, 637, 659
Heliumflash, 38, 524, 527–529, 532, 533, 621–623, 626
Heliumkernbrennen, 532, 604
Heliumschalenbrennen, 181, 213, 214, 527, 623, 624, 636, 697, 733
Heliumspektrum, 269
    Ionen, 270
    Orthohelium, 269
    Parahelium, 269
Henyey-Linie, 595
Herbig-Haro-Objekt, 602, 603
Herbigs Ae/Be-Stern, 171, 592, 602
Hertzsprung-Russell-Diagramm, 31, 127, 433, 532, 565, 622
    Asymptotischer Riesenast, 181, 195, 204, 213, 529, 623, 624
    Definition, 202
    Hauptreihe, 194, 208
    Hertzsprung-Lücke, 212, 213, 534, 628
    Horizontalast, 195, 204, 213, 532, 622–624
    Instabilitätsstreifen, 129, 175, 213, 214, 219, 535, 566, 623, 629, 633, 634
    Riesenast, 194, 204, 613
    Riesenstern, 211
    Rote Riesen-Ast, 532, 619, 624
    Sternhaufen, 32
    turn-off point, 195

Unterriesenast, 534, 628
Unterschiede zum FHD, 205
Unterzwerg, 210
Weißer Zwerg, 204, 212
He-Schaleninstabilität, 637
High Mass X-ray Binaries HMXB, 720, 730
H-II-Region, 161, 162, 576, 578, 579, 646, 651
Himmelsfotografie
   Anfänge, 17
Hintergrundstrahlung, kosmische, 706
H-I-Region, 576, 579, 580
Horizontalast, 623
Hot bottom burning, 638, 639
Hoyle-Resonanz, 524
Hubble-Gesetz, 58
Hubble-Zeit, 608, 611, 613
Hulse-Taylor-Doppelpulsar, 707–712, 730
Humphrey-Serie des Wasserstoffs, 238
Hundsche Regel, 258
Hybridstern, 786
Hydridion, 273–275, 365–367, 594
Hyperflares, 716
Hypernova s. Paarinstabilitätssupernova
Hyperonenmaterie, 784
Hyperonpuzzle, 783
Hyperriese (Hypergiant), 137, 211, 654, 656, 657

I

Inglis-Teller-Beziehung, 315
Initial Mass Function IMF s. Anfangsmassenfunktion
Instabilität
   gravitative, 580, 583, 584
   hydrodynamische, 553
   magnetische, 586
   Rayleigh-Taylor, 532
   thermische, 38, 529, 531
Interkombinationslinie s. Spektrallinie
Interkombinationsverbot, 267, 270
Intermediate Mass X-ray Binaries IMXB, 721
Interstellares Medium (ISM), 576
Ionen
   Elektronenkonfiguration, 256
Ionisation, 256, 346
   Autoionisation, 241
   Stoß-, 241, 256, 351, 357
   Strahlung, 241, 256, 340, 359
   thermische, 150
   vollständige, 693
Ionisationsenergie, 236, 240, 256, 272, 346–348, 357, 358, 363, 364, 376, 384

Ionisationsgrad, 132, 241, 254, 295, 349, 350, 361, 362, 367, 368, 425
Ionisationskante, 349
Ionisationsstufe, 149, 150, 164, 187, 241, 356–358, 361–363
Isochronen-Fitting, 58, 667
Isotopieeffekt s. Spektrallinie

J

Jeans-Kriterium, 575, 584
   Entdeckung, 40
Jeans-Masse, 585, 587, 589
Jeans-Radius, 585

K

Kaonenkondensat, 754, 756, 772
Kappa-Gebirge, 352
Kappa-Mechanismus, 48, 49, 129, 181, 214, 535, 623, 633, 634
Kelvin-Helmholtz-Kontraktion, 572, 573, 581, 592, 594, 599, 603
Kepler-Gleichung, 711
Kernmaterie, 57, 134, 434, 549, 676, 707, 717, 737, 772, 773, 784
   Dichte, 764
   Phasendiagramm, 773
   Zustandsgleichungen, 778
Kernphotoeffekt, 563
Kernreaktion, resonante, 491
Kerr-Loch, 43, 791–793, 795, 796, 798–801
Kerr-Lösung, 789
Kerr-Metrik, 751
Kerr-Parameter, 793, 794, 798, 800
Kippenhahn-Diagramm, 533, 566, 569, 570, 628
Kirchhoffsches Strahlungsgesetz, 233
Kohärenzbedingung, 92
Kohlenstoffbrennen, 476, 490, 493, 528, 536–540, 608, 636, 652, 653, 659, 687
Kohlenstoffflash, 537, 687
Kohlenstoffschalenbrennen, 559
Kohlenstoffstern, 178, 183–185, 214, 294, 638, 641
Kollapsphase (Protosternbildung)
   adiabatische, 588
   isotherme, 588
Konvektionszeitskala, 425
Konvektionszone, 35, 37, 50, 57, 129, 172, 223, 224, 227, 384, 402, 423, 425, 517, 526, 532, 533, 547, 559, 600, 611, 624, 637, 688
Korona (Sonne), 395

Korotationsradius, 717
Kramers Gesetz, 419, 423, 470, 471, 633, 692, 698
Krebsnebelpulsar (Entdeckung), 43
Kugelsternhaufen, 661
Künstliche Intelligenz (KI), 52

L

Lagrange-Punkt, 722, 725, 727, 728, 732
Lagrangescher Spezialfall, 724
Lambda-Bootis-Stern, 171
Landé-Faktor, 320
Lane-Emden-Funktion, 449, 453, 461
Lane-Emden-Gleichung, 25, 448, 450, 451, 455–459
Leuchtkraft, 414
Leuchtkräftige Blaue Veränderliche (Luminous Blue Variable LBV), 138, 186, 207, 211, 381, 652, 653, 655–658
Leuchtturmeffekt, 718
Linienelement, 743, 789
Linienverbreiterungsfunktion, 345, 372
Lithiumbrennen, 495, 496, 592, 596, 597, 612
Lithium depletion, 496
Lithiumtest, 597
Long Gamma-Ray Bursts (LGRB), 161
Low Mass X-ray Binaries LMXB, 720, 721, 731–733, 740
Lyman-Grenze, 274
Lyman-Kontinuum, 646
Lyman-Serie des Wasserstoffs, 238, 255, 273, 346
Lyman-Sprung, 346

M

Magnetare, 702, 703, 715–717, 771
Magnetograf nach Babcock, 322
Maser, 343
Masse-Leuchtkraft-Beziehung, 132, 139, 199, 204, 466, 471, 519, 595
  empirische, 26
  theoretische, 25, 32
Massenakkretion, 44, 732
  Akkretionsleuchtkraft, 581, 590
  Akkretionsrate, 734
  Akkretionsscheibe, 44, 735, 799
  Akkretionsstoßfront, 590
  Doppelstern, 676
  Energiefreisetzung, 724
  Jet-Bildung, 799
  Protostern, 591, 608

Roche lobe-Überfluss, 730
Schwarzes Loch, 795
Windakkretion, 730
Massendefekt, 476, 477, 479, 494, 518, 525
Massenfunktion
  Doppelsternsystem, 127, 797, 798
  offene Sterrnhaufen, 615
Massenverlustrate, 468, 601, 642, 643
Masse-Radius-Beziehung
  Hauptreihenstern, 201
  homologe Stern, 472
  Neutronenstern, 739, 783
  Weißer Zwerg, 683, 688
Materie, seltsame, 775, 778, 784, 785
Maxwell-Boltzmann-Statistik, 435
Maxwell-Boltzmann-Verteilung, 304, 334, 357, 437, 481, 483, 484, 486
Mehrelektronensystem, 257
  jj-Kopplung, 262, 263, 319
  Russell-Saunders-Kopplung, 259, 267, 282, 319
  Spektralterme (Syntax), 263
Mestels Gesetz, 696–698
Metallizität, 155, 532, 560, 597, 604, 623, 659
  Definition, 156
  Farbenindex, 156
  interstellares Medium, 519, 613
  Sternatmosphäre, 157
Mikheyev-Smirnov-Wolfenstein (MSW)-Effekt, 508
Mikroquasare, 799
Millisekundenpulsare, 703, 715, 719, 731, 735, 738, 739
Mira-Stern, 45, 48, 107, 181–183, 212, 625, 642
Mischlängentheorie, 384, 424
Mischungslänge (Konvektion), 426
Molekülbildung, 579
Moleküle
  astronomisch relevant, 291
  heteronukleare, 277
  homonukleare, 277
  Hybridisierung, 283
  Morse-Potenzial, 285
  Orbitale, 280, 282
  Quasimoleküle, 292
  Rotationskonstante, 287
  Rotationsübergänge, 286
  Vibrations-Rotationsübergänge, 288
  Vibrationsübergänge, 284
  zweiatomige, 277
Molekülion, 277
Molekülspektrum, 275

Auswahlregeln, 286–288
elektronische Übergänge, 289
G-Bande (Fraunhofer), 276
Molekülbande, 275
Schwingungs-Rotations-Spektrum, 275
Terme (Syntax), 281
Molekülwolke, 275–277, 291, 292, 572, 575, 577, 578, 580, 583, 585–588, 614, 615, 652
Morse-Potenzial s. Moleküle
M-Zwerg, 180

N

Neonbrennen, 42, 476, 536, 538–541, 546, 636, 652, 659
Neutrinoflash, 549
Neutrinoheizung, 553
Neutrinokühlung, 531, 545, 546, 636, 659, 697, 750
Neutrinoleuchtkraft, 415, 496, 503, 507, 536, 540, 547, 796
Neutrinooszillation, 401, 508
Neutrinos, 415, 496, 503, 531, 536, 539, 544, 545, 548, 549, 553, 567, 568, 636, 659, 697, 747–750, 760, 761, 768
  SN 1987A, 550
  solare, 401, 498, 504–507
Neutrinosphäre, 748
Neutron drip, 762, 767
Neutronenentartung, 607
Neutronenexzess, 543
Neutronenflüssigkeit, 762, 767
Neutronenstern, 420, 536, 547, 549, 699–703, 712, 714–720, 723, 730–735, 737, 739–742, 749, 751, 753, 754, 781, 785, 797
  Atmosphäre, 756, 757
  Auskühlung, 759, 761
  innerer Aufbau, 750
  innere Struktur, 754–756
  kanonische Masse, 720, 758, 772, 782
  Kernbereich, 772, 773, 775
  Kruste, 758, 759, 762–764
  Mantelbereich, 764, 765, 767–772
  Massebestimmung, 134
  Massen, 737
  physische Eigenschaften, 736
  Postulierung, 27
  Proto-, 747, 748, 750
  Sternbeben - Zweikomponentenmodell, 769
  Verschmelzung, 562
Neutronensternmaterie
  Pastaphasen, 764
Neutronisation, 549, 762, 785
Novae, klassische, 268, 530
Nuclear Statistical Equilibrium (NSE), 543
Nukleosynthese
  p-Prozesse, 558, 563
  primordiale, 522
  r-Prozesse, 40, 403, 556, 558, 561–563
  s-Prozesse, 40, 403, 537, 556, 558–561, 564, 625, 638, 651
Nuklidkarte, 557
Nullalter-Hauptreihe, 202, 208, 209, 518, 569, 593, 595, 599, 602–604, 610, 614, 618, 626, 666
  Definition, 41
Nullalter-Heliumhauptreihe, 623

O

Oberflächengravitation, 120, 686, 703, 740
Ockhams Rasiermesser, 755, 795
OH/IR-Stern, 183
Opazität, 346, 418, 423
Oppenheimer-Volkoff-Grenze, 433, 548, 659, 676, 688, 715, 737, 750, 753, 796
  Entdeckung, 29
Optik
  Anfänge, 9
  Oszillatorstärke, 344, 345, 372, 374
Overall contraction-Phase, 627
Overshooting (Konvektion), 424

P

Paarinstabilitätssupernova, 212, 536, 552, 569, 608, 659
Parallaxe
  fotometrische, 198
  trigonometrische, 59
Parallaxenmessung, erste, 7
Parker-Modell (Sonnenwind), 397, 413
Parsek (Definition), 59
Paschen-Back-Effekt, 318
Paschen-Kontinuum, 367
Paschen-Serie des Wasserstoffs, 238
Pauli-Prinzip, 257, 281, 432, 760, 762
P-Cygni-Linienprofil, 162, 179, 412
Penrose-Prozess, 793, 800
Perioden-Helligkeits-Beziehung, 635
  Delta-Cepheiden, 175

Pfund-Serie des Wasserstoffs, 238
Photodesintegration, 539, 541, 542, 548, 549, 563, 606
Photoevaporation, 617
Photosphäre, 231
    hydrostatische Schichtung, 381
    Konvektion, 383
    Oberflächengravitation, 382
    Skalenhöhe, 382
    Strahlungsgleichgewicht, 383
    Strahlungstransport, 383
Photosphärenmodell, 368, 379
    fundamentale Sternparameter, 387
    Geometrie, 385
    LTE und nonLTE, 386
    Sonne, 391
Photospheric radius expansion, 740
Pickering-Serie des Heliums, 271
Pionenkondensat, 754, 756, 761, 771
Pirouetteneffekt, 731
Planck-Funktion s. Plancksches Strahlungsgesetz
Planckscher Mittelwert (Opazität), 352
Plancksches Strahlungsgesetz, 81, 192, 233, 344
    Entdeckung, 16
Planetarischer Nebel, 187, 214, 267, 643–645, 647, 648, 651
    Interacting Wind Model, 649
Plasmaneutrinos, 531, 539
Pockels-Effekt, 322
Poisson-Gleichung, 447
Polare s. AM-Herculis-Stern"
Potenzial, chemisches, 434, 773, 776
pp-Zyklus, 473, 476, 486, 497, 504, 516, 598, 604, 610, 618
    Entdeckung, 23
Präonenstern, 786, 787
Pre Main Sequence Stars PMS s. Vor-Hauptreihenstern
Prinzip, anthropisches, 524
Proto-Planetary Nebulae (PPN), 645
Protostern, 578, 585, 587, 588, 590–592, 594, 608, 610
Psychophysisches Grundgesetz, 60
Puls, thermischer, 38, 621, 624, 625, 637, 648
Pulsare, 700, 714
    Entdeckung, 42, 699
    Magnetosphäre, 717
    Polarisationsverhalten, 705
    Pulsformen, 704
    recycelte, 731

Röntgenpulsare, 134
    Schiefer Rotator, 712
    Strahlungsmechanismus, 712
Pulsation, radiale, 629, 631
Pulse-timing analysis, 730

Q

Quadrupolstrahlung (gravitative), 742
Quantenkonzentration (Elektronen), 359
Quark-Confinement, 755, 773, 776, 781
Quark-Deconfinement, 776, 779, 784
Quark-Gluon-Plasma, 702, 737, 753, 754, 756, 772, 773, 775, 776, 782
Quarkmaterie, 775
    Color-Flavor Locked, 777
    seltsame, 755
Quarkstern, 134, 747, 754, 772, 782
Quarksupraleitfähigkeit, 767
Quecksilber-Mangan-Stern, 168
Quiescent Low-Mass X-ray Binaries (qLMXB), 740, 741

R

Radialgeschwindigkeitskurve, 124
Radikale, 278
Radiopulsare, 704, 719
Rayleigh-Helmholtz-Instabilität, 748
Rayleigh-Jeans'sches Strahlungsgesetz, 81, 205
Rayleigh-Kriterium, 88
Rayleigh-Streuung, 350
R-Coronae-Borealis-Stern, 178
Reaktion, pyknonukleare, 758
Reaktionsrate, nukleare, 478, 482
Red Clump
    HRD, 218
Red Giant Branch (RGB) s. Hertzsprung-Russell-Diagramm
Red Giant Branch Bump (RGBB)
    HRD, 218
Red-Giant-Problem, 34
Reimers Formel, 620
Rekombination, 242, 346
    Dreier-, 242
    Strahlungs-, 242
Rekombinationslinie, 644
Rekonnektion, magnetische, 716
Riesenstern, 218
Ringsingularität, 793
Roche-Grenzkurve, 728, 729

Roche lobe, 722
Roche-lobe overflow, 733
Roche-Potenzial, 727
Roche-Volumen, 738
Röntgen-Burster, 721
Röntgendoppelstern, 729, 737, 739, 797
    Aufbau, 720–722, 724
Röntgenpulsare, 702, 703, 718
    akkretionsangetriebene, 722
    Massenakkretion, 135
Rosselandsches Mittel, 337, 351, 352, 418, 694
Rossiter-McLaughlin-Effekt, 308
Rotations-Abplattung, 410
Roter Hyperriese (Red Supergiants RSG), 653
Roter Riese (Red Giant), 37, 520, 534, 619, 624, 628, 650, 653, 757
Roter Zwerg, 189, 294, 608, 610, 612, 639
Rotverschiebung, Galaxien, 58
RR-Lyrae-Stern, 49, 114, 154, 171, 175, 213, 214, 219, 224, 623, 632, 665
    Blazhko-Effekt, 49
RS-Canum Venaticorum-Stern, 109
RS-Canum-Venaticorum-Stern, 181
Runaway stars s. Schnellläufer
Russell-Vogt-Theorem, 26, 120
RW-Aurigae-Stern s. s. T-Tauri-Stern
Rydberg-Energie, 236
Rydberg-Formel, 236, 238, 246
Rydberg-Frequenz, 246
Rydberg-Konstante, 238, 271

S

Saha-Gleichung, 357, 359–363, 368, 376
Salpeter-Anstieg, 587
Sauerstoffbrennen, 476, 536, 538, 540, 541, 659
Sauerstoffflash, 546
Scheibe, protoplanetare, 591
Schnellläufer, 652
Schönberg-Chandrasekhar-Grenze, 36, 527, 533, 534, 628
Schrödinger-Gleichung, 243, 278, 279, 285, 286, 319
Schwarzer Zwerg, 626, 688, 690
Schwarzes Loch, 135, 536, 547, 659, 675, 720, 742, 797, 799
    Definition, 787
    Einteilung nach Masse, 795
Schwarzkörperstrahlung, 79
Schwarzschild-Kriterium, 383, 423, 452, 516, 594
    Entdeckung, 35
Schwarzschild-Loch, 789, 793
Schwarzschild-Lösung, 788
    äußere, 709, 751
Schwarzschild-Metrik, 789
Schwarzschild-Radius, 723, 752, 790, 794
Seriengrenze, 242
Seriengrenzkontinuum, 238, 346
S-Faktor, astrophysikalischer, 484, 486, 491, 538
Shapiro-Effekt, 709
Shapiro-Verzögerungsformel, 135
Shell flash, 625, 637
Silicon melting, 542
Siliziumbrennen, 476, 536, 542, 543, 606, 659, 660
Siliziumflash, 547
Skalenhöhe, 756
Soft Gamma Repeater, 716
Soft Gamma Repeater SGR, 702, 715
Sonne
    5-Minuten Oszillation, 220
    Dispersionsdiagramm, 227
    Dopplergramme, 220
    Eigenschwingungsmoden, 225
    Flashspektrum, 333, 363
    Fünf-Minuten-Oszillation, 50
    Geburtsort, 614
    Konvektionszone, 425
    Magnetogramme, 311, 322
    Oszillationen, 222
    polytropes Sternmodell, 455
    Randverdunkelung, 338
    Schwingungen (Modelle), 224
Sonnenanaloga, 177
Sonnenneutrinoproblem, 503, 504, 510
Sonnenwind, 413
Source function s. Ergiebigkeit
Spektralanalyse
    Anfänge, 11
    quantitative, 368
Spektralklasse
    allgemeine, 157
    MK-Standardstern, 158
Spektrallinie
    Auswahlregel, 264, 266
    Doppler-Verbreiterung, 300
    Entstehung, 332
    Feinstruktur, 249
    Feinstrukturaufspaltung, 238
    Identifikationsmethode, 294
    Identifikationsproblem, 296
    Interkombinationslinie, 267, 268

Isotopieeffekt, 252
Linieneinsenkung, 301, 369, 372
Linienstärke, 301
  verbotene, 167, 267
Verbreiterungsmechanismen, 300
Wavelength Coincidence Statistics (WCS), 296
Spektrallinienprofil, 297, 300
  Doppler-Verbreiterung, 302
  Druckverbreiterung, 251, 300, 311, 313, 314, 373, 682
  Gauß-Profil, 304, 313, 316, 371
  Holtsmark-Profil, 314
  Lorentz-Profil, 300, 313, 316, 371, 374
  natürliche Linienbreite, 297
  Rotationsprofil, 306
  thermische Doppler-Verbreiterung, 303
  Voigt-Profil, 314, 316, 371
Spektralserie, 237
Spektralterm
  Schreibweise, 255
Spektraltyp
  A, 168, 170, 171
  B, 164–166, 168
  Bestimmungsschlüssel, 158
  F, 172, 173, 175
  G, 176, 177
  K, 177, 179
  M, L und T (Zwergsterne), 188, 191
  M, 180, 181
  O, 160–162, 164
  R, N und S, 183, 185
  W, 186–188
Spektrograf, 142
Spektroskopie
  Anfänge, 10
  physikalische Grundlagen, 233
Spektrum, synthetisches, 133, 368, 377, 378, 388
Spektrum
  heliumartige Ionen, 272
  Wasserstoffionen, 273
Spiegelprinzip, 627, 636
Standing accretion shock instability, 553
Stark-Effekt, 164, 240, 248, 312
  linearer, 312
  quadratischer, 312, 314
Staubentstehung, 639
Staubzerfallsfront, 590
Stefan-Boltzmann-Gesetz, 82, 618, 632
Stellare Geburtslinie, 592, 594
Stern
  als Gaskugeln, 24

effektive Temperatur, 83
Eigenschwingungsmoden, 225
Einteilung nach Masse, 528
Entfernungsmodul, 68
Farbenindex, 66
Farbexzess, 78
fotometrisches Farbsystem, 65
Größenklassenskala, 61
größter bekannter, 117
heliumbrennender, 527
Helligkeit, 59
Helligkeitsskala nach Pogson, 17
massereichster, 136
polytroper, 448, 454
Populationsbegriff, 38
Pulsationen (Modelle), 224
radiale Pulsationen (Entdeckung), 46
Rotation, 305
veränderlicher, 44
Sternassoziation, 665
Sternbildungsprozess, 575
Sterndurchmesserbestimmung, 86, 87
  Baade-Wesselink-Verfahren (modifiziert), 115
  Baade-Wesselink-Verfahren, 114
  Bedeckungsveränderliche, 110
  direkte Abbildung, 107
  fotometrische, 116
  Infrared Flux Method (IRFM), 117
  Intensitätsinterferometrie, 95
  Microlensing, 107
  optische Interferometrie, 88
  Speckle-Interferometrie, 98
  Sternbedeckung durch den Mond, 105
Sternentstehung, 574, 576, 580, 586
Sternentwicklung, 566
  Endstadien, 673
  erste Vorstellungen, 29
  Giant-and-Dwarf Theory, 30
  Russell'sche Theorie, 34
Sternfotometrie
  Anfänge, 17
Sternhaufen, offener, 663
Sternhaufen, 195, 614, 616, 652, 677
  Altersbestimmung, 195
  Entfernungsbestimmung, 197
  OB-Assoziationen, 139, 164, 578, 652
  Quintuplet-Cluster, 138
  R136-Cluster, 137
  Starburst-Cluster, 136, 652
  T-Assoziationen, 583, 599
Sternhelligkeit
  absolute Helligkeit, 67

atmosphärische Extinktion, 72
bolometrische Helligkeit, 69
bolometrische Korrektur, 69
Bouguer-Verfahren, 76
Einfluss der Erdatmosphäre, 71
Intensität, 62
interstellare Extinktion, 77
Strahlungsstrom, 62, 63
Sternkannibalismus, 215, 216
Sternmassenbestimmung, 120
Astroseismologie, 127
Doppelstern, 121
kompakte Stern, 134
statistische, 127
Sternmodelle, 132
Sternmodell
Aufbaugleichungen, 440
Computer, 52
evolutionäres, 567
Henyey-Methode, 39, 442, 444
homologes, 468
Kernfusion, 39
numerische Lösung, 442
Polytropen, 446
Randbedingungen, 441
statisches, 439
Zustandsgleichungen, 440
Sternphysik
Anfänge, 21
Sternpopulation, 154
Ältere Population I, 154
Extreme Population I, 154
Halopopulation, 154
Population I, 154, 511, 534
Population II, 154, 210, 213
Population III, 155, 157, 403, 659
Scheibenpopulation, 154
Zwischenpopulation II, 154
Sternschwingung
Powerspektrum, 129
Schwingungsmuster, 129
Sternspektroskopie, fotografische, 19
Sternspektrum, 140, 231
Harvard-Klassifikation, 144
Informationsgehalt, 56
Klassifikation, 143
Klassifikation nach A. Secchi, 144
Leuchtkraftindikatoren, 165, 169, 172, 174, 178, 180, 190
Leuchtkraftklasse, 78, 84, 141, 146, 147, 149, 151, 152, 168, 193, 204
MK-Klassifikation, 147, 152, 157
Sternstromparallaxe, 667
Sternstrukturgleichung

Euler-Form, 440, 447, 463, 692
Lagrange-Form, 405, 440, 534
Sternwind, 412
pulsationsgetriebener, 642, 643, 648
staubgetriebener, 641, 642
strahlungsgetriebener, 650, 654
Stokes-Parameter, 321, 705
Stoßdämpfung s. Druckverbreiterung
Strahlungsabsorption, 341
in Spektrallinien, 345
kontinuierliche, 341, 346
Strahlungsbeschleunigung, 431
Strahlungsdruck, 430, 431, 438, 468
Strahlungsgesetz
Entdeckung, 15
Strahlungsgleichgewicht, 465
Strahlungsprozess, 340
Strahlungstransport, 324
Strahlungstransportgleichung, 330
formale Lösung, 335
Strangelet-nugget, 785
Strangelets, 783, 785
Strange matter hypothesis, 778, 783
Strange matter s. Materie, seltsame
Strangenization, 785
Strangeon star, 786
strange quark matter s. Quarkmaterie
Strange stars, 772
Sub Giant Branch SGB s. Hertzsprung-Russell-Diagramm
Super-AGB-Sternen (SAGB), 537
Supernova, 616, 655, 658, 675, 715, 742
Bestimmungsschlüssel, 553
hydrodynamische, 161, 433, 536, 548, 553, 562, 564, 660, 731, 747, 749, 764, 796
Supernovaexplosion, 528, 543
Superrich lithium giant, 639
Suprafluidität, 765, 766, 771
Supraleitfähigkeit, 765
SX-Phoenicis-Stern, 174
Synchrotronstrahlung, 706, 717

T
T-Assoziation, 179
Termination Age Main Sequence (TAMS) s. Endalter-Hauptreihe
Termschema, 248
Teukolsky-Blandford-Modell, 712
Theorie der Sternatmosphären
Anfänge, 21
Thermally pulsating AGB phase, 629, 637
Thermische Pulse, 629
Thermonuclear runaway, 529

Thick shell burning, 534, 627
Thin shell burning, 534
Thin shell instability, 739
Thomson-Streuung, 350, 418, 464
Tolman-Oppenheimer-Volkoff-Gleichung TOV, 406, 752, 780
Transition-Region (Sonne), 395
Transitmethode (Sterndurchmesserbestimmung), 113
Triple-Alpha-Prozess, 24, 38, 39, 476, 486, 521, 523, 524, 527, 531, 533, 535, 560, 608, 622, 628, 637
T-Tauri-Stern, 178, 179, 582, 583, 592, 599–602
Tunneleffekt, 475, 483, 485

U

Übergang, atomarer, 328
   frei-freier, 341, 346, 692
   gebunden-freier, 241, 256, 340, 346, 419, 425, 692
   gebunden-gebundener, 242, 340, 345
   verbotener, 264, 267
Überriese, 629, 730
Ultraviolettkatastrophe, 81
Unterriese, 628
Unterzwerg, 217
URCA-Prozess, 749, 760
   modifizierter, 761
UV-Ceti-Stern, 180, 181, 609

V

Vakuumstern, 795
Vampirstern, 216
van-Cittert-Zernike-Theorem, 93
Verbotene Linie s. Spektrallinien
Verfärbung, interstellare, 196
Vertical Red Clump HRD, 218
Virialsatz, 407–409, 427, 438, 468, 490, 494, 518, 520, 533, 548, 571, 584, 586
Visibilität, 94
Vogt-Russell-Theorem, 444
Vor-Hauptreihenstern, 583, 592, 595

W

Wachstumskurve, 369, 370, 374, 375
Wärmeleitung, 419
Wasserstoffatom

Hyperfeinstrukturaufspaltung (21 cm-Strahlung), 251
Wasserstoffbrennen, 208, 408, 466, 475, 476, 491, 496, 516, 519, 590, 592, 595, 599, 604, 606, 612, 624, 638
Wasserstoffkernbrennen, 608
Wasserstoffschalenbrennen, 213, 521, 527, 529, 533, 604, 608, 611, 618, 621, 622, 637, 730, 733
Wasserstoffspektrum, 243
WC-Stern, 187
Weißer Zwerg, 27, 124, 152, 194, 219, 292, 314, 420, 433, 454, 528, 535, 549, 611, 625, 636, 646, 674, 677, 679, 681, 694
Weiße Zwerge
   Abkühlung, 685, 690, 691, 693, 694, 696–698
   Atmosphäre, 686, 687
   Auskristallisation, 689
   Diamantstruktur, 689
   innere Struktur, 687–689
   Leuchtkraftfunktion, 696
   magnetische, 685
   Massenverteilungsfunktion, 684
   Masse-Radius-Beziehung, 463
   physische Eigenschaften, 682
   Polytropenmodell, 461
   Pulsationslichtwechsel, 689
   Spektrum, 680
   veränderliche, 50
Weltsystem
   geozentrisches, 4
   heliozentrisches, 4
Wiensches Strahlungsgesetz, 81, 205
Wiensches Verschiebungsgesetz, 84, 192, 749
Wilson-Bappu-Effekt, 174, 177
Wirkungsquerschnitt, 480, 484, 486, 491, 523
WN+WC-Doppelsternsystem, 187
WNE-Stern, 187
WNL-Stern, 186
Wolf-Rayet-Stern, 163, 186, 381, 412, 464, 646, 653, 655, 658
W-Ursae Majoris-Stern, 113, 729

Y

Young Stellar Object (YSO), 582
YY-Orionis-Stern, 602

Z

Zeeman-Doppler-Imaging, 322
Zeeman-Effekt, 142, 234, 240, 248, 311, 318

Entdeckung, 14
Ursachen, 318
Zeipel-Effekt, 410
Zeipel-Paradoxon, 411
Zeitskala, radiative, 425
Zeitskala, 571
Abkühlung, 695
Freifall, 548, 571, 572, 578, 588, 747
Kelvin-Helmholtz, 409, 533, 572, 591
nukleare, 573, 610
Zentralsingularität, 753, 791

Zero Age Main Sequence (ZAMS) s. Nullalter-Hauptreihe
Zustandsgleichung
Definition, 426
entartetes Elektronengas, 432
ideales Gas, 428
Kernmaterie, 772
Zweikörperproblem, 724
Zwergcepheide s. Delta-Scuti-Stern
Zwergnovae, 44, 135, 212, 729
Zwiebelschalenmodell, 544, 659
ZZ-Ceti-Stern, 214, 679

SPRINGER NATURE

GPSR Compliance

The European Union's (EU) General Product Safety Regulation (GPSR) is a set of rules that requires consumer products to be safe and our obligations to ensure this.

If you have any concerns about our products, you can contact us on ProductSafety@springernature.com

In case Publisher is established outside the EU, the EU authorized representative is:

Springer Nature Customer Service Center GmbH
Europaplatz 3
69115 Heidelberg, Germany

The manufacturer's authorised representative in the EU is Springer Nature Customer Service Centre GmbH, Europaplatz 3, 69115 Heidelberg, Germany. If you have any concerns regarding our products, please contact ProductSafety@springernature.com

Printed and bound by CPI Group (UK) Ltd, Croydon, CR0 4YY

26/03/2026

02079002-0001